T0222831

Mathematik für Ingenieurwissenschaften: Grundlagen

Harald Schmid

Mathematik für Ingenieurwissenschaften: Grundlagen

Von Vektoren und Matrizen über komplexe Zahlen zur Differential- und Integralrechnung

2. Auflage

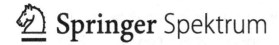
Springer Spektrum

Harald Schmid
Maschinenbau/Umwelttechnik
Ostbayerische Technische Hochschule
Amberg-Weiden
Amberg, Deutschland

ISBN 978-3-662-65527-6   ISBN 978-3-662-65528-3   (eBook)
https://doi.org/10.1007/978-3-662-65528-3

Die Deutsche Nationalbibliothek verzeichnet diese Publikation in der Deutschen Nationalbibliografie;
detaillierte bibliografische Daten sind im Internet über http://dnb.d-nb.de abrufbar.

Planung/Lektorat: Nikoo Azarm
Springer Spektrum ist ein Imprint der eingetragenen Gesellschaft Springer-Verlag GmbH, DE und ist
ein Teil von Springer Nature.
Die Anschrift der Gesellschaft ist: Heidelberger Platz 3, 14197 Berlin, Germany

Vorwort

Die Ingenieurmathematik, auch Technomathematik genannt, ist ein Teilgebiet der angewandten Mathematik. Hier werden rechnerische Verfahren entwickelt, die man zum Lösen von mathematischen Problemen aus den Bereichen Maschinenbau, Elektrotechnik und den angrenzenden Gebieten (Informatik, Mechatronik usw.) braucht. Aber die Mathematik ist viel mehr als nur ein Rechenhilfsmittel: Sie ermöglicht uns, die grundlegenden Zusammenhänge in den Naturwissenschaften zu verstehen, und sie ist die gemeinsame Sprache im Bereich der Ingenieurwissenschaften. Aus diesen Gründen gibt es kaum einen technischen Studiengang, der auf Lehrveranstaltungen zur Ingenieurmathematik verzichten kann.

Die Bücher „Mathematik für Ingenieurwissenschaften: Grundlagen und Vertiefung" entstanden im Rahmen einer dreisemestrigen Vorlesung für die Bachelorstudiengänge der Fakultät Maschinenbau/Umwelttechnik an der Ostbayerischen Technischen Hochschule OTH Amberg-Weiden. Die Vorlesung „Mathematik für Ingenieure" wurde begleitet von einem Mathematik-Brückenkurs und ergänzt durch zwei Wahlfächer, „Angewandte Analysis" und „Stochastische Prozesse". Inhaltlich decken die beiden Bände den Stoff der Mathematik-Grundausbildung an einer Hochschule für angewandte Wissenschaften oder Technischen Universität in einem Umfang von etwa drei bis vier Semestern ab. Das Ziel ist es, die gebräuchlichen mathematischen Werkzeuge für den angehenden Ingenieur bereitzustellen. Ein Mathematik-Lehrbuch sollte aber nicht einfach nur eine Auflistung von Rezepten sein – dafür gibt es die Formelsammlungen. Doch manchmal findet man dort nicht die gewünschte Antwort auf eine mathematische Fragestellung. In einem solchen Fall ist man gezwungen, eigene Lösungsstrategien zu entwickeln, was Erfahrung und Geschick im Umgang mit den vorhandenen Rechenwerkzeugen voraussetzt. Dabei ist es sicherlich hilfreich, wenn man bei den bekannten Verfahren den Leitgedanken herausgearbeitet hat. Aus diesem Grund werden, so weit dies der Raum zulässt, alle mathematischen Formeln und Aussagen begründet oder zumindest plausibel gemacht. Auf den Begriff „Beweis" wollen wir in der Regel aber verzichten, da eine mathematisch strenge Beweisführung den Rahmen sprengen würde und für unsere Zwecke nicht zielführend ist. Dennoch dürften die beiden Bücher nicht nur für Ingenieurstudiengänge, sondern auch für Studierende der Mathematik, der Physik oder anderer Naturwissenschaften sowie für Lehramtsstudierende aufgrund des anwendungsbezogenen Zugangs zur Mathematik interessant sein.

Ein roter Faden, der sich durch den gesamten Text zieht, ist das Lösen von Gleichungen. Viele Probleme aus dem Ingenieurbereich lassen sich als algebraische Gleichungen, lineare Gleichungssysteme, trigonometrische Gleichungen oder Differentialgleichungen formulieren. Jeder Gleichungstyp führt zu einem neuen mathematischen Teilgebiet: algebraische Gleichungen zu den komplexen Zahlen, Exponentialgleichungen zu den Logarithmen, lineare Gleichungssysteme zu den Matrizen und Determinanten, und das Lösen einer Differentialgleichung zur Integration. Dabei stellt sich heraus, dass ein gutes mathematisches Konzept in ganz unterschiedlichen Bereichen erfolgreich angewandt werden kann. So lassen sich etwa Matrizen nicht nur zur Darstellung linearer Gleichungssysteme verwenden, sondern auch bei der Beschreibung linearer Abbildungen in der Geometrie, zur Interpretation komplexer Zahlen, bei der Extremstellenberechnung von Funktionen mit mehreren Veränderlichen oder zur Lösung von Differentialgleichungssystemen nutzbringend einsetzen. Komplexe Zahlen werden beispielsweise in der Wechselstromrechnung, bei der Integration rationaler Funktionen oder zum Lösen einer Schwingungsdifferentialgleichung gebraucht. Ein weiterer Schwerpunkt ist die Integralrechnung. Ausgehend vom Problem, den Inhalt einer krummlinig begrenzten Fläche zu ermitteln, zeigt sich schon bald, dass man das bestimmte Integral auch zur Berechnung vieler anderer geometrischer, physikalischer oder technischer Größen verwenden kann, etwa der Bogenlänge einer Kurve, dem Volumen und Schwerpunkt eines Körpers, der Arbeit in einem Kraftfeld uvm. Motiviert durch die Berechnung solcher Größen aus Geometrie und Physik werden dann auch besondere Integralarten wie z. B. das Kurven- oder Flächenintegral eingeführt.

Der Band „Mathematik für Ingenieurwissenschaften: Grundlagen" setzt lediglich voraus, dass der Leser mit der Mathematik aus der Mittelstufe vertraut ist. Die benötigten Vorkenntnisse wie zum Beispiel Potenz- und Logarithmengesetze oder wichtige Zusammenhänge aus der Trigonometrie sind im ersten Kapitel zusammengefasst. Kenntnisse aus der Oberstufen-Mathematik sind nützlich, werden aber nicht erwartet. Das Ziel ist es, die grundlegenden mathematischen Themen (Gleichungen und Matrizen, Vektoren und Transformationen, Funktionen und Grenzwerte, Differential- und Integralrechnung) so weit zu entwickeln, dass damit auch die Gebiete im Band „Mathematik für Ingenieurwissenschaften: Vertiefung" (u. a. Funktionen mit mehreren Veränderlichen, Vektoranalysis, Differentialgleichungen, Reihenentwicklungen und Stochastik) besprochen werden können. Zur Illustration der Zusammenhänge gibt es eine Vielzahl an Abbildungen, und den theoretischen Grundlagen werden zahlreiche Rechen- und Anwendungsbeispiele zur Seite gestellt. Ähnlich wie die praktische Ausbildung im Ingenieurstudium sind Übungsaufgaben unverzichtbar zum Verständnis der Mathematik. Jedes Kapitel enthält deshalb noch einen Abschnitt mit Aufgaben, deren ausführliche Lösungen am Ende des jeweiligen Bandes nachgeschlagen werden können, sodass sich beide Bücher auch gut zum Selbststudium eignen.

Der hier vorliegende Band „Mathematik für Ingenieurwissenschaften: Grundlagen" ist eine überarbeitete und erweiterte Fassung des Buchs „Elementare Technomathematik". Das Thema „Rechnen mit dem Computer", das eine wichtige Rolle im Ingenieurbereich spielt, nimmt nun insgesamt einen etwas größeren Raum ein. Darüber hinaus wurden noch einige Übungsaufgaben und Anwendungsbeispiele ergänzt.

An dieser Stelle möchte ich mich bei meinen Studierenden sowie bei allen Leserinnen und Lesern bedanken, die auf Schreibfehler in der früheren Auflage hingewiesen haben und Anregungen zur Weiterentwicklung des Lehrbuchs gaben. Dem Springer-Verlag, insbesondere Frau Nikoo Azarm, Frau Barbara Lühker und nicht zuletzt Herrn Dr. Andreas Rüdinger, danke ich für die sehr angenehme und konstruktive Zusammenarbeit.

Amberg, im Mai 2022   Harald Schmid

Inhaltsverzeichnis

Kapitel 1

Arithmetik und Trigonometrie

Dieses erste Kapitel enthält wichtige Begriffe und Formeln aus der „Elementarmathematik". Es beschreibt die natürlichen, rationalen und reellen Zahlen sowie das Rechnen mit Potenzen, Wurzeln und Logarithmen. Darüber hinaus enthält es die Grundbegriffe aus der Trigonometrie: Winkelfunktionen, Additionstheoreme, Dreiecksberechnungen usw. Alle nachfolgenden Kapitel bauen auf diesen Grundlagen auf. Es wird davon ausgegangen, dass der Leser mit den wichtigsten Symbolen aus der Mengenlehre vertraut ist. Dazu gehören:

$\{a, b, c, \dots\}$	Menge mit den Elementen a, b, c, $\dots$
$x \in A$	x ist ein Element der Menge A
$x \notin A$	x gehört nicht zur Menge A
$A \subset B$	A ist eine Teilmenge von B
$\{x \in A \mid \dots\}$	Die Menge aller x aus A mit der Eigenschaft $\dots$
$A \cap B$	bezeichnet die Schnittmenge von A und B
$A \cup B$	ist die Vereinigung der Mengen A und B
$A \setminus B$	ist die Komplementmenge A ohne B
$\emptyset$	bezeichnet die leere Menge

1.1 Zahlen und Rechnen

1.1.1 Natürliche und ganze Zahlen

Der wohl einfachste Zahlbereich ist die Menge $\mathbb{N}$ der *natürlichen Zahlen*

$$\mathbb{N} = \{0, 1, 2, 3, \dots\}$$

Wir benutzen natürliche Zahlen zum Nummerieren und Ordnen bereits im Kindesalter. Durch Abzählen der Finger lernten wir intuitiv mit ihnen zu rechnen. Am Anfang stand die Erkenntnis, dass man Zahlen addieren, also zusammenzählen kann, z. B. $2 + 3 = 5$. Später entdeckten wir gewisse Gesetzmäßigkeiten, etwa dass die Reihenfolge der Summanden bei der Addition keine Rolle spielt: $3 + 5 = 5 + 3$. Dieses Ergebnis lässt sich für kleine Zahlen leicht durch Abzählen bestätigen. Hinzu kamen „höhere" Rechenarten wie die Multiplikation, welche die mehrfache Addition abkürzt: $3 \cdot 5 = 5 + 5 + 5 = 15$ oder $5 \cdot 3 = 3 + 3 + 3 + 3 + 3 = 15$. Mit fortschreitender Erfahrung im Rechnen akzeptierten wir, dass Rechenregeln wie $a + b = b + a$ oder $a \cdot b = b \cdot a$ für alle natürliche Zahlen gelten. Die Rechenregeln wurden zu „Gesetzen" erhoben – im Fall $a \cdot b = b \cdot a$ etwa spricht man

© Springer-Verlag GmbH Deutschland, ein Teil von Springer Nature 2022
H. Schmid, *Mathematik für Ingenieurwissenschaften: Grundlagen*,
https://doi.org/10.1007/978-3-662-65528-3_1

vom Kommutativgesetz der Multiplikation. Wir gehen also davon aus, dass die beiden Produkte

$$123456789 \cdot 987654321 \quad \text{und} \quad 987654321 \cdot 123456789$$

das gleiche Resultat liefern, ohne diese Ergebnisse jemals in einem Menschenalter durch Abzählen nachprüfen zu können. Können wir nicht? Die Mathematik bietet uns hier einen interessanten Ausweg! Mathematisch kann man die natürlichen Zahlen als eine Menge beschreiben, in der gewisse einfache Grundregeln gelten. Hierzu gehört etwa, dass jede natürliche Zahl n genau einen „Nachfolger" $n + 1$ besitzt, sowie das *Induktionsaxiom*:

Enthält eine Teilmenge $M \subset \mathbb{N}$ der natürlichen Zahlen die 0, und ist mit jeder Zahl n auch ihr Nachfolger $n + 1$ ein Element von M, dann gilt $M = \mathbb{N}$.

Aus diesen Grundgesetzen (= „Axiomen"), die wir als gültig anerkennen und die mit unserer Erfahrung übereinstimmen, werden in der Mathematik durch logische Folgerungen alle weiteren Rechengesetze abgeleitet, die dann wiederum zu neuen Formeln führen und in der Praxis benutzt werden können. Insbesondere erhält man so auch die bekannten Regeln für die Addition und Multiplikation: Die natürlichen Zahlen a, b, c erfüllen

- die *Kommutativgesetze* $a + b = b + a$ und $a \cdot b = b \cdot a$
- die *Assoziativgesetze* $(a + b) + c = a + (b + c)$ und $(a \cdot b) \cdot c = a \cdot (b \cdot c)$
- das *Distributivgesetz* $a \cdot (b + c) = a \cdot b + a \cdot c$

Das Assoziativgesetz für die Addition besagt etwa, dass die Reihenfolge der Auswertung bei mehrfachen Summen, welche durch Klammern gekennzeichnet ist, keine Rolle spielt, z. B. $(2 + 3) + 5 = 2 + (3 + 5) = 10$, sodass man bei Mehrfachsummen und -produkten auf Klammern verzichten kann: $2 + 3 + 5 = 10$.

Es bleibt noch zu bemerken, dass es neben den Rechenoperationen $+$ und $\cdot$ in der Menge $\mathbb{N}$ auch eine *Anordnung* gibt. Man schreibt $a \leq b$, falls eine Zahl $c \in \mathbb{N}$ existiert mit $a + c = b$. Im Fall $a \leq b$ und $a \neq b$ notiert man kurz $a < b$. Hieraus ergibt sich beispielsweise

$$1 < 4 \quad \text{wegen} \quad 1 + 3 = 4$$

und schließlich auch die Anordnung $0 < 1 < 2 < 3 < \ldots$ der natürlichen Zahlen.

Vollständige Induktion

Wie lässt sich beweisen, dass eine bestimmte Aussage für *alle* natürlichen Zahlen gilt? Da es unendlich viele natürliche Zahlen gibt, ist es sinnlos, die Aussage einzeln für 0, 1, 2, 3 usw. zu begründen – wir werden auf diesem Weg immer nur eine endliche Teilmenge der natürlichen Zahlen erreichen. Daher gehen wir anders vor. Zunächst zeigen wir, dass die Aussage für $N = 0$ oder einen anderen Anfangswert $N \in \mathbb{N}$ stimmt. Falls wir nachweisen können, dass aus der Gültigkeit für eine Zahl n die Richtigkeit der Aussage für den Nachfolger $n + 1$ folgt, dann gilt die Aussage tatsächlich für alle $n \in \mathbb{N}$ mit $n \geq N$. Dieses Beweisverfahren, das auf dem oben genannten Induktionsaxiom beruht und sich wie ein Dominoeffekt von N ausgehend durch alle natürlichen Zahlen fortpflanzt, nennt man *vollständige Induktion*.

Beispiel: Die Beobachtung

$$1 = 1$$
$$1 + 3 = 4$$
$$1 + 3 + 5 = 9$$
$$1 + 3 + 5 + 7 = 16$$
$$1 + 3 + 5 + 7 + 9 = 25$$
$$1 + 3 + 5 + 7 + 9 + 11 = 36$$
$$1 + 3 + 5 + 7 + 9 + 11 + 13 = 49$$

lässt vermuten, dass die Summe der ersten n ungeraden Zahlen immer genau den Wert n^2 ergibt, also

$$1 + 3 + 5 + \ldots + (2n - 1) = n^2$$

(der Wert $2n - 1$ entspricht genau der n-ten ungeraden Zahl). Aber gilt diese Aussage wirklich für *alle* natürlichen Zahlen $n \geq 1$? Wir können obige Formel mit vollständiger Induktion begründen. Wie wir schon wissen, ist sie für $n = 1$ bis $n = 7$ richtig. Gehen wir also davon aus, dass wir die Formel schon für alle natürlichen Zahlen bis zu einem Wert n (z. B. $n = 7$) nachgewiesen haben. Addieren wir die nächste ungerade Zahl, und das ist $2n + 1$, dann gilt die Aussage wegen

$$\underbrace{1 + 3 + 5 + \ldots + (2n - 1)}_{n^2} + (2n + 1) = n^2 + 2n + 1 = (n + 1)^2$$

auch für die ersten $n + 1$ ungeraden Zahlen. Sie ist demnach für $n = 7 + 1 = 8$ wahr, dann aber auch für $n = 8 + 1 = 9$, $n = 10$, $n = 11$ usw.; letztlich gilt sie also für *alle* natürlichen Zahlen $n \geq 1$.

Teilbarkeit und Primzahlen

Eine natürliche Zahl a nennt man *Teiler* von $n \in \mathbb{N}$, geschrieben $a \mid n$, wenn es eine natürliche Zahl b gibt mit der Eigenschaft $a \cdot b = n$. Jede natürliche Zahl $n > 1$ hat mindestens zwei Teiler, nämlich 1 und n. Eine Zahl $a \mid n$ mit $a \neq 1$ und $a \neq n$ nennt man *echten Teiler* von n. Viele Zahlen haben echte Teiler, z. B. sind 2 und 3 echte Teiler von 6. Es gibt aber auch natürliche Zahlen $n > 1$ ohne echte Teiler, und das sind die sogenannten *Primzahlen*:

$$2, 3, 5, 7, 11, 13, 17, 19, 23, \ldots$$

Primzahlen werden aufgrund der folgenden Eigenschaft auch als die „Atome" der natürlichen Zahlen bezeichnet.

Fundamentalsatz der Arithmetik: Jede natürliche Zahl $n > 1$ kann man als Produkt von Primzahlen darstellen, und diese Zerlegung in Primfaktoren ist – bis auf die Reihenfolge der Faktoren – eindeutig.

Beispielsweise lassen sich die Zahlen 60 und 42 zerlegen in die Primfaktoren

$$60 = 2 \cdot 2 \cdot 3 \cdot 5, \quad 42 = 2 \cdot 3 \cdot 7$$

Aus dem Fundamentalsatz ergibt sich eine wichtige Aussage über Primzahlen: Ist eine Primzahl p Teiler von $a \cdot b$, so ist entweder $p \mid a$ oder $p \mid b$.

Wir können den Fundamentalsatz, also die Zerlegung in Primfaktoren, beim Kürzen von Brüchen verwenden:
$$\frac{2730}{1638} = \frac{2 \cdot 3 \cdot 5 \cdot 7 \cdot 13}{2 \cdot 3 \cdot 3 \cdot 7 \cdot 13} = \frac{5}{3}$$
oder auch den *größten gemeinsamen Teiler* (ggT) bzw. das *kleinste gemeinsame Vielfache* (kgV) bestimmen:

$$\text{ggT}(2730, 1638) = 2 \cdot 3 \cdot 7 \cdot 13 = 546$$
$$\text{kgV}(2730, 1638) = 2 \cdot 3 \cdot 3 \cdot 5 \cdot 7 \cdot 13 = 8190$$

Für den ggT bildet man das Produkt aller Primfaktoren, die (ggf. mehrfach) in beiden Zerlegungen zugleich vorkommen, während beim kgV die Primfaktoren multipliziert werden, die (ggf. auch mehrfach) in mindestens einer der beiden Zahlen enthalten sind. Praktischerweise zerlegt man die beiden Zahlen in ihre Primfaktoren und fasst gleiche Primfaktoren zu Potenzen zusammen. Beim ggT bildet man das Produkt aller Primzahlpotenzen mit dem jeweils kleinsten Exponenten, beim kgV nimmt man jeweils den größten Exponenten aus beiden Zerlegungen.

Beispiel: Für

$$5460 = 2 \cdot 2 \cdot 3 \cdot 5 \cdot 7 \cdot 13 = 2^2 \cdot 3^1 \cdot 5^1 \cdot 7^1 \cdot 13^1$$
$$7875 = 3 \cdot 3 \cdot 5 \cdot 5 \cdot 5 \cdot 7 = 2^0 \cdot 3^2 \cdot 5^3 \cdot 7^1 \cdot 13^0$$

erhalten wir

$$\text{ggT}(5460, 7875) = 2^0 \cdot 3^1 \cdot 5^1 \cdot 7^1 \cdot 13^0 = 105$$
$$\text{kgV}(5460, 7875) = 2^2 \cdot 3^2 \cdot 5^3 \cdot 7^1 \cdot 13^1 = 409500$$

Abschließend wollen wir noch die Frage klären, „wie viele" Primzahlen es gibt. Die Antwort liefert der

Satz von Euklid: Es gibt unendlich viele Primzahlen

Diese Aussage lässt sich mit einem Verfahren begründen, das in der Mathematik *Widerspruchsbeweis* genannt wird. Ausgehend von einer Annahme gelangt man nach einer

Reihe von gültigen Schlussfolgerungen zu einem Widerspruch – die Annahme kann daher nicht richtig sein. Um den Satz von Euklid nachzuweisen, nehmen wir an, dass es nur endlich viele Primzahlen 2, 3, 5 usw. bis zu einer größten Primzahl P gibt. Bilden wir das Produkt aller dieser Primzahlen und addieren wir 1,

$$a = 1 + 2 \cdot 3 \cdot 5 \cdots P$$

dann ist offensichtlich $a > P$, und somit kann a keine Primzahl sein. Folglich wird a von einer Primzahl $p \leq P$ geteilt. Da p aber schon Faktor im Produkt $2 \cdot 3 \cdot 5 \cdots P$ ist, bleibt beim Teilen $a : p = (2 \cdot 3 \cdot 5 \cdots P + 1) : p$ der Rest 1 übrig, und somit kann p kein Teiler von a sein. Wir erhalten einen Widerspruch. Folglich war die Annahme, es gibt nur endlich viele Primzahlen, falsch.

Bis heute wurde noch kein effizientes Verfahren gefunden, welches eine beliebig große natürliche Zahl innerhalb kurzer Zeit in ihre Primfaktoren zerlegen kann. Diese Tatsache nutzt man in der Kryptographie zur Verschlüsselung von Texten, z. B. beim RSA-Verfahren. Überhaupt sind Probleme aus der Zahlentheorie (so nennt man das mathematische Gebiet, das sich mit natürlichen Zahlen befasst) zwar leicht verständlich, meist aber schwer zu lösen. So behauptete etwa der französische Mathematiker (und Jurist) Pierre de Fermat, dass es im Fall $n > 2$ keine positiven natürlichen Zahlen a, b, c geben kann mit der Eigenschaft

$$a^n + b^n = c^n$$

Für $n = 2$ findet man solche Zahlen, z. B. $3^2 + 4^2 = 5^2$ oder $5^2 + 12^2 = 13^2$, und diese werden *pythagoreische Tripel* genannt. Dagegen lassen sich keine natürlichen Zahlen a, b, $c > 0$ finden, welche

$$a^3 + b^3 = c^3, \quad a^4 + b^4 = c^4, \quad a^5 + b^5 = c^5 \quad \text{usw.}$$

erfüllen. Fermat notierte um 1640 in einem Buch seinen berühmten Satz: „Ich habe hierfür einen wahrhaft wunderbaren Beweis gefunden, doch ist der Rand hier zu schmal, um ihn zu fassen." Über Jahrhunderte versuchten die berühmtesten Mathematiker, Fermats Aussage nachzuweisen – vergeblich. Erst Ende des 20. Jahrhunderts gelang es dem britischen Mathematiker Andrew Wiles, den Fermatschen Satz für alle Exponenten $n > 2$ zu beweisen. Diese „abenteuerliche Geschichte eines mathematischen Rätsels" wird ausführlich in [56] erzählt. Ein weiteres Beispiel aus der Zahlentheorie ist die *Goldbachsche Vermutung*, die besagt, dass man *jede* gerade Zahl größer als 2 als Summe zweier Primzahlen schreiben kann, wie z. B. $16 = 5 + 11$ oder $60 = 23 + 37$ usw. Diese Vermutung konnte bisher noch nicht bewiesen werden. Noch ungeklärt ist auch die Frage, ob es unendlich viele Primzahlzwillinge gibt, also Paare von Primzahlen wie 17 und 19 oder 101 und 103, welche nur durch eine einzige gerade Zahl voneinander getrennt sind.

Die Fakultät

Für eine Zahl $n \in \mathbb{N}$ mit $n > 0$ nennt man das Produkt der ersten n natürlichen Zahlen

$$n! := 1 \cdot 2 \cdot 3 \cdots (n - 1) \cdot n$$

die *Fakultät* von *n*. Beispielsweise ist

$$4! = 1 \cdot 2 \cdot 3 \cdot 4 = 24, \quad 7! = 1 \cdot 2 \cdot 3 \cdot 4 \cdot 5 \cdot 6 \cdot 7 = 5040 \quad \text{usw.}$$

Zusätzlich legt man aus praktischen Gründen noch $0! := 1$ fest.

Die Fakultät spielt eine wichtige Rolle in der Kombinatorik. Eine typische Fragestellung aus diesem Gebiet lautet: Wie viele *Permutationen*, also mögliche Anordnungen (oder Vertauschungen) von *n* unterscheidbaren Objekten (z. B. verschiedenfarbigen Kugeln) gibt es? Für das erste Objekt hat man *n* Möglichkeiten der Auswahl, für das zweite Objekt dann noch $n - 1$, für das Dritte nur mehr $n - 2$ usw., bis schließlich nur noch ein Objekt übrig bleibt. Damit gibt es $n \cdot (n - 1) \cdot (n - 1) \cdots 2 \cdot 1 = n!$ Möglichkeiten für die Anordnung der *n* Objekte.

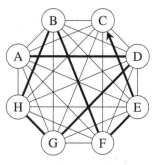

Abb. 1.1 Eine von insgesamt 40320 möglichen Touren durch acht Orte

Beispiel: Die Orte A bis H in Abb. 1.1 sind alle untereinander durch Straßen verbunden. Wie viele Möglichkeiten hat ein LKW, auf seiner Tour jeden Ort genau einmal anzufahren? Es sind $8! = 40320$ mögliche Wege.

Die Fakultät ist auch Bestandteil vieler mathematischer Formeln. Man findet sie in den Binomialkoeffizienten in der Formel für $(a + b)^n$ oder in den Koeffizienten von Potenzreihen. Insbesondere ist bei der Berechnung des Konvergenzradius von Potenzreihen oftmals mit Fakultäten zu rechnen, und es treten Umformungen auf wie etwa

$$\frac{(n + 1)!}{n!} = \frac{1 \cdot 2 \cdots (n - 1) \cdot n \cdot (n + 1)}{1 \cdot 2 \cdots (n - 1) \cdot n} = n + 1$$

Ganze Zahlen

Der „nächstgrößere" Zahlbereich nach $\mathbb{N}$ ist die Menge der *ganzen Zahlen*

$$\mathbb{Z} = \{\ldots, -3, -2, -1, 0, 1, 2, 3, \ldots\}$$

Sie enthält neben den natürlichen Zahlen auch negative Zahlen wie -3 oder -5. Während man den natürlichen Zahlen noch eine gewisse Bedeutung zuordnen kann, etwa eine Anzahl von Objekten oder eine Nummer beim Abzählen, fällt es schwer, sich unter einer Zahl wie -3 etwas vorzustellen. Noch schwieriger ist es, ein Rechenergebnis der Form

$(-3) \cdot (-5) = +15$ zu deuten. Im Folgenden wollen wir kurz klären, wie die Menge $\mathbb{Z}$ zustande kommt und, mehr noch, wie man mit ganzen Zahlen rechnet.

Der Ausgangspunkt ist das Problem, dass sich im Bereich der natürlichen Zahlen eine einfache Gleichung wie etwa $x + 2 = 0$ nicht lösen lässt. Um dennoch eine Lösung dieser Gleichung benennen zu können, muss man neue Zahlen einführen. Im speziellen Fall $x + 2 = 0$ soll die neue Zahl -2 die Lösung sein, und dementsprechend definiert man die *negative ganze Zahl* $-n$ als Lösung der Gleichung $x + n = 0$ für $n \in \mathbb{N}$. Nun müssen wir noch festlegen, wie man mit diesen neuen Zahlen rechnet, d. h., wir brauchen eine sinnvolle Definition für die Addition, Subtraktion und Multiplikation. Man benutzt das sogenannte

Permanenzprinzip: Bei der Erweiterung eines Zahlbereichs sollen die bekannten Rechenregeln (Kommutativ-, Assoziativ- und Distributivgesetz usw.) nach Möglichkeit auch im erweiterten Bereich gültig bleiben.

Als Beispiel wollen wir versuchen, die Multiplikation $3 \cdot (-5)$ und $(-3) \cdot (-5)$ nach dem Permanenzprinzip festzulegen, indem wir die aus $\mathbb{N}$ bekannte Rechenregeln verwenden, insbesondere das Distributivgesetz sowie die Aussage $a \cdot 0 = 0 \cdot a = 0$, die jetzt für alle ganzen Zahlen gelten sollen. Zunächst ist $3 \cdot (-5)$ wegen

$$0 = 3 \cdot 0 = 3 \cdot ((-5) + 5) = 3 \cdot (-5) + 3 \cdot 5 = 3 \cdot (-5) + 15$$

eine Lösung der Gleichung $x + 15 = 0$ und damit $3 \cdot (-5) = -15$. Aus

$$0 = 0 \cdot (-5) = ((-3) + 3) \cdot (-5) = (-3) \cdot (-5) + 3 \cdot (-5) = (-3) \cdot (-5) - 15$$

wiederum folgt $(-3) \cdot (-5) - 15 = 0$, sodass also $(-3) \cdot (-5) = +15$ gelten muss. Auf diese Weise erhält man ganz allgemein die Vorzeichenregel $(-a) \cdot (-b) = +a\,b$.

Die Zahlbereichserweiterung von $\mathbb{N}$ auf $\mathbb{Z}$ ist ein Modell dafür, wie später $\mathbb{R}$ zur Menge der komplexen Zahlen $\mathbb{C}$ erweitert wird. Auch dort führt man neue Zahlen ein, und das Permanenzprinzip legt fest, wie man mit diesen neuen Zahlen zu rechnen hat. Aus historischer Sicht gibt es ebenfalls eine Verbindung zwischen den beiden Zahlbereichen $\mathbb{Z}$ und $\mathbb{C}$. So wie die imaginären (= „eingebildeten") Zahlen wurden auch negative Zahlen lange Zeit nicht als Zahlenwerte akzeptiert. Im Altertum waren sie noch völlig unbekannt, und sie wurden wohl erstmals in Indien um 1000 n. Chr. verwendet. Im Europa des 16. Jahrhunderts nannte man sie noch „falsche" oder „fiktive Zahlen". Den Durchbruch brachte die Erkenntnis, dass man negative Zahlen beim Lösen von Gleichungen nutzbringend weiterverarbeiten kann, und dass sich nach einer Rechnung mit negativen Werten auch positive Lösungen ergeben können, so etwa beim Lösen der quadratischen Gleichung $x^2 - 6x + 8 = 0$ mit quadratischer Ergänzung:

$$\underbrace{x^2 - 6x + 9}_{(x-3)^2} - 1 = 0 \quad \implies \quad (x-3)^2 = 1 \quad \implies \quad x - 3 = \pm 1$$

Wir erhalten zwei positive Lösungen $x_1 = 3 + 1 = 4$ und $x_2 = 3 - 1 = 2$, obwohl wir zwischenzeitlich mit ± 1 auch negative Zahlen benutzt haben. Ähnliches gilt für

die Verwendung von imaginären bzw. komplexen Zahlen: Die Lösung einer kubischen
Gleichung erfordert manchmal das Rechnen mit Wurzeln aus negativen Zahlen, aber
oftmals ist das Endergebnis rein reell.

1.1.2 Rationale Zahlen und Brüche

Die Menge $\mathbb{N}$ der natürlichen Zahlen wird durch Axiome beschrieben, also durch „sinnvolle" Annahmen, die nicht weiter begründet werden. Dagegen ist die Menge $\mathbb{Z}$ als
Erweiterung von $\mathbb{N}$ konstruiert worden, und zwar so, dass die Rechengesetze erhalten
bleiben (Permanenzprinzip). Durch die Erweiterung von $\mathbb{N}$ auf $\mathbb{Z}$ hat man auch erreicht,
dass die Gleichung

$$a + x = b$$

für beliebige Werte a, $b \in \mathbb{Z}$ stets eine Lösung $x \in \mathbb{Z}$ hat, nämlich $x = b - a$. Ebenso
möchte man die Gleichung $a \cdot x = b$ möglichst für alle Zahlen a und b lösen können.
Sie hat im Bereich der ganzen Zahlen aber nur dann eine Lösung, wenn a ein Teiler von
b ist. So hat etwa $3x = 6$ die Lösung $x = 2$, während $3x = 5$ in $\mathbb{Z}$ nicht lösbar ist. Wir
brauchen also nochmals eine Erweiterung des Zahlbereichs $\mathbb{Z}$, und diese führt uns zur
Menge der *rationalen Zahlen*

$$\mathbb{Q} = \left\{ \frac{a}{b} \,\middle|\, a, b \in \mathbb{Z} \text{ und } b \neq 0 \right\}$$

Für Brüche mit dem Nenner 1 schreiben wir kurz $\frac{a}{1} := a \in \mathbb{Z}$, sodass $\mathbb{Z} \subset \mathbb{Q}$. Im Fall $a \nmid b$
ist $\frac{a}{b}$ zunächst wieder nur ein Symbol. Eine sinnvolle Festlegung für das Rechnen mit
diesen rationalen Zahlen ergibt sich dann erneut aus dem Permanenzprinzip. Sollen die
aus $\mathbb{Z}$ bekannten Rechenregeln weiterhin gelten, dann müssen wir die Grundrechenarten
in $\mathbb{Q}$ gemäß den bekannten Regeln für das Bruchrechnen ausführen. Für die Addition,
Subtraktion und Multiplikation bedeutet das

$$\frac{a}{b} \pm \frac{c}{d} = \frac{ad \pm bc}{bd} \quad \text{und} \quad \frac{a}{b} \cdot \frac{c}{d} = \frac{a \cdot c}{b \cdot d}$$

Bei der Division multipliziert man mit dem Kehrwert des Divisors (Nenners):

$$\frac{a}{b} : \frac{c}{d} = \frac{a \cdot d}{b \cdot c} \quad \text{oder} \quad \frac{\frac{a}{b}}{\frac{c}{d}} = \frac{a}{b} \cdot \frac{d}{c}$$

Schließlich entsprechen zwei Brüche $\frac{a}{b}$ und $\frac{c}{d}$ der gleichen rationalen Zahl, falls $a \cdot d = b \cdot c$
gilt. Diese Vereinbarung führt uns zum Kürzen bzw. Erweitern eines Bruchs mit einer
Zahl $k \neq 0$:

$$\frac{a \cdot k}{b \cdot k} = \frac{a}{b}$$

$$\underset{\text{erweitern}}{\overset{\text{kürzen}}{\rightleftarrows}}$$

Beispiele zum Rechnen mit rationalen Zahlen:

$$\frac{2}{3}+\frac{1}{5}=\frac{2\cdot5+3\cdot1}{3\cdot5}=\frac{13}{15}, \qquad \frac{5}{6}\cdot\frac{3}{10}=\frac{5\cdot3}{6\cdot10}=\frac{15}{60}=\frac{1}{4}$$

$$\frac{5}{6}-\frac{3}{4}=\frac{5\cdot4-3\cdot6}{6\cdot4}=\frac{2}{24}=\frac{1}{12}, \qquad \frac{5}{6}:\frac{4}{3}=\frac{5\cdot3}{6\cdot4}=\frac{15}{24}=\frac{5}{8}$$

Beispiele zur Umformungen von Doppelbrüchen:

$$\frac{\frac{3}{2}-5}{\frac{5}{2}-3}=\frac{\frac{3}{2}-\frac{5}{1}}{\frac{5}{2}-\frac{3}{1}}=\frac{-\frac{7}{2}}{-\frac{1}{2}}=7, \qquad \frac{1-\frac{1}{2x}}{1+\frac{2}{x}}=\frac{\frac{2x-1}{2x}}{\frac{x+2}{x}}=\frac{2x-1}{2x+4}$$

Nützlich ist die Bruchrechnung auch beim Umrechnen von Einheiten, z. B.

$$20\,\frac{\mathrm{m}}{\mathrm{s}}=20\,\frac{\frac{1}{1000}\,\mathrm{km}}{\frac{1}{3600}\,\mathrm{h}}=20\cdot\frac{3600}{1000}\,\frac{\mathrm{km}}{\mathrm{h}}=72\,\frac{\mathrm{km}}{\mathrm{h}}$$

Durch die Erweiterung von $\mathbb{Z}$ auf $\mathbb{Q}$ hat man schließlich erreicht, dass nun auch die lineare Gleichung $a\cdot x+b=0$ für beliebige Werte $a,\,b\in\mathbb{Q}$ mit $a\neq0$ stets eine Lösung $x\in\mathbb{Q}$ hat, nämlich $x=-\frac{b}{a}$.

Dezimalbrüche

Neben den Grundrechenarten kann man in der Menge $\mathbb{Q}$ der rationalen Zahlen auch eine Anordnung $<$ einführen. Zum Vergleich zweier rationaler Zahlen $\frac{a}{b}$ und $\frac{c}{d}$ setzen wir voraus, dass die Nenner b und d positiv sind – andernfalls erweitern wir mit -1. Anschließend bringt man die beiden Brüche auf einen gemeinsamen Nenner und vergleicht die Zähler:

$$\frac{a}{b}=\frac{ad}{bd} \quad\text{und}\quad \frac{c}{d}=\frac{bc}{bd} \quad\Longrightarrow\quad \frac{ad}{bd}<\frac{bc}{bd}, \quad\text{falls}\quad ad<bc$$

Beispiel: Gilt $-\frac{5}{4}<-\frac{31}{25}$? Wegen

$$-\frac{5}{4}=\frac{-5}{4}=\frac{-5\cdot25}{4\cdot25}=\frac{-125}{100}$$

$$-\frac{31}{25}=\frac{-31}{25}=\frac{-31\cdot4}{25\cdot4}=\frac{-124}{100}$$

und $-125<-124$ ist die Aussage richtig.

Das Beispiel zeigt aber auch, dass der Vergleich zweier rationaler Zahlen in Bruchform etwas mühsam ist. Zu diesem Zweck ist die Darstellung als *Dezimalzahl* besser geeignet. Beispiel:

$$-\frac{5}{4}=-1{,}25<-1{,}24=-\frac{31}{25}$$

Wie aber entwickelt man einen Bruch wie z. B. $\frac{31}{25}$ in eine Dezimalzahl? Man führt fortlaufend eine Division mit Rest durch und wiederholt die Rechnung für den Rest mal 10, also im Fall $\frac{31}{25}$

$$
\begin{array}{llll}
31 : 25 = 1 & \text{Rest} & 6 & | \cdot 10 \\
60 : 25 = 2 & \text{Rest} & 10 & | \cdot 10 \\
100 : 25 = 4 & \text{Rest} & 0 &
\end{array}
$$

Sobald der Rest 0 erscheint, können wir die Division abbrechen – die gesuchte Dezimalzahl $\frac{31}{25}$ = 1,24 setzt sich aus den ganzzahligen Quotienten der obigen Rechnung zusammen. In der Regel tritt aber der Fall ein, dass der Divisionsrest nie 0 wird, wie das Beispiel $\frac{22}{7}$ zeigt:

$$
\begin{array}{llll}
22 : 7 = 3 & \text{Rest} & 1 & | \cdot 10 \\
10 : 7 = 1 & \text{Rest} & 3 & | \cdot 10 \\
30 : 7 = 4 & \text{Rest} & 2 & | \cdot 10 \\
20 : 7 = 2 & \text{Rest} & 6 & | \cdot 10 \\
60 : 7 = 8 & \text{Rest} & 4 & | \cdot 10 \\
40 : 7 = 5 & \text{Rest} & 5 & | \cdot 10 \\
50 : 7 = 7 & \text{Rest} & 1 & | \cdot 10 \\
10 : 7 = 1 & \ldots & & \text{(Rechnung wiederholt sich)}
\end{array}
$$

also

$$
\frac{22}{7} = 3{,}142857142857\ldots = 3{,}\overline{142857}
$$

Wir erhalten einen *unendlichen* Dezimalbruch, bei dem sich die Ziffern ab einer bestimmten Stelle wiederholen. Prinzipiell kann man auch jeden endlichen Dezimalbruch als periodischen Dezimalbruch auffassen:

$$
\frac{31}{25} = 1{,}24000\ldots = 1{,}24\overline{0}
$$

Man kann sogar leicht einsehen, dass eine beliebige rationale Zahl $\frac{a}{b}$ stets einen periodischen Dezimalbruch liefert, da beim Rechenschema

$$
\begin{array}{llll}
a : b = q & \text{Rest} & r_1 & | \cdot 10 \\
r_1 : b = q_1 & \text{Rest} & r_2 & | \cdot 10 \\
r_2 : b = q_2 & \text{Rest} & r_2 & | \cdot 10 \\
r_3 : b = q_3 & \text{Rest} & r_3 & | \cdot 10 \\
& \text{usw.} & &
\end{array}
$$

die Reste r_1, r_2, r_3 usw. stets kleiner sind als der Nenner b, und daher muss sich die Ganzzahldivision spätestens nach $b - 1$ Durchläufen wiederholen. Somit ist $\frac{a}{b}$ ein periodischer Dezimalbruch mit maximaler Periodenlänge $b - 1$. Umgekehrt kann man aber auch jeden periodischen Dezimalbruch als rationale Zahl in der Form $\frac{a}{b}$ mit ganzen Zahlen a und b schreiben. Beispiel: Welche rationale Zahl gehört zu $r = 1{,}2\overline{48}$? Wir multiplizieren mit 10, sodass die periodische Ziffernsequenz in der ersten Nachkommastelle beginnt: $10 \cdot r = 12{,}\overline{48}$. Die Periodenlänge ist hier 2. Multiplizieren wir nochmals mit $10^2 = 100$, so verschieben sich die Nachkommastellen um genau eine Periode:

$$10 \cdot r = 12{,}48484848\ldots$$

$$1000 \cdot r = 1248{,}48484848\ldots$$

Die Differenz dieser beiden Werte ist eine ganze Zahl, und daher gilt

$$990 \cdot r = 1236 \quad \Longrightarrow \quad r = \frac{1236}{990} = \frac{206}{165}$$

Falls r eine beliebige periodische Dezimalzahl mit der Periode p ist, dann multipliziert man r ggf. mit einer Zehnerpotenz 10^k, sodass sich die Ziffern ab der ersten Nachkommastelle wiederholen. Multiplikation mit 10^p verschiebt die Ziffern um genau eine Periode, und folglich ist $10^p \cdot 10^k \cdot r - 10^k \cdot r = n$ eine ganze Zahl. Somit gilt

$$r = \frac{n}{10^k \cdot (10^n - 1)}$$

Als Ergebnis notieren wir:

> Jede rationale Zahl $\frac{a}{b}$ lässt sich als periodische Dezimalzahl schreiben, und umgekehrt kann man zu jeder periodischen Dezimalzahl einen Bruch $\frac{a}{b}$ mit $a \in \mathbb{Z}$ und $b \in \mathbb{Z} \setminus \{0\}$ finden.

Mit anderen Worten: Die rationalen Zahlen sind genau die periodischen Dezimalbrüche!

1.1.3 Reelle und irrationale Zahlen

Als Folgerung aus dem letzten Abschnitt notieren wir, dass ein nicht-periodischer Dezimalbruch wie etwa

$$0{,}303003000300003000003\ldots$$

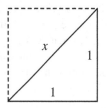

Abb. 1.2 Diagonale im Einheitsquadrat

keine rationale Zahl sein kann. Es gibt aber noch weitere Hinweise dafür, dass in der Menge $\mathbb{Q}$ Zahlen für den praktischen Gebrauch fehlen. Als Beispiel wollen wir die Diagonale x im Quadrat mit der Seitenlänge 1 berechnen. Da x auch die Hypotenuse im rechtwinkligen Dreieck mit den Katheten 1 ist, gilt nach dem Satz des Pythagoras $x^2 = 1^2 + 1^2 = 2$. Die Länge x erfüllt demnach die Gleichung $x^2 - 2 = 0$. Kann man diese Gleichung in der Menge der rationalen Zahlen lösen? Angenommen, es gibt eine solche rationale Zahl, die wir dann auch als vollständig gekürzten Bruch $x = \frac{a}{b}$ mit *teilerfremden* Zahlen a und b schreiben können. Wegen

$$\frac{a^2}{b^2} = 2 \quad \text{bzw.} \quad a^2 = 2 \cdot b^2$$

ist dann a^2 eine gerade Zahl. Da 2 (Primzahl!) ein Teiler von $a^2 = a \cdot a$ ist, muss 2 bereits ein Teiler von a und somit $a = 2 \cdot c$ mit einer natürlichen Zahl c sein. Einsetzen in die obige Gleichung liefert

$$4\,c^2 = a^2 = 2 \cdot b^2 \quad \text{bzw.} \quad b^2 = 2 \cdot c^2$$

Demnach ist auch b^2 gerade und 2 ein Teiler von $b^2 = b \cdot b$. Es müssen also sowohl a als auch b gerade Zahlen sein. Dies ist aber ein Widerspruch, da a und b als teilerfremd vorausgesetzt waren. Daher muss unsere Annahme falsch gewesen sein – eine rationale Zahl x mit $x^2 = 2$ kann es nicht geben.

Aus den obigen Überlegungen folgt: Es gibt reale geometrische Größen (wie z. B. die Diagonale im Einheitsquadrat), die sich nicht als rationale Zahlen darstellen lassen. Dazu gehört auch die *Kreiszahl* $\pi = 3{,}1415926535\ldots$ Sie ist das Verhältnis des Umfangs eines Kreises zu seinem Durchmesser und ebenfalls keine rationale Zahl!

Kehren wir zurück zum Problem, dass selbst eine einfache quadratische Gleichung wie $x^2 - 2 = 0$ in $\mathbb{Q}$ keine Lösung hat. Einen Ausweg bietet uns die sogenannte Intervallschachtelung. Wir nähern uns der Zahl $x^2 = 2$ von unten bzw. von oben mit endlichen Dezimalzahlen schrittweise an:

$$1^2 = 1 < 2 < 4 = 2^2$$
$$1{,}4^2 = 1{,}96 < 2 < 2{,}25 = 1{,}5^2$$
$$1{,}41^2 = 1{,}9881 < 2 < 2{,}0164 = 1{,}42^2$$
$$1{,}414^2 = 1{,}999396 < 2 < 2{,}002225 = 1{,}415^2$$

Setzt man diesen Prozess fort, so erhält man den Dezimalbruch

$$x = 1{,}414213562\ldots$$

der nicht periodisch sein kann (sonst wäre ja x eine rationale Zahl). Nicht-periodische Dezimalbrüche nennt man *irrationale Zahlen*. Sie lassen sich von oben und unten durch rationale Zahlen beliebig genau annähern. Die rationalen und irrationalen Zahlen bilden zusammen $\mathbb{R}$, die Menge der *reellen Zahlen*. Sie ist im Ingenieurwesen und in den Naturwissenschaften die Grundlage aller Rechen-, Zähl- und Messvorgänge. Anschaulich kann man die Menge $\mathbb{R}$ durch Punkte auf einer Zahlengeraden darstellen (siehe Abb. 1.3).

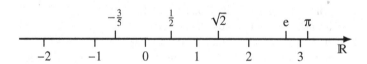

Abb. 1.3 Die reelle Zahlengerade

Wichtige Teilmengen von $\mathbb{R}$ sind die zuvor schon erwähnten Zahlbereiche, also

$$\mathbb{N} = \{0, 1, 2, 3, \ldots\} \qquad \text{natürliche Zahlen}$$
$$\mathbb{Z} = \{0, \pm 1, \pm 2, \pm 3, \ldots\} \qquad \text{ganze Zahlen}$$
$$\mathbb{Q} = \left\{ \tfrac{a}{b} \mid a,\, b \in \mathbb{Z},\, b \neq 0 \right\} \qquad \text{rationale Zahlen}$$

Hinzu kommen die *Intervalle*, die durch Randpunkte begrenzt sind. Man unterscheidet zwischen endlichen Intervallen

$$[a, b] = \{x \in \mathbb{R} \mid a \leq x \leq b\} \quad \text{abgeschlossenes Intervall}$$
$$[a, b[= \{x \in \mathbb{R} \mid a \leq x < b\} \quad \text{rechts halboffenes Intervall}$$
$$]a, b[= \{x \in \mathbb{R} \mid a < x < b\} \quad \text{offenes Intervall}$$

und unendlichen (einseitig begrenzten) Intervallen, z. B.

$$[a, \infty[= \{x \in \mathbb{R} \mid a \leq x\}$$
$$]-\infty, b[= \{x \in \mathbb{R} \mid x < b\}$$

Anstatt der Intervallschreibweise, also z. B. $[a, b[$ oder $]a, \infty[$, benutzt man oft auch nur die Abkürzung $a \leq x < b$ bzw. $x > a$.

Abb. 1.4 Ein halboffenes Intervall

Wir haben $\mathbb{R}$ aus der Menge $\mathbb{Q}$ durch Hinzunahme irrationaler Zahlen erhalten. Mathematisch kann man $\mathbb{R}$ auch als eine Menge beschreiben, in der gewisse Rechenregeln gelten. In $\mathbb{R}$ hat man die Rechenoperationen + (Addition) und · (Multiplikation) sowie als Umkehrung der Addition die Subtraktion – und als Umkehrung der Multiplikation die Division. Zusätzlich gibt es eine Anordnung $<$, sodass für zwei reelle Zahlen a und b stets eine der folgenden Beziehungen gilt:

$$a < b, \quad a = b, \quad a > b \quad (\text{bzw. } b < a)$$

Summen $a + b$, Differenzen $a - b$, Produkte $a \cdot b$ und Quotienten $\frac{a}{b}$ (mit $b \neq 0$) reeller Zahlen a und b ergeben stets wieder reelle Zahlen. Für diese Rechenoperationen gelten die folgenden Grundgesetze:

(1) Für die Addition und Multiplikation gelten die *Kommutativgesetze*

$$a + b = b + a \quad \text{und} \quad a \cdot b = b \cdot a \quad \text{für alle} \quad a, b, c \in \mathbb{R}$$

Man darf also die Reihenfolge der Summanden bzw. Faktoren vertauschen.

(2) Addition und Multiplikation erfüllen auch die *Assoziativgesetze*

$$a + (b + c) = (a + b) + c \quad \text{und} \quad a \cdot (b \cdot c) = (a \cdot b) \cdot c$$

Bei einer Mehrfachsumme oder einem mehrfachen Produkt darf man Klammern beliebig setzen, d. h., die Reihenfolge der Auswertung spielt keine Rolle.

(3) Das *Distributivgesetz* verknüpft Addition und Multiplikation:

$$a \cdot (b + c) = a \cdot b + a \cdot c$$

ausmultiplizieren
$$\rightleftharpoons$$
ausklammern

(4) Die besonderen reellen Zahlen 0 und 1 haben die Eigenschaften

$$0 + a = a, \quad 1 \cdot a = a$$

für alle $a \in \mathbb{R}$. Umgekehrt gibt es zu jedem $a \in \mathbb{R}$ genau eine Zahl $-a \in \mathbb{R}$ mit $(-a) + a = 0$, und im Fall $a \neq 0$ genau eine Zahl $\frac{1}{a} \in \mathbb{R}$ mit $\frac{1}{a} \cdot a = 1$.

(5) Die Anordnung $<$ erfüllt die *Monotoniegesetze*:

- Falls $a < b$ und $c \in \mathbb{R}$ beliebig, so ist auch $a + c < b + c$

- Falls $a < b$ und $c \in \mathbb{R}$ positiv, so ist auch $a \cdot c < b \cdot c$

Alle genannten Gesetze gelten gleichermaßen in der Menge $\mathbb{Q}$ der rationalen Zahlen, während in $\mathbb{Z}$ das inverse Element $\frac{1}{a}$ der Multiplikation fehlt, und in $\mathbb{N}$ auch das inverse Element $-a$ der Addition. Hinsichtlich der Rechenregeln gibt es also zwischen $\mathbb{R}$ und $\mathbb{Q}$ keine Unterschiede. Allerdings ist die Menge $\mathbb{R}$ umfangreicher als $\mathbb{Q}$, da sie neben den rationalen noch die irrationalen Zahlen enthält. Kann man diesen Unterschied auch als „Rechengesetz" formulieren? Was unterscheidet $\mathbb{R}$ von $\mathbb{Q}$ aus Sicht der Mengenlehre? Es ist die „Ordnungsvollständigkeit", die im Folgenden kurz erklärt wird und später beim Grenzwertbegriff nochmals eine Rolle spielen wird.

Eine Teilmenge $A \subset \mathbb{R}$ der reellen Zahlen heißt nach oben beschränkt, falls es eine Zahl $a \in \mathbb{R}$ gibt mit der Eigenschaft $x \leq a$ für alle $x \in A$. Eine solche Zahl a nennt man obere Schranke der Menge A. Obere Schranken der Menge $[1, 2[$ sind beispielsweise die Zahlen 3, 5 oder 2, nicht aber die Zahlen 1,5 oder -1. Die Teilmengen $\mathbb{N}$ oder $[0, \infty[$ von $\mathbb{R}$ sind nicht nach oben beschränkt und haben somit auch keine obere Schranke. Die *kleinste* obere Schranke einer Menge A, falls es sie gibt, nennt man das *Supremum* von A, und wird mit sup A abgekürzt. Beispielsweise ist sup $[1, 2[= 2$ oder sup $]-\infty, 3] = 3$.

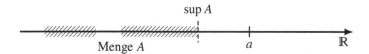

Abb. 1.5 Die kleinste obere Schranke der Menge A

Im Gegensatz zu $\mathbb{Q}$ hat man in der Menge der reellen Zahlen noch die

> **Ordnungsvollständigkeit**: Jede nach oben beschränkte Teilmenge aus $\mathbb{R}$ besitzt eine kleinste obere Schranke (= Supremum) in $\mathbb{R}$.

Eine entsprechende Aussage gilt in $\mathbb{Q}$ nicht, d. h., nicht jede nach oben beschränkte Teilmenge von $\mathbb{Q}$ hat auch eine kleinste obere Schranke *in* $\mathbb{Q}$. Als Beispiel betrachten wir die Menge

$$A = \{x \in \mathbb{Q} \mid x^2 < 2\}$$

A ist eine nach oben beschränkte Teilmenge von $\mathbb{Q}$ mit den oberen Schranken

$$1,5 \quad 1,42 \quad 1,415 \quad 1,4143 \quad 1,41422 \quad \text{usw.}$$

Durch Probieren und Hinzunahme weiterer Dezimalstellen findet man stets eine noch kleinere rationale Zahl als obere Schranke von A. Diese Zahlen nähern sich dem Wert

$$\sqrt{2} = 1,41421356\ldots$$

an. Wie wir aber bereits nachgewiesen haben, ist $\sqrt{2}$ keine rationale Zahl, und daher hat die Menge A in $\mathbb{Q}$ auch keine kleinste obere Schranke. Dagegen gehört $\sup A = \sqrt{2}$ aufgrund der Ordnungsvollständigkeit zur Menge $\mathbb{R}$.

In der Praxis verwendet man beim Rechnen häufig nur rationale Zahlen, so etwa bei der Arbeit mit dem Taschenrechner oder bei der Datenverarbeitung im PC – beide Geräte nutzen nur endliche Binärbrüche zur Darstellung der Zahlen. Das Prinzip der Intervallschachtelung (oder die Ordnungsvollständigkeit) garantiert, dass man irrationale Zahlen beliebig genau durch rationale Zahlen annähern kann. Gemäß diesem Prinzip werden reelle Zahlen im PC und im Taschenrechner näherungsweise dargestellt und verarbeitet, und z. B. bei achtstelliger Anzeige arbeitet der Taschenrechner mit dem Näherungswert $\sqrt{2} \approx 1,4142136$.

1.1.4 Potenzen und Wurzeln

Allgemeine Potenzen

Bei der Multiplikation wird für eine Summe mit gleichen Summanden eine verkürzte Schreibweise eingeführt, und zwar

$$n \cdot a := \underbrace{a + a + a + \ldots + a}_{n \text{ Summanden } a}$$

Ebenso lässt sich auch ein Produkt mit gleichen Faktoren als neue Rechenoperation auffassen. Für eine natürliche Zahl $n > 0$ bezeichnet

$$a^n := \underbrace{a \cdot a \cdot a \cdots a}_{n \text{ Faktoren } a}$$

die n-te Potenz von $a \in \mathbb{R}$. Hierbei heißt n der *Exponent* und a die *Basis* der Potenz a^n. Beispiele:

$$2^5 = 2 \cdot 2 \cdot 2 \cdot 2 \cdot 2 = 32, \quad 4^3 = 4 \cdot 4 \cdot 4 = 64, \quad 5^2 = 5 \cdot 5 = 25$$

Aus der Definition als mehrfaches Produkt ergeben sich automatisch die ersten Rechenregeln für Potenzen:

$$(a \cdot b)^n = ab \cdot ab \cdots ab = a \cdot a \cdots a \cdot b \cdot b \cdots b = a^n \cdot b^n$$

$$\left(\frac{a}{b}\right)^n = \left(\frac{a}{b}\right) \cdot \left(\frac{a}{b}\right) \cdots \left(\frac{a}{b}\right) = \frac{a \cdot a \cdots a}{b \cdot b \cdots b} = \frac{a^n}{b^n}$$

oder

$$a^m \cdot a^n = \overbrace{a \cdot a \cdots a}^{m} \cdot \overbrace{a \cdot a \cdots a}^{n} = a^{m+n}, \quad (a^m)^n = a^{m \cdot n}$$
$$\underbrace{}_{m+n \text{ Faktoren}}$$

sowie

$$\frac{a^n}{a^m} = \frac{\overbrace{a \cdot a \cdots a}^{n}}{\underbrace{a \cdot a \cdots a}_{m}} = a^{n-m} \qquad (\text{falls } n > m)$$

Die Definition der Potenz a^n als n-faches Produkt macht aber nur dann Sinn, falls n eine positive natürliche Zahl ist, denn n gibt die Anzahl der Faktoren a an. Wie kann man dann eine Potenz a^0 oder sogar Potenzen mit negativen Exponenten sinnvoll festlegen? Bei einer solchen Definition von a^n für ganze Exponenten $n \in \mathbb{Z}$ sollen die Potenzgesetze weiterhin gültig bleiben (Stichwort: Permanenzprinzip), und dies führt im Fall $a \neq 0$ zu

$$a^0 = a^{n-n} = \frac{a^n}{a^n} = 1 \quad \text{und} \quad a^{-n} = a^{0-n} = \frac{a^0}{a^n} = \frac{1}{a^n}$$

Beispiel: $5^{-2} = \frac{1}{5^2} = \frac{1}{25} = 0{,}04$. Die folgenden *Potenzgesetze* gelten dann auch für ganzzahlige (bzw. rationale und sogar reelle) Exponenten.

$$a^m \cdot a^n = a^{m+n}, \quad (a \cdot b)^n = a^n \cdot b^n, \quad a^0 := 1 \quad (a \neq 0)$$
$$(a^m)^n = a^{m \cdot n}, \quad \frac{a^m}{a^n} = a^{m-n}, \quad \left(\frac{a}{b}\right)^n = \frac{a^n}{b^n} \quad (b \neq 0)$$

Mit diesen Regeln kann man Produkte und Quotienten von Potenzen umformen – aber nur, wenn entweder die Exponenten oder die Basen gleich sind! Beispiel:

$$\left(\frac{3}{4}\right)^{-2} \cdot \left(\frac{4}{3}\right)^{-3} = \left(\frac{3}{4}\right)^{-2} \cdot \left(\frac{3}{4}\right)^{3} = \left(\frac{3}{4}\right)^{-2+3} = \frac{3}{4}$$

Achtung: Summen und Differenzen von Potenzen kann man im Allgemeinen nicht zusammenfassen:

$$a^n + b^n \overset{\text{i. Allg.}}{\neq} (a+b)^n$$

denn z. B. ist $3^2 + 4^2 = 9 + 16 = 25$, aber $(3+4)^2 = 7^2 = 49$.

Potenzen verwendet man u. a. auch bei der sog. *wissenschaftlichen Notation* für sehr große und sehr kleine Zahlen:

$$16000000 = 1{,}6 \cdot 10^7 \quad \text{und} \quad 0{,}000025 = 2{,}5 \cdot 10^{-5}$$

mit der sich solche Werte praktisch und schnell verarbeiten lassen.

Beispiele:

$$16000000 \cdot 0{,}000025 = 1{,}6 \cdot 10^7 \cdot 2{,}5 \cdot 10^{-5} = 4 \cdot 10^2 = 400$$
$$\sqrt{0{,}000025} = \sqrt{0{,}25 \cdot 10^{-4}} = 0{,}5 \cdot 10^{-2} = 0{,}005$$

Wurzeln

Die Umkehrung des Potenzierens führt zum Wurzelziehen, auch Radizieren genannt (lat. Wurzel = radix). Gegeben ist eine natürliche Zahl $n > 0$ und eine reelle Zahl a. Gesucht ist die Zahl x, welche die Gleichung $x^n = a$ erfüllt. Diese Zahl x heißt n-te Wurzel von a, und man schreibt $x = \sqrt[n]{a}$. Für die zweite Wurzel, *Quadratwurzel* genannt, notiert man kurz $x = \sqrt{a}$. Die dritte Wurzel $\sqrt[3]{a}$ bezeichnet man auch als *Kubikwurzel*. Das Wurzelzeichen $\sqrt{}$ entstammt dem kleinen Anfangsbuchstaben in r̲adix und wurde erstmals 1525 verwendet; die Verlängerung des r über den *Radikanden* – das ist der Ausdruck unter der Wurzel – wurde von René Descartes (dem Namensgeber des kartesischen Koordinatensystems) erst 1637 eingeführt.

In manchen Fällen kann man die zu berechnenden Wurzelwerte leicht durch Raten finden. Beispiele: Welche Zahlen $x \in \mathbb{R}$ erfüllen die Gleichungen

a) $x^3 = 27$?   Lösung: $x = 3$

b) $x^2 = 4$?   Lösungen: $x = 2$ und $x = -2$

c) $x^3 = -8$?   Lösung: $x = -2$

d) $x^2 = -4$?   Keine Lösung!

Hier zeigen sich bereits erste Probleme, die beim „Wurzelziehen" auftreten können. In manchen Fällen (Beispiel b) gibt es mehrere Lösungen, und in anderen Fällen (Beispiel d) dagegen gibt es überhaupt keine Wurzelwerte. Um diese Probleme der Mehrdeutigkeit und der Nichtexistenz zu vermeiden, vereinbart man, in der Menge $\mathbb{R}$ nur Wurzeln aus *positiven* Zahlen zu ziehen. Das bedeutet:

> Für eine reelle Zahl $a \geq 0$ bezeichnet $x = \sqrt[n]{a}$
> die *nicht-negative* Lösung der Gleichung $x^n = a$

In den obigen Beispielen entsprechen die gefundenen Lösungen den Wurzelwerten $\sqrt[3]{27} = 3$ und $\sqrt{4} = 2$, während die Gleichung $x^2 = 4$ in b) gleich zwei Lösungen $x = \pm\sqrt{4} = \pm 2$ hat. Die Werte $\sqrt[3]{-8}$ und $\sqrt{-4}$ sind in $\mathbb{R}$ nicht definiert. Dennoch lässt man in der Praxis für den Fall, dass $n \in \mathbb{N}$ ungerade ist, auch negative Radikanden zu. Die Lösung der Gleichung $x^3 = -8$ im Beispiel c) lautet dann $x = \sqrt[3]{-8} = -\sqrt[3]{8} = -2$.

Eine weitere Schwierigkeit beim Radizieren ist das Auftreten irrationaler Zahlen, wie schon im Abschnitt über reelle Zahlen erwähnt: $\sqrt{2} = 1{,}41421356\ldots$ kann nicht mehr als Bruch zweier ganzen Zahlen geschrieben werden.

Rationale Exponenten

Im letzten Abschnitt wurde erläutert, was Wurzeln sind und wie man sie findet. Allerdings fehlen uns noch Rechenregeln zum Umgang mit Wurzeln. Eine andere, noch offene Frage zum Thema Potenzen ist die sinnvolle Definition von a^n für *rationale* Exponenten n. Zwischen diesen beiden Problemstellungen gibt es einen Zusammenhang.

Möchte man Potenzen mit rationalen Exponenten definieren, z. B. $3^{\frac{1}{2}}$, dann sollte dieser Wert die bisherigen Potenzgesetze berücksichtigen. Demnach müsste

$$(3^{\frac{1}{2}})^2 = 3^{\frac{1}{2} \cdot 2} = 3^1 = 3$$

gelten und damit $3^{\frac{1}{2}}$ die Gleichung $x^2 = 3$ lösen. Dies bedeutet dann aber $3^{\frac{1}{2}} = \sqrt{3}$. Allgemeiner ist

$$(a^{\frac{1}{n}})^n = a^{\frac{1}{n} \cdot n} = a^1 = a$$

und folglich $a^{\frac{1}{n}}$ eine Lösung der Gleichung $x^n = a$, also $a^{\frac{1}{n}} = \sqrt[n]{a}$. Mit diesen Überlegungen können wir jetzt einerseits Potenzen mit beliebigen rationalen Exponenten festlegen:

$$a^{\frac{m}{n}} = \left(a^{\frac{1}{n}}\right)^m = \left(\sqrt[n]{a}\right)^m$$

beispielsweise

$$16^{0,75} = 16^{\frac{3}{4}} = \left(\sqrt[4]{16}\right)^3 = 2^3 = 8$$

$$\sqrt[3]{27^2} = 27^{\frac{2}{3}} = (\sqrt[3]{27})^2 = 3^2 = 9$$

und die Rechenregeln für Wurzeln ergeben sich unmittelbar aus den Potenzgesetzen: Man „übersetzt" die Wurzeln in Potenzen mit rationalen Exponenten und wendet die entsprechenden Potenzgesetze an.

Beispiele:

$$\sqrt{2} \cdot \sqrt[3]{4} = 2^{\frac{1}{2}} \cdot \left(\tfrac{8}{2}\right)^{\frac{1}{3}} = 8^{\frac{1}{3}} \cdot 2^{\frac{1}{2} - \frac{1}{3}} = 2 \cdot 2^{\frac{1}{6}} = 2\sqrt[6]{2}$$

$$\sqrt[5]{\frac{x^2}{\sqrt[3]{x}}} = (x^2 \cdot x^{-\frac{1}{3}})^{\frac{1}{5}} = (x^{\frac{5}{3}})^{\frac{1}{5}} = x^{\frac{1}{3}} = \sqrt[3]{x}$$

Rationalmachen des Nenners

In der Praxis treten gelegentlich Brüche auf, die im Nenner einen Wurzelausdruck enthalten. Möchte man den Nenner von Wurzeln befreien, so erweitert man den Bruch mit einem Ausdruck, der zur binomischen Formel $(a - b)(a + b) = a^2 - b^2$ führt. Diese Technik nennt man *Rationalmachen des Nenners*.

Beispiele:

$$\frac{1}{2 - \sqrt{3}} = \frac{2 + \sqrt{3}}{(2 - \sqrt{3}) \cdot (2 + \sqrt{3})} = \frac{2 + \sqrt{3}}{4 - 3} = 2 + \sqrt{3}$$

$$\frac{\sqrt{12} - 3}{\sqrt{12} + 3} = \frac{(\sqrt{12} - 3) \cdot (\sqrt{12} - 3)}{(\sqrt{12} + 3) \cdot (\sqrt{12} - 3)}$$

$$= \frac{(\sqrt{12} - 3)^2}{12 - 9} = \frac{12 - 6\sqrt{12} + 9}{3} = 7 - 4\sqrt{3}$$

1.1.5 Der binomische Lehrsatz

Aus den Rechenregeln für reelle Zahlen, insbesondere aus dem Kommutativ- und Distributivgesetz, erhält man durch Ausmultiplizieren die Formel

$$(a + b) \cdot (a + b) = a \cdot (a + b) + b \cdot (a + b)$$
$$= a \cdot a + a \cdot b + b \cdot a + b \cdot b = a^2 + 2\,a\,b + b^2$$

Es gibt noch zwei weitere Formeln dieser Art – sie werden *binomische Formeln* genannt:

$$(a + b)^2 = a^2 + 2\,a\,b + b^2$$
$$(a - b)^2 = a^2 - 2\,a\,b + b^2$$
$$(a + b) \cdot (a - b) = a^2 - b^2$$

(ein *Binom* ist einfach nur eine Summe $a + b$ oder Differenz $a - b$ aus zwei Termen). Die binomischen Formeln werden oft gebraucht, um komplizierte Ausdrücke zu vereinfachen.

Beispiele:

$$\frac{3\,x^2 - 12}{x^2 - 4\,x + 4} = \frac{3\,(x^2 - 4)}{(x - 2)^2} = \frac{3\,(x - 2)\,(x + 2)}{(x - 2)^2} = 3\,\frac{x + 2}{x - 2}$$

$$\frac{\frac{1}{a^2} - \frac{2}{a\,b} + \frac{1}{b^2}}{\frac{1}{a^2} - \frac{1}{b^2}} = \frac{\frac{b^2 - 2ab + a^2}{a^2 b^2}}{\frac{b^2 - a^2}{a^2 b^2}} = \frac{(b - a)^2}{(b - a)(b + a)} = \frac{b - a}{b + a}$$

$$\sqrt{(x + 2)^2 - 8\,x} = \sqrt{x^2 - 4\,x + 4} = \sqrt{(x - 2)^2} = |x - 2|$$

Manchmal kann man die binomischen Formeln zur schnellen Berechnung von Produkten und Quadraten verwenden, wie z. B.

$$43^2 = (40 + 3)^2 = 40^2 + 2 \cdot 40 \cdot 3 + 3^2 = 1600 + 240 + 9 = 1849$$
$$43 \cdot 37 = (40 + 3) \cdot (40 - 3) = 1600 - 9 = 1591$$

Durch Ausmultiplizieren lässt sich auch eine Formel für die 3. Potenz

$$(a+b)^3 = (a+b)^2 \cdot (a+b) = (a^2 + 2\,a\,b + b^2) \cdot (a+b)$$
$$= a^3 + 2\,a^2b + b^2a + a^2b + 2\,a\,b^2 + b^3$$
$$= a^3 + 3\,a^2b + 3\,a\,b^2 + b^3$$

sowie für $(a+b)^4$, $(a+b)^5$ usw. finden. Allerdings werden die zu multiplizierenden Summen immer komplizierter. Es gibt jedoch eine einfachere Möglichkeit, mit der wir eine Formel für die Potenz $(a+b)^n$ sogar für *beliebige* natürliche Exponenten n angeben können. Wir brauchen dazu die sogenannten *Binomialkoeffizienten*, welche definiert sind durch

$$\binom{n}{k} := \frac{n(n-1)(n-2)\cdots(n-k+1)}{1\cdot 2\cdot 3\cdots k}$$

(sprich: „n über k"). Beispielsweise ist

$$\binom{7}{3} = \frac{7\cdot 6\cdot 5}{1\cdot 2\cdot 3} = \frac{210}{6} = 35 \quad \text{und} \quad \binom{6}{4} = \frac{6\cdot 5\cdot 4\cdot 3}{1\cdot 2\cdot 3\cdot 4} = \frac{360}{24} = 15$$

Das Produkt im Nenner enthält als Faktoren alle Zahlen von 1 bis k, also $k!$ – die Fakultät von k. Erweitert man den Bruch im Binomialkoeffizienten mit $(n-k)!$, dann können wir auch den Zähler als Fakultät schreiben:

$$\binom{n}{k} = \frac{n(n-1)(n-2)\cdots(n-k+1)\cdot(n-k)!}{k!\cdot(n-k)!}$$
$$= \frac{n(n-1)(n-2)\cdots(n-k+1)\cdot(n-k)\cdots 3\cdot 2\cdot 1}{k!\cdot(n-k)!} = \frac{n!}{k!\cdot(n-k)!}$$

Die oben berechneten Binomialkoeffizienten ergeben sich dann ebenso aus

$$\binom{7}{3} = \frac{7!}{3!\cdot 4!} = \frac{5040}{6\cdot 24} = 35 \quad \text{und} \quad \binom{6}{4} = \frac{6!}{4!\cdot 2!} = \frac{720}{24\cdot 2} = 15$$

Wegen $0! := 1$ sind schließlich auch die folgenden Binomialkoeffizienten definiert:

$$\binom{n}{0} = \frac{n!}{0!\cdot(n-0)!} = 1, \quad \binom{n}{n} = \frac{n!}{n!\cdot(n-n)!} = 1$$

Notiert man die Binomialkoeffizienten in Form eines dreieckigen Zahlenschemas, wobei $\binom{n}{k}$ der Eintrag in der n-ten Zeile an der k-ten Stelle ist (jeweils ab 0 gezählt), so erhält man das *Pascalsche Dreieck*

$$
\begin{array}{ccccccccccc}
 & & & & & \binom{0}{0} & & & & & \\
 & & & & \binom{1}{0} & & \binom{1}{1} & & & & \\
 & & & \binom{2}{0} & & \binom{2}{1} & & \binom{2}{2} & & & \\
 & & \binom{3}{0} & & \binom{3}{1} & & \binom{3}{2} & & \binom{3}{3} & & \\
 & \binom{4}{0} & & \binom{4}{1} & & \binom{4}{2} & & \binom{4}{3} & & \binom{4}{4} & \\
\binom{5}{0} & & \binom{5}{1} & & \binom{5}{2} & & \binom{5}{3} & & \binom{5}{4} & & \binom{5}{5}
\end{array}
$$
$$\cdots$$

welches auf Blaise Pascal (1623 - 1662) zurückgeht. Berechnet man die einzelnen Werte, so ergibt sich folgendes Bild, in dem man gewisse Gesetzmäßigkeiten entdecken kann:

$$
\begin{array}{ccccccccccccccc}
&&&&&&& 1 &&&&&&& \\
&&&&&& 1 && 1 &&&&&& \\
&&&&& 1 && 2 && 1 &&&&& \\
&&&& 1 && 3 && 3 && 1 &&&& \\
&&& 1 && 4 && 6 && 4 && 1 &&& \\
&& 1 && 5 && 10 && 10 && 5 && 1 && \\
& 1 && 6 && 15 && 20 && 15 && 6 && 1 & \\
1 && 7 && 21 && 35 && 35 && 21 && 7 && 1 \\
\end{array}
$$

$\cdots$

Offensichtlich ergibt die Addition benachbarter Binomialkoeffizienten den Eintrag in der nächsten Zeile. Diese Eigenschaft kann man auch durch eine Rechnung nachweisen:

$$
\begin{aligned}
\binom{n}{k} + \binom{n}{k+1} &= \frac{n!}{k! \cdot (n-k)!} + \frac{n!}{(k+1)! \cdot (n-k-1)!} \\
&= \frac{n!}{k! \cdot (n-k-1)!} \left(\frac{1}{n-k} + \frac{1}{k+1} \right) \\
&= \frac{n!}{k! \cdot (n-k-1)!} \cdot \frac{n+1}{(k+1)(n-k)} = \binom{n+1}{k+1}
\end{aligned}
$$

Die Binomialkoeffizienten sind nun genau die gesuchten Vorfaktoren in der Formel für $(a+b)^n$. Diese Formel heißt *binomischer Lehrsatz* und lautet

$$
(a+b)^n = a^n + \binom{n}{1} a^{n-1} b + \binom{n}{2} a^{n-2} b^2 + \ldots + \binom{n}{n-1} a\, b^{n-1} + b^n
$$

Die Punkte . . . bedeuten, dass die noch fehlenden Summanden passend zu den bereits angegebenen aufzufüllen sind. Eine solche lange Summe kann man mit dem Summensymbol abkürzen:

$$
(a+b)^n = \sum_{k=0}^{n} \binom{n}{k} a^{n-k} b^k
$$

wobei $\sum_{k=0}^{n}$ die Summe aller nachfolgenden Ausdrücke bezeichnet, in welchen k nacheinander durch die natürlichen Zahlen 0 bis n zu ersetzen ist.

Beispiel: Der binomische Lehrsatz für die vierte Potenz lautet

$$
(a+b)^4 = \sum_{k=0}^{4} \binom{4}{k} a^{4-k} b^k = \binom{4}{0} a^4 + \binom{4}{1} a^3 b + \binom{4}{2} a^2 b^2 + \binom{4}{3} a^1 b^3 + \binom{4}{4} b^4
$$

und liefert die Formel $(a+b)^4 = a^4 + 4 a^3 b + 6 a^2 b^2 + 4 a b^3 + b^4$.

Der binomische Lehrsatz lässt sich wie folgt begründen: Wir nehmen an, dass die Aussage bereits für einen Exponenten n (z. B. $n = 2$) richtig ist und weisen nach, dass sie dann auch für den Exponenten $n + 1$ gültig ist.

Durch Ausmultiplizieren von $(a + b)^{n+1} = (a + b)^n \cdot (a + b)$ und Anwendung der Formel für die Addition benachbarter Binomialkoeffizienten ergibt sich

$$(a + b)^{n+1} = (a + b)^n \cdot (a + b)$$

$$= \left[a^n + \binom{n}{1} a^{n-1}b + \binom{n}{2} a^{n-2}b^2 + \ldots + \binom{n}{n-1} a\,b^{n-1} + b^n \right] (a + b)$$

$$= a^{n+1} + \binom{n}{1} a^n b + \binom{n}{2} a^{n-1}b^2 + \ldots + \binom{n}{n} a\,b^n$$

$$\quad + \binom{n}{0} a^n b + \binom{n}{1} a^{n-1}b^2 + \ldots + \binom{n}{n-1} a\,b^n + b^{n+1}$$

$$= a^{n+1} + \binom{n+1}{1} a^n b + \binom{n+1}{2} a^{n-1}b^2 + \ldots + \binom{n+1}{n} a\,b^n + b^{n+1}$$

Als Ergebnis notieren wir: *Gilt die Formel für n, dann gilt sie auch für n + 1.* Andererseits wissen wir bereits, dass die Formel für $n = 2$ wahr ist – es ist die erste binomische Formel

$$(a + b)^2 = a^2 + 2\,a\,b + b^2 = \binom{2}{0} a^2 b^0 + \binom{2}{1} a^1 b^1 + \binom{2}{2} a^0 b^2$$

und somit gilt sie auch für die Exponenten $2 + 1 = 3$, für $n = 3 + 1 = 4$, für $4 + 1 = 5$ usw. Nach dem Prinzip der vollständigen Induktion ist sie dann auch für alle natürlichen Exponenten $n \geq 2$ richtig.

1.1.6 Nützliche Abschätzungen

Bei der Arbeit mit Zahlen, also beim Rechnen, Messen usw., braucht man oft Abschätzungen für Produkte oder Summen von Zahlen. Ausgangspunkt einer Reihe von wichtigen Ungleichungen ist die binomische Formel in Verbindung mit der Erkenntnis, dass Quadratzahlen nicht negativ sind. Für alle reellen Zahlen a und b gilt demnach

$$0 \leq (a - b)^2 = a^2 - 2\,a\,b + b^2 \quad \Longrightarrow \quad 2\,a\,b \leq a^2 + b^2$$

Wir teilen durch 2 und erhalten die sogenannte *binomische Ungleichung*

$$a \cdot b \leq \tfrac{1}{2}(a^2 + b^2) \quad \text{für alle } a, b \in \mathbb{R}$$

Diese Ungleichung wollen wir noch etwas weiterverarbeiten. Wir addieren auf beiden Seiten das Produkt $a\,b$ und teilen dann durch 2:

$$2\,a\,b \leq \tfrac{1}{2}(a^2 + b^2) + a\,b = \tfrac{1}{2}(a + b)^2 \quad \Longrightarrow \quad a\,b \leq \tfrac{1}{4}(a + b)^2$$

Falls a und b nicht-negative Zahlen sind, dann können wir die Wurzel ziehen:

$$\sqrt{a \cdot b} \le \frac{a+b}{2} \quad \text{für alle } a, b \ge 0$$

In dieser Ungleichung wird der Ausdruck auf der linken Seite *geometrisches Mittel*, der auf der rechten Seite *arithmetisches Mittel* der Werte a und b genannt. Obige Aussage besagt also, dass der geometrische immer kleiner oder gleich dem arithmetischen Mittelwert ist.

Babylonisches Wurzelziehen

Eine Anwendung der Ungleichung „geometrisches $\le$ arithmetisches Mittel" liefert uns ein praktisches Verfahren zur Berechnung von Quadratwurzeln. Wir wollen den Wurzelwert $\sqrt{a}$ für eine beliebige reelle Zahl $a > 0$ beliebig genau berechnen. Hierzu starten wir mit einem Näherungswert $x > 0$ und erhalten aus

$$\sqrt{a} = \sqrt{x \cdot \frac{a}{x}} \le \frac{1}{2}\left(x + \frac{a}{x}\right) =: x'$$

eine neue obere Schranke x' für $\sqrt{a}$, nämlich das arithmetische Mittel aus x und $\frac{a}{x}$. Andererseits ist auch

$$\sqrt{\frac{1}{a}} = \sqrt{\frac{1}{x} \cdot \frac{x}{a}} \le \frac{1}{2}\left(\frac{1}{x} + \frac{x}{a}\right) = \frac{x'}{a} \underset{\text{Kehrwert}}{\Longrightarrow} \sqrt{a} \ge \frac{a}{x'}$$

sodass uns $\frac{a}{x'}$ eine untere Schranke für $\sqrt{a}$ liefert. Wiederholt man die Rechnung mit dem Wert x' statt x, dann erhält man eine noch bessere Näherung für $\sqrt{a}$.

Beispiel: Wir wollen $\sqrt{3}$ möglichst genau bestimmen. Wir starten mit dem (zu großen) Näherungswert $x = 2$. Aus der Abschätzung

$$\sqrt{3} = \sqrt{x \cdot \frac{3}{x}} \le \frac{1}{2}\left(x + \frac{3}{x}\right) = \frac{1}{2}\left(2 + \frac{3}{2}\right) = 1{,}75$$

ergibt sich als neue (und bessere) obere Schranke der Wert $x' = 1{,}75$ sowie als untere Grenze die Zahl $\frac{3}{x'} = \frac{12}{7} = 1{,}714\ldots$ Führen wir die gleiche Rechnung erneut aus, jetzt aber mit $x = 1{,}75$, dann erhalten wir die noch bessere obere Schranke

$$\sqrt{3} = \sqrt{x \cdot \frac{3}{x}} \le \frac{1}{2}\left(1{,}75 + \frac{3}{1{,}75}\right) = 1{,}73214\ldots =: x'$$

Wiederholt man die Rechnung, so ergibt sich bereits nach wenigen Schritten $\sqrt{3} \le 1{,}7320508\ldots$

Das hier beschriebene Näherungsverfahren zur Berechnung von $\sqrt{a}$ wird *babylonisches Wurzelziehen* oder *Heron-Verfahren* genannt. Es lässt sich auch geometrisch deuten. Der gesuchte Wert $\sqrt{a}$ ist die Seitenlänge des Quadrats mit gegebener Fläche a. Fassen wir den Näherungswert x als Seite eines flächengleichen Rechtecks auf, dessen andere Seite dann $\frac{a}{x}$ sein muss, und bilden wir das arithmetische Mittel der Seiten $x' = \frac{1}{2}\left(x + \frac{a}{x}\right)$, dann gleicht sich das Rechteck mit den Seiten x' und $\frac{a}{x'}$ (in Abb. 1.6 gestrichelt dargestellt) noch mehr dem Quadrat an.

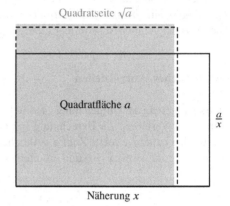

Quadratseite $\sqrt{a}$

Quadratfläche a

$\frac{a}{x}$

Näherung x

Abb. 1.6 Beim Heron-Verfahren werden fortlaufend die Seiten flächengleicher Rechtecke gemittelt

Wir wollen noch kurz begründen, weshalb sich die hier berechneten Werte tatsächlich der Zahl $\sqrt{a}$ nähern. Mehr noch: Ist $a > 1$ und der Näherungswert $x \geq 1$ bereits nahe bei $\sqrt{a}$, so verdoppelt sich nach jedem Schritt die Anzahl der gültigen Nachkommastellen. Ist nämlich $\Delta = x - \sqrt{a}$ der Fehler der ersten Näherung x, dann hat der nächste Wert x' nur noch den Fehler

$$\Delta' = x' - \sqrt{a} = \frac{1}{2}\left(x + \frac{a}{x}\right) - \sqrt{a} = \frac{x^2 - 2x\sqrt{a} + a}{2x} = \frac{(x - \sqrt{a})^2}{2x} \leq \tfrac{1}{2}\Delta^2$$

Beispiel: Ist x etwa 10^{-3} von $\sqrt{3}$ entfernt, dann unterscheidet sich der verbesserte Näherungswert x' von $\sqrt{3}$ höchstens um den Wert

$$\Delta' \leq \tfrac{1}{2}\left(10^{-3}\right)^2 = 0{,}5 \cdot 10^{-6}$$

Das babylonische Wurzelziehen ist ein typisches Beispiel für ein *Iterationsverfahren*: Ausgehend von einem Startwert x_0 berechnet man mit der Iterationsvorschrift

$$x_{n+1} = \frac{\frac{a}{x_n} + x_n}{2} \quad (n = 0, 1, 2, \ldots)$$

fortlaufend einen besseren Näherungswert. Beispiel: Zur Berechnung von $\sqrt{2}$ wählen wir den ersten Näherungswert $x_0 = 1$ und erhalten

$$x_1 = \frac{\frac{2}{1} + 1}{2} = 1{,}5, \quad x_2 = \frac{\frac{2}{1{,}5} + 1{,}5}{2} = 1{,}41\overline{6}$$

$$x_3 = \frac{\frac{2}{x_2} + x_2}{2} = 1{,}414215\ldots \quad \text{usw.}$$

Die Ungleichung von Bernoulli

... ist eine weitere allgemeingültige Ungleichung, die wir später noch brauchen werden, u. a. bei der Einführung der Eulerschen Zahl e sowie bei der Untersuchung der Exponentialfunktion e^x. Sie ist benannt nach dem Schweizer Mathematiker Jakob I. Bernoulli (1655 - 1705). Die **Bernoulli-Ungleichung** besagt:

$$(1 + b)^n \geq 1 + n \cdot b \quad \text{für alle } n \in \mathbb{N} \text{ und } b \in \mathbb{R} \text{ mit } b \geq -1$$

Im Fall $n = 0$ und $n = 1$ lässt sich die Aussage leicht nachprüfen, und wir haben sogar Gleichheit auf beiden Seiten:

$$(1 + b)^0 = 1 = 1 + 0 \cdot b \quad \text{und} \quad (1 + b)^1 = 1 + b = 1 + 1 \cdot b$$

Für $n = 2$ ist die Ungleichung ebenfalls richtig, denn

$$(1 + b)^2 = 1 + 2b + b^2 \geq 1 + 2b \quad \text{wegen} \quad b^2 \geq 0$$

Möchte man die Aussage für *alle* natürlichen Exponenten n nachweisen, dann müssen wir das Prinzip der vollständigen Induktion anwenden. Nehmen wir also an, dass die Ungleichung für einen Exponenten n (so wie im Fall $n = 2$) bereits gezeigt wurde und $(1 + b)^n \geq 1 + n \cdot b$ für alle $b \geq -1$ richtig ist. Multiplizieren wir beide Seiten dieser Ungleichung mit dem Faktor $1 + b \geq 0$, dann ergibt sich

$$(1 + b)^n \geq 1 + n b \quad \big| \cdot (1 + b)$$
$$(1 + b)^{n+1} \geq (1 + n b) \cdot (1 + b) = 1 + (n + 1) \cdot b + n b^2$$

Der Summand $n b^2$ auf der rechten Seite ist größer oder gleich Null. Lässt man ihn weg, so wird die rechte Seite nochmals verringert:

$$(1 + b)^{n+1} \geq 1 + (n + 1) \cdot b + n b^2 \geq 1 + (n + 1) \cdot b$$

Folglich ist die Bernoulli-Ungleichung auch für den Exponenten $n + 1$ richtig. Sie gilt, wie wir eingangs gezeigt haben, für $n = 2$ und damit auch für $n = 2 + 1 = 3$, für $n = 4$, $n = 5$ usw., also letztlich für alle natürlichen Zahlen n.

Mit der Bernoulli-Ungleichung lässt sich in der Praxis die n-te Wurzel aus einer Zahl $a \approx 1$ sehr gut abschätzen. Als Beispiel wollen wir zunächst den Wert $\sqrt[3]{1{,}005}$ näherungsweise bestimmen. Dazu schreiben wir den Radikanden in der Form

$$1{,}005 = 1 + 3 \cdot \frac{0{,}005}{3}$$

und wenden hierauf die Bernoulli-Ungleichung mit $n = 3$ und $b = \frac{0{,}005}{3}$ an:

$$1{,}005 = 1 + 3 \cdot \frac{0{,}005}{3} \leq \left(1 + \frac{0{,}005}{3}\right)^3 \quad \big| \sqrt[3]{\ldots}$$
$$\implies \quad \sqrt[3]{1{,}005} \leq 1 + \frac{0{,}005}{3} \approx 1{,}001666\ldots$$

Allgemein kann man den Wurzelwert $\sqrt[n]{a}$ für eine beliebige Zahl $a > 0$ auf diese Weise nach oben abschätzen:

$$a = 1 + n \cdot \frac{a-1}{n} \leq \left(1 + \frac{a-1}{n}\right)^n \quad \Longrightarrow \quad \sqrt[n]{a} \leq 1 + \frac{a-1}{n}$$

Ersetzen wir hier a durch $\frac{1}{a}$, dann ist auch

$$\sqrt[n]{\frac{1}{a}} \leq 1 + \frac{\frac{1}{a}-1}{n} = 1 - \frac{a-1}{na} \quad \underset{\text{Kehrwert}}{\Longrightarrow} \quad \sqrt[n]{a} \geq \frac{1}{1 - \frac{a-1}{na}}$$

Beide Abschätzungen zusammen ergeben die „Einschließung"

$$\frac{1}{1 - \frac{a-1}{na}} \leq \sqrt[n]{a} \leq 1 + \frac{a-1}{n} \quad \text{für alle} \quad a \geq 0$$

Im Beispiel $\sqrt[3]{1{,}005}$ ist $n = 3$ und $a = 1{,}005$, also

$$\frac{1}{1 - \frac{0{,}005}{3{,}015}} \leq \sqrt[3]{1{,}005} \leq 1 + \frac{0{,}005}{3}$$

$$\Longrightarrow \quad 1{,}001661\ldots \leq \sqrt[3]{1{,}005} \leq 1{,}001666\ldots$$

Damit können wir $\sqrt[3]{1{,}005}$ auf mindestens fünf Nachkommastellen genau bestimmen, wobei wir nur Grundrechenarten verwendet haben. Zum Vergleich: $\sqrt[3]{1{,}005} = 1{,}0016639\ldots$ ist der exakte Wert. Die Einschließung und damit die Abschätzung für $\sqrt[n]{a}$ ist umso genauer, je näher der Radikand a bei 1 liegt.

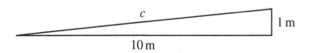

Abb. 1.7 Anwendung der Bernoulli-Ungleichung

Beispiel: Wir wollen die Länge der Rampe c in Abb. 1.7 ohne Hilfsmittel (Taschenrechner, Computer usw.) abschätzen.

Nach dem Satz des Pythagoras gilt $c^2 = 10^2 + 1^2 = 101$, und daher ist $c = \sqrt{101}$ zu berechnen. Für die Abschätzung der Wurzel sollte der Radikand näherungsweise bei 1 sein. Zu diesem Zweck zerlegen wir c in ein Produkt aus einer Quadratzahl und einem Faktor nahe bei 1: $c = 10 \cdot \sqrt{1{,}01}$ und

$$\frac{1}{1 - \frac{0{,}01}{2{,}02}} \leq \sqrt{1{,}01} \leq 1 + \frac{1{,}01 - 1}{2}$$

$$\Longrightarrow \quad 10{,}04975\ldots \leq c \leq 10{,}05$$

Der genaue Wert ist $c = 10{,}0498756\ldots$

Die – auf den ersten Blick – banale Aussage, dass eine (reelle) Quadratzahl nicht negativ ist, lieferte uns in Verbindung u. a. mit der binomischen Formel mehrere allgemeingültige Ungleichungen, die wir wiederum zur Berechnung bzw. Abschätzung von Wurzeln nutzen können. Eine solche Entwicklung lässt sich in der Mathematik an vielen Stellen beobachten. Oftmals sind es sehr einfache Gesetzmäßigkeiten, die durch geschickte Kombination zu effektiven Rechenverfahren führen.

1.1.7 Rechnen mit Logarithmen

Bekanntlich ist die Subtraktion die Umkehrung der Addition und die Umkehrung der Multiplikation ist die Division. Beim Potenzieren gibt es jedoch zwei Möglichkeiten für eine Umkehroperation. Bei einer reellen Zahl $a > 0$ (Potenz) kann entweder die Basis oder der Exponent gesucht sein. Man unterscheidet daher die folgenden zwei Problemstellungen:

- Beim *Radizieren* ist der Exponent n gegeben und die Basis x gesucht. Wir suchen also die Lösung $x \in \mathbb{R}$ der Gleichung $x^n = a$, für die wir kurz $x = \sqrt[n]{a}$ schreiben. Beispiel: Welche Zahl erfüllt $x^3 = 8$? Antwort: $x = 2 = \sqrt[3]{8}$.

- Beim *Logarithmieren* ist die Basis $b > 0$ gegeben und der Exponent x gesucht. In diesem Fall müssen wir eine Zahl $x \in \mathbb{R}$ finden, welche die Gleichung $b^x = a$ löst. Für diesen Wert schreibt man kurz $x = \log_b a$ und nennt x den Logarithmus von a zur Basis b. Beispiel: Welche Zahl x löst die Gleichung $3^x = 9$? Lösung: $x = 2$, also $\log_3 9 = 2$.

Als weitere Beispiele für den Logarithmus wollen wir folgende Werte bestimmen:

$$(1) \quad \log_2 8 \qquad (2) \quad \log_4 0{,}25 \qquad (3) \quad \log_8 4$$

Bei (1) suchen wir diejenige Zahl $x \in \mathbb{R}$ mit $2^x = 8$. Durch Raten findet man $x = 3$, und damit ist $\log_2 8 = 3$. Im Beispiel (2) suchen wir den Exponenten x mit $4^x = 0{,}25 = \frac{1}{4}$, also $x = -1$ und folglich $\log_4 0{,}25 = -1$. Schließlich ist in (3) der gesuchte Wert $\log_8 4 = \frac{2}{3}$, denn

$$8^{\frac{2}{3}} = \left(\sqrt[3]{8}\right)^2 = 2^2 = 4$$

Beim Logarithmieren wird neben $b > 0$ auch noch $b \neq 1$ für die Basis vorausgesetzt, denn $1^x = 1$ für alle $x \in \mathbb{R}$, und daher ist $1^x = a$ im Fall $a \neq 1$ für kein x erfüllt.

Das Potenzieren kehrt sowohl die n-te Wurzel als auch den Logarithmus um:

$$\left(\sqrt[n]{a}\right)^n = a \quad \text{bzw.} \quad b^{\log_b a} = a$$

Die letzte Formel und die Potenzgesetze zusammen ergeben

$$\log_b (a \cdot c) = \log_b a + \log_b c$$

wie ein Vergleich der Exponenten nach der folgenden Umformung zeigt:

$$b^{\log_b (a \cdot c)} = a \cdot c = b^{\log_b a} \cdot b^{\log_b c} = b^{\log_b a + \log_b c}$$

Auf ähnliche Weise erhält man aus den Potenzgesetzen noch weitere Rechenregeln, nämlich die *Logarithmengesetze*

$$\log_b a\,c = \log_b a + \log_b c$$
$$\log_b \frac{a}{c} = \log_b a - \log_b c$$
$$\log_b a^n = n \cdot \log_b a$$
$$\log_b \sqrt[n]{a} = (\log_b a) : n$$

Beispiel:

$$\log_2 8 + \log_2 16 = 3 + 4 = 7 \quad \text{und} \quad \log_2 8 \cdot 16 = \log_2 128 = 7$$

Logarithmen vereinfachen das Rechnen mit Zahlen, denn sie führen eine Multiplikation auf eine Addition, eine Division auf eine Subtraktion, eine Potenz auf eine Multiplikation und eine Wurzelberechnung auf eine Division zurück. Vor dem Erscheinen der Taschenrechner, also bis ca. 1970, wurden kompliziertere Berechnungen fast immer mit einer Logarithmentafeln und/oder einem Rechenschieber durchgeführt.

Gerechnet wurde dabei meist mit dem Logarithmus zur Basis 10, dem *dekadischen Logarithmus* $\lg x = \log_{10} x$ und seinen speziellen Werten

$$\lg 1 = 0 \quad (\text{wegen } 10^0 = 1), \quad \lg 10 = 1, \quad \lg 100 = 2, \quad \lg 1000 = 3,$$
$$\lg 0{,}1 = -1 \quad (\text{wegen } 10^{-1} = \tfrac{1}{10} = 0{,}1), \quad \lg 0{,}01 = -2, \quad \ldots$$

Soll beispielsweise der Wert $\left(7 \cdot \sqrt[3]{5}\,\right)^2$ ermittelt werden, dann zerlegt man zunächst

$$\lg \left(7 \cdot \sqrt[3]{5}\,\right)^2 = 2 \cdot (\lg 7 + \lg 5^{\frac{1}{3}}) = 2 \cdot (\lg 7 + \tfrac{1}{3} \cdot \lg 5)$$

Aus einer Logarithmentafel, z. B. der achtstelligen Tafel [50], entnimmt man die Werte $\lg 5 = 0{,}69897000$ sowie $\lg 7 = 0{,}84509804$ und berechnet

$$\lg \left(7 \cdot \sqrt[3]{5}\,\right)^2 = 2 \cdot (0{,}84509804 + \tfrac{1}{3} \cdot 0{,}69897) = 2{,}15617608$$

In einer Logarithmentafel sind gewöhnlich nur die Nachkommastellen des dekadischen Logarithmus einer Zahl x aufgeführt, da der ganzzahlige Anteil von $\lg x$ einer ganzen Zehnerpotenz entspricht. Zu den Nachkommastellen 15617608, genannt *Mantisse*, sucht man in der Tafel den passenden *Numerus* und findet zur nächstgelegenen Mantisse 15617648 den Wert 1,43277. Hieraus ergibt sich schließlich

$$\lg \left(7 \cdot \sqrt[3]{5}\,\right)^2 \approx 2 + 0{,}15617648 \quad \Longrightarrow \quad \left(7 \cdot \sqrt[3]{5}\,\right)^2 \approx 10^2 \cdot 1{,}43277 = 143{,}277$$

Die Logarithmentafeln im Schulunterricht und für den alltäglichen Gebrauch waren meist vier- oder fünfstellig, wobei die damit erzielte Rechengenauigkeit in den meisten Fällen ausreichte. Als Rechenbeispiel soll die quaderförmige Kiste aus Abb. 1.7a mit den Abmessungen $32{,}5 \times 24{,}5 \times 16\,\text{cm}^3$ durch die inhaltsgleiche Kiste in Abb. 1.7b mit quadratischem Grundriss und der Höhe 13,5 cm ersetzt werden, wobei die Seitenlänge a des Quadrats zu bestimmen ist.

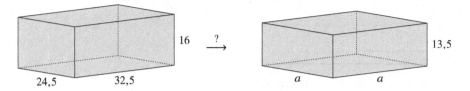

Abb. 1.7a Quaderförmige Kiste   **Abb. 1.7b** Quadratischer Grundriss

Die Kiste hat das Volumen $V = 32{,}5 \cdot 24{,}5 \cdot 16$, und die Grundfläche der neuen Kiste ist $A = \frac{V}{13{,}5}$. Die gesuchte Seitenlänge ist demnach

$$a = \sqrt{A} = \sqrt{\frac{32{,}5 \cdot 24{,}5 \cdot 16}{13{,}5}}$$

Bei der logarithmischen Rechnung führt man Multiplikation, Division und das Quadratwurzelziehen auf Addition, Subtraktion und das Halbieren von (Log-)Werten zurück. Mit den Logarithmengesetzen zerlegt man zuerst

$$\lg a = \lg \left(\frac{32{,}5 \cdot 24{,}5 \cdot 16}{13{,}5}\right)^{\frac{1}{2}} = \tfrac{1}{2} \cdot \lg \frac{32{,}5 \cdot 24{,}5 \cdot 16}{13{,}5}$$
$$= \tfrac{1}{2} \cdot (\lg 32{,}5 + \lg 24{,}5 + \lg 16 - \lg 13{,}5)$$

Die Arbeit mit einer vierstelligen Tafel, z. B. [55], führt anschließend zur Rechnung

$$
\begin{aligned}
\lg 32{,}5 &= 1{,}5119 \\
\lg 24{,}5 &= 1{,}3892 \\
\lg 16 &= 1{,}2041 \\
\hline
\text{Summe} &= 4{,}1052 \\
\lg 13{,}5 &= 1{,}1303 \\
\hline
\text{Differenz} &= 2{,}9749 \quad | : 2 \\
\Longrightarrow \lg a &= 1{,}48745
\end{aligned}
$$

Im Ergebnis $\lg a = 1{,}48745$ entspricht die Ziffer 1 vor dem Komma einer Zahl zwischen $10^1 = 10$ und $10^2 = 100$. Die zu den Nachkommastellen 48745 nächstgelegene Mantisse in der Logarithmentafel ist 4874 mit dem Numerus 3,072. In Kombination ergibt sich dann der Wert $a \approx 10^1 \cdot 3{,}072 = 30{,}72$ cm für die Seitenlänge der neuen Kiste.

Der *Rechenschieber* (bzw. „Rechenstab") nutzt mit seiner logarithmischen Skala ebenfalls die Logarithmengesetze, insbesondere zum Multiplizieren zweier Zahlen. Auf zwei gegeneinander verschiebbaren Skalen werden nicht die Strecken der aufgedruckten Werte, sondern ihre Logarithmen zu einer festgelegten Basis b addiert, vgl. Abb. 1.8. Bei der

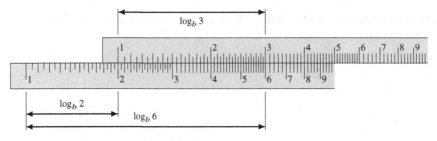

Abb. 1.8 Multiplikation mit dem Rechenschieber

Berechnung von $2 \cdot 3$ etwa werden die Strecken $\log_b 2$ und $\log_b 3$ addiert, und das ergibt $\log_b 2 \cdot 3 = \log_b 6$. Am Rechenschieber selbst liest man als Ergebnis nur den Wert 6 ab.

Heute, im Zeitalter elektronischer Rechner, braucht man kaum noch Logarithmen als Rechenhilfsmittel. Dennoch spielen sie nach wie vor eine wichtige Rolle in der Mathematik und in den Naturwissenschaften, z. B. beim pH-Wert oder Schalldruck (Dezibel), beim Zerfallsgesetz usw. Häufig benutzt wird auch der *natürliche Logarithmus* $\ln a = \log_e a$, der Logarithmus zur Basis $e = 2,71828\ldots$

Die Idee, Multiplikation und Division durch Logarithmen (Verhältniszahlen) zu vereinfachen, geht zurück auf Michael Stifel und John Napier. Aber erst der englische Mathematiker Henry Briggs (1561 - 1630) erkannte die praktische Bedeutung des dekadischen Logarithmus $\log_{10} x$. Er erstellte ab 1615 eine umfangreiche Logarithmentafel, für die er innerhalb von sieben Jahren 30 000 Logarithmen auf 14 Dezimalstellen genau berechnete! Wie aber schaffte es Briggs, ohne mechanische oder elektronische Rechenhilfsmittel eine derartige Genauigkeit zu erreichen? Er erfand eine Berechnungsmethode, die auf fortgesetztem Wurzelziehen beruht – sein Verfahren wird in Abschnitt 1.3.3 vorgestellt.

Falls die Logarithmen für gewisse Grundwerte vorliegen, dann kann man damit auch die Logarithmen für viele weitere Zahlen bestimmen.

Beispiel: Sind die Werte $\lg 2 = 0,301$, $\lg 3 = 0,477$ und $\lg 7 = 0,845$ auf drei Nachkommastellen genau bekannt, dann liefern die Rechenregeln für den Logarithmus

$$\lg 6 = \lg(2 \cdot 3) = \lg 2 + \lg 3 = 0,778$$

$$\lg 0,7 = \lg \frac{7}{10} = \lg 7 - \lg 10 = -0,155$$

Auf diese Art und Weise erhält man alle Werte aus der nachfolgenden Tabelle (siehe Aufgabe 1.8)

x	0,2	0,5	2	3	4	5	6	7	8	9
$\lg x$	$-0,699$	$-0,301$	0,301	0,477	0,602	0,699	0,778	0,845	0,903	0,954

Tragen wir die hier berechneten Logarithmenwerte in ein Koordinatensystem ein, dann ergibt sich für den Verlauf der Funktion $y = \lg x$ der Graph in Abb. 1.9.

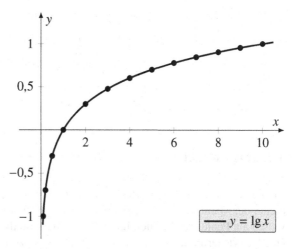

Abb. 1.9 Graph der Funktion $y = \log_{10} x = \lg x$

Basiswechsel

Logarithmen lassen sich mit einem Taschenrechner bequem durch Druck auf eine Taste berechnen. Auch jede Programmiersprache stellt Befehle zur Berechnung von Logarithmen bereit. In der Regel findet man aber sowohl im Computer als auch auf dem Taschenrechner nur eine begrenzte Auswahl an Basen, wie etwa den natürlichen und dekadischen Logarithmus. Wie berechnet man dann z. B. den Wert $\log_2 10$, falls nur die Funktionen $\ln x$ oder $\lg x$ zur Verfügung stehen?

Angenommen, wir wollen $x = \log_b a$ für eine Zahl $a > 0$ und eine beliebige Basis $b > 0$ mithilfe des dekadischen Logarithmus bestimmen. Hierfür gibt es eine einfache Umrechnungsformel, die auf dem Potenzgesetz $(a^m)^n = a^{m \cdot n}$ beruht:

$$b = 10^{\lg b} \quad \Longrightarrow \quad a = b^x = (10^{\lg b})^x = 10^{x \cdot \lg b} \quad \Longrightarrow \quad \lg a = x \cdot \lg b$$

Auflösen nach x ergibt den Wert $x = \frac{\lg a}{\lg b}$ und somit die folgende Formel für den Basiswechsel nach 10:

$$\log_b a = \frac{\lg a}{\lg b}$$

Beispiel: Es ist

$$\log_2 10 = \frac{\lg 10}{\lg 2} = \frac{1}{0{,}3010299\ldots} \approx 3{,}3219281$$

sodass also $2^{3,3219\ldots} = 10$ gilt.

Zum Abschluss noch eine sonderbare Folgerung – wo steckt der Fehler?

$$3 > 2 \quad \text{und} \quad \lg \tfrac{1}{2} = \lg \tfrac{1}{2}$$
$$\implies \quad 3 \cdot \lg \tfrac{1}{2} > 2 \cdot \lg \tfrac{1}{2}$$
$$\implies \quad \lg \left(\tfrac{1}{2}\right)^3 > \lg \left(\tfrac{1}{2}\right)^2$$
$$\implies \quad \left(\tfrac{1}{2}\right)^3 > \left(\tfrac{1}{2}\right)^2, \quad \text{also} \quad \tfrac{1}{8} > \tfrac{1}{4} \, ?$$

1.2 Trigonometrie

Neben der Arithmetik, dem Rechnen mit Zahlen, ist die Geometrie ein weiterer Grundpfeiler der Mathematik. Viele technische oder physikalische Objekte können (näherungsweise) als Punkte und Linien in der Ebene dargestellt werden. Komplexe geometrische Gebilde wiederum lassen sich oftmals in Dreiecke zerlegen, wobei das Dreieck die wohl einfachste Form eines geradlinig begrenzten Flächenstücks ist. Die Zerlegung in Dreiecksnetze, auch Triangulation genannt, findet z. B. Anwendung im Vermessungswesen, im Computer Aided Design (CAD) oder bei der Finiten-Elemente-Methode, um krummlinig begrenzte Flächen darzustellen.

1.2.1 Das rechtwinklige Dreieck

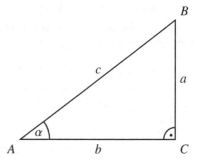

Abb. 1.10 Rechtwinkliges Dreieck

Bei einem rechtwinkligen Dreieck bezeichnet man die (längste) Seite c gegenüber dem rechten Winkel als *Hypotenuse*, und die beiden anderen (kürzeren) Seiten a und b nennt man *Katheten*, siehe Abb. 1.10. Eine der wichtigsten Aussagen über die Seiten im rechtwinkligen Dreieck ist der

> **Satz des Pythagoras**: $a^2 + b^2 = c^2$

Zur Begründung dieser Formel ergänzen wir das Dreieck zu einem Quadrat mit der Seitenlänge $a + b$, siehe Abb. 1.11, und entnehmen dem Bild die folgende Zerlegung: Die Fläche des äußeren Quadrats ist die Fläche des inneren Quadrats mit der Seitenlänge c plus viermal die Dreiecksfläche $\tfrac{1}{2}\,a\,b$. Der Satz des Pythagoras ergibt sich dann aus der

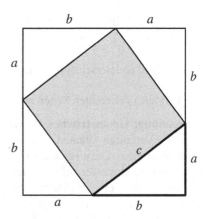

Abb. 1.11 Eine Begründung zum Satz des Pythagoras

binomischen Formel:

$$(a + b)^2 = c^2 + 4 \cdot \tfrac{1}{2} a b$$
$$a^2 + 2 a b + b^2 = c^2 + 2 a b \quad | - 2 a b$$
$$a^2 + b^2 = c^2$$

Mit dem „Pythagoras" kann man bereits auch einfache Dreiecksberechnungen durchführen. Beispielsweise hat ein rechtwinkliges Dreieck mit den Katheten $a = 3$ und $b = 4$ die Hypotenuse

$$c^2 = 3^2 + 4^2 = 25 \implies c = 5$$

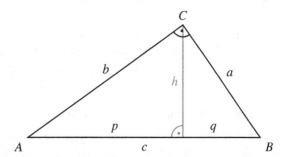

Abb. 1.12 Zum Höhensatz von Euklid

Neben dem eigentlichen Satz von Pythagoras gibt es noch weitere nützliche Aussagen über die Strecken im rechtwinkligen Dreieck. Zur sogenannten *Satzgruppe des Pythagoras* gehört beispielsweise auch der

Höhensatz von Euklid: $h^2 = p \cdot q$

Hierbei sind p und q die beiden Längen, welche durch Teilen der Hypotenuse c am Lotfußpunkt der Höhe h entstehen, siehe Abb. 1.12. Der Höhensatz folgt unmittelbar aus dem Satz des Pythagoras in Verbindung mit der binomischen Formel:

$$a^2 = q^2 + h^2 \quad \text{und} \quad b^2 = p^2 + h^2 \implies a^2 + b^2 = p^2 + 2\,h^2 + q^2$$

$$\text{und andererseits gilt auch} \quad a^2 + b^2 = c^2 = (p+q)^2 = p^2 + 2\,p\,q + q^2$$

Ein Vergleich der rechten Seiten ergibt $2\,h^2 = 2\,p\,q$ und damit die o. g. Formel.

Anwendung: Geometrisches Wurzelziehen. Aus dem Höhensatz lässt sich ein graphisches Verfahren ableiten, mit dem man die Quadratwurzel $\sqrt{a}$ einer Zahl $a > 0$ bestimmen kann. Dazu zeichnen wir einen Halbkreis mit dem Durchmesser $1 + a$ und teilen den Durchmesser bei den Strecken 1 und a wie in Abb. 1.13. Dort fällen wir das Lot mit Höhe h bis zum Halbkreis, welcher zugleich der Thaleskreis zum gestrichelt gezeichneten Dreieck ist. Dieses Dreieck ist demnach rechtwinklig, und für die Höhe h des Dreiecks gilt der Höhensatz $h^2 = 1 \cdot a$, sodass $h = \sqrt{a}$ sein muss.

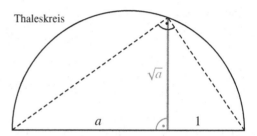

Abb. 1.13 Geometrisches
Wurzelziehen

1.2.2 Trigonometrische Funktionen

Eine weitere Beobachtung führt uns zu den Winkelfunktionen. Im rechtwinkligen Dreieck sind nämlich die Seitenverhältnisse Katheten : Hypotenuse oder der Katheten untereinander

$$\frac{a}{c} = \frac{a'}{c'} \quad \frac{b}{c} = \frac{b'}{c'} \quad \frac{a}{b} = \frac{a'}{b'} \quad \text{usw.}$$

nach dem Strahlensatz nur vom Winkel α abhängig, vgl. Abb. 1.14a.

Die Seitenverhältnisse im rechtwinkligen Dreieck werden deshalb auch *Winkelfunktionen* oder *trigonometrische Funktionen* genannt, und jede Verhältniszahl bekommt einen eigenen Namen. Man nennt die Quotienten

$$\sin \alpha = \tfrac{a}{c} \quad \textit{Sinus } \alpha$$
$$\cos \alpha = \tfrac{b}{c} \quad \textit{Kosinus } \alpha$$

Zwischen diesen beiden Winkelfunktionen gibt es einen einfachen Zusammenhang. Betrachtet man nämlich das rechtwinklige Dreieck aus der Sicht des Komplementwinkels $90° - \alpha$, siehe Abb. 1.14b, dann ist

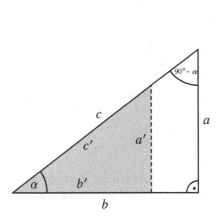

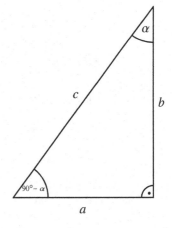

Abb. 1.14a Seitenverhältnisse   **Abb. 1.14b** Komplementwinkel

$$\cos(90° - \alpha) = \frac{a}{c} = \sin\alpha \quad \text{und} \quad \sin(90° - \alpha) = \frac{b}{c} = \cos\alpha$$

Aus dem Satz des Pythagoras erhalten wir noch eine weitere Beziehung zwischen Sinus und Kosinus:

$$\sin^2\alpha + \cos^2\alpha = \frac{a^2}{c^2} + \frac{b^2}{c^2} = \frac{a^2 + b^2}{c^2} = \frac{c^2}{c^2} = 1$$

Diese Formel gilt für einen beliebigen Winkel α und wird *trigonometrischer Pythagoras* genannt. Sie wird sehr häufig gebraucht, um z. B. aus einem bekannten Sinuswert $\sin\alpha$ den Kosinus des Winkels zu berechnen – oder umgekehrt:

$$\cos\alpha = \sqrt{1 - \sin^2\alpha} \quad \text{und} \quad \sin\alpha = \sqrt{1 - \cos^2\alpha}$$

Neben $\sin\alpha$ und $\cos\alpha$ gibt es noch weitere Seitenverhältnisse im rechtwinkligen Dreieck, und das sind die Winkelfunktionen

$$\tan\alpha = \frac{a}{b} \quad \textit{Tangens } \alpha$$
$$\cot\alpha = \frac{b}{a} \quad \textit{Kotangens } \alpha$$

die man auch wie folgt berechnen kann:

$$\tan\alpha = \frac{\frac{a}{c}}{\frac{b}{c}} = \frac{\sin\alpha}{\cos\alpha} \quad \text{und} \quad \cot\alpha = \frac{1}{\frac{a}{b}} = \frac{1}{\tan\alpha} = \frac{\cos\alpha}{\sin\alpha}$$

Zusammenfassend ergeben sich für einen Winkel α die nachfolgenden Beziehungen zwischen den gebräuchlichen Winkelfunktionen:

$$\cos \alpha = \sin(90° - \alpha) \qquad \tan \alpha = \frac{\sin \alpha}{\cos \alpha}$$

$$\sin^2 \alpha + \cos^2 \alpha = 1 \qquad \cot \alpha = \frac{1}{\tan \alpha}$$

Schließlich kann man noch zwei weitere Seitenverhältnisse bilden, und zwar

$$\sec \alpha = \frac{c}{b} = \frac{1}{\cos \alpha} \quad \textit{Sekans } \alpha$$

$$\csc \alpha = \frac{c}{a} = \frac{1}{\sin \alpha} \quad \textit{Kosekans } \alpha$$

Da die trigonometrischen Funktionen $\cot \alpha$, $\sec \alpha$ und $\csc \alpha$ einfach nur die Kehrwerte der Winkelfunktionen $\tan \alpha$, $\cos \alpha$ und $\sin \alpha$ sind, spielen sie in der Praxis keine so große Rolle.

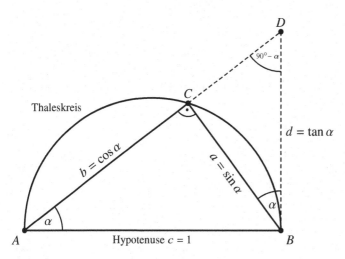

Abb. 1.15 Winkelfunktionen als Strecken

Das Begriff „Sinus" geht wahrscheinlich auf das indische Wort „jiva" für *Bogensehne* zurück und wurde vermutlich durch einen mittelalterlichen Übersetzungsfehler (jiba statt jiva) zum lateinischen „sinus = Bucht, Krümmung". Tatsächlich kann man den Sinuswert direkt mit einer Kreissehne in Verbindung bringen. In Abb. 1.15 wird der Halbkreis über der Strecke $c = \overline{AB}$ auch *Thaleskreis* genannt. Bekanntlich bilden hier A, B und ein beliebiger Punkt C auf dem Thaleskreis immer ein rechtwinkliges Dreieck. Wir nehmen an, dass die Strecke $\overline{AB}$ (= Durchmesser) die Länge $c = 1$ hat, und wir bezeichnen mit α den Winkel bei A. Für die Ankathete b und die Gegenkathete a gilt dann

$$\sin \alpha = \frac{a}{1} = a \quad \text{und} \quad \cos \alpha = \frac{b}{1} = b$$

Hier ist also die Gegenkathete $a = \sin \alpha$ zugleich die Länge der Kreissehne von B nach C. Der „Kosinus" steht einfach nur für *complementi sinus*, den Sinus des Komplementwinkels: $\cos \alpha = \sin(90° - \alpha)$. Der „Tangens" von α kann mit der Tangente an den

Thaleskreis dargestellt werden. Dazu verlängern wir die Strecke $\overline{AC}$ über den Thaleskreis hinaus bis zum Schnittpunkt D mit der Kreistangente am Punkt B. Der Winkel bei B im Dreieck $\triangle BCD$ ist dann, wie man leicht nachprüfen kann, wieder α, und daher gilt für die Tangentenstrecke $d = \overline{BD}$:

$$\frac{a}{d} = \cos\alpha = b \quad\Longrightarrow\quad d = \frac{a}{b} = \tan\alpha$$

1.2.3 Wichtige Werte für Sinus und Kosinus

Wir wollen die trigonometrischen Funktionswerte für einige spezielle Winkel ausrechnen, und zwar für $30°$, $45°$ und $60°$. Diese Winkel treten in der Praxis, etwa in der Konstruktion, aufgrund der besonderen Seitenverhältnisse im rechtwinkligen Dreieck sehr häufig auf.

Im Fall $\alpha = 45°$ hat das rechtwinklige Dreieck zwei gleichlange Katheten. Nehmen wir $a = b = 1$ an, dann können wir das Dreieck zu einem Quadrat mit der Seitenlänge 1 ergänzen, vgl. Abb. 1.16a. Die Hypotenuse c ist dann die Diagonale im Quadrat, also $c^2 = 1^2 + 1^2 = 2$ und damit $c = \sqrt{2}$. Hieraus ergeben sich sofort die Werte

$$\sin 45° = \cos 45° = \frac{1}{\sqrt{2}} = \tfrac{1}{2}\sqrt{2}, \quad \tan 45° = \frac{1}{1} = 1$$

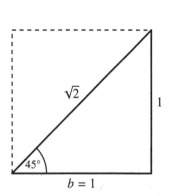

Abb. 1.16a $\alpha = 45°$

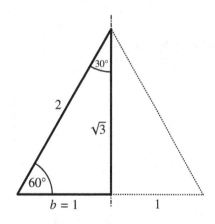

Abb. 1.16b $\alpha = 60°$

Wir betrachten nun ein rechtwinkliges Dreieck mit dem Winkel $\alpha = 60°$ und der Ankathete $b = 1$, siehe Abb. 1.16b. Spiegelt man das Dreieck an der Gegenkathete, so erhält man ein Dreieck, bei dem alle drei Winkel gleich $60°$ sind, und das ist ein gleichseitiges Dreieck. Demnach hat die Hypotenuse die Länge $c = b + b = 2$, und nach dem Satz des Pythagoras gilt für die Gegenkathete $a^2 = c^2 - b^2 = 3$, also $a = \sqrt{3}$. Damit ist

$$\sin 60° = \frac{1}{2}\sqrt{3}, \quad \cos 60° = \frac{1}{2}, \quad \tan 60° = \frac{\sqrt{3}}{1} = \sqrt{3}$$

Die Werte der Winkelfunktionen für $\alpha = 30°$ erhält man wegen $30° = 90° - 60°$ aus

$$\sin 30° = \cos 60° = \frac{1}{2}, \quad \cos 30° = \sin 60° = \frac{1}{2}\sqrt{3}, \quad \tan 30° = \frac{\sin 30°}{\cos 30°} = \tfrac{1}{3}\sqrt{3}$$

Es gibt noch zwei **Sonderfälle**: Bei $\alpha = 0°$ entartet das Dreieck zu einer Strecke. Hier ist $c = b$ und $a = 0$, woraus sich die Werte

$$\sin 0° = \frac{0}{c} = 0, \quad \cos 0° = \frac{b}{b} = 1, \quad \tan 0° = 0$$

ergeben. Auch dem Winkel $\alpha = 90°$ kann man kein Dreieck mehr zuordnen. Hier übernimmt man die Werte

$$\sin 90° = \cos(90° - 90°) = \cos 0° = 1 \quad \text{usw.}$$

Alle hier berechneten trigonometrischen Funktionswerte sind in der folgenden Tabelle zusammengetragen:

α	$0°$	$30°$	$45°$	$60°$	$90°$
$\sin \alpha$	0	$\frac{1}{2}$	$\frac{1}{2}\sqrt{2}$	$\frac{1}{2}\sqrt{3}$	1
$\cos \alpha$	1	$\frac{1}{2}\sqrt{3}$	$\frac{1}{2}\sqrt{2}$	$\frac{1}{2}$	0
$\tan \alpha$	0	$\frac{1}{3}\sqrt{3}$	1	$\sqrt{3}$	–

Winkel im Bogenmaß

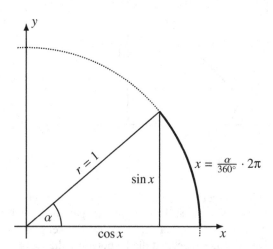

Abb. 1.17 Das Bogenmaß

Anstelle des Gradmaßes (rechter Winkel: 90°) benutzt man in der Mathematik häufig das Bogenmaß, welches dem Winkel eine Länge zuordnet. Das Bogenmaß, auch *Radiant* (Einheitenzeichen: rad) genannt, verwendet man vor allem bei der graphischen Darstellung trigonometrischer Funktionen sowie in der Differential- und Integralrechnung. Das *Bogenmaß* ist die Länge des Kreisbogens, der vom Winkel α aus dem Kreis mit dem Radius 1 ausgeschnitten wird. Der Gesamtumfang des Einheitskreises ist 2π (entspricht $360°$), und die ausgeschnittene Bogenlänge ist proportional zum Winkel α. Hieraus ergibt sich die Umrechnungsformel in das

$$\textbf{Bogenmaß:} \quad x = \frac{\alpha}{360°} \cdot 2\pi$$

x ist der Anteil am Gesamtumfang 2π, der vom Winkel α ausgeschnitten wird, und man verwendet dafür gelegentlich die Bezeichnung $x = \text{arc } \alpha$ (lateinisch: arcus = der Bogen). Beispielsweise entspricht der Winkel $\alpha = 45°$ dem Bogenmaß $x = \frac{\pi}{4}$, und zu $30°$ gehört das Bogenmaß $\text{arc } 30° = \frac{\pi}{6}$. Man schreibt dann auch $\sin\frac{\pi}{6} = \sin 30° = \frac{1}{2}$ usw.

Für die Winkelfunktionen hat man in Bezug auf das Bogenmaß die speziellen Werte

x	0	$\frac{\pi}{6}$	$\frac{\pi}{4}$	$\frac{\pi}{3}$	$\frac{\pi}{2}$
$\sin x$	0	$\frac{1}{2}$	$\frac{1}{2}\sqrt{2}$	$\frac{1}{2}\sqrt{3}$	1
$\cos x$	1	$\frac{1}{2}\sqrt{3}$	$\frac{1}{2}\sqrt{2}$	$\frac{1}{2}$	0
$\tan x$	0	$\frac{1}{3}\sqrt{3}$	1	$\sqrt{3}$	$-$

1.2.4 Trigonometrische Formeln

Wie kann man z. B. $\sin(\alpha + \beta)$ berechnen, wenn man die trigonometrischen Funktionswerte für α und β bereits kennt? Es gilt die Formel

$$\sin(\alpha + \beta) = \sin\alpha \cdot \cos\beta + \cos\alpha \cdot \sin\beta$$

Sie ergibt sich aus der Skizze in Abb. 1.18 und der Umformung

$$\sin(\alpha + \beta) = \frac{FD}{AD} = \frac{FE + ED}{AD} = \frac{FE}{AD} + \frac{ED}{AD} = \frac{CB}{AD} + \frac{ED}{AD}$$
$$= \frac{CB}{AB} \cdot \frac{AB}{AD} + \frac{ED}{BD} \cdot \frac{BD}{AD} = \sin\alpha \cdot \cos\beta + \cos\alpha \cdot \sin\beta$$

Auf ähnliche Weise erhält man noch weitere trigonometrische Formeln für Winkelsummen und -differenzen:

$$\sin(\alpha - \beta) = \sin\alpha \cdot \cos\beta - \cos\alpha \cdot \sin\beta$$
$$\cos(\alpha + \beta) = \cos\alpha \cdot \cos\beta - \sin\alpha \cdot \sin\beta$$
$$\cos(\alpha - \beta) = \cos\alpha \cdot \cos\beta + \sin\alpha \cdot \sin\beta \quad \text{usw.}$$

Sie werden *Additionstheoreme* genannt. Durch Kombination dieser Additionstheoreme ergeben sich wiederum neue Beziehungen zwischen den Winkelfunktionen. Subtrahiert

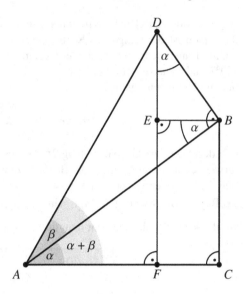

Abb. 1.18 Zum Additionstheorem für $\sin(\alpha + \beta)$

man etwa die mittlere von der letzten Gleichung, so ist

$$\cos(\alpha - \beta) - \cos(\alpha + \beta) = 2 \sin \alpha \sin \beta$$

Teilt man beide Seiten durch 2, dann haben wir eine Formel für das Produkt zweier
Sinuswerte:

$$\sin \alpha \cdot \sin \beta = \tfrac{1}{2} \left[\cos(\alpha - \beta) - \cos(\alpha + \beta) \right], \quad \text{und ebenso gilt}$$
$$\cos \alpha \cdot \sin \beta = \tfrac{1}{2} \left[\sin(\alpha + \beta) - \sin(\alpha - \beta) \right]$$

Indem wir in der letzten Formel α durch $\frac{\alpha+\beta}{2}$ und β durch $\frac{\alpha-\beta}{2}$ ersetzen, erhalten wir

$$\cos \tfrac{\alpha+\beta}{2} \sin \tfrac{\alpha-\beta}{2} = \tfrac{1}{2} \left[\sin \left(\tfrac{\alpha+\beta}{2} + \tfrac{\alpha-\beta}{2} \right) - \sin \left(\tfrac{\alpha+\beta}{2} - \tfrac{\alpha-\beta}{2} \right) \right] = \tfrac{1}{2} \left[\sin \alpha - \sin \beta \right]$$

und hieraus wiederum eine Formel für die Differenz zweier Sinuswerte:

$$\sin \alpha - \sin \beta = 2 \sin \frac{\alpha - \beta}{2} \cos \frac{\alpha + \beta}{2}$$

Durch weitere Kombinationen dieser Art lassen sich noch zahlreiche andere trigonometrische Beziehungen finden – die Formelsammlungen sind voll davon.

Doppelte und halbe Winkel. In den Anwendungen benötigt man häufig Umrechnungsformeln für trigonometrische Funktionen des doppelten bzw. halben Winkels. Aus den
obigen Additionstheoremen erhält man im Spezialfall $\beta = \alpha$ die folgenden Beziehungen:

$$\sin 2\alpha = \sin(\alpha + \alpha) = \sin \alpha \cos \alpha + \cos \alpha \sin \alpha$$
$$\cos 2\alpha = \cos(\alpha + \alpha) = \cos \alpha \cos \alpha - \sin \alpha \sin \alpha$$

Nach Vereinfachung ergeben sich daraus die *Doppelwinkelformeln*

$$\sin 2\alpha = 2 \sin \alpha \cos \alpha, \quad \cos 2\alpha = \cos^2 \alpha - \sin^2 \alpha$$

Die letzte Formel kann man wegen $\cos^2 \alpha = 1 - \sin^2 \alpha$ auch in der Form

$$\cos 2\alpha = 1 - 2 \sin^2 \alpha \quad \text{oder} \quad \sin^2 \alpha = \frac{1 - \cos 2\alpha}{2}$$

schreiben. Ersetzen wir α durch $\frac{\alpha}{2}$, so erhalten wir

$$\sin^2 \frac{\alpha}{2} = \frac{1 - \cos \alpha}{2}, \quad \cos^2 \frac{\alpha}{2} = 1 - \sin^2 \frac{\alpha}{2} = \frac{1 + \cos \alpha}{2}$$

und, nach Ziehen der Quadratwurzel, die *Halbwinkelformeln*

$$\sin \frac{\alpha}{2} = \sqrt{\frac{1 - \cos \alpha}{2}}, \quad \cos \frac{\alpha}{2} = \sqrt{\frac{1 + \cos \alpha}{2}}$$

Damit können wir nun beispielsweise die folgenden Werte bestimmen:

$$\sin 15° = \sqrt{\frac{1 - \cos 30°}{2}} = \sqrt{\frac{1 - \frac{1}{2}\sqrt{3}}{2}} = \sqrt{\frac{2 - \sqrt{3}}{4}} \approx 0{,}2588 \ldots$$

$$\sin 75° = \cos 15° = \sqrt{\frac{1 + \cos 30°}{2}} = \sqrt{\frac{2 + \sqrt{3}}{4}} \approx 0{,}9659 \ldots$$

Auch der exakte Wert von $\sin 18°$ lässt sich berechnen. Hierfür braucht man allerdings ein paar trickreiche Umformungen, die uns von den Additionstheoremen zu einer kubischen Gleichung führen. Wir beginnen dazu mit dem Wert $\sin 72°$, den wir gemäß der Formel für den doppelten Winkel wie folgt umschreiben können:

$$\sin 72° = \sin(2 \cdot 36°) = 2 \sin 36° \cos 36°$$

Auf der rechten Seite wenden wir für $\sin 36°$ und $\cos 36°$ nochmals die Formeln für den doppelten Winkel an:

$$\sin 36° = \sin(2 \cdot 18°) = 2 \sin 18° \cos 18°$$
$$\cos 36° = \cos(2 \cdot 18°) = 1 - 2 \sin^2 18°$$

und erhalten insgesamt

$$\sin 72° = 2 \cdot 2 \sin 18° \cos 18° \cdot (1 - 2 \sin^2 18°)$$

Andererseits ist aber auch $\sin 72° = \cos(90° - 72°) = \cos 18°$ und daher

$$\cos 18° = 4 \cdot \sin 18° \cos 18° \cdot (1 - 2 \sin^2 18°)$$

Nun können wir $\cos 18°$ aus beiden Seiten kürzen:

$$1 = 4 \sin 18° \cdot (1 - 2 \sin^2 18°)$$

In dieser Gleichung kommt nur noch der gesuchte Wert $\sin 18°$ vor. Wir setzen $x = \sin 18°$ und erhalten für x eine kubische Gleichung

$$1 = 4x (1 - 2x^2) = 4x - 8x^3 \quad \text{bzw.} \quad 8x^3 - 4x + 1 = 0$$

Durch Probieren findet man eine Lösung $x_1 = \frac{1}{2}$, und nach der Polynomdivision

$$(8x^3 - 4x + 1) : (x - \tfrac{1}{2}) = 8x^2 + 4x - 2$$

ergibt sich eine quadratische Gleichung, die zwei weitere Lösungen liefert:

$$8x^2 + 4x - 2 = 0 \quad \Longrightarrow \quad x_{2/3} = \frac{-4 \pm \sqrt{4^2 - 4 \cdot 8 \cdot (-2)}}{2 \cdot 8} = \frac{-1 \pm \sqrt{5}}{4}$$

Für $\sin 18°$ kommen also nur die folgenden drei Werte in Frage:

$$x_1 = \frac{1}{2}, \quad x_2 = \frac{-1 - \sqrt{5}}{4}, \quad x_3 = \frac{-1 + \sqrt{5}}{4}$$

Da $\sin 18°$ positiv ist und kleiner als $\sin 30° = \frac{1}{2}$ sein muss, bleibt nur der Wert $\sin 18° = x_3$ übrig, sodass

$$\sin 18° = \frac{\sqrt{5} - 1}{4} = 0{,}3090 \ldots$$

Graphische Darstellung. Tragen wir die bisher berechneten trigonometrischen Funktionswerte für sin und cos in das kartesische Koordinatensystem ein, dann ergibt sich Abb. 1.19 als Bild dieser beiden Winkelfunktionen.

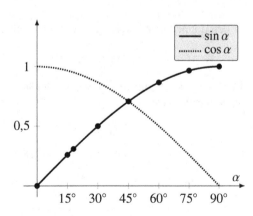

Abb. 1.19 Die Graphen der Winkelfunktionen

1.2.5 Das allgemeine Dreieck

In einem Dreieck ohne rechte Winkel unterscheiden sich die Seitenverhältnisse von den trigonometrischen Funktionen der Innenwinkel. Doch auch in einem solchen allgemeinen (also nicht unbedingt rechtwinkligen) Dreieck sind die Winkelfunktionen Sinus, Kosinus usw. *das* mathematische Werkzeug zur Berechnung fehlender Größen.

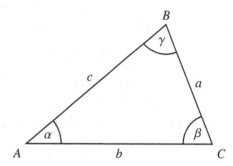

Abb. 1.20 Spitzwinkliges Dreieck

In der Praxis sind oftmals nur gewisse Seiten und/oder Winkel bekannt, wie z. B. zwei Seiten und ein Winkel. Die Aufgabe der Dreiecksberechnung ist es, die noch fehlenden Größen zu bestimmen. Wir notieren zunächst die grundlegende Aussage:

Für die Winkelsumme im Dreieck gilt stets $\alpha + \beta + \gamma = 180°$

Daneben sind als wichtige Hilfsmittel noch der Sinussatz und der Kosinussatz zu nennen. Der Sinussatz ergibt sich aus der folgenden einfachen Überlegung: Zeichnet man eine Hilfslinie mit der Höhe h senkrecht zur Seite b so wie in Abb. 1.21 ein, dann erhält man zwei rechtwinklige Dreiecke, und es ist

$$h = c \cdot \sin \alpha = a \cdot \sin \gamma \quad \Longrightarrow \quad \frac{a}{\sin \alpha} = \frac{c}{\sin \gamma}$$

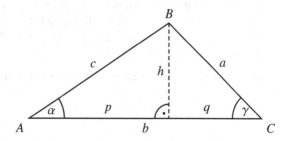

Abb. 1.21 Stumpfwinkliges Dreieck mit Höhe h

Durch Vertauschen der Seiten bekommen wir insgesamt den

$$\textbf{Sinussatz:}\quad \frac{a}{\sin\alpha} = \frac{b}{\sin\beta} = \frac{c}{\sin\gamma}$$

Für Dreiecksberechnungen braucht man zusätzlich noch den

$$\textbf{Kosinussatz:}\quad c^2 = a^2 + b^2 - 2\,a\,b\,\cos\gamma$$

Auch diese Aussage kann man mit den Hilfsgrößen p, $q = b - p$ und h begründen, die das obige allgemeine Dreieck in zwei rechtwinklige aufteilen. Nach Pythagoras ist $c^2 = p^2 + h^2$, und aus $p = b - q$ zusammen mit der binomischen Formel ergibt sich

$$c^2 = (b - q)^2 + h^2 = b^2 - 2\,b\,q + q^2 + h^2$$

Auch im rechten Dreieck gilt der Satz des Pythagoras: $q^2 + h^2 = a^2$. Setzen wir zudem noch $q = a \cos\gamma$ in die Gleichung ein, dann haben wir den Kosinussatz.

Beispiel 1. In einem Dreieck sind zwei Seiten und ein Winkel bekannt:

$$a = 5{,}4\,\text{cm} \quad b = 3{,}8\,\text{cm} \quad \gamma = 67°$$

Gesucht sind die restlichen Größen, also die Seite c sowie die Winkel α und β. Wir verwendet zuerst den Kosinussatz zur Berechnung der Seite c:

$$\begin{aligned}
c^2 &= a^2 + b^2 - 2\,a\,b\,\cos\gamma \\
&= (5{,}4\,\text{cm})^2 + (3{,}8\,\text{cm})^2 + 2 \cdot 5{,}4\,\text{cm} \cdot 3{,}8\,\text{cm} \cdot \cos 67° \\
&\approx 27{,}564\ldots\,\text{cm}^2
\end{aligned}$$

Hieraus ergibt sich (gerundet) $c = 5{,}25\,\text{cm}$. Einen der fehlenden Winkel, beispielsweise β, können wir mit dem Sinussatz bestimmen:

$$\frac{b}{\sin\beta} = \frac{c}{\sin\gamma} \quad\Longrightarrow\quad \sin\beta = \frac{b\sin\gamma}{c} = \frac{3{,}8\,\text{cm} \cdot \sin 67°}{5{,}25\,\text{cm}} \approx 0{,}67$$

und damit $\beta \approx 42°$. Den Winkel α erhält man schließlich aus der Winkelsumme im Dreieck: $\alpha = 180° - \beta - \gamma \approx 180° - 67° - 42° = 71°$.

Beispiel 2. Wir wollen mithilfe einer Schnur einen „perfekten" rechten Winkel konstruieren. Hierzu unterteilen wir die Schnur in 12 gleichlange Abschnitte, z. B. durch Knoten, und verbinden die Ecken gemäß Abb. 1.22 zu einem Dreieck mit den Seiten $b = 4$, $a = 3$ und $c = 5$ Segmenten.

Bei dieser Konstruktion ist $\gamma = 90°$, denn aus dem Kosinussatz folgt

$$5^2 = 4^2 + 3^2 - 2 \cdot 4 \cdot 3 \cdot \cos\gamma \quad\Longrightarrow\quad \cos\gamma = 0$$

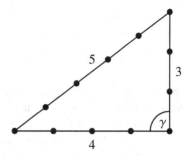

Abb. 1.22 Rechter Winkel
$\gamma = 90°$

1.3 Wie Computer rechnen

Sofern es sich nicht um einfache Grundrechenarten handelt, löst man Rechenaufgaben in der Praxis mit einem Taschenrechner oder Computer. Bei umfangreicheren Berechnungen mit Wurzeln, Logarithmen oder Winkelfunktionen ist ein Computer unverzichtbar. Ein Computer verarbeitet Zahlen allerdings etwas anders als ein Mensch: Anstelle des Dezimalsystems verwendet er die sogenannte Binärdarstellung, und auch ein Computer macht Fehler – Rundungsfehler! Dieser Abschnitt befasst sich mit Besonderheiten, die beim „numerischen Rechnen" mit einem Computer zu beachten sind, und wir wollen einen ersten Einblick erhalten, wie ein Computer kompliziertere Rechenarten wie z. B. das Radizieren (Wurzelziehen) oder Logarithmieren durchführt.

1.3.1 Zahlen im Binärsystem

Das Dezimalsystem hat den Vorteil, dass man reelle Zahlen sehr leicht vergleichen kann. Möchte man beispielsweise herausfinden, welcher der Werte $\frac{13}{5}$ oder $\frac{21}{8}$ größer ist, dann müsste man die beiden Brüche zuerst auf einen gemeinsamen Nenner bringen und die Zähler vergleichen. Die Dezimaldarstellung liefert dagegen sofort eine Antwort: Aus $\frac{13}{5} = 2,6$ und $\frac{21}{8} = 2,625$ folgt $\frac{21}{8} > \frac{13}{5}$. Doch es gibt auch Nachteile bei der Dezimaldarstellung. Viele rationale Zahlen lassen sich nur näherungsweise als Dezimalbruch niederschreiben – wir müssen sie auf endlich viele Dezimalstellen runden, z. B. $\frac{5}{3} = 1,666\ldots \approx 1,666667$. Die Zahlen, mit denen man in der Praxis zu tun hat, liegen oft schon als endlicher Dezimalbruch vor, wie z. B. bei Bemaßungen oder Gewichtsangaben. Ein Computer kann aber selbst solche vermeintlich harmlosen Dezimalzahlen wie etwa $\frac{4}{5} = 0,8$ nicht immer exakt darstellen. Der Computer arbeitet im Binärsystem, der Zahlendarstellung zur Basis 2, und allein der Wechsel der Zahlenbasis kann dazu führen, dass die Ziffernfolge nicht mehr abbricht. Im Folgenden soll dieser Effekt anhand einiger Beispiele verdeutlicht werden.

Hinter einer Dezimalzahl wie etwa 70349 verbirgt sich eine Summe von Zehnerpotenzen mit den Ziffernwerten 0 bis 9 als Vorfaktoren:

$$70349 = 7 \cdot 10^4 + 0 \cdot 10^3 + 3 \cdot 10^2 + 4 \cdot 10^1 + 9 \cdot 10^0$$

Bei einer nicht-ganzen Zahl treten, gekennzeichnet durch das Dezimalkomma, auch Vielfache von negativen Zehnerpotenzen auf, wie etwa bei

$$16{,}825 = 1 \cdot 10^1 + 6 \cdot 10^0 + 8 \cdot 10^{-1} + 2 \cdot 10^{-2} + 5 \cdot 10^{-3}$$

Anstelle von Zehnerpotenzen kann man für die Darstellung einer rationalen Zahl auch Potenzen einer anderen Zahlenbasis zugrunde legen. Im *Binärsystem*, auch *Dualsystem* genannt, wird die Zahl als Summe von Zweierpotenzen mit den beiden Ziffern 0 und 1 dargestellt. Da ein digitaler Schaltkreis ebenfalls nur zwei mögliche Signalzustände (An und Aus) unterscheiden kann, eignet sich das Binärsystem sehr gut für die Zahlendarstellung und Werteverarbeitung im Computer.

Beispiel 1. Die Dezimalzahl 43 können wir als Summe der Zweierpotenzen

$$43 = 32 + 8 + 2 + 1 = 1 \cdot 2^5 + 0 \cdot 2^4 + 1 \cdot 2^3 + 0 \cdot 2^2 + 1 \cdot 2^1 + 1 \cdot 2^0$$

schreiben, welche im Binärsystem mit der Ziffernfolge 101011 notiert und im Computer mit diesen *Bits* (= binary digits – engl. für „binäre Ziffern") gespeichert wird. Möchte man Verwechslungen mit der Dezimaldarstellung vermeiden, dann notiert man die Zahlenbasis hinter dem betreffenden Wert tiefgestellt und in Klammern, also z. B. in der Form $43 = 43_{(10)} = 101011_{(2)}$.

Beispiel 2. Auch nicht-ganze Zahlen lassen sich als Binärzahlen darstellen, wobei ein Komma auf negative Zweierpotenzen hinweist. Beispiel:

$$3{,}625_{(10)} = 2 + 1 + \tfrac{1}{2} + \tfrac{1}{8}$$
$$= 1 \cdot 2^1 + 0 \cdot 2^0 + 1 \cdot 2^{-1} + 0 \cdot 2^{-2} + 1 \cdot 2^{-3} = 11{,}101_{(2)}$$

Praktischerweise erhält man die Binärdarstellung einer rationalen Zahl ähnlich wie die Dezimalbruchentwicklung durch fortgesetzte Division mit Rest, wobei der Rest nach jedem Schritt mit 2 (anstatt mit 10) multipliziert wird. Als erstes Beispiel wollen wir den endlichen Dezimalbruch $0{,}625_{(10)} = \tfrac{5}{8}$ in eine Binärzahl übersetzen:

$$
\begin{aligned}
5 : 8 &= 0 \quad \text{Rest} \quad 5 \quad | \cdot 2 \\
10 : 8 &= 1 \quad \text{Rest} \quad 2 \quad | \cdot 2 \\
4 : 8 &= 0 \quad \text{Rest} \quad 4 \quad | \cdot 2 \\
8 : 8 &= 1 \quad \text{Rest} \quad 0
\end{aligned}
$$

Die Division geht auf, und wir erhalten den endlichen Binärbruch

$$0{,}625_{(10)} = \tfrac{5}{8} = 1 \cdot 2^{-1} + 0 \cdot 2^{-2} + 1 \cdot 2^{-3} = 0{,}101_{(2)}$$

Gleichermaßen erhalten wir die Binärdarstellung von $\tfrac{4}{5}$ mithilfe von

$$4 : 5 = 0 \quad \text{Rest} \quad 4 \quad | \cdot 2$$
$$8 : 5 = 1 \quad \text{Rest} \quad 3 \quad | \cdot 2$$
$$6 : 5 = 1 \quad \text{Rest} \quad 1 \quad | \cdot 2$$
$$2 : 5 = 0 \quad \text{Rest} \quad 2 \quad | \cdot 2$$
$$4 : 5 = 0 \quad \text{Rest} \quad 4 \quad \text{(Rechnung wiederholt sich)}$$

In diesem Fall geht die Division nicht auf, und daher ist tatsächlich

$$0{,}8_{(10)} = \tfrac{4}{5} = 0{,}11001100\ldots_{(2)} = 0{,}\overline{1100}_{(2)}$$

ein unendlich periodischer Binärbruch! Da im Rechner aber nur endlich viele Bits, also Speicherplätze für die Binärziffern 0 und 1, zur Verfügung stehen, muss dieser Wert gerundet werden. Folglich kann die Dezimalzahl 0,8 vom Computer nur näherungsweise dargestellt werden.

1.3.2 Gleitkommaarithmetik

Der Computer hat aufgrund seines begrenzten Speichers ein grundsätzliches Problem bei der Verarbeitung von nicht-endlichen Binärbrüchen und irrationalen Zahlen: Diese müssen gerundet werden, und dabei entstehen zwangsläufig Fehler. Das Thema Rundungsfehler betrifft alle Computer – vom Taschenrechner bis zum Hochleistungsrechner.

Ganze Zahlen aus einem gewissen Wertebereich können noch exakt verarbeitet werden. Beim 32-Bit-Ganzzahltyp „Integer" sind das z. B. die Werte

$$-2^{31} = -2147483648 \quad \text{bis} \quad 2^{31} - 1 = 2147483647$$

Betragsmäßig größere ganze Zahlen sowie rationale und reelle Werte x werden als *Gleitkommazahlen* in der wissenschaftlichen Notation $x = \pm m \cdot b^p$ gespeichert. Als Zahlenbasis verwendet man meist $b = 2$ (Binärsystem) oder $b = 10$ (Dezimalsystem). Zudem ist p ein ganzzahliger Exponent, und die sogenannte *Mantisse* m ist eine Zahl im Bereich $1 \le m < b$ mit einer fest vorgegebenen Anzahl an Nachkommastellen. Beispielsweise werden beim 32-Bit-Gleitkommatyp „Single" (= einfache Genauigkeit) die Zahlen in der Form $x = \pm m \cdot 2^p$ dargestellt, wobei neben dem Vorzeichenbit und den 8 Bit für den Exponenten $p \in \{-126, \ldots, 127\}$ noch 23 Bit (Binärstellen) für die Mantisse $m = 1, \ldots_{(2)}$ zur Verfügung stehen. Da im Binärsystem die stets führende 1 vor dem Komma nicht gespeichert werden muss, können die 23 Bit komplett für die Nachkommastellen genutzt werden.

Dezimalzahl	Binärzahl	Mantisse im Single-Format
0,4	$1{,}100110011001\ldots_{(2)} \cdot 2^{-2}$	10011001100110011001101
1,375	$1{,}011_{(2)} \cdot 2^0$	01100000000000000000000
π	$1{,}100100100011\ldots_{(2)} \cdot 2^1$	10010010000111111011011

Reelle Zahlen wie z. B. 0,4 oder π lassen sich nur als unendliche Binärbrüche darstellen, und deren Mantisse muss (wie in obiger Tabelle) auf 23 binäre Stellen gerundet werden. Der maximale Rundungsfehler beträgt dann $\frac{1}{2} \cdot 2^{-23} \approx 6 \cdot 10^{-8}$, und dies entspricht einer Genauigkeit von sieben bis acht Dezimalstellen. Im 64-Bit-Gleitkommaformat „Double" (= doppelte Genauigkeit) verwendet man ein Vorzeichenbit, 11 Bit für den Exponenten und 52 für die Nachkommastellen der Mantisse. Der Rundungsfehler beträgt hier nur noch $\frac{1}{2} \cdot 2^{-52} \approx 1{,}11 \cdot 10^{-16}$, sodass man mit einer Genauigkeit von 15 bis 16 Dezimalstellen rechnen kann.

Wir wollen im Folgenden die Eigenheiten der Gleitkommadarstellung etwas genauer untersuchen. Dazu gehen wir der Einfachheit halber von der Basis $b = 10$ und einer Mantissenlänge 7 aus, d. h., alle Zahlen $x \neq 0$ haben hier die Form $x = \pm m \cdot 10^P$ mit $1 \leq m < 10$. Für die Mantisse m stehen uns eine Ziffer vor dem Komma und 6 Nachkommastellen zur Verfügung. Längere oder unendliche Dezimalbrüche müssen gerundet abgespeichert werden, so wie die Zahlen in der folgenden Übersicht:

	(Genauer) Wert	Gleitkommazahl
Kreiszahl π	$3{,}1415926535\ldots$	$+3{,}141593 \cdot 10^0$
Rationale Zahl $\frac{355}{113}$	$3{,}1415929203\ldots$	$+3{,}141593 \cdot 10^0$
Lichtgeschwindigkeit c	$299792458 \frac{m}{s}$	$+2{,}997925 \cdot 10^8$
Absoluter Nullpunkt	$-273{,}15\,^\circ\text{C}$	$-2{,}731500 \cdot 10^2$
Elementarladung e	$1{,}6021766208 \cdot 10^{-19}\,\text{C}$	$+1{,}602177 \cdot 10^{-19}$
Lösungen der Gleichung $x^2 + 43\,x - 1 = 0$	$x_{1/2} = \dfrac{-43 \pm \sqrt{1853}}{2}$	$-4{,}302324 \cdot 10^1$ $+2{,}324325 \cdot 10^{-2}$

In der Gleitkommadarstellung zur Basis 10 mit der Mantissenlänge 7 lassen sich demnach die beiden Zahlen π und $\frac{355}{113}$ nicht mehr unterscheiden!

Abgesehen davon, dass man viele Zahlenwerte wie etwa π, e oder $\sqrt{2}$, aber auch rationale Zahlen wie z. B. $\frac{2}{3} = +0{,}666\ldots \approx 6{,}666667 \cdot 10^{-1}$ im Gleitkommaformat nur näherungsweise darstellen kann, gibt es in der „Gleitkommaarithmetik" noch verschiedene Effekte, welche oftmals zu unerwarteten Rechenfehlern führen. Ein erstes Problem ist die *Absorption*: Bei der Addition einer betragsmäßig viel kleineren Zahl ändert sich die größere Zahl nicht. In unserem Beispielformat ($b = 10$, Mantissenlänge 7) erhält man für

$$x_1 = 1357248 = +1{,}357248 \cdot 10^6 \quad \text{und} \quad x_2 = 0{,}069 = +6{,}900000 \cdot 10^{-2}$$

anstelle von $x_1 + x_2 = 1357248{,}069$ gerundet die Summe $x_1 + x_2 = +1{,}357248 \cdot 10^6 = x_1$. Der Rechenfehler liegt hier allerdings im Bereich des allgemeinen Rundungsfehlers, d. h., der Summenwert ist hier immer noch auf sieben Dezimalziffern genau. Ein weiteres Problem ist die sogenannte *Stellenauslöschung*. Dieser Effekt tritt auf, wenn man zwei nahezu gleich große Zahlen subtrahiert. Beispielsweise ist die Differenz der rationalen Zahlen $x_1 = \frac{2}{3}$ und $x_2 = 0{,}6667$ in der Gleitkommadarstellung

$$x_1 - x_2 = 6{,}666667 \cdot 10^{-1} - 6{,}667000 \cdot 10^{-1} = -0{,}0000333 = -3{,}330000 \cdot 10^{-5}$$

Im Vergleich zum korrekten Gleitkommawert $\frac{2}{3} - 0{,}6667 \approx -3{,}333333 \cdot 10^{-5}$ gehen hier die letzten vier Stellen in der Mantisse verloren.

Absorption und Auslöschung führen bei komplexeren Formeln zur Fehlerfortpflanzung, und im Extremfall erhält man ein völlig unbrauchbares Ergebnis. Dieses Problem kann bereits beim Lösen einer quadratischen Gleichung auftreten. Berechnet man die Nullstellen von $a\,x^2 + b\,x + c = 0$ mit der Formel

$$x_{1/2} = \frac{-b \pm \sqrt{b^2 - 4\,a\,c}}{2\,a}$$

und ist $4\,a\,c$ gegenüber b^2 betragsmäßig sehr klein (Schreibweise: $4\,a\,c \ll b^2$), dann kann es zur Stellenauslöschung im Zähler kommen.

Beispiel 1. Die quadratische Gleichung

$$\boxed{0{,}0002\,x^2 - 3000\,x - 5000 = 0} \quad \Longrightarrow \quad x_{1/2} = \frac{3000 \pm \sqrt{9000004}}{0{,}0004}$$

hat zwei reelle Lösungen

$$x_1 = -1{,}6666648148\ldots \approx -1{,}666666 \cdot 10^0$$
$$x_2 = 15000001{,}6666\ldots \approx +1{,}500000 \cdot 10^7$$

Der Wurzelwert $\sqrt{9000004} = 3000{,}000666\ldots$ wird im Gleitkommaformat zur Basis $b = 10$ bei Mantissenlänge 7 auf $3{,}000001 \cdot 10^3$ gerundet, sodass sich für die betragsmäßig kleinere Lösung die Zahl

$$\tilde{x}_1 = \frac{3{,}000000 \cdot 10^3 - 3{,}000001 \cdot 10^3}{4{,}000000 \cdot 10^{-4}} = -2{,}500000 \cdot 10^0 = -2{,}5$$

ergibt. Die Subtraktion der beiden etwa gleich großen Werte im Zähler führt zur Stellenauslöschung, und die berechnete Lösung weicht bereits in der führenden Dezimalstelle von x_1 ab. Dagegen ist bei der Berechnung in Gleitkommaarithmetik

$$\tilde{x}_2 = \frac{3{,}000000 \cdot 10^3 + 3{,}000001 \cdot 10^3}{4{,}000000 \cdot 10^{-4}} = +1{,}500000 \cdot 10^7$$

genau die auf Mantissenlänge gerundete Lösung x_2.

Beispiel 2. Auch die quadratische Gleichung

$$\boxed{0{,}0002\,x^2 - 4000\,x - 5000 = 0} \quad \Longrightarrow \quad x_{1/2} = \frac{4000 \pm \sqrt{16000004}}{0{,}0004}$$

besitzt zwei reelle Lösungen

$$x_1 = -1{,}2499999218\ldots \approx -1{,}250000 \cdot 10^0$$
$$x_2 = 20000001{,}2499\ldots \approx +2{,}000000 \cdot 10^7$$

Berechnet man die Diskriminante im Gleitkommaformat mit Mantissenlänge 7:

$$b^2 - 4\,a\,c = (-4000)^2 - 4 \cdot 0{,}0002 \cdot (-5000)$$
$$= 16000000 + 4 = 16000004 \approx 1{,}600000 \cdot 10^7 = b^2$$

dann wird $4\,a\,c$ von b^2 absorbiert, und wir erhalten die Lösungen

$$\tilde{x}_1 = \frac{4{,}000000 \cdot 10^3 - 4{,}000000 \cdot 10^3}{4{,}000000 \cdot 10^{-4}} = 0$$

$$\tilde{x}_2 = \frac{4{,}000000 \cdot 10^3 + 4{,}000000 \cdot 10^3}{4{,}000000 \cdot 10^{-4}} \approx 2{,}000000 \cdot 10^7$$

Hier ist wieder die betragsmäßig kleinere Lösung $\tilde{x}_1$ unbrauchbar, während $\tilde{x}_2$ im Rahmen der Rechengenauigkeit mit dem exakten Ergebnis übereinstimmt.

Wie lassen sich solche Rundungsfehler erkennen und vermeiden? Bei einer quadratischen Gleichung $a\,x^2 + b\,x + c = 0$ kann man die Richtigkeit der Lösungen mit dem Satz von Vieta $x_1 \cdot x_2 = \frac{c}{a}$ überprüfen. Im Beispiel 1 ist für die exakten Lösungen $x_1 \cdot x_2 = \frac{-5000}{0{,}0002} = -2{,}5 \cdot 10^7$ erfüllt, während die im Gleitkommaformat berechneten Werte das Produkt

$$\tilde{x}_1 \cdot \tilde{x}_2 = -2{,}500000 \cdot 10^0 \cdot 1{,}500000 \cdot 10^7 = -3{,}75 \cdot 10^7$$

liefern. Da bei der *Addition* etwa gleich großer Zahlen keine Stellenauslöschung auftritt, darf man davon ausgehen, dass der Wert $\tilde{x}_2 = 1{,}500000 \cdot 10^7$ zuverlässig ist. Wir können nun wieder den Satz von Vieta nutzen, um eine weitere brauchbare Lösung zu ermitteln:

$$\tilde{x}_1 \cdot \tilde{x}_2 = -2{,}5 \cdot 10^7 \quad \Longrightarrow \quad \tilde{x}_1 = \frac{-2{,}500000 \cdot 10^7}{+1{,}500000 \cdot 10^7} = -1{,}666667 \cdot 10^0$$

Bevor man einen Rechenausdruck von einem Computer auswerten lässt, ist zu überprüfen, in welchen Fällen unerwünschte Effekte wie etwa Stellenauslöschung oder Absorption auftreten können. Für diese Zahlenwerte sollte man dann möglichst eine alternative, numerisch stabile Berechnungsvorschrift verwenden.

Beispiel: Eine quadratische Gleichung $x^2 + p\,x + q = 0$ mit $4\,q < p^2$ hat nach der p-q-Formel zwei reelle Lösungen

$$x_1 = -\frac{p}{2} - \sqrt{\left(\frac{p}{2}\right)^2 - q} \quad \text{und} \quad x_2 = -\frac{p}{2} + \sqrt{\left(\frac{p}{2}\right)^2 - q}$$

Falls $p < 0$ und $4\,q \ll p^2$ gilt, also q gegenüber $\left(\frac{p}{2}\right)^2$ betragsmäßig sehr klein ist, dann werden bei x_1 zwei nahezu gleich große Zahlen voneinander subtrahiert – es kann zur Stellenauslöschung kommen. Diese Gefahr besteht bei x_2 nicht, da hier zwei positive Werte addiert werden. Mit dem Satz von Vieta $x_1 \cdot x_2 = q$ lässt sich das Problem bei x_1 vermeiden, indem man für diese Lösung die Formel $x_1 = \frac{q}{x_2}$ benutzt.

Übungsaufgabe: Wie geht man im Fall $p > 0$ vor?

Auch andere mathematische Ausdrücke, die zur Stellenauslöschung neigen, lassen sich oftmals durch Umformung in eine „numerisch stabile" Form bringen.

Beispiel 1. In der Formel $x - \sqrt{1 + x^2}$ wird für große x (Schreibweise $x \gg 1$) der Summand 1 von x^2 absorbiert, und in Gleitkommaarithmetik erhält man $x - \sqrt{x^2} = 0$. Die Erweiterung

$$x - \sqrt{1 + x^2} = \left(x - \sqrt{1 + x^2}\right) \cdot \frac{x + \sqrt{1 + x^2}}{x + \sqrt{1 + x^2}} = -\frac{1}{x + \sqrt{1 + x^2}}$$

liefert einen Ausdruck, der für $x \gg 1$ den besseren Näherungswert $-\frac{1}{2x}$ ergibt. Beispielsweise ist für $x = 4000$ der exakte Wert

$$x - \sqrt{1 + x^2} = 4000 - \sqrt{16000001} = -1{,}24999998\ldots 10^{-4}$$

Im Gleitkommaformat zur Basis 10 mit der Mantissenlänge 7 wird $1 + x^2 = 16000001 \approx +1{,}600000 \cdot 10^6$ abgerundet, und somit ist

$$x - \sqrt{1 + x^2} \approx 4{,}000000 \cdot 10^3 - \sqrt{1{,}600000 \cdot 10^7} = 0$$

Dagegen liefert der umgeformte Ausdruck das bessere Resultat

$$\frac{1}{x + \sqrt{1 + x^2}} \approx -\frac{1}{4{,}000000 \cdot 10^3 + \sqrt{1{,}600000 \cdot 10^7}}$$

$$= -\frac{1}{8{,}000000 \cdot 10^3} = -1{,}250000 \cdot 10^{-4}$$

Beispiel 2. Für $x \approx 0$ werden in der Formel $\frac{1 - \cos x}{\sin x}$ die beiden etwa gleich großen Zahlen 1 und $\cos x \approx 1$ im Zähler subtrahiert, sodass Stellenauslöschung zu erwarten ist. Durch die Umwandlung in

$$\frac{1 - \cos x}{\sin x} = \frac{1 - \cos x}{\sin x} \cdot \frac{1 + \cos x}{1 + \cos x} = \frac{1 - \cos^2 x}{\sin x \cdot (1 + \cos x)} = \frac{\sin^2 x}{\sin x \cdot (1 + \cos x)}$$

erhalten wir den dazu äquivalenten Ausdruck

$$\frac{1 - \cos x}{\sin x} = \frac{\sin x}{1 + \cos x}$$

bei dem das Problem mit der Stellenauslöschung für $x \approx 0$ nicht auftritt.

1.3.3 Berechnen von Logarithmen

Wie man mit Logarithmen rechnet, wurde bereits in Abschnitt 1.1.7 erläutert. Man braucht dazu eine hinreichend umfangreiche Logarithmentafel oder einen Taschenrechner bzw.

Computer, der dann auf Tastendruck den gewünschten Wert liefert. Wie aber berechnet eigentlich ein Computer den Logarithmus einer Zahl?

Wir wollen die Zahl $x = \lg 7$ auf drei Nachkommastellen genau berechnen. Gesucht ist also die Lösung x der Gleichung $10^x = 7$, wobei x wegen $10^0 = 1 < 7 < 10 = 10^1$ zwischen 0 und 1 liegen muss. Wir verwenden dazu die Werte aus Tab. 1.1, wobei auf der rechten Seite jeweils die Quadratwurzel des Werts aus der vorhergehenden Zeile steht, und zwar gerundet auf acht Nachkommastellen (diese Wurzeln kann man z. B. mit dem Heron-Verfahren berechnen).

$$
\begin{aligned}
r_1 &= 10^{1/2} & &= \sqrt{10} & &= 3{,}16227766 \\
r_2 &= 10^{1/4} & &= \sqrt{r_1} & &= 1{,}77827941 \\
r_3 &= 10^{1/8} & &= \sqrt{r_2} & &= 1{,}33352143 \\
r_4 &= 10^{1/16} & &= \sqrt{r_3} & &= 1{,}15478198 \\
r_5 &= 10^{1/32} & &= \sqrt{r_4} & &= 1{,}07460783 \\
r_6 &= 10^{1/64} & &= \sqrt{r_5} & &= 1{,}03663293 \\
r_7 &= 10^{1/128} & &= \sqrt{r_6} & &= 1{,}01815172 \\
r_8 &= 10^{1/256} & &= \sqrt{r_7} & &= 1{,}00903504 \\
r_9 &= 10^{1/512} & &= \sqrt{r_8} & &= 1{,}00450736 \\
r_{10} &= 10^{1/1024} & &= \sqrt{r_9} & &= 1{,}00225115 \\
r_{11} &= 10^{1/2048} & &= \sqrt{r_{10}} & &= 1{,}00112494 \\
r_{12} &= 10^{1/4096} & &= \sqrt{r_{11}} & &= 1{,}00056231 \\
r_{13} &= 10^{1/8192} & &= \sqrt{r_{12}} & &= 1{,}00028112 \\
r_{14} &= 10^{1/16384} & &= \sqrt{r_{13}} & &= 1{,}00014055 \\
r_{15} &= 10^{1/32768} & &= \sqrt{r_{14}} & &= 1{,}00007027 \\
r_{16} &= 10^{1/65536} & &= \sqrt{r_{15}} & &= 1{,}00003513 \\
r_{17} &= \ldots
\end{aligned}
$$

Tabelle 1.1 Die Werte $r_k = 10^{1/2^k} = \sqrt{r_{k-1}}$ für $k = 1, \ldots, 16$ berechnet man durch fortgesetztes Wurzelziehen aus $r_0 = 10$.

Wir versuchen nun, die Zahl 7 als Produkt der Wurzelwerte r_1, r_2, r_3 usw. aus Tab. 1.1 darzustellen, beginnend mit dem größten Wert r_1, wobei jede Zahl höchstens einmal als Faktor vorkommen darf. Es ist

$$7 : r_1 = 2{,}21359436 \geq r_2$$

Im nächsten Schritt können wir durch r_2 teilen:

$$2{,}21359436 : r_2 = 1{,}24479559$$

Der Quotient ist kleiner als r_3, aber größer als r_4:

$$1{,}24479559 : r_4 = 1{,}07791771$$

Der nächstkleinere Divisor aus der Tabelle ist r_5:

$$1{,}07791771 : r_5 = 1{,}00308008 \geq r_{10}$$

Setzen wir die Rechnung fort, indem wir jeweils durch den zum Quotienten nächstkleineren Wert aus der Tabelle teilen, so ergibt sich

$$1{,}00308008 : r_{10} = 1{,}00082707 \geq r_{12}$$
$$1{,}00082707 : r_{12} = 1{,}00026461 \geq r_{14}$$
$$1{,}00026461 : r_{14} = 1{,}00012404 \geq r_{15}$$
$$1{,}00012404 : r_{15} = 1{,}00005377 \geq r_{16}$$
$$1{,}00005377 : r_{16} = 1{,}00001860$$

Als Resultat erhalten wir

$$7 \approx r_1 \cdot r_2 \cdot r_4 \cdot r_5 \cdot r_{10} \cdot r_{12} \cdot r_{14} \cdot r_{15} \cdot r_{16}$$

Die dekadischen Logarithmen der Werte r_k kann man leicht berechnen. Es ist nämlich

$$\lg r_k = \lg 10^{1/2^k} = \frac{1}{2^k}$$

Hieraus ergibt sich dann nach dem Logarithmengesetz für Produkte

$$\lg 7 \approx \lg (r_1 \cdot r_2 \cdot r_4 \cdot r_5 \cdot r_{10} \cdot r_{12} \cdot r_{14} \cdot r_{15} \cdot r_{16})$$
$$= \lg r_1 + \lg r_2 + \lg r_4 + \lg r_5 + \lg r_{10} + \lg r_{12} + \lg r_{14} + \lg r_{15} + \lg r_{16}$$
$$= \tfrac{1}{2} + \tfrac{1}{4} + \tfrac{1}{16} + \tfrac{1}{32} + \tfrac{1}{1024} + \tfrac{1}{4096} + \tfrac{1}{16384} + \tfrac{1}{32768} + \tfrac{1}{65536} \approx 0{,}845$$

Aus der letzten Zeile lässt sich die Binärdarstellung $\lg 7 \approx 0{,}1101100001010111_{(2)}$ ablesen, und in dieser Form wird der berechnete Wert dann auch im Computer gespeichert.

Mit der gleichen Methode erhält man z. B. die Logarithmenwerte $\lg 2 = 0{,}301$ oder $\lg 3 = 0{,}477$ (Übungsaufgabe!). Auf diese Art und Weise wurden früher ganze Logarithmentafeln mit einer Genauigkeit von bis zu acht oder zehn Stellen berechnet. Im heutigen Zeitalter der elektronischen Rechner werden allerdings auch andere Verfahren benutzt, so wie z. B. Potenzreihen (siehe Kapitel 4 in „Mathematik für Ingenieurwissenschaften: Vertiefung") oder CORDIC-Algorithmen. Wir kommen darauf in Kapitel 3, Abschnitt 3.1.3 zurück: Dort behandeln wir ein ähnliches Problem, nämlich die Berechnung von Winkelfunktionen mit dem Computer.

1.3.4 Radizieren durch Subtrahieren

In Abschnitt 1.1.6 haben wir mit dem babylonischen Wurzelziehen ein Näherungsverfahren kennengelernt, welches die Quadratwurzel $\sqrt{R}$ einer Zahl $R > 0$ beliebig genau berechnen kann. Dieses Iterationsverfahren

$$x_{n+1} = \frac{x_n + \frac{R}{x_n}}{2}$$

benötigt allerdings einen passenden Startwert x_0, und in jedem Schritt sind zwei Divisionen auszuführen. Wir wollen nun ein Verfahren zur Wurzelberechnung entwickeln, das nur Additionen bzw. Subtraktionen verwendet und insgesamt nicht viel komplizierter ist als eine schriftliche Division. Dieses Rechenverfahren soll zu einer beliebig großen ganzen Zahl $R > 0$ den ganzzahligen Anteil der Quadratwurzel $\sqrt{R}$ bestimmen. Für den ganzzahligen Anteil einer Zahl $x \in \mathbb{R}$ verwendet man die Abkürzung $[x]$, genannt *Gauß-Klammer* oder Abrundungsfunktion, sodass z. B. $[2{,}3] = 2$ oder $[3{,}75] = 3$ gilt. Der gesuchte Wurzelalgorithmus soll dann die Werte

$$[\sqrt{45}] = 6, \quad [\sqrt{1369}] = 37, \quad [\sqrt{20000000000000}] = 14142135$$

liefern können. Wir verwenden dazu die Erkenntnis, dass die Summe der ersten n ungeraden Zahlen genau den Wert n^2 ergibt. So ist beispielsweise $4^2 = 16$ die Summe der ersten vier ungeraden Zahlen $1 + 3 + 5 + 7 = 16 = 4^2$. Addieren wir hier die nächste ungerade Zahl 9, dann erhalten wir die nächste Quadratzahl $1 + 3 + 5 + 7 + 9 = 16 + 9 = 25 = 5^2$. Dieser Zusammenhang lässt sich auch geometrisch veranschaulichen:

Allgemein gilt

$$1 + 3 + 5 + \ldots + (2n - 1) = n^2$$

Wir haben diese Summenformel mit vollständiger Induktion bereits allgemein nachgewiesen. Die Formel kann man in ihrer Aussage aber auch umkehren:

> Die Anzahl n der ungeraden Zahlen $1, 3, 5, 7, 9, \ldots$, die von R subtrahiert werden können, ohne dass die Differenz negativ wird, ist der ganzzahlige Anteil von $\sqrt{R}$, also $[\sqrt{R}] = n$.

Beispiel:

$$
\left.
\begin{aligned}
45 - 1 &= 44 \\
44 - 3 &= 41 \\
41 - 5 &= 36 \\
36 - 7 &= 29 \\
29 - 9 &= 20 \\
20 - 11 &= 9
\end{aligned}
\right\} \text{6 Subtraktionen}
$$

$$9 - 13 = -4 \quad \text{Abbruch!}$$

Wir konnten von 45 die ersten 6 ungeraden Zahlen subtrahieren, und daher ist der ganzzahlige Anteil der Wurzel von 45 gleich $[\sqrt{45}] = 6$.

Mit dieser Methode lässt sich das Wurzelziehen auf fortgesetztes Subtrahieren zurückführen, also ähnlich wie bei einer Division, nur mit dem Unterschied, dass der Subtrahend bei jedem Schritt um zwei erhöht wird, während er bei der Division gleich bleibt. Allerdings gibt es noch ein Problem: große Radikanden erfordern sehr viele Subtraktionen. Wir versuchen daher, das Verfahren für Quadratwurzeln mehrstelliger Zahlen zu optimieren, und beginnen mit der Beobachtung, dass die Wurzel aus einer 4-stelligen Zahl zweistellig ist. Beispielsweise muss

$$\sqrt{1369} = 10 \cdot m + n$$

eine zweistellige Zahl sein mit den Ziffernwerten m und n aus dem Bereich 0 bis 9, die noch zu bestimmen sind. Dazu kombinieren wir die Summenformel für ungerade Zahlen mit der binomischen Formel:

$$1369 = (10 \cdot m + n)^2 = 100 \cdot m^2 + 20 \cdot m \cdot n + n^2$$
$$= 100 \cdot \left(1 + 3 + 5 + \ldots + (2\,m - 1)\right)$$

$$\left.\begin{array}{l} + 20\,m + 1 \\ + 20\,m + 3 \\ + 20\,m + 5 \\ + \quad \ldots \\ + 20\,m + 2\,n - 1 \end{array}\right\} = 20\,m \cdot n + n^2$$

Bei der Berechnung der Quadratwurzel ziehen wir die ungeraden Zahlen zunächst nur in der Hunderterstelle ab, und beim „Unterlauf" führen wir eine Stellenverschiebung durch. Anschließend subtrahieren wir die ungeraden Zahlen beginnend mit $2\,m + 1$ in der Zehner- und Einerstelle:

$$
\begin{array}{ll}
\sqrt{\,13\ 69\,} = 37 & \\
-\quad 1\ 00 \ \Big\} & \\
-\quad 3\ 00 \ \Big\} = 3^2 \cdot 100 \quad\Longrightarrow\quad m = 3 & \\
-\quad 5\ 00 \ \Big\} & \\
-\quad 7\ 00 \quad \text{(Differenz wird negativ)} & \\
\hline
=\quad 4\ 69 & \\
-\quad 61 \ \Big\} \ \text{subtrahiere } 20\,m + 1 = 61 & \\
-\quad 63 \ \Big| \ \text{subtrahiere } 20\,m + 3 = 63 \text{ usw.} & \\
-\quad 65 \ \Big| & \\
-\quad 67 \ \Big\} = 60 \cdot 7 + 7^2 & \\
-\quad 69 \ \Big| & \\
-\quad 71 \ \Big| & \\
-\quad 73 \ \Big| & \\
\hline
=\quad 0 & \\
\end{array}
$$

Dieser Algorithmus, der sich auch auf mehrstellige Wurzelwerte übertragen lässt und die Quadratwurzel Ziffer für Ziffer berechnet, ist bekannt als *Toepler-Verfahren*, benannt nach dem Physiker August Toepler (1836 - 1923). Es ist eng verwandt mit dem „schriftlichen Wurzelziehen", das vor Einführung des Taschenrechners in der Schule gelehrt wurde. Im nachfolgenden Beispiel

$$\sqrt{413524} = \ldots\,?$$

wird die Anwendung der Toeplerschen Methode bei einem sechsstelligen Radikanden illustriert:

$$\sqrt{41\ 35\ 24} = 643,\ldots$$

$$
\left.
\begin{array}{l}
-\ \ \ 1\ 00\ 00 \\
-\ \ \ 3\ 00\ 00 \\
-\ \ \ 5\ 00\ 00 \\
-\ \ \ 7\ 00\ 00 \\
-\ \ \ 9\ 00\ 00 \\
-\ 11\ 00\ 00
\end{array}
\right\} = 6^2 \cdot 100^2 \quad \Longrightarrow \quad \text{Die erste Ziffer ist 6}
$$

$$-\ 13\ 00\ 00 \quad \text{(Differenz wird negativ)}$$

$$=\ \ 5\ 35\ 24$$

$$
\left.
\begin{array}{l}
-\ 1\ \boxed{21}\ 00 \\
-\ 1\ 23\ 00 \\
-\ 1\ 25\ 00 \\
-\ 1\ 27\ 00
\end{array}
\right\} 4\ \text{Subtraktionen} \quad \Longrightarrow \quad \text{zweite Ziffer 4} \qquad \mid\ \ 121 = 20 \cdot 6 + 1
$$

$$-\ 1\ 29\ 00 \quad \text{(Differenz wird negativ)}$$

$$=\ 39\ 24$$

$$
\left.
\begin{array}{l}
-\ \boxed{12\ 81} \\
-\ 12\ 83 \\
-\ 12\ 85
\end{array}
\right\} 3\ \text{Subtraktionen} \quad \Longrightarrow \quad \text{dritte Ziffer 3} \qquad \mid\ \ 1281 = 20 \cdot 64 + 1
$$

$$-\ 12\ 87 \quad \text{(Differenz wird negativ)}$$

$$75\quad \text{Rest} \quad \Longrightarrow \quad \text{es gibt Nachkommastellen}$$

Die grau hinterlegten Zahlen entsprechen den Werten $20\,m + 1$, wobei m der schon berechnete Teil der Wurzel ist: $20 \cdot 6 + 1 = 121$ bzw. $20 \cdot 64 + 1 = 1281$.

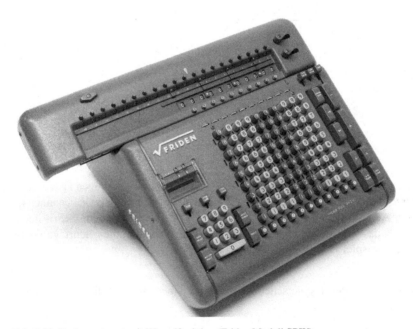

Abb. 1.23 Rechenautomat mit Wurzelfunktion (Friden Modell SRW)

In einer leicht modifizierten Form, die man als *Fünfer-Methode* bezeichnet hat, wurde das Toepler-Verfahren ab 1953 in die „Wurzelautomaten" der US-amerikanischen Firma *Friden* eingebaut. Hierbei handelte es sich um Rechenmaschinen, die rein mechanisch und vollautomatisch sowohl die vier Grundrechenarten als auch das Radizieren (Wurzelziehen) ausführen konnten. Das Modell „Friden SRW" in Abb. 1.23 wurde bis 1966 hergestellt.

Aufgaben zu Kapitel 1

Aufgabe 1.1. (Natürliche Zahlen)

a) Zerlegen Sie die natürliche Zahl 2142 in ihre Primfaktoren.

b) Bestimmen Sie ggT(495, 525) und kgV(495, 525).

c) Kürzen Sie den Bruch $\dfrac{1035}{1350}$ so weit wie möglich.

d) Aus den Ziffern 1 bis 9 soll ein sechsstelliges Passwort gebildet werden. Wie viele Möglichkeiten gibt es, wenn sich (1) die Ziffern wiederholen und (2) nicht wiederholen dürfen?

e) Begründen Sie mit vollständiger Induktion, dass die Summe der ersten n natürlichen Zahlen mit der folgenden Formel berechnet werden kann:

$$1 + 2 + 3 + \ldots + n = \frac{n\,(n+1)}{2} \quad \text{für} \quad n = 1, 2, 3, 4, \ldots$$

Aufgabe 1.2. (Rationale Zahlen)

a) Vereinfachen Sie die folgenden Ausdrücke:

$$\frac{\frac{1}{2} + \frac{1}{3}}{\frac{1}{3} + \frac{1}{5}} \qquad \frac{a\,c - b\,c}{a^2 b - a\,b^2} \cdot \frac{a\,b}{a+b} \qquad \left(\frac{27\,a^2 - 12}{3\,a^2 - 75} \cdot \frac{a+5}{8 - 12\,a} \right) : \frac{2 + 3\,a}{20 - 4\,a}$$

b) Vereinfachen Sie mit den binomischen Formeln:

$$\frac{(x+1)^2 - 4}{x-1} - 2 \qquad \frac{x^2 - 3\,x + 2}{x^2 - 4} \qquad \sqrt{\left(x^2 - 1\right)^2 + 4\,x^2}$$

c) Welche Zahl ist größer:

$$\frac{770}{1155} \quad \text{oder} \quad \frac{1155}{1540} ? \qquad \text{(ohne Taschenrechner – keine Dezimalbrüche)}$$

d) Ein Auto fährt mit konstanter Geschwindigkeit 30 km in 20 Minuten. Welche Geschwindigkeit in $\frac{\text{m}}{\text{s}}$ hat das Fahrzeug?

e) Ein Auto fährt 15 km mit konstanter Geschwindigkeit $100\,\frac{km}{h}$ und nochmals 15 km mit konstanter Geschwindigkeit $60\,\frac{km}{h}$. Welche Durchschnittsgeschwindigkeit hat das Fahrzeug?

f) Geben Sie die Dezimalzahl $1{,}2333\ldots = 1{,}2\overline{3}$ als Bruch an!

g) Geben Sie die Dezimalzahlen $0{,}5625$ und $0{,}6$ im Binärsystem an.

Aufgabe 1.3. (Potenzen und Wurzeln)

a) Berechnen Sie die Werte $\left((-2)^3\right)^2$ und $(-2)^{(3^2)}$.

b) Vereinfachen Sie die Ausdrücke so weit wie möglich:

$$\left(\frac{a}{b}\right)^4 : \left(\frac{a}{b^2}\right)^3 \qquad \left(\frac{a}{b}\right)^n \cdot \left(\frac{b}{c}\right)^n \cdot \left(\frac{c}{a}\right)^{n+1} \qquad \frac{(x\,y + x\,a)^{n+1} b^n}{(x\,y\,b + x\,a\,b)^{n-1}}$$

c) Verkürzen Sie die folgenden Wurzelausdrücke:

$$\sqrt[3]{a^4} \cdot \left(\sqrt{a}\right)^{-3} \qquad \frac{\sqrt[3]{3\sqrt{3}}}{\sqrt[6]{3}} \qquad \frac{2}{3 - \sqrt{5}}$$

$$6\sqrt{27} + 2\sqrt{108} - 7\sqrt{75} \qquad \frac{n - 1}{\sqrt{n} - 1}$$

d) Ist die Formel

$$\sqrt{x^4 + 4x^2 + 4} = x^2 + 2$$

für alle $x \in \mathbb{R}$ richtig? Begründen Sie Ihre Entscheidung, indem Sie entweder die Formel durch eine Rechnung bestätigen oder einen Wert x angeben, für den die Formel nicht gilt!

e) Begründen Sie durch eine Rechnung

$$\sqrt[3]{7 + 5\sqrt{2}} = 1 + \sqrt{2} \qquad (\textit{Tipp}: \text{Potenzieren})$$

Aufgabe 1.4. (Rechnen mit Wurzeln)

a) Bekanntlich dürfen bei einer Summe zweier Wurzeln $\sqrt{x} + \sqrt{y}$ nicht einfach nur die Radikanden unter der Wurzel addiert werden, d. h., für zwei Zahlen $x, y > 0$ ist

$$\sqrt{x} + \sqrt{y} \overset{\text{i. Allg.}}{\neq} \sqrt{x + y}, \quad \text{z. B.} \quad \sqrt{9} + \sqrt{16} = 7, \quad \text{aber} \quad \sqrt{9 + 16} = 5$$

Dennoch gibt es auch eine Formel für die Summe von Wurzeln. Diese ist etwas komplizierter und lautet

$$\sqrt{x} + \sqrt{y} = \sqrt{x + y + 2\sqrt{xy}} \qquad \text{für alle } x, y \geq 0$$

Prüfen Sie die Gültigkeit dieser Formel durch Rechnung nach (*Tipp*: Quadrieren).

b) Begründen Sie ähnlich wie in a) die Formel

$$\sqrt{x} - \sqrt{y} = \sqrt{x + y - 2\sqrt{xy}} \qquad \text{für alle } x \geq y \geq 0$$

und zeigen Sie, dass für den Radikanden auf der rechten Seite stets $x + y - 2\sqrt{xy} \geq 0$ erfüllt ist (*Tipp*: Mittelwerte vergleichen).

Aufgabe 1.5. (Binomischer Lehrsatz)

a) Welches einfache Ergebnis liefert das folgende Produkt?

$$(a - b) \cdot \left(a^n + a^{n-1}b + a^{n-2}b^2 + \ldots + a^2 b^{n-2} + a b^{n-1} + b^n\right)$$

b) Folgern Sie aus dem binomischen Lehrsatz $(a + b)^n$ eine Formel für $(a - b)^5$!

c) Berechnen Sie (ohne Taschenrechner) die Potenzen 98^3 und 1001^5.

Aufgabe 1.6. Die beiden Strecken h und r in Abb. 1.24 gehören zu verschiedenen Mittelwerten der Größen a und b. Um welche Art Mittelwert handelt es sich jeweils? Und welche Ungleichung wird hier durch $h \leq r$ geometrisch veranschaulicht?

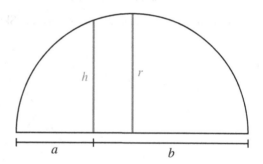

Abb. 1.24 Unterschiedliche Mittelwerte zu a und b

Aufgabe 1.7. (Abschätzungen)

a) Berechnen Sie $\sqrt{5}$ auf sechs Nachkommastellen genau. *Anleitung*: Starten Sie mit dem Näherungswert $x = 2$, nehmen Sie den (arithmetischen) Mittelwert zu x und $5/x$ als nächsten Näherungswert, und wiederholen Sie die Rechnung.

b) Geben Sie – ohne Verwendung des Taschenrechners – eine Abschätzung für den Wert $\sqrt{1{,}04}$ mit zwei Nachkommastellen an.

Aufgabe 1.8. (Rechnen mit Logarithmen)

a) Für den dekadischen Logarithmus (Basis 10) sind bereits einige Werte näherungsweise auf drei Nachkommastellen genau bekannt. Ergänzen Sie die fehlenden Werte in der folgenden Tabelle – ohne Rechner, nur durch Anwendung der Logarithmengesetze!

x	1	2	3	4	5	6	7	8	9	10
$\lg x$		0,301	0,477				0,845			

b) Berechnen Sie mit den Werten aus a)

$$\lg 0,2 \qquad \lg \tfrac{1}{2} \qquad \lg \sqrt{6} \qquad \lg 2\sqrt[3]{5} \qquad \lg 3,6 \qquad \lg 0,35 \qquad \lg 2,45$$

c) Begründen Sie mit den Werten aus b), dass $\sqrt{6} \approx 2{,}45$ gilt.

d) Bestimmen Sie (ohne Taschenrechner) den *exakten* Wert von

$$\lg 50 \cdot \lg 2 + (\lg 5)^2$$

e) Für $a > 0$ ist $\log_3 a = 4$ bekannt. Bestimmen Sie (ohne TR) den Wert $\log_9 a$!

f) Fassen Sie folgende Summe zu einem einzigen Logarithmenwert zusammen:

$$1 + 2\lg(x + 1) - \lg(x^2 - 1) = \lg(\ldots)\ ?$$

Aufgabe 1.9. (Winkelfunktionen)

a) Bestimmen Sie anhand der nachfolgenden Skizze

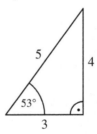

für den Winkel $53°$ (gerundet) die trigonometrischen Funktionswerte $\sin 53°$, $\cos 53°$ und $\cot 53°$.

b) Für den Winkel α ist $\sin \alpha = 0{,}6$ bekannt. Bestimmen Sie (ohne Taschenrechner) durch Anwendung trigonometrischer Formeln den Wert $\tan \alpha$!

c) Der Wert $\sin 32° \approx 0{,}53$ ist bereits bekannt. Berechnen Sie damit die Werte

$$\cos 32° \quad \text{und} \quad \sin 64°$$

allein mit den Grundrechenarten und der Wurzelfunktion des Taschenrechners!

d) Zeigen Sie mit dem Additionstheorem für $\sin(\alpha - \beta)$ und den bekannten trigonometrischen Funktionswerten für die Winkel $30°$ bzw. $45°$, dass

$$\sin 15° = \tfrac{1}{4}\sqrt{6} - \tfrac{1}{4}\sqrt{2} \quad \text{und} \quad \cos 15° = \tfrac{1}{4}\sqrt{6} + \tfrac{1}{4}\sqrt{2}$$

gilt. Ermitteln Sie damit einen möglichst einfachen Ausdruck für $\tan 15°$.

e) Vereinfachen Sie die folgenden Ausdrücke so weit wie möglich:

$$\frac{\sin 2\alpha}{2 \sin \alpha} \quad \text{und} \quad \frac{2 \sin x \cos x}{1 + \cos 2x}$$

Aufgabe 1.10. (Trigonometrie)

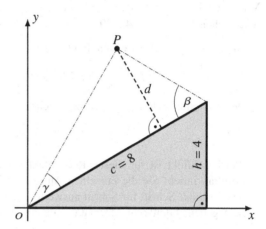

Abb. 1.25 Dreieckskonstruktion

a) Über dem grauen rechtwinkligen Dreieck in Abb. 1.25 wird ein Punkt P konstruiert. Gegeben sind die Winkel $\gamma = 30°$ und $\beta = 60°$ sowie die Hypotenuse des Dreiecks $c = 8$ und die Höhe $h = 4$. Welche Koordinaten hat der Punkt P und welchen Abstand d hat er vom Dreieck?

b) Welche Reichweite d hat das Leuchtfeuer eines Leuchtturms, das sich $h = 45$ m über dem Meeresspiegel befindet? Führen Sie eine Näherungsrechnung (möglichst ohne Taschenrechner) mit dem Erdradius $R = 6{,}4 \cdot 10^6$ m durch! Hinweis: Berechnen Sie d gemäß Abb. 1.26, wobei man h^2 gegenüber $2Rh$ vernachlässigen kann.

c) Die beiden Städte Regensburg und Vancouver liegen (näherungsweise) auf dem gleichen Breitengrad 49°. Die Differenz der Längengrade beträgt 135°. Welche Entfernung entlang dem *Breitenkreis* haben die beiden Orte auf der Erdoberfläche, wenn man mit einem Erdradius $R = 6370$ km rechnet?

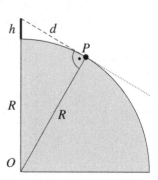

Abb. 1.26 Leuchtfeuer

Aufgabe 1.11. Die Funktion

$$f(x) = \frac{2}{x^3}\left(\sqrt{64 + x^3} - 8\right), \quad x \in [-4, \infty[\,\backslash\{0\}$$

soll für $x \approx 0$ (also in der Nähe der Definitionslücke) mit einem Computer ausgewertet werden. Die Berechnung erfolgt mittels Gleitkommaarithmetik zur Zahlenbasis 10 und Mantissenlänge 7, d.h., eine reelle Zahl wie etwa $\frac{2305}{14}$ wird (gerundet) in der wissenschaftlichen Notation $1{,}646429 \cdot 10^2$ abgespeichert.

a) Für $x = 0{,}02$ lautet der exakte Funktionswert

$$f(0{,}02) = 0{,}124999996\ldots \approx 1{,}250000 \cdot 10^{-1}$$

Der Computer liefert im angegebenen Gleitkommaformat aber den doppelten Wert

$$f(0{,}02) = 2{,}500000 \cdot 10^{-1} = 0{,}25$$

Welcher Effekt ist für diesen Rechenfehler verantwortlich? Überprüfen Sie obiges Resultat, indem Sie die einzelnen Ausdrücke in $f(x)$ für $x = 0{,}02$ mit einem Taschenrechner Schritt für Schritt auswerten und dabei alle Zwischenergebnisse in das vorgegebene Gleitkommaformat (Zahlenbasis 10, Mantissenlänge 7) übertragen.

b) Formen Sie den Funktionsausdruck $f(x)$ so um, dass der Rechenfehler für $x \approx 0$ möglichst vermieden wird.

Kapitel 2

Gleichungen und Matrizen

2.1 Gleichungen und Ungleichungen

Eine Gleichung ist eine Aussage, in der die Gleichheit zweier mathematischer Ausdrücke durch das Symbol = gekennzeichnet ist. Sie enthält in der Regel auch unbekannte Größen bzw. Variablen (= frei wählbare Größen). Viele Probleme aus der Technik und zahlreiche Naturgesetze in der Physik sind als Gleichungen formuliert. Man unterscheidet dabei zwei Typen von Gleichungen:

- Eine *allgemeingültige Gleichung*, auch *Identität* oder *Formel* genannt, ist für alle Variablenwerte aus einer gewissen Grundmenge gültig. Beispielsweise liefert die binomische Formel

$$(x+3)^2 = x^2 + 6x + 9$$

für beliebige reelle Zahlen x den gleichen Wert auf beiden Seiten.

- Die *Bestimmungsgleichung* ist nur für gewisse Variablenwerte richtig, die in der Regel noch zu berechnen sind. Beispiel:

$$2x - 5 = 3$$

ergibt nur für den Wert $x = 4$ eine wahre Aussage.

Die hier aufgeführten Gleichungen beziehen sich auf Zahlenwerte. Später kommen noch *Funktionsgleichungen* hinzu, also Gleichungen, die für Funktionen gelten (sollen), wie etwa Ableitungsformeln oder Differentialgleichungen.

Das Bedürfnis, Gleichungen zu lösen, war und ist ein Motor für die Entwicklung der Mathematik. In Kapitel 1, Abschnitt 1.1 mussten wir fortlaufend Erweiterungen der Zahlbereiche vorzunehmen, um Gleichungen lösen zu können. So ist etwa die Gleichung $x^2 - 2 = 0$ in $\mathbb{Q}$ nicht lösbar, aber im Bereich der reellen Zahlen findet man die Lösung $x = \pm\sqrt{2}$. In diesem Kapitel wollen wir verschiedene Verfahren entwickeln, um Bestimmungsgleichungen für unbekannte Zahlenwerte zu lösen. Im Wesentlichen arbeiten wir mit sogenannten *Äquivalenzumformungen*, also Umformungen der Gleichung, welche die Lösung nicht verändern. Hierzu gehören

(i) Addition und Subtraktion eines beliebigen Ausdrucks oder

(ii) Multiplikation und Division mit einem Ausdruck ungleich Null

auf beiden Seiten der Gleichung, bis man die Lösung ablesen kann. Beispiel:

© Springer-Verlag GmbH Deutschland, ein Teil von Springer Nature 2022
H. Schmid, *Mathematik für Ingenieurwissenschaften: Grundlagen*,
https://doi.org/10.1007/978-3-662-65528-3_2

$$2x + 1 = -2 - x \quad | + x - 1$$
$$3x = -3 \quad\quad | : 3$$
$$x = -1$$

Keine Äquivalenzumformungen sind dagegen die Multiplikation mit einem beliebigen Variablenausdruck (der ggf. Null sein könnte) und das Quadrieren oder Wurzelziehen auf beiden Seiten einer Gleichung. Bei diesen Umformungen können Scheinlösungen entstehen oder Lösungen verloren gehen, wie die folgenden Beispiele zeigen:

Beispiel 1. Multipliziert man $x^2 + x + 1 = 0$ mit dem variablen Ausdruck $x - 1$, also

$$x^2 + x + 1 = 0 \quad | \cdot (x - 1)$$
$$x^3 - 1 = 0 \quad | + 1$$
$$x^3 = 1$$

dann erhalten wir die Scheinlösung $x = 1$. Tatsächlich ist dieser Wert keine Lösung der Ausgangsgleichung $x^2 + x + 1 = 0$.

Beispiel 2. Dividieren wir die Gleichung $x^2 - 1 = x + 1$ durch den Variablenausdruck $x + 1$:

$$(x - 1)(x + 1) = x + 1 \quad | : (x + 1)$$
$$x - 1 = 1 \quad\quad | + 1$$
$$x = 2$$

dann verlieren wir die Lösung $x = -1$.

Beispiel 3. Auch Wurzelziehen ist keine Äquivalenzumformung:

$$(x + 1)^2 = 4(x - 1)^2 \quad | \sqrt{}$$
$$x + 1 = 2(x - 1)$$
$$x = 3$$

Hier verlieren wir die Lösung $x = \frac{1}{3}$.

Beim Auflösen einer Bestimmungsgleichung ist jeder Schritt mit Bedacht auszuführen. Man sollte möglichst nur die bereits erwähnten Äquivalenzumformungen (i) und (ii) verwenden bzw. beim Umformen auf mögliche Probleme achten. Die Gleichungen in den oben genannten Beispielen lassen sich auch auf folgende Art und Weise lösen:

Beispiel 1 mit quadratischer Ergänzung. Wir bringen $x^2 + x + 1 = 0$ in eine Form, in der wir die binomische Formel anwenden können:

$$x^2 + x + \frac{1}{4} + \frac{3}{4} = 0$$
$$(x + \frac{1}{2})^2 + \frac{3}{4} = 0$$
$$(x + \frac{1}{2})^2 = -\frac{3}{4}$$

Diese Bestimmungsgleichung hat keine reelle Lösung, denn das Quadrat auf der linken Seite kann nicht negativ sein.

Beispiel 2. Bei $x^2 - 1 = x + 1$ klammern wir den gemeinsamen Faktor $x + 1$ aus:

$$(x + 1)(x - 1) = x + 1 \quad | - (x + 1)$$
$$(x + 1)(x - 1) - (x + 1) = 0$$
$$(x + 1)(x - 2) = 0$$

Ein Produkt ist Null genau dann, wenn einer der Faktoren gleich Null ist. Daher muss entweder $x = -1$ oder $x = 2$ sein.

Beispiel 3. Beim Wurzelziehen müssen wir das negative Vorzeichen berücksichtigen:

$$(x + 1)^2 = 4(x - 1)^2 \quad | \sqrt{}$$
$$x + 1 = \pm 2(x - 1)$$

sodass wir zwei Gleichungen erhalten:

$$x + 1 = 2(x - 1) \quad \implies \quad x = 3 \quad \text{und}$$
$$x + 1 = -2(x - 1) \quad \implies \quad 3x = 1 \quad \implies \quad x = \tfrac{1}{3}$$

Ungleichungen

Eine Ungleichung ist eine Aussage über den Größenvergleich zweier mathematischer Objekte. Auch hier unterscheidet man zwischen allgemeingültigen Ungleichungen (z. B. die binomische Ungleichung) und Ungleichungen, bei denen die gültigen Variablenwerte noch zu bestimmen sind. Dazu kann man die folgenden *Äquivalenzumformungen für Ungleichungen* benutzen:

(I) Addition oder Subtraktion eines beliebigen Ausdrucks und

(II) Multiplikation oder Division mit einem *positiven* Ausdruck.

Im Unterschied zu einer Gleichung darf man eine Ungleichung nicht mit einem beliebigen Ausdruck $\neq 0$ multiplizieren, denn bei der Multiplikation mit einem negativen Ausdruck ist das Zeichen < durch > (und umgekehrt) zu ersetzen!

Zum Lösen einer Ungleichung wendet man die o. g. Äquivalenzumformungen so lange an, bis man die Lösungsmenge ablesen kann. Die Umformung (II) führt häufig zu einer *Fallunterscheidung*: Bei der Multiplikation mit einem variablen Ausdruck muss man prüfen, für welche Variablenwerte der Ausdruck positiv oder negativ wird. Eine Ungleichung wird in der Regel auch nicht nur von einzelnen Zahlen, sondern von ganzen Intervallen erfüllt.

Beispiel:

$$\frac{2x - 1}{x + 1} > 3$$

Bei der Umformung dieser Ungleichung müssen wir das Vorzeichen von $x + 1$ berücksichtigen ($x + 1 = 0$ ist auszuschließen, da sonst der Nenner Null wird):

1. Fall $x + 1 > 0$: Die Multiplikation mit dem positiven Ausdruck $x + 1$ ergibt

$$2x - 1 > 3(x + 1) \quad \Longrightarrow \quad 2x - 1 > 3x + 3 \quad \Longrightarrow \quad -4 > x$$

Ausgehend von $x > -1$ erhalten wir $x < -4$, und da beide Bedingungen zugleich nicht erfüllt werden können, gibt es keine Lösung in diesem Fall. Es bleibt aber noch der

2. Fall $x + 1 < 0$: Die Multiplikation mit dem positiven Wert $-(x + 1)$ liefert

$$-(2x - 1) > -3(x + 1) \quad \Longrightarrow \quad -2x + 1 > -3x - 3 \quad \Longrightarrow \quad x > -4$$

Beide Bedingungen zusammen ergeben $-4 < x < -1$ bzw. das offene Intervall $]-4, -1[$ als Lösungsmenge.

2.2 Algebraische Gleichungen

2.2.1 Übersicht und Grundbegriffe

Eine Bestimmungsgleichung der Form

$$a_n x^n + a_{n-1} x^{n-1} + \ldots + a_1 x + a_0 = 0 \quad (a_n \neq 0)$$

für eine Unbekannte x mit gegebenen Zahlen (Koeffizienten) $a_0, a_1, \ldots, a_n \in \mathbb{R}$ und dem höchsten Exponenten $n \in \mathbb{N}$ bei x nennt man *algebraische Gleichung* n-ten Grades. Wegen $a_n \neq 0$ können wir die obige Gleichung auch durch a_n teilen, und wir erhalten die *Normalform*

$$x^n + b_{n-1} x^{n-1} + \ldots + b_1 x + b_0 = 0$$

Beispiele für algebraischen Gleichungen in Normalform sind

$$x^2 - 3x + 2 = 0 \quad \text{Gleichung 2. Grades}$$
$$x^3 + 6x^2 + 6x - 13 = 0 \quad \text{Gleichung 3. Grades}$$
$$x^5 - x + 1 = 0 \quad \text{Gleichung 5. Grades}$$

Dem Wunsch entsprechend, jede Gleichung lösen zu können, begeben wir uns nun auf die Suche nach einem Lösungsverfahren möglichst für alle algebraische Gleichungen. Da dieser Gleichungstyp mit steigendem Grad n immer komplizierter wird, beginnen wir zunächst mit den algebraischen Gleichungen ersten und zweiten Grades.

Die einfachste algebraische Gleichung $a \cdot x + b = 0$ vom Grad 1 mit $a \neq 0$ nennt man *lineare Gleichung*. Sie hat immer genau eine Lösung $x \in \mathbb{R}$, die sich unmittelbar berechnen lässt: $x = -\frac{b}{a}$. Allgemeinere lineare Gleichungen, bei denen x nur in der ersten Potenz vorkommt, löst man durch Äquivalenzumformungen. Beispiel:

$$3x - 18 = -x + 6 \quad \Longrightarrow \quad 4x - 24 = 0 \quad \Longrightarrow \quad x = 6$$

2.2.2 Die quadratische Gleichung

Eine algebraische Gleichungen 2. Grades heißt *quadratische Gleichung*. Eine sehr einfache Gleichung dieses Typs ist $x^2 - a = 0$. Ihre Auflösung führt uns zum Begriff der Quadratwurzel, und hier zeigen sich bereits erste Schwierigkeiten. Damit eine Lösung existiert, muss $a \geq 0$ sein, und im Fall $a > 0$ haben wir sogar zwei Lösungen $x = \pm\sqrt{a}$. Die allgemeine Form der quadratischen Gleichung lautet

$$a x^2 + b x + c = 0$$

mit reellen Koeffizienten $a \neq 0$, b und c. Zur Lösung dieser Gleichung verwendet man einen Trick, genannt *quadratische Ergänzung*. Als Beispiel wollen wir die quadratische Gleichung

$$x^2 - 3x + 2 = 0$$

lösen. Die Anteile mit x, also $x^2 - 3x$, können wir auch als Anfang der binomischen Formel $x^2 - 2xy + y^2 = (x - y)^2$ interpretieren, wobei hier $y = \frac{3}{2}$ einzusetzen ist. Wir ergänzen den noch fehlenden Summanden $y^2 = \frac{9}{4}$ (den wir auch sofort wieder abziehen) und können dann die Gleichung wie folgt vereinfachen:

$$0 = x^2 - 3x + 2 = \underbrace{x^2 - 2 \cdot x \cdot \tfrac{3}{2} + \tfrac{9}{4}}_{(x-\frac{3}{2})^2} \overbrace{\underbrace{- \tfrac{9}{4} + 2}_{-\frac{1}{4}}}^{0} = \left(x - \tfrac{3}{2}\right)^2 - \tfrac{1}{4}$$

In dieser Form lässt sich die Gleichung leicht auflösen:

$$\left(x - \tfrac{3}{2}\right)^2 = \tfrac{1}{4} \implies x - \tfrac{3}{2} = \pm\tfrac{1}{2}$$

liefert die beiden Lösungen $x_1 = 1$ und $x_2 = 2$. Rechnet man allgemein, so entspricht die quadratische Ergänzung der Umformung

$$a x^2 + b x + c = 0 \quad | : a$$

$$x^2 + \tfrac{b}{a} x + \tfrac{c}{a} = 0 \quad \text{(Normalform)}$$

$$\underbrace{x^2 + 2 \cdot x \cdot \tfrac{b}{2a} + \left(\tfrac{b}{2a}\right)^2}_{\left(x + \frac{b}{2a}\right)^2} - \left(\tfrac{b}{2a}\right)^2 + \tfrac{c}{a} = 0$$

$$\left(x + \tfrac{b}{2a}\right)^2 \quad - \left(\tfrac{b}{2a}\right)^2 + \tfrac{c}{a} = 0$$

$$\implies \left(x + \tfrac{b}{2a}\right)^2 = \left(\tfrac{b}{2a}\right)^2 - \tfrac{c}{a}$$

und wir erhalten die bekannte *Lösungsformel für die quadratische Gleichung*:

$$x_{1/2} = -\frac{b}{2a} \pm \sqrt{\left(\frac{b}{2a}\right)^2 - \frac{c}{a}} = \frac{-b \pm \sqrt{b^2 - 4ac}}{2a}$$

Die tatsächliche Anzahl der Lösungen hängt vom Vorzeichen der *Diskriminante* $D = b^2 - 4ac$ ab: Im Fall $D > 0$ gibt es zwei verschiedene Lösungen, für $D = 0$ nur eine (zusammenfallende = doppelte) Lösung, und für $D < 0$ gar keine reellen Lösungen der quadratischen Gleichung. Die Lösungsformel vereinfacht sich etwas, wenn anstatt der allgemeinen Form bereits die Normalform vorliegt:

$$x^2 + px + q = 0 \quad \Longrightarrow \quad x_{1/2} = -\tfrac{p}{2} \pm \sqrt{\left(\tfrac{p}{2}\right)^2 - q}$$

Als Beispiel lösen wir die Gleichung $x^2 - 3x - 10 = 0$ mit obiger Formel:

$$x_{1/2} = -\tfrac{-3}{2} \pm \sqrt{\tfrac{9}{4} + 10} = \tfrac{3}{2} \pm \tfrac{7}{2} \quad \Longrightarrow \quad x_1 = -2, \quad x_2 = 5$$

Die Lösungen der quadratischen Gleichung $x^2 + px + q = 0$ sind zugleich die Nullstellen der quadratischen Funktion $f(x) = x^2 + px + q$. Sind x_1 und x_2 die beiden (ggf. zusammenfallenden) Lösungen, dann kann man die quadratische Funktion auch als Produkt zweier Linearfaktoren schreiben:

$$x^2 + px + q = (x - x_1)(x - x_2) = x^2 - (x_1 + x_2) \cdot x + x_1 \cdot x_2$$

Durch Vergleich der Koeffizienten ergibt sich $p = -(x_1 + x_2)$ und $q = x_1 \cdot x_2$. Dieses Resultat, das als *Satz von Vieta* bekannt ist, kann man zur Überprüfung der gefundenen Lösungen verwenden. In obigem Beispiel ist $x_1 + x_2 = -2 + 5 = 3$ und $x_1 \cdot x_2 = -10$.

Auch *Wurzelgleichungen* lassen sich oft in quadratische Gleichungen umformen.

Beispiel:
$$\sqrt{x + 2} = 1 + \sqrt{3 - x}$$

Quadriert man beide Seiten, so erhält man (binomische Formel!)

$$x + 2 = 1 + 2\sqrt{3 - x} + (3 - x)$$
$$2x - 2 = 2\sqrt{3 - x}$$
$$x - 1 = \sqrt{3 - x}$$

und nochmaliges Quadrieren ergibt eine quadratische Gleichung:

$$(x - 1)^2 = 3 - x$$
$$x^2 - 2x + 1 = 3 - x$$
$$x^2 - x - 2 = 0$$

mit den Lösungen $x_1 = -1$ und $x_2 = 2$. Aber Vorsicht: Quadrieren ist keine Äquivalenzumformung! Wir müssen die Probe machen:

- $x = -1$ ist eine Scheinlösung, denn $\sqrt{x + 2} = 1$, aber $1 + \sqrt{3 - x} = 3$.

- $x = 2$ ist tatsächlich eine Lösung wegen $\sqrt{x + 2} = 2$ und $1 + \sqrt{3 - x} = 2$.

2.2.3 Die kubische Gleichung

Eine algebraische Gleichung 3. Grades, genannt *kubische Gleichung*, hat allgemein die Form

$$a_3 x^3 + a_2 x^2 + a_1 x + a_0 = 0$$

mit $a_3 \neq 0$. Wir können diese Gleichung immer in die Normalform

$$x^3 + a x^2 + b x + c = 0$$

bringen, indem wir durch den Faktor a_3 vor x^3 teilen. Als erstes Beispiel betrachten wir die Gleichung

$$x^3 + 6 x^2 + 6 x - 13 = 0$$

Falls man eine Lösung raten kann, dann lässt sich die kubische Gleichung auf eine quadratische Gleichung zurückführen. Hier im Beispiel findet man durch Probieren leicht die Lösung $x = 1$, und die Polynomdivision

$$(x^3 + 6 x^2 + 6 x - 13) : (x - 1) = x^2 + 7 x + 13$$

führt auf die quadratische Gleichung $x^2 + 7 x + 13 = 0$, die keine reellen Lösungen hat. Damit ist $x = 1$ die einzige Lösung der obigen kubischen Gleichung. In den meisten Fällen wird man aber bei einer Gleichung 3. Grades keine Lösung erraten können, und es stellt sich die Frage, ob es nicht auch für die kubische Gleichung eine Formel zur Berechnung der Lösung(en) gibt, so wie bei der quadratischen Gleichung. Letztere haben wir im vorigen Abschnitt erfolgreich gelöst, und der entscheidende Schritt dabei war die quadratische Ergänzung. Wir versuchen nun, die Gleichung 3. Grades mit einer ähnlichen Methode – der *kubischen Ergänzung* – zu vereinfachen. Im Beispiel $x^3 + 6 x^2 + 6 x - 13 = 0$ bilden die ersten zwei Summanden $x^3 + 6 x^2$ den Anfang der Formel

$$x^3 + 3 \cdot x^2 \cdot 2 + 3 \cdot x \cdot 2^2 + 2^3 = (x + 2)^3$$

Ergänzen wir in der kubischen Gleichung die zwei fehlenden Summanden

$$x^3 + 6 x^2 \underbrace{+ 12 x + 8 - 12 x - 8}_{\text{kubische Ergänzung}} + 6 x - 13 = 0$$

dann können wir die linke Seite wie folgt zusammenfassen:

$$(x + 2)^3 - 6 x - 21 = 0$$

Ersetzen wir schließlich noch $x + 2$ durch eine neue Unbekannte z, dann ist $x = z - 2$ und

$$z^3 - 6 (z - 2) - 21 = 0 \quad \text{bzw.} \quad z^3 - 6 z - 9 = 0$$

Wir erhalten auf diese Weise wieder eine kubische Gleichung mit der (neuen) Unbekannten z, jetzt aber ohne quadratischen Anteil. Diese Vereinfachung funktioniert auch bei einer beliebigen kubischen Gleichung in Normalform

$$x^3 + a x^2 + b x + c = 0$$

Die passende kubische Ergänzung für die ersten zwei Summanden, die zum binomischen Lehrsatz führt, lautet hier

$$x^3 + a x^2 + \frac{a^2}{3} x + \left(\frac{a}{3}\right)^3 + b x + c - \frac{a^2}{3} x - \left(\frac{a}{3}\right)^3 = 0$$

$$\implies \left(x + \frac{a}{3}\right)^3 + \left(b - \frac{a^2}{3}\right) x + c - \frac{a^3}{27} = 0$$

Mithilfe der Substitution (Ersetzung)

$$z = x + \frac{a}{3} \quad \text{bzw.} \quad x = z - \frac{a}{3}$$

ergibt sich eine Gleichung 3. Grades für die Unbekannte z:

$$z^3 + \left(b - \frac{a^2}{3}\right) \left(z - \frac{a}{3}\right) + c - \frac{a^3}{27} = 0$$

$$\text{bzw.} \quad z^3 + \left(b - \frac{a^2}{3}\right) z + c - \frac{a b}{3} + \frac{2 a^3}{27} = 0$$

Diese sogenannte *reduzierte kubische Gleichung* hat die einfachere Form

$$z^3 + p z + q = 0 \quad \text{mit} \quad p = b - \frac{a^2}{3} \quad \text{und} \quad q = c - \frac{a b}{3} + \frac{2 a^3}{27}$$

ohne quadratischen Anteil. Ist $p = 0$, dann kann sie sofort gelöst werden, denn

$$z^3 + q = 0$$

hat nur die Lösung $z = \sqrt[3]{-q}$, und damit ist

$$x = \sqrt[3]{-q} - \frac{a}{3}$$

die einzige Lösung der kubischen Gleichung. Bei den folgenden Überlegungen können wir uns daher auf den Fall $p \neq 0$ beschränken. Hier lässt sich die reduzierte Gleichung nicht mehr direkt auflösen! Zur weiteren Vereinfachung der Gleichung verwenden wir einen Ansatz, bei dem wir die Unbekannte z in eine Summe

$$z = u + v$$

von zwei unbekannten Größen u und v zerlegen. Dann ist

$$z^3 = u^3 + 3 u^2 v + 3 u v^2 + v^3$$

$$= 3 u v \cdot (u + v) + u^3 + v^3$$

und wir können in der letzten Zeile $u + v$ durch z ersetzen. Das ergibt

$$z^3 = 3 u v \cdot z + u^3 + v^3$$

Andererseits soll z die Gleichung $z^3 = -p \cdot z - q$ lösen. Durch Vergleich der Koeffizienten erhalten wir die beiden Bedingungen

$$3\,u\,v = -p \quad \text{und} \quad u^3 + v^3 = -q$$

Aus der ersten folgt $v = -\frac{p}{3\,u}$, und Einsetzen in die zweite Bedingung liefert

$$u^3 + \left(-\frac{p}{3\,u}\right)^3 = -q \quad \text{bzw.} \quad u^6 + q \cdot u^3 - \left(\frac{p}{3}\right)^3 = 0$$

Ersetzen wir $w = u^3$, so ergibt sich schließlich die *quadratische Resolvente*

$$w^2 + q\,w - \left(\frac{p}{3}\right)^3 = 0$$

die wir mit der bekannten Formel für quadratische Gleichungen lösen können:

$$w = -\frac{q}{2} \pm \sqrt{\left(\frac{q}{2}\right)^2 + \left(\frac{p}{3}\right)^3}$$

Hieraus lässt sich schließlich die Lösung x der Ausgangsgleichung berechnen:

$$u = \sqrt[3]{w} \quad \Longrightarrow \quad v = -\frac{p}{3\,u} \quad \Longrightarrow \quad z = u + v \quad \Longrightarrow \quad x = z - \frac{a}{3}$$

Alle diese Umformungen und Ersetzungen kann man zusammenfassen:

(Vorläufiges) „Rezept" zur Lösung der kubischen Gleichung

$$x^3 + a\,x^2 + b\,x + c = 0$$

(1) Berechne die Zahlenwerte

$$p = b - \frac{a^2}{3} \quad \text{und} \quad q = c - \frac{a\,b}{3} + \frac{2\,a^3}{27}$$

(2) Löse die quadratische Resolvente

$$w^2 + q\,w - \left(\frac{p}{3}\right)^3 = 0$$

(3) Berechne die Zahlenwerte

$$u = \sqrt[3]{w}, \quad v = -\frac{p}{3\,u}, \quad z = u + v, \quad x = z - \frac{a}{3}$$

Beispiel 1. Für die eingangs genannte kubische Gleichung

$$x^3 + 6\,x^2 + 6\,x - 13 = 0$$

ist $a = 6$, $b = 6$ und $c = -13$. Aus den Werten

$$p = 6 - \frac{6^2}{3} = -6, \quad q = -13 - \frac{6 \cdot 6}{3} + \frac{2 \cdot 6^3}{27} = -9$$

ergibt sich die quadratischen Resolvente $w^2 - 9w + 8 = 0$ mit zwei Lösungen

$$w = \frac{9 \pm \sqrt{81 - 32}}{2} = \frac{9 \pm 7}{2}$$

Wir wählen $w = 8$ aus und erhalten über die Werte

$$u = \sqrt[3]{8} = 2, \quad v = -\frac{-6}{3 \cdot 2} = 1, \quad z = u + v = 3$$

die schon erratene Lösung $x = z - \frac{6}{3} = 1$ der kubischen Gleichung.

Beispiel 2. Zu lösen ist die kubische Gleichung

$$x^3 + 3x^2 + x + 3 = 0$$

mit den Koeffizienten $a = 3$, $b = 1$ und $c = 3$. Wir berechnen zuerst

$$p = 1 - \frac{3^2}{3} = -2, \quad q = 3 - \frac{3 \cdot 1}{3} + \frac{2 \cdot 3^3}{27} = 4$$

und erhalten die quadratischen Resolvente

$$w^2 + 4w + \frac{8}{27} = 0$$

Sie hat zwei Lösungen, von der wir eine Lösung auswählen, z. B.

$$w = \frac{-4 + \sqrt{16 - \frac{32}{27}}}{2} = -0{,}07549910\ldots$$

(wir rechnen mit acht Nachkommastellen). Daraus ergeben sich die Werte

$$\left. \begin{array}{l} u = \sqrt[3]{w} = -0{,}42264973 \\ v = -\frac{-2}{3u} = -1{,}57735027 \end{array} \right\} \quad z = u + v = -2$$

und schließlich als Lösung der kubischen Gleichung $x = z - 1 = -3$.

Das hier beschriebene Rezept führt zu *einer* Lösung der kubischen Gleichung. Mehr ist auch nicht nötig, denn die übrigen Lösungen lassen sich nach einer Polynomdivision aus einer quadratischen Gleichung gewinnen. Im letzten Beispiel ist

$$(x^3 + 3x^2 + x + 3) : (x + 3) = x^2 + 1$$

wobei die quadratische Gleichung $x^2 + 1 = 0$ keine weiteren reellen Lösungen liefert.

Die einzelnen Schritte zur Lösung der kubischen Gleichung kann man auch in einer einzigen Formel zusammenfassen, welche *Cardanische Formel* genannt wird. Diese ist allerdings sehr unhandlich und weitaus komplizierter als die Lösungsformel für die quadratische Gleichung. Daher wurde sie bei obigem Lösungsrezept in mehrere Arbeitsanweisungen zerlegt. Welche Lösung $w_{1/2}$ der quadratischen Resolvente man auswählt, spielt übrigens keine Rolle: Nimmt man den jeweils anderen w-Wert, dann tauschen die Variablen u und v nur ihren Inhalt, sodass man letztlich wieder die gleiche Zahl $z = u + v$ erhält.

Es gibt allerdings noch ein Problem. Die hier beschriebene Rechnung funktioniert nur, wenn die quadratische Resolvente

$$w^2 + q\,w - \left(\frac{p}{3}\right)^3 = 0$$

tatsächlich auch eine Lösung hat, und dies ist bei einer quadratischen Gleichung im Bereich der reellen Zahlen nicht garantiert. Genauer: Falls die Diskriminante der quadratischen Resolvente

$$D = \left(\frac{q}{2}\right)^2 + \left(\frac{p}{3}\right)^3$$

negativ ist, dann können wir auf diesem Weg keine Lösung der kubischen Gleichung berechnen. Dieser nicht-auflösbare Fall wird „casus irreducibilis" genannt. Er tritt beispielsweise bei der Gleichung

$$x^3 - 3\,x^2 - 3\,x + 9 = 0$$

auf, deren quadratische Resolvente

$$w^2 + 4\,w + 8 = 0 \quad \Longrightarrow \quad w_{1/2} = \frac{-4 \pm \sqrt{16 - 32}}{2}$$

in $\mathbb{R}$ nicht lösbar ist. Nun liegt die Vermutung nahe, dass es sich hierbei um kubische Gleichungen handelt, die (wie gewisse quadratische Gleichungen auch) gar keine Lösungen haben. Dieser Fall kann aber nicht eintreten, denn ganz allgemein gilt: Eine kubische Funktion $f(x) = x^3 + a\,x^2 + b\,x + c$ besitzt immer eine Nullstelle, da der dominierende Anteil x^3 für $x \to \pm\infty$ unterschiedliche Vorzeichen hat. Somit muss auch jede kubische Gleichung $x^3 + a\,x^2 + b\,x + c = 0$ immer mindestens eine reelle Lösung haben. Speziell im Fall der Gleichung $x^3 - 3\,x^2 - 3\,x + 9 = 0$ gibt es sogar drei reelle Lösungen, siehe Abb. 2.1. Hier lässt sich eine Lösung, nämlich $x = 3$, sogar leicht erraten, und die restlichen zwei Lösungen können aus der quadratischen Gleichung

$$(x^3 - 3\,x^2 - 3\,x + 9) : (x + 3) = x^2 - 3 = 0 \quad \Longrightarrow \quad x_{2/3} = \pm\sqrt{3}$$

berechnet werden. Dennoch: Die quadratische Resolvente dieser kubischen Gleichung besitzt keine reelle Lösung.

In diesem Sinne kann das oben angegebene Lösungsrezept noch nicht vollständig sein. Wie sich später herausstellen wird, erhält man auch dann reelle Lösungen, wenn man Wurzeln aus negativen Zahlen zulässt. Wir kommen auf diesen „casus irreducibilis" in Kapitel 5, Abschnitt 5.3.2 zurück, sobald wir die komplexen Zahlen eingeführt haben.

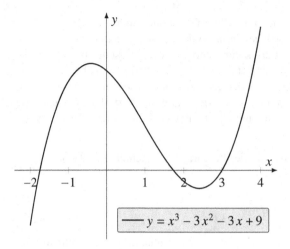

Abb. 2.1 Kubische Funktion mit drei Nullstellen

Es gibt aber noch einen anderen Weg, der das Rechnen mit komplexen Zahlen vermeidet, und das ist

Der trigonometrische Ansatz (casus irreducibilis)

Aus den bekannten Additionstheoremen der Trigonometrie erhält man eine Formel für den Kosinus des dreifachen Winkels (siehe Aufgabe 2.6):

$$\cos 3\alpha = 4\cos^3 \alpha - 3\cos \alpha$$

Diese Formel kann man tatsächlich zur Lösung einer kubischen Gleichung

$$x^3 + a x^2 + b x + c = 0$$

verwenden. Auch hier führt man zunächst die kubische Ergänzung durch, welche die reduzierte Gleichung

$$z^3 + p z + q = 0 \quad \text{mit} \quad p = b - \frac{a^2}{3} \quad \text{und} \quad q = c - \frac{a b}{3} + \frac{2 a^3}{27}$$

liefert. Das Problem, dass die quadratische Resolvente

$$w^2 + q w - \left(\frac{p}{3}\right)^3 = 0 \quad \Longrightarrow \quad w = -\frac{q}{2} \pm \sqrt{\left(\frac{q}{2}\right)^2 + \left(\frac{p}{3}\right)^3}$$

aufgrund einer negativen Diskriminante $\left(\frac{q}{2}\right)^2 + \left(\frac{p}{3}\right)^3 < 0$ nicht lösbar ist, tritt insbesondere nur für negative Werte von p auf. In diesem Fall benutzt man folgenden Ansatz mit einem noch unbekannten Winkel α:

$$z = \sqrt{-\frac{4}{3} p} \cdot \cos \alpha$$

wobei der Ausdruck unter der Wurzel wegen $p < 0$ positiv ist. Einsetzen in die reduzierte kubische Gleichung ergibt

$$0 = z^3 + p\,z + q = \left(\sqrt{-\tfrac{4}{3}\,p}\right)^3 \cos^3 \alpha + p\,\sqrt{-\tfrac{4}{3}\,p}\,\cos \alpha + q$$

$$\implies \quad 0 = -\tfrac{4}{3}\,p\sqrt{-\tfrac{4}{3}\,p}\,\cos^3 \alpha + p\sqrt{-\tfrac{4}{3}\,p}\,\cos \alpha + q$$

Wir teilen beide Seiten durch $-\tfrac{p}{3}\sqrt{-\tfrac{4}{3}\,p}$ und erhalten

$$0 = \underbrace{4\cos^3 \alpha - 3\cos \alpha}_{\cos 3\alpha} - \frac{3\,q}{2\,p} \cdot \sqrt{-\frac{3}{p}}$$

Wir können an dieser Stelle die Formel für den dreifachen Winkel anwenden:

$$0 = \cos 3\alpha - \frac{3\,q}{2\,p} \cdot \sqrt{-\frac{3}{p}} \quad \implies \quad \cos 3\alpha = \frac{3\,q}{2\,p} \cdot \sqrt{-\frac{3}{p}}$$

Hierbei ist der Ausdruck auf der rechten Seite wegen der negativen Diskriminante

$$\left(\frac{q}{2}\right)^2 + \left(\frac{p}{3}\right)^3 < 0 \quad \implies \quad \left(\frac{3\,q}{2\,p}\right)^2 \cdot \left(-\frac{3}{p}\right) < 1$$

betragsmäßig kleiner als 1, sodass $\cos 3\alpha = \dots$ einen Winkel $3\alpha \in \,]0°, 180°[$ bzw. $\alpha \in \,]0°, 60°[$ liefert. Damit lässt sich nun auch eine Lösung der kubischen Gleichung angeben:

$$z = \sqrt{-\tfrac{4}{3}\,p} \cdot \cos \alpha \quad \implies \quad x = z - \frac{a}{3}$$

Diese Rechnung notieren wir als

Ergänzung zum „Lösungsrezept" (trigonometrischer Ansatz):

Falls die quadratische Resolvente $w^2 + q\,w - \left(\frac{p}{3}\right)^3 = 0$ einer kubischen Gleichung keine reelle Lösung hat, dann bestimmt man aus

$$\cos 3\alpha = \frac{3\,q}{2\,p} \cdot \sqrt{-\frac{3}{p}}$$

den Winkel α und berechnet damit eine Lösung der kubischen Gleichung:

$$z = \sqrt{-\tfrac{4}{3}\,p} \cdot \cos \alpha \quad \implies \quad x = z - \frac{a}{3}$$

Beispiel 1. Wir versuchen, die Lösungen der kubischen Gleichung

$$x^3 - 3x^2 - 3x + 9 = 0$$

mit der „nicht-auflösbaren" quadratischen Resolvente $w^2 + 4w + 8 = 0$ auf dem trigonometrischen Weg zu berechnen. Hier ist $p = -6$ und $q = 4$, sodass

$$\cos 3\alpha = \frac{3 \cdot 4}{2 \cdot (-6)} \cdot \sqrt{-\frac{3}{-6}} = -\sqrt{\frac{1}{2}} \quad \Longrightarrow \quad 3\alpha = 135°, \quad \alpha = 45°$$

mit der folgenden Rechnung zur bereits erratenen Lösung führt:

$$z = \sqrt{-\frac{4}{3} \cdot (-6)} \cdot \cos 45° = \sqrt{8} \cdot \frac{1}{\sqrt{2}} = 2 \quad \Longrightarrow \quad x = 2 - \frac{-3}{3} = 3$$

Beispiel 2. Wir lösen die kubische Gleichung

$$x^3 - 2x^2 - x + 2 = 0$$

Die Werte aus der kubischen Ergänzung

$$p = -1 - \frac{4}{3} = -\frac{7}{3}, \quad q = 2 - \frac{2}{3} - \frac{16}{27} = \frac{20}{27}$$

ergeben die reduzierte Gleichung $z^3 - \frac{7}{3}z + \frac{20}{27} = 0$ sowie die quadratische Resolvente

$$w^2 + \frac{20}{27}w + \frac{343}{729} = 0$$

ohne reelle Lösungen (bitte nachprüfen!). Wir berechnen daher

$$\cos 3\alpha = \frac{3 \cdot \frac{20}{27}}{2 \cdot (-\frac{7}{3})} \sqrt{-\frac{3}{-\frac{7}{3}}} = -\frac{10}{7 \cdot \sqrt{7}} = -0{,}539949\ldots$$

$$\Longrightarrow \quad 3\alpha = 122{,}68\ldots° \quad \text{bzw.} \quad \alpha = 40{,}89\ldots°$$

und erhalten hieraus eine Lösung der kubischen Gleichung mit

$$z = \sqrt{-\frac{4}{3}\left(-\frac{7}{3}\right)} \cdot \cos 40{,}89\ldots° = \frac{4}{3} \quad \Longrightarrow \quad x_1 = z + \frac{2}{3} = 2$$

Die restlichen Lösungen ergeben sich nach einer Polynomdivision aus

$$(x^3 - 2x^2 - x + 2) : (x - 2) = x^2 - 1 = 0 \quad \Longrightarrow \quad x_{2/3} = \pm 1$$

Nachdem das Problem mit dem „casus irreducibilis" etwas ungewöhnlich, aber erfolgreich beseitigt wurde, können wir nun jede beliebige kubische Gleichung (in Normalform) komplett lösen. Zusammenfassend erhalten wir ein

Vollständiges Lösungsrezept für die kubische Gleichung:

Zuerst bringt man die Gleichung in die *Normalform*

$$x^3 + a x^2 + b x + c = 0$$

und berechnet aus den Koeffizienten a, b, c die Zahlenwerte

$$p = b - \frac{a^2}{3} \quad \text{sowie} \quad q = c - \frac{a b}{3} + \frac{2 a^3}{27}$$

Im Fall $p = 0$ gibt es insgesamt nur eine Lösung, und zwar

$$x = \sqrt[3]{-q} - \frac{a}{3}$$

Gilt dagegen $p \neq 0$, dann geht man wie folgt vor:

• Falls die *quadratische Resolvente*

$$w^2 + q w - \left(\frac{p}{3}\right)^3 = 0$$

eine Lösung $w \in \mathbb{R}$ besitzt, dann ist

$$u = \sqrt[3]{w}, \quad v = -\frac{p}{3 u}, \quad z = u + v \quad \Longrightarrow \quad x_1 = z - \frac{a}{3}$$

eine erste Lösung der kubischen Gleichung.

• Andernfalls bestimmt man den Winkel α aus

$$\cos 3\alpha = \frac{3 q}{2 p} \cdot \sqrt{-\frac{3}{p}} \quad \Longrightarrow \quad \alpha = \dots$$

und eine erste Lösung der kubischen Gleichung mit

$$z = \sqrt{-\tfrac{4}{3} p} \cdot \cos \alpha \quad \Longrightarrow \quad x_1 = z - \frac{a}{3}$$

Sobald eine erste Lösung x_1 bekannt ist, kann man nach der Polynomdivision $(x^3 + a x^2 + b x + c) : (x - x_1) = x^2 + \dots$ alle weiteren Lösungen aus einer quadratischen Gleichung berechnen.

Die Anwendung des Lösungsrezepts wird in den folgenden Beispielen nochmals ausführlich gezeigt.

Beispiel 1. $\quad x^3 + 6 x^2 + 14 x + 15 = 0$

Hier ist $a = 6$, $b = 14$ und $c = 15$. Wir berechnen

$$p = 14 - \frac{6^2}{3} = 2, \quad q = 15 - \frac{6 \cdot 14}{3} + \frac{2 \cdot 6^3}{27} = 3$$

Die quadratische Resolvente $w^2 + 3w - \left(\frac{2}{3}\right)^3 = 0$ hat zwei reelle Nullstellen

$$\frac{-3 \pm \sqrt{9 + 4 \cdot \frac{8}{27}}}{2}$$

Wir wählen $+$ im Zähler und erhalten mit dem Wert $w = 0{,}09571\ldots$ aus

$$u = \sqrt[3]{w} = 0{,}45742\ldots, \quad v = -\frac{2}{3u} = -1{,}45742\ldots, \quad z = u + v = -1$$

die Lösung $x_1 = z - \frac{6}{3} = -3$. Nach der Polynomdivision liefert

$$(x^3 + 6x^2 + 14x + 15) : (x + 3) = x^2 + 3x + 5$$

keine reellen Nullstellen mehr, sodass $x_1 = -3$ auch die einzige Lösung ist.

Beispiel 2. $2x^3 - 12x^2 - 6x + 36 = 0$

Die Normalform der Gleichung lautet: $x^3 - 6x^2 - 3x + 18 = 0$.

Hier ist $a = -6$, $b = -3$ und $c = 18$. Wir bestimmen

$$p = -3 - \frac{(-6)^2}{3} = -15, \quad q = 18 - \frac{(-6) \cdot (-3)}{3} + \frac{2 \cdot (-6)^3}{27} = -4$$

Die quadratische Resolvente $w^2 - 4w + 125 = 0$ hat keine reelle Nullstelle. Wir verwenden daher den trigonometrischen Ansatz

$$\cos 3\alpha = \frac{3 \cdot (-4)}{2 \cdot (-15)} \sqrt{-\frac{3}{-15}} = 0{,}17888\ldots$$

$$\implies \quad 3\alpha = 79{,}695\ldots° \quad \text{bzw.} \quad \alpha = 26{,}565\ldots°$$

und berechnen eine erste Lösung der kubischen Gleichung mit

$$z = \sqrt{-\frac{4}{3} \cdot (-15)} \cdot \cos 26{,}565\ldots° = 4, \quad x_1 = z - \frac{-6}{3} = 6$$

Die restlichen Lösungen ergeben sich durch Polynomdivision:

$$(x^3 - 6x^2 - 3x + 18) : (x - 6) = x^2 - 3 \quad \implies \quad x_{2/3} = \pm\sqrt{3}$$

Beispiel 3. $x^3 - 3x^2 + 3x + 7 = 0$

Mit den Werten $a = -3$, $b = 3$ und $c = 7$ erhalten wir $p = 3 - \frac{(-3)^2}{3} = 0$, sodass $x = \sqrt[3]{-8} - \frac{-3}{3} = -1$ die einzige Lösung dieser kubischen Gleichung ist.

Wir werden in Kapitel 6, Abschnitt 6.2.6 auch noch ein Rechenschema kennenlernen, mit dem man die Werte p und q relativ leicht aus den Koeffizienten a, b, c ermitteln kann.

Ein Anwendungsbeispiel

In der Praxis tritt neben der eigentlichen Schwierigkeit, eine kubische Gleichung lösen zu müssen, oft noch das Problem auf, dass die Zwischenwerte bei der Berechnung gerundet werden. Wir betrachten dazu das folgende Beispiel:

Eine Schale in Form einer Halbkugel mit einem (inneren) Durchmesser von 20 cm wird zu 75% mit Wasser befüllt. Die Frage lautet: Wie hoch steht das Wasser in der Schale?

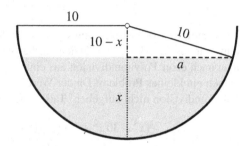

Abb. 2.2 Berechnung der Wasserhöhe

Das Wasser nimmt die Form eines Kugelabschnitts mit der gesuchten Höhe x und dem Abschnittsradius a an, vgl. Abb. 2.2. Das Volumen eines solchen Kugelabschnitts berechnet man mit der Formel $V = \frac{\pi x}{6}(3\,a^2 + x^2)$. Die Halbkugel mit dem Radius $r = 10$ cm hat den Inhalt $\frac{2\pi}{3} \cdot 10^3$ und das Wasser demnach das Volumen $V = 0{,}75 \cdot \frac{2\pi}{3} \cdot 10^3 = 500\pi$. Wir können mit Pythagoras auch noch eine Beziehung zwischen a und x aufstellen:

$$a^2 + (10 - x)^2 = 10^2 \quad \Longrightarrow \quad a^2 = 20x - x^2$$

Setzen wir diesen Ausdruck in die Volumenformel für den Kugelabschnitt ein, dann ist

$$V = \frac{\pi x}{6}(60x - 2x^2)$$

Andererseits soll $V = 500\pi$ gelten. Beide Bedingungen zusammen führen zu einer kubischen Gleichung in Normalform:

$$500\pi = \frac{\pi x}{6}(60x - 2x^2) \quad \Longrightarrow \quad x^3 - 30x^2 + 1500 = 0$$

Mit den üblichen Bezeichnungen für die Koeffizienten ist hier $a = -30$, $b = 0$, $c = 1500$. Wir berechnen damit die Werte

$$p = 0 - \frac{(-30)^2}{3} = -300, \qquad q = 1500 - \frac{0}{3} + \frac{2(-30)^3}{27} = -500$$

und stellen die quadratische Resolvente auf:

$$w^2 - 500\,w - \left(\tfrac{-300}{3}\right)^3 = 0 \qquad \text{bzw.} \qquad w^2 - 500\,w + 1000000 = 0$$

Diese hat keine reelle Lösung! Wir verwenden daher den trigonometrischen Ansatz:

$$\cos 3\alpha = \frac{3\,q}{2\,p} \cdot \sqrt{-\frac{3}{p}} = \frac{-1500}{-600}\sqrt{-\frac{3}{-300}} = 0{,}25$$

$$\implies \quad 3\alpha = 75{,}522\ldots° \qquad \text{bzw.} \qquad \alpha = 25{,}174\ldots°$$

Eine erste Lösung der kubischen Gleichung liefert die Rechnung

$$z = \sqrt{-\tfrac{4}{3}\,p} \cdot \cos\alpha = \sqrt{400} \cdot \cos 25{,}174\ldots° = 18{,}1$$

$$x_1 = z - \tfrac{a}{3} = 18{,}1 - \tfrac{-30}{3} = 28{,}1 \qquad \text{(gerundet!)}$$

Die ermittelte Höhe ist allerdings größer als der Radius und damit für unsere Fragestellung nutzlos. Die kubische Gleichung hat ggf. aber noch zwei weitere Lösungen, die man nach einer Polynomdivision aus einer quadratischen Gleichung erhält. Hier gibt es jedoch ein kleines Problem: Da der Wert $x_1 \approx 28{,}1$ nicht exakt die Lösung ist, wird die Polynomdivision nicht aufgehen! Tatsächlich bleibt neben der quadratischen Funktion

$$(x^3 - 30\,x^2 + 1500) : (x - 28{,}1) = x^2 - 1{,}9\,x - 53{,}39$$

noch ein kleiner Rest $-0{,}259$ übrig. Dieser ist auf das Runden von x_1 zurückzuführen und soll deshalb ignoriert werden. Die negative Nullstelle $x_2 \approx -6{,}42$ der quadratischen Funktion ist aus physikalischer Sicht ebenfalls unbrauchbar, und daher bleibt als einzige sinnvolle Lösung

$$x_3 = \frac{1{,}9 + \sqrt{1{,}9^2 + 4 \cdot 53{,}39}}{2} \approx 8{,}32\,\text{cm}$$

Kann man das Problem mit dem Divisionsrest bei einer gerundeten ersten Lösung auch umgehen? Das ist möglich, und dazu müssen wir nochmals zum trigonometrischen Ansatz zurückkehren. Wir haben den Winkel $\alpha \approx 75{,}522°$ aus $\cos 3\alpha = 0{,}25$ bestimmt und damit $x_1 \approx 28{,}1$ berechnet. Wegen

$$\cos 75{,}522° = \cos(75{,}522° + k \cdot 360°)$$

für beliebige $k \in \mathbb{Z}$ lassen sich noch andere Winkel angeben, mit denen wir weitere Lösungen der kubischen Gleichung ermitteln können:

$$3\alpha = 75{,}522° + 360° = 435{,}522° \quad \implies \quad \alpha = 145{,}174°$$

$$\hookrightarrow \quad z = 20 \cdot \cos 145{,}174° \approx -16{,}42 \quad \implies \quad x_2 \approx -16{,}42 + 10 = -6{,}42$$

und

$$3\alpha = 75{,}522° + 720° = 795{,}522° \quad \implies \quad \alpha = 265{,}174°$$

$$\hookrightarrow \quad z = 20 \cdot \cos 265{,}174° \approx -1{,}68 \quad \implies \quad x_3 \approx -1{,}68 + 10 = 8{,}32$$

Addiert man $3 \cdot 360°$ zu $75{,}522°$, dann ergibt sich $\alpha = 75{,}522° + 360°$ und wieder die Lösung x_1. Man kann auch noch andere Vielfache von $360°$ addieren; es zeigt sich aber, dass man immer einen der drei Werte x_1, x_2, x_3 erhält.

Eine ähnliche Situation werden wir beim Wurzelziehen aus komplexen Zahlen (vgl. Kapitel 5, Abschnitt 5.2.5) vorfinden. Dort berechnen wir die Kubikwurzel ebenfalls mit trigonometrischen Funktionen, und es stellt sich heraus, dass man zu einer komplexen Zahl genau drei dritte Wurzeln erhält.

2.2.4 Gleichungen höheren Grades

Gibt es auch für algebraische Gleichungen höheren Grades eine „Lösungsformel"? Diese Frage beschäftigte die Mathematiker über viele Jahrhunderte. Wie die bisher untersuchten Gleichungen vom Grad 1 bis 3 zeigen, nimmt die Komplexität der Lösungsmethode mit steigendem Grad rasch zu. Die Suche nach einer allgemeinen Lösungsformel endete jedoch mit einem überraschenden Ergebnis, und davon berichtet die folgende Geschichte.

Historischer Rückblick

Quadratische Gleichungen löste man bereits im Altertum – in Babylonien, Ägypten und in Griechenland. Allerdings fehlte noch der moderne Formelapparat, und daher wurden die Lösungsmethoden nur verbal oder geometrisch formuliert, z. B. in den Werken von Euklid oder von Heron aus Alexandria. Zur Lösung einer Gleichung $x^2 + p\,x = q$ mit positiven Koeffizienten p und q ergänzte man gemäß Abb. 2.3 ein kleineres Quadrat mit der unbekannten Seitenlänge x zu einem größeren Quadrat mit der Seitenlänge $x + \frac{p}{2}$.

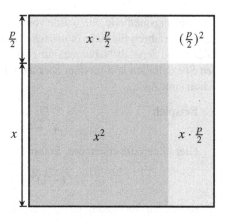

Abb. 2.3 Veranschaulichung der quadratischen Ergänzung

Die Idee der „quadratischen Ergänzung" hat also einen geometrischen Ursprung und entspricht in heutiger Schreibweise der Umformung

$$x^2 + 2 \cdot x \cdot \frac{p}{2} + \left(\frac{p}{2}\right)^2 = q + \left(\frac{p}{2}\right)^2 \implies \left(x + \frac{p}{2}\right)^2 = q + \left(\frac{p}{2}\right)^2$$

Der persisch-arabische Mathematiker Al-Chwarizmi brachte um 830 n. Chr. die Methoden aus der Antike in eine systematische Form und veröffentlichte sie in einem Buch „Rechnen durch Ergänzen und Ausgleichen". Aus dem arabischen Wort al-ğabr (= Ergänzen) wurde unser heutiger Begriff *Algebra*, und Al-Chwarizmi selbst der Namensgeber für den Begriff *Algorithmus* (Rechenverfahren). Die moderne Version der Lösungsformel für quadratische Gleichungen gibt es aber erst seit Anfang des 16. Jahrhunderts, nachdem man auch negative Zahlen akzeptiert und das Wurzelzeichen $\sqrt{\ }$, abgeleitet vom Buchstaben r für radix, eingeführt hat.

Die Methode zur Lösung der kubischen Gleichungen wurde ebenfalls Anfang des 16. Jahrhunderts gefunden und 1545 vom italienischen Arzt Gerolamo Cardano in seinem Buch „Ars magna de regulis algebraicis" (Die große Kunst von den algebraischen Regeln) veröffentlicht. Danach gab es einen heftigen Streit um die Urheberrechte. Es war eine Zeit, in der Rechenmeister öffentlich mathematische Wettkämpfe austrugen, und Lösungsformeln stellten einen wertvollen Besitz dar. Einer dieser Rechenmeister der Renaissance war Nicolo Tartaglia aus Venedig. Er fand die Methode zur Lösung der reduzierten kubischen Gleichung $x^3 + px = q$ und konnte damit Rechenduelle für sich entscheiden. Allerdings gelang es ihm nicht, den casus irreducibilis und auch nicht den allgemeinen Fall mit dem quadratischen Anteil x^2 lösen. Cardano wiederum schaffte es zusammen mit seinem Schüler Lodovico Ferrari, die allgemeine kubische Gleichung mittels kubischer Ergänzung auf die reduzierte Form zu vereinfachen. Cardano überredete Tartaglia, seine Lösung der reduzierten Gleichung preiszugeben und publizierte die Lösungsformel für die allgemeine kubische Gleichung ohne Tartaglias Einverständnis. Daher verbindet man heute die Lösung der kubischen Gleichung mit dem Namen Cardano ($\rightarrow$ Cardanische Lösungsformel) und weniger mit Tartaglia, der jedoch einen wichtigen Beitrag dazu leistete. Der trigonometrische Ansatz für den casus irreducibilis wurde erst um ca. 1600 von François Vieta entdeckt. Ferrari fand schließlich auch für die Gleichung 4. Grades

$$x^4 + ax^3 + bx^2 + cx + d = 0$$

eine Lösungsmethode. Sie wurde von Cardano in der „Ars magna" publiziert. Allerdings ist das Verfahren für diese *quartische Gleichung* noch aufwendiger als bei der kubischen Gleichung, denn als Nebenrechnung ist u. a. eine kubische Gleichung zu lösen! In gewissen Spezialfällen kommt man aber auch hier durch eine passende quartische Ergänzung schon zum Ziel.

Beispiel:

$$x^4 + 4x^3 + 6x^2 + 4x - 15 = 0$$

Hier bilden die ersten drei Summanden den Anfang der Formel

$$(x + 1)^4 = x^4 + 4x^3 + 6x^2 + 4x + 1$$

sodass wir die Gleichung auch wie folgt umschreiben können:

$$0 = x^4 + 4x^3 + 6x^2 + 4x - 15$$
$$= x^4 + 4x^3 + 6x^2 + 4x + 1 - 1 - 15 = (x + 1)^4 - 16$$

Aus $(x + 1)^4 - 16 = 0$ bzw. $x + 1 = \pm\sqrt[4]{16}$ ergeben sich die beiden Lösungen $x_1 = -3$ und $x_2 = 1$.

Im allgemeinen Fall muss man die quartische Gleichung zuerst mit der Substitution $z = x + \frac{a}{4}$ in die *reduzierte Form* $z^4 + p z^2 + q z + r = 0$ bringen, deren Lösungen dann mithilfe der *kubischen Resolvente*

$$w^3 - 2 p w^2 + (p^2 - 4 r) w + q^2 = 0$$

berechnet werden können.

Nachdem viele berühmte Mathematiker (u. a. Leonhard Euler) in der Folgezeit vergeblich nach einer Lösungsformel für die Gleichung fünften Grades gesucht hatten, kam der Norweger Niels Henrik Abel (1802 - 1829) im Jahr 1824 zum Schluss, dass es eine allgemeine Lösungsformel, die nur Grundrechenarten und (verschachtelte) Wurzelausdrücke verwendet, für Gleichungen 5. und höheren Grades *nicht geben kann*! Beispielsweise lassen sich die Lösungen der Gleichung $x^5 - x + 1 = 0$ nicht durch Grundrechenarten und Wurzelausdrücke darstellen. Seine Argumentation beruht im Wesentlichen darauf, dass es zwischen den Lösungen und den Koeffizienten der Gleichung $x^5 + a x^4 + b x^3 + c x^2 + d x + e = 0$ Beziehungen ähnlich wie beim Satz von Vieta gibt, die symmetrisch in den Lösungen $x_1, x_2,$ x_3, x_4, x_5 sind. Die Annahme, dass es für die Lösungen eine Formel allein mit Radikalen (Wurzelausdrücken) gibt, führt dann letztlich zu einem Widerspruch! Eine ausführliche Darstellung von Abels Beweis findet man im gleichnamigen Buch [54]. Abels Lehrer notierte einst über seinen talentierten Schüler, „dass er der größte Mathematiker der Welt werden kann, wenn er lange genug lebt." Obwohl Abel bereits im Alter von 26 Jahren an Tuberkulose verstarb, leistete er dennoch mehrere wichtige Beiträge zur Mathematik. Zu seinen Ehren sind heute die „abelschen Gruppen" in der Algebra benannt.

Eine noch tiefergehende Aussage zur Nichtlösbarkeit algebraischer Gleichungen lieferte Évariste Galois (1811 - 1832) aus Frankreich. Er konnte mit völlig neuartigen Überlegungen zeigen, welche Gleichungen vom Grad $n \geq 5$ sich durch „Radikale" (Wurzelausdrücke) lösen lassen und welche nicht. Galois' Leben verlief noch dramatischer – er wurde gar nur 20 Jahre alt. Er starb bei einem mysteriösen Pistolenduell am 30. Mai 1832. In der Nacht zuvor verfasste er einen Brief an einen befreundeten Mathematiker, in dem er seine mathematischen Entdeckungen niederschrieb mit zahlreichen Randbemerkungen wie „je n'ai pas le temps" (mir fehlt die Zeit). Ungeachtet seines kurzen Lebens wurde Galois durch seine Ideen zum Begründer der modernen Algebra, in der die Galoistheorie eine zentrale Rolle spielt.

Der Fundamentalsatz der Algebra

Auch wenn es für algebraischen Gleichungen vom Grad $n \geq 5$ im Allgemeinen keine geschlossene Lösungsformel mehr gibt: In speziellen Fällen lassen sich solche Gleichungen vereinfachen, und manchmal kann man sie sogar vollständig lösen. Ist nämlich eine Lösung bekannt, z. B. durch Raten, so lässt sich der Grad der algebraischen Gleichung mithilfe einer Polynomdivision um Eins reduzieren.

Beispiel:

$$x^5 - x^3 + 2x^2 - 2 = 0$$

hat offensichtlich die Lösung $x_1 = 1$. Die Polynomdivision

$$(x^5 - x^3 + 2x^2 - 2) : (x - 1) = x^4 + x^3 + 2x + 2$$

reduziert das Problem auf eine quartische Gleichung $x^4 + x^3 + 2x + 2 = 0$, für die man ebenfalls leicht eine Lösung erraten kann, und zwar $x_2 = -1$. Nochmalige Polynomdivision

$$(x^4 + x^3 + 2x + 2) : (x + 1) = x^3 + 2$$

ergibt die kubische Gleichung $x^3 + 2 = 0$ mit der einzigen Lösung $x_3 = -\sqrt[3]{2}$. Damit hat obige Gleichung fünften Grades insgesamt drei reelle Lösungen.

Gelegentlich kann man die Lösungen auch durch geschicktes Ausklammern finden, so wie im Beispiel

$$x^5 - x^3 + 2x^2 - 2 = 0$$
$$x^3 \cdot (x^2 - 1) + 2 \cdot (x^2 - 1) = 0$$
$$(x^3 + 2) \cdot (x^2 - 1) = 0$$

Diese Gleichung 5. Grades „zerfällt" dann in zwei Gleichungen $x^3 + 2 = 0$ bzw. $x^2 - 1 = 0$, da ja einer der beiden Faktoren gleich Null sein muss. Hieraus ergeben sich wieder die Lösungen $x_{1/2} = \pm 1$ und $x_3 = -\sqrt[3]{2}$.

Bei einer algebraischen Gleichung n-ten Grades ohne konstanten Anteil ($a_0 = 0$) kann man x ausklammern, sodass $x_1 = 0$ eine Lösung ist, und aus dem anderen Faktor ergibt sich eine Gleichung vom Grad $n - 1$. Eine algebraische Gleichung vom Grad $2n$ ohne ungerade x-Potenzen kann man wiederum mit der Substitution $z = x^2$ auf eine Gleichung für z vom Grad n zurückführen. Beispiel:

$$x^5 - 3x^3 + 2x = 0 \quad \Longrightarrow \quad x \cdot (x^4 - 3x^2 + 2) = 0$$

liefert die erste Lösung $x_1 = 0$ sowie die Gleichung 4. Grades $x^4 - 3x^2 + 2 = 0$, welche wir durch Substitution $z = x^2$ in eine quadratische Gleichung umwandeln können:

$$z^2 - 3z + 2 = 0 \quad \Longrightarrow \quad z_{1/2} = \frac{3 \pm \sqrt{9 - 8}}{2} \quad \Longrightarrow \quad z_1 = 1, \quad z_2 = 2$$

Aus $x = \pm\sqrt{z}$ ergeben sich schließlich neben $x_1 = 0$ noch vier weitere Lösungen $x_{2/3} = \pm 1$ und $x_{4/5} = \pm\sqrt{2}$.

Selbst wenn sich die Lösungen einer algebraischen Gleichung nicht exakt berechnen lassen, so hat man zumindest noch eine wichtige Aussage über die Anzahl ihrer Lösungen. Sie lautet:

> Eine algebraische Gleichung vom Grad n hat maximal n reelle Lösungen.

Diese rein qualitative Aussage liefert zwar keine Informationen über die genaue Lage der Lösungen, ist aber für die Praxis trotzdem sehr nützlich. Mithilfe von Näherungsverfahren (z. B. dem Newton-Verfahren in Kapitel 6, Abschnitt 6.3.2) können die Lösungen einer algebraischen Gleichung beliebig genau bestimmt werden. Falls man nun beispielsweise bei einer Gleichung 5. Grades mit einem numerischen Verfahren bereits fünf Lösungen gefunden hat, dann braucht man keine weiteren mehr zu suchen. Die Aussage lässt sich auch leicht begründen. Ist $x_1 \in \mathbb{R}$ eine Lösung, so führt eine Polynomdivision auf eine Gleichung vom Grad $n - 1$. Hat auch diese eine reelle Lösung x_2, so erhält man nach erneuter Polynomdivision eine Gleichung vom Grad $n - 2$ usw. Hat man auf diese Weise $n - 1$ Lösungen gefunden und den Grad des Polynoms schließlich auf Eins reduziert, so verbleibt eine lineare Gleichung, die nur eine Lösung hat. Also kann es höchstens n Lösungen der Gleichung n-ten Grades geben.

Dass eine algebraische Gleichung in der Menge der reellen Zahlen weniger Lösungen hat, als der Grad zulässt, ist nicht ungewöhnlich. Eine quadratische Gleichung hat bekanntlich keine, eine oder zwei Lösungen. Eine Gleichung fünften Grades kann eine bis fünf Lösungen haben. Variiert man beispielsweise den konstanten Anteil a_0 in der Gleichung $6x^5 - 11x^3 + 3x + a_0 = 0$, so hat man im Fall

- $a_0 = 3$ genau eine Lösung

- $a_0 = 2$ genau zwei Lösungen

- $a_0 = 1$ genau drei Lösungen

- $a_0 = \sqrt{0{,}38416}$ vier Lösungen

- $a_0 = 0$ genau fünf Lösungen

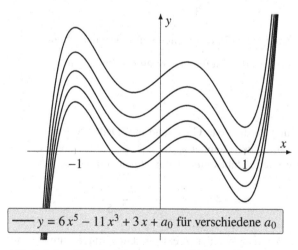

$$y = 6x^5 - 11x^3 + 3x + a_0 \text{ für verschiedene } a_0$$

Abb. 2.4 Anzahl reeller Lösungen einer Gleichung fünften Grades

So wie im Beispiel der Gleichung dritten und fünften Grades ergibt sich zusätzlich noch die folgende Aussage:

Eine algebraische Gleichung ungeraden Grades hat stets eine reelle Lösung.

Für ungerade n haben nämlich die Funktionswerte $f(x) = x^n + \ldots$ für $x \to \pm\infty$ unterschiedliche Vorzeichen, sodass $f(x)$ stets eine Nullstelle besitzt. Im Fall eines geraden Exponenten n gilt diese Aussage nicht. So hat z. B. $x^4 + 3x^2 + 1 = 0$ keine Lösung, denn $x^4 + 3x^2 + 1 \geq 1$ für alle $x \in \mathbb{R}$.

Erst mit der Einführung der komplexen Zahlen wird sich ein vollständiges Bild von der Verteilung der Lösungen ergeben. Eine lange Zeit vermutete, aber erst 1799 vom 22-jährigen Carl Friedrich Gauß in seiner Dissertation bewiesene Aussage ist der

Fundamentalsatz der Algebra: Eine algebraische Gleichung n-ten Grades hat in der Menge der komplexen Zahlen genau n Lösungen (Vielfache mitgezählt).

Eine Begründung dieser Aussage werden wir erst in Kapitel 5, Abschnitt 5.7.1 nachreichen können.

2.3 Lineare Gleichungssysteme (LGS)

In den bisher betrachteten algebraischen Gleichungen war nur eine Unbekannte x gesucht, aber x durfte in der n-ten Potenz auftreten. Wir untersuchen nun *Systeme von linearen Gleichungen*, also mehrere lineare Gleichungen mit mehreren Unbekannten. Ein Beispiel für ein lineares Gleichungssystem mit zwei Unbekannten x und y ist

$$\begin{aligned} 2x - 3y &= 1 \\ -3x + 5y &= -3 \end{aligned}$$

Es gibt mehrere Wege, die zur Lösung dieses linearen Gleichungssystems führen.

a) *Einsetzungsverfahren*: Wir lösen z. B. die zweite Gleichung nach y auf, also

$$y = \frac{3x - 3}{5}$$

und setzen diesen Ausdruck für y in die erste Gleichung ein. Dadurch erhalten wir eine lineare Gleichung in nur einer Unbekannten x, die wir bestimmen können, und mit der wir dann wiederum die zweite Unbekannte y berechnen können:

$$2x - 3 \cdot \frac{3x - 3}{5} = 1 \quad \Longrightarrow \quad x = -4 \quad \Longrightarrow \quad y = \frac{3 \cdot (-4) - 3}{5} = -3$$

b) *Additionsverfahren*: Bei dieser Methode werden zuerst die Gleichungen umgeformt und in eine einfachere Form gebracht, sodass sie leicht lösbar sind. Wir multiplizieren z. B. die erste Gleichung mit dem Faktor $\frac{3}{2}$ und addieren das Ergebnis zur zweiten Gleichung:

$$\begin{array}{lrcl}(1) & 2x - 3y = & 1 \\ (2) & -3x + 5y = & -3 & \left| + \frac{3}{2} \cdot (1)\right. \end{array}$$

$$\begin{array}{lrcl}(1) & 2x - 3y = & 1 \\ (2) & \frac{1}{2}y = & -\frac{3}{2} \end{array}$$

Aus (2) lesen wir $y = -3$ ab, und diesen Wert setzen wir in (1) ein:

$$2x - 3 \cdot (-3) = 1 \quad \Longrightarrow \quad x = -4$$

Bei Gleichungen mit zwei Unbekannten sind Einsetzungs- und Additionsverfahren gleichermaßen gut geeignet. Bei mehr als zwei Unbekannten wird das Einsetzungsverfahren allerdings kompliziert und fehleranfällig. Dies gilt auch für andere, hier nicht aufgeführte Methoden (z. B. das Gleichsetzungsverfahren). Einzig die Additionsmethode bleibt auch bei drei und mehr Unbekannten ein übersichtliches Verfahren. Hier werden systematisch Vielfache einer Gleichung zu einer anderen addiert, bis schließlich ein einfaches LGS entsteht, welches man leicht auflösen kann.

Beispiel mit drei Gleichungen und drei Unbekannten:

$$\begin{array}{lrcl}(1) & -x + y + z = & 0 \\ (2) & x - 3y - 2z = & 5 & \left| + (1)\right. \\ (3) & 5x + y + 4z = & 3 & \left| + 5 \cdot (1)\right. \end{array}$$

$$\begin{array}{lrcl}(1) & -x + y + z = & 0 \\ (2) & -2y - z = & 5 \\ (3) & 6y + 9z = & 3 & \left| + 3 \cdot (2)\right. \end{array}$$

$$\begin{array}{lrcl}(1) & -x + y + z = & 0 \\ (2) & -2y - z = & 5 \\ (3) & 6z = & 18 \end{array}$$

In dieser „gestaffelten Form" löst man die Gleichungen von unten nach oben auf:

$$z = 3$$
$$-2y - 3 = 5 \quad \Longrightarrow \quad y = -4$$
$$-x + (-4) + 3 = 0 \quad \Longrightarrow \quad x = -1$$

Das Additionsverfahren lässt sich ohne Schwierigkeiten auf lineare Gleichungssysteme mit sehr vielen Gleichungen und Unbekannten übertragen. Im Folgenden werden wir diese Methode auf beliebig große LGS anwenden, die Lösbarkeit solcher Systeme untersuchen und ein effizientes Lösungsverfahren erarbeiten. Dies führt uns zum Gauß-Eliminationsverfahren bzw. Gauß-Jordan-Verfahren. Ein nützliches Werkzeug sind dabei die *Matrizen*, mit deren Hilfe wir auch umfangreiche LGS in handlicher Form darstellen können.

2.3.1 Das Gauß-Eliminationsverfahren

Bei der Additionsmethode vereinfacht man die Gleichungen (= Zeilen) im LGS mit geeigneten *Zeilenumformungen*, und zwar so, dass nach und nach immer mehr Unbekannte aus den Gleichungen verschwinden. Diese Umformungen wurden erstmals von Carl Friedrich Gauß systematisch auf große LGS angewandt, und daher wird dieses Vorgehen heute als *Gauß-Eliminationsverfahren* oder *Gauß-Algorithmus* bezeichnet.

Ein lineares Gleichungssystem mit m Gleichungen und n Unbekannten $x_1, \ldots, x_n$ hat allgemein die Form

$$
\begin{aligned}
(1) \qquad & a_{11} x_1 + a_{12} x_2 + \ldots + a_{1n} x_n = b_1 \\
(2) \qquad & a_{21} x_1 + a_{22} x_2 + \ldots + a_{2n} x_n = b_2 \\
\vdots \qquad & \qquad\qquad\qquad\qquad\qquad \vdots \\
(m) \qquad & a_{m1} x_1 + a_{m2} x_2 + \ldots + a_{mn} x_n = b_m
\end{aligned}
$$

mit gegebenen Zahlen $a_{ik} \in \mathbb{R}$ (Koeffizienten) und $b_i \in \mathbb{R}$ (= „rechte Seite"). Ein solches LGS nennt man auch (m, n)-System. Grundlage des Gauß-Verfahrens ist die folgende Beobachtung:

Die Lösung eines LGS ändert sich nicht, wenn man

- zwei Gleichungen im System vertauscht, oder

- eine Gleichung mit einer Zahl $\neq 0$ multipliziert, oder

- ein Vielfaches einer Gleichung zu einer anderen addiert.

Diese Operationen nennt man *elementare Zeilenumformungen* (EZU).

Wir wollen nun ein LGS lösen, indem wir die Gleichungen durch Anwendung von elementaren Zeilenumformungen Schritt für Schritt in ein „gestaffeltes System" überführen. Um uns einen Überblick zu verschaffen, welche Sonderfälle hierbei auftreten können und welcher Art die Lösungen sind, führen wir die Umformungen zunächst für ein beliebiges (m, n)-LGS durch.

Allgemeines Vorgehen. Zu Beginn wird x_1 aus den Gleichungen (2) bis (m) „eliminiert" und das System auf $m - 1$ Gleichungen mit $n - 1$ Unbekannten reduziert. Wir gehen davon aus, dass in der Gleichung (1) der Wert a_{11} nicht Null ist. Andernfalls führen wir zuvor einen Zeilentausch aus und bringen das System in die Form mit $a_{11} \neq 0$. Nun subtrahieren wir das $\frac{a_{\ell 1}}{a_{11}}$-fache der Gleichung (1) von der Gleichung (ℓ) für die Zeilen $\ell = 2, \ldots, m$. Die Unbekannte x_1 verschwindet dann aus den restlichen Gleichungen (2) bis (m):

$$
\begin{array}{ll}
(1) & a_{11}\,x_1 + a_{12}\,x_2 + \ldots + a_{1n}\,x_n = b_1 \\
(2) & a_{21}\,x_1 + a_{22}\,x_2 + \ldots + a_{2n}\,x_n = b_2 \quad \Big| -\frac{a_{21}}{a_{11}} \cdot (1) \\
\vdots & \qquad\qquad\qquad\qquad \vdots \qquad\qquad\qquad \vdots \\
(m) & a_{m1}\,x_1 + a_{m2}\,x_2 + \ldots + a_{mn}\,x_n = b_m \quad \Big| -\frac{a_{m1}}{a_{11}} \cdot (1)
\end{array}
$$

$$
\begin{array}{ll}
(1) & a_{11}\,x_1 + a_{12}\,x_2 + \ldots + a_{1n}\,x_n = b_1 \\
(2) & \qquad\quad\; \alpha_{22}\,x_2 + \ldots + \alpha_{2n}\,x_n = \beta_2 \\
\vdots & \qquad\qquad\qquad\qquad \vdots \\
(m) & \qquad\quad\; \alpha_{m2}\,x_2 + \ldots + \alpha_{mn}\,x_n = \beta_m
\end{array}
$$

Gleichung (1) bleibt stehen, und in den restlichen Gleichungen ändern sich die Koeffizienten aufgrund der Zeilenumformungen. Nun wiederholen wir diesen Schritt für das reduzierte System (2) – (m). Aus den Gleichungen (3) bis (m) eliminieren wir x_2 durch Zeilenumformungen, sodass $m - 2$ Gleichungen mit den Unbekannten $x_3, \ldots, x_n$ verbleiben. Das Verfahren wird so lange wiederholt, bis am Ende ein *gestaffeltes System* entsteht:

$$
\begin{array}{ll}
(1) & a_{11}\,x_1 + \ldots + a_{1\ell}\,x_\ell + \ldots + a_{1k}\,x_k + \ldots + a_{1n}\,x_n = b_1 \\
\vdots & \qquad\quad \ddots \qquad\qquad\qquad\qquad\qquad\qquad \vdots \\
(\ell) & \qquad\qquad\quad \alpha_{\ell\ell}\,x_\ell + \ldots + \alpha_{\ell k}\,x_k + \ldots + \alpha_{\ell n}\,x_n = \beta_\ell \\
\vdots & \qquad\qquad\qquad\qquad\quad \ddots \qquad\qquad\qquad \vdots \\
(r) & \qquad\qquad\qquad\qquad\qquad\; \alpha_{kk}\,x_k + \ldots + \alpha_{kn}\,x_n = \beta_r \\
(r+1) & \qquad\qquad\qquad\qquad\qquad\qquad\qquad\qquad\quad 0 = \beta_{r+1} \\
\vdots & \qquad\qquad\qquad\qquad\qquad\qquad\qquad\qquad\qquad\; \vdots \\
(m) & \qquad\qquad\qquad\qquad\qquad\qquad\qquad\qquad\quad 0 = \beta_m
\end{array}
$$

Hierbei sind die Zahlen $a_{11}, \ldots, \alpha_{\ell\ell}, \ldots, \alpha_{kk}$ ungleich Null. Durch die Zeilenumformungen kann es vorkommen, dass aus einer Gleichung sogar alle Unbekannten verschwinden, etwa dann, wenn zwei Zeilen im LGS gleich sind und eine von der anderen subtrahiert wird. Die Anzahl r der Zeilen, die im gestaffelten System noch Unbekannte enthalten, bezeichnet man als *Rang* des LGS.

Nun versuchen wir, die vereinfachten Gleichungen im gestaffelten System zu lösen. Zunächst betrachten wir die Zeilen $(r + 1)$ bis (m) ohne Unbekannte. Ist nur eine der Zahlen $\beta_{r+1}, \ldots, \beta_m$ von Null verschieden, dann enthält das System Gleichungen wie etwa $0 = -2$ oder $0 = 3$, also Bedingungen, die sich durch keine Wahl der Unbekannten erfüllen lassen. Das LGS besitzt in diesem Fall keine Lösung! Sind dagegen alle Werte $\beta_{r+1}, \ldots, \beta_m$ gleich Null, dann entsprechen diese Zeilen den wahren Aussagen $0 = 0$, die für alle Unbekannten erfüllt sind. Solche redundanten „Nullzeilen" können wir auch weglassen. Es bleiben dann nur noch r relevante Gleichungen für n Unbekannte übrig:

$$
\begin{aligned}
(1) \quad & a_{11} x_1 + \ldots + a_{1\ell} x_\ell + \ldots + a_{1k} x_k + \ldots + a_{1n} x_n = b_1 \\
& \vdots \qquad\qquad \ddots \qquad\qquad\qquad\qquad\qquad \vdots \\
(\ell) \quad & \qquad\qquad\quad \alpha_{\ell\ell} x_\ell + \ldots + \alpha_{\ell k} x_k + \ldots + \alpha_{\ell n} x_n = \beta_\ell \\
& \vdots \qquad\qquad\qquad\qquad \ddots \qquad\qquad\qquad \vdots \\
(r) \quad & \qquad\qquad\qquad\qquad\qquad \alpha_{kk} x_k + \ldots + \alpha_{kn} x_n = \beta_r
\end{aligned}
$$

In dieser vereinfachten Form können wir das LGS „von unten nach oben" auflösen, wobei wir zwei Fälle unterscheiden müssen: Ist $r < n$, so gibt es weniger Gleichungen als Unbekannte. Wir können $n - r$ Unbekannte als *freie Parameter* beliebig wählen und dann nach den restlichen r Unbekannten auflösen. Das LGS besitzt in diesem Fall unendlich viele Lösungen, wobei

Anzahl freie Parameter = Anzahl Unbekannte − Rang des LGS

Die Anzahl der freien Parameter wird auch *Dimension der Lösung* genannt. Im Fall $r = n$ (und nur dafür) hat das gestaffelte LGS die Form

$$
\begin{aligned}
(1) \quad & a_{11} x_1 + a_{12} x_2 + \ldots + a_{1n} x_n = b_1 \\
(2) \quad & \qquad\quad \alpha_{22} x_2 + \ldots + \alpha_{2n} x_n = \beta_2 \\
& \vdots \qquad\qquad\qquad\qquad \vdots \\
(n) \quad & \qquad\qquad\qquad\qquad \alpha_{nn} x_n = \beta_n
\end{aligned}
$$

mit Zahlenwerten $a_{11} \neq 0$, $\alpha_{22} \neq 0$, $\ldots$, $\alpha_{nn} \neq 0$ und einer *eindeutigen Lösung* (ohne freie Parameter), nämlich

$$
x_n = \frac{\beta_n}{\alpha_{nn}}
$$
$$
\vdots
$$
$$
x_2 = \frac{1}{\alpha_{22}} (\beta_2 - \alpha_{23} x_3 - \ldots - \alpha_{2n} x_n)
$$
$$
x_1 = \frac{1}{a_{11}} (b_1 - a_{12} x_2 - a_{13} x_3 - \ldots - a_{1n} x_n)
$$

Aus unseren bisherigen Überlegungen ergibt sich bereits eine wichtige Aussage:

Ein LGS hat entweder keine, genau eine oder unendlich viele Lösungen.

Alle drei genannten Lösungstypen können tatsächlich auftreten, wie die nachfolgenden Beispiele zeigen werden. Es ist aber nicht möglich, dass ein LGS genau zwei oder drei Lösungen hat. In den Beispielen werden wir auch ein praktisches Rechenschema kennenlernen, welches die Anwendung des Gauß-Eliminationsverfahrens nochmals vereinfacht.

Beispiel 1 ist ein lineares Gleichungssystem mit 3 Gleichungen und 3 Unbekannten, also ein $(3, 3)$-System:

$$
\begin{aligned}
(1) \quad & \qquad\quad -x_2 - 2 x_3 = 0 \\
(2) \quad & x_1 + 2 x_2 + 3 x_3 = 2 \\
(3) \quad & 3 x_1 + 3 x_2 + x_3 = 2
\end{aligned}
$$

Wir lösen dieses LGS nach dem Gauß-Verfahren, wobei im ersten Schritt ein Zeilentausch nötig ist, sodass x_1 in der obersten Zeile vorkommt und aus den restlichen Zeilen eliminiert werden kann. Dazu tauschen wir (1) mit einer Zeile, in der x_1 einen besonders einfach zu verarbeitenden Vorfaktor hat, und das ist hier Zeile (2):

$$
\begin{array}{ll}
(1) & x_1 + 2x_2 + 3x_3 = 2 \\
(2) & \quad\;\; -x_2 - 2x_3 = 0 \\
(3) & 3x_1 + 3x_2 + \;\; x_3 = 2 \quad \big| -3 \cdot (1)
\end{array}
$$

Nun können wir das LGS mit elementaren Zeilenumformungen in eine gestaffelte Form bringen. Da x_1 in der Gleichung (2) nicht vorkommt, müssen wir nur noch die Unbekannten x_1 und x_2 aus Gleichung (3) eliminieren:

$$
\begin{array}{ll}
(1) & x_1 + 2x_2 + 3x_3 = \;\; 2 \\
(2) & \quad\;\; -x_2 - 2x_3 = \;\; 0 \\
(3) & \quad\; -3x_2 - 8x_3 = -4 \quad \big| -3 \cdot (2) \\
\hline
(1) & x_1 + 2x_2 + 3x_3 = \;\; 2 \\
(2) & \quad\;\; -x_2 - 2x_3 = \;\; 0 \\
(3) & \quad\quad\quad\; -2x_3 = -4
\end{array}
$$

Das LGS hat offensichtlich den Rang 3 und besitzt genau eine Lösung, die wir durch Auflösen der Gleichungen in umgekehrter Reihenfolge erhalten:

$$
\begin{array}{lll}
(3) & -2x_3 = -4 & \implies \quad x_3 = 2 \\
(2) & -x_2 - 2 \cdot 2 = \;\; 0 & \implies \quad x_2 = -4 \\
(1) & x_1 + 2 \cdot (-4) + 3 \cdot 2 = \;\; 2 & \implies \quad x_1 = 4
\end{array}
$$

An dieser Stelle sei noch einmal darauf hingewiesen, dass man die Begriffe „genau eine Lösung" bzw. „eindeutige Lösung" bei einem Gleichungssystem im Sinne von „genau einen Lösungswert pro Unbekannte" verwendet. In obigem Fall lautet diese eine bzw. eindeutige Lösung

$$x_1 = 4, \quad x_2 = -4, \quad x_3 = 2$$

Beispiel 2 ist ein LGS mit 4 Gleichungen und 3 Unbekannten:

$$
\begin{array}{ll}
(1) & x_1 + \;\; x_2 + \;\; x_3 = \;\; 2 \\
(2) & -x_1 - 2x_2 + 2x_3 = -1 \\
(3) & \quad\quad -2x_2 + 6x_3 = \;\; 2 \\
(4) & 2x_1 + 3x_2 - \;\; x_3 = \;\; 1
\end{array}
$$

Da bei den Zeilenumformungen allein die Koeffizienten verändert werden, kann man die Unbekannten im Gauß-Verfahren auch weglassen und dadurch viel Schreibarbeit einsparen. Im nachfolgenden *Gauß-Rechenschema* notieren wir nur noch die Koeffizienten, wobei fehlende Unbekannte mit dem Zahlenwert 0 eingetragen werden:

(1)	1	1	1	2	
(2)	−1	−2	2	−1	$\mid + (1)$
(3)	0	−2	6	2	
(4)	2	3	−1	1	$\mid - 2 \cdot (1)$

(1)	1	0	1	2	
(2)	0	−1	3	1	
(3)	0	−2	6	2	$\mid - 2 \cdot (2)$
(4)	0	1	−3	−3	$\mid + (2)$

(1)	1	1	1	2	
(2)	0	−1	3	1	
(3)	0	0	0	0	
(4)	0	0	0	−2	

Zeile (3) entspricht der stets gültigen Gleichung $0 = 0$, die wir einfach weglassen können. In Zeile (4) dagegen steht mit $0 = -2$ eine falsche Aussage, und daher ist das LGS nicht lösbar.

Beispiel 3 ist ein $(4, 3)$-System, bei dem im Vergleich zum vorigen Beispiel nur der Wert auf der rechten Seite in der letzten Zeile geändert wurde:

$$
\begin{aligned}
(1) \quad & x_1 + x_2 + x_3 = 2 \\
(2) \quad & -x_1 - 2x_2 + 2x_3 = -1 \\
(3) \quad & -2x_2 + 6x_3 = 2 \\
(4) \quad & 2x_1 + 3x_2 - x_3 = 3
\end{aligned}
$$

Lässt man auch hier wieder die Unbekannten weg und arbeitet man nur mit den Koeffizienten, dann ergibt sich das Rechenschema

(1)	1	1	1	2	
(2)	−1	−2	2	−1	$\mid + (1)$
(3)	0	−2	6	2	
(4)	2	3	−1	3	$\mid - 2 \cdot (1)$

(1)	1	0	1	2	
(2)	0	−1	3	1	
(3)	0	−2	6	2	$\mid - 2 \cdot (2)$
(4)	0	1	−3	−1	$\mid + (2)$

(1)	1	1	1	2	
(2)	0	−1	3	1	
(3)	0	0	0	0	
(4)	0	0	0	0	

Die Gleichungen (3) und (4) entsprechen jeweils der wahren Aussage $0 = 0$, und daher verbleiben nur die beiden Gleichungen

$$(1) \qquad x_1 + x_2 + \ x_3 = 2$$
$$(2) \qquad \qquad - x_2 + 3 x_3 = 1$$

Der Rang des LGS ist 2, und bei 3 Unbekannten gibt es demnach $3 - 2 = 1$ freie Parameter. Wir setzen $x_3 = \lambda$, verwenden also für den freien Parameter eine eigene Variable λ, und lösen nach x_2 bzw. x_1 auf:

$$x_2 = 3\lambda - 1, \qquad x_1 = 2 - x_2 - x_3 = 2 - (3\lambda - 1) - \lambda = 3 - 4\lambda$$

Das LGS hat folglich *unendlich viele Lösungen*

$$x_1 = 3 - 4\lambda, \quad x_2 = 3\lambda - 1, \quad x_3 = \lambda$$

mit einem frei wählbaren Parameter $\lambda \in \mathbb{R}$, und die Dimension der Lösung ist demnach 1. Indem man einen Wert für λ vorgibt, z. B. $\lambda = 2$, erhält man konkrete Zahlenwerte wie etwa $x_1 = -5$, $x_2 = 5$, $x_3 = 2$.

Beispiel 4 ist ein $(4, 4)$-System

$$(1) \qquad x_1 - \ x_2 - 2 x_3 - 2 x_4 = -4$$
$$(2) \qquad x_1 - \ x_2 \qquad \quad - \ x_4 = -2$$
$$(3) \qquad 2 x_1 - 2 x_2 + 4 x_3 \qquad \quad = \ 0$$
$$(4) \qquad \qquad \qquad 2 x_3 + \ x_4 = \ 2$$

Das Rechenschema zum Gauß-Verfahren

(1)	1	−1	−2	−2	−4	
(2)	1	−1	0	−1	−2	$\vert -(1)$
(3)	2	−2	4	0	0	$\vert -2 \cdot (1)$
(4)	0	0	2	1	2	
(1)	1	−1	−2	−2	−4	
(2)	0	0	2	1	2	
(3)	0	0	8	4	8	$\vert -4 \cdot (2)$
(4)	0	0	2	1	2	$\vert -(2)$
(1)	1	−1	−2	−2	−4	
(2)	0	0	2	1	2	
(3)	0	0	0	0	0	
(4)	0	0	0	0	0	

ergibt in (3), (4) zwei Nullzeilen $0 = 0$, die wir weglassen können, sodass nur noch zwei Gleichungen übrig bleiben:

$$(1) \qquad x_1 - x_2 - 2\,x_3 - 2\,x_4 = -4$$
$$(2) \qquad\qquad\qquad 2\,x_3 + \ x_4 = \ 2$$

Das LGS hat also den Rang 2, und wir haben 4 Unbekannte. Damit gibt es in der Lösung insgesamt $4 - 2 = 2$ freie Parameter. Wir setzen $x_3 = \lambda$ mit dem Parameter λ und lösen (2) nach x_4 auf:

$$2\,\lambda + x_4 = 2 \quad\Longrightarrow\quad x_4 = 2 - 2\,\lambda$$

Bei Gleichung (1) können wir z. B. $x_2 = \mu$ mit $\mu \in \mathbb{R}$ frei wählen und dann nach x_1 auflösen:

$$(1) \quad x_1 - \mu - 2\,\lambda - 2\,(2 - 2\,\lambda) = -4 \quad\Longrightarrow\quad x_1 = \mu - 2\lambda$$

Die Gesamtheit der Lösungen (Dimension 2) mit den freien Parametern λ und μ lautet also

$$x_1 = \mu - 2\,\lambda, \quad x_2 = \mu, \quad x_3 = \lambda, \quad x_4 = 2 - 2\,\lambda$$

Verschiedene Werte λ und μ liefern dann auch unterschiedliche Lösungen, z. B.

$$\lambda = \ \ 3, \quad \mu = 1 \quad\Longrightarrow\quad x_1 = -5, \quad x_2 = 1, \quad x_3 = \ \ 3, \quad x_4 = -4$$
$$\lambda = -2, \quad \mu = 0 \quad\Longrightarrow\quad x_1 = \ \ 4, \quad x_2 = 0, \quad x_3 = -2, \quad x_4 = \ \ 6$$

Homogene LGS

Ein wichtiger Spezialfall sind *homogene* lineare Gleichungssysteme, bei welchen die rechte Seite immer gleich Null ist:

$$(1) \qquad a_{11}\,x_1 + a_{12}\,x_2 + \ldots + a_{1n}\,x_n = 0$$
$$(2) \qquad a_{21}\,x_1 + a_{22}\,x_2 + \ldots + a_{2n}\,x_n = 0$$
$$\vdots \qquad\qquad\qquad\qquad\qquad\qquad \vdots$$
$$(m) \qquad a_{m1}\,x_1 + a_{m2}\,x_2 + \ldots + a_{mn}\,x_n = 0$$

Homogenen Systeme sind stets lösbar, nämlich durch die sogenannte *triviale Lösung*

$$x_1 = x_2 = \ldots = x_n = 0$$

aber es könnte ggf. auch unendlich viele Lösungen mit freien Parametern geben.

2.3.2 Matrizen und Matrixoperationen

Bei der Umformung eines LGS haben wir bereits ein einfaches Rechenschema benutzt. Noch komfortabler werden diese Systeme in der Matrixschreibweise dargestellt. Das LGS aus Beispiel 3 hat in Matrixform die Gestalt

$$\begin{pmatrix} 1 & 1 & 1 \\ -1 & -2 & 2 \\ 0 & -2 & 6 \\ 2 & 3 & -1 \end{pmatrix} \cdot \begin{pmatrix} x_1 \\ x_2 \\ x_3 \end{pmatrix} = \begin{pmatrix} 2 \\ -1 \\ 2 \\ 3 \end{pmatrix}$$

Die Bedeutung dieser Schreibweise soll im Folgenden erklärt werden.

Eine *Matrix* ist eine rechteckige Anordnung von reellen Zahlen der Form

$$A = \begin{pmatrix} a_{11} & a_{12} & \cdots & a_{1n} \\ a_{21} & a_{22} & \cdots & a_{2n} \\ \vdots & \vdots & \ddots & \vdots \\ a_{m1} & a_{m2} & \cdots & a_{mn} \end{pmatrix}$$

Die Zahlen $a_{ij} \in \mathbb{R}$ heißen *Einträge* von A. Eine Matrix mit m Zeilen und n Spalten nennt man auch Matrix vom Typ (m, n) oder kurz (m, n)-Matrix. Beispielsweise ist

$$A = \begin{pmatrix} 2 & 0 & -3 & 1 \\ 4 & 1 & 10 & 3 \\ 5 & 0{,}5 & -1 & 2 \end{pmatrix}$$

eine Matrix vom Typ $(3, 4)$ bzw. eine $(3, 4)$-Matrix. Stimmen Zeilen- und Spaltenzahl überein, ist also $m = n$ und

$$A = \begin{pmatrix} a_{11} & \cdots & a_{1n} \\ \vdots & \ddots & \vdots \\ a_{n1} & \cdots & a_{nn} \end{pmatrix}, \quad \text{z. B.} \quad A = \begin{pmatrix} 3 & 0 & 1 \\ 2 & -2 & 5 \\ 0 & -1 & 2 \end{pmatrix}$$

dann liegt eine *quadratische Matrix* vor. Bei einer quadratischen Matrix bezeichnet man die Einträge $a_{11}, a_{22}, \ldots, a_{nn}$ als *Diagonale*. Eine $(\ell, 1)$-Matrix mit nur einer Spalte

$$\vec{b} = \begin{pmatrix} b_1 \\ b_2 \\ \vdots \\ b_\ell \end{pmatrix} \quad \text{wie etwa} \quad \vec{b} = \begin{pmatrix} 2 \\ -1 \\ 3 \end{pmatrix}$$

heißt *Spaltenvektor* oder kurz *Vektor*, und eine $(1, \ell)$-Matrix mit nur einer Zeile

$$\vec{a}^{\mathrm{T}} = \begin{pmatrix} a_1 & a_2 & \cdots & a_\ell \end{pmatrix} \quad \text{wie z. B.} \quad \vec{a}^{\mathrm{T}} = \begin{pmatrix} 4 & -1 & 0 & 2 \end{pmatrix}$$

wird als *Zeilenvektor* bezeichnet. Eine beliebige (m, n)-Matrix A kann man wiederum in n Spalten- bzw. m Zeilenvektoren aufteilen:

$$A = (\vec{a}_1 \cdots \vec{a}_n) = \begin{pmatrix} \vec{b}_1^{\mathrm{T}} \\ \vdots \\ \vec{b}_m^{\mathrm{T}} \end{pmatrix}$$

Die bisher genannten Matrixtypen (quadratische Matrix, Vektor) sind durch ihre besondere „Geometrie" ausgezeichnet. Es gibt auch noch spezielle Matrizen, welche aufgrund besonderer Einträge einen eigenen Namen erhalten. Bei einer *Nullmatrix O* vom Typ (m, n) sind alle Einträge gleich Null. Eine quadratische Matrix, bei der alle Einträge unterhalb der Diagonalen gleich Null sind, heißt *obere Dreiecksmatrix*:

$$\begin{pmatrix} a_{11} & a_{12} & \cdots & a_{1n} \\ 0 & a_{22} & \cdots & a_{2n} \\ \vdots & \vdots & \ddots & \vdots \\ 0 & 0 & \cdots & a_{nn} \end{pmatrix}, \quad \text{z. B.} \quad A = \begin{pmatrix} -2 & 3 & 5 \\ 0 & 4 & 0 \\ 0 & 0 & 1 \end{pmatrix}$$

Eine quadratische Matrix, bei der alle Einträge außerhalb der Diagonalen gleich Null sind, nennt man *Diagonalmatrix*:

$$\begin{pmatrix} a_{11} & 0 & \cdots & 0 \\ 0 & a_{22} & \cdots & 0 \\ \vdots & \vdots & \ddots & \vdots \\ 0 & 0 & \cdots & a_{nn} \end{pmatrix}, \quad \text{z. B.} \quad A = \begin{pmatrix} -2 & 0 & 0 \\ 0 & 4 & 0 \\ 0 & 0 & 1 \end{pmatrix}$$

Die Diagonale darf mit beliebigen Zahlen besetzt sein. Man verwendet hierfür auch die Notation $\mathrm{diag}(a_{11}, a_{22}, \ldots, a_{nn})$. Eine Diagonalmatrix ist insbesondere auch eine obere Dreiecksmatrix. Eine Diagonalmatrix, in der alle Diagonaleinträge gleich 1 sind, bezeichnet man als *Einheitsmatrix*:

$$E = \begin{pmatrix} 1 & 0 & \cdots & 0 \\ 0 & 1 & \cdots & 0 \\ \vdots & \vdots & \ddots & \vdots \\ 0 & 0 & \cdots & 1 \end{pmatrix} = \mathrm{diag}(1, 1, \ldots, 1)$$

Der k-te *Einheitsvektor* ist ein spezieller Spaltenvektor

$$\vec{e}_k = \begin{pmatrix} 0 \\ \vdots \\ 1 \\ \vdots \\ 0 \end{pmatrix} \leftarrow k\text{-te Zeile}, \quad \text{z. B.} \quad \vec{e}_2 = \begin{pmatrix} 0 \\ 1 \\ 0 \end{pmatrix} \quad \text{oder} \quad \vec{e}_2 = \begin{pmatrix} 0 \\ 1 \\ 0 \\ 0 \end{pmatrix}$$

In $\vec{e}_k$ sind alle Einträge gleich Null bis auf die k-te Zeile, welche den Wert 1 enthält. Mit den Einheitsvektoren kann man z. B. die (n, n)-Einheitsmatrix spaltenweise zerlegen in

$$E = \begin{pmatrix} \vec{e}_1 & \vec{e}_2 & \cdots & \vec{e}_n \end{pmatrix}$$

Häufiger gebraucht wird schließlich noch der *Nullvektor*, dessen Einträge alle gleich 0 sind:

$$\vec{o} = \begin{pmatrix} 0 \\ \vdots \\ 0 \end{pmatrix}$$

Rechenoperationen für Matrizen

Mit Matrizen kann man rechnen – fast so wie mit Zahlen. Für zwei Matrizen vom *gleichen Typ* (m, n), also

$$A = \begin{pmatrix} a_{11} & \cdots & a_{1n} \\ \vdots & & \vdots \\ a_{m1} & \cdots & a_{mn} \end{pmatrix}, \quad B = \begin{pmatrix} b_{11} & \cdots & b_{1n} \\ \vdots & & \vdots \\ b_{m1} & \cdots & b_{mn} \end{pmatrix}$$

definiert man Addition, Subtraktion und die Multiplikation mit einer reellen Zahl $c \in \mathbb{R}$ komponentenweise:

$$A \pm B = \begin{pmatrix} a_{11} \pm b_{11} & \cdots & a_{1n} \pm b_{1n} \\ \vdots & & \vdots \\ a_{m1} \pm b_{m1} & \cdots & a_{mn} \pm b_{mn} \end{pmatrix}, \quad c \cdot A = \begin{pmatrix} c \cdot a_{11} & \cdots & c \cdot a_{1n} \\ \vdots & & \vdots \\ c \cdot a_{m1} & \cdots & c \cdot a_{mn} \end{pmatrix}$$

Die Ergebnisse dieser Rechenoperationen sind dann wieder (m, n)-Matrizen, und die Einträge werden dabei komponentenweise addiert/subtrahiert bzw. mit c multipliziert. Beispielsweise ergeben sich für die $(3, 2)$-Matrizen

$$A = \begin{pmatrix} 3 & 1 \\ 2 & 5 \\ 0 & -4 \end{pmatrix} \quad \text{und} \quad B = \begin{pmatrix} 2 & -3 \\ -1 & 2 \\ 6 & 4 \end{pmatrix}$$

nach Addition, Subtraktion und Multiplikation mit dem Faktor -2 die $(3, 2)$-Matrizen

$$A + B = \begin{pmatrix} 5 & -2 \\ 1 & 7 \\ 6 & 0 \end{pmatrix}, \quad A - B = \begin{pmatrix} 1 & 4 \\ 3 & 3 \\ -6 & -8 \end{pmatrix}, \quad -2 \cdot B = \begin{pmatrix} -4 & 6 \\ 2 & -4 \\ -12 & -8 \end{pmatrix}$$

Die *transponierte Matrix* einer (m, n)-Matrix A ist die (n, m)-Matrix A^T, deren Zeilen (Spalten) die Spalten (Zeilen) von A sind:

$$A = \begin{pmatrix} a_{11} & a_{12} & \ldots & a_{1n} \\ a_{21} & a_{22} & \ldots & a_{2n} \\ \vdots & \vdots & & \vdots \\ a_{m1} & a_{m2} & \ldots & a_{mn} \end{pmatrix} \implies A^\mathsf{T} = \begin{pmatrix} a_{11} & a_{21} & \ldots & a_{m1} \\ a_{12} & a_{22} & \ldots & a_{m2} \\ \vdots & \vdots & & \vdots \\ a_{1n} & a_{2n} & \ldots & a_{mn} \end{pmatrix}$$

Aus den Zeilenvektoren von A werden die Spaltenvektoren von A^{T} und umgekehrt:

$$A = \begin{pmatrix} 3 & 1 \\ 2 & 5 \\ 0 & -4 \end{pmatrix} \quad \Longrightarrow \quad A^{\mathrm{T}} = \begin{pmatrix} 3 & 2 & 0 \\ 1 & 5 & -4 \end{pmatrix}$$

$$C = \begin{pmatrix} 1 & 9 & -5 \\ -7 & -4 & 3 \\ 6 & -2 & 8 \end{pmatrix} \quad \Longrightarrow \quad C^{\mathrm{T}} = \begin{pmatrix} 1 & -7 & 6 \\ 9 & -4 & -2 \\ -5 & 3 & 8 \end{pmatrix}$$

Wie im letzten Beispiel zu sehen ist, erhält man im Fall einer quadratischen Matrix die Transponierte auch durch „Spiegelung an der Diagonale". Durch Transponieren wird aus einem Spaltenvektor ein Zeilenvektor, z. B.

$$\vec{a} = \begin{pmatrix} 2 \\ -1 \\ 3 \end{pmatrix} \quad \Longrightarrow \quad \vec{a}^{\mathrm{T}} = \begin{pmatrix} 2 & -1 & 3 \end{pmatrix}$$

und allgemein ist die transponierte Matrix zu A^{T} wieder die Ausgangsmatrix $(A^{\mathrm{T}})^{\mathrm{T}} = A$.

Das Matrixprodukt

Matrizen kann man auch miteinander multiplizieren. Allerdings berechnet man das Produkt zweier Matrizen nicht komponentenweise (wie bei der Addition), sondern als Produkt von Zeilen- und Spaltenvektoren. Wir beginnen daher mit diesem Spezialfall des Matrixprodukts. Für eine $(1, \ell)$-Matrix $\vec{a}^{\mathrm{T}}$ (= Zeilenvektor) und eine $(\ell, 1)$-Matrix $\vec{b}$ (= Spaltenvektor) definiert man

$$\vec{a}^{\mathrm{T}} \cdot \vec{b} = \begin{pmatrix} a_1 & a_2 & \cdots & a_\ell \end{pmatrix} \cdot \begin{pmatrix} b_1 \\ b_2 \\ \vdots \\ b_\ell \end{pmatrix} := a_1 \cdot b_1 + a_2 \cdot b_2 + \ldots + a_\ell \cdot b_\ell$$

Beispielsweise ist

$$\begin{pmatrix} -1 & 0 & 3 \end{pmatrix} \cdot \begin{pmatrix} 2 \\ 1 \\ 4 \end{pmatrix} = (-1) \cdot 2 + 0 \cdot 1 + 3 \cdot 4 = 10$$

Wir halten fest: Das Produkt aus Zeilenvektor und Spaltenvektor ist eine Zahl. Wir betrachten nun den allgemeinen Fall und definieren das Produkt $A \cdot B$ für eine (m, ℓ)-Matrix A und eine (ℓ, n)-Matrix B. Das Ergebnis ist eine (m, n)-Matrix $C = A \cdot B$, die wie folgt berechnet wird: Der Eintrag c_{ij} von C ist das Produkt des i-ten Zeilenvektors von A mit dem j-ten Spaltenvektor von B. Mit anderen Worten: Zerlegen wir A in m Zeilenvektoren und B in n Spaltenvektoren, also

$$A = \begin{pmatrix} \vec{a}_1^{\mathrm{T}} \\ \vdots \\ \vec{a}_m^{\mathrm{T}} \end{pmatrix} \quad \text{und} \quad B = \begin{pmatrix} \vec{b}_1 \cdots \vec{b}_n \end{pmatrix}$$

dann ist das *Matrixprodukt* die (m, n)-Matrix

$$A \cdot B = \begin{pmatrix} \vec{a}_1^{\mathrm{T}} \cdot \vec{b}_1 & \cdots & \vec{a}_1^{\mathrm{T}} \cdot \vec{b}_n \\ \vdots & & \vdots \\ \vec{a}_m^{\mathrm{T}} \cdot \vec{b}_1 & \cdots & \vec{a}_m^{\mathrm{T}} \cdot \vec{b}_n \end{pmatrix}$$

Wichtig ist, dass der Typ von A zum Typ von B passt, d. h., die Spaltenzahl von A und die Zeilenzahl von B müssen übereinstimmen.

Beispiel 1. Das Produkt zweier $(2, 2)$-Matrizen ist wieder eine $(2, 2)$-Matrix:

$$\begin{pmatrix} 3 & 2 \\ -4 & -1 \end{pmatrix} \cdot \begin{pmatrix} -2 & 3 \\ 3 & -6 \end{pmatrix} = \begin{pmatrix} 0 & -3 \\ 5 & -6 \end{pmatrix}$$

Den Eintrag bei Zeile 2 und Spalte 1 in der Produktmatrix erhält man aus dem Produkt 2. Zeilenvektor von A mal 1. Spaltenvektor von B, also

$$\begin{pmatrix} -4 & -1 \end{pmatrix} \cdot \begin{pmatrix} -2 \\ 3 \end{pmatrix} = (-4) \cdot (-2) + (-1) \cdot 3 = 5$$

Beispiel 2. $(2, 3)$-Matrix mal $(3, 2)$-Matrix $= (2, 2)$-Matrix:

$$\begin{pmatrix} 1 & \frac{1}{2} & 1 \\ 2 & -1 & 1 \end{pmatrix} \cdot \begin{pmatrix} 0 & 3 \\ 2 & 4 \\ 0 & -2 \end{pmatrix} = \begin{pmatrix} 1 & 3 \\ -2 & 0 \end{pmatrix}$$

Der Eintrag in der 1. Zeile und 2. Spalte der Produktmatrix ergibt sich aus dem Produkt 1. Zeilenvektor von A mal 2. Spaltenvektor von B:

$$\begin{pmatrix} 1 & \frac{1}{2} & 1 \end{pmatrix} \cdot \begin{pmatrix} 3 \\ 4 \\ -2 \end{pmatrix} = 1 \cdot 3 + \frac{1}{2} \cdot 4 + 1 \cdot (-2) = 3$$

Beispiel 3. Das Produkt einer $(3, 3)$-Matrix mit einem Spaltenvektor ergibt wieder einen Spaltenvektor:

$$\begin{pmatrix} 3 & 0,8 & 1 \\ -0,5 & 0 & 2 \\ -1 & -1 & 1 \end{pmatrix} \cdot \begin{pmatrix} 2 \\ -5 \\ 1 \end{pmatrix} = \begin{pmatrix} 3 \\ 1 \\ 4 \end{pmatrix}$$

Abschließend notieren wir noch ein paar Eigenschaften der Matrixmultiplikation. Wir wollen dabei stets voraussetzen, dass die Typen der angegebenen Matrizen zueinander passen, sodass man alle Produkte auch bilden kann. Die Matrixmultiplikation erfüllt das **Assoziativgesetz**:

$$A \cdot (B \cdot C) = (A \cdot B) \cdot C$$

Somit macht die Reihenfolge der Auswertung bei einem Mehrfachprodukt keinen Unterschied. Allerdings darf man bei der Multiplikation zweier Matrizen die *Reihenfolge* der Faktoren nicht vertauschen – das Matrixprodukt ist **nicht kommutativ**!

$$A \cdot B \overset{\text{i. Allg.}}{\neq} B \cdot A$$

wie bereits das folgende einfache Beispiel zeigt:

$$\begin{pmatrix} 3 & 2 \\ -4 & -2 \end{pmatrix} \cdot \begin{pmatrix} -2 & 3 \\ 3 & -5 \end{pmatrix} = \begin{pmatrix} 0 & -1 \\ 2 & -2 \end{pmatrix}$$

$$\begin{pmatrix} -2 & 3 \\ 3 & -5 \end{pmatrix} \cdot \begin{pmatrix} 3 & 2 \\ -4 & -2 \end{pmatrix} = \begin{pmatrix} -18 & -10 \\ 29 & 16 \end{pmatrix}$$

Nur in Spezialfällen erhält man beim Vertauschen der Faktoren das gleiche Ergebnis, so etwa bei der Multiplikation mit der Einheitsmatrix:

$$A \cdot E = E \cdot A = A$$

Beispielsweise ist, wie man leicht nachrechnet,

$$\begin{pmatrix} 3 & 2 \\ -4 & -2 \end{pmatrix} \cdot \begin{pmatrix} 1 & 0 \\ 0 & 1 \end{pmatrix} = \begin{pmatrix} 3 & 2 \\ -4 & -2 \end{pmatrix} = \begin{pmatrix} 1 & 0 \\ 0 & 1 \end{pmatrix} \cdot \begin{pmatrix} 3 & 2 \\ -4 & -2 \end{pmatrix}$$

Die Einheitsmatrix übernimmt im Bereich der Matrizen die Rolle der Eins als *neutrales Element* bei der Multiplikation. Bei einem Matrixprodukt darf man einen Zahlenfaktor $c \in \mathbb{R}$ auch „nach vorne ziehen":

$$A \cdot (c \cdot B) = c \cdot (A \cdot B)$$

sodass also z. B. $A \cdot (-3\,B) = -3\,(A \cdot B)$ gilt. Eine weitere wichtige Rechenregel, nämlich das **Distributivgesetz**, ist ebenfalls für Matrizen gültig:

$$A \cdot (B + C) = A \cdot B + A \cdot C$$

Vergleicht man nun die Multiplikation von Zahlen mit dem Matrixprodukt, so fehlt zunächst nur das Kommutativgesetz. Es gibt aber noch weitere Unterschiede. In $\mathbb{R}$ gilt etwa für $a \neq 0$ auch $a^2 \neq 0$, während es durchaus Matrizen $A \neq O$ mit dem „Quadrat" $A^2 = A \cdot A = O$ geben kann, z. B.

$$A = \begin{pmatrix} 1 & 1 \\ -1 & -1 \end{pmatrix} \implies A \cdot A = \begin{pmatrix} 0 & 0 \\ 0 & 0 \end{pmatrix} = O$$

Schließlich soll noch eine nützliche Formel für die Transponierte eines Matrixprodukts erwähnt werden. Sie lautet:

$$(A \cdot B)^{\mathrm{T}} = B^{\mathrm{T}} \cdot A^{\mathrm{T}}$$

Die Herleitung der hier angegebenen Rechengesetze ist mathematisch weniger anspruchsvoll, aber technisch sehr aufwändig. Daher wollen wir auf eine Begründung verzichten.

LGS in Matrixform

Mithilfe von Matrizen können wir ein lineares Gleichungssystem in kompakter Form darstellen. Aus dem (m, n)-System

$$
\begin{aligned}
(1) \quad & a_{11} x_1 + a_{12} x_2 + \ldots + a_{1n} x_n = b_1 \\
(2) \quad & a_{21} x_1 + a_{22} x_2 + \ldots + a_{2n} x_n = b_2 \\
\vdots \quad & \qquad\qquad\qquad\qquad\qquad \vdots \\
(m) \quad & a_{m1} x_1 + a_{m2} x_2 + \ldots + a_{mn} x_n = b_m
\end{aligned}
$$

übernehmen wir die Werte a_{ij} in eine Koeffizientenmatrix A, die Unbekannten x_j in einen Spaltenvektor $\vec{x}$, und die Werte b_k in einen Spaltenvektor $\vec{b}$, also

$$A = \begin{pmatrix} a_{11} & a_{12} & \cdots & a_{1n} \\ a_{21} & a_{22} & \cdots & a_{2n} \\ \vdots & \vdots & \ddots & \vdots \\ a_{m1} & a_{m2} & \cdots & a_{mn} \end{pmatrix}, \quad \vec{x} = \begin{pmatrix} x_1 \\ x_2 \\ \vdots \\ x_n \end{pmatrix}, \quad \vec{b} = \begin{pmatrix} b_1 \\ b_2 \\ \vdots \\ b_m \end{pmatrix}$$

Multiplizieren wir die Matrix A mit dem Vektor $\vec{x}$, dann ist

$$A \cdot \vec{x} = \begin{pmatrix} a_{11} x_1 + a_{12} x_2 + \ldots + a_{1n} x_n \\ a_{21} x_1 + a_{22} x_2 + \ldots + a_{2n} x_n \\ \vdots \\ a_{m1} x_1 + a_{m2} x_2 + \ldots + a_{mn} x_n \end{pmatrix} = \begin{pmatrix} b_1 \\ b_2 \\ \vdots \\ b_m \end{pmatrix} = \vec{b}$$

Wir können demnach jedes lineare Gleichungssystem auch als Matrixgleichung für einen gesuchten Vektor $\vec{x}$ schreiben, nämlich als

LGS in Matrixform: $\quad A \cdot \vec{x} = \vec{b}$

wobei die Koeffizientenmatrix A und die rechte Seite $\vec{b}$ gegeben sind.

Beispiel 1. Das $(2, 2)$-LGS

$$
\begin{aligned}
2x - 3y &= 1 \\
-3x + 5y &= -3
\end{aligned}
$$

hat die (eindeutige) Lösung $x = -4$ und $y = -3$. Die dazu äquivalente Matrixgleichung

$$\begin{pmatrix} 2 & -3 \\ -3 & 5 \end{pmatrix} \cdot \vec{x} = \begin{pmatrix} 1 \\ -3 \end{pmatrix}$$

hat (wie man durch Einsetzen überprüfen kann) den Lösungsvektor

$$\vec{x} = \begin{pmatrix} -4 \\ -3 \end{pmatrix}$$

Beispiel 2. Das $(4, 3)$-LGS

$$
\begin{array}{rl}
(1) & x_1 + x_2 + x_3 = 2 \\
(2) & -x_1 - 2x_2 + 2x_3 = -1 \\
(3) & -2x_2 + 6x_3 = 2 \\
(4) & 2x_1 + 3x_2 - x_3 = 3
\end{array}
$$

lässt sich als Matrixgleichung in der Form

$$\begin{pmatrix} 1 & 1 & 1 \\ -1 & -2 & 2 \\ 0 & -2 & 6 \\ 2 & 3 & -1 \end{pmatrix} \cdot \vec{x} = \begin{pmatrix} 2 \\ -1 \\ 2 \\ 3 \end{pmatrix}$$

notieren. Das LGS hat (nach dem Gauß-Eliminationsverfahren) unendlich viele Lösungen mit einem frei wählbaren Parameter

$$x_1 = 3 - 4\lambda, \quad x_2 = 3\lambda - 1, \quad x_3 = \lambda$$

Wir können diese Lösungsgesamtheit mit der Dimension 1 wiederum in Vektorschreibweise darstellen:

$$\vec{x} = \begin{pmatrix} x_1 \\ x_2 \\ x_3 \end{pmatrix} = \begin{pmatrix} 3 - 4\lambda \\ 3\lambda - 1 \\ \lambda \end{pmatrix} = \begin{pmatrix} 3 \\ -1 \\ 0 \end{pmatrix} + \lambda \cdot \begin{pmatrix} -4 \\ 3 \\ 1 \end{pmatrix}$$

Das Resultat im letzten Beispiel entspricht einer Geradengleichung in Vektorform (siehe Abschnitt 3.3 in Kapitel 3), und demnach liegen die gesuchten Werte auf einer (eindimensionalen) Geraden im $\mathbb{R}^3$. Dementsprechend kann man eine Lösungsgesamtheit mit zwei freien Parametern (Dimension 2) als Ebene interpretieren, eine mit drei Freiheitsgraden (= Dimensionen) als Raum usw. Die Lösungsmenge eines LGS lässt sich somit als lineares Objekt (Gerade, Ebene, Raum, ...) darstellen, dessen Dimension mit der „Lösungsdimension" übereinstimmt.

2.3.3 Das Verfahren von Gauß-Jordan

Als erste Anwendung der Matrixdarstellung wollen wir das *Gauß-Jordan-Verfahren* zur Lösung eines LGS $A \cdot \vec{x} = \vec{b}$ mit quadratischer Koeffizientenmatrix A einführen.

Im Rechenschema $A \mid \vec{b}$ zum Gauß-Eliminationsverfahren bringt man den linken Block A durch elementare Zeilenumformungen (EZU) zuerst auf Dreiecksform D:

$$A \mid \vec{b} \underset{\text{EZU}}{\implies} D \mid \vec{c}$$

Anschließend löst man die Gleichungen von unten nach oben auf, wobei nacheinander die Unbekannten x_n bis x_1 bestimmt werden.

Beim Gauß-Jordan-Verfahren geht man noch einen Schritt weiter. Man übernimmt die Koeffizienten des LGS $A \cdot \vec{x} = \vec{b}$ in das Rechenschema $A \mid \vec{b}$ und versucht, die Koeffizientenmatrix A durch Zeilenumformungen in die Einheitsmatrix E umzuwandeln. Durch die Zeilenumformungen ändert sich zwar die rechte Seite:

$$A \mid \vec{b} \underset{\text{EZU}}{\implies} E \mid \vec{c}$$

aber nicht die Lösung des Gleichungssystems! Somit ist $\vec{x}$ auch der Lösungsvektor des LGS $E \cdot \vec{x} = \vec{c}$, und wegen $E \cdot \vec{x} = \vec{x}$ ist dann die rechte Spalte $\vec{c}$ im Rechenschema bereits die gesuchte Lösung. Hier kann man also sofort die Lösung aus der rechten Spalte ablesen, und in schematischer Form lautet das

Gauß-Jordan-Verfahren: $\quad A \mid \vec{b} \underset{\text{EZU}}{\implies} E \mid \vec{x}$

Bei der praktischen Anwendung des Rechenschemas räumt man in A zunächst die Spalten unterhalb der Diagonalen aus und skaliert die Diagonale auf Eins. Durch elementare Zeilenumformungen von unten nach oben bringt man schließlich auch die Einträge oberhalb der Diagonalen auf Null.

Beispiel: Zur Lösung des linearen Gleichungssystems

$$
\begin{array}{ll}
(1) & x_1 + 2x_2 + x_3 = 5 \\
(2) & 3x_1 + 4x_2 + 2x_3 = 7 \\
(3) & 5x_1 + 2x_2 + 4x_3 = -1
\end{array}
$$

übertragen wir zuerst die Koeffizienten und die rechte Seite in das Gauß-Rechenschema. Anschließend bringen wir den Block mit der Koeffizientenmatrix durch elementare Zeilenumformungen (Zeilentausch, Skalierung, Addition eines Vielfachen einer Zeile zu einer anderen) in die Form der $(3, 3)$-Einheitsmatrix:

(1)	1	2	1	5	
(2)	3	4	2	7	$\mid -3 \cdot (1)$
(3)	5	2	4	−1	$\mid -5 \cdot (1)$

(1)	1	2	1	5	
(2)	0	−2	−1	−8	
(3)	0	−8	−1	−26	$\mid -4 \cdot (2)$

(1)	1	2	1	5	
(2)	0	−2	−1	−8	$\mid : (-2)$
(3)	0	0	3	6	$\mid : 3$

(1)	1	2	1	5	$\mid -(3)$
(2)	0	1	$\frac{1}{2}$	4	$\mid -\frac{1}{2} \cdot (3)$
(3)	0	0	1	2	

(1)	1	2	0	3	$\mid -2 \cdot (2)$
(2)	0	1	0	3	
(3)	0	0	1	2	

(1)	1	0	0	−3	
(2)	0	1	0	3	
(3)	0	0	1	2	

Im linken Block befindet sich nun die Einheitsmatrix, aber durch die Zeilenumformungen hat sich die Lösung des LGS nicht geändert. Der Vektor auf der rechten Seite ist dann schon die gesuchte Lösung:

$$x_1 = -3, \quad x_2 = 3, \quad x_3 = 2$$

Ein Vorteil des Gauß-Jordan-Verfahrens gegenüber dem ursprünglichen Gauß-Verfahren ist, dass hier auch das Auflösen der Gleichungen innerhalb des Rechenschemas erfolgt, man also nur noch mit Zahlenwerten operiert und auf das Arbeiten mit den Unbekannten verzichten kann. Das Gauß-Jordan-Verfahren funktioniert allerdings nur bei einer quadratischen Koeffizientenmatrix und nur für den Fall, dass das LGS genau eine Lösung besitzt. Solche Systeme treten aber in der Praxis sehr häufig auf.

2.3.4 Determinante und inverse Matrix

In der Matrixschreibweise $A \cdot \vec{x} = \vec{b}$ kann man ein LGS formal wie eine lineare Gleichung $a \cdot x = b$ mit nur einer Unbekannten x darstellen. Für eine solche Gleichung gibt es eine einfache Lösungsformel:

$a \cdot x = b$ hat im Fall $a \neq 0$ eine eindeutige Lösung, nämlich $x = \frac{b}{a}$

Lässt sich dieses Resultat vielleicht auch auf (quadratische) LGS mit mehreren Unbekannten übertragen? Tatsächlich gibt es hierfür eine ähnliche Aussage:

$A \cdot \vec{x} = \vec{b}$ hat im Fall $\det A \neq 0$ eine eindeutige Lösung $\vec{x} = A^{-1} \cdot \vec{b}$

Die Bezeichnungen $\det A$ und A^{-1} wollen wir in diesem Abschnitt einführen.

Determinanten

Die n-reihige *Determinante* einer quadratischen (n, n)-Matrix

$$A = \begin{pmatrix} a_{11} & \cdots & a_{1n} \\ \vdots & \ddots & \vdots \\ a_{n1} & \cdots & a_{nn} \end{pmatrix} \quad \text{ist eine Zahl} \quad \det A = \begin{vmatrix} a_{11} & \cdots & a_{1n} \\ \vdots & \ddots & \vdots \\ a_{n1} & \cdots & a_{nn} \end{vmatrix}$$

welche die insgesamt n^2 Einträge von A in einem einzigen Wert $\det A \in \mathbb{R}$ vereint. Damit die Determinante für Anwendungen (LGS, Transformationen) einen sinnvollen Wert liefert, muss $\det A$ die Eigenschaften der Matrix A möglichst gut abbilden. Dies führt zu einer etwas komplizierten Definition der Determinante. Wir beginnen zunächst mit den Fällen $n = 1$ bis $n = 3$.

Für eine $(1, 1)$-Matrix $A = (a_{11})$ mit nur einem Eintrag ist es sinnvoll, diesen auch als Repräsentanten von A zu wählen, d. h., $\det A := a_{11}$. Bei einer $(2, 2)$-Matrix definiert man die Determinante

$$A = \begin{pmatrix} a_{11} & a_{12} \\ a_{21} & a_{22} \end{pmatrix} \quad \text{durch} \quad \det A = \begin{vmatrix} a_{11} & a_{12} \\ a_{21} & a_{22} \end{vmatrix} := a_{11} \cdot a_{22} - a_{21} \cdot a_{12}$$

Beispiel:

$$\det \begin{pmatrix} 2 & 3 \\ 1 & 4 \end{pmatrix} = \begin{vmatrix} 2 & 3 \\ 1 & 4 \end{vmatrix} = 2 \cdot 4 - 3 \cdot 1 = 5$$

Im Fall einer $(3, 3)$-Matrix mit insgesamt schon 9 Einträgen

$$A = \begin{pmatrix} a_{11} & a_{12} & a_{13} \\ a_{21} & a_{22} & a_{23} \\ a_{31} & a_{32} & a_{33} \end{pmatrix}$$

wird die Determinante wie folgt festgelegt:

$$\det A := a_{11} \cdot \begin{vmatrix} a_{11} & a_{12} & a_{13} \\ a_{21} & a_{22} & a_{23} \\ a_{31} & a_{32} & a_{33} \end{vmatrix} - a_{21} \cdot \begin{vmatrix} a_{11} & a_{12} & a_{13} \\ a_{21} & a_{22} & a_{23} \\ a_{31} & a_{32} & a_{33} \end{vmatrix} + a_{31} \cdot \begin{vmatrix} a_{11} & a_{12} & a_{13} \\ a_{21} & a_{22} & a_{23} \\ a_{31} & a_{32} & a_{33} \end{vmatrix}$$

$$:= a_{11} \cdot \begin{vmatrix} a_{22} & a_{23} \\ a_{32} & a_{33} \end{vmatrix} - a_{21} \cdot \begin{vmatrix} a_{12} & a_{13} \\ a_{32} & a_{33} \end{vmatrix} + a_{31} \cdot \begin{vmatrix} a_{12} & a_{13} \\ a_{22} & a_{23} \end{vmatrix}$$

Hier multipliziert man die Einträge $a_{\ell 1}$ aus der ersten Spalte mit jeweils der Unterdeterminante, die nach dem Streichen der ℓ-ten Zeile und der 1. Spalte von A übrig bleibt – die grau gekennzeichnete Einträge werden demnach weggelassen. Anschließend addiert man die Produkte mit Vorzeichenwechsel auf.

Beispiel:

$$\begin{vmatrix} -2 & 0 & 1 \\ -3 & 2 & -5 \\ 4 & -1 & 2 \end{vmatrix} = (-2) \cdot \begin{vmatrix} 2 & -5 \\ -1 & 2 \end{vmatrix} - (-3) \cdot \begin{vmatrix} 0 & 1 \\ -1 & 2 \end{vmatrix} + 4 \cdot \begin{vmatrix} 0 & 1 \\ 2 & -5 \end{vmatrix}$$

$$= (-2) \cdot (-1) + 3 \cdot 1 + 4 \cdot (-2) = -3$$

Diese „Entwicklung nach der ersten Spalte" funktioniert auch bei $(2, 2)$-Determinanten:

$$\begin{vmatrix} a_{11} & a_{12} \\ a_{21} & a_{22} \end{vmatrix} = a_{11} \cdot \begin{vmatrix} a_{11} & a_{12} \\ a_{21} & a_{22} \end{vmatrix} - a_{21} \cdot \begin{vmatrix} a_{11} & a_{12} \\ a_{21} & a_{22} \end{vmatrix} = a_{11} \cdot a_{22} - a_{21} \cdot a_{12}$$

Für eine beliebig große (n, n)-Matrix

$$A = \begin{pmatrix} a_{11} & a_{12} & \ldots & a_{1n} \\ a_{21} & a_{22} & \ldots & a_{2n} \\ \vdots & \vdots & & \vdots \\ a_{n1} & a_{n2} & \ldots & a_{nn} \end{pmatrix}$$

definiert man schließlich nach dem gleichen Muster

$$\det A = a_{11} \cdot A_{11} - a_{21} \cdot A_{21} + a_{31} \cdot A_{31} - \ldots \pm a_{n1} \cdot A_{n1}$$

wobei $A_{\ell 1}$ die Determinante der Matrix A *nach Streichen der ℓ-ten Zeile und ersten Spalte* bezeichnet. Wie im Fall $n = 2$ und $n = 3$ werden die Einträge $a_{\ell 1}$ von oben nach unten mit den Unterdeterminanten $A_{\ell 1}$ multipliziert und mit ständig wechselndem Vorzeichen aufaddiert.

Soweit die Definition. Die Berechnung einer Determinante mit mehr als drei Zeilen bzw. Spalten ist nach diesem Schema sehr aufwändig, da zahlreiche Unterdeterminanten auszuwerten sind. Bei einer fünfreihigen Determinante hat man fünf Produkte mit vierreihigen Unterdeterminanten zu bilden. Für jede vierreihige Determinante sind wiederum vier dreireihige Determinanten zu berechnen usw. Die Determinante einer $(5, 5)$-Matrix besteht demnach aus $5 \cdot 4$ dreireihigen bzw. $5 \cdot 4 \cdot 3$ zweireihigen Determinanten und somit schließlich aus $5 \cdot 4 \cdot 3 \cdot 2 = 5! = 120$ Produkten. Allgemein erfordert eine n-reihige Determinante in obiger Definition die Berechnung von $n!$ Produkten. Ein handelsüblicher PC, der ca. 10^{11} Multiplikationen pro Sekunde schafft, benötigt dann für eine 15-reihige Determinante allein für die Produkte ca. 13 Sekunden und für eine 25-reihigen Determinante bereits ca. 5 Millionen Jahre!

In einem speziellen Fall, nämlich bei einer oberen Dreiecksmatrix A, ist dagegen die Berechnung der Determinante sehr einfach:

$$\det\begin{pmatrix} a_{11} & a_{12} & \dots & a_{1n} \\ 0 & a_{22} & \dots & a_{2n} \\ \vdots & \vdots & \ddots & \vdots \\ 0 & 0 & \dots & a_{nn} \end{pmatrix} = a_{11} \cdot a_{22} \cdots a_{nn}$$

oder kurz:

> Die Determinante einer oberen Dreiecksmatrix
> ist das Produkt ihrer Diagonaleinträge

Dieses Resultat lässt sich z. B. mit vollständiger Induktion leicht begründen. Im Fall $n = 2$ haben wir

$$\begin{vmatrix} a_{11} & a_{12} \\ 0 & a_{22} \end{vmatrix} = a_{11} \cdot a_{22} - 0 \cdot a_{12} = a_{11} \cdot a_{22}$$

Ist die Formel für alle $(n-1)$-reihigen oberen Dreiecksdeterminanten richtig, dann gilt sie auch für die Determinante einer oberen (n, n)-Dreiecksmatrix, denn bei der Entwicklung nach der ersten Spalte bleibt nur ein Summand übrig:

$$\det A = a_{11} \cdot A_{11} - 0 \cdot A_{21} + 0 \cdot A_{31} - \dots \pm 0 \cdot A_{n1} = a_{11} \cdot A_{11}$$

Da A_{11} (= Determinante von A nach dem Streichen der ersten Zeile bzw. Spalte) wieder eine obere Dreiecksdeterminante mit $n - 1$ Reihen ist, gilt $A_{11} = a_{22} \cdots a_{nn}$ und somit $\det A = a_{11} \cdot a_{22} \cdots a_{nn}$, was zu zeigen war.

Aus obigem Resultat können wir nun ein Verfahren zur praktischen Berechnung von Determinanten gewinnen. Gelingt es uns, eine beliebig große Determinante ohne Wertänderung in die einfache Dreiecksform umzuformen, dann können wir ihren Wert sofort als Produkt der Diagonale berechnen. Für die Umformung auf Dreiecksform dürfen wir die folgenden Eigenschaften der Determinante verwenden.

Rechenregeln für die Determinante einer (quadratischen) Matrix: $\det A$

• hat den Wert 0, falls zwei Zeilen (Spalten) gleich oder Vielfache voneinander sind;

• ändert sich nicht, wenn man Vielfache einer Zeile (Spalte) zu einer anderen addiert;

• ändert nur das Vorzeichen, wenn man zwei Zeilen (Spalten) vertauscht;

• ändert sich um den Faktor c, wenn man *eine* Zeile (Spalte) mit c multipliziert; bei einer (n, n)-Matrix gilt dann $\det(c \cdot A) = c^n \cdot \det A$.

Die Begründung dieser Aussagen ist z. B. mit vollständiger Induktion möglich, aber sehr aufwändig, und daher sollen sie hier nur anhand einiger Beispiele veranschaulicht werden:

• Bei einer Zeilenvertauschung ändert sich nur das Vorzeichen der Determinante:

$$\begin{vmatrix} 1 & 4 \\ 2 & 3 \end{vmatrix} = 1 \cdot 3 - 4 \cdot 2 = -5 \quad \text{und} \quad \begin{vmatrix} 2 & 3 \\ 1 & 4 \end{vmatrix} = 2 \cdot 4 - 1 \cdot 3 = +5$$

- Bei vielfachen Zeilen (hier: untere = zweimal obere Zeile) ist die Determinante Null:

$$\begin{vmatrix} 2 & 3 \\ 4 & 6 \end{vmatrix} = 2 \cdot 6 - 3 \cdot 4 = 0$$

- Die Addition einer Zeile (hier: obere zur unteren) ändert die Determinante nicht:

$$\begin{vmatrix} 2 & 3 \\ 1 & 4 \end{vmatrix} = 5 \quad \text{und} \quad \begin{vmatrix} 2 & 3 \\ 1+2 & 4+3 \end{vmatrix} = \begin{vmatrix} 2 & 3 \\ 3 & 7 \end{vmatrix} = 2 \cdot 7 - 3 \cdot 3 = 5$$

- Die Multiplikation einer Zeile mit einem Faktor (hier 2) vervielfältigt den Wert:

$$\begin{vmatrix} 2 & 3 \\ 1 & 4 \end{vmatrix} = 5 \quad \text{und} \quad \begin{vmatrix} 2 & 3 \\ 2 \cdot 1 & 2 \cdot 4 \end{vmatrix} = \begin{vmatrix} 2 & 3 \\ 2 & 8 \end{vmatrix} = 2 \cdot 8 - 3 \cdot 2 = 10 = 2 \cdot 5$$

Wie beim Lösen eines LGS dürfen wir also Zeilenumformungen vornehmen, ohne dass sich der *Betrag* der Determinante ändert. Einziger Unterschied: bei einem Zeilentausch wechselt die Determinante das Vorzeichen! Hieraus ergibt sich das folgende Verfahren für die

Praktische Berechnung einer Determinante:

Man bringt die Matrix A mit elementaren Zeilenumformungen in eine obere Dreiecksform und wechselt bei jedem Zeilentausch das Vorzeichen. Sind $\alpha_{11}, \ldots, \alpha_{nn}$ die Diagonaleinträge der Dreiecksmatrix, dann ist

$$\det A = \pm \alpha_{11} \cdot \alpha_{22} \cdots \alpha_{nn}$$

(Das Vorzeichen $-$ gehört zu einer ungeraden Anzahl von Zeilenvertauschungen).

Beispiel 1. Als Erstes berechnen wir die $(4, 4)$-Determinante

$$\begin{vmatrix} 2 & 1 & -1 & 4 \\ 1 & 2 & 3 & 4 \\ -1 & 0 & 2 & 2 \\ 2 & 4 & 5 & 1 \end{vmatrix} \overset{\text{Zeilen (1) und (2) tauschen:}}{=} - \begin{vmatrix} 1 & 2 & 3 & 4 \\ 2 & 1 & -1 & 4 \\ -1 & 0 & 2 & 2 \\ 2 & 4 & 5 & 1 \end{vmatrix} \overset{\text{Spalte (1) „ausräumen":}}{=} - \begin{vmatrix} 1 & 2 & 3 & 4 \\ 0 & -3 & -7 & -4 \\ 0 & 2 & 5 & 6 \\ 0 & 0 & -1 & -7 \end{vmatrix} \overset{\text{Zeile (3) zu (2) addieren:}}{=} - \begin{vmatrix} 1 & 2 & 3 & 4 \\ 0 & -1 & -2 & 2 \\ 0 & 2 & 5 & 6 \\ 0 & 0 & -1 & -7 \end{vmatrix}$$

$$\overset{\text{Spalte (2) ausräumen:}}{=} - \begin{vmatrix} 1 & 2 & 3 & 4 \\ 0 & -1 & -2 & 2 \\ 0 & 0 & 1 & 10 \\ 0 & 0 & -1 & -7 \end{vmatrix} \overset{\text{Spalte (3) ausräumen:}}{=} - \begin{vmatrix} 1 & 2 & 3 & 4 \\ 0 & -1 & -2 & 2 \\ 0 & 0 & 1 & 10 \\ 0 & 0 & 0 & 3 \end{vmatrix} \overset{\text{Produkt der Diagonaleinträge:}}{=} - 1 \cdot (-1) \cdot 1 \cdot 3 = 3$$

Beispiel 2. In manchen Fällen kann man das Ergebnis bereits mit geringem Rechenaufwand erhalten, wie etwa bei

$$\begin{vmatrix} 1 & 2 & 3 & 4 \\ 5 & 6 & 7 & 8 \\ 9 & 10 & 11 & 12 \\ 13 & 14 & 15 & 16 \end{vmatrix} = \begin{vmatrix} 1 & 2 & 3 & 4 \\ 4 & 4 & 4 & 4 \\ 9 & 10 & 11 & 12 \\ 4 & 4 & 4 & 4 \end{vmatrix} = 0$$

Hier haben wir bei der Umformung die Zeilen (1) von (2) und (3) von (4) subtrahiert. Es entsteht eine Determinante mit zwei gleichen Zeilen, die den Wert 0 hat.

Für Determinanten seien an dieser Stelle (und ohne weitere Begründung) noch die folgenden Rechenregeln erwähnt:

- Für die Determinante eines Matrixprodukts gilt die

Produktformel: $\det(A \cdot B) = \det A \cdot \det B$

- Beim Transponieren ändert sich die Determinante nicht:

$$\det A = \det A^{\mathrm{T}}$$

Damit kann man in einigen Fällen die Berechnung vereinfachen, z. B.

untere Dreiecksmatrix obere Dreiecksmatrix

$$\begin{vmatrix} 1 & 0 & 0 \\ 2 & 3 & 0 \\ 4 & 5 & 6 \end{vmatrix} \overset{\text{Transp.}}{=} \begin{vmatrix} 1 & 2 & 4 \\ 0 & 3 & 5 \\ 0 & 0 & 6 \end{vmatrix} = 1 \cdot 3 \cdot 6 = 18$$

Insbesondere ist also auch die Determinante einer unteren Dreiecksmatrix (bei der die Einträge oberhalb der Diagonalen gleich Null sind) das Produkt der Diagonaleinträge.

- Die Determinante einer (n, n)-Matrix haben wir eingangs durch Entwicklung nach der ersten Spalte berechnet. Es gibt aber auch die Möglichkeit, die Entwicklung nach der i-ten Zeile oder der j-ten Spalte durchzuführen:

$$\det A = \sum_{j=1}^{n} (-1)^{i+j} \cdot a_{ij} \cdot A_{ij} = \sum_{i=1}^{n} (-1)^{i+j} \cdot a_{ij} \cdot A_{ij}$$

Hierbei bezeichnet A_{ij} die $(n-1)$-reihige Unterdeterminante der Matrix A nach dem Streichen der i-ten Zeile und der j-ten Spalte. Diese Formel wird *Laplace-Entwicklungssatz* genannt (nach Pierre-Simon Laplace 1749 - 1827).

- Bei einer $(3, 3)$-Determinanten (und <u>nur</u> dafür!) gilt die *Regel von Sarrus*:

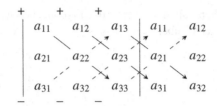

Die beiden ersten Spalten werden nochmals angefügt, dann die Produkte der Diagonalelemente auf den durchgezogenen Pfeilen addiert und die Produkte der Diagonalelemente auf den gestrichelten Linien subtrahiert:

$$\begin{vmatrix} a_{11} & a_{12} & a_{13} \\ a_{21} & a_{22} & a_{23} \\ a_{31} & a_{32} & a_{33} \end{vmatrix} = \begin{array}{l} a_{11} \cdot a_{22} \cdot a_{33} + a_{12} \cdot a_{23} \cdot a_{31} + a_{13} \cdot a_{21} \cdot a_{32} \\ - a_{31} \cdot a_{22} \cdot a_{13} - a_{32} \cdot a_{23} \cdot a_{11} - a_{33} \cdot a_{21} \cdot a_{12} \end{array}$$

Beispiel: Mit der Sarrus-Regel berechnen wir die $(3,3)$-Determinante

$$\begin{vmatrix} 1 & 3 & -2 \\ 2 & 1 & 4 \\ -3 & 6 & 2 \end{vmatrix} = \begin{array}{l} 1 \cdot 1 \cdot 2 + 3 \cdot 4 \cdot (-3) + (-2) \cdot 2 \cdot 6 \\ - (-3) \cdot 1 \cdot (-2) - 6 \cdot 4 \cdot 1 - 2 \cdot 2 \cdot 3 = -100 \end{array}$$

Aber auch in diesem Fall erhält man das Ergebnis viel einfacher und schneller durch Zeilenumformungen. Räumt man z. B. die erste Spalte aus und wendet dann die Entwicklung nach der ersten Spalte an, dann ist

$$\begin{vmatrix} 1 & 3 & -2 \\ 2 & 1 & 4 \\ -3 & 6 & 2 \end{vmatrix} = \begin{vmatrix} 1 & 3 & -2 \\ 0 & -5 & 8 \\ 0 & 15 & -4 \end{vmatrix} = 1 \cdot \begin{vmatrix} -5 & 8 \\ 15 & -4 \end{vmatrix} = (-5) \cdot (-4) - 15 \cdot 8 = -100$$

Determinanten und LGS

Wir haben festgestellt, dass die Zeilenumformungen aus dem Gauß-Verfahren nicht nur zum Lösen eines (quadratischen) LGS nützlich sind, sondern auch zur Berechnung einer Determinante verwendet werden können. Zwischen dem Lösen des LGS $A \cdot \vec{x} = \vec{b}$ und der Berechnung der Determinante $\det A$ gibt es aber noch weitere Gemeinsamkeiten. In beiden Fällen lässt sich die (Koeffizienten-)Matrix A mit den gleichen elementaren Zeilenumformungen auf Dreiecksform bringen:

$$A \cdot \vec{x} = \vec{b} \quad \underset{(EZU)}{\Longleftrightarrow} \quad \begin{pmatrix} \alpha_{11} & \alpha_{12} & \dots & \alpha_{1n} \\ 0 & \alpha_{22} & \dots & \alpha_{2n} \\ \vdots & \vdots & \ddots & \vdots \\ 0 & 0 & \dots & \alpha_{nn} \end{pmatrix} \cdot \vec{x} = \vec{c}$$

und

$$\det A \underset{\text{(EZU)}}{=} \pm \begin{vmatrix} \alpha_{11} & \alpha_{12} & \dots & \alpha_{1n} \\ 0 & \alpha_{22} & \dots & \alpha_{2n} \\ \vdots & \vdots & \ddots & \vdots \\ 0 & 0 & \dots & \alpha_{nn} \end{vmatrix} = \pm \alpha_{11} \cdots \alpha_{nn}$$

Das LGS mit der oberen Dreiecksmatrix (und evtl. einer neuen rechten Seite) hat die gleiche Lösung wie $A \cdot \vec{x} = \vec{b}$. In dieser gestaffelten Form ist das LGS genau dann eindeutig von unten nach oben auflösbar, falls alle Diagonalelemente $\alpha_{11}, \dots, \alpha_{nn}$ ungleich Null sind – andernfalls hat das LGS Nullzeilen und somit entweder keine oder unendlich viele Lösungen. Die Determinante $\det A$ wiederum ist (bis auf ggf. einen Vorzeichenwechsel) die Determinante der Dreiecksmatrix und demnach das Produkt $\pm \alpha_{11} \cdots \alpha_{nn}$. Folglich ist $\det A$ genau dann von Null verschieden, falls alle Diagonalelemente $\alpha_{11}, \dots, \alpha_{nn}$ ungleich Null sind, und das bedeutet aber: $A \cdot \vec{x} = \vec{b}$ hat genau eine Lösung! Als Folgerung aus diesen Überlegungen notieren wir:

> Ein LGS $A \cdot \vec{x} = \vec{b}$ mit quadratischer Koeffizientenmatrix A hat genau dann eine eindeutige Lösung (ohne freie Parameter), falls $\det A \neq 0$ gilt.

Kurz gesagt: Die Determinante *determiniert*, ob ein LGS eindeutig lösbar ist.

Reguläre Matrizen

Eine quadratische (n, n)-Matrix A nennt man *regulär* (oder invertierbar), wenn es eine (n, n)-Matrix X gibt, sodass

$$A \cdot X = E \quad \text{und} \quad X \cdot A = E \qquad (E = \text{Einheitsmatrix})$$

gilt. In diesem Fall bezeichnet man $X = A^{-1}$ als die *inverse Matrix* (oder kurz *Inverse*) zu A. Eine Matrix, die nicht regulär ist, heißt *singuläre Matrix*.

Beispiel 1. Für die $(3, 3)$-Matrizen

$$A = \begin{pmatrix} 1 & 2 & 0 \\ 2 & 3 & 0 \\ 3 & 4 & 1 \end{pmatrix} \quad \text{und} \quad X = \begin{pmatrix} -3 & 2 & 0 \\ 2 & -1 & 0 \\ 1 & -2 & 1 \end{pmatrix}$$

rechnet man leicht nach, dass $A \cdot X = E$ und $X \cdot A = E$ gilt. Das bedeutet: A ist regulär, und X ist die inverse Matrix zu A.

Beispiel 2. Die (n, n)-Einheitsmatrix E ist wegen $E \cdot E = E$ regulär mit der Inversen $E^{-1} = E$. Dagegen besitzt die (n, n)-Nullmatrix O wegen $O \cdot X = X \cdot O = O \neq E$ sicher keine Inverse, und sie ist somit singulär.

Handelt es sich bei $a \cdot x = x \cdot a = 1$ um Zahlen, dann ist $x = \frac{1}{a} = a^{-1}$ der reziproke Wert (Kehrwert) von a, der nur für $a \neq 0$ existiert. Entsprechend kann man bei einer regulären (n, n)-Matrix die Inverse A^{-1} als eine Art „Kehrwert" von A auffassen.

In diesem Zusammenhang stellen sich mehrerer Fragen. Gibt es neben der Nullmatrix O noch weitere Matrizen, die singulär sind, also keine Inverse haben? Wie lässt sich rechnerisch prüfen, ob eine Matrix A regulär oder singulär ist? Und wie berechnet man die inverse Matrix $X = A^{-1}$? Zunächst notieren wir, dass die Determinante einer regulären Matrix nicht Null sein kann, denn gemäß der Produktformel ist

$$\det A \cdot \det X = \det(A \cdot X) = \det E = 1 \quad \Longrightarrow \quad \det A \neq 0$$

Nach dieser Aussage kann zum Beispiel die Matrix

$$A = \begin{pmatrix} 1 & -1 \\ -1 & 1 \end{pmatrix} \quad \text{wegen} \quad \det A = 1 \cdot 1 - (-1) \cdot (-1) = 0$$

nicht regulär sein – sie ist demnach singulär. Aber gilt auch die Umkehrung, d. h., ist A im Fall $\det A \neq 0$ automatisch schon regulär? Bei der Beantwortung dieser Frage werden wir sogleich ein Verfahren zur Berechnung der Inversen angeben. Wir bezeichnen die Spaltenvektoren der gesuchten inversen Matrix X mit $\vec{x}_1, \ldots, \vec{x}_n$:

$$X = \begin{pmatrix} \vec{x}_1 \mid \vec{x}_2 \mid \cdots \mid \vec{x}_n \end{pmatrix}$$

Das Matrixprodukt $A \cdot X$ soll die Einheitsmatrix ergeben, und daher muss

$$\begin{pmatrix} A \cdot \vec{x}_1 \mid A \cdot \vec{x}_2 \mid \cdots \mid A \cdot \vec{x}_n \end{pmatrix} = A \cdot X = E = \begin{pmatrix} \vec{e}_1 \mid \vec{e}_2 \mid \cdots \mid \vec{e}_n \end{pmatrix}$$

erfüllt sein. Vergleichen wir die Matrizen auf der linken und rechten Seite spaltenweise, so ergeben sich insgesamt n lineare Gleichungssysteme für die Spaltenvektoren von X:

$$A \cdot \vec{x}_1 = \vec{e}_1, \quad A \cdot \vec{x}_2 = \vec{e}_2, \quad \ldots, \quad A \cdot \vec{x}_n = \vec{e}_n$$

Alle diese LGS haben die gleiche Koeffizientenmatrix A, und im Fall $\det A \neq 0$ besitzen sie jeweils genau eine Lösung. Die Lösungsvektoren $\vec{x}_1, \ldots, \vec{x}_n$ sind dann die Spalten der gesuchten inversen Matrix, und insbesondere gibt es nur eine einzige Matrix X mit $A \cdot X = E$. Zur Lösung der n LGS können wir das Gauß-Jordan-Verfahren nutzen, wobei für jedes System die gleichen Gauß-Zeilenumformungen (EZU) anwendbar sind, da ja nur die rechten Seiten unterschiedlich sind! Die Umformung aller n LGS kann daher in einem einzigen Rechenschema erfolgen, wobei wir auf der rechten Seite die Einheitsvektoren $\vec{e}_1$ bis $\vec{e}_n$ eintragen:

$$A \mid \vec{e}_1 \cdots \vec{e}_n \quad \underset{\text{EZU}}{\Longrightarrow} \quad E \mid \vec{x}_1 \cdots \vec{x}_n$$

Schreiben wir die rechten Seiten als Matrizen, dann ergibt sich das Rechenschema zur

Berechnung der inversen Matrix: $\quad A \mid E \quad \underset{\text{EZU}}{\Longrightarrow} \quad E \mid A^{-1}$

Beispiel: Wir berechnen die Inverse der $(3, 3)$-Matrix

$$A = \begin{pmatrix} 3 & 2 & -6 \\ -2 & -4 & 6 \\ -1 & 0 & 2 \end{pmatrix}$$

mit dem Rechenschema

(1)	3	2	−6	1	0	0	
(2)	−2	−4	6	0	1	0	
(3)	−1	0	2	0	0	1	mit (1) tauschen
(1)	−1	0	2	0	0	1	
(2)	−2	−4	6	0	1	0	$-2 \cdot (1)$
(3)	3	2	−6	1	0	0	$+3 \cdot (1)$
(1)	−1	0	2	0	0	1	
(2)	0	−4	2	0	1	−2	
(3)	0	2	0	1	0	3	mit (2) tauschen
(1)	−1	0	2	0	0	1	
(2)	0	2	0	1	0	3	
(3)	0	−4	2	0	1	−2	$+2 \cdot (2)$
(1)	−1	0	2	0	0	1	$\cdot (-1)$
(2)	0	2	0	1	0	3	$: 2$
(3)	0	0	2	2	1	4	$: 2$
(1)	1	0	−2	0	0	−1	$+2 \cdot (3)$
(2)	0	1	0	$\frac{1}{2}$	0	$\frac{3}{2}$	
(3)	0	0	1	1	$\frac{1}{2}$	2	
(1)	1	0	0	2	1	3	
(2)	0	1	0	$\frac{1}{2}$	0	$\frac{3}{2}$	
(3)	0	0	1	1	$\frac{1}{2}$	2	

Im rechten Block können wir dann unmittelbar die inverse Matrix A^{-1} ablesen:

$$A^{-1} = \begin{pmatrix} 2 & 1 & 3 \\ \frac{1}{2} & 0 & \frac{3}{2} \\ 1 & \frac{1}{2} & 2 \end{pmatrix}$$

Streng genommen berechnet man mit dem Gauß-Jordan-Rechenschema nur eine Matrix X, für die $A \cdot X = E$ gilt. Aber gilt dann auch $X \cdot A = E$? Das Matrixprodukt ist ja nicht kommutativ, und daher dürfen wir die Faktoren A und X nicht einfach vertauschen. Um nachzuweisen, dass hier automatisch auch $X \cdot A = E$ gilt, wenden wir einen Trick an. Wegen $\det A^{\mathrm{T}} = \det A \neq 0$ finden wir mit dem Rechenschema auch eine Matrix Y mit $A^{\mathrm{T}} \cdot Y = E$. Aus den Rechenregeln für das Matrixprodukt (u. a. dem Assoziativgesetz) ergibt sich

$$A^{\mathrm{T}} \cdot Y = E \quad \implies \quad Y^{\mathrm{T}} \cdot A = (A^{\mathrm{T}} \cdot Y)^{\mathrm{T}} = E^{\mathrm{T}} = E \quad \text{und}$$

$$X = E \cdot X = (Y^{\mathrm{T}} \cdot A) \cdot X = Y^{\mathrm{T}} \cdot (A \cdot X) = Y^{\mathrm{T}} \cdot E = Y^{\mathrm{T}}$$

Also ist $X = Y^{\mathrm{T}}$ und somit auch $X \cdot A = E$. Zusammenfassend erhalten wir folgende

Eigenschaften regulärer Matrizen: Eine quadratische Matrix A ist genau dann regulär, falls $\det A \neq 0$ erfüllt ist, und für die inverse Matrix A^{-1} gilt

$$A \cdot A^{-1} = A^{-1} \cdot A = E, \quad \det A^{-1} = \frac{1}{\det A}, \quad (A^{-1})^{-1} = A$$

Sind A und B reguläre Matrizen, dann ist auch $A \cdot B$ regulär mit der Inversen

$$(A \cdot B)^{-1} = B^{-1} \cdot A^{-1}$$

Reguläre Matrizen lassen sich allein durch einen Determinantenwert ungleich Null iden- tifizieren. Die Determinante der inversen Matrix ergibt sich aus

$$\det A \cdot \det A^{-1} = \det(A \cdot A^{-1}) = \det E = 1$$

Die Aussage über das Produkt regulärer Matrizen erhält man aus

$$\det(A \cdot B) = \underset{\neq 0}{\det A} \cdot \underset{\neq 0}{\det B} \neq 0 \quad \implies \quad A \cdot B \text{ regulär}$$

und dem Matrixprodukt

$$(A \cdot B) \cdot (B^{-1} \cdot A^{-1}) = A \cdot (B \cdot B^{-1}) \cdot A^{-1} = A \cdot E \cdot A^{-1} = A \cdot A^{-1} = E$$

Bei einer $(2, 2)$-Matrix lässt sich die Inverse auch sofort angeben:

$$A = \begin{pmatrix} a & b \\ c & d \end{pmatrix} \quad \implies \quad A^{-1} = \frac{1}{\det A} \cdot \begin{pmatrix} d & -b \\ -c & a \end{pmatrix}$$

Dieses Resultat lässt sich leicht durch Ausmultiplizieren bestätigen:

$$\begin{pmatrix} a & b \\ c & d \end{pmatrix} \cdot \frac{1}{\det A} \begin{pmatrix} d & -b \\ -c & a \end{pmatrix} = \frac{1}{ad - bc} \cdot \begin{pmatrix} ad + b(-c) & a(-b) + ba \\ cd + d(-c) & c(-b) + da \end{pmatrix} = \begin{pmatrix} 1 & 0 \\ 0 & 1 \end{pmatrix}$$

Beispiel:

$$A = \begin{pmatrix} 4 & 5 \\ -2 & -3 \end{pmatrix}, \quad \det A = -2 \quad \implies \quad A^{-1} = -\frac{1}{2} \begin{pmatrix} -3 & -5 \\ 2 & 4 \end{pmatrix} = \begin{pmatrix} 1{,}5 & 2{,}5 \\ -1 & -2 \end{pmatrix}$$

2.3.5 Eine Lösungsformel für LGS

Für ein quadratisches (n, n)-System in Matrixform $A \cdot \vec{x} = \vec{b}$ mit $\det A \neq 0$ können wir nun die Lösung in geschlossener Form angeben, und zwar mit der

> **Lösungsformel für LGS:** $A \cdot \vec{x} = \vec{b} \quad \overset{\det A \neq 0}{\Longrightarrow} \quad \vec{x} = A^{-1} \cdot \vec{b}$

Dieses Resultat lässt sich durch Einsetzen in die Gleichung leicht nachprüfen. Im Fall $\det A \neq 0$ ist die Matrix A regulär, und das LGS besitzt genau eine Lösung. Der angegebene Spaltenvektor erfüllt das LGS, denn nach dem Assoziativgesetz ist

$$A \cdot \vec{x} = A \cdot (A^{-1} \cdot \vec{b}) = (A \cdot A^{-1}) \cdot \vec{b} = E \cdot \vec{b} = \vec{b}$$

Beispiel 1. Zu lösen ist das „quadratische" LGS

$$
\begin{aligned}
(1) & \quad 3x_1 + 2x_2 - 6x_3 = -4 \\
(2) & \quad -2x_1 - 4x_2 + 6x_3 = 0 \\
(3) & \quad -x_1 + 2x_3 = 2
\end{aligned}
$$

In Matrixform hat das System die Gestalt

$$
\begin{pmatrix} 3 & 2 & -6 \\ -2 & -4 & 6 \\ -1 & 0 & 2 \end{pmatrix} \cdot \vec{x} = \begin{pmatrix} -4 \\ 0 \\ 2 \end{pmatrix}
$$

Zunächst kann man die Lösbarkeit durch Berechnung der Determinante klären:

$$
\begin{vmatrix} 3 & 2 & -6 \\ -2 & -4 & 6 \\ -1 & 0 & 2 \end{vmatrix} = - \begin{vmatrix} -1 & 0 & 2 \\ -2 & -4 & 6 \\ 3 & 2 & -6 \end{vmatrix} = - \begin{vmatrix} -1 & 0 & 2 \\ 0 & -4 & 2 \\ 0 & 2 & 0 \end{vmatrix} = \begin{vmatrix} -4 & 2 \\ 2 & 0 \end{vmatrix} = -4 \neq 0
$$

Die Koeffizientenmatrix ist regulär, und das LGS hat somit genau eine Lösung. Mit der Inversen, die wir schon in einem früheren Beispiel berechnet haben, erhalten wir

$$
\vec{x} = \begin{pmatrix} 2 & 1 & 3 \\ \frac{1}{2} & 0 & \frac{3}{2} \\ 1 & \frac{1}{2} & 2 \end{pmatrix} \cdot \begin{pmatrix} -4 \\ 0 \\ 2 \end{pmatrix} = \begin{pmatrix} -2 \\ 1 \\ 0 \end{pmatrix}
$$

Beispiel 2. Ein *homogenes* (n, n)-System können wir in der Form

$$
A \cdot \vec{x} = \vec{o} \quad \text{mit} \quad \vec{o} = \begin{pmatrix} 0 \\ \vdots \\ 0 \end{pmatrix} \quad \text{(Nullvektor)}
$$

und einer quadratischen Koeffizientenmatrix A schreiben. Im Fall $\det A \neq 0$ hat dieses LGS nur die triviale Lösung $\vec{x} = A^{-1} \cdot \vec{o} = \vec{o}$ (Nullvektor).

Die Lösungsformel wird oft für theoretische Überlegungen benutzt, so wie beim homogenen LGS im Beispiel 2. Wann aber verwendet man diese Lösungsformel in der Praxis? Die Berechnung der Inversen A^{-1} ist aufwändiger als die Anwendung des Gauß-Jordan-Verfahrens für ein einziges LGS, da man mehrere rechte Seiten zugleich verarbeiten muss. Hat man dagegen sehr viele LGS $A \cdot \vec{x} = \vec{b}$ mit *gleicher* Koeffizientenmatrix A zu lösen, dann muss man nur *einmal* A^{-1} berechnen und erhält die Lösungen anschließend durch eine einfache Matrixmultiplikation.

Wie man diese Lösungsformel in der Praxis nutzbringend einsetzen kann, zeigen die Beispiele aus der Produktionsplanung bzw. der Elektrotechnik in Abschnitt 2.4.2.

2.3.6 Ein Blick zurück

Das Gauß-Eliminationsverfahren bzw. Gauß-Jordan-Verfahren ist das „Multifunktionswerkzeug" der linearen Algebra. Es löst Gleichungssysteme, berechnet Determinanten und inversen Matrizen. Beim Gauß-Rechenschema werden nur Zahlenwerte verarbeitet, nämlich die Koeffizienten und die rechte Seite, sodass man das Verfahren leicht in ein Computerprogramm übersetzen kann. Da sich viele Probleme aus der Elektrotechnik oder aus der technischen Mechanik auf lineare Gleichungssysteme zurückführen lassen, verwenden Softwarepakete aus diesen Bereichen häufig einen „Gauß-Löser" im Hintergrund.

Das Additionsverfahren für LGS wurde nicht etwa von Carl Friedrich Gauß (1777 - 1855) erfunden – es war in China schon vor etwa 2000 Jahren bekannt und wurde auch in neuerer Zeit bereits vor Gauß benutzt. Während man aber in der Mathematik noch das Determinantenverfahren von Cramer bevorzugte, war es Gauß, der bei seinen Rechenarbeiten konsequent Zeilenumformungen verwendete, um ein lineares Gleichungssystem in eine gestaffelte Form zu bringen. So wurde Gauß zum Namensgeber für das Additionsverfahren mit beliebig vielen Unbekannten. Für die Auswertung seiner Messungen in der Astronomie (Bahnbestimmung des Kleinplaneten Pallas) und Geodäsie (Vermessung des Königreichs Hannover) verwendete Gauß ab ca. 1810 eine neuartige Methode zur Ausgleichsrechnung: die von ihm entwickelte Methode der kleinsten Quadrate. Die damit verbundenen großen linearen Gleichungssysteme konnte Gauß nur durch ein effektives Rechenverfahren lösen. In einem Brief an den Astronomen Olbers schrieb Gauß im Jahr 1826: „Es hat vielleicht noch niemals jemand eine so komplicirte Elimination ausgeführt, wo 55 Gleichungen ebenso viele unbekannte Größen involvirten. Heute bin ich damit fertig geworden..." und Olbers antwortete: „Das ist nicht nur etwas Unerhörtes, sondern wahrlich schauderhaft. Nur Sie, lieber Gauss, konnten den Muth haben, eine so unermessliche Rechnung zu unternehmen, und nur Sie waren im Stande, sie durchzuführen." Details zu Gauß' Leben findet man in der Biographie [53].

Das Eliminationsverfahren wurde in der Folgezeit weiter verbessert, u. a. durch den Ingenieur Wilhelm Jordan für den praktischen Einsatz im Vermessungswesen. Er gab in seinem „Handbuch für Vermessungskunde" (1888) ein Rechenschema an, mit dem sich aus einem LGS in Dreiecksform die Lösung berechnen lässt. Dieses Verfahren entspricht aus heutiger Sicht einer Umformung der Koeffizientenmatrix in Diagonalgestalt. Ab Mitte des 20. Jahrhunderts und insbesondere mit Einführung des Computers wurden die Lösungsverfahren für LGS weiter optimiert. In modernen Berechnungsverfahren wie z. B. der Finite-Elemente-Methode oder bei der numerischen Lösung partieller Differentialgleichungen treten nicht selten lineare Gleichungssysteme mit mehreren tausend Unbekannten auf. Für solche großen Systeme mussten spezielle Techniken (Pivotisierung, Speicherung dünnbesetzter Matrizen usw.) entwickelt werden. Im Kern arbeiten aber auch diese Verfahren mit dem Gauß-(Jordan-)Verfahren.

2.4 Anhang: Ergänzungen zu LGS

2.4.1 Die Determinantenmethode

Bei einem (n, n)-LGS $A \cdot \vec{x} = \vec{b}$ mit quadratischer Koeffizientenmatrix

$$A = \begin{pmatrix} \vec{a}_1 \ \vec{a}_2 \ \cdots \ \vec{a}_n \end{pmatrix}$$

kann man die Lösungen $x_1, \ldots, x_n$ auch direkt mithilfe von Determinanten berechnen. Bei diesem *Determinantenverfahren* erzeugt man zunächst n Matrizen $A_1, \ldots, A_n$ aus A, indem man den k-ten Spaltenvektor $\vec{a}_k$ der Matrix A durch die rechte Seite $\vec{b}$ ersetzt:

$$A_k := \begin{pmatrix} \vec{a}_1 \ \cdots \ \vec{b} \ \cdots \ \vec{a}_n \end{pmatrix}$$
$$\underset{k\text{-te Spalte}}{\uparrow}$$

Dann lautet die

Cramersche Regel: $\quad x_k = \dfrac{\det A_k}{\det A} \quad$ für $\quad k = 1, \ldots, n$

Zur Begründung dieser Aussage ersetzen wir in der (n, n)-Einheitsmatrix E den k-ten Spaltenvektor $\vec{e}_k$ durch den Lösungsvektor $\vec{x}$. Es entsteht eine neue Matrix

$$E = \begin{pmatrix} \vec{e}_1 \ \cdots \ \vec{e}_k \ \cdots \ \vec{e}_n \end{pmatrix} \quad \Longrightarrow \quad X_k := \begin{pmatrix} \vec{e}_1 \ \cdots \ \vec{x} \ \cdots \ \vec{e}_n \end{pmatrix}$$
$$\underset{k\text{-te Spalte}}{\uparrow}$$

für die gilt

$$A \cdot X_k = \begin{pmatrix} A \cdot \vec{e}_1 | \cdots | A \cdot \vec{x} | \cdots | A \cdot \vec{e}_n \end{pmatrix} = \begin{pmatrix} \vec{a}_1 \ \cdots \ \vec{b} \ \cdots \ \vec{a}_n \end{pmatrix} = A_k$$

Nach der Produktformel für Determinanten ist $\det A_k = \det A \cdot \det X_k$. Hierbei lässt sich die Determinante von X_k durch elementare Spaltenumformungen wie folgt berechnen: Subtrahiert man von der k-ten Spalte das x_j-fache der j-ten Spalte $\vec{e}_j$ für alle $j \neq k$, so geht die Determinante in eine Diagonalform über, wobei der Wert der Determinante erhalten bleibt:

$$\det X_k = \begin{vmatrix} 1 & 0 & \cdots & x_1 & \cdots & 0 \\ 0 & 1 & \cdots & x_2 & \cdots & 0 \\ \vdots & \vdots & & \vdots & & 0 \\ 0 & 0 & \cdots & x_k & \cdots & 0 \\ \vdots & \vdots & & \vdots & & 0 \\ 0 & 0 & \cdots & x_n & \cdots & 1 \end{vmatrix} = \begin{vmatrix} 1 & 0 & \cdots & 0 & \cdots & 0 \\ 0 & 1 & \cdots & 0 & \cdots & 0 \\ \vdots & \vdots & & \vdots & & 0 \\ 0 & 0 & \cdots & x_k & \cdots & 0 \\ \vdots & \vdots & & \vdots & & 0 \\ 0 & 0 & \cdots & 0 & \cdots & 1 \end{vmatrix} = x_k$$

Somit ist $\det A_k = x_k \cdot \det A$, und daraus ergibt sich die oben genannte Formel zur Berechnung der Unbekannten x_k.

Beispiel: Zu lösen ist das $(3,3)$-System

$$\begin{aligned} (1) & & 3x_1 + 2x_2 - 6x_3 &= -4 \\ (2) & & -2x_1 - 4x_2 + 6x_3 &= 0 \\ (3) & & -x_1 \quad\quad + 2x_3 &= 2 \end{aligned}$$

oder in Matrixform

$$\begin{pmatrix} 3 & 2 & -6 \\ -2 & -4 & 6 \\ -1 & 0 & 2 \end{pmatrix} \cdot \vec{x} = \begin{pmatrix} -4 \\ 0 \\ 2 \end{pmatrix}$$

Wir berechnen zuerst die Determinante der Koeffizientenmatrix

$$\det A = \begin{vmatrix} 3 & 2 & -6 \\ -2 & -4 & 6 \\ -1 & 0 & 2 \end{vmatrix} = -4$$

und bestimmen dann die Lösung des Gleichungssystems aus

$$x_1 = \frac{1}{\det A} \begin{vmatrix} -4 & 2 & -6 \\ 0 & -4 & 6 \\ 2 & 0 & 2 \end{vmatrix} = \frac{8}{-4} = -2$$

$$x_2 = \frac{1}{\det A} \begin{vmatrix} 3 & -4 & -6 \\ -2 & 0 & 6 \\ -1 & 2 & 2 \end{vmatrix} = \frac{-4}{-4} = 1$$

$$x_3 = \frac{1}{\det A} \begin{vmatrix} 3 & 2 & -4 \\ -2 & -4 & 0 \\ -1 & 0 & 2 \end{vmatrix} = \frac{0}{-4} = 0$$

In der Praxis verwendet man die Cramersche Regel nur bei $(2,2)$- oder $(3,3)$-Systemen, da der Aufwand zur Berechnung der Determinanten mit steigender Anzahl von Unbekannten enorm anwächst. Für ein (n,n)-LGS braucht man $n+1$ n-reihige Determinanten, die sich nur mit dem Gauß-Verfahren in annehmbarer Zeit berechnen lassen. Man kann also gleich das Gauß-Eliminationsverfahren für das LGS benutzen.

2.4.2 Gleichungssysteme in der Praxis

LGS mit z. T. sehr vielen Unbekannten treten in unterschiedlichen Anwendungsbereichen auf. Im Folgenden werden zwei Beispiele etwas ausführlicher vorgestellt. Sie stammen aus der Produktionsplanung bzw. der Elektrotechnik.

Beispiel 1: Produktionsprozess

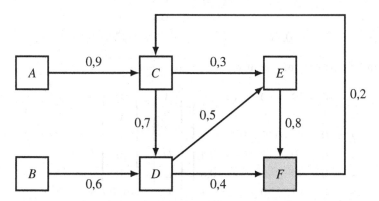

Abb. 2.5 Materialfluss in einem Produktionsprozess

In Abb. 2.5 (= *Gozintograph*, abgeleitet vom englischen Begriff „goes into") ist der Materialfluss eines mehrstufigen Produktionsprozesses beschrieben. Hierbei sind A und B die verwendeten Rohstoffe (z. B. Bauteile oder chemische Elemente); C, D und E sind Zwischenprodukte (z. B. Baugruppen oder Mischungen), und F ist das Endprodukt (z. B. ein fertiges Gerät oder eine Substanz). Durch die Pfeilrichtungen ist gekennzeichnet, wie die einzelnen Stoffe oder Teile bei der Produktion der anderen eingesetzt werden, etwa E bei der Produktion von F oder C bei der Herstellung von D und E. Die Zahl 0,8 am Pfeil von E nach F bedeutet: Für die Produktion einer ME (Mengeneinheit) von F werden 0,8 ME von E gebraucht, und demnach ist $E = 0,8 \cdot F$. Für die Herstellung von D und E sind $0,7 \cdot D + 0,3 \cdot E$ Mengeneinheiten von C erforderlich. Entsprechend sind die anderen Zahlen zu interpretieren. Aus der Abbildung geht hervor, dass ein Teil des Endprodukts F selbst wieder in den Produktionsprozess bei C einfließt.

Gesucht ist nun beispielsweise die Menge der Rohstoffe A und B, die zur Herstellung von netto 420 ME des Endproduktes F benötigt werden. Wir beschreiben den Produktionsprozess zunächst mit einem LGS in den Unbekannten A bis F. Der Gozintograph liefert uns die sechs Gleichungen

$$A = 0,9 \cdot C$$
$$B = 0,6 \cdot D$$
$$C = 0,7 \cdot D + 0,3 \cdot E$$
$$D = 0,5 \cdot E + 0,4 \cdot F$$
$$E = 0,8 \cdot F$$
$$F = 0,2 \cdot C + 420$$

die wir sogleich in die „Standardform"

$$
\begin{array}{lll}
(1) & A \quad - \quad 0,9\,C & = 0 \\
(2) & B \qquad\qquad - 0,6\,D & = 0 \\
(3) & C - 0,7\,D - 0,3\,E & = 0 \\
(4) & D - 0,5\,E - 0,4\,F = 0 \\
(5) & E - 0,8\,F = 0 \\
(6) & -0,2\,C \qquad\qquad + \quad F = 420
\end{array}
$$

bringen und dann in Matrixform umschreiben:

$$
\begin{pmatrix}
1 & 0 & -0,9 & 0 & 0 & 0 \\
0 & 1 & 0 & -0,6 & 0 & 0 \\
0 & 0 & 1 & -0,7 & -0,3 & 0 \\
0 & 0 & 0 & 1 & -0,5 & -0,4 \\
0 & 0 & 0 & 0 & 1 & -0,8 \\
0 & 0 & -0,2 & 0 & 0 & 1
\end{pmatrix}
\cdot
\begin{pmatrix}
A \\ B \\ C \\ D \\ E \\ F
\end{pmatrix}
=
\begin{pmatrix}
0 \\ 0 \\ 0 \\ 0 \\ 0 \\ 420
\end{pmatrix}
$$

Die $(6, 6)$-Matrix P auf der linken Seite nennt man *Produktionsmatrix* oder *technologische Matrix*. Zur Lösung des LGS berechnen wir die Inverse von P:

$$
P^{-1} =
\begin{pmatrix}
1 & 0 & \frac{15}{14} & \frac{3}{4} & \frac{39}{56} & \frac{6}{7} \\[4pt]
0 & 1 & \frac{4}{35} & \frac{17}{25} & \frac{131}{350} & \frac{4}{7} \\[4pt]
0 & 0 & \frac{25}{21} & \frac{5}{6} & \frac{65}{84} & \frac{20}{21} \\[4pt]
0 & 0 & \frac{4}{21} & \frac{17}{15} & \frac{131}{210} & \frac{20}{21} \\[4pt]
0 & 0 & \frac{4}{21} & \frac{2}{15} & \frac{118}{105} & \frac{20}{21} \\[4pt]
0 & 0 & \frac{5}{21} & \frac{1}{6} & \frac{13}{84} & \frac{25}{21}
\end{pmatrix}
$$

und erhalten die gesuchten Mengeneinheiten aus der Formel

$$
\begin{pmatrix} A \\ B \\ C \\ D \\ E \\ F \end{pmatrix} = P^{-1} \cdot \begin{pmatrix} 0 \\ 0 \\ 0 \\ 0 \\ 0 \\ 420 \end{pmatrix} = \begin{pmatrix} 360 \\ 240 \\ 400 \\ 400 \\ 400 \\ 500 \end{pmatrix}
$$

Für die Produktion von netto 420 Einheiten A werden demnach 360 Einheiten von A und 240 Einheiten von B benötigt. Die technologische Matrix enthält alle Daten zum Produktionsprozess, der sich in der Regel nur selten ändert. Die rechte Seite mit der Nettomenge des Endprodukts A hängt z. B. von Kundenaufträgen ab und muss vermutlich häufiger geändert werden. In diesem Fall lohnt sich die Anwendung der Lösungsformel und der Aufwand zur Berechnung von P^{-1}. Sollen beispielsweise 630 Einheiten von F geliefert werden, dann brauchen wir nur den Vektor auf der rechten Seite anpassen und mit P^{-1} multiplizieren: $A = 540$ und $B = 360$.

Beispiel 2: Netzwerkanalyse

Auf lineare Gleichungssysteme trifft man häufig auch in der Elektrotechnik, u. a. in der Netzwerkanalyse. Als Beispiel betrachten wir eine *Brückenschaltung* mit einer Gleichspannungsquelle U_0 und fünf Widerständen gemäß Abb. 2.6. Zu berechnen sind die Gleichströme I_1 bis I_5 in den fünf Verzweigungen der Schaltung. Für diese unbekannten Größen benötigen wir (mindestens) fünf Gleichungen. Auf der Suche nach passenden Bedingungen werden wir in der Physik fündig.

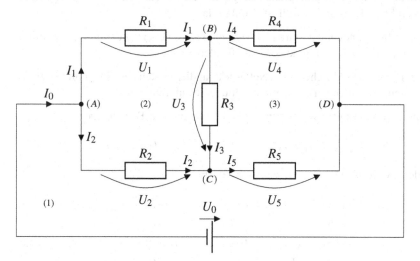

Abb. 2.6 Brückenschaltung

Hintergrund. Eine Spannungsquelle (z. B. Batterie) erzeugt an einer Stelle einen Überschuss an elektrischer Ladung. Dadurch entsteht ein elektrisches Feld mit einer Spannung

U_0. Die frei beweglichen Elektronen im Leiter strömen von Stellen mit höherer zu Stellen mit niedrigerer Ladungskonzentration, und dieser Strom bewirkt einen Spannungsausgleich. Auf dem Weg durch den Leiter treten Wechselwirkungen zwischen den Ladungen (Elektronen) und der Umgebung auf, insbesondere in einem Verbraucher, wie z. B. einer Glühbirne. Ähnlich wie bei der mechanischen Reibung wird dabei elektrische Energie in Wärmeenergie umgewandelt. Verbraucher und schlechte Leiter stellen einen höheren Widerstand für den Stromfluss dar, sodass eine höhere elektrische Spannung angelegt werden muss, um die gleiche Stromstärke zu erreichen. Dieser Zusammenhang wird bekanntlich durch das *Ohmsche Gesetz* beschrieben: zwischen den Größen Spannung U, Widerstand R und Strom I gilt die Beziehung $U = R \cdot I$. Im Beispiel mit der Brückenschaltung gibt es nur eine Spannungsquelle. Hier wird ein elektrisches Feld mit der Spannung $U_0 = 12\,V$ aufgebaut. Dazu werden Ladungen getrennt, d. h., sie bewegen sich entgegen dem Feld. Im Schaltbild ist die Flussrichtung bei der Stromstärke I_0 durch einen Pfeil entgegen der Spannungsrichtung bei U_0 dargestellt. Innerhalb eines Zweigs mit dem Widerstand R_k (Leiter bzw. Verbraucher) bewegen sich die Ladungen in Richtung des elektrischen Felds. Sie erzeugen dort eine Stromstärke I_k und einen Spannungsabfall $U_k = R_k \cdot I_k$, wobei die Stromrichtung durch das Vorzeichen von I_k festgelegt wird. Eine elektrische Schaltung besteht in der Regel aus mehreren Maschen, also geschlossenen Stromkreisen, die man vollständig umlaufen kann. In obiger Brückenschaltung finden wir drei Maschen, die mit (1), (2) und (3) gekennzeichnet sind. Die einzelnen Maschen wiederum sind durch Knoten miteinander verbunden, an denen sich die Leiter treffen. Im Beispiel zählen wir vier Knoten (A), (B), (C), (D). Wie sich nun der Strom bzw. die Spannung auf die einzelnen Knoten bzw. Maschen verteilt, wird durch die *Kirchhoffschen Regeln* beschrieben, welche auf zwei einfachen physikalischen Erhaltungssätzen beruhen: der Ladungserhaltung und der Energieerhaltung. Die Knotenregel besagt, dass Ladungen in den Knoten weder erzeugt noch vernichtet werden. Die Maschenregel wiederum sagt aus, dass die Gesamtspannung (= potentielle Energie des elektrischen Feldes) entlang einem geschlossenen Stromkreis gleich Null ist. Konkret lautet die

- *Knotenregel*: Im Knotenpunkt eines elektrischen Netzwerkes ist die Summe der zufließenden Ströme gleich der Summe der abfließenden Ströme.

- *Maschenregel*: In der Masche eines Netzwerks addieren sich die Spannungen zu 0, wobei Spannungen entgegen der Umlaufrichtung zu subtrahieren sind.

Aus der Knotenregel erhalten wir für unsere Schaltung die vier Beziehungen

$$I_0 = I_1 + I_2, \quad I_1 = I_3 + I_4, \quad I_2 + I_3 = I_5, \quad I_4 + I_5 = I_0$$

zwischen den Zweigströmen, welche wir in der Form

$$
\begin{aligned}
(a) \quad & I_0 - I_1 - I_2 && = 0 \\
(b) \quad & I_1 \quad\;\; - I_3 - I_4 && = 0 \\
(c) \quad & I_2 + I_3 \quad\;\; - I_5 &= 0 \\
(d) \quad & I_0 \quad\quad\quad - I_4 - I_5 &= 0
\end{aligned}
$$

schreiben können. Die Summe der Gleichungen $(a)+(b)+(c)$ ergibt (d), sodass wir diese redundante Gleichung auch weglassen können. Von den relevanten Zeilen verwenden wir (a) zur Berechnung des Gesamtstroms I_0. Die Maschenregel liefert uns noch drei weitere

Gleichungen für die Spannungswerte

$$(A) \quad U_2 + U_5 - U_0 = 0$$
$$(B) \quad U_1 + U_3 - U_2 = 0$$
$$(C) \quad U_3 + U_5 - U_4 = 0$$

Verwenden wir hier das Ohmsche Gesetz $U_k = R_k \cdot I_k$, so haben wir die gewünschten fünf Gleichungen für die fünf unbekannten Größen I_1 bis I_5:

$$(1) \quad I_1 \qquad - I_3 - I_4 \qquad = 0$$
$$(2) \qquad I_2 + I_3 \qquad - I_5 = 0$$
$$(3) \qquad R_2 I_2 \qquad + R_5 I_5 = U_0$$
$$(4) \quad R_1 I_1 - R_2 I_2 + R_3 I_3 \qquad = 0$$
$$(5) \qquad R_3 I_3 - R_4 I_4 + R_5 I_5 = 0$$

In Matrixschreibweise ergibt sich das LGS

$$
\begin{pmatrix}
1 & 0 & -1 & -1 & 0 \\
0 & 1 & 1 & 0 & -1 \\
0 & R_2 & 0 & 0 & R_5 \\
R_1 & -R_2 & R_3 & 0 & 0 \\
0 & 0 & R_3 & -R_4 & R_5
\end{pmatrix}
\begin{pmatrix}
I_1 \\ I_2 \\ I_3 \\ I_4 \\ I_5
\end{pmatrix}
=
\begin{pmatrix}
0 \\ 0 \\ U_0 \\ 0 \\ 0
\end{pmatrix}
$$

Bei einer Schaltung mit den Widerständen

$$R_1 = 200\,\Omega, \quad R_2 = 100\,\Omega, \quad R_3 = 600\,\Omega, \quad R_4 = 300\,\Omega, \quad R_5 = 400\,\Omega$$

erhalten wir das lineare Gleichungssystem

$$
A \cdot \vec{x} =
\begin{pmatrix}
0 \\ 0 \\ U_0 \\ 0 \\ 0
\end{pmatrix}
\quad \text{mit} \quad A =
\begin{pmatrix}
1 & 0 & -1 & -1 & 0 \\
0 & 1 & 1 & 0 & -1 \\
0 & 100 & 0 & 0 & 400 \\
200 & -100 & 600 & 0 & 0 \\
0 & 0 & 600 & -300 & 400
\end{pmatrix}
$$

Die Inverse der Koeffizientenmatrix A ist

$$
A^{-1} =
\begin{pmatrix}
0{,}51 & 0{,}06 & 0{,}00185 & 0{,}00245 & -0{,}0017 \\
0{,}12 & 0{,}72 & 0{,}00220 & -0{,}00060 & -0{,}0004 \\
-0{,}15 & 0{,}10 & -0{,}00025 & 0{,}00075 & 0{,}0005 \\
-0{,}34 & -0{,}04 & 0{,}00210 & 0{,}00170 & -0{,}0022 \\
-0{,}03 & -0{,}18 & 0{,}00195 & 0{,}00015 & 0{,}0001
\end{pmatrix}
$$

und im Fall einer Spannungsquelle mit $U_0 = 20\,\text{V}$

$$\vec{x} = A^{-1} \cdot \begin{pmatrix} 0 \\ 0 \\ 20 \\ 0 \\ 0 \end{pmatrix} = \begin{pmatrix} 0,037 \\ 0,044 \\ -0,005 \\ 0,042 \\ 0,039 \end{pmatrix}$$

Damit sind die gesuchten Ströme

$$I_1 = 37\,\text{mA}, \quad I_2 = 44\,\text{mA}, \quad I_3 = -5\,\text{mA}, \quad I_4 = 42\,\text{mA}, \quad I_5 = 39\,\text{mA}$$

Aufgaben zu Kapitel 2

Aufgabe 2.1. (Äquivalenzumformungen)

a) Bestimmen Sie jeweils alle Lösungen der Gleichungen

$$\text{(i)} \quad \frac{2x+1}{x-1} - 2 = 0 \qquad \text{(ii)} \quad \frac{x^2-1}{x+1} + 2 = 0 \qquad \text{(iii)} \quad \frac{x^2+2}{x^2-1} = 2$$

b) Ermitteln Sie die Lösungsmengen der Ungleichungen

$$\text{(i)} \quad (x+1)(2x-4) < 0 \qquad \text{und} \qquad \text{(ii)} \quad \frac{3x+2}{x} > 1$$

c) Bestimmen Sie alle Zahlen $x \in \mathbb{R}$, welche die *Betragsungleichungen*

$$\text{(i)} \quad \left| \frac{x-1}{x+1} \right| < 1 \qquad \text{und} \qquad \text{(ii)} \quad \left| \frac{x-1}{x+1} \right| > \frac{1}{3}$$

erfüllen. *Tipp*: Beseitigen Sie den Betrag durch Quadrieren!

Aufgabe 2.2. Berechnen Sie jeweils alle Lösungen der quadratischen Gleichungen

a) $x^2 + 16x + 64 = 0$ b) $x^2 + 2x - 1 = 0$ c) $5x^2 - 4x = 12$

d) $x^2 + 2x + 5 = 0$ e) $4x = x(x+1)$ f) $(3x-5)^2 = (2x+5)^2$

Aufgabe 2.3. Geben Sie zu den folgenden Gleichungen jeweils *alle* Lösungen an:

a) $x^3 - 2x^2 + x = 0$ b) $x^3 - 6x^2 + 5x = 0$

c) $x^3 - 3x^2 + x + 1 = 0$ d) $x^3 - x^2 - 16x + 16 = 0$

e) $x^4 - 5x^2 + 4 = 0$ f) $2x^4 - 4x^2 - 6 = 0$

g) $\dfrac{2x+2}{x^2-1} = 1$ h) $\sqrt{1-x} = 1 - \sqrt{x}$

Hinweis zu c) und d): Eine erste Lösung lässt sich leicht erraten!

Aufgabe 2.4. (Algebraische Gleichungen)

a) Lösen Sie die Gleichungen

    (i) $\frac{2}{x} - x = 1$ (ii) $\sqrt{x^2 - 3x} = 2x$ (iii) $(x - 1)^3 + 2 \cdot (3x^2 + 1) = 0$

b) Bestimmen Sie *eine* Lösung der kubischen Gleichung

$$x^3 - 6x^2 + 12x - 4 = 0$$

Tipp: Die ersten drei Summanden sind Teil welcher Formel?

Aufgabe 2.5. (Kubische Gleichungen)

a) Berechnen Sie alle Lösungen der kubischen Gleichung

$$2x^3 + 3x^2 + 2x - 2 = 0$$

Falls Sie keine Lösung raten können, wenden Sie das Lösungsrezept an!

b) Begründen Sie graphisch, warum die kubische Gleichung

$$3x^3 - 18x^2 - 4 = 0$$

eine Lösung in $]6, \infty[$ hat, und geben Sie den *exakten* Wert an.

c) Bestimmen Sie durch Rechnung (ohne Raten!) alle Lösungen der kubischen Gleichung

$$x^3 - 3x^2 - 2x + 6 = 0$$

Aufgabe 2.6. Der „trigonometrische Ansatz" beim Lösen einer kubischen Gleichung beruht auf der Formel

$$\cos 3\alpha = 4\cos^3 \alpha - 3\cos \alpha$$

Begründen Sie diese Formel mithilfe der beiden Additionstheoreme

$$\sin(\alpha + \beta) = \sin\alpha \cdot \cos\beta + \cos\alpha \cdot \sin\beta$$
$$\cos(\alpha + \beta) = \cos\alpha \cdot \cos\beta - \sin\alpha \cdot \sin\beta$$

Aufgabe 2.7. Begründen Sie – ähnlich wie in Aufgabe 2.6 – die Formel für den dreifachen Winkel

$$\sin 3\alpha = 3\sin\alpha - 4\sin^3 \alpha$$

und zeigen Sie damit: $x = \sin 10°$ ist eine Lösung der kubischen Gleichung

$$8x^3 - 6x + 1 = 0$$

Aufgabe 2.8. Ein Behälter in Form eines *Kugelabschnitts* (= durch eine Ebene abgetrennter Teil einer Kugel) soll einen Öffnungsradius von $a = 6\,\text{cm}$ und ein Volumen von $V = 1,5\,\ell$ haben, siehe Abb. 2.7.

a) Bestimmen Sie die Höhe h des Kugelabschnitts. Hinweis: Für die Größen a und h ergibt sich das Volumen eines Kugelabschnitts mit der Formel

$$V = \tfrac{h\pi}{6} \cdot (3\,a^2 + h^2)$$

b) Ermitteln Sie den Radius r der Kugel, aus dem der Behälter ausgeschnitten wird. *Tipp:* Thaleskreis und Höhensatz!

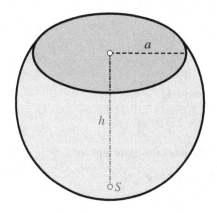 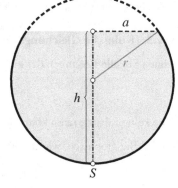

Abb. 2.7a Kugelabschnitt in Schrägansicht **Abb. 2.7b** ... und im Querschnitt

Aufgabe 2.9. Eine sogenannte *reziproke Gleichung* 4. Grades hat allgemein die Form

$$a\,x^4 + b\,x^3 + c\,x^2 + b\,x + a = 0$$

mit reellen Koeffizienten $a \neq 0$, b und c. Sie kann mit der Substitution $y = x + \tfrac{1}{x}$ relativ einfach auf eine quadratische Gleichung zurückgeführt werden.

a) Begründen Sie kurz, warum $x = 0$ *keine* Lösung ist!

b) Zeigen Sie, dass $x^2 + \tfrac{1}{x^2} = y^2 - 2$ gilt.

c) Schreiben Sie die durch x^2 dividierte reziproke Gleichung

$$a\,x^2 + b\,x + c + b\,\tfrac{1}{x} + a\,\tfrac{1}{x^2} = 0$$

auf eine quadratische Gleichung in y um!

d) Lösen Sie mit c) die Gleichung $6\,x^4 - 5\,x^3 - 38\,x^2 - 5\,x + 6 = 0$

Aufgabe 2.10. Eine Leiter mit der Länge 3 m wird an eine Wand gelehnt, und sie soll zusätzlich durch eine würfelförmige Kiste mit Seitenlänge 1 m abgestützt werden (siehe Abb. 2.8). Wie weit ist der Fuß der Leiter von der Wand entfernt? Geben Sie möglichst den *exakten* Wert für den Abstand x an!

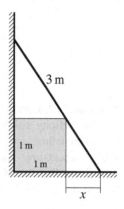

Abb. 2.8 Eine Leiteraufgabe

Hinweis: Die Aufgabe ist schwieriger, als sie zunächst erscheint! Die Gleichung für x lässt sich an einer geeigneten Stelle mit $z = x + \frac{1}{x}$ auf eine quadratische Gleichung zurückführen.

Aufgabe 2.11. Geben Sie, falls möglich, die Lösung(en) zu den folgenden LGS an. Verwenden Sie zum Lösen das Rechenschema aus dem Gauß-Verfahren. Welchen Rang haben die Systeme jeweils?

a) $(3,3)$-System:

$$
\begin{array}{rl}
(1) & 3x_1 + 2x_2 - x_3 = 1 \\
(2) & 2x_1 - 2x_2 + 4x_3 = -2 \\
(3) & -x_1 + \frac{1}{2}x_2 - x_3 = 0
\end{array}
$$

b) $(4,4)$-System:

$$
\begin{array}{rl}
(1) & 2x_1 + x_2 + 4x_3 + 3x_4 = 0 \\
(2) & -x_1 + 2x_2 + x_3 - x_4 = 4 \\
(3) & 3x_1 + 4x_2 - x_3 - 2x_4 = 0 \\
(4) & 4x_1 + 3x_2 + 2x_3 + x_4 = 0
\end{array}
$$

c) $(3,3)$-System:

$$
\begin{array}{rl}
(1) & 4x_1 - 3x_2 + 2x_3 = -1 \\
(2) & 2x_1 - 4x_2 + 3x_3 = 0 \\
(3) & -2x_1 - x_2 + x_3 = 2
\end{array}
$$

d) $(3,4)$-System:

$$
\begin{array}{rl}
(1) & 4x_1 - 3x_2 + 2x_3 - x_4 = -3 \\
(2) & x_1 \quad\quad - x_3 + 2x_4 = 0 \\
(3) & -2x_1 - x_2 + x_3 - 4x_4 = 2
\end{array}
$$

e) $(4,4)$-System:

$$
\begin{array}{ll}
(1) & -x_2 \qquad\quad + 2\,x_4 = 2 \\
(2) & x_1 + 3\,x_2 + x_3 - 2\,x_4 = -2 \\
(3) & 2\,x_1 + x_2 - x_3 + 3\,x_4 = -3 \\
(4) & x_2 + x_3 - x_4 = 1
\end{array}
$$

Aufgabe 2.12. Edelstahl ist eine Legierung aus Eisen (Fe), Chrom (Cr) und Nickel (Ni). Zur Herstellung solcher Legierungen geht man nicht von reinen Materialien aus, da deren Herstellung teuer ist. Stattdessen nutzt man vorhandene Legierungen mit bekannter Zusammensetzung. Es sollen 1000 kg einer Stahlsorte hergestellt werden, die zu 74% aus Eisen, 18% aus Chrom und 8% aus Nickel besteht. Ihnen stehen die folgenden Legierungen A bis D zur Verfügung:

	Fe	Cr	Ni
A	70%	20%	10%
B	75%	15%	10%
C	80%	10%	10%
D	80%	15%	5%

Wie viel kg werden von den einzelnen Legierungen jeweils benötigt?

Aufgabe 2.13. Gegeben sind die drei Matrizen

$$
A = \begin{pmatrix} 2 & 1 & -1 \\ 0 & -3 & 1 \end{pmatrix}, \quad
B = \begin{pmatrix} 1 & 3 & -2 \\ 2 & -1 & 0 \\ 4 & 2 & -3 \end{pmatrix} \quad \text{und} \quad
C = \begin{pmatrix} 2 \\ -1 \\ 0 \end{pmatrix}
$$

a) Überprüfen Sie durch Rechnung das Assoziativgesetz:

$$
(A \cdot B) \cdot C = A \cdot (B \cdot C)
$$

Vergleichen Sie den Rechenaufwand auf beiden Seiten!

b) Welche der folgenden Produkte kann man bilden?

$$
A \cdot C, \quad B \cdot A, \quad C \cdot A, \quad C^{\mathrm{T}} \cdot B
$$

Aufgabe 2.14. Lösen Sie das folgende $(3, 3)$-LGS mit dem *Gauß-Jordan-Verfahren*:

$$
\begin{array}{ll}
(1) & 3\,x_1 + 2\,x_2 - \phantom{\tfrac{1}{2}}x_3 = 1 \\
(2) & 2\,x_1 - 2\,x_2 + 4\,x_3 = -2 \\
(3) & -x_1 + \tfrac{1}{2}\,x_2 - x_3 = 0
\end{array}
$$

Aufgabe 2.15. Gegeben sind die beiden $(3, 3)$-Matrizen

$$
A = \begin{pmatrix} -1 & 3 & 2 \\ 0 & -2 & 1 \\ 4 & -1 & -2 \end{pmatrix} \quad \text{und} \quad
B = \begin{pmatrix} 0 & 2 & 1 \\ 1 & 1 & 1 \\ 3 & 2 & 1 \end{pmatrix}
$$

a) Berechnen Sie $B - 2 \cdot A$, $A \cdot B$ und $B \cdot A$. Ist das Matrixprodukt kommutativ?

b) Finden Sie eine $(3, 3)$-Matrix $C \neq O$ mit $C^2 = C \cdot C = O$ (Nullmatrix).

Aufgabe 2.16. (Determinanten)

a) Berechnen Sie die Determinanten

$$\begin{vmatrix} 1 & 0 & 0 & 0 \\ 1 & 2 & 4 & 8 \\ 1 & 1 & 1 & 1 \\ 1 & -2 & 4 & -8 \end{vmatrix} \quad \text{und} \quad \begin{vmatrix} 1 & 2 & 3 & 4 \\ 1 & -1 & 1 & -1 \\ 4 & 3 & 2 & 1 \\ 2 & 2 & 2 & 2 \end{vmatrix}$$

Tipp: Nutzen Sie Determinantenregeln zur Vereinfachung der Rechnung.

b) Bestimmen Sie für die Matrix

$$A = \begin{pmatrix} 2 & 2 \\ 3 & 1 \end{pmatrix}$$

alle Zahlen $\lambda \in \mathbb{R}$, sodass $\det(A - \lambda \cdot E) = 0$ gilt.

Aufgabe 2.17. Begründen Sie mit der Determinante, warum das LGS

$$\begin{pmatrix} 4 & -4 & 1 \\ 3 & 0 & 2 \\ 1 & 2 & 1 \end{pmatrix} \cdot \vec{x} = \begin{pmatrix} 0 \\ 0 \\ 0 \end{pmatrix}$$

genau eine Lösung $\vec{x}$ besitzt, und geben Sie diese an (ohne lange Rechnung).

Aufgabe 2.18. Für ein LGS in Matrixform $A \cdot \vec{x} = \vec{b}$ sind zu den folgenden rechten Seiten $\vec{b}$ bereits Lösungen bekannt:

$$\vec{b} = \vec{e}_1 : \ \vec{x}_1 = \begin{pmatrix} 1 \\ 0 \\ -1 \end{pmatrix}, \qquad \vec{b} = \vec{e}_2 : \ \vec{x}_2 = \begin{pmatrix} -6 \\ 2 \\ 7 \end{pmatrix}, \qquad \vec{b} = \vec{e}_3 : \ \vec{x}_3 = \begin{pmatrix} -4 \\ 1 \\ 5 \end{pmatrix}$$

Bestimmen Sie mit diesen drei Vektoren die Lösung zum LGS

$$A \cdot \vec{x} = \begin{pmatrix} 2 \\ 3 \\ -5 \end{pmatrix}$$

Aufgabe 2.19. Bei einem LGS $A \cdot \vec{x} = \vec{b}$ mit einer (n, n)-Matrix A sind zwei Lösungsvektoren $\vec{x}_1 \neq \vec{x}_2$ bekannt. Begründen Sie rechnerisch, dass dann auch jeder Vektor $\vec{x} = \lambda \cdot \vec{x}_1 + (1 - \lambda) \cdot \vec{x}_2$ mit einem beliebigen Wert $\lambda \in \mathbb{R}$ das LGS löst!

Aufgabe 2.20. Zu lösen ist das lineare Gleichungssystem

$$\begin{array}{llr}
(1) & x_1 \qquad\quad - 2\,x_3 = 3 \\
(2) & \qquad - 2\,x_2 + \quad x_3 = 3 \\
(3) & -2\,x_1 + \quad x_2 \qquad\quad = 3
\end{array}$$

a) Geben Sie das Gleichungssystem in Matrixform an und begründen Sie, warum das LGS genau eine Lösung besitzt.

b) Berechnen Sie die Inverse der Koeffizientenmatrix und bestimmen Sie damit die Lösung des Gleichungssystems.

Aufgabe 2.21. (Inverse Matrizen)

a) Bestimmen Sie die inversen Matrizen A^{-1} und B^{-1} zu

$$A = \begin{pmatrix} 1 & 1 & 1 & 0 \\ -1 & 2 & 1 & 0 \\ 1 & 4 & 1 & 0 \\ 0 & 0 & 0 & 3 \end{pmatrix} \quad \text{und} \quad B = \begin{pmatrix} 1 & 0 & 1 \\ 0 & 1 & 1 \\ 1 & 1 & 1 \end{pmatrix}$$

b) Lösen Sie mit den Inversen aus a) die linearen Gleichungssysteme

$$A \cdot \vec{x} = 6\,\vec{e}_3 \quad \text{und} \quad B \cdot \vec{y} = \vec{e}_2$$

c) Zu einer $(2,2)$-Matrix T ist die Inverse

$$T^{-1} = \begin{pmatrix} 2 & 6 \\ 1 & 4 \end{pmatrix}$$

bekannt. Wie lautet dann die Matrix T?

Aufgabe 2.22. Ein Gerätehersteller hat noch Kapazitäten frei. In der Produktion werden Teile zusammengebaut, danach werden die fertigen Geräte geprüft und in das Lager gebracht. Für Gerät A ist im Lager je ein Stellplatz, für die Geräte B und C je zwei Plätze erforderlich. Die Montage dauert 20 Minuten bei Gerät A, 10 Minuten bei B und nochmals 20 Minuten bei C. Die Prüfung benötigt 4 Minuten für Gerät A, 2 Minuten für B und 6 Minuten für C. Es stehen insgesamt noch 45 Stunden für die Montage, 240 Lagerplätze und 10 Stunden Prüfzeit zur Verfügung. Welche Teile sind in welchen Mengen noch zu produzieren, um das Lager und die verfügbare Zeit voll auszulasten?

Kapitel 3

Vektoren und Transformationen

Bei den linearen Gleichungssystemen haben wir (Spalten-)Vektoren als spezielle Matrizen vom Typ $(m, 1)$ eingeführt. Damit konnten wir die Werte auf der rechten Seite oder auch die gesuchte Lösung $x_1, \ldots, x_n$ wie ein einzelnes mathematisches Objekt behandeln. Ein Vektor eignet sich aber nicht nur als „Container" für die Zahlenwerte eines LGS. Wir können einen Vektor auch geometrisch interpretieren als *gerichtete Größe* mit Betrag und Richtung. In der Ebene $\mathbb{R}^2$ bzw. im Raum $\mathbb{R}^3$ entspricht dann ein Vektor einem Pfeil, also einer Strecke mit einer gewissen Länge und einer bestimmten Richtung. Auf diese Art und Weise lassen sich dann ganz unterschiedliche geometrische Objekte durch Zahlenwerte „analytisch" beschreiben. So kann man z. B. die beiden Einträge eines $(2, 1)$-Vektors

$$\vec{a} = \begin{pmatrix} a_1 \\ a_2 \end{pmatrix}$$

als Koordinaten eines Punkts P in $\mathbb{R}^2$ oder als Steigungsdreieck einer Gerade g deuten, vgl. Abb. 3.1. Ebenso kann man mit einem Vektor die geradlinige Bewegung von einem Punkt A nach B in Wege parallel zu den Koordinatenachsen aufteilen. Je nach Verwendungszweck spricht man von einem Ortsvektor, Richtungsvektor oder Verbindungsvektor.

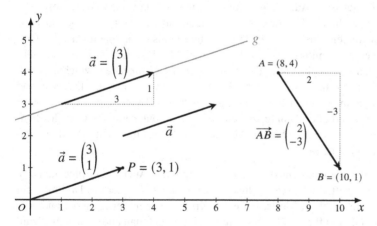

Abb. 3.1 Vektoren in der Ebene

Geometrische Objekte im Raum werden dementsprechend durch einen $(3, 1)$-Vektor beschrieben. Auch hier kann man die Einträge z. B. als Koordinaten eines Punkts (= Ortsvektor) oder als Richtung einer Gerade (= Richtungsvektor) interpretieren, siehe Abb. 3.2. Ergänzend ist noch zu sagen, dass ein Vektor grundsätzlich frei verschiebbar ist und erst

© Springer-Verlag GmbH Deutschland, ein Teil von Springer Nature 2022
H. Schmid, *Mathematik für Ingenieurwissenschaften: Grundlagen*,
https://doi.org/10.1007/978-3-662-65528-3_3

durch Festlegung seines Anfangspunktes (z. B. bei einem Orts- oder Verbindungsvektor) zu einem „gebundenen" Vektor wird.

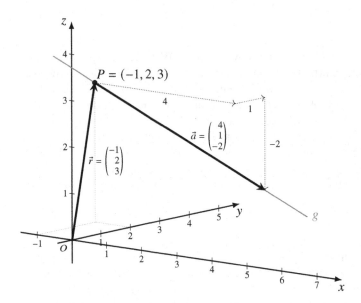

Abb. 3.2 Vektoren im Raum

Unser Ziel ist es, geometrische Aufgabenstellungen wie etwa die Winkel- oder Abstandsberechnung in die Sprache der Vektoren zu übersetzen, um sie dann mit algebraischen Methoden lösen zu können. Zusätzlich wollen wir auch Transformationen wie z. B. Drehungen oder Spiegelungen mithilfe von Vektoren und Matrizen rechnerisch durchführen. Dieses Teilgebiet der Mathematik, das als *analytische Geometrie* bezeichnet wird, spielt eine wichtige Rolle u. a. beim rechnergestützten Konstruieren (CAD). Während ein Mensch solche geometrischen Probleme ggf. auch mit Papier und Bleistift sowie etwas Trigonometrie bearbeiten könnte, stehen einem Computer nur die Grundrechenarten zur Verfügung. Insbesondere beim CAD müssen also geometrische Probleme mit algebraischen Mitteln gelöst werden.

Vektoren werden aber nicht nur in der Geometrie benutzt. Auch viele physikalische Größen wie etwa die Kraft, die Geschwindigkeit, das Magnetfeld oder das Drehmoment sind ebenfalls vektorieller Natur. So ist bei einer Kraft $\vec{F}$ neben der „Stärke" auch die Richtung entscheidend, und für die Geschwindigkeit $\vec{v}$ braucht man außer einer Maßzahl wie $20\frac{m}{s}$ noch eine Angabe, in welche Richtung sich ein Körper bewegt. Im Gegensatz zur Geometrie werden hier die Komponenten etwas anders interpretiert. Die Einträge des Vektors legen die Richtung im Bezug auf ein Koordinatensystem fest, während seine Länge dem Betrag der physikalischen Größe entspricht.

3.1 Vektoren in der Ebene

3.1.1 Grundbegriffe

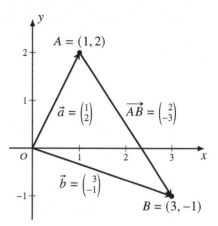

Abb. 3.3 Verbindungsvektor

Die Zahlenebene $\mathbb{R}^2 = \{(x, y) \mid x, y \in \mathbb{R}\}$ setzt sich zusammen aus Punkten mit den kartesischen Koordinaten (x, y). In dieser Zahlenebene werden Verbindungen zwischen zwei Punkten durch Vektoren beschrieben, wie z. B. in Abb. 3.3 der Pfeil vom Anfangspunkt $A = (1, 2)$ zum Endpunkt $B = (3, -1)$ durch den Vektor

$$\overrightarrow{AB} = \begin{pmatrix} 2 \\ -3 \end{pmatrix}$$

Gemäß den Einträgen von $\overrightarrow{AB}$ muss man sich 2 Einheiten in x-Richtung und -3 Einheiten in y-Richtung bewegen, um von A nach B zu gelangen. Auch einem einzelnen Punkt $P = (x, y)$ kann man eine gerichtete Größe zuordnen, nämlich den *Ortsvektor* vom Ursprung $O = (0, 0)$ zum Punkt P:

$$\vec{r} = \overrightarrow{OP} = \begin{pmatrix} x \\ y \end{pmatrix}$$

Da Vektoren spezielle Matrizen sind, haben wir auch schon festgelegt, wie man mit ihnen rechnet. Wir wollen nun diese algebraischen Rechenoperationen geometrisch veranschaulichen, und zwar am Beispiel von

$$\vec{a} = \begin{pmatrix} 1 \\ 2 \end{pmatrix} \quad \text{und} \quad \vec{b} = \begin{pmatrix} 3 \\ -1 \end{pmatrix}$$

Bei der Multiplikation mit einer Zahl, etwa $\frac{3}{2} \cdot \vec{a}$, werden alle Einträge von $\vec{a}$ mit $\frac{3}{2}$ multipliziert und der Vektor um den Faktor 1,5 gestreckt. Bei einer Vektorsumme, z. B.

$$\vec{a} + \vec{b} = \begin{pmatrix} 1 \\ 2 \end{pmatrix} + \begin{pmatrix} 3 \\ -1 \end{pmatrix} = \begin{pmatrix} 1 + 3 \\ 2 - 1 \end{pmatrix} = \begin{pmatrix} 4 \\ 1 \end{pmatrix}$$

werden die Einträge der beiden Vektoren komponentenweise addiert. Aus geometrischer Sicht wird der Anfangspunkt von $\vec{b}$ an den Endpunkt von $\vec{a}$ gelegt. Wegen $\vec{a} + \vec{b} = \vec{b} + \vec{a}$ kann man auch den Anfang von $\vec{a}$ an das Ende von $\vec{b}$ legen. Der *Summenvektor* entspricht dann dem diagonalen Pfeil vom gemeinsamen Anfangspunkt zur gegenüberliegenden Ecke im sogenannten Vektorparallelogramm, siehe Abb. 3.4.

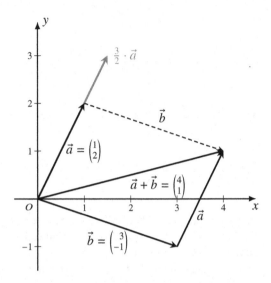

Abb. 3.4 Vektorsumme

Der Vektor $-\vec{b}$ heißt *Gegenvektor* zu $\vec{b}$; er hat die gleiche Länge, zeigt aber in die entgegengesetzte Richtung. Bei der Differenz $\vec{a} - \vec{b} = \vec{a} + (-\vec{b})$ addieren wir zu $\vec{a}$ den Gegenvektor von $\vec{b}$. Falls $\vec{a}$ und $\vec{b}$ den gleichen Anfangspunkt haben, dann zeigt dieser *Differenzvektor* vom Endpunkt von $\vec{b}$ zur Spitze von $\vec{a}$, vgl. Abb. 3.5.

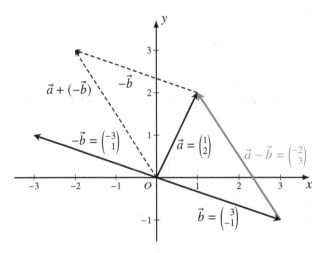

Abb. 3.5 Differenzvektor

Auch die Addition mehrerer Vektoren lässt sich gut veranschaulichen. Die Vektoren werden aneinandergelegt, und als geometrisches Bild entsteht ein *Vektorpolygon* wie in Abb. 3.6. In der Physik berechnet man auf diese Weise beispielsweise die Gesamtkraft, falls mehrere Einzelkräfte auf einen Körper einwirken.

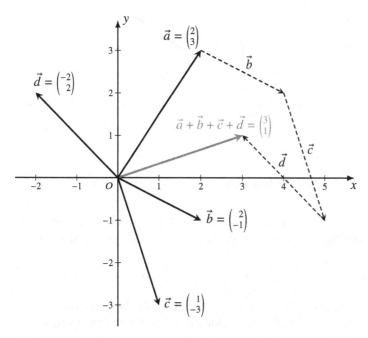

Abb. 3.6 Vektorpolygon

Der Betrag eines Vektors

Ganz allgemein zerlegen die beiden Einträge eines Vektors

$$\vec{a} = \begin{pmatrix} a_1 \\ a_2 \end{pmatrix}$$

den Weg vom Anfangs- zum Endpunkt in Strecken parallel zur x- und y-Achse. Sie legen damit sowohl die Richtung des Vektors als auch seine Länge fest. Diese Länge entspricht der Hypotenuse im rechtwinkligen Dreieck mit den Katheten a_1 und a_2 und ergibt sich aus dem Satz des Pythagoras:

$$|\vec{a}| = \sqrt{a_1^2 + a_2^2}$$

Man bezeichnet diesen Wert auch als *Betrag* des Vektors $\vec{a}$. Beispielsweise hat der Vektor

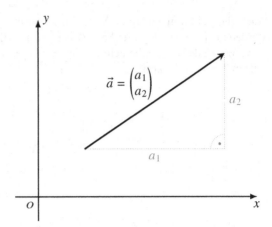

Abb. 3.7 Zerlegung eines
Vektors

$$\vec{b} = \begin{pmatrix} 3 \\ -1 \end{pmatrix} \quad \text{den Betrag (die Länge)} \quad |\vec{b}| = \sqrt{3^2 + (-1)^2} = \sqrt{10}$$

Der einzige Vektor mit der Länge 0 ist der Nullvektor $\vec{o}$, der als Einziger auch keine
ausgezeichnete Richtung hat. Multipliziert man einen Vektor $\vec{a}$ mit einer Zahl $\lambda \in \mathbb{R}$, so
ist

$$|\lambda \cdot \vec{a}| = \left| \begin{pmatrix} \lambda \cdot a_1 \\ \lambda \cdot a_2 \end{pmatrix} \right| = \sqrt{(\lambda a_1)^2 + (\lambda a_2)^2} = |\lambda| \cdot \sqrt{a_1^2 + a_2^2} = |\lambda| \cdot |\vec{a}|$$

Bei der Multiplikation mit einem Skalar (= Zahl) wird also auch die Länge des Vektors
entsprechend skaliert. Für die Summe zweier Vektoren gilt die *Dreiecksungleichung*

$$|\vec{a} + \vec{b}| \leq |\vec{a}| + |\vec{b}|$$

Sie ergibt sich aus der geometrischen Aussage, dass eine Dreiecksseite höchstens so lang
ist wie die Summe der beiden gegenüberliegenden Seiten, vgl. Abb. 3.8

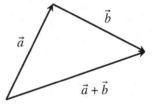

Abb. 3.8 Veranschaulichung
der Dreiecksungleichung

Einen Vektor mit der Länge $|\vec{a}| = 1$ nennt man *Einheitsvektor*. Als Ortsvektor betrachtet
liegt der Endpunkt von $\vec{a}$ auf dem Kreis um den Ursprung O mit Radius 1. Beispiele für
solche Einheitsvektoren sind

$$\vec{e}_1 = \begin{pmatrix} 1 \\ 0 \end{pmatrix}, \quad \vec{e}_2 \quad \text{oder} \quad \begin{pmatrix} -\frac{1}{2} \\ \frac{1}{2}\sqrt{3} \end{pmatrix}$$

Ein Vektor $\vec{a} \neq \vec{o}$ wird *normiert*, indem man ihn durch seine Länge teilt:

$$\vec{n} = \frac{1}{|\vec{a}|} \cdot \vec{a}$$

Dieser Vektor $\vec{n}$ hat die gleiche Richtung wie $\vec{a}$, aber die Länge $|\vec{n}| = \frac{1}{|\vec{a}|} \cdot |\vec{a}| = 1$, und somit ist $\vec{n}$ ein Einheitsvektor in Richtung $\vec{a}$.

3.1.2 Das Skalarprodukt

Im Hinblick auf Anwendungen ist das Skalarprodukt zweier Vektoren eine sehr ergiebige Rechenoperation, und zwar sowohl in der Ebene als auch im Raum. Es lässt sich einerseits rein algebraisch nur mithilfe von Grundrechenarten aus den Einträgen berechnen, enthält andererseits aber auch wertvolle geometrische Informationen über die gegenseitige Lage zweier Vektoren. Letztlich ermöglicht uns das Skalarprodukt, trigonometrische Berechnungen allein mithilfe von Grundrechenarten auszuführen. Für zwei Vektoren

$$\vec{a} = \begin{pmatrix} a_1 \\ a_2 \end{pmatrix} \quad \text{und} \quad \vec{b} = \begin{pmatrix} b_1 \\ b_2 \end{pmatrix}$$

ist das *Skalarprodukt* $\vec{a} \cdot \vec{b}$ eine reelle Zahl (also ein Skalar in der Sprache der Vektoren), welche wie folgt berechnet wird:

$$\vec{a} \cdot \vec{b} := a_1 \cdot b_1 + a_2 \cdot b_2$$

Diese Definition wird auch als *algebraische Form* des Skalarprodukts bezeichnet, da sie nur Additionen und Multiplikationen benötigt. Das Skalarprodukt darf jedoch nicht mit dem Matrixprodukt verwechselt werden! Als $(2, 1)$-Matrizen betrachtet kann man zwei Vektoren nicht direkt miteinander multiplizieren, aber es gibt eine einfache „Übersetzung":

$$\underbrace{\vec{a}^{\mathrm{T}} \cdot \vec{b}}_{\text{Matrixprodukt}} = (a_1 \; a_2) \cdot \begin{pmatrix} b_1 \\ b_2 \end{pmatrix} = a_1 \cdot b_1 + a_2 \cdot b_2 = \underbrace{\vec{a} \cdot \vec{b}}_{\text{Skalarprodukt}}$$

Das Skalarprodukt hat, wie eingangs erwähnt, auch eine wichtige geometrische Bedeutung. Diese ergibt sich aus der Formel

$$\vec{a} \cdot \vec{b} = |\vec{a}| \cdot |\vec{b}| \cdot \cos \sphericalangle (\vec{a}, \vec{b})$$

wobei $\sphericalangle (\vec{a}, \vec{b})$ den Winkel zwischen den Vektoren $\vec{a}$ und $\vec{b}$ bezeichnet. Es besteht also auch die Möglichkeit, das Skalarprodukt allein mit geometrischen Größen zu berechnen, nämlich mit den Längen bzw. dem Zwischenwinkel der Vektoren, und daher wird diese Formel auch *geometrische Form* des Skalarprodukts genannt. Zur Begründung dieser Aussage bestimmen wir die Länge des Differenzvektors

$$\vec{a} - \vec{b} = \begin{pmatrix} a_1 - b_1 \\ a_2 - b_2 \end{pmatrix} \quad \implies \quad |\vec{a} - \vec{b}|^2 = (a_1 - b_1)^2 + (a_2 - b_2)^2$$

auf zwei unterschiedliche Arten. Im kartesischen Koordinatensystem kann man den Betrag allein mit den Komponenten des Vektors bestimmen, also

$$
\begin{aligned}
|\vec{a} - \vec{b}|^2 &= a_1^2 - 2\,a_1 b_1 + b_1^2 + a_2^2 - 2\,a_2 b_2 + b_2^2 \\
&= a_1^2 + a_2^2 + b_1^2 + b_2^2 - 2\,(a_1 b_1 + a_2 b_2) = |\vec{a}|^2 + |\vec{b}|^2 - 2 \cdot (\vec{a} \cdot \vec{b})
\end{aligned}
$$

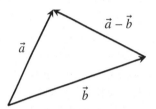

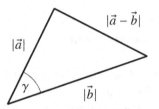

Abb. 3.9a Skalarprodukt ...   **Abb. 3.9b** und Kosinussatz

Andererseits bilden $\vec{a}, \vec{b}$ und $\vec{a} - \vec{b}$ ein (allgemeines) Dreieck, siehe Abb. 3.9, und für die dem Winkel $\gamma = \sphericalangle(\vec{a}, \vec{b})$ gegenüberliegende Seite $|\vec{a} - \vec{b}|$ gilt nach dem Kosinussatz

$$
|\vec{a} - \vec{b}|^2 = |\vec{a}|^2 + |\vec{b}|^2 - 2 \cdot |\vec{a}|\,|\vec{b}| \cos \gamma
$$

Vergleicht man die beiden Formeln, so unterscheiden sie sich nur in den Subtrahenden, welche folglich gleich sein müssen: $\vec{a} \cdot \vec{b} = |\vec{a}|\,|\vec{b}| \cos \gamma$.

Anwendungen des Skalarprodukts

Teilt man die „geometrische Form" des Skalarprodukts zweier Vektoren $\vec{a} \neq \vec{o}$ und $\vec{b} \neq o$ durch das Produkt ihrer Beträge, so erhalten wir

$$
\cos \sphericalangle(\vec{a}, \vec{b}) = \frac{\vec{a} \cdot \vec{b}}{|\vec{a}| \cdot |\vec{b}|}
$$

Mit dieser Formel lässt sich, bei gleichem Anfangspunkt, der Winkel zwischen zwei Vektoren berechnen.

Beispiel: Wir wollen den Winkel zwischen den Vektoren

$$
\vec{a} = \begin{pmatrix} 5 \\ 1 \end{pmatrix} \quad \text{und} \quad \vec{b} = \begin{pmatrix} 3 \\ -2 \end{pmatrix}
$$

ermitteln. Dazu berechnen wir die Werte

$$\vec{a} \cdot \vec{b} = 5 \cdot 3 + 1 \cdot (-2) = 13$$

$$|\vec{a}| = \sqrt{5^2 + 1^2} = \sqrt{26}, \quad |\vec{b}| = \sqrt{3^2 + (-2)^2} = \sqrt{13}$$

$$\implies \quad \cos \sphericalangle(\vec{a}, \vec{b}) = \frac{13}{\sqrt{26} \cdot \sqrt{13}} = \frac{1}{\sqrt{2}}$$

Hieraus ergibt sich der Zwischenwinkel $\sphericalangle(\vec{a}, \vec{b}) = 45°$.

Zwei Vektoren $\vec{a}, \vec{b} \neq \vec{o}$, die aufeinander senkrecht stehen, heißen *orthogonal*, und man schreibt $\vec{a} \perp \vec{b}$. In diesem Fall ist der Zwischenwinkel $\sphericalangle(\vec{a}, \vec{b}) = \pm 90°$. Wegen $\cos \pm 90° = 0$ liefert uns das Skalarprodukt ein einfaches Kriterium, mit dem wir die Orthogonalität zweier Vektoren prüfen können. Es gilt

$$\vec{a} \perp \vec{b} \quad \text{genau dann, wenn} \quad \vec{a} \cdot \vec{b} = 0$$

Beispiel: Die Vektoren

$$\vec{a} = \begin{pmatrix} 2 \\ 1 \end{pmatrix}, \quad \vec{b} = \begin{pmatrix} -2 \\ 4 \end{pmatrix}$$

sind wegen $\vec{a} \cdot \vec{b} = 2 \cdot (-2) + 1 \cdot 4 = 0$ orthogonal, also $\vec{a} \perp \vec{b}$.

Eine weitere Anwendung des Skalarprodukts ist die *Projektion eines Vektors* $\vec{a}$ auf einen Vektor $\vec{b} \neq \vec{o}$. Ausgehend von einem gemeinsamen Anfangspunkt der Vektoren $\vec{a}$ und $\vec{b}$ suchen wir den Vektor $\vec{p}$ in Richtung $\vec{b}$, dessen Endpunkt das (senkrechte) Lot der Spitze von $\vec{a}$ auf $\vec{b}$ ist.

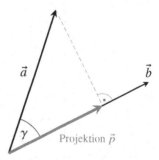

Abb. 3.10 Projektion von $\vec{a}$
auf den Vektor $\vec{b}$

Bezeichnet γ den Winkel zwischen den Vektoren $\vec{a}$ und $\vec{b}$, dann hat der projizierte Vektor die Länge

$$|\vec{p}| = |\vec{a}| \cdot \cos \gamma = |\vec{a}| \cdot \frac{\vec{a} \cdot \vec{b}}{|\vec{a}| \cdot |\vec{b}|} = \frac{\vec{a} \cdot \vec{b}}{|\vec{b}|}$$

Diesen Wert multiplizieren wir, um sowohl die gewünschte Richtung als auch die passende Länge zu erhalten, mit dem *Einheitsvektor* in Richtung $\vec{b}$, und das ist der normierte Vektor $\frac{1}{|\vec{b}|} \vec{b}$. Folglich ist $\vec{p} = |\vec{p}| \cdot \frac{1}{|\vec{b}|} \vec{b}$ die gesuchte

$$\textbf{Projektion von } \vec{a} \textbf{ auf } \vec{b}: \quad \vec{p} = \frac{\vec{a} \cdot \vec{b}}{|\vec{b}|^2} \cdot \vec{b}$$

Beispiel: Die Projektion von

$$\vec{a} = \begin{pmatrix} 1 \\ 3 \end{pmatrix} \quad \text{auf} \quad \vec{b} = \begin{pmatrix} 4 \\ 2 \end{pmatrix}$$

ist der Vektor

$$\vec{p} = \frac{1 \cdot 4 + 3 \cdot 2}{4^2 + 2^2} \cdot \begin{pmatrix} 4 \\ 2 \end{pmatrix} = \frac{10}{20} \cdot \begin{pmatrix} 4 \\ 2 \end{pmatrix} = \begin{pmatrix} 2 \\ 1 \end{pmatrix}$$

3.1.3 Transformationen

Drehung des Koordinatensystems

In Anwendungen, etwa im CAD, ist es manchmal günstig, das gesamte Koordinatensystem um einen Winkel α zu drehen, sodass sich geometrische Objekte ggf. einfacher darstellen lassen. Bei einer solchen Koordinatentransformation stellt sich die Frage: Wie berechnet man für einen Punkt P mit den „alten" Koordinaten (x, y) die Koordinaten (x', y') im gedrehten System?

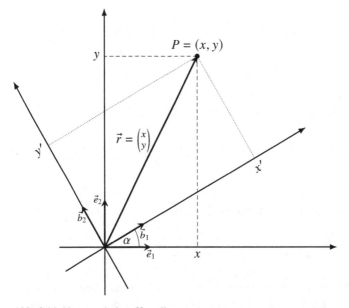

Abb. 3.11 Um α gedrehtes Koordinatensystem

Bei der Drehung des kartesischen Koordinatensystems werden auch die beiden Basisvektoren $\vec{e}_1$ und $\vec{e}_2$, welche die Koordinatenachsen festlegen, um den Winkel α gedreht. Die resultierenden Vektoren $\vec{b}_1$ und $\vec{b}_2$ legen dann das neue rechtwinklige Koordinatensystem fest (siehe Abb. 3.11).

Wir lösen das Problem der Koordinatenumrechnung mithilfe von Projektionen auf die Basisvektoren. Das Ausgangssystem wird durch die Einheitsvektoren $\vec{e}_1$ und $\vec{e}_2$ aufgespannt. Die Projektionen des Ortsvektors von P auf diese Basisvektoren, also von

$$\vec{r} = \begin{pmatrix} x \\ y \end{pmatrix} \quad \text{auf} \quad \vec{e}_1 = \begin{pmatrix} 1 \\ 0 \end{pmatrix} \quad \text{und} \quad \vec{e}_2 = \begin{pmatrix} 0 \\ 1 \end{pmatrix}$$

ergeben die Vektoren

$$\frac{\vec{r} \cdot \vec{e}_1}{|\vec{e}_1|^2} \cdot \vec{e}_1 = x \cdot \vec{e}_1 \quad \text{und} \quad \frac{\vec{r} \cdot \vec{e}_2}{|\vec{e}_2|^2} \cdot \vec{e}_2 = y \cdot \vec{e}_2$$

Die Faktoren vor $\vec{e}_1$ und $\vec{e}_2$ sind genau die Einträge von $\vec{r}$ bzw. die Koordinaten des Punkts P. Für die Berechnung der Koordinaten im neuen System gehen wir ähnlich vor: Wir projizieren $\vec{r}$ auf die gedrehten Basisvektoren

$$\vec{b}_1 = \begin{pmatrix} \cos\alpha \\ \sin\alpha \end{pmatrix} \quad \text{und} \quad \vec{b}_2 = \begin{pmatrix} -\sin\alpha \\ \cos\alpha \end{pmatrix}$$

deren Einträge man durch eine einfache trigonometrische Berechnung im rechtwinkligen Dreieck mit Hypotenuse 1 erhält, siehe Abb. 3.12.

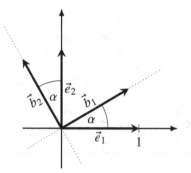

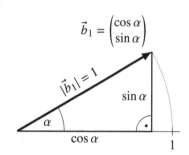

$$\vec{b}_1 = \begin{pmatrix} \cos\alpha \\ \sin\alpha \end{pmatrix}$$

Abb. 3.12a Drehung der Basisvektoren

Abb. 3.12b Die Komponenten von $\vec{b}_1$

Die Projektionen bestimmen wir mit der Formel aus dem letzten Abschnitt:

Projektion von $\vec{r}$ auf $\vec{b}_1$: $\quad \dfrac{\vec{r} \cdot \vec{b}_1}{|\vec{b}_1|^2} \cdot \vec{b}_1 = \dfrac{x \cdot \cos\alpha + y \cdot \sin\alpha}{1^2} \cdot \vec{b}_1$

Projektion von $\vec{r}$ auf $\vec{b}_2$: $\quad \dfrac{\vec{r} \cdot \vec{b}_2}{|\vec{b}_2|^2} \cdot \vec{b}_2 = \dfrac{-x \cdot \sin\alpha + y \cdot \cos\alpha}{1^2} \cdot \vec{b}_2$

Die Faktoren vor $\vec{b}_1$ und $\vec{b}_2$ sind die gesuchten neuen Koordinaten von P, also

$$x' = x \cdot \cos\alpha + y \cdot \sin\alpha$$
$$y' = -x \cdot \sin\alpha + y \cdot \cos\alpha$$

Dieses Ergebnis lässt sich auch als Matrixmultiplikation schreiben, und zwar in der Form

$$\begin{pmatrix} x' \\ y' \end{pmatrix} = \begin{pmatrix} \cos\alpha & \sin\alpha \\ -\sin\alpha & \cos\alpha \end{pmatrix} \cdot \begin{pmatrix} x \\ y \end{pmatrix}$$

Beispiel: Welche Koordinaten hat der Punkt $(1, 2)$ im Koordinatensystem, das um den Winkel $45°$ gedreht wurde? Es ist

$$\begin{pmatrix} x' \\ y' \end{pmatrix} = \begin{pmatrix} \cos 45° & \sin 45° \\ -\sin 45° & \cos 45° \end{pmatrix} \cdot \begin{pmatrix} 1 \\ 2 \end{pmatrix} = \begin{pmatrix} \frac{1}{2}\sqrt{2} & \frac{1}{2}\sqrt{2} \\ -\frac{1}{2}\sqrt{2} & \frac{1}{2}\sqrt{2} \end{pmatrix} \cdot \begin{pmatrix} 1 \\ 2 \end{pmatrix} = \begin{pmatrix} \frac{3}{2}\sqrt{2} \\ \frac{1}{2}\sqrt{2} \end{pmatrix}$$

Drehung eines Vektors

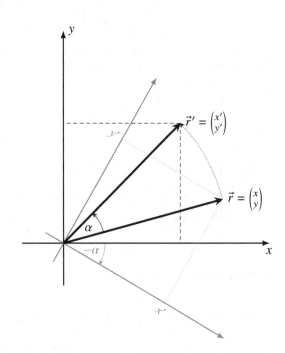

Abb. 3.13 Die Drehung eines Vektors um α und die Drehung des Koordinatensystems um den Winkel $-\alpha$

Wir wollen nun einen Vektor $\vec{r}$ um einen Winkel α drehen und die Einträge des Bildvektors $\vec{r}'$ bestimmen. Dazu nutzen wir die Vorarbeiten aus dem letzten Abschnitt. Der um α gedrehte Ortsvektor $\vec{r}'$ hat die gleichen Komponenten wie der Ausgangsvektor $\vec{r}$ im Koordinatensystem, das um $-\alpha$ gedreht ist:

$$\vec{r}' = \begin{pmatrix} \cos(-\alpha) & \sin(-\alpha) \\ -\sin(-\alpha) & \cos(-\alpha) \end{pmatrix} \cdot \vec{r}$$

siehe Abb. 3.13. Zur Vereinfachung der Matrix können wir die Symmetrie der Winkelfunktionen nutzen und erhalten

$$\vec{r}' = \begin{pmatrix} \cos\alpha & -\sin\alpha \\ \sin\alpha & \cos\alpha \end{pmatrix} \cdot \vec{r}$$

Beispiel 1. Welche Komponenten hat der um 30° gedrehte Vektor $\vec{r} = \begin{pmatrix} 4 \\ 2 \end{pmatrix}$?

$$\vec{r}' = \begin{pmatrix} \cos 30° & -\sin 30° \\ \sin 30° & \cos 30° \end{pmatrix} \cdot \begin{pmatrix} 4 \\ 2 \end{pmatrix}$$

$$= \begin{pmatrix} \frac{1}{2}\sqrt{3} & -\frac{1}{2} \\ \frac{1}{2} & \frac{1}{2}\sqrt{3} \end{pmatrix} \cdot \begin{pmatrix} 4 \\ 2 \end{pmatrix} = \begin{pmatrix} 2\sqrt{3} - 1 \\ 2 + \sqrt{3} \end{pmatrix} \approx \begin{pmatrix} 2{,}46 \\ 3{,}73 \end{pmatrix}$$

Beispiel 2. Die Drehung eines Vektors $\vec{r} = \begin{pmatrix} x \\ y \end{pmatrix}$ um 90° ergibt

$$\begin{pmatrix} \cos 90° & -\sin 90° \\ \sin 90° & \cos 90° \end{pmatrix} \cdot \begin{pmatrix} x \\ y \end{pmatrix} = \begin{pmatrix} 0 & -1 \\ 1 & 0 \end{pmatrix} \cdot \begin{pmatrix} x \\ y \end{pmatrix} = \begin{pmatrix} -y \\ x \end{pmatrix}$$

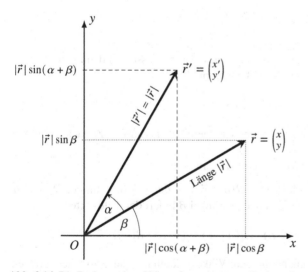

Abb. 3.14 Die Drehung eines Vektors komponentenweise berechnet

Die Formel für die Drehung eines Ortsvektors $\vec{r}$ kann man auch auf einem anderen Weg erhalten. Bezeichnet β den Winkel, den $\vec{r}$ mit der positiven x-Achse einschließt, dann sind gemäß Abb. 3.14 $x = |\vec{r}| \cdot \cos\beta$ und $y = |\vec{r}| \cdot \sin\beta$ die Komponenten von $\vec{r}$. Dreht man diesen Vektor um den Winkel α, dann schließt der Bildvektor $\vec{r}'$ mit der positiven x-Achse den Winkel $\alpha + \beta$ ein, während sich der Betrag $|\vec{r}'| = |\vec{r}|$ nicht ändert, sodass also

$$x' = |\vec{r}| \cdot \cos(\beta + \alpha)$$
$$y' = |\vec{r}| \cdot \sin(\beta + \alpha)$$

die Einträge von $\vec{r}'$ sind. Benutzt man die Additionstheoreme aus der Trigonometrie, dann gilt

$$x' = |\vec{r}| \cdot \cos\beta \cos\alpha - |\vec{r}| \cdot \sin\beta \sin\alpha$$
$$y' = |\vec{r}| \cdot \sin\beta \cos\alpha + |\vec{r}| \cdot \cos\beta \sin\alpha$$

Ersetzen wir schließlich wieder $|\vec{r}| \cdot \cos\beta$ durch x und $|\vec{r}| \cdot \sin\beta$ durch y, so ist

$$x' = \cos\alpha \cdot x - \sin\alpha \cdot y$$
$$y' = \sin\alpha \cdot x + \cos\alpha \cdot y$$

oder, in Matrixschreibweise,

$$\vec{r}' = \begin{pmatrix} \cos\alpha & -\sin\alpha \\ \sin\alpha & \cos\alpha \end{pmatrix} \cdot \vec{r}$$

Drehmatrizen. Ganz allgemein bezeichnet man eine $(2, 2)$-Matrix der Form

$$R(\alpha) = \begin{pmatrix} \cos\alpha & -\sin\alpha \\ \sin\alpha & \cos\alpha \end{pmatrix}$$

als *Drehmatrix* zum Winkel α. Die Drehung eines Vektors lässt sich dann ganz einfach mithilfe einer Matrixmultiplikation gemäß der Formel

$$\vec{r}' = R(\alpha) \cdot \vec{r}$$

durchführen. Drehmatrizen besitzen einige besondere Eigenschaften. Zunächst notieren wir

$$\det R(\alpha) = \cos^2\alpha + \sin^2\alpha = 1$$

für alle Winkel α. Mit der Vorschrift $\vec{r}' = R(\alpha) \cdot \vec{r}$ wird der Vektor $\vec{r}$ um den Winkel α gedreht. Eine weitere Drehung von $\vec{r}'$ um den Winkel β liefert den Bildvektor

$$\vec{r}'' = R(\beta) \cdot \vec{r}' = R(\beta) \cdot (R(\alpha) \cdot \vec{r}) = (R(\beta) \cdot R(\alpha)) \cdot \vec{r}$$

Die Drehung um α und anschließend um den Winkel β kann man auch zu einer einzigen Drehung um den Winkel $\alpha + \beta$ zusammenfassen, vgl. Abb. 3.15. Für den Bildvektor gilt dann $\vec{r}'' = R(\alpha + \beta) \cdot \vec{r}$.

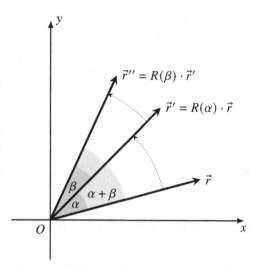

Abb. 3.15 Zweifache Drehung

Wir erhalten den gleichen Bildvektor, wenn wir zuerst um β und dann um den Winkel α drehen: $\vec{r}'' = (R(\alpha) \cdot R(\beta)) \cdot \vec{r}$. Hieraus ergibt sich das folgende „Additionstheorem" für Drehmatrizen:

$$R(\alpha + \beta) = R(\alpha) \cdot R(\beta) = R(\beta) \cdot R(\alpha)$$

Insbesondere darf man also die Reihenfolge der Drehmatrizen bei der Multiplikation vertauschen, was bekanntlich bei der Multiplikation zweier Matrizen im Allgemeinen nicht erlaubt ist. Setzen wir in obige Formel $\beta = -\alpha$ ein, so ist die Matrix auf der linken Seite die $(2, 2)$-Einheitsmatrix

$$R(\alpha - \alpha) = R(0) = \begin{pmatrix} \cos 0° & -\sin 0° \\ \sin 0° & \cos 0° \end{pmatrix} = \begin{pmatrix} 1 & 0 \\ 0 & 1 \end{pmatrix} = E$$

und damit $E = R(-\alpha) \cdot R(\alpha)$. Folglich ist $R(-\alpha)$ die inverse Matrix zu $R(\alpha)$:

$$R(\alpha)^{-1} = R(-\alpha) = \begin{pmatrix} \cos \alpha & \sin \alpha \\ -\sin \alpha & \cos \alpha \end{pmatrix} = R(\alpha)^{\mathrm{T}}$$

Dieses Resultat kann man auch geometrisch deuten: Eine Drehung um $-\alpha$ macht die vorangegangene Drehung um α rückgängig und ist demnach die *inverse Transformation*. Zusammenfassend können wir für die Drehmatrizen folgende Eigenschaften notieren:

$$R(\alpha)^{-1} = R(\alpha)^{\mathrm{T}} = R(-\alpha) \quad \text{und} \quad \det R(\alpha) = 1 \quad \text{für alle Winkel } \alpha$$

Spiegelung an einer Gerade

Ein Ortsvektor $\vec{r}$ soll an einer Gerade g durch den Ursprung mit dem Steigungswinkel α gespiegelt werden. Diese *Spiegelachse g* lässt sich durch einen Richtungsvektor $\vec{a}$

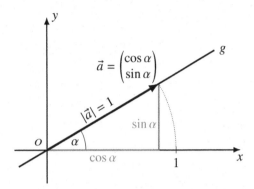

Abb. 3.16 Richtungsvektor
einer Ursprungsgerade

beschreiben, etwa durch den Vektor (siehe Abb. 3.16)

$$\vec{a} = \begin{pmatrix} \cos\alpha \\ \sin\alpha \end{pmatrix} \quad \text{mit dem Betrag} \quad |\vec{a}| = \sqrt{\cos^2\alpha + \sin^2\alpha} = 1$$

Wir suchen eine (möglichst einfache) Formel zur Berechnung des Bildvektors $\vec{r}'$. So wie in Abb. 3.17 dargestellt, wollen wir zunächst die Projektion $\vec{p}$ des Vektors $\vec{r}$ auf die Gerade g bzw. auf den Richtungsvektor $\vec{a}$ von g berechnen, und anschließend addieren wir zu $\vec{r}$ zweimal den Differenzvektor $\vec{p} - \vec{r}$.

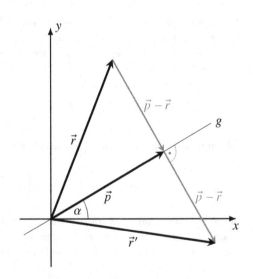

Abb. 3.17 Spiegelung eines
Vektors

Die Formel für die Projektion von $\vec{r}$ auf $\vec{a}$ ergibt

$$\vec{p} = \frac{\vec{r} \cdot \vec{a}}{|\vec{a}|^2} \cdot \vec{a} = \frac{x \cdot \cos\alpha + y \cdot \sin\alpha}{1^2} \cdot \begin{pmatrix} \cos\alpha \\ \sin\alpha \end{pmatrix} = \begin{pmatrix} x \cdot \cos^2\alpha + y \cdot \sin\alpha\cos\alpha \\ x \cdot \sin\alpha\cos\alpha + y \cdot \sin^2\alpha \end{pmatrix}$$

Addieren wir zu $\vec{r}$ den Vektor $2 \cdot (\vec{p} - \vec{r})$, dann erhalten wir als Ergebnis den an g gespiegelten Vektor

$$\vec{r}' = \vec{r} + 2 \cdot (\vec{p} - \vec{r}) = 2\,\vec{p} - \vec{r}$$

Der Bildvektor hat demnach die Einträge

$$\vec{r}' = \begin{pmatrix} x \cdot (2\cos^2\alpha - 1) + y \cdot 2\sin\alpha\cos\alpha \\ x \cdot 2\sin\alpha\cos\alpha + y \cdot (2\sin^2\alpha - 1) \end{pmatrix} = \begin{pmatrix} x \cdot \cos 2\alpha + y \cdot \sin 2\alpha \\ x \cdot \sin 2\alpha - y \cdot \cos 2\alpha \end{pmatrix}$$

wobei wir im letzten Schritt die trigonometrischen Formeln für den doppelten Winkel verwendet haben. In Matrixschreibweise ist dann

$$\vec{r}' = \begin{pmatrix} \cos 2\alpha & \sin 2\alpha \\ \sin 2\alpha & -\cos 2\alpha \end{pmatrix} \cdot \vec{r}$$

Beispiel 1. Der Punkt $P = (2, 4)$ wird an der Gerade mit dem Steigungswinkel $\alpha = 30°$ gespiegelt. Den Bildpunkt erhalten wir durch Matrixmultiplikation aus

$$\vec{r}' = \begin{pmatrix} \cos 60° & \sin 60° \\ \sin 60° & -\cos 60° \end{pmatrix} \cdot \begin{pmatrix} 2 \\ 4 \end{pmatrix}$$

$$= \begin{pmatrix} \frac{1}{2} & \frac{1}{2}\sqrt{3} \\ \frac{1}{2}\sqrt{3} & -\frac{1}{2} \end{pmatrix} \cdot \begin{pmatrix} 2 \\ 4 \end{pmatrix} = \begin{pmatrix} 1 + 2\sqrt{3} \\ \sqrt{3} - 2 \end{pmatrix} \approx \begin{pmatrix} 4{,}46 \\ -0{,}27 \end{pmatrix}$$

Beispiel 2. Bei der Spiegelung von $P = (x, y)$ an der Winkelhalbierenden ($\alpha = 45°$) werden im Bildpunkt $P' = (y, x)$ nur die Koordinaten vertauscht, denn:

$$\vec{r}' = \begin{pmatrix} \cos 90° & \sin 90° \\ \sin 90° & -\cos 90° \end{pmatrix} \cdot \begin{pmatrix} x \\ y \end{pmatrix} = \begin{pmatrix} 0 & 1 \\ 1 & 0 \end{pmatrix} \cdot \begin{pmatrix} x \\ y \end{pmatrix} = \begin{pmatrix} y \\ x \end{pmatrix}$$

Spiegelungsmatrizen. Ähnlich wie bei der Drehung können wir auch die Spiegelung an einer Ursprungsgerade durch eine Matrixmultiplikation ausführen. Eine $(2, 2)$-Matrix der Gestalt

$$S(\alpha) = \begin{pmatrix} \cos 2\alpha & \sin 2\alpha \\ \sin 2\alpha & -\cos 2\alpha \end{pmatrix}$$

heißt *Spiegelungsmatrix* zum Steigungswinkel α. Die Multiplikation mit $S(\alpha)$ liefert als Ergebnis den an g gespiegelten Vektor, wobei g die Ursprungsgerade mit Steigungswinkel α ist. Ebenso wie die Drehmatrizen haben auch Spiegelungsmatrizen spezielle Eigenschaften. Zunächst ist

$$\det S(\alpha) = -\cos^2 2\alpha - \sin^2 2\alpha = -1$$

unabhängig vom Steigungswinkel α. Spiegelt man den gespiegelten Vektor $\vec{r}' = S(\alpha) \cdot \vec{r}$ an der gleichen Gerade g, dann erhält man wieder den ursprünglichen Vektor $\vec{r} = S(\alpha) \cdot \vec{r}'$, sodass also

$$\vec{r} = S(\alpha) \cdot (S(\alpha) \cdot \vec{r}) = (S(\alpha) \cdot S(\alpha)) \cdot \vec{r}$$

gilt. Folglich hat das Produkt der Matrizen $S(\alpha) \cdot S(\alpha)$ die gleiche Wirkung auf $\vec{r}$ wie die $(2, 2)$-Einheitsmatrix E, denn $\vec{r} = E \cdot \vec{r}$. Demnach ist $S(\alpha) \cdot S(\alpha) = E$, und das bedeutet $S(\alpha)^{-1} = S(\alpha)$. Außerdem ist $S(\alpha)^{\mathrm{T}} = S(\alpha)$ eine „symmetrische Matrix", wie man leicht nachprüfen kann. Insgesamt ergibt sich

$$S(\alpha)^{-1} = S(\alpha)^{\mathrm{T}} = S(\alpha) \quad \text{und} \quad \det S(\alpha) = -1 \quad \text{für alle Winkel } \alpha$$

Transformationsmatrizen

Die bisher untersuchten Transformationen, also die Drehung eines Ortsvektors bzw. Spiegelung an einer Ursprungsgerade, konnten wir letztlich rechnerisch auf eine Matrixmultiplikation zurückführen. Dahinter verbirgt sich ein allgemeines Konzept: In der analytischen Geometrie werden

- geometrische Objekte (Punkte, Geraden usw.) durch Vektoren dargestellt, und

- Transformationen (Drehungen, Spiegelungen usw.) durch Matrizen beschrieben.

Das Transformieren, also die Ausführung einer Transformation, entspricht dann der Multiplikation mit einer Matrix, und der Bildvektor lässt sich mit $\vec{r}' = A \cdot \vec{r}$ berechnen, wobei A die Matrix der entsprechenden Transformation bezeichnet. Hierbei kann z. B. A eine Drehmatrix $R(\alpha)$ oder eine Spiegelungsmatrix $S(\alpha)$ sein. Doch nicht nur Drehungen und Spiegelungen, sondern auch noch viele andere Transformationen lassen sich durch Matrizen darstellen.

Beispiel 1. Bei der Spiegelung an einer Ursprungsgerade g mit Steigungswinkel α haben wir die Projektion $\vec{p}$ eines Ortsvektors $\vec{r}$ auf g berechnet, und zwar mit der Formel (s. o.)

$$\vec{p} = \begin{pmatrix} \cos^2 \alpha \cdot x + \sin \alpha \cos \alpha \cdot y \\ \sin \alpha \cos \alpha \cdot x + \sin^2 \alpha \cdot y \end{pmatrix} = \begin{pmatrix} \cos^2 \alpha & \sin \alpha \cos \alpha \\ \sin \alpha \cos \alpha & \sin^2 \alpha \end{pmatrix} \cdot \begin{pmatrix} x \\ y \end{pmatrix}$$

Die Projektion eines Vektors $\vec{r}$ auf eine Gerade g durch O mit Steigungswinkel α lässt sich demzufolge durch die Formel $\vec{r}' = P(\alpha) \cdot \vec{r}$ mit der *Projektionsmatrix*

$$P(\alpha) = \begin{pmatrix} \cos^2 \alpha & \sin \alpha \cos \alpha \\ \sin \alpha \cos \alpha & \sin^2 \alpha \end{pmatrix}$$

darstellen. Dabei gilt, wie man leicht nachrechnet, $\det P(\alpha) = 0$ für alle Winkel α. Insbesondere ist eine Projektionsmatrix also nicht invertierbar – sie kann nicht rückgängig gemacht werden. In der Tat haben alle Ortsvektoren, deren Endpunkt auf einer Gerade senkrecht zu g liegen, den gleichen Bildvektor $\vec{p}$. Eine Projektionsmatrix ist auch „symmetrisch": $P(\alpha) = P(\alpha)^{\mathrm{T}}$. Schließlich gilt $P(\alpha) \cdot P(\alpha) = P(\alpha)$ (Übung!), und das bedeutet: ein bereits projizierter Vektor ändert sich bei einer erneuten Projektion nicht mehr.

Beispiel 2. Bei der Punktspiegelung am Ursprung wird der Ortsvektor

$$\vec{r} = \begin{pmatrix} x \\ y \end{pmatrix} \quad \text{auf den Gegenvektor} \quad \vec{r}' = \begin{pmatrix} -x \\ -y \end{pmatrix}$$

abgebildet. Den Bildvektor erhält man auch mit der Matrixmultiplikation

$$\vec{r}' = \begin{pmatrix} -1 & 0 \\ 0 & -1 \end{pmatrix} \cdot \vec{r} = R(180°) \cdot \vec{r}$$

Die Punktspiegelung entspricht demnach einer Drehung des Vektors um 180°.

Beispiel 3. Streckt man einen Ortsvektor $\vec{r}$ und den Faktor $\lambda \in \mathbb{R}$, dann wird der Bildvektor

$$\vec{r}' = \lambda \cdot \vec{r} = \begin{pmatrix} \lambda \cdot x \\ \lambda \cdot y \end{pmatrix} = \begin{pmatrix} \lambda & 0 \\ 0 & \lambda \end{pmatrix} \cdot \begin{pmatrix} x \\ y \end{pmatrix} = \begin{pmatrix} \lambda & 0 \\ 0 & \lambda \end{pmatrix} \cdot \vec{r}$$

durch Multiplikation mit der Diagonalmatrix $\lambda \cdot E$ berechnet.

Mit dem Matrixprodukt lassen sich mehrere Transformationen zu einer einzigen Transformation kombinieren. Wird nämlich der Vektor $\vec{r}$ durch die $(2,2)$-Matrix A auf $\vec{r}' = A \cdot \vec{r}$ abgebildet und dann mit der $(2,2)$-Matrix B nochmals auf den Bildvektor $\vec{r}'' = B \cdot \vec{r}'$ transformiert, dann ist

$$\vec{r}'' = B \cdot (A \cdot \vec{r}) = (B \cdot A) \cdot \vec{r}$$

wobei wir das Assoziativgesetz der Matrixmultiplikation benutzt haben. Zur Hintereinanderausführung von A und dann B gehört somit die Abbildungsmatrix $B \cdot A$.

Beispiel: Ein beliebiger Ortsvektor $\vec{r}$ in der (x, y)-Ebene wird zuerst an der Gerade g mit dem Steigungswinkel 30° gespiegelt und anschließend um −30° gedreht. Diese kombinierte *Drehspiegelung* soll zu einer einzigen geometrischen Transformation zusammenfasst werden.

Die Spiegelungsmatrix zur Ursprungsgerade g mit Steigungswinkel 30° ist

$$S = \begin{pmatrix} \cos 60° & \sin 60° \\ \sin 60° & -\cos 60° \end{pmatrix} = \begin{pmatrix} \frac{1}{2} & \frac{1}{2}\sqrt{3} \\ \frac{1}{2}\sqrt{3} & -\frac{1}{2} \end{pmatrix}$$

und die Drehmatrix zum Winkel −30° um den Ursprung O lautet

$$R = \begin{pmatrix} \cos(-30°) & -\sin(-30°) \\ \sin(-30°) & \cos(-30°) \end{pmatrix} = \begin{pmatrix} \frac{1}{2}\sqrt{3} & \frac{1}{2} \\ -\frac{1}{2} & \frac{1}{2}\sqrt{3} \end{pmatrix}$$

Der Vektor $\vec{r}$ wird zuerst an g gespiegelt: $\vec{r}' = S \cdot \vec{r}$, und dann um −30° gedreht:

$$\vec{r}'' = R \cdot \vec{r}' = R \cdot (S \cdot \vec{r}) = (R \cdot S) \cdot \vec{r}$$

Das Produkt der Matrizen S und R liefert die Matrix der Drehspiegelung

$$R \cdot S = \begin{pmatrix} \frac{1}{2}\sqrt{3} & \frac{1}{2} \\ \frac{1}{2} & -\frac{1}{2}\sqrt{3} \end{pmatrix}$$

Die Matrix auf der rechten Seite ist aber auch wieder eine Spiegelungsmatrix, nämlich $S(15°)$. Die Spiegelung an g mit anschließender Drehung um −30° liefert also letztlich den gleichen Bildvektor wie die Spiegelung an der Ursprungsgerade mit Steigungswinkel 15°, vgl. Abb. 3.18.

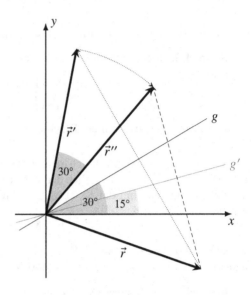

Abb. 3.18 Drehspiegelung

Da für Matrizen im Allgemeinen $B \cdot A \neq A \cdot B$ gilt, darf auch die Reihenfolge, in der die Transformationen hintereinander ausgeführt werden, nicht einfach vertauscht werden. Wird in obigem Beispiel der Vektor zuerst gedreht und dann gespiegelt, so erhält man einen anderen Bildvektor, und auch die Transformationsmatrix ist eine andere (siehe Aufgabe 3.4).

Abschließend können wir auch der inversen Matrix eine geometrische Bedeutung zukommen lassen. Ist A eine reguläre Abbildungsmatrix (det $A \neq 0$), dann führt die Anwendung von zuerst A und dann A^{-1} wegen

$$\vec{r}' = A \cdot \vec{r} \quad \text{und} \quad \vec{r}'' = A^{-1} \cdot \vec{r}' = A^{-1} \cdot A \cdot \vec{r} = E \cdot \vec{r} = \vec{r}$$

zurück zum Ausgangsvektor $\vec{r}$, sodass A^{-1} die Transformation A rückgängig macht. Somit entspricht A^{-1} der inversen Transformation zu A.

Anwendung: Winkelfunktionen berechnen

In Kapitel 1, Abschnitt 1.3.3 wurde am Beispiel lg 7 gezeigt, wie man den dekadischen Logarithmus einer Zahl allein mithilfe von Grundrechenarten und Wurzelwerten ermittelt. Dazu haben wir

$$7 \approx r_1 \cdot r_2 \cdot r_4 \cdot r_5 \cdot r_{10} \cdot r_{12} \cdot r_{14} \cdot r_{15} \cdot r_{16}$$

als Produkt der Wurzelwerte $r_k = \sqrt[2k]{10}$ mit $k = 1, 2, 3, \ldots$ dargestellt. Die Anwendung der Logarithmengesetze ergibt dann den Näherungswert

$$\lg 7 = \lg (r_1 \cdot r_2 \cdot r_4 \cdot r_5 \cdot r_{10} \cdot r_{12} \cdot r_{14} \cdot r_{15} \cdot r_{16})$$
$$= \lg r_1 + \lg r_2 + \lg r_4 + \lg r_5 + \lg r_{10} + \lg r_{12} + \lg r_{14} + \lg r_{15} + \lg r_{16}$$
$$= \tfrac{1}{2} + \tfrac{1}{4} + \tfrac{1}{16} + \tfrac{1}{32} + \tfrac{1}{1024} + \tfrac{1}{4096} + \tfrac{1}{16384} + \tfrac{1}{32768} + \tfrac{1}{65536} \approx 0{,}84504699\ldots$$

welcher mit dem exakten Wert $\lg 7 = 0{,}84509804\ldots$ bereits gut übereinstimmt. Mit einer ähnlichen Idee, die auf der Produktformel für Rotationsmatrizen beruht, kann man auch trigonometrische Funktionswerte allein durch Wurzelziehen und Anwendung der Grundrechenarten mit beliebig hoher Genauigkeit berechnen.

Unser Ziel ist die *simultane* Berechnung der Funktionswerte $\sin \alpha$ und $\cos \alpha$ für einen vorgegebenen Winkel α. Wir können uns dabei auf den Fall $0 \le \alpha \le 90°$ beschränken, da wir mit den bekannten trigonometrischen Beziehungen am Einheitskreis (siehe Kapitel 4, Abschnitt 4.3.1) stets in diesen Winkelbereich gelangen können. Beispielsweise ist

$$\sin 105° = \sin(180° - 105°) = \sin 75°$$

oder

$$\cos 195° = \cos(360° - 195°) = \cos 165°$$
$$= -\cos(180° - 165°) = -\cos 15°$$

In einem vorbereitenden Arbeitsschritt bestimmen wir zunächst die Kosinus- und Sinuswerte für die Winkel $\varphi_k := \frac{90°}{2^k}$. Hierbei verwenden wir die Abkürzungen

$$C_k := \cos \varphi_k = \cos \frac{90°}{2^k} \quad \text{und} \quad S_k := \sin \varphi_k = \sin \frac{90°}{2^k}$$

Da $\varphi_{k+1} = \frac{90°}{2^{k+1}} = \frac{1}{2} \cdot \frac{90°}{2^k} = \frac{1}{2}\varphi_k$ der halbe Winkel φ_k ist, können wir C_{k+1} und S_{k+1} mit den Halbwinkelformeln

$$\cos \varphi_{k+1} = \cos \frac{\varphi_k}{2} = \sqrt{\frac{1 + \cos \varphi_k}{2}} \quad \text{und} \quad \sin \varphi_{k+1} = \sin \frac{\varphi_k}{2} = \frac{\sin \varphi_k}{2 \cos \frac{\varphi_k}{2}}$$

allein durch Wurzelziehen aus C_k und S_k berechnen:

$$C_{k+1} = \sqrt{\frac{1 + C_k}{2}} \quad \text{und} \quad S_{k+1} = \frac{S_k}{2 \cdot C_{k+1}}$$

Ausgehend von $C_0 = \cos 90° = 0$ und $S_0 = \sin 90° = 1$ ergeben sich dann die Werte

$$\cos \tfrac{90°}{2} = C_1 = \sqrt{\tfrac{1+0}{2}} = 0{,}707106\ldots, \quad \sin \tfrac{90°}{2} = S_1 = \tfrac{1}{2 \cdot C_1} = 0{,}707106\ldots$$

$$\cos \tfrac{90°}{4} = C_2 = \sqrt{\tfrac{1+C_1}{2}} = 0{,}923879\ldots, \quad \sin \tfrac{90°}{4} = S_2 = \tfrac{S_1}{2 \cdot C_2} = 0{,}382683\ldots$$

$$\cos \tfrac{90°}{8} = C_3 = \sqrt{\tfrac{1+C_2}{2}} = 0{,}980785\ldots, \quad \sin \tfrac{90°}{8} = S_3 = \tfrac{S_2}{2 \cdot C_3} = 0{,}195090\ldots$$

usw. In der nachfolgenden Tabelle sind die Werte C_k und S_k für $k = 0, \ldots, 12$ aufgelistet (diese wurden mit höherer Genauigkeit berechnet und dann auf acht Nachkommastellen gerundet):

k	φ_k	C_k	S_k
0	$\frac{1}{2^0}\cdot 90°$	1,00000000	0,00000000
1	$\frac{1}{2^1}\cdot 90°$	0,70710678	0,70710678
2	$\frac{1}{2^2}\cdot 90°$	0,92387953	0,38268343
3	$\frac{1}{2^3}\cdot 90°$	0,98078528	0,19509032
4	$\frac{1}{2^4}\cdot 90°$	0,99518473	0,09801714
5	$\frac{1}{2^5}\cdot 90°$	0,99879546	0,04906767
6	$\frac{1}{2^6}\cdot 90°$	0,99969882	0,02454123
7	$\frac{1}{2^7}\cdot 90°$	0,99992470	0,01227154
8	$\frac{1}{2^8}\cdot 90°$	0,99998118	0,00613588
9	$\frac{1}{2^9}\cdot 90°$	0,99999529	0,00306796
10	$\frac{1}{2^{10}}\cdot 90°$	0,99999882	0,00153398
11	$\frac{1}{2^{11}}\cdot 90°$	0,99999971	0,00076699
12	$\frac{1}{2^{12}}\cdot 90°$	0,99999993	0,00038350

Zu einem vorgegebenen Winkel $0 \le \alpha \le 90°$ sollen nun die Werte $\cos\alpha$ und $\sin\alpha$ näherungsweise berechnet werden. Exemplarisch wollen wir diese Rechnung für $\alpha = 32°$ durchführen. Dazu nähern wir $32°$ als Summe der Winkel φ_k aus obiger Tabelle an. Im Binärsystem ist

$$\frac{32°}{90°} = 0{,}355555\ldots{}_{(10)} = 0{,}0101101100000101101 10000\ldots{}_{(2)}$$

$$\approx 0{,}010110110000_{(2)} = \frac{1}{2^2} + \frac{1}{2^4} + \frac{1}{2^5} + \frac{1}{2^7} + \frac{1}{2^8}$$

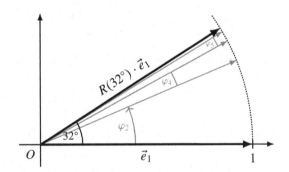

Abb. 3.19 Die Drehung des Vektors $\vec{e}_1$ um $32°$ lässt sich durch Drehungen um φ_2, φ_4 und φ_5 annähern

Hieraus folgt

$$32° \approx 90° \cdot \left(\frac{1}{2^2} + \frac{1}{2^4} + \frac{1}{2^5} + \frac{1}{2^7} + \frac{1}{2^8}\right)$$

$$= \varphi_2 + \varphi_4 + \varphi_5 + \varphi_7 + \varphi_8 = 31{,}9921875°$$

und nach der Produktformel für Drehmatrizen $R(\alpha + \beta) = R(\beta) \cdot R(\alpha)$ gilt dann

$$\begin{pmatrix} \cos 32° \\ \sin 32° \end{pmatrix} = \begin{pmatrix} \cos 32° & -\sin 32° \\ \sin 32° & \cos 32° \end{pmatrix} \cdot \begin{pmatrix} 1 \\ 0 \end{pmatrix} = R(32°) \cdot \begin{pmatrix} 1 \\ 0 \end{pmatrix}$$

$$\approx R(\varphi_2 + \varphi_4 + \varphi_5 + \varphi_7 + \varphi_8) \cdot \vec{e}_1$$

$$= R(\varphi_8) \cdot R(\varphi_7) \cdot R(\varphi_5) \cdot R(\varphi_4) \cdot R(\varphi_2) \cdot \vec{e}_1$$

Die Drehmatrizen $R(\varphi_k)$ haben als Einträge die Werte C_k und S_k aus obiger Tabelle:

$$R(\varphi_k) = \begin{pmatrix} \cos \varphi_k & -\sin \varphi_k \\ \sin \varphi_k & \cos \varphi_k \end{pmatrix} = \begin{pmatrix} C_k & -S_k \\ S_k & C_k \end{pmatrix}, \quad \text{z. B.}$$

$$R(\varphi_2) = \begin{pmatrix} C_2 & -S_2 \\ S_2 & C_2 \end{pmatrix} = \begin{pmatrix} 0{,}92387953 & -0{,}38268343 \\ 0{,}38268343 & 0{,}92387953 \end{pmatrix}$$

Somit ist

$$\begin{pmatrix} \cos 32° \\ \sin 32° \end{pmatrix} \approx R(\varphi_8) \cdot R(\varphi_7) \cdot R(\varphi_5) \cdot R(\varphi_4) \cdot R(\varphi_2) \cdot \vec{e}_1$$

$$= R(\varphi_8) \cdot R(\varphi_7) \cdot R(\varphi_5) \cdot R(\varphi_4) \cdot \begin{pmatrix} 0{,}92387953 \\ 0{,}38268343 \end{pmatrix}$$

$$= R(\varphi_8) \cdot R(\varphi_7) \cdot R(\varphi_5) \cdot \begin{pmatrix} 0{,}88192127 \\ 0{,}47139674 \end{pmatrix}$$

$$= R(\varphi_8) \cdot R(\varphi_7) \cdot \begin{pmatrix} 0{,}85772862 \\ 0{,}51410275 \end{pmatrix} = \cdots = \begin{pmatrix} 0{,}84812036 \\ 0{,}52980363 \end{pmatrix}$$

Wir notieren:

$$\cos 32° \approx 0{,}848 \quad (\text{exakt: } 0{,}84804809\ldots)$$

$$\sin 32° \approx 0{,}530 \quad (\text{exakt: } 0{,}52991926\ldots)$$

Auf ähnliche Art und Weise haben bereits indische Mathematiker (u. a. Āryabhaṭa 476 - ca. 550) erste Sinustabellen berechnet. Diese wurden im Laufe der Zeit immer weiter verbessert: Johannes Müller, genannt Regiomontanus („der Königsberger", 1436 - 1476), der auch als Begründer der modernen Trigonometrie gilt, veröffentlichte eine Sinustabelle im Abstand von einer Winkelminute $1' = \frac{1°}{60}$. Neben den Halbwinkelformeln und weiteren Additionstheoremen wurde auch mit linearer Interpolation gearbeitet. Die Infinitesimalrechnung mit ihren Reihenentwicklungen eröffnete im 18. Jahrhundert neue Möglichkeiten zur Berechnung der Winkelfunktionen. Allerdings verwenden Computer auch heute noch Berechnungsverfahren, die auf Additionstheoremen bzw. der Drehung des Einheitsvektors beruhen. Ein solches Verfahren ist CORDIC (= COordinate Rotation DIgital Computer), welches 1959 von Jack E. Volder zum Zweck der Flugzeugnavigation entwickelt wurde und der obigen Vorgehensweise sehr ähnlich ist. Die bei CORDIC verwendeten Winkelwerte sind allerdings nicht $\varphi_k = 2^{-k} \cdot 90°$, sondern $\alpha_k := \arctan(2^{-k})$, um die Berechnung im Binärsystem möglichst einfach und schnell durchzuführen.

3.2 Vektoren im Raum

3.2.1 Grundlagen

Wir gehen nun über zu Vektoren im dreidimensionalen Raum $\mathbb{R}^3$. Jedes Element aus der Menge $\mathbb{R}^3 = \{(x, y, z) \mid x, y, z \in \mathbb{R}\}$ entspricht einem Punkt mit den kartesischen Koordinaten (x, y, z). Vektoren, also gerichtete räumliche Größen, werden in $\mathbb{R}^3$ durch einen Spaltenvektor mit drei Einträgen beschrieben, vgl. Abb. 3.20.

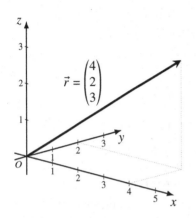

Abb. 3.20a Vektor im Raum   **Abb. 3.20b** Berechnung der Länge

Die algebraischen Rechenoperationen für Vektoren lassen sich auch im Raum geometrisch deuten. So wie in der Ebene $\mathbb{R}^2$ entspricht die Addition von Vektoren dem Aneinander-legen der Pfeile, bei der Multiplikation mit einer Zahl wird der Vektor um diesen Faktor gestreckt usw. Den *Betrag* bzw. die Länge eines Vektors berechnet man durch zweimalige Anwendung des Satzes von Pythagoras (siehe Abb. 3.20b):

$$|\vec{a}| = \sqrt{\left(\sqrt{a_1^2 + a_2^2}\right)^2 + a_3^2} = \sqrt{a_1^2 + a_2^2 + a_3^2}$$

also mit einer ähnlichen Formel wie in der Ebene, nur ergänzt um die dritte Komponente. Das Skalarprodukt zweier Vektoren ist auch im Raum algebraisch definiert als die Summe der Produkte ihrer Einträge:

$$\vec{a} \cdot \vec{b} = \begin{pmatrix} a_1 \\ a_2 \\ a_3 \end{pmatrix} \cdot \begin{pmatrix} b_1 \\ b_2 \\ b_3 \end{pmatrix} := a_1 \cdot b_1 + a_2 \cdot b_2 + a_3 \cdot b_3$$

Mit einer ähnlichen Begründung wie in der Ebene (Kosinussatz im Dreieck $\vec{a}, \vec{b}, \vec{a} - \vec{b}$) ergibt sich dann in $\mathbb{R}^3$ wieder die geometrische Fassung des Skalarprodukts

$$\vec{a} \cdot \vec{b} = |\vec{a}| \cdot |\vec{b}| \cdot \cos \gamma$$

wobei γ den Winkel zwischen den Vektoren $\vec{a} \neq \vec{o}$ und $\vec{b} \neq \vec{o}$ bezeichnet. Zusammenfassend notieren wir: Das *Skalarprodukt* zweier Vektoren im Raum kann man auf drei unterschiedliche Arten berechnen, und zwar

$$\begin{aligned} \vec{a} \cdot \vec{b} &= a_1 \cdot b_1 + a_2 \cdot b_2 + a_3 \cdot b_3 & \text{(algebraische Form)} \\ &= |\vec{a}| \cdot |\vec{b}| \cdot \cos \sphericalangle(\vec{a}, \vec{b}) & \text{(geometrische Form)} \\ &= \vec{a}^{\mathrm{T}} \cdot \vec{b} & \text{(Matrixprodukt)} \end{aligned}$$

Insbesondere bleiben alle geometrischen Aussagen, die wir in $\mathbb{R}^2$ aus dem Skalarprodukt gewonnen haben, auch in $\mathbb{R}^3$ gültig. So können wir den Winkel zwischen den Vektoren $\vec{a} \neq \vec{o}$ und $\vec{b} \neq \vec{o}$ berechnen mit

$$\cos \sphericalangle(\vec{a}, \vec{b}) = \frac{\vec{a} \cdot \vec{b}}{|\vec{a}| \cdot |\vec{b}|}$$

und es gilt $\vec{a} \perp \vec{b}$ genau dann, wenn $\vec{a} \cdot \vec{b} = 0$ erfüllt ist. Ebenso lässt sich die Projektion von $\vec{a}$ auf einen Vektor $\vec{b}$ mit der gleichen Formel wie in der Ebene bestimmen. Weitere Eigenschaften des Skalarprodukts, die man durch Rechnung leicht nachprüfen kann, sind

$$\begin{aligned} \vec{a} \cdot \vec{b} &= \vec{b} \cdot \vec{a} \quad \text{(Kommutativgesetz)} \\ \vec{a} \cdot \vec{a} &= |\vec{a}|^2 \end{aligned}$$

In der Physik findet das Skalarprodukt Anwendung u. a. bei der Berechnung der Arbeit: Wird ein Körper mit einer gleichbleibenden Kraft $\vec{F}$ längs einer Strecke $\vec{s}$ verschoben, dann ist $W = \vec{F} \cdot \vec{s}$ die verrichtete Arbeit.

3.2.2 Das Vektorprodukt

Neben dem Skalarprodukt gibt es in $\mathbb{R}^3$ noch das *Vektorprodukt*, welches für zwei Vektoren $\vec{a}$ und $\vec{b}$ definiert ist durch

$$\vec{a} \times \vec{b} := \begin{pmatrix} a_1 \\ a_2 \\ a_3 \end{pmatrix} \times \begin{pmatrix} b_1 \\ b_2 \\ b_3 \end{pmatrix} = \begin{pmatrix} a_2\,b_3 - a_3\,b_2 \\ a_3\,b_1 - a_1\,b_3 \\ a_1\,b_2 - a_2\,b_1 \end{pmatrix}$$

Das Vektorprodukt, auch Kreuzprodukt genannt, ist also wieder ein Vektor. Beispiel:

$$\begin{pmatrix} 1 \\ -2 \\ 4 \end{pmatrix} \times \begin{pmatrix} -3 \\ 0 \\ 1 \end{pmatrix} = \begin{pmatrix} (-2) \cdot 1 - 4 \cdot 0 \\ 4 \cdot (-3) - 1 \cdot 1 \\ 1 \cdot 0 - (-2)(-3) \end{pmatrix} = \begin{pmatrix} -2 \\ -13 \\ -6 \end{pmatrix}$$

Ähnlich wie das Skalarprodukt für die Winkelberechnung eine wichtige Rolle spielt, enthält auch das Vektorprodukt gewisse geometrische Informationen. Durch direktes Ausrechnen der Länge von $\vec{a} \times \vec{b}$ findet man zunächst die Formel

$$|\vec{a} \times \vec{b}|^2 = (a_2 b_3 - a_3 b_2)^2 + (a_3 b_1 - a_1 b_3)^2 + (a_1 b_2 - a_2 b_1)^2$$
$$= (a_1^2 + a_2^2 + a_3^2) \cdot (b_1^2 + b_2^2 + b_3^2) - (a_1 b_1 + a_2 b_2 + a_3 b_3)^2$$
$$= |\vec{a}|^2 \cdot |\vec{b}|^2 - (\vec{a} \cdot \vec{b})^2$$

Bezeichnet $\gamma = \sphericalangle(\vec{a}, \vec{b})$ den Winkel zwischen $\vec{a}$ und $\vec{b}$, dann können wir das Skalarprodukt ersetzen durch $\vec{a} \cdot \vec{b} = |\vec{a}| \, |\vec{b}| \cos \gamma$ und erhalten

$$|\vec{a} \times \vec{b}|^2 = |\vec{a}|^2 \cdot |\vec{b}|^2 - (|\vec{a}| \cdot |\vec{b}| \cdot \cos \gamma)^2$$
$$= |\vec{a}|^2 \cdot |\vec{b}|^2 \cdot (1 - \cos^2 \gamma) = |\vec{a}|^2 \cdot |\vec{b}|^2 \cdot \sin^2 \gamma$$

Wurzelziehen ergibt schließlich die folgende Formel für die Länge von $\vec{a} \times \vec{b}$:

$$\boxed{|\vec{a} \times \vec{b}| = |\vec{a}| \cdot |\vec{b}| \cdot |\sin \gamma|}$$

Geometrisch ist $|\vec{a} \times \vec{b}|$ der Flächeninhalt des von $\vec{a}$ und $\vec{b}$ aufgespannten Parallelogramms. Dessen Fläche A ist nämlich nach Abb. 3.21 das Produkt aus der Grundlinie $|\vec{a}|$ und der Höhe $|\vec{b}| \cdot |\sin \gamma|$, also genau $A = |\vec{a}| \cdot |\vec{b}| \cdot |\sin \gamma| = |\vec{a} \times \vec{b}|$.

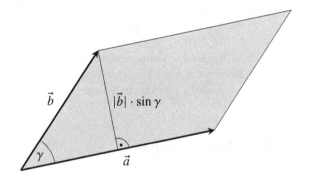

Abb. 3.21 Parallelogramm

Beispiel: Die Fläche A des von den zwei Ortsvektoren

$$\begin{pmatrix} 1 \\ 1 \\ 3 \end{pmatrix} \quad \text{und} \quad \begin{pmatrix} 2 \\ -1 \\ 0 \end{pmatrix}$$

aufgespannten Parallelogramms ist die Länge des Vektors

$$\begin{pmatrix} 1 \\ 1 \\ 3 \end{pmatrix} \times \begin{pmatrix} 2 \\ -1 \\ 0 \end{pmatrix} = \begin{pmatrix} 1 \cdot 0 - 3 \cdot (-1) \\ 3 \cdot 2 - 1 \cdot 0 \\ 1 \cdot (-1) - 2 \cdot 1 \end{pmatrix} = \begin{pmatrix} 3 \\ 6 \\ -3 \end{pmatrix} \implies A = \sqrt{54} = 3\sqrt{6}$$

Die Fläche eines Parallelogramms in der *Ebene* $\mathbb{R}^2$, das von den beiden Vektoren

$$\vec{a} = \begin{pmatrix} a_1 \\ a_2 \end{pmatrix} \quad \text{und} \quad \vec{b} = \begin{pmatrix} b_1 \\ b_2 \end{pmatrix}$$

aufgespannt wird, können wir mit obiger Formel ebenfalls leicht berechnen. Dazu fassen wir die ebenen Vektoren als räumliche Vektoren mit der dritten Komponente 0 auf und bestimmen die Länge des Vektors

$$\vec{c} = \begin{pmatrix} a_1 \\ a_2 \\ 0 \end{pmatrix} \times \begin{pmatrix} b_1 \\ b_2 \\ 0 \end{pmatrix} = \begin{pmatrix} 0 \\ 0 \\ a_1 \cdot b_2 - a_2 \cdot b_1 \end{pmatrix} \implies |\vec{c}| = |a_1 \cdot b_2 - a_2 \cdot b_1|$$

Auf der rechten Seite steht der Betrag der von $\vec{a}$ und $\vec{b}$ erzeugten Determinante, also:

> Das von den Vektoren $\vec{a}$ und $\vec{b}$ in der *Ebene* aufgespannte
> Parallelogramm hat den Flächeninhalt $A = |\det(\vec{a}\ \vec{b})|$

Beispiel: Die Fläche A des von den zwei Ortsvektoren

$$\begin{pmatrix} 1 \\ 1 \end{pmatrix} \quad \text{und} \quad \begin{pmatrix} 2 \\ -1 \end{pmatrix}$$

in der Ebene erzeugten Parallelogramms ist der Betrag der Determinante

$$\begin{vmatrix} 1 & 2 \\ 1 & -1 \end{vmatrix} = -3 \implies A = |-3| = 3$$

Zwei Vektoren $\vec{a}$ und $\vec{b}$ in $\mathbb{R}^3$ nennt man *kollinear*, falls sie die gleiche oder die entgegengesetzte Richtung haben, also *parallel* sind. In diesem Fall schreibt man $\vec{a} \parallel \vec{b}$, und der Winkel zwischen den beiden Vektoren ist entweder $0°$ oder $180°$. Für das Vektorprodukt gilt dann $|\vec{a} \times \vec{b}| = 0$ wegen $\sin 0° = \sin 180° = 0$, und demnach ist $\vec{a} \times \vec{b} = \vec{o}$. Hieraus folgt:

> $\vec{a} \parallel \vec{b}$ genau dann, wenn $\vec{a} \times \vec{b} = \vec{o}$

Beispiel:

$$\begin{pmatrix} 1 \\ -1 \\ 2 \end{pmatrix} \times \begin{pmatrix} -2 \\ 2 \\ -4 \end{pmatrix} = \begin{pmatrix} (-1) \cdot (-4) - 2 \cdot 2 \\ (-4) \cdot 1 - (-2) \cdot 2 \\ 1 \cdot 2 - (-1)(-2) \end{pmatrix} = \begin{pmatrix} 0 \\ 0 \\ 0 \end{pmatrix} \implies \begin{pmatrix} 1 \\ -1 \\ 2 \end{pmatrix} \parallel \begin{pmatrix} -2 \\ 2 \\ -4 \end{pmatrix}$$

Für das Vektorprodukt gelten u. a. noch die folgenden Rechenregeln:

- Das Vektorprodukt ist „anti-kommutativ": $\vec{a} \times \vec{b} = -\vec{b} \times \vec{a}$

- Es gilt die *Graßmann-Identität* (siehe Aufgabe 3.12):

$$\vec{a} \times (\vec{b} \times \vec{c}) = (\vec{a} \cdot \vec{c}) \cdot \vec{b} - (\vec{a} \cdot \vec{b}) \cdot \vec{c}$$

Beide Aussagen lassen sich durch direktes (aber mühsames) Ausrechnen der Vektorprodukte ganz allgemein nachweisen. Die Graßmann-Identität ist benannt nach Hermann Graßmann (1809 - 1877), der mit seiner 1844 veröffentlichten „linealen Ausdehnungslehre" auch als Begründer der Vektorrechnung gilt. Die Graßmann-Formel besagt, dass das doppelte Kreuzprodukt $\vec{a} \times (\vec{b} \times \vec{c})$ einen Vektor ergibt, welcher in der von $\vec{b}$ und $\vec{c}$ aufgespannten Ebene liegt. Hieraus wiederum folgt, dass das Vektorprodukt i. Allg. nicht assoziativ ist:

$$\vec{a} \times (\vec{b} \times \vec{c}) \overset{\text{i.A.}}{\neq} (\vec{a} \times \vec{b}) \times \vec{c}$$

weil die Ergebnisvektoren auf beiden Seiten in unterschiedlichen Ebenen liegen: Der Vektor auf der linken Seite liegt in der Ebene von $\vec{b}$ und $\vec{c}$, der Vektor rechts in der von $\vec{a}$ und $\vec{b}$ aufgespannten Ebene.

Physikalische Anwendungen des Vektorprodukts sind z. B. das Drehmoment $\vec{M} = \vec{r} \times \vec{F}$ für eine am Hebel $\vec{r}$ angreifende Kraft $\vec{F}$ sowie die Lorentz-Kraft: Bewegt sich ein Teilchen mit Ladung q und Geschwindigkeit $\vec{v}$ in einem Magnetfeld $\vec{B}$, so erfährt es die Kraft $\vec{F} = q \cdot (\vec{v} \times \vec{B})$.

3.2.3 Das Spatprodukt

Außer dem Skalar- und Vektorprodukt gibt es in $\mathbb{R}^3$ noch das *Spatprodukt*

$$[\vec{a}\ \vec{b}\ \vec{c}] := \vec{a} \cdot (\vec{b} \times \vec{c})$$

für drei Vektoren $\vec{a}$, $\vec{b}$, $\vec{c}$. Es handelt sich um eine Kombination aus Skalar- und Vektorprodukt, und es liefert als Ergebnis eine Zahl. Wir wollen zunächst eine alternative Möglichkeit zur Bestimmung des Spatprodukts angeben. Dazu führen wir die Berechnung komponentenweise durch:

$$\vec{a} \cdot (\vec{b} \times \vec{c}) = \begin{pmatrix} a_1 \\ a_2 \\ a_3 \end{pmatrix} \cdot \begin{pmatrix} b_2\,c_3 - b_3\,c_2 \\ b_3\,c_1 - b_1\,c_3 \\ b_1\,c_2 - b_2\,c_1 \end{pmatrix}$$

$$= a_1 \cdot (b_2\,c_3 - b_3\,c_2) + a_2 \cdot (b_3\,c_1 - b_1\,c_3) + a_3 \cdot (b_1\,c_2 - b_2\,c_1)$$

$$= a_1 \cdot \begin{vmatrix} b_2 & c_2 \\ b_3 & c_3 \end{vmatrix} + a_2 \cdot \begin{vmatrix} b_3 & c_3 \\ b_1 & c_1 \end{vmatrix} + a_3 \cdot \begin{vmatrix} b_1 & c_1 \\ b_2 & c_2 \end{vmatrix}$$

wobei wir die einzelnen Einträge des Vektors $\vec{b} \times \vec{c}$ jeweils als $(2, 2)$-Determinanten dargestellt haben. Vertauscht man die Zeilen in der mittleren Determinante, so ist

$$\vec{a} \cdot (\vec{b} \times \vec{c}) = a_1 \cdot \begin{vmatrix} b_2 & c_2 \\ b_3 & c_3 \end{vmatrix} - a_2 \cdot \begin{vmatrix} b_1 & c_1 \\ b_3 & c_3 \end{vmatrix} + a_3 \cdot \begin{vmatrix} b_1 & c_1 \\ b_2 & c_2 \end{vmatrix} = \begin{vmatrix} a_1 & b_1 & c_1 \\ a_2 & b_2 & c_2 \\ a_3 & b_3 & c_3 \end{vmatrix}$$

Bei der letzten Umformung haben wir die Entwicklung einer dreireihigen Determinante nach der ersten Spalte benutzt. Somit kann man das Spatprodukt auch mithilfe einer $(3,3)$-Determinante berechnen:

$$[\vec{a}\ \vec{b}\ \vec{c}\,] = \vec{a} \cdot (\vec{b} \times \vec{c}) = \det(\vec{a}\ \vec{b}\ \vec{c}\,)$$

Die Determinantenregeln führen uns nun zu weiteren Eigenschaften des Spatprodukts. Zunächst klären wir die Frage: Was passiert, wenn wir die Vektoren im Spatprodukt vertauschen? Bei jedem Spaltentausch in einer Determinante wechselt das Vorzeichen, und daher ist

$$[\vec{a}\ \vec{b}\ \vec{c}\,] = \det(\vec{a}\ \vec{b}\ \vec{c}\,) = -\det(\vec{c}\ \vec{b}\ \vec{a}\,) = +\det(\vec{c}\ \vec{a}\ \vec{b}\,) = [\vec{c}\ \vec{a}\ \vec{b}\,]$$

Wir können also die Einträge nach rechts verschieben (wobei der letzte Vektor an die erste Position wandert), ohne dass sich das Spatprodukt ändert. Man spricht von einer zyklischen Vertauschung. Insgesamt gilt

$$\vec{a} \cdot (\vec{b} \times \vec{c}) = [\vec{a}\ \vec{b}\ \vec{c}\,] = [\vec{c}\ \vec{a}\ \vec{b}\,] = \vec{c} \cdot (\vec{a} \times \vec{b}) = (\vec{a} \times \vec{b}) \cdot \vec{c}$$

wobei wir zuletzt noch das Kommutativgesetz für das Skalarprodukt benutzt haben. Insgesamt ergeben sich nun drei Möglichkeiten, das Spatprodukt zu berechnen:

$$[\vec{a}\ \vec{b}\ \vec{c}\,] = \vec{a} \cdot (\vec{b} \times \vec{c}) = (\vec{a} \times \vec{b}) \cdot \vec{c} = \det(\vec{a}\ \vec{b}\ \vec{c}\,)$$

Als erste Anwendung des Spatprodukts wollen wir die folgende Eigenschaft des Vektorprodukts nachweisen:

$$\vec{a} \times \vec{b} \text{ ist orthogonal zu } \vec{a} \text{ und } \vec{b}$$

Setzen wir nämlich $\vec{c} = \vec{a}$ oder $\vec{c} = \vec{b}$ in das Spatprodukt ein, dann hat die Determinante zwei gleiche Spalten, sodass gilt:

$$(\vec{a} \times \vec{b}) \cdot \vec{a} = \det(\vec{a}\ \vec{b}\ \vec{a}\,) = 0 \quad \implies \quad \vec{a} \times \vec{b} \perp \vec{a}$$
$$(\vec{a} \times \vec{b}) \cdot \vec{b} = \det(\vec{a}\ \vec{b}\ \vec{b}\,) = 0 \quad \implies \quad \vec{a} \times \vec{b} \perp \vec{b}$$

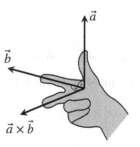

Abb. 3.22 Rechte-Hand-Regel

Folgendes Vektorprodukt gibt Auskunft über die Orientierung von $\vec{a} \times \vec{b}$:

$$\vec{e}_1 \times \vec{e}_2 = \begin{pmatrix} 1 \\ 0 \\ 0 \end{pmatrix} \times \begin{pmatrix} 0 \\ 1 \\ 0 \end{pmatrix} = \begin{pmatrix} 0 \cdot 0 - 0 \cdot 1 \\ 0 \cdot 0 - 1 \cdot 0 \\ 1 \cdot 1 - 0 \cdot 0 \end{pmatrix} = \begin{pmatrix} 0 \\ 0 \\ 1 \end{pmatrix} = \vec{e}_3$$

So wie $\vec{e}_1$, $\vec{e}_2$ und $\vec{e}_3 = \vec{e}_1 \times \vec{e}_2$ bilden dann auch allgemein $\vec{a}$, $\vec{b}$ und $\vec{a} \times \vec{b}$ ein *Rechtssystem*, d. h., die Vektoren entsprechen den Fingern der rechten Hand in der Reihenfolge gemäß Abb. 3.22.

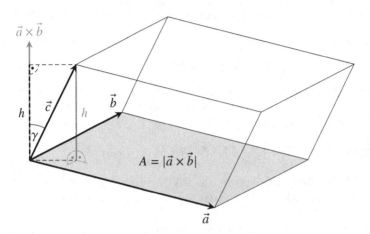

Abb. 3.23 Parallelotop (Spat)

Als weitere Anwendung des Spatprodukts berechnen wir das Volumen eines Spats. Ein solcher Körper, auch Parallelotop oder Parallelepiped genannt, wird von drei Vektoren $\vec{a}$, $\vec{b}$, $\vec{c}$ aufgespannt. Das Volumen ergibt sich aus dem Produkt Grundfläche mal Höhe. Die Grundfläche ist das von $\vec{a}$ und $\vec{b}$ aufgespannte Parallelogramm mit der Fläche $|\vec{a} \times \vec{b}|$. Die Höhe wird senkrecht zu diesem Parallelogramm und damit in Richtung des Vektors $\vec{a} \times \vec{b}$ gemessen. Bezeichnet γ den Winkel zwischen $\vec{a} \times \vec{b}$ und $\vec{c}$, siehe Abb. 3.23, dann ist $h = |\vec{c}| \cdot \cos\gamma$ die Höhe des Spats, und demnach hat der Körper das Volumen

$$V = |\vec{a} \times \vec{b}| \cdot h = |\vec{a} \times \vec{b}| \cdot |\vec{c}| \cdot \cos\gamma = |(\vec{a} \times \vec{b}) \cdot \vec{c}| = [\,\vec{a}\ \vec{b}\ \vec{c}\,]$$

Falls das Spatprodukt negativ ist, muss man den Betrag nehmen, sodass schließlich

$$V = |[\,\vec{a}\ \vec{b}\ \vec{c}\,]|$$

das gesuchte Volumen des von $\vec{a}$, $\vec{b}$, $\vec{c}$ erzeugten Spats ist.

Beispiel: Der von den Vektoren

$$\vec{a} = \begin{pmatrix} 1 \\ -1 \\ 2 \end{pmatrix}, \quad \vec{b} = \begin{pmatrix} 0 \\ 1 \\ -1 \end{pmatrix}, \quad \vec{c} = \begin{pmatrix} 2 \\ -1 \\ -1 \end{pmatrix}$$

aufgespannte Spat hat das Volumen

$$V = \left| \begin{vmatrix} 1 & 0 & 2 \\ -1 & 1 & -1 \\ 2 & -1 & -1 \end{vmatrix} \right| = |-4| = 4$$

Wir können das Spatprodukt auch verwenden, um zu prüfen, ob drei Vektoren $\vec{a}, \vec{b}, \vec{c}$ in einer Ebene liegen, also *komplanar* sind. Dies ist genau dann der Fall, wenn der von diesen Vektoren aufgespannte Spat das Volumen 0 hat:

$\vec{a}, \vec{b}, \vec{c}$ sind komplanar genau dann, wenn $[\vec{a}\ \vec{b}\ \vec{c}] = 0$

Beispiel: Die drei Vektoren

$$\vec{a} = \begin{pmatrix} 1 \\ -1 \\ 2 \end{pmatrix}, \quad \vec{b} = \begin{pmatrix} 0 \\ 1 \\ -1 \end{pmatrix}, \quad \vec{c} = \begin{pmatrix} 2 \\ -1 \\ 3 \end{pmatrix}$$

liegen in einer Ebene, sind also komplanar, denn es gilt

$$[\vec{a}\ \vec{b}\ \vec{c}] = \begin{vmatrix} 1 & 0 & 2 \\ -1 & 1 & -1 \\ 2 & -1 & 3 \end{vmatrix} = 0$$

3.3 Geraden und Ebenen

3.3.1 Geraden im Raum

Eine Gerade g im Raum lässt sich eindeutig festlegen durch einen Punkt P_0, genannt *Stützpunkt* (oder *Aufpunkt* bzw. *Fußpunkt*), sowie einen *Richtungsvektor* $\vec{a} \neq \vec{o}$. Bezeichnet $\vec{r}_0$ den Ortsvektor des Stützpunkts, dann können wir alle Punkte auf g als Ortsvektoren $\vec{r}_0 + \lambda \cdot \vec{a}$ mit einem (frei wählbaren) Parameter $\lambda \in \mathbb{R}$ darstellen, d. h., ausgehend vom Stützpunkt $\vec{r}_0$ erreichen wir durch Addition von Vielfachen des Richtungsvektors jeden Geradenpunkt. Diese beiden Daten – Stützpunkt und Richtungsvektor – fassen wir zusammen in der **Punkt-Richtungs-Form** der Gerade:

$$g : \vec{r}_0 + \lambda \cdot \vec{a}$$

Beispiel: Die Gleichung der Gerade durch $(2, -1, 3)$ in Richtung des Vektors

$$\begin{pmatrix} 4 \\ 2 \\ -1 \end{pmatrix} \quad \text{lautet} \quad g : \begin{pmatrix} 2 \\ -1 \\ 3 \end{pmatrix} + \lambda \cdot \begin{pmatrix} 4 \\ 2 \\ -1 \end{pmatrix}$$

Diese liefert uns z. B. für $\lambda = -1$ den Ortsvektor

$$\vec{r} = \begin{pmatrix} 2 \\ -1 \\ 3 \end{pmatrix} + (-1) \cdot \begin{pmatrix} 4 \\ 2 \\ -1 \end{pmatrix} = \begin{pmatrix} -2 \\ -3 \\ 4 \end{pmatrix}$$

welcher zum Punkt $P = (-2, -3, 4)$ auf der Gerade g gehört.

Eine Gerade kann man auch durch zwei Punkte im Raum festlegen. In diesem Fall nehmen wir als Richtungsvektor den Verbindungsvektor der beiden Punkte.

Beispiel: Gesucht ist die Gerade durch die Punkte $P_0 = (1, 1, 1)$ und $P_1 = (2, 0, -1)$. Als Stützpunkt wählen wir P_0, und den Richtungsvektor bestimmen wir mit

$$\vec{a} = \overrightarrow{P_0 P_1} = \begin{pmatrix} 2 \\ 0 \\ -1 \end{pmatrix} - \begin{pmatrix} 1 \\ 1 \\ 1 \end{pmatrix} = \begin{pmatrix} 1 \\ -1 \\ -2 \end{pmatrix} \implies g : \begin{pmatrix} 1 \\ 1 \\ 1 \end{pmatrix} + \lambda \cdot \begin{pmatrix} 1 \\ -1 \\ -2 \end{pmatrix}$$

Die vorgegebenen Punkte P_0 und P_1 entsprechen hier den Werten $\lambda = 0$ bzw. $\lambda = 1$.

Abstand Punkt – Gerade

Zu den Grundaufgaben der (rechnergestützten) Konstruktion gehört die Bestimmung des Abstands eines Punktes von einer Linie oder Kante. Aus mathematischer Sicht ist hier ein Punkt P_1 mit dem Ortsvektor $\vec{r}_1$ gegeben, und gesucht ist der kürzeste bzw. senkrechte Abstand d von P_1 zu einer Gerade $g : \vec{r}_0 + \lambda \cdot \vec{a}$.

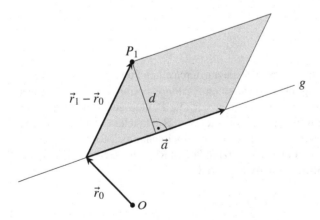

Abb. 3.24 Abstandsberechnung von P_1 zu g

Zur Berechnung des Abstands benutzen wir folgenden Trick: Der Verbindungsvektor $\vec{r}_1 - \vec{r}_0$ vom Geradenstützpunkt P_0 zum Punkt P_1 spannt zusammen mit dem Richtungsvektor $\vec{a}$ von g ein Parallelogramm auf (Abb. 3.24). Der zu berechnende Abstand d ist zugleich die Höhe des Parallelogramms mit der Grundlinie $\vec{a}$. Das Parallelogramm hat einerseits den Flächeninhalt $A = |\vec{a} \times (\vec{r}_1 - \vec{r}_0)|$, und andererseits ist die Fläche aber auch gleich dem Produkt Grundlinie mal Höhe, also $A = |\vec{a}| \cdot d$. Beide Formeln liefern das gleiche Ergebnis, und daher können wir nach d auflösen:

$$d = \frac{|\vec{a} \times (\vec{r}_1 - \vec{r}_0)|}{|\vec{a}|}$$

Beispiel: Welchen Abstand hat der Punkt $P = (0, -1, 4)$ von der Gerade

$$g : \begin{pmatrix} 0 \\ 1 \\ 1 \end{pmatrix} + \lambda \cdot \begin{pmatrix} 2 \\ -2 \\ 1 \end{pmatrix} \quad ?$$

Es ist

$$\vec{a} = \begin{pmatrix} 2 \\ -2 \\ 1 \end{pmatrix}, \quad \vec{r}_1 = \begin{pmatrix} 0 \\ -1 \\ 4 \end{pmatrix}, \quad \vec{r}_0 = \begin{pmatrix} 0 \\ 1 \\ 1 \end{pmatrix} \quad \Longrightarrow \quad \vec{r}_1 - \vec{r}_0 = \begin{pmatrix} 0 \\ -2 \\ 3 \end{pmatrix}$$

Wir brauchen noch $|\vec{a}| = \sqrt{2^2 + (-2)^2 + 1^2} = \sqrt{9} = 3$ sowie

$$\vec{a} \times (\vec{r}_1 - \vec{r}_0) = \begin{pmatrix} -4 \\ -6 \\ -4 \end{pmatrix} \quad \Longrightarrow \quad |\vec{a} \times (\vec{r}_1 - \vec{r}_0)| = \sqrt{4^2 + 6^2 + 4^2} = \sqrt{68}$$

und erhalten den Abstand $d = \frac{\sqrt{68}}{3} = \frac{2}{3}\sqrt{17} \approx 2{,}75$.

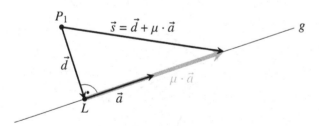

Abb. 3.25 Kürzester = senkrechter Abstand?

Wir wollen abschließend noch die Frage klären, warum der *kürzeste* zugleich auch der *senkrechte* Abstand ist. Bezeichnet $\vec{d} \perp \vec{a}$ den Verbindungsvektor von P_1 zum Lotfußpunkt L auf der Gerade g mit dem Richtungsvektor $\vec{a}$, siehe Abb. 3.25, dann können wir den Verbindungsvektor von P_1 zu einem beliebigen Punkt auf g in der Form $\vec{s} = \vec{d} + \mu \cdot \vec{a}$ mit einem passenden Skalierungsfaktor $\mu \in \mathbb{R}$ schreiben. Dieser hat die Länge

$$|\vec{s}|^2 = \vec{s} \cdot \vec{s} = (\vec{d} + \mu\,\vec{a}) \cdot (\vec{d} + \mu\,\vec{a}) = \vec{d} \cdot \vec{d} + \vec{d} \cdot (\mu\,\vec{a}) + (\mu\,\vec{a}) \cdot \vec{d} + (\mu\,\vec{a}) \cdot (\mu\,\vec{a})$$

Wegen $\vec{d} \perp \mu\,\vec{a}$ gilt $\vec{d} \cdot (\mu\,\vec{a}) = (\mu\,\vec{a}) \cdot \vec{d} = 0$, und hieraus folgt

$$|\vec{s}|^2 = \vec{d} \cdot \vec{d} + (\mu\,\vec{a}) \cdot (\mu\,\vec{a}) = |\vec{d}|^2 + \mu^2 \cdot |\vec{a}|^2 \geq |\vec{d}|^2$$

Der Ausdruck auf der rechten Seite nimmt seinen kleinsten Wert für $\mu = 0$ an. Der Vektor mit der kleinsten Länge (also dem kürzesten Abstand zu g) ist dann $\vec{s} = \vec{d} + 0 \cdot \vec{a} = \vec{d}$, und das ist der Vektor von P_1 auf den Lotfußpunkt senkrecht zu g.

3.3.2 Ebenen im Raum

Zur Beschreibung einer Ebene in $\mathbb{R}^3$ benötigen wir wieder einen Stützpunkt P bzw. Ortsvektor $\vec{r}_0$, der in der Ebene liegt, sowie jetzt *zwei* Richtungsvektoren $\vec{a}_1$, $\vec{a}_2 \neq \vec{o}$ mit $\vec{a}_1 \nparallel \vec{a}_2$, welche die Ebene aufspannen. Wir erreichen dann alle Punkte $\vec{r}$ der Ebene, indem wir zum Ortsvektor $\vec{r}_0$ beliebige Vielfache der Richtungsvektoren $\vec{a}_1$ und/oder $\vec{a}_2$ addieren, siehe Abb. 3.26. Die *Punkt-Richtungs-Form* der Ebene lautet demnach

$$E \;:\; \vec{r}_0 + \lambda_1 \cdot \vec{a}_1 + \lambda_2 \cdot \vec{a}_2$$

mit zwei freien Parametern $\lambda_1 \in \mathbb{R}$ und $\lambda_2 \in \mathbb{R}$. Alternativ kann man auch drei verschiedene Punkte P_0, P_1 und P_2 angeben, die in der Ebene liegen sollen. Bezeichnen $\vec{r}_0$, $\vec{r}_1$ und $\vec{r}_2$ die zugehörigen Ortsvektoren, dann wird die Ebene durch $\vec{r}_0$ von den Richtungsvektoren $\vec{a}_1 = \vec{r}_1 - \vec{r}_0$ und $\vec{a}_2 = \vec{r}_2 - \vec{r}_0$ aufgespannt. Diese führen uns zur Ebenengleichung in der *Drei-Punkte-Form*

$$E \;:\; \vec{r}_0 + \lambda_1 \cdot (\vec{r}_1 - \vec{r}_0) + \lambda_2 \cdot (\vec{r}_2 - \vec{r}_0)$$

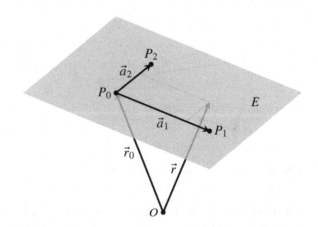

Abb. 3.26 Punkt-Richtungs-Form einer Ebene

Beispiel 1. Gesucht ist die Gleichung der Ebene durch die Punkte $P_0 = (1, 1, 1)$, $P_1 = (2, 0, 2)$ und $P_2 = (1, 3, 0)$. Aus den Ortsvektoren der drei Punkte

$$\vec{r}_0 = \begin{pmatrix} 1 \\ 1 \\ 1 \end{pmatrix}, \quad \vec{r}_1 = \begin{pmatrix} 2 \\ 0 \\ 2 \end{pmatrix}, \quad \vec{r}_2 = \begin{pmatrix} 1 \\ 3 \\ 0 \end{pmatrix}$$

wählen wir $\vec{r}_0$ als Stützpunkt aus, bilden die Richtungsvektoren

$$\vec{a}_1 = \vec{r}_1 - \vec{r}_0 = \begin{pmatrix} 1 \\ -1 \\ 1 \end{pmatrix}, \quad \vec{a}_2 = \vec{r}_2 - \vec{r}_0 = \begin{pmatrix} 0 \\ 2 \\ -1 \end{pmatrix}$$

und erhalten daraus die Ebenengleichung in vektorieller Form

$$E : \begin{pmatrix} 1 \\ 1 \\ 1 \end{pmatrix} + \lambda_1 \cdot \begin{pmatrix} 1 \\ -1 \\ 1 \end{pmatrix} + \lambda_2 \cdot \begin{pmatrix} 0 \\ 2 \\ -1 \end{pmatrix}$$

Es gibt aber noch eine weitere Möglichkeit, eine Ebene E festzulegen, nämlich durch einen Stützpunkt P_0 (Ortsvektor $\vec{r}_0$) sowie einen *Normalenvektor* $\vec{n}$ senkrecht zu E. Für einen beliebigen Punkt in der Ebene mit dem Ortsvektor $\vec{r}$ liegt dann der Differenzvektor $\vec{r} - \vec{r}_0$ in E und muss demnach orthogonal zu $\vec{n}$ sein, siehe Abb. 3.27. Damit erfüllen die Ortsvektoren $\vec{r}$ von E die **Normalenform** der Ebenengleichung

$$E : \vec{n} \cdot (\vec{r} - \vec{r}_0) = 0$$

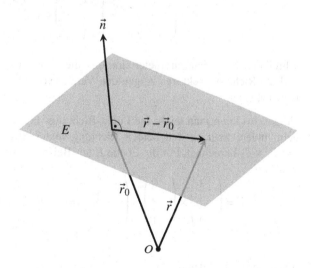

Abb. 3.27 Ebene mit Normalenvektor

Beispiel 2. Die Normalenform der Ebene E durch den Punkt $P = (2, -1, 3)$ senkrecht zum Vektor

$$\vec{n} = \begin{pmatrix} 4 \\ 2 \\ -1 \end{pmatrix} \quad \text{lautet} \quad E : \begin{pmatrix} 4 \\ 2 \\ -1 \end{pmatrix} \cdot \left(\vec{r} - \begin{pmatrix} 2 \\ -1 \\ 3 \end{pmatrix} \right) = 0$$

Mit nur zwei Daten, dem Ortsvektor $\vec{r}_0$ von P_0 und dem Normalenvektor $\vec{n}$ zu E, erlaubt die Normalenform zwar eine sehr kompakte Beschreibung der Ebene, jedoch ist die Normalenform weniger anschaulich als die Punkt-Richtungs-Form. Wir wollen daher die Normalenform aus obigem Beispiel in eine Punkt-Richtungs-Form umwandeln, und dazu berechnen wir für die Punkte (x, y, z) in E das Skalarprodukt

$$0 = \begin{pmatrix} 4 \\ 2 \\ -1 \end{pmatrix} \cdot \left(\begin{pmatrix} x \\ y \\ z \end{pmatrix} - \begin{pmatrix} 2 \\ -1 \\ 3 \end{pmatrix} \right) = \begin{pmatrix} 4 \\ 2 \\ -1 \end{pmatrix} \cdot \begin{pmatrix} x - 2 \\ y + 1 \\ z - 3 \end{pmatrix}$$

$$\implies \quad 4(x-2) + 2(y+1) - (z-3) = 0$$

Hieraus ergibt sich zunächst die *Koordinatendarstellung* der Ebene

$$4x + 2y - z - 3 = 0$$

Ein Punkt (x, y, z) liegt genau dann in der gesuchten Ebene, wenn die Koordinaten die Bedingung $4x + 2y - z - 3 = 0$ erfüllen. Lösen wir diese Bedingung beispielsweise nach z auf, also $z = 4x + 2y - 3$, und setzen wir dieses Ergebnis in $\vec{r}$ ein, dann können wir die Ortsvektoren der Ebene in Punkt-Richtungs-Form

$$\vec{r} = \begin{pmatrix} x \\ y \\ 4x + 2y - 3 \end{pmatrix} = \begin{pmatrix} 0 \\ 0 \\ -3 \end{pmatrix} + x \cdot \begin{pmatrix} 1 \\ 0 \\ 4 \end{pmatrix} + y \cdot \begin{pmatrix} 0 \\ 1 \\ 2 \end{pmatrix}$$

schreiben. Die freien Parameter sind hier die x- und y-Koordinaten der Ebenenpunkte, und die Richtungsvektoren zeigen den Verlauf von E in den Koordinatenebenen (x, z) bzw. (y, z) an.

Umgekehrt kann man leicht die Punkt-Richtungs-Form in eine Normalenform umwandeln, indem man zu den beiden Richtungsvektoren $\vec{a}_1$ und $\vec{a}_2$ den Normalenvektor $\vec{n} = \vec{a}_1 \times \vec{a}_2$ berechnet. Für die Ebene E aus Beispiel 1 ist

$$\vec{n} = \begin{pmatrix} 1 \\ -1 \\ 1 \end{pmatrix} \times \begin{pmatrix} 0 \\ 2 \\ -1 \end{pmatrix} = \begin{pmatrix} -1 \\ 1 \\ 2 \end{pmatrix} \quad \implies \quad E : \begin{pmatrix} -1 \\ 1 \\ 2 \end{pmatrix} \cdot \left(\vec{r} - \begin{pmatrix} 1 \\ 1 \\ 1 \end{pmatrix} \right) = 0$$

Abstand Punkt – Ebene

Gegeben ist ein Punkt P_1 (Ortsvektor $\vec{r}_1$) sowie eine Ebene E in Punkt-Richtungs-Form

$$E \; : \; \vec{r}_0 + \lambda_1 \cdot \vec{a}_1 + \lambda_2 \cdot \vec{a}_2$$

Welchen (kürzesten bzw. senkrechten) Abstand d hat der Punkt P_1 von E?

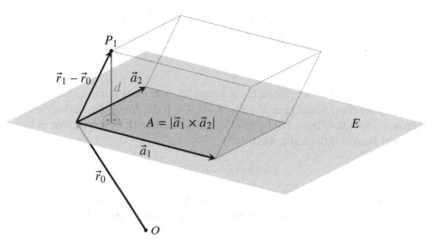

Abb. 3.28 Zum Abstand von P_1 zu E

Zur Berechnung von d verwenden wir eine ähnliche Methode wie bei der Abstandsbe-rechnung Punkt – Gerade. Der Vektor $\vec{r}_1 - \vec{r}_0$ vom Stützpunkt der Ebene zum Punkt P_1 spannt zusammen mit den Richtungsvektoren $\vec{a}_1$ und $\vec{a}_2$ einen Spat auf, dessen Höhe gerade der gesuchte Abstand d ist, siehe Abb. 3.28. Das Volumen dieses Parallelotops können wir mit zwei unterschiedlichen Formeln berechnen: entweder mit dem Spatpro-dukt $V = |(\vec{a}_1 \times \vec{a}_2) \cdot (\vec{r}_1 - \vec{r}_0)|$, oder mit der Formel Volumen = Grundfläche A mal Höhe d. Da die Grundfläche das von $\vec{a}_1$ und $\vec{a}_2$ aufgespannte Parallelogramm ist, gilt $V = |\vec{a}_1 \times \vec{a}_2| \cdot d$. Auflösen nach d ergibt

$$|(\vec{a}_1 \times \vec{a}_2) \cdot (\vec{r}_1 - \vec{r}_0)| = |\vec{a}_1 \times \vec{a}_2| \cdot d \quad \Longrightarrow \quad d = \frac{|(\vec{a}_1 \times \vec{a}_2) \cdot (\vec{r}_1 - \vec{r}_0)|}{|\vec{a}_1 \times \vec{a}_2|}$$

Hierbei ist $\vec{n} = \vec{a}_1 \times \vec{a}_2$ ein Normalenvektor zu E. Ist ein solcher bereits bekannt, dann vereinfacht sich die Formel zu

$$d = \frac{|\vec{n} \cdot (\vec{r}_1 - \vec{r}_0)|}{|\vec{n}|}$$

Beispiel: Gesucht ist der Abstand des Punktes $P_1 = (2, -1, 0)$ zur Ebene

$$\text{durch} \quad \vec{r}_0 = \begin{pmatrix} 1 \\ 0 \\ 3 \end{pmatrix} \quad \text{senkrecht zu} \quad \vec{n} = \begin{pmatrix} 2 \\ -2 \\ 1 \end{pmatrix}$$

Wir berechnen

$$\vec{r}_1 - \vec{r}_0 = \begin{pmatrix} 2 \\ -1 \\ 0 \end{pmatrix} - \begin{pmatrix} 1 \\ 0 \\ 3 \end{pmatrix} = \begin{pmatrix} 1 \\ -1 \\ -3 \end{pmatrix}$$

$$\vec{n} \cdot (\vec{r}_1 - \vec{r}_0) = 2 \cdot 1 + (-2) \cdot (-1) + 1 \cdot (-3) = 1$$

$$|\vec{n}| = \sqrt{2^2 + 2^2 + 1^2} = \sqrt{9} = 3 \quad \Longrightarrow \quad d = \tfrac{1}{3}$$

Hat der Normalenvektor $\vec{n}$ einer Ebene E die Länge $|\vec{n}| = 1$, ist also $\vec{n}$ ein „Einheitsnor-malenvektor" zu E, dann nennt man $E : \vec{n} \cdot (\vec{r} - \vec{r}_0) = 0$ die *Hesse-Normalenform* der Ebene (benannt nach Otto Hesse 1811 - 1874). In diesem Spezialfall vereinfacht sich die Abstandsformel Punkt – Ebene abermals:

$$d = |\vec{n} \cdot (\vec{r}_1 - \vec{r}_0)|$$

Im Prinzip muss man also nur den Punkt $\vec{r} = \vec{r}_1$ in die Ebenengleichung einsetzen und ggf. das Vorzeichen ändern. Die Punkte in der Ebene haben dann, was nicht überraschend ist, von E den Abstand $d = 0$.

3.3.3 Lagebestimmung

Neben den bereits durchgeführten Abstandsberechnungen ist die Untersuchung der La-ge zweier geometrischer Objekte (Geraden und/oder Ebenen) zueinander eine weitere wichtige Anwendung der Vektorrechnung. Dabei stellen sich grundsätzlich die folgenden Fragen: Sind zwei dieser Objekte parallel? Falls ja, wie ermittelt man den Abstand der Objekte? Andernfalls gibt es eine Schnittmenge, die bestimmt werden soll, wobei in der Regel dann auch der Schnittwinkel von Interesse ist. Wir beginnen mit der Lagebestim-mung von

Gerade und Ebene

Gegeben ist eine Gerade $g : \vec{r}_0 + \lambda_1 \cdot \vec{a}_1$ mit dem Stützpunkt $\vec{r}_0$ und dem Richtungsvektor $\vec{a}_1$ sowie eine Ebene

$$E : \vec{r}_1 + \lambda_2 \cdot \vec{a}_2 + \lambda_3 \cdot \vec{a}_3$$

in Punkt-Richtungs-Form mit dem Stützpunkt $\vec{r}_1$ und Normalenvektor $\vec{n} = \vec{a}_2 \times \vec{a}_3$. Falls der Richtungsvektor $\vec{a}_1$ von g senkrecht zum Normalenvektor $\vec{n}$ von E ist, also $\vec{n} \cdot \vec{a}_1 = 0$ gilt, dann sind g und E parallel mit dem

> **Abstand Gerade – Ebene:** $\quad d = \dfrac{|\vec{n} \cdot (\vec{r}_1 - \vec{r}_0)|}{|\vec{n}|}$

(= Abstand des Geradenpunkts $\vec{r}_0$ von der Ebene). Ist $d = 0$, dann liegt die Gerade g sogar vollständig in der Ebene E. Im Fall $\vec{n} \cdot \vec{a}_1 \neq 0$ sind g und E nicht parallel – sie schneiden sich in genau einem Punkt. Der Schnittpunkt $\vec{s} = \vec{r}_0 + \lambda_1 \cdot \vec{a}_1$ auf g muss auch die Ebenengleichung in Normalenform erfüllen, also

$$0 = \vec{n} \cdot (\vec{s} - \vec{r}_1) = \vec{n} \cdot (\vec{r}_0 + \lambda_1 \cdot \vec{a}_1 - \vec{r}_1)$$

Aus dieser Gleichung ergibt sich zunächst der unbekannte Parameterwert λ_1:

$$\lambda_1 \cdot (\vec{n} \cdot \vec{a}_1) = \vec{n} \cdot (\vec{r}_1 - \vec{r}_0) \quad \Longrightarrow \quad \lambda_1 = \frac{\vec{n} \cdot (\vec{r}_1 - \vec{r}_0)}{\vec{n} \cdot \vec{a}_1}$$

und damit lässt sich der Ort des Schnittpunkts S auf der Gerade g berechnen:

> **Schnittpunkt Gerade – Ebene:** $\quad \vec{s} = \vec{r}_0 + \dfrac{\vec{n} \cdot (\vec{r}_1 - \vec{r}_0)}{\vec{n} \cdot \vec{a}_1} \cdot \vec{a}_1$

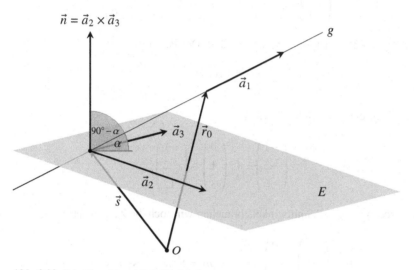

Abb. 3.29 Schnittpunkt und Schnittwinkel

Den Schnittwinkel α zwischen g und E erhält man aus dem Komplementwinkel zwischen dem Richtungsvektor $\vec{a}_1$ von g und dem Normalenvektor $\vec{n}$ der Ebene, siehe Abb. 3.29:

$$\sin \alpha = \cos(90° - \alpha) = \frac{\vec{n} \cdot \vec{a}_1}{|\vec{n}| \cdot |\vec{a}_1|}$$

Im Gegensatz zu Vektoren, die eine *eindeutige* Richtung haben und damit einen Zwischenwinkel von 0° bis 180° bilden können, kann man die Gerade g auch entgegengesetzt zum Richtungsvektor $\vec{a}_1$ (also in Richtung $-\vec{a}_1$) durchlaufen. In diesem Fall ist der Schnittwinkel

$$\sin \alpha = \frac{\vec{n} \cdot (-\vec{a}_1)}{|\vec{n}| \cdot |-\vec{a}_1|} = -\frac{\vec{n} \cdot \vec{a}_1}{|\vec{n}| \cdot |\vec{a}_1|}$$

Aus praktischen Gründen vereinbart man, immer den kleineren Schnittwinkel zu nehmen, der dann stets zwischen 0° und 90° liegt, und dieser ergibt sich aus der Formel

Schnittwinkel Gerade – Ebene: $\sin \alpha = \dfrac{|\vec{n} \cdot \vec{a}_1|}{|\vec{n}| \cdot |\vec{a}_1|}$

Beispiel: Wir untersuchen die gegenseitige Lage von

$$g : \begin{pmatrix} -1 \\ -2 \\ 0 \end{pmatrix} + \lambda_1 \cdot \begin{pmatrix} 0 \\ 1 \\ 3 \end{pmatrix} \quad \text{und} \quad E : \begin{pmatrix} -1 \\ 0 \\ 2 \end{pmatrix} + \lambda_2 \cdot \begin{pmatrix} 1 \\ -2 \\ -3 \end{pmatrix} + \lambda_3 \cdot \begin{pmatrix} 2 \\ -3 \\ -1 \end{pmatrix}$$

Für die weitere Rechnung brauchen wir den Normalenvektor der Ebene sowie den Verbindungsvektor der Stützpunkte:

$$\vec{n} = \begin{pmatrix} 1 \\ -2 \\ -3 \end{pmatrix} \times \begin{pmatrix} 2 \\ -3 \\ -1 \end{pmatrix} = \begin{pmatrix} -7 \\ -5 \\ 1 \end{pmatrix}, \quad \vec{r}_1 - \vec{r}_0 = \begin{pmatrix} -1 \\ 0 \\ 2 \end{pmatrix} - \begin{pmatrix} -1 \\ -2 \\ 0 \end{pmatrix} = \begin{pmatrix} 0 \\ 2 \\ 2 \end{pmatrix}$$

Wegen $\vec{n} \cdot \vec{a}_1 = -2 \neq 0$ ist g nicht parallel zu E. Der Parameterwert

$$\lambda_1 = \frac{\vec{n} \cdot (\vec{r}_1 - \vec{r}_0)}{\vec{n} \cdot \vec{a}_1} = \frac{-8}{-2} = 4$$

liefert den Ortsvektor des Schnittpunkts

$$\vec{s} = \begin{pmatrix} -1 \\ -2 \\ 0 \end{pmatrix} + 4 \cdot \begin{pmatrix} 0 \\ 1 \\ 3 \end{pmatrix} = \begin{pmatrix} -1 \\ 2 \\ 12 \end{pmatrix}$$

Für die Berechnung des Schnittwinkels brauchen wir noch die Zahlenwerte

$$\vec{n} \cdot \vec{a}_1 = \begin{pmatrix} -7 \\ -5 \\ 1 \end{pmatrix} \cdot \begin{pmatrix} 0 \\ 1 \\ 3 \end{pmatrix} = -2, \quad |\vec{n}| = \sqrt{75}, \quad |\vec{a}_1| = \sqrt{10}$$

$$\sin \alpha = \frac{|-2|}{\sqrt{75} \cdot \sqrt{10}} = \frac{2}{5\sqrt{30}} \approx 0{,}073 \quad \Longrightarrow \quad \alpha \approx 4{,}2°$$

Gerade und Gerade

Zwei Geraden $g_1 : \vec{r}_1 + \lambda_1 \cdot \vec{a}_1$ und $g_2 : \vec{r}_2 + \lambda_2 \cdot \vec{a}_2$ im Raum $\mathbb{R}^3$ können ebenfalls ganz unterschiedliche Lagen zueinander einnehmen. Im Fall $\vec{a}_1 \times \vec{a}_2 = \vec{o}$ sind die Richtungsvektoren und damit auch die Geraden parallel. Ihr Abstand ist zugleich der Abstand des Stützpunkts von g_2 zur Gerade g_1. Hieraus ergibt sich der

Abstand paralleler Geraden: $d = \dfrac{|\vec{a}_1 \times (\vec{r}_2 - \vec{r}_1)|}{|\vec{a}_1|}$

wobei $d = 0$ bedeutet, dass beide Geraden zusammenfallen.

Falls $\vec{a}_1 \times \vec{a}_2 \neq \vec{o}$ gilt, dann sind g_1 und g_2 nicht parallel – entweder sie schneiden sich in einem Punkt, oder sie liegen *windschief* zueinander. Eine Abstandsformel erhält man mit folgender Idee: Wir wählen eine Ebene, die g_1 enthält und parallel zu g_2 ist, also (vgl. Abb. 3.30):

$$E : \underbrace{\vec{r}_1 + \lambda_1 \cdot \vec{a}_1}_{= g_1} + \underbrace{\lambda_2 \cdot \vec{a}_2}_{\| g_2}$$

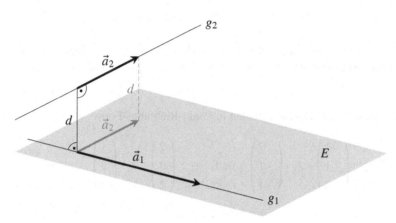

Abb. 3.30 Berechnung des Abstands windschiefer Geraden

Nun berechnen wir den Abstand von $\vec{r}_2$ (= Stützpunkt von g_2) zu E und erhalten den

Abstand windschiefer Geraden: $d = \dfrac{|(\vec{a}_1 \times \vec{a}_2) \cdot (\vec{r}_2 - \vec{r}_1)|}{|\vec{a}_1 \times \vec{a}_2|}$

Ist $d = 0$, dann schneiden sich g_1 und g_2, wobei man den Schnittpunkt aus der Vektorgleichung bzw. dem $(3, 2)$-LGS

$$\vec{r}_1 + \lambda_1 \cdot \vec{a}_1 = \vec{r}_2 + \lambda_2 \cdot \vec{a}_2$$

ermittelt. Den *Schnittwinkel* der beiden Geraden erhält man aus dem Zwischenwinkel der beiden Richtungsvektoren

$$\cos \alpha = \frac{|\vec{a}_1 \cdot \vec{a}_2|}{|\vec{a}_1| \cdot |\vec{a}_2|}$$

wobei der Betrag im Zähler auf der rechten Seite einen Schnittwinkel zwischen $0°$ und $90°$ garantiert.

Beispiel 1. Wir untersuchen die gegenseitige Lage der beiden Geraden

$$g_1 : \begin{pmatrix} 0 \\ 0 \\ -1 \end{pmatrix} + \lambda_1 \cdot \begin{pmatrix} 1 \\ -1 \\ 1 \end{pmatrix} \quad \text{und} \quad g_2 : \begin{pmatrix} 1 \\ 2 \\ 2 \end{pmatrix} + \lambda_2 \cdot \begin{pmatrix} 1 \\ 2 \\ -1 \end{pmatrix}$$

Wir berechnen zunächst die für die Abstandsformeln benötigten Vektoren

$$\vec{a}_1 \times \vec{a}_2 = \begin{pmatrix} 1 \\ -1 \\ 1 \end{pmatrix} \times \begin{pmatrix} 1 \\ 2 \\ -1 \end{pmatrix} = \begin{pmatrix} -1 \\ 2 \\ 3 \end{pmatrix}, \quad \vec{r}_2 - \vec{r}_1 = \begin{pmatrix} 1 \\ 2 \\ 2 \end{pmatrix} - \begin{pmatrix} 0 \\ 0 \\ -1 \end{pmatrix} = \begin{pmatrix} 1 \\ 2 \\ 3 \end{pmatrix}$$

Wegen $\vec{a}_1 \times \vec{a}_2 \neq \vec{o}$ sind g_1 und g_2 nicht parallel. Der Abstand der beiden Geraden ergibt sich aus

$$(\vec{a}_1 \times \vec{a}_2) \cdot (\vec{r}_2 - \vec{r}_1) = 12, \quad |\vec{a}_1 \times \vec{a}_2| = \sqrt{14} \quad \Longrightarrow \quad d = \frac{12}{\sqrt{14}} \approx 3{,}21 > 0$$

Aufgrund des positiven Abstands gibt es keinen Schnittpunkt, d. h., die beiden Geraden sind windschief ($\rightarrow$ sie sind nicht parallel und sie treffen sich nicht).

Beispiel 2. Gegeben sind die zwei Geraden in Punkt-Richtungs-Form

$$g_1 : \begin{pmatrix} -1 \\ 1 \\ -3 \end{pmatrix} + \lambda_1 \cdot \begin{pmatrix} 2 \\ -1 \\ 1 \end{pmatrix} \quad \text{und} \quad g_2 : \begin{pmatrix} 2 \\ 3 \\ 2 \end{pmatrix} + \lambda_2 \cdot \begin{pmatrix} 1 \\ 3 \\ 4 \end{pmatrix}$$

Hier ist

$$\vec{a}_1 \times \vec{a}_2 = \begin{pmatrix} 2 \\ -1 \\ 1 \end{pmatrix} \times \begin{pmatrix} 1 \\ 3 \\ 4 \end{pmatrix} = \begin{pmatrix} -7 \\ -7 \\ 7 \end{pmatrix}, \quad \vec{r}_2 - \vec{r}_1 = \begin{pmatrix} 2 \\ 3 \\ 2 \end{pmatrix} - \begin{pmatrix} -1 \\ 1 \\ -3 \end{pmatrix} = \begin{pmatrix} 3 \\ 2 \\ 5 \end{pmatrix}$$

und aus $\vec{a}_1 \times \vec{a}_2 \neq \vec{o}$ folgt, dass g_1 und g_2 nicht parallel sind. Der Abstand der beiden Geraden ist wegen $(\vec{a}_1 \times \vec{a}_2) \cdot (\vec{r}_2 - \vec{r}_1) = 0$ gleich 0, und demnach schneiden sie sich in einem Punkt. Das LGS zur Bestimmung des Schnittpunkts lautet $g_1 = g_2$ bzw.

$$
\begin{array}{rlrl}
(1) & \quad 2\lambda_1 - & \lambda_2 = 3 & \\
(2) & \quad -\lambda_1 - & 3\lambda_2 = 2 & \\
(3) & \quad \lambda_1 - & 4\lambda_2 = 5 & \quad |+(2) \\
\hline
(3) & & -7\lambda_2 = 7 &
\end{array}
$$

aus dem wir $\lambda_2 = -1$ entnehmen (da wir bereits wissen, dass es genau einen Schnittpunkt gibt, brauchen wir nur einen der Parameterwerte zu berechnen). Einsetzen in g_2 liefert den Schnittpunkt

$$\vec{s} = \begin{pmatrix} 2 \\ 3 \\ 2 \end{pmatrix} + (-1) \cdot \begin{pmatrix} 1 \\ 3 \\ 4 \end{pmatrix} = \begin{pmatrix} 1 \\ 0 \\ -2 \end{pmatrix} \quad \Longrightarrow \quad S = (1, 0, -2)$$

Den Schnittwinkel berechnen wir mithilfe der Richtungsvektoren und der Formel

$$\cos\alpha = \frac{|\vec{a}_1 \cdot \vec{a}_2|}{|\vec{a}_1| \cdot |\vec{a}_2|} = \frac{3}{\sqrt{6} \cdot \sqrt{26}} \approx 0{,}24 \implies \alpha \approx 76{,}1°$$

Ebene und Ebene

Abschließend wollen wir noch die möglichen Lagen zweier Ebenen E_1 und E_2 zueinander untersuchen. Wir dürfen annehmen, dass für die beiden Ebenen bereits die Normalenform vorliegt:

$$E_1 : \vec{n}_1 \cdot (\vec{r} - \vec{r}_1) = 0 \quad \text{und} \quad E_2 : \vec{n}_2 \cdot (\vec{r} - \vec{r}_2) = 0$$

Ansonsten berechnen wir die Normalenvektoren wie üblich aus dem Vektorprodukt der Richtungsvektoren. Ist $\vec{n}_1 \times \vec{n}_2 = \vec{o}$, dann sind die Normalenvektoren und damit auch die Ebenen parallel. Der

> **Abstand Ebene – Ebene:** $d = \dfrac{|\vec{n}_1 \cdot (\vec{r}_2 - \vec{r}_1)|}{|\vec{n}_1|}$

ergibt sich aus dem Abstand des Stützpunkts $\vec{r}_2$ von E_2 zur Ebene E_1, wobei $d = 0$ bedeutet, dass die Ebenen E_1 und E_2 zusammenfallen. Ist dagegen $\vec{n}_1 \times \vec{n}_2 \neq \vec{o}$, dann schneiden sich E_1 und E_2 längs einer Gerade mit dem Richtungsvektor $\vec{a} = \vec{n}_1 \times \vec{n}_2$.

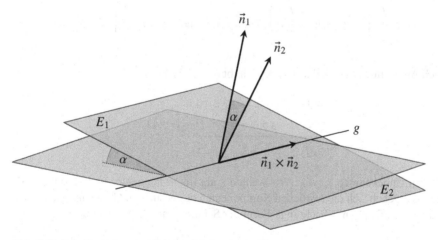

Abb. 3.31 Schnittgerade g und Schnittwinkel α zweier Ebenen

Ein Punkt $\vec{r}$ auf der Schnittgerade muss beide Ebenengleichungen zugleich erfüllen:

$$(1) \quad \vec{n}_1 \cdot \vec{r} = \vec{n}_1 \cdot \vec{r}_1$$
$$(2) \quad \vec{n}_2 \cdot \vec{r} = \vec{n}_2 \cdot \vec{r}_2$$

Dieses $(2, 3)$-System für die unbekannten Einträge von $\vec{r}$ löst man z. B. mit dem Gauß-Verfahren. Das LGS hat maximal den Rang 2 und damit auf jeden Fall unendlich viele

Lösungen, aus der wir einen beliebigen Satz auswählen können. Der Winkel zwischen den Normalenvektoren $\vec{n}_1$ und $\vec{n}_2$ ist dann auch der

Schnittwinkel Ebene – Ebene: $\cos\alpha = \dfrac{|\vec{n}_1 \cdot \vec{n}_2|}{|\vec{n}_1| \cdot |\vec{n}_2|}$

wobei der Betrag im Zähler wieder einen Winkel zwischen $0°$ und $90°$ garantiert.

Beispiel 1. Gegeben sind zwei Ebenen in Normalenform

$$E_1 : \begin{pmatrix} 1 \\ 0 \\ 2 \end{pmatrix} \cdot \left(\vec{r} - \begin{pmatrix} 0 \\ -3 \\ 2 \end{pmatrix} \right) = 0 \quad \text{und} \quad E_2 : \begin{pmatrix} 1 \\ 1 \\ 1 \end{pmatrix} \cdot \left(\vec{r} - \begin{pmatrix} 2 \\ -1 \\ 2 \end{pmatrix} \right) = 0$$

Sie schneiden sich, denn ihre Normalenvektoren sind wegen

$$\vec{a} = \vec{n}_1 \times \vec{n}_2 = \begin{pmatrix} 1 \\ 0 \\ 2 \end{pmatrix} \times \begin{pmatrix} 1 \\ 1 \\ 1 \end{pmatrix} = \begin{pmatrix} -2 \\ 1 \\ 1 \end{pmatrix} \neq \vec{o}$$

nicht kollinear. Bei der Berechnung eines Schnittpunkts suchen wir einen Vektor $\vec{r}$, der in beiden Ebenen liegt, also einen Vektor

$$\vec{r} = \begin{pmatrix} x \\ y \\ z \end{pmatrix} \quad \text{mit} \quad E_1 : \begin{pmatrix} 1 \\ 0 \\ 2 \end{pmatrix} \cdot \vec{r} - 4 = 0 \quad \text{und} \quad E_2 : \begin{pmatrix} 1 \\ 1 \\ 1 \end{pmatrix} \cdot \vec{r} - 3 = 0$$

Nach Ausrechnen der Skalarprodukte bleibt ein $(2, 3)$-LGS

$$\begin{array}{rlll}
(1) & x & + 2z = & 4 \\
(2) & x + y + & z = & 3 \quad \big| - (1) \\
\hline
(2) & y - & z = & -1
\end{array}$$

mit den Unbekannten x, y, z. Wir wählen z als freien Parameter und setzen $z = 0$. Daraus ergeben sich die restlichen Komponenten des gesuchten Geradenpunkts $x = 4$ und $y = -1$. Die Punkt-Richtungs-Form der Schnittgerade lautet demnach

$$g : \begin{pmatrix} 4 \\ -1 \\ 0 \end{pmatrix} + \lambda \cdot \begin{pmatrix} -2 \\ 1 \\ 1 \end{pmatrix}$$

und der Schnittwinkel der beiden Ebenen ergibt sich aus

$$\cos\alpha = \frac{|\vec{n}_1 \cdot \vec{n}_2|}{|\vec{n}_1| \cdot |\vec{n}_2|} = \frac{3}{\sqrt{3} \cdot \sqrt{5}} \approx 0{,}775 \quad \Longrightarrow \quad \alpha \approx 39{,}2°$$

Beispiel 2. Gegeben sind die beiden Ebenen

$$E_1 : \begin{pmatrix} 1 \\ -1 \\ 2 \end{pmatrix} \cdot \left(\vec{r} - \begin{pmatrix} 2 \\ 1 \\ -1 \end{pmatrix} \right) = 0 \quad \text{und} \quad E_2 : \begin{pmatrix} 2 \\ -2 \\ 4 \end{pmatrix} \cdot \left(\vec{r} - \begin{pmatrix} -1 \\ 2 \\ -3 \end{pmatrix} \right) = 0$$

Das Vektorprodukt der Normalenvektoren

$$\begin{pmatrix} 1 \\ -1 \\ 2 \end{pmatrix} \times \begin{pmatrix} 2 \\ -2 \\ 4 \end{pmatrix} = \begin{pmatrix} 0 \\ 0 \\ 0 \end{pmatrix} = \vec{o}$$

zeigt an, dass E_1 und E_2 parallel sind. Zur Berechnung des Abstands brauchen wir die Vektoren

$$\vec{n}_1 = \begin{pmatrix} 1 \\ -1 \\ 2 \end{pmatrix}, \quad \vec{r}_1 = \begin{pmatrix} 2 \\ 1 \\ -1 \end{pmatrix}, \quad \vec{r}_2 = \begin{pmatrix} -1 \\ 2 \\ -3 \end{pmatrix} \quad \Longrightarrow \quad \vec{r}_2 - \vec{r}_1 = \begin{pmatrix} 3 \\ -1 \\ 2 \end{pmatrix}$$

Einsetzen in die Abstandsformel ergibt den Wert

$$d = \frac{|\vec{n}_1 \cdot (\vec{r}_2 - \vec{r}_1)|}{|\vec{n}_1|} = \frac{8}{\sqrt{6}} \approx 3{,}27$$

3.4 Lineare Abbildungen

Wir haben bereits in Abschnitt 3.1.3 festgestellt, dass Transformationen in der Ebene $\mathbb{R}^2$ auf Matrixmultiplikationen zurückgeführt werden können. Dieses Konzept lässt sich auch auf den Raum übertragen. Geometrische Transformationen in $\mathbb{R}^3$ sind lineare Abbildungen, die sich mithilfe von Abbildungsmatrizen beschreiben lassen. Auf diesem Weg können dann Probleme aus der darstellenden Geometrie auch rechnerisch gelöst werden, und das wiederum ist die Grundlage für CAD (Computer Aided Design) oder – ganz allgemein – für jede graphische Darstellung im Computer. In diesem Abschnitt sollen einige wichtige Konzepte aus der *linearen Algebra*, wie dieses Gebiet auch genannt wird, erläutert werden. Insbesondere wollen wir Drehungen im Raum und Spiegelungen an Ebenen etwas genauer untersuchen.

3.4.1 Abbildungsmatrizen

Bei zahlreichen geometrischen Transformationen wie etwa Drehungen, Spiegelungen, Streckungen, Scherungen und Projektionen (oder beliebigen Kombinationen davon) handelt es sich um lineare Abbildungen. Eine *lineare Abbildung* ist eine Zuordnung

$$f : \mathbb{R}^3 \longrightarrow \mathbb{R}^3$$

die einen Ortsvektor $\vec{r}$ (= Punkt) in einen Bildvektor $\vec{a} = f(\vec{r})$ (= Bildpunkt) überführt und folgende Eigenschaft hat: Für alle Vektoren $\vec{r}$, $\vec{s}$ und Zahlen λ, $\mu \in \mathbb{R}$ gilt

$$f(\lambda \cdot \vec{r} + \mu \cdot \vec{s}) = \lambda \cdot f(\vec{r}) + \mu \cdot f(\vec{s})$$

Einen Ausdruck der Form $\lambda \cdot \vec{r} + \mu \cdot \vec{s}$ bezeichnet man als *Linearkombination*. Bei einer linearen Abbildung wird also einer Linearkombination von Vektoren die Linearkombination der Bildvektoren zugeordnet. Insbesondere werden durch f dann auch Geraden bzw. Ebenen wieder auf solche abgebildet, z. B.

$$E : \vec{r}_0 + \lambda_1 \cdot \vec{a}_1 + \lambda_2 \cdot \vec{a}_2 \quad \text{auf} \quad f(E) : f(\vec{r}_0) + \lambda_1 \cdot f(\vec{a}_1) + \lambda_2 \cdot f(\vec{a}_2)$$

Die Bildmenge $f(E)$ ist im Fall $f(\vec{a}_1) \nparallel f(\vec{a}_2)$ eine Ebene in Punkt-Richtungs-Form mit dem Stützpunkt $f(\vec{r}_0)$ und den beiden Richtungsvektoren $f(\vec{a}_1)$, $f(\vec{a}_2)$. Falls $f(\vec{a}_1)$ und $f(\vec{a}_2)$ parallel sind, ist das Bild eine Gerade, und für $f(\vec{a}_1) = f(\vec{a}_2) = \vec{o}$ ergibt sich nur der Punkt $f(\vec{r}_0)$ als Bildmenge von E.

Eine lineare Abbildung ist durch ihre Wirkung auf die Einheitsvektoren bereits eindeutig festgelegt. Wir können nämlich einen beliebigen Vektor $\vec{r}$ als Linearkombination der Einheitsvektoren $\vec{e}_1$, $\vec{e}_2$, $\vec{e}_3$ schreiben:

$$\vec{r} = \begin{pmatrix} x \\ y \\ z \end{pmatrix} = x \cdot \vec{e}_1 + y \cdot \vec{e}_2 + z \cdot \vec{e}_3$$

Die Anwendung der linearen Abbildung f auf diese Linearkombination ergibt die Linearkombination

$$\begin{aligned} f(\vec{r}) &= f(x \cdot \vec{e}_1 + y \cdot \vec{e}_2 + z \cdot \vec{e}_3) \\ &= x \cdot f(\vec{e}_1) + y \cdot f(\vec{e}_2) + z \cdot f(\vec{e}_3) \\ &= x \cdot \vec{a}_1 + y \cdot \vec{a}_2 + z \cdot \vec{a}_3 \end{aligned}$$

wobei wir mit $\vec{a}_k$ die Bildvektoren der Einheitsvektoren $\vec{e}_k$ bezeichnen:

$$\vec{a}_1 = f(\vec{e}_1) = \begin{pmatrix} a_{11} \\ a_{21} \\ a_{31} \end{pmatrix}, \quad \vec{a}_2 = f(\vec{e}_2) = \begin{pmatrix} a_{12} \\ a_{22} \\ a_{32} \end{pmatrix}, \quad \vec{a}_3 = f(\vec{e}_3) = \begin{pmatrix} a_{13} \\ a_{23} \\ a_{33} \end{pmatrix}$$

Fassen wir diese drei Bildvektoren in einer Matrix zusammen, also

$$A = (\vec{a}_1 \ \vec{a}_2 \ \vec{a}_3) = \begin{pmatrix} a_{11} \ a_{12} \ a_{13} \\ a_{21} \ a_{22} \ a_{23} \\ a_{31} \ a_{32} \ a_{33} \end{pmatrix}$$

dann lässt sich der Bildvektor auch mithilfe einer Matrixmultiplikation berechnen:

$$f(\vec{r}) = x \cdot \vec{a}_1 + y \cdot \vec{a}_2 + z \cdot \vec{a}_3 = \begin{pmatrix} a_{11} \cdot x + a_{12} \cdot y + a_{13} \cdot z \\ a_{21} \cdot x + a_{22} \cdot y + a_{23} \cdot z \\ a_{31} \cdot x + a_{32} \cdot y + a_{33} \cdot z \end{pmatrix} = \begin{pmatrix} a_{11} & a_{12} & a_{13} \\ a_{21} & a_{22} & a_{23} \\ a_{31} & a_{32} & a_{33} \end{pmatrix} \cdot \begin{pmatrix} x \\ y \\ z \end{pmatrix}$$

oder kurz $f(\vec{r}) = A \cdot \vec{r}$. Zusammenfassend notieren wir:

Jede lineare Abbildung $f : \mathbb{R}^3 \longrightarrow \mathbb{R}^3$ kann man in der Form $f(\vec{r}) = A \cdot \vec{r}$ mit einer $(3,3)$-Matrix A schreiben. Man nennt $A = (\vec{a}_1\ \vec{a}_2\ \vec{a}_3)$ die *Abbildungsmatrix* von f, wobei ihre Spaltenvektoren $\vec{a}_k = f(\vec{e}_k)$ die Bildvektoren der Einheitsvektoren $\vec{e}_k$ sind.

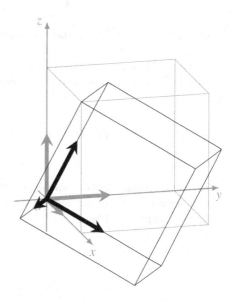

Abb. 3.32 Drehung im Raum

Beispiel 1. Werden die drei Einheitsvektoren auf die Vektoren

$$f(\vec{e}_1) = \begin{pmatrix} \frac{4}{9} \\ \frac{7}{9} \\ -\frac{4}{9} \end{pmatrix}, \quad f(\vec{e}_2) = \begin{pmatrix} \frac{1}{9} \\ \frac{4}{9} \\ \frac{8}{9} \end{pmatrix}, \quad f(\vec{e}_3) = \begin{pmatrix} \frac{8}{9} \\ -\frac{4}{9} \\ \frac{1}{9} \end{pmatrix}$$

abgebildet, dann lautet die zugehörige Abbildungsmatrix

$$A = \begin{pmatrix} \frac{4}{9} & \frac{1}{9} & \frac{8}{9} \\ \frac{7}{9} & \frac{4}{9} & -\frac{4}{9} \\ -\frac{4}{9} & \frac{8}{9} & \frac{1}{9} \end{pmatrix}$$

Sie beschreibt eine Drehung im Raum. Ihre „Wirkung" auf einen Würfel mit der Kantenlänge 2 ist in Abb. 3.32 veranschaulicht. Dort sind auch die Standard-Einheitsvektoren (grau) und ihre Bildvektoren fett eingezeichnet.

Beispiel 2. Wir bilden die Einheitsvektoren ab auf

$$f(\vec{e}_1) = \begin{pmatrix} \frac{5}{9} \\ -\frac{4}{9} \\ -\frac{2}{9} \end{pmatrix}, \quad f(\vec{e}_2) = \begin{pmatrix} -\frac{4}{9} \\ \frac{5}{9} \\ -\frac{2}{9} \end{pmatrix}, \quad f(\vec{e}_3) = \begin{pmatrix} -\frac{2}{9} \\ -\frac{2}{9} \\ \frac{8}{9} \end{pmatrix}$$

Die Abbildungsmatrix hierzu ist

$$A = \begin{pmatrix} \frac{5}{9} & -\frac{4}{9} & -\frac{2}{9} \\ -\frac{4}{9} & \frac{5}{9} & -\frac{2}{9} \\ -\frac{2}{9} & -\frac{2}{9} & \frac{8}{9} \end{pmatrix} = \frac{1}{9} \begin{pmatrix} 5 & -4 & -2 \\ -4 & 5 & -2 \\ -2 & -2 & 8 \end{pmatrix}$$

und sie bewirkt eine Projektion auf eine Ebene, die in Abb. 3.33 zu sehen ist. Dass es sich um eine Projektion handelt, lässt sich auch rechnerisch nachweisen. Die drei Einheitsvektoren $\vec{e}_k$ werden durch die lineare Abbildung auf die Spaltenvektoren $f(\vec{e}_k)$ von A abgebildet, deren Spatprodukt die Determinante

$$[\, f(\vec{e}_1)\; f(\vec{e}_1)\; f(\vec{e}_1)\,] = \det A = \frac{1}{9^3} \begin{vmatrix} 5 & -4 & -2 \\ 1 & 1 & -4 \\ -2 & -2 & 8 \end{vmatrix} = 0$$

ist (nachdem man die erste Zeile zur zweiten Zeile von det A addiert hat, sind die zweite und dritte Zeile Vielfache voneinander). Die Bildvektoren sind demnach komplanar, liegen also in einer Ebene.

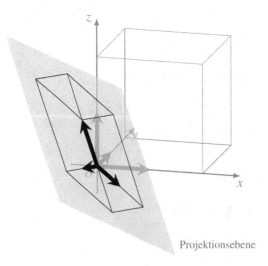

Abb. 3.33 Projektion auf eine Ebene

Beispiel 3. Werden die Einheitsvektoren auf

$$f(\vec{e}_1) = \begin{pmatrix} -1 \\ -1 \\ -1 \end{pmatrix}, \quad f(\vec{e}_2) = \begin{pmatrix} -1 \\ 1 \\ 0 \end{pmatrix}, \quad f(\vec{e}_3) = \begin{pmatrix} -1 \\ 1 \\ 2 \end{pmatrix}$$

abgebildet, dann entspricht die zugehörige Abbildungsmatrix

$$A = \begin{pmatrix} -1 & -1 & -1 \\ -1 & 1 & 1 \\ -1 & 0 & 2 \end{pmatrix}$$

einer Kombination aus Drehung, Skalierung und Scherung. Der Würfel in Abb. 3.34 wird durch A zu einem Spat verformt, wobei die Kanten und Seitenflächen gerade bzw. eben bleiben und nicht gekrümmt werden. Der Spat wird von den Spaltenvektoren der Matrix A aufgespannt. Das Spatprodukt liefert das Volumen

$$V = |\det A| \quad \text{mit} \quad \det A = \begin{vmatrix} -1 & -1 & -1 \\ -1 & 1 & 1 \\ -1 & 0 & 2 \end{vmatrix} = -4$$

Aus dem Einheitswürfel wird demnach ein Parallelotop mit dem Volumen $V = 4$.

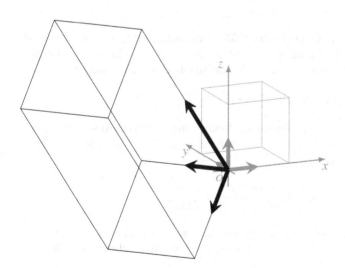

Abb. 3.34 Allgemeine lineare Abbildung

Einen Zusammenhang zwischen Trafos und Matrizen haben wir bereits bei den linearen Abbildungen $f : \mathbb{R}^2 \longrightarrow \mathbb{R}^2$ in der Ebene kennengelernt. Lineare Abbildungen in $\mathbb{R}^2$ sind z. B. die Drehung um den Ursprung oder die Spiegelung an einer Ursprungsgerade. Hierzu gibt es jeweils eine $(2, 2)$-Matrix A (z. B. Dreh- oder Spiegelungsmatrix), sodass man den Bildvektor durch Matrixmultiplikation $\vec{r}' = f(\vec{r}) = A \cdot \vec{r}$ berechnen kann.

Außerdem entspricht das Matrixprodukt $B \cdot A$ zweier $(2, 2)$-Transformationsmatrizen der Hintereinanderausführung von A und dann B. Auch diese Aussage kann man in den Raum $\mathbb{R}^3$ übertragen. Sind $f : \mathbb{R}^3 \longrightarrow \mathbb{R}^3$ und $g : \mathbb{R}^3 \longrightarrow \mathbb{R}^3$ zwei lineare Abbildungen mit den Abbildungsmatrizen A bzw. B, dann ist die Hintereinanderausführung

$$g\,(f(\vec{r})) = g\,(A \cdot \vec{r}) = B \cdot (A \cdot \vec{r}) = (B \cdot A) \cdot \vec{r}$$

von zuerst f und anschließend g wieder eine lineare Abbildung mit der Matrix $B \cdot A$. Mehrere solcher Transformationen, die nacheinander ausgeführt werden, können folglich durch Matrixmultiplikation zu einer *einzigen* linearen Abbildung zusammengefasst werden. Entscheidend ist auch hier die *Reihenfolge*: Die Kombination

$$f\,(g(\vec{r})) = f\,(B \cdot \vec{r}) = A \cdot (B \cdot \vec{r}) = (A \cdot B) \cdot \vec{r}$$

von zuerst g und dann f hat die Abbildungsmatrix $A \cdot B$. Da die Multiplikation nicht kommutativ ist, gilt im Normalfall $A \cdot B \neq B \cdot A$, und daher ergibt f nach g i. Allg. ein anderes Resultat als die kombinierte Transformation g nach f.

3.4.2 Orthogonalmatrizen (Isometrien)

Eine lineare Abbildung f heißt *Isometrie*, wenn sie mit dem Skalarprodukt verträglich ist, also

$$f(\vec{r}) \cdot f(\vec{s}) = \vec{r} \cdot \vec{s}$$

für alle Vektoren $\vec{r}$ und $\vec{s}$ gilt. Eine Isometrie bildet dann nicht nur geradlinige oder ebene Objekte (Strecken, Geraden, Ebenen) wieder auf ebensolche ab – sie besitzt noch weitere geometrische Eigenschaften. Setzen wir $\vec{s} = \vec{r}$ in obige Gleichung ein, dann ist

$$|\vec{r}|^2 = \vec{r} \cdot \vec{r} = f(\vec{r}) \cdot f(\vec{r}) = |f(\vec{r})|^2$$

und folglich auch $|\vec{r}| = |f(\vec{r})|$. Die Länge eines Vektors ändert sich bei Anwendung einer Isometrie nicht, und somit ist die Isometrie eine *längentreue Abbildung*. Eine Isometrie ist zudem noch *winkeltreu*, denn wegen

$$\cos \alpha = \frac{f(\vec{r}) \cdot f(\vec{s})}{|f(\vec{r})| \cdot |f(\vec{s})|} = \frac{\vec{r} \cdot \vec{s}}{|\vec{r}| \cdot |\vec{s}|}$$

haben die Bildvektoren $f(\vec{r})$ und $f(\vec{s})$ den gleichen Zwischenwinkel α wie die Vektoren $\vec{r}$ und $\vec{s}$. Unter einer Isometrie bleiben demnach die Längen von Strecken und die Winkel zwischen Kanten erhalten.

Was bedeutet „Isometrie" für die zugehörige Abbildungsmatrix A von f? Um dies zu sehen, müssen wir das Skalarprodukt auf ein Matrixprodukt zurückführen:

$$\underset{\text{Matrixprodukt}}{\vec{r}^{\,\mathrm{T}} \cdot \vec{s}} \; = \; \underset{\text{Skalarprodukt}}{\vec{r} \cdot \vec{s}} \; = \underset{\text{Skalarprodukt}}{f(\vec{r}) \cdot f(\vec{s})} \; = \underset{\text{Matrixprodukt}}{f(\vec{r})^{\mathrm{T}} \cdot f(\vec{s})}$$

wobei wir die rechte Seite mithilfe der Abbildungsmatrix berechnen können:

$$f(\vec{r})^{\mathrm{T}} \cdot f(\vec{s}) = (A \cdot \vec{r})^{\mathrm{T}} \cdot (A \cdot \vec{s}) = \vec{r}^{\mathrm{T}} \cdot A^{\mathrm{T}} \cdot A \cdot \vec{s}$$

Zusammengefasst ist dann für alle Vektoren $\vec{r}$ und $\vec{s}$ die Gleichung

$$\vec{r}^{\mathrm{T}} \cdot \vec{s} = \vec{r}^{\mathrm{T}} \cdot A^{\mathrm{T}} \cdot A \cdot \vec{s}$$

erfüllt, wobei wir auf der linken Seite auch $\vec{r}^{\mathrm{T}} \cdot \vec{s} = \vec{r}^{\mathrm{T}} \cdot E \cdot \vec{s}$ schreiben können. Aus

$$\vec{r}^{\mathrm{T}} \cdot E \cdot \vec{s} = \vec{r}^{\mathrm{T}} \cdot (A^{\mathrm{T}} \cdot A) \cdot \vec{s}$$

für alle Vektoren $\vec{r}$, $\vec{s}$ folgt $E = A^{\mathrm{T}} \cdot A$ und somit $A^{\mathrm{T}} = A^{-1}$. Matrizen mit dieser Eigenschaft haben einen eigenen Namen:

Eine reguläre (n, n)-Matrix A mit $A^{-1} = A^{\mathrm{T}}$ heißt *orthogonale Matrix*

Die Abbildungsmatrix einer Isometrie in $\mathbb{R}^3$ ist eine orthogonale $(3, 3)$-Matrix, und umgekehrt gehört jede $(3, 3)$-Orthogonalmatrix zu einer Isometrie im Raum. Der Name „orthogonal" für eine solche Matrix ergibt sich aus folgender Eigenschaft: Die Spaltenvektoren einer Orthogonalmatrix

$$A = \begin{pmatrix} \vec{a}_1 & \vec{a}_2 & \vec{a}_3 \end{pmatrix}$$

sind zueinander orthogonal, und sie haben die Länge 1. Diese Aussage ergibt sich sofort aus der Tatsache, dass die Spaltenvektoren von A die Bilder der (zueinander orthogonalen) Einheitsvektoren $\vec{e}_1, \vec{e}_2, \vec{e}_3$ sind und A eine längen- bzw. winkeltreue Abbildung ist. Man kann obige Eigenschaft aber auch direkt durch Matrixmultiplikation nachweisen:

$$\begin{pmatrix} 1 & 0 & 0 \\ 0 & 1 & 0 \\ 0 & 0 & 1 \end{pmatrix} = A^{\mathrm{T}} \cdot A = \begin{pmatrix} \vec{a}_1^{\mathrm{T}} \cdot \vec{a}_1 & \vec{a}_1^{\mathrm{T}} \cdot \vec{a}_2 & \vec{a}_1^{\mathrm{T}} \cdot \vec{a}_3 \\ \vec{a}_2^{\mathrm{T}} \cdot \vec{a}_1 & \vec{a}_2^{\mathrm{T}} \cdot \vec{a}_2 & \vec{a}_2^{\mathrm{T}} \cdot \vec{a}_3 \\ \vec{a}_3^{\mathrm{T}} \cdot \vec{a}_1 & \vec{a}_3^{\mathrm{T}} \cdot \vec{a}_2 & \vec{a}_3^{\mathrm{T}} \cdot \vec{a}_3 \end{pmatrix} = \begin{pmatrix} |\vec{a}_1|^2 & \vec{a}_1 \cdot \vec{a}_2 & \vec{a}_1 \cdot \vec{a}_3 \\ \vec{a}_2 \cdot \vec{a}_1 & |\vec{a}_2|^2 & \vec{a}_2 \cdot \vec{a}_3 \\ \vec{a}_3 \cdot \vec{a}_1 & \vec{a}_3^{\mathrm{T}} \cdot \vec{a}_2 & |\vec{a}_3|^2 \end{pmatrix}$$

sodass z. B. $\vec{a}_1 \cdot \vec{a}_2 = 0$ und $|\vec{a}_3| = 1$ ist. Ein weiteres typisches Merkmal einer Orthogonalmatrix ergibt sich aus dem Produktsatz für Determinanten:

Ist A eine orthogonale (n, n)-Matrix, dann gilt $\det A = \pm 1$

denn $1 = \det E = \det(A^{\mathrm{T}} \cdot A) = \det A^{\mathrm{T}} \cdot \det A = (\det A)^2$.

Auch bei einer Orthogonalmatrix A vom Typ $(3, 3)$, die zu einer Isometrie in $\mathbb{R}^3$ gehört, kann die Determinante nur die Werte 1 oder -1 annehmen. Aus dem Wert von $\det A$ lässt sich nun der genaue Typ der Transformation ermitteln:

Klassifizierung der Isometrien in $\mathbb{R}^3$: Eine orthogonale $(3, 3)$-Matrix A mit

- $\det A = +1$ beschreibt eine *Drehung im Raum* um eine Ursprungsgerade
- $\det A = -1$ und $A^{\mathrm{T}} = A$ ergibt eine *Spiegelung an einer Ebene* durch O
- $\det A = -1$ bewirkt eine *Drehspiegelung* (= Drehung + Ebenenspiegelung)

Auf eine genaue Begründung dieser Aussage muss an dieser Stelle verzichtet werden. Wir haben allerdings genau dieses Resultat auch schon bei der Drehung bzw. Spiegelung in der Ebene erhalten. Für die Drehmatrix $R(\alpha)$ zum Drehwinkel α gilt $R(\alpha)^T = R(\alpha)^{-1}$ und $\det R(\alpha) = 1$. Die Spiegelungsmatrix $S(\alpha)$, welche die Spiegelung an einer Gerade mit Steigungswinkel α beschreibt, erfüllt $S(\alpha)^T = S(\alpha)^{-1}$ und $S(\alpha)^T = S(\alpha)$. Diese Eigenschaften der Matrizen bleiben also auch bei einer Drehung um eine Achse bzw. bei der Spiegelung an einer Ebene im Raum gültig.

Beispiel:

$$A = \begin{pmatrix} \frac{2}{3} & \frac{1}{3} & -\frac{2}{3} \\ -\frac{2}{3} & \frac{2}{3} & -\frac{1}{3} \\ \frac{1}{3} & \frac{2}{3} & \frac{2}{3} \end{pmatrix}$$

ist eine orthogonale Matrix, denn die Spaltenvektoren sind paarweise orthogonal mit Länge 1. Wegen $\det A = 1$ beschreibt A eine Drehung im Raum um eine – zunächst noch unbekannte – Drehachse durch den Ursprung.

Sind A und B zwei Orthogonalmatrizen, dann ist auch $A \cdot B$ eine orthogonale Matrix, denn aus den Rechenregeln für die Matrixmultiplikation folgt

$$(A \cdot B)^{-1} = B^{-1} \cdot A^{-1} = B^T \cdot A^T = (A \cdot B)^T$$

Die Produktmatrix $A \cdot B$ ist zugleich die Abbildungsmatrix der kombinierten Transformation, bei der zuerst B und danach A ausgeführt wird. Die Hintereinanderausführung zweier Isometrien ergibt also insgesamt wieder eine Isometrie. Insbesondere kann man zwei Drehungen B und A um verschiedene Achsen zu einer einzigen Isometrie zusammenfassen, wobei die kombinierte Transformation wegen

$$\det (A \cdot B) = \det A \cdot \det B = (+1) \cdot (+1) = +1$$

wieder einer Drehung um eine (dritte) Achse durch O entspricht. Ebenso kann man zwei Ebenenspiegelungen A und B stets zu einer Drehung $B \cdot A$ kombinieren, denn

$$\det (B \cdot A) = \det B \cdot \det A = (-1) \cdot (-1) = +1$$

Eine bemerkenswerte Folgerung aus diesen Überlegungen ist der *Satz vom Fußball*. Er besagt, dass es bei jedem Fußballspiel zu Beginn der ersten und der zweiten Halbzeit, nachdem man den Ball auf dem Anstoßpunkt gelegt hat, zwei Punkte auf der Oberfläche des Balls gibt, die sich an derselben Stelle befinden! Tatsächlich wird der Ball während einer Halbzeit sehr oft um verschiedene Achsen gedreht, die man aber letztlich zu einer einzigen Drehung zusammenfassen kann. Die beiden Schnittpunkte der dazugehörigen Drehachse mit der Oberfläche des Balls haben dann nach der ersten Halbzeit dieselbe Position im Raum wie zu Beginn des Spiels.

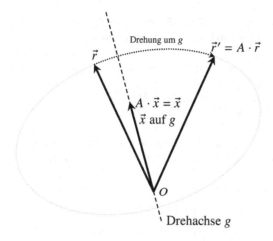

Abb. 3.35 Drehung um eine Ursprungsgerade im Raum

3.4.3 Eigenwerte und Eigenvektoren

Aus dem vorigen Abschnitt geht hervor, dass eine $(3, 3)$-Orthogonalmatrix A mit $\det A = 1$ eine Drehung im Raum beschreibt. Wie aber lässt sich zu einer solchen Drehmatrix A die Drehachse bestimmen? Ebenso wollen wir für eine Matrix A mit $A^{-1} = A^{\mathrm{T}} = A$ und $\det A = -1$ die Spiegelebene berechnen können. Am Anfang unserer Überlegungen stehen die folgenden Beobachtungen: Bei einer Drehung wie in Abb. 3.35 werden die Ortsvektoren $\vec{x}$ längs der Drehachse (und nur diese!) nicht verändert, sodass also $A \cdot \vec{x} = \vec{x}$ gilt. Bei einer Spiegelung gemäß Abb. 3.36 bleiben alle Vektoren $\vec{x}$ in der Spiegelebene E unverändert, sodass auch hier $A \cdot \vec{x} = \vec{x}$ gilt, während ein Vektor $\vec{n}$ senkrecht zur Spiegelebene auf $-\vec{n}$ abgebildet wird.

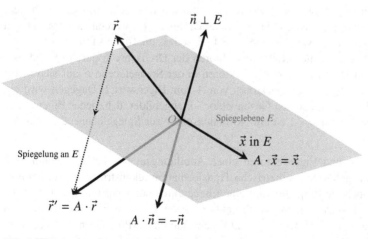

Abb. 3.36 Spiegelung an einer Ursprungsebene

In beiden Fällen, sowohl bei der Drehung als auch bei der Spiegelung, gibt es Vektoren, die einerseits die „Geometrie" der Transformation beschreiben, und andererseits durch A auf sich selbst oder ein Vielfaches von sich selbst abgebildet werden. Solche Vektoren nennt man Eigenvektoren von A, und ganz allgemein definiert man:

> $\vec{x} \neq \vec{o}$ heißt *Eigenvektor* der (n, n)-Matrix A
> zum *Eigenwert* $\lambda \in \mathbb{R}$, falls $A \cdot \vec{x} = \lambda \cdot \vec{x}$ gilt.

Ein Eigenvektor wird durch die Matrix auf das λ-fache von sich selbst abgebildet. Da $A \cdot \vec{o} = \lambda \cdot \vec{o}$ für *alle* $\lambda \in \mathbb{R}$ gilt, schließt man den Nullvektor als Eigenvektor aus.

Beispiel:

$$\vec{x} = \begin{pmatrix} 2 \\ -4 \\ 1 \end{pmatrix}$$

ist ein Eigenvektor zum Eigenwert $\lambda = 3$ der Matrix

$$A = \begin{pmatrix} 3 & -2 & -8 \\ -4 & 5 & 16 \\ 0 & -2 & -5 \end{pmatrix}$$

denn es gilt

$$A \cdot \vec{x} = \begin{pmatrix} 3 & -2 & -8 \\ -4 & 5 & 16 \\ 0 & -2 & -5 \end{pmatrix} \cdot \begin{pmatrix} 2 \\ -4 \\ 1 \end{pmatrix} = \begin{pmatrix} 6 \\ -12 \\ 3 \end{pmatrix} = 3 \cdot \vec{x}$$

Wir nutzen im Folgenden die Eigenwerte und -vektoren zur Berechnung der geometrischen „Invarianten" einer Matrix. Die Richtungsvektoren der Drehachse oder auch die Normalenvektoren zur Spiegelebene werden, wie wir eingangs schon festgestellt haben, auf Vielfache von sich selbst abgebildet. Bei einer Drehmatrix A werden die Ortsvektoren $\vec{x}$ längs der Drehachse nicht verändert: $A \cdot \vec{x} = 1 \cdot \vec{x}$, sodass die Eigenvektoren von A zum Eigenwert $\lambda = 1$ die gesuchten Richtungsvektoren der Drehachse g durch O sind. Bei einer Spiegelungsmatrix A werden alle Vektoren in der Spiegelebene E auf sich selbst abgebildet und sind folglich Eigenvektoren von A zum Eigenwert 1. Dagegen wird ein Vektor $\vec{n}$ senkrecht zu E auf seinen Gegenvektor $-\vec{n}$ abgebildet, d. h., jeder Eigenvektor $\vec{n}$ von A zum Eigenwert $\lambda = -1$ ist ein Normalenvektor zur Spiegelebene E durch den Ursprung.

Sind die Eigenwerte und Eigenvektoren einer Abbildungsmatrix bekannt, dann lässt sich daraus die dazugehörige geometrische Transformation rekonstruieren. Als weiteres Beispiel sei hier noch die Projektion auf eine Ebene durch den Ursprung genannt. Auch hier werden alle Ortsvektoren in der Projektionsebene E durch $\vec{r}' = A \cdot \vec{r}$ auf sich selbst abgebildet und sind demnach allesamt Eigenvektoren der Projektionsmatrix A zum Eigenwert 1, während ein Normalenvektor $\vec{n} \perp E$ auf den Nullvektor projiziert wird: $A \cdot \vec{n} = \vec{o} = 0 \cdot \vec{n}$. Folglich besitzt eine Projektionsmatrix A stets den Eigenwert 0, und jeder Eigenvektor $\vec{n} \neq \vec{o}$ zu $\lambda = 0$ ist ein Normalenvektor zur Projektionsebene, welche demzufolge die Gleichung $E : \vec{n} \cdot \vec{r} = 0$ erfüllen muss.

Das charakteristische Polynom

Wie berechnet man die Eigenwerte und -vektoren einer (n, n)-Matrix A? Wir müssen eine Zahl $\lambda \in \mathbb{R}$ und zugleich einen Vektor $\vec{x} \neq \vec{o}$ finden, sodass $A \cdot \vec{x} = \lambda \cdot \vec{x}$ gilt. Dabei handelt es sich um ein (n, n)-LGS in Matrixform, bei der auf der rechten Seite neben dem unbekannten Wert λ auch noch der unbekannte Vektor $\vec{x}$ auftritt. Zunächst bringen wir das LGS in die Form

$$A \cdot \vec{x} - \lambda \cdot \vec{x} = \vec{o} \quad \text{(Nullvektor)}$$

bei der $\vec{x}$ nur auf der linken Seite erscheint. Ersetzen wir schließlich noch $\vec{x} = E \cdot \vec{x}$, dann erhalten wir ein homogenes LGS in Standardform

$$A \cdot \vec{x} - \lambda \cdot E \cdot \vec{x} = \vec{o} \quad \text{bzw.} \quad (A - \lambda E) \cdot \vec{x} = \vec{o}$$

mit einer Koeffizientenmatrix $A - \lambda E$, welche den unbekannten Eigenwert enthält. Dieses LGS hat genau dann eine Lösung $\vec{x} \neq \vec{o}$, wenn die Matrix $A - \lambda E$ nicht regulär ist – andernfalls gibt es nur die triviale Lösung $\vec{x} = \vec{o}$. Damit also $\lambda \in \mathbb{R}$ ein Eigenwert von A ist, muss $A - \lambda E$ singulär sein und folglich $\det(A - \lambda E) = 0$ gelten. Wir müssen demnach die Nullstellen von

$$p_A(\lambda) := \det(A - \lambda E)$$

suchen. Bei diesem Ausdruck handelt es sich um ein Polynom vom Grad n in der Veränderlichen λ. Man nennt $p_A(\lambda)$ das *charakteristische Polynom* der Matrix A.

Die Eigenwerte einer (n, n)-Matrix A sind genau die Nullstellen des charakteristischen Polynoms $p_A(\lambda) = \det(A - \lambda E)$. Die Eigenvektoren von A zum Eigenwert λ sind die Lösungen $\vec{x} \neq \vec{o}$ des linearen Gleichungssystems $(A - \lambda E) \cdot \vec{x} = \vec{o}$.

Die Menge aller Eigenwerte wird auch das *Spektrum* der Matrix A genannt und mit $\sigma(A)$ bezeichnet.

Beispiel 1. Die $(2, 2)$-Matrix

$$A = \begin{pmatrix} 1 & 2 \\ 2 & -2 \end{pmatrix}$$

hat das charakteristische Polynom

$$p_A(\lambda) = \begin{vmatrix} 1 - \lambda & 2 \\ 2 & -2 - \lambda \end{vmatrix} = (1 - \lambda)(-2 - \lambda) - 4 = \lambda^2 + \lambda - 6$$

mit den Nullstellen $\lambda_1 = -3$ und $\lambda_2 = 2$. Damit ist die Menge $\sigma(A) = \{-3, 2\}$ das Spektrum der Matrix A.

Beispiel 2. Wir wollen die Eigenwerte der Matrix

$$A = \begin{pmatrix} 2 & -3 & 1 \\ 3 & 1 & 3 \\ -5 & 2 & -4 \end{pmatrix}$$

berechnen, und hierfür benötigen wir zunächst das charakteristische Polynom

$$p_A(\lambda) = \begin{vmatrix} 2-\lambda & -3 & 1 \\ 3 & 1-\lambda & 3 \\ -5 & 2 & -4-\lambda \end{vmatrix}$$

$$= (2-\lambda) \cdot \begin{vmatrix} 1-\lambda & 3 \\ 2 & -4-\lambda \end{vmatrix} - 3 \cdot \begin{vmatrix} -3 & 1 \\ 2 & -4-\lambda \end{vmatrix} + (-5) \cdot \begin{vmatrix} -3 & 1 \\ 1-\lambda & 3 \end{vmatrix}$$

$$= -\lambda^3 - \lambda^2 + 2\lambda$$

welches hier z. B. durch Entwicklung nach der ersten Spalte berechnet wurde. Die drei Nullstellen $0, 1, -2$ von $p_A(\lambda)$ sind dann die gesuchten Eigenwerte von A, sodass $\sigma(A) = \{-2, 0, 1\}$. Wir wollen für einen dieser Eigenwerte, nämlich $\lambda = -2$, die Eigenvektoren bestimmen und lösen dazu das LGS

$$(A + 2E) \cdot \vec{x} = \begin{pmatrix} 4 & -3 & 1 \\ 3 & 3 & 3 \\ -5 & 2 & -2 \end{pmatrix} \cdot \vec{x} = \begin{pmatrix} 0 \\ 0 \\ 0 \end{pmatrix}$$

mit dem Gauß-Verfahren (erste und dritte Zeile getauscht):

(1)	-5	2	-2	0	
(2)	3	3	3	0	$\mid + 0{,}6 \cdot (1)$
(3)	4	-3	1	0	$\mid + 0{,}8 \cdot (1)$
(1)	-5	2	-4	0	
(2)	0	$4{,}2$	$1{,}8$	0	
(3)	0	$-1{,}4$	$-0{,}6$	0	$\mid + \frac{1}{3} \cdot (2)$
(1)	1	2	0	0	
(2)	0	$4{,}2$	$1{,}8$	0	
(3)	0	0	0	0	

Wählen wir $x_3 = \mu$ als freien Parameter, dann ist $x_2 = -\frac{3}{7}\mu$ und $x_1 = -\frac{4}{7}\mu$. Die Eigenvektoren von A zum Eigenwert $\lambda = -2$ sind dann

$$\vec{x} = \frac{\mu}{7} \cdot \begin{pmatrix} -4 \\ -3 \\ 7 \end{pmatrix} \quad (\mu \neq 0)$$

Beispiel 3. Die Eigenwerte der $(2, 2)$-Spiegelungsmatrix

$$A = S(30°) = \begin{pmatrix} \frac{1}{2} & \frac{1}{2}\sqrt{3} \\ \frac{1}{2}\sqrt{3} & -\frac{1}{2} \end{pmatrix}$$

ergeben sich aus den Nullstellen von

$$p_A(\lambda) = \begin{vmatrix} \frac{1}{2} - \lambda & \frac{1}{2}\sqrt{3} \\ \frac{1}{2}\sqrt{3} & -\frac{1}{2} - \lambda \end{vmatrix} = \lambda^2 - 1$$

Folglich hat A die beiden Eigenwerte $\lambda_1 = 1$ und $\lambda_2 = -1$. Wir berechnen noch die Eigenvektoren zum Eigenwert 1 aus dem Gleichungssystem $(A - E) \cdot \vec{x} = \vec{o}$:

$$\begin{pmatrix} -\frac{1}{2} & \frac{1}{2}\sqrt{3} \\ \frac{1}{2}\sqrt{3} & -\frac{3}{2} \end{pmatrix} \cdot \vec{x} = \begin{pmatrix} 0 \\ 0 \end{pmatrix} \quad \Longrightarrow \quad \vec{x} = \begin{pmatrix} \sqrt{3}\,\mu \\ \mu \end{pmatrix} = \mu \cdot \begin{pmatrix} \sqrt{3} \\ 1 \end{pmatrix}$$

mit einem freien Parameter $\mu \neq 0$. Diese Vektoren liegen auf der Spiegelachse durch O mit dem Steigungswinkel $30°$.

Die beiden letzten Beispiele zeigen, dass Eigenvektoren nicht eindeutig sind. Ein Eigenvektor kann beliebig gestreckt werden, und man erhält wieder einen Eigenvektor zum gleichen Eigenwert.

Das Spektrum einer Matrix

Das charakteristische Polynom $p_A(\lambda) = \det(A - \lambda E)$ einer (n, n)-Matrix A hat nach dem Fundamentalsatz der Algebra maximal n Nullstellen, und daher besitzt eine (n, n)-Matrix höchstens n reelle Eigenwerte. Diese bilden dann das Spektrum $\sigma(A)$ der Matrix A. Im Fall einer $(3, 3)$-Matrix ist das charakteristische Polynom eine kubische Funktion, welche immer mindestens eine reelle Nullstelle hat. Folglich besitzt eine $(3, 3)$-Matrix mindestens einen und höchstens drei reelle Eigenwerte. Dagegen gibt es $(2, 2)$-Matrizen, die gar keinen reellen Eigenwert haben, wie z. B.

$$A = \begin{pmatrix} 0 & -1 \\ 1 & 0 \end{pmatrix} \quad \Longrightarrow \quad p_A(\lambda) = \begin{vmatrix} -\lambda & -1 \\ 1 & -\lambda \end{vmatrix} = \lambda^2 + 1$$

Falls eine (n, n)-Matrix A genau n reelle Eigenwerte $\lambda_1, \lambda_2, \ldots, \lambda_n$ besitzt, wobei mehrfache Nullstellen von $p_A(\lambda)$ entsprechend ihrer Vielfachheit mehrmals aufgelistet sind, dann ist

$$p_A(\lambda) = (\lambda_1 - \lambda) \cdot (\lambda_2 - \lambda) \cdots (\lambda_n - \lambda)$$

die Zerlegung des charakteristischen Polynoms in seine Linearfaktoren. Setzen wir hier $\lambda = 0$ ein, dann ergibt sich

$$\lambda_1 \cdot \lambda_2 \cdots \lambda_n = p_A(0) = \det(A - 0 \cdot E) = \det A$$

Das Produkt aller Eigenwerte ist also gleich der Determinante von A. Außerdem liefert die Summe der Eigenwerte

$$\lambda_1 + \lambda_2 + \ldots + \lambda_n = a_{11} + a_{22} + \ldots + a_{nn} =: \text{spur } A$$

genau die Summe aller Diagonaleinträge einer (n, n)-Matrix A, welche man auch die *Spur* von A nennt. Wir wollen diese Aussage hier nur für eine $(2, 2)$-Matrix

$$A = \begin{pmatrix} a_{11} & a_{12} \\ a_{21} & a_{22} \end{pmatrix}$$

überprüfen. In diesem Fall ist das charakteristische Polynom

$$\begin{aligned} p_A(\lambda) = \begin{vmatrix} a_{11} - \lambda & a_{12} \\ a_{21} & a_{22} - \lambda \end{vmatrix} &= (a_{11} - \lambda) \cdot (a_{22} - \lambda) - a_{21} \cdot a_{12} \\ &= \lambda^2 - (a_{11} + a_{22}) \cdot \lambda + (a_{11} \cdot a_{22} - a_{21} \cdot a_{12}) \\ &= \lambda^2 - \text{spur } A \cdot \lambda + \det A \end{aligned}$$

und gemäß dem Satz von Vieta gilt dann $\lambda_1 + \lambda_2 = \text{spur } A$ sowie $\lambda_1 \cdot \lambda_2 = \det A$.

Mithilfe von Eigenvektoren lassen sich zahlreiche Eigenschaften linearer Abbildungen nachweisen, so wie etwa die folgende Aussage:

> Zu jeder linearen Abbildung f in $\mathbb{R}^3$ mit einer regulären Abbildungsmatrix A gibt es eine Gerade durch den Ursprung, die auf sich selbst abgebildet wird.

Mit anderen Worten: Jede reguläre lineare Abbildung in $\mathbb{R}^3$ besitzt eine *Fixgerade*, die sich unter Anwendung der Transformation nicht ändert! Wir können diese Aussage wie folgt begründen: Das charakteristische Polynom $p_A(\lambda) = \det(A - \lambda E)$ ist hier ein Polynom dritten Grades, welches mindestens eine Nullstelle $\lambda \in \mathbb{R}$ besitzt. Dieser Eigenwert kann im Fall $\det A \neq 0$ nicht Null sein, denn ansonsten gäbe es zu $\lambda = 0$ einen Eigenvektor $\vec{x} \neq \vec{o}$ mit $A \cdot \vec{x} = 0 \cdot \vec{x} = \vec{o}$. Da aber A regulär ist, hat das LGS $A \cdot \vec{x} = \vec{o}$ nur die Lösung $\vec{x} = \vec{o}$ – Widerspruch! Ist nun $\vec{x} \neq \vec{o}$ ein Eigenvektor von A zum Eigenwert $\lambda \neq 0$, dann gilt $A \cdot \vec{x} = \lambda \cdot \vec{x}$. Die Gerade $g : \vec{o} + \mu \cdot \vec{x}$ wird auf sich selbst abgebildet, denn ihre Bildpunkte liegen wieder auf g wegen

$$f(\vec{o} + \mu \cdot \vec{x}) = A \cdot (\vec{o} + \mu \cdot \vec{x}) = \mu \cdot A\vec{x} = \mu \lambda \cdot \vec{x} \in g$$

In der Ebene gilt diese Aussage nicht! Das charakteristische Polynom einer $(2, 2)$-Matrix ist eine quadratische Funktion, welche ggf. keine reellen Nullstellen hat und somit auch keine reellen Eigenwerte liefert. Tatsächlich besitzt etwa eine *Drehung* in $\mathbb{R}^2$ bis auf wenige Ausnahmefälle (Drehung um $0°$ bzw. $180°$) keine Fixgerade.

Eigenwerte und Eigenvektoren treten nicht nur in der Geometrie, sondern auch in der Physik und Technik sehr häufig auf. Beispielsweise sind die Hauptspannungen an einer bestimmten Stelle eines Körpers die Eigenwerte des Spannungstensors, welcher durch eine $(3, 3)$-Matrix beschrieben wird. Ebenso sind die Hauptträgheitsmomente eines Festkörpers die Eigenwerte einer $(3, 3)$-Matrix, nämlich des Trägheitstensors. Schließlich werden in der Quantenmechanik allen physikalisch messbaren Größen gewisse Operatoren (= „unendlich große Matrizen") zugeordnet, deren Eigenwerte den Erwartungswerten der physikalischen Messgrößen entsprechen. Auf diese Weise ergeben sich auch die verschiedenen Energiezustände des Elektrons im Wasserstoffatom als Eigenwerte aus der sog. Schrödinger-Gleichung. Es ist ein bemerkenswerter Zufall, dass der von David Hilbert um 1900 eingeführte mathematische Begriff „Spektrum" genau die Spektrallinien von Atomen beschreibt – dieser Zusammenhang wurde erst ab ca. 1925 mit der Ausarbeitung der Quantenmechanik entdeckt.

Drehachse und Drehwinkel

Eine $(3,3)$-Orthogonalmatrix A mit $\det A = 1$ gehört zu einer Drehung im Raum um eine Drehachse durch O. Eine solche Orthogonalmatrix ist beispielsweise

$$A = \begin{pmatrix} \frac{2}{3} & \frac{1}{3} & -\frac{2}{3} \\ -\frac{2}{3} & \frac{2}{3} & -\frac{1}{3} \\ \frac{1}{3} & \frac{2}{3} & \frac{2}{3} \end{pmatrix}$$

Wir wollen die Drehachse von A berechnen, und verwenden dazu die Beobachtung, dass sich die Vektoren $\vec{x}$ längs der Drehachse (und nur diese!) bei der Drehung nicht verändern: $A \cdot \vec{x} = \vec{x} = 1 \cdot \vec{x}$. Dass A den Eigenwert $\lambda = 1$ hat, lässt sich mit dem charakteristischen Polynom leicht nachprüfen:

$$p_A(1) = \det(A - E) = \begin{vmatrix} -\frac{1}{3} & \frac{1}{3} & -\frac{2}{3} \\ -\frac{2}{3} & -\frac{1}{3} & -\frac{1}{3} \\ \frac{1}{3} & \frac{2}{3} & -\frac{1}{3} \end{vmatrix} = 0 \quad (\text{da Zeile 2} + \text{Zeile 3} = \text{Zeile 1})$$

Die Eigenvektoren von A bilden die Drehachse. Zur Berechnung der Eigenvektoren lösen wir das LGS $(A - E) \cdot \vec{x} = \vec{o}$ mit dem Gauß-Verfahren, wobei wir alle Zeilen zuvor mit dem Faktor 3 multiplizieren:

(1)	−1	1	−2	0	
(2)	−2	−1	−1	0	$-2 \cdot (1)$
(3)	1	2	−1	0	$+ (1)$
(1)	−1	1	−2	0	
(2)	0	−3	3	0	
(3)	0	3	−3	0	$+ (2)$
(1)	−1	1	−2	0	
(2)	0	−3	3	0	
(3)	0	0	0	0	

Mit dem Parameter $x_3 = \mu$ erhalten wir $x_2 = \mu$, $x_1 = -\mu$ und die Eigenvektoren

$$\vec{x} = \mu \cdot \begin{pmatrix} -1 \\ 1 \\ 1 \end{pmatrix} \quad \implies \quad g : \begin{pmatrix} 0 \\ 0 \\ 0 \end{pmatrix} + \mu \cdot \begin{pmatrix} -1 \\ 1 \\ 1 \end{pmatrix}$$

welche zugleich die Geradengleichung der Drehachse g durch den Ursprung liefern.

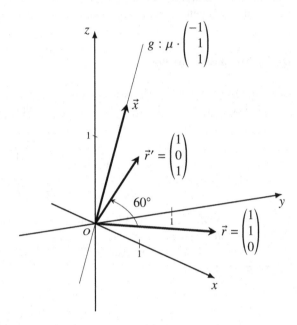

Abb. 3.37 Drehachse und
Drehwinkel

Zur Berechnung des Drehwinkels α wählen wir einen Vektor $\vec{r}$ *senkrecht zur Drehachse* und bestimmen den Winkel zwischen $\vec{r}$ und dem Bildvektor $\vec{r}' = A \cdot \vec{r}$, siehe Abb. 3.37:

$$\vec{r} = \begin{pmatrix} 1 \\ 1 \\ 0 \end{pmatrix} \perp g, \quad \vec{r}' = A \cdot \vec{r} = \begin{pmatrix} 1 \\ 0 \\ 1 \end{pmatrix}$$

$$\cos \alpha = \frac{\vec{r} \cdot \vec{r}'}{|\vec{r}| \cdot |\vec{r}'|} = \frac{1}{\sqrt{2} \cdot \sqrt{2}} = \frac{1}{2} \quad \implies \quad \alpha = 60°$$

3.4.4 Koordinatentransformationen

In Abschnitt 3.1.3 wurde die Drehung des Koordinatensystems in der Ebene untersucht und beschrieben, wie man die Koordinaten vom alten in das neue System umrechnet. Im Wesentlichen haben wir dazu die Einheitsvektoren $\vec{e}_1$ und $\vec{e}_2$ um einen Winkel α gedreht, und die Koordinaten eines Punkts durch Projektion auf die gedrehten Basisvektoren $\vec{b}_1$ und $\vec{b}_2$ bestimmt. Die neuen Koordinaten erhält man schließlich durch Matrixmultiplikation. Wir wollen nun eine Koordinatentransformation im Raum durchführen und eine Formel zur Umrechnung der Koordinaten ermitteln. Auch hier ist es günstig, das neue Koordinatensystem durch Vektoren zu beschreiben, welche die Koordinatenachsen aufspannen.

Eine Menge von Vektoren $B = (\vec{b}_1, \vec{b}_2, \vec{b}_3)$ heißt *Basis* von $\mathbb{R}^3$, wenn man jeden Ortsvektor $\vec{r}$ als Linearkombination dieser Basisvektoren mit (eindeutigen) Zahlenwerten $\xi_k \in \mathbb{R}$ in der Form

$$\vec{r} = \xi_1 \cdot \vec{b}_1 + \xi_2 \cdot \vec{b}_2 + \xi_3 \cdot \vec{b}_3$$

darstellen kann. Diese Linearkombination, welche mit der Schreibweise

$$\vec{r} = \begin{pmatrix} \xi_1 \\ \xi_2 \\ \xi_3 \end{pmatrix}_B$$

abgekürzt wird, heißt Koordinatendarstellung von $\vec{r}$ bezüglich der Basis B. Handelt es sich bei $\vec{r}$ um den Ortsvektor eines Punkts P, dann bezeichnet man die Werte ξ_1, ξ_2, ξ_3 auch als die Koordinaten von P bezüglich der Basis B. Die *Standardbasis (kanonische Basis)* besteht aus den Einheitsvektoren $(\vec{e}_1, \vec{e}_2, \vec{e}_3)$ und liefert uns die wohlbekannten kartesischen Koordinaten

$$\vec{r} = \begin{pmatrix} x_1 \\ x_2 \\ x_3 \end{pmatrix} = x_1 \cdot \vec{e}_1 + x_2 \cdot \vec{e}_2 + x_3 \cdot \vec{e}_3$$

Zur Umrechnung der Koordinaten von der Standardbasis in die Basis B fassen wir die Basisvektoren B in der sogenannten *Transformationsmatrix*

$$C = \begin{pmatrix} \vec{b}_1 & \vec{b}_2 & \vec{b}_3 \end{pmatrix}$$

zusammen. Dann ist

$$\begin{pmatrix} x_1 \\ x_2 \\ x_3 \end{pmatrix} = \vec{r} = \xi_1 \cdot \vec{b}_1 + \xi_2 \cdot \vec{b}_2 + \xi_3 \cdot \vec{b}_3 = \begin{pmatrix} \vec{b}_1 & \vec{b}_2 & \vec{b}_3 \end{pmatrix} \cdot \begin{pmatrix} \xi_1 \\ \xi_2 \\ \xi_3 \end{pmatrix}_B = C \cdot \begin{pmatrix} \xi_1 \\ \xi_2 \\ \xi_3 \end{pmatrix}_B$$

Die Formeln zur Umrechnung der Koordinaten von der Basis B zur kanonischen Basis (und umgekehrt) lauten dann

$$\begin{pmatrix} x_1 \\ x_2 \\ x_3 \end{pmatrix} = C \cdot \begin{pmatrix} \xi_1 \\ \xi_2 \\ \xi_3 \end{pmatrix}_B \quad \Longrightarrow \quad \begin{pmatrix} \xi_1 \\ \xi_2 \\ \xi_3 \end{pmatrix}_B = C^{-1} \cdot \begin{pmatrix} x_1 \\ x_2 \\ x_3 \end{pmatrix}$$

Eine Basis B heißt *Orthonormalbasis*, falls die Basisvektoren die Länge 1 haben und aufeinander senkrecht stehen. In diesem Fall ist C eine Orthogonalmatrix, d. h., es gilt $C^{-1} = C^{\mathrm{T}}$.

Wir können nun auch eine lineare Abbildung mit der Abbildungsmatrix A in das neue Koordinatensystem mit der Basis B umrechnen. Dazu müssen wir die Koordinaten des Bildvektors $\vec{r}' = A \cdot \vec{r}$ zur Basis B ermitteln. In der Standardbasis hat der Vektor $\vec{r}'$ die Koordinaten

$$\begin{pmatrix} x'_1 \\ x'_2 \\ x'_3 \end{pmatrix} = A \cdot \vec{r} = A \cdot C \cdot \begin{pmatrix} \xi_1 \\ \xi_2 \\ \xi_3 \end{pmatrix}_B$$

Wir rechnen diese Koordinaten in das System B um und erhalten

$$\begin{pmatrix} \xi'_1 \\ \xi'_2 \\ \xi'_3 \end{pmatrix}_B = C^{-1} \cdot \begin{pmatrix} x'_1 \\ x'_2 \\ x'_3 \end{pmatrix} = C^{-1} \cdot A \cdot C \cdot \begin{pmatrix} \xi_1 \\ \xi_2 \\ \xi_3 \end{pmatrix}_B$$

Die Umrechnung einer Abbildungsmatrix in ein anderes Koordinatensystem bezeichnet man als

Basiswechsel: Ist A die Abbildungsmatrix einer linearen Abbildung f zur Standard-Basis $(\vec{e}_1, \vec{e}_2, \vec{e}_3)$ und C die Transformationsmatrix auf die Basis $B = (\vec{b}_1, \vec{b}_2, \vec{b}_3)$, dann ist $C^{-1} \cdot A \cdot C$ die Abbildungsmatrix von f im Koordinatensystem B.

Ein Matrixprodukt der Form $C^{-1} \cdot A \cdot C$ nennt man *Ähnlichkeitstransformation*, und die Matrix $A' = C^{-1} \cdot A \cdot C$ heißt *ähnlich* zu A. Wegen

$$A' - \lambda E = C^{-1} A C - \lambda E = C^{-1} A C - \lambda C^{-1} E C = C^{-1} (A - \lambda E) C$$

und

$$p_{A'}(\lambda) = \det(A' - \lambda E) = \det\left(C^{-1} (A - \lambda E) C \right)$$
$$= \det C^{-1} \cdot \det(A - \lambda E) \cdot \det C = \det(A - \lambda E) = p_A(\lambda)$$

wobei wir zuletzt noch $\det C^{-1} = \frac{1}{\det C}$ verwendet haben, sind die charakteristischen Polynome von A' und A identisch. Dies wiederum bedeutet, dass zwei zueinander ähnliche Matrizen A und A' die gleichen Eigenwerte haben.

Anwendung: Berechnung der Abbildungsmatrix

Der Basiswechsel ermöglicht uns, die Abbildungsmatrix einer räumlichen Drehung, Spiegelung, Projektion usw. zu konstruieren. Wir wählen dazu eine Basis B, in der sich die Abbildung durch eine einfache Matrix A' beschreiben lässt. Die Transformationsmatrix C auf die Basis B liefert uns dann die Abbildungsmatrix A bzgl. der kanonischen Basis gemäß der Formel

$$A' = C^{-1} \cdot A \cdot C \implies A = C \cdot A' \cdot C^{-1}$$

Eine Transformation wird z. B. durch eine Spiegelebene, Projektionsebene oder eine Ebene senkrecht zur Drehachse festgelegt. Nehmen wir also an, dass eine solche Ebene E durch den Ursprung mit den Richtungsvektoren $\vec{b}_1$ und $\vec{b}_2$ bereits vorgegeben ist:

$$E : \vec{o} + \mu_1 \cdot \vec{b}_1 + \mu_2 \cdot \vec{b}_2$$

Der Normalenvektor $\vec{b}_3 = \vec{b}_1 \times \vec{b}_2$ liefert uns zudem eine Ursprungsgerade

$$g : \vec{o} + \mu_3 \cdot \vec{b}_3$$

senkrecht zur Ebene E. Im Koordinatensystem mit der Basis $B = (\vec{b}_1, \vec{b}_2, \vec{b}_3)$ können wir dann für einen Vektor

$$\vec{r} = \xi_1 \cdot \vec{b}_1 + \xi_2 \cdot \vec{b}_2 + \xi_3 \cdot \vec{b}_3 = \begin{pmatrix} \xi_1 \\ \xi_2 \\ \xi_3 \end{pmatrix}_B$$

den Bildvektor der folgenden linearen Abbildungen relativ leicht bestimmen:

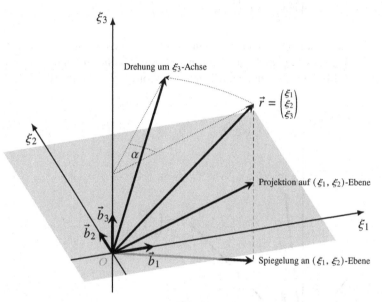

Abb. 3.38 Lineare Abbildungen im Koordinatensystem (ξ_1, ξ_2, ξ_3) der Ebene E

(a) Bei der **Drehung** um die ξ_3-Achse mit dem Winkel α ändert sich die dritte Komponente (in Richtung der Drehachse) nicht, während die ersten zwei Komponenten in der (ξ_1, ξ_2)-Ebene gedreht werden und mit den aus Abschnitt 3.1.3 bekannten Formeln berechnet werden können:

$$\xi_1' = \xi_1 \cdot \cos \alpha - \xi_2 \cdot \sin \alpha$$
$$\xi_2' = \xi_1 \cdot \sin \alpha + \xi_2 \cdot \cos \alpha$$
$$\xi_3' = \xi_3$$

In Matrixschreibweise ergibt sich der Bildvektor aus dem Produkt

$$\vec{r}' = \begin{pmatrix} \xi_1' \\ \xi_2' \\ \xi_3' \end{pmatrix}_B = \begin{pmatrix} \cos \alpha & -\sin \alpha & 0 \\ \sin \alpha & \cos \alpha & 0 \\ 0 & 0 & 1 \end{pmatrix} \cdot \begin{pmatrix} \xi_1 \\ \xi_2 \\ \xi_3 \end{pmatrix}_B$$

(b) Bei der **Spiegelung** an der (ξ_1, ξ_2)-Ebene ändert sich nur das Vorzeichen der dritten Komponente (senkrecht zur Ebene), während die übrigen Komponenten gleich bleiben:

$$\vec{r}' = \begin{pmatrix} \xi_1' \\ \xi_2' \\ \xi_3' \end{pmatrix}_B = \begin{pmatrix} \xi_1 \\ \xi_2 \\ -\xi_3 \end{pmatrix}_B = \begin{pmatrix} 1 & 0 & 0 \\ 0 & 1 & 0 \\ 0 & 0 & -1 \end{pmatrix} \cdot \begin{pmatrix} \xi_1 \\ \xi_2 \\ \xi_3 \end{pmatrix}_B$$

(c) Bei der **Projektion** auf die (ξ_1, ξ_2)-Ebene wird die dritte Komponente (senkrecht zur Ebene) auf 0 abgebildet, während die übrigen Komponenten gleich bleiben. Somit ist

$$\vec{r}' = \begin{pmatrix} \xi_1' \\ \xi_2' \\ \xi_3' \end{pmatrix}_B = \begin{pmatrix} \xi_1 \\ \xi_2 \\ 0 \end{pmatrix}_B = \begin{pmatrix} 1 & 0 & 0 \\ 0 & 1 & 0 \\ 0 & 0 & 0 \end{pmatrix} \cdot \begin{pmatrix} \xi_1 \\ \xi_2 \\ \xi_3 \end{pmatrix}_B$$

Die Wirkung der Transformationen im angepassten Koordinatensystem ist in Abb. 3.38 zu sehen. Aus der Sicht des kartesischen Koordinatensystems mit der Standardbasis $(\vec{e}_1, \vec{e}_2, \vec{e}_3)$ ergibt sich für die oben genannten Transformationen das Bild in Abb. 3.39.

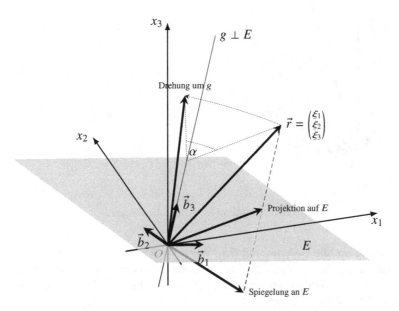

Abb. 3.39 Lineare Abbildungen im kartesischen Koordinatensystem (x_1, x_2, x_3)

Beispiel: Gegeben ist die Ursprungsebene E mit den beiden Richtungsvektoren und dem dazugehörigen Normalenvektor

$$\vec{a}_1 = \begin{pmatrix} 1 \\ -2 \\ 2 \end{pmatrix} \quad \text{und} \quad \vec{a}_2 = \begin{pmatrix} 2 \\ -1 \\ -2 \end{pmatrix} \implies \vec{a}_3 = \vec{a}_1 \times \vec{a}_2 = \begin{pmatrix} 6 \\ 6 \\ 3 \end{pmatrix}$$

Der Normalenvektor $\vec{a}_3$ zu E ist zugleich der Richtungsvektor einer Ursprungsgerade g senkrecht zur Ebene E. Wir berechnen die Abbildungsmatrizen zu den folgenden Transformationen:

(a) Drehung um g um den Winkel $\alpha = 90°$

(b) Spiegelung an der Ebene E

(c) Projektion auf die Ebene E

Hierzu normieren wir die Vektoren $\vec{a}_1$, $\vec{a}_2$ und $\vec{a}_3$:

$$\vec{b}_1 = \frac{1}{|\vec{a}_1|} \cdot \vec{a}_1 = \begin{pmatrix} \frac{1}{3} \\ -\frac{2}{3} \\ \frac{2}{3} \end{pmatrix}, \quad \vec{b}_2 = \frac{1}{|\vec{a}_2|} \cdot \vec{a}_2 = \begin{pmatrix} \frac{2}{3} \\ -\frac{1}{3} \\ -\frac{2}{3} \end{pmatrix}, \quad \vec{b}_3 = \frac{1}{|\vec{a}_3|} \cdot \vec{a}_3 = \begin{pmatrix} \frac{2}{3} \\ \frac{2}{3} \\ \frac{1}{3} \end{pmatrix}$$

und verwenden sie als Orthonormalbasis B eines neuen Koordinatensystems. Die Umrechnung der Koordinaten erfolgt mithilfe der Transformationsmatrix

$$C = \tfrac{1}{3} \begin{pmatrix} 1 & 2 & 2 \\ -2 & -1 & 2 \\ 2 & -2 & 1 \end{pmatrix} \implies C^{-1} = C^{\mathrm{T}} = \tfrac{1}{3} \begin{pmatrix} 1 & -2 & 2 \\ 2 & -1 & -2 \\ 2 & 2 & 1 \end{pmatrix}$$

wobei sich die gesuchten Abbildungsmatrizen im neuen Koordinatensystem relativ leicht angeben lassen. Die Transformation

(a) ist im System B eine Drehung um die ξ_3-Achse um den Winkel $90°$:

$$R = C \cdot \begin{pmatrix} 0 & -1 & 0 \\ 1 & 0 & 0 \\ 0 & 0 & 1 \end{pmatrix} \cdot C^{-1} = \tfrac{1}{9} \begin{pmatrix} 4 & 1 & 8 \\ 7 & 4 & -4 \\ -4 & 8 & 1 \end{pmatrix}$$

(b) ist bezüglich der Orthonormalbasis B eine Spiegelung an der (ξ_1, ξ_2)-Ebene:

$$S = C \cdot \begin{pmatrix} 1 & 0 & 0 \\ 0 & 1 & 0 \\ 0 & 0 & -1 \end{pmatrix} \cdot C^{-1} = \tfrac{1}{9} \begin{pmatrix} 1 & -8 & -4 \\ -8 & 1 & -4 \\ -4 & -4 & 7 \end{pmatrix}$$

(c) entspricht im Koordinatensystem B einer Projektion auf die (ξ_1, ξ_2)-Ebene:

$$P = C \cdot \begin{pmatrix} 1 & 0 & 0 \\ 0 & 1 & 0 \\ 0 & 0 & 0 \end{pmatrix} \cdot C^{-1} = \tfrac{1}{9} \begin{pmatrix} 5 & -4 & -2 \\ -4 & 5 & -2 \\ -2 & -2 & 8 \end{pmatrix}$$

Die Anwendung dieser Transformationen auf den Punkt $(0, 3, 0)$ mit dem Ortsvektor $\vec{r} = 3\,\vec{e}_2$ ist in Abb. 3.40 veranschaulicht. Sie liefert die Bildvektoren

$$R \cdot \begin{pmatrix} 0 \\ 3 \\ 0 \end{pmatrix} = \frac{1}{3} \begin{pmatrix} 1 \\ 4 \\ 8 \end{pmatrix}, \quad S \cdot \begin{pmatrix} 0 \\ 3 \\ 0 \end{pmatrix} = \frac{1}{3} \begin{pmatrix} -8 \\ 1 \\ -4 \end{pmatrix}, \quad P \cdot \begin{pmatrix} 0 \\ 3 \\ 0 \end{pmatrix} = \frac{1}{3} \begin{pmatrix} -4 \\ 5 \\ -2 \end{pmatrix}$$

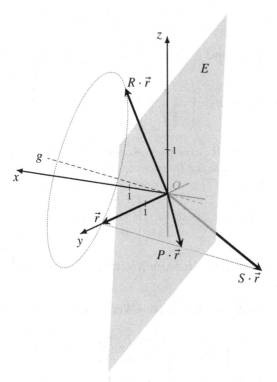

Abb. 3.40 Anwendung verschiedener Transformationen auf den Vektor $\vec{r} = 3\,\vec{e}_2$

3.4.5 Symmetrische Matrizen

In der Physik und in technischen Anwendungen treten häufig symmetrische Matrizen auf.

Eine (n, n)-Matrix A mit der Eigenschaft $A = A^{\mathrm{T}}$ heißt *symmetrische Matrix*.

Beispielsweise sind der Spannungstensor oder der Trägheitstensor eines Körpers symmetrische $(3, 3)$-Matrizen. Auch die Spiegelung an einer Ebene durch den Ursprung wird wegen $A^{-1} = A^{\mathrm{T}} = A$ durch eine symmetrische Orthogonalmatrix A beschrieben. Bei einer symmetrischen Matrix sind die Einträge symmetrisch zur Diagonalen angeordnet, z. B.

$$A = \begin{pmatrix} 2 & 3 & -1 \\ 3 & 5 & -2 \\ -1 & -2 & 0 \end{pmatrix}$$

Die Eigenwerte und -vektoren dieses Matrixtyps werden beschrieben im

Spektralsatz für symmetrische Matrizen: Das charakteristische Polynom einer symmetrischen (n, n)-Matrix $A = A^T$ besitzt genau n reelle Nullstellen (Vielfache mitgezählt) und somit genau n Eigenwerte $\lambda_1, \ldots, \lambda_n$. Zu diesen Eigenwerten gibt es Eigenvektoren $\vec{x}_1, \ldots, \vec{x}_n$ von A, die normiert und orthogonal zueinander sind:

$$A \cdot \vec{x}_k = \lambda_k \cdot \vec{x}_k, \quad |\vec{x}_k| = 1 \quad \text{und} \quad \vec{x}_k \perp \vec{x}_\ell \quad \text{im Fall } k \neq \ell$$

Wir begründen diese Aussage hier nur für den Fall $n = 2$, also für eine $(2, 2)$-Matrix

$$A = \begin{pmatrix} a & b \\ b & c \end{pmatrix} \quad \text{mit} \quad A^T = A$$

Das charakteristische Polynom dieser Matrix ist

$$p_A(\lambda) = \begin{vmatrix} a - \lambda & b \\ b & c - \lambda \end{vmatrix} = \lambda^2 - (a + c) \cdot \lambda + a\,c - b^2$$

und es hat die Nullstellen

$$\lambda_{1/2} = \frac{(a + c) \pm \sqrt{(a + c)^2 - 4 \cdot (a\,c - b^2)}}{2} = \frac{(a + c) \pm \sqrt{(a - c)^2 + 4\,b^2}}{2}$$

Die Diskriminante $(a - c)^2 + 4\,b^2$ kann nicht negativ werden, und daher hat die Matrix A mindestens einen Eigenwert $\lambda_1 \in \mathbb{R}$. Aus dem Gleichungssystem $(A - \lambda_1 E) \cdot \vec{x} = \vec{o}$ erhalten wir einen Eigenvektor $\vec{x} \neq \vec{o}$ zu λ_1. Der normierte Vektor $\vec{x}_1 = \frac{1}{|\vec{x}|}\,\vec{x}$ mit der Länge 1 ist dann ebenfalls ein Eigenvektor zu λ_1. Drehen wir $\vec{x}_1$ um $90°$, dann ist $\vec{x}_2 = R(90°) \cdot \vec{x}_1$ ein Einheitsvektor senkrecht zu $\vec{x}_1$. Hierfür gilt wegen $A \cdot \vec{x}_1 = \lambda_1 \cdot \vec{x}_1$

$$\begin{aligned} (A \cdot \vec{x}_2)^T \cdot \vec{x}_1 = (\vec{x}_2^T \cdot A^T) \cdot \vec{x}_1 = (\vec{x}_2^T \cdot A) \cdot \vec{x}_1 \quad &\text{(wegen } A = A^T) \\ = \vec{x}_2^T \cdot (A \cdot \vec{x}_1) \quad &\text{(Assoziativgesetz)} \\ = \vec{x}_2^T \cdot (\lambda_1 \cdot \vec{x}_1) = \lambda_1 \cdot \vec{x}_2^T \cdot \vec{x}_1 \end{aligned}$$

Dieses Resultat können wir auch mithilfe des Skalarprodukts schreiben:

$$\underbrace{(A \cdot \vec{x}_2) \cdot \vec{x}_1}_{\text{Skalarprodukt}} = \underbrace{(A \cdot \vec{x}_2)^T \cdot \vec{x}_1}_{\text{Matrixprodukt}} = \lambda_1 \cdot \underbrace{\vec{x}_2^T \cdot \vec{x}_1}_{\text{Matrixprodukt}} = \lambda_1 \cdot \underbrace{\vec{x}_2 \cdot \vec{x}_1}_{\text{Skalarprodukt}} = 0$$

wobei wir zuletzt $x_1 \perp x_2$ benutzt haben. Folglich ist auch $A \cdot \vec{x}_2$ orthogonal zu $\vec{x}_1$. Nun sind $\vec{x}_2$ und $A \cdot \vec{x}_2$ zwei Vektoren in der Ebene $\mathbb{R}^2$, die beide senkrecht auf $\vec{x}_1$ stehen. Daher muss $A \cdot \vec{x}_2$ ein Vielfaches von $\vec{x}_2$ sein, also $A \cdot \vec{x}_2 = \lambda_2 \cdot \vec{x}_2$ mit einer Zahl $\lambda_2 \in \mathbb{R}$ gelten. Demnach ist auch $\vec{x}_2$ ein Eigenvektor von A, und zwar zum Eigenwert λ_2.

Hauptachsentransformation

Als Konsequenz aus dem Spektralsatz notieren wir: Eine symmetrische $(3, 3)$-Matrix A besitzt drei Eigenwerte λ_1, λ_2, λ_3 und dazu drei aufeinander senkrecht stehende Eigenvektoren $\vec{x}_1$, $\vec{x}_2$, $\vec{x}_3$ mit jeweils der Länge 1. Wir können diese Vektoren als Basis $B = (\vec{x}_1, \vec{x}_2, \vec{x}_3)$ eines neuen rechtwinkligen Koordinatensystems verwenden. Der Vektor

$$\vec{r} = \begin{pmatrix} \xi_1 \\ \xi_2 \\ \xi_3 \end{pmatrix}_B = \xi_1 \cdot \vec{x}_1 + \xi_2 \cdot \vec{x}_2 + \xi_3 \cdot \vec{x}_3$$

wird durch die Matrix A abgebildet auf

$$\begin{aligned} A \cdot \vec{r} &= \xi_1 \cdot A\,\vec{x}_1 + \xi_2 \cdot A\,\vec{x}_2 + \xi_3 \cdot A\,\vec{x}_3 \\ &= \lambda_1\,\xi_1 \cdot \vec{x}_1 + \lambda_2\,\xi_2 \cdot \vec{x}_2 + \lambda_3\,\xi_3 \cdot \vec{x}_3 \end{aligned}$$

In den Koordinaten zur Basis B gilt dann

$$\vec{r} = \begin{pmatrix} \xi_1 \\ \xi_2 \\ \xi_3 \end{pmatrix}_B \implies A \cdot \vec{r} = \begin{pmatrix} \lambda_1\,\xi_1 \\ \lambda_2\,\xi_2 \\ \lambda_3\,\xi_3 \end{pmatrix}_B = \begin{pmatrix} \lambda_1 & 0 & 0 \\ 0 & \lambda_2 & 0 \\ 0 & 0 & \lambda_3 \end{pmatrix} \begin{pmatrix} \xi_1 \\ \xi_2 \\ \xi_3 \end{pmatrix}_B$$

oder kurz: Im Koordinatensystem, das von den (normierten und orthogonalen) Eigenvektoren aufgespannt wird, ist A eine Diagonalmatrix mit den Eigenwerten auf der Diagonale! Insbesondere ist dann A bezüglich dieses Koordinatensystems nur eine Streckung in Richtung der Achsen $\vec{x}_i$ um die (i. Allg. unterschiedlichen) Faktoren λ_i. Die Wirkung einer symmetrischen Matrix mit beispielsweise den Eigenwerten $\lambda_1 = \frac{3}{2}$, $\lambda_2 = 1$ und $\lambda_3 = \frac{4}{5}$ auf die Kugel mit Radius 0,5 zeigt Abb. 3.40: Aus der Kugel wird ein Ellipsoid mit Hauptachsen in Richtung der Eigenvektoren.

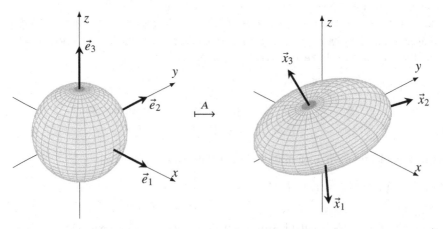

Abb. 3.40a Eine Kugel wird ...   **Abb. 3.40b** ... durch A zum Ellipsoid

Der Übergang von der Standardbasis in das von den Eigenvektoren aufgespannte Koordinatensystem wird auch als *Hauptachsentransformation* bezeichnet. Wie in Abb. 3.40 zu sehen ist, lässt sich dort die Wirkung einer linearen Abbildung viel einfacher darstellen.

Als Anwendungsbeispiel wollen wir die Spiegelung an einer Gerade g durch den Ursprung untersuchen. Ist $\vec{a} \neq \vec{o}$ ein Richtungsvektor der Gerade, so wird dieser bei der Spiegelung an g auf sich selbst abgebildet: $A \cdot \vec{a} = \vec{a}$, und somit ist $\vec{a}$ auch ein Eigenvektor von A zum Eigenwert $\lambda = 1$. Die Ebene E durch den Ursprung O senkrecht zu g wird beschrieben durch die Normalenform $E : \vec{a} \cdot (\vec{r} - \vec{o}) = 0$. Wählen wir in E zwei aufeinander senkrechte Einheitsvektoren $\vec{b}_1$ und $\vec{b}_2$, dann werden diese bei der Geradenspiegelung auf ihre Gegenvektoren abgebildet:

$$A \cdot \vec{b}_1 = -\vec{b}_1 \quad \text{und} \quad A \cdot \vec{b}_2 = -\vec{b}_2$$

Folglich sind $\vec{b}_1$ und $\vec{b}_2$ zwei Eigenvektoren von A zum Eigenwert -1. Zusammen mit dem normierten Richtungsvektor

$$\vec{b}_3 = \frac{1}{|\vec{a}|} \cdot \vec{a}$$

ist $B = (\vec{b}_1, \vec{b}_2, \vec{b}_3)$ die Orthonormalbasis eines Koordinatensystems, in dem die Abbildungsmatrix

$$A' = \begin{pmatrix} -1 & 0 & 0 \\ 0 & -1 & 0 \\ 0 & 0 & 1 \end{pmatrix} = \begin{pmatrix} \cos 180° & -\sin 180° & 0 \\ \sin 180° & \cos 180° & 0 \\ 0 & 0 & 1 \end{pmatrix}$$

genau der Abbildungsmatrix einer 180°-Drehung um die Gerade g entspricht! Als Ergebnis notieren wir: Die Spiegelung an einer Ursprungsgerade im Raum lässt sich auch als 180°-Drehung um diese Gerade beschreiben.

Aufgaben zu Kapitel 3

Aufgabe 3.1. Gegeben sind die Vektoren

$$\vec{a} = \begin{pmatrix} 4 \\ 2 \end{pmatrix}, \quad \vec{b} = \begin{pmatrix} 3 \\ 4 \end{pmatrix} \quad \text{und} \quad \vec{c} = \begin{pmatrix} 7 \\ 1 \end{pmatrix}$$

a) Berechnen Sie die Längen der Vektoren $\vec{a}$ und $\vec{b}$ und ihren Zwischenwinkel.

b) Für welche Zahlenwerte λ und μ ist $\lambda \cdot \vec{a} + \mu \cdot \vec{b} = \vec{c}$?

c) Ermitteln Sie die Projektion von $\vec{a}$ auf $\vec{b}$.

Aufgabe 3.2. Gegeben ist der Punkt $A = (4, -3)$. Bestimmen Sie den Punkt B, der vom Ursprung O den Abstand 10 hat, wobei der Winkel von $\overline{OA}$ zur Strecke $\overline{OB}$ genau 60° betragen soll, siehe Abb. 3.41. *Hinweis:* Geben Sie die exakten Koordinaten von B an, also keine gerundeten Dezimalbrüche!

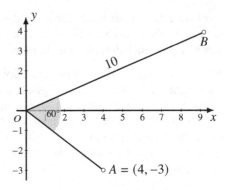

Abb. 3.41 Wie berechnet
man die Koordinaten von B?

Aufgabe 3.3. Ein Vektor $\vec{r}$ in der Ebene wird durch $R(\alpha) \cdot \vec{r}$ um den Winkel α gedreht, wobei $R(\alpha)$ die zugehörige Drehmatrix bezeichnet. Begründen Sie kurz

$$R(2\alpha) = R(\alpha) \cdot R(\alpha)$$

und verwenden Sie diese Aussage zur Herleitung der trigonometrischen Formeln

$$\sin 2\alpha = 2 \sin \alpha \cos \alpha \quad \text{und} \quad \cos 2\alpha = \cos^2 \alpha - \sin^2 \alpha$$

Aufgabe 3.4. Ein beliebiger Ortsvektor $\vec{r}$ in der (x, y)-Ebene wird zuerst um $-30°$ gedreht und dann an der Gerade g mit dem Steigungswinkel $30°$ gespiegelt, siehe Abb. 3.42. Diese kombinierte Drehspiegelung soll zu einer einzigen geometrischen Transformation zusammenfasst werden. Gehen Sie wie folgt vor:

a) Geben Sie die Drehmatrix und die Spiegelungsmatrix an.

b) Bestimmen Sie die Matrix der kombinierten Drehspiegelung.
   Was macht diese Transformation mit einem Ortsvektor $\vec{r}$?

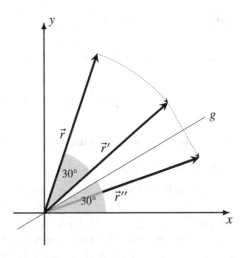

Abb. 3.42 Kombinierte Drehspiegelung

Aufgabe 3.5. Die $(2, 2)$-Matrix

$$A = \begin{pmatrix} 0{,}6 & 0{,}8 \\ 0{,}8 & -0{,}6 \end{pmatrix}$$

beschreibt eine Transformation in der Ebene.

a) Begründen Sie, dass A eine Spiegelung an einer Ursprungsgerade g ist, und ermitteln Sie den Steigungswinkel von g.

b) Ein Vektor wird zuerst an der Gerade g und danach an der Winkelhalbierenden $y = x$ gespiegelt. Zeigen Sie durch eine Rechnung, dass die Kombination der beiden Spiegelungen eine Drehung ergibt, und bestimmen Sie den Drehwinkel!

c) Berechnen Sie alle reellen Eigenwerte der Matrix A.

Aufgabe 3.6. Begründen Sie rechnerisch, dass man in der (x, y)-Ebene die Spiegelung an einer Ursprungsgeraden mit dem Steigungswinkel α auch ersetzen kann durch eine Spiegelung an der x-Achse mit anschließender Drehung um den Winkel 2α!

Aufgabe 3.7. Zeigen Sie, dass man in $\mathbb{R}^2$ eine Spiegelung an der Ursprungsgerade g_1 mit dem Steigungswinkel α und eine nachfolgende Spiegelung an g_2 mit dem Steigungswinkel β zu einer Drehung um den Winkel $\beta - \alpha$ kombinieren kann. *Tipp*: Verwenden Sie die Matrixmultiplikation und nutzen Sie Additionstheoreme!

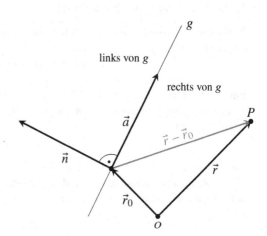

Abb. 3.43 Lagebestimmung
Punkt – Gerade

Aufgabe 3.8. Gegeben ist eine Gerade g in der Ebene $\mathbb{R}^2$ mit dem Stützpunkt $\vec{r}_0$ und dem Richtungsvektor $\vec{a}$. Wir wollen die Lage des Punktes P mit dem Ortsvektor $\vec{r}$ (siehe Abb. 3.43) in Bezug auf die Gerade prüfen, und zwar mithilfe des Normalenvektors $\vec{n} = R(90°) \cdot \vec{a}$ zu g. Begründen Sie die folgende Aussage: P liegt im Fall

$$\vec{n} \cdot (\vec{r} - \vec{r}_0) > 0 \quad \text{links von } g$$
$$\vec{n} \cdot (\vec{r} - \vec{r}_0) = 0 \quad \text{auf der Gerade}$$
$$\vec{n} \cdot (\vec{r} - \vec{r}_0) < 0 \quad \text{rechts von } g$$

Tipp: Untersuchen Sie den Winkel zwischen $\vec{n}$ und $\vec{r} - \vec{r}_0$!

Aufgabe 3.9. Gegeben sind die drei Vektoren

$$\vec{a} = \begin{pmatrix} -1 \\ 2 \\ -1 \end{pmatrix}, \quad \vec{b} = \begin{pmatrix} 2 \\ -1 \\ -1 \end{pmatrix}, \quad \vec{c} = \begin{pmatrix} \lambda \\ 2 \\ 2 \end{pmatrix}$$

a) Welchen Winkel schließen die Vektoren $\vec{a}$ und $\vec{b}$ ein?

b) Bestimmen Sie alle Einheitsvektoren, die auf $\vec{a}$ und $\vec{b}$ senkrecht stehen.

c) Gibt es Werte $\lambda \in \mathbb{R}$, sodass $\vec{c}$ in der von $\vec{a}$ und $\vec{b}$ aufgespannten Ebene liegt? Falls ja, geben Sie diese λ an!

Aufgabe 3.10. Bestimmen Sie die Winkel, Seitenlängen und den Flächeninhalt des Dreiecks mit den Eckpunkten

$$A = (0, 2, 1), \quad B = (1, 1, 3) \quad \text{und} \quad C = (2, 2, 3)$$

Aufgabe 3.11. Überprüfen Sie durch Ausmultiplizieren die Formel

$$(\vec{b} - \vec{a}) \times (\vec{c} - \vec{a}) = \vec{a} \times \vec{b} + \vec{b} \times \vec{c} + \vec{c} \times \vec{a}$$

Aufgabe 3.12. (Doppeltes Kreuzprodukt)

a) Begründen Sie durch Ausrechnen der einzelnen Komponenten auf beiden Seiten die Graßmann-Formel
$$(\vec{a} \times \vec{b}) \times \vec{c} = (\vec{a} \cdot \vec{c}) \cdot \vec{b} - (\vec{b} \cdot \vec{c}) \cdot \vec{a}$$

b) Für einen Massenpunkt mit der Masse m, der sich am Ort $\vec{r}$ mit der Geschwindigkeit $\vec{v}$ bewegt, ist in der Physik der Drehimpuls bzgl. des Ursprungs O definiert durch das Kreuzprodukt
$$\vec{L} = m\,(\vec{r} \times \vec{v})$$

Im Fall einer Kreisbahn um O gilt zusätzlich $\vec{v} = \vec{\omega} \times \vec{r}$ mit der Winkelgeschwindigkeit $\vec{\omega} \perp \vec{r}$. Zeigen Sie mithilfe von a), dass für eine solche Kreisbahn der Drehimpuls mit der folgenden Formel berechnet werden kann:

$$\vec{L} = m\,|\vec{r}|^2 \cdot \vec{\omega}$$

Aufgabe 3.13. Die Vektoren

$$\vec{a} = \begin{pmatrix} 1 \\ 2 \\ 0 \end{pmatrix}, \quad \vec{b} = \begin{pmatrix} 1 \\ -1 \\ 0 \end{pmatrix}, \quad \vec{c} = \begin{pmatrix} 1 \\ 0 \\ 3 \end{pmatrix}$$

spannen eine Parallelotop auf. Als Grundfläche legen wir das von $\vec{a}$ und $\vec{b}$ erzeugte Parallelogramm fest, siehe Abb. 3.44.

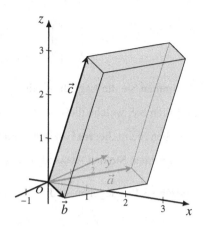

Abb. 3.44 Spat, der von den Vektoren $\vec{a}$, $\vec{b}$ (Grundfläche) und $\vec{c}$ aufgespannt wird

a) Berechnen Sie das Volumen sowie die Oberfläche und die Höhe des Körpers.

b) Welchen Winkel schließt die Seite $\vec{c}$ mit der Grundfläche ein?

Aufgabe 3.14. Eine Ebene E in $\mathbb{R}^3$ mit dem Aufpunkt $\vec{r}_0$ (Ortsvektor) und dem Normalenvektor $\vec{n}$ lässt sich bekanntlich durch die Normalenform $E : \vec{n} \cdot (\vec{r} - \vec{r}_0) = 0$ beschreiben. Gilt zusätzlich $|\vec{n}| = 1$, dann liefert $d = |\vec{n} \cdot (\vec{r} - \vec{r}_0)|$ den Abstand eines Punktes P_1 mit dem Ortsvektor $\vec{r}_1$ zur Ebene E. Wir wollen eine ähnliche Aussage für *Geraden* im Raum formulieren. Zeigen Sie:

a) Die Ortsvektoren $\vec{r}$ auf einer Gerade mit der Punkt-Richtungs-Form $g : \vec{r}_0 + \lambda \cdot \vec{a}$ erfüllen die Gleichung:

$$g : \vec{a} \times (\vec{r} - \vec{r}_0) = \vec{o}$$

b) Im Fall $|\vec{a}| = 1$ ergibt $d = |\vec{a} \times (\vec{r}_1 - \vec{r}_0)|$ den Abstand von P_1 zur Gerade g.

Aufgabe 3.15. Die drei Punkte $P_0 = (0, 0, 1)$, $P_1 = (2, 0, 0)$ und $P_2 = (0, -3, 0)$ legen eine Ebene E fest. Vom Punkt $P = (2, 1, 5)$ aus wird das Lot auf die Ebene E gefällt.

a) Geben Sie die Gleichung der Lotgerade (= Gerade durch P senkrecht zu E) an.

b) Welche Länge hat die Lotstrecke (= Strecke von P zum Lotfußpunkt in E)?

c) Bestimmen Sie die Koordinaten des Lotfußpunkts.

Aufgabe 3.16. Gegeben sind eine Ebene

$$E : \begin{pmatrix} 0 \\ 0 \\ 1 \end{pmatrix} + \lambda_1 \cdot \begin{pmatrix} 1 \\ 0 \\ -1 \end{pmatrix} + \lambda_2 \cdot \begin{pmatrix} 0 \\ 2 \\ -1 \end{pmatrix}$$

sowie die beiden Geraden

$$g_1 : \begin{pmatrix} 2 \\ 2 \\ -1 \end{pmatrix} + \lambda \cdot \begin{pmatrix} 2 \\ 2 \\ -3 \end{pmatrix}, \qquad g_2 : \begin{pmatrix} -1 \\ 2 \\ 2 \end{pmatrix} + \mu \cdot \begin{pmatrix} 1 \\ -2 \\ 1 \end{pmatrix}$$

Bestimmen Sie die Lage dieser drei geometrischen Objekte zueinander:

a) Prüfen Sie, welche dieser Objekte g_1, g_2 und E sich schneiden.

b) Geben Sie in diesem Fall den Schnittpunkt und den Schnittwinkel an.

c) Berechnen Sie den Abstand, falls zwei Objekte parallel zueinander liegen.

Aufgabe 3.17. Gegeben sind die Ebene E und die Gerade g mit

$$E : \begin{pmatrix} 1 \\ 1 \\ 2 \end{pmatrix} + \lambda_1 \cdot \begin{pmatrix} 1 \\ 0 \\ -1 \end{pmatrix} + \lambda_2 \cdot \begin{pmatrix} 0 \\ 1 \\ 1 \end{pmatrix}, \qquad g : \begin{pmatrix} 2 \\ -2 \\ 1 \end{pmatrix} + \lambda \cdot \begin{pmatrix} 1 \\ -1 \\ 1 \end{pmatrix}$$

a) Berechnen Sie den Schnittpunkt und den Schnittwinkel.

b) Liegt der Punkt $P = (-1, 1, -2)$ auf der Gerade g?

c) Berechnen Sie den Abstand von P zur Ebene E.

d) P wird an der Ebene E gespiegelt. Welche Koordinaten hat der Bildpunkt?
   Tipp: Verwenden Sie hierzu die Ergebnisse aus a) oder c).

Aufgabe 3.18. Gegeben sind die Ebenen E_1 und E_2 in Normalenform:

$$E_1 : \begin{pmatrix} 1 \\ 2 \\ 2 \end{pmatrix} \cdot \left(\vec{r} - \begin{pmatrix} 0 \\ 1 \\ 0 \end{pmatrix} \right) = 0 \quad \text{und} \quad E_2 : \begin{pmatrix} 2 \\ -2 \\ 1 \end{pmatrix} \cdot \left(\vec{r} - \begin{pmatrix} 1 \\ 1 \\ -2 \end{pmatrix} \right) = 0$$

a) Zeigen Sie: der Stützpunkt $P_1 = (0, 1, 0)$ von E_1 liegt in der Ebene E_2.

b) Berechnen Sie den Schnittwinkel und die Schnittgerade g der Ebenen.

c) Welchen Abstand hat der Aufpunkt $P_2 = (1, 1, -2)$ von E_2 zur Ebene E_1?

d) Welche Fläche hat das Dreieck mit den Ecken P_1, P_2 und $O = (0, 0, 0)$?
   (Tipp: Vektorprodukt)

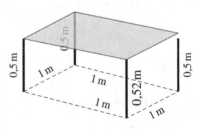

Abb. 3.45 Kippende Tischplatte

Aufgabe 3.19. Eine Platte soll auf vier Stützen gelagert werden (Abb. 3.45). Die Stützen stehen senkrecht auf dem Boden und sind in einem Quadrat mit der Seitenlänge 1 m angeordnet. Planmäßig sollten die Stützen eine Höhe von 50 cm haben, aber durch einen Fertigungsfehler ist eine Stütze um 2 cm zu hoch, sodass die Platte nicht eben aufliegen kann. Um welchen Winkel lässt sich die Platte maximal kippen?

Aufgabe 3.20. Die Punkte $A = (4, 0, 0)$, $B = (0, 6, 0)$, $C = (3, 5, 7)$ und $P = (0, 0, 2)$ bilden die Ecken eines Tetraeders (= dreiseitige Pyramide, siehe Abb. 3.46). Es soll das Volumen dieses Körpers berechnet werden. Als Grundfläche legen wir das von P, A, B erzeugte Dreieck $\triangle APB$ fest.

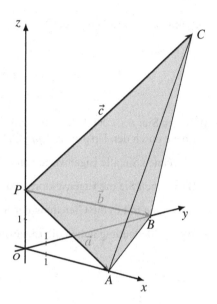

Abb. 3.46 Ein Tetraeder, der von drei Vektoren $\vec{a}$, $\vec{b}$, $\vec{c}$ aufgespannt wird

a) Berechnen Sie mit dem Vektorprodukt den Inhalt G der Grundfläche $\triangle APB$ und bestimmen Sie die Höhe h des Tetraeders: Das ist hier der Abstand des Punkts C von der Ebene durch P, A, B. Ermitteln Sie dann das Volumen V des Tetraeders mit der Formel $V = \frac{1}{3} \cdot G \cdot h$.

b) Begründen Sie durch eine allgemeine Rechnung, dass man das Volumen eines Tetraeders, der von drei Vektoren $\vec{a} = \overrightarrow{PA}$, $\vec{b} = \overrightarrow{PB}$, $\vec{c} = \overrightarrow{PC}$ aufgespannt wird, auch sofort mit den Spatprodukt und der folgenden Formel berechnen kann:

$$V = \frac{1}{6} \cdot |[\vec{a}\ \vec{b}\ \vec{c}]|$$

Aufgabe 3.21. Durch die lineare Abbildung mit der Abbildungsmatrix

$$A = \begin{pmatrix} 2 & 1 & 1 \\ 1 & -1 & 1 \\ 0 & 0 & 2 \end{pmatrix}$$

wird der Würfel, der von den Einheitsvektoren $\vec{e}_1$, $\vec{e}_2$, $\vec{e}_3$ aufgespannt wird, auf einen Spat abgebildet. Welches Volumen hat dieser Spat?

Aufgabe 3.22. Die $(2, 2)$-Matrix

$$A = \begin{pmatrix} -0{,}6 & 0{,}8 \\ 0{,}8 & 0{,}6 \end{pmatrix}$$

beschreibt eine Spiegelung in $\mathbb{R}^2$ an einer Geraden durch den Ursprung. Berechnen Sie die Spiegelachse g mithilfe der Eigenwerte und Eigenvektoren von A.

Aufgabe 3.23. Gegeben ist die Matrix

$$A = \begin{pmatrix} 1 & 0 & 0 \\ 0 & 0 & 1 \\ 0 & 1 & 0 \end{pmatrix}$$

a) Zeigen Sie: A ist die Abbildungsmatrix einer Spiegelung an einer (noch unbekannten) Ebene durch den Ursprung. *Tipp*: Gilt $A^{-1} = A^T = A$? Was ist det A?

b) Berechnen Sie alle Eigenwerte von A.

c) Bestimmen Sie die Eigenvektoren von A zum Eigenwert $\lambda = -1$.

d) Geben Sie mit c) die Gleichung der Spiegelebene in Normalenform an.

e) Welche Bedeutung haben die Eigenvektoren zu den übrigen Eigenwerten?

Kapitel 4
Funktionen und Grenzwerte

4.1 Grundbegriffe

4.1.1 Funktionsdarstellungen

Zusammenhänge zwischen mathematischen, physikalischen oder technischen Größen
werden durch Funktionen beschrieben. Genauer: Eine Funktion beschreibt die Abhängigkeit einer Größe von einer (oder mehreren) anderen Veränderlichen, und man definiert
ganz allgemein:

> Eine Funktion ist eine Vorschrift f (z. B. eine Formel), die jedem Element x aus
> einer Menge D, dem *Definitionsbereich*, genau ein Element y aus einer Menge
> W, dem *Wertebereich*, zuordnet. Man schreibt: $y = f(x)$, $x \in D$, oder etwas
> ausführlicher:
>
> $$f : D \longrightarrow W$$
> $$x \longmapsto y = f(x)$$
>
> Die Menge der Elemente $f(D) = \{f(x) \,|\, x \in D\} \subset W$, die dann tatsächlich in W
> als Funktionswerte vorkommen, nennt man den *Bildbereich* von f.

Anstelle von „Wertebereich" spricht man auch von „Wertemenge" usw. Die Begriffe „Wer-
temenge" und „Bildmenge" sind in der Literatur allerdings nicht einheitlich festgelegt.
Beispielsweise wird in der Schulmathematik die Wertemenge (= Menge der möglichen
Funktionswerte) als „Wertevorrat" oder „Zielmenge" bezeichnet, während die Bildmen-
ge (= Menge der tatsächlichen Funktionswerte gemäß der obigen Definition) dort als
„Wertemenge" eingeführt wird.

Als erstes Beispiel einer Funktion notieren wir

$$f : [0, \infty[\longrightarrow \mathbb{R}, \quad x \longmapsto y = x^2 + 1$$

oder in Kurzschreibweise $y = x^2 + 1$, $x \in [0, \infty[$. Hierbei handelt es sich um eine *reelle
Funktion*, bei der sowohl der Definitionsbereich als auch der Wertebereich Teilmengen
von $\mathbb{R}$ sind. In diesem Kapitel werden wir hauptsächlich solche reellen Funktionen
untersuchen. Jedoch ist die obige Funktionsdefinition viel universeller. Sie umfasst auch
lineare Abbildungen wie z. B. die Drehung eines Punkts (Ortsvektors) $\vec{r}$ in der Ebene $\mathbb{R}^2$
um einen Winkel α:

© Springer-Verlag GmbH Deutschland, ein Teil von Springer Nature 2022
H. Schmid, *Mathematik für Ingenieurwissenschaften: Grundlagen*,
https://doi.org/10.1007/978-3-662-65528-3_4

$$f : \mathbb{R}^2 \longrightarrow \mathbb{R}^2, \quad \vec{r} \longmapsto \vec{r}' = \begin{pmatrix} \cos\alpha & -\sin\alpha \\ \sin\alpha & \cos\alpha \end{pmatrix} \cdot \vec{r}$$

sowie Flächen im Raum, wie etwa das Rotationsparaboloid

$$f : \mathbb{R}^2 \longrightarrow \mathbb{R}, \quad (x, y) \longmapsto z = x^2 + y^2$$

Im Gegensatz dazu ist aber $y = \pm\sqrt{x}$, $x \in [0, \infty[$, keine Funktion! Jedem $x > 0$ werden hier zwei Werte zugeordnet, und eine solche mehrwertige Zuordnung nennt man *Relation*.

Funktionsdarstellungen. Es gibt verschiedene Möglichkeiten, eine Funktion zu beschreiben. Bei der *tabellarischen Darstellung* ist die Funktion in Form einer Wertetabelle gegeben, z. B.

x	0,2	0,5	1	3	4	7	10
$f(x)$	−0,699	−0,301	0	0,477	0,602	0,845	1

Hier ist der Zusammenhang zwischen x und y unmittelbar zu sehen, ebenso wie der Definitionsbereich (= obere Zeile) und der Bildbereich (= untere Zeile). Diese Darstellungsform verwendet man u. a. bei Messreihen, Funktionstafeln (z. B. Logarithmentafeln) und in technischen Tabellenbüchern.

Bei der *analytischen Darstellung* erfolgt die Zuordnung mithilfe einer *Funktionsgleichung*, also einer Berechnungsvorschrift. Man unterscheidet zwischen der *expliziten* Darstellung $y = f(x)$, mit der man die Funktionswerte sofort berechnen kann, und der *impliziten* Darstellung $F(x, y) = 0$, welche noch nicht nach y aufgelöst ist. Beispiele für explizite Funktionsgleichungen sind

$$y = x^2 + 1 \quad \text{oder} \quad y(t) = A \cdot \sin(\omega \cdot t + \varphi)$$

während die folgende Funktion in impliziter Form vorliegt:

$$F(x, y) = x^2 + 2y - 4 = 0$$

Oft ist nur die Funktionsvorschrift $y = f(x)$ ohne Definitionsbereich angegeben. Man wählt dann automatisch den *maximalen Definitionsbereich*, also die Menge der Punkte x aus einer gewissen Grundmenge (z. B. $\mathbb{R}$), die man in die Funktionsgleichung f einsetzen kann, ohne dass man gegen die gültigen mathematischen Gesetze verstößt. Nicht erlaubt sind Nullstellen im Nenner, bei reellen Funktionen negative Radikanden oder in einem Logarithmus Argumente ≤ 0 usw.

Beispiel: Der maximale Definitionsbereich der Funktion

$$y = \frac{1}{\sqrt{1 - x}}$$

ist das Intervall $]-\infty, 1[$, denn der Ausdruck unter der Wurzel darf nicht negativ werden: $1 - x \geq 0$, und auch nicht Null sein: $1 - x \neq 0$, da ansonsten der Nenner gleich 0 ist. Insgesamt muss also $1 - x > 0$ bzw. $x < 1$ gelten.

In den Anwendungen sind bei der Festlegung des Definitionsbereichs zumeist auch noch physikalische Randbedingungen zu berücksichtigen. Bei der Umrechnung von Grad Celsius x in Grad Fahrenheit $y = 1{,}8 \cdot x + 32$ etwa könnte man alle reellen Zahlen x einsetzen, aber physikalisch sinnvoll sind nur die Werte $x \geq -273{,}15$ ($= 0$ K, der absolute Nullpunkt der Temperatur).

Bei der *graphischen Darstellung* schließlich wird die Abhängigkeit $y = f(x)$ im kartesischen Koordinatensystem veranschaulicht. Die Menge der Punkte

$$G(f) = \{(x, f(x)) \mid x \in D\} \subset \mathbb{R}^2$$

für eine reellwertige Funktion $f : D \longrightarrow \mathbb{R}$ mit $D \subset \mathbb{R}$ heißt *Graph* von f. Sie beschreibt eine (i. Allg. gekrümmte) Kurve in $\mathbb{R}^2$. Beispielsweise ist der Graph der Funktion $y = x^2 + 1$, $x \in \mathbb{R}$, eine *Parabel* mit Scheitelpunkt bei $(0, 1)$, und der Graph der Funktion $f(x) = \frac{1}{x}$, $x \in \mathbb{R} \setminus \{0\}$, ist eine *Hyperbel*.

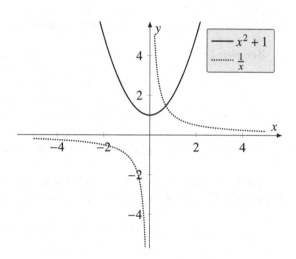

Abb. 4.1 Funktionsgraphen
(Parabel und Hyperbel)

Zu den besonderen Punkten des Graphen gehören die Nullstellen einer Funktion $f : D \longrightarrow \mathbb{R}$, also die Punkte $x_0 \in D$, für die $f(x_0) = 0$ gilt. Der Graph von f schneidet oder berührt dort die x-Achse.

Beispiele: Die Funktion $f(x) = x^2 - 1$ hat zwei Nullstellen, nämlich bei $x_1 = -1$ und bei $x_2 = 1$. Dagegen hat die Funktion $f(x) = \frac{1}{x}$, $x \in \mathbb{R} \setminus \{0\}$, gar keine Nullstellen.

Verkettung von Funktionen. Die in der Praxis auftretenden Funktionen setzen sich in der Regel aus verschiedenen elementaren Funktionen wie z. B. Potenz-, Winkel- oder Exponentialfunktionen zusammen. Diese werden addiert, multipliziert und vielfach auch hintereinander ausgeführt. Bei der Hintereinanderausführung, auch Verkettung genannt, sind zwei Funktionen

$$f : D_f \longrightarrow W_f, \quad x \longmapsto y = f(x)$$
$$g : D_g \longrightarrow W_g, \quad x \longmapsto y = g(x)$$

gegeben. Im Fall $f(D_f) \subset D_g$ kann man g auf die Funktionswerte $y = f(x) \in D_g$ anwenden. Wir erhalten dann eine neue Funktion

$$g \circ f : D_f \longrightarrow W_g, \quad x \longmapsto y = g(f(x))$$

oder kurz $y = (g \circ f)(x), x \in D_f$, welche als *Verkettung* von f und g bezeichnet wird.

Beispiel: Bei der Funktion $y = 3\sqrt{1 - x^2}$ handelt es sich um eine Verkettung der Funktionen $f(x) = 1 - x^2$ und $g(x) = 3\sqrt{x}$, also $y = g(f(x))$. Damit wir die Funktionen nacheinander anwenden können, müssen wir den Definitionsbereich von f so wählen, dass $f(x)$ im (maximalen) Definitionsbereich $[0, \infty[$ von g liegt, und das bedeutet: $1 - x^2 \geq 0$ oder $x \in [-1, 1]$.

Die Zerlegung einer Funktion in eine Verkettung mehrerer einfacher Funktionen spielt in der Differentialrechnung eine wichtige Rolle. Sind die Ableitungen der elementaren Funktionen (x^n, $\sin x$, e^x usw.) bekannt, dann kann man mit der Kettenregel auch ineinander verschachtelte Funktionsausdrücke differenzieren.

Beispiel: Die Funktion $y = \sqrt{e^{2x-1}}$ ist eine Verkettung der drei Funktionen

$$f : \mathbb{R} \longrightarrow \mathbb{R}, \qquad x \longmapsto y = 2x - 1$$
$$g : \mathbb{R} \longrightarrow]0, \infty[, \qquad x \longmapsto y = e^x$$
$$h : [0, \infty[\longrightarrow \mathbb{R}, \qquad x \longmapsto y = \sqrt{x}$$

sodass also $\sqrt{e^{2x-1}} = h(g(f(x))) = (h \circ g \circ f)(x)$ für alle $x \in \mathbb{R}$ gilt.

Bei der Verkettung ist in der Regel auch die Reihenfolge der Funktionen entscheidend. Beispielsweise sind für $f(x) = 1 - 3x^2$ und $g(x) = \sin x$ die Verkettungen

$$(g \circ f)(x) = g(1 - 3x^2) = \sin(1 - 3x^2)$$
$$(f \circ g)(x) = f(\sin x) = 1 - 3 \cdot (\sin x)^2$$

zwei ganz unterschiedliche Funktionen.

4.1.2 Globale Funktionseigenschaften

Bei den reellen Funktionen gibt es besondere Merkmale, die den Gesamtverlauf ihres Graphen im kartesischen Koordinatensystem beschreiben. Solche „globalen" Eigenschaften sind z. B. die Symmetrie, Monotonie, Konvexität oder Periodizität. Im Gegensatz dazu sind Nullstellen, relative Extremstellen oder Wendepunkte „lokale" Eigenschaften, welche den Funktionsverlauf nur an gewissen Punkten des Definitionsbereichs betreffen.

Symmetrie. Eine reelle Funktion $f : D \longrightarrow \mathbb{R}$ mit $D \subset \mathbb{R}$ heißt

• *gerade Funktion*, falls $f(-x) = f(x)$ für alle $x \in D$ gilt, und

• *ungerade Funktion*, falls $f(-x) = -f(x)$ für alle $x \in D$ erfüllt ist, wobei zusätzlich vorausgesetzt werden muss, dass auch der Definitionsbereich $D \subset \mathbb{R}$ symmetrisch zum Ursprung ist. Der Graph einer geraden Funktion f ist dann spiegelsymmetrisch zur y-Achse, während bei einer ungeraden Funktion $G(f)$ punktsymmetrisch zum Ursprung ist. Die Bezeichnung gerade bzw. ungerade Funktion ist von den Potenzfunktionen $f(x) = x^n$ abgeleitet, denn ist n eine gerade Zahl, dann gilt $f(-x) = (-x)^n = x^n = f(x)$, und ist n eine ungerade Zahl, dann gilt $f(-x) = (-x)^n = -x^n = -f(x)$.

Beispiele: Die Funktion $f(x) = (x^2 + 1)^3$, $x \in \mathbb{R}$, ist gerade wegen

$$f(-x) = ((-x)^2 + 1)^3 = (x^2 + 1)^3 = f(x) \quad \text{für alle } x \in \mathbb{R}$$

Dagegen ist $f(x) = (1 + x)^2 - (1 - x)^2$ eine ungerade Funktion, denn

$$f(-x) = (1 + (-x))^2 - (1 - (-x))^2 = (1 - x)^2 - (1 + x)^2 = -f(x)$$

Monotonie. Eine reelle Funktion $y = f(x)$ mit $x \in D \subset \mathbb{R}$ nennt man

- *streng monoton steigend*, falls für $x_1 < x_2$ stets $f(x_1) < f(x_2)$ gilt, und
- *streng monoton fallend*, wenn für $x_1 < x_2$ stets $f(x_1) > f(x_2)$ erfüllt ist.

Die Differentialrechnung stellt mit der Ableitung ein Werkzeug bereit, mit der man die Monotonie einer Funktion überprüfen kann. In manchen Fällen lässt sich aber auch direkt nachweisen, dass eine Funktion streng monoton ist. Als Beispiel zeigen wir, dass $f(x) = x^3$ eine auf ganz $\mathbb{R}$ streng monoton steigende Funktion ist. Zunächst notieren wir

$$f(x_2) - f(x_1) = x_2^3 - x_1^3 = (x_2 - x_1) \cdot (x_2^2 + x_1 x_2 + x_1^2)$$

Im Fall $x_1 < x_2$ ist der erste Faktor $x_2 - x_1$ auf der rechten Seite positiv. Der zweite Faktor lässt sich als Summe von Quadraten schreiben:

$$x_2^2 + x_1 x_2 + x_1^2 = \tfrac{1}{2}(x_1 + x_2)^2 + \tfrac{1}{2} x_1^2 + \tfrac{1}{2} x_2^2 > 0$$

und ist daher ebenfalls positiv. Folglich gilt $f(x_2) - f(x_1) > 0$ für $x_1 < x_2$, und insgesamt ist dann die Funktion $f(x) = x^3$ auf ganz $\mathbb{R}$ streng monoton steigend.

Oft ist eine Funktion f nicht auf dem ganzen Definitionsbereich, sondern nur auf gewissen Teilintervallen streng monoton steigend oder fallend. Diese nennt man *Monotoniebereiche* von f.

Beispiele: Die Funktion $f(x) = x^2 + 1$, $x \in \mathbb{R}$, ist auf $]-\infty, 0]$ streng monoton fallend und auf $[0, \infty[$ streng monoton steigend. Die Funktion $f(x) = \frac{1}{x}$, $x \in \mathbb{R} \setminus \{0\}$, ist auf den Teilintervallen $]-\infty, 0[$ und $]0, \infty[$ jeweils streng monoton fallend, nicht aber auf dem gesamten Definitionsbereich wegen $f(-1) < f(1)$.

Für den Fall, dass die reelle Funktion $y = f(x)$ nur die schwächere Bedingung $f(x_1) \leq f(x_2)$ bzw. $f(x_1) \geq f(x_2)$ für alle $x_1 < x_2$ erfüllt, dann heißt f *monoton steigend* bzw. *monoton fallend* – ohne das Adjektiv „streng". Hier dürfen die Funktionswerte auch gleich sein, und beispielsweise ist die konstante Funktion $y \equiv 2$ sowohl monoton steigend als auch monoton fallend!

Konvexität. Eine Funktion $y = f(x)$ mit $x \in D \subset \mathbb{R}$ nennt man *streng konvex*, falls der Funktionsgraph zwischen zwei beliebigen Stellen $x_1 < x_2$ stets unterhalb der Sekante verläuft, siehe Abb. 4.2.

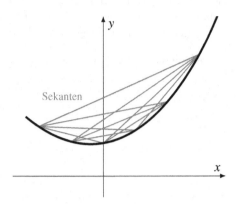

Abb. 4.2 Eine streng konvexe Funktion

Die Sekante ist dabei die geradlinige Verbindung zweier Kurvenpunkte, also die Strecke von $(x_1, f(x_1))$ nach $(x_2, f(x_2))$, vgl. Abb. 4.3. Mathematisch bedeutet diese Aussage

$$f(x) < \underbrace{\frac{f(x_2) - f(x_1)}{x_2 - x_1} \cdot (x - x_1) + f(x_1)}_{\text{Sekantengleichung}} \quad \text{für alle} \quad x \in \,]x_1, x_2[$$

oder, nach Umstellen der Sekantengleichung,

$$\frac{f(x) - f(x_1)}{x - x_1} < \frac{f(x_2) - f(x_1)}{x_2 - x_1} \quad \text{für alle} \quad x \in \,]x_1, x_2[$$

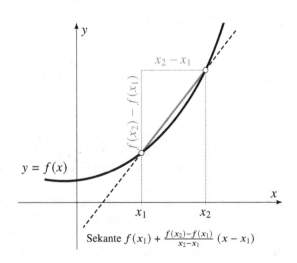

Abb. 4.3 Sekantengleichung

Beispiel: Die Funktion $y = x^2 + 1$, $x \in \mathbb{R}$, ist streng konvex, denn für zwei beliebige Stellen $x_1 < x_2$ und einen Zwischenpunkt $x \in \,]x_1, x_2[$ ist

$$\frac{f(x) - f(x_1)}{x - x_1} = \frac{x^2 - x_1^2}{x - x_1} = x + x_1 < x_2 + x_1 = \frac{x_2^2 - x_1^2}{x_2 - x_1} = \frac{f(x_2) - f(x_1)}{x_2 - x_1}$$

Entsprechend nennt man f *streng konkav*, falls der Graph der Funktion stets oberhalb der Sekanten verläuft. Bei einer streng konvexen Funktion f ist $G(f)$ linksgekrümmt, bei einer streng konkaven Funktion ist der Graph rechtsgekrümmt.

Periodizität. Eine Funktion $y = f(x)$, $x \in D$ heißt *periodisch* mit der Periode $T > 0$ (oder kurz: T-periodisch), falls für alle $x \in D$ auch $x + T \in D$ gilt und $f(x + T) = f(x)$ erfüllt ist.

Ein einfaches Beispiel ist die „Sägezahn-Funktion" $f(x) = x - [x]$, $x \in \mathbb{R}$. Hierbei bezeichnet $[x]$ die Gauß-Klammer, also die größte ganze Zahl kleiner oder gleich x. Beispielweise ist $[2,3] = 2$ oder $[-2,3] = -3$. Die Sägezahn-Funktion ist periodisch mit der Periode $T = 1$.

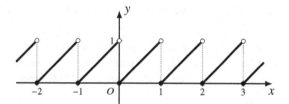

Abb. 4.4 Sägezahnfunktion

Zu den typischen Vertretern der periodischen Funktionen gehören auch die Winkelfunktionen $\sin x$, $\cos x$ usw.

4.1.3 Umkehrfunktionen

Eine Funktion $y = f(x)$, $x \in D$, heißt *umkehrbar*, wenn für unterschiedliche Stellen $x_1 \neq x_2$ immer auch die Funktionswerte verschieden sind: $f(x_1) \neq f(x_2)$. Mit anderen Worten: Zu jedem Wert y aus dem Wertebereich darf es höchstens ein Element $x \in D$ geben, sodass $y = f(x)$ gilt. Rechnerisch kann man die Umkehrbarkeit nachweisen, indem man zeigt, dass die Gleichung $y = f(x)$ maximal eine Lösung $x \in D$ besitzt.

Beispiel: Die Funktion $f(x) = x^2 + 1$, $x \in \mathbb{R}$, ist nicht umkehrbar, denn die Gleichung $y = x^2 + 1$ liefert in der Regel zwei verschiedene Lösungen $x = \pm\sqrt{y - 1}$. Dagegen ist die Funktion $f(x) = \frac{1}{x}$ für $x \in \mathbb{R} \setminus \{0\}$ umkehrbar, denn $y = \frac{1}{x}$ hat im Fall $y \neq 0$ genau eine Lösung $x = \frac{1}{y}$.

Insbesondere sind streng monotone Funktionen stets umkehrbar. Ist z. B. die Funktion f streng monoton steigend (sms), dann gilt $f(x_1) < f(x_2)$ für $x_1 < x_2$, sodass es gleiche Funktionswerte an verschiedenen x-Stellen nicht geben kann.

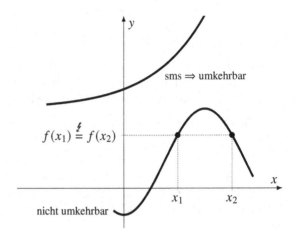

Abb. 4.5 Umkehrbarkeit

Für eine umkehrbare Funktion können wir nun auch die Umkehrfunktion bilden.

Ist $f : D \longrightarrow W$ umkehrbar, dann gehört zu jedem $y \in f(D)$ genau ein $x \in D$ mit $y = f(x)$, d. h., man kann jedem Bildwert $y \in f(D)$ eindeutig sein „Urbild" $x \in D$ zuordnen. Diese Zuordnung nennt man *Umkehrfunktion* zu f:

$$f^{-1} : f(D) \longrightarrow D$$
$$y \longmapsto x \quad \text{mit} \quad f(x) = y$$

Hierbei ist also $x = f^{-1}(y)$ derjenige Wert aus D, für den $y = f(x)$ gilt.

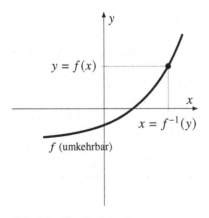

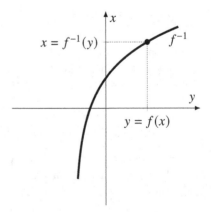

Abb. 4.6a Eine Funktion f ...   **Abb. 4.6b** ... und ihre Umkehrfunktion

Zur Bestimmung der Umkehrfunktion sind in der Regel mehrere Schritte nötig. Zuerst muss geprüft werden, ob die Funktion $f : D \longrightarrow W$ überhaupt umkehrbar ist. Falls nicht, dann schränkt man den Definitionsbereich von f ggf. ein, beispielsweise auf einen Monotoniebereich. Der Definitionsbereich der Umkehrfunktion f^{-1} ist dann der Bildbereich der Funktion f. Die Funktionsgleichung der Umkehrfunktion ergibt sich durch Auflösen der Gleichung $y = f(x)$ nach x, sodass also $x = f^{-1}(y)$. Vertauscht man zuletzt noch die Rollen von x und y, dann ergibt sich die Umkehrfunktion in der Form $y = f^{-1}(x), x \in f(D)$.

Beispiel: Wir ermitteln die Umkehrfunktion zu $f(x) = x^2 + 1$. Der maximale Definitionsbereich von f ist $\mathbb{R}$, aber auf dieser Menge ist die Funktion nicht umkehrbar, denn z. B. liefert $f(-1) = f(1) = 2$ an verschiedenen Stellen den gleichen Wert. Wir wählen daher als Definitionsbereich die Menge $D = [0, \infty[$. Nun ist

$$f : [0, \infty[\longrightarrow \mathbb{R}, \qquad x \longmapsto y = x^2 + 1$$

streng monoton steigend und somit auch umkehrbar. Der Wertebereich von f ist $\mathbb{R}$, aber als Funktionswerte kommen nur die Werte $y \geq 1$ vor, und zwar alle Werte aus $[1, \infty[$, denn $f(0) = 1$ und $f(x) = x^2 + 1$ wächst mit $x \to \infty$ unbegrenzt. Folglich ist $f(D) = [1, \infty[$ der Bildbereich von f und zugleich der Definitionsbereich von f^{-1}. Die Gleichung der Umkehrfunktion erhalten wir durch Auflösen der Funktionsgleichung nach x:

$$y = x^2 + 1 \quad \Longrightarrow \quad x = \sqrt{y - 1} \quad \Longrightarrow \quad f^{-1}(y) = \sqrt{y - 1}, \quad y \in [1, \infty[$$

Durch formales Vertauschen von x und y ergibt sich schließlich

$$f^{-1}(x) = \sqrt{x - 1}, \quad x \in [1, \infty[$$

Der Graph der Umkehrfunktion ist in Abb. 4.7 zu sehen.

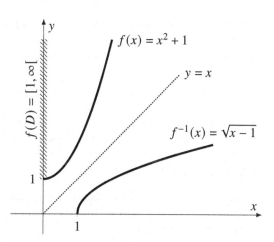

Abb. 4.7 Berechnung einer Umkehrfunktion

In der Regel ist die Bestimmung einer Umkehrfunktion sehr aufwändig. Möchte man den Bildbereich $f(D)$ (= Definitionsbereich von f^{-1}) angeben, so muss man evtl. einen Funktionsplotter zu Hilfe nehmen. In vielen Fällen lässt sich $y = f(x)$ auch nicht formelmäßig nach x auflösen, so wie im Beispiel

$$y = x^5 + 3x \implies x = \ldots\,?$$

Hier müsste man für eine gegebene Zahl $y \in \mathbb{R}$ die algebraische Gleichung 5. Grades $x^5 + 3x - y = 0$ lösen, was nach dem Resultat von Abel nicht möglich ist – zumindest nicht mit Grundrechenarten und Wurzelausdrücken! Umkehrfunktionen liefern oftmals *neue* elementare Funktionen, die dann auch einen eigenen Namen wie etwa $\ln x$, $\arcsin x$ usw. erhalten. Der Graph der Umkehrfunktion zu f lässt sich dagegen immer leicht angeben: $G(f^{-1})$ erhält man einfach durch Spiegelung von $G(f)$ an der Winkelhalbierenden $y = x$.

Abschließend wollen wir noch die Frage klären: Was ist $f^{-1} \circ f$ für eine umkehrbare Funktion $f : D \longrightarrow W$? Wegen $y = f(x)$ ist $f^{-1}(y) = x$, also $f^{-1}(f(x)) = x$, und somit gilt stets $(f^{-1} \circ f)(x) = x$ für alle $x \in D$. Oder noch etwas allgemeiner:

> Ist $f : D \longrightarrow W$ eine umkehrbare Funktion, dann gilt
> $$f^{-1}(f(x)) = x \text{ für alle } x \in D, \text{ und}$$
> $$f(f^{-1}(y)) = y \text{ für alle } y \in f(D)$$

Hieraus folgt beispielsweise $\sqrt[4]{x^4} = x$ für alle $x \geq 0$, $\ln e^x = x$ für alle $x \in \mathbb{R}$, $\sin(\arcsin y) = y$ für alle $y \in [-1, 1]$ usw.

4.2 Polynome und rationale Funktionen

4.2.1 Lineare und quadratische Funktionen

Der Graph einer *linearen Funktion* $f(x) = ax + b$ ist eine Gerade. Zu zwei verschiedenen x-Werten $x_1 \neq x_2$ gehören die Funktionswerte $y_1 = ax_1 + b$ und $y_2 = ax_2 + b$ mit der Differenz $y_2 - y_1 = a(x_2 - x_1)$. Der Quotient

$$a = \frac{y_2 - y_1}{x_2 - x_1} = \tan \alpha$$

ist dann unabhängig von $x_1 \neq x_2$ und heißt *Steigung* der Gerade. Hierzu gehört der Steigungswinkel α (siehe Abb. 4.8). Eine lineare Funktion ist durch die Angabe zweier unterschiedlicher Geradenpunkte oder durch Angabe eines Geradenpunkts und der Steigung eindeutig festgelegt.

Beispiel 1. Gesucht ist eine Gerade durch den Punkt $(2, 3)$ mit der Steigung -1. Die zugehörige lineare Funktion hat die Form $y = -x + b$. Einsetzen von $(2, 3)$ in die Funktionsgleichung ergibt

$$3 = -2 + b \implies b = 5 \implies y = -x + 5$$

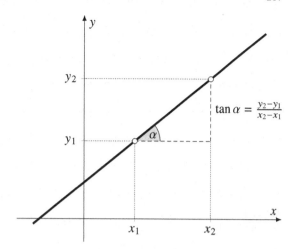

Abb. 4.8 Lineare Funktion
mit Steigungsdreieck

Beispiel 2. Gesucht ist eine Gerade durch die Punkte $(1, 2)$ und $(3, -1)$. Einsetzen in die Geradengleichung $y = ax + b$ liefert ein lineares Gleichungssystem

$$2 = a \cdot 1 + b$$
$$-1 = a \cdot 3 + b$$

für die unbekannten Größen a und b. Wir lösen die erste Gleichung nach b auf: $b = 2 - a$, und setzen diesen Ausdruck in die zweite Gleichung ein:

$$-1 = 3a + 2 - a = 2a + 2 \quad \Longrightarrow \quad a = -\tfrac{3}{2} \quad \Longrightarrow \quad b = 2 - a = \tfrac{7}{2}$$

Die gesuchte lineare Funktion lautet also $y = -\tfrac{3}{2}x + \tfrac{7}{2}$.

Der Graph der Funktion $y = x^2$ ist eine Normalparabel mit Scheitelpunkt bei $(0, 0)$. Allgemein hat eine *quadratische Funktion* die Form

$$y = ax^2 + bx + c, \quad x \in \mathbb{R}$$

mit gegebenen (reellen) Vorfaktoren a, b, c. Durch quadratische Ergänzung

$$y = a\left(x^2 + 2 \cdot x \cdot \frac{b}{2a} + \left(\frac{b}{2a}\right)^2 + \frac{c}{a} - \left(\frac{b}{2a}\right)^2\right) = a\left(x + \frac{b}{2a}\right)^2 + c - \frac{b^2}{4a}$$

bringt man sie in die Form

$$y = a(x - x_S)^2 + y_S \quad \text{mit} \quad x_S = -\frac{b}{2a} \quad \text{und} \quad y_S = c - \frac{b^2}{4a}$$

Im (X, Y)-Koordinatensystem mit $X = x - x_S$ und $Y = y - y_S$, also mit dem Ursprung im Scheitelpunkt, nimmt die quadratische Funktion die einfache Form $Y = aX^2$ an und ist dort eine um den Faktor a skalierte Normalparabel, siehe Abb. 4.9.

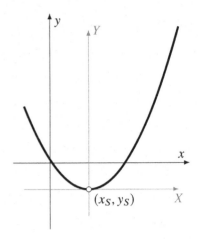

Abb. 4.9 Quadratische Funktion mit Scheitelpunkt

Beispiel:
$$y = x^2 - 4x + 3 = x^2 - 4x + 4 - 4 + 3 = (x-2)^2 - 1$$

hat den Scheitelpunkt bei $S = (2, -1)$ und ist in den Koordinaten $X = x - 2$, $Y = y + 1$ die Normalparabel $Y = X^2$.

Die hier vorab genannten linearen und quadratischen Funktionen gehören zur allgemeineren Klasse der *Polynome*.

4.2.2 Grundlegendes über Polynome

Ein *Polynom* vom Grad $n \in \mathbb{N}$, auch ganzrationale Funktion genannt, ist eine Funktion der Form
$$P(x) = a_n x^n + a_{n-1} x^{n-1} + \ldots + a_1 x + a_0, \quad x \in \mathbb{R}$$

mit vorgegebenen Zahlenwerten (Koeffizienten) $a_0, a_1, \ldots, a_n$ und $a_n \neq 0$. Zu den Polynomen gehören neben den linearen und quadratischen Funktionen (Grad 1 und 2) auch die konstanten Funktionen $y = a_0$ (Grad 0). Im Fall $a_n = 1$ spricht man von einem *normierten Polynom*. Beispielsweise ist $P(x) = x^5 - 3x^2 + 1$ ein normiertes Polynom 5. Grades. Eine gewisse Ausnahme bildet das *Nullpolynom* $P(x) \equiv 0$, bei dem alle Koeffizienten a_k gleich Null sind. Diesem lässt sich kein Grad zuordnen, und gelegentlich wird für das Nullpolynom der Grad $-\infty$ notiert.

Die Funktionswerte eines Polynoms sind relativ leicht zu ermitteln, denn dazu braucht man nur Grundrechenarten. Darüber hinaus lassen sich auch elementare Funktionen wie z. B. $\sin x$ oder e^x durch sogenannte *Potenzreihenentwicklungen* beliebig genau durch Polynome annähern (siehe Band „Mathematik für Ingenieurwissenschaften: Vertiefung"). Ein Prozessor, der nur in der Lage ist, die vier Grundrechenarten auszuführen, kann auf diesem Weg auch Funktionswerte wie etwa $\sin 0{,}3$ oder $e^{-1{,}2}$ mit hoher Genauigkeit berechnen (bei einem handelsüblichen wissenschaftlichen Taschenrechner sind es etwa 8 bis 10 Stellen, während ein Computer bei „double precision" mit einer Genauigkeit von ca. 16 Stellen rechnet). Polynome kommen aber auch in der Technischen Mechanik vor, beispielsweise als Biegelinie eines einseitig eingespannten Balkens mit gleichmäßiger Streckenlast, vgl. Abb. 4.10.

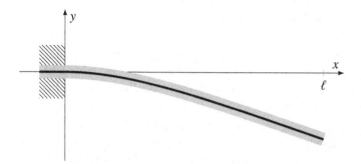

Abb. 4.10 Die Biegelinie eines Balkens ist ein Polynom 4. Grades

Polynome besitzen einige nützliche Eigenschaften. Nach dem Fundamentalsatz der Algebra hat ein Polynom n-ten Grades höchstens n verschiedene reelle Nullstellen. Ist $P(x)$ ein Polynom vom Grad n und x_0 eine Nullstelle von $P(x)$, dann können wir das Polynom zerlegen in

$$P(x) = (x - x_0) \cdot Q(x)$$

mit einem Polynom $Q(x)$ vom Grad $n - 1$. Dieses „Abspalten" des Linearfaktors $x - x_0$ erfolgt durch Polynomdivision. Lässt sich ein Linearfaktor $x - x_0$ insgesamt k mal abspalten, ist also $P(x) = (x - x_0)^k \cdot Q(x)$ mit einem Polynom $Q(x)$ vom Grad $n - k$ und $Q(x_0) \neq 0$, dann heißt $k \in \mathbb{N}$ die *Vielfachheit* der Nullstelle x_0, und man bezeichnet x_0 als k-fache Nullstelle. Hat $P(x)$ genau n Nullstellen $x_1, x_2, \ldots, x_n$, wobei mehrfache Nullstellen entsprechend oft gemäß ihrer Vielfachheit aufgelistet werden, dann ist

$$P(x) = a_n \cdot (x - x_1) \cdot (x - x_2) \cdots (x - x_n)$$

die vollständige Zerlegung des Polynoms $P(x)$ in *Linearfaktoren*.

Beispiel 1. $P(x) = 3x^2 + 5x - 2$ hat die Nullstellen $x_1 = -2$ und $x_2 = \frac{1}{3}$. Die vollständige Zerlegung des Polynoms lautet demnach

$$P(x) = 3 \cdot (x + 2) \cdot (x - \tfrac{1}{3})$$

Beispiel 2. Für das Polynom $P(x) = 2x^3 - 6x - 4$ kann man die Nullstelle $x = 2$ erraten. Die Polynomdivision

$$(2x^3 - 6x - 4) : (x - 2) = 2x^2 + 4x + 2$$

ergibt zunächst $P(x) : (x - 2) = 2(x + 1)^2$, und nach Multiplikation mit dem Linearfaktor $(x - 2)$ erhalten wir die vollständige Zerlegung

$$P(x) = 2(x - 2)(x + 1)^2$$

Insbesondere hat dann $P(x)$ neben der einfachen Nullstelle $x = 2$ auch noch die zweifache Nullstelle $x = -1$.

4.2.3 Polynomauswertung (Horner-Schema)

Das Horner-Schema ist ein Rechenschema für die Arbeit mit Polynomen. Es ermöglicht uns eine schnelle Durchführung der Polynomdivision $P(x) : (x - x_0)$, aber auch die Auswertung eines Polynoms an einer Stelle x_0 und letztlich sogar (in erweiterter Version – später!) die Berechnung der Ableitung $P'(x_0)$.

Wir untersuchen zunächst allgemein, wie eine *Polynomdivision* auf dem „klassischen" Weg durchgeführt wird. Anschließend wollen wir die Maßnahmen, die zur Berechnung des Quotientenpolynoms nötig sind, auf wenige Rechenschritte komprimieren. Bei einer Polynomdivision

$$\underbrace{(a_n x^n + a_{n-1} x^{n-1} + \ldots + a_0)}_{P(x)} : (x - x_0) = \underbrace{b_{n-1} x^{n-1} + b_{n-2} x^{n-2} + \ldots + b_0}_{Q(x)} + \frac{c}{x - x_0}$$

erhalten wir ein Polynom $Q(x)$ vom Grad $n - 1$ mit dem führenden Koeffizienten $b_{n-1} = a_n$, und in der Regel verbleibt auch ein Divisionsrest $c \in \mathbb{R}$. Die Koeffizienten von $Q(x)$ werden wie folgt ermittelt:

$$
\begin{array}{l}
(a_n x^n + a_{n-1} x^{n-1} + a_{n-2} x^{n-2} + \ldots + a_0) : (x - x_0) = \ldots \\
\underline{-a_n x^n + x_0 \cdot a_n x^{n-1}} \\
\qquad b_{n-2} x^{n-1} + a_{n-2} x^{n-2} + \ldots + a_0 \quad | \quad b_{n-2} = a_{n-1} + x_0 \cdot a_n \\
\qquad \underline{- b_{n-2} x^{n-1} + x_0 \cdot b_{n-2} x^{n-2}} \\
\qquad\qquad b_{n-3} x^{n-2} + \ldots + a_0 \quad | \quad b_{n-3} = a_{n-2} + x_0 \cdot b_{n-2} \\
\qquad\qquad \underline{- b_{n-3} x^{n-2} + \ldots} \\
\qquad\qquad\qquad \ldots \qquad\qquad \ldots \\
\qquad\qquad\qquad b_0 x + a_0 \quad | \quad b_0 = a_1 + x_0 \cdot b_1 \\
\qquad\qquad\qquad \underline{- b_0 x + x_0 \cdot b_0} \\
\qquad\qquad\qquad\qquad c \quad | \quad c = a_0 + x_0 \cdot b_0
\end{array}
$$

$$\ldots = a_n x^{n-1} + b_{n-2} x^{n-2} + b_{n-3} x^{n-3} + \ldots + b_1 x + b_0 + \frac{c}{x - x_0}$$

Wir übernehmen aus dieser Berechnung die Koeffizienten $b_{n-2}, b_{n-3}, \ldots, b_0$ von $Q(x)$ sowie den Rest c, und tragen diese Werte in ein Rechenschema ein:

Koeffizienten von $P(x)$	a_n	a_{n-1}	a_{n-2}	$\ldots$	a_1	a_0
$+ x_0 \cdot$ (letzte Summe)		$+ x_0 \cdot b_{n-1}$	$+ x_0 \cdot b_{n-2}$	$\ldots$	$+ x_0 \cdot b_1$	$+ x_0 \cdot b_0$
Koeffizienten von $Q(x)$	$= b_{n-1}$	$= b_{n-2}$	$= b_{n-3}$	$\ldots$	$= b_0$	$= c$

Dadurch wird die gesamte Rechnung bei der Polynomdivision auf nur drei Zeilen reduziert. Wir können diese Tabelle noch weiter vereinfachen und erhalten mit den gleichen Zeilen wie oben das **Horner-Schema**

	a_n	a_{n-1}	a_{n-2}	$\cdots$	a_2	a_1	a_0
$x_0\cdot$	0	$x_0\cdot b_{n-1}$	$x_0\cdot b_{n-2}$	$\cdots$	$x_0\cdot b_2$	$x_0\cdot b_1$	$x_0\cdot b_0$
Σ	b_{n-1}	b_{n-2}	b_{n-3}	$\cdots$	b_1	b_0	c

Die untere Summenzeile enthält von links nach rechts die Koeffizienten des Quotientenpolynoms in absteigender Reihenfolge, wobei die letzte Zahl c den Rest der Polynomdivision liefert. Dieser Rest hat noch eine weitere Bedeutung. Multiplizieren wir nämlich

$$P(x) : (x - x_0) = Q(x) + \frac{c}{x - x_0}$$

beiderseits mit $x - x_0$, so erhalten wir

$$P(x) = (x - x_0) \cdot Q(x) + c$$

und nach dem Einsetzen von $x = x_0$ ergibt sich $P(x_0) = (x_0 - x_0) \cdot Q(x_0) + c = c$. Somit ist der Rest der Polynomdivision zugleich auch der Funktionswert des Polynoms P an der Stelle x_0. Ist dann speziell x_0 eine Nullstelle von P, so muss $0 = P(x_0) = c$ sein – man sagt, die Polynomdivision „geht auf", und in diesem Fall liefert uns das Horner-Schema das reduzierte Polynom nach Abspalten des Linearfaktors $x - x_0$, also $P(x) = (x - x_0) \cdot Q(x)$.

Beispiel 1. Die „klassische" Polynomdivision

$$
\begin{array}{l}
\left(- 2x^5 + 7x^4 \qquad\quad -9x^2 + 2x - 1 \right) : (x - 3) = - 2x^4 + x^3 + 3x^2 + 2 + \dfrac{5}{x - 3} \\[2pt]
\quad\; \underline{2x^5 - 6x^4} \\[2pt]
\qquad\quad x^4 \\[2pt]
\qquad \underline{- x^4 + 3x^3} \\[2pt]
\qquad\qquad\; 3x^3 - 9x^2 \\[2pt]
\qquad\qquad \underline{- 3x^3 + 9x^2} \\[2pt]
\qquad\qquad\qquad\qquad 2x - 1 \\[2pt]
\qquad\qquad\qquad \underline{- 2x + 6} \\[2pt]
\qquad\qquad\qquad\qquad\quad 5
\end{array}
$$

lässt sich mit dem Horner-Schema wie folgt abkürzen (Achtung: Wir müssen hier 0 als Vorfaktor bei x^3 eintragen):

	-2	7	0	-9	2	-1
$3\cdot$	0	-6	3	9	0	6
Σ	-2	1	3	0	2	5

Aus der letzten Zeile entnehmen wir die Koeffizienten des Quotientenpolynoms und den Rest:

$$(-2x^5 + 7x^4 - 9x^2 + 2x - 1) : (x - 3) = -2x^4 + x^3 + 3x^2 + 2 + \frac{5}{x - 3}$$

Beispiel 2. Gesucht sind die Nullstellen des Polynoms

$$P(x) = 2x^4 + 3x^3 - 5x^2 - 4x + 4$$

Durch Raten findet man die Nullstelle $x_1 = -2$, und das Horner-Schema

	2	3	−5	−4	4
$(-2) \cdot$	0	−4	2	6	−4
Σ	2	−1	−3	2	0

liefert uns die Koeffizienten des Quotientenpolynoms

$$P(x) : (x+2) = 2x^3 - x^2 - 3x + 2$$

für das wir eine weitere Nullstelle $x_2 = 1$ erraten können. Das Horner-Schema hierzu lautet

	2	−1	−3	2
$1 \cdot$	0	2	1	−2
Σ	2	1	−2	0

und damit ist $P(x) = (x+2)(x-1)(2x^2 + x - 2)$. Die restlichen Nullstellen erhalten wir schließlich aus der quadratischen Gleichung $2x^2 + x - 2 = 0$, also

$$x_{3/4} = \frac{-1 \pm \sqrt{1+16}}{2 \cdot 2} = \frac{-1 \pm \sqrt{17}}{4}$$

Bei obiger Rechnung haben wir zweimal getrennt eine Polynomdivision durchgeführt, wobei die letzte Zeile im ersten Horner-Schema (bis auf den Rest 0) der ersten Zeile im zweiten Horner-Schema entspricht. Wir können eine solche Rechnung auch zu einem einzigen, aber mehrzeiligen Horner-Schema zusammenfassen:

	2	3	−5	−4	4
$(-2) \cdot$	0	−4	2	6	−4
Σ	2	−1	−3	2	0
$1 \cdot$	0	2	1	−2	
Σ	2	1	−2	0	

Beispiel 3. Wir wollen das Polynom $P(x) = 2x^4 + 3x^3 - 5x^2 - 4x + 4$ an der Stelle $x = 2$ auswerten. Mit dem Horner-Schema ergibt sich $P(2) = 32$ aus

	2	3	−5	−4	4
$2 \cdot$	0	4	14	18	28
Σ	2	7	9	14	32

In der Praxis lassen sich viele Aufgabenstellungen auf Polynomauswertungen zurückführen, und überall dort können wir das Horner-Schema nutzbringend einsetzen.

Als erste Anwendung des Horner-Schemas notieren wir die Umwandlung einer Zahl in das Dezimalsystem – ein Rechenproblem, das beispielsweise in der Informatik häufiger auftritt. Konkret wollen wir die Dualzahl $10111001_{(2)}$, die Oktalzahl $42036_{(8)}$ sowie die Hexadezimalzahl $5AF7_{(16)}$ in das Dezimalsystem umrechnen, wobei hier die „Ziffern" A bis F im Hexadezimalsystem den Dezimalzahlen 10 bis 15 entsprechen. Da wir

$$42036_{(8)} = 4 \cdot 8^4 + 2 \cdot 8^3 + 0 \cdot 8^2 + 3 \cdot 8 + 6$$

$$5AF7_{(16)} = 5 \cdot 16^3 + 10 \cdot 16^2 + 15 \cdot 16 + 7$$

$$10111001_{(2)} = 1 \cdot 2^7 + 0 \cdot 2^6 + 1 \cdot 2^5 + 1 \cdot 2^4 + 1 \cdot 2^3 + 0 \cdot 2^2 + 0 \cdot 2^1 + 1$$

auch als Polynomwerte deuten können, und zwar

$$42036_{(8)} = 4 \cdot x^4 + 2 \cdot x^3 + 0 \cdot x^2 + 3 \cdot x + 6 \quad \text{mit} \quad x = 8$$

$$5AF7_{(16)} = 5 \cdot x^3 + 10 \cdot x^2 + 15 \cdot x + 7 \quad \text{mit} \quad x = 16$$

$$10111001_{(2)} = x^7 + x^5 + x^4 + x^3 + 1 \quad \text{mit} \quad x = 2$$

lässt sich die Umrechnung in das Dezimalsystem mit dem Horner-Schema wie folgt durchführen:

	4	2	0	3	6
$8 \cdot$	0	32	272	2176	17432
Σ	4	34	272	2179	17438

liefert $42036_{(8)} = 17438_{(10)}$, und

	5	10	15	7
$16 \cdot$	0	80	1440	23280
Σ	5	90	1455	23287

ergibt $5AF7_{(16)} = 23287_{(10)}$. Mit

	1	0	1	1	1	0	0	1
$2 \cdot$	0	2	4	10	22	46	92	184
Σ	1	2	5	11	23	46	92	185

erhalten wir schließlich $10111001_{(2)} = 185_{(10)}$ im Dezimalsystem.

4.2.4 Newton-Interpolation

In der Praxis liegt eine Funktion oftmals nur in Form einer Messreihe vor, wobei die Funktionsgleichung $y = f(x)$ zur Berechnung der Werte y aus x nicht bekannt ist. In solchen Fällen kann man versuchen, eine passende „Ersatzfunktion" zu finden, welche die Wertetabelle möglichst gut abbildet. Wegen ihrer Einfachheit sind Polynome hierfür besonders geeignet und beliebt. Ein *Interpolationspolynom* ist ein Polynom von möglichst kleinem Grad, welches exakt durch die vorgegebenen Punkte (x_k, y_k) aus der Messreihe verläuft. Bei nur zwei Punkten nimmt man eine lineare Funktion (= Gerade), bei drei Punkten eine quadratische usw. Ist allgemein eine Wertetabelle

x_0	x_1	x_2	$\ldots$	x_n
y_0	y_1	y_2	$\ldots$	y_n

mit insgesamt $n + 1$ Stützstellen $x_0, x_1, \ldots, x_n$ und den Funktionswerten $y_0, y_1, \ldots, y_n$ gegeben, dann suchen wir ein Polynom $P(x)$ vom Grad n, welches die Funktionswerte

$$P(x_0) = y_0, \quad P(x_1) = y_1, \quad \ldots, \quad P(x_n) = y_n$$

annimmt. Beispielsweise haben wir im Fall $n = 4$ genau fünf Wertepaare (x_k, y_k), und wir müssen ein Polynom 4. Grades $P(x)$ mit den Funktionswerten $P(x_k) = y_k$ bestimmen, siehe Abb. 4.11. Damit die Berechnung einfacher wird, verwendet man einen besonderen Ansatz, welcher auf Isaac Newton zurückgeht. Bei der *Newton-Interpolation* hat das Polynom die Form

$$P(x) = c_0 + c_1 (x - x_0) + c_2 (x - x_0) (x - x_1) + \ldots + c_n (x - x_0) \cdots (x - x_{n-1})$$

mit den noch unbekannten Koeffizienten $c_0, c_1, \ldots, c_n$. Einsetzen der Wertepaare

$$y_0 = P(x_0) = c_0$$
$$y_1 = P(x_1) = c_0 + c_1 (x_1 - x_0)$$
$$y_2 = P(x_2) = c_0 + c_1 (x_2 - x_0) + c_2 (x_2 - x_0) (x_2 - x_1)$$
$$\vdots$$
$$y_n = P(x_n) = c_0 + c_1 (x_n - x_0) + \ldots + c_n (x_n - x_0) \cdots (x_n - x_{n-1})$$

liefert uns ein LGS mit $n + 1$ Gleichungen für die $n + 1$ Unbekannten $c_0, c_1, \ldots, c_n$, das relativ leicht von oben nach unten aufgelöst werden kann.

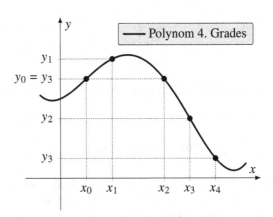

Abb. 4.11 Polynominterpolation (5 Wertepaare)

Beispiel: Für $y = \ln x$ sind die Funktionswerte

x	1	1,35	1,6
$\ln x$	0	0,3	0,47

auf drei Nachkommastellen genau bekannt. Um die Werte von $\ln x$ auch für andere Argumente $1 \le x \le 1,6$ näherungsweise berechnen zu können, wollen wir eine quadratische Funktion durch die drei angegebenen Punkte legen. Dazu verwenden wir den Newton-Ansatz

$$P(x) = c_0 + c_1(x - 1) + c_2(x - 1)(x - 1,35)$$

mit den gesuchten Koeffizienten c_0, c_1 und c_2. Einsetzen der Wertepaare liefert zunächst

$$0 = P(1) = c_0 \quad \Longrightarrow \quad c_0 = 0$$

und damit

$$0,3 = P(1,35) = 0 + c_1 \cdot (1,35 - 1) = c_1 \cdot 0,35 \quad \Longrightarrow \quad c_1 = 0,857$$

$$0,47 = P(1,6) = 0 + 0,857 \cdot (1,6 - 1) + c_2 \cdot (1,6 - 1) \cdot (1,6 - 1,35)$$
$$= 0,514 - c_2 \cdot 0,15 \quad \Longrightarrow \quad c_2 = -0,295$$

Damit lautet das quadratische Interpolationspolynom

$$P(x) = 0,857 \cdot (x - 1) - 0,295 \cdot (x - 1)(x - 1,35), \quad x \in [1, 1,6]$$

Die Funktion $\ln x$ und das Polynom $P(x)$ sind in Abb. 4.12 zu sehen. Die Interpolation liefert uns beispielsweise die Näherung

$$\ln 1,5 \approx P(1,5) = 0,857 \cdot 0,5 - 0,295 \cdot 0,5 \cdot 0,15 = 0,406$$

Zum Vergleich: Der exakte Wert ist $\ln 1,5 = 0,4054651\ldots$

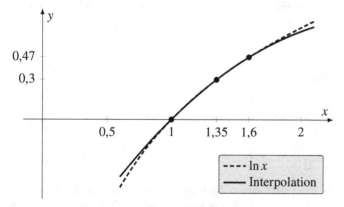

Abb. 4.12 Quadratische Interpolation der Funktion $\ln x$

Falls eine Funktion nur in tabellarischer Form vorliegt und man den Wert $f(x)$ an einer Zwischenstelle x bestimmen möchte, dann verwendet man in der Praxis (so wie im obigen Beispiel $y = \ln x$) sehr oft eine *quadratische Interpolation* mit einem Polynom vom Grad 2, das aus drei benachbarten Stützstellen der Funktionstafel gebildet wird.

Runges Phänomen. Es liegt die Vermutung nahe, dass die Näherung einer Funktion $y = f(x)$ durch ein Interpolationspolynom umso besser wird, je größer die Anzahl der Stützstellen ist. Das stimmt aber nicht – im Gegenteil: Bei einem hohen Grad kann es vorkommen, dass sich das Interpolationspolynom und die zu interpolierende Funktion kaum noch ähneln. Ein Beispiel dafür zeigt Abb. 4.13. Dort werden 11 Punkte der Funktion $y = \frac{1}{1+x^2}$ durch ein Polynom vom Grad 10 interpoliert, wobei die Abweichungen am Rand des Intervalls $[-1, 1]$ immer größer werden!

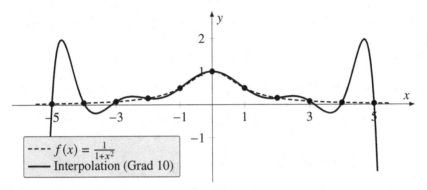

Abb. 4.13 Runges Phänomen

Generell gilt: Je höher der Grad, umso mehr neigt das Interpolationspolynom zu Oszillationen, und in solchen Fällen ist die Newton-Interpolation ungeeignet. Dieses Verhalten wird Runges Phänomen (nach Carl Runge) genannt. Anstelle von hochgradigen Polynomen verwendet man besser stückweise und glatt zusammengesetzte Polynome z. B. vom Grad 3, genannt kubische Splines (vgl. Kapitel 6, Abschnitt 6.4.4), oder man berechnet eine Ausgleichskurve, welche eine bestimmte Form hat und möglichst nahe an den gegebenen Wertepaaren verläuft (mittels *linearer Regression* – siehe Band „Mathematik für Ingenieurwissenschaften: Vertiefung").

4.2.5 Rationale Funktionen

Eine *(gebrochen-)rationale Funktion* ist der Quotient zweier Polynome

$$R(x) = \frac{P(x)}{Q(x)}, \quad \text{z. B.} \quad R(x) = \frac{2x^3 - 5x + 1}{3x^2 + 4}$$

mit einem Zählerpolynom $P(x)$ und einem Nennerpolynom $Q(x)$. Ist der Grad von $P(x)$ kleiner als der Grad von $Q(x)$, so heißt die Funktion *echt-gebrochenrational*. Der maximale Definitionsbereich von $R(x)$ ist dann $\mathbb{R}$ mit Ausnahme der Nullstellen von

$Q(x)$, also die Menge

$$D = \{x \in \mathbb{R} \mid Q(x) \neq 0\}$$

Die Nullstellen des Nennerpolynoms $Q(x)$, und das sind nach dem Fundamentalsatz der Algebra höchstens n einzelne Stellen, nennt man deshalb auch *Definitionslücken* von $R(x)$, während die Nullstellen $x \in D$ des Zählerpolynoms $P(x)$ zugleich die Nullstellen der rationalen Funktion sind. Beispielsweise ist

$$R(x) = \frac{2x^3 - 2x^2 - 4x}{x^4 - 1}, \quad x \in \mathbb{R} \setminus \{-1, 1\}$$

eine echt-gebrochenrationale Funktion mit den Definitionslücken ± 1 und den Nullstellen $x = 0$, $x = 2$. Zwar ist auch $x = -1$ eine Nullstelle des Zählers, aber dort ist $R(x)$ nicht definiert!

Falls $x_0 \in \mathbb{R}$ eine Nullstelle sowohl des Nenners $Q(x)$ als auch des Zählers $P(x)$ ist, dann kann man den Linearfaktor $(x - x_0)$ aus dem Bruch $R(x)$ kürzen. Bei der *Behebung der Definitionslücken* zerlegt man das Zähler- und Nennerpolynom so weit wie möglich in Linearfaktoren und kürzt dann alle gemeinsamen Linearfaktoren in der Funktionsgleichung. Anschließend erfolgt die *Klassifizierung der Pol- und Nullstellen* für diese maximal gekürzte Funktion $\tilde{R}(x)$, d. h., die im Zähler verbliebenen Nullstellen sind die Nullstellen von $\tilde{R}(x)$, und die Nullstellen im Nenner sind die Polstellen von $\tilde{R}(x)$. Die Vielfachheit der Nullstellen und die Ordnung der Polstellen ergibt sich jeweils aus den Exponenten der Linearfaktoren.

Klassifizierung der Pol- und Nullstellen:

- Bezeichnet $\tilde{R}(x)$ die vollständig gekürzte rationale Funktion zu $R(x)$, dann ist $x_0 \in \mathbb{R}$ eine *behebbare Definitionslücke*, falls x_0 eine Definitionslücke von $R(x)$, nicht aber von $\tilde{R}(x)$ ist.

- Hat das Zählerpolynom von $\tilde{R}(x)$ bei x_0 eine k-fache Nullstelle, dann ist x_0 eine Nullstelle der Vielfachheit k von $\tilde{R}(x)$. Falls das Nennerpolynom von $\tilde{R}(x)$ eine k-fache Nullstelle hat, dann nennt man x_0 *Polstelle* der Ordnung k von $\tilde{R}(x)$.

Beispiel 1.

$$R(x) = \frac{x^3 - 5x^2 + 3x + 9}{2x^3 + 8x^2 + 6x} = \frac{P(x)}{Q(x)}$$

Die Nullstellen des Nennerpolynoms $2x(x^2 + 4x + 3) = 0$ können wir mit der Lösungsformel für quadratische Gleichungen berechnen:

$$x_1 = 0, \quad x_{2/3} = \frac{-4 \pm \sqrt{16 - 12}}{2} \quad \Longrightarrow \quad x_2 = -1, \quad x_3 = -3$$

sodass $Q(x) = 2x(x+1)(x+3)$ gilt und $D = \mathbb{R} \setminus \{-3, -1, 0\}$ der maximale Definitionsbereich von $R(x)$ ist. Im Zählerpolynom $x^3 - 5x^2 + 3x + 9$ lässt sich die Nullstelle $x_1 = -1$ raten. Das Horner-Schema

$$
\begin{array}{r|rrrr}
 & 1 & -5 & 3 & 9 \\
\hline
-1\,\cdot & 0 & -1 & 6 & -9 \\
\hline
\Sigma & 1 & -6 & 9 & 0
\end{array}
$$

ergibt $P(x) = x^3 - 5x^2 + 3x + 9 = (x+1)(x^2 - 6x + 9) = (x+1)(x-3)^2$, und somit haben wir auch das Zählerpolynom vollständig in Linearfaktoren zerlegt. Insgesamt ist dann

$$
R(x) = \frac{(x+1)(x-3)^2}{2x\,(x+1)(x+3)} \quad \underset{\text{kürzen}}{\Longrightarrow} \quad \tilde{R}(x) = \frac{(x-3)^2}{2x\,(x+3)}
$$

Nach dem Kürzen bleiben die Definitionslücken $x = 0$ und $x = -3$ als Polstellen 1. Ordnung übrig, während $x = 1$ eine behebbare Definitionslücke und $x = 3$ eine Nullstelle der Vielfachheit 2 ist.

Beispiel 2.

$$
R(x) = \frac{x^6 - 4x^4 + 2x^3 + 3x^2 - 2x}{x^5 - 4x^3 - 2x^2 + 3x + 2} = \frac{P(x)}{Q(x)}
$$

Wir können zwei Nullstellen des Nennerpolynoms $x^5 - 4x^3 - 2x^2 + 3x + 2 = 0$ raten: $x_1 = 1$ und $x_2 = 2$. Wir teilen durch $(x-1)$ bzw. $(x-2)$ und führen diese Polynomdivisionen in einem einzigen Horner-Schema aus:

$$
\begin{array}{r|rrrrr}
 & 1 & 0 & -4 & -2 & 3 & 2 \\
\hline
1\,\cdot & 0 & 1 & 1 & -3 & -5 & -2 \\
\hline
\Sigma & 1 & 1 & -3 & -5 & -2 & 0 \\
\hline
2\,\cdot & 0 & 2 & 6 & 6 & 2 \\
\hline
\Sigma & 1 & 3 & 3 & 1 & 0
\end{array}
$$

Für das Nennerpolynom ergibt sich somit die Zerlegung

$$
Q(x) = (x-1)(x-2)(x^3 + 3x^2 + 3x + 1) = (x-1)(x-2)(x+1)^3
$$

wobei wir zuletzt noch den binomischen Lehrsatz verwendet haben. Die Nullstellen des Nenners sind gleichzeitig die Definitionslücken von $R(x)$, und daher ist $D = \mathbb{R} \setminus \{-1, 1, 2\}$ der maximale Definitionsbereich der gegebenen rationalen Funktion. Nun berechnen wir noch die Nullstellen des Zählerpolynoms: Aus $P(x) = x\,(x^5 - 4x^3 + 2x^2 + 3x - 2) = 0$ ergibt sich $x_1 = 0$ als erste Nullstelle, und wir können zwei weitere Nullstellen raten: $x_2 = 1$ und $x_3 = -1$. Nach dem kombinierten Horner-Schema

$$
\begin{array}{r|rrrrr}
 & 1 & 0 & -4 & 2 & 3 & -2 \\
\hline
1\,\cdot & 0 & 1 & 1 & -3 & -1 & 2 \\
\hline
\Sigma & 1 & 1 & -3 & -1 & 2 & 0 \\
\hline
-1\,\cdot & 0 & -1 & 0 & 3 & -2 \\
\hline
\Sigma & 1 & 0 & -3 & 2 & 0
\end{array}
$$

bleibt eine kubische Gleichung $x^3 - 3x + 2 = 0$ übrig, welche ebenfalls die Lösung $x_4 = 1$ besitzt. Eine weitere Polynomdivision

$$
\begin{array}{r|rrrr}
 & 1 & 0 & -3 & 2 \\
\hline
1\cdot & 0 & 1 & 1 & -2 \\
\hline
\Sigma & 1 & 1 & -2 & 0
\end{array}
$$

liefert schließlich die quadratische Gleichung $x^2 + x - 2$ mit den restlichen Nullstellen

$$
x_{5/6} = \frac{-1 \pm \sqrt{1+8}}{2} \quad \Longrightarrow \quad x_5 = -2, \quad x_6 = 1
$$

Insgesamt lässt sich dann das Zählerpolynom durch $P(x) = x\,(x-1)^3(x+1)(x+2)$ komplett in Linearfaktoren zerlegen. Hieraus folgt

$$
R(x) = \frac{x\,(x-1)^3(x+1)(x+2)}{(x-1)(x+1)^3(x-2)} \quad \underset{\text{kürzen}}{\Longrightarrow} \quad \tilde{R}(x) = \frac{x\,(x-1)^2(x+2)}{(x+1)^2(x-2)}
$$

Offensichtlich ist dann $x = 1$ eine behebbare Definitionslücke, während bei $x = -1$ (Polstelle 2. Ordnung) und $x = 2$ (Polstelle 1. Ordnung) zwei „echte" Definitionslücken verbleiben. Zudem entnehmen wir der Zerlegung des Zählers, dass die rationale Funktion $\tilde{R}(x)$ (nach dem Kürzen!) zwei einfache Nullstellen bei $x = -2$ und $x = 0$ sowie eine doppelte Nullstelle bei $x = 1$ besitzt. Abb. 4.14 zeigt eine graphische Darstellung der Funktion $R(x)$.

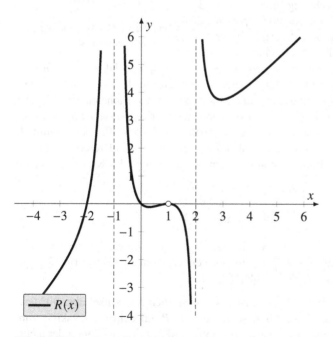

Abb. 4.14 Die rationale Funktion aus Beispiel 2 mit einer behebbaren Definitionslücke bei $x = 1$

Die vollständig gekürzte Funktion $\tilde{R}(x)$ stimmt mit der rationalen Funktion $R(x)$ in allen Punkten aus dem maximalen Definitionsbereich D von $R(x)$ überein. Darüber hinaus kann man $\tilde{R}(x)$ auch an den behebbaren Definitionslücken berechnen. Man nennt $\tilde{R}(x)$ deshalb auch maximale *stetige Fortsetzung* von $R(x)$. Warum *stetig*? Dieser Begriff wird im Abschnitt 4.6.2 erklärt. Dort werden wir auch das lokale Verhalten von $\tilde{R}(x)$ an den Pol- und Nullstellen noch etwas genauer untersuchen.

Rationale Funktionen treten u. a. beim Lösen von Differentialgleichungen mit der sog. Laplace-Transformation auf, einem Verfahren, das häufig in der Regelungstechnik verwendet wird. Hierbei sind mehr oder weniger komplizierte rationale Funktionen zu verarbeiten, die man aber durch Behebung von Definitionslücken oftmals vereinfachen kann.

4.3 Trigonometrische Funktionen

4.3.1 Darstellung am Einheitskreis

Die trigonometrischen Funktionen sin, cos usw. kommen ursprünglich aus der Dreiecksberechnung, und sie sind zunächst nur als Seitenverhältnisse im rechtwinkligen Dreieck definiert. Wichtige Eigenschaften der Winkelfunktionen, insbesondere einige spezielle Werte und Additionstheoreme, findet man in Kapitel 1, Abschnitt 1.2. Sollen diese Funktionen aber mit den Mitteln aus der Differential- und Integralrechnung untersucht werden, dann müssen wir uns von der Geometrie im rechtwinkligen Dreieck lösen, zumal dort die trigonometrischen Funktionen nur für Winkel α im *Gradmaß* und nur für

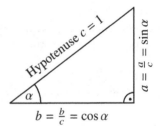

Abb. 4.15 Die Winkelfunktionen als Seitenverhältnisse

den Bereich $0 \leq \alpha < 90°$ festgelegt werden können. Ausgangspunkt dafür ist die folgende Beobachtung: Hat man ein rechtwinkliges Dreieck speziell mit der Hypotenuse $c = 1$, so lassen sich die Werte $\sin\alpha$ und $\cos\alpha$ direkt als Längen der Katheten ablesen. Der Übergang zu reellen Funktionen erfolgt dann durch die Darstellung am *Einheitskreis*, dem Kreis im kartesischen Koordinatensystem mit Mittelpunkt $O = (0,0)$ und Radius 1, siehe Abb. 4.16. Dort kann man jedem Winkel α ein rechtwinkliges Dreieck mit Hypotenuse 1 sowie eine reelle Größe x zuordnen, nämlich die Länge des Kreisbogens zum Mittelpunktswinkel α:

$$x = \text{arc}\,\alpha := \frac{\alpha}{360°} \cdot 2\pi$$

welche das *Bogenmaß* von α genannt wird. Hierbei ist x der Anteil $\alpha : 360°$ am Gesamtumfang 2π des Einheitskreises. Beispielsweise entsprechen die Gradwerte $45°$, $90°$, $180°$, $360°$ im Bogenmaß den reellen Zahlen $\frac{\pi}{4}$, $\frac{\pi}{2}$, π, 2π.

Am Einheitskreis lassen sich die Werte $\sin\alpha$ bzw. $\cos\alpha$ auch für Winkel über $90°$ festlegen, und zwar als Ordinate bzw. Abszisse des Punkts P auf dem Einheitskreis zum Mittelpunktswinkel α. Bei einem Winkel α über $360°$ wird der Ursprung ein- oder mehr-

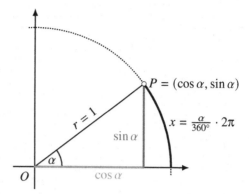

Abb. 4.16 Winkelfunktionen am Einheitskreis

mals umlaufen, und die Werte der Winkelfunktionen wiederholen sich. Schließlich kann man $\sin\alpha$ bzw. $\cos\alpha$ auch für negative Winkel α definieren. Bei dieser Interpretation der Winkelfunktionen findet man auch eine Reihe neuer Beziehungen, die im rechtwinkligen Dreieck wegen $0 \le \alpha < 90°$ noch nicht zu erkennen waren. Dazu gehören (siehe Abb. 4.17 und Abb. 4.18)

$$\sin(-\alpha) = -\sin\alpha, \quad \sin(90° + \alpha) = \cos\alpha, \quad \sin(180° - \alpha) = \sin\alpha$$
$$\cos(-\alpha) = \cos\alpha, \quad \cos(90° + \alpha) = -\sin\alpha, \quad \cos(180° - \alpha) = -\cos\alpha$$

Ersetzen wir den Winkel α durch sein Bogenmaß x, dann lauten diese Beziehungen

$$\sin(-x) = -\sin x, \quad \sin(\tfrac{\pi}{2} + x) = \cos x, \quad \sin(\pi - x) = \sin x$$
$$\cos(-x) = \cos x, \quad \cos(\tfrac{\pi}{2} + x) = -\sin x, \quad \cos(\pi - x) = -\cos x$$

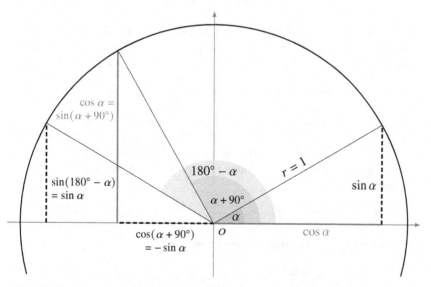

Abb. 4.17 Beziehungen am Einheitskreis I

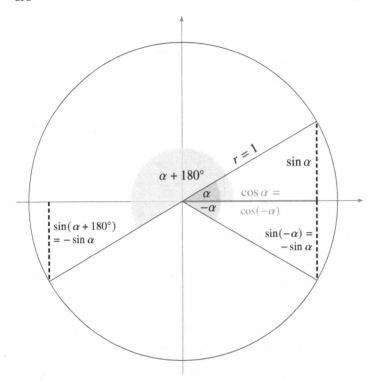

Abb. 4.18 Beziehungen am Einheitskreis II

Wir können jetzt *Sinus* und Kosinus als Funktionen der reellen Variable x auffassen:

$$\sin, \cos : \mathbb{R} \longrightarrow \mathbb{R}$$

Diese trigonometrischen Funktionen sind dann periodisch mit der Periode 2π, und ihr Bildbereich ist das Intervall $[-1, 1]$. Dabei ist $\sin x$ eine ungerade und $\cos x$ eine gerade Funktion, wobei der Graph von $\cos x$ gegenüber $\sin x$ um $\frac{\pi}{2}$ nach links verschoben ist, da

$$\cos x = \sin\left(x + \tfrac{\pi}{2}\right) \quad \text{für alle} \quad x \in \mathbb{R}$$

Die Nullstellen von $\sin x$ sind bei $x_k = k \cdot \pi$ mit $k \in \mathbb{Z}$, und die Nullstellen von $\cos x$ befinden sich bei $x_k = \frac{\pi}{2} + k \cdot \pi$. Darüber hinaus bleiben die aus der Trigonometrie bekannten Beziehungen zwischen den Winkelfunktionen (z. B. Additionstheoreme) auch für $x \in \mathbb{R}$ im Bogenmaß gültig. Drei wichtige Formeln sollen an dieser Stelle nochmals genannt werden:

$$\sin^2 x + \cos^2 x = 1, \quad \sin 2x = 2 \sin x \cos x, \quad \cos 2x = \cos^2 x - \sin^2 x$$

Neben Sinus und Kosinus gibt es noch die Funktion *Tangens*

$$\tan x := \frac{\sin x}{\cos x} \quad \text{für} \quad x \neq \tfrac{\pi}{2} + k \cdot \pi \quad (k \in \mathbb{Z})$$

mit Definitionslücken bei den Nullstellen von $\cos x$. Wegen

$$\tan(-x) = \frac{\sin(-x)}{\cos(-x)} = \frac{-\sin x}{\cos x} = -\tan x$$

$$\tan(x + \pi) = \frac{\sin(x + \pi)}{\cos(x + \pi)} = \frac{-\sin x}{-\cos x} = \tan x$$

ist der Tangens eine ungerade, π-periodische Funktion mit Nullstellen bei $k \cdot \pi$. Die Graphen der Funktionen Sinus, Kosinus und Tangens sind in Abb. 4.19 zu sehen.

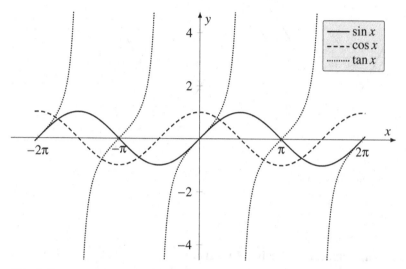

Abb. 4.19 Die Graphen der Winkelfunktionen Sinus, Kosinus und Tangens

Eine in den Anwendungen ebenfalls noch weit verbreitete Funktion ist der *Kotangens*

$$\cot x := \frac{\cos x}{\sin x} = \frac{1}{\tan x} \quad \text{mit} \quad x \neq k \cdot \pi \quad (k \in \mathbb{Z})$$

Hierbei handelt es sich wie bei $\tan x$ um eine ungerade, π-periodische Funktion. Gelegentlich trifft man schließlich noch auf die Funktionen *Sekans* und *Kosekans*, die als Kehrwerte der Funktionen Kosinus bzw. Sinus definiert sind:

$$\sec x := \frac{1}{\cos x} \quad \text{und} \quad \csc x := \frac{1}{\sin x}$$

Beispielsweise ist dann $\sec \frac{\pi}{3} = 2$ und $\csc \frac{\pi}{4} = \sqrt{2}$.

In Physik und Technik treten die trigonometrischen Funktionen sin und cos häufig im Zusammenhang mit Schwingungen auf, welche durch eine Sinusfunktion der Form

$$y(t) = A \cdot \sin(\omega t + \varphi), \quad t \in \mathbb{R}$$

beschrieben werden mit der Zeit t als Veränderliche. Die übrigen Größen sind feste Zahlenwerte: Die *Amplitude* $A > 0$ streckt oder staucht die Sinusfunktion auf den Bildbereich $[-A, A]$, die *Kreisfrequenz* $\omega > 0$ verkürzt oder verlängert die Periode auf den Wert $\frac{2\pi}{\omega}$, und die *Nullphase* $\varphi \in \mathbb{R}$ bewirkt eine Verschiebung der Sinusfunktion nach links oder nach rechts.

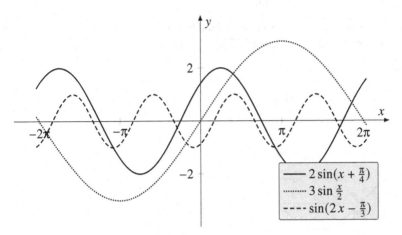

Abb. 4.20 Die allgemeine Sinusfunktion

4.3.2 Umkehrung trigonometrischer Funktionen

Die trigonometrischen Funktionen sin, cos, tan usw. sind alle periodisch und folglich auf ihrem maximalen Definitionsbereich nicht umkehrbar. Beispielsweise gilt $\sin x = \sin(x + 2\pi)$ für alle $x \in \mathbb{R}$. Damit man die Umkehrfunktion bilden kann, muss man eine trigonometrische Funktion zuerst auf einen geeigneten Monotoniebereich einschränken, dessen Funktionswerte den gesamten Bildbereich abdecken. So ist etwa die Funktion $y = \sin x$ auf dem Intervall $[-\frac{\pi}{2}, \frac{\pi}{2}]$ streng monoton steigend, also auch umkehrbar, und der Bildbereich ist das Intervall $[-1, 1]$. Die Umkehrfunktion

$$\sin^{-1} = \arcsin : [-1, 1] \longrightarrow [-\tfrac{\pi}{2}, \tfrac{\pi}{2}]$$

heißt *Arkussinus*, siehe Abb. 4.21. Spezielle Werte sind dann z. B.

$$\arcsin(\tfrac{1}{2}\sqrt{2}) = \tfrac{\pi}{4} \quad \text{wegen} \quad \sin\tfrac{\pi}{4} = \tfrac{1}{2}\sqrt{2}$$
$$\arcsin(-\tfrac{1}{2}) = -\tfrac{\pi}{6} \quad \text{wegen} \quad \sin(-\tfrac{\pi}{6}) = -\sin\tfrac{\pi}{6} = -\tfrac{1}{2}$$

Die Funktion $\cos : [0, \pi] \longrightarrow \mathbb{R}$ ist ebenfalls umkehrbar (weil streng monoton fallend), und sie besitzt den Bildbereich $[-1, 1]$. Die Umkehrfunktion

$$\cos^{-1} = \arccos : [-1, 1] \longrightarrow [0, \pi]$$

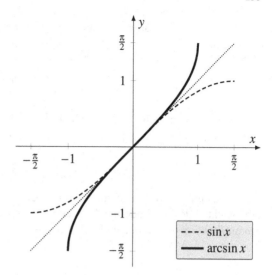

Abb. 4.21 Der Arkussinus

nennt man *Arkuskosinus*. Hierfür gilt dann z. B. $\arccos 0{,}5 = \frac{\pi}{6}$ wegen $\cos \frac{\pi}{6} = 0{,}5$.

Schließlich können wir noch die Umkehrung der Tangensfunktion festlegen: $f(x) = \tan x$ ist auf dem Intervall $]-\frac{\pi}{2}, \frac{\pi}{2}[$ eine streng monoton steigende Funktion mit dem Bildbereich $\mathbb{R}$. Die Umkehrfunktion ist der *Arkustangens* (siehe Abb. 4.22)

$$\tan^{-1} = \arctan : \mathbb{R} \longrightarrow \left]-\tfrac{\pi}{2}, \tfrac{\pi}{2}\right[$$

und beispielsweise ist $\arctan 1 = \frac{\pi}{4}$ wegen $\tan \frac{\pi}{4} = 1$.

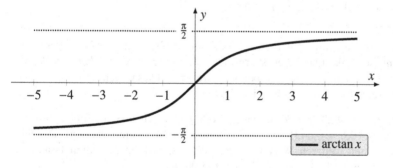

Abb. 4.22 Die Funktion Arkustangens

Allgemein werden die Umkehrfunktionen zu den trigonometrischen Funktionen auch *Arkusfunktionen* (lat. arcus = „Bogen") genannt, da sie einen Winkel im Bogenmaß zurückliefern. Ähnlich wie bei den Winkelfunktionen gibt es auch zwischen den Arkusfunktionen gewisse Beziehungen. Aus der trigonometrischen Formel

$$y = \cos x = \sin\left(\tfrac{\pi}{2} - x\right) \quad \Longrightarrow \quad \arccos y = x \quad \text{und} \quad \arcsin y = \tfrac{\pi}{2} - x$$

folgt beispielsweise

$$\arccos y + \arcsin y = \tfrac{\pi}{2} \quad \text{für alle } y \in [-1, 1]$$

Aus dem trigonometrische Pythagoras wiederum erhalten wir

$$\cos^2 x = 1 - \sin^2 x \quad \Longrightarrow \quad \cos x = \sqrt{1 - \sin^2 x} \quad \text{für} \quad x \in [-\tfrac{\pi}{2}, \tfrac{\pi}{2}]$$

Setzen wir hier speziell $x = \arcsin y \in [-\tfrac{\pi}{2}, \tfrac{\pi}{2}]$ ein, dann ist $\sin x = \sin(\arcsin y) = y$ und $\sin^2 x = (\sin x)^2 = y^2$, sodass

$$\cos(\arcsin y) = \sqrt{1 - y^2} \quad \text{für alle } y \in [-1, 1]$$

Die Arkusfunktionen spielen nicht nur bei der Auflösung trigonometrischer Gleichungen eine wichtige Rolle, sondern z. B. auch in der Integralrechnung. So ist etwa $\arctan x$ die Stammfunktion der rationalen Funktion $\frac{1}{1+x^2}$.

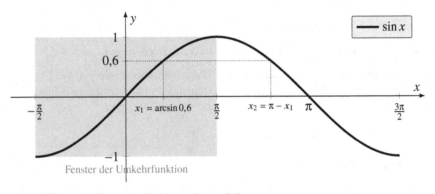

Abb. 4.23 Zur Auflösung der Gleichung $\sin x = 0,6$

Wichtiger Hinweis: Zur Bildung der Umkehrfunktion wird $\sin x$ auf das *halbe* Periodizitätsintervall eingeschränkt, und daher ist $\arcsin y$ nur *einer von zwei möglichen* x-Werten mit $\sin x = y$ im Periodizitätsbereich. Neben $x_1 = \arcsin y$ gibt es wegen $\sin x = \sin(\pi - x)$ auch noch den Wert $x_2 = \pi - x_1$, siehe Abb. 4.23.

Beispiel: Wir suchen alle $x \in \mathbb{R}$ mit $\sin x = 0,6$. Der Taschenrechner liefert uns den Wert $x_1 = \arcsin 0,6 = 0,6435$ (wir rechnen mit vier Nachkommastellen). Daneben gibt es noch einen weiteren Wert $x_2 = \pi - x_1 = 2,4981$ im Periodizitätsintervall $[-\tfrac{\pi}{2}, \tfrac{3\pi}{2}]$. Insgesamt erhalten wir dann für x die Werte

$$0,6435 + k \cdot 2\pi \quad \text{und} \quad 2,4981 + k \cdot 2\pi \quad \text{mit} \quad k \in \mathbb{Z}$$

Auch bei der Auflösung von $y = \cos x$ nach x ist Vorsicht geboten! Zusammenfassend notieren wir: Ist $y \in [-1, 1]$ gegeben, dann gilt mit beliebigen $k \in \mathbb{Z}$

$$\sin x = y \quad \Longrightarrow \quad x = \arcsin y + k \cdot 2\pi \quad \text{und} \quad x = (\pi - \arcsin y) + k \cdot 2\pi$$
$$\cos x = y \quad \Longrightarrow \quad x = \arccos y + k \cdot 2\pi \quad \text{und} \quad x = (2\pi - \arccos y) + k \cdot 2\pi$$

Abschließend noch eine Bemerkung zur Schreibweise $\sin^{-1}$: Für die Potenzen von $\sin x$ mit *natürlichen* Exponenten $n = 1, 2, 3, \ldots$ verwendet man bekanntlich die Notation $\sin^n x = (\sin x)^n$, z. B. $\sin^2 x = (\sin x)^2$, $\sin^3 x = (\sin x)^3$ usw. Dagegen meint die (auch auf vielen Taschenrechnern so bezeichnete) Funktion $\sin^{-1}$ *nicht den Kehrwert, sondern die Umkehrfunktion* zu Sinus! Allgemein gilt:

Umkehrfunktion f^{-1}	$\neq$	reziproke Funktion $\frac{1}{f(x)}$
$\sin^{-1} x = \arcsin x$	$\neq$	$(\sin x)^{-1} = \frac{1}{\sin x} = \csc x$
$\cos^{-1} x = \arccos x$	$\neq$	$(\cos x)^{-1} = \frac{1}{\cos x} = \sec x$
$\tan^{-1} x = \arctan x$	$\neq$	$(\tan x)^{-1} = \frac{1}{\tan x} = \cot x$

4.3.3 Trigonometrische Gleichungen

Bei einer *trigonometrischen Gleichung* kommt die Unbekannte x im Argument einer trigonometrischen Funktion vor. Aufgrund der Periodizität der Winkelfunktionen haben trigonometrische Gleichungen in der Regel unendlich viele Lösungen. Für solche Gleichungen gibt es kein allgemeines Lösungsverfahren, und daher soll die Vorgehensweise anhand einiger typischer Musterbeispiele aufgezeigt werden. Grundsätzlich versucht man, solche Gleichungen zunächst mit Additionstheoremen auf *ein Argument x* und dann auf *eine Funktion* (z. B. $\sin x$) umzuformen, und schließlich vereinfacht man die Gleichung mit einer Substitution (z. B. $z = \sin x$). Dies führt dann oftmals zu einer algebraischen Gleichung.

Beispiel 1. Gesucht sind die Nullstellen der Funktion $f(x) = \sin 2x - 2\cos x$. Zu lösen ist also die trigonometrische Gleichung

$$\sin 2x = 2\cos x$$
$$2\sin x \cos x = 2\cos x$$
$$2(\sin x - 1)\cos x = 0$$

Hieraus folgt $\sin x = 1$ oder $\cos x = 0$, also insgesamt $x = \frac{\pi}{2} + k \cdot \pi$, $k \in \mathbb{Z}$.

Beispiel 2. Wo schneiden sich die Graphen der Funktionen $\cos x$ und $\tan x$? Diese Fragestellung führt auf die trigonometrischen Gleichung $\cos x = \tan x$, welche wir zunächst mit

$$\cos x = \frac{\sin x}{\cos x} \quad | \cdot \cos x$$
$$\cos^2 x = \sin x$$
$$1 - \sin^2 x = \sin x$$

in eine Gleichung mit einer *einzigen* Winkelfunktion umwandeln. Ersetzen wir nun $\sin x$ durch z, dann erhalten wir die quadratische Gleichung

$$1 - z^2 = z \quad \Longrightarrow \quad z^2 + z - 1 = 0 \quad \Longrightarrow \quad z_{1/2} = \frac{-1 \pm \sqrt{5}}{2}$$

Die gesuchten x-Werte ergeben sich aus $\sin x = z_{1/2}$, welche wir nach x auflösen. Hierbei ist, wie im vorigen Abschnitt erläutert wurde, zu beachten, dass die Sinusfunktion 2π-periodisch ist und die Umkehrfunktion Arkussinus nur einen von zwei möglichen Werten im Periodizitätsbereich liefert. Aus

$$\sin x = z_1 = \frac{-1 + \sqrt{5}}{2}$$

erhalten wir die Werte

$$x = \begin{cases} \arcsin\left(\frac{-1+\sqrt{5}}{2}\right) + k \cdot 2\pi \approx 0{,}666 + k \cdot 2\pi \\ \pi - \arcsin\left(\frac{-1+\sqrt{5}}{2}\right) + k \cdot 2\pi \approx 2{,}475 + k \cdot 2\pi \end{cases}$$

für beliebige $k \in \mathbb{Z}$. Der Wert z_2 ist kleiner als -1, und daher liefert $\sin x = z_2$ keine weiteren Lösungen.

Beispiel 3. Für welche x-Werte nimmt $f(x) = \cos 2x \cdot \sin x$ den Funktionswert $\frac{1}{4}$ an? In der zugehörigen trigonometrischen Gleichung beseitigen wir zunächst das Argument $2x$ und formen einheitlich auf die Funktion $\sin x$ um:

$$\cos 2x \cdot \sin x = \tfrac{1}{4} \quad \big|\ ein \text{ Argument } x:$$
$$(\cos^2 x - \sin^2 x) \cdot \sin x = \tfrac{1}{4} \quad \big|\ eine \text{ Funktion } \sin x:$$
$$(1 - \sin^2 x - \sin^2 x) \cdot \sin x = \tfrac{1}{4} \quad \big|\ \text{Subst. } z = \sin x:$$
$$(1 - 2z^2) \cdot z = \tfrac{1}{4}$$

Wir erhalten die kubische Gleichung

$$2z^3 - z + \tfrac{1}{4} = 0$$

bei der wir die Lösung $z_1 = \frac{1}{2}$ erraten können. Für die restlichen Lösungen verwenden wir das Horner-Schema

	2	0	-1	$\frac{1}{4}$
$\frac{1}{2} \cdot$	0	1	$\frac{1}{2}$	$-\frac{1}{4}$
Σ	2	1	$-\frac{1}{2}$	0

und lösen die quadratische Gleichung $2z^2 + z - \frac{1}{2} = 0$, sodass

$$z_2 = \frac{-1 + \sqrt{5}}{4} \quad \text{und} \quad z_2 = \frac{-1 - \sqrt{5}}{4}$$

zwei weitere Nullstellen sind. Aus $\sin x = z_1 = \frac{1}{2}$ ergeben sich zwei Werte

$$x_1 = \arcsin \tfrac{1}{2} = \tfrac{\pi}{6} \quad \text{und} \quad x_2 = \pi - \tfrac{\pi}{6} = \tfrac{5\pi}{6}$$

zu denen wir noch ganzzahlige Vielfache der Periodenlänge 2π addieren können. Aus $\sin x = z_{2/3}$ erhalten wir nochmals vier Werte im Periodizitätsintervall:

$$\sin x = z_2 \implies x_3 = \tfrac{\pi}{10} \quad \text{und} \quad x_4 = \pi - x_3 = \tfrac{9\pi}{10}$$
$$\sin x = z_3 \implies x_5 = -\tfrac{3\pi}{10} \quad \text{und} \quad x_6 = \pi - x_5 = \tfrac{13\pi}{10}$$

zu denen wir wieder $k \cdot 2\pi$ mit $k \in \mathbb{Z}$ addieren dürfen, siehe Abb. 4.24.

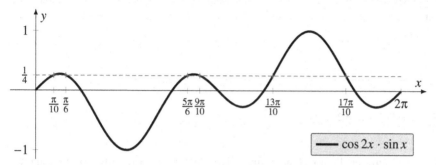

Abb. 4.24 Lösungen der Gleichung $\cos 2x \cdot \sin x = \tfrac{1}{4}$ aus Beispiel 3 im Intervall $[0, 2\pi]$

4.4 Folgen und Grenzwerte

Zahlenfolgen und ihre Grenzwerte sind ein wichtiges Instrument in der Mathematik. Sie liefern nicht nur besondere Zahlen wie z. B. die Eulersche Zahl e, die Basis der „natürlichen" Exponentialfunktion $y = e^x$, sondern ermöglichen uns auch, das lokale Verhalten einer Funktion an einer bestimmten Stelle genauer zu untersuchen.

4.4.1 Konvergenz und Divergenz

Eine Zahlenfolge oder kurz *Folge* ist eine Funktion $a : \mathbb{N} \longrightarrow \mathbb{R}$, die jeder natürlichen Zahl $n \in \mathbb{N}$ eine reelle Zahl $a_n \in \mathbb{R}$ zuordnet. Man schreibt hierfür auch

$$(a_n)_{n \in \mathbb{N}} = (a_0, a_1, a_2, a_3, \dots)$$

oder nur (a_n). Die Zahlen in (a_n) nennt man die Glieder der Folge, und speziell heißt a_n das n-te Folgenglied. Eine Folge kann auch mit dem Index $n = 1$ oder höher beginnen. Wir betrachten als Beispiel die Zahlenfolge mit dem *Bildungsgesetz*

$$a_n = 2 - \frac{1}{n+1} \quad \text{für} \quad n = 0, 1, 2, 3, \dots$$

und geben hierzu einige Folgenglieder an:

$$a_0 = 2 - \tfrac{1}{1} = 1$$

$$a_1 = 2 - \tfrac{1}{2} = 1{,}5$$

$$a_{10} = 2 - \tfrac{1}{11} = 1{,}90909\ldots$$

$$a_{999} = 2 - \tfrac{1}{1000} = 1{,}999$$

oder auch $(a_n) = (1, \tfrac{3}{2}, \tfrac{5}{3}, \tfrac{7}{4}, \tfrac{9}{5}, \ldots)$. Markiert man die Folgenglieder auf der Zahlengeraden (siehe Abb. 4.25), so stellt man fest: Mit steigendem Index n kommen die Folgenglieder der Zahl 2 immer näher, auch wenn kein Folgenglied jemals diesen Wert erreicht. Daher ist es sinnvoll, 2 als den *Grenzwert* der Folge $(2 - \tfrac{1}{n+1})$ für $n \to \infty$ zu bezeichnen.

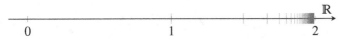

Abb. 4.25 Die Folge $a_n = 2 - \tfrac{1}{n+1}$

Ein solcher Grenzwert lässt sich auch für andere Zahlenfolgen (a_n) finden, und mathematisch können wir die Annäherung an einen Zahlenwert A wie folgt beschreiben:

Die Zahl $A \in \mathbb{R}$ nennt man *Grenzwert* (oder *Limes*) der Folge (a_n), falls außerhalb eines (beliebig kleinen) offenen Intervalls um A immer nur endlich viele Folgenglieder liegen. Man schreibt dann

$$\lim_{n \to \infty} a_n = A \qquad \text{bzw.} \qquad a_n \to A \quad (n \to \infty)$$

Eine Folge (a_n) heißt *konvergent*, falls sie einen Grenzwert $A \in \mathbb{R}$ besitzt. Eine Folge heißt *divergent*, wenn sie keinen Grenzwert hat. Eine konvergente Folge (a_n) mit dem Grenzwert $\lim_{n \to \infty} a_n = 0$ bezeichnet man als *Nullfolge*.

Eine reelle Zahl A ist demnach ein Grenzwert der Folge (a_n), wenn in jeder noch so kleinen Umgebung von A fast alle (= alle bis auf endlich viele) Folgenglieder liegen.

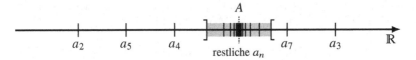

Abb. 4.26 In einer (beliebig kleinen) Umgebung von A liegen fast alle Folgenglieder von (a_n)

Insbesondere müssen dann im Intervall $]A - \varepsilon, A + \varepsilon[$ mit einer beliebig kleinen reellen Zahl $\varepsilon > 0$ alle Folgenglieder ab einem bestimmten Index $n > n(\varepsilon)$ liegen, sodass also $|A - a_n| < \varepsilon$ für $n > n(\varepsilon)$ gilt. Wählt man ε betragsmäßig immer kleiner, dann nimmt auch der Abstand dieser a_n zu A immer mehr ab. Letztlich nähern sich also die Folgenglieder a_n mit steigendem Index n immer mehr dem Wert A an.

Beispiel 1. Bei der Folge $a_n = 2 - \frac{1}{n^2}$ ist der Grenzwert $A = 2$, denn beispielsweise liegen im Intervall $]2 - \frac{1}{10}, 2 + \frac{1}{10}[$ alle Folgenglieder ab $n > 3$ wegen $|2 - a_n| = \frac{1}{n^2} < \frac{1}{10}$ für $n > 3$. Im Intervall $]2 - \frac{1}{100}, 2 + \frac{1}{100}[$ sind alle a_n mit $n > 10$, in $]2 - \frac{1}{1000}, 2 + \frac{1}{1000}[$ alle a_n mit $n > 31$ usw. Somit ist $(2 - \frac{1}{n^2})$ eine konvergente Folge mit dem Grenzwert $\lim_{n \to \infty} 2 - \frac{1}{n^2} = 2$.

Beispiel 2. Wie man leicht erkennt, konvergieren die Folgen

$$\left(1, -\tfrac{1}{2}, \tfrac{1}{3}, -\tfrac{1}{4}, \tfrac{1}{5}, -\tfrac{1}{6}, \ldots\right) \quad \text{mit} \quad a_n = \frac{(-1)^n}{n+1} \quad (n = 0, 1, 2, \ldots)$$

$$\left(1, \tfrac{1}{8}, \tfrac{1}{27}, \tfrac{1}{64}, \tfrac{1}{125}, \tfrac{1}{216}, \ldots\right) \quad \text{mit} \quad a_n = \frac{1}{n^3} \quad (n = 1, 2, 3, \ldots)$$

$$\left(1, \tfrac{1}{2}, \tfrac{1}{4}, \tfrac{1}{8}, \tfrac{1}{16}, \tfrac{1}{32}, \tfrac{1}{64}, \ldots\right) \quad \text{mit} \quad a_n = \frac{1}{2^n} \quad (n = 0, 1, 2, \ldots)$$

allesamt gegen 0 und sind demnach Nullfolgen. Nehmen wir speziell $a_n = \frac{1}{n^3}$, dann liegen für eine beliebig kleine Zahl $\varepsilon > 0$ außerhalb des offenen Intervalls $]-\varepsilon, \varepsilon[$ um 0 nur die Folgenglieder $a_n = \frac{1}{n^3}$ mit $n \le \frac{1}{\sqrt[3]{\varepsilon}}$, also nur endlich viele!

Beispiel 3. Die Folge mit dem Bildungsgesetz

$$a_n = (-1)^n + \frac{2}{n+3} \quad (n = 0, 1, 2, 3, \ldots)$$

ist divergent. Die Folgenglieder nähern sich abwechselnd den Werten -1 und 1 an, und daher gibt es keinen *eindeutigen* Grenzwert, sondern nur die beiden *Häufungspunkte* ± 1, siehe Abb. 4.27. Tatsächlich kann z. B. $A = 1$ nicht der Grenzwert sein, denn außerhalb des offenen Intervalls $]0, 2[$ um 1 liegen alle a_n mit ungeradem Index n, also unendlich viele Folgenglieder.

Abb. 4.27 Die Folge $a_n = (-1)^n + \frac{2}{n+3}$

Diese wenigen Beispiele zeigen bereits, dass es Folgen mit ganz unterschiedlichem Verhalten gibt. Zur weiteren Einteilung der Folgen führen wir noch die folgenden Begriffe ein:

Eine Folge (a_n) nennt man *unbegrenzt wachsend (unbegrenzt fallend)*, wenn für eine beliebige Zahl $B \in \mathbb{R}$ immer nur endlich viele Folgenglieder kleiner (größer) sind als B. In diesem Fall schreibt man

$$a_n \to \infty \quad (a_n \to -\infty) \quad \text{für} \quad n \to \infty$$

Die Folge (a_n) heißt *nach oben beschränkt (nach unten beschränkt)*, falls es eine
Zahl $B \in \mathbb{R}$ gibt, sodass $a_n \leq B$ $(a_n \geq B)$ für alle n gilt. Eine Folge, die sowohl
nach oben als auch nach unten beschränkt ist, nennt man *beschränkt*.

Beispiel 1. Die Folge $(1, 4, 9, 16, 25, \ldots)$ mit $a_n = n^2$ für $n = 1, 2, 3, \ldots$ ist unbegrenzt
wachsend: $n^2 \to \infty$ für $n \to \infty$. Für eine beliebige Zahl $B \geq 0$ sind nämlich nur
die endlich vielen Folgenglieder $a_n = n^2$ mit $n < \sqrt{B}$ kleiner als B. Die Folge ist
andererseits nach unten beschränkt, denn es gilt $a_n \geq 0$ für alle n.

Beispiel 2. $a_n = (-1)^n + \frac{2}{n+3}$ ist eine divergente, aber beschränkte Folge, denn für
alle natürlichen Zahlen $n = 0, 1, 2, \ldots$ gilt $|a_n| \leq 1 + \frac{2}{0+3} = \frac{5}{3}$.

Beispiel 3. Auch die Folge $a_n = \sin n$ ist wegen $-1 \leq \sin n \leq 1$ sowohl nach unten
als auch nach oben beschränkt, hat aber ebenfalls keinen Grenzwert.

Insbesondere ist eine unbegrenzt wachsende bzw. unbegrenzt fallende Folge immer auch
divergent, da sie keinen Grenzwert $A \in \mathbb{R}$ hat. Eine konvergente Folge dagegen ist stets
beschränkt, denn außerhalb des Intervalls $]A - 1, A + 1[$ um den Grenzwert A liegen
nur endlich viele Folgenglieder, vgl. Abb. 4.28. Dieses Intervall um A lässt sich derart
erweitern, dass alle Folgenglieder in einem Intervall $[-B, B]$ liegen und somit $|a_n| \leq B$
für alle n gilt.

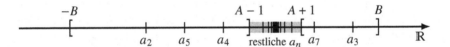

Abb. 4.28 Jede konvergente Folge ist auch beschränkt

Ist in der Praxis eine Folge (a_n) gegeben, dann stellen sich zwei Fragen: Ist (a_n) konvergent? Und falls ja, gegen welchen Grenzwert? Zur Beantwortung dieser Fragen gibt
es eine Reihe von Aussagen, mit denen wir die Konvergenz nachweisen und den Grenzwert berechnen können. Aus der Definition des Grenzwerts ergeben sich zunächst die
folgenden Gesetzmäßigkeiten bei Nullfolgen:

• Ist (a_n) eine Nullfolge, dann konvergiert $(a_n + A)$ gegen den Wert $A \in \mathbb{R}$.

• Konvergiert (a_n) gegen den Grenzwert A, dann ist $(a_n - A)$ eine Nullfolge.

• Sind (a_n) und (b_n) zwei Nullfolgen, dann ist auch $(a_n \pm b_n)$ eine Nullfolge.

• Ist (a_n) eine Nullfolge und (b_n) beschränkt, dann ist $(a_n \cdot b_n)$ eine Nullfolge.

Wir wollen exemplarisch die letzte Aussage begründen. Ist (b_n) eine beschränkte Folge,
dann gibt es eine Zahl $B > 0$ mit $|b_n| \leq B$ für alle n, und falls (a_n) eine Nullfolge
ist, so liegen außerhalb eines offenen Intervalls $]-\varepsilon, \varepsilon[$ um 0 alle bis auf endlich viele
Folgenglieder a_n. Wegen $|a_n \cdot b_n| \leq B \cdot |a_n| < B \cdot \varepsilon$ befinden sich dann auch alle bis auf
höchstens endlich viele Glieder der Folge $(a_n \cdot b_n)$ im offenen Intervall $]-B \cdot \varepsilon, B \cdot \varepsilon[$
um 0 mit einem beliebig kleinen $\varepsilon > 0$.

Mit den oben angegebenen Aussagen über Nullfolgen kann man bereits auch die Grenzwerte von „einfachen" Folgen ermitteln, beispielsweise von

$$\text{(i)}\quad a_n = \frac{3n-1}{n} \qquad \text{(ii)}\quad b_n = \frac{n+2n^2}{n^3} \qquad \text{(iii)}\quad c_n = \frac{\sin n}{n}$$

Dazu formen wir das Bildungsgesetz für die Folgenglieder so um, dass dort nur noch Nullfolgen erscheinen:

$$\text{(i)}\quad a_n = 3 - \frac{1}{n} \qquad \text{(ii)}\quad b_n = \frac{1}{n^2} + \frac{2}{n} \qquad \text{(iii)}\quad c_n = \frac{1}{n} \cdot \sin n$$

Offensichtlich ist dann (a_n) konvergent mit dem Grenzwert 3, und (b_n) ist als Summe zweier Nullfolgen auch eine Nullfolge. Die Folge (c_n) in (iii) ist das Produkt der Nullfolge $(\frac{1}{n})$ mit der beschränkten Folge $(\sin n)$ und somit ebenfalls eine Nullfolge.

4.4.2 Rechnen mit Grenzwerten

Ein nützliches Hilfsmittel bei der Arbeit mit Folgen sind die nachstehenden

Rechenregeln für Grenzwerte: Für zwei konvergente Folgen (a_n) und (b_n) mit den Grenzwerten $\lim_{n\to\infty} a_n = A$ und $\lim_{n\to\infty} b_n = B$ gilt

$$\lim_{n\to\infty} a_n \pm b_n = A \pm B, \qquad \lim_{n\to\infty} a_n \cdot b_n = A \cdot B$$

$$\text{und im Fall } B \neq 0: \qquad \lim_{n\to\infty} \frac{a_n}{b_n} = \frac{A}{B}$$

Stellvertretend begründen wir die Konvergenz der Produktfolge $(a_n \cdot b_n)$. Zerlegen wir die Folgenglieder in eine Summe der Form

$$a_n \cdot b_n - A \cdot B = (a_n - A) \cdot b_n + A \cdot (b_n - B)$$

dann sind $a_n - A$ und $b_n - B$ Nullfolgen, und (b_n) ist als konvergente Folge beschränkt. Somit bilden auch die Summanden auf der rechten Seite Nullfolgen (Nullfolge mal beschränkte Folge = Nullfolge), und daher konvergiert $a_n \cdot b_n$ gegen $A \cdot B$.

Man kann diese Rechenregeln zur praktischen Berechnung komplizierterer Grenzwerte verwenden, wobei oftmals die Folgenglieder noch in eine geeignete Form gebracht werden müssen. Häufig kommt man zu einem Ergebnis, indem man bei a_n die höchste vorkommende n-Potenz im Zähler und Nenner kürzt, und dann Nullfolgen wie z. B. $\frac{1}{n^2}$ im Grenzwert durch 0 ersetzt.

Beispiel 1. $a_n = \frac{4n-3}{2n+1}$ ist konvergent mit dem Grenzwert 2 wegen

$$a_n = \frac{4 - \frac{3}{n}}{2 + \frac{1}{n}} \quad \Longrightarrow \quad \lim_{n\to\infty} a_n = \frac{4+0}{2+0} = 2$$

Beispiel 2. $a_n = \frac{(2n+1)^2}{n^2+1}$ ist konvergent mit dem Grenzwert 4, denn:

$$a_n = \frac{4n^2 + 4n + 1}{n^2 + 1} = \frac{4 + \frac{4}{n} + \frac{1}{n^2}}{1 + \frac{1}{n^2}} \quad \Longrightarrow \quad \lim_{n \to \infty} a_n = \frac{4 + 0 + 0}{1 + 0} = 4$$

Beispiel 3. $a_n = \frac{2n^3}{n^5+1}$ ist eine Nullfolge, denn:

$$a_n = \frac{\frac{1}{n^2}}{1 + \frac{1}{n^5}} \quad \Longrightarrow \quad \lim_{n \to \infty} a_n = \frac{0}{1 + 0} = 0$$

In manchen Fällen lässt sich der Grenzwert einer Folge nicht exakt berechnen, aber dennoch kann man die Konvergenz der Folge nachweisen. Dies gilt insbesondere für eine monoton steigende, nach oben beschränkte Folge (a_n) mit

$$a_0 \le a_1 \le a_2 \le a_3 \le a_4 \le \ldots \le B$$

Die Menge der Folgenglieder $A = \{a_n \mid n \in \mathbb{N}\}$ ist eine nach oben beschränkte Teilmenge von $\mathbb{R}$ mit oberer Schranke B. Wegen der Ordnungsvollständigkeit von $\mathbb{R}$ besitzt A eine kleinste obere Schranke $\sup A \le B$, und diese ist der gesuchte Grenzwert (siehe Abb. 4.29).

Abb. 4.29 Zur Konvergenz einer monoton steigenden, nach oben beschränkten Folge

Zusammenfassend notieren wir:

> Eine nach oben beschränkte, monoton steigende Folge ist konvergent. Ist $a_n \le B$ für alle n, dann gilt auch für den Grenzwert $\lim_{n \to \infty} a_n \le B$.

4.4.3 Die Eulersche Zahl

In diesem Abschnitt untersuchen wir die Zahlenfolge

$$a_n = \left(1 + \frac{1}{n}\right)^n, \quad n = 1, 2, 3, \ldots$$

Die Berechnung einiger Folgenglieder ergibt

$$a_1 = 2^1 = 2$$
$$a_2 = 1{,}5^2 = 2{,}25$$
$$a_{10} = 1{,}1^{10} = 2{,}5937424601$$
$$a_{100} = 1{,}01^{100} = 2{,}7048138294\ldots$$
$$a_{1000} = 1{,}001^{1000} = 2{,}7169239322\ldots$$

und lässt bereits vermuten, dass (a_n) einen Grenzwert unterhalb der Zahl 3 besitzt (siehe auch Abb. 4.30). Doch kann man das auch rechnerisch nachweisen? Wir wollen zeigen, dass (a_n) eine beschränkte, monoton steigende Folge und damit konvergent ist. Das ist allerdings nicht ganz einfach. Wir brauchen dazu die **Ungleichung von Bernoulli**

$$(1 + b)^n \geq 1 + n \cdot b \quad \text{für alle } n \in \mathbb{N} \text{ und alle } b \in \mathbb{R} \text{ mit } b \geq -1$$

aus Kapitel 1, Abschnitt 1.1.6. Sie wird uns auch später bei der Untersuchung der Exponentialfunktion noch sehr nützlich sein.

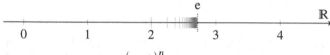

Abb. 4.30 Die Folge $a_n = \left(1 + \frac{1}{n}\right)^n$

Zunächst wollen wir begründen, dass für alle $n > 1$

$$a_{n-1} \leq a_n \quad \text{bzw.} \quad \frac{a_n}{a_{n-1}} \geq 1$$

gilt. Hierfür bringen wir die Folgenglieder in die Form

$$a_n = \left(1 + \frac{1}{n}\right)^n = \left(\frac{n+1}{n}\right)^n \quad \text{und} \quad a_{n-1} = \left(1 + \frac{1}{n-1}\right)^{n-1} = \left(\frac{n}{n-1}\right)^n \cdot \frac{n-1}{n}$$

und erhalten für den Quotienten zweier aufeinanderfolgender Glieder

$$\frac{a_n}{a_{n-1}} = \frac{n}{n-1} \cdot \frac{\left(\frac{n+1}{n}\right)^n}{\left(\frac{n}{n-1}\right)^n} = \frac{n}{n-1} \cdot \left(\frac{n^2-1}{n^2}\right)^n = \frac{n}{n-1} \cdot \left(1 - \frac{1}{n^2}\right)^n$$

Die Ungleichung von Bernoulli $(1 + b)^n \geq 1 + n \cdot b$ mit $b = -\frac{1}{n^2} \geq -1$ ergibt

$$\frac{a_n}{a_{n-1}} \geq \frac{n}{n-1} \cdot \left(1 - n \cdot \frac{1}{n^2}\right) = \frac{n}{n-1} \cdot \frac{n-1}{n} = 1$$

für alle $n > 1$. Somit ist $a_1 \leq a_2, a_2 \leq a_3, a_3 \leq a_4$ usw. und demnach $a_1 \leq a_2 \leq a_3 \leq \ldots$ eine monoton steigende Folge. Jetzt müssen wir noch zeigen, dass die Folge (a_n) auch beschränkt ist. Wir untersuchen zuerst die Folgenglieder a_n mit einem *geradzahligen* Index $n = 2k$ $(k \in \mathbb{N})$. Ausgehend von

$$\sqrt{a_n} = \sqrt{a_{2k}} = \sqrt{\left(1 + \frac{1}{2k}\right)^{2k}} = \left(\frac{2k+1}{2k}\right)^k$$

erhalten wir für den Kehrwert von $\sqrt{a_n}$ den Ausdruck

$$\frac{1}{\sqrt{a_n}} = \frac{1}{\left(\frac{2k+1}{2k}\right)^k} = \left(\frac{2k}{2k+1}\right)^k = \left(1 - \frac{1}{2k+1}\right)^k$$

Die Potenz auf der rechten Seite lässt sich mit der Bernoulli-Ungleichung $(1+b)^k \geq 1+k\cdot b$ für $b = -\frac{1}{2k+1}$ wie folgt nach unten abschätzen:

$$\frac{1}{\sqrt{a_n}} = \left(1 - \frac{1}{2k+1}\right)^k \geq 1 + k \cdot \left(-\frac{1}{2k+1}\right) = \frac{k+1}{2k+1} \geq \frac{k+\frac{1}{2}}{2k+1} = \frac{1}{2}$$

Aus dieser Abschätzung erhalten wir zunächst

$$\frac{1}{\sqrt{a_n}} \geq \frac{1}{2} \quad \Longrightarrow \quad \sqrt{a_n} \leq 2 \quad \Longrightarrow \quad a_n \leq 4$$

für alle *geradzahligen* n. Ist n eine ungerade Zahl, dann gilt wegen der Monotonie der Folge auch $a_n \leq a_{n+1} \leq 4$, da der Index $n+1$ eine gerade Zahl ist. Folglich ist $a_n \leq 4$ für alle natürlichen Zahlen $n > 0$ erfüllt.

Wir haben gezeigt, dass die Folge $2 = a_1 \leq a_2 \leq a_3 \leq a_4 \leq \ldots \leq 4$ eine monoton steigende und nach oben beschränkte Folge ist. Sie ist somit konvergent, und ihr Grenzwert liegt dann ebenfalls zwischen 2 und 4. Eine genauere numerische Rechnung ergibt schließlich als Grenzwert die sogenannte

Eulersche Zahl $e := \lim\limits_{n\to\infty} \left(1 + \frac{1}{n}\right)^n = 2{,}71828182845904523536\ldots$

Abschließend wollen wir noch den Grenzwert

$$\lim\limits_{n\to\infty} \left(1 - \frac{1}{n}\right)^n$$

bestimmen. Dazu bringen wir die Folgenglieder in die Form

$$\left(1 - \frac{1}{n}\right)^n = \left(\frac{n-1}{n}\right)^n = \frac{1}{\left(\frac{n}{n-1}\right)^{n-1}} \cdot \frac{n-1}{n} = \frac{1}{\left(1 + \frac{1}{n-1}\right)^{n-1}} \cdot \frac{n-1}{n}$$

wobei $\left(1 + \frac{1}{n-1}\right)^{n-1} = a_{n-1}$ für $n = 2, 3, 4, \ldots$ genau die Glieder aus der obigen Folge mit dem Grenzwert e sind – nur um den Index 1 verschoben. Somit ist

$$\lim\limits_{n\to\infty} \left(1 - \frac{1}{n}\right)^n = \lim\limits_{n\to\infty} \frac{1}{a_{n-1}} \cdot \left(1 - \frac{1}{n}\right) = \frac{1}{e} \cdot (1 - 0) = \frac{1}{e}$$

Wir notieren:

$$\lim_{n \to \infty} \left(1 - \frac{1}{n}\right)^n = \frac{1}{e} = 0{,}367879441171\dots$$

4.5 Exponentialfunktion und Logarithmus

4.5.1 Die natürliche Exponentialfunktion

Die Eulersche Zahl ist die Basis der Exponentialfunktion

$$\exp : \mathbb{R} \longrightarrow \mathbb{R}$$
$$x \longmapsto y = e^x$$

Sie spielt eine wichtige Rolle in Natur und Technik, da sie z. B. Wachstums- und Zerfallsprozesse oder gedämpfte Schwingungen beschreibt. Daher wird $y = e^x$, $x \in \mathbb{R}$, als *natürliche Exponentialfunktion* bezeichnet.

Im letzten Abschnitt haben wir die Eulersche Zahl e als Grenzwert einer gewissen Zahlenfolge festgelegt. Interessanterweise lässt sich eine ähnliche Darstellung auch für den Wert e^x angeben, und das ist die

Grenzwertformel $\quad e^x = \lim_{n \to \infty} \left(1 + \frac{x}{n}\right)^n, \quad x \in \mathbb{R}$

Dieses Resultat ergibt sich für positive $x \in \mathbb{R}$ aus der Beobachtung

$$e^x = \left[\lim_{k \to \infty} \left(1 + \frac{1}{k}\right)^k\right]^x = \lim_{k \to \infty} \left(1 + \frac{1}{k}\right)^{kx} = \lim_{k \to \infty} \left(1 + \frac{x}{kx}\right)^{kx}$$

wobei mit $k \to \infty$ auch $kx \to \infty$ gilt. Ersetzt man den Ausdruck kx durch n, dann können wir diesen Grenzwert in der Form $e^x = \lim_{n \to \infty} \left(1 + \frac{x}{n}\right)^n$ schreiben. Eine ähnliche Überlegung mit dem Grenzwert für $\frac{1}{e}$ bestätigt die Formel auch für $x < 0$.

Mit der Grenzwertformel haben wir eine Möglichkeit gefunden, e^x beliebig genau zu berechnen, und zwar allein mithilfe von Grundrechenarten. Hierzu nähern wir den Grenzwert durch ein Folgenglied mit einem großen Index n (z. B. $n = 1000$) an:

$$e^{0{,}5} = \lim_{n \to \infty} \left(1 + \frac{0{,}5}{n}\right)^n \approx \left(1 + \frac{0{,}5}{1000}\right)^{1000} = 1{,}0005^{1000} = 1{,}6485\dots$$

$$e^{-2} = \lim_{n \to \infty} \left(1 + \frac{-2}{n}\right)^n \approx \left(1 - \frac{2}{1000}\right)^{1000} = 0{,}998^{1000} = 0{,}13560\dots$$

Zum Vergleich: die exakten Werte sind, gerundet auf fünf Nachkommastellen,

$$e^{0{,}5} = \sqrt{e} = 1{,}64872 \quad \text{und} \quad e^{-2} = \frac{1}{e^2} = 1{,}13534$$

Die Grenzwertformel reproduziert zudem die bekannten Werte

$$e^0 = \lim_{n \to \infty} \left(1 + \frac{0}{n}\right)^n = \lim_{n \to \infty} 1^n = 1$$

$$e^1 = \lim_{n \to \infty} \left(1 + \frac{1}{n}\right)^n = e$$

Bemerkenswert ist auch, dass sich allein aus der Grenzwertformel für e^x viele Eigenschaften der Exponentialfunktion herleiten lassen:

> Die Exponentialfunktion $y = e^x$, $x \in \mathbb{R}$, ist eine streng
> monoton steigende Funktion mit dem Bildbereich $]0, \infty[$

Zur Begründung dieser Aussage wenden wir die Bernoulli-Ungleichung auf die Folgenglieder der Grenzwertformel an:

$$\left(1 + \frac{x}{n}\right)^n \geq 1 + n \cdot \frac{x}{n} = 1 + x \quad \text{für} \quad \frac{x}{n} > -1$$

Die rechte Seite $1 + x$ dieser Abschätzung ist unabhängig von n. Für ein $x \in \mathbb{R}$ und große Werte $n > |x|$ ist auch $\frac{x}{n} > -1$ immer erfüllt. Beim Grenzübergang $n \to \infty$ ergibt sich

$$e^x = \lim_{n \to \infty} \left(1 + \frac{x}{n}\right)^n \geq 1 + x \quad \text{für alle} \quad x \in \mathbb{R}$$

Insbesondere gilt dann $e^x \geq 1 > 0$ für eine reelle Zahl $x \geq 0$ und somit auch $e^{-x} = \frac{1}{e^x} > 0$, sodass e^x für alle $x \in \mathbb{R}$ stets positiv ist. Wegen $e^x \geq 1 + x$ steigt die Exponentialfunktion für $x \to \infty$ unbegrenzt an, und wegen $e^{-x} = \frac{1}{e^x}$ nähert sie sich für $x \to -\infty$ immer mehr dem Wert 0 an, sodass schließlich $]0, \infty[$ der Bildbereich der e-Funktion ist. Schließlich können wir die Monotonie der Exponentialfunktion begründen. Für zwei beliebige reelle Werte $x_1 < x_2$ folgt aus $e^{x_1} > 0$ zusammen mit $e^{x_2 - x_1} \geq 1 + x_2 - x_1$ (Bernoulli-Ungleichung) die Abschätzung

$$e^{x_2} - e^{x_1} = e^{x_1} \cdot (e^{x_2 - x_1} - 1) \geq e^{x_1} \cdot (1 + x_2 - x_1 - 1) = e^{x_1} \cdot (x_2 - x_1)$$

Die rechte Seite ist wegen $e^{x_1} > 0$ und $x_2 - x_1 > 0$ positiv, sodass $e^{x_2} - e^{x_1} > 0$ bzw. $e^{x_1} < e^{x_2}$ gilt. Demnach ist die Funktion $y = e^x$ streng monoton steigend.

Eine nützliche Abschätzung

Ersetzen wir in der Ungleichung $e^x \geq 1 + x$ die Zahl x durch $-x$, dann gilt

$$e^{-x} \geq 1 + (-x) = 1 - x \underset{\text{Kehrwert}}{\Longrightarrow} e^x \leq \frac{1}{1-x} \quad \text{im Fall} \quad 1 - x > 0$$

Beide Abschätzungen in Kombination ergeben die

> **Einschließung für e^x:** $\quad 1 + x \leq e^x \leq \dfrac{1}{1-x} \quad$ für alle $x < 1$

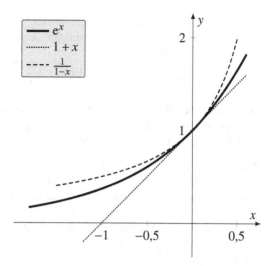

Abb. 4.31 Einschließung der
e-Funktion

Dieses Resultat kann man dazu nutzen, die Funktionswerte e^x für $x \approx 0$ abzuschätzen. Für $x = 0{,}1$ ist beispielsweise

$$1 + 0{,}1 \leq e^{0,1} \leq \frac{1}{1 - 0{,}1} \quad \Longrightarrow \quad 1{,}1 \leq e^{0,1} \leq 1{,}111\ldots$$

Zum Vergleich: Der exakte Wert ist $e^{0,1} = 1{,}10517\ldots$

Was ist an e^x natürlich?

Warum verwendet man ausgerechnet die Eulersche Zahl $e = 2{,}71828\ldots$ als Basis einer „natürlichen" Exponentialfunktion? Hierfür gibt es mehrere Gründe. Aus mathematischer Sicht zeichnet sich die Funktion $f(x) = e^x$ durch besondere Eigenschaften aus. So ist etwa ihre Ableitung $f'(x) = e^x = f(x)$ wieder die Ausgangsfunktion (vgl. Kapitel 6). Es gibt aber auch Prozesse, die in natürlicher Weise auf die Grenzwertformel der Exponentialfunktion e^x führen.

Kontinuierliche Verzinsung. Ein Kapital K_0 wird fest angelegt und jährlich mit dem konstanten Zinssatz x verzinst (z. B. $x = 0{,}05$ entspricht 5%). Nach einem Jahr und bei ganzjähriger Verzinsung wächst das Kapital um den Faktor $1 + x$ auf $K_0(1 + x)$ an. Werden die Zinsen monatlich ausgezahlt und mit dem monatlichen Zinssatz $\frac{x}{12}$ verzinst, so vergrößert sich das Kapital in jedem Monat um den Faktor $1 + \frac{x}{12}$, und nach einem Jahr haben wir das Kapital

$$K_0 \left(1 + \frac{x}{12}\right)^{12}$$

Bei täglicher Verzinsung wächst das Kapital pro Tag jeweils um den Faktor $1 + \frac{x}{365}$, also in einem Jahr auf

$$K_0 \left(1 + \frac{x}{365}\right)^{365}$$

an. Man kann den Zeitraum immer kürzer wählen und zu stündlicher, sekündlicher Verzinsung usw. übergehen. Im Grenzfall „kontinuierliche Verzinsung" haben wir nach einem Jahr das Kapital

$$K_0 \cdot \lim_{n \to \infty} \left(1 + \frac{x}{n}\right)^n = K_0 \cdot e^x$$

Spontaner Zerfall. Viele Vorgänge in der Natur, wie etwa Radioaktivität oder chemische Reaktionen, aber auch das Absterben von Bakterien oder die Abfertigung bei einer Produktion, lassen sich durch ein universelles Zerfallsgesetz beschreiben.

Wir betrachten ein System, das zum Zeitpunkt $t = 0$ aus einer Ansammlung gleicher Objekte (z. B. Atomkerne, Moleküle, Bakterien oder Bauteile) besteht, wobei pro Sekunde ein gewisser Anteil das System verlässt (z. B. durch radioaktiven Zerfall, durch eine chemische Reaktion, durch Medikamente oder durch den Zusammenbau). Mit N_0 bezeichnen wir die Anzahl der Objekte zur Zeit $t = 0$ und mit λ die Zerfallsrate, also den Anteil der Objekte, die nach einer Sekunde das System verlassen haben. Findet der „Zerfall" nur einmal pro Sekunde statt, dann verschwinden $\lambda \cdot N_0$ Objekte, und somit verbleiben nach einer Sekunde noch $N_1 = N_0 \cdot (1 - \lambda)$ Objekte im System. Erfolgt der Zerfall aber mehrmals, nämlich alle $1/n$ Sekunden mit der Zerfallsrate λ/n, dann bleiben nach einer Sekunde noch

$$N_1 = \underbrace{N_0 \cdot \left(1 - \frac{\lambda}{n}\right)}_{\text{nach } 1/n \, \text{s}} \cdot \left(1 - \frac{\lambda}{n}\right) \cdots \left(1 - \frac{\lambda}{n}\right) = N_0 \cdot \left(1 - \frac{\lambda}{n}\right)^n$$

$$\underbrace{\qquad\qquad\qquad\qquad\qquad\qquad}_{\text{nach } 2/n \, \text{s usw.}}$$

Objekte übrig. Der *spontane Zerfall* entspricht dem Grenzwert $n \to \infty$, d. h., die Objekte können jederzeit das System verlassen, vergleichbar mit einer kontinuierlichen Abzinsung. In diesem Fall sind nach einer Sekunde noch

$$N_1 = \lim_{n \to \infty} N_0 \cdot \left(1 - \frac{\lambda}{n}\right)^n = N_0 \cdot e^{-\lambda}$$

Objekte im System, und nach insgesamt t Sekunden ist die Restmenge

$$N_t = \overbrace{N_0 \cdot e^{-\lambda}}^{\text{nach } 2 \, \text{s usw.}} \cdot e^{-\lambda} \cdots e^{-\lambda} = N_0 \cdot (e^{-\lambda})^t = N_0 \cdot e^{-t \cdot \lambda}$$

$$\underbrace{\qquad\qquad}_{\text{nach } 1 \, \text{s}}$$

Die Formel

$$N_t = N_0 \cdot e^{-t \cdot \lambda}$$

bezeichnet man auch als *exponentielles Zerfallsgesetz*. Es findet Anwendung u. a. in der Physik (Atomzerfall), Chemie (Reaktionsgeschwindigkeit), Biologie (Absterben einer Population) sowie in der Produktionsplanung.

Historisches. Die Eulersche Zahl $2,71828\ldots$ ist benannt nach Leonhard Euler (1707 - 1783) aus Basel, der aufgrund seiner Vielzahl an wichtigen Beiträgen zur Mathematik und Mechanik als einer der bedeutendsten und produktivsten Mathematiker gilt. Euler selbst hat die Zahl e nicht entdeckt – sie war bereits früher bekannt und wurde wohl im Zusammenhang mit der kontinuierlichen Verzinsung gefunden. Jedoch führte Euler den Buchstaben e für die Zahl $2,71828\ldots$ ein, und viele seiner Resultate (u. a. die Eulersche Formel, siehe Kapitel 5) sind mit dieser Konstante verbunden. Warum aber verwendete er ausgerechnet den Buchstaben e? Dies ist immer noch nicht ganz geklärt. Als sehr wahrscheinlich gilt, dass die Buchstaben a bis d im Gegensatz zu e häufig als Variablen in Formeln verwendet wurden, sodass also e noch nicht belegt war.

4.5.2 Der natürliche Logarithmus

Die Funktion $y = e^x$ ist streng monoton steigend und somit umkehrbar. Der Definitionsbereich der Umkehrfunktion ist der Bildbereich der Exponentialfunktion, und das ist $]0, \infty[$. Die Umkehrung $\ln :]0, \infty[\longrightarrow \mathbb{R}$ zu e^x wird *natürlicher Logarithmus* genannt: $x = \ln y$ ist diejenige Zahl, welche $e^x = y$ erfüllt, sodass also stets $e^{\ln y} = y$ gilt. Der Graph dieser Funktion ergibt sich durch Spiegelung der e-Funktion an der Winkelhalbierenden und ist in Abb. 4.32 zu sehen.

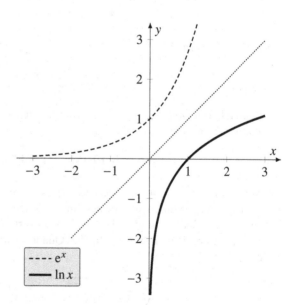

Abb. 4.32 e-Funktion und natürlicher Logarithmus

Einige wichtige Eigenschaften der Logarithmusfunktion können wir auch rechnerisch nachweisen. Aus $e^0 = 1$ folgt zunächst $\ln 1 = 0$, und wegen $e^x > 1$ für $x > 0$ gilt umgekehrt $\ln x > 0$ für $x > 1$. Die Potenzgesetze für die Exponentialfunktion

$$e^{\ln a + \ln b} = e^{\ln a} \cdot e^{\ln b} = a \cdot b = e^{\ln(a \cdot b)}$$

$$e^{\ln a - \ln b} = \frac{e^{\ln a}}{e^{\ln b}} = \frac{a}{b} = e^{\ln \frac{a}{b}}$$

und ein Vergleich der Exponenten ergibt die Logarithmengesetze

$$\ln(a \cdot b) = \ln a + \ln b \quad \text{und} \quad \ln \frac{a}{b} = \ln a - \ln b$$

für alle a, $b > 0$. Schließlich können wir zeigen, dass der Logarithmus eine streng monoton steigende Funktion ist. Für $x_1 < x_2$ ist nämlich $\frac{x_2}{x_1} > 1$ und somit

$$\ln x_2 - \ln x_1 = \ln \frac{x_2}{x_1} > 0 \quad \Longrightarrow \quad \ln x_1 < \ln x_2$$

Zusammenfassend notieren wir:

> Der natürliche Logarithmus $y = \ln x$ für $x \in \,]0, \infty[$ ist eine streng monoton steigende Funktion mit der Eigenschaft $\ln 1 = 0$.

Man kann $\ln x$ (ähnlich wie e^x) auch mit einem Grenzwert direkt berechnen. Aus dem Grenzwert für die e-Funktion

$$x = e^{\ln x} \approx \left(1 + \frac{\ln x}{n}\right)^n \quad \Longrightarrow \quad \ln x \approx n\left(\sqrt[n]{x} - 1\right) \quad \text{für große } n$$

ergibt sich die Formel

$$\ln x = \lim_{n \to \infty} n\left(\sqrt[n]{x} - 1\right)$$

Beispiel: Wir wollen $\ln 5$ näherungsweise durch Wurzelziehen berechnen. Dazu nutzen wir die Formel

$$\ln 5 = \lim_{n \to \infty} n\left(\sqrt[n]{5} - 1\right) \approx 4096 \cdot \left(\sqrt[4096]{5} - 1\right)$$

wobei wir mit $n = 4096$ eine Zweierpotenz gewählt haben. In diesem Fall kann man nämlich $\sqrt[n]{5}$ durch mehrfaches hintereinander ausgeführtes Quadratwurzelziehen bestimmen. Speziell ergibt sich der Wurzelwert $\sqrt[4096]{5}$ wegen $n = 4096 = 2^{12}$ durch 12-maliges nacheinander ausgeführtes Quadratwurzelziehen aus der Zahl 5 (z. B. mit dem Heron-Verfahren):

$$\sqrt[4096]{5} = \sqrt[2048]{\sqrt{5}} = \sqrt[1024]{\sqrt{\sqrt{5}}} = \ldots = \sqrt{\sqrt{\ldots \sqrt{5}}} = 1{,}000393\ldots$$

Damit ist dann

$$\ln 5 \approx 4096 \cdot 0{,}000393\ldots \approx 1{,}6097\ldots$$

Zum Vergleich: Der exakte Wert ist $\ln 5 = 1{,}6094\ldots$

Anwendungen des Logarithmus

Der natürliche Logarithmus wird in der Mathematik sehr häufig gebraucht, beispielsweise bei der Auflösung von Exponentialgleichungen (siehe nächster Abschnitt) oder als Stammfunktion zu $\frac{1}{x}$ (vgl. Kapitel 7). Mit Logarithmen werden aber auch zahlreiche Kenngrößen in Natur und Technik beschrieben, wie etwa der Schalldruckpegel (Einheit: Dezibel), die Entropie, das Helligkeitsempfinden, der saure oder basische Charakter einer wässrigen Lösung (pH-Wert) usw. Oftmals braucht man Logarithmen oder Exponentialfunktionen zu einer anderen Basis als e. Diese kann man aber leicht auf die natürliche Logarithmus- bzw. Exponentialfunktion umrechnen.

Logarithmen zu beliebiger Basis. Für zwei gegebene Zahlen $a > 0$ und $b > 0$, $b \neq 1$ ist $x = \log_b a$ diejenige reelle Zahl, welche $b^x = a$ erfüllt. Man nennt $\log_b a$ den *Logarithmus von a zur Basis b*.

Beispiele:

$$\begin{aligned}
\log_2 8 &= 3 &\text{wegen}&& 2^3 &= 8 \\
\log_2 0{,}25 &= -2 &\text{wegen}&& 2^{-2} &= 0{,}25 \\
\log_4 2 &= 0{,}5 &\text{wegen}&& 4^{0{,}5} &= \sqrt{4} = 2 \\
\log_8 4 &= \tfrac{2}{3} &\text{wegen}&& 8^{2/3} &= \sqrt[3]{8^2} = \sqrt[3]{64} = 4
\end{aligned}$$

Der natürliche Logarithmus ist der Logarithmus zur Basis e, also $\ln x = \log_e x$. Logarithmen zu einer beliebigen Basis $b > 0$, $b \neq 1$ kann man stets auf den natürlichen Logarithmus zurückführen. Es gilt nämlich

$$\mathrm{e}^{\ln a} = a = b^x = \left(\mathrm{e}^{\ln b}\right)^x = \mathrm{e}^{x \cdot \ln b} \implies \ln a = x \cdot \ln b \implies x = \frac{\ln a}{\ln b}$$

Andererseits ist $x = \log_b a$, und damit erhalten wir die Umrechnungsformel

$$\log_b a = \frac{\ln a}{\ln b}$$

Beispiele:

$$\log_2 10 = \frac{\ln 10}{\ln 2} = 3{,}3219\ldots \implies 2^{3,3219\ldots} = 10$$

$$\log_8 4 = \frac{\ln 4}{\ln 8} = 0{,}66666\ldots = \tfrac{2}{3}$$

Neben dem natürlichen Logarithmus ist häufiger noch der *dekadische Logarithmus* $\lg x :=$ $\log_{10} x$ zur Basis 10 in Gebrauch. Mit der Formel

$$\lg x = \frac{\ln x}{\ln 10} \approx 0{,}4343 \cdot \ln x$$

lässt sich der dekadische auf den natürlichen Logarithmus zurückführen.

Allgemeine Exponentialfunktionen. Prinzipiell kann man eine Exponentialfunktion $y = a^x$ zu einer *beliebigen* Basis $a > 0$ mit der Formel

$$a^x = \left(e^{\ln a}\right)^x = e^{\ln a \cdot x}$$

stets als e-Funktion darstellen. Beispielsweise ist

$$y = 10^x = e^{\ln 10 \cdot x} = e^{2,302585\ldots \cdot x}$$

Eine *allgemeine Exponentialfunktion* $a^x = e^{\ln a \cdot x}$ mit $a \neq 1$ ist demnach eine e-Funktion, welche in x-Richtung um den Faktor $\frac{1}{\ln a}$ gestreckt bzw. gestaucht wird. Beispielsweise gilt dann

$$2^{-x} = \frac{1}{2^x} = \left(\tfrac{1}{2}\right)^x = e^{\ln \frac{1}{2} \cdot x} = e^{-\ln 2 \cdot x} = e^{-0,69315\ldots \cdot x}$$

Logarithmische Funktionsdarstellung. Die *doppelt-logarithmische Darstellung* verwendet ein Koordinatensystem, bei dem die Werte auf beiden Achsen nicht linear, sondern logarithmisch aufgetragen werden, beispielsweise mit ihren dekadischen Logarithmen: Anstelle von $-1, 0, 1, 2, 3, \ldots$ sind hier die Werte $10^{-1}, 10^0, 10^1, 10^2, 10^3$ usw. in gleichen Abständen auf den Achsen eingezeichnet. Definiert man $X = \lg x$, dann entsprechen die Ordinaten $x = 10^{-1}, 10^0, 10^1, 10^2, \ldots$ den Werten $X = -1, 0, 1, 2, \ldots$, und ebenso ordnet $Y = \lg y$ den Abszissen $y = 10^{-1}, 10^0, 10^1, 10^2, \ldots$ die Werte $Y = -1, 0, 1, 2, \ldots$ zu.

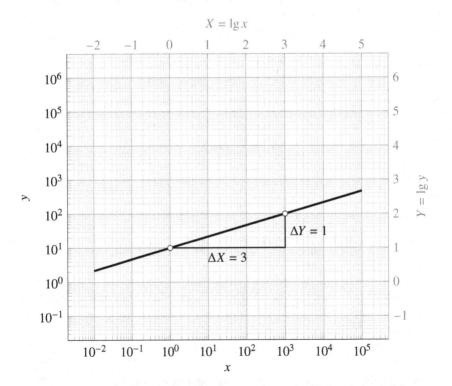

Abb. 4.33 Eine Gerade im doppelt-logarithmischen Papier entspricht einer Potenzfunktion

Abb. 4.33 zeigt ein doppelt-logarithmisches Papier, in dem eine Gerade eingezeichnet ist. Diese Gerade verläuft bei $X = 0$ durch den Punkt $Y = 1$ und besitzt ein Steigungsdreieck mit den Abmessungen $\Delta X = 3$ in X-Richtung sowie $\Delta Y = 1$ in Y-Richtung. Im (X, Y)-Koordinatensystem können wir diese Gerade demnach in der Form $Y = \frac{1}{3} X + 1$ notieren. Wie aber lautet dann der Zusammenhang zwischen x und y? Aus

$$\lg y = Y = \tfrac{1}{3} X + 1 = \tfrac{1}{3} \lg x + \lg 10 = \lg \left(x^{\frac{1}{3}} \cdot 10 \right) = \lg \left(10 \cdot \sqrt[3]{x} \right)$$

erhalten wir $y = 10 \cdot \sqrt[3]{x}$, und speziell ergibt sich für $x = 10^3$ der Wert $y = 10 \cdot 10 = 10^2$. Ganz allgemein entspricht dann in einer doppelt-logarithmischen Darstellung die Gerade mit der Gleichung $Y = a X + b$ der Potenzfunktion $y = 10^b \cdot x^a$, denn

$$\lg y = Y = a X + b = a \lg x + \lg 10^b = \lg(x^a \cdot 10^b)$$

In der Praxis verwendet man die doppelt-logarithmische Darstellung oftmals dann, wenn sich die x- und y-Werte über mehrere Größenordnungen erstrecken. Manche Gesetzmäßigkeiten lassen sich erst in der (doppelt-)logarithmischen Darstellung erkennen. Falls beispielsweise die Ergebnisse (x_k, y_k) einer Messung in einem doppelt-logarithmisches Papier näherungsweise durch eine Gerade mit der Steigung a beschrieben werden können, dann deutet sich ein Zusammenhang der Form $y = C x^a$ zwischen den Messdaten an. Neben der doppelt-logarithmischen gibt es auch noch die einfach-logarithmische Darstellung, siehe Aufgabe 4.19.

4.5.3 Exponentialgleichungen

Eine Gleichung, bei der die Unbekannte x im Argument einer Exponential- oder Logarithmusfunktion auftritt, nennt man *Exponentialgleichung*. Ähnlich wie bei trigonometrischen Gleichungen gibt es auch für Exponentialgleichungen kein allgemeingültiges Lösungsverfahren. Man versucht, das Problem durch geeignete Umformungen und Substitution auf eine einfachere (meist algebraische) Gleichung zu reduzieren.

Beispiel 1. Für welche Werte $x \in \mathbb{R}$ nimmt die Funktion $y = e^x + 2 e^{-x}$ den Wert $y = 4$ an? Zu lösen ist die Gleichung

$$e^x + 2 e^{-x} = 4 \quad \text{bzw.} \quad e^x + \frac{2}{e^x} = 4$$

Mit der Substitution $z = e^x$ erhalten wir eine quadratische Gleichung:

$$z + \frac{2}{z} = 4 \quad \Longrightarrow \quad z^2 - 4z + 2 = 0 \quad \Longrightarrow \quad z = \frac{4 \pm \sqrt{16 - 8}}{2} = 2 \pm \sqrt{2}$$

Aus $e^x = z = 2 \pm \sqrt{2}$ ergeben sich die beiden Werte

$$x_1 = \ln(2 - \sqrt{2}) \approx -0{,}5348 \quad \text{und} \quad x_2 = \ln(2 + \sqrt{2}) \approx 1{,}228$$

Beispiel 2. Wo schneiden sich die Graphen der Funktionen $f(x) = \ln(x+2)$ und $g(x) = 2\ln x$ in ihrem gemeinsamen Definitionsbereich $]0, \infty[$? Zur Beantwortung dieser Frage müssen wir die Gleichung

$$\ln(x+2) = 2\ln x, \quad x \in]0, \infty[$$

lösen, welche auch in der Form $\ln(x+2) = \ln x^2$ geschrieben werden kann. Wir „entlogarithmieren" beide Seiten und erhalten die quadratische Gleichung

$$x+2 = x^2 \quad \Longrightarrow \quad x^2 - x - 2 = 0 \quad \Longrightarrow \quad x_{1/2} = \frac{1 \pm \sqrt{9}}{2} = \frac{1 \pm 3}{2}$$

Achtung: Nur der positive Wert $x_1 = 2$ ist eine Lösung unserer Gleichung, denn die zweite Nullstelle $x_2 = -1$ der quadratischen Gleichung liegt nicht im Definitionsbereich der Funktion $g(x)$!

Beispiel 3. Gesucht sind die Nullstellen der Funktion

$$f(x) = 2^{x+3} + 3 \cdot (4^x - 1), \quad x \in \mathbb{R}$$

Wir müssen also die Gleichung $2^{x+3} + 3 \cdot 4^x - 3 = 0$ lösen. Dazu bringen wir die Gleichung in eine Form, die nur aus Exponentialausdrücken eines bestimmten Typs wie etwa 2^x mit einer gemeinsamen Basis und einem einheitlichen Exponenten x besteht. Dazu verwenden wir die Potenzgesetze:

$$2^{x+3} + 3 \cdot 4^x - 3 = 0$$
$$2^3 \cdot 2^x + 3 \cdot (2 \cdot 2)^x - 3 = 0$$
$$8 \cdot 2^x + 3 \cdot 2^x \cdot 2^x - 3 = 0$$

Nun können wir 2^x durch z ersetzen und erhalten eine quadratische Gleichung in z mit den beiden Nullstellen

$$8 \cdot z + 3 \cdot z^2 - 3 = 0 \quad \Longrightarrow \quad z_{1/2} = \frac{-8 \pm \sqrt{8^2 + 4 \cdot 3 \cdot 3}}{2 \cdot 3} = \frac{-8 \pm 10}{6}$$

Aus $2^x = z_1 = -3 < 0$ ergibt sich keine Lösung, während $2^x = z_2 = \frac{1}{3}$ die gesuchte Nullstelle liefert:

$$x = \log_2 \tfrac{1}{3} = -\log_2 3 = -\frac{\ln 3}{\ln 2} \approx -1{,}585$$

4.6 Grenzwerte und Stetigkeit

Die im ersten Abschnitt erwähnten Funktionseigenschaften wie Symmetrie, Monotonie usw. beschreiben einen Funktionsgraphen „global", also auf dem gesamten Definitionsbereich. Der Grenzwert dagegen ist ein Werkzeug, mit dem man das *lokale* Verhalten einer Funktion $f : D \longrightarrow \mathbb{R}$ an einer Stelle $x_0 \in \mathbb{R}$ genauer untersuchen kann. Grenzwerte sind sozusagen das Mikroskop der Mathematik.

4.6.1 Grenzwerte einer Funktion

Zur Untersuchung einer Funktion f bei x_0 nähern wir uns dieser Stelle an und beobachten das Verhalten der Funktionswerte $f(x)$. Eine solche Annäherung kann immer nur Schritt für Schritt erfolgen, und praktischerweise verwenden wir dazu eine Folge (x_n) in $D \setminus \{x_0\}$ mit $\lim_{n\to\infty} x_n = x_0$. Da wir uns aber auf verschiedene Art und Weise an x_0 herantasten können (von links oder rechts, schnell oder langsam usw.), soll unser Ergebnis nicht von der speziellen Wahl der Folge (x_n) abhängen. Daher wird vereinbart:

Ist die Funktion $f : D \longrightarrow \mathbb{R}$ in einer Umgebung von $x_0 \in \mathbb{R}$ definiert (eventuell mit Ausnahme von x_0), dann nennt man die Zahl $A \in \mathbb{R}$ *Grenzwert* von f bei x_0, wenn für *jede* Folge (x_n) in $D \setminus \{x_0\}$ mit $\lim_{n\to\infty} x_n = x_0$ gilt: $\lim_{n\to\infty} f(x_n) = A$. In diesem Fall schreibt man

$$\lim_{x \to x_0} f(x) = A$$

Mit anderen Worten: Für jede Folge (x_n), die sich der Stelle x_0 nähert, müssen die Funktionswerte $f(x_n)$ gegen den immer gleichen Wert $A \in \mathbb{R}$ konvergieren.

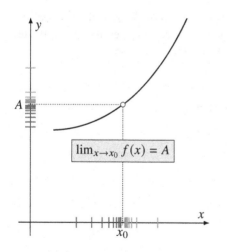
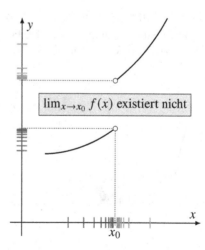

Abb. 4.34a Der Grenzwert bei x_0 existiert   **Abb. 4.34b** ... existiert nicht

Es kann unterschiedliche Gründe dafür geben, dass der Grenzwert $\lim_{x\to x_0} f(x)$ *nicht* existiert. Nähert man sich z. B. der Stelle x_0 einmal von links und einmal von rechts, wobei die Funktionswerte jeweils verschiedene Grenzwerte haben, dann gibt es $\lim_{x\to x_0} f(x)$ nicht.

Beispiel 1. Die Funktion $f(x) = x^2$ hat bei $x_0 = 2$ den Grenzwert $\lim_{x \to 2} x^2 = 4$, denn für eine beliebige Folge (x_n) mit $\lim_{n \to \infty} x_n = 2$ ist nach den Rechenregeln für Grenzwerte $\lim_{n \to \infty} f(x_n) = \lim_{n \to \infty} x_n \cdot x_n = 2 \cdot 2 = 4$.

Beispiel 2. Die Funktion

$$f(x) = \frac{x^3 - 8}{x - 2}, \quad x \in \mathbb{R} \setminus \{2\}$$

ist für $x = 2$ nicht definiert. Dennoch existiert der Grenzwert $\lim_{x \to 2} f(x) = 12$, da für eine beliebige Folge (x_n) in $\mathbb{R} \setminus \{2\}$ mit $\lim_{n \to \infty} x_n = 2$ gilt:

$$\begin{aligned} \lim_{n \to \infty} f(x_n) &= \lim_{n \to \infty} \frac{x_n^3 - 8}{x_n - 2} = \lim_{n \to \infty} \frac{(x_n - 2)(x_n^2 + 2x_n + 4)}{x_n - 2} \\ &= \lim_{n \to \infty} x_n^2 + 2x_n + 4 = 2^2 + 2 \cdot 2 + 4 = 12 \end{aligned}$$

Beispiel 3. Der Grenzwert $x \to 0$ der Funktion

$$f(x) = \cos \tfrac{1}{x}, \quad x \in \mathbb{R} \setminus \{0\}$$

existiert nicht, denn für die Nullfolge $x_n = \frac{1}{n\pi}$ ist $f(x_n) = \cos n\pi = (-1)^n$ abwechselnd ± 1, also divergent. Dagegen existiert der Grenzwert

$$\lim_{x \to 0} x \cdot \cos \tfrac{1}{x} = 0$$

Für eine beliebige Nullfolge (x_n) ist nämlich auch $(x_n \cdot \cos \frac{1}{x_n})$ eine Nullfolge, da das Produkt Nullfolge mal beschränkte Folge wieder eine Nullfolge ergibt. Das Verhalten dieser zwei Funktionen an der Stelle $x = 0$ ist in Abb. 4.35 zu sehen.

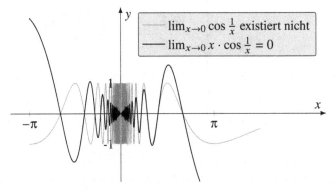

Abb. 4.35 Zur Existenz des Grenzwerts bei einer Funktion

Beispiel 2 kann man auf beliebige rationale Funktionen $R(x)$ verallgemeinern: Ist x_0 eine hebbare Definitionslücke und $\tilde{R}(x)$ die maximal gekürzte Funktion zu $R(x)$, dann gilt $\lim_{x \to x_0} R(x) = \tilde{R}(x_0)$.

Beispiel:

$$R(x) = \frac{x^3 - 3x + 2}{x^2 - 4}, \quad x \in \mathbb{R} \setminus \{\pm 2\}$$

Nach der Zerlegung in Linearfaktoren erhalten wir die maximal gekürzte Funktion

$$R(x) = \frac{(x+2)(x-1)^2}{(x+2)(x-2)} \quad \Longrightarrow \quad R(x) = \frac{(x-1)^2}{x-2}$$

Auf $\mathbb{R} \setminus \{\pm 2\}$ stimmen beide Funktionen überein, sodass

$$\lim_{x \to -2} R(x) = \lim_{x \to -2} \tilde{R}(x) = \tilde{R}(-2) = \frac{(-2-1)^2}{-2-2} = -\frac{9}{4}$$

Oftmals lässt sich sich der Grenzwert einer Funktion f nicht direkt aus der Funktionsgleichung bestimmen. In einem solchen Fall kann man versuchen, f zwischen zwei „einfachere" Funktionen einzuschließen. Ein nützliches Hilfsmittel für die Grenzwertberechnung ist dann der

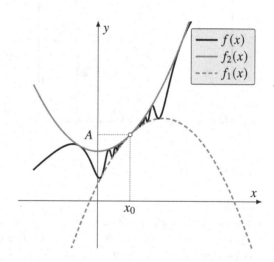

Abb. 4.36 Einschließungssatz
(auch Quetschlemma genannt)

Einschließungssatz: Sind f_1, f, $f_2 : D \longrightarrow \mathbb{R}$ drei Funktionen mit

$$f_1(x) \leq f(x) \leq f_2(x) \quad \text{für alle } x \in D$$

und stimmen die Grenzwerte von f_1 und f_2 bei x_0 überein, dann gilt

$$A = \lim_{x \to x_0} f_1(x) = \lim_{x \to x_0} f_2(x) \quad \Longrightarrow \quad \lim_{x \to x_0} f(x) = A$$

Mit diesem Einschließungssatz wollen wir nun zwei wichtige Grenzwerte bestimmen, die nicht nur zu praktischen Abschätzungen führen, sondern auch in der Differentialrechnung für die Ableitungen der Funktionen $\sin x$ und e^x gebraucht werden.

Der Grenzwert $\lim_{x \to 0} \frac{\sin x}{x}$

Um für diesen Grenzwert eine passende Einschließung zu finden, beginnen wir mit einer geometrischen Überlegung am Einheitskreis. In Abb. 4.37 wird der Kreissektor zum Mittelpunktswinkel α mit der Bogenlänge x von zwei Dreiecksflächen eingeschlossen.

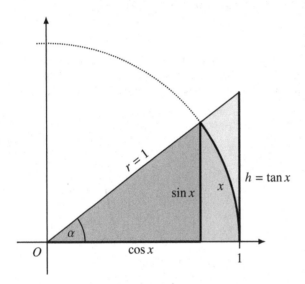

Abb. 4.37 Zur Einschließung von $\frac{\sin x}{x}$

Das kleine rechtwinklige Dreieck hat die Grundlinie $\cos \alpha = \cos x$ und die Höhe $\sin \alpha = \sin x$. Das große Dreieck mit der Grundlinie 1 und der Höhe h hat nach dem Strahlensatz das gleiche Kathetenverhältnis wie das kleine Dreieck, also $\frac{h}{1} = \frac{\sin x}{\cos x}$. Demnach ist $h = \tan x$. Die Fläche des Kreissektors ergibt sich aus dem Anteil von α am vollen Einheitskreis und ist $\frac{\alpha}{360°} \cdot \pi = \frac{1}{2} \cdot x$, also zahlenmäßig halb so groß wie der Kreisbogen x. Der Vergleich der drei Flächen liefert nun

$$\frac{1}{2} \cdot \sin x \cdot \cos x \leq \frac{1}{2} \cdot x \leq \frac{1}{2} \cdot 1 \cdot \tan x \quad \Big| \cdot \frac{2}{\sin x}$$

$$\cos x \leq \frac{x}{\sin x} \leq \frac{1}{\cos x} \quad \Big| \text{ Kehrwert} \dots$$

$$\frac{1}{\cos x} \geq \frac{\sin x}{x} \geq \cos x$$

Der Einschließungssatz zusammen mit $\lim_{x \to 0} \cos x = 1$ ergibt den Grenzwert

$$\lim_{x \to 0} \frac{\sin x}{x} = 1$$

Dieses Resultat besagt, dass für kleine Werte $x \approx 0$ im Bogenmaß näherungsweise $\frac{\sin x}{x} \approx 1$ bzw. $\sin x \approx x$ gilt. Letztere Aussage wird auch „Kleinwinkelnäherung" genannt, und man verwendet sie in Physik und Technik sehr häufig zur Abschätzung von Sinuswerten. In der Tat ist z. B. $\sin 0,1 = 0,0998 \ldots \approx 0,1$. Wegen $\lim_{x \to 0} \cos x = 1$ erhalten wir dann auch

$$\lim_{x \to 0} \frac{\tan x}{x} = \lim_{x \to 0} \frac{\sin x}{x} \cdot \frac{1}{\cos x} = \lim_{x \to 0} \frac{\sin x}{x} \cdot \lim_{x \to 0} \frac{1}{\cos x} = 1 \cdot 1 = 1$$

und die Kleinwinkelnäherung $\tan x \approx x$ für $x \approx 0$.

Der Grenzwert $\lim_{x \to 0} \frac{e^x - 1}{x}$

Bei der Einführung der Exponentialfunktion haben wir bereits die Einschließung

$$1 + x \le e^x \le \frac{1}{1 - x} \quad \text{für} \quad x < 1$$

aus der Bernoulli-Ungleichung erhalten. Wir subtrahieren überall den Wert 1:

$$x \le e^x - 1 \le \frac{1}{1 - x} - 1 = \frac{x}{1 - x} \quad \text{für} \quad x < 1$$

Dividieren wir diese Abschätzungen noch durch x, dann ergibt sich

$$\text{im Fall } x > 0: \quad 1 \le \frac{e^x - 1}{x} \le \frac{1}{1 - x}$$
$$\text{im Fall } x < 0: \quad 1 \ge \frac{e^x - 1}{x} \ge \frac{1}{1 - x}$$

Die Anwendung des Einschließungssatzes für $x \to 0$ liefert in beiden Fällen den Grenzwert

$$\lim_{x \to 0} \frac{e^x - 1}{x} = 1$$

Hieraus ergibt sich $\frac{e^x - 1}{x} \approx 1$ bzw. $e^x \approx 1 + x$ für $x \approx 0$ und beispielsweise die Abschätzung $e^{0,05} \approx 1,05$. Zum Vergleich: Der exakte Wert ist $e^{0,05} = 1,05127 \ldots$

4.6.2 Stetigkeit von Funktionen

Im Beispiel $\lim_{x \to 2} x^2 = 4$ existiert der Grenzwert von $f(x) = x^2$ bei $x = 2$, und er stimmt mit dem Funktionswert $f(2) = 4$ überein. Diese Eigenschaft von f nennt man Stetigkeit. Allgemein legt man fest:

Ist die Funktion $f : D \longrightarrow \mathbb{R}$ in einer Umgebung von $x_0 \in D$ (also auch bei x_0) definiert, und existiert der Grenzwert

$$\lim_{x \to x_0} f(x) = f(x_0)$$

dann sagt man: f ist *stetig* in x_0. Falls f in *allen* Punkten $x_0 \in D$ stetig ist, dann heißt f *stetige Funktion*.

Die Stetigkeit von f an der Stelle x_0 kann man wie folgt interpretieren: Je näher x bei x_0 liegt, umso weniger unterscheiden sich die Funktionswerte $f(x)$ von $f(x_0)$, sodass $f(x) \approx f(x_0)$ für $x \approx x_0$ gilt. Insbesondere hat eine stetige Funktion keine Sprungstellen im Definitionsbereich.

Beispiel 1. Wir wollen die Stetigkeit der Exponentialfunktion nachweisen. Aus

$$1 + x \leq e^x \leq \frac{1}{1-x}, \quad x \in \,]-1, 1[$$

erhalten wir durch Anwendung des Einschließungssatzes für $x \to 0$ den Grenzwert

$$1 \leq \lim_{x \to 0} e^x \leq 1 \quad \Longrightarrow \quad \lim_{x \to 0} e^x = 1 = e^0$$

Somit ist die Exponentialfunktion stetig in $x_0 = 0$. Für eine beliebige Stelle $x_0 \in \mathbb{R}$ ist dann auch

$$\lim_{x \to x_0} e^x = e^{x_0} \cdot \lim_{x \to x_0} e^{x-x_0} = e^{x_0} \cdot \lim_{h \to 0} e^h = e^{x_0} \cdot 1 = e^{x_0}$$

und folglich e^x stetig auf dem ganzen Definitionsbereich $\mathbb{R}$.

Beispiel 2. Die Vorzeichenfunktion $\operatorname{sgn} x$ hat gemäß Abb. 4.38 eine Sprungstelle bei $x_0 = 0$ und ist dort nicht stetig. Nähert man sich nämlich der Stelle $x_0 = 0$ von links, dann ist $\lim_{x \to 0} \operatorname{sgn} x = -1 \neq \operatorname{sgn} 0$.

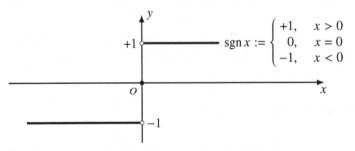

Abb. 4.38 Die Vorzeichenfunktion

Da eine differenzierbare Funktion immer auch stetig ist (vgl. Kapitel 6), sind alle elementaren Funktionen wie z. B. Polynome, rationale und trigonometrische Funktionen,

Arkusfunktionen, Exponentialfunktionen und der (natürliche) Logarithmus stetig auf dem maximalen Definitionsbereich. Dabei sind die Polstellen einer rationalen Funktion oder die Unendlichkeitsstellen $x = k \cdot \frac{\pi}{2}$ des Tangens für $k \in \mathbb{Z}$ keine Sprungstellen, da sie nicht zum Definitionsbereich gehören.

Stetige Funktionen haben bemerkenswerte Eigenschaften, die auch in der Praxis sehr nützlich sind. Wir wollen hier zwei wichtige Resultate notieren: den Zwischenwertsatz und den Extremwertsatz.

Zwischenwertsatz: Ist $f : [a, b] \longrightarrow \mathbb{R}$ eine stetige Funktion, dann gibt es zu jedem y zwischen $f(a)$ und $f(b)$ (mindestens) eine Stelle $c \in [a, b]$ mit $f(c) = y$.

Man kann den Zwischenwertsatz zur Eingrenzung der Nullstellen verwenden. Haben die Werte $f(a)$ und $f(b)$ verschiedene Vorzeichen, dann liegt $y = 0$ zwischen $f(a)$ und $f(b)$, und somit gibt es eine Stelle $x \in [a, b]$ mit $f(x) = 0$.

Beispiel:

$$f(x) = x^5 - 3x + 1$$

Hier ist $f(0) = 1$ und $f(1) = -1$, also hat f eine Nullstelle zwischen $x = 0$ und $x = 1$. Man prüft nun immer den Funktionswert in der Intervallmitte und wählt das Intervall, in dem die Funktionswerte unterschiedliche Vorzeichen haben:

$$
\begin{aligned}
f(0{,}5) &= -0{,}46875 &< 0 &\implies \text{Nullstelle zwischen 0 und 0,5} \\
f(0{,}25) &= 0{,}25097\ldots &> 0 &\implies \text{Nullstelle zwischen 0,25 und 0,5} \\
f(0{,}375) &= -0{,}11758\ldots &< 0 &\implies \text{Nullstelle zwischen 0,25 und 0,375} \\
f(0{,}3125) &= 0{,}06548\ldots &< 0 &\implies \text{Nullstelle zwischen 0,3125 und 0,375}
\end{aligned}
$$

Auf diesem Weg kommt man der Nullstelle $x = 0{,}33473\ldots$ schrittweise näher. Dieses numerische Verfahren wird auch als *Bisektionsverfahren* bezeichnet.

Mit dem Bisektionsverfahren lässt sich der Zwischenwertsatz auch ganz allgemein für eine stetige Funktion $f : [a, b] \longrightarrow \mathbb{R}$ und einen Wert $f(a) \leq y \leq f(b)$ begründen (der Fall $f(a) \geq y \geq f(b)$ kann entsprechend behandelt werden). Dazu konstruieren wir zwei Folgen (a_n) und (b_n) im Intervall $[a, b]$ mit $f(a_n) \leq y \leq f(b_n)$ und einem gemeinsamen Grenzwert c, für den dann $f(c) = y$ gilt.

Wir beginnen mit $a_0 := a$ und $b_0 := b$, sodass also $f(a_0) \leq y \leq f(b_0)$ erfüllt ist, und bestimmen den Funktionswert in der Intervallmitte, mit dem wir die Stellen

$$
a_1 := \begin{cases} \frac{a_0+b_0}{2}, & \text{falls } f(\frac{a_0+b_0}{2}) \leq y \\ a_0 & \text{sonst} \end{cases}
\quad \text{und} \quad
b_1 := \begin{cases} \frac{a_0+b_0}{2}, & \text{falls } f(\frac{a_0+b_0}{2}) \geq y \\ b_0 & \text{sonst} \end{cases}
$$

festlegen. Dann ist $a_0 \leq a_1 \leq b_1 \leq b_0$ und $f(a_1) \leq y \leq f(b_1)$ sowie $b_1 - a_1 = \frac{b-a}{2}$. Die nächsten Stellen a_2 und b_2 werden wieder durch den Funktionswert in der Mitte zwischen a_1 und b_1 bestimmt:

$$a_2 := \begin{cases} \frac{a_1+b_1}{2}, \text{ falls } f(\frac{a_1+b_1}{2}) \le y \\ a_1 \quad \text{sonst} \end{cases} \quad \text{und} \quad b_2 := \begin{cases} \frac{a_1+b_1}{2}, \text{ falls } f(\frac{a_1+b_1}{2}) \ge y \\ b_1 \quad \text{sonst} \end{cases}$$

Somit gilt wieder $a_1 \le a_2 \le b_2 \le b_1$ und $f(a_2) \le y \le f(b_2)$ sowie $b_2 - a_2 = \frac{b-a}{4}$. Setzt man diesen Prozess fort, dann erhält man Stellen

$$a_0 \le a_1 \le a_2 \le a_3 \le \ldots \le b_3 \le b_2 \le b_1 \le b_0$$

im Intervall $[a, b]$ mit $f(a_n) \le y \le f(b_n)$ und $b_n - a_n = \frac{b-a}{2^n}$, da man bei jedem nächsten Schritt den Abstand zwischen a_n und b_n halbiert. Nun ist (a_n) eine monoton steigende Folge, die durch b nach oben beschränkt ist, und folglich besitzt (a_n) einen Grenzwert $c = \lim_{n \to \infty} a_n$. Wegen

$$b_n = a_n + (b_n - a_n) = a_n + \frac{b-a}{2^n} \to c + 0 \quad (n \to \infty)$$

gilt auch $\lim_{n \to \infty} b_n = c$. Schließlich erhalten wir, da f stetig ist, $\lim_{n \to \infty} f(a_n) = f(c)$ und $\lim_{n \to \infty} f(b_n) = f(c)$. Aus $f(a_n) \le y \le f(b_n)$ ergibt sich nun für $n \to \infty$ die Ungleichung $f(c) \le y \le f(c)$, die nur für $y = f(c)$ erfüllt sein kann. Damit ist der Grenzwert $c \in [a, b]$ der Folgen (a_n) und (b_n) die gesuchte Stelle mit $f(c) = y$.

Dass bei einem Vorzeichenwechsel die Stetigkeit für die Existenz einer Nullstelle notwendig ist, zeigt das folgende

Beispiel: Die Funktion (siehe Abb. 4.39)

$$f(x) := \begin{cases} \frac{\sin x}{|x|} & \text{für} \quad x \in [-2, 2] \setminus \{0\} \\ -1 & \text{im Fall} \quad x = 0 \end{cases}$$

ist unstetig bei $x = 0$. Sie wechselt zwar das Vorzeichen, hat aber keine Nullstelle in $[-2, 2]$.

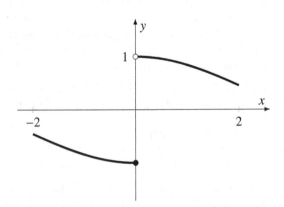

Abb. 4.39 Eine nicht-stetige Funktion mit Vorzeichenwechsel ohne Nullstelle

Auf ähnliche Art und Weise wie beim Zwischenwertsatz erhält man eine weitere wichtige Aussage für stetige Funktionen, den sogenannten

Extremwertsatz: Ist $f : [a, b] \longrightarrow \mathbb{R}$ eine stetige Funktion, dann gibt es Stellen $x_1 \in [a, b]$ und $x_2 \in [a, b]$ mit $f(x_1) \le f(x) \le f(x_2)$ für alle $x \in [a, b]$.

Diese Aussage besagt im Wesentlichen, dass es zu jeder Funktion auf einem abgeschlossenen Intervall (mindestens) zwei Stellen gibt, an denen die Funktion einmal ihren minimalen und einmal den maximalen Funktionswert annimmt.

Lokales Verhalten an Nullstellen

Mit der Stetigkeit kann man das *lokale Verhalten* einer Funktion in der Nähe einer Nullstelle genauer untersuchen. Aus der Vielfachheit erhält man bereits erste Informationen über die Art der Nullstelle: Bei einer einfachen Nullstelle schneidet die Funktion die x-Achse, bei Vielfachheit > 1 berührt sie die x-Achse. Allerdings liefert die Vielfachheit keine Aussage darüber, *in welcher Art und Weise* die Funktion die x-Achse schneidet oder berührt. Als Beispiel betrachten wir die rationale Funktion

$$R(x) = \frac{x\,(x+1)^2}{2\,(x-1)}, \qquad x \in \mathbb{R} \setminus \{1\}$$

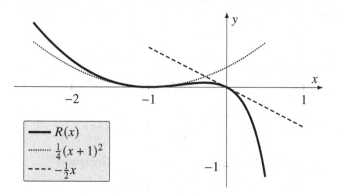

Abb. 4.40 Lokales Verhalten an den Nullstellen

Sie hat bei $x = -1$ eine doppelte Nullstelle, wobei $(x+1)^2$ der die Nullstelle erzeugende Faktor ist. Wir nehmen diesen Teil der Funktion beiseite und zerlegen die rationale Funktion in

$$R(x) = R_0(x) \cdot (x+1)^2 \quad \text{mit} \quad R_0(x) = \frac{x}{2\,(x-1)}$$

Der Anteil $R_0(x)$ ohne Nullstelle ist stetig bei $x = -1$, und daher gilt $R_0(x) \approx R_0(-1) = \frac{1}{4}$ für $x \approx -1$. Damit verhält sich $R(x)$ in der Nähe von $x = -1$ wie die quadratische Funktion

$$R(x) = R_0(x) \cdot (x+1)^2 \approx \frac{1}{4}\,(x+1)^2 \quad \text{für} \quad x \approx -1$$

Bei $x = 0$ hat $R(x)$ eine einfache Nullstelle mit dem lokalen Verhalten

$$R(x) = \frac{(x+1)^2}{2(x-1)} \cdot x \approx \frac{(0+1)^2}{2 \cdot (0-1)} \cdot x = -\tfrac{1}{2}x \quad \text{für} \quad x \approx 0$$

Nahe bei $x = 0$ verhält sich $R(x)$ also wie die lineare Funktion $y = -\tfrac{1}{2}x$, und diese ist dann zugleich die Tangente von $R(x)$ an der Stelle $x = 0$.

Stetige Fortsetzung von Funktionen

Falls die Funktion $f : D \longrightarrow \mathbb{R}$ in einer Umgebung von $x_0 \in \mathbb{R}$, aber nicht in x_0 selbst, definiert ist und der Grenzwert

$$\lim_{x \to x_0} f(x_n) = A$$

existiert, dann kann man die Funktion mit $f(x_0) := A$ bei x_0 *stetig fortsetzen.*

Wir haben die *stetige Fortsetzung* bereits bei der Behebung von Definitionslücken einer rationalen Funktion verwendet. Insbesondere stimmt dann die maximale stetige Fortsetzung einer rationalen Funktion $R(x)$ mit der vollständig gekürzten Funktion $\tilde{R}(x)$ überein. Behebbare Definitionslücken rationaler Funktionen werden daher gelegentlich auch *stetig behebbar* genannt.

Beispiel 1.

$$R(x) = \frac{x^2 - 1}{x^3 + 1}, \quad x \in \mathbb{R} \setminus \{-1\}$$

Die Zerlegung des Zählers und Nenners in Linearfaktoren liefert

$$R(x) = \frac{(x-1)(x+1)}{(x+1)(x^2-x+1)} = \frac{x-1}{x^2-x+1}, \quad x \in \mathbb{R} \setminus \{-1\}$$

Bei $x = -1$ ist eine behebbare Definitionslücke. Dort existiert der Grenzwert

$$\lim_{x \to -1} R(x) = \lim_{x \to -1} \frac{x-1}{x^2-x+1} = \frac{-1-1}{1+1+1} = -\tfrac{2}{3}$$

Wir können nun die Definitionslücke schließen, indem wir bei $x = -1$ den Funktionswert wie folgt festlegen:

$$R(-1) := -\tfrac{2}{3} \quad \Longrightarrow \quad R(x) = \frac{x-1}{x^2-x+1}, \quad x \in \mathbb{R}$$

Beispiel 2. Die Funktion $\frac{\sin x}{x}$ ist bei $x = 0$ nicht definiert, aber $\lim_{x \to 0} \frac{\sin x}{x} = 1$ existiert. Somit ist bei $x = 0$ eine behebbare Definitionslücke, die man durch den Funktionswert (= Grenzwert) 1 stetig beheben kann. Insgesamt ist dann die stetige Fortsetzung

$$\operatorname{sinc} x := \begin{cases} \frac{\sin x}{x} & \text{für } x \in \mathbb{R} \setminus \{0\} \\ 1 & \text{im Fall } x = 0 \end{cases}$$

eine auf ganz $\mathbb{R}$ definierte stetige Funktion, die *Kardinalsinus* (oder *Sinus cardinalis*) genannt wird und in Abb. 4.41 graphisch dargestellt ist. Sie tritt u. a. in der Optik bei der Beugung von Licht an einem rechteckigen Spalt auf. Die vom Auge wahrgenommene Helligkeitsverteilung entspricht in ihrem Verlauf der Funktion $\operatorname{sinc}^2 x$.

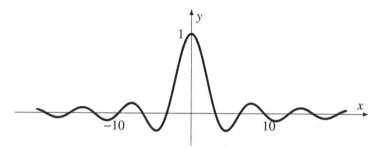

Abb. 4.41 Der Kardinalsinus $\operatorname{sinc} x$

4.6.3 Verhalten im Unendlichen

Bisher haben wir Grenzwerte der Form $\lim_{x \to x_0} f(x) = A$ untersucht: Nähert sich x einer Stelle $x_0 \in \mathbb{R}$ an, dann nähert sich der Funktionswert $f(x)$ dem Wert A. Wir wollen nun das Verhalten einer Funktion für betragsmäßig große Werte x, also für $x \to \pm\infty$ untersuchen.

Falls für jede Folge (x_n) mit $x_n \to \infty$ $(n \to \infty)$ die Funktionswerte $f(x_n)$ gegen die (immer gleiche!) Zahl $A \in \mathbb{R}$ konvergieren, dann nennt man A den *uneigentlichen Grenzwert* von f für $x \to \infty$, und man schreibt

$$\lim_{x \to \infty} f(x) = A$$

Entsprechend ist $\lim_{x \to -\infty} f(x) = A$ definiert als Grenzwert der Funktionswerte $f(x_n)$, falls dieser für alle Folgen $x_n \to -\infty$ $(n \to \infty)$ existiert und immer gleich ist.

Bei rationalen Funktionen berechnet man den Grenzwert für $x \to \pm\infty$, indem man den Zähler und den Nenner durch die höchste auftretende x-Potenz teilt.

Beispiel:

$$\lim_{x \to \infty} \frac{3x^2 + 1}{2x(x+1)} = \lim_{x \to \infty} \frac{3 + \frac{1}{x^2}}{2 + \frac{2}{x}} = \frac{3+0}{2+0} = \frac{3}{2}$$

Bei einer *echt-gebrochenrationalen Funktion* $R(x)$ gilt dann immer $\lim_{x \to \pm\infty} R(x) = 0$, wie im folgenden Beispiel zu sehen ist:

$$\lim_{x \to \infty} \frac{4x^2 + 1}{x^3 - 1} = \lim_{x \to \infty} \frac{\frac{4}{x} + \frac{1}{x^3}}{1 - \frac{1}{x^3}} = \frac{0 + 0}{1 - 0} = 0$$

Mit den Grenzwerten für $x \to \pm\infty$ lässt sich nun auch das *asymptotische Verhalten* von rationalen Funktionen für große x bestimmen.

Beispiel: Wie verhält sich

$$R(x) = \frac{x(x+1)^2}{2(x-1)} \quad \text{für} \quad x \to \pm\infty \, ?$$

Mithilfe einer Polynomdivision zerlegen wir $R(x)$ in ein Polynom plus eine echt-gebrochenrationale Funktion:

$$R(x) = \frac{x(x+1)^2}{2(x-1)} = \frac{x^3 + 2x^2 + x}{2x - 2} = \tfrac{1}{2}x^2 + \tfrac{3}{2}x + 2 + \frac{2}{x-1}$$

Für betragsmäßig große x „verschwindet" der echt-gebrochenrationale Anteil, und $R(x)$ nähert sich wegen

$$R(x) \approx \tfrac{1}{2}x^2 + \tfrac{3}{2}x + 2 \quad \text{für} \quad x \to \pm\infty$$

einem Polynom an, das dann als *asymptotische Kurve* (oder Asymptote) von $R(x)$ bezeichnet wird, siehe Abb. 4.42.

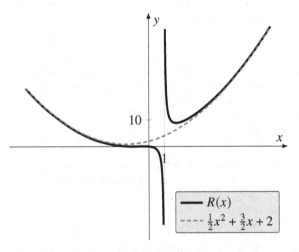

Abb. 4.42 Asymptotisches Verhalten für $x \to \pm\infty$

Abschließend notieren wir noch einige Grenzwerte, die häufiger benötigt werden. Zunächst gilt

$$\lim_{x \to \infty} \frac{x^n}{e^x} = 0 \quad \text{für alle } n \in \mathbb{R}$$

und das bedeutet: die Exponentialfunktion steigt schneller als jede Potenzfunktion! Beispielsweise ist $\lim_{x \to \infty} \frac{x^3}{e^x} = 0$. Andererseits gilt

$$\lim_{x \to \infty} \frac{\ln x}{x^n} = 0 \quad \text{für alle } n > 0$$

Der Logarithmus wächst demnach langsamer als irgendeine Potenzfunktion mit positivem Exponenten, und z. B. ist dann auch $\lim_{x \to \infty} \frac{\ln x}{\sqrt{x}} = 0$.

4.7 Hyperbel- und Areafunktionen

Neben den trigonometrischen Funktionen $\sin x$, $\cos x$, $\tan x$ usw., die auch Winkel- oder Kreisfunktionen genannt werden, spielen die sogenannten *Hyperbelfunktionen* eine wichtige Rolle in der Mathematik. Sie werden u. a. bei der Integralrechnung gebraucht – dort treten sie oft als Stammfunktionen von Wurzelfunktionen auf.

4.7.1 Hyperbolische Funktionen

Die Hyperbelfunktionen sind Kombinationen der Exponentialfunktionen e^x und e^{-x}. Man nennt

$$\sinh x := \frac{e^x - e^{-x}}{2} \qquad \textit{Sinus hyperbolicus}$$

$$\cosh x := \frac{e^x + e^{-x}}{2} \qquad \textit{Kosinus hyperbolicus}$$

$$\tanh x := \frac{e^x - e^{-x}}{e^x + e^{-x}} \qquad \textit{Tangens hyperbolicus}$$

$$\coth x := \frac{e^x + e^{-x}}{e^x - e^{-x}} \qquad \textit{Kotangens hyperbolicus}$$

Insbesondere gilt dann

$$\tanh x = \frac{\sinh x}{\cosh x}, \quad \coth x = \frac{1}{\tanh x}$$

und beispielsweise ist

$$\left. \begin{array}{l} \sinh 2 = \frac{1}{2}(e^2 - e^{-2}) = 3{,}626\ldots \\ \cosh 2 = \frac{1}{2}(e^2 + e^{-2}) = 3{,}762\ldots \end{array} \right\} \quad \tanh 2 = \frac{\sinh 2}{\cosh 2} = 0{,}964\ldots$$

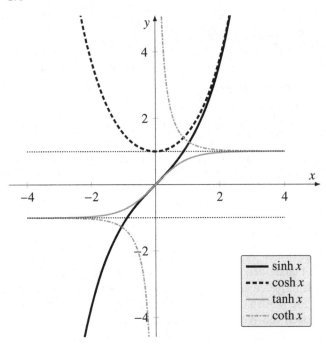

Abb. 4.43 Graphische Darstellung der Hyperbelfunktionen

Eine besondere Bedeutung in der Technik hat der Kosinus hyperbolicus: Die Funktion cosh x wird auch *Kettenlinie* genannt, da sie die Form einer nicht dehnbaren, frei durchhängenden Kette beschreibt. Die Graphen der hyperbolischen Funktionen sind in Abb. 4.43 zu sehen: sinh x und tanh x sind ungerade Funktionen, während cosh x eine gerade Funktion ist. Offensichtlich nähert sich der Tangens hyperbolicus für $x \to \pm\infty$ den Geraden $y = \pm1$ asymptotisch an, und das lässt sich auch rechnerisch nachweisen. Für $x \to \infty$ können wir Zähler und Nenner durch e^x teilen und $\lim_{x\to\infty} \mathrm{e}^{-2x} \to 0$ nutzen:

$$\lim_{x\to\infty} \tanh x = \lim_{x\to\infty} \frac{\mathrm{e}^x - \mathrm{e}^{-x}}{\mathrm{e}^x + \mathrm{e}^{-x}} = \lim_{x\to\infty} \frac{1 - \mathrm{e}^{-2x}}{1 + \mathrm{e}^{-2x}} = \frac{1 - 0}{1 + 0} = 1$$

Auch wenn sich graphisch zunächst keinerlei Ähnlichkeit zu den gleichnamigen Winkelfunktionen feststellen lässt: Zwischen den Hyperbelfunktionen gibt es Beziehungen, die (nahezu) identisch sind zu den Umrechnungsformeln ihrer trigonometrischen Verwandten. Zu jeder Formel aus der Trigonometrie gibt es eine entsprechende Beziehung für hyperbolische Funktionen. Beispielsweise folgt aus den binomischen Formeln

$$\cosh^2 x - \sinh^2 x = \frac{\mathrm{e}^{2x} + 2 + \mathrm{e}^{-2x}}{4} - \frac{\mathrm{e}^{2x} - 2 + \mathrm{e}^{-2x}}{4} = 1$$

und dieses Resultat wird **hyperbolischer Pythagoras** genannt:

$$\cosh^2 x - \sinh^2 x = 1 \quad \text{für alle } x \in \mathbb{R}$$

Das Pendant bei den Winkelfunktionen ist $\cos^2 x + \sin^2 x = 1$ für alle $x \in \mathbb{R}$, der sog. trigonometrische Pythagoras. Bei den Winkelfunktionen gibt es auch zahlreiche Additionstheoreme wie z. B. $\sin 2x = 2 \sin x \cos x$ oder $\cos 2x = \cos^2 x - \sin^2 x$, und solche Beziehungen findet man auch bei den Hyperbelfunktionen wieder, z. B.

$$2 \sinh x \cosh x = 2 \cdot \frac{e^x + e^{-x}}{2} \cdot \frac{e^x - e^{-x}}{2} = \frac{e^{2x} - e^{-2x}}{2} = \sinh 2x$$

$$\cosh^2 x + \sinh^2 x = \frac{e^{2x} + 2 + e^{-2x}}{4} + \frac{e^{2x} - 2 + e^{-2x}}{4} = \frac{e^{2x} + e^{-2x}}{2} = \cosh 2x$$

Für alle $x \in \mathbb{R}$ gilt demnach

$$\sinh 2x = 2 \sinh x \cosh x, \quad \cosh 2x = \cosh^2 x + \sinh^2 x$$

Eine Erklärung für die vielen Gemeinsamkeiten zwischen den trigonometrischen und hyperbolischen Funktionen werden wir erst nach Einführung der komplexen Zahlen in Kapitel 5 erhalten.

4.7.2 Areafunktionen

Die Umkehrfunktionen der Hyperbelfunktionen nennt man *Areafunktionen*, und dazu gehören

$$y = \sinh x \quad \Longleftrightarrow \quad x = \operatorname{arsinh} y \qquad \textit{Areasinus hyperbolicus}$$
$$y = \cosh x \quad \Longleftrightarrow \quad x = \operatorname{arcosh} y \qquad \textit{Areakosinus hyperbolicus}$$
$$y = \tanh x \quad \Longleftrightarrow \quad x = \operatorname{artanh} y \qquad \textit{Areatangens hyperbolicus}$$

wobei man die Funktion $\cosh x$ zuerst auf einen Monotoniebereich, z. B. $x \in]-\infty, 0]$, einschränken muss. So wie man Hyperbelfunktionen durch die Exponentialfunktion darstellen kann, lassen sich Areafunktionen mithilfe des Logarithmus berechnen. Dies soll am Beispiel $\operatorname{arsinh} x$ gezeigt werden. Die Umformung

$$y = \operatorname{arsinh} x \quad \Longrightarrow \quad x = \sinh y = \tfrac{1}{2}\left(e^y - e^{-y}\right) \quad \big| \cdot 2 e^y$$
$$\Longrightarrow \quad 2x \cdot e^y = (e^y)^2 - 1 \quad \text{bzw.} \quad (e^y)^2 - 2x \cdot e^y - 1 = 0$$

führt uns auf eine Exponentialgleichung, die wir nach der Substitution $z = e^y$ auch als quadratische Gleichung $z^2 - 2x \cdot z - 1 = 0$ schreiben können. Folglich ist

$$e^y = z = x \pm \sqrt{x^2 + 1}$$

Da stets $e^y > 0$ gilt, müssen wir die negative Lösung ausschließen, und wir erhalten

$$e^y = x + \sqrt{x^2 + 1} \quad \Longrightarrow \quad \boxed{y = \operatorname{arsinh} x = \ln\left(x + \sqrt{x^2 + 1}\right)}$$

Beispielsweise ist

$$\text{arsinh} \, 1 = \ln\left(1 + \sqrt{1^2 + 1}\right) = \ln(1 + \sqrt{2}) = 0{,}881373\ldots$$

Mit einer ähnlichen Rechnung (siehe Aufgabe 4.24) erhält man z. B. auch die Darstellung

$$\text{artanh} \, x = \frac{1}{2} \cdot \ln \frac{1+x}{1-x} \quad \text{für} \quad x \in \,]-1, 1[$$

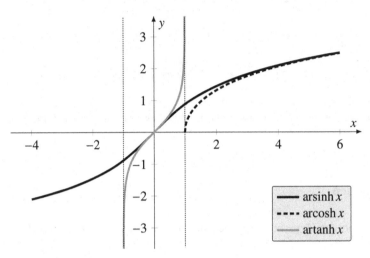

Abb. 4.44 Graphen zu den Areafunktionen

Aufgaben zu Kapitel 4

Aufgabe 4.1. Geben Sie die quadratischen Funktionen

$$\text{a)} \quad f(x) = \tfrac{1}{2}x^2 - 2x - 6 \qquad\qquad \text{b)} \quad f(x) = -x^2 + 6x - 10$$

in der *Scheitelpunktsform* $f(x) = a\,(x - x_0)^2 + y_0$ an, und bestimmen Sie damit die Nullstellen sowie die Monotoniebereiche. *Tipp*: Quadratische Ergänzung!

Aufgabe 4.2. Gegeben ist Funktion

$$y = \sqrt{\frac{3x + 2}{x} - 1}$$

a) Welche Werte $x \in \mathbb{R}$ darf man einsetzen (max. Definitionsbereich)?

b) Lösen Sie die Formel nach x auf: $x = \ldots$ (Umkehrfunktion)?

c) Für welche $x \in \mathbb{R}$ ergibt die obige Formel den Wert $y = 2$?

Aufgabe 4.3. Gegeben ist die Funktion

$$f(x) = \sqrt{\frac{x-1}{x+1}}$$

a) Bestimmen Sie den maximalen Definitionsbereich und die Bildmenge von f. *Tipp:* Der Bildbereich kann mit Hilfe einer Skizze oder einem Funktionsplotter ermittelt werden.

b) Bestimmen Sie die Umkehrfunktion in der Form $y = f^{-1}(x)$. *Hinweis:* Verwenden Sie für den Definitionsbereich von f^{-1} das Ergebnis aus a), und lösen Sie die Funktionsgleichung nach x auf.

c) Ist die Funktion f auf dem maximalen Definitionsbereich monoton steigend oder fallend? Begründen Sie kurz Ihre Antwort!

Aufgabe 4.4. Gegeben ist die Funktion

$$f(x) = \frac{x}{\sqrt{1 + x^2}}$$

a) Ermitteln Sie den maximalen Definitionsbereich D sowie die Nullstellen und die Symmetrieeigenschaften von f.

b) Skizzieren Sie den Graphen von f und geben Sie damit die Bildmenge $f(D)$ an.

c) Bestimmen Sie die Umkehrfunktion in der Form $y = f^{-1}(x)$ und skizzieren Sie den Graph von f^{-1}.

Aufgabe 4.5. Eine Leiter mit der Länge $\ell = 4$ Meter wird an die Wand gelehnt. Bestimmen Sie in Abhängigkeit vom Abstand x von der Wand die Höhe y des Mittelpunkts $M = (x, y)$ der Leiter in der Form $y = f(x)$. Zeigen Sie, dass sich M auf einer Kreisbahn mit dem Radius 2 bewegt!

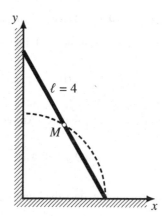

Abb. 4.45 Auf welcher Bahn bewegt sich der Mittelpunkt der Leiter?

Aufgabe 4.6. Zerlegen Sie die folgenden Polynome so weit wie möglich in Linearfaktoren, und bestimmen Sie damit die Lage und Art der Nullstellen:

$$\text{a)} \quad P(x) = x^3 - x^2 - 5x - 3 \qquad \text{b)} \quad P(x) = x^4 + 2x^2 - 3$$

Hinweis: Nullstellen raten (ggf. Symmetrie nutzen), Polynomdivision.

Aufgabe 4.7. Zerlegen Sie mithilfe des Horner-Schemas das Polynom

$$P(x) = x^4 - 2x^3 + 2x - 1$$

vollständig in Linearfaktoren, und berechnen Sie damit auch den Wert $P(-2)$.

Aufgabe 4.8. Aus einer Messreihe ergeben sich die Werte

x	0	1	3	4
$f(x)$	-1	2	2	5

Bestimmen Sie ein Polynom, welches diese Punkte $(x, f(x))$ miteinander verbindet, und berechnen Sie mit dem Horner-Schema den noch „fehlenden" Funktionswert bei $x = 2$.

Aufgabe 4.9. Untersuchen Sie die folgenden rationalen Funktionen auf Nullstellen, Polstellen und behebbare Definitionslücken:

$$\text{a)} \quad R(x) = \frac{x^2 - 1}{x^3 + 1} \qquad \text{b)} \quad R(x) = \frac{x^4 + 2x^3 - 2x - 1}{2x^3 - 2x^2 - 2x + 2}$$

Aufgabe 4.10. Geben Sie den maximalen Definitionsbereich der Kotangensfunktion

$$\cot x := \frac{\cos x}{\sin x} \quad \text{in} \quad \mathbb{R}$$

an und zeigen Sie rechnerisch, dass cot eine ungerade π-periodische Funktion ist!

Aufgabe 4.11. (Trigonometrische Funktionen)

a) Vereinfachen Sie die Funktionsgleichungen so weit wie möglich:

$$\text{(i)} \quad f(x) = \frac{1}{1 + \tan^2 x} \qquad \text{(ii)} \quad f(x) = \cos^4 x - \sin^4 x$$

b) Begründen Sie durch Anwendung trigonometrischer Formeln

$$\text{(i)} \quad \cot 2x = \frac{\cot x - \tan x}{2} \qquad \text{(ii)} \quad \cos^2(\arctan x) = \frac{1}{1 + x^2}$$

c) Zeigen Sie, dass die Funktion

$$f(x) = \sin 2x - 2\sin^2 x$$

π-periodisch ist, und geben Sie ihre Nullstellen an!

Aufgabe 4.12. Begründen Sie durch Umformung die trigonometrischen Beziehungen

$$\text{(i)} \quad 1 + \sin 2x = (\sin x + \cos x)^2$$

$$\text{(ii)} \quad \frac{\cos 2x}{1 + \sin 2x} = \frac{\cos x - \sin x}{\cos x + \sin x}$$

$$\text{(iii)} \quad \frac{\sin 2x}{1 + \cos 2x} = \tan x$$

Tipp: Ersetzen Sie $\sin 2x$ und $\cos 2x$ mit den bekannten Formeln für den doppelten Winkel und verwenden Sie bei (ii) die Formel (i)!

Aufgabe 4.13. (Trigonometrische Gleichungen)

a) Bestimmen Sie alle Nullstellen der Funktion

$$f(x) = \sin 2x + \cos x \quad \text{im Intervall } [0, 2\pi[$$

b) Wo schneiden sich die Graphen der Funktionen

$$f(x) = \cos 2x \quad \text{und} \quad g(x) = 2\sin^2 x \ ?$$

c) An welchen Stellen $x \in \mathbb{R}$ nimmt die Funktion

$$f(x) = \sin 2x \cdot \cot x - \cos^2 x \quad \text{den Wert } \tfrac{1}{2} \text{ an?}$$

Aufgabe 4.14. Geben Sie für die Folgen

$$\text{(i)} \quad (a_n) = \left(\tfrac{1}{4}, \tfrac{3}{8}, \tfrac{5}{12}, \tfrac{7}{16}, \tfrac{9}{20}, \dots \right) \qquad \text{(ii)} \quad (b_n) = \left(-2, \tfrac{3}{4}, -\tfrac{4}{9}, \tfrac{5}{16}, -\tfrac{6}{25}, \dots \right)$$

jeweils das Bildungsgesetz und – falls vorhanden – auch den Grenzwert an!

Aufgabe 4.15. Berechnen Sie, falls möglich, die Grenzwerte der Folgen

$$\text{(i)} \quad \lim_{n \to \infty} \frac{n^2 + 2n + 1}{n^2 - n} \qquad \text{(ii)} \quad \lim_{n \to \infty} \frac{3n(2n+1)(n+2)}{4n^3 - 1}$$

$$\text{(iii)} \quad \lim_{n \to \infty} \frac{n^2 + 3n}{n + 2} \qquad \text{(iv)} \quad \lim_{n \to \infty} (-1)^n + \frac{1}{n^2}$$

$$\text{(v)} \quad \lim_{n \to \infty} \left(1 + \frac{1}{n} \right)^{3n} \qquad \text{(vi)} \quad \lim_{n \to \infty} \left(1 - \frac{\ln 5}{n} \right)^n$$

$$\text{(vii)} \quad \lim_{n \to \infty} n - \frac{n^2 + 1}{n + 2} \qquad \text{(viii)} \quad \lim_{n \to \infty} n - \sqrt{n^2 + n}$$

Hinweis zu (viii): Erweitern Sie den Ausdruck gemäß der 3. binomischen Formel!

Aufgabe 4.16. (Natürlicher Logarithmus)

a) Berechnen Sie ohne Taschenrechner

$$e^{\ln 5} \qquad e^{3\ln 2} \qquad \ln\left(e^2 \cdot e^{-6}\right) \qquad \ln\sqrt{e}$$

b) Die Werte $\ln 3 \approx 1{,}1$ und $\ln 10 \approx 2{,}3$ sind bekannt. Bestimmen Sie damit $\log_3 10$ auf eine Nachkommastelle genau (ohne Taschenrechner).

c) Begründen Sie (ohne Taschenrechner)

$$\ln 10 \cdot \lg e = 1$$

und zeigen Sie, dass für zwei beliebige reelle Zahlen $a, b > 0$ stets

$$\log_b a \cdot \log_a b = 1$$

gilt. *Tipp*: Rechnen Sie die Logarithmen auf den natürlichen Logarithmus um!

d) Das Zerfallsgesetz für eine Anfangsmenge N_0 des Isotops Cäsium-137 lautet

$$N_t = N_0 \cdot e^{-0{,}0231 \cdot t}$$

für die Zeit t in Jahren. Nach welcher Zeitspanne ist die Hälfte der Nuklide zerfallen?

e) Geben Sie für

$$f(x) = \sqrt{3^{-x}}, \quad x \in \mathbb{R}$$

die Zahl a an, sodass die Funktion die Form $f(x) = e^{a \cdot x}$ annimmt.

Aufgabe 4.17. (Exponentialfunktion und Logarithmus)

a) Vereinfachen Sie so weit wie möglich:

(i) $\quad \sqrt{e^{2x}}$ (ii) $\quad \dfrac{e^{2x} - 1}{e^x + 1}$ (iii) $\quad \ln\left(e^{x^2} \cdot e^{1-2x}\right)$

b) Begründen Sie

$$\ln(x^2 - 1) - \tfrac{1}{2}\ln(x^2 + 2x + 1) = \ln|x - 1|$$

für alle $x \in \mathbb{R}$ mit $|x| > 1$.

c) Lösen Sie die Gleichung

$$\ln(2x + 1) + \ln(2x - 1) = 2\ln x$$

d) Bestimmen Sie den maximalen Definitionsbereich der Funktion

$$f(x) = \ln \frac{2x}{x^2 - 1}$$

e) Lösen Sie die Exponentialgleichung $\quad 2\,e^{4x} - e^{2x} - e^x = 0$

f) Welche $x \in \mathbb{R}$ erfüllen die Gleichung

$$5 \cdot 3^{2x+1} = 4^{x+3} \ ?$$

Aufgabe 4.18. Berechnen Sie alle reellen Lösungen x der Exponentialgleichung

$$3^{4x} + 3^{3x+1} - 3^{2x} - 3^{x+2} - 6 = 0$$

Aufgabe 4.19. Die *einfach-logarithmische Darstellung* verwendet ein Koordinatensystem, bei dem nur die Werte einer Achse, z. B. der y-Achse, logarithmisch aufgetragen sind: Die Werte $y = 10^{-1}, 10^0, 10^1, 10^2, \ldots$ haben auf der vertikalen Achse die gleichen Abstände, siehe Abb. 4.46. Für $Y = \lg y$ ergeben sich daraus die Werte $Y = -1, 0, 1, 2$ usw. Zeigen Sie, dass in der einfach-logarithmischen Darstellung die Parabel $Y = 1 - 0{,}4343\,x^2$ der Gauß-Glockenkurve

$$y = 10 \cdot e^{-x^2}$$

entspricht (*Hinweis*: $\lg e = 0{,}4343$ auf vier Nachkommastellen genau).

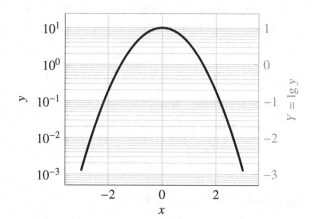

Abb. 4.46 Die Gaußsche Glockenkurve $y = 10 \cdot e^{-x^2}$ ist in der einfach-logarithmischen Darstellung eine Parabel

Aufgabe 4.20. Berechnen Sie (ohne die Formel von l'Hospital) die Grenzwerte der Funktionen

(i) $\displaystyle\lim_{x \to 1} \frac{x^2 + x - 2}{2\,(x^2 - 1)}$ (ii) $\displaystyle\lim_{x \to -2} \frac{2x^2 - 8}{x^3 + 8}$ (iii) $\displaystyle\lim_{x \to \pi} \frac{\sin 2x}{\tan x}$

(iv) $\displaystyle\lim_{x \to 0} \frac{\tan x}{x}$ (v) $\displaystyle\lim_{x \to 0} \frac{\sinh x}{x}$

Hinweis zu (iv) und (v): Benutzen Sie $\lim_{x \to 0} \frac{\sin x}{x} = 1$ und $\lim_{x \to 0} \frac{e^x - 1}{x} = 1$.

Aufgabe 4.21. Untersuchen Sie die folgenden rationalen Funktionen auf Nullstellen, Polstellen und behebbare Definitionslücken. Geben Sie auch das lokale Verhalten der Funktionen bei den Nullstellen sowie das asymptotische Verhalten für $x \to \pm\infty$ an:

a) $R(x) = \dfrac{x^4 - 2x^3}{2\,(x^4 + 1)}$ b) $R(x) = \dfrac{x^3 - 2x^2 + x - 2}{x^2 - 1}$

Aufgabe 4.22. Bestimmen Sie für die rationale Funktion

$$R(x) = \frac{x^4 - 3x^2 - 2x}{x^2 - 4}$$

a) die Nullstellen, Polstellen sowie die behebbaren Definitionslücken der vollständig gekürzten Funktion $\tilde{R}(x)$ von $R(x)$.

b) die Tangentensteigung von $\tilde{R}(x)$ in den Nullstellen (ohne Ableitung)!

c) die asymptotische Kurve von $R(x)$ für $x \to \pm\infty$.

Aufgabe 4.23. Gegeben ist die rationale Funktion

$$R(x) = \frac{x^3 - x^2 - 5x - 3}{x^2 - 4x + 3}, \quad D = \mathbb{R} \setminus \{1, 3\}$$

a) Bestimmen Sie die behebbaren Definitionslücken, die vollständig gekürzte Funktion $\tilde{R}(x)$ sowie die Polstellen und Nullstellen von $\tilde{R}(x)$.

b) Geben Sie das lokale Verhalten von $\tilde{R}(x)$ bei den Nullstellen an.

c) Ermitteln Sie die asymptotische Kurve von $R(x)$ für $x \to \pm\infty$.

d) Berechnen Sie alle Werte $x \in D$ mit $R(x) = -1$.

e) Ist $R(x)$ umkehrbar? Begründen Sie kurz Ihre Antwort!

f) Begründen Sie: $R(x) \approx -3x - 1$ für $x \approx 0$

Hinweis zu f): Zeigen Sie, dass $R(x) + 1$ eine Nullstelle bei $x = 0$ hat, und bestimmen Sie das lokale Verhalten dieser rationalen Funktion!

Aufgabe 4.24. (Hyperbelfunktionen)

a) Untersuchen Sie die Funktionen $\sinh x$ und $\cosh x$ auf Symmetrie und Nullstellen.

b) Zeigen Sie ohne Taschenrechner:

$$\sinh(\ln 2) = 0{,}75$$

c) Begründen Sie durch eine Rechnung (Ausmultiplizieren der Exponentialterme) das Additionstheorem:

$$\sinh x \cosh y + \cosh x \sinh y = \sinh(x + y)$$

Wie lautet das trigonometrische Pendant?

d) Die Umkehrfunktion zu $y = \tanh x$ ist der „Areatangens hyperbolicus". Zeigen Sie:

$$x = \operatorname{artanh} y = \ln \sqrt{\frac{1 + y}{1 - y}}$$

Tipp: Schreiben Sie $\tanh x$ zuerst auf Exponentialfunktionen um und lösen Sie dann die (Exponential-)Gleichung $y = \tanh x$ nach x auf!

Kapitel 5

Komplexe Zahlen

5.1 Grundbegriffe und Grundrechenarten

5.1.1 Imaginäre Einheit und komplexe Zahlen

Wir haben bisher die Zahlbereiche

$$\mathbb{N} = \text{natürliche Zahlen } 0, 1, 2, \ldots$$

$$\mathbb{Z} = \text{ganze Zahlen } 0, \pm 1, \pm 2, \ldots$$

$$\mathbb{Q} = \text{rationale Zahlen } \tfrac{p}{q} \text{ mit } p, q \in \mathbb{Z}, q \neq 0$$

$$\mathbb{R} = \text{reelle (rationale und irrationale) Zahlen}$$

kennengelernt. Aber warum mussten wir den Zahlbereich von $\mathbb{N}$ bis $\mathbb{R}$ mehrmals erweitern? In Kapitel 1 wurde als Beweggrund das Bedürfnis genannt, Gleichungen lösen zu können. In $\mathbb{N}$ kann man nicht uneingeschränkt subtrahieren, und so ist etwa die Gleichung $x + 2 = 0$ dort nicht lösbar. Man benötigt negative Zahlen, und die Lösung lautet dann $x = -2$. Ähnlich verhält es sich mit der Gleichung $2x + 1 = 0$. Sie hat keine Lösung in $\mathbb{Z}$, aber in $\mathbb{Q}$ gilt $x = -\frac{1}{2}$. Schließlich ist die Gleichung $x^2 - 2 = 0$ im Zahlbereich $\mathbb{Q}$ nicht lösbar, und erst nach Einführung der Menge $\mathbb{R}$, welche auch irrationale Zahlen (nicht-periodische Dezimalbrüche) wie $\sqrt{2} = 1{,}4142\ldots$ enthält, können wir eine Lösung angeben. Nun gibt es aber auch in $\mathbb{R}$ noch einfache Gleichungen, die sich nicht lösen lassen, so wie z. B.

$$x^2 + 1 = 0$$

Wir müssen folglich wieder eine *neue Zahl* einführen, welche das Problem beseitigt. Man definiert:

Die *imaginäre Einheit* ist eine Zahl i mit der Eigenschaft $i^2 = -1$

oder auch $i := \sqrt{-1}$. Allgemein wird dann ein Ausdruck der Form

$$z = x + iy \quad \text{mit } x, y \in \mathbb{R}$$

wie beispielsweise $z = 3 + 4i$ als *komplexe Zahl* bezeichnet. Der Begriff „komplex" ist hier im Sinne von „zusammengesetzt" gemeint: Eine komplexe Zahl entsteht durch formale Addition einer reellen Zahl zu einem Vielfachen der imaginären Einheit. Bei $z = x + iy$ heißt

© Springer-Verlag GmbH Deutschland, ein Teil von Springer Nature 2022
H. Schmid, *Mathematik für Ingenieurwissenschaften: Grundlagen*,
https://doi.org/10.1007/978-3-662-65528-3_5

$$x = \text{Re}(z) \quad \text{der Realteil von } z, \text{ und}$$

$$y = \text{Im}(z) \quad \text{der Imaginärteil von } z.$$

Für die Gesamtheit der komplexen Zahlen verwendet man das Mengensymbol

$$\mathbb{C} := \{x + \mathrm{i}\,y \mid x, y \in \mathbb{R}\}$$

Eine komplexe Zahl z mit $\text{Re}(z) = 0$ nennt man *rein imaginär*, und z heißt *reell*, falls $\text{Im}(z) = 0$ gilt. In diesem Sinne ist $\mathbb{R}$ eine Teilmenge von $\mathbb{C}$. So kann man etwa die reellen Zahlen $3 = 3 + 0 \cdot \mathrm{i}$ oder $-2 = -2 + 0 \cdot \mathrm{i}$ als komplexe Zahlen ohne imaginären Anteil auffassen. Die Menge $\mathbb{C}$ ist demnach eine Zahlbereichserweiterung von $\mathbb{R}$.

Hinweis: In der Elektrotechnik verwendet man meist das Symbol j für die imaginäre Einheit, um Verwechslungen mit der Wechselstromstärke zu vermeiden. In der Mathematik und in den Naturwissenschaften wird in der Regel der Buchstabe i verwendet.

5.1.2 Die Gaußsche Zahlenebene

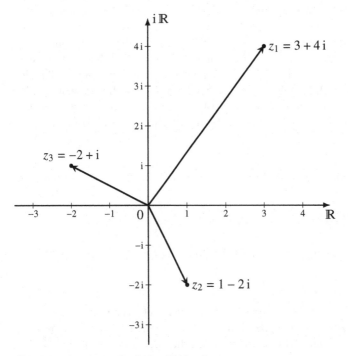

Abb. 5.1 Zeiger in der Gaußschen Zahlenebene

Die reellen Zahlen kann man geometrisch als Punkte auf einer *Zahlengeraden* veranschaulichen. Hier finden wir auch die natürlichen, ganzen und rationalen Zahlen. Da die Zahlengerade durch die rationalen und irrationalen Zahlen lückenlos gefüllt wird, können wir dort die neue Zahl i nicht mehr unterbringen. Wir müssen in eine Ebene ausweichen, in der die Vielfachen von i eine eigene Zahlengerade – die imaginäre Achse – bilden. Reelle und imaginäre Achse spannen dann die sogenannte *Gaußsche Zahlenebene* (GZE) auf, siehe Abb. 5.1. Eine komplexe Zahl $z = x + \mathrm{i}\,y$ wird in der GZE durch einen Punkt mit den kartesischen Koordinaten (x, y) oder durch einen Ortsvektor, genannt *Zeiger*, zum Punkt (x, y) dargestellt.

In der GZE können wir einer komplexen Zahl gewisse Attribute zuordnen. Der *Betrag* einer komplexen Zahl $z = x + \mathrm{i}\,y$ ist die reelle Größe

$$|z| := \sqrt{x^2 + y^2} = \sqrt{\mathrm{Re}(z)^2 + \mathrm{Im}(z)^2}$$

Aus geometrischer Sicht ist $|z|$ Länge des Zeigers bzw. Ortsvektors von z in der GZE. Die Zahlen $z \in \mathbb{C}$ mit gleichem Betrag $|z| = r$ liegen in der GZE auf dem Kreis um 0 mit Radius r. Weiter definiert man die *konjugiert komplexe Zahl* $\bar{z}$ (sprich: „z quer") von $z = x + \mathrm{i}\,y$ durch

$$\bar{z} := x - \mathrm{i}\,y$$

Im Vergleich zu z ändert sich bei $\bar{z}$ das Vorzeichen des Imaginärteils. In der GZE erhält man $\bar{z}$ durch Spiegelung des Zeigers z an der reellen Achse.

Beispiel: Für die komplexe Zahl $z = 4 + 3\,\mathrm{i}$ ist (siehe Abb. 5.2)

$$|z| = \sqrt{4^2 + 3^2} = \sqrt{25} = 5, \quad \bar{z} = 4 - 3\,\mathrm{i}$$

und bei den folgenden komplexen Zahlen ergibt sich

$$z = -3 + \mathrm{i} \quad \Longrightarrow \quad |z| = \sqrt{(-3)^2 + 1^2} = \sqrt{10}, \quad \overline{-3 + \mathrm{i}} = -3 - \mathrm{i}$$

$$z = 2 - 3\,\mathrm{i} \quad \Longrightarrow \quad |z| = \sqrt{2^2 + (-3)^2} = \sqrt{13}, \quad \overline{2 - 3\,\mathrm{i}} = 2 + 3\,\mathrm{i}$$

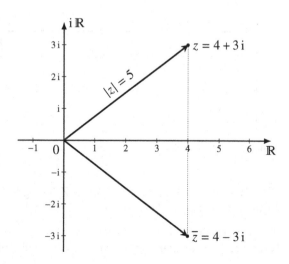

Abb. 5.2 Betrag und konjugiert komplexe Zahl

5.1.3 Rechnen mit komplexen Zahlen

Nachdem wir die komplexen Zahlen eingeführt haben, müssen wir noch festlegen, wie man mit ihnen rechnet. Wir beginnen mit den beiden einfachsten Rechenarten Addition und Subtraktion. Für zwei komplexe Zahlen $z_1 = x_1 + i\,y_1$ und $z_2 = x_2 + i\,y_2$ definieren wir

$$z_1 + z_2 := (x_1 + x_2) + i\,(y_1 + y_2)$$
$$z_1 - z_2 := (x_1 - x_2) + i\,(y_1 - y_2)$$

Bei der Summe bzw. Differenz komplexer Zahlen werden die Real- und Imaginärteile also separat addiert bzw. subtrahiert. Geometrisch bedeutet das: In der GZE werden die Zeiger zu z_1 und z_2 wie Vektoren addiert bzw. subtrahiert (siehe Abb. 5.3).

Beispiel:

$$(3 + 4\,i) + (1 - 2\,i) = (3 + 1) + (4 + (-2))\,i = 4 + 2\,i$$
$$(3 + 4\,i) - (1 - 2\,i) = (3 - 1) + (4 - (-2))\,i = 2 + 6\,i$$

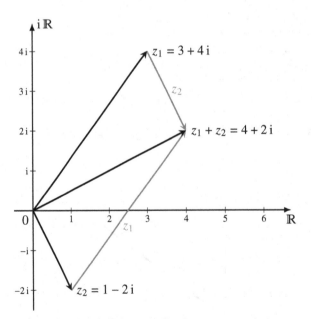

Abb. 5.3 Die Addition komplexer Zahlen

Für den Betrag einer Summe komplexer Zahlen gilt dann wie bei der Vektoraddition in $\mathbb{R}^2$ die *Dreiecksungleichung* $|z_1 + z_2| \leq |z_1| + |z_2|$.

Als Nächstes stellt sich die Frage, wie man das Produkt von zwei komplexen Zahlen berechnet. Wir könnten versuchen, auch die Multiplikation komplexer Zahlen auf ein schon vorhandenes Produkt von Vektoren zurückzuführen. Allerdings gibt es ein Problem: In der Ebene finden wir kein Produkt für Vektoren, das als Resultat wieder einen Vektor (Zeiger) liefert. Das Skalarprodukt ergibt nur eine reelle Zahl, und das Vektor- bzw. Kreuzprodukt ist nur im Raum $\mathbb{R}^3$ definiert! Wir müssen daher das Produkt komplexer Zahlen von Grund auf neu festlegen, und dabei hilft uns das *Permanenzprinzip*: Für die Multiplikation in $\mathbb{C}$ sollen die gleichen Rechenregeln gelten wie in $\mathbb{R}$. Insbesondere soll in $\mathbb{C}$ auch das Distributivgesetz gültig sein, sodass wir Klammerausdrücke ausmultiplizieren können. Für zwei komplexe Zahlen $z_1 = x_1 + \mathrm{i}\, y_1$ und $z_2 = x_2 + \mathrm{i}\, y_2$ erhalten wir dann

$$\begin{aligned} z_1 \cdot z_2 &= (x_1 + \mathrm{i}\, y_1) \cdot (x_2 + \mathrm{i}\, y_2) \\ &= x_1 x_2 + \mathrm{i}\, x_1 y_2 + \mathrm{i}\, y_1 x_2 + \mathrm{i}^2 y_1 y_2 \\ &= x_1 x_2 + \mathrm{i}\, (x_1 y_2 + y_1 x_2) + (-1)\, y_1 y_2 \end{aligned}$$

wobei wir in der letzten Zeile $\mathrm{i}^2 = -1$ verwendet haben. Das Ergebnis ist nun wieder eine komplexe Zahl, und zwar

$$z_1 \cdot z_2 = (x_1 x_2 - y_1 y_2) + \mathrm{i}\, (x_1 y_2 + y_1 x_2)$$

Beispiel 1. Ausmultiplizieren von $(3 + 4\,\mathrm{i}) \cdot (1 - 2\,\mathrm{i})$ liefert

$$(3 + 4\,\mathrm{i}) \cdot (1 - 2\,\mathrm{i}) = 3 - 6\,\mathrm{i} + 4\,\mathrm{i} - 8\,\mathrm{i}^2 = 3 - 2\,\mathrm{i} - 8 \cdot (-1) = 11 - 2\,\mathrm{i}$$

Beispiel 2. $(1 + 3\,\mathrm{i})^2$ können wir entweder direkt ausmultiplizieren:

$$(1 + 3\,\mathrm{i}) \cdot (1 + 3\,\mathrm{i}) = 1 + 3\,\mathrm{i} + 3\,\mathrm{i} + 9\,\mathrm{i}^2 = 1 + 6\,\mathrm{i} - 9 = -8 + 6\,\mathrm{i}$$

oder mithilfe der binomischen Formel berechnen:

$$(1 + 3\,\mathrm{i})^2 = 1 + 6\,\mathrm{i} + 9\,\mathrm{i}^2 = 1 + 6\,\mathrm{i} - 9 = -8 + 6\,\mathrm{i}$$

Beispiel 3. Mit $\mathrm{i}^2 = -1$ kann man auch höhere Potenzen von i ermitteln:

$$\mathrm{i}^3 = \mathrm{i}^2 \cdot \mathrm{i} = -\mathrm{i}, \quad \mathrm{i}^4 = (\mathrm{i}^2)^2 = (-1)^2 = 1, \quad \mathrm{i}^5 = \mathrm{i}^4 \cdot \mathrm{i} = \mathrm{i} \quad \text{usw.}$$

Beispiel 4. Gemäß der dritten binomischen Formel gilt

$$(3 + 2\,\mathrm{i}) \cdot (3 - 2\,\mathrm{i}) = 3^2 - (2\,\mathrm{i})^2 = 9 - 4\,\mathrm{i}^2 = 9 - 4 \cdot (-1) = 13$$

Die Rechnung aus dem letzten Beispiel lässt sich allgemein für eine Zahl $z = x + \mathrm{i}\, y$ durchführen. Nach der dritten binomischen Formel ist

$$z \cdot \bar{z} = (x + \mathrm{i}\, y) \cdot (x - \mathrm{i}\, y) = x^2 - (\mathrm{i}\, y)^2 = x^2 - \mathrm{i}^2 y^2 = x^2 + y^2$$

stets eine reelle Zahl, nämlich der Wert $x^2 + y^2 = |z|^2$, und insgesamt gilt dann

$$z \cdot \bar{z} = |z|^2$$

Diese Formel wiederum ist der Schlüssel zur Division komplexer Zahlen. Indem wir einen Bruch mit dem konjugiert komplexen Nenner erweitern, also

$$\frac{z_1}{z_2} = \frac{z_1 \cdot \overline{z_2}}{z_2 \cdot \overline{z_2}} = \frac{z_1 \cdot \overline{z_2}}{|z_2|^2} = \frac{1}{|z_2|^2} \cdot z_1 \cdot \overline{z_2}$$

kann die Division komplexer Zahlen auf eine komplexe Multiplikation und das Teilen durch eine reelle Zahl $|z_2|^2$ zurückgeführt werden.

Beispiel 1.

$$\frac{1 - 2\,i}{3 + 4\,i} = \frac{(1 - 2\,i) \cdot (3 - 4\,i)}{(3 + 4\,i) \cdot (3 - 4\,i)} = \frac{3 - 4\,i - 6\,i + 8\,i^2}{3^2 - (4\,i)^2}$$

$$= \frac{3 - 10\,i - 8}{9 + 16} = \frac{-5 - 10\,i}{25} = -0{,}2 - 0{,}4\,i$$

Wir wollen dieses Ergebnis noch durch eine Probe bestätigen:

$$(-0{,}2 - 0{,}4\,i) \cdot (3 + 4\,i) = -0{,}6 - 0{,}8\,i - 1{,}2\,i - 1{,}6\,i^2 = 1 - 2\,i$$

Beispiel 2. Der Kehrwert einer komplexen Zahl $z \neq 0$ ist

$$\frac{1}{z} = \frac{1 \cdot \overline{z}}{z \cdot \overline{z}} = \frac{\overline{z}}{|z|^2}$$

und speziell im Fall

$$\frac{1}{1 - 3\,i} = \frac{1 \cdot (1 + 3\,i)}{(1 - 3\,i) \cdot (1 + 3\,i)} = \frac{1 + 3\,i}{1^2 + 3^2} = \frac{1 + 3\,i}{10} = 0{,}1 + 0{,}3\,i$$

Auch die Richtigkeit dieses Resultats lässt sich leicht überprüfen:

$$(0{,}1 + 0{,}3\,i) \cdot (1 - 3\,i) = 0{,}1 - 0{,}3\,i + 0{,}3\,i - 0{,}9\,i^2 = 0{,}1 + 0{,}9 = 1$$

Wir wissen nun, wie wir in der Zahlenmenge $\mathbb{C}$ die vier Grundrechenarten ausführen müssen, sodass am Ende wieder eine komplexe Zahl $x + i\,y$ als Ergebnis erscheint. Nachdem wir bei der Festlegung der Grundrechenarten das Permanenzprinzip zugrunde gelegt haben, ist garantiert, dass die aus $\mathbb{R}$ bekannten Rechenregeln (Assoziativ- und Kommutativgesetze, Distributivgesetz, binomische Formeln usw.) weiterhin auch für komplexe Zahlen gelten. Rechnet man mit komplexen Zahlen, dann behandelt man i zunächst wie einen formalen Ausdruck, wobei wir jedoch i^2 im Ergebnis durch die reelle Zahl -1 ersetzen dürfen.

Bei allen Gemeinsamkeiten gibt es aber auch einen wesentlichen Unterschied zwischen den Zahlenmengen $\mathbb{R}$ und $\mathbb{C}$. Komplexen Zahlen lassen sich, ähnlich wie Vektoren und anders als reelle Zahlen, nicht der Größe nach ordnen. In $\mathbb{C}$ ist es nicht möglich, eine Anordnung < festzulegen, welche die aus $\mathbb{R}$ bekannten Monotoniegesetze erfüllt. Würde man etwa $0 < i$ annehmen, dann müsste nach dem Monotoniegesetz der Multiplikation auch $0 \cdot i < i \cdot i$ bzw. $0 < i^2 = -1$ gelten: Widerspruch! Ebenso führt $i < 0$ auf den

Widerspruch $-1 = i \cdot i > 0 \cdot i = 0$. Komplexe Zahlen kann man nur *betragsmäßig* vergleichen. So haben z. B. $z_1 = 1 - 2i$ und $z_2 = 3 + 4i$ unterschiedliche Beträge: $|z_1| < |z_2|$.

5.2 Polardarstellung und Exponentialform

5.2.1 Komplexe Zahlen in Polarform

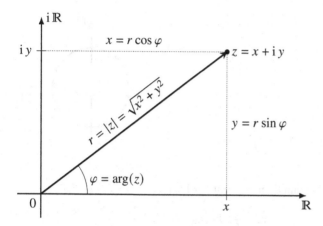

Abb. 5.4 Polardarstellung komplexer Zahlen

In der Gaußschen Zahlenebene ist $z = x + iy$ der Zeiger zum Punkt mit den kartesischen Koordinaten (x, y). Man bezeichnet daher $x+iy$ auch als *kartesische Form* der komplexen Zahl z. Anstelle der kartesischen Koordinaten können wir zur Festlegung eines Punkts in der GZE auch *Polarkoordinaten* $(r; \varphi)$ verwenden, vgl. Abb. 5.4. Hierbei ist r der Abstand vom Ursprung und φ der Winkel zur positiven reellen Achse. Zwischen kartesischen Koordinaten und Polarkoordinaten besteht folgender Zusammenhang:

$$x = r \cdot \cos \varphi, \quad y = r \cdot \sin \varphi$$

Setzen wir diese Umrechnungsformeln in z ein, so ergibt sich die Darstellung

$$z = x + iy = r \left(\cos \varphi + i \sin \varphi \right)$$

welche als *Polarform* von z bezeichnet wird. Umgekehrt können wir aus der kartesischen Form die Polarform bestimmen. Nach dem Satz des Pythagoras ist

$$r = \sqrt{x^2 + y^2} = |z|$$

der Betrag von z, und φ erhalten wir aus der Formel

$$\cos \varphi = \frac{x}{r}$$

Den Winkel φ, welcher stets im Bogenmaß gemessen wird, heißt *Argument* von z, und man schreibt dafür auch $\varphi = \arg(z)$. Hierbei ist zu beachten, dass das Argument einer komplexen Zahl nicht eindeutig ist, denn wir können beliebige ganzzahlige Vielfache von 2π (bzw. $360°$) addieren. Der *Hauptwert* von $\arg(z)$ ist dann derjenige Winkel, der im Bereich $]-\pi, \pi]$ liegt, siehe Abb. 5.5. Insbesondere wird der Hauptwert des Arguments in der unteren Halbebene von $\mathbb{C}$ negativ gemessen, und einer negativen reellen Zahl wie z. B. -2 ordnet man den Hauptwert $\varphi = \pi$ zu (auch wenn man den Winkel $-\pi$ hätte verwenden können).

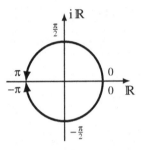

Abb. 5.5 Der Hauptwert des Arguments

Der Hauptwert des Arguments kann demnach mit der Formel

$$\varphi = \begin{cases} \arccos \frac{x}{r}, & \text{falls } y \ge 0 \\ -\arccos \frac{x}{r}, & \text{falls } y < 0 \end{cases}$$

berechnet werden, welche auch das Vorzeichen des Imaginärteils berücksichtigt. Zusammenfassend lauten dann die Formeln für die

Umrechnung in die Polarform: Aus der kartesischen Form $z = x + \mathrm{i}\, y$ erhält man die komplexe Zahl in der Polarform $z = r\,(\cos \varphi + \mathrm{i} \sin \varphi)$ mit

$$r = |z| = \sqrt{\mathrm{Re}(z)^2 + \mathrm{Im}(z)^2} \quad \text{und}$$

$$\varphi = \arg(z) = \begin{cases} \arccos \frac{\mathrm{Re}(z)}{|z|}, & \text{falls } \mathrm{Im}(z) \ge 0 \\ -\arccos \frac{\mathrm{Re}(z)}{|z|}, & \text{falls } \mathrm{Im}(z) < 0 \end{cases}$$

Beispiel 1. Wir rechnen $z = 3 + 4\,\mathrm{i}$ in die Polarform um. Auf drei Nachkommastellen genau ist (vgl. Abb. 5.6)

$$r = \sqrt{3^2 + 4^2} = 5, \quad \varphi = \arccos \tfrac{3}{5} = 0{,}927$$
$$\implies \quad 3 + 4\,\mathrm{i} = 5 \cdot (\cos 0{,}927 + \mathrm{i} \sin 0{,}927)$$

Beispiel 2. Die Umrechnungsformeln für $z = 1 - 2\,\mathrm{i}$ ergeben die Polardarstellung

$$r = \sqrt{1^2 + 2^2} = \sqrt{5}, \quad \varphi = -\arccos\frac{1}{\sqrt{5}} = -1{,}107$$

$$\implies \quad 1 - 2\,\mathrm{i} = \sqrt{5}\,(\cos(-1{,}107) + \mathrm{i}\sin(-1{,}107)) = \sqrt{5}\,(\cos 1{,}107 - \mathrm{i}\sin 1{,}107)$$

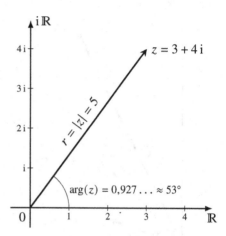

Abb. 5.6 Umrechnung in die Polarform

Welche Vorteile bietet die Polarform im Vergleich zur kartesischen Form? Zunächst wollen wir die Multiplikation zweier komplexer Zahlen in Polarform durchführen:

$$z_1 = r_1\,(\cos\varphi_1 + \mathrm{i}\sin\varphi_1) \quad \text{und} \quad z_2 = r_2\,(\cos\varphi_2 + \mathrm{i}\sin\varphi_2)$$

Ausmultiplizieren ergibt

$$z_1 \cdot z_2 = r_1 r_2\,(\cos\varphi_1 + \mathrm{i}\sin\varphi_1)\,(\cos\varphi_2 + \mathrm{i}\sin\varphi_2)$$
$$= r_1 r_2\,(\cos\varphi_1\cos\varphi_2 + \mathrm{i}\sin\varphi_1\cos\varphi_2 + \mathrm{i}\cos\varphi_1\sin\varphi_2 + \mathrm{i}^2\sin\varphi_1\sin\varphi_2)$$
$$= r_1 r_2\,(\cos\varphi_1\cos\varphi_2 + \mathrm{i}\sin\varphi_1\cos\varphi_2 + \mathrm{i}\cos\varphi_1\sin\varphi_2 - \sin\varphi_1\sin\varphi_2)$$

wobei wir in der letzten Zeile wieder $\mathrm{i}^2 = -1$ verwendet haben. Umsortieren nach reellen und imaginären Teilen liefert zunächst das Resultat

$$z_1 \cdot z_2 = r_1 r_2\,[(\cos\varphi_1\cos\varphi_2 - \sin\varphi_1\sin\varphi_2) + \mathrm{i}\,(\sin\varphi_1\cos\varphi_2 + \cos\varphi_1\sin\varphi_2)]$$

Verwenden wir an dieser Stelle die aus der Trigonometrie bekannten Additionstheoreme

$$\sin\varphi_1\cos\varphi_2 + \cos\varphi_1\sin\varphi_2 = \sin(\varphi_1 + \varphi_2)$$
$$\cos\varphi_1\cos\varphi_2 - \sin\varphi_1\sin\varphi_2 = \cos(\varphi_1 + \varphi_2)$$

dann können wir das Produkt wie folgt vereinfachen:

$$z_1 \cdot z_2 = r_1 r_2\,[\cos(\varphi_1 + \varphi_2) + \mathrm{i}\sin(\varphi_1 + \varphi_2)]$$

Wir erhalten also wieder eine komplexe Zahl in Polarform mit dem Betrag $r = r_1 \cdot r_2$ und dem Argument $\varphi = \varphi_1 + \varphi_2$. Mit anderen Worten: Bei der Multiplikation werden die Beträge multipliziert und die Argumente addiert:

$$|z_1 \cdot z_2| = |z_1| \cdot |z_2| \quad \text{und} \quad \arg(z_1 \cdot z_2) = \arg(z_1) + \arg(z_2)$$

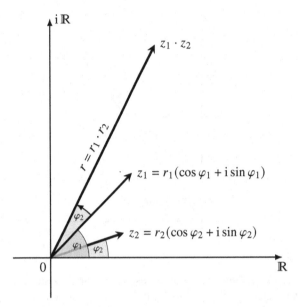

Abb. 5.7 Geometrische Darstellung der Multiplikation komplexer Zahlen

Beispiel 1. Wir berechnen $(1 - 2\,i) \cdot (3 + 4\,i)$ mithilfe der Polardarstellungen

$$|1 - 2\,i| = \sqrt{5}, \ \arg(1 - 2\,i) = -1{,}107$$
$$|3 + 4\,i| = 5, \ \arg(3 + 4\,i) = 0{,}927$$

Das Produkt hat den Betrag $r = \sqrt{5}\cdot 5 = 11{,}18$ und das Argument $\varphi = -1{,}107 + 0{,}927 = -0{,}18$ (wir rechnen auf drei Nachkommastellen genau), sodass also

$$z_1 \cdot z_2 = 11{,}18 \cdot (\cos(-0{,}18) + i\sin(-0{,}18))$$
$$= 11{,}18 \cdot (\cos 0{,}18 - i\sin 0{,}18) = 11 - 2\,i$$

Beispiel 2. Zu berechnen ist das Produkt $(1 + i) \cdot 3\,i$ der komplexen Zahlen $z_1 = 1 + i$ und $z_2 = 3\,i$. In Polarform ist

$$r_1 = |z_1| = \sqrt{2}, \quad \varphi_1 = +\arccos \tfrac{1}{\sqrt{2}} = \tfrac{\pi}{4}$$
$$\implies \quad z_1 = \sqrt{2}\left(\cos \tfrac{\pi}{4} + i\sin \tfrac{\pi}{4}\right)$$

Für die Zahl $z_2 = 3\,\mathrm{i}$ kann man den Betrag $r_2 = 3$ und das Argument $\varphi_2 = \frac{\pi}{2}$ direkt aus der Zeigerdarstellung in der GZE ablesen. Somit ist

$$z_1 \cdot z_2 = 3\sqrt{2}\left[\cos(\tfrac{\pi}{4} + \tfrac{\pi}{2}) + \mathrm{i}\sin(\tfrac{\pi}{4} + \tfrac{\pi}{2})\right]$$
$$= 3\sqrt{2}\left[\cos\tfrac{3\pi}{4} + \mathrm{i}\sin\tfrac{3\pi}{4}\right] = 3\sqrt{2}\left[-\tfrac{1}{2}\sqrt{2} + \tfrac{\mathrm{i}}{2}\sqrt{2}\right] = -3 + 3\,\mathrm{i}$$

Das gleiche Produkt erhält man durch Ausmultiplizieren in der kartesischen Form.

Wir können nun auch eine geometrische Interpretation für die Multiplikation komplexer Zahlen angeben. Wird $z_1 \in \mathbb{C}$ mit der komplexen Zahl $z_2 = r_2(\cos\varphi_2 + \mathrm{i}\sin\varphi_2)$ multipliziert, dann wird der Zeiger von z_1 um den Winkel φ_2 im Uhrzeigersinn gedreht und zugleich um den Faktor r_2 gestreckt. Die Multiplikation mit einer komplexen Zahl entspricht demnach einer *Drehstreckung* in der GZE, vgl. Abb. 5.7.

5.2.2 Die Formel von Moivre

Als Spezialfall eines Produkts lässt sich auch das Quadrat einer komplexen Zahl

$$z = r\,(\cos\varphi + \mathrm{i}\sin\varphi)$$

in der Polarform leicht berechnen. Hier ist $r_1 = r_2 = r$ und $\varphi_1 = \varphi_2 = \varphi$, also

$$z^2 = r^2(\cos 2\varphi + \mathrm{i}\sin 2\varphi)$$

Multiplizieren wir dieses Resultat erneut mit z, dann ergibt sich

$$z^3 = z^2 \cdot z = r^2 \cdot r \cdot \left[\cos(2\varphi + \varphi) + \mathrm{i}\sin(2\varphi + \varphi)\right] = r^3(\cos 3\varphi + \mathrm{i}\sin 3\varphi)$$

und eine weitere Multiplikation mit der komplexen Zahl z liefert

$$z^4 = z^3 \cdot z = r^3 \cdot r \cdot \left[\cos(3\varphi + \varphi) + \mathrm{i}\sin(3\varphi + \varphi)\right] = r^4(\cos 4\varphi + \mathrm{i}\sin 4\varphi)$$

Auf diese Art und Weise erhalten wir eine Formel für z^n und beliebige (natürliche) Exponenten n, genannt die

Formel von Moivre: $\quad z^n = r^n(\cos n\varphi + \mathrm{i}\sin n\varphi) \quad$ für alle $n \in \mathbb{N}$

Beispiel: Zu berechnen ist $(\sqrt{3} + \mathrm{i})^4$. Nach dem Umrechnen in die Polarform

$$|\sqrt{3} + \mathrm{i}| = \sqrt{3 + 1} = 2, \quad \arg(\sqrt{3} + \mathrm{i}) = +\arccos\tfrac{\sqrt{3}}{2} = \tfrac{\pi}{6}$$
$$\implies \quad \sqrt{3} + \mathrm{i} = 2\left(\cos\tfrac{\pi}{6} + \mathrm{i}\sin\tfrac{\pi}{6}\right)$$

erhalten wir mit der Formel von Moivre schnell die gesuchte Potenz

$$(\sqrt{3} + i)^4 = 2^4 \cdot \left(\cos \tfrac{4\pi}{6} + i \sin \tfrac{4\pi}{6}\right)$$

$$= 16 \cdot \left(\cos \tfrac{2\pi}{3} + i \sin \tfrac{2\pi}{3}\right) = -8 + 8\sqrt{3}\, i$$

Trigonometrische Funktionen mehrfacher Winkel

Eine komplexe Zahl mit dem Betrag $r = 1$ hat die Polarform $z = \cos \varphi + i \sin \varphi$. Wenden wir hierauf die Formel von Moivre mit $n = 2$ an, dann ist

$$(\cos \varphi + i \sin \varphi)^2 = z^2 = \cos 2\varphi + i \sin 2\varphi$$

Alternativ können wir die linke Seite auch mit der binomischen Formel berechnen:

$$(\cos \varphi + i \sin \varphi)^2 = \cos^2 \varphi + 2 \cdot \cos \varphi \cdot i \sin \varphi + i^2 \sin^2 \varphi$$

$$= \cos^2 \varphi - \sin^2 \varphi + i \cdot 2 \sin \varphi \cos \varphi$$

Die Real- und Imaginärteile aus beiden Ergebnissen müssen übereinstimmen, sodass

$$\cos 2\varphi = \cos^2 \varphi - \sin^2 \varphi \quad \text{und} \quad \sin 2\varphi = 2 \sin \varphi \cos \varphi$$

gelten muss, und das sind die bekannten Umrechnungsformeln für den doppelten Winkel. Nach diesem Schema können wir jetzt auch trigonometrische Formeln für $\cos n\varphi$ und $\sin n\varphi$ im Fall $n = 3$ oder höher angeben. Als Beispiel berechnen wir $(\cos \varphi + i \sin \varphi)^3$ sowohl mit der Formel von Moivre

$$(\cos \varphi + i \sin \varphi)^3 = \cos 3\varphi + i \sin 3\varphi$$

als auch mit dem binomischen Lehrsatz für $n = 3$:

$$(\cos \varphi + i \sin \varphi)^3 = \cos^3 \varphi + 3 i \sin \varphi \cos^2 \varphi + 3 i^2 \sin^2 \varphi \cos \varphi + i^3 \sin^3 \varphi$$

$$= \cos^3 \varphi + 3 i \sin \varphi \cos^2 \varphi - 3 \sin^2 \varphi \cos \varphi - i \sin^3 \varphi$$

$$= (\cos^3 \varphi - 3 \sin^2 \varphi \cos \varphi) + i (3 \sin \varphi \cos^2 \varphi - \sin^3 \varphi)$$

Eine Gegenüberstellung der Real- bzw. Imaginärteile aus beiden Formeln ergibt

$$\cos 3\varphi = \cos^3 \varphi - 3 \sin^2 \varphi \cos \varphi \quad \text{und} \quad \sin 3\varphi = 3 \sin \varphi \cos^2 \varphi - \sin^3 \varphi$$

Setzen wir noch $\sin^2 \varphi = 1 - \cos^2 \varphi$ bzw. $\cos^2 \varphi = 1 - \sin^2 \varphi$ ein, dann ist

$$\cos 3\varphi = 4 \cos^3 \varphi - 3 \cos \varphi$$
$$\sin 3\varphi = 3 \sin \varphi - 4 \sin^3 \varphi$$

Die obere Formel ist übrigens auch das Additionstheorem, welches beim trigonometrischen Ansatz für die kubische Gleichung verwendet wurde! Nach dem gleichen Schema erhält man z. B. Additionstheoreme für den fünffachen Winkel, siehe Aufgabe 5.3.

5.2.3 Die Eulersche Formel

Wir haben bereits festgestellt, dass bei der Multiplikation komplexer Zahlen die Argumente der Faktoren addiert werden, sodass also $\arg(z_1 \cdot z_2) = \arg z_1 + \arg z_2$ gilt. Es gibt aber noch eine weitere mathematische Funktion, welche genau diese Eigenschaft besitzt, und das ist der Logarithmus! Für zwei positive reelle Zahlen x_1 und x_2 ist ebenfalls $\ln(x_1 \cdot x_2) = \ln x_1 + \ln x_2$ erfüllt. In diesem Zusammenhang stellt sich die Frage, ob es eine Beziehung zwischen dem Argument komplexer Zahlen und dem natürlichen Logarithmus gibt. Falls ja, wie lautet diese Beziehung?

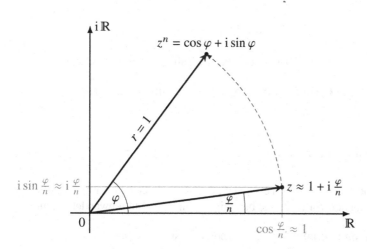

Abb. 5.8 Zur Herleitung der Eulerschen Formel

Ausgangspunkt unserer Überlegung ist die Formel von Moivre, die wir auf die komplexe Zahl $z = \cos\frac{\varphi}{n} + i\sin\frac{\varphi}{n}$ mit dem Betrag $r = 1$ anwenden, siehe Abb. 5.8. Die n-te Potenz z^n ist dann

$$z^n = \left(\cos\tfrac{\varphi}{n} + i\sin\tfrac{\varphi}{n}\right)^n = \cos(n \cdot \tfrac{\varphi}{n}) + i\sin(n \cdot \tfrac{\varphi}{n}) = \cos\varphi + i\sin\varphi$$

für alle $n \in \mathbb{N}$. Zur Vereinfachung der trigonometrischen Ausdrücke mit dem Winkel $\frac{\varphi}{n}$ verwenden wir die Grenzwerte

$$\lim_{x\to 0}\cos x = 1 \quad \text{und} \quad \lim_{x\to 0}\frac{\sin x}{x} = 1$$

Sie liefern uns die „Kleinwinkelnäherungen" $\cos x \approx 1$ und $\frac{\sin x}{x} \approx 1$ bzw. $\sin x \approx x$ für $x \approx 0$, und diese Abschätzungen sind umso besser, je näher x bei 0 liegt. Setzen wir $x = \frac{\varphi}{n}$ ein, dann ist $x \approx 0$ für große n und folglich

$$\cos\varphi + i\sin\varphi = \left(\cos\tfrac{\varphi}{n} + i\sin\tfrac{\varphi}{n}\right)^n \approx \left(1 + i\tfrac{\varphi}{n}\right)^n$$

Mit steigendem n nähert sich $x = \frac{\varphi}{n}$ dem Wert 0 an, sodass die Näherung immer genauer wird. Beim Grenzübergang $n \to \infty$ ergibt sich schließlich

$$\cos\varphi + \mathrm{i}\sin\varphi = \lim_{n\to\infty}\left(1 + \frac{\mathrm{i}\,\varphi}{n}\right)^n$$

Der Grenzwert auf der rechten Seite ist uns bereits begegnet, und zwar im Zusammenhang mit der Exponentialfunktion. Es gilt nämlich

$$\mathrm{e}^x = \lim_{n\to\infty}\left(1 + \frac{x}{n}\right)^n \quad \text{für alle } x \in \mathbb{R}$$

Mit obiger Grenzwertformel kann man die Exponentialfunktion aber auch für imaginäre oder sogar komplexe Argumente definieren! Setzen wir speziell die imaginäre Zahl $x = \mathrm{i}\,\varphi$ ein, dann ist

$$\mathrm{e}^{\mathrm{i}\varphi} = \lim_{n\to\infty}\left(1 + \frac{\mathrm{i}\,\varphi}{n}\right)^n$$

Insgesamt erhalten wir eine neue Darstellung für die Zahl $z = \cos\varphi + \mathrm{i}\sin\varphi$, genannt

Eulersche Formel: $\quad \mathrm{e}^{\mathrm{i}\varphi} = \cos\varphi + \mathrm{i}\sin\varphi \quad$ für alle $\varphi \in \mathbb{R}$

5.2.4 Die Exponentialdarstellung

Ein Ausdruck der Gestalt $\cos\varphi + \mathrm{i}\sin\varphi$ ist auch Bestandteil der Polarform. Mithilfe der Eulerschen Formel können wir jetzt eine beliebige komplexe Zahl umwandeln in die

Exponentialform: $\quad z = r\,(\cos\varphi + \mathrm{i}\sin\varphi) = r\,\mathrm{e}^{\mathrm{i}\varphi}$

mit $r = |z|$ und $\varphi = \arg(z)$. Die Exponentialfunktion hat den Vorteil, dass wir die Eigenschaften der e-Funktion bei der Multiplikation und Division ausnutzen können. Zunächst ist

$$z_1 \cdot z_2 = r_1\,\mathrm{e}^{\mathrm{i}\varphi_1} \cdot r_2\,\mathrm{e}^{\mathrm{i}\varphi_2} = r_1\,r_2 \cdot \mathrm{e}^{\mathrm{i}(\varphi_1+\varphi_2)}$$

Wie wir bereits bei der Multiplikation in der Polarform festgestellt haben, werden die Beträge multipliziert und die Argumente addiert. Weiter ergibt sich

$$\frac{z_1}{z_2} = \frac{r_1\,\mathrm{e}^{\mathrm{i}\varphi_1}}{r_2\,\mathrm{e}^{\mathrm{i}\varphi_2}} = \frac{r_1}{r_2} \cdot \mathrm{e}^{\mathrm{i}(\varphi_1-\varphi_2)}$$

Bei der Division werden die Beträge dividiert und die Argumente subtrahiert.

Beispiel 1. Wir berechnen $(1-2\,\mathrm{i}) \cdot (3+4\,\mathrm{i})$ und $\frac{1-2\mathrm{i}}{3+4\mathrm{i}}$ mithilfe der Exponentialformen

$$z_1 = 1 - 2\,\mathrm{i} = \sqrt{5} \cdot \mathrm{e}^{-1{,}107\,\mathrm{i}} \quad \text{und} \quad z_2 = 3 + 4\,\mathrm{i} = 5 \cdot \mathrm{e}^{0{,}927\,\mathrm{i}}$$

(Argumente sind mit drei Nachkommastellen angegeben). Es ist

$$z_1 \cdot z_2 = 5\sqrt{5} \cdot \mathrm{e}^{(-1{,}107+0{,}927)\mathrm{i}} = 11{,}18 \cdot \mathrm{e}^{-0{,}180\,\mathrm{i}}$$
$$= 11{,}18 \cdot (\cos(-0{,}180) + \mathrm{i}\sin(-0{,}180)) = 11 - 2\,\mathrm{i}$$

und

$$\frac{z_1}{z_2} = \frac{\sqrt{5}}{5} \cdot e^{(-1,107-0,927)i} = 0,447 \cdot e^{-2,034\,i}$$

$$= 0,447 \cdot (\cos(-2,034) + i\sin(-2,034)) = -0,2 - 0,4\,i$$

Beispiel 2. Zu berechnen ist das Produkt $(-2+2\,i) \cdot (\sqrt{3}+i)$. Umrechnen der Faktoren in die Exponentialform liefert zunächst

$$z_1 = -2 + 2\,i = \sqrt{8} \cdot e^{i\frac{3\pi}{4}} \quad \text{und} \quad z_2 = \sqrt{3} + i = 2 \cdot e^{i\frac{\pi}{6}}$$

und schließlich das Produkt

$$z_1 \cdot z_2 = 2\sqrt{8} \cdot e^{i(\frac{3\pi}{4}+\frac{\pi}{6})} = 2\sqrt{8} \cdot e^{i\frac{11\pi}{12}}$$

$$= 2\sqrt{8} \cdot \left(\cos\frac{11\pi}{12} + i\sin\frac{11\pi}{12}\right) = -5,464 + 1,464\,i$$

Mit der kartesischen Form, der Polarform und der Exponentialform können wir jetzt eine komplexe Zahl auf drei unterschiedliche Arten darstellen. Welche Darstellungsform ist nun aber für welche Rechenart am besten geeignet? Hierfür gibt es gewisse Richtlinien:

- Addition und Subtraktion sind nur in der kartesischen Form möglich
- Für die Multiplikation/Division eignen sich alle Darstellungsformen
- Bei höheren Potenzen empfiehlt sich die Polar- oder Exponentialform
- Für das Wurzelziehen benötigt man die Polar- oder Exponentialform

Oftmals berechnet man nur Summen und Differenzen in der kartesischen Form, während alle höheren Rechenarten (Multiplikation, Division usw.) in der Exponentialform ausgeführt werden, wobei die Polarform zur Umrechnung zwischen den beiden Darstellungsarten verwendet wird.

Beispiel: Zu berechnen ist die komplexe Zahl

$$\left(\sqrt{3}\,e^{i\frac{\pi}{4}} + e^{-i\frac{\pi}{4}}\right)^6$$

Die beiden Summanden in der Klammer rechnen wir mit der Eulerschen Formel in die kartesische Form

$$\sqrt{3}\,e^{i\frac{\pi}{4}} = \sqrt{3}\left(\cos\frac{\pi}{4} + i\sin\frac{\pi}{4}\right) = \frac{\sqrt{6}}{2} + \frac{\sqrt{6}}{2}\,i$$

$$e^{-i\frac{\pi}{4}} = \cos(-\frac{\pi}{4}) + i\sin(-\frac{\pi}{4}) = \frac{\sqrt{2}}{2} - \frac{\sqrt{2}}{2}\,i$$

um. Die Addition ergibt dann eine komplexe Zahl in kartesischer Form

$$\sqrt{3}\,e^{i\frac{\pi}{4}} + e^{-i\frac{\pi}{4}} = \frac{\sqrt{6}+\sqrt{2}}{2} + \frac{\sqrt{6}-\sqrt{2}}{2}\,i$$

Für das Potenzieren verwenden wir die Exponentialform. Dazu brauchen wir

$$r = \sqrt{\left(\tfrac{\sqrt{6}+\sqrt{2}}{2}\right)^2 + \left(\tfrac{\sqrt{6}-\sqrt{2}}{2}\right)^2} = 2, \quad \varphi = + \arccos \frac{\tfrac{\sqrt{6}+\sqrt{2}}{2}}{2} = \tfrac{\pi}{12}$$

$$\implies \left(\sqrt{3}\,e^{i\frac{\pi}{4}} + e^{-i\frac{\pi}{4}}\right)^6 = \left(2\,e^{i\frac{\pi}{12}}\right)^6 = 2^6 \cdot e^{i\frac{6\pi}{12}} = 64\,e^{i\frac{\pi}{2}} = 64\,i$$

5.2.5 Wurzeln aus komplexen Zahlen

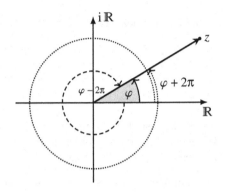

Abb. 5.9 Argument(e) einer
komplexen Zahl

In der Exponentialform kann man für eine komplexe Zahl $z = r\,e^{i\varphi}$ und einen Exponenten $n \in \mathbb{N}$ die n-te Potenz z^n leicht berechnen. Wir erhalten als Ergebnis das bereits als „Formel von Moivre" bekannte Resultat

$$z^n = (r\,e^{i\varphi})^n = r^n \cdot e^{in\varphi} = r^n\,(\cos n\varphi + i \sin n\varphi)$$

Mit einer ähnlichen Überlegung lässt sich nun auch die n-te Wurzel einer komplexen Zahl bestimmen. Die n-te Wurzel entspricht nämlich der Potenz mit dem Exponenten $\tfrac{1}{n}$, also

$$\sqrt[n]{z} = z^{\frac{1}{n}} = (r\,e^{i\varphi})^{\frac{1}{n}} = r^{\frac{1}{n}} \cdot e^{i\frac{\varphi}{n}} = \sqrt[n]{r}\left(\cos \tfrac{\varphi}{n} + i \sin \tfrac{\varphi}{n}\right)$$

Dies ist aber nur *eine* mögliche n-te Wurzel! Die Exponentialform ist – wie auch die Polarform – nicht eindeutig, da wir zum Argument φ beliebige ganzzahlige Vielfache von 2π addieren können (vgl. Abb. 5.9), und das bedeutet

$$z = r \cdot e^{i\varphi} = r \cdot e^{i(\varphi+2k\pi)} \quad \text{für beliebige} \quad k \in \mathbb{Z}$$

Beispielsweise ist dann $\sqrt{3}+i = 2\,e^{i\frac{\pi}{6}} = 2\,e^{i\frac{13\pi}{6}} = 2\,e^{-i\frac{11\pi}{6}}$ usw. Hieraus ergeben sich aber auch *mehrere* n-te Wurzeln, und zwar

$$\sqrt[n]{z} = z^{\frac{1}{n}} = \left[r\,e^{i(\varphi+2k\pi)}\right]^{\frac{1}{n}} = r^{\frac{1}{n}} \cdot e^{i\frac{\varphi+2k\pi}{n}} = \sqrt[n]{r}\left(\cos \tfrac{\varphi+2k\pi}{n} + i \sin \tfrac{\varphi+2k\pi}{n}\right)$$

Dabei bezeichnet $\sqrt[n]{r}$ die *reelle* n-te Wurzel der reellen Zahl $r > 0$, die immer eindeutig definiert ist. In obige Formel für $\sqrt[n]{z}$ kann man beliebige ganzzahlige Werte für k einsetzen, aber man erhält insgesamt doch nur n verschiedene Werte. Nach $k = 0, 1, \ldots, n - 1$ wiederholen sich nämlich die Ergebnisse, da die trigonometrischen Funktionen cos und sin 2π-periodisch sind. Beispielsweise liefert $k = n$ wegen

$$\sqrt[n]{r}\left(\cos\tfrac{\varphi+2n\pi}{n} + \mathrm{i}\sin\tfrac{\varphi+2n\pi}{n}\right) = \sqrt[n]{r}\left(\cos(\tfrac{\varphi}{n} + 2\pi) + \mathrm{i}\sin(\tfrac{\varphi}{n} + 2\pi)\right)$$

$$= \sqrt[n]{r}\left(\cos\tfrac{\varphi}{n} + \mathrm{i}\sin\tfrac{\varphi}{n}\right)$$

den gleiche Wurzelwert wie im Fall $k = 0$. Wir fassen zusammen:

Eine komplexe Zahl $z = r\,\mathrm{e}^{\mathrm{i}\varphi}$ besitzt genau n verschiedene n-te Wurzeln

$$\sqrt[n]{z} = \sqrt[n]{r}\left(\cos\tfrac{\varphi+2k\pi}{n} + \mathrm{i}\sin\tfrac{\varphi+2k\pi}{n}\right) \quad \text{für} \quad k = 0, 1, \ldots, n - 1$$

In der GZE liegen die Wurzelwerte auf einem Kreis mit Radius $\sqrt[n]{r}$, und sie haben einen konstanten Winkelabstand $\tfrac{2\pi}{n}$ voneinander, beginnend mit $\tfrac{\varphi}{n}$. Sie bilden folglich die Eckpunkte eines regelmäßigen n-Ecks.

Die Lage der fünf Wurzelwerte im Fall $n = 5$ ist in Abb. 5.10 skizziert.

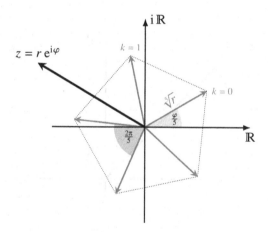

Abb. 5.10 Die fünf fünften Wurzeln einer komplexen Zahl $z \in \mathbb{C}$

Beispiel 1. Gesucht ist $\sqrt{8\,\mathrm{i}}$. Für die Quadratwurzel (= 2. Wurzel) erwarten wir zwei Werte. Hierzu benötigen wir den Betrag $r = 8$ und das Argument $\varphi = \tfrac{\pi}{2}$ von $z = 8\,\mathrm{i}$. Dann ist

$$\sqrt{8\,\mathrm{i}} = \sqrt{8}\left(\cos\tfrac{\frac{\pi}{2}+2k\pi}{2} + \mathrm{i}\sin\tfrac{\frac{\pi}{2}+2k\pi}{2}\right)$$

$$= \sqrt{8}\left(\cos(\tfrac{\pi}{4} + k\pi) + \mathrm{i}\sin(\tfrac{\pi}{4} + k\pi)\right), \quad k \in \{0, 1\}$$

Die beiden Quadratwurzeln von $8\,\mathrm{i}$ sind somit

$$k = 0 : \quad \sqrt{8}\left(\cos\tfrac{\pi}{4} + i\sin\tfrac{\pi}{4}\right) = 2 + 2\,i$$

$$k = 1 : \quad \sqrt{8}\left(\cos\tfrac{5\pi}{4} + i\sin\tfrac{5\pi}{4}\right) = -2 - 2\,i$$

Beispiel 2. Wir berechnen $\sqrt[3]{-2 + 2\,i}$. Der Radikand $z = -2 + 2\,i$ hat den Betrag $r = \sqrt{8}$ und das Argument $\varphi = \tfrac{3\pi}{4}$. Die Formel für die dritten Wurzeln liefert die Werte

$$\sqrt[3]{-2 + 2\,i} = \sqrt[3]{\sqrt{8}} \cdot \left(\cos\frac{\tfrac{3\pi}{4} + 2k\pi}{3} + i\sin\frac{\tfrac{3\pi}{4} + 2k\pi}{3}\right)$$

$$= \sqrt{2}\left(\cos(\tfrac{\pi}{4} + \tfrac{2k\pi}{3}) + i\sin(\tfrac{\pi}{4} + \tfrac{2k\pi}{3})\right) \quad \text{für} \quad k \in \{0, 1, 2\}$$

Die Kubikwurzeln von $-2 + 2\,i$ sind demnach auf drei Nachkommastellen genau

$$k = 0 : \quad z_0 = \sqrt{2}\left(\cos\tfrac{\pi}{4} + i\sin\tfrac{\pi}{4}\right) = 1 + i$$

$$k = 1 : \quad z_1 = \sqrt{2}\left(\cos\tfrac{11\pi}{12} + i\sin\tfrac{11\pi}{12}\right) = -1{,}366 + 0{,}366\,i$$

$$k = 2 : \quad z_2 = \sqrt{2}\left(\cos\tfrac{19\pi}{12} + i\sin\tfrac{19\pi}{12}\right) = 0{,}366 - 1{,}366\,i$$

und ihre Zeiger sind in Abb. 5.11 dargestellt.

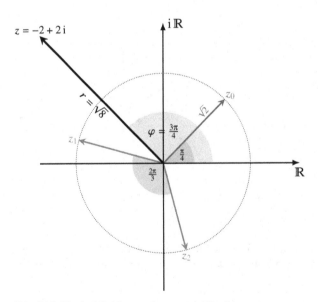

Abb. 5.11 Die drei Kubikwurzeln von $z = -2 + 2\,i$

Beim Wurzelziehen im Bereich der reellen Zahlen ergab sich das Problem, dass für manche Wurzeln wie z. B. $\sqrt{4} = \pm 2$ mehrere Werte möglich sind, andere Wurzeln wie etwa $\sqrt[3]{8} = 2$ nur einen Wert liefern, und einige Wurzeln wie beispielsweise $\sqrt[4]{-16}$ gar nicht berechnet werden können. Im Bereich der komplexen Zahlen löst sich dieses Problem auf, denn jetzt gibt es für $\sqrt[n]{z}$ einheitlich n Wurzelwerte. Als Beispiel wollen wir die noch „fehlenden" dritten Wurzeln $\sqrt[3]{8}$ bestimmen. Die reelle Zahl $z = 8$ hat den Betrag $r = 8$ und das Argument $\varphi = 0$. Folglich ist

$$\underset{\text{komplex}}{\sqrt[3]{8}} = \underset{\text{reell}}{\sqrt[3]{8}} \left(\cos \tfrac{0+2k\pi}{3} + \mathrm{i} \sin \tfrac{0+2k\pi}{3} \right) = 2 \left(\cos \tfrac{2k\pi}{3} + \mathrm{i} \sin \tfrac{2k\pi}{3} \right), \quad k \in \{0, 1, 2\}$$

und damit erhalten wir die drei Werte

$$k = 0 : \quad 2 \left(\cos 0 + \mathrm{i} \sin 0 \right) = 2 \quad \text{(das ist die bekannte reelle Wurzel)}$$

$$k = 1 : \quad 2 \left(\cos \tfrac{2\pi}{3} + \mathrm{i} \sin \tfrac{2\pi}{3} \right) = -1 + \sqrt{3}\,\mathrm{i}$$

$$k = 2 : \quad 2 \left(\cos \tfrac{4\pi}{3} + \mathrm{i} \sin \tfrac{4\pi}{3} \right) = -1 - \sqrt{3}\,\mathrm{i}$$

5.3 Lösungen algebraischer Gleichungen

5.3.1 Quadratische Gleichungen

Das Bedürfnis, die einfache quadratische Gleichung $x^2 + 1 = 0$ lösen zu können, führte zur Einführung der imaginären Einheit i, einer Zahl mit der Eigenschaft $\mathrm{i}^2 = -1$. Neben $x_1 = \mathrm{i}$ erfüllt aber auch $x_2 = -\mathrm{i}$ diese Gleichung, sodass $x^2 + 1 = 0$ im Bereich der komplexen Zahlen zwei Lösungen hat. Mithilfe von i lassen sich sogar beliebige quadratische Gleichungen immer lösen. Als erstes Beispiel wollen wir die Lösungen der Gleichung $x^2 - 4x + 20 = 0$ bestimmen, und zwar mit quadratischer Ergänzung:

$$x^2 - 4x + 4 - 4 + 20 = 0 \quad \Longrightarrow \quad (x - 2)^2 = -16$$

In der Menge der reellen Zahlen hat diese Gleichung keine Lösung. Rechnen wir jedoch komplex und schreiben wir die rechte Seite in der Form $-16 = \mathrm{i}^2 \cdot 16 = (4\,\mathrm{i})^2$, so ergibt sich

$$(x - 2)^2 = (4\,\mathrm{i})^2 \quad \Longrightarrow \quad x - 2 = \pm 4\,\mathrm{i} \quad \Longrightarrow \quad x_{1/2} = 2 \pm 4\,\mathrm{i}$$

Wir erhalten dieses Ergebnis auch direkt durch Anwendung der Lösungsformel für quadratische Gleichungen:

$$x_{1/2} = \frac{4 \pm \sqrt{(-4)^2 - 4 \cdot 20}}{2} = \frac{4 \pm \sqrt{-64}}{2} = \frac{4 \pm 8\sqrt{-1}}{2} = 2 \pm 4\sqrt{-1}$$

Ersetzen wir hier $\sqrt{-1}$ durch i, so ist wieder $x_{1/2} = 2 \pm 4\,\mathrm{i}$. Durch Einsetzen kann man leicht bestätigen, dass diese beiden komplexen Zahlen tatsächlich auch Lösungen der quadratischen Gleichung sind, denn z. B. ist

$$(2 + 4\,\mathrm{i})^2 - 4 \cdot (2 + 4\,\mathrm{i}) + 20 = (4 + 16\,\mathrm{i} + 16\,\mathrm{i}^2) - (8 + 16\,\mathrm{i}) + 20$$
$$= (4 + 16\,\mathrm{i} - 16) - (8 + 16\,\mathrm{i}) + 20 = 0$$

Auf diese Weise kann man jede beliebige quadratische (oder damit verwandte) Gleichungen lösen.

Beispiel 1. Die quadratische Gleichung $x^2 + 2x + 3 = 0$ hat die Lösungen

$$x_{1/2} = \frac{-2 \pm \sqrt{2^2 - 4 \cdot 1 \cdot 3}}{2} = \frac{-2 \pm \sqrt{-8}}{2} = \frac{-2 \pm \sqrt{-1} \cdot \sqrt{8}}{2} = -1 \pm i\sqrt{2}$$

Beispiel 2. Die Gleichung $x^4 - 1 = 0$ hat zwei reelle und zwei imaginäre Lösungen, denn

$$0 = x^4 - 1 = (x^2 - 1)(x^2 + 1) \quad \Longrightarrow \quad x^2 = 1 \quad \text{oder} \quad x^2 = -1$$

und damit sind $x = \pm 1$ sowie $x = \pm i$ Lösungen der Gleichung.

5.3.2 Die kubische Gleichung

In Kapitel 2 haben wir ein Lösungsrezept für die (normierte) algebraische Gleichung dritten Grades

$$x^3 + ax^2 + bx + c = 0$$

gefunden. Wir müssen hierzu die Zahlenwerte

$$p = b - \frac{a^2}{3} \quad \text{und} \quad q = c - \frac{ab}{3} + \frac{2a^3}{27}$$

berechnen und danach die quadratische Resolvente

$$w^2 + qw - \left(\frac{p}{3}\right)^3 = 0$$

lösen. Im Bereich der reellen Zahlen ist dies aber nur dann möglich, falls die quadratische Resolvente keine negative Diskriminante besitzt. Mit komplexen Zahlen kann man diese quadratische Gleichung immer lösen – auch im „casus irreducibilis", und damit lässt sich auch immer eine Lösung der kubischen Gleichung berechnen. Wir brauchen dazu noch die komplexe Kubikwurzel

$$u = \sqrt[3]{w} \quad \Longrightarrow \quad v = -\frac{p}{3u}, \quad z = u + v, \quad x = z - \frac{a}{3}$$

Wir wollen das Lösungsrezept mit „komplexer Rechnung" am Beispiel der Gleichung

$$x^3 + 3x^2 - 3x - 1 = 0$$

ausprobieren. Die quadratische Resolvente

$$p = -3 - \frac{3^2}{3} = -6, \quad q = -1 - \frac{3 \cdot (-3)}{3} + \frac{2 \cdot 3^3}{27} = 4 \quad \Longrightarrow \quad w^2 + 4w + 8 = 0$$

hat hier keine reelle Lösung, aber zwei komplexe Lösungen

$$w_{1/2} = \frac{-4 \pm \sqrt{16 - 32}}{2} = -2 \pm 2\,\mathrm{i}$$

von denen wir eine auswählen, z. B. $w = -2 + 2\,\mathrm{i}$. Zuletzt brauchen wir noch die Zahlenwerte

$$u = \sqrt[3]{w} = \sqrt[3]{-2 + 2\,\mathrm{i}} = 1 + \mathrm{i} \quad (\textit{eine} \text{ dritte Wurzel reicht})$$

$$v = -\frac{-6}{3\,u} = \frac{2}{1 + \mathrm{i}} = \frac{2\,(1 - \mathrm{i})}{(1 + \mathrm{i})(1 - \mathrm{i})} = \frac{2\,(1 - \mathrm{i})}{1 + 1} = 1 - \mathrm{i}$$

$$z = u + v = (1 + \mathrm{i}) + (1 - \mathrm{i}) = 2 \quad \Longrightarrow \quad x = 2 - \tfrac{3}{3} = 1$$

Nachdem wir eine Lösung $x_1 = 1$ bestimmt haben, ergeben sich die restlichen Lösungen wie üblich nach einer Polynomdivision, z. B. mit dem Horner-Schema

		1	3	−3	−1
$1\cdot$		0	1	4	1
Σ		1	4	1	0

als Lösungen einer quadratischen Gleichung

$$x^2 + 4x + 1 = 0 \quad \Longrightarrow \quad x_{2/3} = \frac{-4 \pm \sqrt{4^2 - 4 \cdot 1}}{2} = -2 \pm \sqrt{3}$$

Bemerkenswert ist: Obwohl wir zwischendurch komplex gerechnet haben, erhielten wir am Ende doch nur reelle Ergebnisse!

5.3.3 Gleichungen höheren Grades

Bei der Wurzelberechnung haben wir festgestellt, dass eine komplexe Zahl $a_0 \neq 0$ genau n verschiedene n-te Wurzeln besitzt. Wir können dieses Resultat auch so formulieren: Die Gleichung $z^n - a_0 = 0$ hat im Fall $n > 0$ genau n verschiedene Lösungen in $\mathbb{C}$. Diese Aussage lässt sich auf beliebige algebraische Gleichungen n-ten Grades übertragen.

Fundamentalsatz der Algebra: In der Menge der komplexen Zahlen $\mathbb{C}$ kann man ein Polynom $P(z) = a_n z^n + a_{n-1} z^{n-1} + \ldots + a_1 z + a_0$ vom Grad n immer vollständig in Linearfaktoren $P(z) = a_n (z - z_1)(z - z_2) \cdots (z - z_n)$ zerlegen. Insbesondere hat die algebraische Gleichung n-ten Grades $P(z) = 0$ genau n komplexe Nullstellen $z_1, z_2, \ldots, z_n$ (Vielfache mitgezählt).

Der Fundamentalsatz garantiert nicht nur die Existenz von Lösungen einer algebraischen Gleichung, sondern er benennt auch deren genau Anzahl im Bereich der komplexen Zahlen. Aufgrund dieser Eigenschaft bezeichnet man die Zahlenmenge $\mathbb{C}$ als *algebraisch abgeschlossen*. Erste vorsichtige Formulierungen des Fundamentalsatzes findet man bereits Anfang des 17. Jahrhunderts, aber erst Carl Friedrich Gauß konnte ihn 1799 im

Rahmen seiner Dissertation streng beweisen. Eine Begründung, die auf Gauß' Überlegungen beruht, ist in Abschnitt 5.7.1 skizziert.

Ein weiteres wichtiges Resultat über die Art der Lösungen *reeller* Polynome ist die folgende Aussage:

> Hat ein Polynom $P(z) = a_n z^n + a_{n-1} z^{n-1} + \ldots + a_1 z + a_0$ nur reelle Koeffizienten a_k und ist $z \in \mathbb{C}$ eine Nullstelle von $P(z)$, dann ist auch $\overline{z}$ eine Nullstelle von $P(z)$.

Zur Begründung dieser Aussage brauchen wir lediglich ein paar Rechenregeln für konjugiert komplexe Zahlen, die wir an dieser Stelle noch nachtragen. Für eine komplexe Zahl $z = x + \mathrm{i}\, y = r\, \mathrm{e}^{\mathrm{i}\varphi}$ ist $\overline{z} = x - \mathrm{i}\, y = r\, \mathrm{e}^{-\mathrm{i}\varphi}$. Für zwei komplexe Zahlen $z_1 = x_1 + \mathrm{i}\, y_1 = r_1 \mathrm{e}^{\mathrm{i}\varphi_1}$ und $z_2 = x_2 + \mathrm{i}\, y_2 = r_2 \mathrm{e}^{\mathrm{i}\varphi_2}$ ergibt sich

$$\overline{z_1 + z_2} = \overline{(x_1 + x_2) + \mathrm{i}\,(y_1 + y_2)} = (x_1 + x_2) - \mathrm{i}\,(y_1 + y_2)$$
$$= (x_1 - \mathrm{i}\, y_1) + (x_2 - \mathrm{i}\, y_2) = \overline{z_1} + \overline{z_2}$$
$$\overline{z_1 \cdot z_2} = \overline{r_1 r_2 \mathrm{e}^{\mathrm{i}(\varphi_1 + \varphi_2)}} = r_1 r_2 \mathrm{e}^{-\mathrm{i}(\varphi_1 + \varphi_2)} = r_1 \mathrm{e}^{-\mathrm{i}\varphi_1} \cdot r_2 \mathrm{e}^{-\mathrm{i}\varphi_2} = \overline{z_1} \cdot \overline{z_2}$$

oder kurz

$$\overline{z_1 + z_2} = \overline{z_1} + \overline{z_2} \quad \text{und} \quad \overline{z_1 \cdot z_2} = \overline{z_1} \cdot \overline{z_2}$$

Falls nun $z \in \mathbb{C}$ eine Nullstelle des reellen Polynoms $P(z)$ ist, dann gilt wegen $\overline{a_k} = a_k$ auch $P(\overline{z}) = 0$, denn

$$0 = \overline{0} = \overline{P(z)} = \overline{a_n z^n + a_{n-1} z^{n-1} + \ldots + a_1 z + a_0}$$
$$= a_n \overline{z}^n + a_{n-1} \overline{z}^{n-1} + \ldots + a_1 \overline{z} + a_0 = P(\overline{z})$$

Die letzten beiden Aussagen über die Lösungen algebraischer Gleichungen sind nicht nur von theoretischer Bedeutung, sondern haben auch einen praktischen Nutzen. Als Beispiel wollen wir die Lösungen der Gleichung 4. Grades

$$x^4 + x^2 + 1 = 0$$

ermitteln. Gemäß dem Fundamentalsatz hat diese Gleichung genau vier komplexe Lösungen, die ggf. auch mehrfach auftreten können. Haben wir vier Lösungen gefunden, dann müssen wir nicht weitersuchen. Die Substitution $z = x^2$ führt uns zunächst auf eine quadratische Gleichung

$$z^2 + z + 1 = 0 \quad \Longrightarrow \quad z_{1/2} = \frac{-1 \pm \sqrt{-3}}{2} = -\tfrac{1}{2} \pm \tfrac{\sqrt{3}}{2}\,\mathrm{i}$$

mit zwei komplexen Lösungen und jeweils zwei Quadratwurzeln, welche die insgesamt vier Lösungen der Gleichung ergeben. Alternativ erhalten wir die vier Lösungen auch durch folgende Überlegung: Wir bestimmen eine Lösung der Gleichung $x^4 + x^2 + 1 = 0$, z. B. aus

$$x_1^2 = z_1 = -\tfrac{1}{2} + \tfrac{\sqrt{3}}{2}\,\mathrm{i} = \mathrm{e}^{\mathrm{i}\frac{2\pi}{3}} = (\mathrm{e}^{\mathrm{i}\frac{\pi}{3}})^2 \implies x_1 = \mathrm{e}^{\mathrm{i}\frac{\pi}{3}} = \tfrac{1}{2} + \tfrac{\sqrt{3}}{2}\,\mathrm{i}$$

Da die Gleichung nur gerade x-Potenzen erhält, ist auch $x_2 = -x_1$ eine Lösung, und da es sich um eine Gleichung mit reellen Koeffizienten handelt, sind $x_{3/4} = \overline{x_{1/2}}$ ebenfalls Lösungen. Wir haben insgesamt vier verschiedene Lösungen gefunden:

$$x_1 = \tfrac{1}{2} + \tfrac{\sqrt{3}}{2}\,\mathrm{i}, \quad x_2 = -x_1 = -\tfrac{1}{2} - \tfrac{\sqrt{3}}{2}\,\mathrm{i}$$
$$x_3 = \overline{x_1} = \tfrac{1}{2} - \tfrac{\sqrt{3}}{2}\,\mathrm{i}, \quad x_4 = \overline{x_2} = -\tfrac{1}{2} - \tfrac{\sqrt{3}}{2}\,\mathrm{i}$$

und nach dem Fundamentalsatz der Algebra kann es keine weiteren Lösungen geben.

5.4 Komplexe Funktionen und Folgen

5.4.1 Komplexe Funktionen

In $\mathbb{C}$ kann man die Grundrechenarten ausführen und Wurzeln ziehen. Darüber hinaus lassen sich komplexe Zahlen aber auch in die bekannten elementaren Funktionen einsetzen. Dies soll anhand einiger Beispiele gezeigt werden. Wir beginnen mit der *komplexen Exponentialfunktion* $f(z) = \mathrm{e}^z$. Für eine komplexe Zahl $z = x + \mathrm{i}\,y$ in kartesischer Form ist nach dem Potenzgesetz und der Eulerschen Formel

$$\mathrm{e}^z = \mathrm{e}^{x+\mathrm{i}y} = \mathrm{e}^x \cdot \mathrm{e}^{\mathrm{i}y} = \mathrm{e}^x \cdot (\cos y + \mathrm{i}\sin y)$$

Beispiele:

$$\mathrm{e}^{1-\frac{\pi}{4}\mathrm{i}} = \mathrm{e}^1 \cdot \left(\cos(-\tfrac{\pi}{4}) + \mathrm{i}\sin(-\tfrac{\pi}{4})\right) = \tfrac{\mathrm{e}}{\sqrt{2}}(1 - \mathrm{i})$$
$$\mathrm{e}^{2+3\mathrm{i}} = \mathrm{e}^2 \cdot (\cos 3 + \mathrm{i}\sin 3) \approx -7{,}315 + 1{,}043\,\mathrm{i}$$

Ebenso kann man für eine Zahl $z \in \mathbb{C}$ den natürlichen Logarithmus berechnen. Hierzu schreiben wir $z = r \cdot \mathrm{e}^{\mathrm{i}\varphi}$ zuerst in die Exponentialform um. Dann ist der komplexe Logarithmus

$$\ln z = \ln(r \cdot \mathrm{e}^{\mathrm{i}\varphi}) = \ln r + \ln \mathrm{e}^{\mathrm{i}\varphi} = \ln r + \mathrm{i}\,\varphi$$

Weil aber das Argument einer komplexen Zahl nicht eindeutig ist, könnte man gleichermaßen auch

$$\ln z = \ln(r \cdot \mathrm{e}^{\mathrm{i}(\varphi+2k\pi)}) = \ln r + \ln \mathrm{e}^{\mathrm{i}(\varphi+2k\pi)} = \ln r + \mathrm{i}\,\varphi + \mathrm{i}\cdot 2k\pi$$

mit einer beliebigen Zahl $k \in \mathbb{Z}$ notieren. Tatsächlich ist der Logarithmus im Bereich der komplexen Zahlen mehrdeutig (oder genauer: unendlich vieldeutig). Daher wird, falls $\varphi = \arg(z) \in\,]-\pi, \pi]$ das Hauptargument von z bezeichnet, die Funktion

$$\mathrm{Ln}\, z = \mathrm{Ln}(r \cdot \mathrm{e}^{\mathrm{i}\varphi}) = \ln r + \mathrm{i}\,\varphi$$

der *Hauptzweig* des komplexen Logarithmus genannt.

Beispiele:

$$Ln(1 + i) = Ln(\sqrt{2}\, e^{i\frac{\pi}{4}}) = \ln\sqrt{2} + i\,\frac{\pi}{4} \approx 0{,}347 + 0{,}785\,i$$
$$Ln(-1) = Ln(e^{i\pi}) = \ln 1 + i\,\pi = i\,\pi$$

Schließlich ist es auch möglich, trigonometrische Funktionen mit komplexem Argument zu definieren. Ersetzen wir in der Eulerschen Formel

$$e^{ix} = \cos x + i \sin x, \quad x \in \mathbb{R}$$

den Exponenten ix durch $-ix$, dann ist

$$e^{-ix} = \cos(-x) + i\sin(-x) = \cos x - i\sin x$$

Wir addieren bzw. subtrahieren die beiden Gleichungen:

$$e^{ix} - e^{-ix} = 2\,i\sin x, \quad e^{ix} + e^{-ix} = 2\cos x$$

und erhalten zunächst für reelle x die folgenden Beziehungen:

$$\sin x = \frac{e^{ix} - e^{-ix}}{2\,i} \quad \text{und} \quad \cos x = \frac{e^{ix} + e^{-ix}}{2}$$

Man kann also $\sin x$ bzw. $\cos x$ für $x \in \mathbb{R}$ mithilfe der komplexen Exponentialfunktion berechnen, und diese Formeln verwendet man zur Definition der trigonometrischen Funktionen mit komplexem Argument $z \in \mathbb{C}$:

$$\sin z := \frac{e^{iz} - e^{-iz}}{2\,i} \quad \text{und} \quad \cos z := \frac{e^{iz} + e^{-iz}}{2}$$

Beispiel:

$$\sin(3 + i) = \frac{e^{i(3+i)} - e^{-i(3+i)}}{2\,i} = \frac{e^{-1+3i} - e^{1-3i}}{2\,i}$$
$$= \frac{e^{-1}(\cos 3 + i\sin 3) - e^{1}(\cos(-3) - i\sin(-3))}{2\,i}$$
$$\approx \frac{2{,}328 + 0{,}436\,i}{2\,i} = 0{,}218 - 1{,}164\,i$$

und

$$\cos 2i = \frac{e^{i\cdot 2i} + e^{-i\cdot 2i}}{2} = \frac{e^{-2} + e^{2}}{2} = 3{,}76219\ldots = \cosh 2$$

Das letzte Beispiel führt uns zu einer weiteren interessanten Querverbindung. Die Festlegung der komplexen trigonometrischen Funktionen hat große Ähnlichkeit zur Definition der Hyperbelfunktionen:

$$\sinh x = \frac{e^x - e^{-x}}{2} \quad \text{und} \quad \cosh x = \frac{e^x + e^{-x}}{2}$$

und somit gibt es zwischen den Winkel- und Hyperbelfunktionen einen Zusammenhang, der erst im Bereich der komplexen Zahlen sichtbar wird. Setzen wir nämlich $z = ix$ in den komplexen Sinus bzw. Kosinus ein, dann ist

$$\sin ix = \frac{e^{i \cdot ix} - e^{-i \cdot ix}}{2i} = \frac{e^{-x} - e^x}{2i} = i \cdot \frac{e^x - e^{-x}}{2} = i \sinh x$$

$$\cos ix = \frac{e^{i \cdot ix} + e^{-i \cdot ix}}{2} = \frac{e^{-x} + e^x}{2} = \cosh x$$

Bei einem rein imaginären Argument gehen also die trigonometrischen Funktionen in die Hyperbelfunktionen über (und umgekehrt). Das ist auch der Grund für die vielen Gemeinsamkeiten, etwa bei den Additionstheoremen.

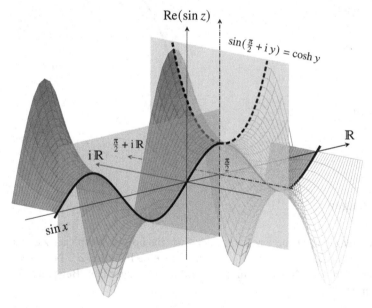

Abb. 5.12 Der Realteil der komplexen Sinusfunktion über der GZE

In Abb. 5.12 ist der Realteil der komplexen Sinusfunktion $\sin z$ über der Gaußschen Zahlenebene skizziert. Der Schnitt entlang der reellen Achse $z = x + 0 \cdot i$ ergibt dann die trigonometrische Funktion $\sin x$, während man über der Achse $\frac{\pi}{2} + iy$ für $y \in \mathbb{R}$ in der GZE die hyperbolische Funktion $\cosh y$ wiederfindet, denn es gilt

$$\sin(\tfrac{\pi}{2} + iy) = \frac{e^{i(\frac{\pi}{2}+iy)} - e^{-i(\frac{\pi}{2}+iy)}}{2i} = \frac{e^{i\frac{\pi}{2}-y} - e^{-i\frac{\pi}{2}+y}}{2i} = \frac{e^{i\frac{\pi}{2}} \cdot e^{-y} - e^{-i\frac{\pi}{2}} \cdot e^y}{2i}$$

wobei $e^{i\frac{\pi}{2}} = i$ und $e^{-i\frac{\pi}{2}} = -i$, sodass

$$\sin(\tfrac{\pi}{2} + \mathrm{i}\, y) = \frac{\mathrm{i}\, e^{-y} + \mathrm{i}\, e^{y}}{2\,\mathrm{i}} = \frac{e^{y} + e^{-y}}{2} = \cosh y$$

Trägt man über der GZE den Imaginärteil von $\sin z$ auf, dann erscheint beim Schnitt entlang der imaginären Achse $z = 0 + \mathrm{i}\, y$ wegen $\mathrm{Im}(\sin \mathrm{i}y) = \mathrm{Im}(\mathrm{i} \sinh y) = \sinh y$ die Funktion $\sinh y$, wie in Abb. 5.13 zu sehen ist.

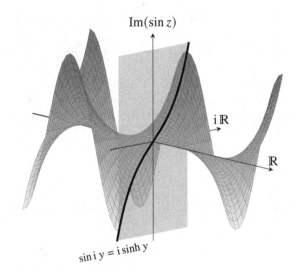

Abb. 5.13 Der Imaginärteil
der Funktion $\sin z$

5.4.2 Komplexe Folgen

Die Begriffe Konvergenz und Divergenz kann man auch für Folgen komplexer Zahlen definieren. Eine Folge $(a_n)_{n \in \mathbb{N}} = (a_0, a_1, a_2, \ldots)$ in $\mathbb{C}$ ist eine Funktion $a : \mathbb{N} \longrightarrow \mathbb{C}$, die jeder natürlichen Zahl $n \in \mathbb{N}$ eine komplexe Zahl $a_n \in \mathbb{C}$ zuordnet. Beispiele für komplexe Folgen sind

$$(a_n) = (1 + \mathrm{i}, 1 + \tfrac{\mathrm{i}}{2}, 1 + \tfrac{\mathrm{i}}{3}, \ldots) = (1 + \tfrac{\mathrm{i}}{n})$$
$$(b_n) = (\mathrm{i}^n) = (\mathrm{i}^0, \mathrm{i}^1, \mathrm{i}^2, \mathrm{i}^3, \mathrm{i}^4, \ldots) = (1, \mathrm{i}, -1, -\mathrm{i}, 1, \ldots)$$
$$(c_n) = \left(\left(\tfrac{3 + 4\mathrm{i}}{7} \right)^n \right) \quad \text{usw.}$$

Ähnlich wie in $\mathbb{R}$ kann man auch gewissen komplexen Folgen (a_n) einen Grenzwert zuordnen. Eine Zahl $A \in \mathbb{C}$ ist ein Grenzwert der Folge (a_n), wenn in einer beliebig kleinen Kreisscheibe um A alle bis auf endlich viele Folgenglieder liegen. Die Folgenglieder nähern sich mit steigendem Index n immer mehr dem Wert A an, sodass auch der Abstand $|A - a_n|$ der Punkte a_n von A in der GZE immer kleiner werden muss. Mathematisch bedeutet das:

Eine Folge (a_n) in $\mathbb{C}$ ist konvergent mit dem Grenzwert $A \in \mathbb{C}$, falls die reelle Folge $(|A - a_n|)$ eine Nullfolge ist, also $\lim_{n \to \infty} |A - a_n| = 0$ gilt.

Beispiel 1. Die komplexe Zahlenfolge $a_n = \frac{2n-1+in}{n+1}$ hat den Grenzwert

$$A = \lim_{n \to \infty} \frac{2n-1+in}{n+1} = 2 + i$$

denn es gilt

$$|A - a_n| = \left| 2 + i - \frac{2n-1+in}{n+1} \right| = \left| \frac{3+i}{n+1} \right| = \frac{\sqrt{10}}{n+1} \to 0 \quad (n \to \infty)$$

Beispiel 2. Die Konvergenz der Folge $a_n = \left(1 + \frac{i\pi}{n}\right)^n$ ergibt sich aus der Euler-Formel

$$\lim_{n \to \infty} \left(1 + \frac{i\pi}{n}\right)^n = e^{i\pi} = -1$$

und ist in Abb. 5.14 veranschaulicht. In der Kreisscheibe um den Grenzwert $A = -1$ mit Radius 0,75 liegen alle Folgenglieder ab $n = 4$. Innerhalb des Radius 0,25 liegen alle a_n mit $n > 6$ usw. Dabei wird der Abstand der Folgenglieder a_n vom Grenzwert -1 für $n \to \infty$ immer kleiner.

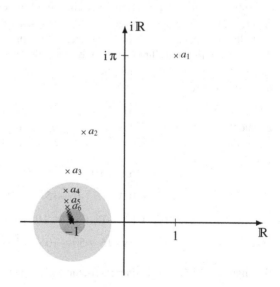

Abb. 5.14 Zur Konvergenz der Folge $(1 + \frac{i\pi}{n})^n$

Eine komplexe Zahlenfolge (a_n), die keinen (eindeutigen!) Grenzwert besitzt, nennt man *divergent*. Eine Folge (a_n) in $\mathbb{C}$ heißt beschränkt, falls es eine positive reelle Zahl $B \geq 0$ gibt, sodass $|a_n| \leq B$ für alle n gilt. Bei einer beschränkten Folge bleiben also die Glieder

a_n *betragsmäßig* unterhalb einer oberen Schranke B. Wie in $\mathbb{R}$ gilt dann auch hier: Eine konvergente Folge ist immer auch beschränkt, aber umgekehrt muss eine beschränkte Folge keinen Grenzwert haben.

Beispiel 1. Das Bildungsgesetz $a_n = i^n$ produziert die Folgenglieder

$$a_0 = 1, \quad a_2 = i, \quad a_3 = -1, \quad a_4 = -i, \quad a_5 = 1, \quad \ldots$$

welche sich in einem 4er-Zyklus ständig wiederholen. Diese Folge hat keinen Grenzwert und ist demnach divergent. Wegen $|a_n| = 1$ ist die Folge aber beschränkt.

Beispiel 2. Die Zahlenfolge $a_n = (3 + 4\,i)^n$ ist nicht beschränkt, denn die Beträge der Folgenglieder $|a_n| = |3 + 4\,i|^n = 5^n$ wachsen für $n \to \infty$ unbegrenzt an.

5.5 Historischer Rückblick

Zu Beginn wollten wir „nur" eine Lösung der Gleichung $x^2 + 1 = 0$ angeben können. Nachdem wir die imaginäre Einheit i als neue Zahl mit der Eigenschaft $i^2 = -1$ und komplexe Zahlen in der Form $z = x + i\,y$ eingeführt haben, wurden wir mit Einsichten belohnt, die weit über unser Ausgangsproblem hinausgingen. Wir konnten zeigen, dass eine Zahl in $\mathbb{C}$ einheitlich n verschiedene n-te Wurzeln besitzt, dass man alle Lösungen einer quadratischen oder kubischen Gleichung mit einer einheitlichen Methode berechnen kann, und dass eine algebraische Gleichung n-ten Grades genau n Lösungen hat. Schließlich stellt i über die Eulersche Formel sogar eine Verbindung zwischen der Exponentialfunktion, den trigonometrischen Funktionen und den Hyperbelfunktionen her. Es brauchte aber eine gewisse Zeit, bis man alle diese Zusammenhänge erkannte, und deshalb mussten auch Jahrhunderte vergehen, bis man komplexe Größen als normale Zahlen akzeptiert hat. Ihre Geschichte ist ein Beispiel dafür, wie sich ein mathematisches Konzept entgegen allem anfänglichen Unbehagen aufgrund seiner Wirksamkeit letztlich doch durchsetzt.

Als erster rechnete Girolamo Cardano (1501 - 1576) mit Wurzeln aus negativen Zahlen. Er suchte Lösungen der Gleichung $x^2 - 10\,x + 40 = 0$ und fand die Zahlen $5 \pm \sqrt{-15}$. Setzt man z. B. $5 + \sqrt{-15}$ in die Gleichung ein, so ist tatsächlich

$$(5 + \sqrt{-15})^2 - 10 \cdot (5 + \sqrt{-15}) + 40$$
$$= (25 + 10\sqrt{-15} + (\sqrt{-15})^2) - 10 \cdot (5 + \sqrt{-15}) + 40$$
$$= (25 + 10\sqrt{-15} - 15) - 10 \cdot (5 + \sqrt{-15}) + 40$$
$$= 10 + 10\sqrt{-15} - 50 - 10\sqrt{-15} + 40 = 0$$

Aus heutiger Sicht würde man die beiden Lösungen der obigen Gleichung in der Form

$$5 \pm \sqrt{-15} = 5 \pm \sqrt{15} \cdot \sqrt{-1} = 5 \pm \sqrt{15}\,i$$

schreiben. Lösungen von quadratischen Gleichungen mit negativer Diskriminante führen also unmittelbar zu formalen Ausdrücken der Form $x \pm \sqrt{-1} \cdot y$ mit reellen Zahlen x und

y, die man als komplexe Zahlen bezeichnet. Cardano allerdings ging seiner Entdeckung nicht weiter nach, da er diese Zahlen als ebenso subtil wie nutzlos ansah. Erst der Ingenieur Rafael Bombelli (1526 - 1572) führte Cardanos Gedanken weiter. Er gab Regeln für das Rechnen mit Wurzeln aus negativen Zahlen an, und es gelang ihm, reelle Lösungen für kubische Gleichungen auch im „casus irreducibilis" zu bestimmen.

Das Symbol $i = \sqrt{-1}$ für die imaginäre Einheit wurde jedoch erst ab 1777 von Leonhard Euler (1707 - 1783) verwendet, der übrigens auch die Symbole für e und die Kreiszahl π festlegte. Obwohl Euler unverdrossen mit Wurzeln aus negativen Zahlen rechnete, konnte auch er keine befriedigende Erklärung für ihre Existenz liefern. Er bezeichnete sie als Größen, die ihrer Natur nach nur in der Einbildung existieren. Euler aber fand heraus, dass sich Aussagen über reelle Zahlen oftmals leichter entdecken und begründen lassen, wenn man den Weg über komplexe Zahlen geht. So verdanken wir Euler u. a. die Formel $e^{i\varphi} = \cos\varphi + i\sin\varphi$. Sie wurde erstmals 1748 in seinem berühmten Werk „Introductio in analysis infinitorum" (Einleitung in die Analysis des Unendlichen) veröffentlicht, siehe [51]. Mit einer ähnlichen Überlegung wie in Abschnitt 5.2.3 kam er zu dem Schluss, „*wie die imaginären Exponentialgrößen auf die Sinus und Cosinus reeller Bögen zurückgeführt werden können*". Seine Erkenntnis notierte Euler zunächst in der Form

$$e^{+v\sqrt{-1}} = \cos v + \sqrt{-1}\sin v$$

Eulers Formel zählt zweifellos zu den wichtigsten Aussagen in der Mathematik überhaupt – nicht nur, weil man damit komplexe Zahlen in einer sehr eleganten und praktischen Weise, der Exponentialform, darstellen kann. Sie zeigt eine tiefere Verbindung zwischen zwei Funktionenklassen, die zuvor als unabhängig angesehen wurden, nämlich Exponentialfunktionen und trigonometrischen Funktionen. Zudem liefert sie einen überraschenden Zusammenhang zwischen den fünf „wichtigsten" mathematischen Konstanten 0, 1, e, π und i. Setzt man nämlich $\varphi = \pi$ in die Eulersche Formel ein, dann ist $e^{i\pi} = \cos\pi + i\sin\pi = -1$ oder

$$e^{i\pi} + 1 = 0$$

Diese Beziehung wird auch als *Eulersche Identität* bezeichnet. Der Begriff „komplexe Zahl" wurde erst 1831 von Carl Friedrich Gauß (1777 - 1855) eingeführt, der diesen Zahlen auch ein Bild gab. Er stellte sie als Punkte bzw. Zeiger in einer Zahlenebene dar, welche wir heute als Gaußsche Zahlenebene bezeichnen. Gauß bewies 1799 erstmals das „Fundamentaltheorem der algebraischen Gleichungen". Später konnte er noch weitere, ganz unterschiedliche Begründungen dafür angeben, und die komplexe Zahlenebene spielte hierbei stets eine wichtige Rolle. Schließlich war es der irische Mathematiker und Physiker William Rowan Hamilton (1805 - 1865), der das Rechnen mit komplexen Zahlen streng logisch begründete und $\mathbb{C}$ als Zahlenmenge mit Rechengesetzen (Assoziativgesetze, Kommutativgesetze usw.) algebraisch beschrieb. Hamilton fand 1843 sogar noch eine Erweiterung der komplexen Zahlen mit insgesamt drei verschiedenen imaginären Einheiten, *Quaternionen* genannt, für die allerdings das Kommutativgesetz der Multiplikation nicht mehr gilt.

Aufgrund der Tatsache, dass komplexe Zahlen in vielerlei Hinsicht das Rechnen erleichtern, arbeitet man heute in der Mathematik und den angrenzenden Naturwissenschaften vorzugsweise mit der Zahlenmenge $\mathbb{C}$. Ähnlich wie eine negative Zahl -3 auf den ersten

Blick sinnlos erscheint („weniger als nichts"), kann man auch einer imaginären Zahl wie etwa 3 i zunächst keine physikalisch sinnvolle Größe zuordnen. Es stellt sich aber heraus, dass sowohl das Rechnen mit negativen als auch mit imaginären Zahlen ein sehr nützliches Werkzeug ist, mit der wir die reale Welt einfacher beschreiben können. Die imaginäre Einheit wird heute ganz selbstverständlich in den beiden grundlegenden Theorien der Physik – Quantenmechanik und Relativitätstheorie – zur Beschreibung physikalischer Vorgänge verwendet. Sie erscheint in der Schrödingergleichung

$$\mathrm{i}\hbar\,\frac{\partial\psi}{\partial t} = -\frac{\hbar^2}{2m}\,\Delta\psi + V\,\psi$$

welche die Wellenfunktion eines quantenmechanischen Teilchens mit der Masse m in einem Feld mit dem Potential V beschreibt, ebenso wie in der Relativitätstheorie als Bestandteil der vierten Dimension $\mathrm{i}\,c\,t$ der Raumzeit mit der Zeit t und der Lichtgeschwindigkeit c. Komplexe Zahlen benutzt man aber nicht nur in der theoretischen Physik, sondern auch in den Ingenieurwissenschaften, wie etwa bei der komplexen Wechselstromrechnung, welche im nächsten Abschnitt kurz vorgestellt wird.

5.6 Anwendungen in der Elektrotechnik

5.6.1 Komplexe Wechselstromrechnung

In einem *Gleichstromkreis* sind die Spannung U (in Volt V) und die Stromstärke (in Ampere A) konstante Größen, und hieraus errechnet sich gemäß dem Ohmschen Gesetz der Widerstand $R = \frac{U}{I}$ (in Ohm Ω). Dagegen sind im *Wechselstromkreis* die Spannung $\tilde{U}(t)$ und die Stromstärke $\tilde{I}(t)$ abhängig von der Zeit t. Sie werden durch Sinusschwingungen der Form

$$\tilde{U}(t) = \hat{U} \cdot \sin(\omega t + \varphi_U) \quad \text{und} \quad \tilde{I}(t) = \hat{I} \cdot \sin(\omega t + \varphi_I)$$

beschrieben. Wichtige Kenngrößen im Wechselstromkreis sind die Kreisfrequenz $\omega = 2\pi f$ mit der Frequenz f, die Effektivspannung U_{eff} und die Spitzenspannung $\hat{U} = \sqrt{2}\,U_{\text{eff}}$ sowie die Nullphasen φ_U und φ_I von Spannung und Stromstärke. Beispielsweise liegt dem im Haushalt üblichen Wechselstrom (= „Lichtstrom") eine Effektivspannung von $U_{\text{eff}} = 230\,\mathrm{V}$ und eine Frequenz von $f = 50\,\mathrm{Hz}$ zugrunde, sodass hier $\omega = 100\,\pi\,\mathrm{s}^{-1}$ und $\hat{U} \approx 325\,\mathrm{V}$ ist.

Das Verhältnis von Spannung und Stromstärke $\tilde{U}(t)/\tilde{I}(t)$ ist im Wechselstromkreis eine zeitabhängige Größe. Um hier genauso einfach rechnen zu können wie im Gleichstromkreis, geht man über zu *komplexen* Größen:

$$\tilde{U}(t) = \operatorname{Im}\left(\hat{U} \cdot \mathrm{e}^{\mathrm{i}(\omega t + \varphi_U)}\right) \quad \text{und} \quad \tilde{I}(t) = \operatorname{Im}\left(\hat{I} \cdot \mathrm{e}^{\mathrm{i}(\omega t + \varphi_I)}\right)$$

Die Zahlen in den Klammern sind der *komplexe Spannungs- bzw. Stromzeiger*

$$\underline{U}(t) := \hat{U} \cdot \mathrm{e}^{\mathrm{i}(\omega t + \varphi_U)} \quad \text{und} \quad \underline{I}(t) := \hat{I} \cdot \mathrm{e}^{\mathrm{i}(\omega t + \varphi_I)}$$

(komplexe Größen werden in der Elektrotechnik üblicherweise durch einen Unterstrich gekennzeichnet). Mit diesem Trick wird das Verhältnis

$$\underline{Z} = \frac{\underline{U}(t)}{\underline{I}(t)} = \frac{\hat{U} \cdot e^{i(\omega t + \varphi_U)}}{\hat{I} \cdot e^{i(\omega t + \varphi_I)}} = \frac{\hat{U}}{\hat{I}} \cdot e^{i(\varphi_U - \varphi_I)}$$

eine konstante Größe, also unabhängig von der Zeit t. Dieser Quotient heißt *komplexer Widerstand* oder *Impedanz*. Nach der Umrechnung in die kartesische Form

$$\underline{Z} = R + i X$$

erhalten wir einen Widerstand mit einem reellen (= ohmschen) Anteil R und einem imaginären Anteil X, der *Blindwiderstand* genannt wird. Von besonderem Interesse ist in der Elektrotechnik auch die Phasenverschiebung $\varphi_U - \varphi_I$ zwischen Wechselspannung und Wechselstrom. Für die einzelnen Bauelemente im Stromkreis ergeben sich aus deren physikalischen Eigenschaften die folgenden typischen Werte:

- Bei einem ohmschen Widerstand R (Einheit: Ohm, $1\,\Omega = 1\frac{A}{V}$) wie z.B. an einem Metalldraht oder einer Glühbirne gilt

$$\tilde{U}(t) = R \cdot \tilde{I}(t) \quad \text{bzw.} \quad \underline{U}(t) = R \cdot \underline{I}(t)$$

und damit ist $\underline{Z} = R$ eine reelle Zahl. Hier gibt es keinen Blindwiderstand ($X = 0$) und auch keine Phasenverschiebung: $\varphi_U - \varphi_I = 0$.

- In einem Kondensator mit der Kapazität C (Einheit: Farad, $1\,\text{F} = 1\frac{As}{V}$) ist der Strom proportional zur Spannungsänderung (wir müssen hier ein wenig vorgreifen und brauchen die Ableitung nach der Zeit):

$$\tilde{I}(t) = C \cdot \frac{d}{dt}\tilde{U}(t) \quad \text{bzw.} \quad \underline{I}(t) = C \cdot \frac{d}{dt}\underline{U}(t)$$

Für die zeitliche Änderung des Spannungszeigers erhalten wir

$$\frac{d}{dt}\underline{U}(t) = \frac{d}{dt}\hat{U}\,e^{i(\omega t + \varphi_U)} = i\,\omega \cdot \hat{U} \cdot e^{i(\omega t + \varphi_U)} = i\,\omega\,\underline{U}(t)$$

und folglich ist

$$\underline{I}(t) = i\,\omega\,C \cdot \underline{U}(t) \quad \Longrightarrow \quad \underline{Z} = \frac{1}{i\,\omega\,C} = \frac{-i}{\omega C} = \frac{1}{\omega C} \cdot e^{-i\frac{\pi}{2}}$$

Die Phasenverschiebung beim Kondensator ist dann $\varphi_U - \varphi_I = -\frac{\pi}{2}$ bzw. $\varphi_U = \varphi_I - \frac{\pi}{2}$, und man sagt: „Der Strom eilt der Spannung um 90° voraus".

- Bei einer Spule mit der Induktivität L (Einheit: Henry, $1\,\text{H} = 1\frac{Vs}{A}$) ist nach dem Induktionsgesetz

$$\tilde{U}(t) = L \cdot \frac{d}{dt}\tilde{I}(t) \quad \text{bzw.} \quad \underline{U}(t) = L \cdot \frac{d}{dt}\underline{I}(t)$$

Die Stromänderung induziert also eine Spannung, wobei

$$\frac{\mathrm{d}}{\mathrm{d}t}\underline{I}(t) = \frac{\mathrm{d}}{\mathrm{d}t}\hat{I}\,\mathrm{e}^{\mathrm{i}(\omega t + \varphi_I)} = \mathrm{i}\,\omega \cdot \hat{I} \cdot \mathrm{e}^{\mathrm{i}(\omega t + \varphi_I)} = \mathrm{i}\,\omega\,\underline{I}(t)$$

Hieraus ergibt sich

$$\underline{U}(t) = \mathrm{i}\,\omega\,L \cdot \underline{I}(t) \quad \Longrightarrow \quad \underline{Z} = \mathrm{i}\,\omega\,L = \omega L \cdot \mathrm{e}^{\mathrm{i}\frac{\pi}{2}}$$

Für die Phasenverschiebung gilt $\varphi_U - \varphi_I = \frac{\pi}{2}$ bzw. $\varphi_U = \varphi_I + \frac{\pi}{2}$, und das bedeutet: „Die Spannung eilt dem Strom um 90° voraus".

Die Kirchhoffschen Regeln gelten auch für komplexe Widerstände, und damit lassen sich Bauteile kombinieren. Der (komplexe) Gesamtwiderstand ist

im Fall einer Reihenschaltung $\quad \underline{Z} = \underline{Z}_1 + \ldots + \underline{Z}_n$

und bei Parallelschaltung gilt: $\quad \frac{1}{\underline{Z}} = \frac{1}{\underline{Z}_1} + \ldots + \frac{1}{\underline{Z}_n}$

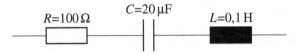

$R = 100\,\Omega \qquad C = 20\,\mu\mathrm{F} \qquad L = 0{,}1\,\mathrm{H}$

Abb. 5.15 Elektrische Reihenschaltung

Beispiel: Wir betrachten eine Reihenschaltung von Glühbirne, Kondensator und Spule mit den in Abb. 5.15 angegebenen Werten. Gemäß den Kirchhoff-Regeln werden die komplexen Widerstände der einzelnen Bauteile addiert:

$$\underline{Z} = R + \frac{-\mathrm{i}}{\omega C} + \mathrm{i}\,\omega\,L = R + \mathrm{i}\left(\omega L - \frac{1}{\omega C}\right)$$

Im Lichtnetz ($U_{\mathrm{eff}} = 230\,\mathrm{V}$, $f = 50\,\mathrm{Hz}$) mit $R = 100\,\Omega$, $C = 20\,\mu\mathrm{F}$ und $L = 0{,}1\,\mathrm{H}$ ist dann

$$\omega C = 2\,\pi \cdot 50\,\mathrm{Hz} \cdot 20\,\mu\mathrm{F} = 2\,\pi \cdot 50\,\mathrm{s}^{-1} \cdot 20 \cdot 10^{-6}\,\mathrm{F} = \frac{\pi}{500}\,\frac{\mathrm{A}}{\mathrm{V}}$$

und daher $\frac{1}{\omega C} = \frac{500}{\pi}\,\frac{\mathrm{V}}{\mathrm{A}}$. Weiter gilt

$$\omega L = 2\,\pi \cdot 50\,\mathrm{Hz} \cdot 0{,}1\,\mathrm{H} = 10\,\pi\,\frac{\mathrm{H}}{\mathrm{s}} = 10\,\pi\,\frac{\mathrm{V}}{\mathrm{A}}$$

und somit auf zwei Nachkommastellen genau

$$\underline{Z} = 100\,\Omega + \mathrm{i}\,(10\,\pi\,\Omega - \tfrac{\pi}{500}\,\Omega) = 100\,\Omega - \mathrm{i} \cdot 127{,}74\,\Omega$$

Diesen komplexen Widerstand rechnen wir in die Exponentialform um:

$$\left.\begin{array}{l} |\underline{Z}| = \sqrt{100^2 + 127{,}74^2}\,\Omega = 162{,}23\,\Omega \\[2mm] \arg \underline{Z} = -\arccos \dfrac{100\,\Omega}{162{,}23\,\Omega} \approx -0{,}91 \end{array}\right\} \quad \Longrightarrow \quad \underline{Z} = 162{,}23\,\Omega \cdot \mathrm{e}^{-\mathrm{i}\cdot 0{,}91}$$

Zur Wechselspannung mit $\hat{U} = \sqrt{2}\,U_{\mathrm{eff}} \approx 325{,}27\,\mathrm{V}$ gehört der Zeiger

$$\tilde{U}(t) = 325{,}27\,\text{V} \cdot \sin(314\,\tfrac{1}{\text{s}} \cdot t) \quad \Longrightarrow \quad \underline{U}(t) = 325{,}27\,\text{V} \cdot e^{i \cdot 314\,\text{s}^{-1} \cdot t}$$

Mit dem komplexen Widerstand können wir den Wechselstromzeiger berechnen:

$$\underline{I}(t) = \frac{\underline{U}(t)}{\underline{Z}} = \frac{325{,}27\,\text{V} \cdot e^{i \cdot 314\,\text{s}^{-1} \cdot t}}{162{,}23\,\Omega \cdot e^{-i \cdot 0{,}91}} = 2\,\text{A} \cdot e^{i(314\,\text{s}^{-1} \cdot t + 0{,}91)}$$

Hiervon nehmen wir nur den Imaginärteil und erhalten den Wechselstrom

$$\tilde{I}(t) = \text{Im}\,\underline{I}(t) = 2\,\text{A} \cdot \sin(314\,\tfrac{1}{\text{s}} \cdot t + 0{,}91)$$

Warum aber darf man überhaupt bei der Berechnung „realer" Wechselströme komplexe Spannungs- und Stromzeiger verwenden? Eine Erklärung dafür erhält man erst, wenn man die physikalischen Abläufe in einem Stromkreis mit anliegender Wechselspannung durch Differentialgleichungen beschreibt und die Ergebnisse mit entsprechenden komplexen Größen in Verbindung bringt (dieses Thema wird u. a. im Band „Mathematik für Ingenieurwissenschaften: Vertiefung" behandelt).

5.6.2 Überlagerung von Wechselspannungen

Als weitere Anwendung wollen wir noch die Überlagerung zweier Wechselspannungen ermitteln. Auch hier zeigt sich, dass die „komplexe Rechnung" funktioniert und die gleichen Resultate liefert wie bei einer reellen Berechnung.

Für zwei *gleichfrequente* Wechselspannungen

$$\tilde{U}_1(t) = \hat{U}_1 \cdot \sin(\omega t + \varphi_1), \quad \tilde{U}_2(t) = \hat{U}_2 \cdot \sin(\omega t + \varphi_2)$$

mit ggf. unterschiedlichen Phasen φ_1 und φ_2 wollen wir die Überlagerung $\tilde{U}(t) = \tilde{U}_1(t) + \tilde{U}_2(t)$ berechnen. Dieses Problem können wir einfach und elegant mit komplexen Zeigern als Hilfsmittel lösen. Der Übergang zur Zeigerdarstellung

$$\tilde{U}_1(t) = \text{Im}\left(\underline{U}_1(t)\right) \quad \text{mit} \quad \underline{U}_1(t) = \hat{U}_1 \cdot e^{i(\omega t + \varphi_1)}$$
$$\tilde{U}_2(t) = \text{Im}\left(\underline{U}_2(t)\right) \quad \text{mit} \quad \underline{U}_2(t) = \hat{U}_2 \cdot e^{i(\omega t + \varphi_2)}$$

und Summenbildung ergibt den komplexen Zeiger der Überlagerung

$$\underline{U}(t) := \underline{U}_1(t) + \underline{U}_2(t) = \left(\hat{U}_1 \cdot e^{i\varphi_1} + \hat{U}_2 \cdot e^{i\varphi_2}\right) \cdot e^{i\omega t}$$

Die Summe in der Klammer ist eine komplexe Zahl, welche unabhängig von der Zeit t ist. Diese Summe können wir wieder in die Exponentialform umrechnen:

$$\hat{U}_1 \cdot e^{i\varphi_1} + \hat{U}_2 \cdot e^{i\varphi_2} = \hat{U} \cdot e^{i\varphi}$$

Insgesamt ergibt sich dann

$$\underline{U}_1(t) + \underline{U}_2(t) = \hat{U} \cdot \mathrm{e}^{\mathrm{i}\varphi} \cdot \mathrm{e}^{\mathrm{i}\omega t} = \hat{U} \cdot \mathrm{e}^{\mathrm{i}(\omega t + \varphi)}$$

Damit ist die Überlagerung

$$\tilde{U}_1(t) + \tilde{U}_2(t) = \mathrm{Im}\left(\hat{U} \cdot \mathrm{e}^{\mathrm{i}(\omega t + \varphi)}\right) = \hat{U}\sin(\omega t + \varphi)$$

eine Wechselspannung mit der gleichen Frequenz ω, aber mit einer neuer Amplitude $\hat{U}$ und einer neuen Phase φ. Als Beispiel wollen wir die beiden gleichfrequenten Wechselspannungen

$$\tilde{U}_1(t) = 100\,\mathrm{V} \cdot \sin(\omega t) \quad \text{und} \quad \tilde{U}_2(t) = 200\,\mathrm{V} \cdot \sin(\omega t + \tfrac{\pi}{3})$$

im Lichtnetz mit $\omega = 2\pi \cdot 50\,\mathrm{Hz} = 100\,\pi\,\mathrm{s}^{-1}$ überlagern. Die komplexen Spannungszeiger hierzu lauten

$$\underline{U}_1(t) = 100\,\mathrm{V} \cdot \mathrm{e}^{\mathrm{i}\omega t} \quad \text{bzw.} \quad \underline{U}_2(t) = 200\,\mathrm{V} \cdot \mathrm{e}^{\mathrm{i}(\omega t + \frac{\pi}{3})}$$

und die Addition der Spannungszeiger ergibt

$$\begin{aligned}
\underline{U}_1(t) + \underline{U}_2(t) &= (100\,\mathrm{V} + 200\,\mathrm{V} \cdot \mathrm{e}^{\mathrm{i}\frac{\pi}{3}}) \cdot \mathrm{e}^{\mathrm{i}\omega t} = 100\,\mathrm{V} \cdot (1 + 2\,\mathrm{e}^{\mathrm{i}\frac{\pi}{3}}) \cdot \mathrm{e}^{\mathrm{i}\omega t} \\
&= 100\,\mathrm{V} \cdot (2 + \mathrm{i}\sqrt{3}) \cdot \mathrm{e}^{\mathrm{i}\omega t}
\end{aligned}$$

Die komplexe Zahl $z = 2 + \mathrm{i}\sqrt{3}$ in der Klammer können wir in die Exponentialform umrechnen. Sie hat, auf drei Nachkommastellen gerundet, den Betrag $|z| = \sqrt{7} = 2{,}65$ und das Argument

$$\varphi = \arccos\frac{2}{\sqrt{7}} = 0{,}714$$

Insgesamt erhalten wir als Überlagerung die Wechselspannung (siehe Abb. 5.16)

$$\tilde{U}(t) = \tilde{U}_1(t) + \tilde{U}_2(t) = 265\,\mathrm{V} \cdot \sin(\omega t + 0{,}714)$$

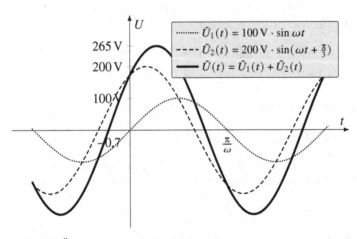

Abb. 5.16 Überlagerung zweier Wechselspannungen

Versucht man, dieses Problem allein mit reellen Mitteln zu lösen, so muss man auf die Additionstheoreme der Trigonometrie zurückgreifen. Dazu schreiben wir $\tilde{U}_2(t)$ als Kombination von Sinus- und Kosinusschwingungen

$$
\begin{aligned}
\tilde{U}_2(t) &= 200\,\text{V} \cdot \sin(\omega t + \tfrac{\pi}{3}) \\
&= 200\,\text{V} \cdot (\sin \omega t \cdot \cos \tfrac{\pi}{3} + \cos \omega t \cdot \sin \tfrac{\pi}{3}) \\
&= 100\,\text{V} \cdot \sin \omega t + 173{,}2\,\text{V} \cdot \cos \omega t
\end{aligned}
$$

mit dem Argument ωt. Nun können wir die Sinusfunktion $\tilde{U}_1(t) = 100\,\text{V} \cdot \sin \omega t$ mit dem gleichen Argument ωt addieren:

$$
\tilde{U}(t) = \tilde{U}_1(t) + \tilde{U}_2(t) = 200\,\text{V} \cdot \sin \omega t + 173{,}2\,\text{V} \cdot \cos \omega t
$$

Wir wollen diese Summe wieder als Sinusfunktion $\tilde{U}(t) = A \sin(\omega t + \varphi)$ mit einer noch unbekannten Amplitude A und einer Phasenverschiebung φ darstellen. Dazu brauchen wir erneut das Additionstheorem

$$
\begin{aligned}
A \sin(\omega t + \varphi) &= A\,(\sin \omega t \cdot \cos \varphi + \cos \omega t \cdot \sin \varphi) \\
&= A \cos \varphi \cdot \sin \omega t + A \cos \varphi \cdot \cos \omega t
\end{aligned}
$$

Vergleichen wir diese Formel mit dem obigen Ergebnis für $\tilde{U}(t)$, dann müssen die gesuchten Größen A und φ die Gleichungen

$$
A \cos \varphi = 200\,\text{V} \quad \text{und} \quad A \sin \varphi = 173{,}2\,\text{V}
$$

erfüllen. Wir berechnen zuerst die Phase φ aus dem Quotienten der Spannungen

$$
\frac{173{,}2\,\text{V}}{200\,\text{V}} = \frac{A \sin \varphi}{A \cos \varphi} = \tan \varphi \quad \Longrightarrow \quad \varphi = \arctan 0{,}866 = 0{,}714
$$

und bestimmen daraus die Amplitude mit

$$
A \cdot \cos 0{,}714 = 200\,\text{V} \quad \Longrightarrow \quad A = \frac{200\,\text{V}}{\cos 0{,}714} \approx 265\,\text{V}
$$

Am Ende erhalten wir das gleiche Ergebnis wie bei der komplexen Rechnung, nämlich

$$
\tilde{U}(t) = 265\,\text{V} \cdot \sin(\omega t + 0{,}714)
$$

5.7 Ergänzungen und Vertiefungen

5.7.1 Der Fundamentalsatz der Algebra

In seiner ursprünglichen Form besagt der Fundamentalsatz der Algebra, dass ein (nicht-konstantes) Polynom

$$
P(z) = a_n z^n + a_{n-1} z^{n-1} + \ldots + a_1 z + a_0 \quad (a_n \neq 0)
$$

vom Grad $n > 0$ mit reellen oder komplexen Koeffizienten $a_0, \ldots, a_n$ mindestens eine Nullstelle $z_1 \in \mathbb{C}$ besitzt. Ist $z_1 \in \mathbb{C}$ eine solche Nullstelle von $P(z)$, dann kann man mithilfe einer Polynomdivision den Linearfaktor $(z-z_1)$ abspalten: $P(z) = (z-z_1) \cdot Q(z)$ mit einem Polynom $Q(z)$ vom Grad $n - 1$. Letzteres besitzt nach dem Fundamentalsatz für $n - 1 > 0$ ebenfalls wieder eine komplexe Nullstelle z_2, sodass man den Linearfaktor $(z - z_2)$ von $Q(z)$ abspalten kann. Dieser Prozess lässt sich fortführen, bis schließlich nach n-maliger Polynomdivision nur noch die Konstante a_n verbleibt. Insbesondere hat die algebraische Gleichung n-ten Grades $P(z) = 0$ also genau n komplexe Nullstellen, sofern man mehrfache Nullstellen entsprechend oft mitzählt.

Wie kann man nun aber begründen, dass ein nicht-konstantes Polynom in $\mathbb{C}$ immer eine Nullstelle haben muss? Wir wissen ja bereits: Für Polynome vom Grad $n = 5$ oder höher lassen sich die Nullstellen nach dem Resultat von Abel bzw. Galois i. Allg. nicht mehr mit Grundrechenarten und/oder Wurzeln berechnen. Beim Fundamentalsatz geht es jedoch nur um die Existenz und nicht um den genauen Wert der Nullstelle. Beispielsweise kann auch die Gleichung $P(z) = z^5 - z + 1 = 0$ nicht durch Wurzeln gelöst werden. Allerdings ist $P(-2) = -29 < 0$ und $P(0) = 1 > 0$, sodass sich nach dem *Zwischenwertsatz* für stetige Funktionen mindestens eine reelle Nullstelle von $P(z)$ zwischen $z = -2$ und $z = 0$ befinden muss. Mit einem ähnlichen Argument lässt sich auch die Existenz einer komplexen Nullstelle nachweisen.

Im Fall $a_0 = 0$ ist offensichtlich $z = 0$ eine solche Nullstelle von $P(z)$. Wir können uns daher auf den Fall $a_0 \neq 0$ beschränken. Indem wir die Gleichung $P(z) = 0$ ggf. durch $a_n \neq 0$ teilen, dürfen wir auch annehmen, dass der führende Koeffizient $a_n = 1$ ist. Gesucht ist also eine Zahl $z \in \mathbb{C}$ mit

$$0 = P(z) = z^n + a_{n-1}z^{n-1} + \ldots + a_1 z + a_0$$

Setzen wir die Exponentialform von $z = r\,e^{i\varphi}$ in das Polynom ein, dann soll gelten

$$0 = P(r\,e^{i\varphi}) = (r\,e^{i\varphi})^n + a_{n-1} \cdot (r\,e^{i\varphi})^{n-1} + \ldots + a_1 \cdot r\,e^{i\varphi} + a_0$$
$$= r^n\,e^{in\varphi} + a_{n-1} \cdot r^{n-1}\,e^{i(n-1)\varphi} + \ldots + a_1 \cdot r\,e^{i\varphi} + a_0$$

Wir teilen die Gleichung aus praktischen Gründen noch durch die Zahl $r^n + 1 \neq 0$:

$$0 = \underbrace{\frac{r^n}{r^n + 1}\,e^{in\varphi} + \frac{a_{n-1} \cdot r^{n-1}}{r^n + 1}\,e^{i(n-1)\varphi} + \ldots + \frac{a_1 \cdot r}{r^n + 1}\,e^{i\varphi} + \frac{a_0}{r^n + 1}}_{f(r;\varphi)}$$

und bezeichnen die rechte Seite dieser Gleichung mit $f(r;\varphi)$. Unser Problem lässt sich nun wie folgt formulieren: Gesucht sind Zahlenwerte $r > 0$ und $-\pi < \varphi \leq \pi$, sodass $f(r;\varphi) = 0$ gilt. Dann ist $z = r\,e^{i\varphi}$ eine Lösung der Gleichung $P(z) = 0$.

Bei einem festen reellen Wert $r > 0$ beschreibt $f(r;\varphi)$ für $\varphi \in [-\pi, \pi]$ eine geschlossene Kurve in der GZE, denn wegen $e^{-i\pi} = -1 = e^{i\pi}$ ist $P(r\,e^{-i\pi}) = P(r\,e^{i\pi})$. Wir untersuchen nun, wie sich die Kurven $f(r;\varphi)$ für $\varphi \in [-\pi, \pi]$ mit steigendem Wert r verändern. Alle bis auf den letzten Summanden enthalten r als Faktor. Daher ist $f(r;\varphi)$ für $r \approx 0$ näherungsweise

$$f(r;\varphi) \approx 0 \cdot e^{in\varphi} + 0 \cdot e^{i(n-1)\varphi} + \ldots + 0 \cdot e^{i\varphi} + \frac{a_0}{0^n + 1} = a_0$$

Für große Werte r werden dagegen alle bis auf den ersten Summanden betragsmäßig immer kleiner, während der führende Koeffizient wegen

$$\lim_{r \to \infty} \frac{r^n}{r^n + 1} = 1$$

in den Wert 1 übergeht. Folglich nähern sich die Werte $f(r;\varphi)$ für $r \to \infty$ den komplexen Zahlen

$$f(r;\varphi) \approx 1 \cdot e^{in\varphi} + 0 \cdot e^{i(n-1)\varphi} + \ldots + 0 \cdot e^{i\varphi} + 0 = e^{in\varphi}$$

an. Wir fassen zusammen: Für kleine r verläuft die von $f(r;\varphi)$ für $\varphi \in [-\pi, \pi]$ erzeugte Kurve in der Nähe der komplexen Zahl $a_0 \neq 0$ und somit abseits des Ursprungs. Für große Werte r nähert sich $f(r;\varphi)$ der Kurve $e^{in\varphi}$ an, und das ist ein Kreis um den Ursprung 0 mit Radius 1, der für $\varphi \in [-\pi, \pi]$ insgesamt n mal durchlaufen wird. Für kleine r liegt demnach der Ursprung 0 außerhalb, für große r innerhalb der geschlossenen (und stetigen!) Kurven $f(r;\varphi)$. Die Kurvenschar $f(r;\varphi)$ überstreicht also mit steigendem r wenigstens einmal den Ursprung, und das wiederum bedeutet: Es muss einen Wert $r > 0$ geben, bei dem $f(r;\varphi)$ durch 0 verläuft. Zu diesem r gibt es dann mindestens einen Winkel $\varphi \in [-\pi, \pi]$, sodass $f(r;\varphi) = 0$ gilt, und $z = r\,e^{i\varphi}$ ist die gesuchte Nullstelle von $P(z)$.

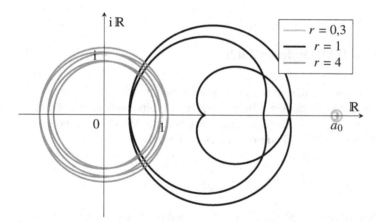

Abb. 5.17 Die Kurvenschar $f(r;\varphi)$ für verschiedene Werte r

In Abb. 5.17 ist am Beispiel des Polynoms

$$P(z) = z^5 - 2z^3 + \tfrac{1}{2}z^2 + 4$$

die Veränderung der Kurven $f(r;\varphi)$ für drei verschiedene Werte r zu sehen. Für $r = 0{,}3$ und $r = 1$ liegt 0 außerhalb, im Fall $r = 4$ dagegen innerhalb der geschlossenen Kurven $f(r;\varphi)$. Diese nähern sich für $r \approx 0$ dem Punkt $a_0 = 4$ und für $r \to \infty$ dem Einheitskreis an. Die Kurvenschar überstreicht für (gerundet) $r = 1{,}0727$ erstmalig den Ursprung und verläuft dann gleich für zwei Winkelwerte $\varphi_{1/2} = \pm 1{,}9631$ durch 0, wie in Abb. 5.18 zu sehen ist. Damit sind die beiden komplexen Zahlen

$$z_{1/2} = 1,0727 \cdot e^{\pm 1,9631\,i} = 1,0727\,(\cos 1,9631 \pm i \sin 1,9631)$$
$$= -0,4101 \pm 0,9912\,i$$

auf vier Nachkommastellen genau zwei (konjugiert komplexe) Nullstellen des Polynoms $P(z)$.

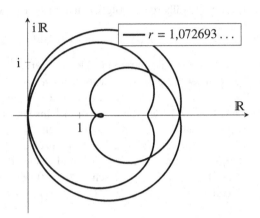

Abb. 5.18 Die Kurve $f(r; \varphi)$
durch den Nullpunkt

5.7.2 Das Matrixmodell komplexer Zahlen

Gemäß der Formel von Moivre dürfen wir die Multiplikation mit einer komplexen Zahl als Drehstreckung in der GZE deuten. Hieraus ergibt sich eine weitere Möglichkeit, komplexe Zahlen darzustellen. Die Drehung eines Vektors $\vec{c}$ um den Winkel φ berechnet man in der Ebene $\mathbb{R}^2$ durch Multiplikation mit einer Drehmatrix

$$\vec{c}\,' = \begin{pmatrix} \cos\varphi & -\sin\varphi \\ \sin\varphi & \cos\varphi \end{pmatrix} \cdot \vec{c}$$

Die Streckung des Vektors $\vec{c}\,'$ um den Faktor $r \geq 0$ ergibt dann eine Drehstreckung

$$\vec{c}\,'' = r \cdot \vec{c}\,' = \begin{pmatrix} r\cos\varphi & -r\sin\varphi \\ r\sin\varphi & r\cos\varphi \end{pmatrix} \cdot \vec{c}$$

In $\mathbb{R}^2$ führt demnach die Multiplikation mit einer Abbildungsmatrix der Form

$$\begin{pmatrix} r\cos\varphi & -r\sin\varphi \\ r\sin\varphi & r\cos\varphi \end{pmatrix} = \begin{pmatrix} a & -b \\ b & a \end{pmatrix}$$

und den Einträgen $a = r\cos\varphi$, $b = r\sin\varphi$ eine Drehstreckung aus, so wie auch die Multiplikation mit einer komplexen Zahl eine Drehstreckung in der GZE bewirkt. Daher kann man eine komplexe Zahl $z = a + \mathrm{i}\,b$ als $(2, 2)$-Matrix der speziellen Form

$$Z = \begin{pmatrix} a & -b \\ b & a \end{pmatrix} = a \cdot \begin{pmatrix} 1 & 0 \\ 0 & 1 \end{pmatrix} + b \cdot \begin{pmatrix} 0 & -1 \\ 1 & 0 \end{pmatrix} = a \cdot E + b \cdot I$$

mit den reellen Einträgen a und b interpretieren. In diesem „Matrixmodell" der komplexen Zahlen ordnet man der reellen Einheit 1 bzw. der imaginären Einheit i die Matrizen

$$E = \begin{pmatrix} 1 & 0 \\ 0 & 1 \end{pmatrix} \quad \text{bzw.} \quad I = \begin{pmatrix} 0 & -1 \\ 1 & 0 \end{pmatrix}$$

zu. Wie man durch Rechnung leicht nachprüft, ist

$$I^2 = I \cdot I = \begin{pmatrix} 0 & -1 \\ 1 & 0 \end{pmatrix} \cdot \begin{pmatrix} 0 & -1 \\ 1 & 0 \end{pmatrix} = \begin{pmatrix} -1 & 0 \\ 0 & -1 \end{pmatrix} = -E$$

Dieses Resultat entspricht dem Produkt $i^2 = -1$. Ebenso können die Grundrechenarten für komplexe Zahlen durch entsprechende Matrixoperationen ausgeführt werden. In der Matrixform berechnet man $(3 + 4\,\mathrm{i}) \cdot (1 - 2\,\mathrm{i})$ als Matrixprodukt

$$\begin{pmatrix} 3 & -4 \\ 4 & 3 \end{pmatrix} \cdot \begin{pmatrix} 1 & 2 \\ -2 & 1 \end{pmatrix} = \begin{pmatrix} 11 & 2 \\ -2 & 11 \end{pmatrix}$$

und übersetzt das Ergebnis wieder in die komplexe Zahl $11 - 2\,\mathrm{i}$. Die konjugiert komplexe Zahl $\bar{z}$ zu z entspricht der transponierten Matrix Z^{T} zu Z, und der Betrag $|z|$ von z ergibt sich aus der Determinante

$$\det Z = a^2 + b^2 = |z|^2 \quad \Longrightarrow \quad |z| = \sqrt{\det Z}$$

Schließlich ist für eine komplexe Zahl $z \neq 0$ der Kehrwert die inverse $(2, 2)$-Matrix

$$Z = \begin{pmatrix} a & -b \\ b & a \end{pmatrix} \quad \Longrightarrow \quad Z^{-1} = \frac{1}{\det Z} \cdot \begin{pmatrix} a & b \\ -b & a \end{pmatrix} = \frac{1}{\det Z} \cdot Z^{\mathrm{T}}$$

Übersetzt man dieses Resultat in die Symbolik der komplexen Zahlen, so ergibt sich die schon bekannte Formel

$$Z^{-1} = \frac{1}{\det Z} \cdot Z^{\mathrm{T}} \quad \Longleftrightarrow \quad \frac{1}{z} = \frac{1}{|z|^2} \cdot \bar{z}$$

5.7.3 Die Mandelbrot-Menge

Einer beliebigen komplexen Zahl $z \in \mathbb{C}$ kann man eine Zahlenfolge a_n zuordnen, die mit $a_0 = z$ beginnt und durch die Vorschrift

$$a_{n+1} = z + a_n^2 \quad \text{für} \quad n = 0, 1, 2, 3, \ldots$$

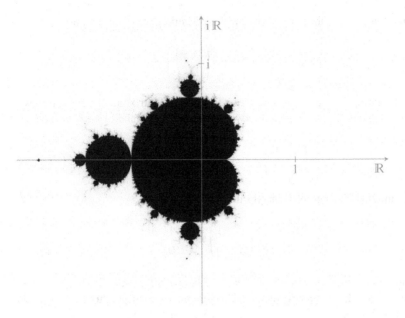

Abb. 5.19 Die Mandelbrot-Menge in der Gaußschen Zahlenebene

rekursiv berechnet wird. Jedes Folgenglied a_n bestimmt durch obige Formel den Nachfolger a_{n+1}, sodass also

$$a_0 = z, \quad a_1 = z + z^2, \quad a_2 = z + (z + z^2)^2, \quad \ldots$$

Beispielsweise ergibt die Zahl $z = 0$ die Folge $(a_n) = (0, 0, 0, 0, \ldots)$, während $z = 1$ die Folge $(a_n) = (1, 2, 5, 26, 677, 458330, \ldots)$ produziert und $z = i$ die Folge $(a_n) = (i, i - 1, -i, i - 1, -i, \ldots)$ erzeugt. Für verschiedene Startwerte $a_0 = z \in \mathbb{C}$ entstehen unterschiedliche Folgen (a_n), die manchmal konvergieren (etwa für $z = 0$) oder beschränkt sind (wie im Fall $z = i$), aber auch divergieren können (so wie für $z = 1$). Die *Mandelbrot-Menge*, benannt nach Benoît Mandelbrot (1924 - 2010), ist die Menge der komplexen Zahlen z, für welche die rekursiv definierte Folge (a_n) mit $a_0 = z$ beschränkt bleibt. Beispielsweise gehören $z = 0$ und $z = i$ zur Mandelbrot-Menge, nicht aber $z = 1$. Man kann zeigen: Falls der Betrag $|a_n|$ eines Folgenglieds den Wert 2 überschreitet, dann divergiert die Folge. Die Anzahl der Iterationen n, bei der das erfolgt, ist zugleich eine Maßzahl für den Divergenzgrad der Folge bei z. Übersetzt man diesen Wert in Graustufen, dann entsteht die Grafik in Abb. 5.19. Insbesondere sind dort die Punkte in der GZE, die zur Mandelbrot-Menge gehören, schwarz markiert.

Aufgrund ihrer Form wird die Mandelbrot-Menge auch „Apfelmännchen" genannt. Der Körper des Apfelmännchens ist eine sogenannte *Kardioide*, der Kopf ein Kreis. Eine Besonderheit der Mandelbrot-Menge ist die *Selbstähnlichkeit* sowie die fraktale Struktur ihres Rands. Dort findet man bei beliebiger Vergrößerung immer wieder kleine Bereiche, die der gesamten Mandelbrot-Menge ähnlich sind. Abb. 5.20 zeigt einen Ausschnitt der Mandelbrotmenge mit mehreren dieser sog. „Satelliten".

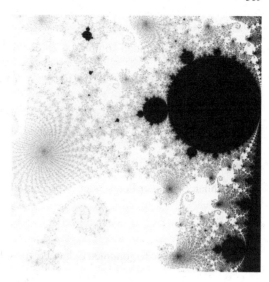

Abb. 5.20 Am Rand der
Mandelbrot-Menge:
$-0{,}749 \le \mathrm{Re}(z) \le -0{,}746$
$0{,}074 \le \mathrm{Im}(z) \le 0{,}071$

Es ist schon erstaunlich, dass ein relativ einfaches Bildungsgesetz wie $a_{n+1} = z + a_n^2$ einen derartigen Formenreichtum hervorbringen kann. In der Berechnungsvorschrift für a_{n+1} tritt das Quadrat a_n^2 auf, und bei einer solchen nichtlineare Gleichung können bereits kleine Änderungen in den Anfangswerten ein völlig unterschiedliches Endresultat (hier: Beschränktheit der Folge) liefern. Man spricht deshalb auch von *chaotischem Verhalten*. Anhand der Mandelbrot-Menge lassen sich bereits grundlegende Phänomene der Chaostheorie untersuchen. Chaotisches Verhalten stellt man aber nicht nur bei Folgen, sondern z. B. auch bei nichtlinearen Differentialgleichungen fest (siehe Band „Mathematik für Ingenieurwissenschaften: Vertiefung").

Aufgaben zu Kapitel 5

Aufgabe 5.1. (Komplexes Rechnen)

a) Tragen Sie z, $\bar{z}$, $-z$ für die folgenden Zahlen in die GZE ein:

    (i) $z = 1 - i$ (ii) $z = 1 + 4i$ (iii) $z = -2 - 3i$

b) Geben Sie $\bar{z}$, $|z|$, z^2 und $\frac{1}{z}$ für die folgenden komplexen Zahlen an:

    (i) $z = 5i$ (ii) $z = -\sqrt{3} + i$ (iii) $z = 2 + 3i$

c) Berechnen Sie folgende komplexe Zahlen in kartesischer Form:

    (i) $(1 + i) \cdot (2 - 3i) + (1 - i)^2$ (ii) $(2 + i)^3$

    (iii) $\dfrac{1 + i}{1 - i}$ (iv) $\dfrac{3 - 2i}{2 + 4i}$ (v) $\dfrac{-2 + 6i}{1 - 3i}$

Aufgabe 5.2. (Polarform)

a) Geben Sie die folgenden komplexen Zahlen in Polarform an:

$$\text{(i)} \quad z_1 = -1 - i \qquad \text{(ii)} \quad z_2 = \sqrt{3} + i \qquad \text{(iii)} \quad z_3 = \sqrt{2} - 1$$

b) Bestimmen Sie mit dem Ergebnis aus a) das Produkt $z_1 \cdot z_2$ in Polarform und rechnen Sie das Ergebnis wieder in die kartesische Form um.

Aufgabe 5.3. (Potenzen)

a) Berechnen Sie in der Polar- oder Exponentialform

$$\text{(i)} \quad (1 + i)^6 \qquad \text{(ii)} \quad (1 - \sqrt{3}\,i)^9$$

b) Begründen Sie die trigonometrischen Formeln für den fünffachen Winkel

$$\cos 5\varphi = \cos^5 \varphi - 10 \sin^2 \varphi \cos^3 \varphi + 5 \sin^4 \varphi \cos \varphi$$
$$\sin 5\varphi = \sin^5 \varphi - 10 \sin^3 \varphi \cos^2 \varphi + 5 \sin \varphi \cos^4 \varphi$$

Anleitung: Berechnen Sie $(\cos \varphi + i \sin \varphi)^5$ sowohl mit der Formel von Moivre als auch mit dem binomischen Lehrsatz für $n = 5$!

Aufgabe 5.4. (Exponentialform)

a) Geben Sie die folgenden komplexen Zahlen in Exponentialform an:

$$\text{(i)} \quad \frac{2}{\sqrt{3} - i} \qquad \text{(ii)} \quad (\sqrt{3} - i)^2 \qquad \text{(iii)} \quad 3\,e^{i\pi} + \frac{5}{2 - i}$$

b) Geben Sie die folgenden komplexen Zahlen in kartesischer Form an:

$$\text{(i)} \quad \frac{\sqrt{2}\,e^{i\frac{3\pi}{4}}}{1 + 2i} \qquad\qquad \text{(ii)} \quad \frac{4\,e^{i\frac{\pi}{3}}}{\sqrt{3} + i} \qquad\qquad \text{(iii)} \quad \left(e^{i\frac{\pi}{3}} - 1\right)^6$$

Aufgabe 5.5. (Wurzeln)

a) Berechnen Sie die Quadratwurzel(n) von $\sqrt{3} + i$

b) Geben Sie *alle* Lösungen der Gleichung $8\,x^3 + 1 = 0$ an!

c) Bestimmen Sie

$$\sqrt[5]{\frac{-2}{\sqrt{3} + i}}$$

Aufgabe 5.6. (Algebraische Gleichungen)

a) Ermitteln Sie alle (komplexen) Lösungen zu den Gleichungen

$$\text{(i)} \quad x^2 + 4x + 13 = 0 \qquad \text{(ii)} \quad x^3 - x^2 + 2 = 0 \quad \text{(eine Lösung raten!)}$$

Tipp: Verwenden Sie eine Umformung wie z. B. $\sqrt{-9} = \sqrt{9 \cdot (-1)} = 3\sqrt{-1} = 3\,i$.

b) Zeigen Sie, dass $\pm(1 + i)$ zwei Lösungen der Gleichung 4. Grades

$$x^4 + 4 = 0$$

mit *reellen* Koeffizienten sind, und geben Sie ohne lange Rechnung die beiden anderen Lösungen an.

c) Bestimmen Sie alle Lösungen $x \in \mathbb{C}$ der Gleichung 6. Grades

$$x^6 + 4x^3 + 4 = 0$$

Aufgabe 5.7. Berechnen Sie mithilfe der quadratischen Resolvente *alle* Lösungen (auch die komplexen) der folgenden kubischen Gleichungen:

a) $x^3 + 3x^2 + 6x + 4 = 0$

b) $x^3 + 6x + 7 = 0$

c) $x^3 - 3x^2 - 3x - 4 = 0$

Hinweis: Es soll keine Lösung geraten werden!

Aufgabe 5.8. (Komplexe Funktionen)

a) Begründen Sie durch eine geeignete Umformung die Formel

$$\cos(\pi + b\,i) = -\cosh b \quad \text{für alle} \quad b \in \mathbb{R}$$

b) Zeigen Sie, dass für eine komplexe Zahl $z = x + i\,y$ gilt:

$$\sin z = \sin(x + i\,y) = \sin x \cosh y + i \cos x \sinh y$$

Aufgabe 5.9. (Komplexe Wechselstromrechnung)

a) Berechnen Sie für die in Abb. 5.21 skizzierte Parallelschaltung den komplexen Widerstand, die Phasenverschiebung und den Wechselstrom $\tilde{I}(t)$ bei einer anliegenden Wechselspannung mit $U_{\text{eff}} = 230\,\text{V}$ und $f = 50\,\text{Hz}$.

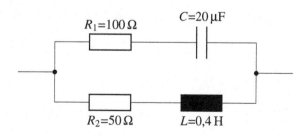

Abb. 5.21 Parallelschaltung

b) Bestimmen Sie mit komplexer Rechnung die Wechselspannung, die durch Überlagerung der folgenden zwei gleichfrequenten Wechselspannungen entsteht:

$$\tilde{U}_1(t) = 200\,\text{V} \cdot \sin(\omega t + \tfrac{\pi}{3}) \quad \text{und} \quad \tilde{U}_2(t) = 400\,\text{V} \cdot \sin(\omega t - \tfrac{\pi}{3})$$

Kapitel 6

Differentialrechnung

Die Differentialrechnung ist ein mathematisches Instrument, mit dem man das lokale Verhalten einer Funktion untersuchen kann. Aus der anfänglichen Fragestellung, die Tangente einer Funktion zu berechnen, ergeben sich schnell neue Anwendungen. Die Ableitung wird u. a. zur Berechnung von Nullstellen, Extremwerten, Monotoniebereichen oder Krümmungskreisen benutzt, später auch zur Untersuchung von Kurven und Flächen im Raum.

6.1 Vom Tangentenproblem zur Ableitung

6.1.1 Differenzen- und Differentialquotient

Gegeben ist eine Funktion $f : D \longrightarrow \mathbb{R}$ auf einem Intervall $D \subset \mathbb{R}$. Wir wollen die *Tangente* zum Graphen von f an einer Stelle $x_0 \in D$ berechnen. Gesucht ist also die Gleichung der Geraden durch den Punkt $(x_0, f(x_0))$, welche den Graphen von f berührt. Die einzige noch unbekannte Größe hierbei ist die Steigung der Tangente.

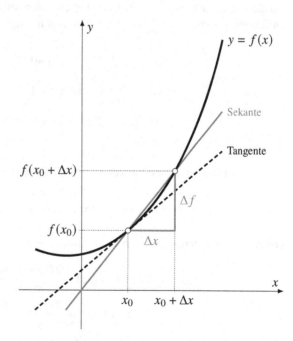

Abb. 6.1 Der Differenzenquotient $\frac{\Delta f}{\Delta x}$ als Näherung für die Tangentensteigung

© Springer-Verlag GmbH Deutschland, ein Teil von Springer Nature 2022
H. Schmid, *Mathematik für Ingenieurwissenschaften: Grundlagen*,
https://doi.org/10.1007/978-3-662-65528-3_6

Sowohl zeichnerisch als auch rechnerisch erhalten wir eine gute Näherung für die Tangente, indem wir eine *Sekante* durch $(x_0, f(x_0))$ und einen benachbarten Kurvenpunkt $(x, f(x))$ legen, wobei x nahe bei x_0 liegen soll, siehe Abb. 6.1. Zur Vereinfachung der Rechnung notieren wir den Abstand von x zu x_0 mit $\Delta x = x - x_0$ und die Differenz der Funktionswerte mit $\Delta f = f(x_0 + \Delta x) - f(x_0)$. Die Steigung der Sekante ist dann

$$\frac{\Delta f}{\Delta x} = \frac{f(x) - f(x_0)}{x - x_0} = \frac{f(x_0 + \Delta x) - f(x_0)}{\Delta x}$$

Diesen Ausdruck (Quotient der Differenzen Δf und Δx) bezeichnet man als *Differenzenquotient* von f bei x_0. Nähert sich x der Stelle x_0 an, dann geht die Sekante in die Tangente über. Die gesuchte Steigung der Tangente ist somit

$$\lim_{x \to x_0} \frac{f(x) - f(x_0)}{x - x_0} = \lim_{\Delta x \to 0} \frac{f(x_0 + \Delta x) - f(x_0)}{\Delta x}$$

vorausgesetzt, dass der Grenzwert existiert. Letztere Bedingung heißt *Differenzierbarkeit*, und den Grenzwert nennt man Ableitung.

Eine Funktion $f : D \longrightarrow \mathbb{R}$ heißt *differenzierbar* an der Stelle $x_0 \in D$, falls der Grenzwert

$$f'(x_0) := \lim_{x \to x_0} \frac{f(x) - f(x_0)}{x - x_0} = \lim_{\Delta x \to 0} \frac{f(x_0 + \Delta x) - f(x_0)}{\Delta x}$$

existiert. Der Grenzwert $f'(x_0)$ der Differenzenquotienten wird *Ableitung* oder *Differentialquotient* von f bei x_0 genannt, und man schreibt dafür auch

$$f'(x_0) = \frac{\mathrm{d}f}{\mathrm{d}x}(x_0)$$

Die Gleichung der Tangente von f bei x_0 lautet dann

$$y = f(x_0) + f'(x_0)(x - x_0), \quad x \in \mathbb{R}$$

Eine in x_0 differenzierbare Funktion ist dort auch stetig, denn aus

$$f(x) = f(x_0) + f(x) - f(x_0) = f(x_0) + \frac{f(x) - f(x_0)}{x - x_0} \cdot (x - x_0)$$

ergibt sich nach den Rechenregeln für Grenzwerte

$$\begin{aligned}
\lim_{x \to x_0} f(x) &= \lim_{x \to x_0} f(x_0) + \frac{f(x) - f(x_0)}{x - x_0} \cdot (x - x_0) \\
&= f(x_0) + \lim_{x \to x_0} \frac{f(x) - f(x_0)}{x - x_0} \cdot \lim_{x \to x_0} (x - x_0) \\
&= f(x_0) + f'(x_0) \cdot 0 = f(x_0)
\end{aligned}$$

Wir wollen das *Differenzieren* oder *Ableiten* einer Funktion an einigen Beispielen ausprobieren, wobei wir versuchen werden, die Ableitungen mithilfe von Differenzenquotienten zu bestimmen.

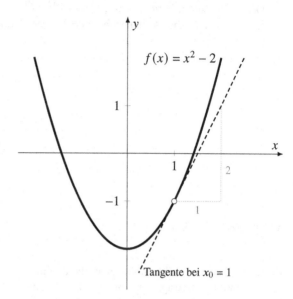

Abb. 6.2 Tangente an einer Parabel

Beispiel 1. Wir untersuchen die Funktion $f(x) = x^2 - 2$, $x \in \mathbb{R}$. Gesucht ist die Tangente der Parabel an der Stelle $x_0 = 1$ mit dem Funktionswert $f(1) = -1$, siehe Abb. 6.2. Hierzu bilden wir den Differenzenquotienten

$$\frac{\Delta f}{\Delta x} = \frac{f(1 + \Delta x) - f(1)}{\Delta x} = \frac{(1 + \Delta x)^2 - 2 - (-1)}{\Delta x} = \frac{2\,\Delta x + (\Delta x)^2}{\Delta x} = 2 + \Delta x$$

Offensichtlich existiert der Grenzwert für $\Delta x \to 0$ und somit auch die Ableitung

$$f'(1) = \lim_{\Delta x \to 0} \frac{f(1 + \Delta x) - f(1)}{\Delta x} = \lim_{\Delta x \to 0} 2 + \Delta x = 2$$

Die Gleichung der Tangente an f im Punkt $(1, -1)$ lautet dann $y = -1 + 2\,(x - 1)$.

Beispiel 2. Im Fall einer linearen Funktion $f(x) = ax + b$ mit $a, b \in \mathbb{R}$ ergibt sich für eine beliebige Stelle $x_0 \in \mathbb{R}$ die Differenz $f(x) - f(x_0) = a\,(x - x_0)$ und

$$f'(x_0) = \lim_{x \to x_0} \frac{f(x) - f(x_0)}{x - x_0} = \lim_{x \to x_0} \frac{a\,(x - x_0)}{x - x_0} = \lim_{x \to x_0} a = a$$

Dieses Resultat ist keineswegs überraschend, da bei einer Gerade die Tangente mit der Funktion übereinstimmt. Ist speziell $f(x) \equiv c$ eine konstante Funktion, dann gilt $f'(x_0) = 0$ für alle $x_0 \in \mathbb{R}$.

Beispiel 3. Ist die Betragsfunktion $f(x) = |x|$ (siehe Abb. 6.3) an der Stelle $x_0 = 0$ differenzierbar? Wir bilden den Differenzenquotienten

$$\frac{f(0 + \Delta x) - f(0)}{\Delta x} = \frac{|\Delta x|}{\Delta x} = \text{sgn}(\Delta x) = \begin{cases} +1, \text{ falls } \Delta x > 0 \\ -1, \text{ falls } \Delta x < 0 \end{cases}$$

Der Differentialquotient $\lim_{\Delta x \to 0} \frac{f(0+\Delta x)-f(0)}{\Delta x}$ existiert nicht, da das Vorzeichen sgn(Δx) von Δx bei Annäherung an 0 von rechts oder links zu verschiedenen Werten (+1 oder −1) führt.

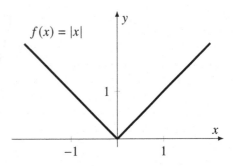

Abb. 6.3 Die Betragsfunktion

Beispiel 3 zeigt: Es gibt Funktionen, die an einer oder mehreren Stellen nicht differenzierbar sind. Die Betragsfunktion etwa besitzt einen „Knick" bei $x_0 = 0$, und dort gibt es keine Gerade, welche den Graphen berührt. Zumeist hat man es aber mit Funktionen zu tun, bei denen die Ableitung überall im Definitionsbereichs existiert.

Ist f an jeder Stelle $x \in D$ differenzierbar, so heißt f *differenzierbare Funktion*. In diesem Fall existiert $f'(x)$ für alle $x \in D$, und man nennt

$$f' : D \longrightarrow \mathbb{R}, \quad x \longmapsto f'(x)$$

die Ableitungsfunktion oder kurz *Ableitung* von f.

Nach Beispiel 2 ist etwa eine lineare Funktion $f(x) = a\,x + b$ auf ganz $\mathbb{R}$ differenzierbar, und die Ableitung ist die konstante Funktion $f'(x) \equiv a$.

6.1.2 Ableitungen elementarer Funktionen

Für einige wenige elementare Funktionen, nämlich Potenzfunktionen, Sinusfunktion und Exponentialfunktion, wollen bzw. müssen wir die Ableitung direkt mithilfe des Differentialquotienten berechnen. In den nachfolgenden Abschnitten werden dann Ableitungsregeln vorgestellt, mit denen wir alle weiteren Funktionen (zusammengesetzte Funktionen, Umkehrfunktionen usw.) differenzieren können.

Die Ableitung einer Potenzfunktion

Gesucht ist die Ableitung der Potenzfunktion $f(x) = C x^n$ mit einem konstanten Faktor $C \in \mathbb{R}$ an einer beliebigen Stelle $x_0 \in \mathbb{R}$, wobei der Exponent eine natürliche Zahl $n \geq 2$ sein soll. Für die Differenz der Funktionswerte brauchen wir eine Erweiterung der dritten binomischen Formel auf höhere Potenzen. Wie man durch direktes Ausmultiplizieren nachrechnet, bleibt vom Produkt

$$(a - b)(a^{n-1} + a^{n-2}b + a^{n-3}b^2 + \ldots + a\,b^{n-2} + b^{n-1})$$
$$= a^n + a^{n-1}b + a^{n-2}b^2 + \ldots + a^2 b^{n-2} + a\,b^{n-1}$$
$$- a^{n-1}b - a^{n-2}b^2 - \ldots - a^2 b^{n-2} - a\,b^{n-1} - b^n = a^n - b^n$$

nur die Differenz $a^n - b^n$ übrig, denn alle anderen Summanden heben sich gegenseitig auf. Für $n = 2$ liefert $(a - b)(a + b) = a^2 - b^2$ die bekannte binomische Formel. Die Division durch $a - b$ ergibt im allgemeinen Fall

$$\frac{a^n - b^n}{a - b} = a^{n-1} + a^{n-2}b + a^{n-3}b^2 + \ldots + a\,b^{n-2} + b^{n-1}$$

Wir nutzen dieses Resultat, um den Differenzenquotienten von $f(x) = C x^n$ bei x_0 zu vereinfachen. Setzen wir $a = x$ und $b = x_0$ in obige Formel ein, dann ist

$$\frac{f(x) - f(x_0)}{x - x_0} = \frac{C x^n - C x_0^n}{x - x_0} = C \cdot \frac{x^n - x_0^n}{x - x_0}$$
$$= C\left(x^{n-1} + x^{n-2}x_0 + x^{n-3}x_0^2 + \ldots + x\,x_0^{n-2} + x_0^{n-1}\right)$$

Für $x \to x_0$ geht die linke Seite über in die Ableitung, während wir auf der rechten Seite x durch x_0 ersetzen dürfen:

$$f'(x_0) = C\left(x_0^{n-1} + x_0^{n-2}x_0 + x_0^{n-3}x_0^2 + \ldots + x_0\,x_0^{n-2} + x_0^{n-1}\right)$$

In der Klammer steht n-mal der gleiche Summand x_0^{n-1}, sodass $f'(x_0) = C \cdot n \cdot x_0^{n-1}$ gilt, und hieraus folgt:

> Eine Funktion $f(x) = C \cdot x^n$ mit $C \in \mathbb{R}$ und $n \in \mathbb{N}, n \geq 2$
> ist differenzierbar, und die Ableitung ist $f'(x) = C\,n\,x^{n-1}$

Gemäß dieser Formel ergeben sich dann z. B. die Ableitungen

$$(2x^5)' = 10x^4, \quad (-3x^2)' = -6x, \quad (\tfrac{1}{4}x^6)' = \tfrac{3}{2}x^5 \quad \text{usw.}$$

und im Spezialfall $C = 1$ ist $(x^n)' = n x^{n-1}$. Obige Formel gilt übrigens auch für $n = 0$ und $n = 1$: Im Fall $n = 1$ ist $f(x) = C \cdot x$ eine lineare Funktion mit der Ableitung $f'(x) \equiv C = C \cdot 1 \cdot x^0$, und für $n = 0$ ist $f(x) = C$ eine konstante Funktion mit $f'(x) \equiv 0$.

Die Ableitung der Exponentialfunktion

Wir bestimmen die Ableitung der Exponentialfunktion $f(x) = e^x$ an einer beliebigen Stelle $x_0 \in \mathbb{R}$. Die Differenz der Funktionswerte bei x_0 und $x_0 + \Delta x$ können wir mithilfe des Potenzgesetzes wie folgt umformen:

$$f(x_0 + \Delta x) - f(x_0) = e^{x_0 + \Delta x} - e^{x_0} = e^{x_0} \cdot e^{\Delta x} - e^{x_0} = e^{x_0} \cdot (e^{\Delta x} - 1)$$

und erhalten für den Differenzenquotienten den Ausdruck

$$\frac{f(x_0 + \Delta x) - f(x_0)}{\Delta x} = \frac{e^{x_0} \cdot (e^{\Delta x} - 1)}{\Delta x} = e^{x_0} \cdot \frac{e^{\Delta x} - 1}{\Delta x}$$

Verwenden wir an dieser Stelle den bereits bekannten Grenzwert $\lim_{\Delta x \to 0} \frac{e^{\Delta x} - 1}{\Delta x} = 1$, dann ergibt sich für $\Delta x \to 0$ der Differentialquotient

$$\lim_{\Delta x \to 0} \frac{f(x_0 + \Delta x) - f(x_0)}{\Delta x} = e^{x_0} \cdot \lim_{\Delta x \to 0} \frac{e^{\Delta x} - 1}{\Delta x} = e^{x_0} \cdot 1 = e^{x_0}$$

Folglich ist $f(x) = e^x$ an der Stelle x_0 differenzierbar, und es gilt $f'(x_0) = e^{x_0}$, also:

$$f(x) = e^x \text{ ist differenzierbar mit der Ableitung } f'(x) = e^x$$

Die Ableitung der Sinusfunktion

Es soll die Ableitung der Sinusfunktion $f(x) = \sin x$ an einer beliebigen Stelle $x_0 \in \mathbb{R}$ berechnet werden. Für die Differenz der Funktionswerte bei x_0 und $x_0 + \Delta x$ nutzen wir das Additionstheorem $\sin \alpha - \sin \beta = 2 \sin \frac{\alpha - \beta}{2} \cos \frac{\alpha + \beta}{2}$ (vgl. Kapitel 1, Abschnitt 1.2.4) mit $\alpha = x_0 + \Delta x$ und $\beta = x_0$. Dann ist

$$f(x_0 + \Delta x) - f(x_0) = \sin(x_0 + \Delta x) - \sin x_0 = 2 \sin \frac{\Delta x}{2} \cos \left(x_0 + \frac{\Delta x}{2} \right)$$

Teilen wir durch Δx und verwenden wir zur Vereinfachung die Abkürzung $h = \frac{\Delta x}{2}$, dann erhalten wir für den Differenzenquotienten den Ausdruck

$$\frac{f(x_0 + \Delta x) - f(x_0)}{\Delta x} = \frac{\sin \frac{\Delta x}{2}}{\frac{\Delta x}{2}} \cdot \cos \left(x_0 + \frac{\Delta x}{2} \right) = \frac{\sin h}{h} \cdot \cos (x_0 + h)$$

Beim Grenzübergang $\Delta x \to 0$ gilt auch $h \to 0$. Der bereits bekannte Grenzwert $\lim_{h \to 0} \frac{\sin h}{h} = 1$ (vgl. Kapitel 4, Abschnitt 4.6.1) und die Stetigkeit der Kosinusfunktion ergeben den Differentialquotienten

$$\lim_{\Delta x \to 0} \frac{f(x_0 + \Delta x) - f(x_0)}{\Delta x} = \lim_{h \to 0} \frac{\sin h}{h} \cdot \cos (x_0 + h) = 1 \cdot \cos(x_0 + 0) = \cos x_0$$

Somit ist $f(x) = \sin x$ an der Stelle x_0 differenzierbar mit der Ableitung $f'(x_0) = \cos x_0$, oder kurz:

$f(x) = \sin x$ ist differenzierbar mit der Ableitung $f'(x) = \cos x$

6.1.3 Geschichtlicher Hintergrund

Die Differentialrechnung hat viele Väter. Sie wurde in ihren Grundzügen schon von Pierre de Fermat aus Frankreich in der ersten Hälfte des 17. Jahrhunderts entwickelt. Zur Bestimmung der Extremstellen einer Funktion verwendete Fermat algebraische Ausdrücke, die man als Vorläufer der Ableitung ansehen kann. Aber erst Gottfried Wilhelm Leibniz (1646 - 1716) aus Hannover und der Engländer Isaac Newton (1643 - 1727) veröffentlichten Ende des 17. Jahrhunderts fast zeitgleich und unabhängig voneinander ein mathematisches Konzept für das Rechnen mit Differentialen, also unendlich kleinen Differenzen.

Leibniz suchte nach einer Lösung für das Tangentenproblem. Er führte die Notation $\mathrm{d}f$ und den Begriff *Differential* ein, welches die Änderung einer Kurve $y = f(x)$ in Bezug auf eine „unendlich kleine" Änderung des Arguments $\mathrm{d}x$ beschreibt. Für unsere heutige Schreibweise

$$f(x) = x^2 \quad \Longrightarrow \quad f'(x) = \frac{\mathrm{d}f}{\mathrm{d}x} = 2x$$

verwendete Leibniz die Notation $\mathrm{d}f = 2x\,\mathrm{d}x$. Auch heute noch arbeitet man gelegentlich mit Differentialen: Falls die Funktion $f : D \longrightarrow \mathbb{R}$ an der Stelle $x_0 \in D$ differenzierbar ist, dann kann man f in einer kleinen Umgebung von x_0 durch die Tangente annähern:

$$f(x) \approx f(x_0) + f'(x_0)(x - x_0) \quad \text{für} \quad x \approx x_0$$

In der Form $f(x) - f(x_0) \approx f'(x_0)(x - x_0)$ bzw. $\Delta f \approx f'(x_0)\Delta x$ beschreibt diese Formel näherungsweise die Änderung des Funktionswertes in Abhängigkeit von der Änderung des Arguments Δx, und die Näherung ist umso genauer, je kleiner Δx ist. Für betragsmäßig sehr kleine $\Delta x \approx 0$ schreibt man $\mathrm{d}x$, und statt $\Delta f \approx f'(x_0)\Delta x$ verwendet man den Ausdruck $\mathrm{d}f = f'(x)\,\mathrm{d}x$. In der modernen Mathematik ist das Differential von f an der Stelle x_0 definiert als die lineare Funktion $\mathrm{d}f|_{x_0} : \mathbb{R} \longrightarrow \mathbb{R}$ mit $\mathrm{d}f|_{x_0}(x) := f'(x_0) \cdot x$ für alle $x \in \mathbb{R}$.

Anders als Leibniz, der über einen geometrischen Weg zur Ableitung kam, fand Newton einen physikalischen Zugang zur Differentialrechnung. Er fasste eine Funktion $y = f(t)$ als „Fluente" auf, welche die Abhängigkeit einer physikalischen Größe von der Zeit t beschreibt. Ein Beispiel dafür ist der zurückgelegte Weg $y = \frac{1}{2}g\,t^2$ beim freien Fall (vorausgesetzt, der Körper befand sich zum Zeitpunkt $t = 0$ in Ruhe). Für die *momentane Änderungsrate* führte Newton den Begriff „Fluxion" und das Symbol $\dot{y}$ ein. Hierbei handelt es sich um das Verhältnis $\frac{\Delta y}{\Delta t}$, wobei Δy die Wertänderung von y in einer (sehr kurzen) Zeitspanne Δt bezeichnet. Die momentane Änderungsrate ist also ein Maß dafür, wie schnell sich die Größe y ändert, und im Fall der Weg-Zeit-Abhängigkeit ergibt sich die Geschwindigkeit. Im Beispiel $y = \frac{1}{2}g\,t^2$ würde man mit Newtons Fluxionsrechnung das bekannte Ergebnis $\dot{y} = g \cdot t$ für die Geschwindigkeit des frei fallenden Körpers erhalten.

So wie Leibniz verwendete auch Newton betragsmäßig unendlich kleine Werte, die nicht Null sind. Leibniz verwendete den Begriff „unendlich klein" im Sinne von vernachlässigbar klein. Newton wiederum setzte Bewegungen aus „unendlich kleinen" geradlinigen Bewegungen zusammen. Obwohl beide Interpretationen nicht sehr präzise waren, funktionierte die Differentialrechnung, und zahlreiche Probleme aus Geometrie und Mechanik ließen sich damit rechnerisch lösen. Erst im Laufe des 19. Jahrhunderts konnte eine mathematisch exakte Begründung der Differentialrechnung nachgeliefert werden. Anstatt mit infinitesimalen Größen zu rechnen, ermittelte Augustin-Louis Cauchy die Tangentensteigung mit dem Differentialquotienten, also mit dem Grenzwert

$$f'(x) = \lim_{\Delta x \to 0} \frac{f(x + \Delta x) - f(x)}{\Delta x}$$

der Sekantensteigungen, wobei der Begriff *Ableitung* sowie die Notation $f'(x)$ von Joseph-Louis Lagrange um 1800 eingeführt wurden und der heute gebräuchliche Grenzwertbegriff erst Ende des 19. Jahrhunderts von Karl Weierstraß formuliert wurde. Die vielen Architekten, die am Aufbau der Differentialrechnung mitgewirkt haben, hinterließen dort auch ihre Spuren in Form von unterschiedlichen Notationen. In den Gebieten, die sich mit geometrischen Eigenschaften von Kurven und Flächen befassen (z. B. Differentialgeometrie, Fehlerrechnung, Getriebelehre usw.) wird oftmals die Differentialschreibweise von Leibniz benutzt. Bei Funktionen, die man als dynamische oder zeitabhängige Größen interpretieren kann (z. B. in der Physik die Bahnkurven von Teilchen) hat sich die Newton-Schreibweise mit dem Punkt $\dot{y}$ durchgesetzt. Steht die Tätigkeit des Ableitens im Vordergrund, verwendet man gelegentlich auch die von Euler eingeführte Notation Df mit dem *Differentialoperator* D. Die folgenden Schreibweisen für die Ableitung sind demnach alle gleichbedeutend:

$$f' = \frac{df}{dx} = \dot{f} = Df$$

6.2 Das Handwerkszeug: Ableitungsregeln

Im letzten Abschnitt haben wir die Ableitungen gewisser elementarer Funktionen mit dem Differentialquotienten, also dem Grenzwert der Differenzenquotienten, berechnet:

$$
\begin{aligned}
f(x) &= a\,x + b &\implies& \quad f'(x) = a & (a, b \in \mathbb{R}) \\
f(x) &= C\,x^n &\implies& \quad f'(x) = C\,n\,x^{n-1} & (C \in \mathbb{R}, n \in \mathbb{N}) \\
f(x) &= \sin x &\implies& \quad f'(x) = \cos x & \\
f(x) &= e^x &\implies& \quad f'(x) = e^x &
\end{aligned}
$$

Prinzipiell könnte man auf diese Weise auch die Ableitung einer zusammengesetzten Funktion wie z. B. $f(x) = e^{-x}\sin 2x + \ln(x^2 + 1)$ ermitteln, aber die Berechnung des Differentialquotienten wäre sehr aufwändig. Für die praktische Berechnung der Ableitung gibt es Ableitungsregeln. Eine zusammengesetzte Funktion besteht aus Summen, Produkten, Hintereinanderausführungen usw. von einfacheren Funktionen, und zu jeder dieser Verknüpfungen stellt uns die Differentialrechnung ein passendes Ableitungswerkzeug bereit.

6.2.1 Faktor- und Summenregel

... sind zwei elementare Ableitungsregeln, welche man beim Differenzieren von Summen oder Vielfachen von Funktionen benutzt.

Sind die Funktionen $f, g : D \longrightarrow \mathbb{R}$ differenzierbar, dann sind auch $f(x) \pm g(x)$ und $C \cdot f(x)$ ($C \in \mathbb{R}$ beliebige Konstante) differenzierbare Funktionen mit den Ableitungen

$$(f \pm g)'(x) = f'(x) \pm g'(x) \quad \text{und} \quad (C \cdot f)'(x) = C \cdot f'(x)$$

Diese Ableitungsregeln lassen sich leicht mit den Rechenregeln für Grenzwerte begründen. Für eine Stelle $x_0 \in D$ ist beispielsweise

$$\frac{(f+g)(x_0 + \Delta x) - (f+g)(x_0)}{\Delta x} = \frac{(f(x_0 + \Delta x) + g(x_0 + \Delta x)) - (f(x_0) + g(x_0))}{\Delta x}$$
$$= \frac{f(x_0 + \Delta x) - f(x_0)}{\Delta x} + \frac{g(x_0 + \Delta x) - g(x_0)}{\Delta x}$$

Bilden wir hier den Differentialquotienten, also den Grenzwert $\Delta x \to 0$, so ergibt sich die Summenregel

$$(f+g)'(x_0) = \lim_{\Delta x \to 0} \frac{(f+g)(x_0 + \Delta x) - (f+g)(x_0)}{\Delta x}$$
$$= \underbrace{\lim_{\Delta x \to 0} \frac{f(x_0 + \Delta x) - f(x_0)}{\Delta x}}_{f'(x_0)} + \underbrace{\lim_{\Delta x \to 0} \frac{g(x_0 + \Delta x) - g(x_0)}{\Delta x}}_{g'(x_0)}$$

und mit einer ähnlichen Überlegung erhält man auch die zuletzt genannte Faktorregel.

Beispiele:

(1) $f(x) = x^2 + 3 \sin x$ hat die Ableitung $f'(x) = 2x + 3 \cos x$.

(2) Die Ableitung einer Polynomfunktion ist wieder ein Polynom, z. B.

$$P(x) = x^4 + 3x^2 + 5x + 1 \quad \text{ergibt}$$
$$P'(x) = 4x^3 + 3 \cdot 2x + 5 + 0 = 4x^3 + 6x + 5$$

6.2.2 Die Kettenregel

... braucht man zum Ableiten einer verketteten Funktion, also der Hintereinanderausführung zweier Funktionen.

Sind $f : D_f \longrightarrow \mathbb{R}$ und $g : D_g \longrightarrow \mathbb{R}$ zwei differenzierbare Funktionen mit $f(D_f) \subset D_g$, dann ist auch ihre Verkettung $(g \circ f)(x) := g(f(x))$ für $x \in D_f$ eine differenzierbare Funktion $g \circ f : D_f \longrightarrow \mathbb{R}$ mit der Ableitung

$$(g \circ f)'(x) = g'(f(x)) \cdot f'(x)$$

Bei der Ableitung einer verketteten Funktion müssen wir die innere Funktion $f(x)$ in die Ableitung g' der äußeren Funktion einsetzen und dann mit der Ableitung der inneren Funktion $f'(x)$ multiplizieren. Die Multiplikation mit dem Faktor $f'(x)$ bezeichnet man auch als *Nachdifferenzieren*. Wir wollen die Kettenregel kurz begründen und beschränken uns dabei auf den Fall, dass die Funktion f in einer Umgebung von $x_0 \in D_f$ streng monoton ist. Zuerst bringen wir den Differenzenquotienten von $g \circ f$ bei x_0, also

$$\frac{(g \circ f)(x_0 + \Delta x) - (g \circ f)(x_0)}{\Delta x} = \frac{g(f(x_0 + \Delta x)) - g(f(x_0))}{\Delta x}$$

in eine geeignete Form. Wir verwenden dazu die Abkürzungen $y_0 = f(x_0)$ und $\Delta y = f(x_0 + \Delta x) - f(x_0)$, sodass $f(x_0 + \Delta x) = y_0 + \Delta y$ gilt, wobei im Fall $\Delta x \neq 0$ aufgrund der strengen Monotonie von f auch $\Delta y \neq 0$ gilt. Nun erweitern wir den Differenzenquotienten mit Δy:

$$\frac{(g \circ f)(x_0 + \Delta x) - (g \circ f)(x_0)}{\Delta x} = \frac{g(y_0 + \Delta y) - g(y_0)}{\Delta x} \cdot \frac{\Delta y}{\Delta y}$$

$$= \frac{g(y_0 + \Delta y) - g(y_0)}{\Delta y} \cdot \frac{f(x_0 + \Delta x) - f(x_0)}{\Delta x}$$

Beim Grenzübergang $\Delta x \to 0$ konvergiert dann auch $\Delta y = f(x_0 + \Delta x) - f(x_0) \to 0$, da f differenzierbar und somit stetig bei x_0 ist. Insgesamt erhalten wir

$$(g \circ f)'(x_0) = \lim_{\Delta x \to 0} \frac{(g \circ f)(x_0 + \Delta x) - (g \circ f)(x_0)}{\Delta x}$$

$$= \lim_{\Delta y \to 0} \frac{g(y_0 + \Delta y) - g(y_0)}{\Delta y} \cdot \lim_{\Delta x \to 0} \frac{f(x_0 + \Delta x) - f(x_0)}{\Delta x}$$

$$= g'(y_0) \cdot f'(x_0) = g'(f(x_0)) \cdot f'(x_0)$$

Beispiel: Die Funktion $\sin^3 x$ ist eine Verkettung von $g(x) = x^3$ mit $f(x) = \sin x$, also $\sin^3 x = (\sin x)^3 = g(\sin x)$. Die Kettenregel mit $g'(x) = 3x^2$ liefert die Ableitung

$$(\sin^3 x)' = g'(\sin x) \cdot \underset{\text{Nachdiff.}}{(\sin x)'} = 3\sin^2 x \cdot \cos x$$

Dagegen ist die Funktion $\sin x^3$ eine Verkettung von $g(x) = \sin x$ mit $f(x) = x^3$, also $\sin x^3 = \sin(x^3) = g(x^3)$, und gemäß der Kettenregel gilt dann

$$(\sin x^3)' = g'(x^3) \cdot \underset{\text{Nachdiff.}}{(x^3)'} = \cos x^3 \cdot 3x^2$$

Eine noch anschaulichere (wenn auch nicht ganz exakte) Erklärung der Kettenregel liefert uns die Differentialschreibweise: Wir notieren $g(f(x))$ in der Form $g(y)$ mit $y = f(x)$. Die Ableitung ist der Differentialquotient $\frac{d}{dx}g(y)$, d. h., wir wollen eine von y abhängige Funktion nach x differenzieren, wobei die Variablen zunächst nicht zusammenpassen. Durch den folgenden Trick lässt sich aber die Zuordnung der Variablen korrigieren:

$$(g \circ f)'(x) = \frac{dg(y)}{dx} = \frac{dg(y)}{dy} \cdot \frac{dy}{dx} = \frac{dg(y)}{dy} \cdot \frac{df(x)}{dx} = g'(y) \cdot f'(x)$$

Mithilfe der Kettenregel können wir die Ableitungen weiterer elementarer Funktionen berechnen:

(1) Es gilt $\cos x = \sin\left(\frac{\pi}{2} - x\right)$, und somit ist die Ableitung der Kosinusfunktion

$$(\cos x)' = \cos\left(\tfrac{\pi}{2} - x\right) \cdot \left(\tfrac{\pi}{2} - x\right)' = \sin x \cdot (-1) = -\sin x$$

(2) Der natürliche Logarithmus ist die Umkehrung der Exponentialfunktion, sodass

$$e^{\ln x} = x \quad \text{für alle} \quad x \in]0, \infty[$$

gilt. Differenzieren wir die beiden Seiten der Gleichung, wobei wir auf der linken Seite die Kettenregel mit der noch unbekannten Ableitung von $\ln x$ anwenden, dann ergibt sich

$$e^{\ln x} \cdot (\ln x)' = (x)' \quad \implies \quad x \cdot (\ln x)' = 1 \quad \implies \quad (\ln x)' = \tfrac{1}{x}$$

(3) Eine Potenzfunktion x^n mit einem *beliebigen* reellen Exponenten $n \in \mathbb{R}$ können wir als Exponentialfunktion umschreiben:

$$x^n = (e^{\ln x})^n = e^{n \ln x} \quad \implies \quad (x^n)' = e^{n \ln x} \cdot (n \ln x)' = x^n \cdot \tfrac{n}{x} = n x^{n-1}$$

Dieses Resultat haben wir für *natürliche* Exponenten bereits mit dem Differentialquotienten und dem binomischen Lehrsatz erhalten. Mit der Kettenregel lässt sich die Gültigkeit dieser Ableitungsformel auch für Potenzfunktionen mit beliebigen Exponenten bestätigen.

(4) Eine Exponentialfunktion a^x zu einer reellen Basis $a > 0$ kann ebenfalls mithilfe der natürlichen Exponentialfunktion dargestellt werden:

$$a^x = (e^{\ln a})^x = e^{x \ln a} \quad \implies \quad (a^x)' = e^{x \ln a} \cdot (x \ln a)' = a^x \cdot \ln a$$

Beispielsweise ist dann $(2^x)' = \ln 2 \cdot 2^x$ oder $(10^x)' = \ln 10 \cdot 10^x$. Im Spezialfall $a = e$ ergibt sich die bekannte Ableitung $(e^x)' = e^x \cdot \ln e = e^x$.

Falls bei einer Funktion $f(x)$ die Unbekannte x im Exponenten einer Potenz vorkommt, ist es oftmals günstig, die Funktion $g(x) = \ln f(x)$ zu berechnen. Die Ableitung von f ergibt sich dann nach der Kettenregel aus

$$g'(x) = \frac{1}{f(x)} \cdot f'(x) \quad \implies \quad f'(x) = g'(x) \cdot f(x)$$

Diese Ableitungstechnik wird auch als *logarithmisches Differenzieren* bezeichnet.

Beispiel: Für die Ableitung von $f(x) = x^x$ berechnen wir zuerst $g(x) = \ln x^x = x \cdot \ln x$ und erhalten

$$f'(x) = g'(x) \cdot f(x) = \left(1 \cdot \ln x + x \cdot \tfrac{1}{x}\right) \cdot x^x = (\ln x + 1) \cdot x^x$$

6.2.3 Produkt- und Quotientenregel

... werden zum Ableiten eines Produkts oder eines Quotienten zweier Funktionen verwendet.

Sind die Funktionen $f, g : D \longrightarrow \mathbb{R}$ differenzierbar, dann sind auch das Produkt $f(x) \cdot g(x)$ und der Quotient $\frac{f(x)}{g(x)}$ differenzierbare Funktionen mit den Ableitungen

$$(f \cdot g)'(x) = f'(x) \cdot g(x) + f(x) \cdot g'(x)$$
$$\left(\frac{f}{g}\right)'(x) = \frac{f'(x) \cdot g(x) - f(x) \cdot g'(x)}{g(x)^2}$$

Die Produktregel lässt sich am einfachsten mit der Kettenregel begründen. Hierzu differenzieren wir die beiden Seiten der Funktion $(f + g)^2 = f^2 + 2fg + g^2$ jeweils nach der Kettenregel und erhalten

$$2\,(f + g) \cdot (f + g)' = 2f \cdot f' + 2\,(fg)' + 2g \cdot g'$$
$$2f \cdot f' + 2\,(f\,g' + f'\,g) + 2g \cdot g' = 2f \cdot f' + 2\,(fg)' + 2g \cdot g'$$
$$\implies \quad f\,g' + f'\,g = (f\,g)'$$

Alternativ erhält man die Produktregel auch direkt mithilfe des Differentialquotienten. Hierzu müssen wir den Differenzenquotienten von $(f \cdot g)(x) = f(x) \cdot g(x)$ bei $x_0 \in D$ in eine Form bringen, in der wir die Differenzenquotienten von f und g wiederfinden:

$$\frac{(f \cdot g)(x_0 + \Delta x) - (f \cdot g)(x_0)}{\Delta x} = \frac{f(x_0 + \Delta x) \cdot g(x_0 + \Delta x) - f(x_0) \cdot g(x_0)}{\Delta x}$$
$$= \frac{f(x_0 + \Delta x) - f(x_0)}{\Delta x} \cdot g(x_0 + \Delta x) + f(x_0) \cdot \frac{g(x_0 + \Delta x) - g(x_0)}{\Delta x}$$

Nun können wir den Grenzwert für $\Delta x \to 0$ bilden und dabei Differenzenquotienten durch Ableitungen ersetzen:

$$(f \cdot g)'(x_0)$$

$$= \lim_{\Delta x \to 0} \frac{f(x_0 + \Delta x) - f(x_0)}{\Delta x} \cdot g(x_0 + \Delta x) + f(x_0) \cdot \frac{g(x_0 + \Delta x) - g(x_0)}{\Delta x}$$

$$= f'(x_0) \cdot g(x_0) + f(x_0) \cdot g'(x_0)$$

Die Quotientenregel folgt dann mit $g \cdot \frac{f}{g} = f$ unmittelbar aus der Produktregel

$$\left(g \cdot \frac{f}{g} \right)' = f' \quad \Longrightarrow \quad g' \cdot \frac{f}{g} + g \cdot \left(\frac{f}{g} \right)' = f' \quad \Longrightarrow \quad \left(\frac{f}{g} \right)' = \frac{f' g - f g'}{g^2}$$

Beispiele:

(1) Die Ableitung der Funktion $f(x) = x^2 \sin x$ ist nach der Produktregel

$$f'(x) = 2x \cdot \sin x + x^2 \cdot \cos x$$

(2) Die Ableitung der Funktion $f(x) = e^{-x} \sin x$ ist

$$f'(x) = (e^{-x})' \cdot \sin x + e^{-x} \cdot (\sin x)'$$
$$= e^{-x} \cdot (-1) \cdot \sin x + e^{-x} \cdot \cos x = e^{-x}(\cos x - \sin x)$$

(3) Für die Ableitung von $f(x) = \tan x = \frac{\sin x}{\cos x}$ brauchen wir die Quotientenregel:

$$(\tan x)' = \frac{\cos x \cdot \cos x - \sin x \cdot (-\sin x)}{\cos^2 x} = \frac{\cos^2 x + \sin^2 x}{\cos^2 x}$$

Dieses Resultat lässt sich noch vereinfachen. Je nachdem, ob wir den Bruch kürzen oder $\cos^2 x + \sin^2 x = 1$ verwenden, erhalten wir

$$(\tan x)' = 1 + \tan^2 x = \frac{1}{\cos^2 x}$$

(4) Rationale Funktionen werden mit der Quotientenregel differenziert, und die Ableitung ist wieder eine rationale Funktion. Im Fall

$$f(x) = \frac{x^3 - 3x}{x^2 - 1}$$

ergibt sich beispielsweise die Ableitung

$$f'(x) = \frac{(3x^2 - 3) \cdot (x^2 - 1) - (x^3 - 3x) \cdot 2x}{(x^2 - 1)^2} = \frac{x^4 + 3}{(x^2 - 1)^2}$$

Auch die Eulersche Formel lässt sich mithilfe der Differentialrechnung begründen. Die Ableitung der Funktion $f(x) = e^{ix}$ ist nach der Kettenregel $f'(x) = i e^{ix}$, und die Ableitung der Funktion $g(x) = \cos x + i \sin x$ ist gemäß der Summenregel $g'(x) = -\sin x + i \cos x$. Aus der Quotientenregel folgt dann

$$\left(\frac{f}{g}\right)' = \frac{f'(x) \cdot g(x) - f(x) \cdot g'(x)}{g(x)^2}$$

$$= \frac{i\,e^{ix} \cdot (\cos x + i \sin x) - e^{ix} \cdot (-\sin x + i \cos x)}{g(x)^2} = \frac{0}{g(x)^2} = 0$$

Somit muss $\frac{f(x)}{g(x)} \equiv C$ eine konstante Funktion sein, und das bedeutet

$$e^{ix} = C \cdot (\cos x + i \sin x) \quad \text{für alle} \quad x \in \mathbb{R}$$

Zur Bestimmung der Konstante C setzen wir $x = 0$ ein:

$$e^0 = C \cdot (\cos 0 + i \sin 0) = C \quad \Longrightarrow \quad C = 1$$

sodass also tatsächlich $e^{ix} = \cos x + i \sin x$ für alle $x \in \mathbb{R}$ gilt.

6.2.4 Die Umkehrregel

... benötigt man in der Regel nur, um die Ableitung einer Umkehrfunktion zu bestimmen.

Ist die Funktion $f : D \longrightarrow \mathbb{R}$ auf $D \subset \mathbb{R}$ umkehrbar und differenzierbar, dann ist auch die Umkehrfunktion $f^{-1} : f(D) \longrightarrow \mathbb{R}$ differenzierbar mit der Ableitung

$$(f^{-1})'(x) = \frac{1}{f'(f^{-1}(x))}$$

wobei $f'(f^{-1}(x)) \neq 0$ für alle $x \in f(D)$ gilt.

Gemäß dieser Aussage erhält man die Ableitung der Umkehrfunktion, indem man $f^{-1}(x)$ in den Kehrwert der Ableitung von f einsetzt. Zur Begründung der Umkehrregel verwenden wir die Beziehung

$$f(f^{-1}(x)) = x \quad \text{für alle} \quad x \in f(D)$$

Bilden wir die Ableitung auf beiden Seiten, wobei wir auf $f(f^{-1}(x))$ die Kettenregel anwenden, so ergibt sich

$$f'(f^{-1}(x)) \cdot (f^{-1})'(x) = 1$$

Insbesondere kann der erste Faktor $f'(f^{-1}(x))$ nicht Null werden, und Auflösen nach dem zweiten Faktor $(f^{-1})'(x)$ ergibt die angegebene Formel für die Ableitung der Umkehrfunktion.

Beispiel 1. Der natürliche Logarithmus $\ln x$ ist die Umkehrfunktion zu $f(x) = e^x$ mit $f'(x) = e^x$. Gemäß der Umkehrregel gilt dann

$$(\ln x)' = \frac{1}{f'(\ln x)} = \frac{1}{e^{\ln x}} = \frac{1}{x}$$

Beispiel 2. Die Quadratwurzel $\sqrt{x}$ lässt sich als Potenzfunktion ableiten:

$$(\sqrt{x})' = (x^{\frac{1}{2}})' = \tfrac{1}{2} \cdot x^{\frac{1}{2}-1} = \tfrac{1}{2} \cdot x^{-\frac{1}{2}} = \frac{1}{2\sqrt{x}}$$

Alternativ kann man die Ableitung auch mit der Umkehrregel bestimmen:

$$f(x) = x^2, \quad f'(x) = 2x, \quad f^{-1}(x) = \sqrt{x}$$

$$\implies \quad (\sqrt{x})' = \frac{1}{f'(\sqrt{x})} = \frac{1}{2\sqrt{x}}$$

Beispiel 3. Die Ableitung von $\arcsin x$ erhält man durch Anwendung der Umkehrregel auf

$$f(x) = \sin x, \quad f'(x) = \cos x, \quad f^{-1}(x) = \arcsin x$$

$$\implies \quad (\arcsin x)' = \frac{1}{f'(\arcsin x)} = \frac{1}{\cos(\arcsin x)}$$

Mithilfe der Formeln $\cos x = \sqrt{1 - \sin^2 x}$ und $\sin(\arcsin x) = x$ können wir diesen Ausdruck weiter vereinfachen:

$$(\arcsin x)' = \frac{1}{\sqrt{1 - \sin^2(\arcsin x)}} = \frac{1}{\sqrt{1 - x^2}}$$

Beispiel 4. Der Arkustangens $\arctan x$ ist die Umkehrfunktion von $f(x) = \tan x$ für $x \in \,]-\tfrac{\pi}{2}, \tfrac{\pi}{2}[$. $f'(x) = 1 + \tan^2 x$ und die Umkehrregel liefern uns die Ableitung

$$(\arctan)'(x) = \frac{1}{f'(\arctan x)} = \frac{1}{1 + \tan^2(\arctan x)} = \frac{1}{1 + x^2}$$

Wie die letzten zwei Beispiele zeigen, lassen sich Ableitungen von Umkehrfunktionen in einigen Fällen durch Umformen auf $f(f^{-1}(x)) = x$ erheblich vereinfachen. Bemerkenswert ist auch, dass uns die Ableitungen der Arkusfunktionen zu den rationalen Funktionen bzw. Wurzelfunktionen führen.

6.2.5 Kombination mehrerer Ableitungsregeln

In der Praxis treten oftmals Funktionen auf, die aus Summen, Produkten, Quotienten und Verkettungen mehrerer elementarer Funktionen bestehen. Ein solcher mehrfach verschachtelter Funktionsausdruck wird differenziert, indem man die Ableitungsregeln „von außen nach innen" anwendet: Man beginnt mit der Ableitungsregel, die der zuletzt ausgeführten Rechenoperation entspricht. Hierbei ist es ratsam, die einzelnen Schritte zu bestimmen, die bei der Berechnung des Funktionswerts ausgeführt werden, und dann

beim Ableiten in umgekehrter Richtung vorzugehen. Wird am Ende multipliziert, dann
beginnt das Ableiten mit der Produktregel usw.

Beispiel 1. Ableitung einer „gedämpften Schwingung"

$$(e^{-2x} \cdot \sin 3x)' = \underbrace{(e^{-2x})' \cdot \sin 3x + e^{-2x} \cdot (\sin 3x)'}_{\text{Produktregel}}$$

$$= \underbrace{e^{-2x} \cdot (-2)}_{\text{Kettenregel}} \cdot \sin 3x + e^{-2x} \cdot \underbrace{\cos 3x \cdot 3}_{\text{Kettenregel}}$$

$$= e^{-2x}(3 \cos 3x - 2 \sin 3x)$$

Beispiel 2. Eine rationale Funktion der Form

$$R(x) = \frac{x^2}{2 \, (x^2 + 1)^3} = \frac{P(x)}{Q(x)}$$

besteht aus einem Quotienten von Polynomen, wobei hier der Nenner $Q(x) = 2 \, (x^2 + 1)^3$ als Verkettung von Polynomen notiert ist. Wir berechnen die Ableitung von $R(x)$, indem wir zuerst die Quotientenregel und dann bei der Ableitung von $Q(x)$ die Kettenregel anwenden:

$$R'(x) = \frac{P'(x) \cdot Q(x) - P(x) \cdot Q'(x)}{Q(x)^2}$$

$$= \frac{2x \cdot 2 \, (x^2 + 1)^3 - x^2 \cdot 2 \cdot 3 \, (x^2 + 1)^2 \cdot 2 \, x}{4 \, (x^2 + 1)^6}$$

$$= \frac{x \, (x^2 + 1) - 3 \, x^3}{(x^2 + 1)^4} = \frac{x - 2 \, x^3}{(x^2 + 1)^4}$$

Beispiel 3. Bei einer mehrfach verketteten Funktion wie etwa

$$f(x) = \ln(2 + \cos^2 x), \quad x \in \mathbb{R}$$

müssen wir auch mehrmals nachdifferenzieren:

$$f'(x) = \underbrace{\frac{1}{2 + \cos^2 x} \cdot (2 + \cos^2 x)'}_{\text{Kettenregel}} = \frac{1}{2 + \cos^2 x} \cdot \underbrace{(0 + 2 \cos x \cdot (\cos x)')}_{\text{Summen- und Kettenregel}}$$

$$= \frac{2 \cos x \cdot (-\sin x)}{2 + \cos^2 x} = \frac{-\sin 2x}{2 + \cos^2 x}$$

Beispiel 4. Die obere Hälfte des Einheitskreises (= Kreis mit Radius 1 um den Ursprung) wird beschrieben durch die Funktion

$$f(x) = \sqrt{1 - x^2}, \quad x \in [-1, 1]$$

Die Ableitung dieser Funktion ist gemäß der Ketten- und Summenregel

$$f'(x) = \frac{1}{2\sqrt{1 - x^2}} \cdot (0 - 2x) = -\frac{x}{\sqrt{1 - x^2}}, \quad x \in \,]-1, 1[$$

Rein formal kann man mit den Ableitungsregeln jede noch so komplizierte Funktion ableiten, nachdem man die Funktionsvorschrift in einzelne Summen, Produkte, Verkettungen usw. zerlegt hat. Beim Differenzieren handelt es sich um einen Prozess, der sich sogar automatisieren lässt. Computeralgebrasysteme (CAS) sind in der Lage, Funktionen „symbolisch" abzuleiten und die Ableitungen dann auch noch zu vereinfachen.

6.2.6 Ableiten mit dem Horner-Schema

Wir haben das Horner-Schema für die Polynomdivision und zur Auswertung eines Polynoms $P(x)$ an der Stelle x_0 benutzt. Das Horner-Schema liefert bei der Division

$$P(x) : (x - x_0) = Q(x) + \frac{c}{x - x_0}$$

die Koeffizienten des Quotientenpolynoms $Q(x)$ sowie den Rest $c = P(x_0)$. Wir können dieses Ergebnis auch in der Form

$$P(x) = Q(x)(x - x_0) + P(x_0) \quad \Longrightarrow \quad Q(x) = \frac{P(x) - P(x_0)}{x - x_0}$$

notieren. Somit entspricht das Quotientenpolynom $Q(x)$ genau dem Differenzenquotienten von $P(x)$ an der Stelle x_0. Berechnen wir den Grenzwert $x \to x_0$ auf beiden Seiten, dann ergibt sich

$$Q(x_0) = \lim_{x \to x_0} Q(x) = \lim_{x \to x_0} \frac{P(x) - P(x_0)}{x - x_0} = P'(x_0)$$

Wir erhalten also die Ableitung $P'(x_0)$, indem wir das Quotientenpolynom $Q(x)$ an der Stelle x_0 auswerten, und dazu müssen wir nur das bestehende Horner-Schema um zwei Zeilen erweitern. Als Beispiel nehmen wir das Polynom

$$P(x) = -x^5 + 3x^4 - 6x^2 + 7x - 2$$

Gesucht sind die Werte $P(1)$ und $P'(1)$. Das erweiterte Horner-Schema hierzu lautet:

$P(x) \to$		-1	3	0	-6	7	-2
	$1 \cdot$	0	-1	2	2	-4	3
$Q(x) \to$	$\Sigma =$	-1	2	2	-4	3	1
	$1 \cdot$	0	-1	1	3	-1	
	$\Sigma =$	-1	1	3	-1	2	

und damit ist $P(1) = 1$, $P'(1) = Q(1) = 2$. Setzt man das Horner-Schema nach unten fort, so erhält man auch die höheren Ableitungen von P an der Stelle x_0, allerdings muss man die Werte aus dem Horner-Schema nach und nach mit $0! = 1$, $1! = 1$, $2! = 2$, $3! = 6$ usw. multiplizieren (auf eine Begründung wollen wir hier verzichten). Im Beispiel $P(x) = -x^5 + 3x^4 - 6x^2 + 7x - 2$ erhält man etwa für $x_0 = 2$ die grau hinterlegten Werte:

	-1	3	0	-6	7	-2
$2\cdot$	0	-2	2	4	-4	6
$\Sigma =$	-1	1	2	-2	3	4
$2\cdot$	0	-2	-2	0	-4	
$\Sigma =$	-1	-1	0	-2	-1	
$2\cdot$	0	-2	-6	-12		
$\Sigma =$	-1	-3	-6	-14		
$2\cdot$	0	-2	-10			
$\Sigma =$	-1	-5	-16			
$2\cdot$	0	-2				
$\Sigma =$	-1	-7				

und wir entnehmen diesem erweiterten Horner-Schema die Ableitungen

$$P(2) = 0! \cdot 4 = 4$$
$$P'(2) = 1! \cdot (-1) = -1$$
$$P''(2) = 2! \cdot (-14) = -28$$
$$P'''(2) = 3! \cdot (-16) = -96$$
$$P^{(4)}(2) = 4! \cdot (-7) = -168$$

Anwendung auf die kubische Gleichung

Das Horner-Schema kann uns auch bei der Lösung einer kubischen Gleichung behilflich sein. Gemäß dem Lösungsrezept für eine kubische Gleichung $x^3 + ax^2 + bx + c = 0$ in Normalform müssen zunächst die Zahlen

$$p = b - \frac{a^2}{3} \quad \text{sowie} \quad q = c - \frac{ab}{3} + \frac{2a^3}{27}$$

aus den Koeffizienten a, b, c ermittelt werden. Diese Formeln sind sehr unhandlich, und wir suchen eine einfachere Möglichkeit, diese beiden Werte zu berechnen. Zur Erinnerung: p und q sind die Koeffizienten der reduzierten Gleichung $z^3 + pz + q = 0$ nach der kubischen Ergänzung $z = x + \frac{a}{3}$ (siehe Kapitel 2, Abschnitt 2.2.3). Das kubische Polynom, dessen Nullstellen hier gefunden werden sollen, lässt sich demnach in der Form

$$P(x) := x^3 + ax^2 + bx + c = \left(x + \tfrac{a}{3}\right)^3 + p\left(x + \tfrac{a}{3}\right) + q$$

schreiben. Setzen wir $x = -\frac{a}{3}$ in das Polynom ein, dann ist $P(-\frac{a}{3}) = 0^3 + p \cdot 0 + q = q$. Weiter gilt

$$P'(x) = 3\left(x + \tfrac{a}{3}\right)^2 + p$$

und folglich ist $P'(-\frac{a}{3}) = 3 \cdot 0^2 + p = p$. Die gesuchten Werte p, q stimmen also mit dem Ableitungs- bzw. Funktionswert von $P(x) = x^3 + a x^2 + b x + c$ an der Stelle $x = -\frac{a}{3}$ überein, und sie können deshalb mit dem Horner-Schema berechnet werden:

	1	a	b	c
$-\frac{a}{3} \cdot$	0	$-\frac{a}{3}$	$-\frac{2a^2}{9}$	$-\frac{ab}{3} + \frac{2a^3}{27}$
$\Sigma =$	1	$\frac{2a}{3}$	$b - \frac{2a^2}{9}$	q
$-\frac{a}{3} \cdot$	0	$-\frac{a}{3}$	$-\frac{a^2}{9}$	
$\Sigma =$	1	$\frac{a}{3}$	p	

Beispiel 1. Zu lösen ist die kubische Gleichung

$$x^3 + 3x^2 - 6x + 20 = 0$$

Hier ist $a = 3$, $b = -6$ sowie $c = 20$, und mit diesen Koeffizienten werten wir das zweizeilige Horner-Schema an der Stelle $-\frac{a}{3} = -1$ aus:

	1	3	−6	20
$-1 \cdot$	0	−1	−2	8
$\Sigma =$	1	2	−8	28
$-1 \cdot$	0	−1	−1	
$\Sigma =$	1	1	−9	

Somit ist $q = 28$ und $p = -9$. Die quadratische Resolvente $w^2 + 28w + 27 = 0$ hat zwei reelle Nullstellen $w_{1/2} = \frac{-28 \pm 26}{2}$. Wir wählen $w = -27$ und berechnen damit eine erste Lösung der kubischen Gleichung

$$u = \sqrt[3]{w} = -3, \quad v = -\frac{p}{3u} = -1, \quad z = u + v = -4 \quad \Longrightarrow \quad x_1 = z - \frac{a}{3} = -5$$

Beispiel 2: $x^3 - 12x^2 + 9x + 162 = 0$

Für $a = -12$, $b = 9$ und $c = 162$ sowie $-\frac{a}{3} = 4$ liefert das Horner-Schema

	1	−12	9	162
$4 \cdot$	0	4	−32	−92
$\Sigma =$	1	−8	−23	70
$4 \cdot$	0	4	−16	
$\Sigma =$	1	−4	−39	

die Werte $p = -39$ und $q = 70$. Die quadratische Resolvente

$$0 = w^2 + q\,w - \left(\tfrac{p}{3}\right)^3 = w^2 + 70\,w + 2197$$

hat hier keine reelle Lösung, und daher müssen wir trigonometrisch rechnen:

$$\cos 3\alpha = \tfrac{3\,q}{2\,p} \cdot \sqrt{-\tfrac{3}{p}} = \tfrac{3 \cdot 70}{2 \cdot (-39)} \cdot \sqrt{-\tfrac{3}{-39}} = -\tfrac{35}{13} \cdot \sqrt{\tfrac{1}{13}} = -0{,}74671\ldots$$

ergibt zunächst $\alpha = 46{,}102\ldots°$, und daraus erhalten wir eine erste Lösung mit

$$z = \sqrt{-\tfrac{4}{3}\,p} \cdot \cos\alpha = 2\sqrt{13} \cdot \cos 46{,}102\ldots° = 5 \quad \Longrightarrow \quad x_1 = z - \tfrac{a}{3} = 9$$

Eine nachfolgende Polynomdivision können wir ebenfalls mit dem Horner-Schema durchführen:

	1	−12	9	162
9 ·	0	9	−27	−162
Σ =	1	−3	−18	0

Übrig bleibt eine quadratische Gleichung $x^2 - 3\,x - 18 = 0$, welche noch zwei weitere reelle Lösungen $x_2 = -3$ und $x_3 = 6$ beisteuert.

6.3 Erste Anwendungen der Ableitung

Eine Hauptaufgabe der Differentialrechnung ist sicherlich die Kurvendiskussion. Hierbei werden mit rechnerischen Mitteln möglichst viele Informationen über den Verlauf eines Funktionsgraphen ermittelt. Zu den wichtigsten Merkmalen einer Funktion gehören die Nullstellen, die Lage und Art der Extremstellen, die Monotoniebereiche sowie das Krümmungsverhalten (Konvexität). Diese Kenngrößen sollen im Folgenden mit den Werkzeugen aus der Differentialrechnung bestimmt werden. Als mathematische Hilfsmittel stehen uns Grenzwerte und Ableitungen zur Verfügung. Zusätzlich kann man mit der Ableitung kompliziertere Funktionen „linearisieren" sowie Grenzwerte unbestimmter Ausdrücke berechnen.

6.3.1 Linearisierung einer Funktion

Die Ableitung einer Funktion f an der Stelle $x_0 \in D$ ist der Grenzwert

$$f'(x_0) = \lim_{x \to x_0} \frac{f(x) - f(x_0)}{x - x_0} \quad \text{(Differentialquotient)}$$

Insbesondere gilt dann für die Werte x in der Nähe von x_0, also für $x \approx x_0$

$$\frac{f(x) - f(x_0)}{x - x_0} \approx f'(x_0) \quad \Longrightarrow \quad f(x) \approx f(x_0) + f'(x_0)(x - x_0)$$

und diese Näherung ist umso genauer, je kleiner der Abstand von x zu x_0 ist. Wir können also eine differenzierbare Funktion $y = f(x)$ näherungsweise durch ihre Tangente an der Stelle x_0 ersetzen. Die Approximation $f(x) \approx f(x_0) + f'(x_0)(x - x_0)$ für $x \approx x_0$ bezeichnet man als Linearisierung von f bei x_0. In der Praxis lässt sich damit ein komplizierter Rechenausdruck (= Funktion) durch eine einfache Formel (= Tangente) annähern. Aber auch elementare Funktionen wie e^x, $\sin x$ oder $\ln x$ können durch Linearisierung näherungsweise berechnet werden.

Beispiel 1. Im Fall $f(x) = e^x$ ist $f(0) = f'(0) = e^0 = 1$ und damit

$$e^x \approx e^0 + 1 \cdot (x - 0) = 1 + x \quad \text{für} \quad x \approx 0$$

Die Funktion $f(x) = \sin x$ können wir wegen $f'(0) = \cos 0 = 1$ durch

$$\sin x \approx \sin 0 + 1 \cdot (x - 0) = x \quad \text{für} \quad x \approx 0$$

abschätzen, und bei $f(x) = \ln x$ ergibt sich wegen $f'(x) = \frac{1}{x}$

$$\ln x \approx \ln 1 + \tfrac{1}{1} \cdot (x - 1) = x - 1 \quad \text{für} \quad x \approx 1$$

Beispielsweise ist dann $\ln 1{,}01 \approx 1{,}01 - 1 = 0{,}01$. Zum Vergleich: der exakte Wert ist $\ln 1{,}01 = 0{,}00995\ldots$

Beispiel 2. Wir wollen die Funktion

$$f(x) = \sqrt[5]{\frac{4}{3x - 2}} \quad \text{mit} \quad f(2) = \sqrt[5]{\frac{4}{3 \cdot 2 - 2}} = 1$$

näherungsweise für Werte $x \approx 2$ berechnen. Die Ableitung (Übung!) ist

$$f'(x) = -\frac{12}{5 \left(\sqrt[5]{\frac{4}{3x-2}} \right)^4 \cdot (3x - 2)^2} \quad \Longrightarrow \quad f'(1) = -\frac{3}{20} = -0{,}15$$

sodass wir die Approximation $f(x) \approx 1 - 0{,}15(x - 2) = 1{,}3 - 0{,}15\,x$ im Bereich $x \approx 2$ erhalten. Im Fall $x = 1{,}8$ beispielsweise ergibt sich für den exakten Funktionswert $f(1{,}8) = 1{,}03303\ldots$ der bereits sehr gute Näherungswert $1{,}03$.

Um eine noch bessere Abschätzung zu erhalten, müssen wir f bei x_0 durch eine einfache, aber i. Allg. gekrümmte Kurve annähern. Hierfür bietet sich z. B. eine Parabel an. Wir kommen auf dieses Problem in Abschnitt 6.4.3 zurück.

6.3.2 Das Newton-Verfahren

Die Nullstellen einer Funktion $f : D \longrightarrow \mathbb{R}$ sind die Lösungen der Gleichung $f(x) = 0$. Oftmals lässt sich diese Gleichung nicht analytisch lösen, d. h., es gibt keine Formel für die Berechnung der Nullstellen von f. Beispiele hierfür sind

$$x^5 - x - 1 = 0 \quad \text{oder} \quad x - 2\sin x - 3 = 0$$

In einem solchen Fall kann man dennoch eine oder mehrere Lösungen der Gleichung beliebig genau berechnen, und zwar mit einem numerischen Verfahren. Ein in der Praxis häufig verwendetes Näherungsverfahren ist das *Iterationsverfahren von Newton*. Bei einem Iterationsverfahren beginnt man mit einem Startwert (ersten Näherungswert) x_0 und berechnet daraus fortlaufend einen verbesserten Näherungswert mittels einer Rechenvorschrift der Form

$$x_{n+1} = F(x_n) \quad \text{für} \quad n = 0, 1, 2, 3, \ldots$$

Der Startwert x_0 liefert nacheinander die Werte

$$x_1 = F(x_0), \quad x_2 = F(x_1), \quad x_3 = F(x_2) \quad \text{usw.}$$

Die so konstruierte Folge konvergiert dann unter gewissen Voraussetzungen gegen eine Nullstelle von f. Wir müssen nur noch eine passende Iterationsvorschrift $F(x_n)$ finden. Hierfür gibt es verschiedene Möglichkeiten, aber wir wollen hier nur das Newton-Verfahren etwas genauer untersuchen.

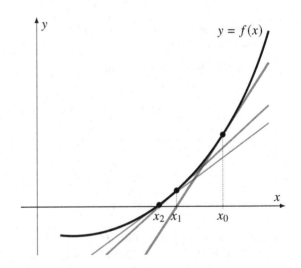

Abb. 6.4 Das Newton-Verfahren

Wir gehen im Folgenden davon aus, dass $f : D \longrightarrow \mathbb{R}$ eine differenzierbare Funktion ist. Das Newton-Verfahren nähert die Funktion f bei x_0 durch die Tangente an:

$$f(x) \approx f(x_0) + f'(x_0) \cdot (x - x_0) \quad \text{für} \quad x \approx x_0$$

(die Näherung ist umso besser, je kleiner der Abstand von x zu x_0 ist) und berechnet anstatt der Nullstelle von f die Nullstelle x_1 der Tangente bei x_0, siehe Abb. 6.4:

$$f(x_0) + f'(x_0) \cdot (x_1 - x_0) = 0 \quad \Longrightarrow \quad x_1 = x_0 - \frac{f(x_0)}{f'(x_0)}$$

Nun nehmen wir x_1 als neuen Näherungswert und wiederholen die Rechnung. Die Nullstelle der Tangente bei x_1 ist der nächste Näherungswert

$$x_2 = x_1 - \frac{f(x_1)}{f'(x_1)}$$

Wir setzen das Verfahren fort und erhalten so nach $n + 1$ Schritten den Näherungswert

$$x_{n+1} = x_n - \frac{f(x_n)}{f'(x_n)} \quad \text{mit} \quad n = 0, 1, 2, 3, \dots$$

Beispiel 1. Wir wollen die (einzige) Nullstelle der Funktion $f(x) = x^5 - x - 1$ berechnen. Wegen $f(1) = -1$ und $f(2) = 29$ liegt sie zwischen $x = 1$ und $x = 2$ (Zwischenwertsatz). Aus der Ableitung $f'(x) = 5x^4 - 1$ ergibt sich die Iterationsvorschrift

$$x_{n+1} = x_n - \frac{x_n^5 - x_n - 1}{5x_n^4 - 1}$$

Das Newton-Iterationsverfahren mit dem Anfangswert $x_0 = 1$ liefert uns die Werte

n	x_n
1	1,25000000
2	1,17845939
3	1,16753739
4	1,16730408
5	1,16730398
6	1,16730398

Rechnen wir mit einer Genauigkeit von acht Nachkommastellen, so stellen wir fest, dass sich ab $n = 5$ der Näherungswert nicht mehr ändert. Im Rahmen der gewählten Genauigkeit ist die gesuchte Nullstelle daher bei $x = 1,16730398$.

Beispiel 2. Gesucht ist eine Lösung $x \in \mathbb{R}$ der Gleichung $x - 2\sin x = 3$. Um das Newton-Verfahren anwenden zu können, formulieren wir das Problem wie folgt um: Zu berechnen ist eine Nullstelle der Funktion $f(x) = x - 2\sin x - 3$. Die Ableitung ist $f'(x) = 1 - 2\cos x$, und daher lautet die Iterationsvorschrift

$$x_{n+1} = x_n - \frac{x_n - 2\sin x_n - 3}{1 - 2\cos x_n}$$

Wegen $\sin \pi = 0$ ist $f(\pi) = \pi - 3 \approx 0$ und somit $x_0 = \pi$ ein guter Näherungswert für die Nullstelle. Das Iterationsverfahren produziert die Werte

n	x_n
1	3,09439510
2	3,09438341
3	3,09438341

Bei einer Genauigkeit von acht Nachkommastellen liefert uns das Newton-Verfahren bereits nach drei Iterationen die Nullstelle $x = 3,09438341$.

Beispiel 3 (Quadratwurzel). Der Wert $\sqrt{a}$ ist die Nullstelle der Funktion $f(x) = x^2 - a$ mit $f'(x) = 2x$. Das Newton-Verfahren lautet in diesem Fall

$$x_{n+1} = x_n - \frac{x_n^2 - a}{2\,x_n} = \frac{1}{2}\left(x_n + \frac{a}{x_n}\right)$$

und entspricht damit genau dem babylonischen Wurzelziehen (Heron-Verfahren) aus Kapitel 1, Abschnitt 1.1.6. Zur Berechnung von beispielsweise $\sqrt{5}$ nehmen wir den Startwert $x_0 = 2$ und erhalten

n	x_n
1	2,25000000
2	2,23611111
3	2,23606798
4	2,23606798

Also ist $\sqrt{5} = 2{,}23606798$ mit einer Genauigkeit von acht Nachkommastellen.

Um das Newton-Verfahren erfolgreich anwenden zu können, muss man den Startwert behutsam wählen. Die Konvergenz der Näherungswerte bei der Newton-Iteration kann nur dann garantiert werden, wenn der Startwert x_0 bereits hinreichend nahe an der exakten Nullstelle liegt. Nehmen wir z. B. $x_0 = 0$ als ersten Näherungswert für die Nullstelle von $f(x) = x^3 - 2x + 2$ mit $f'(x) = 3x^2 - 2$, dann erhalten wir

$$x_1 = 0 - \frac{2}{-2} = 1, \quad x_2 = 1 - \frac{1}{1} = 0, \quad x_3 = 1, \quad x_4 = 0, \quad \dots$$

Diese Folge der „Näherungswerte" pendelt zwischen 0 und 1 und konvergiert folglich nicht gegen eine Nullstelle von f. Als weiteres Beispiel berechnen wir noch die Nullstellen von

$$f(x) = \frac{2 - x^2}{1 + x^2}$$

Sie liegen exakt bei $x = \pm\sqrt{2}$ (Nullstellen des Zähler). Wir wollen nun speziell die Nullstelle $x = \sqrt{2} = 1{,}4142\dots$ auf acht Nachkommastellen genau nach Newton bestimmen, und dazu führen wir das Verfahren mit verschiedenen Startwerten durch:

Startwert	Näherungswert
$x_0 = 1$	$x_4 = +1{,}41421356$
$x_0 = 1{,}5$	$x_3 = +1{,}41421356$
$x_0 = 2$	$x_5 = +1{,}41421356$
$x_0 = 3$	$x_5 = -1{,}41421356$
$x_0 = 4$	$|x_n| \to \infty$

Befindet sich x_0 in der Nähe der erwarteten Nullstelle (z. B. $x_0 = 1{,}5$), dann liefert das Newton-Verfahren schnell den gesuchten Wert mit der gewünschten Genauigkeit. In anderen Fällen wie etwa für $x_0 = 3$ ergibt sich eine unerwartete Nullstelle, oder das Newton-Verfahren konvergiert (wie im Fall $x_0 = 4$) überhaupt nicht mehr. Damit das Newton-Verfahren funktioniert, braucht man also einen hinreichend guten Startwert, welchen man z. B. mit einem Funktionsplotter oder mit einer passenden Abschätzung (wie etwa im Fall $x - 2\sin x - 3 = \pi - 2\sin\pi - 3 \approx 0$ für $x = \pi$) erhält. Hat man diesen gefunden, dann gilt die folgende Faustregel:

Ist x eine einfache Nullstelle einer beliebig oft differenzierbaren Funktion, und ist der Startwert x_0 bereits hinreichend nahe bei der tatsächlichen Nullstelle x, dann verdoppelt das Newton-Verfahren bei jedem Schritt die Anzahl der gültigen Dezimalstellen!

Das Gräffe-Verfahren

Mit dem Newton-Verfahren kann man eine Nullstelle der Gleichung $f(x) = 0$ beliebig genau bestimmen, sobald nur ein passender Näherungswert x_0 für die tatsächliche Nullstelle bekannt ist. Wie aber findet man einen „passenden" Näherungswert, falls man keinen Funktionsplotter o. dgl. zur Hand hat? Wir betrachten im Folgenden den Fall, dass $f(x) = P(x)$ ein normiertes Polynom vom Grad n ist, d. h., wir wollen eine algebraische Gleichung n-ten Grades

$$0 = P(x) = x^n + a_{n-1} x^{n-1} + a_{n-2} x^{n-2} + \ldots + a_1 x + a_0$$

mit reellen Koeffizienten lösen. Zur Vereinfachung setzen wir voraus, dass die betragsmäßig größte Nullstelle x_1 von $P(x)$ eine einfache Nullstelle ist, d. h., die n (ggf. auch komplexen) Nullstellen von $P(x)$ lassen sich dem Betrag nach in der Form

$$|x_1| > |x_2| \geq |x_3| \geq \ldots \geq |x_n|$$

anordnen. Das von Karl Heinrich Gräffe 1837 in „Die Auflösung der höheren numerischen Gleichungen" veröffentlichte Verfahren ist eine Methode, bei der die Nullstelle x_1 durch Quadrieren immer weiter von den übrigen getrennt wird. Ein Startwert ist nicht nötig, und daher kann es einem Näherungsverfahren wie z. B. dem Newton-Verfahren vorgeschaltet werden.

Zunächst soll kurz die Funktionsweise dieses Gräffe-Verfahrens beschrieben werden. Mit den Nullstellen $x_1, \ldots, x_n$ können wir das Polynom n-ten Grades $P(x)$ vollständig in Linearfaktoren

$$P(x) = (x - x_1)(x - x_2) \cdots (x - x_n)$$

zerlegen. Setzen wir $-x$ anstelle von x ein, dann ergibt sich

$$P(-x) = (-x - x_1)(-x - x_2) \cdots (-x - x_n)$$
$$= (-1)^n \cdot (x + x_1)(x + x_2) \cdots (x + x_n)$$

Nun bilden wir das Produkt

$$(-1)^n \cdot P(x) \cdot P(-x) = (x^2 - x_1^2)(x^2 - x_2^2) \cdots (x^2 - x_n^2)$$

wobei wir die Linearfaktoren mit der binomischen Formel $(x - x_k)(x + x_k) = x^2 - x_k^2$ zusammengefasst haben. Setzen wir $\sqrt{x}$ für x ein (bzw. ersetzen wir x^2 durch x), dann erhalten wir wieder ein normiertes Polynom vom Grad n, nämlich

$$P_1(x) := (-1)^n \cdot P(\sqrt{x}) \cdot P(-\sqrt{x}) = (x - x_1^2)(x - x_2^2) \cdots (x - x_n^2)$$

welches die Nullstellen x_k^2 für $k = 1, \ldots, n$ besitzt. Durch das Quadrieren wird x_1 von den übrigen Nullstellen weiter getrennt: Unterscheiden sich z. B. $|x_1| = r \cdot |x_2|$ um den Faktor $r > 1$, dann liegen $x_1^2 = r^2 x_2^2$ wegen $r^2 > r$ schon weiter auseinander. Nun können wir das Produkt $P_2(x) := (-1)^n \cdot P_1(\sqrt{x}) \cdot P_1(-\sqrt{x})$ bilden: Es liefert ein normiertes Polynom vom Grad n, dessen Nullstellen die Werte x_k^4 sind. Setzen wir das Verfahren fort, dann erhalten wir nach m Schritten ein Polynom $P_m(x)$ vom Grad n mit den Nullstellen $X_k = x_k^M$, wobei $M := 2^m$ ist. Falls dieses Polynom die Darstellung

$$P_m(x) = x^n + A_{n-1} x^{n-1} + A_{n-2} x^{n-2} + \ldots + A_1 x + A_0$$

besitzt, dann gilt nach dem Satz von Vieta für die Summe der Nullstellen

$$X_1 + X_2 + \ldots + X_n = -A_{n-1}$$

Da mit ansteigender Schrittzahl m die Nullstellen $X_2, \ldots, X_n$ gegenüber X_1 immer kleiner werden, können wir diese in obiger Summe auch vernachlässigen und erhalten

$$-A_{n-1} \approx X_1 + 0 + \ldots 0 = X_1 = x_1^M \quad \Longrightarrow \quad \boxed{x_1 \approx \sqrt[M]{-A_{n-1}}}$$

Beispiel: Wir suchen eine Lösung der Gleichung 5. Grades $x^5 - 2x^4 - 3x + 1 = 0$. Dazu definieren wir das Polynom $P(x) := x^5 - 2x^4 - 3x + 1$ und bilden in einem ersten Schritt das Produkt

$$(-1)^5 \cdot P(x) \cdot P(-x) = -(x^5 - 2x^4 - 3x + 1)(-x^5 - 2x^4 + 3x + 1)$$
$$= x^{10} - 4x^8 - 6x^6 + 4x^4 + 9x^2 - 1$$

Ersetzen wir x^2 durch x (bzw. setzen wir $\sqrt{x}$ für x ein), dann ist

$$P_1(x) := (-1)^5 \cdot P(\sqrt{x}) \cdot P(-\sqrt{x}) = x^5 - 4x^4 - 6x^3 + 4x^2 + 9x - 1$$

Nun wiederholen wir die Rechnung für $P_1(x)$, d. h., in

$$(-1)^5 \cdot P_1(x) \cdot P_1(-x) = x^{10} - 28x^8 + 86x^6 - 132x^4 + 89x^2 - 1$$

setzen wir $\sqrt{x}$ für x ein und erhalten

$$P_2(x) := (-1)^5 \cdot P_1(\sqrt{x}) \cdot P_1(-\sqrt{x}) = x^5 - 28x^4 + 86x^3 - 132x^2 + 89x - 1$$

Bei jedem „Gräffe-Schritt" wird die betragsmäßig größte Nullstelle x_1 von $P(x)$ quadriert und weiter von den übrigen separiert. Wir begnügen uns hier mit zwei Schritten: x_1^4 ist dann die betragsmäßig größte Nullstelle von $P_2(x)$, und es gilt

$$x_1^4 \approx -A_4 = 28 \quad \Longrightarrow \quad x_1 \approx \sqrt[4]{28} \approx 2{,}3$$

Mit Newton-Verfahren können wir nun die Nullstelle bis zur gewünschten Genauigkeit verbessern. Die Iterationsvorschrift

$$x_{n+1} = x_n - \frac{P(x_n)}{P'(x_n)} = x_n - \frac{x_n^5 - 2x_n^4 - 3x_n + 1}{5x_n^4 - 8x_n^3 - 3}, \quad n = 1, 2, 3 \ldots$$

mit dem Startwert $x_1 = 2{,}3$ liefert die Werte

$$x_2 = 2{,}236964468\ldots$$
$$x_3 = 2{,}230142942\ldots$$
$$x_4 = 2{,}230067679\ldots$$
$$x_5 = 2{,}230067670\ldots$$
$$x_6 = 2{,}230067670\ldots$$

Wir erhalten die auf neun Nachkommastellen genaue Lösung $2{,}230067670$.

6.3.3 Extremstellen

Bei einer Funktion $f : D \longrightarrow \mathbb{R}$ interessiert man sich besonders für die Stellen $x \in D$, an denen der Funktionswert maximal oder minimal wird. Man unterscheidet hierbei zwischen lokalen und globalen Extremstellen. Man sagt, die Funktion f hat an der Stelle $x_0 \in D$ ein *globales Maximum bzw. Minimum*, falls

$$f(x) \leq f(x_0) \quad \text{bzw.} \quad f(x) \geq f(x_0) \quad \text{für } \underline{\text{alle}} \; x \in D$$

gilt, und man nennt x_0 ein *lokales Maximum bzw. Minimum*, falls die schwächere Bedingung

$$f(x) \leq f(x_0) \quad \text{bzw.} \quad f(x) \geq f(x_0) \quad \text{in einer Umgebung von } x_0$$

erfüllt ist. Eine globale Extremstelle ist insbesondere auch eine lokale Extremstelle, und solche lokalen Extremstellen kann man berechnen. Dass man sich beim Aufsuchen der Extremstellen nicht nur auf einen Funktionsplotter verlassen sollte, zeigt das Beispiel in Abb. 6.5. Dort ist die Funktion $f(x) = x^4 - 0{,}02\,x^2 + 0{,}5$ dargestellt. Auf den ersten Blick ist bei $x = 0$ das globale Minimum. Erst eine Vergrößerung des Funktionsgraphen an der Stelle $x = 0$ zeigt, dass dort ein lokales Maximum ist, während die Funktion bei $x = \pm 0{,}1$ ihr globales Minimum annimmt.

Die folgende Aussage liefert uns ein nützliches Kriterium zur Berechnung lokaler Extremstellen:

Ist $f : D \longrightarrow \mathbb{R}$ eine differenzierbare Funktion auf einem Intervall $D \subset \mathbb{R}$ und x_0 eine lokale Extremstelle von f im Inneren von D (also kein Randpunkt), dann gilt $f'(x_0) = 0$.

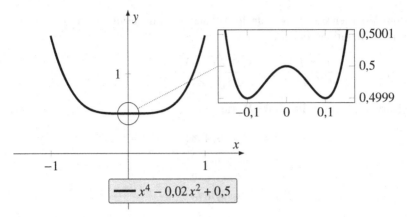

Abb. 6.5 Lokale Extremstellen nahe bei $x = 0$

Wir begründen diese Aussage für den Fall, dass f bei x_0 ein lokales Maximum hat. Hier gilt

$$f(x_0 + \Delta x) \leq f(x_0) \quad \text{bzw.} \quad f(x_0 + \Delta x) - f(x_0) \leq 0$$

für einen betragsmäßig kleinen Wert Δx, sodass auch noch $x_0 + \Delta x$ im Intervall D liegt. Falls x_0 ein Punkt im Inneren von D ist, dann können wir für Δx sowohl positive als auch negative Werte wählen. Im positiven Fall $\Delta x > 0$ gilt dann für den Differenzenquotienten bzw. die Ableitung gemäß der obigen Ungleichung

$$\frac{f(x_0 + \Delta x) - f(x_0)}{\Delta x} \leq 0 \quad \underset{0 < \Delta x \to 0}{\Longrightarrow} \quad f'(x_0) \leq 0$$

Teilen wir dagegen durch einen negativen Wert $\Delta x < 0$, so ist

$$\frac{f(x_0 + \Delta x) - f(x_0)}{\Delta x} \geq 0 \quad \underset{0 > \Delta x \to 0}{\Longrightarrow} \quad f'(x_0) \geq 0$$

Insgesamt ergibt sich sowohl $f'(x_0) \leq 0$ als auch $f'(x_0) \geq 0$, und daher muss $f'(x_0) = 0$ sein. Eine ähnliche Überlegung liefert $f'(x_0) = 0$ bei einem lokalen Minimum.

Aus obigem Kriterium folgt, dass bei einer lokalen Extremstelle im Inneren des Definitionsbereichs die Ableitung verschwindet. Die lokalen Extremstellen von f sind demnach bei den Nullstellen von f' zu suchen. Aber Achtung: Aus $f'(x_0) = 0$ folgt nicht automatisch, dass x_0 auch eine Extremstelle von f ist. Beispielsweise hat die Funktion $f(x) = x^3$ die Ableitung $f'(x) = 3x^2$, sodass zwar $f'(0) = 0$ gilt, wobei aber $x_0 = 0$ keine lokale Extremstelle ist, sondern ein *Terrassenpunkt* – die Funktion x^3 ist nämlich in einer Umgebung von $x_0 = 0$ streng monoton steigend.

Eine Nullstelle von f' im Inneren des Definitionsbereichs ist also stets nur eine *mögliche* Extremstelle von f. Hinzukommt, dass die Funktion auch am Rand des Definitionsbereichs eine lokale Extremstelle haben kann, und für eine lokale Extremstelle von f in einem Randpunkt x_0 von D gilt in der Regel $f'(x_0) \neq 0$. Um festzustellen, ob eine Nullstelle $x_0 \in D$ von f' tatsächlich auch eine lokale Extremstelle ist, muss man das Verhalten von f in der Nähe von x_0 genauer untersuchen oder weitere Eigenschaften der

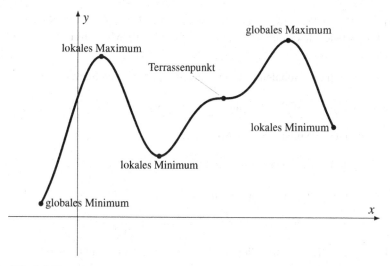

Abb. 6.6 Verschiedene Arten von Extremstellen

Funktion heranziehen, wie z. B. die Monotonie oder Konvexität. Wir kommen darauf in den folgenden Abschnitten zurück.

Zum Auffinden der *globalen* Extremstellen von f genügt es aber, die Nullstellen der Ableitung zu ermitteln. Falls $a < x_1 < x_2 < \ldots < b$ die Nullstellen von f' im Inneren des Definitionsbereichs $D = [a, b]$ sind, dann berechnet man die Funktionswerte $f(x_1)$, $f(x_2), \ldots$ und vergleicht sie mit den Randwerten $f(a)$, $f(b)$. Ist f in den Randpunkten a oder b nicht definiert, dann vergleicht man sie mit den Grenzwerten $\lim_{x \to a} f(x)$ bzw. $\lim_{x \to b} f(x)$. Aus den „Kandidaten" $a, x_1, x_2, \ldots, b$ für die lokalen Extremstellen wählt man letztlich die Stellen mit dem kleinsten bzw. größten Funktionswert aus.

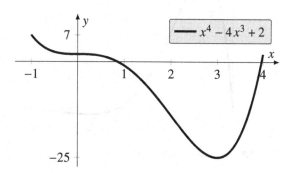

Abb. 6.7 Ein Polynom vierten Grades

Beispiel 1. Zu berechnen sind die globalen Extremstellen des Polynoms

$$f(x) = x^4 - 4x^3 + 2, \quad x \in [-1, 4]$$

Es hat die Ableitung $f'(x) = 4x^3 - 12x^2$ mit den Nullstellen $x_1 = 0$ und $x_2 = 3$. Diese sind auch die möglichen Extremstellen von f. Wir vergleichen die Funktionswerte

$f(0) = 2$ und $f(3) = -25$ mit den Randwerten $f(-1) = 7$ und $f(4) = 2$. Somit ist bei $x = -1$ das globale Maximum und bei $x = 3$ das globale Minimum von f, vgl. Abb. 6.7

Beispiel 2. Wir suchen die globalen Extremstellen der gedämpften Schwingung

$$f(x) = e^{-x} \sin x, \quad x \in [0, \infty[$$

und berechnen zuerst die Nullstellen der Ableitung

$$f'(x) = -e^{-x} \sin x + e^{-x} \cos x = e^{-x}(\cos x - \sin x)$$

Wegen $e^{-x} \neq 0$ müssen wir „nur" eine trigonometrische Gleichung lösen:

$$\cos x - \sin x = 0 \quad \Longrightarrow \quad \tan x = 1 \quad \Longrightarrow \quad x_k = \tfrac{\pi}{4} + k \cdot \pi$$

mit $k = 0, 1, 2, \ldots$ An diesen Nullstellen der Ableitung hat f die Funktionswerte

$$f(x_k) = e^{-\frac{\pi}{4} - k \cdot \pi} \sin(\tfrac{\pi}{4} + k \cdot \pi) = \pm \tfrac{1}{2}\sqrt{2} \cdot e^{-\frac{\pi}{4}} \cdot e^{-k \cdot \pi}$$

wobei das Vorzeichen $+$ bei geraden k und $-$ bei ungeraden Werten k zu nehmen ist. Mit steigendem $k \in \mathbb{N}$ wird der Faktor $e^{-k \cdot \pi}$ betragsmäßig immer kleiner und geht für $k \to \infty$ gegen Null. Am Rand des Definitionsbereichs haben wir die Werte $f(0) = 0$ und $\lim_{x \to \infty} f(x) = 0$. Das globale Maximum nimmt die Funktion daher für $k = 0$ bei $x_0 = \tfrac{\pi}{4}$ an, und das globale Minimum ist für $k = 1$ bei $x_1 = \tfrac{5\pi}{4}$, siehe Abb. 6.8.

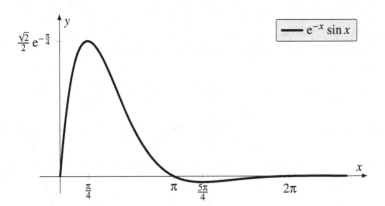

Abb. 6.8 Gedämpfte Schwingung

6.3.4 Monotoniebereiche

Mit der Ableitung können wir nicht nur die Extremstellen, sondern auch die Monotoniebereiche einer Funktion f bestimmen. Grundlage dafür ist der

Mittelwertsatz der Differentialrechnung: Ist $f : D \longrightarrow \mathbb{R}$ eine differenzierbare Funktion auf einem Intervall $D \subset \mathbb{R}$, dann gibt es zu zwei beliebigen Punkten $x_1 < x_2$ in D mindestens eine Stelle $x_1 < x_0 < x_2$ mit

$$\frac{f(x_2) - f(x_1)}{x_2 - x_1} = f'(x_0)$$

Geometrisch besagt der Mittelwertsatz, dass die Sekantensteigung bei $x_1 < x_2$, welche man auch als „Mittelwert der Funktionswerte" interpretieren kann, mit der Steigung der Tangente an einer (i. Allg. unbekannten) Zwischenstelle $x_0 \in \,]x_1, x_2[$ übereinstimmt, vgl. Abb. 6.9.

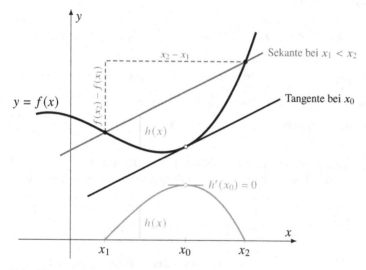

Abb. 6.9 Zum Mittelwertsatz der Differentialrechnung

Zur Begründung dieser Aussage untersuchen wir den Unterschied

$$h(x) = \underbrace{f(x_1) + \frac{f(x_2) - f(x_1)}{x_2 - x_1} \cdot (x - x_1)}_{\text{Sekantengleichung}} - f(x)$$

zwischen der Sekante und der Funktion $f(x)$ für $x \in [x_1, x_2]$. Diese Differenz hat an den Stellen x_1 und x_2 die gleichen Werte

$$h(x_1) = f(x_1) - \frac{f(x_2) - f(x_1)}{x_2 - x_1} \cdot (x_1 - x_1) - f(x_1) = 0$$

$$h(x_2) = f(x_1) + \frac{f(x_2) - f(x_1)}{x_2 - x_1} \cdot (x_2 - x_1) - f(x_2) = 0$$

Entweder ist dann $h(x)$ konstant Null auf dem ganzen Intervall $[x_1, x_2]$, oder aber $h(x)$ besitzt im Intervall $]x_1, x_2[$ positive bzw. negative Funktionswerte. In beiden Fällen gibt es gemäß dem Extremwertsatz eine Stelle x_0 im *offenen* Intervall $]x_1, x_2[$, an der die differenzierbare (und damit stetige) Funktion $h(x)$ das globale Maximum oder Minimum annimmt. Bei x_0 ist dann auch ein lokaler Extremwert von $h(x)$, und daher muss $h'(x_0) = 0$ gelten. Wegen

$$h'(x) = \frac{f(x_2) - f(x_1)}{x_2 - x_1} - f'(x)$$

ergibt sich

$$0 = h'(x_0) = \frac{f(x_2) - f(x_1)}{x_2 - x_1} - f'(x_0) \quad \Longrightarrow \quad f'(x_0) = \frac{f(x_2) - f(x_1)}{x_2 - x_1}$$

Aus dem Mittelwertsatz wiederum erhalten wir die folgende Aussage über die Monotonie einer Funktion in einem Intervall:

Eine differenzierbare Funktion $f : D \longrightarrow \mathbb{R}$ ist im *abgeschlossenen* Intervall $[a, b] \subset D$

- streng monoton steigend, falls $f'(x) > 0$ für alle $x \in]a, b[$ gilt, und

- streng monoton fallend, wenn $f'(x) < 0$ für alle $x \in]a, b[$ erfüllt ist.

Entscheidend ist also das Vorzeichen von f' im *offenen* Intervall $]a, b[$.

Zur Begründung dieser Aussage nehmen wir zunächst an, dass die Ableitung f' in $]a, b[$ stets positiv ist. Für zwei beliebige Punkte $x_1 < x_2$ aus dem Intervall $[a, b]$ gilt nach dem Mittelwertsatz

$$\frac{f(x_2) - f(x_1)}{x_2 - x_1} = f'(x_0) \quad \Longrightarrow \quad f(x_2) - f(x_1) = f'(x_0)(x_2 - x_1)$$

mit einem $x_0 \in]x_1, x_2[$. Da die Zwischenstelle x_0 im offenen Intervall $]a, b[$ liegt, ist $f'(x_0) > 0$ und somit auch

$$f(x_2) - f(x_1) = f'(x_0)(x_2 - x_1) > 0 \quad \Longrightarrow \quad f(x_1) < f(x_2)$$

Für $x_1 < x_2$ gilt also stets $f(x_1) < f(x_2)$, und somit ist f streng monoton steigend. Falls f' auf dem offenen Intervall $]a, b[$ negativ ist, dann ergibt sich mit einer ähnlichen Überlegung $f(x_2) - f(x_1) < 0$ für $x_1 < x_2$, und f ist streng monoton fallend auf dem abgeschlossenen Intervall $[a, b]$.

Beispiele:

(1) Die Ableitung der Funktion $f(x) = \sin x$ ist $f'(x) = \cos x$, und es gilt $\cos x > 0$ auf dem Intervall $]-\frac{\pi}{2}, \frac{\pi}{2}[$. Folglich ist die Sinusfunktion im Intervall $[-\frac{\pi}{2}, \frac{\pi}{2}]$ streng monoton steigend.

(2) Die Ableitung von $f(x) = e^{-x}$ ist $f'(x) = -e^{-x} < 0$ für alle $x \in \mathbb{R}$, und deshalb ist diese Exponentialfunktion auf ganz $\mathbb{R}$ streng monoton fallend.

(3) Für $f(x) = x^2$, $x \in \mathbb{R}$, ist die Ableitung $f'(x) = 2x$ negativ bzw. positiv für $x < 0$ bzw. $x > 0$, und daher ist f streng monoton fallend auf $]-\infty, 0]$ bzw. streng monoton steigend in $[0, \infty[$.

Eine differenzierbare Funktion $f : D \longrightarrow \mathbb{R}$ heißt *stetig differenzierbar*, falls die Ableitung $f' : D \longrightarrow \mathbb{R}$ eine stetige Funktion ist. Ist f stetig differenzierbar und hat f' keine Nullstelle im Intervall $]a, b[$, dann ist das Vorzeichen von $f'(x)$ für alle $x \in]a, b[$ gleich – bei einem Vorzeichenwechsel müsste nämlich f' nach dem Zwischenwertsatz für stetige Funktionen eine Nullstelle in $]a, b[$ haben. Insbesondere ist dann f auf dem abgeschlossenen Intervall $[a, b]$ streng monoton steigend oder fallend, und die Art der Monotonie ergibt sich aus dem Vorzeichen von $f'(x_0)$ an *einer* beliebigen Zwischenstelle $x_0 \in]x_1, x_2[$. Die Nullstellen der Ableitung begrenzen also die Monotoniebereiche von f, oder genauer:

Ist $f : D \longrightarrow \mathbb{R}$ eine stetig differenzierbare Funktion auf einem Intervall D und sind $x_1 < x_2$ zwei aufeinanderfolgende Nullstellen von f', also

$$f'(x_1) = f'(x_2) = 0 \quad \text{und} \quad f'(x) \neq 0 \quad \text{für} \quad x \in]x_1, x_2[$$

dann ist f im abgeschlossenen Intervall $[x_1, x_2]$

- streng monoton steigend, falls $f'(x_0) > 0$
- streng monoton fallend im Fall $f'(x_0) < 0$

wobei $x_0 \in]x_1, x_2[$ eine beliebige Zwischenstelle ist.

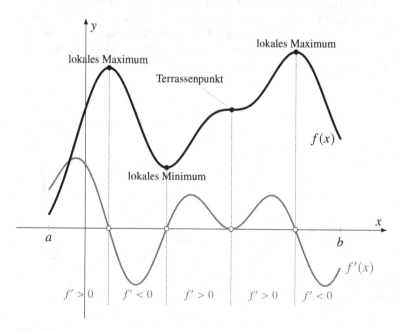

Abb. 6.10 Monotoniebereiche und lokale Extremstellen

An der Schnittstelle zweier Intervalle mit unterschiedlichem Monotonieverhalten befindet sich eine lokale Extremstelle von f, siehe Abb. 6.10. Der Übergang von monoton steigend in fallend entspricht einem lokalen Maximum, der Wechsel von monoton fallend zu steigend einem lokalen Minimum. Hat f im Bereich links und rechts von x_0 mit $f'(x_0) = 0$ das gleiche Monotonieverhalten, dann ist x_0 ein Terrassenpunkt, und man kann die beiden Monotoniebereiche um x_0 zusammenfassen.

Beispiel 1. Die Funktion $f(x) = x^4 - 4x^3 + 2$, $x \in [-2, \infty[$, hat die stetige Ableitung $f'(x) = 4x^3 - 12x^2$ mit den Nullstellen

$$4x^3 - 12x^2 = 4x^2(x - 3) = 0 \quad \Longrightarrow \quad x_1 = 0, \quad x_2 = 3$$

Also hat f mögliche Extremstellen bei 0 und 3. Wir prüfen nun die Monotonie in den drei Teilbereichen

$$[-2, 0] \qquad [0, 3] \qquad [3, \infty[$$

und berechnen hierzu die Ableitungen an den Zwischenstellen

$$f'(-1) = -16 < 0, \quad f'(1) = -8 < 0, \quad f'(4) = 64 > 0$$

Aus dem Vorzeichen dieser Werte folgt: Die Funktion f ist im Intervall

$$[-2, 0] \quad \text{streng monoton fallend}$$
$$[0, 3] \quad \text{streng monoton fallend}$$
$$[3, \infty[\quad \text{streng monoton steigend}$$

Insbesondere hat dann f bei $x = 0$ einen Terrassenpunkt, und wir können die Monotoniebereiche um 0 zusammenfassen: f ist in $[-2, 3]$ streng monoton fallend. Bei $x = 3$ hat f ein lokales Minimum mit dem lokalen Extremwert $f(3) = -25$. Wegen $f(x) \to \infty$ für $x \to \infty$ besitzt f kein globales Maximum. Am linken Randpunkt des Definitionsbereichs ist $f(-2) = 50$, und folglich wird das globale Minimum bei $x = 3$ angenommen. Der Graph dieser Funktion ist in Abb. 6.11 zu sehen.

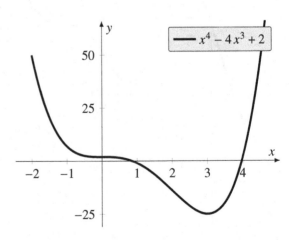

Abb. 6.11 Ein Polynom vom Grad 4 auf dem Intervall $[-2, \infty[$

Beispiel 2. Wir suchen die Monotoniebereiche und Extremstellen der Funktion

$$f(x) = (x^2 - 1) \cdot e^{-x}, \quad x \in \mathbb{R}$$

siehe Abb. 6.12. Die Ableitung von f ist die stetige Funktion

$$f'(x) = 2x \cdot e^{-x} + (x^2 - 1) \cdot e^{-x}(-1) = (-x^2 + 2x + 1)\, e^{-x}$$

und die Nullstellen von f' sind die Randpunkte der Monotoniebereiche sowie potentielle Extremstellen. Sie liegen bei

$$-x^2 + 2x + 1 = 0 \quad \Longrightarrow \quad x_{1/2} = \frac{-2 \pm \sqrt{4+4}}{-2} = 1 \pm \sqrt{2}$$

Aus dem Vorzeichen der Funktionswerte

$$f'(-1) = -2\, e < 0, \quad f'(0) = e^0 = 1, \quad f'(3) = -2\, e^{-2} < 0$$

schließen wir: f ist im Intervall

$$]-\infty, 1 - \sqrt{2}\,] \quad \text{streng monoton fallend}$$
$$[1 - \sqrt{2}, 1 + \sqrt{2}\,] \quad \text{streng monoton steigend}$$
$$[1 + \sqrt{2}, \infty[\quad \text{streng monoton fallend}$$

Aus der Lage und Art der Monotoniebereiche ergibt sich, dass f bei $x = 1 - \sqrt{2}$ ein lokales Minimum und bei $x = 1 + \sqrt{2}$ ein lokales Maximum besitzt. Da f auf ganz $\mathbb{R}$ definiert ist, vergleichen wir die Funktionswerte an den lokalen Extremstellen

$$f(1 - \sqrt{2}) = -1{,}253\ldots \quad \text{und} \quad f(1 + \sqrt{2}) = 0{,}431\ldots$$

mit dem asymptotischen Verhalten der Funktion für $x \to \pm\infty$:

$$\lim_{x \to \infty} f(x) = (x^2 - 1) \cdot e^{-x} = 0, \quad f(x) \to +\infty \quad (x \to -\infty)$$

Somit hat f kein globales Maximum, und das globale Minimum ist bei $x = 1 - \sqrt{2}$.

Bei den oben genannten Kriterien für die Monotonie einer Funktion haben wir die Ableitung auf einem ganzen Intervall betrachtet und vorausgesetzt, dass die Funktion dort stetig differenzierbar ist. Tatsächlich kann man allein mit der Ableitung an nur *einer* Stelle noch keine Aussage über das Monotonieverhalten machen. Mit anderen Worten: Die Aussage „Aus $f'(x_0) > 0$ folgt, dass f bei x_0 streng monoton steigend ist" gilt im Allgemeinen nicht. Als Beispiel betrachten wir die (in $x = 0$ stetig ergänzte) Funktion

$$f(x) = x + 3x^2 \cos \tfrac{1}{x} \quad (x \neq 0) \quad \text{mit} \quad f(0) := 0$$

Sie ist auf ganz $\mathbb{R}$ definiert und differenzierbar mit der Ableitung

$$f'(x) = 1 + 6x \cos \tfrac{1}{x} - 3 \sin \tfrac{1}{x} \quad \text{für} \quad x \in \mathbb{R} \setminus \{0\}$$

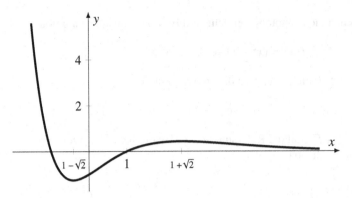

Abb. 6.12 $f(x) = (x^2 - 1) \cdot e^{-x}$

Die Ableitung bei $x = 0$ müssen wir direkt mit dem Differenzenquotienten berechnen:

$$f'(0) = \lim_{x \to 0} \frac{f(x) - f(0)}{x - 0} = \lim_{x \to 0} \frac{x + 3x^2 \cos \frac{1}{x} - 0}{x - 0} = \lim_{x \to 0} 1 + 3x \cos \frac{1}{x} = 1$$

Folglich ist $f : \mathbb{R} \longrightarrow \mathbb{R}$ eine differenzierbare Funktion mit $f'(0) = 1 > 0$. Aber: f ist in keiner (noch so kleinen) Umgebung von $x = 0$ streng monoton steigend, denn f' wechselt in der Nähe von $x = 0$ ständig das Vorzeichen, siehe Abb. 6.13.

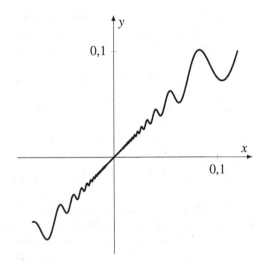

Abb. 6.13 $f'(0) > 0$, und doch ist f bei 0 nicht monoton steigend

Ein ausführliches Beispiel

$$f(x) = \sin 2x + 2 \cos x - 1, \quad x \in [0, 2\pi]$$

Wir wollen diese Funktion einer kompletten Kurvendiskussion unterziehen. Gesucht sind also die Monotoniebereiche, die lokalen und globalen Extremstellen sowie die Nullstellen von f. Später wollen wir auch noch die Konvexitätsbereiche und Wendepunkte dieser Funktionen berechnen. Dazu brauchen wir allerdings die zweite Ableitung, welche erst im nächsten Abschnitt eingeführt wird.

Zur Bestimmung der Extremstellen und Monotoniebereiche benötigen wir nur die erste Ableitung

$$f'(x) = 2 \cdot \cos 2x + 2 \cdot (-\sin x) = 2(1 - 2\sin^2 x) - 2\sin x$$
$$= 2(1 - \sin x - 2\sin^2 x)$$

Die Nullstellen von f' ergeben sich aus der Gleichung

$$2\sin^2 x + \sin x - 1 = 0 \quad | \quad \text{Substitution } z = \sin x$$
$$2z^2 + z - 1 = 0 \quad \Longrightarrow \quad z_{1/2} = \frac{1 \pm \sqrt{1+8}}{4} = \frac{-1 \pm 3}{4}$$

also $z_1 = \frac{1}{2}$ und $z_2 = -1$. Aus $\sin x = z$ erhalten wir die drei Nullstellen der Ableitung

$$x_1 = \tfrac{\pi}{6}, \quad x_2 = \tfrac{5\pi}{6}, \quad x_3 = \tfrac{3\pi}{2}$$

im Intervall $[0, 2\pi]$, welche die vier Monotoniebereiche

$$\left[0, \tfrac{\pi}{6}\right] \quad \left[\tfrac{\pi}{6}, \tfrac{5\pi}{6}\right] \quad \left[\tfrac{5\pi}{6}, \tfrac{3\pi}{2}\right] \quad \left[\tfrac{3\pi}{2}, 2\pi\right]$$

begrenzen. Das Vorzeichen von f' an den Zwischenstellen

$$f'(0) = 2 > 0, \quad f'\left(\tfrac{\pi}{2}\right) = -4 < 0, \quad f'(\pi) = 2 > 0, \quad f'(2\pi) = 2 > 0$$

liefert das folgende Monotonieverhalten: f ist in

$$\left[0, \tfrac{\pi}{6}\right] \quad \text{streng monoton steigend}$$
$$\left[\tfrac{\pi}{6}, \tfrac{5\pi}{6}\right] \quad \text{streng monoton fallend}$$
$$\left[\tfrac{5\pi}{6}, \tfrac{3\pi}{2}\right] \quad \text{streng monoton steigend}$$
$$\left[\tfrac{3\pi}{2}, 2\pi\right] \quad \text{streng monoton steigend}$$

Insbesondere können wir die beiden letzten Intervalle zu einem einzigen Monotoniebereich zusammenfassen: f ist im Intervall $\left[\tfrac{5\pi}{6}, 2\pi\right]$ streng monoton steigend. Damit ist bei $x = \tfrac{\pi}{6}$ ein lokales Maximum und bei $x = \tfrac{5\pi}{6}$ ein lokales Minimum, während f an der Stelle $x = \tfrac{3\pi}{2}$ einen Terrassenpunkt besitzt. An den lokalen Extremstellen haben wir die Funktionswerte

$$f\left(\tfrac{\pi}{6}\right) = \tfrac{3}{2}\sqrt{3} - 1 \approx 1{,}598 \quad \text{und} \quad f\left(\tfrac{5\pi}{6}\right) = -\tfrac{3}{2}\sqrt{3} - 1 \approx -3{,}598$$

die wir mit den Funktionswerten am Rand vergleichen: $f(0) = f(2\pi) = 1$. Damit ist bei $\tfrac{\pi}{6}$ das absolute Maximum und bei $\tfrac{5\pi}{6}$ das absolute Minimum von f.

Zur Berechnung der Nullstellen von f verwenden wir das Newton-Verfahren. Wegen $f(0) = 1 > 0$ und $f(\pi) = -3 < 0$ hat f eine Nullstelle in $[0, \pi]$ (Zwischenwertsatz), und die Iterationsvorschrift lautet hier

$$x_{n+1} = x_n - \frac{\sin 2x_n + 2\cos x_n - 1}{2\,(1 - \sin x_n - 2\sin^2 x_n)}$$

Nehmen wir den Startwert $x_0 = \frac{\pi}{2}$, dann erhalten wir den nächsten Näherungswert

$$x_1 = \frac{\pi}{2} - \frac{\sin \pi + 2\cos \frac{\pi}{2} - 1}{2\,(1 - \sin \frac{\pi}{2} - 2\sin^2 \frac{\pi}{2})} = \frac{\pi}{2} - \frac{0 + 2 \cdot 0 - 1}{2 \cdot (1 - 1 - 2)} = \frac{\pi}{2} - \frac{1}{4} \approx 1,32$$

Führt man das Verfahren fort, dann ergibt sich für die Nullstelle der Wert $x = 1,31380$ auf fünf Nachkommastellen genau.

Aus $f(\pi) = -3 < 0$ und $f(2\pi) = 1 > 0$ folgt, dass die Funktion auch im Intervall $[\pi, 2\pi]$ eine Nullstelle hat. Wir wenden erneut das Newton-Verfahren an, jetzt aber mit dem ersten Näherungswert $x_0 = 2\pi$, und erhalten den verbesserten Wert

$$x_1 = 2\pi - \frac{\sin 4\pi + 2\cos 2\pi - 1}{2\,(1 - \sin 2\pi - 2\sin^2 2\pi)} = 2\pi - \frac{0 + 2 - 1}{2 \cdot (1 - 0 - 0)} = 2\pi - \frac{1}{2} \approx 5,78$$

Auch hier haben wir exemplarisch nur einen Newton-Schritt ausgeführt. Nach wenigen weiteren Iterationen und mit einer Rechengenauigkeit von fünf Nachkommastellen erhält man für die zweite Nullstelle den Wert $x = 5,82485$.

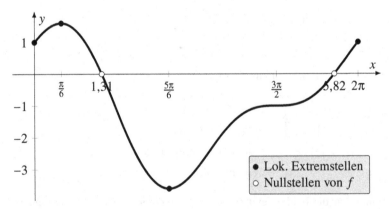

Abb. 6.14 Kurvendiskussion zu $f(x) = \sin 2x + 2\cos x - 1$, $x \in [0, 2\pi]$

6.3.5 Die Regel von L'Hospital

Eine weitere Anwendung der Differentialrechnung, bei der wir Ableitungen nutzbringend einsetzen können, ist die Berechnung von Grenzwerten, wie z. B.

$$\lim_{x \to 0} \frac{\sin 2x}{e^x - 1}, \quad \lim_{x \to 1} \frac{\ln x}{x^3 - 1}, \quad \lim_{x \to \pi} \frac{\sin^2 x}{(x - \pi)^2} \quad \text{usw.}$$

Die hier aufgeführten Grenzwerte sind alle vom Typ

$$\lim_{x \to x_0} \frac{f(x)}{g(x)} \quad \text{mit} \quad f(x_0) = 0 \quad \text{und} \quad g(x_0) = 0$$

sodass der Quotient von $f(x)$ und $g(x)$ an der Stelle $x = x_0$ nicht definiert ist und einen „unbestimmten Ausdruck" der Form $\frac{0}{0}$ hinterlässt.

Grenzwertformel von L'Hospital: Sind $f, g : D \longrightarrow \mathbb{R}$ differenzierbare Funktionen auf einem Intervall $D \subset \mathbb{R}$ mit $\lim_{x \to x_0} f(x) = \lim_{x \to x_0} g(x) = 0$ an einer Stelle $x_0 \in \mathbb{R}$, dann gilt

$$\lim_{x \to x_0} \frac{f(x)}{g(x)} = \lim_{x \to x_0} \frac{f'(x)}{g'(x)}$$

falls der Grenzwert mit den Ableitungen auf der rechten Seite existiert.

Zur Begründung dieser Aussage definieren wir für eine beliebige Stelle $x \in D$ die Hilfsfunktion

$$h(z) = f(z) \cdot g(x) - f(x) \cdot g(z), \quad z \in D$$

Wegen $\lim_{z \to x_0} f(z) = 0$ und $\lim_{z \to x_0} g(z) = 0$ können wir den Grenzwert von $h(z)$ für $z \to x_0$ bilden:

$$\lim_{z \to x_0} h(z) = 0 \cdot g(x) - f(x) \cdot 0 = 0$$

sodass sich h bei $z = x_0$ durch den Funktionswert $h(x_0) := 0$ stetig fortsetzen lässt. Außerdem gilt

$$h(x) = f(x) \cdot g(x) - f(x) \cdot g(x) = 0$$

Folglich hat $h(z)$ bei x_0 und x den gleichen Funktionswert 0, und daher muss die Funktion zwischen diesen beiden Stellen ein lokales Maximum oder Minimum besitzen (eine ähnliche Begründung haben wir bereits beim Mittelwertsatz verwendet). Die Ableitung

$$h'(z) = f'(z) \cdot g(x) - f(x) \cdot g'(z)$$

hat somit eine Nullstelle z zwischen x_0 und x, sodass

$$f'(z) \cdot g(x) - f(x) \cdot g'(z) = 0 \quad \Longrightarrow \quad \frac{f(x)}{g(x)} = \frac{f'(z)}{g'(z)}$$

gilt. Da z zwischen x_0 und x liegt, geht mit $x \to x_0$ auch z gegen x_0. Hieraus ergibt sich

$$\lim_{x \to x_0} \frac{f(x)}{g(x)} = \lim_{z \to x_0} \frac{f'(z)}{g'(z)}$$

Obige Grenzwertformel ist nach dem Marquis de L'Hospital (1661 - 1704) benannt, obgleich er sie nicht selbst gefunden, sondern nur veröffentlicht hat, und zwar in seinem

Werk „Analyse des infiniment petits pour l'intelligence des lignes courbes" von 1696, dem ersten Lehrbuch der Differentialrechnung. Als Entdecker der Grenzwertformel gilt Johann Bernoulli (1667 - 1748) aus Basel, weshalb man die Grenzwertformel manchmal auch „Regel von Bernoulli" nennt. Mit einer ähnlichen Begründung kann man die Gültigkeit der Grenzwertformel auch für die folgenden Fälle zeigen

Erweiterte Grenzwertformel von L'Hospital: Falls

$$\lim_{x \to a} f(x) = \lim_{x \to a} g(x) = 0 \quad \text{oder} \quad f(x),\, g(x) \to \infty \quad (x \to a)$$

für $a \in \mathbb{R}$ oder $a = \pm\infty$ gilt, dann sind die Grenzwerte

$$\lim_{x \to a} \frac{f(x)}{g(x)} = \lim_{x \to a} \frac{f'(x)}{g'(x)}$$

gleich, sofern der Grenzwert auf der rechten Seite existiert.

Die praktische Anwendung der Grenzwertformel zeigen die folgenden

Beispiele:

$$\lim_{x \to 0} \frac{\sin 2x}{e^x - 1} = \lim_{x \to 0} \frac{(\sin 2x)'}{(e^x - 1)'} = \lim_{x \to 0} \frac{2\cos 2x}{e^x} = \frac{2\cos 0}{e^0} = 2$$

$$\lim_{x \to 1} \frac{\ln x}{x^3 - 1} = \lim_{x \to 1} \frac{(\ln x)'}{(x^3 - 1)'} = \lim_{x \to 1} \frac{\frac{1}{x}}{3x^2} = \frac{1}{3}$$

$$\lim_{x \to \pi} \frac{\tan x}{\pi - x} = \lim_{x \to \pi} \frac{(\tan x)'}{(\pi - x)'} = \lim_{x \to \pi} \frac{\frac{1}{\cos^2 x}}{-1} = -1$$

$$\lim_{x \to \infty} \frac{4\ln x}{x^2} = \lim_{x \to \infty} \frac{(4\ln x)'}{(x^2)'} = \lim_{x \to \infty} \frac{\frac{4}{x}}{2x} = \lim_{x \to \infty} \frac{2}{x^2} = 0$$

Bei der Arbeit mit der Grenzwertformel kann es passieren, dass auch der Quotient der Ableitungen für $x \to x_0$ einen unbestimmten Ausdruck vom Typ $\frac{0}{0}$ liefert. In diesem Fall wird man die L'Hospital-Regel erneut und ggf. mehrmals anwenden.

Beispiel: Wir wollen den Grenzwert $\lim_{x \to 0} \frac{1 - \cos x}{x^2}$ bestimmen. Die Regel von L'Hospital ergibt wegen

$$\lim_{x \to 0} \frac{1 - \cos x}{x^2} = \lim_{x \to 0} \frac{(1 - \cos x)'}{(x^2)'} = \lim_{x \to 0} \frac{\sin x}{2x}$$

wieder einen unbestimmten Ausdruck $\frac{0}{0}$, sodass wir die Grenzwertformel nochmals anwenden können:

$$\lim_{x \to 0} \frac{1 - \cos x}{x^2} = \lim_{x \to 0} \frac{\sin x}{2x} = \lim_{x \to 0} \frac{(\sin x)'}{(2x)'} = \lim_{x \to 0} \frac{\cos x}{2} = \frac{1}{2}$$

Mit der Regel von L'Hospital lassen sich oftmals auch Grenzwerte bestimmen, die zu unbestimmten Ausdrücke wie etwa $\frac{\infty}{\infty}$, $0 \cdot \infty$ oder $\infty - \infty$ führen. Hierzu muss man das Argument im Grenzwert vor Anwendung der Regel auf einen passenden Bruch umschreiben.

Beispiel 1. Der Grenzwert $\lim_{x \to 0} x \cdot \ln^2 x$ ergibt einen unbestimmten Ausdruck der Form $0 \cdot \infty$. Wir schreiben das Produkt in einen Quotienten um:

$$\lim_{x \to 0} x \cdot \ln^2 x = \lim_{x \to 0} \frac{\ln^2 x}{\frac{1}{x}} = \lim_{x \to 0} \frac{(\ln^2 x)'}{\left(\frac{1}{x}\right)'} = \lim_{x \to 0} \frac{2 \ln x \cdot \frac{1}{x}}{-\frac{1}{x^2}} = \lim_{x \to 0} -2 x \ln x$$

Für den Grenzwert auf der rechten Seite vom Typ $0 \cdot \infty$ brauchen wir nochmal eine Umformung auf einen Bruch sowie ein zweites Mal die Regel von L'Hospital:

$$\lim_{x \to 0} -2 x \ln x = \lim_{x \to 0} \frac{-2 \ln x}{\frac{1}{x}} = \lim_{x \to 0} \frac{(-2 \ln x)'}{\left(\frac{1}{x}\right)'} = \lim_{x \to 0} \frac{\frac{-2}{x}}{-\frac{1}{x^2}} = \lim_{x \to 0} 2 x = 0$$

sodass also insgesamt $\lim_{x \to 0} x \cdot \ln^2 x = 0$ gilt.

Beispiel 2. Bei dem folgenden unbestimmten Ausdruck $\infty - \infty$ schreiben wir die Differenz als Bruch (gemeinsamer Nenner!) und wenden zweimal die L'Hospital-Grenzwertformel an:

$$\lim_{x \to 0} \left(\frac{1}{x} - \frac{1}{\sin x} \right) = \lim_{x \to 0} \frac{\sin x - x}{x \cdot \sin x} = \lim_{x \to 0} \frac{(\sin x - x)'}{(x \cdot \sin x)'}$$

$$= \lim_{x \to 0} \frac{\cos x - 1}{\sin x + x \cos x} = \lim_{x \to 0} \frac{(\cos x - 1)'}{(\sin x + x \cos x)'}$$

$$= \lim_{x \to 0} \frac{-\sin x}{2 \cos x - x \sin x} = -\frac{0}{2} = 0$$

6.4 Zweite und höhere Ableitungen

Bei einer Funktion $f : D \longrightarrow \mathbb{R}$, die an jeder Stelle x aus dem Definitionsbereich $D \subset \mathbb{R}$ differenzierbar ist, können wir die Ableitungsfunktion bzw. *erste Ableitung* von f bilden:

$$f' : D \longrightarrow \mathbb{R}, \quad x \longmapsto f'(x) \qquad \text{oder} \quad f' = \frac{\mathrm{d}f}{\mathrm{d}x}$$

Falls nun auch die erste Ableitung f' in jedem Punkt $x \in D$ differenzierbar ist, dann heißt die Funktion f zweimal differenzierbar, und die Ableitung $f'' = (f')'$ von f' wird *zweite Ableitung* von f genannt. Eine alternative Schreibweise dafür ist

$$f'' = \frac{\mathrm{d}^2 f}{\mathrm{d}x^2} \qquad \text{(sprich: d zwei } f \text{ nach d}x \text{ Quadrat)}$$

In der Physik verwendet man – vorwiegend bei zeitabhängigen Funktionen – anstelle von f'' auch die Notation $\ddot{f}$.

Lässt sich der Ableitungsprozess weiter fortsetzen, so erhält man die dritte, vierte Ableitung usw., welche als *höhere Ableitungen* von f bezeichnet und mit $f''' = (f'')'$, $f^{(4)} = (f''')'$ usw. notiert werden. Allgemein sagt man: Die Funktion f ist n-mal differenzierbar ($n \in \mathbb{N}$), falls man die Ableitungen $f', f'', \ldots, f^{(n)}$ bilden kann, und

$$f^{(n)} = \frac{d^n f}{dx^n} \quad \text{(gesprochen: d } n \text{ } f \text{ nach d} x \text{ hoch } n)$$

wird dann als n-te Ableitung oder Ableitung n-ter Ordnung von f bezeichnet. Gelegentlich bezeichnet man die Funktion selbst als Ableitung nullter Ordnung: $f^{(0)} = f$. Schließlich nennt man f beliebig oft differenzierbar oder „glatt", falls die Ableitungen $f^{(n)}$ für alle $n \in \mathbb{N}$ existieren.

Beispiel 1. Für $f(x) = e^x$ ist $f'(x) = e^x$ und somit

$$f^{(n)}(x) = e^x \quad \text{für alle } n \in \mathbb{N}$$

Die Exponentialfunktion ist demnach beliebig oft differenzierbar (glatt).

Beispiel 2. Auch das Polynom $f(x) = 2x^3 - 5x$ ist eine glatte Funktion mit

$$f'(x) = 6x^2 - 5, \quad f''(x) = 12x, \quad f'''(x) \equiv 12$$

Für die Ableitungen vierter und höherer Ordnung gilt dann $f^{(n)}(x) \equiv 0$ ($n \geq 4$).

Die Funktionen, welche in der Technik oder in den Naturwissenschaften auftreten, sind in der Regel beliebig oft differenzierbar. Es gibt aber auch Ausnahmen. Als Beispiel prüfen wir die Differenzierbarkeit der Funktion $f(x) = |x|^3$. Zur Berechnung der Ableitung müssen wir den Betrag beseitigen. Auf dem offenen Intervall $]-\infty, 0[$ ist $f(x) = (-x)^3 = -x^3$ und damit $f'(x) = -3x^2$. Ist dagegen $x > 0$, dann dürfen wir den Betrag weglassen und erhalten $f'(x) = (x^3)' = 3x^2$ für $x \in]0, \infty[$. Die Ableitung bei $x_0 = 0$ bestimmen wir direkt über den Differentialquotienten:

$$f'(0) = \lim_{\Delta x \to 0} \frac{f(0 + \Delta x) - f(0)}{\Delta x} = \lim_{\Delta x \to 0} \frac{|\Delta x|^3}{\Delta x} = 0$$

Folglich ist f auf ganz $\mathbb{R}$ differenzierbar, und für die Ableitung ergibt sich

$$f'(x) = \left\{ \begin{array}{ll} -3x^2 & \text{für } x > 0 \\ 0 & \text{bei } x = 0 \\ 3x^2 & \text{für } x > 0 \end{array} \right\} = 3x|x|$$

Mit einer ähnlichen Rechnung erhalten wir die zweite Ableitung von f:

$$f''(x) = \left\{ \begin{array}{ll} -6x & \text{für } x > 0 \\ 0 & \text{bei } x = 0 \\ 6x & \text{für } x > 0 \end{array} \right\} = 6|x|$$

wobei wir $f''(0)$ wieder mit dem Differentialquotienten ermitteln müssen:

$$f''(0) = \lim_{\Delta x \to 0} \frac{f'(0 + \Delta x) - f'(0)}{\Delta x} = \lim_{\Delta x \to 0} \frac{3\,\Delta x\,|\Delta x|}{\Delta x} = 0$$

Die zweite Ableitung $f''(x) = 6|x|$ hat einen Knick bei $x = 0$ und ist dort nicht mehr differenzierbar. Daher ist f'' keine differenzierbare Funktion und folglich $f(x) = |x|^3$ insgesamt nur eine zweimal differenzierbare Funktion.

Zur Berechnung der Extremstellen einer Funktion oder des Monotonieverhaltens ist eine Untersuchung der ersten Ableitung meist völlig ausreichend. Es gibt aber noch weitere Eigenschaften, wie etwa das Krümmungsverhalten, welche in der Praxis oft nur mithilfe von zweiten und/oder höheren Ableitungen ermittelt werden können.

6.4.1 Konvexität und Wendepunkte

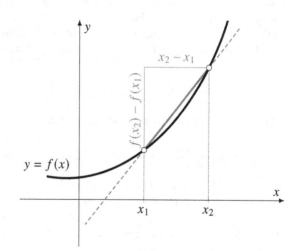

Abb. 6.15 Zur Konvexität
einer Funktion

Eine Funktion $f : D \longrightarrow \mathbb{R}$ auf einem Intervall D heißt *streng konvex*, falls der Funktionsgraph zwischen zwei beliebigen Stellen $x_1 < x_2$ in D stets unterhalb der Verbindungsstrecke der Kurvenpunkte liegt, also unterhalb der Sekante verläuft (siehe Abb. 6.15). Zu $x_1 < x_2$ können wir die Gleichung der Sekante in unterschiedlicher Form angeben:

$$y = f(x_1) + \frac{f(x_2) - f(x_1)}{x_2 - x_1}(x - x_1) \quad \text{und} \quad y = f(x_2) + \frac{f(x_2) - f(x_1)}{x_2 - x_1}(x - x_2)$$

Falls f streng konvex ist, dann gilt für beliebige $x_1 < x_2$ in D und für $x \in]x_1, x_2[$

$$f(x) < f(x_1) + \frac{f(x_2) - f(x_1)}{x_2 - x_1}(x - x_1) \underset{x - x_1 > 0}{\Longrightarrow} \frac{f(x) - f(x_1)}{x - x_1} < \frac{f(x_2) - f(x_1)}{x_2 - x_1}$$

$$f(x) < f(x_2) + \frac{f(x_2) - f(x_1)}{x_2 - x_1}(x - x_2) \underset{x - x_2 < 0}{\Longrightarrow} \frac{f(x) - f(x_2)}{x - x_2} > \frac{f(x_2) - f(x_1)}{x_2 - x_1}$$

Beide Ungleichungen zusammen ergeben

$$\frac{f(x) - f(x_1)}{x - x_1} < \frac{f(x_2) - f(x_1)}{x_2 - x_1} < \frac{f(x_2) - f(x)}{x_2 - x} \quad \text{für alle} \quad x \in \,]x_1, x_2[$$

Falls $f : D \longrightarrow \mathbb{R}$ eine differenzierbare Funktion ist, dann lassen sich diese Ungleichungen noch weiter vereinfachen. Bildet man den Grenzwert $x \to x_1$, so geht die linke Seite (Differenzenquotient) über in die Ableitung $f'(x_1)$, und man erhält

$$f'(x_1) < \frac{f(x_2) - f(x_1)}{x_2 - x_1}$$

Ebenso können wir für $x \to x_2$ die rechte Seite durch den Differentialquotienten

$$\frac{f(x_2) - f(x_1)}{x_2 - x_1} < f'(x_2)$$

ersetzen. Insgesamt gilt dann $f'(x_1) < f'(x_2)$ für zwei beliebige Stellen $x_1 < x_2$, und damit muss die Ableitung f' streng monoton steigend sein. Falls umgekehrt f' eine streng monoton steigende Funktion ist und $x_1 < x_2$ zwei beliebige Stellen aus dem Definitionsbereich sind, dann gibt es nach dem Mittelwertsatz zu einem $x \in \,]x_1, x_2[$ jeweils zwei Zwischenstellen $z_1 \in \,]x_1, x[$ und $z_2 \in \,]x, x_2[$ mit

$$f'(z_1) = \frac{f(x) - f(x_1)}{x - x_1} \quad \text{und} \quad f'(z_2) = \frac{f(x_2) - f(x)}{x_2 - x}$$

Wegen $z_1 < z_2$ und der Monotonie von f' gilt

$$\frac{f(x) - f(x_1)}{x - x_1} = f'(z_1) < f'(z_2) = \frac{f(x_2) - f(x)}{x_2 - x}$$

$$(f(x) - f(x_1)) \cdot (x_2 - x) < (f(x_2) - f(x)) \cdot (x - x_1)$$

$$\implies \quad f(x) \cdot (x_2 - x_1) < f(x_1)(x_2 - x_1) + (f(x_2) - f(x_1))\,(x - x_1)$$

Teilen wir die letzte Ungleichung durch $x_2 - x_1 > 0$, so ergibt sich

$$f(x) < f(x_1) + \frac{f(x_2) - f(x_1)}{x_2 - x_1}\,(x - x_1) \quad \text{für} \quad x \in \,]x_1, x_2[$$

wobei auf der rechten Seite die Sekantengleichung steht. Folglich ist f streng konvex. Eine differenzierbare Funktion f ist also genau dann streng konvex, falls ihre Ableitung f' streng monoton steigend ist.

Eine streng konvexe Funktion nennt man auch *linksgekrümmt*, denn beim Durchfahren des Graphen in Richtung steigender x-Werte muss man ständig nach links lenken. Im Gegensatz dazu nennt man f *streng konkav* oder *rechtsgekrümmt*, wenn die Ableitung f' streng monoton fallend ist. Ein *Wendepunkt* von f ist schließlich eine Stelle $x_0 \in D$, an der sich das Krümmungsverhalten der Funktion ändert, und zwar von streng konvex nach konkav oder umgekehrt. Das ist gleichbedeutend mit einer Änderung des Monotonieverhaltens von f', und damit ist ein Wendepunkt x_0 von f eine lokale Extremstelle von f'. Zusammengefasst notieren wir:

Ist $f : D \longrightarrow$ eine differenzierbare Funktion, dann entsprechen die Konvexitätsbereiche von f den Monotoniebereichen von f' und die Wendepunkte von f den lokalen Extremstellen von f'.

Ein Wendepunkt mit horizontaler Tangente $f'(x_0) = 0$ wird auch *Terrassenpunkt* oder *Sattelpunkt* genannt. Der Zusammenhang zwischen dem Krümmungsverhalten von f und dem Monotonieverhalten von f' ist in Abb. 6.16 und Abb. 6.17 graphisch dargestellt.

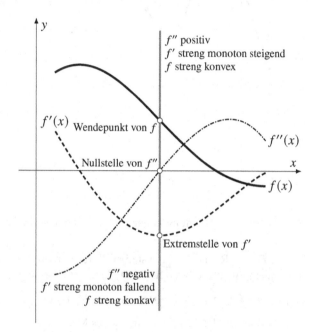

Abb. 6.16 Krümmungsverhalten und Wendepunkte

Wir können nun die Aussagen aus dem letzten Abschnitt anwenden und mit der Ableitung von f', also der zweiten Ableitung f'', das Konvexitätsverhalten der Funktion bestimmen.

Eine zweimal differenzierbare Funktion $f : D \longrightarrow \mathbb{R}$ ist im abgeschlossenen Intervall $[a, b] \subset D$

- streng konvex, falls $f''(x) > 0$ für alle $x \in]a, b[$ gilt, und
- streng konkav, falls $f''(x) < 0$ für alle $x \in]a, b[$ erfüllt ist.

Beispiel 1. Die Exponentialfunktion $f(x) = e^x$ ist streng konvex auf $\mathbb{R}$, denn $f''(x) = e^x > 0$ für alle $x \in \mathbb{R}$.

Beispiel 2. Die Funktion $f(x) = \sin x$ hat die Ableitungen $f'(x) = \cos x$ und $f''(x) = -\sin x$. Es gilt $f''(x) < 0$ für $x \in]0, \pi[$, und daher ist $\sin x$ in $[0, \pi]$ streng konkav. Wegen $f''(x) > 0$ für $x \in]\pi, 2\pi[$ ist $\sin x$ in $[\pi, 2\pi]$ streng konvex. Da die Sinusfunktion bei $x = \pi$ von einer Rechts- in eine Linkskrümmung überwechselt, hat sie dort einen Wendepunkt.

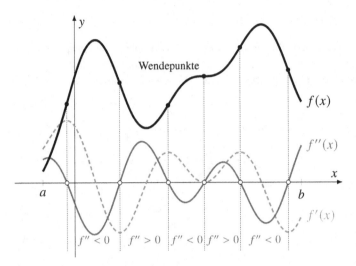

Abb. 6.17 Konvexitätsbereiche und Wendepunkte

Mit der zweiten Ableitung können wir nun auch lokale Extremstellen identifizieren:

Ist $f : D \longrightarrow \mathbb{R}$ eine zweimal stetig differenzierbare Funktion auf dem Intervall D und x_0 ein Punkt im Inneren von D, dann hat f bei x_0 im Fall

• $f'(x_0) = 0$ und $f''(x_0) > 0$ ein lokales Minimum

• $f'(x_0) = 0$ und $f''(x_0) < 0$ ein lokales Maximum

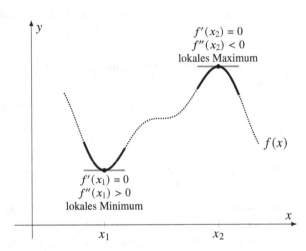

Abb. 6.18 Zweite Ableitung und lokale Extremstellen

Ist nämlich f zweimal stetig differenzierbar, dann ist f'' eine stetige Funktion, und im Fall $f''(x_0) > 0$ gilt $f''(x) \approx f''(x_0) > 0$ auch in einer kleinen Umgebung von x_0. Folglich ist f' in einer Umgebung von x_0 streng monoton steigend. Falls zusätzlich $f'(x_0) = 0$ erfüllt ist, dann gilt $f'(x) < 0$ für $x < x_0$ und $f'(x) > 0$ für $x > x_0$. Demnach ist f links von x_0 streng monoton fallend und rechts von x_0 streng monoton steigend. Folglich befindet sich bei x_0 ein lokales Minimum von f. Ähnlich zeigt man, dass f im Fall $f'(x_0) = 0$ und $f''(x_0) < 0$ ein lokales Maximum bei x_0 hat. Dieser Zusammenhang ist in Abb. 6.18 illustriert.

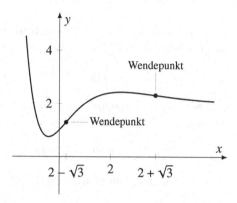

Abb. 6.19 Die Funktion
$f(x) = 2 + (x^2 - 1) \cdot e^{-x}$

Beispiel: Wir suchen die Konvexitätsbereiche sowie die lokalen Extremstellen der Funktion

$$f(x) = 2 + (x^2 - 1) \cdot e^{-x}, \quad x \in \mathbb{R}$$

Die Nullstellen der Ableitung

$$f'(x) = 2x \cdot e^{-x} + (x^2 - 1) \cdot e^{-x} \cdot (-1) = (-x^2 + 2x + 1) \cdot e^{-x}$$

sind zunächst nur mögliche Extremstellen von f. Sie liegen bei

$$-x^2 + 2x + 1 = 0 \quad \Longrightarrow \quad x_{1/2} = \frac{-2 \pm \sqrt{4 + 4}}{-2} = 1 \pm \sqrt{2}$$

Die zweite Ableitung von f ist die stetige Funktion

$$f''(x) = (-2x + 2) \cdot e^{-x} - (-x^2 + 2x + 1) \cdot e^{-x} = (x^2 - 4x + 1) \cdot e^{-x}$$

und in den Nullstellen von f' nimmt f'' die Werte

$$f''(1 - \sqrt{2}) \approx 4{,}28\ldots > 0 \quad \text{und} \quad f''(1 + \sqrt{2}) \approx -0{,}253\ldots < 0$$

an. Folglich liegt bei $x = 1 - \sqrt{2}$ ein lokales Minimum und bei $x = 1 + \sqrt{2}$ ein lokales Maximum von f. Die Nullstellen der zweiten Ableitung sind die Randpunkte der Konvexitätsbereiche bzw. die möglichen Wendepunkte von f:

$$x^2 - 4x + 1 = 0 \quad \Longrightarrow \quad x_{1/2} = \frac{4 \pm \sqrt{16 - 4}}{2} = 2 \pm \sqrt{3}$$

Diese Punkte liefern uns zusammen mit dem Vorzeichen von f'' an ausgewählten Zwischenstellen die Lage und Art der Konvexitätsbereiche:

$$f''(0) = 1 > 0 \quad \Longrightarrow \quad f \text{ ist in }]-\infty, 2 - \sqrt{3}\,] \text{ streng konvex}$$

$$f''(1) = -2\,e^{-1} < 0 \quad \Longrightarrow \quad f \text{ ist in } [2 - \sqrt{3}, 2 + \sqrt{3}\,] \text{ streng konkav}$$

$$f''(4) = e^{-4} > 0 \quad \Longrightarrow \quad f \text{ ist in } [2 + \sqrt{3}, \infty[\text{ streng konvex}$$

und an den Übergangsstellen $2 \pm \sqrt{3}$ hat f Wendepunkte, siehe Abb. 6.19.

Hinweis: In manchen Fällen lässt sich allein mit den (höheren) Ableitungswerten von f an einer Stelle x_0 keine Aussage über die Art der Extremstelle machen. So ist etwa

$$f(x) = e^{-1/x^2} \quad (x \neq 0) \quad \text{mit} \quad f(0) := 0$$

eine beliebig oft differenzierbare Funktion auf $\mathbb{R}$, und man kann mithilfe des Differentialquotienten nachrechnen, dass an der Stelle $x_0 = 0$ alle Ableitungen gleich 0 sind:

$$f'(0) = 0, \quad f''(0) = 0, \quad f'''(0) = 0, \quad \ldots$$

Dennoch hat diese Funktion ein lokales Minimum bei 0.

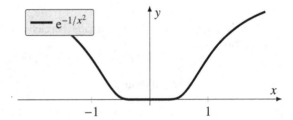

Abb. 6.20 Hier ist $f^{(n)}(0) = 0$ für alle n, und doch hat f ein lokales Minimum bei 0

Abschließendes Beispiel:

$$f(x) = \sin 2x + 2 \cos x - 1, \quad x \in [0, 2\pi]$$

Für diese Funktion haben wir am Ende von Abschnitt 6.3.4 (siehe Abb. 6.14) bereits die Nullstellen, Extremstellen und Monotoniebereiche ermittelt. Zur Bestimmung der Konvexitätsbereiche brauchen wir die zweite Ableitung

$$f''(x) = 2\,(1 - \sin x - 2\sin^2 x)' = 2(-\cos x - 4\sin x \cos x) = -2\cos x\,(1 + 4\sin x)$$

Bei einer Nullstelle von f'' ist dann entweder $\cos x = 0$ oder $\sin x = -\frac{1}{4}$, und das ergibt die vier Werte (gerundet auf zwei Nachkommastellen)

$$x_1 = \tfrac{\pi}{2}, \quad x_2 = 3{,}39, \quad x_3 = \tfrac{3\pi}{2}, \quad x_4 = 6{,}03$$

Aus dem Vorzeichen von f'' an ausgesuchten Zwischenstellen erhalten wir:

$$f''(0) = -2 < 0 \quad \Longrightarrow \quad f \text{ ist in } [0, \tfrac{\pi}{2}] \text{ streng konkav}$$
$$f''(\pi) = 2 > 0 \quad \Longrightarrow \quad f \text{ ist in } [\tfrac{\pi}{2}, 3{,}39] \text{ streng konvex}$$
$$f''(4) = -3{,}64 < 0 \quad \Longrightarrow \quad f \text{ ist in } [3{,}39, \tfrac{3\pi}{2}] \text{ streng konkav}$$
$$f''(6) = 0{,}23 > 0 \quad \Longrightarrow \quad f \text{ ist in } [\tfrac{3\pi}{2}, 6{,}03] \text{ streng konvex}$$
$$f''(2\pi) = -2 < 0 \quad \Longrightarrow \quad f \text{ ist in } [6{,}03, 2\pi] \text{ streng konkav}$$

Insbesondere sind die Nullstellen von f'' hier allesamt auch Wendepunkte von f, da sich dort das Konvexitätsverhalten ändert, vgl. Abb. 6.21.

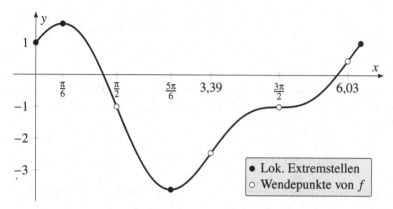

Abb. 6.21 Kurvendiskussion zu $f(x) = \sin 2x + 2\cos x - 1$ (Konvexität)

6.4.2 Der Krümmungskreis

Bisher haben wir von der zweiten Ableitung einer Funktion $f : D \longrightarrow \mathbb{R}$ nur das Vorzeichen verwendet, um die Links-/Rechtskrümmung zu ermitteln. f'' beschreibt die Änderung der Tangentensteigung und damit den qualitativen Verlauf der Krümmung eines Funktionsgraphen $y = f(x)$. Wir wollen nun auch einen Zahlenwert für die Krümmung der Kurve angeben. Hierzu nähern wir den Funktionsgraph an einer Stelle $x_0 \in D$ möglichst gut durch einen Kreis mit dem (noch unbekannten) Radius ρ an. Der Kehrwert $\frac{1}{\rho}$ liefert dann ein passendes Maß für die Krümmung der Kurve, denn je kleiner dieser „Krümmungsradius" ist, umso stärker ist dort der Funktionsgraph gekrümmt, vgl. Abb. 6.22.

Ausgangspunkt für die Berechnung des Krümmungskreis-Mittelpunkts (x_K, y_K) sind die folgenden Überlegungen (siehe Abb. 6.23): Der Kreismittelpunkt ist ganz allgemein der Schnittpunkt der Normalen durch zwei verschiedene Punkte am Kreisumfang und hier näherungsweise der Schnittpunkt der Normalen zu f an zwei benachbarten Stellen x_0 und $x_0 + \Delta x$. Die Näherung ist umso besser, je kleiner Δx ist, da sich f dem Krümmungskreis immer mehr annähert. Die Schnittpunkte gehen dann für $\Delta x \to 0$ in den Mittelpunkt des Krümmungskreises über.

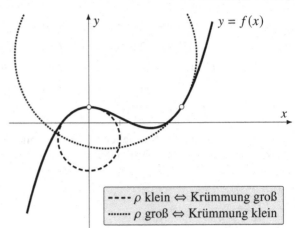

Abb. 6.22 Krümmungskreise
an verschiedenen Stellen

$---\,\rho$ klein $\Leftrightarrow$ Krümmung groß
$\cdots\cdots\,\rho$ groß $\Leftrightarrow$ Krümmung klein

Zunächst brauchen wir die Gleichung der *Normale* im Punkt x_0. Die Tangentensteigung ist $f'(x_0)$, also ist $-\frac{1}{f'(x_0)}$ die Steigung der Normale. Die Normale verläuft durch den Punkt $(x_0, f(x_0))$ und ist somit die Gerade

$$y = f(x_0) - \frac{1}{f'(x_0)}\,(x - x_0)$$

Die x-Koordinate des Normalenschnittpunkts an den Stellen x_0 und $x_0 + \Delta x$ erhalten wir aus der Gleichung

$$\underbrace{f(x_0) - \frac{1}{f'(x_0)}(x - x_0)}_{\text{Normale bei } x_0} = \underbrace{f(x_0 + \Delta x) - \frac{1}{f'(x_0 + \Delta x)}(x - x_0 - \Delta x)}_{\text{Normale bei } x_0 + \Delta x}$$

die wir wie folgt umsortieren:

$$\left(\frac{1}{f'(x_0 + \Delta x)} - \frac{1}{f'(x_0)}\right)(x - x_0) = f(x_0 + \Delta x) - f(x_0) + \frac{\Delta x}{f'(x_0 + \Delta x)}$$

Nun teilen wir beide Seiten durch Δx:

$$-\underbrace{\frac{f'(x_0 + \Delta x) - f'(x_0)}{\Delta x}}_{\to f''(x_0)} \cdot \frac{x - x_0}{f'(x_0) \cdot f'(x_0 + \Delta x)} = \underbrace{\frac{f(x_0 + \Delta x) - f(x_0)}{\Delta x}}_{\to f'(x_0)} + \frac{1}{f'(x_0 + \Delta x)}$$

Beim Grenzübergang $\Delta x \to 0$ gehen die Differenzenquotienten in Differentialquotienten (= Ableitungen) von f' bzw. f bei x_0 über, und die x-Koordinate des Normalenschnittpunkts wird zur x-Koordinate x_K des Krümmungskreis-Mittelpunkts:

$$-f''(x_0) \cdot \frac{x_K - x_0}{f'(x_0)^2} = f'(x_0) + \frac{1}{f'(x_0)} \quad\Longrightarrow\quad x_K = x_0 - \frac{f'(x_0)\left(f'(x_0)^2 + 1\right)}{f''(x_0)}$$

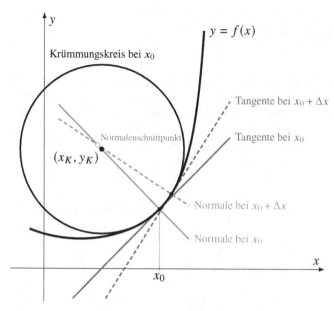

Abb. 6.23 Konstruktion des Krümmungskreises

Die y-Koordinate des Kreismittelpunktes erhalten wir aus dem Funktionswert der Normalen bei $x = x_K$:

$$y_K = f(x_0) + \frac{1}{f'(x_0)} \cdot \frac{f'(x_0)\left(f'(x_0)^2 + 1\right)}{f''(x_0)} = f(x_0) + \frac{f'(x_0)^2 + 1}{f''(x_0)}$$

Schließlich können wir den Krümmungsradius ρ nach Pythagoras berechnen. Es ist

$$\rho^2 = (x_K - x_0)^2 + (y_K - y_0)^2 = \frac{\left(f'(x_0)^2 + 1\right)^3}{f''(x_0)^2}$$

Der *Krümmungskreis* einer zweimal differenzierbaren Funktion $f : D \longrightarrow \mathbb{R}$ hat bei $x_0 \in D$ den Radius

$$\rho = \frac{\sqrt{\left(f'(x_0)^2 + 1\right)^3}}{|f''(x_0)|} \quad \text{im Fall} \quad f''(x_0) \neq 0$$

und der Mittelpunkt des Krümmungskreises befindet sich an der Stelle

$$x_K = x_0 - \frac{f'(x_0)\left(f'(x_0)^2 + 1\right)}{f''(x_0)}, \quad y_K = f(x_0) + \frac{f'(x_0)^2 + 1}{f''(x_0)}$$

Der Kehrwert des Krümmungsradius $\kappa = \frac{1}{\rho}$ von f an der Stelle x_0 heißt

$$\textbf{Krümmung} \quad \kappa = \frac{|f''(x_0)|}{\sqrt{(f'(x_0)^2 + 1)^3}}$$

Das Vorzeichen von $f''(x_0)$ bestimmt die Position des Krümmungskreises relativ zur Funktion. Im Fall $f''(x_0) > 0$ ist f konvex (linksgekrümmt), und der Krümmungskreis liegt links von der Funktion, falls der Graph in Richtung steigender x-Werte durchlaufen wird. Falls $f''(x_0) < 0$, dann liegt der Krümmungskreis rechts vom Graphen. Ist $f''(x_0) = 0$, dann nennt man $(x_0, f(x_0))$ *Flachpunkt* der Kurve – dort lässt sich der Krümmungsradius nicht berechnen, aber die Krümmung ist $\kappa = 0$.

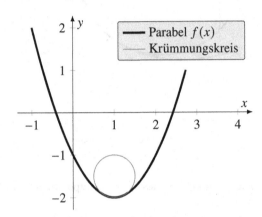

Abb. 6.24 Krümmungskreis am Scheitel einer Parabel

Beispiel 1. $f(x) = x^2 - 2x - 1$ hat an der Stelle $x_0 = 1$ den Krümmungsradius

$$f'(x) = 2x - 2, \quad f''(x) = 2 \quad \Longrightarrow \quad \rho = \frac{\sqrt{(0^2 + 1)^3}}{2} = \frac{1}{2}$$

und somit die Krümmung $\kappa = 2$. Der Mittelpunkt des Krümmungskreises liegt bei (vgl. Abb. 6.24)

$$x_K = 1 - \frac{f'(1)\left(f'(1)^2 + 1\right)}{f''(1)} = 1 \quad \text{und} \quad y_K = f(1) + \frac{f'(1)^2 + 1}{f''(1)} = -1{,}5$$

Beispiel 2. Die Krümmung der Funktion $f(x) = \cosh x$ mit $f'(x) = \sinh x$ und $f''(x) = \cosh x$ bei $x = x_0$ ist

$$\kappa = \frac{|\cosh x_0|}{\sqrt{\left(\sinh^2 x_0 + 1\right)^3}} = \frac{\cosh x_0}{\sqrt{\left(\cosh^2 x_0\right)^3}} = \frac{1}{\cosh^2 x_0}$$

Beispiel 3. Die Funktion $f(x) = 1 + 3x^2 - \frac{1}{2}x^4$ hat bei $x = \pm 1$ Flachpunkte (mit Krümmung 0), denn

$$f'(x) = 6x - 2x^3, \quad f''(x) = 6 - 6x^2 \quad \Longrightarrow \quad f''(\pm 1) = 0$$

Manchmal wird die Krümmung einer Kurve mit der Formel

$$\kappa = \frac{f''(x_0)}{\sqrt{\left(f'(x_0)^2 + 1\right)^3}}$$

festgelegt – also ohne Betrag im Zähler, sodass die Krümmung auch negativ werden kann. Da κ in diesem Fall das gleiche Vorzeichen hat wie $f''(x_0)$, zeigt das Vorzeichen von κ die Lage des Krümmungskreises zur Kurve an.

6.4.3 Die Schmiegeparabel

Wir wollen eine zweimal differenzierbare Funktion $f : D \longrightarrow \mathbb{R}$ an einer Stelle $x_0 \in D$ möglichst gut durch eine quadratische Funktion annähern. Diese wird *Schmiegeparabel* von f bei x_0 genannt. Die gesuchte Parabel hat allgemein die Form $P(x) = a\,(x - x_0)^2 + b\,(x - x_0) + c$ mit den noch unbekannten Koeffizienten a, b und c, welche sich aus den folgenden Forderungen ergeben: Die Schmiegeparabel soll durch den Punkt $(x_0, f(x_0))$ verlaufen, bei x_0 die gleiche Tangentensteigung und den gleichen Krümmungskreis besitzen wie f. Da die Tangente und der Krümmungskreis mit den ersten zwei Ableitungen berechnet werden, müssen diese Werte übereinstimmen. Aus $f(x_0) = P(x_0) = c$ und

$$P'(x) = 2\,a\,(x - x_0) + b \quad \Longrightarrow \quad f'(x_0) = P'(x_0) = b$$
$$P''(x) = 2\,a \quad \Longrightarrow \quad f''(x_0) = P''(x_0) = 2\,a$$

erhalten wir die Werte $c = f(x_0)$, $b = f'(x_0)$ sowie $a = \frac{1}{2}\,f''(x_0)$. Wir notieren:

> Eine zweimal differenzierbare Funktion $f : D \longrightarrow \mathbb{R}$ kann man an der Stelle $x_0 \in D$ durch eine quadratische Funktion (= Schmiegeparabel) annähern:
>
> $$f(x) \approx f(x_0) + f'(x_0)\,(x - x_0) + \tfrac{1}{2}\,f''(x_0)\,(x - x_0)^2 \quad \text{für} \quad x \approx x_0$$

Beispiel 1. Die Schmiegeparabel zu $\cos x$ bei $x_0 = 0$ ergibt sich aus den Werten

$$f(0) = \cos 0 = 1, \quad f'(0) = -\sin 0 = 0, \quad f''(0) = -\cos 0 = -1$$

Sie liefern uns die Näherung

$$\cos x \approx 1 - \tfrac{1}{2}\,x^2 \quad \text{für} \quad x \approx 0$$

Beispielsweise ist dann $\cos 0{,}1 \approx 1 - \frac{1}{2}\cdot 0{,}01 = 0{,}995$ eine bereits sehr gute Näherung für den exakten Wert $\cos 0{,}1 = 0{,}99500416\ldots$

Beispiel 2. Gesucht sind der Krümmungskreis und die Schmiegeparabel zur Exponentialfunktion $f(x) = e^x$ bei $x_0 = 0$, vgl. Abb. 6.25. Aus den Werten $f(0) = f'(0) = f''(0) = 1$ erhalten wir für den Krümmungskreis die Daten

$$x_K = 0 - \frac{1 \cdot (1^2 + 1)}{1} = -2, \quad y_K = 1 + \frac{1 + 1}{1} = 3, \quad \rho = \frac{\sqrt{(1^2 + 1)^3}}{1} = \sqrt{8}$$

sowie für die Schmiegeparabel die Gleichung $1 + x + \frac{1}{2} x^2$. Insbesondere gilt dann

$$e^x \approx 1 + x + \frac{1}{2} x^2 \quad \text{für} \quad x \approx 0$$

Aus dieser Formel ergibt sich z. B. die Näherung $e^{0,1} \approx 1 + 0,1 + 0,005 = 1,105$.

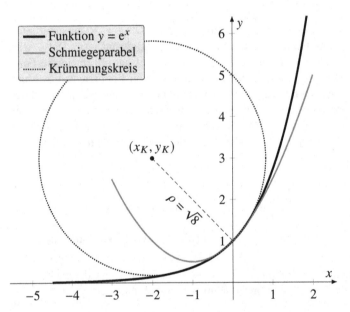

Abb. 6.25 Krümmungskreis und Schmiegeparabel zu e^x bei $x = 0$

Die Schmiegeparabel macht auch das Kriterium zur Bestimmung einer Extremstelle mithilfe der zweiten Ableitung plausibel. Ist $f : D \longrightarrow \mathbb{R}$ eine zweimal differenzierbare Funktion auf dem Intervall D und hat f bei $x_0 \in D$ die Ableitung $f'(x_0) = 0$, dann besitzt die Schmiegeparabel

$$f(x) \approx f(x_0) + \frac{1}{2} f''(x_0) (x - x_0)^2 \quad \text{für} \quad x \approx x_0$$

ihren Scheitelpunkt bei x_0, und das Vorzeichen von $f''(x_0)$ entscheidet, ob die Schmiegeparabel nach oben oder nach unten geöffnet ist. Dort befindet sich dann ein lokales Minimum bzw. Maximum von f.

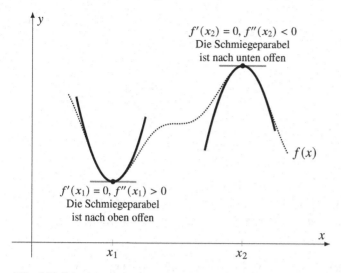

Abb. 6.26 Schmiegeparabeln und Extremstellen

6.4.4 Kubische Spline-Interpolation

Bei der Newton-Interpolation sucht man zu einer Wertetabelle

x_0	x_1	x_2	...	x_n
y_0	y_1	y_2	...	y_n

mit $n + 1$ Stützstellen (Knoten) ein Polynom $P(x)$ vom Grad n, welches die Wertepaare (x_0, y_0), (x_1, y_1), ..., (x_n, y_n) miteinander verbindet (siehe Kapitel 4, Abschnitt 4.2.4). Wählt man einen passenden Ansatz, dann lässt sich dieses Newton-Polynom relativ leicht berechnen. Wie wir aber bereits gesehen haben, neigt das Interpolationspolynom mit steigendem Grad n vor allem an den Rändern zum Ausschwingen (Runges Phänomen). In der Praxis geht man daher meist einen anderen Weg. Man verbindet die Wertepaare an zwei aufeinanderfolgenden Stützstellen mit jeweils einem Polynom vom Grad 3, also einer kubischen Funktion, und zusätzlich fordert man, dass die Übergänge zwischen den einzelnen Polynomen möglichst „glatt" sein sollen. Als Vorbild dient eine biegsame Latte, welche im Schiffsbau unter dem Namen *Straklatte* bzw. engl. *Spline* bekannt ist. Legt man einen solchen Spline durch die Punkte aus der Wertetabelle, dann formt sich die Kurve so, dass die Biegeenergie (bzw. Gesamtkrümmung) minimal wird (siehe Abb. 6.27). Wir wollen nun eine solche biegsame Latte mathematisch nachbilden.

Ein kubischer Spline $S(x)$ zur Wertetabelle

x_0	x_1	x_2	...	x_n
y_0	y_1	y_2	...	y_n

ist eine Funktion, die sich aus n Polynomen dritten Grades zusammensetzt:

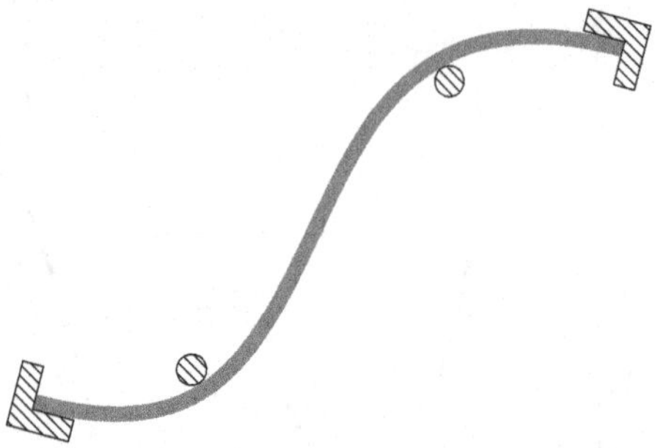

Abb. 6.27 Eine lange dün-
ne Latte (engl. „Spline")
wird hier durch Vorgabe der
Steigungen an den beiden
Enden und durch zwei weitere
Stützen in Form gebracht

$$S(x) = \begin{cases} S_1(x) = a_1x^3 + b_1x^2 + c_1x + d_1 & \text{für} \quad x \in [x_0, x_1] \\ S_2(x) = a_2x^3 + b_2x^2 + c_2x + d_2 & \text{für} \quad x \in [x_1, x_2] \\ \vdots \\ S_n(x) = a_nx^3 + b_nx^2 + c_nx + d_n & \text{für} \quad x \in [x_{n-1}, x_n] \end{cases}$$

Wir fordern, dass $S(x)$ durch die Punkte (x_k, y_k) verläuft, und an den Schnittstellen x_k zwischen zwei Intervallen sollen die ersten und zweiten Ableitungen der Polynome $S_k(x)$ und $S_{k+1}(x)$ gleich sein, sodass ein glatter Übergang entsteht. Wir können diese Bedingungen in der folgenden Form notieren:

(1) $S_k(x_{k-1}) = y_{k-1}$ und $S_k(x_k) = y_k$ für alle $k = 1, \ldots, n$

(2) $S'_k(x_k) = S'_{k+1}(x_k)$ und $S''_k(x_k) = S''_{k+1}(x_k)$ für alle $k = 1, \ldots, n-1$

Für die n Teilintervalle $[x_0, x_1]$ bis $[x_{n-1}, x_n]$ suchen wir also insgesamt n kubische Funktionen mit jeweils vier unbekannten Koeffizienten a_k, b_k, c_k, d_k. Wir brauchen dazu $4n$ Bedingungen. Die Forderung (1) ergibt $2n$ Gleichungen, und (2) liefert nochmals $2 \cdot (n-1) = 2n - 2$ Gleichungen für die Koeffizienten. Der Ansatz mit kubischen Polynomen und glattem Übergang legt demnach $2n + 2n - 2 = 4n - 2$ Koeffizienten fest. Um den kubischen Spline vollständig berechnen zu können, braucht man noch zwei weitere Gleichungen. In der Praxis werden zumeist noch die Ableitungswerte von $S(x)$ am Rand x_0 bzw. x_n festgelegt. Man verwendet z. B.

- *natürliche Randbedingungen*: $S''_1(x_0) = 0$ und $S''_n(x_n) = 0$

- *Hermitesche Randbedingungen*: $S'_1(x_0) = \alpha$ und $S'_n(x_n) = \beta$

(letztere mit vorgegebenen Zahlenwerten α und β). Die insgesamt $4n$ linearen Gleichungen für die Koeffizienten des kubischen Splines lassen sich dann z. B. mit dem Gauß-Verfahren lösen. Auf die einzelnen Schritte zur Berechnung der Koeffizienten wollen wir hier jedoch verzichten.

Beispiel: Der kubische Spline zur Wertetabelle

-2	0	1	2	4
3	1	1	2	3

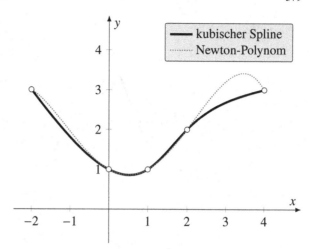

Abb. 6.28 Kubischer Spline und Newton-Polynom vom Grad 4

welcher die natürlichen Randbedingungen $S_1''(-2) = S_4''(4) = 0$ erfüllt, setzt sich zusammen aus vier Polynomen vom Grad 3, nämlich (vgl. Abb. 6.28)

$$S(x) = \begin{cases} S_1(x) = \frac{1}{16}x^3 + \frac{3}{8}x^2 - \frac{1}{2}x + 1 & \text{für } x \in [-2, 0] \\ S_2(x) = \frac{1}{8}x^3 + \frac{3}{8}x^2 - \frac{1}{2}x + 1 & \text{für } x \in [0, 1] \\ S_3(x) = -\frac{1}{8}x^3 + \frac{15}{8}x^2 - 2x + \frac{3}{2} & \text{für } x \in [1, 2] \\ S_4(x) = \frac{1}{16}x^3 - \frac{3}{4}x^2 + \frac{13}{4}x - 2 & \text{für } x \in [2, 4] \end{cases}$$

Im Vergleich zum Newton-Polynom haben kubische Splines den Nachteil, dass sie nur stückweise definiert sind und man ggf. mit vielen einzelnen Funktionen arbeiten muss. Sie haben allerdings eine für die Praxis sehr wichtige Eigenschaft: Selbst bei einer großen Anzahl Knoten neigt das kubische Spline nicht zum Oszillieren. In Abb. 6.29 wurde die Funktion $f(x) = \frac{4}{x^2+1}$ auf dem Intervall $[-4, 4]$ an den 9 äquidistanten Stützstellen $x_0 = -4, x_1 = -3, \ldots, x_9 = 4$ sowohl durch ein Newton-Polynom vom Grad 8 als auch durch einen kubischen Spline interpoliert. Während das Newton-Polynom vor allem an den Rändern stark ausschwingt, bildet der kubische Spline die Funktion sehr gut nach.

Klären wir abschließend noch die Frage: Was hat ein kubischer Spline mit der Biegung einer dünnen Latte zu tun? Man kann zeigen, dass der kubische Spline unter allen zweimal stetig differenzierbaren Funktionen f, welche die Punkte (x_k, y_k) verbinden, diejenige Kurve mit dem kleinsten Wert

$$E = \int_a^b f''(x)^2 \, dx$$

ist. Interpretiert man $y = f(x)$ als Biegelinie eines dünnen elastischen Stabes und setzt man voraus, dass die Krümmung der Latte nicht zu groß (bzw. f' betragsmäßig klein) ist, dann ist E näherungsweise die im Stab gespeicherte Biegeenergie. Somit ist der kubische Spline näherungsweise die Kurve mit der kleinsten Biegeenergie, und das ist genau die Biegelinie eines dünnen elastischen Stabes, welcher an gewissen Punkten fixiert wird.

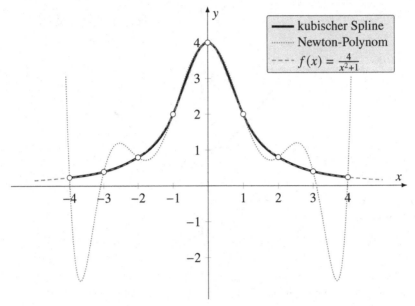

Abb. 6.29 Newton- und Spline-Interpolation für die Funktion $f(x) = \frac{4}{x^2+1}$

6.5 Kurven in Parameterdarstellung

6.5.1 Die Parameterdarstellung

Bisher haben wir Funktionen untersucht, die durch eine (explizite) Funktionsgleichung der Form

$$y = f(x), \quad x \in D \subset \mathbb{R}$$

gegeben sind. Hierbei wird einem Punkt auf der x-Achse genau ein y-Wert zugeordnet. Zahlreiche Funktionen aus Physik und Technik lassen sich jedoch nicht durch eine solche „einfache" Vorschrift beschreiben. Eine Möglichkeit zur Darstellung komplizierterer Kurven bietet uns die *Parameterdarstellung*. Dabei ordnen wir einem *Parameter* (griech. für „Nebenmaß") t aus dem *Parameterbereich D* (z. B. $D = [0, 1]$) jeweils die x- und y-Koordinate eines Kurvenpunktes zu:

$$x = x(t), \quad y = y(t), \quad t \in D$$

Durchläuft t den Parameterbereich, so wandern die Punkte $(x(t), y(t))$ entlang einer Kurve in der (x, y)-Ebene. Die Funktionen $x(t)$ und $y(t)$ werden *Koordinatenfunktionen* der Parameterdarstellung genannt. Eine Kurve in Parameterform kann man auch als Abbildung

$$\vec{r} : D \longrightarrow \mathbb{R}^2, \qquad t \longmapsto \vec{r}(t) = \begin{pmatrix} x(t) \\ y(t) \end{pmatrix}$$

auffassen, wobei wir jedem Parameterwert t den *Ortsvektor* $\vec{r}(t)$ des Kurvenpunktes $(x(t), y(t))$ zuordnen.

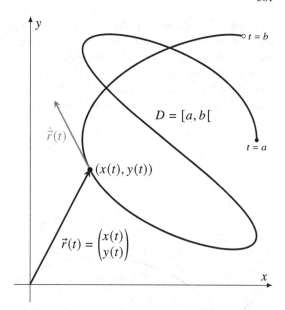

Abb. 6.30 Eine Kurve in Parameterform

Die Hilfsgröße t selbst erscheint in der graphischen Darstellung einer Kurve nicht mehr – man sieht nur die „Spur", welche die Punkte in der (x, y)-Ebene hinterlassen. Zudem hat der Parameter t je nach Anwendung ganz unterschiedliche Bedeutungen. In der Physik kann beispielsweise $(x(t), y(t))$ der Ort eines Massenpunkts zur Zeit t sein. In der Geometrie oder Technik ist t oftmals ein Winkel, so auch bei den folgenden Beispielen.

Beispiel 1. Ein Kreis mit Radius r um O kann durch die Parameterdarstellung

$$x(t) = r \cos t, \quad y = r \sin t, \quad t \in [0, 2\pi[$$

mit dem Winkel t zur x-Achse (im Bogenmaß) als Parameter beschrieben werden.

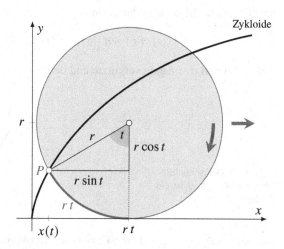

Abb. 6.31 Konstruktion der Parameterform einer Zykloide

Beispiel 2. Die *Zykloide* (Rollkurve) ist die Bahnkurve eines Punktes P auf einem Kreis mit Radius r, der auf der x-Achse abrollt. Zur Herleitung der Parameterdarstellung verwenden wir als Parameter t den Auslenkwinkel von P im Bogenmaß sowie die folgende Abrollbedingung: Die zurückgelegte Wegstrecke des Kreismittelpunkts ist gleich der Bogenlänge $r\,t$ vom Auflagepunkt des Kreises bis zum Punkt P, siehe Abb. 6.31. Aus dieser Skizze entnehmen wir die Parameterdarstellung der Zykloide:

$$x(t) = r(t - \sin t), \quad y(t) = r(1 - \cos t), \quad t \in \mathbb{R}$$

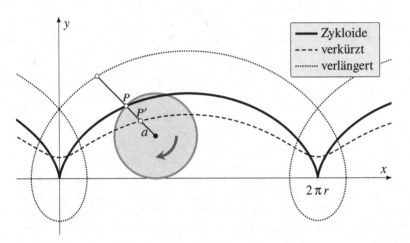

Abb. 6.32 Verschiedene Arten von Zykloiden

Verlagert man den Punkt vom Rand in die Kreisscheibe so wie in Abb. 6.32 dargestellt, dann entsteht eine „verkürzte" Zykloide. Befindet sich der Punkt außerhalb des Kreises, dann erhält man eine „verlängerte" Zykloide mit Schleifen. Bezeichnen wir mit a den Abstand des Punktes P' vom Kreismittelpunkt, so erhält man für die Bahnkurve von P' eine Parameterdarstellung der Form

$$x(t) = r\,t - a\sin t, \quad y(t) = r - a\cos t, \quad t \in \mathbb{R}$$

welche im Fall $a < r$ eine verkürzte und bei $a > r$ eine verlängerte Zykloide ergibt.

Abb. 6.33 Der schnellste
Weg von A nach B ist ein
Zykloidenbogen

Die Zykloide hat einige bemerkenswerte physikalische Eigenschaften. Auf den Kopf gestellt (wie in Abb. 6.33), beschreibt sie die Bahn, auf der ein Massenpunkt unter dem

Einfluss der Schwerkraft am schnellsten von einem Anfangspunkt A zu einem tiefer gelegenen Endpunkt B gleitet, sofern man die Reibung vernachlässigt. Sie wird daher auch *Brachistochrone* (griech. brachistos = kürzeste, chronos = Zeit) genannt. Zugleich ist diese Kurve eine *Tautochrone*: Von jedem Punkt auf der Kurve benötigt man die gleiche Zeit, um zum Tiefpunkt zu gelangen. Wir werden diese Eigenschaften der Zykloide später noch nachweisen.

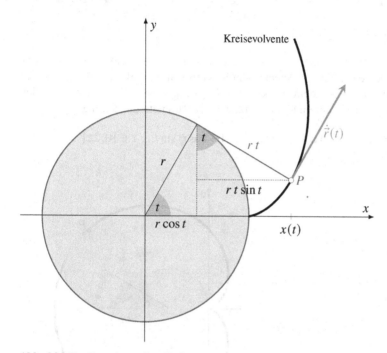

Abb. 6.34 Zur Entstehung einer Kreisevolvente

Beispiel 3. Die *Kreisevolvente* ist die Bahnkurve eines Fadens, der straff gespannt von einer Rolle mit Radius r abgewickelt wird. Die Parameterdarstellung der Kreisevolvente lautet

$$x(t) = r(\cos t + t \sin t), \quad y(t) = r(\sin t - t \cos t), \quad t \in [0, \infty[$$

welche man aus der Skizze in Abb. 6.34 entnehmen kann. Hier ist t der Winkel (im Bogenmaß) von der x-Achse zum Punkt, an dem der Faden die Rolle verlässt.

Die Kreisevolvente wird u. a. zur Herstellung von Zahnrädern verwendet. Bei der *Evolventenverzahnung*, einer der wichtigsten Verzahnungsarten im Maschinenbau, sind die Zahnflanken Teil einer Kreisevolvente, vgl. Abb. 6.35. Während des gesamten Eingriffs bewegen sich die Berührpunkte zweier Zahnflanken entlang einer Gerade, wobei die aufeinander ausgeübte Kraft stets senkrecht zum Zahnprofil und tangential zu den Grundkreisen der beiden Zahnräder wirkt. Insgesamt ergibt sich dadurch eine gleichförmige Bewegungsübertragung, selbst wenn sich der Achsabstand leicht ändert. Darüber hinaus ist die Herstellung von Zahnrädern mit Evolventenverzahnung relativ einfach.

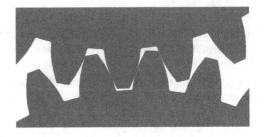

Abb. 6.35 Zahnräder mit
Evolventenverzahnung

Beispiel 4. Die *Kardioide* (Herzkurve) ist die Bahnkurve eines Punktes P auf einem
Kreis mit Durchmesser a, der auf einem anderen Kreis mit dem gleichen Durchmesser
a abrollt, siehe Abb. 6.36. Mit dem Winkel t (im Bogenmaß) zwischen x-Achse und der
Verbindungslinie der Kreismittelpunkte ergibt sich die Parameterdarstellung

$$x(t) = a(1 + \cos t) \cos t, \quad y(t) = a(1 + \cos t) \sin t, \quad t \in [0, 2\pi[$$

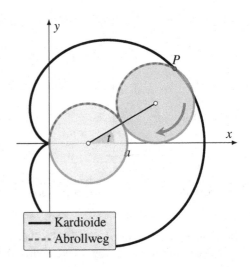

Abb. 6.36 Kardioide

Beispiel 5. Die *Astroide* (oder Sternkurve) ist die Bahnkurve eines Punktes P auf einem
Kreis mit Radius r, der wie bei einem Planetengetriebe in einem größeren Kreis mit dem
Radius $4r$ abrollt, vgl. Abb. 6.37. Die Astroide hat die Parameterdarstellung

$$x(t) = r \cdot \cos^3 t, \quad y(t) = r \cdot \sin^3 t, \quad t \in [0, 2\pi[$$

wobei t den Auslenkwinkel des inneren Kreises zur x-Achse bezeichnet.

Beispiel 6. Die *logarithmische Spirale* ist eine Kurve mit der Parameterdarstellung

$$\left. \begin{array}{l} x(t) = b\, e^{at} \cos t \\ y(t) = b\, e^{at} \sin t \end{array} \right\} \quad \vec{r}(t) = b\, e^{at} \cdot \begin{pmatrix} \cos t \\ \sin t \end{pmatrix}, \quad t \in \mathbb{R}$$

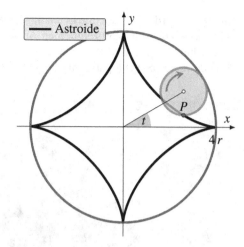

Abb. 6.37 Astroide

wobei $a, b \neq 0$ zwei Konstanten sind. Bei dieser Spiralkurve, siehe Abb. 6.38, wächst (oder fällt) der Abstand der Kurvenpunkte zum Ursprung exponentiell mit t, denn

$$|\vec{r}(t)| = \sqrt{x(t)^2 + y(t)^2} = \sqrt{b^2 e^{2at} (\cos^2 t + \sin^2 t)} = \sqrt{b^2 e^{2at}} = |b|\, e^{at}$$

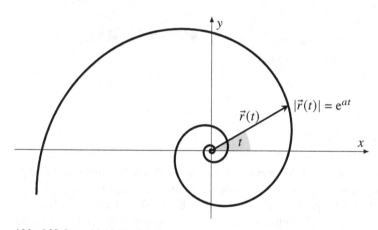

Abb. 6.38 Logarithmische Spirale

Neben den hier genannten Beispielen gibt es noch eine Vielzahl weiterer benannter Kurven. Die Kardioide ist der Spezialfall $a = b$ einer *Epizykloide*, bei der ein Kreis mit dem Durchmesser a außen auf einem Kreis mit dem Durchmesser b abrollt. Die Astroide wiederum gehört zur allgemeineren Klasse der *Hypozykloiden*. Diese entstehen durch Abrollen eines Kreises im Inneren eines anderen Kreises. Neben Kreisevolvente und logarithmischer Spirale gibt es noch weitere wichtige Spiralkurven wie etwa die *Archimedische Spirale* oder die *hyperbolische Spirale*. Hinzu kommen Kegelschnitte (Ellipse und Hyperbel) sowie zahlreiche andere Abroll-, Abwickel- und Schleppkurven, die in den Anwendungen eine wichtige Rolle spielen, aber aus Platzgründen nicht einzeln aufgeführt werden können. Sie treten in Mathematik, Natur und Technik manchmal auch unerwartet auf. Abb. 6.39 zeigt einen Ausschnitt der Mandelbrot-Menge (siehe Kapitel 5, Abschnitt 5.7.3), in dem sowohl eine Kardioide als Körper eines „Apfelmännchens" als auch verschiedene logarithmische Spiralen zu sehen sind.

Abb. 6.39 Ausschnitt aus der Mandelbrot-Menge

6.5.2 Der Tangentenvektor

Wir wollen nun zu einer Kurve in Parameterform im Punkt mit dem Parameterwert $t_0 \in D$ einen *Tangentenvektor* bestimmen. Hierzu bilden wir den Differenzvektor von $\vec{r}(t_0)$ zu einem benachbarten Kurvenpunkt $\vec{r}(t_0 + \Delta t)$, siehe Abb. 6.40. Je kleiner der Wert Δt ist, umso mehr nähert sich die Richtung des Differenzvektors der Tangente an. Zugleich nimmt aber auch seine Länge ab. Daher müssen wir diesen Differenzvektor noch mit einem geeigneten Faktor skalieren, der für $\Delta t \to 0$ immer größer wird, und das ist z. B. der Kehrwert $\frac{1}{\Delta t}$:

$$\frac{1}{\Delta t}\left(\vec{r}(t_0 + \Delta t) - \vec{r}(t_0)\right) = \frac{1}{\Delta t}\begin{pmatrix} x(t_0 + \Delta t) - x(t_0) \\ y(t_0 + \Delta t) - y(t_0) \end{pmatrix} = \begin{pmatrix} \frac{x(t_0+\Delta t)-x(t_0)}{\Delta t} \\ \frac{y(t_0+\Delta t)-y(t_0)}{\Delta t} \end{pmatrix}$$

Falls die Funktionen $x(t)$ und $y(t)$ differenzierbar sind, dann gehen die Komponenten für $\Delta t \to 0$ in die Ableitungen der Koordinatenfunktionen an der Stelle t_0 über:

$$\dot{\vec{r}}(t_0) = \lim_{\Delta t \to 0} \frac{1}{\Delta t} \left(\vec{r}(t_0 + \Delta t) - \vec{r}(t_0)\right) = \begin{pmatrix} \frac{dx}{dt}(t_0) \\ \frac{dy}{dt}(t_0) \end{pmatrix}$$

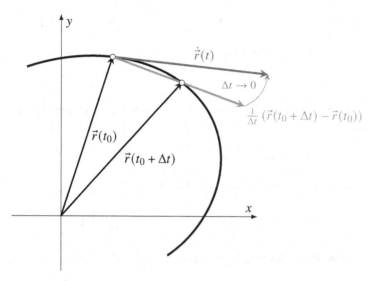

Abb. 6.40 Übergang zum Tangentenvektor an eine Kurve

Bei einer Kurve in Parameterform ist es üblich, die Ableitungen nach dem Parameter mit einem Punkt anstelle von $x'(t)$ und $y'(t)$ zu schreiben:

$$\dot{x}(t) = \frac{dx}{dt}(t), \quad \dot{y}(t) = \frac{dy}{dt}(t), \quad t \in D$$

Als Ergebnis notieren wir:

Eine Kurve mit der Parameterdarstellung $x = x(t)$, $y = y(t)$ und differenzierbaren Koordinatenfunktionen $x, y : D \longrightarrow \mathbb{R}$ hat im Kurvenpunkt $(x(t_0), y(t_0))$ den Tangentenvektor

$$\dot{\vec{r}}(t_0) = \begin{pmatrix} \dot{x}(t_0) \\ \dot{y}(t_0) \end{pmatrix}$$

Der Tangentenvektor $\dot{\vec{r}}(t)$ trägt übrigens noch eine weitere wichtige geometrische Information: Er gibt die Richtung an, in der die Kurve mit ansteigenden Parameterwerten t durchlaufen wird.

Beispiel 1. Wir berechnen den Tangentenvektor zum Kreis um O mit Radius $r = 2$. Aus der Parameterdarstellung und den Ableitungen der Koordinatenfunktionen

$$x(t) = 2\cos t, \quad y(t) = 2\sin t \quad \Longrightarrow \quad \dot{x}(t) = -2\sin t, \quad \dot{y}(t) = 2\cos t$$

ergibt sich der Tangentenvektor

$$\dot{\vec{r}}(t) = \begin{pmatrix} -2\sin t \\ 2\cos t \end{pmatrix}, \quad t \in [0, 2\pi[$$

Speziell für $t = \frac{\pi}{3}$ erhalten wir dann am Kreispunkt $(1, \sqrt{3})$ den Tangentenvektor

$$\dot{\vec{r}}\left(\tfrac{\pi}{3}\right) = \begin{pmatrix} -\sqrt{3} \\ 1 \end{pmatrix}$$

Beispiel 2. Es sollen die Tangentenvektoren an die Zykloide mit dem Abrollradius $r = 1$, also zur Kurve

$$x(t) = t - \sin t, \quad y(t) = 1 - \cos t, \quad t \in \mathbb{R}$$

bestimmt werden. Die Ableitungen der Koordinatenfunktionen sind

$$\dot{x}(t) = 1 - \cos t, \quad \dot{y}(t) = \sin t \quad \Longrightarrow \quad \dot{\vec{r}}(t) = \begin{pmatrix} 1 - \cos t \\ \sin t \end{pmatrix}$$

Die Tangentenvektoren für ausgewählte Parameterwerte sind z. B.

$$\dot{\vec{r}}\left(\tfrac{\pi}{2}\right) = \begin{pmatrix} 1 \\ 1 \end{pmatrix} \quad \text{im Punkt} \quad \left(\tfrac{\pi}{2} - 1, 1\right)$$

$$\dot{\vec{r}}(\pi) = \begin{pmatrix} 2 \\ 0 \end{pmatrix} \quad \text{im Punkt} \quad (\pi, 2)$$

Beispiel 3. Die Kreisevolvente zum Radius $r > 0$ hat die Parameterdarstellung

$$x(t) = r\cos t + r\,t\sin t, \quad y(t) = r\sin t - r\,t\cos t, \quad t \in [0, \infty[$$

und die Ableitungen der Koordinatenfunktionen sind

$$\dot{x}(t) = -r\sin t + r\sin t + r\,t\cos t = r\,t\cos t$$
$$\dot{y}(t) = r\cos t - r\cos t + r\,t\sin t = r\,t\sin t$$

Der Tangentenvektor an der Stelle $(x(t), y(t))$ ist dann

$$\dot{\vec{r}}(t) = \begin{pmatrix} r\,t\cos t \\ r\,t\sin t \end{pmatrix}, \quad \text{z. B.} \quad \dot{\vec{r}}\left(\tfrac{\pi}{2}\right) = \begin{pmatrix} 0 \\ \frac{r\pi}{2} \end{pmatrix}$$

Insbesondere ist dann der Tangentenvektor $\dot{\vec{r}}(t)$ im Kurvenpunkt $\vec{r}(t)$ wegen

$$\dot{\vec{r}}(t) = t \cdot \begin{pmatrix} r\cos t \\ r\sin t \end{pmatrix} = t \cdot \vec{a}(t)$$

für $t > 0$ stets parallel zum Ortsvektor $\vec{a}(t)$ des Abwickelpunktes A und damit auch senkrecht zur Kreistangente durch A, wie die Skizze in Abb. 6.41 zeigt.

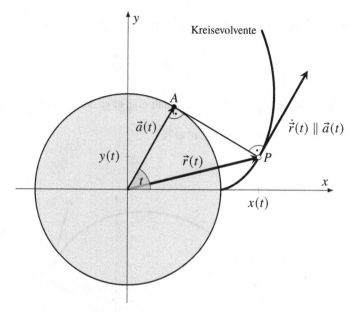

Abb. 6.41 Tangentenvektor an die Kreisevolvente

Beispiel 4. Der Tangentenvektor an die logarithmische Spirale

$$x(t) = e^{at} \cos t, \quad y(t) = e^{at} \sin t \quad \Longrightarrow \quad \vec{r}(t) = \begin{pmatrix} e^{at} \cos t \\ e^{at} \sin t \end{pmatrix}, \quad t \in \mathbb{R}$$

mit der Konstante $a > 0$ ergibt sich aus den Ableitungen

$$\left. \begin{aligned} \dot{x}(t) &= a\,e^{at} \cos t - e^{at} \sin t \\ \dot{y}(t) &= a\,e^{at} \sin t + e^{at} \cos t \end{aligned} \right\} \quad \Longrightarrow \quad \dot{\vec{r}}(t) = e^{at} \begin{pmatrix} a \cos t - \sin t \\ a \sin t + \cos t \end{pmatrix}$$

Die logarithmische Spirale hat einige bemerkenswerte Eigenschaften. Dazu gehört auch, dass der Winkel zwischen dem Ortsvektor $\vec{r}(t)$ und dem Tangentenvektor $\dot{\vec{r}}(t)$ stets unabhängig vom Parameter t ist, vgl. Abb. 6.42. Wir können dieses Resultat durch eine Rechnung bestätigen. Aus dem Skalarprodukt

$$\begin{aligned} \vec{r}(t) \cdot \dot{\vec{r}}(t) &= e^{at} \begin{pmatrix} \cos t \\ \sin t \end{pmatrix} \cdot e^{at} \begin{pmatrix} a \cos t - \sin t \\ a \sin t + \cos t \end{pmatrix} \\ &= (e^{at})^2 \left(\cos t \cdot (a \cos t - \sin t) + \sin t \cdot (a \sin t + \cos t) \right) \\ &= e^{2at} (a \cos^2 t + a \sin^2 t) = a\,e^{2at} \end{aligned}$$

und den Längen der Tangentenvektoren

$$\begin{aligned} |\dot{\vec{r}}(t)| &= e^{at} \sqrt{(a \cos t - \sin t)^2 + (a \sin t + \cos t)^2} \\ &= e^{at} \sqrt{(a^2 + 1) \cos^2 t + (a^2 + 1) \sin^2 t} = e^{at} \cdot \sqrt{a^2 + 1} \end{aligned}$$

ergibt sich der Winkel zwischen $\vec{r}(t)$ und $\dot{\vec{r}}(t)$ mit der Formel

$$\cos \alpha(t) = \frac{\vec{r}(t) \cdot \dot{\vec{r}}(t)}{|\vec{r}(t)| \cdot |\dot{\vec{r}}(t)|} = \frac{a\,\mathrm{e}^{2at}}{\mathrm{e}^{at} \cdot \mathrm{e}^{at}\sqrt{a^2+1}} = \frac{a}{\sqrt{a^2+1}}$$

und ist demnach für alle $t \in \mathbb{R}$ gleich. Im Fall $a = \frac{1}{4}$ erhält man etwa den Winkel

$$\cos \alpha = \frac{1}{\sqrt{17}} \quad \Longrightarrow \quad \alpha \approx 76°$$

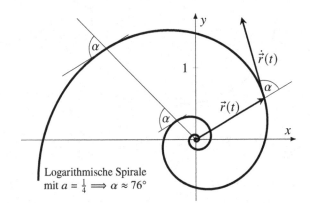

Abb. 6.42 Der Winkel zwischen Orts- und Tangentenvektoren ist bei der logarithmischen Spirale konstant

Logarithmische Spirale mit $a = \frac{1}{4} \Longrightarrow \alpha \approx 76°$

6.5.3 Parametrisches Differenzieren

Eine Funktion (Kurve) in Parameterform $x = x(t)$, $y = y(t)$ mit $t \in D$ können wir – zumindest formal – auch in expliziter Form $y = f(x)$ schreiben, sofern zu jeder x-Koordinate eines Kurvenpunkts genau eine y-Koordinate gehört. Dazu müssen wir dem Wert $x = x(t)$ den Funktionswert $f(x) = y(t)$ zuordnen. In manchen Fällen lässt sich diese Funktionsvorschrift f direkt angeben, so etwa beim Einheitskreis in der oberen Halbebene mit der Parameterdarstellung

$$x = \cos t, \quad y = \sin t, \quad t \in [0, \pi]$$

und der folgenden Umformung:

$$y = \sin t = \sqrt{1 - \cos^2 t} = \sqrt{1 - x^2}, \quad x \in [-1, 1]$$

Bei vielen Kurven kann man die Zuordnung $y = f(x)$ zwar graphisch darstellen, aber die Funktion f lässt sich nicht als Formel angeben. Bei der Zykloide

$$x(t) = t - \sin t, \quad y(t) = 1 - \cos t, \quad t \in \mathbb{R}$$

etwa können wir $x = t - \sin t$ nicht nach t auflösen, sodass sich $y = 1 - \cos t$ auch nicht formal durch x ausdrücken lässt. Dennoch gibt es die Möglichkeit, die Ableitung f' an der Stelle $x = x(t)$ zu berechnen. Wegen $y(t) = f(x(t))$ gilt nach der Kettenregel $\dot{y}(t) = f'(x(t)) \cdot \dot{x}(t)$, und hieraus ergibt sich die Formel

$$f'(x(t)) = \frac{\dot{y}(t)}{\dot{x}(t)}$$

falls die Koordinatenfunktionen $x(t)$, $y(t)$ bei t differenzierbar sind und $\dot{x}(t) \neq 0$ gilt.

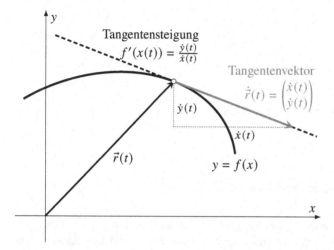

Abb. 6.43 Tangentensteigung und Tangentenvektor

Obige Ableitungsformel wird *parametrisches Differenzieren* genannt. Sie liefert gemäß Abb. 6.43 die Steigung der Tangente im Punkt $(x(t), y(t))$.

Beispiel: Für den Zykloidenbogen mit der Parameterdarstellung

$$x(t) = t - \sin t, \quad y(t) = 1 - \cos t, \quad t \in [0, 2\pi]$$

ist der explizite Zusammenhang $y = f(x)$ nicht bekannt, aber wir können die Ableitung von f an der Stelle $x = x(t)$ angeben:

$$f'(x(t)) = \frac{\sin t}{1 - \cos t}$$

Für den Wert $t = \frac{\pi}{2}$ erhalten wir beispielsweise $x(\frac{\pi}{2}) = \frac{\pi}{2} - 1 \approx 0{,}57$ sowie

$$f(0{,}57) = y(\tfrac{\pi}{2}) = 1 \quad \text{und} \quad f'(0{,}57) = \frac{\sin \frac{\pi}{2}}{1 - \cos \frac{\pi}{2}} = 1$$

Für den Parameter $t = \pi$ wiederum ergeben sich die Werte $x(\pi) = \pi - \sin \pi = \pi$,

$$f(\pi) = y(\pi) = 2 \quad \text{und} \quad f'(\pi) = \frac{\sin\pi}{1 - \cos\pi} = 0$$

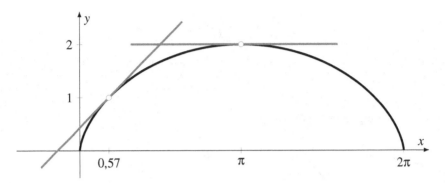

Abb. 6.44 Parametrisches Differenzieren bei der Zykloide

6.5.4 Krümmung in Parameterform

In Abschnitt 6.4.2 haben wir den Krümmungskreis für eine Funktion $y = f(x)$ an einer Stelle x_0 berechnet. Aus dem Schnittpunkt der Normalen bei x_0 und $x_0 + \Delta x$ erhielten wir nach dem Grenzübergang $\Delta x \to 0$ die Koordinaten des Mittelpunkts und daraus wiederum den Radius des Krümmungskreises. Zur Berechnung dieser Größen braucht man dann u. a. die ersten zwei Ableitungen von f bei x_0. Mit einer ähnlichen Überlegung lässt sich der Krümmungskreis einer Kurve in Parameterform ermitteln. Wir wollen hier nur das Resultat notieren:

Der *Krümmungskreis* zur Kurve mit der Parameterdarstellung $x = x(t)$, $y = y(t)$ und zweimal differenzierbaren Koordinatenfunktionen hat für den Parameterwert $t \in D$ am Kurvenpunkt $(x(t), y(t))$ den Radius

$$\rho = \frac{\left(\dot{x}(t)^2 + \dot{y}(t)^2\right)^{\frac{3}{2}}}{|\dot{x}(t)\,\ddot{y}(t) - \ddot{x}(t)\,\dot{y}(t)|}$$

vorausgesetzt, dass der Nenner nicht Null ist. Der Mittelpunkt des Krümmungskreises befindet sich an der Stelle

$$x_K(t) = x(t) - \frac{\dot{y}(t) \cdot \left(\dot{x}(t)^2 + \dot{y}(t)^2\right)}{\dot{x}(t)\,\ddot{y}(t) - \ddot{x}(t)\,\dot{y}(t)}$$

$$y_K(t) = y(t) + \frac{\dot{x}(t) \cdot \left(\dot{x}(t)^2 + \dot{y}(t)^2\right)}{\dot{x}(t)\,\ddot{y}(t) - \ddot{x}(t)\,\dot{y}(t)}$$

Insbesondere werden zur Bestimmung des Krümmungskreises die zweiten Ableitungen $\ddot{x}(t)$ und $\ddot{y}(t)$ der Koordinatenfunktionen benötigt. So wie bei einer Funktion $y = f(x)$ liefert uns auch bei einer Kurve in Parameterform der Kehrwert des Krümmungsradius ein Maß für die

Krümmung $\quad \kappa(t) = \dfrac{\dot{x}(t)\,\ddot{y}(t) - \ddot{x}(t)\,\dot{y}(t)}{\left(\dot{x}(t)^2 + \dot{y}(t)^2\right)^{\frac{3}{2}}}$

Es gilt also $\rho = \frac{1}{|\kappa|}$. Ist $\kappa(t_0) = 0$, dann gibt es keinen Krümmungskreis – die Kurve ist lokal eine Gerade, und in diesem Fall bezeichnet man $(x(t_0), y(t_0))$ als Flachpunkt der Kurve.

Beispiel: Für eine Zykloide zum Radius $r = 1$ mit der Parameterdarstellung

$$x(t) = t - \sin t, \quad y(t) = 1 - \cos t, \quad t \in \mathbb{R}$$

wollen wir den Krümmungskreis und die Krümmung für alle Parameterwerte t berechnen. Dazu brauchen wir die ersten zwei Ableitungen

$$\dot{x}(t) = 1 - \cos t, \quad \dot{y}(t) = \sin t$$
$$\ddot{x}(t) = \sin t, \qquad \ddot{y}(t) = \cos t$$

der Koordinatenfunktionen. Setzen wir diese und

$$\dot{x}(t)^2 + \dot{y}(t)^2 = 1 - 2\cos t + \cos^2 t + \sin^2 t = 2\,(1 - \cos t)$$
$$\dot{x}(t)\,\ddot{y}(t) - \ddot{x}(t)\,\dot{y}(t) = (1 - \cos t)\cos t - \sin^2 t = \cos t - 1$$

in die Formeln für den Krümmungskreis-Mittelpunkt ein, dann ergibt sich

$$x_K(t) = t - \sin t - \frac{\sin t \cdot 2\,(1 - \cos t)}{\cos t - 1} = t + \sin t$$
$$y_K(t) = 1 - \cos t + \frac{(1 - \cos t) \cdot 2\,(1 - \cos t)}{\cos t - 1} = -1 + \cos t$$

sowie für den Radius des Krümmungskreises der Wert

$$\rho = \frac{(2\,(1 - \cos t))^{\frac{3}{2}}}{1 - \cos t}$$

wobei $|\cos t - 1| = 1 - \cos t \geq 0$. Unter Verwendung der Halbwinkelformel

$$\sin \tfrac{t}{2} = \sqrt{\frac{1 - \cos t}{2}} \quad \text{bzw.} \quad 1 - \cos t = 2\sin^2 \tfrac{t}{2}$$

können wir diesen Ausdruck nochmals vereinfachen:

$$\rho = \frac{\left(2 \cdot 2\sin^2 \tfrac{t}{2}\right)^{\frac{3}{2}}}{2\sin^2 \tfrac{t}{2}} = \frac{\left|2\sin \tfrac{t}{2}\right|^3}{2\sin^2 \tfrac{t}{2}} = 4\,|\sin \tfrac{t}{2}|$$

Speziell für $t = \pi$ hat der Krümmungskreis im Kurvenpunkt $(\pi, 2)$ den Radius $\rho = 4$, und aus Symmetriegründen liegt der Mittelpunkt des Krümmungskreises dann bei $(\pi, -2)$, siehe Abb. 6.46. Im Fall $t = -\frac{3}{2}\pi$ finden wir im Kurvenpunkt P mit den Koordinaten

$$x(-\tfrac{3}{2}\pi) = -\tfrac{3}{2}\pi - \sin(-\tfrac{3}{2}\pi) = -1 - \tfrac{3}{2}\pi$$

$$y(-\tfrac{3}{2}\pi) = 1 - \cos(-\tfrac{3}{2}\pi) = 1$$

den Mittelpunkt M des Krümmungskreises an der Stelle

$$x_K(-\tfrac{3}{2}\pi) = -\tfrac{3}{2}\pi + \sin(-\tfrac{3}{2}\pi) = 1 - \tfrac{3}{2}\pi$$

$$y_K(-\tfrac{3}{2}\pi) = \cos(-\tfrac{3}{2}\pi) - 1 = -1$$

und der Radius des Krümmungskreises ist dort

$$\rho = 4 \left| \sin \tfrac{-\frac{3}{2}\pi}{2} \right| = 4 \sin \tfrac{3\pi}{4} = 4 \cdot \tfrac{1}{2}\sqrt{2} = \sqrt{8}$$

6.5.5 Evolute und Evolvente

Die *Evolute* einer ebenen Kurve ist die Bahn, auf der sich die Mittelpunkte der Krümmungskreise bewegen, wenn der Berührpunkt auf der Kurve entlang wandert. Die Ausgangskurve nennt man auch *Evolvente*. Zu einer gegebenen Funktion $y = f(x)$ mit $x \in D$ lässt sich Evolute in Parameterdarstellung wie folgt bestimmen: Wir wählen als Parameter t die x-Koordinate auf der Ausgangskurve. Dann ist der Mittelpunkt des Krümmungskreises bei

$$x_K(t) = t - \frac{f'(t)\left(f'(t)^2 + 1\right)}{f''(t)}, \quad y_K(t) = f(t) + \frac{f'(t)^2 + 1}{f''(t)}, \quad t \in D$$

Liegt die Ausgangskurve (Evolvente) selbst in der Parameterdarstellung $x = x(t), y = y(t)$ mit $t \in D$ vor, dann ergibt sich für die Evolute die Parameterform

$$x_K(t) = x(t) - \frac{\dot{y}(t) \cdot \left(\dot{x}(t)^2 + \dot{y}(t)^2\right)}{\dot{x}(t)\,\ddot{y}(t) - \ddot{x}(t)\,\dot{y}(t)}, \quad y_K(t) = y(t) + \frac{\dot{x}(t) \cdot \left(\dot{x}(t)^2 + \dot{y}(t)^2\right)}{\dot{x}(t)\,\ddot{y}(t) - \ddot{x}(t)\,\dot{y}(t)}$$

mit dem gleichen Parameterwert $t \in D$.

Beispiel 1. Wir berechnen die Evolute der Normalparabel $y = x^2$. Mit dem Parameter $t = x$ ist $f(t) = t^2$ sowie $f'(t) = 2t$ und $f''(t) = 2$. Hieraus ergibt sich

$$x_K(t) = t - \frac{2t\left(4t^2 + 1\right)}{2} = -4t^3, \quad y_K(t) = t^2 + \frac{4t^2 + 1}{2} = 3t^2 + \tfrac{1}{2}$$

Abb. 6.45 zeigt die Krümmungskreise der Parabel $y = x^2$ (Evolvente) in den Punkten P_1, P_2, P_3 usw. Deren Mittelpunkte $M_1, M_2, M_3, \ldots$ liegen auf der Evolute zur

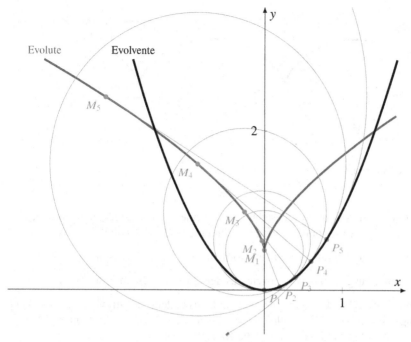

Abb. 6.45 Die Evolute der Normalparabel $y = x^2$ ist eine Neilsche Parabel

Normalparabel. Der rechte Ast der Evolute entsteht, wenn die Berührpunkte der Krümmungskreise auf der Parabel nach links wandern. Die hier berechnete Parameterdarstellung lässt sich auch wieder in der Form $y = f(x)$ schreiben. Dazu lösen wir $x_K(t) = -4\,t^3$ nach t auf:

$$t = -\sqrt[3]{\frac{x}{4}}$$

und setzen diesen Ausdruck in $y_K(t)$ ein:

$$y = y_K(t) = 3\,t^2 + \tfrac{1}{2} = \sqrt[3]{\tfrac{27}{16}\,x^2} + \tfrac{1}{2}$$

Eine Kurve dieser Gestalt wird auch *Neilsche Parabel* genannt.

Beispiel 2. Für die Zykloide zum Radius $r = 1$ mit der Parameterdarstellung

$$x(t) = t - \sin t, \quad y(t) = 1 - \cos t, \quad t \in \mathbb{R}$$

haben wir im letzten Abschnitt den Mittelpunkt des Krümmungskreises in Abhängigkeit vom Parameterwert $t \in \mathbb{R}$ berechnet:

$$x_K(t) = t + \sin t, \quad y_K(t) = -1 + \cos t$$

Dies ist zugleich die Parameterdarstellung der Evolute, und wie Abb. 6.46 zeigt, handelt es sich hierbei wieder um eine Zykloide zu $r = 1$, die allerdings um π nach links und um 2 Einheiten nach unten verschoben ist.

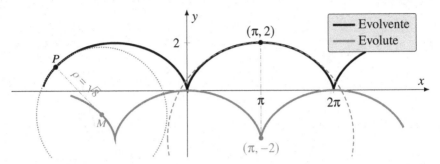

Abb. 6.46 Die Evolute einer Zykloide ergibt wieder eine Zykloide

Zwischen Evolute und Evolvente besteht ganz allgemein der folgende geometrische Zusammenhang, den wir hier ohne weitere Begründung festhalten wollen:

- Die Evolute ist die *Einhüllende* zu den Normalen an der Ausgangskurve, und

- die Evolvente (Ausgangskurve) entsteht aus der Evolvente durch *Abwicklung*.

Mit anderen Worten: Die Evolvente ist die Spur eines Fadens, der straff gespannt von der Evolute abgewickelt wird. Wir wollen dieses Resultat an einem Beispiel überprüfen. In Beispiel 3 im Abschnitt 6.5.1 haben wir die Kreisevolvente

$$x(t) = r(\cos t + t \sin t), \quad y(t) = r(\sin t - t \cos t), \quad t > 0$$

als Abwickelkurve eines Kreises mit dem Radius r erhalten. Umgekehrt sollte dann dieser Kreis um den Ursprung die Evolute der Kreisevolvente sein. Tatsächlich ergeben sich mit den Ableitungen

$$\dot{x}(t) = r\, t \cos t, \qquad\qquad \dot{y}(t) = r\, t \sin t$$
$$\ddot{x}(t) = r(\cos t - t \sin t), \qquad \ddot{y}(t) = r(\sin t + t \cos t)$$

zunächst die Größen $\dot{x}(t)^2 + \dot{y}(t)^2 = r^2 t^2$ und

$$\dot{x}(t)\,\ddot{y}(t) - \ddot{x}(t)\,\dot{y}(t) = r^2 t^2 \cos^2 t + r^2 t^2 \sin^2 t = r^2 t^2$$

Der geometrische Ort, auf dem sich die Krümmungskreis-Mittelpunkte bewegen, ist

$$x_K(t) = r(\cos t + t \sin t) - \frac{r\, t \sin t \cdot r^2 t^2}{r^2 t^2} = r \cos t$$

$$y_K(t) = r(\sin t - t \cos t) + \frac{r\, t \cos t \cdot r^2 t^2}{r^2 t^2} = r \sin t$$

und das ist genau die Parameterdarstellung eines Kreises um O mit dem Radius r. Der Radius des Krümmungskreises $\rho = r\, t$ (Übungsaufgabe!) liefert wiederum die Länge des abgewickelten Fadens.

6.5.6 Raumkurven

Die Parameterdarstellung $x = x(t)$, $y = y(t)$ mit dem Parameter $t \in D \subset \mathbb{R}$ liefert uns eine Kurve in der Ebene $\mathbb{R}^2$. Indem wir noch eine dritte Koordinate $z(t)$ für $t \in D$ hinzunehmen, erhalten wir eine Kurve im Raum $\mathbb{R}^3$. Die Ortsvektoren der Kurvenpunkte ergeben sich aus der Parameterdarstellung

$$\vec{r}(t) = \begin{pmatrix} x(t) \\ y(t) \\ z(t) \end{pmatrix}, \quad t \in D$$

mit jetzt drei Koordinatenfunktionen $x(t)$, $y(t)$ und $z(t)$. Ähnlich wie im ebenen Fall können wir auch für Raumkurven den Tangentenvektor aus den Ableitungen der Koordinatenfunktionen ermitteln:

$$\dot{\vec{r}}(t) = \begin{pmatrix} \dot{x}(t) \\ \dot{y}(t) \\ \dot{z}(t) \end{pmatrix}$$

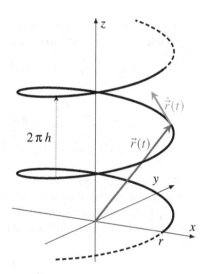

Abb. 6.47 Eine Helix

Beispiel 1. Die *Schraubenlinie* (Helix) ist eine Raumkurve mit der vektoriellen Darstellung

$$\vec{r}(t) = \begin{pmatrix} r \cos t \\ r \sin t \\ h \cdot t \end{pmatrix}, \quad t \in \mathbb{R}$$

Sie entsteht, indem man sich in der (x, y)-Ebene entlang einem Kreis mit Radius r bewegt, wobei zugleich die z-Koordinate linear in t mit der Steigung (= Ganghöhe) h anwächst. Nach einem vollen Umlauf hat sich die z-Koordinate um den Wert $2\pi \cdot h$ erhöht, vgl. Abb. 6.47. Bei einer linksgängigen Helix ist h negativ. Das Vorzeichen von h entscheidet demnach, ob es sich um ein Rechts- oder um ein Linksgewinde handelt. Der Tangentenvektor an die Schraubenlinie ist

$$x(t) = r \cos t \quad \Longrightarrow \quad \dot{x}(t) = -r \sin t$$
$$y(t) = r \sin t \quad \Longrightarrow \quad \dot{y}(t) = r \cos t$$
$$z(t) = h \cdot t \quad \Longrightarrow \quad \dot{z}(t) = h$$

und damit ist für einen Parameterwert $t \in \mathbb{R}$

$$\dot{\vec{r}}(t) = \begin{pmatrix} -r \sin t \\ r \cos t \\ h \end{pmatrix} \quad \Longrightarrow \quad |\dot{\vec{r}}(t)| = \sqrt{(-r \sin t)^2 + (r \cos t)^2 + h^2} = \sqrt{r^2 + h^2}$$

Beispiel 2. Die *Kurve von Viviani*, benannt nach dem italienischen Mathematiker Vincenzo Viviani (1622 - 1703), ist die Schnittkurve einer Kugel mit einem Zylinder, siehe Abb. 6.48. Die Kugel mit dem Mittelpunkt im Koordinatenursprung hat hierbei den Radius $2r$, und der Zylinder mit dem Radius r hat die z-Achse als Mantellinie. Der Zylinder verläuft dann senkrecht durch den Kreis mit dem Radius r und dem Mittelpunkt $(r, 0)$ in der (x, y)-Ebene. Dieser Kreis hat die Parameterdarstellung

$$x(t) = r(1 + \cos t), \quad y(t) = r \sin t, \quad t \in [0, 2\pi]$$

Da die Punkte der Viviani-Kurve auf der Kugeloberfläche liegen, müssen ihre z-Koordinaten so gewählt werden, dass der Abstand vom Ursprung gleich $2r$ ist:

$$4r^2 = x(t)^2 + y(t)^2 + z(t)^2$$
$$= r^2(1 + 2\cos t + \cos^2 t) + r^2 \sin^2 t + z(t)^2 = r^2(2 + 2\cos t) + z(t)^2$$

Folglich gilt nach der Halbwinkelformel

$$z(t)^2 = r^2(2 - 2\cos t) = 4r^2 \sin^2 \tfrac{t}{2} \quad \Longrightarrow \quad z(t) = \pm 2r \sin \tfrac{t}{2}$$

Die beiden „Zweige" der Viviani-Kurve (mit den Vorzeichen $\pm$) können wir auch durch eine einzige Parameterdarstellung beschreiben, indem wir den Grundkreis mit $t \in [0, 4\pi]$ zweimal durchlaufen und ausnutzen, dass $\sin \tfrac{t}{2}$ bei $t = 2\pi$ das Vorzeichen wechselt. Insgesamt ergibt sich dann

$$\vec{r}(t) = \begin{pmatrix} r + r \cos t \\ r \sin t \\ 2r \sin \tfrac{t}{2} \end{pmatrix}, \quad t \in [0, 4\pi]$$

Bahnkurven. Raumkurven wie auch ebene Kurven treten häufig als Bahnkurven in der Physik auf. Beschreibt $\vec{r}(t)$ den Ortsvektor eines Massenpunktes zur Zeit t, dann ist der Tangentenvektor $\vec{v}(t) = \dot{\vec{r}}(t)$ zugleich auch der Geschwindigkeitsvektor zum Zeitpunkt t. Für eine kleine Zeitspanne Δt bewegt sich nämlich der Massenpunkt ab einem Zeitpunkt t_0 näherungsweise geradlinig vom Ort $\vec{r}(t_0)$ nach $\vec{r}(t_0 + \Delta t)$, und definitionsgemäß ist der Geschwindigkeitsvektor das Verhältnis der Ortsänderung $\Delta \vec{r} = \vec{r}(t_0 + \Delta t) - \vec{r}(t_0)$ zur Zeit Δt:

$$\vec{v}(t_0) \approx \frac{\Delta \vec{r}}{\Delta t} = \frac{1}{\Delta t}(\vec{r}(t_0 + \Delta t) - \vec{r}(t_0))$$

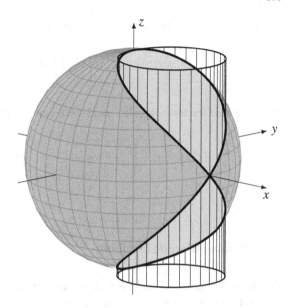

Abb. 6.48 Die Kurve von Viviani

Für $\Delta t \to 0$ ergibt sich dann die momentane Bahngeschwindigkeit $\vec{v}(t_0) = \dot{\vec{r}}(t_0)$. Der Tangentenvektor enthält also zweierlei Informationen: wie „schnell" die Kurve durchlaufen wird, und in welcher Richtung. Die Ableitung des Geschwindigkeitsvektors wiederum entspricht der momentanen Geschwindigkeitsänderung und liefert den Beschleunigungsvektor

$$\vec{a}(t) = \dot{\vec{v}}(t) = \ddot{\vec{r}}(t) = \begin{pmatrix} \ddot{x}(t) \\ \ddot{y}(t) \\ \ddot{z}(t) \end{pmatrix}$$

mit den zweiten Ableitungen der Koordinatenfunktionen.

Beispiel 1. Wir durchlaufen einen Kreis mit Radius r um 0 bei konstanter Winkelgeschwindigkeit $\omega > 0$, d. h., zum Zeitpunkt t ist jetzt ωt der Winkel zwischen x-Achse und Kreispunkt. Die Bahnkurve dieser Kreisbewegung lautet dann

$$x(t) = r \cos \omega t, \quad y = r \sin \omega t \quad \Longrightarrow \quad \vec{r}(t) = \begin{pmatrix} r \cos \omega t \\ r \sin \omega t \end{pmatrix}$$

für $t \in [0, \infty[$. Aus den Ableitungen der Koordinatenfunktionen erhalten wir den Geschwindigkeits- und Beschleunigungsvektor

$$\vec{v}(t) = \omega r \cdot \begin{pmatrix} -\sin \omega t \\ \cos \omega t \end{pmatrix}, \qquad \vec{a}(t) = \omega^2 r \cdot \begin{pmatrix} -\cos \omega t \\ -\sin \omega t \end{pmatrix} = -\omega^2 \cdot \vec{r}(t)$$

Hier sind insbesondere die Beträge $|\vec{v}(t)| = \omega r$ und $|\vec{a}(t)| = \omega^2 r$ unabhängig von t, und der Beschleunigungsvektor zeigt stets in Richtung Kreismittelpunkt (Zentripetalbeschleunigung).

Beispiel 2. Auch eine Schraubenlinie mit Radius r und Ganghöhe h können wir als Bahnkurve auffassen. Indem wir den Grundkreis mit konstanter Winkelgeschwindigkeit $\omega > 0$ durchlaufen, erhalten wir die Ortsvektoren

$$\vec{r}(t) = \begin{pmatrix} r\cos\omega t \\ r\sin\omega t \\ h\cdot\omega t \end{pmatrix}, \quad t \in [0,\infty[$$

sowie die Geschwindigkeits- und Beschleunigungsvektoren zum Zeitpunkt t:

$$\vec{v}(t) = \dot{\vec{r}}(t) = \begin{pmatrix} -\omega r\sin\omega t \\ \omega r\cos\omega t \\ \omega h \end{pmatrix}, \qquad \vec{a}(t) = \ddot{\vec{r}}(t) = \begin{pmatrix} -\omega^2 r\cos\omega t \\ -\omega^2 r\sin\omega t \\ 0 \end{pmatrix}$$

6.5.7 Das begleitende Dreibein

Das mathematische Gebiet, das sich mit Kurven und Flächen befasst, nennt man „Differentialgeometrie". Dort hat es sich als nützlich erwiesen, mit dem *Tangenteneinheitsvektor*, also mit dem auf Länge 1 normierten Tangentenvektor zu arbeiten. Beschreibt $\vec{r} : [a,b] \longrightarrow \mathbb{R}^3$ eine Raumkurve mit $\dot{\vec{r}}(t) \neq \vec{o}$, dann gilt

$$\vec{T}(t) := \frac{1}{|\dot{\vec{r}}(t)|}\,\dot{\vec{r}}(t) \quad \Longrightarrow \quad \vec{T}(t) \perp \dot{\vec{T}}(t)$$

Der Vektor $\dot{\vec{T}}(t)$ steht also für jeden Parameterwert $t \in [a,b]$ senkrecht auf dem Tangenteneinheitsvektor und ist folglich ein Normalenvektor zur Kurve im Punkt $\vec{r}(t)$. Zur Begründung dieser Formel berechnen wir mit der Kettenregel zuerst

$$\frac{\mathrm{d}}{\mathrm{d}t}\frac{1}{|\dot{\vec{r}}(t)|} = \frac{\mathrm{d}}{\mathrm{d}t}(\dot{x}(t)^2 + \dot{y}(t)^2 + \dot{z}(t)^2)^{-\frac{1}{2}}$$

$$= -\frac{2\,\dot{x}(t)\,\ddot{x}(t) + 2\,\dot{y}(t)\,\ddot{y}(t) + 2\,\dot{z}(t)\,\ddot{z}(t)}{2\,(\dot{x}(t)^2 + \dot{y}(t)^2 + \dot{z}(t)^2)^{\frac{3}{2}}} = -\frac{\dot{\vec{r}}(t)\cdot\ddot{\vec{r}}(t)}{|\dot{\vec{r}}(t)|^3}$$

und erhalten dann mit der Produktregel die Ableitung bzw. das Skalarprodukt

$$\dot{\vec{T}}(t) = \frac{\mathrm{d}}{\mathrm{d}t}\frac{1}{|\dot{\vec{r}}(t)|}\cdot\dot{\vec{r}}(t) + \frac{1}{|\dot{\vec{r}}(t)|}\cdot\ddot{\vec{r}}(t) = -\frac{\dot{\vec{r}}(t)\cdot\ddot{\vec{r}}(t)}{|\dot{\vec{r}}(t)|^3}\cdot\dot{\vec{r}}(t) + \frac{1}{|\dot{\vec{r}}(t)|}\cdot\ddot{\vec{r}}(t)$$

$$\Longrightarrow \quad \dot{\vec{T}}(t)\cdot\vec{T}(t) = -\frac{\dot{\vec{r}}(t)\cdot\ddot{\vec{r}}(t)}{|\dot{\vec{r}}(t)|^4}\cdot\dot{\vec{r}}(t)\cdot\dot{\vec{r}}(t) + \frac{1}{|\dot{\vec{r}}(t)|^2}\cdot\ddot{\vec{r}}(t)\cdot\dot{\vec{r}}(t) = 0$$

wobei wir in der letzten Zeile noch $\dot{\vec{r}}(t)\cdot\dot{\vec{r}}(t) = |\dot{\vec{r}}(t)|^2$ verwendet haben.

Wir normieren auch den Vektor $\dot{\vec{T}}(t)$ auf Länge 1 und erhalten den *Hauptnormaleneinheitsvektor* $\vec{N}(t)$ in Richtung des Krümmungskreis-Mittelpunktes sowie mithilfe des Vektorprodukts zusätzlich den *Binormaleneinheitsvektor* $\vec{B}(t)$ senkrecht zum Tangenten- und Normaleneinheitsvektor:

$$\vec{N}(t) := \frac{1}{|\dot{\vec{T}}(t)|}\dot{\vec{T}}(t) \quad \text{und} \quad \vec{B}(t) := \vec{T}(t) \times \vec{N}(t)$$

Die drei Einheitsvektoren $\vec{T}(t)$, $\vec{N}(t)$ und $\vec{B}(t)$ bilden dann in jedem Kurvenpunkt $\vec{r}(t)$ die Basis eines rechtwinkligen Koordinatensystems, welches *begleitendes Dreibein* genannt wird. Wichtige Kenngrößen der Raumkurve, wie z. B. die Krümmung oder die Torsion, lassen sich in diesem lokalen Koordinatensystem besonders einfach beschreiben. Die von den Vektoren $\vec{T}(t)$ und $\vec{N}(t)$ aufgespannte Ebene im Raum wird als *Schmiegebene* im Punkt $P(t)$ mit dem Ortsvektor $\vec{r}(t)$ bezeichnet, siehe Abb. 6.49.

Beispiel: Für die Schraubenlinie gilt

$$|\dot{\vec{r}}(t)| = \sqrt{r^2 \sin^2 t + r^2 \cos^2 t + h^2} = \sqrt{r^2 + h^2}$$

Damit ist der Tangenteneinheitsvektor

$$\vec{T}(t) = \frac{1}{\sqrt{r^2 + h^2}} \begin{pmatrix} -r \sin t \\ r \cos t \\ h \end{pmatrix} \quad \Longrightarrow \quad \dot{\vec{T}}(t) = \frac{1}{\sqrt{r^2 + h^2}} \begin{pmatrix} -r \cos t \\ -r \sin t \\ 0 \end{pmatrix}$$

und der Hauptnormaleneinheitsvektor

$$|\dot{\vec{T}}(t)| = \frac{r}{\sqrt{r^2 + h^2}} \quad \Longrightarrow \quad \vec{N}(t) = \frac{1}{|\dot{\vec{T}}(t)|}\dot{\vec{T}}(t) = \begin{pmatrix} -\cos t \\ -\sin t \\ 0 \end{pmatrix}$$

sowie der Binormaleneinheitsvektor

$$\vec{B}(t) = \frac{1}{\sqrt{r^2 + h^2}} \begin{pmatrix} -r \sin t \\ r \cos t \\ h \end{pmatrix} \times \begin{pmatrix} -\cos t \\ -\sin t \\ 0 \end{pmatrix} = \frac{1}{\sqrt{r^2 + h^2}} \begin{pmatrix} h \sin t \\ -h \cos t \\ r \end{pmatrix}$$

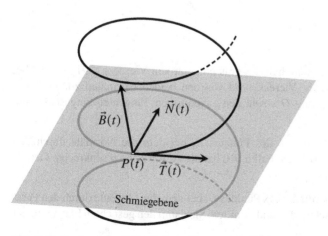

Abb. 6.49 Das begleitende Dreibein im Kurvenpunkt $P(t)$

Aufgaben zu Kapitel 6

Aufgabe 6.1. Berechnen Sie die Ableitung der Funktion $f(x) = 2x^3 - 1$ an der Stelle $x_0 = 1$ direkt mithilfe des Differentialquotienten, und geben Sie die Gleichung der Tangente von $f(x)$ bei x_0 an! *Anleitung*: Vereinfachen Sie den Differenzenquotienten mit der binomischen Formel für $(a+b)^3$ und bestimmen Sie dann den Grenzwert für $\Delta x \to 0$.

Aufgabe 6.2. Berechnen Sie allein mit der Faktor- und Summenregel sowie mit den Ableitungen der elementaren Funktionen x^n, e^x, $\sin x$ die Ableitungen zu

$$\text{a)} \quad f(x) = 3\sin x - 5\,e^{x+2} + 4\,(1-x)^2 \qquad \text{b)} \quad P(x) = \tfrac{3}{2}x^4 + \left(\frac{\sqrt{x^3}}{\sqrt[3]{x^2}}\right)^6$$

Aufgabe 6.3. Gesucht ist der Achsenabschnitt t in Abb. 6.50, bei dem die Tangente an die Funktion $y = x^2$ mit dem Steigungswinkel $60°$ die y-Achse schneidet.

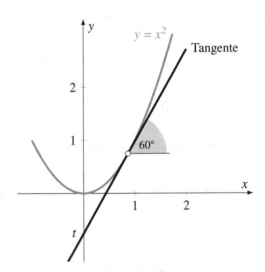

Abb. 6.50 Ableitung und Steigungswinkel

Aufgabe 6.4. Es soll der Flächeninhalt des grau eingefärbten Vierecks $\square OPQR$ in Abb. 6.51 berechnet werden. Dieses Viereck wird von den beiden Normalen zur Funktion $y = 1 - x^2$ durch den Ursprung O sowie den zugehörigen Tangenten eingeschlossen. Gehen Sie wie folgt vor:

a) Berechnen Sie die x-Koordinate des Punktes P, bei dem die Normale durch den Ursprung O verläuft. *Hinweis*: Im Fall $a \neq 0$ hat die zu $y = ax + b$ senkrechte Gerade (= Normale) die Steigung $-\frac{1}{a}$.

b) Bestimmen Sie die y-Koordinate des Punktes Q, bei dem die Tangente durch den Parabelpunkt P die y-Achse schneidet, und ermitteln Sie damit den gesuchten Flächeninhalt des Vierecks!

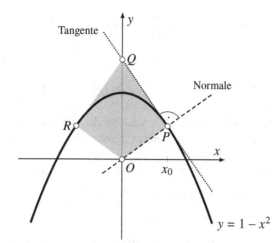

Tangente

Normale

R

Q

P

O x_0

x

y

Abb. 6.51 Ein Viereck, gebildet aus Tangenten und Normalen zu $y = 1 - x^2$

$y = 1 - x^2$

Aufgabe 6.5. (Ableitungen)

a) Bestimmen Sie die Ableitungen der hyperbolischen Funktionen

$$\sinh x = \frac{e^x - e^{-x}}{2}, \quad \cosh x = \frac{e^x + e^{-x}}{2}, \quad \tanh x = \frac{\sinh x}{\cosh x}$$

und geben Sie die Ableitungen wieder als Hyperbelfunktionen an!

b) Geben Sie die Gleichung der Tangente zu $f(x) = \sqrt{2 + x^2}$ bei $x_0 = \frac{1}{2}$ an!

c) Ermitteln Sie die Gleichung der Tangente zu $f(x) = \sqrt{4 - x^2}$ mit $x \in [-2, 2]$ an der Stelle $x_0 = 1,2$. Zusatzfrage: Welche geometrische Figur wird durch diese Funktion beschrieben?

d) Wie lautet die Gleichung der Tangente zu $g(x) = \frac{2}{1+x^4}$ an der Stelle $x_0 = -1$?

e) Überprüfen Sie durch Rechnung

$$f(x) = e^{-x} \sin^2 x \implies f'(x) = e^{-x}(\sin 2x - \sin^2 x)$$

Aufgabe 6.6. Berechnen Sie die Ableitungen der Funktionen

$$\text{a)} \quad q(x) = \frac{e^x}{e^x + 1} \qquad \text{b)} \quad f(x) = 1 - \frac{x^2}{\sqrt[3]{x}} \qquad \text{c)} \quad g(x) = x \ln x - x$$

$$\text{d)} \quad F(x) = \frac{C \cdot \cos x}{1 - \sin x} \quad (C \in \mathbb{R} \text{ Konstante}) \qquad \text{e)} \quad f(x) = (1 - x) \cdot e^{2x}$$

$$\text{f)} \quad R(x) = \frac{x^2}{(x + 1)^2} \qquad \text{g)} \quad f(t) = 2\cos^2 \frac{t}{2} \qquad \text{h)} \quad f(x) = -\ln |\cos x|$$

und vereinfachen Sie die Ergebnisse so weit wie möglich! *Hinweis* zu h): Beseitigen Sie den Betrag durch eine Fallunterscheidung für $\cos x > 0$ und $\cos x < 0$!

Aufgabe 6.7. Überprüfen Sie die (nicht ganz einfach zu berechnenden) Ableitungen

a) $f(x) = \left(2\sqrt{x} - 2\right) \cdot e^{\sqrt{x}} \quad \Longrightarrow \quad f'(x) = e^{\sqrt{x}}$

b) $f(x) = 1 - \dfrac{x^2 + x - 2}{x^3 - 3x + 2} \quad \Longrightarrow \quad f'(x) = \dfrac{1}{(x-1)^2}$

c) $f(x) = 2\sin^2 x - 2\sin^4 x \quad \Longrightarrow \quad f'(x) = \sin(4x)$

Tipps: Vereinfachen Sie zunächst die rationale Funktion b), und wenden Sie bei c) nach dem Ableiten die passenden trigonometrischen Umformungen an.

Aufgabe 6.8. Bestimmen Sie die Ableitung der Funktion $\arccos x$

a) durch Anwendung der Umkehrregel

b) mit der Formel $\arcsin x + \arccos x = \frac{\pi}{2}$

wobei in b) die Ableitung von $\arcsin x$ aus Abschnitt 6.2.4 verwendet werden kann.

Aufgabe 6.9. Bekanntlich lässt sich die Funktion $\operatorname{arsinh} x$, also die Umkehrfunktion zum Sinus hyperbolicus, auch mithilfe des natürlichen Logarithmus berechnen, und zwar durch

$$\operatorname{arsinh} x = \ln\left(x + \sqrt{x^2 + 1}\right)$$

Bestimmen Sie die Ableitung von $\operatorname{arsinh} x$ auf zwei unterschiedlichen Wegen:

a) Anwenden der Umkehrregel

b) Ableiten von $\ln\left(x + \sqrt{x^2 + 1}\right)$

Aufgabe 6.10. Geben Sie die Linearisierung der Funktion

$$f(x) = \sqrt{2 + x^2} \quad \text{bei} \quad x_0 = \tfrac{1}{2}$$

an, und ermitteln Sie damit näherungsweise den Wert $f(0{,}53)$.

Aufgabe 6.11. Zu lösen ist die kubische Gleichung

$$x^3 - 2x + 1 = 0$$

a) Berechnen Sie die exakten Lösungen dieser Gleichung.

b) Eine Lösung liegt in der Nähe von $x_0 = -2$. Bestimmen Sie mit dem Newton-Verfahren einen auf drei Nachkommastellen genauen Näherungswert.

Aufgabe 6.12. Gesucht sind die Werte $x \in \mathbb{R}$ mit

$$x\,e^x = 3$$

Die (einzige) Lösung kann nicht analytisch berechnet werden. Begründen Sie zuerst, dass es genau eine Lösung gibt, und dass diese Lösung zwischen $x = 1$ und $x = 2$ liegen muss. Berechnen Sie dann mit dem Newton-Verfahren einen verbesserten Näherungswert x_1 zum Startwert $x_0 = 1$.

Aufgabe 6.13. Bestimmen Sie die Stellen, an denen die Funktionen

a) $f(x) = x^3 - x^2 - x - 1, \quad x \in [-1, 2]$

b) $f(x) = x - 2\sin x - 3, \quad x \in [0, 2\pi]$

jeweils ihr globales (absolutes) Maximum bzw. Minimum annehmen.

Aufgabe 6.14. Bestimmen Sie für die Funktion

$$f(x) = 2\sin x + \sin 2x, \quad x \in [0, 2\pi]$$

die Monotoniebereiche sowie die lokalen Extremstellen.

Aufgabe 6.15. Zeigen Sie, dass die Funktionen

a) $f(x) = \dfrac{e^x}{x^2 + 1} - 2, \quad x \in [0, 3]$

b) $f(x) = 4x - x^2 - 2\ln x - 1, \quad x \in \,]0, 3]$

streng monoton auf dem gesamten Definitionsbereich sind. Begründen Sie kurz, warum die Funktionen jeweils *genau eine* Nullstelle im Definitionsbereich haben. Diese liegt in beiden Fällen näherungsweise bei $x_0 = 3$. Ermitteln Sie mit dem Newton-Verfahren jeweils einen verbesserten Näherungswert!

Anwendungen der Differentialrechnung

Die nachfolgenden fünf Aufgaben zeigen, wie man mit Hilfe der Differentialrechnung gewisse Größen wie z. B. den Materialverbrauch oder die Ausleuchtung optimieren kann.

Aufgabe 6.16. Es soll eine zylinderförmige Dose mit dem Radius r und der Höhe h zu einem fest vorgegebenen Volumen V hergestellt werden. Welche Werte müssen r und h haben, damit die *Oberfläche* minimal wird?

Aufgabe 6.17. Ein Geräteschuppen mit der Fassadenhöhe 2 m, der Sparrenlänge 3 m und der Tiefe 6 m soll gemäß Abb. 6.52 so gebaut werden, dass sein Volumen maximal groß wird. Berechnen Sie die Gesamtbreite b und die Dachhöhe h des Schuppens!

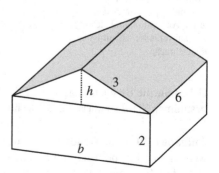

Abb. 6.52 Der Geräteschuppen mit unbekannter Gesamtbreite b und Dachhöhe h soll maximales Volumen haben

Aufgabe 6.18. Ein Kupferkessel in Form einer nach oben geöffneten Halbkugel mit Radius r und einem aufgesetzten Zylindermantel mit Höhe h (siehe Abb. 6.53) soll das Volumen $V = 210\,\ell$ fassen. Der Kessel wird durch einen kreisförmigen Deckel abgeschlossen. Bestimmen Sie die Maße für r und h so, dass der Materialverbrauch für den Kessel (einschließlich Deckel) möglichst klein ist!

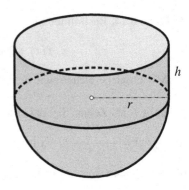

Abb. 6.53 Ein Kessel aus Halbkugel und Zylinder mit einem kreisförmigen Deckel

Tipp: Aus dem vorgegebenen Volumen V kann man zuerst h mithilfe von r berechnen und anschließend die Oberfläche $A(r)$ in Abhängigkeit von r minimieren.

Aufgabe 6.19. In Abb. 6.54 ist an der Decke eine höhenverstellbare Lampe mit der in allen Richtungen konstanten Lichtstärke I angebracht. Die Beleuchtungsstärke an einer kleinen horizontalen Empfangsfläche im Punkt A lässt sich mit dem sogenannten *photometrischen Entfernungsgesetz* $E = I \cdot \frac{\cos \alpha}{r^2}$ berechnen, wobei α der Einfallswinkel und r der Abstand zur (nahezu punktförmigen) Lichtquelle ist.

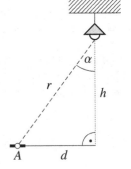

Abb. 6.54 Die Lichtquelle hat von A horizontal den festen Abstand d, und sie ist vertikal veränderlich auf Höhe h angebracht

Geben Sie die Beleuchtungsstärke E in Abhängigkeit von der Höhe h der Lampe an, und bestimmen Sie h so, dass die Beleuchtungsstärke im Punkt A maximal wird!

Aufgabe 6.20. Eine Wandtafel mit der Länge 3 m soll durch einen Flur transportiert werden, der 1 m breit ist und an einer Stelle rechtwinklig abknickt (siehe Abb. 6.55). Geht das? Falls nicht: Wie lang darf die Tafel maximal sein?

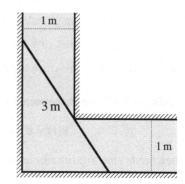

Abb. 6.55 Kann man die
Tafel um die Ecke drehen?

Aufgabe 6.21. Berechnen Sie mit der Regel von L'Hospital die Grenzwerte

(i) $\displaystyle\lim_{x\to 0}\frac{\tan x}{x}$
(ii) $\displaystyle\lim_{x\to 0}\frac{\cos x - 1}{x^2}$
(iii) $\displaystyle\lim_{x\to 0}\left(\cot x - \frac{1}{x}\right)$

(iv) $\displaystyle\lim_{x\to 0}\frac{(e^x - 1)^2}{x\sin x}$
(v) $\displaystyle\lim_{x\to \frac{1}{2}}(2x - 1)\cdot\tan\pi x$
(vi) $\displaystyle\lim_{x\to \pi}\frac{\sin\frac{x}{2} - 1}{(x - \pi)^2}$

Aufgabe 6.22. (Höhere Ableitungen)

a) Begründen Sie mit einer Rechnung

$$f(x) = e^{-x}\cos x \quad\Longrightarrow\quad f''(x) = 2\,e^{-x}\sin x$$

b) Bestimmen Sie den Krümmungskreis (mit Mittelpunkt und Radius) sowie die Schmiegeparabel an der Stelle $x_0 = 2$ für die Funktion

$$f(x) = \frac{1}{3 - x} - \frac{1}{4}\left(\frac{x}{2} - 1\right)^3$$

Aufgabe 6.23. Bestimmen Sie für die Funktion

$$f(x) = 1 + e^{-x}\sin x, \quad x \in [-\pi, \pi]$$

a) die Monotoniebereiche und die lokalen Extremstellen,

b) die Stellen mit dem globalen Maximum und Minimum,

c) mit dem Newton-Verfahren die Nullstelle von f nahe $x_0 = -\pi$,

d) das Intervall, in dem f rechtsgekrümmt ist, und

e) bei $x = 0$ den Krümmungskreis mit Radius und Mittelpunkt.

Aufgabe 6.24. Bestimmen Sie für die Funktion

$$f(x) = \cos^2 x - \frac{x}{2}, \quad x \in [0, \pi]$$

a) die Monotoniebereiche und die lokalen Extremstellen,

b) die Stellen mit dem globalen Maximum und Minimum,

c) die Schmiegeparabel zu f an der Stelle $x = \frac{\pi}{2}$,

d) die Konvexitätsbereiche und Wendepunkte von f.

Aufgabe 6.25. Die Parameterdarstellung

$$x(t) = e^{-t} \cos 5t, \quad y(t) = e^{-t} \sin 5t, \quad t \in \mathbb{R}$$

beschreibt eine logarithmische Spirale.

a) Bestimmen Sie den Tangentenvektor $\dot{\vec{r}}(t)$ in Abhängigkeit vom Parameter t.

b) Welchen Winkel schließen der Ortsvektor $\vec{r}(t)$ und der Tangentenvektor ein?

Aufgabe 6.26. Mit der Parameterdarstellung

$$x(t) = 2t - \sin t, \quad y(t) = 2 - \cos t, \quad t \in [0, 2\pi]$$

wird eine sogenannte *verkürzte Zykloide* dargestellt.

a) In welchen Punkten schneidet die Kurve die Gerade $y \equiv 2$?

b) Berechnen Sie die Tangentenvektoren in diesen Kurvenpunkten.

c) Für welche t ist der Tangentenvektor parallel zur x-Achse?

Aufgabe 6.27. Gegeben ist eine Kurve (= *Ellipse*) in Parameterform

$$x(t) = 2 + 3\cos t, \quad y(t) = 3 + 2\sin t, \quad t \in [0, 2\pi[$$

In welchen Kurvenpunkten ist $\dot{\vec{r}}(t)$ parallel zum Vektor $\vec{a} = \begin{pmatrix} -\sqrt{3} \\ 2 \end{pmatrix}$?

Aufgabe 6.28. Gegeben ist eine Kurve in Parameterform

$$x(t) = e^t + e^{-t}, \quad y(t) = e^t - e^{-t}, \quad t \in \mathbb{R}$$

a) Bestimmen Sie den Tangentenvektor im Punkt $(x, y) = (2, 0)$.

b) Ermitteln Sie den Kurvenpunkt mit der minimalen x-Koordinate.

c) Warum nähert sich die Kurve für $t \to \pm\infty$ den Geraden $y = \pm x$ an?
   Hinweis: Untersuchen Sie die Grenzwerte $\lim_{t \to \pm\infty} \frac{y(t)}{x(t)}$!

d) Zeigen Sie, dass die Kurvenpunkte die Funktionsgleichung

$$\frac{x^2}{4} - \frac{y^2}{4} = 1$$

erfüllen. Wie nennt man eine solche Kurve?

Aufgabe 6.29. Gegeben ist die logarithmische Spirale

$$C: \quad x(t) = e^t \cos t, \quad y(t) = e^t \sin t, \quad t \in \mathbb{R}$$

a) Zeigen Sie, dass die Evolute (Kurve der Krümmungskreis-Mittelpunkte) zu dieser logarithmischen Spirale durch die folgende Parameterform beschrieben wird:

$$K: \quad x_K(t) = -e^t \sin t, \quad y_K(t) = e^t \sin t, \quad t \in \mathbb{R}$$

b) Begründen Sie: Die Evolute K ist hier zugleich die um 90° gedrehte Ausgangskurve (Evolvente) C. *Tipp:* Wenden Sie $R(90°)$ auf die Kurvenpunkte $\vec{r}(t)$ an!

c) Zeigen Sie, dass die Evolute K selbst wieder eine logarithmische Spirale

$$x_K(u) = b\, e^u \cos u, \quad y_K(u) = b\, e^u \cos u, \quad u \in \mathbb{R}$$

mit dem Skalierungsfaktor $b = e^{-\frac{\pi}{2}}$ ist. *Tipp:* Setzen Sie $t = u - \frac{\pi}{2}$ ein.

Aufgabe 6.30. Gegeben ist die spiralförmige Raumkurve

$$\vec{r}(t) = \begin{pmatrix} 3\,t \cos t \\ 3\,t \sin t \\ 4\,t \end{pmatrix}, \quad t \in [0, \infty[$$

a) Geben Sie den Tangentenvektor $\dot{\vec{r}}(t)$ für $t \in [0, \infty[$ an!

b) Zeigen Sie: $|\dot{\vec{r}}(t)| = \sqrt{25 + 9\,t^2}$ für alle $t \in [0, \infty[$.

Aufgabe 6.31. Die Kurve von Viviani mit der Parameterform

$$\vec{r}(t) = \begin{pmatrix} r + r \cos t \\ r \sin t \\ 2\,r \sin \frac{t}{2} \end{pmatrix}, \quad t \in [0, 4\pi]$$

ist die Schnittkurve einer Kugel mit einem Zylinder (Abb. 6.48).

a) Berechnen Sie den Tangentenvektor $\dot{\vec{r}}(t)$ zum Parameter t.

b) Welchen Winkel schließen die Vektoren $\vec{r}(t)$ und $\dot{\vec{r}}(t)$ ein?

Kapitel 7

Integralrechnung

Die Integralrechnung entwickelte sich aus der Fragestellung heraus, den Flächeninhalt unter einem Funktionsgraphen zu ermitteln. Mit dem bestimmten Integral kann man aber nicht nur Flächeninhalte, sondern auch andere geometrische oder physikalische Größen wie z. B. die Bogenlänge einer Kurve oder das Volumen und den Schwerpunkt eines Körpers berechnen. Es gibt eine enge Beziehung zwischen Differentialrechnung und Integralrechnung, auch wenn es zunächst so scheint, als wären Tangentensteigung und Flächeninhalt zwei voneinander unabhängige Größen. Der Hauptsatz der Differential- und Integralrechnung besagt, dass man ein bestimmtes Integral sehr bequem mithilfe einer sogenannten Stammfunktion berechnen kann. Das Aufsuchen einer Stammfunktion ist die Umkehrung der Ableitung und erfolgt durch Integrationsmethoden (Substitution, partielle Integration, Partialbruchzerlegung), mit denen wir uns nach Einführung der Grundbegriffe etwas ausführlicher befassen wollen.

7.1 Vom Flächenproblem zum Integral

7.1.1 Das Flächenproblem

Gegeben ist eine stetige Funktion $f : [a, b] \longrightarrow \mathbb{R}$ auf einem Intervall $[a, b]$. Gesucht ist der Flächeninhalt F zwischen dem Graph von f und der x-Achse im Bereich von $x = a$ bis $x = b$. Zur Vereinfachung des Problems nehmen wir zunächst $f \geq 0$ an. Wir wollen also den Inhalt eines (einseitig) krummlinig begrenzten Flächenstücks wie in Abb. 7.1 bestimmen, und dafür bietet uns die Geometrie i. Allg. keine fertige Formel an.

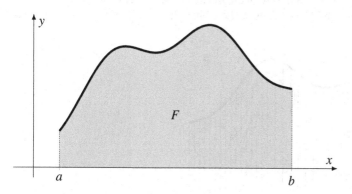

Abb. 7.1 Nach oben durch $f(x) \geq 0$ krummlinig begrenztes Flächenstück

© Springer-Verlag GmbH Deutschland, ein Teil von Springer Nature 2022
H. Schmid, *Mathematik für Ingenieurwissenschaften: Grundlagen*,
https://doi.org/10.1007/978-3-662-65528-3_7

Zur Berechnung des Flächeninhalts F gehen wir folgendermaßen vor: Wir unterteilen $[a, b]$ in n etwa gleich lange Teilintervalle mit den Stützstellen

$$a = x_0 < x_1 < x_2 < \ldots < x_{n-1} < x_n = b$$

und den Längen $\Delta x_k = x_{k+1} - x_k$ $(k = 0, \ldots, n - 1)$. Nun nähern wir F gemäß Abb. 7.2 durch die Summe der Rechteckflächen $f(x_k) \cdot \Delta x_k$ an:

$$F \approx \sum_{k=0}^{n-1} f(x_k) \, \Delta x_k$$

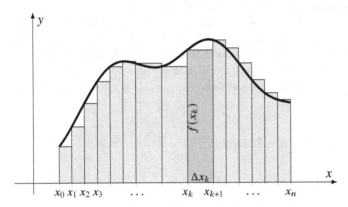

Abb. 7.2 Approximation des Flächeninhalts unter $f(x)$ durch Rechtecke

Der Ausdruck auf der rechten Seite wird *Zerlegungssumme* genannt. Wählen wir die Zerlegung immer feiner, sodass für eine wachsende Anzahl n die Maximallänge der Teilintervalle gegen Null geht, dann werden die Rechtecke schmaler und füllen die Fläche unter dem Graph von f immer besser aus, siehe Abb. 7.3.

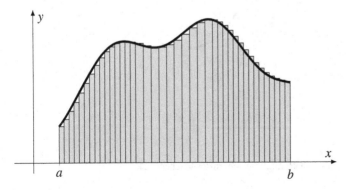

Abb. 7.3 Verbesserung der Näherung durch Verfeinerung der Zerlegung

Im Grenzfall $n \to \infty$ geht die Summe der Rechteckflächen – so die Idee – schließlich über in den gesuchten Flächeninhalt

$$F = \lim_{n \to \infty} \sum_{k=0}^{n-1} f(x_k)\,\Delta x_k$$

Beispiel 1. Wir wollen das Verfahren zuerst an einer einfachen Funktion überprüfen. Wir bestimmen die Fläche F unter dem Graph von $f(x) = x$ zwischen $x = 0$ und $x = 1$ als Grenzwert von Zerlegungssummen. Als Ergebnis müssen wir $F = \frac{1}{2}$ erhalten, da die Fläche ein Dreieck mit Grundseite 1 und Höhe 1 ist.

Wir unterteilen zuerst $[0, 1]$ gleichmäßig in n Intervalle

$$[0, \tfrac{1}{n}], \quad [\tfrac{1}{n}, \tfrac{2}{n}], \quad \ldots, \quad [\tfrac{n-1}{n}, 1]$$

mit den Stützstellen $x_k = \frac{k}{n}$ für $k = 0, 1, 2, \ldots, n$. Der Abstand der Stützstellen ist hier der konstante Wert

$$\Delta x_k = x_{k+1} - x_k = \tfrac{k+1}{n} - \tfrac{k}{n} = \tfrac{1}{n}$$

und die Funktionswerte an den Stützstellen sind $f(x_k) = x_k = \frac{k}{n}$. Die Fläche ist dann näherungsweise die Zerlegungssumme

$$F \approx \sum_{k=0}^{n-1} f(x_k)\,\Delta x_k = \sum_{k=0}^{n-1} \frac{k}{n} \cdot \frac{1}{n} = \frac{1}{n^2} \sum_{k=0}^{n-1} k = \frac{1}{n^2} \cdot \frac{n(n-1)}{2} = \tfrac{1}{2} - \tfrac{1}{2n}$$

wobei wir die Summenformel („kleiner Gauß", siehe Kapitel 1, Abschnitt 1.1.1)

$$\sum_{k=0}^{n-1} k = 1 + 2 + 3 + \ldots + (n-1) = \frac{n(n-1)}{2}$$

verwendet haben. Die rechte Seite geht für $n \to \infty$ über in den Grenzwert $F = \frac{1}{2}$.

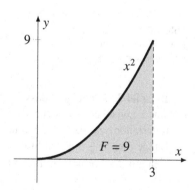

Abb. 7.4 Die Fläche unter $f(x) = x^2$ über dem Intervall $[0, 3]$

Beispiel 2. Wir versuchen, die Fläche F unter der Normalparabel $f(x) = x^2$ zwischen $x = 0$ und $x = 3$ (vgl. Abb. 7.4) als Grenzwert von Zerlegungssummen zu berechnen. Ähnlich wie in Beispiel 1 unterteilen wir $[0, 3]$ gleichmäßig in n Intervalle

$$[0, \tfrac{3}{n}] \quad [\tfrac{3}{n}, \tfrac{6}{n}] \quad \ldots \quad [\tfrac{3(n-1)}{n}, 3]$$

der Länge $\Delta x_k = \tfrac{3}{n}$ mit den Funktionswerten $f(x_k) = x_k^2 = (\tfrac{3k}{n})^2$ an den Stützstellen. Die Zerlegungssumme ist demnach

$$\sum_{k=0}^{n-1} f(x_k)\, \Delta x_k = \sum_{k=0}^{n-1} \left(\frac{3k}{n}\right)^2 \cdot \frac{3}{n} = \frac{27}{n^3} \cdot \sum_{k=0}^{n-1} k^2$$

Um einen geschlossenen Ausdruck für die Zerlegungssumme zu erhalten, brauchen wir die Summenformel für Quadratzahlen (siehe Formelsammlung)

$$\sum_{k=0}^{n-1} k^2 = 1^2 + 2^2 + 3^2 + \ldots + (n-1)^2 = \frac{(2n-1)\, n\, (n-1)}{6}$$

$$\implies \quad \sum_{k=0}^{n-1} f(x_k)\, \Delta x_k = \frac{27}{n^3} \cdot \frac{(2n-1)\, n\, (n-1)}{6} = \tfrac{9}{2}\, (2 - \tfrac{1}{n})\, (1 - \tfrac{1}{n})$$

Die gesuchte Fläche ist dann der Grenzwert

$$\lim_{n \to \infty} \sum_{k=0}^{n-1} f(x_k)\, \Delta x_k = \lim_{n \to \infty} \tfrac{9}{2}\, (2 - \tfrac{1}{n})\, (1 - \tfrac{1}{n}) = \tfrac{9}{2} \cdot 2 = 9$$

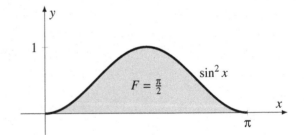

Abb. 7.5 Die Fläche unter $f(x) = \sin^2 x$ zwischen $x = 0$ und $x = \pi$

Beispiel 3. Wir zeigen, dass die Fläche in Abb. 7.5, welche von der Funktion $f(x) = \sin^2 x$ zwischen $x = 0$ und $x = \pi$ begrenzt wird, den Inhalt $F = \tfrac{\pi}{2}$ besitzt. Dazu unterteilen wir $[0, \pi]$ gleichmäßig in eine *gerade* Anzahl $n > 0$ Teilintervalle der Länge $\Delta x_k = \tfrac{\pi}{n}$ mit den Stützstellen bei $x_k = k \cdot \tfrac{\pi}{n}$. Die Funktionswerte dort lassen sich mit der Formel $\sin^2 \alpha = \tfrac{1}{2}(1 - \cos 2\alpha)$ in der Form

$$f(x_k) = \sin^2 x_k = \tfrac{1}{2}\, (1 - \cos 2x_k) = \tfrac{1}{2}\, (1 - \cos \tfrac{2k\pi}{n})$$

schreiben, und für die Zerlegungssumme erhalten wir zunächst

$$\sum_{k=0}^{n-1} f(x_k)\,\Delta x_k = \sum_{k=0}^{n-1} \frac{1}{2}\left(1 - \cos\frac{2k\pi}{n}\right)\cdot\frac{\pi}{n} = \frac{\pi}{2n}\sum_{k=0}^{n-1} 1 - \frac{\pi}{2n}\cdot\sum_{k=0}^{n-1}\cos\frac{2k\pi}{n}$$

Hierbei ist $\sum_{k=0}^{n-1} 1 = n$, und für die Summe der Kosinus-Werte ergibt sich

$$\sum_{k=0}^{n-1}\cos\frac{2k\pi}{n} = \sum_{k=0}^{\frac{n}{2}-1}\cos\frac{2k\pi}{n} + \sum_{k=\frac{n}{2}}^{n-1}\cos\frac{2k\pi}{n} = \sum_{k=0}^{\frac{n}{2}-1}\cos\frac{2k\pi}{n} + \sum_{k=0}^{\frac{n}{2}-1}\cos\frac{2(k+\frac{n}{2})\pi}{n}$$

Wegen $\cos\frac{2(k+\frac{n}{2})\pi}{n} = \cos\left(\frac{2k\pi}{n} + \pi\right) = -\cos\frac{2k\pi}{n}$ ist dann

$$\sum_{k=0}^{n-1}\cos\frac{2k\pi}{n} = \sum_{k=0}^{\frac{n}{2}-1}\cos\frac{2k\pi}{n} - \sum_{k=0}^{\frac{n}{2}-1}\cos\frac{2k\pi}{n} = 0$$

und schließlich

$$\sum_{k=0}^{n-1} f(x_k)\,\Delta x_k = \frac{\pi}{2n}\cdot n - \frac{\pi}{2n}\cdot 0 = \frac{\pi}{2}$$

unabhängig von n. Der Grenzwert für $2n \to \infty$ ist dann ebenfalls $F = \frac{\pi}{2}$.

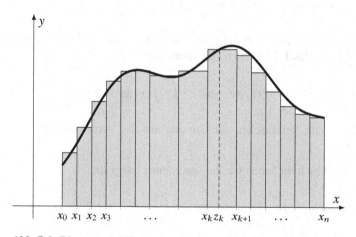

Abb. 7.6 (Riemannsche) Zerlegungssumme mit Zwischenstellen z_k

Wir haben bisher den Flächeninhalt durch Rechtecke an den Stützstellen x_k angenähert. Zerlegen wir $[a, b]$ in n Teilintervalle $a = x_0 < x_1 < x_2 < \ldots < x_{n-1} < x_n = b$ mit den Längen $\Delta x_k = x_{k+1} - x_k$, dann können wir die Fläche auch näherungsweise durch Rechtecke an Zwischenstellen $z_k \in [x_k, x_{k+1}]$ ersetzen, siehe Abb. 7.6. Bei gleichmäßiger Verfeinerung dieser Zerlegungssummen ergibt sich dann wieder der exakte Flächeninhalt

$$F = \lim_{n\to\infty} \sum_{k=0}^{n-1} f(z_k)\,\Delta x_k$$

7.1.2 Bestimmte Integrale

Allgemein kann man zeigen, dass für eine beliebige stetige Funktion $f : [a, b] \longrightarrow \mathbb{R}$
mit $a < b$ der Grenzwert der Zerlegungssummen

$$\sum_{k=0}^{n-1} f(z_k)\, \Delta x_k \quad \text{für} \quad n \to \infty$$

bei „gleichmäßiger" Verfeinerung existiert und unabhängig von der speziellen Wahl der
Stützstellen $a = x_0 < x_1 < \ldots < x_n = b$ sowie der Zwischenstellen $z_k \in [x_k, x_{k+1}]$
ist. Gleichmäßige Verfeinerung bedeutet, dass der Maximalwert aller Abstände $\Delta x_k = x_{k+1} - x_k$ für $n \to \infty$ gegen Null gehen muss. Der Grenzwert

$$\int_a^b f(x)\, dx = \lim_{n\to\infty} \sum_{k=0}^{n-1} f(z_k)\, \Delta x_k$$

heißt *bestimmtes Integral* von f über dem Intervall $[a, b]$. Dabei ist die Funktion $f(x)$ der
Integrand, und a, b sind die *Integrationsgrenzen*. Anstatt x kann man auch ein anderes
Symbol für die *Integrationsvariable* verwenden, etwa

$$\int_a^b f(x)\, dx = \int_a^b f(t)\, dt = \int_a^b f(u)\, du \quad \text{usw.}$$

da es z. B. auch keine Rolle spielt, ob man die Fläche unter $y = f(x)$, $x \in [a, b]$ oder
unter $y = f(t)$, $t \in [a, b]$ berechnet. Zusätzlich vereinbart man

$$\int_b^a f(x)\, dx := - \int_a^b f(x)\, dx \quad \text{und} \quad \int_a^a f(x)\, dx := 0$$

sodass sich insbesondere beim Vertauschen der Grenzen nur das Vorzeichen des bestimmten Integrals ändert.

Beispiel 1. Im vorigen Abschnitt haben wir die bestimmten Integrale

$$\int_0^1 x\, dx = \tfrac{1}{2}, \quad \int_0^3 x^2\, dx = 9 \quad \text{und} \quad \int_0^\pi \sin^2 x\, dx = \tfrac{\pi}{2}$$

als Grenzwerte von Zerlegungssummen ermittelt. Demnach ist auch

$$\int_0^3 t^2\, dt = \int_0^3 x^2\, dx = 9 \quad \text{und} \quad \int_\pi^0 \sin^2 x\, dx = -\int_0^\pi \sin^2 x\, dx = -\tfrac{\pi}{2}$$

Beispiel 2. Für die konstante Funktion $f(x) = 1$ ist die Zerlegungssumme

$$\sum_{k=0}^{n-1} f(z_k)\,\Delta x_k = \sum_{k=0}^{n-1} 1 \cdot (x_{k+1} - x_k)$$
$$= (x_1 - x_0) + (x_2 - x_1) + (x_3 - x_2) + \ldots + (x_n - x_{n-1})$$
$$= x_n - x_0 = b - a$$

unabhängig von n, und für $n \to \infty$ gilt dann auch $\int_a^b 1\,dx = b - a$.

Das bestimmte Integral $\int_a^b f(x)\,dx$ ist eine reelle Zahl und für $f \geq 0$ gleich dem Flächeninhalt unter dem Graph von f zwischen $x = a$ und $x = b$. Im Fall $f \leq 0$ ist das Integral der *negative* Wert des Flächeninhalts. Lassen wir die Flächenberechnung außen vor, dann symbolisiert das langgezogene S im Integralzeichen $\int \ldots dx$ eine S̲umme von Produkten mit infinitesimal kleinen Längen dx, also den Grenzwert der Zerlegungssummen. Diese Notation geht auf Gottfried Wilhelm Leibniz zurück.

Die Definition des bestimmten Integrals über Zerlegungssummen ist zwar anschaulich, aber für die praktische Berechnung ungeeignet. Allerdings verschafft uns dieser Zugang eine Möglichkeit, neben dem Flächeninhalt noch weitere geometrische oder physikalische Größen (Bogenlänge, Volumen, Schwerpunkt usw.) mithilfe von Integralen zu berechnen. Wir kommen auf diese Anwendungen später zurück, nachdem wir uns mit der Technik des Integrierens vertraut gemacht haben.

Zunächst notieren wir noch einige

Rechenregeln für bestimmte Integrale:

• Für stetige Funktionen $f, g : [a, b] \longrightarrow \mathbb{R}$ gilt

$$\int_a^b f(x) \pm g(x)\,dx = \int_a^b f(x)\,dx \pm \int_a^b g(x)\,dx$$
$$\int_a^b C \cdot f(x)\,dx = C \cdot \int_a^b f(x)\,dx \quad (C \in \mathbb{R} \text{ beliebige Konstante})$$

• Falls $f(x) \leq g(x)$ für alle $x \in [a, b]$ erfüllt ist, dann ist auch

$$\int_a^b f(x)\,dx \leq \int_a^b g(x)\,dx$$

Diese Aussagen gelten für die Zerlegungssummen

$$\sum_{k=0}^{n-1} f(x_k) \pm g(x_k) \, \Delta x_k = \sum_{k=0}^{n-1} f(x_k) \, \Delta x_k \pm \sum_{k=0}^{n-1} g(x_k) \, \Delta x_k$$

$$\sum_{k=0}^{n-1} C \cdot f(x_k) \, \Delta x_k = C \cdot \sum_{k=0}^{n-1} f(x_k) \, \Delta x_k$$

$$f \le g \quad \Longrightarrow \quad \sum_{k=0}^{n-1} f(x_k) \, \Delta x_k \le \sum_{k=0}^{n-1} g(x_k) \, \Delta x_k$$

und bleiben auch für den Grenzwert $n \to \infty$ gültig. Ist c eine Stelle im Intervall $[a, b]$, dann können wir das Integral zerlegen in

$$\int_a^b f(x) \, dx = \int_a^c f(x) \, dx + \int_c^b f(x) \, dx \quad \text{für} \quad c \in [a, b]$$

Auch diese Rechenregel erhält man direkt aus der Definition des bestimmten Integrals mit Zerlegungssummen, indem man c als eine der Stützstellen festlegt und die Summe entsprechend aufteilt. Falls der Definitionsbereich der stetigen Funktion $f : D \longrightarrow \mathbb{R}$ aus zwei (oder mehreren) Intervallen $D = [a_1, b_1] \cup [a_2, b_2]$ besteht, die sich nicht überschneiden: $[a_1, b_1] \cap [a_2, b_2] = \emptyset$, dann können wir das bestimmte Integral von f über D wie folgt zusammensetzen:

$$\int_D f(x) \, dx := \int_{a_1}^{b_1} f(x) \, dx + \int_{a_2}^{b_2} f(x) \, dx$$

Das hier eingeführte *Riemann-Integral*, benannt nach Bernhard Riemann (1826 - 1866), existiert nicht nur für stetige Integranden, sondern auch noch unter schwächeren Voraussetzungen an die Funktion f. Beispielsweise sind stückweise stetige Funktionen und monotone Funktionen Riemann-integrierbar, nicht aber gewisse „exotische" Funktionen wie

$$f(x) = \begin{cases} 0, & \text{falls } x \in [0, 1] \text{ rational} \\ 1, & \text{falls } x \in [0, 1] \text{ irrational} \end{cases}$$

Wählen wir hier nur rationale Zwischenstellen $z_k \in \mathbb{Q}$, dann ist die Zerlegungssumme wegen $f(z_k) = 0$ stets 0. Nehmen wir dagegen nur irrationale Stützstellen, dann ist die Zerlegungssumme gleich 1. Ein (einheitlicher) Grenzwert der Zerlegungssummen existiert also nicht. Möchte man den Flächeninhalt unter einer solchen Funktion messen, dann braucht man einen allgemeineren Integralbegriff, wie etwa das Lebesgue-Integral. Die in der Mathematik verwendeten Integralarten (Regel-, Riemann- oder Lebesgue-Integral) ergeben bei stetigen Funktionen jedoch immer den gleichen Wert, sodass wir uns im Folgenden auf den Fall stetiger Integranden und das Riemann-Integral beschränken wollen, welches für unsere Zwecke völlig ausreichend ist.

Abschließend notieren wir noch eine Aussage, welche sowohl für Abschätzungen des Integralwerts als auch für theoretische Überlegungen nützlich ist.

Mittelwertsatz der Integralrechnung: Ist $f : [a, b] \longrightarrow \mathbb{R}$ eine stetige Funktion, dann gibt es eine Stelle $x_0 \in [a, b]$, sodass

$$\int_a^b f(x)\,dx = f(x_0) \cdot (b - a)$$

Im Fall $f \geq 0$ besagt der Mittelwertsatz, dass es für die Fläche unter f ein flächengleiches Rechteck über $[a, b]$ gibt, dessen Höhe der Funktionswert an einer (i. Allg. unbekannten) Stelle $x_0 \in [a, b]$ ist, siehe Abb. 7.7.

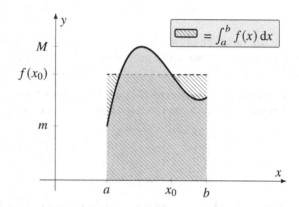

Abb. 7.7 Zum Mittelwertsatz der Integralrechnung

Begründung: Eine stetige Funktion f besitzt auf einem abgeschlossenen Intervall einen minimalen und einen maximalen Funktionswert m bzw. M gemäß dem Extremwertsatz, und daher ist $m \leq f(x) \leq M$ für alle $x \in [a, b]$. Hieraus folgt

$$\int_a^b m\,dx \leq \int_a^b f(x)\,dx \leq \int_a^b M\,dx$$

$$m \cdot (b - a) \leq \int_a^b f(x)\,dx \leq M \cdot (b - a)$$

$$m \leq \frac{1}{b - a} \int_a^b f(x)\,dx \leq M$$

Demnach liegt $\frac{1}{b-a} \int_a^b f(x)\,dx$ zwischen den Extremwerten von f, und nach dem Zwischenwertsatz gibt es eine Stelle $x_0 \in [a, b]$ mit der Eigenschaft

$$f(x_0) = \frac{1}{b - a} \int_a^b f(x)\,dx$$

7.1.3 Unbestimmte Integrale

Wir suchen eine praktische Methode, mit der wir für eine gegebene stetige Funktion $f : [a, b] \longrightarrow \mathbb{R}$ das bestimmte Integral

$$\int_a^b f(t)\, dt$$

auch ohne Zerlegungssummen berechnen können. Zu diesem Zweck untersuchen wir, wie sich das bestimmte Integral bei Veränderung der Obergrenze b verhält, und definieren die *Integralfunktion* zu f als das bestimmte Integral

$$\Phi(x) := \int_a^x f(t)\, dt, \quad x \in [a, b]$$

mit der variablen oberen Integrationsgrenze x (Achtung: Die Integrationsvariable ist hier t, da x für die Obergrenze gebraucht wird). Hierfür gilt der

Hauptsatz der Differential- und Integralrechnung (HDI): Die Ableitung der Integralfunktion Φ einer stetigen Funktion ist der Integrand f, also

$$f(x) = \Phi'(x) = \frac{d}{dx} \int_a^x f(t)\, dt$$

Begründung: Für eine Stelle $x_0 \in]a, b[$ und ein kleines $\Delta x > 0$ können wir das bestimmte Integral $\Phi(x_0 + \Delta x)$ in zwei Teilintegrale zerlegen:

$$\Phi(x_0 + \Delta x) = \int_a^{x_0 + \Delta x} f(t)\, dt = \int_a^{x_0} f(t)\, dt + \int_{x_0}^{x_0 + \Delta x} f(t)\, dt$$

sodass also

$$\Phi(x_0 + \Delta x) = \Phi(x_0) + \int_{x_0}^{x_0 + \Delta x} f(t)\, dt$$

gilt. Nach dem Mittelwertsatz der Integralrechnung gibt es zum Integral auf der rechten Seite eine Stelle $z \in [x_0, x_0 + \Delta x]$ mit

$$\int_{x_0}^{x_0 + \Delta x} f(t)\, dt = f(z) \cdot (x_0 + \Delta x - x_0) = f(z) \cdot \Delta x$$

Folglich ist $\Phi(x_0 + \Delta x) = \Phi(x_0) + f(z) \cdot \Delta x$ oder, nach Umformung,

$$\frac{\Phi(x_0 + \Delta x) - \Phi(x_0)}{\Delta x} = f(z)$$

Für $\Delta x \to 0$ geht die linke Seite (Differenzenquotient) über in die Ableitung $\Phi'(x_0)$. Auf der rechten Seite geht $z \in [x_0, x_0 + \Delta x]$ gegen x_0, und wegen der Stetigkeit der Funktion muss $f(z)$ gegen $f(x_0)$ konvergieren. Folglich ist $\Phi'(x_0) = f(x_0)$.

Die Integralfunktion $\Phi(x)$ zu $f(x)$ hat nach dem HDI die Eigenschaft $\Phi'(x) = f(x)$. Ist allgemein $f : [a, b] \longrightarrow \mathbb{R}$ eine beliebige stetige Funktion und $F : [a, b] \longrightarrow \mathbb{R}$ eine differenzierbare Funktion mit $F'(x) = f(x)$, dann heißt F *Stammfunktion* oder *unbestimmtes Integral* von f, und man schreibt

$$F(x) = \int f(x)\,dx \quad \Longleftrightarrow \quad F'(x) = f(x)$$

Gemäß dem HDI ist die Integralfunktion Φ *eine* mögliche Stammfunktion von f. Wir wollen zunächst prüfen, ob es außer der Integralfunktion noch weitere Stammfunktionen gibt. Ist F irgendeine Stammfunktion von f, dann gilt

$$(F - \Phi)'(x) = F'(x) - \Phi'(x) = f(x) - f(x) = 0 \quad \text{für alle} \quad x \in [a, b]$$

Eine Funktion, die überall die Steigung 0 hat, ist eine konstante Funktion, und daher gilt $F(x) = \Phi(x) + C$ für alle $x \in [a, b]$ mit einer Konstante $C \in \mathbb{R}$. Wegen $\Phi(a) = 0$ erhalten wir schließlich

$$F(b) - F(a) = (\Phi(b) + C) - (\Phi(a) + C) = \Phi(b) - 0 = \int_a^b f(x)\,dx$$

Der HDI liefert uns somit einen neuen Zugang zur Berechnung bestimmter Integrale. Wir suchen eine beliebige Stammfunktion F von f und bilden die Differenz der Funktionswerte $F(b) - F(a)$ am Rand des Integrationsbereichs:

$$F(x) = \int f(x)\,dx \quad \Longrightarrow \quad \int_a^b f(x)\,dx = F(b) - F(a) =: F(x)\Big|_a^b$$

Anstelle von $F(x)\Big|_a^b$ wird auch die Notation $\big[F(x)\big]_a^b := F(b) - F(a)$ verwendet.

Beispiel 1. $F(x) = \frac{1}{3}x^3$ ist eine Stammfunktion zu $f(x) = x^2$, und daher gilt

$$\int_0^3 x^2\,dx = F(x)\Big|_0^3 = F(3) - F(0) = \frac{1}{3} \cdot 3^3 - \frac{1}{3} \cdot 0^3 = 9$$

Das gleiche Resultat haben wir bereits mithilfe von Zerlegungssummen erhalten.

Beispiel 2. Eine Stammfunktion zu $f(x) = \sin x$ ist $F(x) = -\cos x$, sodass

$$\int_0^\pi \sin x\,dx = -\cos x\Big|_0^\pi = (-\cos \pi) - (-\cos 0) = 1 - (-1) = 2$$

Bei Integranden wie $f(x) = \sin x$ kann man eine Stammfunktion

$$F(x) = \int \sin x\,dx = -\cos x$$

wegen $(-\cos x)' = \sin x$ leicht erraten. Zu beachten ist, dass es sich hierbei nur um eine von unendlich vielen Stammfunktionen handelt, da wir noch eine beliebige Konstante

$C \in \mathbb{R}$ addieren dürfen, sodass *alle* Funktionen der Form $-\cos x + C$ Stammfunktionen zu $\sin x$ sind. Unbestimmte Integrale sind nur bis auf eine additive Konstante eindeutig festgelegt. Wird die Stammfunktion zur Berechnung eines bestimmten Integrals benutzt, dann spielt diese Konstante aber keine Rolle, denn

$$\int_0^\pi \sin x \, dx = (-\cos \pi + C) - (-\cos 0 + C) = 1 - (-1) = 2$$

ist unabhängig von C. Wir wollen daher auf die Angabe $\ldots + C$ verzichten, falls wir die Konstante nicht brauchen.

Der HDI besagt im Wesentlichen, dass das Integrieren, also das Aufsuchen der Stammfunktion, die Umkehrung der Ableitung ist. Für eine beliebige stetige Funktion $f : [a, b] \longrightarrow \mathbb{R}$ und für eine beliebige Stammfunktion $F(x)$ zu $f(x)$ lässt sich der Zusammenhang

$$F'(x) = f(x) \quad \Longrightarrow \quad \int_a^b f(x) \, dx = F(x) \Big|_a^b$$

auch mithilfe von Zerlegungssummen plausibel machen. Unterteilen wir $[a, b]$ in n Teilintervalle mit den Stützstellen

$$a = x_0 < x_1 < x_2 < \ldots < x_{n-1} < x_n = b$$

und den Längen $\Delta x_k = x_{k+1} - x_k$ $(k = 0, \ldots, n-1)$, dann können wir die Differenz der Funktionswerte $F(b) - F(a)$ als „Teleskopsumme" schreiben, indem wir die Summanden $0 = -F(x_k) + F(x_k)$ einfügen und neu gruppieren:

$$F(b) - F(a) = F(x_n) - F(x_0)$$

$$= F(x_n) \underbrace{- F(x_{n-1}) + F(x_{n-1})}_{0} + \ldots \overbrace{- F(x_1) + F(x_1)}^{0} - F(x_0)$$

$$= \sum_{k=0}^{n-1} \underbrace{(F(x_{k+1}) - F(x_k))}_{0} = \sum_{k=0}^{n-1} \frac{F(x_{k+1}) - F(x_k)}{\Delta x_k} \cdot \Delta x_k$$

Die Differenzenquotienten in der Summe dürfen nach dem Mittelwertsatz der Differentialrechnung durch Ableitungswerte an gewissen Zwischenstellen $z_k \in [x_k, x_{k+1}]$ ersetzt werden:

$$\frac{F(x_{k+1}) - F(x_k)}{\Delta x_k} = F'(z_k) = f(z_k) \quad \Longrightarrow \quad F(b) - F(a) = \sum_{k=0}^{n-1} f(z_k) \, \Delta x_k$$

Die Zerlegungssumme auf der rechten Seite geht für $n \to \infty$ schließlich in das bestimmte Integral der Funktion f von a bis b über.

7.2 Die Kunst des Integrierens

7.2.1 Grundintegrale

Das unbestimmte Integral ist die Umkehrung der Ableitung, und manchmal wird das *Integrieren* (= Aufsuchen einer Stammfunktion) auch als *Aufleiten* bezeichnet. Wir können die Ergebnisse aus der Differentialrechnung nutzen und zumindest für gewisse elementare Funktionen sofort auch eine Stammfunktion angeben. Beispielsweise ist $(\sin x)' = \cos x$, und daher gilt $\int \cos x \, dx = \sin x$. Die folgende Tabelle enthält eine Auswahl dieser sogenannten **Grundintegrale**:

$f(x) = F'(x)$	$F(x) = \int f(x)\,dx$
$\sin x$	$-\cos x$
$\cos x$	$\sin x$
e^x	e^x
$x^n \ (n \neq -1)$	$\frac{1}{n+1}\,x^{n+1}$
$\frac{1}{x} = x^{-1}$	$\ln|x|$
$\frac{1}{1+x^2}$	$\arctan x$
$\frac{1}{1-x^2}$	$\operatorname{artanh} x$
$\frac{1}{\sqrt{1-x^2}}$	$\arcsin x$
$\frac{1}{\sqrt{1+x^2}}$	$\operatorname{arsinh} x$
$\frac{1}{\sqrt{x^2-1}}$	$\operatorname{arcosh} x$

Aus der Umkehrung der Ableitungsregeln $(F + G)' = F' + G'$ und $(C \cdot F)' = C \cdot F'$ erhalten wir sofort auch die beiden einfachen Integrationsregeln

$$\int C \cdot f(x) \, dx = C \cdot \int f(x) \, dx \qquad (C = \text{konstanter Faktor})$$

$$\int f(x) + g(x) \, dx = \int f(x) \, dx + \int g(x) \, dx \quad (\text{Summenregel})$$

Ist nämlich $F(x) = \int f(x) \, dx$ und $G(x) = \int g(x) \, dx$, dann gilt $(F+G)' = F'+G' = f+g$, sodass $F(x) + G(x)$ eine Stammfunktion zu $f(x) + g(x)$ ist, und das genau besagt die Summenregel. Mit einer ähnlich einfachen Überlegung ergibt sich die Faktorregel.

Beispiel:

$$\int x^3 + 2 \sin x \, dx = \int x^3 \, dx + 2 \int \sin x \, dx = \tfrac{1}{4} x^4 + 2 \cdot (-\cos x)$$

Unser nächstes Ziel ist die Herleitung weiterer Integrationsmethoden durch Umkehrung der noch vorhandenen Ableitungsregeln (Produktregel und Kettenregel) verbunden mit dem Wunsch, möglichst für jede Funktion auch eine Stammfunktion angeben zu können. Hier werden wir allerdings an Grenzen stoßen. Integrieren ist die „Umkehroperation" zum Differenzieren, und erfahrungsgemäß ist das Umkehren einer Rechenoperation kompliziert. Beispielsweise ist Dividieren aufwändiger als Multiplizieren, Wurzelziehen komplizierter als Potenzieren, und in vielen Fällen lässt sich eine Umkehrfunktion gar nicht formelmäßig bestimmen, z. B. bei $y = x^5 + 3x^2 \implies x = \ldots$? Auch beim Integrieren haben wir dieses Problem: Zu gewissen Funktionen, wie etwa

$$\sqrt{1 - x^3}, \quad \frac{\sin x}{x}, \quad x \tan x, \quad \frac{1}{\ln x}, \quad e^{-x^2}$$

kann man eine Stammfunktion nicht mehr in geschlossener Form angeben. Während also das Differenzieren nach dem Prinzip „von außen nach innen" mit den Ableitungsregeln formal immer durchgeführt werden kann, gibt es für das formelmäßige Integrieren kein allgemeingültiges Rezept und keine Erfolgsgarantie. Gleichwohl stellt uns die Integralrechnung noch einige Werkzeuge zur Verfügung, die in vielen Fällen gut funktionieren.

7.2.2 Partielle Integration

... ist die Umkehrung der Produktregel. Diese Methode wird zur Berechnung der Stammfunktion eines Produkts verwendet:

$$\int f(x) \cdot g(x) \, dx = ?$$

Partielle Integration: Ist $G(x)$ eine Stammfunktion zu $g(x)$, dann gilt

$$\int f(x) \cdot g(x) \, dx = f(x) \cdot G(x) - \int f'(x) \cdot G(x) \, dx$$

$$\int_a^b f(x) \cdot g(x) \, dx = f(x) \cdot G(x) \Big|_a^b - \int_a^b f'(x) \cdot G(x) \, dx$$

Begründung: Gemäß der Produktregel ist

$$(f \cdot G)' = f' \cdot G + f \cdot G' = f' \cdot G + f \cdot g \implies f \cdot g = (f \cdot G)' - f' \cdot G$$

Wir integrieren die beiden Seiten und erhalten

$$\int f \cdot g \, dx = \int (f \cdot G)' \, dx - \int f' \cdot G \, dx$$

$$\int_a^b f \cdot g \, dx = \int_a^b (f \cdot G)' \, dx - \int_a^b f' \cdot G \, dx$$

Das erste Integral auf der rechten Seite ist eine Stammfunktion zu $(f \cdot G)'$, also $f \cdot G$, bzw. nach dem HDI die Differenz der Funktionswerte von $f \cdot G$ bei b und a.

Die partielle Integration liefert keine fertige Stammfunktion, sondern nur einen ausintegrierten Teil $f \cdot G$ zusammen mit einem weiteren Integral. Man sagt, die partielle Integration „funktioniert", falls das Integral auf der rechten Seite leichter zu ermitteln ist als das auf der linken Seite – im Idealfall ist es ein Grundintegral. Da es beim Produkt nicht auf die Reihenfolge der Faktoren ankommt, können wir die Rollen von f und g auch vertauschen: Welcher der Faktoren differenziert wird, hängt davon ab, bei welcher Anordnung das entstehende Integral einfacher wird.

Beispiel 1. Für die Berechnung von $\int x \sin x \, dx$ wählen wir $f(x) = x$ und $g(x) = \sin x$. Dann ist $f'(x) = 1$ die Ableitung von f und $G(x) = -\cos x$ eine Stammfunktion zu g. Partielle Integration ergibt

$$\int x \cdot \sin x \, dx = x \cdot (-\cos x) - \int 1 \cdot (-\cos x) \, dx = -x \cos x + \int \cos x \, dx$$

Das Integral auf der rechten Seite ist ein Grundintegral, und wir erhalten

$$\int x \sin x \, dx = \sin x - x \cos x$$

Versucht man dagegen die partielle Integration mit

$$f(x) = \sin x \implies f'(x) = \cos x$$
$$g(x) = x \implies G(x) = \tfrac{1}{2} x^2$$

so wird das Integral auf der rechten Seite komplizierter:

$$\int x \cdot \sin x \, dx = \tfrac{1}{2} x^2 \cdot \sin x - \int \tfrac{1}{2} x^2 \cdot \cos x \, dx = \dots ?$$

und die partielle Integration liefert keine Vereinfachung des Integrals.

Beispiel 2. Es gibt mehrere Möglichkeiten, das bestimmte Integral

$$\int_0^1 e^{2x} (1 - x) \, dx$$

zu berechnen. Entweder findet man eine Stammfunktion und setzt dann die Grenzen ein, oder man führt die partielle Integration gleich für das bestimmte Integral durch. Beginnen wir mit der Suche nach einer Stammfunktion. Die partielle Integration mit

$$f(x) = e^{2x} \implies f'(x) = 2 e^{2x}$$
$$g(x) = 1 - x \implies G(x) = x - \tfrac{1}{2} x^2$$

führt nicht zum Erfolg, denn in

$$\int e^{2x} (1 - x) \, dx = e^{2x} (x - \tfrac{1}{2} x^2) - \int 2 e^{2x} (x - \tfrac{1}{2} x^2) \, dx$$

ist das Integral auf der rechten Seite komplizierter als das Ausgangsintegral. Wir starten einen neuen Versuch mit

$$f(x) = 1 - x \quad \Longrightarrow \quad f'(x) = -1$$
$$g(x) = e^{2x} \quad \Longrightarrow \quad G(x) = \tfrac{1}{2} e^{2x}$$

Diese Wahl der Faktoren liefert uns schließlich die gesuchte Stammfunktion

$$\int e^{2x}(1 - x)\, dx = (1 - x) \cdot \tfrac{1}{2} e^{2x} - \int (-1) \cdot \tfrac{1}{2} e^{2x}\, dx$$

$$= (1 - x) \cdot \tfrac{1}{2} e^{2x} + \tfrac{1}{2} \cdot \int e^{2x}\, dx$$

$$= (1 - x) \cdot \tfrac{1}{2} e^{2x} + \tfrac{1}{2} \cdot \tfrac{1}{2} e^{2x} = (\tfrac{3}{4} - \tfrac{1}{2} x)\, e^{2x}$$

und nach Einsetzen der Grenzen erhalten wir den Integralwert

$$\int_0^1 e^{2x}(1 - x)\, dx = (\tfrac{3}{4} - \tfrac{1}{2} x)\, e^{2x} \Big|_0^1$$

$$= (\tfrac{3}{4} - \tfrac{1}{2})\, e^2 - (\tfrac{3}{4} - 0)\, e^0 = \tfrac{1}{4} e^2 - \tfrac{3}{4}$$

Das gleiche Ergebnis liefert die partielle Integration des bestimmten Integrals

$$\int_0^1 e^{2x}(1 - x)\, dx = (1 - x) \cdot \tfrac{1}{2} e^{2x} \Big|_0^1 - \int_0^1 (-1) \cdot \tfrac{1}{2} e^{2x}\, dx$$

$$= \left(0 \cdot \tfrac{1}{2} e^2 - 1 \cdot \tfrac{1}{2} e^0\right) + \tfrac{1}{2} \int_0^1 e^{2x}\, dx = -\tfrac{1}{2} + \tfrac{1}{2} \cdot \left[\tfrac{1}{2} e^{2x}\right]_0^1$$

$$= -\tfrac{1}{2} + \left(\tfrac{1}{4} e^2 - \tfrac{1}{4} e^0\right) = \tfrac{1}{4}(e^2 - 3)$$

Beispiel 3. Das unbestimmte Integral $\int x^3 \cos x\, dx$ können wir durch mehrfache partielle Integration ermitteln, indem wir als abzuleitenden Faktor stets die Potenzfunktion wählen und dabei Schritt für Schritt den Exponenten reduzieren:

$$\int x^3 \cdot \cos x\, dx = x^3 \sin x - \int 3x^2 \cdot \sin x\, dx$$

$$= x^3 \sin x - \left(3x^2 \cdot (-\cos x) - \int 6x \cdot (-\cos x)\, dx\right)$$

$$= x^3 \sin x + 3x^2 \cos x - \int 6x \cdot \cos x\, dx$$

$$= x^3 \sin x + 3x^2 \cos x - \left(6x \cdot \sin x - \int 6 \cdot \sin x\, dx\right)$$

$$= x^3 \sin x + 3x^2 \cos x - 6x \sin x - 6 \cos x$$

Beispiel 4. Das bestimmte Integral $\int_0^{2\pi} \sin^2 x\, dx$ soll mit partieller Integration berechnet werden. Bei den Faktoren haben wir keine Wahlmöglichkeit:

$$f(x) = \sin x \quad \Longrightarrow \quad f'(x) = \cos x$$
$$g(x) = \sin x \quad \Longrightarrow \quad G(x) = -\cos x$$

Die partielle Integration ergibt zunächst die Umformung

$$\int_0^{2\pi} \sin^2 x \, dx = \sin x \cdot (-\cos x) \Big|_0^{2\pi} - \int_0^{2\pi} \cos x \cdot (-\cos x) \, dx = 0 + \int_0^{2\pi} \cos^2 x \, dx$$

wobei der Integrand auf der rechten Seite von ähnlicher Gestalt ist wie im Ausgangsintegral. Wir führen daher nochmals eine partielle Integration mit den Faktoren $f(x) = g(x) = \cos x$ durch:

$$\int_0^{2\pi} \cos x \cdot \cos x \, dx = \cos x \cdot \sin x \Big|_0^{2\pi} - \int_0^{2\pi} (-\sin x) \cdot \sin x \, dx = 0 + \int_0^{2\pi} \sin^2 x \, dx$$

Insgesamt ergibt die Rechnung $\int_0^{2\pi} \sin^2 x \, dx = \int_0^{2\pi} \sin^2 x \, dx$, und wir sind keinen Schritt weitergekommen. Einen solchen Verlauf der partiellen Integration, bei der am Ende wieder das zu berechnende Integral mit Plus auf der rechten Seite steht, bezeichnet man als „Holzweg". Wir können hier den Holzweg verlassen, indem wir nach der ersten partiellen Integration den trigonometrischen Pythagoras anwenden:

$$\int_0^{2\pi} \sin^2 x \, dx = \int_0^{2\pi} \cos^2 x \, dx = \int_0^{2\pi} 1 - \sin^2 x \, dx = 2\pi - \int_0^{2\pi} \sin^2 x \, dx$$

Auf der rechten Seite erscheint zwar auch wieder das Ausgangsintegral, jetzt aber mit *negativem* Vorzeichen!

Addieren wir das Integral $\int_0^{2\pi} \sin^2 x \, dx$ auf beiden Seiten, so ergibt sich

$$2 \int_0^{2\pi} \sin^2 x \, dx = 2\pi \quad \Longrightarrow \quad \int_0^{2\pi} \sin^2 x \, dx = \pi$$

Alternativ kann man zuerst auch die Stammfunktion $\int \sin^2 x \, dx$ berechnen:

$$\int \sin^2 x \, dx = \sin x \cdot (-\cos x) - \int \cos x \cdot (-\cos x) \, dx$$

$$= -\sin x \cos x + \int 1 - \sin^2 x \, dx$$

$$\Longrightarrow \quad \int \sin^2 x \, dx = -\sin x \cos x + x - \int \sin^2 x \, dx \quad \Big| + \int \sin^2 x \, dx$$

$$2 \int \sin^2 x \, dx = -\sin x \cos x + x$$

Als Zwischenergebnis notieren wir die Stammfunktion

$$\int \sin^2 x \, dx = \tfrac{1}{2} \left(x - \sin x \cos x \right)$$

und erhalten durch Einsetzen der Integrationsgrenzen wie oben

$$\int_0^{2\pi} \sin^2 x \, dx = \tfrac{1}{2} \left(x - \sin x \cos x \right) \Big|_0^{2\pi} = \tfrac{1}{2} (2\pi - 0) = \pi$$

Beispiel 5. Gesucht ist die Stammfunktion zu $\ln x$, also $\int \ln x \, dx$. Wir schreiben den Integranden als Produkt $\ln x = \ln x \cdot 1 = f(x) \cdot g(x)$ mit

$$f(x) = \ln x \quad \Longrightarrow \quad f'(x) = \tfrac{1}{x}$$
$$g(x) = 1 \quad \Longrightarrow \quad G(x) = x$$

Partielle Integration liefert

$$\int \ln x \, dx = \ln x \cdot x - \int \tfrac{1}{x} \cdot x \, dx = x \cdot \ln x - \int 1 \, dx$$

und ergibt die Stammfunktion zum natürlichen Logarithmus

$$\int \ln x \, dx = x \ln x - x$$

In den obigen Beispielen wurden einige typische Situationen aufgezeigt, die bei einer partiellen Integration auftreten können:

- Der Exponent einer Potenzfunktion im Integranden wird schrittweise um Eins reduziert (Typ „Abräumen", Beispiel 3).

- Das zu berechnende Integral erscheint wieder mit einem Minuszeichen auf der rechten Seite (Typ „Phönix", Beispiel 4).

- Der Integrand wird durch die Erweiterung $f(x) = f(x) \cdot 1$ künstlich als Produkt geschrieben (Typ „Faktor 1", Beispiel 5).

7.2.3 Substitution

Eine weitere Integrationsmethode ist das Substitutionsverfahren. Hierbei handelt es sich um eine Umkehrung der Kettenregel. Dieses Verfahren soll zuerst am Beispiel

$$\int \frac{4 x^3}{x^2 + 1} \, dx$$

veranschaulicht werden. Wir ersetzen den Nenner im Integranden durch eine Hilfsvariable $u = x^2 + 1$, welche das Integral formal vereinfacht:

$$\int \frac{4 x^3}{x^2 + 1} \, dx = \int \frac{4 x^3}{u} \, dx$$

Zusätzlich müssen wir aber auch dx im Integral durch du ersetzen. Praktischerweise geschieht dies mit der Umformung

$$\frac{du}{dx} = u'(x) = 2x \implies du = 2x \cdot dx \implies dx = \frac{1}{2x}\, du$$

Nun können wir das Integral *vollständig* auf die Integrationsvariable u umschreiben:

$$\int \frac{4x^3}{x^2 + 1}\, dx = \int \frac{4x^3}{u} \cdot \frac{1}{2x}\, du = \int \frac{2x^2}{u}\, du = \int \frac{2(u-1)}{u}\, du$$

wobei wir x^2 durch $u - 1$ ersetzt haben. Das Integral mit der Variable u lässt sich jetzt leicht berechnen:

$$\int \frac{4x^3}{x^2 + 1}\, dx = \int \frac{2(u-1)}{u}\, du = \int 2 - \tfrac{2}{u}\, du = 2u - 2\ln|u|$$

Zuletzt ersetzen wir u wieder durch die Funktion $x^2 + 1$ und erhalten schließlich die gesuchte Stammfunktion

$$\int \frac{4x^3}{x^2 + 1}\, dx = 2(x^2 + 1) - 2\ln(x^2 + 1)$$

Bei der Substitutionsmethode wird also ein gewisser Teil des Integranden durch eine neue Variable u ersetzt, wobei man auch dx und die restlichen, noch von x abhängigen Ausdrücke auf u umschreiben muss. In Rezeptform lautet das

---

Substitutionsverfahren zur Berechnung der Stammfunktion $\int f(x)\, dx$:

• Wähle eine Hilfsvariable $u = u(x)$, die das Integral formal vereinfacht.

• Ersetze im Integral dx durch du mithilfe der Ableitung bzw. Umformung

$$\frac{du}{dx} = u'(x) \implies du = u'(x) \cdot dx \implies dx = \frac{1}{u'(x)}\, du$$

• Schreibe das Integral *vollständig* auf die neue Integrationsvariable u um:

$$\text{Substitution:} \quad \int f(x)\, dx = \int \frac{f(x)}{u'(x)}\, du = \int g(u)\, du = G(u)$$

(hier ggf. $u = u(x)$ nach x auflösen und dann $x = x(u)$ einsetzen).

• Hat man eine Stammfunktion $G(u)$ gefunden, dann ersetzt man u durch $u(x)$:

$$\int f(x)\, dx = G(u(x)) \qquad \text{(Rücksubstitution)}$$

Dass die Substitutionsregel funktioniert, kann man leicht durch Ableiten begründen. Setzen wir nämlich in die Stammfunktion

$$G(u) = \int g(u)\, du \quad \implies \quad G'(u) = g(u)$$

die Funktion $u = u(x)$ ein, so ist nach der Kettenregel

$$\frac{d}{dx} G(u(x)) = G'(u(x)) \cdot u'(x) = g(u(x)) \cdot u'(x) = \frac{f(x)}{u'(x)} \cdot u'(x) = f(x)$$

und somit $G(u(x))$ tatsächlich eine Stammfunktion zu $f(x)$.

Bei der Umrechnung des Integrals auf die neue Variable $u = u(x)$, insbesondere bei der Umrechnung von dx auf du, wird der Faktor $u'(x)$ gekürzt. In diesem Sinne ist die Substitutionsregel die Umkehrung der Kettenregel, welche den Faktor $u'(x)$ beim Nachdifferenzieren erzeugt.

Falls der Integrand $f(x)$ die Form $f(x) = u'(x) \cdot g(u(x))$ mit einer stetigen Funktion $g(u)$ hat, dann lässt sich die Ersetzung auch in einem Zug durchführen. In kompakter Form lautet die

Substitutionsregel für unbestimmte Integrale:

$$\int f(x)\, dx = \int u'(x) \cdot g(u(x))\, dx = G(u(x)) \quad \text{mit} \quad G(u) = \int g(u)\, du$$

Bilden wir schließlich noch die Differenz der Funktionswerte an den Grenzen:

$$\int_a^b f(x)\, dx = G(u(x)) \Big|_a^b = G(u(b)) - G(u(a)) = G(u) \Big|_{u(a)}^{u(b)} = \int_{u(a)}^{u(b)} g(u)\, du$$

so ergibt sich die

Substitutionsregel für bestimmte Integrale:

$$\int_a^b f(x)\, dx = \int_a^b u'(x) \cdot g(u(x))\, dx = \int_{u(a)}^{u(b)} g(u)\, du$$

Hier müssen auch die Integrationsgrenzen ersetzt werden!

Wir wollen die unterschiedlichen Varianten der Substitutionsregel an einem typischen Beispiel ausprobieren:

$$\int_0^{\frac{\pi}{2}} 4 \sin x \cos^3 x\, dx = ?$$

Variante 1. Wir ermitteln eine Stammfunktion zu $f(x) = 4 \cos^3 x \sin x$ mit

$$u = \cos x, \quad \frac{du}{dx} = -\sin x \quad \Longrightarrow \quad dx = \frac{1}{-\sin x}\, du$$

Ersetzen wir im Integranden $\cos x$ durch u und dx durch obigen Ausdruck, dann ist

$$\int 4\sin x \cos^3 x\, dx = \int 4\sin x \cdot u^3 \cdot \underbrace{\frac{1}{-\sin x}\, du}_{dx} = \int -4u^3\, du = -u^4 = -\cos^4 x$$

Dass es sich hierbei tatsächlich um eine Stammfunktion von $f(x)$ handelt, lässt sich durch Ableiten mit der Kettenregel sofort nachprüfen:

$$(-\cos^4 x)' = -4\cos^3 x \cdot (-\sin x) = 4\cos^3 x \sin x$$

Die hier durchgeführte Substitution für das unbestimmte Integral kann auch etwas verkürzt werden. Mit $u(x) = \cos x$ ist

$$\int 4\sin x \cos^3 x\, dx = -4\int \underbrace{(-\sin x)}_{u'(x)} \cdot \underbrace{(\cos x)^3}_{u(x)^3}\, dx = -4\int u^3\, du = -u^4 = -\cos^4 x$$

Das bestimmte Integral lässt sich nun durch Auswertung der Stammfunktion an den Integrationsgrenzen leicht berechnen:

$$\int_0^{\frac{\pi}{2}} 4\sin x \cos^3 x\, dx = -\cos^4 x \Big|_0^{\frac{\pi}{2}} = -\cos^4 \frac{\pi}{2} - (-\cos^4 0) = 1$$

Variante 2. Wir können die Substitutionsregel mit der Variable

$$u = \cos x, \quad \frac{du}{dx} = -\sin x \quad \Longrightarrow \quad dx = \frac{1}{-\sin x}\, du$$

auch sofort auf das bestimmte Integral anwenden, wobei wir die Integrationsgrenzen durch $u(0) = 1$ und $u(\frac{\pi}{2}) = 0$ ersetzen müssen:

$$\int_0^{\frac{\pi}{2}} 4\sin x \cos^3 x\, dx = \int_{u(0)}^{u(\frac{\pi}{2})} 4\sin x \cdot u^3 \cdot \frac{1}{-\sin x}\, du$$

$$= \int_1^0 -4u^3\, du = -u^4 \Big|_1^0 = -0^4 - (-1^4) = 1$$

Variante 3. Anstelle $u = \cos x$ können wir bei der Integration auch die Substitution

$$u = \sin x, \quad \frac{du}{dx} = \cos x \quad \Longrightarrow \quad dx = \frac{1}{\cos x}\, du$$

durchführen, und wir erhalten jetzt für das bestimmte Integral den Ausdruck

$$\int_0^{\frac{\pi}{2}} 4\sin x \cos^3 x\, dx = \int_{u(0)}^{u(\frac{\pi}{2})} 4u \cdot \cos^3 x \cdot \underbrace{\frac{1}{\cos x}\, du}_{dx} = \int_0^1 4u \cdot \cos^2 x\, du$$

Wir müssen den Integranden noch komplett auf u umschreiben, und dazu verwenden wir die Umformung $\cos^2 x = 1 - \sin^2 x = 1 - u^2$. Damit ergibt sich schließlich wieder wie oben

$$\int_0^{\frac{\pi}{2}} 4 \sin x \cos^3 x \, dx = \int_0^1 4 u \, (1 - u^2) \, du = 2 u^2 - u^4 \Big|_0^1 = 1$$

Die Anwendung der Substitutionsregel setzt Geschick, Erfahrung und auch etwas Glück voraus. Die Integrale in den nachfolgenden Beispielen lassen sich alle durch Substitution lösen, wobei die Wahl der passenden Hilfsvariable nicht immer auf den ersten Blick ersichtlich ist.

Beispiel 1. Gesucht ist der Wert des bestimmten Integrals $\int_0^2 x \cdot e^{3-x^2} \, dx$. Hier bietet sich die Substitution $u = 3 - x^2$ an. Dabei müssen wir zusätzlich noch die Integrationsgrenzen ersetzen:

$$u = 3 - x^2, \quad \frac{du}{dx} = u'(x) = -2x \quad \Longrightarrow \quad dx = -\frac{1}{2x} \, du$$

$$u(0) = 3 - 0^2 = 3, \quad u(2) = 3 - 2^2 = -1$$

Damit ist

$$\int_0^2 x \cdot e^{3-x^2} \, dx = \int_{u(0)}^{u(2)} x \cdot e^u \cdot \left(-\frac{1}{2x}\right) du = -\frac{1}{2} \int_3^{-1} e^u \, du$$

$$= -\frac{1}{2} e^u \Big|_3^{-1} = -\frac{1}{2} e^{-1} - \left(-\frac{1}{2} e^3\right) = \frac{1}{2} e^3 - \frac{1}{2e}$$

In einer verkürzten Version ergibt sich bei der Substitution $u(x) = 3 - x^2$

$$\int_0^2 x \cdot e^{3-x^2} \, dx = -\frac{1}{2} \int_0^2 (3 - x^2)' \cdot e^{3-x^2} \, dx = -\frac{1}{2} \int_{3-0^2}^{3-1^2} e^u \, du = -\frac{1}{2} e^u \Big|_3^{-1}$$

Beispiel 2. Wir bestimmen $\int \sqrt{1 - 2x} \, dx$ mithilfe der Substitution

$$u = 1 - 2x, \quad \frac{du}{dx} = -2 \quad \Longrightarrow \quad dx = -\frac{1}{2} \, du$$

$$\int \sqrt{1 - 2x} \, dx = \int \sqrt{u} \cdot \left(-\frac{1}{2}\right) du = -\frac{1}{2} \cdot \frac{2}{3} u^{\frac{3}{2}} = -\frac{1}{3} \sqrt{(1 - 2x)^3}$$

Beispiel 3. Gesucht ist $\int \sqrt{1 - x^2} \, dx$. Wir versuchen zunächst die Substitution

$$u = 1 - x^2, \quad \frac{du}{dx} = -2x \quad \Longrightarrow \quad dx = -\frac{1}{2x} \, du$$

$$\int \sqrt{1 - x^2} \, dx = -\int \frac{\sqrt{u}}{2x} \, du$$

Hier bleibt x im Integranden stehen und muss noch durch u ersetzt werden:

$$u = 1 - x^2 \implies x = \sqrt{1-u}, \quad \int \sqrt{1-x^2}\, dx = -\int \frac{\sqrt{u}}{2\sqrt{1-u}}\, du$$

Das Integral in der Variable u ist aber keineswegs leichter zu lösen als das Ausgangsintegral, d. h., die Substitution $u = 1 - x^2$ bringt keinen Erfolg. Wir suchen daher eine andere Möglichkeit, den Integranden zu vereinfachen. Im Hinblick auf den trigonometrischen Pythagoras $\cos^2 u = 1 - \sin^2 u$ ersetzen wir

$$x = \sin u, \quad \frac{dx}{du} = \cos u \implies dx = \cos u\, du$$

Damit können wir das Integral wie folgt umschreiben:

$$\int \sqrt{1-x^2}\, dx = \int \sqrt{1 - \sin^2 u} \cdot \cos u\, du = \int \cos u \cdot \cos u\, du = \int \cos^2 u\, du$$

Das Integral auf der rechten Seite lässt sich durch nochmalige Anwendung des trigonometrischen Pythagoras auf eine bereits berechnete Stammfunktion zurückführen (siehe partielle Integration, Beispiel 4):

$$\int \cos^2 u\, du = \int 1 - \sin^2 u\, du = u - \int \sin^2 u\, du$$
$$= u - \tfrac{1}{2}(u - \sin u \cos u) = \tfrac{1}{2}(\sin u \cos u + u)$$

Alternativ hätte man $\int \cos^2 u\, du$ auch direkt mithilfe partieller Integration bestimmen können. Bei der Rücksubstitution ersetzen wir die u-Ausdrücke wieder durch Funktionen von x, also

$$\sin u = x, \quad \cos u = \sqrt{1 - \sin^2 u} = \sqrt{1-x^2}, \quad u = \arcsin x$$

und erhalten insgesamt für das gesuchte Integral die Stammfunktion

$$\int \sqrt{1-x^2}\, dx = \tfrac{1}{2}\left(x\sqrt{1-x^2} + \arcsin x \right)$$

Damit ist dann beispielsweise

$$\int_{-1}^{1} \sqrt{1-x^2}\, dx = \tfrac{1}{2}\left(x\sqrt{1-x^2} + \arcsin x \right)\Big|_{-1}^{1}$$
$$= \tfrac{1}{2}(0 + \arcsin 1) - \tfrac{1}{2}(0 + \arcsin(-1)) = \tfrac{\pi}{2}$$

Beispiel 4. Bekanntlich hat ein Kreis mit Radius r die Fläche $A = r^2\pi$. Wir wollen dieses Ergebnis mithilfe der Integralrechnung bestätigen. Dazu berechnen wir die Fläche A des Halbkreises in der oberen Halbebene um den Ursprung mit dem Radius r, welcher durch die Funktion $y = \sqrt{r^2 - x^2}$ für $x \in [-r, r]$ beschrieben werden kann. Der Flächeninhalt des Halbkreises ist der Wert des bestimmten Integrals

$$A = \int_{-r}^{r} \sqrt{r^2 - x^2}\, dx = r \int_{-r}^{r} \sqrt{1 - \left(\tfrac{x}{r}\right)^2}\, dx$$

welches wir mit der Substitution

$$u = \frac{x}{r}, \quad \frac{du}{dx} = \frac{1}{r} \quad \Longrightarrow \quad dx = r\,du$$

und nach Umrechnung der Grenzen

$$u(-r) = \frac{-r}{r} = -1, \quad u(r) = \frac{r}{r} = 1$$

auf das Integral im letzten Beispiel zurückführen können:

$$A = r \int_{u(-r)}^{u(r)} \sqrt{1 - u^2} \cdot r\,du = r^2 \int_{-1}^{1} \sqrt{1 - u^2}\,du = r^2 \cdot \frac{\pi}{2}$$

Der Vollkreis hat demnach wie erwartet die Fläche $A = 2 \cdot r^2 \cdot \frac{\pi}{2} = r^2\pi$.

Beispiel 5. Das Integral $\int_0^{\pi} \sin^3 x\,dx$ lässt sich bequem mit der Substitutionsregel berechnen, indem wir den Integranden wie folgt umformen:

$$\sin^3 x = \sin^2 x \cdot \sin x = (1 - \cos^2 x) \cdot \sin x$$

Mit der Substitution $u = \cos x$ und $dx = -\frac{1}{\sin x}\,du$ erhalten wir

$$\int_0^{\pi} \sin^3 x\,dx = \int_0^{\pi} (\cos^2 x - 1) \cdot (-\sin x)\,dx = \int_{u(0)}^{u(\pi)} u^2 - 1\,du$$

$$= \frac{1}{3} u^3 - u \Big|_1^{-1} = \frac{4}{3}$$

Beispiel 6. Gesucht ist die Stammfunktion zu $\arctan x$. Diese berechnen wir mit einer Kombination aus partieller Integration (Typ Faktor 1) und anschließender Substitution:

$$\int \arctan x\,dx = \int \arctan x \cdot 1\,dx$$

$$= \arctan x \cdot x - \int \frac{1}{1 + x^2} \cdot x\,dx = x \cdot \arctan x - \int \frac{x}{1 + x^2}\,dx$$

Beim Integral auf der rechten Seite ersetzen wir $1 + x^2$ durch u:

$$\int \frac{x}{1 + x^2}\,dx = \int \frac{x}{u} \cdot \frac{1}{2x}\,du = \frac{1}{2} \int \frac{1}{u}\,du$$

$$= \frac{1}{2} \ln|u| = \frac{1}{2} \ln|1 + x^2| = \ln\sqrt{1 + x^2}$$

Zusammenfassend ergibt sich dann das unbestimmte Integral

$$\int \arctan x\,dx = x \arctan x - \ln\sqrt{1 + x^2}$$

Streng genommen funktioniert die Substitutionsregel für bestimmte Integrale nur dann, wenn die neue Integrationsvariable $u = u(x)$ eine *umkehrbare* Funktion von x ist. Als Beispiel berechnen wir das Integral

$$\int_{-1}^{2} 3x^2 \, dx = x^3 \Big|_{-1}^{2} = 2^3 - (-1)^3 = 8 + 1 = 9$$

mit der Substitutionsregel, wobei wir $u = x^2$ ersetzen. Aus $\frac{du}{dx} = 2x$ ergibt sich $dx = \frac{1}{2x} du$, und nach Umrechnung der Grenzen erhalten wir

$$\int_{-1}^{2} 3x^2 \, dx = \int_{u(-1)}^{u(2)} 3u \cdot \frac{1}{2x} \, du = \int_{1}^{4} \frac{3u}{2x} \, du$$

Im Integranden müssen wir noch x als Funktion von u beschreiben. Aus $u = x^2$ folgt aber $x = \sqrt{u}$ oder $x = -\sqrt{u}$, und zwar abhängig vom Vorzeichen von x. Ersetzt man x im Integranden nur durch $\sqrt{u}$, dann erhält man den falschen Wert

$$\int_{1}^{4} \frac{3u}{2\sqrt{u}} \, du = \int_{1}^{4} \frac{3}{2} u^{\frac{1}{2}} \, du = u^{\frac{3}{2}} \Big|_{1}^{4} = 4^{\frac{3}{2}} - 1^{\frac{3}{2}} = 8 - 1 = 7$$

Bei richtiger Rechnung müssen wir das Integral so aufteilen, dass $u = x^2$ auf dem Integrationsbereich jeweils umkehrbar ist. Wir können z. B. die Monotoniebereiche von $u = u(x)$ wählen: Für $x \in [-1, 0]$ ist $x = -\sqrt{u}$ die Umkehrfunktion zu $u = x^2$, und im Intervall $x \in [0, 2]$ ergibt sich die Umkehrung $x = \sqrt{u}$. Dann ist

$$\int_{-1}^{2} 3x^2 \, dx = \int_{-1}^{0} 3x^2 \, dx + \int_{-1}^{2} 3x^2 \, dx = \int_{u(-1)}^{u(0)} 3u \cdot \frac{1}{2x} \, du + \int_{u(0)}^{u(2)} 3u \cdot \frac{1}{2x} \, du$$

$$= \int_{1}^{0} 3u \cdot \frac{1}{-2\sqrt{u}} \, du + \int_{0}^{4} 3u \cdot \frac{1}{2\sqrt{u}} \, du = \int_{1}^{0} -\frac{3}{2} u^{\frac{1}{2}} \, du + \int_{0}^{4} \frac{3}{2} u^{\frac{1}{2}} \, du$$

$$= -u^{\frac{3}{2}} \Big|_{1}^{0} + u^{\frac{3}{2}} \Big|_{0}^{4} = (-0^{\frac{3}{2}} + 1^{\frac{3}{2}}) + (4^{\frac{3}{2}} - 0^{\frac{3}{2}}) = 1 + 8 = 9$$

7.2.4 Partialbruchzerlegung

... ist ein Verfahren, mit dem sich die Stammfunktion einer *beliebigen rationalen* Funktion berechnen lässt. Hierbei spaltet man die rationale Funktion mittels Polynomdivision zuerst in ein Polynom und in eine echt-gebrochenrationale Funktion auf, wobei letztere durch einen geeigneten Ansatz nochmals in einfach zu integrierende „Partialbrüche" zerlegt wird. Betrachten wir zunächst das Beispiel

$$\int \frac{2x^3}{x^2 - 1} \, dx$$

Der Integrand lässt sich mithilfe der Polynomdivision zerlegen in

$$\int \frac{2x^3}{x^2 - 1}\, dx = \int 2x + \frac{2x}{x^2 - 1}\, dx$$

wobei wir den echt-gebrochenrationalen Teil noch weiter aufspalten können:

$$\frac{2x}{x^2 - 1} = \frac{1}{x + 1} + \frac{1}{x - 1}$$

Das Integral zerfällt dann in eine Summe von Grundintegralen:

$$\int \frac{2x^3}{x^2 - 1}\, dx = \int 2x + \frac{1}{x + 1} + \frac{1}{x - 1}\, dx = x^2 + \ln|x + 1| + \ln|x - 1|$$

Auf diese Art und Weise kann man auch andere rationale Funktionen integrieren.

Partialbruchzerlegung einer rationalen Funktion:

(1) Mittels *Polynomdivision* zerlegt man zunächst die rationale Funktion

$$\frac{Z(x)}{N(x)} = p(x) + \frac{q(x)}{N(x)}$$

in ein Polynom $p(x)$ und in eine echt-gebrochenrationale Funktion, sodass der Grad von $q(x)$ kleiner ist als der Grad von $N(x)$ und der Nenner $N(x)$ ein *normiertes* Polynom der Gestalt

$$N(x) = x^n + a_{n-1} x^{n-1} + \ldots$$

ist – ggf. kürzt man im Bruch den führenden Koeffizienten von $N(x)$.

(2) Anschließend bestimmt man alle *Nullstellen des Nenners* x_k mitsamt den Vielfachheiten n_k. Bei einer einfachen Nullstelle x_k von $N(x)$ ist $n_k = 1$, bei einer doppelten Nullstelle ist $n_k = 2$ usw.

(3) Die echt-gebrochenrationale Funktion wird nun mit dem **Ansatz**

$$\frac{q(x)}{N(x)} = \frac{A_1}{x - x_1} + \frac{A_2}{(x - x_1)^2} + \ldots + \frac{A_{n_1}}{(x - x_1)^{n_1}}$$
$$+ \frac{B_1}{x - x_2} + \frac{B_2}{(x - x_2)^2} + \ldots + \frac{B_{n_2}}{(x - x_2)^{n_2}}$$
$$+ \ldots \quad \text{(für alle weiteren Nullstellen)}$$

weiter in sogenannte *Partialbrüche* (= einfachere Teilbrüche) zerlegt.

(4) Zur Berechnung der unbekannten Größen $A_1, A_2, \ldots, B_1, B_2, \ldots$ bringt man die rechte Seite auf einen gemeinsamen Nenner, und das ist $N(x)$. Da die Nenner auf beiden Seiten gleich sind, können wir die Zähler gleichsetzen. Die gesuchten Konstanten erhalten wir durch Koeffizientenvergleich oder durch Einsetzen spezieller x-Werte. Setzt man vorzugsweise die Nullstellen des Nenners ein, dann vereinfacht sich die Rechnung (siehe Beispiele).

Die einzelnen Brüche lassen sich jetzt sehr einfach integrieren, denn

$$\int (x - x_k)^n \, dx = \begin{cases} \ln |x - x_k|, & \text{falls } n = -1 \\ \frac{1}{n+1}(x - x_k)^{n+1}, & \text{falls } n \neq -1 \end{cases}$$

Die Partialbruchzerlegung kann man auch unabhängig von der Integration verwenden, um beispielsweise eine komplizierte rationale Funktion in eine Summe einfacher Brüche aufzuteilen. Die Zerlegung in Partialbrüche findet u. a. Anwendung bei der Lösung linearer Differentialgleichungen mithilfe der Laplace-Transformation.

Beispiel 1.

$$\int \frac{2x^3 + 9x^2 + 8x + 5}{x^2 + 4x + 3} \, dx$$

Zuerst zerlegen wir den Integranden in ein Polynom plus einen echt-gebrochen-rationalen Anteil. Die Polynomdivision ergibt

$$(2x^3 + 9x^2 + 8x + 5) : (x^2 + 4x + 3) = 2x + 1 + \frac{-2x + 2}{x^2 + 4x + 3}$$

Für die weitere Rechnung brauchen wir die Nullstellen des Nennerpolynoms

$$x^2 + 4x + 3 = 0 \quad \Longrightarrow \quad x_{1/2} = \frac{-4 \pm \sqrt{4^2 - 4 \cdot 1 \cdot 3}}{2} = \frac{-4 \pm 2}{2}$$

Die beiden Nullstellen $x_1 = -1$ und $x_2 = -3$ sind einfach, haben also die Vielfachheit $n_1 = n_2 = 1$. Für die Partialbruchzerlegung verwenden wir demzufolge den Ansatz

$$\frac{-2x + 2}{x^2 + 4x + 3} = \frac{A}{x + 1} + \frac{B}{x + 3} = \frac{A(x + 3) + B(x + 1)}{(x + 1)(x + 3)}$$

mit den beiden noch unbekannten Zahlenwerten A und B. Nachdem wir alle Brüche auf den gemeinsamen Nenner $x^2 + 4x + 3 = (x + 1)(x + 3)$ gebracht haben, können wir die Zähler gleichsetzen:

$$-2x + 2 = A(x + 3) + B(x + 1)$$

Diese Gleichung muss für alle $x \in \mathbb{R}$ gelten. Insbesondere dürfen wir hier auch die Nullstellen von $N(x)$ einsetzen:

$$x = -1: \quad 4 = A \cdot 2 + B \cdot 0 = 2A \qquad \Longrightarrow \quad A = 2$$

$$x = -3: \quad 8 = A \cdot 0 + B \cdot (-2) = -2B \quad \Longrightarrow \quad B = -4$$

Abschließend können wir die Partialbrüche integrieren und erhalten

$$\int \frac{2x^3 + 9x^2 + 8x + 5}{x^2 + 4x + 3} \, dx = \int 2x + 1 + \frac{2}{x+1} + \frac{-4}{x+3} \, dx$$

$$= \int 2x \, dx + \int 1 \, dx + 2 \int \frac{1}{x+1} \, dx - 4 \int \frac{1}{x+3} \, dx$$

$$= x^2 + x + 2\ln|x+1| - 4\ln|x+3| = x^2 + x + \ln \frac{(x+1)^2}{(x+3)^4}$$

Beispiel 2.

$$\int \frac{2x-1}{x^2 - 2x + 1} \, dx$$

Der Integrand ist bereits eine echt-gebrochenrationale Funktion, sodass Polynomdivision nicht nötig ist. Der Nenner $x^2 - 2x + 1 = (x-1)^2$ hat eine doppelte Nullstelle bei $x_1 = 1$. Der Ansatz für diese Nullstelle mit der Vielfachheit $n_1 = 2$ lautet

$$\frac{2x-1}{x^2 - 2x + 1} = \frac{A_1}{x-1} + \frac{A_2}{(x-1)^2} = \frac{A_1(x-1) + A_2}{(x-1)^2}$$

Die Nenner sind gleich, und daher können wir die Zähler gleichsetzen:

$$2x - 1 = A_1(x-1) + A_2$$

Zur Berechnung der unbekannten Größen A_1, A_2 setzen wir bevorzugt die Nullstellen des Nenners ein. Der Nenner hat hier aber nur eine Nullstelle $x = 1$. Da aber die beiden Zähler *für alle* x gleich sein sollen, können wir noch einen beliebigen zweiten Wert wie z. B. $x = 0$ einsetzen, um die verbleibende Größe (hier: A_1) zu bestimmen:

$$x = 1: \quad 1 = A_1 \cdot 0 + A_2 \qquad \Longrightarrow \quad A_2 = 1$$

$$x = 0: \quad -1 = A_1 \cdot (-1) + 1 = -A_1 + 1 \quad \Longrightarrow \quad A_1 = 2$$

Insgesamt ergibt sich dann nach der Partialbruchzerlegung die Stammfunktion

$$\int \frac{2x-1}{x^2 - 2x + 1} \, dx = \int \frac{2}{x-1} + \frac{1}{(x-1)^2} \, dx = 2\ln|x-1| - \frac{1}{x-1}$$

Beispiel 3.

$$\int \frac{x^3 - 4}{2x^3 - 6x + 4} \, dx$$

Das Nennerpolynom ist nicht normiert. Wir klammern den Vorfaktor 2 im Nenner aus und nehmen ihn vor das Integral:

$$\int \frac{x^3 - 4}{2x^3 - 6x + 4} \, dx = \frac{1}{2} \int \frac{x^3 - 4}{x^3 - 3x + 2} \, dx$$

Nach der Polynomdivision

$$(x^3 - 4) : (x^3 - 3x + 2) = 1 + \frac{3x - 6}{x^3 - 3x + 2}$$

müssen wir die Nullstellen des Nenners bestimmen: $x^3 - 3x + 2 = 0$. Hierbei handelt es sich um eine kubische Gleichung, wobei sich allerdings eine Nullstelle $x_1 = 1$ leicht erraten lässt. Aus dem Horner-Schema

		1	0	-3	2
$1 \cdot$		0	1	1	-2
Σ		1	1	-2	0

ergibt sich $x^3 - 3x + 2 = (x-1)(x^2 + x - 2)$ mit den restlichen Nullstellen bei

$$x^2 + x - 2 = 0 \implies x_{2/3} = \frac{-1 \pm \sqrt{1 - 4 \cdot 1 \cdot (-2)}}{2} = \frac{-1 \pm 3}{2}$$

Demnach ist bei $x_1 = 1$ eine doppelte Nullstelle (Vielfachheit 2) und bei $x_2 = -2$ eine einfache Nullstelle. Der Ansatz für die Partialbruchzerlegung lautet dann

$$\frac{3x - 6}{x^3 - 3x + 2} = \frac{A_1}{x - 1} + \frac{A_2}{(x-1)^2} + \frac{B}{x + 2}$$

Bringen wir die rechte Seite auf einen Nenner:

$$\frac{3x - 6}{x^3 - 3x + 2} = \frac{A_1(x-1)(x+2) + A_2(x+2) + B(x-1)^2}{(x-1)^2(x+2)}$$

dann sind die Nenner der beiden rationalen Funktionen gleich, denn $(x-1)^2(x+2)$ ist die Zerlegung des Polynoms $x^3 - 3x + 2$ in Linearfaktoren. Wir dürfen daher wieder die Zähler gleichsetzen:

$$3x - 6 = A_1(x-1)(x+2) + A_2(x+2) + B(x-1)^2$$

Zur Berechnung der Unbekannten A_1, A_2 und B setzen wir die Nullstellen des Nenners

$$x = 1: \quad -3 = A_1 \cdot 0 + A_2 \cdot 3 + B \cdot 0^2 \implies A_2 = -1$$
$$x = -2: \quad -12 = A_1 \cdot 0 + A_2 \cdot 0 + B \cdot (-3)^2 \implies B = -\tfrac{4}{3}$$

sowie als weiteren Wert $x = 0$ ein:

$$-6 = A_1 \cdot (-2) - 1 \cdot 2 - \tfrac{4}{3} \cdot (-1)^2 \implies A_1 = \tfrac{4}{3}$$

Nach der Partialbruchzerlegung können wir die Stammfunktion bestimmen:

$$\int \frac{x^3 - 4}{2x^3 - 6x + 4}\, dx = \frac{1}{2} \int 1 + \frac{\frac{4}{3}}{x - 1} + \frac{-1}{(x-1)^2} + \frac{-\frac{4}{3}}{x + 2}\, dx$$
$$= \frac{1}{2}\left(x + \tfrac{4}{3}\ln|x - 1| + \frac{1}{x - 1} - \tfrac{4}{3}\ln|x + 2|\right)$$
$$= \frac{1}{2}x + \tfrac{2}{3}\ln\left|\frac{x - 1}{x + 2}\right| + \frac{1}{2(x - 1)}$$

Beispiel 4. Die Partialbruchzerlegung führt auch bei einfachen rationalen Funktionen wie etwa

$$\int \frac{1}{1-x^2}\, dx$$

schnell zum Erfolg. Polynomdivision ist nicht erforderlich, aber der Nenner muss noch normiert werden:

$$\int \frac{1}{1-x^2}\, dx = \int \frac{-1}{x^2-1}\, dx$$

Der Nenner $x^2 - 1 = (x - 1)(x + 1)$ hat zwei einfache Nullstellen bei $x_1 = 1$ und $x_2 = -1$. Der Ansatz

$$\frac{-1}{x^2-1} = \frac{A}{x-1} + \frac{B}{x+1} = \frac{A(x+1) + B(x-1)}{(x-1)(x+1)}$$

ergibt $-1 = A(x+1) + B(x-1)$ für alle $x \in \mathbb{R}$, und speziell ist dann für

$$x = 1 : \quad -1 = A \cdot 2 + B \cdot 0 \quad \Longrightarrow \quad A = -\tfrac{1}{2}$$

$$x = -1 : \quad -1 = A \cdot 0 + B \cdot 2 \quad \Longrightarrow \quad B = \tfrac{1}{2}$$

Insgesamt erhalten wir nach Integration der Partialbrüche die Stammfunktion

$$\int \frac{1}{1-x^2}\, dx = \int \frac{-\tfrac{1}{2}}{x-1} + \frac{\tfrac{1}{2}}{x+1}\, dx = \tfrac{1}{2}\ln|x+1| - \tfrac{1}{2}\ln|x-1| = \tfrac{1}{2}\ln\left|\frac{x+1}{x-1}\right|$$

Komplexe Nullstellen im Nenner. Bei einer rationalen Funktion kann das Nennerpolynom auch komplexe Nullstellen haben. Als Beispiel dafür wollen wir die Stammfunktion

$$\int \frac{1}{1+x^2}\, dx = \arctan x$$

bestimmen, die bereits als Grundintegral bekannt ist. Lässt sich dieses Resultat auch mit Partialbruchzerlegung erhalten? Polynomdivision ist nicht nötig, da der Integrand bereits echt-gebrochenrational ist. Die Nullstellen von $x^2 + 1$ sind komplex: $x_1 = i$ und $x_2 = -i$ jeweils mit Vielfachheit 1. Wir verwenden daher den Ansatz

$$\frac{1}{x^2+1} = \frac{A}{x-i} + \frac{B}{x+i} = \frac{A(x+i) + B(x-i)}{(x-i)(x+i)}$$

Wir setzen die Zähler gleich: $1 = A(x+i) + B(x-i)$. Dann gilt für

$$x = i : \quad 1 = A \cdot 2i + B \cdot 0 = 2iA \quad \Longrightarrow \quad A = \tfrac{1}{2i} = -\tfrac{i}{2}$$

$$x = -i : \quad 1 = A \cdot 0 + B \cdot (-2i) = -2iB \quad \Longrightarrow \quad B = -\tfrac{1}{2i} = \tfrac{i}{2}$$

Die Integration der Partialbrüche ergibt

$$\int \frac{1}{x^2+1}\, dx = \int \frac{-\frac{i}{2}}{x-i} + \frac{\frac{i}{2}}{x+i}\, dx = -\frac{i}{2}\ln(x-i) + \frac{i}{2}\ln(x+i) = \frac{i}{2}\ln\frac{x+i}{x-i}$$

Wir erhalten eine komplexe Stammfunktion, die augenscheinlich vom erwarteten Resultat arctan x abweicht. Tatsächlich aber gibt es zwischen diesen beiden Funktionen eine Verbindung.

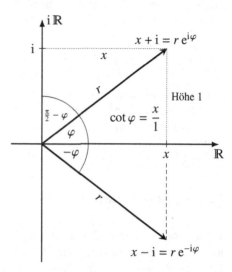

Abb. 7.8 Zur Umrechnung in eine reelle Stammfunktion

Hierzu bringen wir den Zähler $x+i$ und den Nenner $x-i$ gemäß Abb. 7.8 jeweils in die Polarform

$$x+i = r\,e^{i\varphi} \quad \Longrightarrow \quad x-i = r\,e^{-i\varphi}$$

Der Quotient dieser beiden komplexen Zahlen ergibt

$$\frac{x+i}{x-i} = \frac{r\,e^{i\varphi}}{r\,e^{-i\varphi}} = e^{2i\varphi} \quad \Longrightarrow \quad \frac{i}{2}\ln\frac{x+i}{x-i} = \frac{i}{2}\ln e^{2i\varphi} = \frac{i}{2}\cdot 2i\,\varphi = -\varphi$$

Wegen $\tan(\frac{\pi}{2}-\varphi) = \cot\varphi = x$ erhalten wir schließlich eine Stammfunktion

$$\int \frac{1}{x^2+1}\, dx = \frac{i}{2}\ln\frac{x+i}{x-i} = -\varphi = -\operatorname{arccot}x = \arctan x - \tfrac{\pi}{2}$$

in reeller Form, welche jetzt auch (bis auf die additive Konstante $-\frac{\pi}{2}$) mit dem schon bekannten Grundintegral übereinstimmt.

Möchte man das Rechnen mit komplexen Zahlen vermeiden und hat das Nennerpolynom $N(x)$ so wie im obigen Beispiel nur *einfache* komplexe Nullstellen, dann ist ein erweiterter Ansatz bei der Partialbruchzerlegung nötig. Falls das *reelle* Polynom $N(x)$ eine komplexe Nullstelle $z \in \mathbb{C}$ hat, dann ist auch die konjugiert komplexe Zahl $\bar{z}$ eine Nullstelle von $N(x)$. Insbesondere enthält $N(x)$ das Produkt der Linearfaktoren

$$(x-z)(x-\bar{z}) = x^2 - (z+\bar{z})\cdot x - z\cdot\bar{z} = x^2 - 2\operatorname{Re}(z)\cdot x + |z|^2$$

und das ist eine quadratische Funktion der Form $x^2 + p\,x + q$ mit $p = -2\,\mathrm{Re}(z)$, $q = |z|^2 \in \mathbb{R}$. Bei der Partialbruchzerlegung mit komplexen Nullstellen im Nenner müssen dann bei rein reeller Rechnung auch noch Summanden der Form

$$\frac{A\,x + B}{x^2 + p\,x + q}$$

angesetzt werden. Nachdem man die reellen Größen A, B durch Einsetzen verschiedener x-Werte bestimmt hat, ist die Stammfunktion dieses Partialbruchs

$$\int \frac{A\,x + B}{x^2 + p\,x + q}\,\mathrm{d}x = \frac{A}{2}\ln|x^2 + p\,x + q| + \frac{2\,B - p\,A}{\sqrt{4\,q - p^2}}\arctan\frac{2\,x + p}{\sqrt{4\,q - p^2}}$$

Falls das Nennerpolynom mehrfache komplexe Nullstellen hat, so wie z. B. $N(x) = (x^2+1)^2$ die doppelten Nullstellen $x = \pm\mathrm{i}$ besitzt, dann lässt sich die Partialbruchzerlegung ebenfalls rein reell durchführen, aber die Rechnung wird insgesamt nochmals deutlich aufwändiger.

7.2.5 Tipps zur Integration

Im Gegensatz zur Differentialrechnung, die uns für jede Kombination von Funktionen auch eine passende Ableitungsregel zur Verfügung stellt (Produkte werden mit der Produktregel abgeleitet, Verknüpfungen von Funktionen mit der Kettenregel usw.), gibt es in der Integralrechnung kein Verfahren, das die Berechnung einer Stammfunktion in geschlossener Form garantiert. Eine Ausnahme bildet die Partialbruchzerlegung, die stets einen geschlossenen Ausdruck für die Stammfunktion liefert, sich aber nur bei rationalen Funktionen anwenden lässt.

Durch Substitution oder partielle Integration können komplizierte Integrale oftmals vereinfacht und im günstigsten Fall sogar auf Grundintegrale zurückgeführt werden. Auf der anderen Seite aber lassen sich viele Integrale gar nicht durch elementare Funktionen darstellen. Zu erkennen, ob und wie man eine Funktion integrieren kann, setzt Erfahrung und Geschick im Umgang mit den Integrationsmethoden voraus. Tatsächlich kann man oftmals schon aus der Form des Integranden auf eine erfolgversprechende Integrationstechnik schließen.

Die **Substitutionsregel** bietet sich an, wenn neben einem gewissen Ausdruck im Integral (z. B. $x^2 + 1$) auch noch dessen Ableitung (hier: $2\,x$) als Faktor im Integrand vorkommt. Dieser Faktor wird bei der Substitution gekürzt, und das Integral wird in der Regel einfacher. Ein typisches Beispiel dafür ist

$$\int \cos x \cdot \mathrm{e}^{\sin x}\,\mathrm{d}x$$

Bei der Substitution $u = \sin x$ kürzt sich der Faktor $u'(x) = \cos x$, denn

$$u = \sin x, \quad \frac{du}{dx} = \cos x \quad \Longrightarrow \quad dx = \frac{1}{\cos x}\, du \quad \text{ergibt}$$

$$\int \cos x \cdot e^{\sin x}\, dx = \int \cos x \cdot e^u \cdot \frac{1}{\cos x}\, du = \int e^u\, du = e^u = e^{\sin x}$$

In manchen Fällen kann man die Stammfunktion sofort angeben:

$$\int \frac{f'(x)}{f(x)}\, dx = \ln |f(x)| \quad \text{und} \quad \int f(x) \cdot f'(x)\, dx = \tfrac{1}{2} f(x)^2$$

Hinter diesen Formeln verbirgt sich ebenfalls die Substitutionsregel, denn

$$u = f(x), \quad \frac{du}{dx} = f'(x) \quad \Longrightarrow \quad dx = \frac{1}{f'(x)}\, du \quad \text{liefert}$$

$$\int \frac{f'(x)}{f(x)}\, dx = \int \frac{f'(x)}{u} \cdot \frac{1}{f'(x)}\, du = \int \frac{1}{u}\, du = \ln |u| = \ln |f(x)|$$

$$\int f(x) \cdot f'(x)\, dx = \int u \cdot f'(x) \cdot \frac{1}{f'(x)}\, du = \int u\, du = \tfrac{1}{2} u^2 = \tfrac{1}{2} f(x)^2$$

Beispiele:

$$\int \frac{\ln x}{x}\, dx = \int \ln x \cdot (\ln x)'\, dx = \tfrac{1}{2} \ln^2 x$$

$$\int \tan x\, dx = \int \frac{\sin x}{\cos x}\, dx = -\int \frac{(\cos x)'}{\cos x}\, dx = -\ln |\cos x|$$

$$\int \frac{2x^3}{x^4 + 1}\, dx = \tfrac{1}{2} \int \frac{(x^4 + 1)'}{x^4 + 1}\, dx = \tfrac{1}{2} \ln |x^4 + 1| = \ln \sqrt{x^4 + 1}$$

Wie das letzte Beispiel zeigt, ist bei der Integration einer rationalen Funktion nicht immer eine Partialbruchzerlegung (hier mit komplexen Nullstellen) nötig – manchmal erhält man die Stammfunktion auch einfach durch Substitution.

Die **partielle Integration** verwendet man, wenn der Integrand das Produkt zweier Funktionen ist, die nicht „ableitungsverwandt" sind, wie etwa im Beispiel

$$\int \cos x \cdot e^x\, dx$$

Hier ist weder $\cos x$ die Ableitung von e^x noch umgekehrt e^x die Ableitung von $\cos x$. Partielle Integration mit der Wahl der Faktoren

$$f(x) = \cos x \quad \Longrightarrow \quad f'(x) = -\sin x, \quad g(x) = e^x \quad \Longrightarrow \quad G(x) = e^x$$

$$\int \cos x \cdot e^x\, dx = \cos x \cdot e^x - \int (-\sin x) \cdot e^x\, dx = \cos x \cdot e^x + \int \sin x \cdot e^x\, dx$$

ergibt auf der rechten Seite ein Integral ähnlicher Art, welches wir erneut partiell integrieren:

$$\int \cos x \cdot e^x \, dx = \cos x \cdot e^x + \left(\sin x \cdot e^x - \int \cos x \cdot e^x \, dx \right)$$

$$= \cos x \cdot e^x + \sin x \cdot e^x - \int \cos x \cdot e^x \, dx$$

Addition von $\int \cos x \cdot e^x \, dx$ auf beiden Seiten der Gleichung ergibt

$$2 \int \cos x \cdot e^x \, dx = (\cos x + \sin x) \, e^x$$

$$\Longrightarrow \quad \int \cos x \cdot e^x \, dx = \tfrac{1}{2} \, (\cos x + \sin x) \, e^x$$

Manchmal lässt sich ein Integral auch mit unterschiedlichen Methoden berechnen. Als Beispiel betrachten wir das unbestimmte Integral

$$\int \sin x \cos x \, dx$$

Diese Stammfunktion kann man auf drei verschiedenen Wegen erhalten:

(a) **Partielle Integration** mit den Faktoren

$$f(x) = \sin x \quad \Longrightarrow \quad f'(x) = \cos x, \qquad g(x) = \cos x \quad \Longrightarrow \quad G(x) = \sin x$$

$$\int \sin x \cos x \, dx = \sin x \cdot \sin x - \int \cos x \cdot \sin x \, dx \quad \Big| + \int \cos x \cdot \sin x \, dx$$

$$\Longrightarrow \quad 2 \int \sin x \cos x \, dx = \sin^2 x \quad \text{bzw.} \quad \int \sin x \cos x \, dx = \tfrac{1}{2} \sin^2 x$$

(b) **Substitutionsregel** mit der Ersetzung

$$u = \sin x, \quad \frac{du}{dx} = \cos x \quad \Longrightarrow \quad dx = \frac{1}{\cos x} \, du$$

$$\int \sin x \cos x \, dx = \int u \cdot \cos x \cdot \frac{1}{\cos x} \, du = \int u \, du = \tfrac{1}{2} u^2 = \tfrac{1}{2} \sin^2 x$$

(c) **Vereinfachung des Integranden**

$$\int \sin x \cos x \, dx = \tfrac{1}{2} \int \sin 2x \, dx = \tfrac{1}{2} \left(-\tfrac{1}{2} \cos 2x \right) = -\tfrac{1}{4} \cos 2x$$

Wegen $\cos 2x = 1 - 2 \sin^2 x$ ist dann auch

$$\int \sin x \cos x \, dx = -\tfrac{1}{4} \left(1 - 2 \sin^2 x \right) = \tfrac{1}{2} \sin^2 x - \tfrac{1}{4}$$

Wir erhalten in (c), abgesehen vom Summanden $-\tfrac{1}{4}$, die gleiche Stammfunktion wie in (a) und (b). Da Stammfunktionen aber nur bis auf eine additive Konstante eindeutig sind, stimmen die Ergebnisse tatsächlich überein:

$$\int \sin x \cos x \, dx = \tfrac{1}{2} \sin^2 x + C$$

In gewissen Fällen muss man den Integranden zuerst umformen, damit man die Substitutionsregel o. dgl. anwenden kann, wie etwa im Beispiel

$$\int \frac{1}{\sin x \cdot \cos x} \, dx = \int \frac{1}{\frac{\sin x}{\cos x} \cdot \cos^2 x} \, dx = \int \frac{\frac{1}{\cos^2 x}}{\tan x} \, dx = \int \frac{(\tan x)'}{\tan x} \, dx$$

$$= \ln |\tan x|$$

welches dann mithilfe der Substitution $u = \frac{x}{2}$ auch noch das unbestimmte Integral

$$\int \frac{1}{\sin x} \, dx = \int \frac{1}{2 \sin \frac{x}{2} \cos \frac{x}{2}} \, dx = \int \frac{1}{\sin u \cos u} \, du = \ln |\tan u| = \ln |\tan \tfrac{x}{2}|$$

liefert. Manchmal führt bereits eine einfache Umformung zum Ziel:

$$\int \frac{x^2}{1 + x^2} \, dx = \int \frac{x^2 + 1 - 1}{x^2 + 1} \, dx = \int 1 - \frac{1}{x^2 + 1} \, dx$$

$$= \int 1 \, dx - \int \frac{1}{x^2 + 1} \, dx = x - \arctan x$$

In einigen Fällen wird man keine der genannten Methoden anwenden können: weder Substitution noch partielle Integration führen zum Erfolg. Mit etwas Glück findet man die gesuchte Stammfunktion in einer Formelsammlung oder Integraltafel. Bei den dort aufgelisteten Integralen wird jedoch vorausgesetzt, dass man den Integranden schon vorbereitet, also durch Substitution oder partielle Integration so weit wie möglich vereinfacht hat. Mehr als eine Alternative zur Formelsammlung sind Computeralgebrasysteme (CAS), die Funktionen symbolisch ableiten oder integrieren können und sogar Differentialgleichungen lösen.

Schließlich wird es nicht selten vorkommen, dass eine Funktion überhaupt nicht „elementar integrierbar" ist. Beispielsweise besitzt die Funktion $\frac{\sin x}{x}$ zwar eine Stammfunktion, aber diese kann man nicht mit elementaren Funktionen darstellen (zu den elementaren Funktionen gehören Polynome und rationale Funktionen, Exponentialfunktionen, trigonometrische und hyperbolische Funktionen sowie ihre Umkehrungen, also Wurzelfunktionen, Logarithmen, Arkus- und Areafunktionen). Dieses bemerkenswerte Resultat wurde von Joseph Liouville um 1835 bewiesen. Hier liegt eine ähnliche Situation vor wie bei der algebraischen Gleichung fünften Grades $x^5 + 3x - 2 = 0$, die zwar eine Nullstelle bei $x = 0{,}63283452\ldots$ besitzt, welche aber (nach dem Resultat von Abel bzw. Galois) nicht mit Grundrechenarten und Wurzeln berechnet werden kann. Im Fall einer häufiger gebrauchten, aber nicht-elementar integrierbaren Funktion erhält deren Stammfunktion einen eigenen Namen, so wie im vorliegenden Beispiel

$$\mathrm{Si}(x) := \int_0^x \frac{\sin t}{t} \, dt$$

eine neue „höhere" Funktion namens *Integralsinus* (Sinus integralis) ist. Es gibt eine Möglichkeit, auch solche Stammfunktionen zu berechnen, und zwar mithilfe von Potenzreihen. Im Band „Mathematik für Ingenieurwissenschaften: Vertiefung" werden wir erfahren, wie man die Werte von $\mathrm{Si}(x)$ und weiterer Funktionen dieser Art auf beliebig viele Nachkommastellen genau bestimmen kann. Mit neuen Funktionen wie $\mathrm{Si}(x)$, $\mathrm{Ei}(x)$ usw. kann man wiederum andere Integrale berechnen, etwa durch partielle Integration

$$\int \frac{\cos x}{x^2} \, dx = \cos x \cdot (-\tfrac{1}{x}) - \int (-\sin x) \cdot (-\tfrac{1}{x}) \, dx = -\frac{\cos x}{x} - \mathrm{Si}(x)$$

Ein abschließender Vergleich für die folgenden (ähnlich aussehenden) Integrale

$$(1) \quad \int x^2 \, e^x \, dx \qquad (2) \quad \int x \, e^{x^2} \, dx \qquad (3) \quad \int (e^x)^2 \, dx \qquad (4) \quad \int e^{x^2} \, dx$$

verdeutlicht nochmals die Anwendung der verschiedenen Integrationsmethoden:

(1) kann man zweimal partiell integrieren:

$$\int x^2 \, e^x \, dx = x^2 \, e^x - \int 2x \, e^x \, dx = x^2 \, e^x - \left(2x \, e^x - \int 2 \, e^x \, dx\right)$$
$$= x^2 \, e^x - 2x \, e^x + 2 \, e^x$$

(2) bestimmt man mit der Substitution $u = x^2$:

$$\int x \, e^{x^2} \, dx = \int x \, e^u \, \frac{1}{2x} \, du = \int \tfrac{1}{2} e^u \, du = \tfrac{1}{2} e^u = \tfrac{1}{2} e^{x^2}$$

(3) lässt sich auf ein Grundintegral umformen:

$$\int (e^x)^2 \, dx = \int e^{2x} \, dx = \tfrac{1}{2} e^{2x}$$

(4) ist dagegen nicht elementar integrierbar!

7.2.6 Hyperbel- und Areafunktionen

Neben den trigonometrischen Funktionen $\sin x$, $\cos x$, $\tan x$ und ihren Umkehrfunktionen $\arcsin x$, $\arccos x$, $\arctan x$ (Arkusfunktionen) werden in der Integralrechnung oft auch die hyperbolischen Funktionen zusammen mit ihren Umkehrfunktionen (Areafunktionen) gebraucht. Sie treten sehr häufig bei der Integration von Wurzelfunktionen auf. Die Hyperbelfunktionen sind mithilfe der Exponentialfunktion wie folgt definiert:

$$\sinh x = \frac{e^x - e^{-x}}{2} \qquad \text{Sinus hyperbolicus}$$

$$\cosh x = \frac{e^x + e^{-x}}{2} \qquad \text{Kosinus hyperbolicus}$$

$$\tanh x = \frac{\sinh x}{\cosh x} \qquad \text{Tangens hyperbolicus}$$

Wie wir bereits aus Kapitel 4, Abschnitt 4.7.1 wissen, besitzen die Hyperbelfunktionen ähnliche Eigenschaften wie ihre gleichnamigen trigonometrischen Verwandten. Dazu gehören der hyperbolische Pythagoras $\cosh^2 x - \sinh^2 x = 1$, die Formeln für das doppelte Argument $\sinh 2x = 2 \sinh x \cosh x$ und $\cosh 2x = \cosh^2 x + \sinh^2 x$, oder Umrechnungsformeln wie etwa von tanh in cosh:

$$1 - \tanh^2 x = 1 - \frac{\sinh^2 x}{\cosh^2 x} = \frac{\cosh^2 x - \sinh^2 x}{\cosh^2 x} = \frac{1}{\cosh^2 x}$$

Auch bei den Ableitungen findet man Gemeinsamkeiten:

$$(\sinh x)' = \left(\frac{e^x - e^{-x}}{2} \right)' = \frac{e^x + e^{-x}}{2} = \cosh x$$

$$(\cosh x)' = \left(\frac{e^x + e^{-x}}{2} \right)' = \frac{e^x - e^{-x}}{2} = \sinh x$$

und damit

$$(\tanh x)' = \frac{(\sinh x)' \cdot \cosh x - \sinh x \cdot (\cosh x)'}{\cosh^2 x} = \frac{1}{\cosh^2 x} = 1 - \tanh^2 x$$

Im Prinzip kann man zu jeder trigonometrischen Formel eine entsprechende Aussage für Hyperbelfunktionen angeben, indem man das h ergänzt und ggf. das Vorzeichen ändert. Ein tieferes Verständnis für diese Gemeinsamkeiten lieferten uns die komplexen Zahlen und die Eulersche Formel:

$$e^{ix} + e^{-ix} = (\cos x + i \sin x) + (\cos x - i \sin x) = 2 \cos x$$

$$e^{ix} - e^{-ix} = (\cos x + i \sin x) - (\cos x - i \sin x) = 2 i \sin x$$

sodass also

$$\cos x = \frac{e^{ix} + e^{-ix}}{2} = \cosh ix \quad \text{und} \quad i \sin x = \frac{e^{ix} - e^{-ix}}{2} = \sinh ix$$

Damit ergibt sich z. B. der trigonometrischen Pythagoras unmittelbar aus

$$\cos^2 x + \sin^2 x = \cos^2 x - (i \sin x)^2 = \cosh^2 ix - \sinh^2 ix = 1$$

oder die Ableitung der Kosinus-Funktion mithilfe der Kettenregel

$$(\cos x)' = \frac{d}{dx} \cosh ix = \sinh ix \cdot i = i \sin x \cdot i = i^2 \sin x = -\sin x$$

Trigonometrische Funktionen kann man geometrisch als Strecken im Einheitskreis veran-schaulichen, vgl. Abb. 7.9a. Der Einheitskreis wird im kartesischen Koordinatensystem durch die Gleichung $x^2 + y^2 = 1$ beschrieben. Mit

$$x(t) = \cos t, \quad y(t) = \sin t, \quad t \in [0, 2\pi[$$

erhält man wegen $\cos^2 t + \sin^2 t = 1$ eine Parameterdarstellung des Einheitskreises. Hierbei ist t die Länge des Kreisbogens von der x-Achse bis zum Kreispunkt.

Auch die hyperbolischen Funktionen lassen sich geometrisch darstellen, und zwar als Strecken an der *Einheitshyperbel*, welche durch die implizite Funktionsgleichung $x^2 - y^2 = 1$ festgelegt ist, siehe Abb. 7.9b. Eine Parameterform der Einheitshyperbel lautet

$$x(t) = \cosh t, \quad y(t) = \sinh t, \quad t \in \mathbb{R}$$

denn für diese Punkte gilt $x(t)^2 - y(t)^2 = \cosh^2 t - \sinh^2 t = 1$. Ebenso können wir dem Parameter t, ähnlich wie bei den trigonometrischen Funktionen, eine geometrische Größe zuordnen. Der Wert $\frac{t}{2}$ ist die Fläche, die vom Hyperbelsektor zwischen der x-Achse und dem Punkt $P = (\cosh t, \sinh t)$ auf der Hyperbel eingeschlossen wird – wir werden diese Aussage am Ende des Abschnitts begründen.

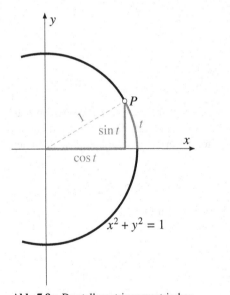 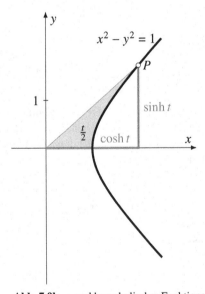

Abb. 7.9a Darstellung trigonometrischer ...   **Abb. 7.9b** ... und hyperbolischer Funktionen

Aus der geometrischen Bedeutung des Arguments t, welches man als Fläche interpretie-ren kann, folgt der Name der Umkehrfunktionen: Sie heißen Areafunktionen und sind definiert durch

$$y = \sinh x \quad \Longleftrightarrow \quad x = \text{arsinh } y \qquad \text{Area sinus hyperbolicus}$$

$$y = \cosh x \quad \Longleftrightarrow \quad x = \text{arcosh } y \qquad \text{Area cosinus hyperbolicus}$$

$$y = \tanh x \quad \Longleftrightarrow \quad x = \text{artanh } y \qquad \text{Area tangens hyperbolicus}$$

Die Ableitungen der Areafunktionen erhält man aus der Umkehrregel, z. B.

$$f(x) = \sinh x, \quad f'(x) = \cosh x, \quad f^{-1}(x) = \text{arsinh } x$$

$$(\text{arsinh } x)' = \frac{1}{f'(\text{arsinh } x)} = \frac{1}{\cosh(\text{arsinh } x)} = \frac{1}{\sqrt{1 + \sin^2(\text{arsinh } x)}} = \frac{1}{\sqrt{1 + x^2}}$$

und ebenso $(\text{arcosh } x)' = \frac{1}{\sqrt{x^2-1}}$. Die Ableitung von $\text{artanh } x$ berechnet man mit

$$f(x) = \tanh x, \quad f'(x) = 1 - \tanh^2 x, \quad f^{-1}(x) = \text{artanh } x$$

$$(\text{artanh } x)' = \frac{1}{f'(\text{artanh } x)} = \frac{1}{1 - \tanh^2(\text{artanh } x)} = \frac{1}{1 - x^2}$$

Aus den obigen Überlegungen ergeben sich neue Grundintegrale, wie z. B.

$$\int \frac{1}{\sqrt{x^2 + 1}} \, dx = \text{arsinh } x \quad \text{und} \quad \int \frac{1}{1 - x^2} \, dx = \text{artanh } x$$

So wie die Hyperbelfunktionen durch die Exponentialfunktion berechnet werden können, lassen sich auch die Areafunktionen mithilfe des natürlichen Logarithmus darstellen. In Kapitel 4, Abschnitt 4.7.2 haben wir bereits $\text{arsinh } x$ durch Auflösen einer trigonometrischen Gleichung ermittelt:

$$x = \sinh y = \frac{e^y - e^{-y}}{2} \quad \Longrightarrow \quad y = \text{arsinh } x = \ln(x + \sqrt{x^2 + 1})$$

sodass wir das oben gefundene Grundintegral auch in der Form

$$\int \frac{1}{\sqrt{x^2 + 1}} \, dx = \text{arsinh } x = \ln\left(x + \sqrt{x^2 + 1}\right)$$

schreiben können. Umgekehrt haben wir für die rationale Funktion $\frac{1}{1-x^2}$ mithilfe der Partialbruchzerlegung bereits eine Stammfunktion gefunden, nämlich

$$\int \frac{1}{1 - x^2} \, dx = \frac{1}{2} \ln\left|\frac{x + 1}{x - 1}\right| = \ln\sqrt{\frac{1 + x}{1 - x}} \quad \text{für} \quad x \in \,]{-1}, 1[$$

Da sich Stammfunktionen nur um eine additive Konstante unterscheiden, muss demnach $\text{artanh } x = \frac{1}{2} \ln \frac{1+x}{1-x} + C$ gelten, und durch Einsetzen von $x = 0$ ergibt sich $0 = \text{artanh } 0 = \frac{1}{2} \ln 1 + C = C$. Folglich ist

$$\int \frac{1}{1 - x^2} \, dx = \text{artanh } x = \ln\sqrt{\frac{1 + x}{1 - x}}, \quad x \in \,]{-1}, 1[$$

Integrieren mit Hyperbelfunktionen

Hyperbelfunktionen werden oftmals gebraucht, um Integrale mit Wurzelfunktionen zu berechnen, insbesondere solche mit Ausdrücken der Form $\sqrt{x^2+1}$ oder $\sqrt{x^2-1}$. Als erstes Beispiel wollen wir das folgende Integral bestimmen:

$$\int \sqrt{x^2+1}\,\mathrm{d}x$$

Im Hinblick auf den hyperbolischen Pythagoras bietet sich die Substitution

$$x = \sinh u, \quad \tfrac{\mathrm{d}x}{\mathrm{d}u} = \cosh u \quad \Longrightarrow \quad \mathrm{d}x = \cosh u\,\mathrm{d}u$$

an, mit deren Hilfe wir zunächst die Wurzelfunktion im Integranden beseitigen:

$$\int \sqrt{x^2+1}\,\mathrm{d}x = \int \sqrt{\sinh^2 u + 1} \cdot \cosh u\,\mathrm{d}u = \int \cosh^2 u\,\mathrm{d}u$$

Das Integral $\int \cosh^2 u\,\mathrm{d}u$ lässt sich z. B. durch partielle Integration finden:

$$\int \cosh u \cdot \cosh u\,\mathrm{d}u = = \cosh u \cdot \sinh u - \int \sinh u \cdot \sinh u\,\mathrm{d}u$$

$$= \cosh u \cdot \sinh u - \int \cosh^2 u - 1\,\mathrm{d}u$$

$$= \cosh u \cdot \sinh u + u - \int \cosh^2 u\,\mathrm{d}u$$

Addieren wir auf beiden Seiten das Integral $\int \cosh^2 u\,\mathrm{d}u$, dann ergibt sich

$$2\int \cosh^2 u\,\mathrm{d}u = \cosh u \cdot \sinh u + u$$

und somit ist

$$\int \sqrt{x^2+1}\,\mathrm{d}x = \int \cosh^2 u\,\mathrm{d}u = \tfrac{1}{2}\left(\cosh u \cdot \sinh u + u\right)$$

Nach der Rücksubstitution

$$\sinh u = x, \quad \cosh u = \sqrt{\sinh^2 u + 1} = \sqrt{x^2+1}, \quad u = \operatorname{arsinh} x$$

können wir als Ergebnis schließlich die folgende Stammfunktion notieren:

$$\int \sqrt{x^2+1}\,\mathrm{d}x = \tfrac{x}{2}\sqrt{x^2+1} + \tfrac{1}{2}\operatorname{arsinh} x$$

Als zweites Beispiel soll noch die Stammfunktion

$$\int \sqrt{x^2-1}\,\mathrm{d}x$$

ermittelt werden. Dazu verwenden wir die Substitution

$$x = \cosh u, \quad \frac{\mathrm{d}x}{\mathrm{d}u} = \sinh u \quad \Longrightarrow \quad \mathrm{d}x = \sinh u \, \mathrm{d}u$$

und können das bereits bekannte Integral $\int \cosh^2 u \, \mathrm{d}u$ nutzen:

$$\begin{aligned}
\int \sqrt{x^2 - 1} \, \mathrm{d}x &= \int \sqrt{\cosh^2 u - 1} \cdot \sinh u \, \mathrm{d}u = \int \sinh^2 u \, \mathrm{d}u \\
&= \int \cosh^2 u - 1 \, \mathrm{d}u = \int \cosh^2 u \, \mathrm{d}u - u \\
&= \tfrac{1}{2} \left(\cosh u \cdot \sinh u + u \right) - u = \tfrac{1}{2} \left(\cosh u \cdot \sinh u - u \right)
\end{aligned}$$

Nach der Rücksubstitution

$$\cosh u = x, \quad \sinh u = \sqrt{\cosh^2 u - 1} = \sqrt{x^2 - 1}, \quad u = \operatorname{arcosh} x$$

ergibt sich die Stammfunktion

$$\int \sqrt{x^2 - 1} \, \mathrm{d}x = \tfrac{x}{2} \sqrt{x^2 - 1} - \tfrac{1}{2} \operatorname{arcosh} x$$

Die Fläche eines Hyperbelsektors

Als geometrische Anwendung wollen wir die Fläche A des *Hyperbelsektors* berechnen, welcher rechtsseitig durch die Einheitshyperbel zwischen $x = 1$ und $x = b$, von oben durch die Strecke zum Hyperbelpunkt $\overline{OP}$ sowie von unten durch das Intervall $[0, 1]$ begrenzt wird. Ein solcher Hyperbelsektor ist in Abb. 7.10 dargestellt. Bezeichnet $B = (b, 0)$ den Endpunkt auf der x-Achse, dann erhalten wir die Fläche A, indem wir von der Dreiecksfläche $\triangle POB$ die Fläche unter der Hyperbel über dem Intervall $[1, b]$ subtrahieren:

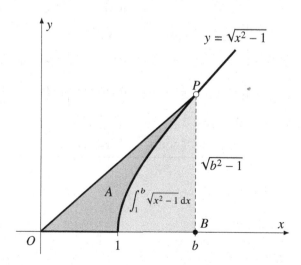

Abb. 7.10 Flächeninhalt eines Hyperbelsektors

$$A = \tfrac{1}{2} b \sqrt{b^2 - 1} - \int_1^b \sqrt{x^2 - 1}\, dx$$

Für das Integral auf der rechten Seite nutzen wir die schon berechnete Stammfunktion

$$\int_1^b \sqrt{x^2 - 1}\, dx = \tfrac{x}{2}\sqrt{x^2 - 1} - \tfrac{1}{2}\operatorname{arcosh} x \Big|_1^b = \tfrac{b}{2}\sqrt{b^2 - 1} - \tfrac{1}{2}\operatorname{arcosh} b$$

sodass wir als Resultat zunächst $A = \tfrac{1}{2}\operatorname{arcosh} b$ erhalten. Verwenden wir nun noch die Parameterdarstellung der Hyperbel, dann ist $b = \cosh t$ und folglich $A = \tfrac{t}{2}$. Der Parameter t hat hier also die geometrische Bedeutung einer Fläche (lat. *area*) und nicht die eines Bogens (lat. *arcus*), was letztlich auch die Bezeichnung der Umkehrfunktionen „area sinus hyperbolicus" usw. erklärt.

7.2.7 Anhang: Kleine Integraltafel

Wir können abschließend die eingangs notierte Tabelle der Grundintegrale um Stammfunktionen erweitern, die wir in den vorangegangenen Abschnitten mithilfe verschiedener Integrationstechniken erhalten haben.

$f(x)$	$F(x) = \int f(x)\, dx$	Herkunft
$\sin^2 x$	$\tfrac{1}{2}(x - \sin x \cos x)$	partielle Int. $f(x) = g(x) = \sin x$
$\cos^2 x$	$\tfrac{1}{2}(x + \sin x \cos x)$	Umformung $\cos^2 x = 1 - \sin^2 x$
$\ln x$	$x \cdot \ln x - x$	partielle Integration (Faktor 1)
$\tan x$	$-\ln|\cos x|$	Subst. $u = \cos x$ in $\tan x = \tfrac{\sin x}{\cos x}$
$\cot x$	$\ln|\sin x|$	Subst. $u = \sin x$ in $\cot x = \tfrac{\cos x}{\sin x}$
$\arctan x$	$x \arctan x - \ln\sqrt{1 + x^2}$	partielle Integration (Faktor 1)
$\tfrac{1}{1 - x^2}$	$\tfrac{1}{2}\ln\left|\tfrac{x+1}{x-1}\right|$	Partialbruchzerlegung
$\sqrt{1 - x^2}$	$\tfrac{x}{2}\sqrt{1 - x^2} + \tfrac{1}{2}\arcsin x$	Subst. $x = \sin u$, trig. Pythagoras
$\sqrt{x^2 - 1}$	$\tfrac{x}{2}\sqrt{x^2 - 1} - \tfrac{1}{2}\operatorname{arcosh} x$	Subst. $x = \cosh u$, hyp. Pythagoras
$\sqrt{x^2 + 1}$	$\tfrac{x}{2}\sqrt{x^2 + 1} + \tfrac{1}{2}\operatorname{arsinh} x$	Subst. $x = \sinh u$, hyp. Pythagoras

7.3 Anwendungen der Integralrechnung

Ausgangspunkt der Integralrechnung war das Flächenproblem – die Berechnung des Inhalts einer (einseitig) krummlinig begrenzten Fläche. Wir haben dieses Problem durch Zerlegungssummen gelöst, indem wir die Fläche in n kleine Rechtecke zerlegt und ihre Inhalte aufsummiert haben. Die Verfeinerung der Zerlegung führt beim Grenzübergang $n \to \infty$ zum bestimmten Integral. In diesem Abschnitt wollen wir auf diese Art und Weise neben der Flächenberechnung noch weitere geometrische und physikalische Größen (Bogenlänge, Volumen, Schwerpunkt usw.) von krummlinig begrenzten Objekten ermitteln. Die passenden Formeln erhalten wir ähnlich wie bei der Flächenberechnung durch Zerlegung eines gegebenen Bereichs in n Teilbereiche, Annäherung der gesuchten Größe mit einer Zerlegungssumme und Verfeinerung der Zerlegung ($n \to \infty$), welche schließlich ein bestimmtes Integral ergibt.

7.3.1 Flächenberechnung

Für zwei stetige Funktionen f, $g : [a, b] \longrightarrow \mathbb{R}$ mit $f(x) \geq g(x)$ für $x \in [a, b]$ wollen wir den Inhalt A der Fläche berechnen, die von den beiden Funktionsgraphen eingeschlossen wird. Dazu zerlegen wir die Fläche gemäß Abb. 7.11 in n Rechtecke bei den Stützstellen $a = x_0 < x_1 < \ldots < x_n = b$ mit den Breiten $\Delta x_k = x_{k+1} - x_k$, und nähern den Inhalt A an durch die Summe der Rechteckflächen

$$A \approx \sum_{k=0}^{n-1} (f(x_k) - g(x_k)) \, \Delta x_k$$

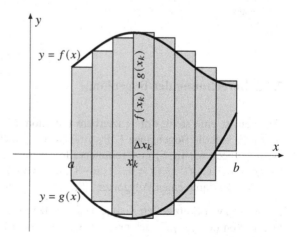

Abb. 7.11 Fläche zwischen zwei Funktionsgraphen

Die Verfeinerung der Zerlegung liefert dann als Grenzwert den exakten Flächeninhalt

$$A = \int_a^b f(x) - g(x)\,dx$$

Beispiel: Welche Fläche wird von den Funktionen $\sin x$ und $\sin^3 x$ (Abb. 7.12) zwischen $x = 0$ und $x = \pi$ eingeschlossen? Zu berechnen ist das Integral

$$A = \int_0^\pi \sin x - \sin^3 x\,dx$$

Wir verwenden hier die Umformung $\sin^3 x = (1 - \cos^2 x)\sin x$, sodass also

$$A = \int_0^\pi \sin x - (1 - \cos^2 x)\sin x\,dx = \int_0^\pi \cos^2 x \sin x\,dx$$

gilt, und bestimmen das Integral mit der Substitution $u = \cos x$:

$$A = -\int_0^\pi \cos^2 x \cdot (\cos x)'\,dx = -\int_{u(0)}^{u(\pi)} u^2\,du = -\tfrac{1}{3}u^3\Big|_1^{-1} = \tfrac{2}{3}$$

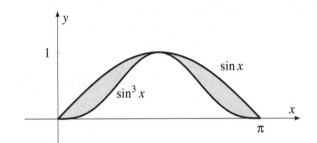

Abb. 7.12 Fläche zwischen $\sin^3 x$ und $\sin x$

7.3.2 Berechnung der Bogenlänge

Gegeben ist eine stetig differenzierbare Funktion $f : [a, b] \longrightarrow \mathbb{R}$ auf dem Intervall $[a, b]$. Es soll die Bogenlänge L des Graphs von f zwischen a und b berechnet werden. Dazu zerlegen wir $[a, b]$ in n Teilintervalle $a = x_0 < x_1 < \ldots < x_n = b$ mit jeweils der Länge $\Delta x_k = x_{k+1} - x_k$ ($k = 0, \ldots, n-1$), und wir nähern den Funktionsgraphen so wie in Abb. 7.13 durch einen Polygonzug (Streckenzug) an.

Zwischen zwei Stützstellen x_k und x_{k+1} ersetzen wir den Funktionsgraphen durch die Strecke von $(x_k, f(x_k))$ nach $(x_{k+1}, f(x_{k+1}))$ mit der Länge

$$\Delta s_k = \sqrt{\Delta x_k^2 + \Delta f_k^2} = \sqrt{\Delta x_k^2 + (f(x_{k+1}) - f(x_k))^2}$$

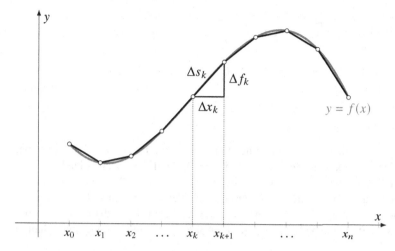

Abb. 7.13 Annäherung der Bogenlänge durch einen Polygonzug

Nach dem Mittelwertsatz der Differentialrechnung (Kapitel 6, Abschnitt 6.3.4) lässt sich die Differenz der Funktionswerte bei x_k und x_{k+1} durch die Ableitung an einer Zwischenstelle $z_k \in [x_k, x_{k+1}]$ berechnen:

$$f(x_{k+1}) - f(x_k) = \frac{f(x_k + \Delta x_k) - f(x_k)}{\Delta x_k} \cdot \Delta x_k = f'(z_k) \cdot \Delta x_k$$

$$\implies \quad \Delta s_k = \sqrt{\Delta x_k^2 + (f'(z_k) \cdot \Delta x_k)^2} = \sqrt{1 + f'(z_k)^2} \cdot \Delta x_k$$

Die Länge der von f erzeugten Kurve ist näherungsweise die Summe der Strecken Δs_k:

$$L \approx \sum_{k=0}^{n-1} \Delta s_k = \sum_{k=0}^{n-1} \sqrt{1 + f'(z_k)^2} \cdot \Delta x_k$$

Bei gleichmäßiger Verfeinerung ($n \to \infty$) wird die Näherung immer genauer, und im Grenzwert $n \to \infty$ geht die Zerlegungssumme auf der rechten Seite in ein bestimmtes Integral über. Die Formel für die Bogenlänge lautet somit

$$L = \int_a^b \sqrt{1 + f'(x)^2} \, dx$$

Beispiel 1. Die Bogenlänge der Parabel $f(x) = x^2$ von $x = 0$ bis $x = 1$ ist

$$L = \int_0^1 \sqrt{1 + (2x)^2} \, dx$$

Nach der Substitution $u = 2x \Rightarrow dx = \frac{1}{2} \, du$ können wir dieses Integral mithilfe der in Abschnitt 7.2.6 gefundenen Stammfunktion berechnen:

$$L = \int_{u(0)}^{u(1)} \sqrt{1+u^2} \cdot \tfrac{1}{2}\,\mathrm{d}u = \tfrac{1}{2}\int_0^2 \sqrt{u^2+1}\,\mathrm{d}u$$

$$= \tfrac{1}{2}\left(\tfrac{u}{2}\sqrt{u^2+1} + \tfrac{1}{2}\operatorname{arsinh} u\right)\Big|_0^2 = \tfrac{1}{2}\sqrt{5} + \tfrac{1}{4}\operatorname{arsinh} 2 \approx 1{,}479$$

Beispiel 2. Die Funktion

$$f(x) = \tfrac{1}{b} \cdot \cosh bx + c$$

mit dem Biegeparameter $b > 0$ und einer Verschiebung c beschreibt eine biegsame, schwere, nicht dehnbare Kette, welche bei $x = -a$ und $x = a$ auf gleicher Höhe befestigt ist (die Kettenlinie ergibt sich aus einer Differentialgleichung, die wir im Band „Mathematik für Ingenieurwissenschaften: Vertiefung" aufstellen und dann lösen werden). Auch ein durchhängendes Kabel lässt sich damit darstellen. Für die Berechnung der Bogenlänge brauchen wir die Ableitung $f'(x) = \sinh bx$ und erhalten

$$L = \int_{-a}^{a} \sqrt{1+\sinh^2 bx}\,\mathrm{d}x = \int_{-a}^{a} \cosh bx\,\mathrm{d}x = \tfrac{1}{b}\sinh bx\,\Big|_{-a}^{a} = \tfrac{2}{b}\sinh ab$$

Wir wollen die Länge einer Freileitung bestimmen, welche im Abstand von 200 m auf zwei Strommasten mit der Höhe 30 m aufgehängt ist und im Scheitelpunkt noch die Höhe 20 m hat (siehe Abb. 7.14). Das Kabel kann durch die Funktion

$$f(x) = 500 \cdot \cosh \tfrac{x}{500} - 480, \quad x \in [-100, 100]$$

beschrieben werden, denn es gilt $f(\pm 100) = 500 \cdot \cosh(\pm 0{,}2) - 480 \approx 30$ und $f(0) = 500 \cdot \cosh 0 - 480 = 20$. Hier ist $a = 100$ und $b = \tfrac{1}{500}$ der Biegeparameter, sodass sich für die Kabellänge der folgende Wert (in Meter) ergibt:

$$L = \tfrac{2}{\frac{1}{500}}\sinh\left(100 \cdot \tfrac{1}{500}\right) = 1000 \cdot \sinh 0{,}2 \approx 201{,}34$$

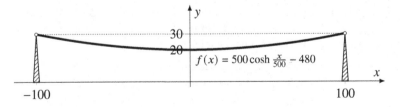

Abb. 7.14 Berechnung der Länge einer Freileitung

Beispiel 3. Mit dem Resultat aus dem letzten Beispiel wollen wir nun noch die Länge der Kette in der Absperrung aus Abb. 7.15 berechnen. Legen wir diese in ein Koordinatensystem (vgl. Abb. 7.16), dann wird die Kette durch eine Funktion der Form $f(x) = \tfrac{1}{b}\cosh bx + c$ beschrieben. Diese Funktion soll bei $x = 0$ und $x = 1$ die Werte

Abb. 7.15 Absperrkette

$$0,5 = f(0) = \tfrac{1}{b}\cosh 0 + c = \tfrac{1}{b} + c \quad\Longrightarrow\quad c = 0,5 - \tfrac{1}{b}$$
$$1 = f(1) = \tfrac{1}{b}\cosh b + c = \tfrac{1}{b}\cosh b + 0,5 - \tfrac{1}{b}$$

annehmen. Die letzte Zeile führt auf eine Gleichung für den Biegeparameter b, nämlich

$$\cosh b - \tfrac{1}{2}b - 1 = 0$$

welche sich nur mit einem Näherungsverfahren lösen lässt. Das Newton-Verfahren mit dem Startwert $b_0 = 1$ liefert nach wenigen Schritten $b \approx 0,93$ (Übungsaufgabe!), und die Länge der Kette ist dann auf zwei Nachkommastellen genau $L = \tfrac{2}{0,93}\sinh 0,93 = 2,30$.

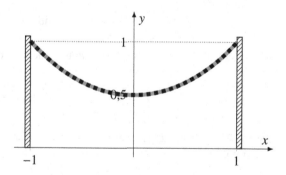

Abb. 7.16 Absperrkette im Koordinatensystem

Bogenlänge in Parameterform

Mit einer ähnlichen Methode wie im Fall $y = f(x)$ können wir die Bogenlänge L einer Kurve in Parameterform berechnen, wobei wir voraussetzen wollen, dass die Koordinatenfunktionen

$$x = x(t), \quad y = y(t), \quad t \in [a,b]$$

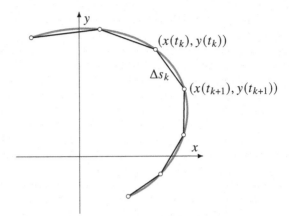

Abb. 7.17 Approximation
durch einen Polygonzug

bezüglich t stetig differenzierbar sind. Hierzu wählen wir im Parameterbereich $n + 1$
Stützstellen $a = t_0 < t_1 < \ldots < t_n = b$ mit den Abständen $\Delta t_k = t_{k+1} - t_k$ für $k = 0, 1, \ldots, n-1$ und ersetzen die Kurve gemäß Abb. 7.17 durch Strecken von $(x(t_k), y(t_k))$
nach $(x(t_{k+1}), y(t_{k+1}))$ mit den Längen

$$\Delta s_k = \sqrt{(x(t_{k+1}) - x(t_k))^2 + (y(t_{k+1}) - y(t_k))^2}$$

$$= \Delta t_k \cdot \sqrt{\left(\frac{x(t_{k+1}) - x(t_k)}{\Delta t_k}\right)^2 + \left(\frac{y(t_{k+1}) - y(t_k)}{\Delta t_k}\right)^2}$$

Für kleine Δt_k sind die Differenzenquotienten näherungsweise die Ableitungen

$$\frac{x(t_{k+1}) - x(t_k)}{\Delta t_k} \approx \dot{x}(t_k) \quad \text{und} \quad \frac{y(t_{k+1}) - y(t_k)}{\Delta t_k} \approx \dot{y}(t_k)$$

sodass sich als Näherung für die gesamte Bogenlänge die Summe

$$L \approx \sum_{k=0}^{n-1} \Delta s_k \approx \sum_{k=0}^{n-1} \sqrt{\dot{x}(t_k)^2 + \dot{y}(t_k)^2} \cdot \Delta t_k$$

ergibt. Bei gleichmäßiger Verfeinerung ($n \to \infty$) geht die Zerlegungssumme in ein
Integral über:

$$L = \int_a^b \sqrt{\dot{x}(t)^2 + \dot{y}(t)^2}\, dt$$

Beispiel 1. Wir testen die Formel an einem bekannten Ergebnis und berechnen zuerst
den Umfang eines Kreises mit Radius r. Die Parameterdarstellung des Kreises lautet

$$x(t) = r \cos t, \quad y(t) = r \sin t, \quad t \in [0, 2\pi]$$

mit $\dot{x}(t) = r\,(-\sin t)$ und $\dot{y}(t) = r \cos t$. Dann ist

$$L = \int_0^{2\pi} \sqrt{\dot{x}(t)^2 + \dot{y}(t)^2}\, dt = \int_0^{2\pi} \sqrt{r^2(-\sin t)^2 + r^2\cos^2 t}\, dt$$

$$= r \cdot \int_0^{2\pi} \sqrt{\sin^2 t + \cos^2 t}\, dt = r \cdot \int_0^{2\pi} 1\, dt = r \cdot t \Big|_0^{2\pi} = r \cdot 2\pi$$

Der Kreis hat also, wie erwartet, den Umfang $L = 2\pi r$.

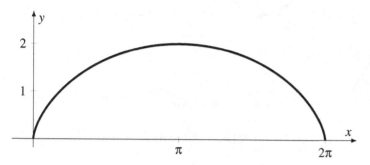

Abb. 7.18 Der Zykloidenbogen zu $r = 1$ hat exakt die Länge 8

Beispiel 2. Wir wollen die Länge eines Zykloidenbogens berechnen. Die Zykloide ist die Bahnkurve eines Punktes auf einem Kreis mit Radius r, der auf der x-Achse abrollt (vgl. Kapitel 6, Abschnitt 6.5.1), und sie hat die Parameterform

$$x(t) = r\,(t - \sin t), \quad y(t) = r\,(1 - \cos t), \quad t \in [0, 2\pi]$$

Die Ableitungen der Koordinatenfunktionen

$$\dot{x}(t) = r\,(1 - \cos t), \quad \dot{y}(t) = r\sin t$$

setzen wir in die Formel für die Bogenlänge ein:

$$L = \int_0^{2\pi} \sqrt{\dot{x}(t)^2 + \dot{y}(t)^2}\, dt = \int_0^{2\pi} \sqrt{r^2(1 - \cos t)^2 + r^2\sin^2 t}\, dt$$

$$= r \cdot \int_0^{2\pi} \sqrt{1 - 2\cos t + \cos^2 t + \sin^2 t}\, dt = r \cdot \int_0^{2\pi} \sqrt{2 - 2\cos t}\, dt$$

Eine Stammfunktion bestimmen wir mithilfe der „Halbwinkelformel"

$$\sin \tfrac{t}{2} = \sqrt{\frac{1 - \cos t}{2}} \quad \Longrightarrow \quad 2\sin \tfrac{t}{2} = \sqrt{2 - 2\cos t}, \quad t \in [0, 2\pi]$$

sodass also

$$L = 2r \cdot \int_0^{2\pi} \sin \tfrac{t}{2}\, dt = 2r \cdot \left(-2\cos \tfrac{t}{2}\right)\Big|_0^{2\pi} = 2r \cdot (-2\cos \pi + 2\cos 0) = 8r$$

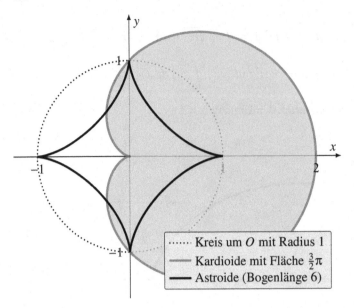

Abb. 7.19 Kardioide und Astroide

Beispiel 3. Die Astroide ist die Bahnkurve eines Punktes auf einem Kreis mit Radius r, der in einem Kreis mit Radius $4r$ abrollt. Sie hat die Parameterform

$$x(t) = r \cdot \cos^3 t, \quad y(t) = r \cdot \sin^3 t, \quad t \in [0, 2\pi]$$

Die Ableitungen nach dem Parameter t sind

$$\dot{x}(t) = 3r\cos^2 t \cdot (-\sin t), \quad \dot{y}(t) = 3r\sin^2 t \cdot \cos t$$

und damit ist

$$\dot{x}(t)^2 + \dot{y}(t)^2 = 9r^2(\cos^4 t \cdot \sin^2 t + \sin^4 t \cdot \cos^2 t)$$
$$= 9r^2 \sin^2 t \cos^2 t \cdot (\cos^2 t + \sin^2 t) = 9r^2 \sin^2 t \cos^2 t = \tfrac{9}{4}r^2 \sin^2 2t$$

Für die Bogenlänge erhalten wir dann den Wert

$$L = \int_0^{2\pi} \sqrt{\dot{x}(t)^2 + \dot{y}(t)^2}\, dt = \tfrac{3}{2}r \cdot \int_0^{2\pi} |\sin 2t|\, dt$$

Achtung: Wir müssen noch den Betrag im Integranden beseitigen, um eine Stammfunktion angeben zu können. Dazu nutzen wir die Symmetrie der Astroide. Sie besteht aus vier gleichlangen Bögen, und wir können uns daher auf den Parameterbereich $[0, \tfrac{\pi}{2}]$ beschränken, in dem $\sin 2t$ nicht negativ ist:

$$L = \tfrac{3}{2}r \cdot 4 \int_0^{\frac{\pi}{2}} \sin 2t\, dt = 6r \cdot (-\tfrac{1}{2}\cos 2t)\Big|_0^{\frac{\pi}{2}} = 3r - (-3r) = 6r$$

Die Formel zur Berechnung der Bogenlänge lässt sich unmittelbar auf *Raumkurven* übertragen. Für eine Kurve in Parameterform

$$x = x(t), \quad y = y(t), \quad z = z(t), \quad t \in [a, b]$$

mit stetig differenzierbaren Koordinatenfunktionen ist die Bogenlänge

$$L = \int_a^b |\dot{\vec{r}}(t)| \, dt = \int_a^b \sqrt{\dot{x}(t)^2 + \dot{y}(t)^2 + \dot{z}(t)^2} \, dt$$

Beispiel: Für eine Helix (Schraubenlinie) haben wir in Kapitel 6, Abschnitt 6.5.6 die Längen der Tangentenvektoren berechnet:

$$\vec{r}(t) = \begin{pmatrix} r \cos t \\ r \sin t \\ h \cdot t \end{pmatrix} \implies |\dot{\vec{r}}(t)| = \left\| \begin{pmatrix} -r \sin t \\ r \cos t \\ h \end{pmatrix} \right\| = \sqrt{r^2 + h^2}, \quad t \in \mathbb{R}$$

Für einen vollen Umlauf $t \in [0, 2\pi]$ der Schraube ergibt sich dann die Bogenlänge

$$L = \int_0^{2\pi} |\dot{\vec{r}}(t)| \, dt = \int_0^{2\pi} \sqrt{r^2 + h^2} \, dt = 2\pi \sqrt{r^2 + h^2}$$

Anwendung: Die Evolvente der Zykloide

Von den besonderen Eigenschaften der Zykloide war bereits in Kapitel 6, Abschnitt 6.5.1 die Rede. Dazu gehört auch, dass die Evolvente (= Abwickelkurve) einer Zykloide wieder eine Zykloide ergibt. Wir wollen dieses Phänomen am Beispiel einer auf den Kopf gestellten Zykloide C zum Radius $r = 1$ und der Spitze bei $(\pi, 2)$ rechnerisch nachweisen.

Diese Zykloide mit den Ortsvektoren $\vec{r}(t)$ hat die Parameterdarstellung

$$C : \quad x(t) = t + \sin t, \quad y(t) = 1 - \cos t, \quad t \in [0, 2\pi]$$

Wir wählen einen Parameter $s \in [0, \pi]$ und berechnen die Bogenlänge $L(s)$ der Zykloide von $t = 0$ bis $t = s$ mithilfe der Halbwinkelformel

$$L(s) = \int_0^s \sqrt{(1 + \cos t)^2 + \sin^2 t} \, dt$$

$$= \int_0^s \sqrt{2 + 2\cos t} \, dt = \int_0^s 2 \cos \tfrac{t}{2} \, dt = 4 \sin \tfrac{s}{2}$$

Denkt man sich einen Faden auf der Zykloide, der vom Punkt $\vec{r}(s)$ aus straff gespannt abgewickelt wird, dann hat dieser Faden die Länge $L(s)$ und zeigt in die dem Tangentenvektor $\dot{\vec{r}}(s)$ entgegengesetzte Richtung, siehe Abb. 7.20. Das andere Ende des Fadens ist somit bei

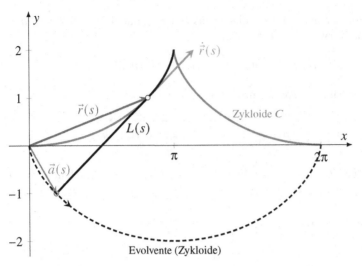

Abb. 7.20 Die Zykloide ($r = 1$) und ihre Evolvente

$$\vec{a}(s) = \vec{r}(s) - \frac{L(s)}{|\dot{\vec{r}}(s)|} \cdot \dot{\vec{r}}(s) = \begin{pmatrix} s + \sin s \\ 1 - \cos s \end{pmatrix} - \frac{4 \sin \frac{s}{2}}{\sqrt{2 + 2 \cos s}} \cdot \begin{pmatrix} 1 + \cos s \\ \sin s \end{pmatrix}$$

Zur Vereinfachung dieses Resultats verwenden wir erneut die Halbwinkelformeln

$$1 + \cos s = 2 \cos^2 \tfrac{s}{2}, \quad 1 - \cos s = 2 \sin^2 \tfrac{s}{2} \quad \text{und} \quad \sin s = 2 \sin \tfrac{s}{2} \cos \tfrac{s}{2}$$

Einsetzen in $\vec{a}(s)$ liefert uns den Ortsvektor eines Punkts auf der Evolvente:

$$\begin{aligned}
\vec{a}(s) &= \begin{pmatrix} s + \sin s \\ 1 - \cos s \end{pmatrix} - \frac{4 \sin \frac{s}{2}}{2 \cos \frac{s}{2}} \cdot \begin{pmatrix} 2 \cos^2 \frac{s}{2} \\ 2 \sin \frac{s}{2} \cos \frac{s}{2} \end{pmatrix} \\
&= \begin{pmatrix} s + \sin s \\ 1 - \cos s \end{pmatrix} - \begin{pmatrix} 4 \sin \frac{s}{2} \cos \frac{s}{2} \\ 4 \sin^2 \frac{s}{2} \end{pmatrix} = \begin{pmatrix} s + \sin s \\ 1 - \cos s \end{pmatrix} - \begin{pmatrix} 2 \sin s \\ 2 - 2 \cos s \end{pmatrix}
\end{aligned}$$

Mit s als Parameter können wir die (gestrichelt gezeichnete) Evolvente in der Form

$$\vec{a}(s) = \begin{pmatrix} s - \sin s \\ \cos s - 1 \end{pmatrix}, \quad s \in [0, \pi]$$

notieren, und das ist ein Teil der auf den Kopf gestellte Zykloide zum Radius $r = 1$!

7.3.3 Fläche und Bogen in Polarform

Die *Polardarstellung* einer Kurve beschreibt den Abstand r eines Kurvenpunkts vom Ursprung, der hier *Pol* genannt wird, in Abhängigkeit vom Winkel φ zur *Polachse*, einem Strahl mit vorgegebener Richtung (z. B. der positiven x-Achse). Sie hat allgemein die Form

$$r = r(\varphi), \quad \varphi \in D$$

mit einem Winkelbereich D, z. B. $D = [\alpha, \beta]$ oder $D = \mathbb{R}$, wobei φ zumeist im Bogenmaß angegeben wird. Den Winkel φ bezeichnet man auch als Polarwinkel oder Argument. Wir haben die Polarform bereits bei den komplexen Zahlen verwendet, um die Lage eines Zeigers in der Gaußschen Zahlenebene zu beschreiben. Man kann die *Polarkoordinaten* $(\varphi; r)$ aber auch anstelle der kartesischen Koordinaten verwenden, um die Punkte in der Ebene $\mathbb{R}^2$ darzustellen. Zu den bekanntesten Anwendungsgebieten der Polardarstellung gehört sicherlich das Radarsichtgerät. In Physik und Technik nutzt man die Polarform aber auch dann, wenn man eine physikalische Größe aus dem Blickwinkel eines Zentrum ringsum beschreiben möchte, so wie z. B. die Richtcharakteristik einer Antenne oder eines Mikrofons. In der Mathematik gibt es viele Kurven, die sich in kartesischen Koordinaten nur sehr kompliziert, in Polarkoordinaten dagegen sehr einfach darstellen lassen.

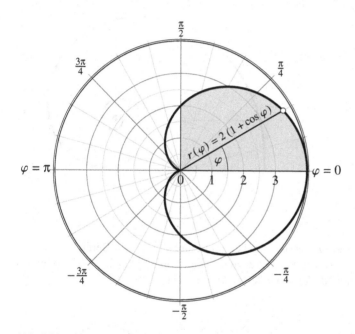

Abb. 7.21 Kardioide mit $a = 2$ in Polardarstellung

Beispiel 1. Die Kardioide ist die Bahnkurve eines Punktes P auf einem Kreis mit Durchmesser a, der auf einem Kreis mit Durchmesser a abrollt (siehe Kapitel 6, Abschnitt 6.5.1). Sie lässt sich in Polarkoordinaten relativ einfach durch

$$r(\varphi) = a \cdot (1 + \cos\varphi), \quad \varphi \in [0, 2\pi]$$

beschreiben. Abb. 7.21 zeigt die Kardioide zum Durchmesser $a = 2$ in einem sog. *Polargitter*, und die grau eingefärbte Fläche entspricht dem Kurvensektor, der von $r(\varphi)$ für $\varphi \in [0, \frac{\pi}{2}]$ überstrichen wird.

Beispiel 2. Der Kreis mit Radius 3 um den Ursprung lässt sich in Polarform durch die konstante Funktion $r(\varphi) \equiv 3$ mit $\varphi \in [0, 2\pi]$ darstellen.

Beispiel 3. Die logarithmische Spirale (Abb. 7.22) hat die Polardarstellung $r(\varphi) = e^{k\varphi}$, $\varphi \in \mathbb{R}$, mit einer Konstante $k \neq 0$. Hier ändert sich der Abstand der Kurvenpunkte vom Ursprung exponentiell mit dem Winkel φ.

Historische Notiz: Der Schweizer Mathematiker Jacob Bernoulli befasste sich u. a. auch mit der logarithmischen Spirale und war von dieser Kurve so fasziniert, dass er sich ein Bild auf seinem Grabstein wünschte. Allerdings meißelte der Steinmetz – wohl versehentlich und aus Unwissenheit – eine optisch weniger ansprechende *Archimedische Spirale* $r(\varphi) = k \cdot \varphi$, deren Abstand vom Ursprung nur linear und nicht exponentiell anwächst (siehe Aufgabe 7.15).

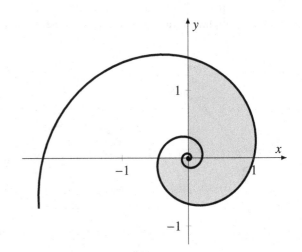

Abb. 7.22 Kurvensektor in der logarithmischen Spirale $r(\varphi) = e^{\frac{1}{4}\varphi}$, $\varphi \in \mathbb{R}$

Ist eine Kurve in Polarform $r = r(\varphi)$ gegeben und durchläuft φ den Bereich $[\alpha, \beta]$, so überstreicht $r(\varphi)$ einen krummlinig begrenzten Sektor, vgl. Abb. 7.23. Wir wollen im Folgenden den Flächeninhalt dieses *Kurvensektors* berechnen.

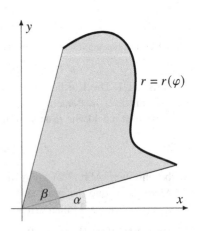

Abb. 7.23 Kurvensektor

Hierzu unterteilen wir den Winkelbereich $[\alpha, \beta]$ in n Sektoren, welche durch die Winkelwerte $\alpha = \varphi_0 < \varphi_1 < \ldots < \varphi_n = \beta$ festgelegt sind, und nähern die Kurvensektoren für $k = 0, \ldots, n-1$ durch Kreissektoren mit den Radien $r(\varphi_k)$ an, siehe Abb. 7.24. Der Mittelpunktswinkel eines solchen Kreissektors bei φ_k ist $\Delta\varphi_k = \varphi_{k+1} - \varphi_k$ (im Bogenmaß). Die hier eingeführten Kreissektoren haben demnach den Flächeninhalt $\frac{1}{2}r(\varphi_k)^2\Delta\varphi_k$, und der gesamte Flächeninhalt des Kurvensektors ist dann näherungsweise die Summe

$$A \approx \sum_{k=0}^{n-1} \tfrac{1}{2}r(\varphi_k)^2\Delta\varphi_k$$

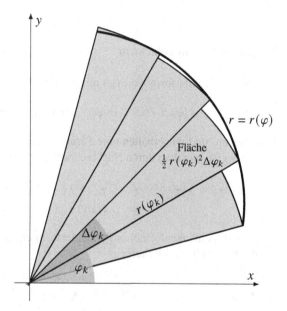

Abb. 7.24 Approximation durch Kreissektoren

Bei gleichmäßiger Verfeinerung erhalten wir die gesuchte Formel

$$A = \int_{\alpha}^{\beta} \tfrac{1}{2}r(\varphi)^2\,\mathrm{d}\varphi$$

Beispiel 1. Der Flächeninhalt des Kurvensektors, der von der logarithmischen Spirale in Abb. 7.22 mit $r(\varphi) = \mathrm{e}^{\frac{1}{4}\varphi}$ und $\varphi \in [-\pi, \frac{\pi}{2}]$ begrenzt wird, ist

$$A = \int_{-\pi}^{\frac{\pi}{2}} \tfrac{1}{2}\cdot(\mathrm{e}^{\frac{1}{4}\varphi})^2\,\mathrm{d}\varphi = \tfrac{1}{2}\int_{-\pi}^{\frac{\pi}{2}} \mathrm{e}^{\frac{1}{2}\varphi}\,\mathrm{d}\varphi = \tfrac{1}{2}\cdot 2\,\mathrm{e}^{\frac{1}{2}\varphi}\Big|_{-\pi}^{\pi/2} = \mathrm{e}^{\pi/4} - \mathrm{e}^{-\pi/2} \approx 1{,}985$$

Beispiel 2. Der Inhalt der Fläche, welche von der Kardioide

$$r(\varphi) = a\cdot(1 + \cos\varphi), \quad \varphi \in [0, 2\pi]$$

(siehe z. B. Abb. 7.19 mit $a = 1$) eingeschlossen wird, lässt sich mit der Formel

$$A = \int_0^{2\pi} \tfrac{1}{2}\, r(\varphi)^2 \, d\varphi = \int_0^{2\pi} \tfrac{1}{2}\, a^2 \, (1 + \cos \varphi)^2 \, d\varphi$$

$$= \tfrac{1}{2}\, a^2 \int_0^{2\pi} 1 + 2 \cos \varphi + \cos^2 \varphi \, d\varphi = \tfrac{1}{2}\, a^2 \int_0^{2\pi} 2 + 2 \cos \varphi - \sin^2 \varphi \, d\varphi$$

berechnen. Eine Stammfunktion zu $\sin^2 \varphi$ haben wir bereits ermittelt, sodass

$$A = \tfrac{1}{2}\, a^2 \left(2\,\varphi + 2 \sin \varphi - \tfrac{1}{2}\, (\varphi - \sin \varphi \cos \varphi) \right) \Big|_0^{2\pi} = \tfrac{1}{2}\, a^2 \, (4\pi - \pi) = \tfrac{3}{2}\, a^2 \pi$$

Die Bogenlänge in Polarform

Eine Kurve in Polarform $r = r(\varphi)$ mit $\varphi \in [\alpha, \beta]$ lässt sich durch die Koordinaten

$$x(\varphi) = r(\varphi) \cdot \cos \varphi, \quad y(\varphi) = r(\varphi) \cdot \sin \varphi, \quad \varphi \in [\alpha, \beta]$$

beschreiben, und wir erhalten eine Parameterdarstellung der Kurve mit dem Parameter φ. Hierbei ist, wie man durch Nachrechnen leicht bestätigt,

$$\dot{x}(\varphi) = r'(\varphi) \cdot \cos \varphi - r(\varphi) \cdot \sin \varphi, \quad \dot{y}(\varphi) = r'(\varphi) \cdot \sin \varphi + r(\varphi) \cdot \cos \varphi$$

$$\implies \quad \dot{x}(\varphi)^2 + \dot{y}(\varphi)^2 = r(\varphi)^2 + r'(\varphi)^2$$

Aus der Bogenlängenformel in Parameterform ergibt sich auf diesem Weg eine Formel für die Bogenlänge in Polarform:

$$L = \int_\alpha^\beta \sqrt{r(\varphi)^2 + r'(\varphi)^2} \, d\varphi$$

Beispiel 1. Zur Berechnung der Bogenlänge einer Kardioide benötigen wir

$$r(\varphi)^2 + r'(\varphi)^2 = a^2 \, (1 + \cos \varphi)^2 + a^2 \, (- \sin \varphi)^2 = a^2 \, (2 + 2 \cos \varphi)$$

$$\implies \quad L = \int_0^{2\pi} \sqrt{r(\varphi)^2 + r'(\varphi)^2} \, d\varphi = a \int_0^{2\pi} \sqrt{2 + 2 \cos \varphi} \, d\varphi$$

Für die Berechnung des Integrals verwenden wir die Formel

$$\left| \cos \tfrac{\varphi}{2} \right| = \sqrt{\frac{1 + \cos \varphi}{2}} \quad \text{bzw.} \quad 2 \left| \cos \tfrac{\varphi}{2} \right| = \sqrt{2 + 2 \cos \varphi}$$

$$\implies \quad L = 2a \cdot \int_0^{2\pi} \left| \cos \tfrac{\varphi}{2} \right| \, d\varphi = 4a \cdot \int_0^{\pi} \cos \tfrac{\varphi}{2} \, d\varphi = 4a \cdot 2 \sin \tfrac{\varphi}{2} \Big|_0^{\pi} = 8a$$

Wir haben die Symmetrie der Kardioide zur x-Achse benutzt, um den Betrag im Integranden zu beseitigen: Der Integrationsbereich wurde auf $[0, \pi]$ eingeschränkt (dort ist $\cos \tfrac{\varphi}{2} \geq 0$) und dafür das Ergebnis mit dem Faktor 2 multipliziert.

Beispiel 2. Für ein endliches Stück der logarithmischen Spirale ist

$$r(\varphi) = e^{k\varphi}, \quad r'(\varphi) = k \cdot e^{k\varphi}, \quad \varphi \in [\alpha, \beta]$$

und damit ergibt sich für die Bogenlänge der Wert

$$L = \int_\alpha^\beta \sqrt{r(\varphi)^2 + r'(\varphi)^2} \, d\varphi = \int_\alpha^\beta \sqrt{\left(e^{k\varphi}\right)^2 + \left(k \cdot e^{k\varphi}\right)^2} \, d\varphi$$

$$= \int_\alpha^\beta \sqrt{1 + k^2} \cdot e^{k\varphi} \, d\varphi = \sqrt{1 + k^2} \cdot \tfrac{1}{k} e^{k\varphi} \Big|_\alpha^\beta = \sqrt{1 + (\tfrac{1}{k})^2} \cdot (e^{k\beta} - e^{k\alpha})$$

Im Fall $k = \tfrac{1}{4}$ erhalten wir bei einem Umlauf $\varphi \in [-\pi, \pi]$

$$L = \sqrt{17} \cdot (e^{\frac{\pi}{4}} - e^{-\frac{\pi}{4}}) \approx 7{,}16$$

7.3.4 Volumen und Mantelfläche

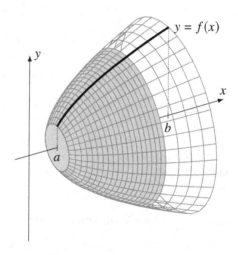

Abb. 7.25 Rotationskörper

Dreht man die Fläche unter einer stetigen Funktion $f : [a, b] \longrightarrow \mathbb{R}$ mit $f(x) \geq 0$ um die x-Achse, dann erzeugt man einen sogenannten *Rotationskörper*. Derartige Körper spielen eine wichtige Rolle in der Technik, da viele Bauteile, Gefäße, Rohre usw. axialsymmetrisch sind. Wir wollen nun mithilfe der Integralrechnung das Volumen und die Mantelfläche eines solchen Drehkörpers berechnen.

Volumenberechnung

Wir unterteilen $[a, b]$ in n Teilintervalle der Länge $\Delta x_k = x_{k+1} - x_k$ mit den Stützstellen x_k ($k = 0, \ldots, n - 1$). Zwischen zwei Stützstellen wird der Rotationskörper durch Scheiben (= Zylinder) mit der Höhe $h = \Delta x_k$ und dem Radius $r = f(x_k)$ angenähert, siehe Abb. 7.26. Das Volumen einer solchen Scheibe ist $r^2 \pi \cdot h = f(x_k)^2 \pi \cdot \Delta x_k$, und eine Näherung für das Volumen des Rotationskörpers ist dann die Summe

$$V \approx \sum_{k=0}^{n-1} f(x_k)^2 \, \pi \cdot \Delta x_k = \pi \sum_{k=0}^{n-1} f(x_k)^2 \Delta x_k$$

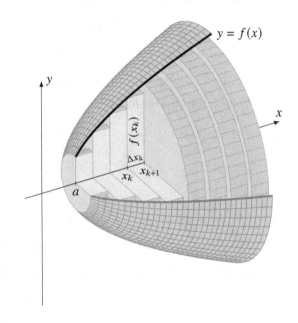

Abb. 7.26 Zerlegung in Zylinderscheiben

Bei gleichmäßiger Verfeinerung erhalten wir für $n \to \infty$ die Formel

$$V = \pi \int_a^b f(x)^2 \, dx$$

Beispiel 1. Die Funktion $f(x) = \sqrt{x}$, $x \in [0, b]$ erzeugt bei der Drehung um die x-Achse ein Rotationsparaboloid mit dem Volumen

$$V = \pi \int_0^b f(x)^2 \, dx = \pi \int_0^b x \, dx = \tfrac{\pi}{2} x^2 \Big|_0^b = \tfrac{\pi}{2} \cdot b^2$$

Beispiel 2. Mit der oben angegebenen Formel kann man auch das Volumen einer Kugel berechnen. Die Kugel entsteht durch Rotation der Funktion (= Halbkreis) $f(x) = \sqrt{r^2 - x^2}$ für $x \in [-r, r]$ um die x-Achse, sodass

$$V = \pi \int_{-r}^{r} f(x)^2 \, dx = \pi \int_{-r}^{r} r^2 - x^2 \, dx = \pi \cdot \left(r^2 x - \tfrac{1}{3} x^3 \right) \Big|_{-r}^{r} = \tfrac{4}{3} r^3 \pi$$

Beispiel 3. Die Rotation der Sinuskurve $f(x) = \sin x$ für $x \in [0, \pi]$ erzeugt einen Drehkörper mit dem Volumen

$$V = \pi \int_{0}^{\pi} \sin^2 x \, dx = \pi \cdot \tfrac{1}{2}(x - \sin x \cos x) \Big|_{0}^{\pi} = \pi \cdot \tfrac{1}{2} \pi = \tfrac{\pi^2}{2}$$

Die Mantelfläche

Gegeben ist eine stetig differenzierbare Funktion $f : [a, b] \longrightarrow \mathbb{R}$ auf dem Intervall $[a, b]$ mit $f \geq 0$. Gesucht ist jetzt die *Mantelfläche M* des Rotationskörpers, der durch Drehung der Kurve f um die x-Achse entsteht. Zu diesem Zweck ersetzen wir den Drehkörper auf einem kleinen Intervall $[x_k, x_{k+1}]$ mit der Länge Δx_k gemäß Abb. 7.27 näherungsweise durch einen Kegelstumpf.

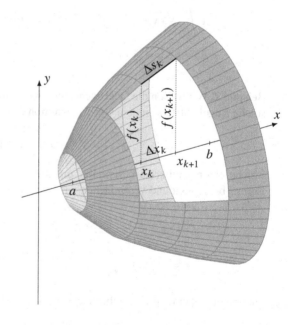

Abb. 7.27 Zerlegung in Kegelstümpfe

Der Kegelstumpf hat den Radius $r_1 = f(x_k)$ bei der Stützstelle x_k, den Radius $r_2 = f(x_{k+1})$ bei x_{k+1} und eine Mantellinie, welche wir wie bei der Bogenlänge mit

$$\Delta s_k = \sqrt{\Delta x_k^2 + (f(x_{k+1}) - f(x_k))^2} = \sqrt{1 + f'(z_k)^2} \cdot \Delta x_k$$

an einer Zwischenstelle $z_k \in [x_k, x_{k+1}]$ berechnen können. Für die Mantelfläche des Kegelstumpfs verwenden wir die Formel

$$\pi \cdot (r_1 + r_2) \cdot \Delta s_k = \pi \cdot (f(x_k) + f(x_{k+1})) \cdot \sqrt{1 + f'(z_k)^2} \cdot \Delta x_k$$

Für kleine Δx_k ist $f(x_{k+1}) \approx f(x_k) \approx f(z_k)$, und daher die gesamte Mantelfläche des Drehkörpers näherungsweise die Zerlegungssumme

$$M \approx \sum_{k=0}^{n-1} 2\pi \cdot f(z_k) \cdot \sqrt{1 + f'(z_k)^2} \cdot \Delta x_k$$

welche bei gleichmäßiger Verfeinerung $n \to \infty$ in die folgende Formel übergeht:

$$M = 2\pi \int_a^b f(x) \cdot \sqrt{1 + f'(x)^2} \, dx$$

Beispiel 1. Das Rotationsparaboloid, welches von $f(x) = \sqrt{x}$ mit $x \in [0, 2]$ erzeugt wird, hat die Mantelfläche

$$M = 2\pi \int_0^2 f(x) \cdot \sqrt{1 + f'(x)^2} \, dx = 2\pi \int_0^2 \sqrt{x} \cdot \sqrt{1 + \left(\tfrac{1}{2\sqrt{x}}\right)^2} \, dx$$

$$= \pi \int_0^2 \sqrt{4x+1} \, dx = \tfrac{\pi}{4} \int_1^9 \sqrt{u} \, du \quad \text{(mit } u = 4x + 1 \text{ und } dx = \tfrac{1}{4} \, du\text{)}$$

$$= \tfrac{\pi}{4} \cdot \tfrac{2}{3} u^{\frac{3}{2}} \Big|_1^9 = \tfrac{\pi}{6} \cdot (9^{\frac{3}{2}} - 1^{\frac{3}{2}}) = \tfrac{\pi}{6} \cdot (27 - 1) = \tfrac{13}{3} \pi$$

Beispiel 2. Wir wollen die Oberfläche einer Kugel mit dem Radius r bestimmen. Eine solche Kugel entsteht, indem wir die Funktion

$$f(x) = \sqrt{r^2 - x^2}, \quad x \in [-r, r]$$

welche einen Halbkreis beschreibt, um die x-Achse drehen. Vor Anwendung der Formel berechnen und vereinfachen wir zuerst den Integranden:

$$f'(x) = -\frac{x}{\sqrt{r^2 - x^2}}, \quad 1 + f'(x)^2 = 1 + \frac{x^2}{r^2 - x^2} = \frac{r^2}{r^2 - x^2}$$

$$\implies f(x) \cdot \sqrt{1 + f'(x)^2} = \sqrt{r^2 - x^2} \cdot \frac{r}{\sqrt{r^2 - x^2}} = r$$

und erhalten dann die Kugeloberfläche als Mantelfläche

$$M = 2\pi \int_{-r}^r r \, dx = 2\pi r \cdot \int_{-r}^r 1 \, dx = 2\pi r \cdot x \Big|_{-r}^r$$

$$= 2\pi r \cdot 2r = 4\pi r^2$$

7.3.5 Schwerpunktberechnung

Physikalische Grundlagen

Bei vielen physikalischen Gesetzen kann man einen ausgedehnten Körper durch seinen Schwerpunkt ersetzen. Der Schwerpunkt ist ein Massenmittelpunkt, der sich so bewegt, als würde dort die Summe aller äußeren Kräfte angreifen. Wird der Körper im Schwerpunkt fixiert, dann verschwindet zudem das Gesamtdrehmoment in einem homogenen Kraftfeld (z. B. der Schwerkraft), sodass sich der Rotationszustand des Körpers nicht verändert. Diese Aussage bietet uns eine Möglichkeit, den Schwerpunkt mathematisch zu bestimmen.

Wir betrachten dazu einen Körper, der sich aus mehreren einzelnen Punktmassen $(\vec{r}_k, m_k)$ mit den Ortsvektoren $\vec{r}_k$ und den Massen m_k zusammensetzt. Wir berechnen zunächst das von der Schwerkraft ausgeübte Gesamtdrehmoment bezüglich eines beliebigen Drehzentrums $\vec{r}_0$. Auf eine einzelne Punktmasse $(\vec{r}_k, m_k)$, die mit dem Drehpunkt $\vec{r}_0$ über den Hebelarm $\vec{r}_k - \vec{r}_0$ verbunden ist, wirkt die Schwerkraft $m_k \cdot \vec{g}$ mit der Erdbeschleunigung $\vec{g}$. Die Schwerkraft erzeugt ein Drehmoment $(\vec{r}_k - \vec{r}_0) \times (m_k \cdot \vec{g})$. Das von der Schwerkraft ausgeübte Gesamtdrehmoment bezüglich $\vec{r}_0$ ist dann die Summe der Einzeldrehmomente

$$\sum_{k=1}^{n} m_k \cdot (\vec{r}_k - \vec{r}_0) \times \vec{g}$$

Ein Gesamtdrehmoment ungleich $\vec{o}$ bewirkt eine Drehung des Körpers um das Drehzentrum $\vec{r}_0$, sodass der Körper kippt. Hängt man dagegen den Körper genau im Schwerpunkt $\vec{r}_0 = \vec{r}_S$ auf, dann bleibt der Körper in Ruhe, unabhängig von seiner momentanen Drehstellung. Im Schwerpunkt muss also das Gesamtdrehmoment für *jede Richtung* der Erdbeschleunigung $\vec{g}$ verschwinden. Mathematisch bedeutet das

$$\vec{o} = \sum_{k=1}^{n} m_k \cdot (\vec{r}_k - \vec{r}_S) \times \vec{g} = \left[\sum_{k=1}^{n} m_k \cdot \vec{r}_k - \left(\sum_{k=1}^{n} m_k \right) \cdot \vec{r}_S \right] \times \vec{g}$$

Bezeichnet $M = \sum_{k=1}^{n} m_k$ die Gesamtmasse des Körpers, so ist

$$\vec{o} = \left[\sum_{k=1}^{n} m_k \cdot \vec{r}_k - M \cdot \vec{r}_S \right] \times \vec{g}$$

Da diese Gleichung für alle Richtungen $\vec{g}$ der Schwerkraft gelten soll, muss der Ausdruck [...] bereits der Nullvektor sein:

$$\sum_{k=1}^{n} m_k \cdot \vec{r}_k - M \cdot \vec{r}_S = \vec{o} \quad \Longrightarrow \quad \vec{r}_S = \frac{1}{M} \cdot \sum_{k=1}^{n} m_k \cdot \vec{r}_k$$

Zerlegt man umgekehrt einen festen Körper mit der Gesamtmasse M in n kleine Teile mit den Massen $\Delta m_1, \ldots, \Delta m_n$ und den Schwerpunkten $\vec{r}_1, \ldots, \vec{r}_n$, so liegt der Schwerpunkt des Körpers bei

$$\vec{r}_S = \frac{1}{M} \sum_{k=1}^{n} \Delta m_k \cdot \vec{r}_k$$

Die drei Komponenten von $\vec{r}_S$ liefern schließlich die Koordinaten des Schwerpunkts

$$x_S = \frac{1}{M} \sum_{k=1}^{n} x_k \cdot \Delta m_k, \quad y_S = \frac{1}{M} \sum_{k=1}^{n} y_k \cdot \Delta m_k, \quad z_S = \frac{1}{M} \sum_{k=1}^{n} z_k \cdot \Delta m_k$$

Krummlinig begrenzte Flächen

Eine Fläche A, die zwischen $x = a$ und $x = b$ von zwei stetigen Funktionen f, g mit $f(x) \geq g(x)$ begrenzt wird, kann man als „flächenhaften Körper" mit gleichmäßiger (und kleiner) Höhe h, konstanter Dichte ρ und der Grundfläche

$$A = \int_a^b f(x) - g(x)\, \mathrm{d}x$$

auffassen. Die Masse des flächenhaften Körpers ist dann $M = \rho \cdot h \cdot A$ (Dichte mal Volumen). Der Schwerpunkt dieser Fläche bzw. des flächenhaften Körpers liegt in der (x, y)-Ebene, sodass wir $z_S = 0$ annehmen können.

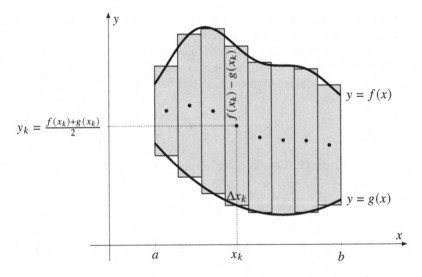

Abb. 7.28 Zerlegung einer Fläche in Rechtecke mit den Schwerpunkten (x_k, y_k)

Zur Berechnung der Koordinaten (x_S, y_S) zerlegen wir $[a, b]$ in n Teilintervalle mit den Längen Δx_k und den Mittelpunkten bei x_k. Wir nähern A an durch Rechtecke mit jeweils der Breite Δx_k und der Höhe $f(x_k) - g(x_k)$, vgl. Abb. 7.28. Die Rechtecke haben die Massen

$$\Delta m_k = \rho \cdot h \cdot (f(x_k) - g(x_k)) \cdot \Delta x_k$$

und ihr Schwerpunkt liegt genau im Mittelpunkt bei x_k und $y_k = \frac{1}{2}(f(x_k) + g(x_k))$. Der Schwerpunkt der gesamten Fläche ist dann näherungsweise

$$x_S \approx \frac{1}{M} \sum_{k=1}^{n} x_k \cdot \Delta m_k = \frac{1}{A} \sum_{k=1}^{n} x_k \cdot (f(x_k) - g(x_k)) \cdot \Delta x_k$$

$$y_S \approx \frac{1}{M} \sum_{k=1}^{n} y_k \cdot \Delta m_k = \frac{1}{2A} \sum_{k=1}^{n} \left(f(x_k)^2 - g(x_k)^2\right) \cdot \Delta x_k$$

Die Verfeinerung der Zerlegung liefert schließlich die Schwerpunktkoordinaten

$$x_S = \frac{1}{A} \int_a^b x \cdot (f(x) - g(x)) \, dx, \quad y_S = \frac{1}{2A} \int_a^b f(x)^2 - g(x)^2 \, dx$$

Die Höhe h und Dichte ρ des gleichmäßig dünnen, homogenen Körpers spielen bei den Koordinaten keine Rolle, weshalb man nur vom Schwerpunkt der Fläche spricht, auch wenn aus physikalischer Sicht einer Fläche kein Schwerpunkt zugeordnet ist.

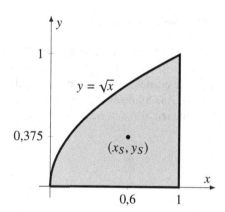

Abb. 7.29 Schwerpunkt eines Parabelsegments

Beispiel 1. Gesucht ist der Schwerpunkt der Fläche zwischen der x-Achse und der Parabel $f(x) = \sqrt{x}$ für $x \in [0, b]$, siehe Abb. 7.29. Zuerst bestimmen wir den Flächeninhalt

$$A = \int_0^b \sqrt{x} \, dx = \frac{2}{3} x^{\frac{3}{2}} \Big|_0^b = \frac{2}{3} b^{\frac{3}{2}}$$

Die x-Koordinate des Schwerpunkts ist bei

$$x_S = \frac{1}{A} \int_0^b x \cdot \sqrt{x} \, dx = \frac{1}{A} \int_0^b x^{\frac{3}{2}} \, dx = \frac{1}{\frac{2}{3} b^{\frac{3}{2}}} \cdot \frac{2}{5} x^{\frac{5}{2}} \Big|_0^b = \frac{3}{2 b^{\frac{3}{2}}} \cdot \frac{2}{5} b^{\frac{5}{2}} = \frac{3}{5} b$$

und die y-Koordinate des Schwerpunkts bei

$$y_S = \frac{1}{2A} \int_0^b (\sqrt{x})^2 \, dx = \frac{1}{2A} \int_0^b x \, dx = \frac{1}{2 \cdot \frac{2}{3} b^{\frac{3}{2}}} \cdot \frac{1}{2} x^2 \Big|_0^b = \frac{3}{8 b^{\frac{3}{2}}} \cdot b^2 = \frac{3}{8} \sqrt{b}$$

Beispiel 2. Wo liegt der Schwerpunkt der Fläche, die von den Funktionen $f(x) = \sqrt{x}$ (oben) und $g(x) = x^2$ (unten) für $x \in [0, 1]$ in der (x, y)-Ebene begrenzt wird? Der Flächeninhalt ist

$$A = \int_0^1 \sqrt{x} - x^2 \, dx = \frac{2}{3} x^{\frac{3}{2}} - \frac{1}{3} x^3 \Big|_0^1 = \frac{2}{3} - \frac{1}{3} = \frac{1}{3}$$

und die Schwerpunktkoordinaten sind

$$x_S = \frac{1}{A} \int_0^1 x \cdot (\sqrt{x} - x^2) \, dx = 3 \int_0^1 x^{\frac{3}{2}} - x^3 \, dx = 3 \cdot \left(\frac{2}{5} x^{\frac{5}{2}} - \frac{1}{4} x^4 \right) \Big|_0^1 = \frac{9}{20}$$

$$y_S = \frac{1}{2A} \int_0^1 (\sqrt{x})^2 - (x^2)^2 \, dx = \frac{3}{2} \int_0^1 x - x^4 \, dx = \frac{3}{2} \left(\frac{1}{2} x^2 - \frac{1}{5} x^5 \right) \Big|_0^1 = \frac{9}{20}$$

Da die Fläche symmetrisch zur Winkelhalbierenden $y = x$ ist, hätte man hier auf die Berechnung der Koordinate y_S verzichten können!

Rotationskörper

Gegeben ist eine stetige Funktion $f : [a, b] \longrightarrow \mathbb{R}$ mit $f(x) \geq 0$ für alle $x \in [a, b]$. Gesucht ist der Schwerpunkt des Rotationskörpers, der durch Drehung von f um die x-Achse entsteht. Wir setzen voraus, dass der Drehkörper eine konstante Dichte $\rho > 0$ besitzt. Aus Symmetriegründen folgt dann, dass der Schwerpunkt auf der x-Achse liegt. Wir müssen also nur die x-Koordinate des Schwerpunkts berechnen.

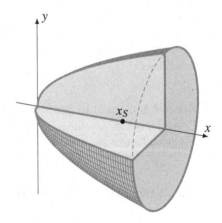

Abb. 7.30 Schwerpunkt eines Rotationskörpers

Dazu zerlegen wir $[a, b]$ in n Teilintervalle mit den Längen Δx_k und den Mittelpunkten bei x_k. So wie bei der Volumenberechnung nähern wir den Drehkörper durch Zylinder mit den Radien $f(x_k)$ und den Höhen Δx_k an. Der Schwerpunkt eines solchen Zylinders liegt dann auf der x-Achse bei x_k. Die Zylinder haben die Massen $\Delta m_k = \rho \cdot f(x_k)^2 \pi \cdot \Delta x_k$ (Dichte mal Zylindervolumen), und die Gesamtmasse des Drehkörpers ist

$$M = \rho \cdot V \quad \text{mit} \quad V = \pi \int_a^b f(x)^2 \, dx$$

Der Schwerpunkt des Rotationskörpers liegt somit näherungsweise bei

$$x_S = \frac{1}{M} \sum_{k=1}^n x_k \cdot \rho \cdot f(x_k)^2 \pi \cdot \Delta x_k = \frac{\pi}{V} \sum_{k=1}^n x_k \cdot f(x_k)^2 \cdot \Delta x_k$$

Auch hier verschwindet die Dichte ρ aus der Formel, und die Verfeinerung der Zerlegung liefert die exakte Schwerpunktkoordinate

$$x_S = \frac{\pi}{V} \int_a^b x \cdot f(x)^2 \, dx$$

Beispiel: Das Rotationsparaboloid, das durch Drehung von

$$f(x) = \sqrt{x}, \quad x \in [0, b]$$

um die x-Achse entsteht, hat das Volumen $V = \frac{\pi}{2} \cdot b^2$ und den Schwerpunkt bei

$$x_S = \frac{\pi}{V} \int_0^b x \cdot (\sqrt{x})^2 \, dx = \frac{2}{b^2} \int_0^b x^2 \, dx = \frac{2}{b^2} \cdot \frac{1}{3} b^3 = \frac{2}{3} b$$

Die Guldinsche Regel

stellt einen bemerkenswerten Zusammenhang zwischen dem Volumen eines Rotationskörpers und der erzeugenden Fläche her. Sie besagt:

Das Volumen eines Rotationskörpers um die x-Achse ist gleich dem Produkt aus dem Flächeninhalt A der rotierenden Fläche und dem Weg ihres Schwerpunkts:

$$V = 2 \pi y_S \cdot A$$

Diese Regel zur Volumenberechnung, welche nach Paul Guldin (1577 - 1643) benannt ist, lässt sich relativ leicht mit der Formel für das Volumen eines Rotationskörpers und der Formel für den Flächenschwerpunkt begründen. Die y-Koordinate des Flächenschwerpunkts, welcher von den Funktionen $f(x)$ und $g(x) \equiv 0$ über $[a, b]$ begrenzt wird, ist

$$y_S = \frac{1}{2A} \int_a^b f(x)^2 \, dx$$

Multiplizieren wir diese Formel mit dem Faktor $2 \pi A$, dann erhalten wir

$$2 \pi A \cdot y_S = \pi \int_a^b f(x)^2 \, dx = V$$

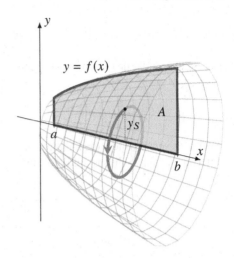

Abb. 7.31 Volumenberechnung
nach Guldin

Beispiel: Die Fläche, welche von $f(x) = \sqrt{x}$ über $x \in [0, b]$ begrenzt wird, hat den
Inhalt $A = \frac{2}{3} b^{\frac{3}{2}}$, und $y_S = \frac{3}{8} \sqrt{b}$ ist die y-Koordinate des Flächenschwerpunkts. Mit
diesen Größen können wir das (bereits bekannte) Volumen des Rotationsparaboloids
berechnen, das bei Drehung von $f(x) = \sqrt{x}$ mit $x \in [0, b]$ um die x-Achse erzeugt
wird:

$$V = 2\pi \cdot \frac{3}{8} \sqrt{b} \cdot \frac{2}{3} b^{\frac{3}{2}} = \frac{\pi}{2} b^2$$

7.3.6 Das Trägheitsmoment

Physikalische Grundlagen. Bewegt sich eine Masse m mit der Geschwindigkeit v, so
hat sie die kinetische Energie $E = \frac{1}{2} m v^2$. Dreht sich die Masse mit der Winkelgeschwindigkeit ω im Abstand r um eine Achse, so ist ihre Geschwindigkeit $v = r \cdot \omega$ und ihre
kinetische Energie

$$E = \frac{1}{2} m v^2 = \frac{1}{2} m (r \cdot \omega)^2 = \frac{1}{2} \cdot (r^2 m) \cdot \omega^2$$

Der Wert $J := r^2 m$ heißt *axiales Massenträgheitsmoment* oder kurz *Trägheitsmoment*.
Wegen $E = \frac{1}{2} J \omega^2$ ist das Trägheitsmoment ein „Ersatz" für die Masse beim Übergang
zur Winkelgeschwindigkeit. Bilden mehrere Punktmassen mit dem Abstand r_k von der
Drehachse und der Masse m_k einen starren Körper, so ist das Gesamt-Trägheitsmoment

$$J = \sum_{k=1}^{n} r_k^2 m_k$$

Zerlegt man umgekehrt einen starren Körper mit der Gesamtmasse M in n kleine Teile
mit den Massen $\Delta m_1, \ldots, \Delta m_n$ und den Abständen $r_1, \ldots r_n$ von der Drehachse, so ergibt
sich das Trägheitsmoment

$$J = \sum_{k=1}^{n} r_k^2 \, \Delta m_k$$

Im Folgenden wollen wir das axiale Massenträgheitsmoment eines *homogenen* Rotationskörpers mit konstanter Dichte ρ bestimmen. Dazu zerlegen wir ihn in dünne Scheiben, ähnlich wie bei der Volumenberechnung, und müssen zuvor aber noch das Trägheitsmoment eines solchen Vollzylinders mit Radius R und Höhe h berechnen. Hierzu zerlegen wir die Zylinderscheibe gemäß Abb. 7.32 in n Hohlzylinder (Ringe) mit den Innenradien r_k, den Wandstärken Δr_k und der Höhe h für $k = 1, \dots, n$.

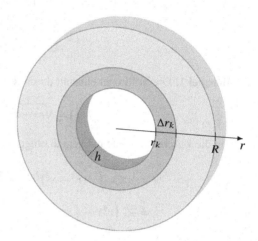

Abb. 7.32 Ring mit Innenradius r_k, Wandstärke Δr_k und Höhe h

Schneidet man den Hohlzylinder auf und „biegt" ihn gerade, so entsteht ein Quader mit der Höhe h, der Breite Δr_k und der Länge $2\pi r_k$ (= Kreisumfang am Innenradius r_k). Die Masse des Hohlzylinders ist näherungsweise das Quadervolumen mal die Dichte, also

$$\Delta m_k \approx 2\pi r_k \cdot \Delta r_k \cdot h \cdot \rho$$

Das Trägheitsmoment der gesamten Zylinderscheibe ist dann näherungsweise

$$J \approx \sum_{k=1}^{n} r_k^2 \cdot \Delta m_k \approx 2\pi \rho \, h \sum_{k=1}^{n} r_k^3 \, \Delta r_k$$

Die Verfeinerung der Zerlegung ($n \to \infty$ bzw. $\Delta r_k \to 0$) liefert als Grenzwert das axiale Massenträgheitsmoment

$$J = 2\pi \rho \, h \int_0^R r^3 \, dr = 2\pi \rho \, h \cdot \frac{1}{4} r^4 \Big|_0^R = \frac{1}{2} \pi \rho \, R^4 h$$

Gegeben sei nun eine stetige Funktion $f : [a, b] \longrightarrow \mathbb{R}$ auf dem Intervall $[a, b]$ mit $f(x) \geq 0$ für alle $x \in [a, b]$. Gesucht ist das Trägheitsmoment J des Rotationskörpers, der bei Drehung von f um die x-Achse entsteht. Dazu zerlegen wir $[a, b]$ in n Teilintervalle der Länge Δx_k und ersetzen den Drehkörper durch dünne Zylinderscheiben bei x_k mit den Radien $R = f(x_k)$ und den Höhen $h = \Delta x_k$. Das Trägheitsmoment eines solchen

Zylinders ist nach den vorangehenden Überlegungen

$$\Delta J_k = \tfrac{1}{2} \pi \rho \cdot f(x_k)^4 \Delta x_k$$

und das gesamte Trägheitsmoment des Rotationskörpers dann näherungsweise

$$J \approx \sum_{k=0}^{n-1} \Delta J_k = \tfrac{1}{2} \pi \rho \sum_{k=0}^{n-1} f(x_k)^4 \Delta x_k$$

Die Verfeinerung der Zerlegung ($n \to \infty$ bzw. $\Delta x_k \to 0$) liefert das Trägheitsmoment

$$J = \tfrac{1}{2} \pi \rho \int_a^b f(x)^4 \, dx$$

Beispiel 1. Die Vollkugel entsteht durch Rotation von

$$f(x) = \sqrt{r^2 - x^2}, \quad x \in [-r, r]$$

um die x-Achse, und sie hat gemäß obiger Formel das Trägheitsmoment

$$J = \tfrac{1}{2} \pi \rho \int_{-r}^r (r^2 - x^2)^2 \, dx = \frac{\pi \rho}{2} \int_{-r}^r r^4 - 2\,r^2 x^2 + x^4 \, dx$$

$$= \frac{\pi \rho}{2} \left(r^4 x - \tfrac{2}{3} r^2 x^3 + \tfrac{1}{5} x^5 \right) \Big|_{-r}^r = \frac{\pi \rho}{2} \cdot \frac{16}{15} r^5 = \frac{8 \pi \rho}{15} \cdot r^5$$

Unter Verwendung der Kugelmasse $m = \rho \cdot V = \frac{4 \pi \rho}{3} r^3$ können wir dieses Ergebnis auch vereinfachen zu

$$J = \tfrac{2}{5} \cdot \frac{4 \pi \rho}{3} r^3 \cdot r^2 = \tfrac{2}{5} m\, r^2$$

Beispiel 2. Die Drehung der Geraden $f(x) = \frac{r}{h} \cdot x$ mit $x \in [0, h]$ erzeugt einen Kegel mit der Höhe h und dem Radius r. Dieser besitzt das Trägheitsmoment

$$J = \tfrac{1}{2} \pi \rho \int_0^h \frac{r^4}{h^4} \cdot x^4 \, dx = \frac{\pi \rho r^4}{2 h^4} \cdot \tfrac{1}{5} x^5 \Big|_0^h = \frac{\pi \rho r^4}{2 h^4} \cdot \tfrac{1}{5} h^5 = \frac{\pi \rho r^4 h}{10}$$

Mit der Kegelmasse $m = \rho \cdot V = \tfrac{1}{3} \pi \rho\, r^2 h$ ist dann auch $J = \tfrac{3}{10} m\, r^2$.

7.3.7 Lineare und quadratische Mittelwerte

Zu $n > 1$ Zahlen $a_1, a_2, \dots, a_n$ kann verschiedene Arten von Mittelwerten bilden. In der Praxis häufig anzutreffen sind, neben dem harmonischen und geometrischen Mittel,

- der *arithmetische Mittelwert* $\overline{a}_{\text{arith}} = \tfrac{1}{n} \left(a_1 + a_2 + \dots + a_n \right) = \tfrac{1}{n} \sum_{k=1}^n a_k$ und

- der *quadratische Mittelwert* $\overline{a}_{\text{quad}} = \sqrt{\tfrac{1}{n} \left(a_1^2 + a_2^2 + \dots + a_n^2 \right)} = \sqrt{\tfrac{1}{n} \sum_{k=1}^n a_k^2}$

Mithilfe der folgenden Überlegungen lassen sich diese Mittelwerte auch für eine stetige Funktion $f : [a, b] \longrightarrow \mathbb{R}$ sinnvoll definieren. Dazu zerlegen wir $[a, b]$ in n gleichlange Teilintervalle mit den Stützstellen bei $a = x_0 < x_1 < \ldots < x_n = b$ und den Abständen $\Delta x = \frac{b-a}{n}$. Der arithmetische Mittelwert der Funktionswerte bei x_k ist dann

$$\frac{1}{n} \sum_{k=0}^{n-1} f(x_k) = \frac{1}{n \cdot \Delta x} \sum_{k=0}^{n-1} f(x_k) \, \Delta x = \frac{1}{b-a} \sum_{k=0}^{n-1} f(x_k) \, \Delta x$$

und für das quadratische Mittel ergibt sich entsprechend

$$\sqrt{\frac{1}{n} \sum_{k=0}^{n-1} f(x_k)^2} = \sqrt{\frac{1}{n \cdot \Delta x} \sum_{k=0}^{n-1} f(x_k)^2 \, \Delta x} = \sqrt{\frac{1}{b-a} \sum_{k=0}^{n-1} f(x_k)^2 \, \Delta x}$$

Bei gleichmäßiger Verfeinerung $n \to \infty$ gehen die (Zerlegungs-)Summen über in Integrale, und wir nennen

$$\overline{f}_{\text{arith}} := \frac{1}{b-a} \int_a^b f(x) \, dx \qquad \textit{arithmetisches Mittel}$$

$$\overline{f}_{\text{quad}} := \sqrt{\frac{1}{b-a} \int_a^b f(x)^2 \, dx} \qquad \textit{quadratisches Mittel}$$

der stetigen Funktion $f : [a, b] \longrightarrow \mathbb{R}$.

Beispiel: Für die Funktion $f(x) = \sin x$ auf dem Intervall $[0, \pi]$ ist

$$\overline{f}_{\text{arith}} = \frac{1}{\pi} \int_0^\pi \sin x \, dx = -\frac{1}{\pi} \cos x \Big|_0^\pi = \frac{2}{\pi} = 0{,}636\ldots$$

$$\overline{f}_{\text{quad}} = \sqrt{\frac{1}{\pi} \int_0^\pi \sin^2 x \, dx} = \sqrt{\frac{1}{2\pi} (x - \sin x \cos x) \Big|_0^\pi} = \sqrt{\frac{1}{2}} = 0{,}707\ldots$$

Die Formel für den arithmetischen Mittelwert ist uns bereits in Abschnitt 7.1.2 begegnet, und zwar beim Mittelwertsatz der Integralrechnung. Diesen können wir jetzt wie folgt umformulieren: Zu jeder stetigen Funktion $f : [a, b] \longrightarrow \mathbb{R}$ gibt es (mindestens) eine Stelle $x_0 \in [a, b]$ mit $\overline{f}_{\text{arith}} = f(x_0)$. Der quadratische Mittelwert wiederum hat seine

Anwendung in der Wechselstromrechnung

Für die zeitabhängige Wechselspannung und den Wechselstrom

$$\tilde{U}(t) = \hat{U} \cdot \sin \omega t \quad \text{und} \quad \tilde{I}(t) = \hat{I} \cdot \sin(\omega t + \varphi)$$

mit der Kreisfrequenz ω sowie der Nullphase φ des Stroms sollen geeignete „Mittelwerte" berechnet werden. Eine weitere wichtige Kenngröße im Gleichstromkreis ist die Leistung $P = U \cdot I$. Für Wechselströme möchte man ein vergleichbares Gesetz angeben können.

Zunächst ist der *Effektivwert* der Wechselspannung definiert als das *quadratische Mittel* über eine zeitliche Periode von $\omega t = 0$ bis $\omega t = 2\pi$, also von $t = 0$ bis $T = \frac{2\pi}{\omega}$:

$$U_{\text{eff}} = \sqrt{\frac{1}{T} \int_0^T \tilde{U}(t)^2 \, dt}$$

Mithilfe der Substitution $x = \omega t$ ergibt sich

$$U_{\text{eff}} = \sqrt{\frac{1}{T} \int_0^T \hat{U}^2 \sin^2 \omega t \, dt} = \hat{U} \sqrt{\frac{1}{\omega T} \int_0^{2\pi} \sin^2 x \, dx} = \hat{U} \sqrt{\frac{1}{\omega T} \cdot \pi} = \frac{\hat{U}}{\sqrt{2}}$$

wobei wir das aus Abschnitt 7.2.2 bekannte Integral $\int_0^{2\pi} \sin^2 x \, dx = \pi$ verwendet haben. Analog ergibt sich der Effektivwert des Wechselstroms

$$I_{\text{eff}} = \sqrt{\frac{1}{T} \int_0^T \tilde{I}(t)^2 \, dt} = \frac{\hat{I}}{\sqrt{2}}$$

Die *Leistung* im Wechselstromkreis ist dann ähnlich wie im Gleichstromkreis definiert als das Produkt

$$\tilde{P}(t) = \tilde{U}(t) \cdot \tilde{I}(t)$$

Nach Anwendung des Additionstheorems ergibt sich

$$\tilde{P}(t) = \hat{U} \, \hat{I} \cdot \sin \omega t \cdot \sin(\omega t + \varphi)$$
$$= \hat{U} \, \hat{I} \cdot \sin \omega t \cdot (\sin \omega t \cos \varphi + \cos \omega t \sin \varphi)$$
$$= \hat{U} \, \hat{I} \cos \varphi \cdot \sin^2 \omega t + \hat{U} \, \hat{I} \sin \varphi \cdot \sin \omega t \cos \omega t$$

Zu dieser zeitabhängigen Leistung bilden wir nun den *arithmetischen Mittelwert* über eine Zeitperiode von $t = 0$ bis $T = \frac{2\pi}{\omega}$:

$$\overline{P} = \frac{1}{T} \int_0^T \tilde{P}(t) \, dt = \frac{1}{T} \int_0^T \hat{U} \, \hat{I} \cos \varphi \cdot \sin^2 \omega t + \hat{U} \, \hat{I} \sin \varphi \cdot \sin \omega t \cos \omega t \, dt$$

$$= \frac{\hat{U} \, \hat{I} \cos \varphi}{T} \int_0^T \sin^2 \omega t \, dt + \frac{\hat{U} \, \hat{I} \sin \varphi}{T} \int_0^T \sin \omega t \cos \omega t \, dt$$

$$= \frac{\hat{U} \, \hat{I} \cos \varphi}{\omega T} \int_0^{2\pi} \sin^2 x \, dx + \frac{\hat{U} \, \hat{I} \sin \varphi}{\omega T} \int_0^{2\pi} \sin x \cos x \, dx$$

$$= \frac{\hat{U} \, \hat{I} \cos \varphi}{\omega T} \cdot \pi + \frac{\hat{U} \, \hat{I} \sin \varphi}{\omega T} \cdot 0 = \frac{\hat{U} \, \hat{I} \cos \varphi}{2}$$

wobei in der letzten Zeile der Integralwert $\int_0^{2\pi} \sin x \cos x \, dx = \frac{1}{2} \sin^2 x \, \big|_0^{2\pi} = 0$ eingesetzt wurde. Mit den Effektivwerten $\hat{U} = \sqrt{2} \, U_{\text{eff}}$ und $\hat{I} = \sqrt{2} \, I_{\text{eff}}$ erhält man

$$\overline{P} = \frac{\sqrt{2} \, U_{\text{eff}} \cdot \sqrt{2} \, I_{\text{eff}}}{2} \cdot \cos \varphi$$

und für die durchschnittliche *Wirkleistung* $\overline{P}$ schließlich das einfache Gesetz

$$\boxed{\overline{P} = U_{\text{eff}} \cdot I_{\text{eff}} \cdot \cos\varphi}$$

7.4 Uneigentliche Integrale

Bei der Definition des bestimmten Integrals in Abschnitt 7.1.2 hatten wir vorausgesetzt, dass der Integrationsbereich $[a, b]$ ein *endliches Intervall* und der Integrand $f : [a, b] \longrightarrow \mathbb{R}$ eine (stückweise) *stetige Funktion* ist. In manchen Bereichen aus der Ingenieurmathematik treten Integrale auf, welche diese Voraussetzungen nicht erfüllen, wie etwa bei der Laplace-Transformation oder in Verbindung mit der Normalverteilung (siehe Band „Mathematik für Ingenieurwissenschaften: Vertiefung"). Wir unterscheiden im Folgenden zwei Fälle: das Integrationsintervall ist unendlich, oder der Integrand hat eine Unendlichkeitsstelle am Rand des Integrationsbereichs.

7.4.1 Unendliches Integrationsintervall

Für eine stetige Funktion $f : [a, \infty[\longrightarrow \mathbb{R}$ können wir das Integral $\int_a^\infty f(x)\, dx$ nicht unmittelbar als Grenzwert von Zerlegungssummen festlegen, da wir bei der Zerlegung des Intervalls $[a, \infty[$ bereits unendlich viele Stützstellen benötigen und somit unendlich viele Summanden erhalten würden. Wir wählen daher einen anderen Weg: Wir können zunächst den Integralwert

$$F(b) = \int_a^b f(x)\, dx$$

für eine beliebige obere Grenze $b > a$ bestimmen und dann den Grenzübergang $b \to \infty$ durchführen.

Das *uneigentliche Integral* einer stetigen Funktion $f : [a, \infty[\longrightarrow \mathbb{R}$ ist

$$\int_a^\infty f(x)\, dx := \lim_{b \to \infty} \int_a^b f(x)\, dx$$

falls der Grenzwert auf der rechten Seite existiert.

Im Fall eines unendlichen Integrationsbereichs spricht man gelegentlich auch von einem uneigentlichen Integral *erster Art*.

Beispiel 1. Das uneigentliche Integral $\int_0^\infty e^{-x}\, dx$ existiert und hat den Wert

$$\int_0^\infty e^{-x}\, dx = \lim_{b \to \infty} \int_0^b e^{-x}\, dx = \lim_{b \to \infty} -e^{-x} \Big|_0^b = \lim_{b \to \infty} 1 - \frac{1}{e^b} = 1 - 0 = 1$$

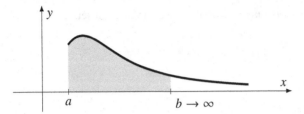

Abb. 7.33 Zur Berechnung eines uneigentlichen Integrals 1. Art

Beispiel 2. Das uneigentliche Integral $\int_1^\infty \frac{1}{x}\,dx$ existiert nicht, denn

$$\int_1^b \frac{1}{x}\,dx = \ln x \Big|_1^b = \ln b - \ln 1 = \ln b$$

besitzt wegen $\ln b \to \infty$ keinen Grenzwert für $b \to \infty$.

Beispiel 3. Die Trompete von Torricelli (Abb. 7.34) ist ein Rotationskörper, der durch Drehung von $f(x) = \frac{1}{x}$ für $x \in [1, \infty[$ um die x-Achse entsteht. Der Körper hat ein endliches Volumen:

$$V = \pi \int_1^\infty \left(\tfrac{1}{x}\right)^2 dx = \lim_{b \to \infty} \pi \int_1^b \frac{1}{x^2}\,dx = \lim_{b \to \infty} \pi \left(-\tfrac{1}{x}\right)\Big|_1^b = \lim_{b \to \infty} \pi \left(1 - \tfrac{1}{b}\right)$$

ergibt $V = \pi$, aber die Mantelfläche ist unendlich, denn wegen $1 + \frac{1}{x^4} \geq 1$ gilt

$$2\pi \int_1^b f(x) \cdot \sqrt{1 + f'(x)^2}\,dx = 2\pi \int_1^b \frac{1}{x}\sqrt{1 + \frac{1}{x^4}}\,dx$$

$$\geq 2\pi \int_1^b \frac{1}{x}\,dx = 2\pi \cdot \ln b \to \infty \quad (b \to \infty)$$

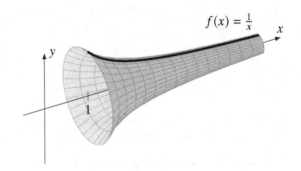

$$f(x) = \tfrac{1}{x}$$

Abb. 7.34 Die Trompete von Torricelli

Ist F eine Stammfunktion zu $f : [a, \infty[\longrightarrow \mathbb{R}$, so kann man das uneigentliche Integral auch gleich in der Form

$$\int_a^\infty f(x)\,dx = F(x)\Big|_a^{x\to\infty} := \lim_{x\to\infty} F(x) - F(a)$$

berechnen. Falls das Integrationsintervall nach unten unbeschränkt ist, dann ist das uneigentliche Integral durch

$$\int_{-\infty}^b f(x)\,dx := \lim_{a\to-\infty} \int_a^b f(x)\,dx$$

festgelegt, sofern der Grenzwert auf der rechten Seite existiert.

Beispiel: Die logarithmische Spirale $r(\varphi) = e^\varphi$, $\varphi \in\,]-\infty, 0]$ wickelt sich für $\varphi \to -\infty$ unendlich oft um den Ursprung O und nähert sich diesem immer mehr an. Auch wenn die logarithmische Spirale in Richtung O kein Ende hat, besitzt sie dennoch eine endliche Länge:

$$L = \int_{-\infty}^0 \sqrt{r(\varphi)^2 + r'(\varphi)^2}\,d\varphi = \lim_{a\to-\infty} \int_a^0 \sqrt{(e^\varphi)^2 + (e^\varphi)^2}\,d\varphi$$
$$= \lim_{a\to-\infty} \sqrt{2} \int_a^0 e^\varphi\,d\varphi = \lim_{a\to-\infty} \sqrt{2}\,(1 - e^a) = \sqrt{2}$$

Für eine Funktion $f : \mathbb{R} \longrightarrow \mathbb{R}$, welche auf der gesamten reellen Achse definiert ist, berechnet man das uneigentliche Integral als Summe

$$\int_{-\infty}^\infty f(x)\,dx := \int_{-\infty}^0 f(x)\,dx + \int_0^\infty f(x)\,dx$$

Es wird also in zwei uneigentliche Integrale aufgeteilt, die beide existieren müssen.

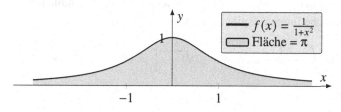

Abb. 7.35 Seitlich unbegrenzte Fläche mit endlichem Inhalt

Beispiel: Welche Fläche schließt der Graph von $f(x) = \frac{1}{1+x^2}$ mit der gesamten x-Achse ein? Zu berechnen ist (vgl. Abb. 7.35)

$$\int_{-\infty}^\infty \frac{1}{1+x^2}\,dx = \int_{-\infty}^0 \frac{1}{1+x^2}\,dx + \int_0^\infty \frac{1}{1+x^2}\,dx$$

Die beiden uneigentlichen Integrale rechts werden getrennt berechnet:

$$\int_0^\infty \frac{1}{1+x^2}\,dx = \arctan x \Big|_0^{x\to\infty} = \lim_{x\to\infty}\arctan x - 0 = \frac{\pi}{2} - 0$$

$$\int_{-\infty}^0 \frac{1}{1+x^2}\,dx = \arctan x \Big|_{x\to-\infty}^0 = 0 - \lim_{x\to-\infty}\arctan x = 0 - (-\frac{\pi}{2})$$

Somit hat die beidseitig unbegrenzte Fläche einen endlichen Flächeninhalt

$$\int_{-\infty}^\infty \frac{1}{1+x^2}\,dx = \frac{\pi}{2} + \frac{\pi}{2} = \pi$$

7.4.2 Unendlichkeitsstelle im Integranden

Gegeben ist nun eine stetige Funktion $f : [a, b[\longrightarrow \mathbb{R}$, die bei $x = b$ eine Unendlichkeitsstelle (z. B. eine Polstelle) hat. Auch hier ist das Integral $\int_a^b f(x)\,dx$ wegen des unbeschränkten Integranden zunächst nicht erklärt. Wir gehen ähnlich vor wie beim uneigentlichen Integral erster Art und definieren dieses uneigentliche Integral 2. Art als Grenzwert.

Das *uneigentliche Integral* einer stetigen Funktion $f : [a, b[\longrightarrow \mathbb{R}$ ist

$$\int_a^b f(x)\,dx := \lim_{c\to b}\int_a^c f(x)\,dx$$

sofern der Grenzwert auf der rechten Seite existiert.

Beispiel: Die Funktion $f(x) = \frac{1}{\sqrt{1-x}}$, $x \in [0, 1[$ hat bei $x = 1$ eine Unendlichkeitsstelle. Für das uneigentliche Integral ergibt sich der Wert

$$\int_0^1 \frac{1}{\sqrt{1-x}}\,dx = \lim_{c\to 1}\int_0^c \frac{1}{\sqrt{1-x}}\,dx = \lim_{c\to 1} -2\sqrt{1-x}\,\Big|_0^c = \lim_{c\to 1} 2 - 2\sqrt{1-c} = 2$$

Ähnlich geht man vor, wenn die Funktion $f :]a, b] \longrightarrow \mathbb{R}$ bei $x = a$ eine Unendlichkeitsstelle hat:

$$\int_a^b f(x)\,dx := \lim_{c\to a}\int_c^b f(x)\,dx$$

ist das uneigentliche Integral zweiter Art von f auf $]a, b]$, falls der Grenzwert existiert.

Beispiele: Das uneigentliche Integral $\int_0^2 \frac{1}{x^2}\,dx$ existiert nicht, denn

$$\int_c^2 \frac{1}{x^2}\,dx = -\frac{1}{x}\,\Big|_c^2 = \frac{1}{c} - \frac{1}{2} \to \infty \quad (c \to 0)$$

Dagegen existiert das uneigentliche Integral

$$\int_0^1 \frac{1}{\sqrt[3]{x}}\, dx = \lim_{c \to 0} \int_c^1 \frac{1}{\sqrt[3]{x}}\, dx = \lim_{c \to 0} \frac{3}{2} x^{\frac{2}{3}} \Big|_c^1 = \lim_{c \to 0} \frac{3}{2} - \frac{3}{2} c^{\frac{2}{3}} = \frac{3}{2}$$

Uneigentliche Integrale lassen sich in manchen Fällen auch dann *exakt* berechnen, wenn keine Stammfunktion angegeben werden kann. Für die Berechnung solcher Integrale braucht man allerdings mathematische Tricks, so wie etwa den Umweg über das Flächenintegral (siehe Band „Mathematik für Ingenieurwissenschaften: Vertiefung"), mit denen man z. B. die folgenden Werte erhält:

$$\int_{-\infty}^{\infty} e^{-x^2}\, dx = \sqrt{\pi} \qquad \text{und} \qquad \int_0^{\infty} \frac{\sin x}{x}\, dx = \frac{\pi}{2}$$

7.5 Numerische Integration

Falls zu einer stetigen Funktion $f : [a, b] \longrightarrow \mathbb{R}$ eine Stammfunktion $F(x)$ bekannt ist, dann kann man sofort auch das bestimmte Integral

$$\int_a^b f(x)\, dx = F(b) - F(a)$$

gemäß dem HDI ausrechnen. Allerdings lässt sich zu vielen Funktionen, so wie etwa zu $f(x) = \sqrt{1 + x^3}$, prinzipiell kein geschlossener Ausdruck für die Stammfunktion angeben. Wie ermittelt man in einem solchen Fall den Integralwert?

In der Praxis tritt häufig noch ein anderes Problem auf, nämlich dass der Integrand selbst gar nicht in analytischer Form vorliegt. Beispielsweise wird von einem Fahrtenschreiber die Geschwindigkeit $v = v(t)$ während einer Zeit $t \in [0, T]$ aufgezeichnet. Der bis zum Zeitpunkt T zurückgelegte Weg s ergibt sich durch Integration

$$s = \int_0^T v(t)\, dt$$

wobei eine Funktionsgleichung für die Geschwindigkeit i. Allg. nicht bekannt ist.

Falls aus welchen Gründen auch immer kein Formelausdruck für die Stammfunktion zu $f : [a, b] \longrightarrow \mathbb{R}$ vorliegt, dann lässt sich der Wert $\int_a^b f(x)\, dx$ dennoch berechnen: mit einem Verfahren der *numerischen Integration*, und zwar (theoretisch) beliebig genau. Da das bestimmte Integral auf die Flächenberechnung zurückgeht und die Bestimmung des Flächeninhalts einer ebenen geometrischen Figur früher als „Quadratur" bezeichnet wurde, spricht man oftmals auch von *numerischer Quadratur*. Zwei dieser Quadraturverfahren sollen im Folgenden etwas genauer vorgestellt werden: die *Newton-Cotes-Formeln* sowie die *Gauß-Quadratur*.

7.5.1 Newton-Cotes-Formeln

Vorausgesetzt, dass der Integrand $f : [a, b] \longrightarrow \mathbb{R}$ eine stetige Funktion ist, kann man das Integral durch eine Zerlegungssumme mit $n+1$ Stützstellen $a = x_0 < x_1 < x_2 < \ldots < x_{n-1} < x_n = b$ annähern, sofern deren Abstände $\Delta x_k = x_{k+1} - x_k$ für $k = 0, \ldots, n - 1$ hinreichend klein sind:

$$\int_a^b f(x)\,dx \approx \sum_{k=0}^{n-1} f(x_k)\,\Delta x_k$$

Wählt man speziell eine *äquidistante Zerlegung* des Integrationsbereichs $[a, b]$ in n gleichlange Teilintervalle mit der konstanten Schrittweite $\Delta x_k = h := \frac{b-a}{n}$, dann erhält man als Näherungsformel die **summierte (oder zusammengesetzte) Rechteckregel**

$$\int_a^b f(x)\,dx \approx R_n(f) := h \cdot \sum_{k=0}^{n-1} f(x_k)$$

mit $h := \frac{b-a}{n}$ und $x_k := a + h \cdot k$ für $k = 0, 1, \ldots, n$. Der Name leitet sich ab von der Annäherung der eingeschlossenen Fläche durch viele schmale Rechtecke, vgl. Abb. 7.36.

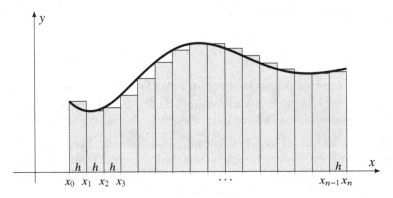

Abb. 7.36 Bei der zusammengesetzten Rechteckregel wird das bestimmte Integral angenähert durch Rechteckflächen mit konstanter Breite h

Beispiel: Die Funktion $f(x) = \sqrt{1 + x^3}$ ist nicht elementar integrierbar. Wir wollen das bestimmte Integral

$$A = \int_0^2 \sqrt{1 + x^3}\,dx$$

mit der summierten Rechteckregel berechnen, und zwar auf vier Nachkommastellen genau. Wir zerlegen das Intervall $[0, 2]$ in n gleichlange Teile mit der Länge $h = \frac{2}{n}$ und lassen die Summe in der Rechteckregel von einem Computer berechnen. Für verschiedene n erhalten wir die Näherungswerte

n	h	$R_n(f)$	gerundet
20	10^{-1}	3,1429763928003596...	**3,14**30
200	10^{-2}	3,2313259299082354...	**3,23**13
2000	10^{-3}	3,2403094298619438...	**3,240**3
20000	10^{-4}	3,2412092648619392...	**3,241**2
200000	10^{-5}	3,2412992632119392...	**3,2413**
2000000	10^{-6}	3,2413082631954392...	**3,2413**

und somit $A \approx 3{,}2413$. Die Annäherung durch Rechtecke führt erst bei sehr vielen Stützstellen zu einem brauchbaren Ergebnis. Im Wesentlichen muss man die Anzahl der Stützstellen um den Faktor 10 erhöhen, um *eine* weitere sichere Dezimalstelle des Integralwerts zu gewinnen.

Theoretisch nähert sich die Summe der Rechteckflächen für $n \to \infty$ dem exakten Wert immer mehr an, zumal das bestimmte Integral als Grenzwert solcher Zerlegungssummen definiert ist. Allerdings lassen sich in der Praxis die Funktionswerte $f(a + k \cdot h)$ nur mit einer beschränkten Anzahl gültiger Dezimalstellen berechnen, z. B. in einem Rechner mit 64-Bit-Gleitkommaarithmetik nur auf 15 bis 16 Dezimalstellen genau (siehe Abschnitt 1.3.2). Mit steigender Anzahl Stützstellen summieren sich aber auch die Rundungsfehler, sodass man letztlich ein unbrauchbares Ergebnis erhält. Man muss daher versuchen, die Güte der Annäherung zu verbessern, ohne die Anzahl der Stützstellen immer weiter zu erhöhen. Ein erster Schritt in diese Richtung ist die „Sehnentrapezregel" oder kurz *Trapezregel*, bei der man die Fläche unter der Kurve $y = f(x)$ zwischen zwei Stützstellen x_k und x_{k+1} durch die Trapezfläche $\frac{1}{2}(f(x_k) + f(x_{k+1})) \cdot h$ ersetzt, siehe Abb. 7.37.

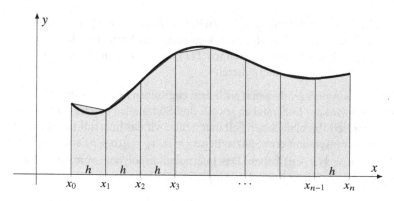

Abb. 7.37 Die zusammengesetzte Trapezregel nähert ein bestimmtes Integral durch Trapezflächen mit konstanter Höhe h an

Summiert man diese Teilflächen, dann erhält man als Näherung für das bestimmte Integral

$$\int_a^b f(x)\,dx \approx \sum_{k=0}^{n-1} \frac{1}{2}(f(x_k) + f(x_{k+1})) \cdot h$$

$$= \frac{h}{2}(f(x_0) + f(x_1) + f(x_1) + f(x_2) + \ldots + f(x_{n-1}) + f(x_{n-1}) + f(x_n))$$

Hierbei ist $f(x_0) = f(a)$ und $f(x_n) = f(b)$. Da die Funktionswerte $f(x_k)$ an den inneren Stützstellen für $k = 1, \ldots, n - 1$ jeweils doppelt auftreten, können wir die obige Formel noch etwas vereinfachen, und wir erhalten als Ergebnis die sogenannte **summierte (oder zusammengesetzte) Trapezregel**

$$\int_a^b f(x)\,dx \approx T_n(f) := \frac{h}{2}\left(f(a) + 2\sum_{k=1}^{n-1} f(x_k) + f(b)\right)$$

wobei wieder $h := \frac{b-a}{n}$ und $x_k := a + h \cdot k$ für $k = 0, 1, \ldots, n$ einzusetzen sind.

Beispiel: Im Fall des bestimmten Integrals $A = \int_0^2 \sqrt{1 + x^3}\,dx$ liefert die summierte Trapezregel für verschiedene n die (auf 10 Nachkommastellen gerundeten) Werte

n	h	$T_n(f)$	gerundet
20	10^{-1}	3,2429763928003596...	3,2429763928
200	10^{-2}	3,2413259299082354...	3,2413259299
2000	10^{-3}	3,2413094298619438...	3,2413094299
20000	10^{-4}	3,2413092648619392...	3,2413092649
200000	10^{-5}	3,2413092632119392...	3,2413092632
2000000	10^{-6}	3,2413092631954392...	3,2413092632

Im Vergleich zur Rechteckregel führt hier die Erhöhung der Stützstellenzahl um den Faktor 10 bereits zu *zwei* weiteren gültigen Dezimalstellen des Integralwerts. Mit vergleichbarem Rechenaufwand erhalten wir ein deutlich präziseres Ergebnis, nämlich $A \approx 3{,}2413092632$.

Bei der Trapezregel wird der Integrand $f(x)$ zwischen zwei Stützstellen durch eine lineare Funktion ersetzt. Um die Genauigkeit des numerischen Verfahrens bei gleicher (konstanter) Schrittweite h zu erhöhen, müssen wir $f(x)$ noch besser annähern, also z. B. durch ein Polynom höheren Grades interpolieren.

Bei der sogenannten *Simpsonregel* (benannt nach dem englischen Mathematiker Thomas Simpson 1710 - 1761) wird der Integrand an jeweils drei Stützstellen durch ein quadratisches Polynom interpoliert. Im einfachsten Fall unterteilen wir das Intervall $[a, b]$ genau in der Mitte, sodass wir insgesamt drei Stützstellen $x_0 = a$, $x_1 = \frac{1}{2}(a + b)$ sowie $x_2 = b$ im gleichen Abstand $h = \frac{1}{2}(b - a)$ haben. Das Interpolationspolynom vom Grad 2 hat gemäß dem Newton-Ansatz (siehe Kapitel 4, Abschnitt 4.2.4) die Form

$$P(x) = c_0 + c_1(x - x_0) + c_2(x - x_0)(x - x_1)$$

Einsetzen der Stützstellen x_0, $x_1 = x_0 + h$ und $x_2 = x_0 + 2h$ für x ergibt

$$f(x_0) = P(x_0) = c_0 + 0 + 0 \quad \Longrightarrow \quad c_0 = f(x_0)$$

$$f(x_1) = P(x_1) = f(x_0) + c_1 \cdot h + 0 \quad \Longrightarrow \quad c_1 = \frac{f(x_1) - f(x_0)}{h}$$

sowie

$$f(x_2) = P(x_2) = f(x_0) + \frac{f(x_1) - f(x_0)}{h} \cdot 2h + c_2 \cdot 2h^2$$

Somit sind die Koeffizienten des quadratischen Interpolationspolynoms

$$c_0 = f(x_0), \quad c_1 = \frac{f(x_1)-f(x_0)}{h}, \quad c_2 = \frac{f(x_2)-2f(x_1)+f(x_0)}{2h^2}$$

Nun integrieren wir anstelle von $f(x)$ das Polynom $P(x)$ auf dem Intervall $[a,b] = [x_0, x_2]$, wobei wir zuvor das Newton-Polynom noch etwas umschreiben: Mit

$$P(x) = c_0 + c_1(x - x_0) + c_2(x - x_0)(x - x_1)$$
$$= c_0 + (c_1 - c_2 h)(x - x_0) + c_2(x - x_0)^2$$

und $x_2 = x_0 + 2h$ gilt

$$\int_a^b P(x)\,dx = \int_{x_0}^{x_2} c_0 + (c_1 - c_2 h)(x - x_0) + c_2(x - x_0)^2\,dx$$

$$= c_0 \cdot x + (c_1 - c_2 h) \cdot \tfrac{1}{2}(x - x_0)^2 + c_2 \cdot \tfrac{1}{3}(x - x_0)^3 \Big|_{x_0}^{x_0+2h}$$

$$= 2c_0 h + 2c_1 h^2 + \tfrac{2}{3}c_2 h^3$$

Setzen wir die oben berechneten Koeffizienten c_0, c_1 und c_2 ein, dann ergibt sich

$$\int_a^b f(x)\,dx \approx \int_a^b P(x)\,dx = \tfrac{h}{3}(f(x_0) + 4f(x_1) + f(x_2))$$

Mit den Werten $x_0 = a$, $x_1 = \tfrac{1}{2}(a + b)$, $x_2 = b$ und $h = \tfrac{1}{2}(b - a)$ erhalten wir zunächst die **einfache Simpsonregel**

$$\int_a^b f(x)\,dx \approx S_2(f) := \tfrac{b-a}{6}\left(f(a) + 4f\left(\tfrac{a+b}{2}\right) + f(b)\right)$$

Beispiel: Das Integral der Funktion $f(x) = e^{-x}$ auf dem Intervall $[a,b] = [-1, 1]$ lässt sich exakt berechnen:

$$\int_{-1}^1 e^{-x}\,dx = -e^{-x}\Big|_{-1}^1 = e^1 - e^{-1} = 2{,}3504\ldots$$

Die einfache Simpsonregel ergibt die Näherung

$$\int_{-1}^1 e^{-x}\,dx \approx \frac{1 - (-1)}{6}(e^1 + 4 \cdot e^0 + e^{-1}) = 2{,}3620\ldots$$

Die gute Übereinstimmung mit dem exakten Integralwert lässt sich anhand von Abb. 7.38 erklären: Da die Funktion e^x auf dem Intervall $[-1, 1]$ gut durch ein quadratisches Polynom interpoliert werden kann, liefert die Simpsonregel bereits einen guten Näherungswert. Vergrößert man allerdings den Integrationsbereich z. B. auf $[-1, 5]$, dann nähert das Newton-Polynom vom Grad 2 die Funktion e^x weniger gut an, und auch der Näherungswert der einfachen Simpsonregel

$$\int_{-1}^{5} e^{-x}\, dx \approx \frac{5-(-1)}{6}\left(e^{1}+4\cdot e^{-2}+e^{-5}\right) = 3{,}2663\ldots$$

weicht nun schon deutlich vom exakten Integralwert ab:

$$\int_{-1}^{5} e^{-x}\, dx = -e^{-x}\Big|_{-1}^{5} = e^{1}-e^{-5} = 2{,}7115\ldots$$

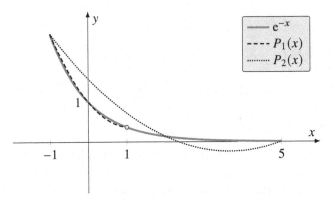

Abb. 7.38 Die Funktion $f(x) = e^{-x}$ lässt sich auf dem Intervall $[-1, 1]$ gut durch das Newton-Polynom $P_1(x)$ annähern, während das quadratische Interpolationspolynom $P_2(x)$ auf $[-1, 5]$ schon deutlich von der Funktion abweicht

Wie das letzte Beispiel zeigt, liefert die quadratische Interpolation nur für kleine Intervalle $[a, b]$ eine gute Näherung für den Integranden und somit auch für den Integralwert. Dementsprechend ist die Simpsonregel umso genauer, je kleiner der Abstand $b - a$ ist. Um die Genauigkeit zu erhöhen, müssen wir den Integrationsbereich in viele kleine Teilintervalle zerlegen, auf die wir dann jeweils die einfache Simpsonregel anwenden, vgl. Abb. 7.39.

Genauer: Wir unterteilen $[a, b]$ in eine *gerade* Anzahl n Teilintervalle. Für die ersten drei Stützstellen haben wir bereits eine passende Näherungsformel für das Integral gefunden:

$$\int_{x_0}^{x_2} f(x)\, dx \approx \tfrac{h}{3}\left(f(x_0) + 4 f(x_1) + f(x_2)\right)$$

Wir wiederholen die Rechnung für die übrigen Intervalle und erhalten

$$\int_{x_2}^{x_4} f(x)\, dx \approx \tfrac{h}{3}\left(f(x_2) + 4 f(x_3) + f(x_4)\right)$$

$$\int_{x_4}^{x_6} f(x)\, dx \approx \tfrac{h}{3}\left(f(x_4) + 4 f(x_5) + f(x_6)\right)$$

usw. Durch Addition dieser Näherungsformeln ergibt sich

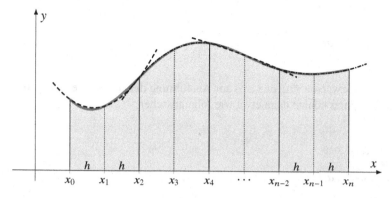

Abb. 7.39 Bei der Simpson-Quadraturformel wird der Integrand über jeweils drei aufeinanderfolgenden Knoten durch ein quadratisches Polynom interpoliert und dann integriert

$$\int_a^b f(x)\,dx = \int_{x_0}^{x_2} f(x)\,dx + \int_{x_2}^{x_4} f(x)\,dx + \ldots + \int_{x_{n-2}}^{x_n} f(x)\,dx$$
$$\approx \frac{h}{3}\left(f(x_0) + 4f(x_1) + f(x_2) + f(x_2) + 4f(x_3) + f(x_4)\right.$$
$$\left. + f(x_4) + 4f(x_5) + f(x_6) + f(x_6) + \ldots + 4f(x_{n-1}) + f(x_n)\right)$$

Die Funktionswerte an den *inneren* Stützstellen mit geradem Index $x_{2\ell}$ kommen doppelt vor, während die Stützstellen mit ungeradem Index $x_{2\ell-1}$ mit dem Faktor 4 gewichtet sind. Dies führt uns zur **zusammengesetzten (summierten) Simpsonregel**

$$\int_a^b f(x)\,dx \approx S_n(f) := \frac{h}{3}\left(f(a) + 2\sum_{\ell=1}^{\frac{n}{2}-1} f(x_{2\ell}) + 4\sum_{\ell=1}^{\frac{n}{2}} f(x_{2\ell-1}) + f(b)\right)$$

wobei wie zuvor $h = \frac{b-a}{n}$ der konstante Abstand der Stützstellen $x_k := a + h \cdot k$ für $k = 0, 1, \ldots, n$ für eine *gerade* Anzahl n an Teilintervallen ist.

Beispiel: Wir berechnen das bestimmte Integral $A = \int_0^2 \sqrt{1 + x^3}\,dx$ näherungsweise mit der zusammengesetzten Simpsonregel für verschiedene n:

n	h	$S_n(f)$
20	10^{-1}	3,2413**0**7411849309952697809...
200	10^{-2}	3,24130**9**263010087861429325...
2000	10^{-3}	3,2413092631**9**5254038186982...
20000	10^{-4}	3,24130926319527**2**554853159...
200000	10^{-5}	3,241309263195272556**7**04826...
2000000	10^{-6}	3,2413092631952725567050**1**1...

Im Gegensatz zur summierten Rechteck- und Trapezregel gewinnen wir bei einer Erhöhung der Stützstellenzahl um den Faktor 10 hier sogar *vier* gültige Dezimalstellen. Damit ist auf 16 Nachkommastellen genau

$$\int_0^2 \sqrt{1 + x^3}\, dx = 3{,}2413092631952726$$

Ein Unterprogramm (bzw. eine `function`) zur Ausführung der summierten Simpsonregel mit einem Computer könnte dann etwa wie folgt aussehen:

```
Require: n > 0 gerade Zahl

 1: function Simpson(f, a, b, n)
 2:     h ← (b − a)/n
 3:     S ← f(a) + f(b)
 4:     for ℓ ← 1, . . . , n/2 − 1 do
 5:         x ← a + h * 2ℓ
 6:         S ← S + 2 * f(x)
 7:     end for
 8:     for ℓ ← 1, . . . , n/2 do
 9:         x ← a + h * (2ℓ − 1)
10:         S ← S + 4 * f(x)
11:     end for
12:     return h/3 * S
13: end function
```

Der Grundgedanke, welcher uns zur summierten Trapez- und Simpsonregel führte, lässt sich prinzipiell noch weiter verfolgen. Man kann jeweils $m + 1$ aufeinanderfolgende Funktionswerte durch ein Polynom vom Grad m interpolieren. Die Integration dieser Newton-Polynome liefert dann weitere Quadraturformeln, die man allgemein als *Newton-Cotes-Formeln* bezeichnet. Mit steigendem Polynomgrad m werden diese Quadraturformeln jedoch immer komplizierter und ab $m = 8$ sogar numerisch instabil. Gelegentlich verwendet man noch die Interpolation mit kubischen Polynomen (Fall $m = 3$), deren Quadraturformel als „3/8-Regel" bezeichnet wird. Für die in der Praxis geforderte Genauigkeit ist aber zumeist schon die zusammengesetzte Simpsonregel völlig ausreichend.

Es gibt auch eine Alternative zu den Newton-Cotes-Formeln, und das sind die

7.5.2 Gauß-Quadraturformeln

Bei den bisherigen Quadraturverfahren haben wir den Integralwert mit einer Formel der Gestalt

$$\int_a^b f(x)\, dx \approx \sum_{k=1}^{n} w_k \cdot f(x_k)$$

angenähert, wobei wir die Stützstellen x_k ($k = 1, \ldots, n$) im Intervall $[a, b]$ von $x_1 = a$ bis $x_n = b$ äquidistant (im gleichen Abstand) gewählt und die „Gewichte" w_k durch Integration eines Interpolationspolynoms gewonnen haben. Im Prinzip genügt es sogar, ein numerisches Verfahren für das Intervall $[-1, 1]$ zu kennen, denn mit der Substitution

$x = x(u) = \frac{a+b}{2} + \frac{b-a}{2} u$ ist $x(-1) = a, x(1) = b$ sowie $du = \frac{2}{b-a} dx$ und folglich

$$\frac{b-a}{2} \int_{-1}^{1} f\left(\frac{a+b}{2} + \frac{b-a}{2} u\right) du = \frac{b-a}{2} \int_{x(-1)}^{x(1)} f(x) \cdot \frac{2}{b-a} dx = \int_{a}^{b} f(x) dx$$

Durch Umformen des Integranden können wir demnach das Integral über $[a, b]$ stets auf den Bereich $[-1, 1]$ zurückführen:

$$g(u) := f\left(\frac{a+b}{2} + \frac{b-a}{2} u\right) \implies \int_{a}^{b} f(x) dx = \frac{b-a}{2} \int_{-1}^{1} g(u) du$$

Im Folgenden gehen wir davon aus, dass $f : [-1, 1] \longrightarrow \mathbb{R}$ eine stetige Funktion ist. Im Fall $n = 2$ bzw. $h = \frac{1-(-1)}{2} = 1$ lautet dann die (einfache) Simpsonregel

$$\int_{-1}^{1} f(x) dx \approx \frac{1}{3}\left(f(-1) + 4f(0) + f(1)\right) = \frac{1}{3} f(x_1) + \frac{4}{3} f(x_2) + \frac{1}{3} f(x_3)$$

wobei $x_1 = -1$, $x_2 = 0$ und $x_3 = 1$ die drei äquidistanten Stützstellen der Zerlegung sind. Soll nun die Genauigkeit eines Integrationsverfahrens bei gleichbleibender Anzahl n an Stützstellen erhöht werden, dann muss man die Lage der Stützstellen optimieren. Wir folgen einer Idee von Carl Friedrich Gauß, welche er 1814 erstmals veröffentlichte, und suchen eine Quadraturformel, die für Polynome bis zu einem möglichst hohen Grad stets den exakten Integralwert liefert. Für die n unbekannten Stützstellen $x_1, \ldots, x_n$, welche auch als *Knoten* bezeichnet werden, und die n unbekannten Gewichte $w_1, \ldots, w_n$ brauchen wir insgesamt $2n$ Bedingungen. Wir können daher fordern, dass die Quadraturformel für die $2n$ Potenzfunktionen $1, x, x^2$ usw. bis x^{2n-1} exakt ist. In diesem Fall erhalten wir $2n$ Gleichungen

$$\int_{-1}^{1} x^{\ell} dx = \sum_{k=1}^{n} w_k \cdot x_k^{\ell} \quad \text{für} \quad \ell = 0, 1, 2, \ldots, 2n - 1$$

wobei wir den Integralwert auf der linken Seite berechnen können:

$$\int_{-1}^{1} x^{\ell} dx = \frac{1}{\ell+1} x^{\ell+1} \Big|_{-1}^{1} = \frac{1}{\ell+1}\left(1 - (-1)^{\ell+1}\right) = \begin{cases} \frac{2}{\ell+1}, & \text{falls } \ell \in \{0, 2, 4, \ldots\} \\ 0, & \text{falls } \ell \in \{1, 3, 5, \ldots\} \end{cases}$$

Damit lauten die gesuchten Gleichungen für die Knoten und Gewichte

$$w_1 x_1^{\ell} + w_2 x_2^{\ell} + \ldots + w_n x_n^{\ell} = \frac{2}{\ell+1}, \quad \text{falls } \ell \in \{0, 2, 4, \ldots, 2n - 2\}$$

$$w_1 x_1^{\ell} + w_2 x_2^{\ell} + \ldots + w_n x_n^{\ell} = 0, \quad \text{falls } \ell \in \{1, 3, 5, \ldots, 2n - 1\}$$

Wir wollen diese unbekannten Größen exemplarisch im Fall $n = 3$ berechnen. Dazu müssen wir das folgende *nichtlineare* Gleichungssystem mit 6 Gleichungen lösen:

$$
\begin{array}{ll}
(1) & w_1 + w_2 + w_3 = 2 \\
(2) & w_1 x_1 + w_2 x_2 + w_3 x_3 = 0 \\
(3) & w_1 x_1^2 + w_2 x_2^2 + w_3 x_3^2 = \tfrac{2}{3} \\
(4) & w_1 x_1^3 + w_2 x_2^3 + w_3 x_3^3 = 0 \\
(5) & w_1 x_1^4 + w_2 x_2^4 + w_3 x_3^4 = \tfrac{2}{5} \\
(6) & w_1 x_1^5 + w_2 x_2^5 + w_3 x_3^5 = 0
\end{array}
$$

Zur Vereinfachung der Rechnung suchen wir Stützstellen, die um den Ursprung symmetrisch verteilt sind, für die also $x_1 = -x_3$, $w_1 = w_3$ und $x_2 = 0$ gilt. Dann sind nämlich die Gleichungen (2), (4), (6) automatisch erfüllt, und es bleiben

$$
(1)\quad w_2 = 2 - 2 w_3, \qquad (3)\quad 2 w_3 x_3^2 = \tfrac{2}{3}, \qquad (5)\quad 2 w_3 x_3^4 = \tfrac{2}{5}
$$

Dividieren wir (5) durch (3), so ergibt sich $x_3^2 = \tfrac{3}{5}$, und Einsetzen in (3) und (1) liefert $w_3 = \tfrac{5}{9}$ sowie $w_2 = \tfrac{8}{9}$. Insgesamt erhalten wir die Werte

$$
w_1 = \tfrac{5}{9}, \quad x_1 = -\sqrt{\tfrac{3}{5}}, \quad w_2 = \tfrac{8}{9}, \quad x_2 = 0, \quad w_3 = \tfrac{5}{9}, \quad x_3 = -\sqrt{\tfrac{3}{5}}
$$

Die dazugehörige Gauß-Quadraturformel lautet dann

$$
\int_{-1}^{1} f(x)\,dx \approx \tfrac{5}{9} \cdot f\!\left(-\sqrt{\tfrac{3}{5}}\right) + \tfrac{8}{9} \cdot f(0) + \tfrac{5}{9} \cdot f\!\left(\sqrt{\tfrac{3}{5}}\right)
$$

Für alle Polynome vom Grad 5 (oder kleiner) lässt sich mit dieser Quadraturformel sogar der exakte Integralwert berechnen.

Beispiel: Das Integral $\int_{-1}^{1} e^{-x^2}\,dx$ kann nicht mit einer Stammfunktion berechnet werden. Die einfache Simpsonregel mit drei Stützstellen liefert den Wert

$$
\int_{-1}^{1} e^{-x^2}\,dx \approx \tfrac{1}{3} e^{-1} + \tfrac{4}{3} e^0 + \tfrac{1}{3} e^{-1} = \tfrac{2}{3} e^{-1} + \tfrac{4}{3} = 1{,}57858629\ldots
$$

während die Gauß-Quadratur für den Integralwert im Fall $n = 3$ die Näherung

$$
\int_{-1}^{1} e^{-x^2}\,dx \approx \tfrac{5}{9} e^{-\frac{3}{5}} + \tfrac{8}{9} e^0 + \tfrac{5}{9} e^{-\frac{3}{5}} = \tfrac{10}{9} e^{-0{,}6} + \tfrac{8}{9} = 1{,}49867959\ldots
$$

ergibt. Führt man die Berechnungen mit einer größeren Anzahl Stützstellen durch, dann erhalten wir bei der summierten Simpsonregel die folgenden Näherungen:

n	$S_n(f)$
1000	1,4936482656251157
2000	1,4936482656248704
$\cdots$	$\cdots$
7000	1,4936482656248542
8000	1,4936482656248541
9000	1,4936482656248541

Erst ab ca. $n = 8000$ Stützstellen erreichen wir einen auf 16 Nachkommastellen genauen Wert. Die Gauß-Quadratur dagegen liefert diesen Näherungswert bereits bei nur 13(!) Stützstellen:

n	Gauß-Quadratur
2	1,4330626211475785
3	1,4986795956600294
4	1,4933346224495388
5	1,4936639207026293
6	1,4936476141506052
7	1,4936482888694139
8	1,4936482648990139
9	1,4936482656450038
10	1,4936482656243506
11	1,4936482656248655
12	1,4936482656248538
13	1,4936482656248541
14	1,4936482656248541

Mit der Gauß-Quadratur erhält man also das gleiche Resultat, aber mit deutlich weniger Rechenoperationen, sodass dieses numerische Verfahren in der Praxis wesentlich schneller ist als die Simpson-Methode. Die Gauß-Quadratur hat allerdings auch einen Nachteil: Die Berechnung der Gewichte w_k und der Stützstellen x_k über das nichtlineare Gleichungssystem ist sehr kompliziert. Doch auch für dieses Problem gibt es eine erstaunlich einfache Lösung: Man kann zeigen, dass die Stützstellen x_k für $k = 1, \ldots, n$ die Nullstellen eines Polynoms $P_n(x)$ sind. Dieses Polynom, das sich allein durch n-maliges Ableiten von $(x^2 - 1)^n$ berechnen lässt, wird *Legendre-Polynom* vom Grad n genannt:

$$P_n(x) := \frac{d^n}{dx^n} (x^2 - 1)^n$$

Dessen Nullstellen x_k für $k = 1, \ldots, n$ können z. B. mit dem Newton-Verfahren beliebig genau bestimmt werden. Sind die Stützstellen x_k bekannt, dann lassen sich mit der Forderung

$$\sum_{k=1}^{n} w_k \cdot x_k^\ell = \int_{-1}^{1} x^\ell \, dx = \begin{cases} 0, & \text{falls } \ell \text{ ungerade} \\ \frac{2}{\ell+1}, & \text{falls } \ell \text{ gerade} \end{cases}$$

für $\ell = 0, 1, 2, \ldots, n - 1$ die Gewichte w_k aus einem *linearen* Gleichungssystem beispielsweise mit dem Gauß-Jordan-Verfahren ermitteln.

Beispiel: Das Legendre-Polynom im Fall $n = 3$ lautet

$$P_3(x) = \frac{d^3}{dx^3} (x^2 - 1)^3 = (x^6 - 3x^4 + 3x^2 - 1)''' = 120x^3 - 72x$$

Es hat die Nullstellen $x_1 = -\sqrt{\frac{3}{5}}$, $x_2 = 0$, $x_3 = \sqrt{\frac{3}{5}}$. Die Gewichte erhalten wir aus dem $(3, 3)$-LGS

$$\begin{aligned}(1)\quad & w_1 && +\, w_2 && +\, w_3 && = 2\\[2pt](2)\quad & w_1 x_1 && +\, w_2 x_2 && +\, w_3 x_3 && = 0\\[2pt](3)\quad & w_1 x_1^2 && +\, w_2 x_2^2 && +\, w_3 x_3^2 && = \tfrac{2}{3}\end{aligned}$$

in das wir die bereits bekannten Werte für x_k einsetzen:

$$\begin{aligned}(1)\quad && w_1 + && w_2 + && w_3 && = 2\\[4pt](2)\quad && -\sqrt{\tfrac{3}{5}}\, w_1 && && +\sqrt{\tfrac{3}{5}}\, w_3 && = 0\\[4pt](3)\quad && \tfrac{3}{5}\, w_1 && && +\, \tfrac{3}{5}\, w_3 && = \tfrac{2}{3}\end{aligned}$$

Als Lösung dieses LGS ergeben sich die Gewichte $w_1 = w_3 = \tfrac{5}{9}$ und $w_2 = \tfrac{8}{9}$.

Auch wenn die Berechnung der Knoten und Gewichte bei der Gauß-Quadratur einige Schwierigkeiten bereitet: Man muss sie für jedes n nur *einmal* durchführen. In den Programmbibliotheken aus der numerischen Mathematik werden diese Werte zuerst mit hoher Genauigkeit errechnet und dann in Tabellen abgespeichert. Die Gauß-Quadratur spielt vor allem in der Technischen Mechanik bzw. bei Finite-Elemente-Programmen eine wichtige Rolle, da hier oftmals Polynome zu integrieren sind. Das Verfahren von Gauß liefert dann, sofern n hinreichend groß gewählt wird, aufgrund seiner Natur sogar den exakten Integralwert.

Bei den Näherungsformeln für $\int_{-1}^{1} f(x)\,\mathrm{d}x$ sind die Knoten der Gauß-Quadratur genau die Nullstellen der Legendre-Polynome, und daher spricht man auch von *Gauß-Legendre-Quadratur*. Falls im Integranden zusätzlich eine fest vorgegebene Gewichtsfunktion $w(x)$ als Faktor auftritt, also ein bestimmtes Integral wie z. B.

$$\int_{-1}^{1} f(x) \cdot \frac{1}{\sqrt{1-x^2}}\,\mathrm{d}x \quad \text{mit} \quad w(x) = \frac{1}{\sqrt{1-x^2}}$$

zu berechnen ist, dann kann man hierzu ebenfalls eine Gauß-Quadraturformel

$$\int_{a}^{b} f(x) \cdot w(x)\,\mathrm{d}x \approx \sum_{k=1}^{n} w_k \cdot f(x_k)$$

konstruieren, welche für alle Polynome $f(x)$ bis zum Grad $2n-1$ den exakten Integralwert liefert. Die Knoten sind auch hier wieder die Nullstellen gewisser orthogonaler Polynome. Beispielsweise führt die Gewichtsfunktion $w(x) = \frac{1}{\sqrt{1-x^2}}$ zur *Gauß-Tschebyschow-Quadratur*

$$\int_{-1}^{1} \frac{f(x)}{\sqrt{1-x^2}}\,\mathrm{d}x \approx \sum_{k=1}^{n} \frac{\pi}{n} \cdot f(x_k) = \sum_{k=1}^{n} \frac{\pi}{n} \cdot f\left(\cos \frac{(2k-1)\pi}{2n}\right)$$

mit den konstanten Gewichten $w_k = \frac{\pi}{n}$, wobei die Knoten x_k für $k = 1,\dots,n$ hier genau die Nullstellen des *Tschebyschow-Polynoms* $T_n(x) := \cos(n \arccos x)$ sind. Diese und weitere Gauß-Quadraturformeln (z. B. Gauß-Hermite-Quadratur, Gauß-Laguerre-Integration usw.) werden in nahezu allen Lehrbüchern zur numerischen Integration behandelt. Dort findet man auch Formeln zur Fehlerabschätzung sowie Aussagen zur Konvergenzgeschwindigkeit der hier aufgeführten Quadraturverfahren.

Aufgaben zu Kapitel 7

Aufgabe 7.1. Berechnen Sie mittels Zerlegungssummen (ohne Stammfunktion!) den Inhalt F der Fläche unter $f(x) = x^3$ über dem Intervall $[0, 2]$, also den Wert

$$F = \int_0^2 x^3 \, dx$$

Anleitung: Zerlegen Sie $[0, 2]$ in n gleichlange Teilintervalle und bestimmen Sie den Grenzwert $n \to \infty$ der Zerlegungssumme unter Verwendung der Formel

$$\sum_{k=0}^{n-1} k^3 = 1^3 + 2^3 + 3^3 + \ldots + (n-1)^3 = \left(\frac{n(n-1)}{2}\right)^2$$

Aufgabe 7.2. Welche der folgenden Integrale sind richtig? Überprüfen Sie die Ergebnisse durch Ableiten und geben Sie ggf. die richtige Stammfunktion an:

a) $\displaystyle\int \frac{1}{1+x^2} \, dx = \ln(1+x^2)$

b) $\displaystyle\int e^{1+x} \, dx = e^{1+x}$ c) $\displaystyle\int \frac{1}{e^{2x}} \, dx = \ln(e^{2x})$

Aufgabe 7.3. Begründen Sie durch Ableiten die folgenden unbestimmten Integrale:

a) $\displaystyle\int e^x \cdot \sin x \, dx = \frac{1}{2} e^x (\sin x - \cos x)$ b) $\displaystyle\int \frac{1}{x(1-x)} \, dx = \ln\left|\frac{x}{1-x}\right|$

c) $\displaystyle\int \frac{1}{\sin x} \, dx = \ln\left|\tan \frac{x}{2}\right|$ d) $\displaystyle\int \frac{1}{\cos x} \, dx = \operatorname{artanh}(\sin x)$

e) $\displaystyle\int \frac{1}{\cosh x} \, dx = 2 \arctan(e^x)$

Aufgabe 7.4. (Integrationstechniken)

a) Geben Sie Stammfunktionen zu den folgenden Funktionen an:

(i) $2u^3 + 4 + \frac{5}{u}$ (ii) $\sqrt[3]{x}$ (iii) $\sin 4x$ (iv) $4\sin t + \cos t$

b) Berechnen Sie mittels partieller Integration

(i) $\displaystyle\int_0^\pi x(2 - \cos x) \, dx$ (ii) $\displaystyle\int x^4 \cdot \ln x \, dx$ (iii) $\displaystyle\int_0^1 x^2 e^x \, dx$

Tipp zu (iii): zweimal partiell integrieren!

c) Berechnen Sie mit der Substitutionsmethode die Integrale

$$\text{(i)} \quad \int \frac{x}{\sqrt{4-x^2}}\,dx \qquad \text{(ii)} \quad \int_1^5 \sqrt{4x+5}\,dx \qquad \text{(iii)} \quad \int \frac{e^x}{1+e^x}\,dx$$

$$\text{(iv)} \quad \int \frac{(\ln x)^4}{x}\,dx \qquad \text{(v)} \quad \int \cot x\,dx \qquad \text{(vi)} \quad \int_0^\pi \frac{2\sin x}{3+\cos x}\,dx$$

Aufgabe 7.5. (Integrale und Hyperbelfunktionen)

a) Versuchen Sie, das bestimmte Integral

$$\int_0^1 \cosh x \cdot e^x\,dx$$

auf zwei unterschiedliche Arten zu ermitteln:

(i) mit partieller Integration

(ii) durch Umformung (in Exponentialfunktionen)

b) Berechnen Sie das unbestimmte Integral

$$\int \sqrt{a^2+x^2}\,dx$$

Hinweis: Zuerst Substitution $x = a\sinh u$, dann $\int \cosh^2 u\,du$ partiell integrieren.

Aufgabe 7.6. Berechnen Sie mit Partialbruchzerlegung die unbestimmten Integrale

$$\text{a)} \quad \int \frac{3x}{x^3+3x^2-4}\,dx \qquad\qquad \text{b)} \quad \int \frac{8x^3+12x^2-18x-25}{4x^2-9}\,dx$$

$$\text{c)} \quad \int \frac{1}{(x^2-1)^2}\,dx \qquad \text{d)} \quad \int_0^1 \frac{2x^3}{x^2-4}\,dx \qquad \text{e)} \quad \int \frac{2x^3+4}{x^2-2x+1}\,dx$$

Aufgabe 7.7. Bestimmen Sie die folgenden drei – ähnlich aussehenden – unbestimmten Integrale mit jeweils einer geeigneten Integrationsmethode (Substitution oder partielle Integration):

$$\text{a)} \quad \int x^2\cos x\,dx \qquad \text{b)} \quad \int x\cos x^2\,dx \qquad \text{c)} \quad \int x\cos^2 x\,dx$$

Aufgabe 7.8. Versuchen Sie, mit jeweils einer geeigneten Integrationsmethode die folgenden Stammfunktionen zu bestimmen:

$$\text{a)} \quad \int \frac{2}{x\ln x}\,dx \qquad \text{b)} \quad \int \frac{2x}{\ln x}\,dx \qquad \text{c)} \quad \int \frac{2\ln x}{x}\,dx$$

$$\text{d)} \quad \int \ln x^2\,dx \qquad \text{e)} \quad \int 2x\ln x\,dx \qquad \text{f)} \quad \int \ln \tfrac{2}{x}\,dx$$

Hinweis: Eines dieser Integrale ist nicht „elementar integrierbar", d. h., die Stammfunktion kann nicht als geschlossener Formelausdruck mit elementaren Funktionen (e^x, $\ln x$, $\sin x$, $\cos x$ usw.) angegeben werden. Zwei Integrale lassen sich durch Umformen des Integranden relativ leicht berechnen. Sie dürfen dabei das folgende Grundintegral als bekannt voraussetzen: $\int \ln x \, dx = x \ln x - x$.

Aufgabe 7.9. Ermitteln Sie den Wert des bestimmten Integrals

$$\int_0^{2\pi} \sin(nx) \cdot \sin(mx) \, dx$$

für alle natürlichen Zahlen n, $m > 0$. *Hinweis:* Benutzen Sie das Additionstheorem für $\sin \alpha \cdot \sin \beta$ und unterscheiden Sie dabei die Fälle $n = m$ und $n \neq m$.

Aufgabe 7.10. Berechnen Sie mit jeweils einer geeigneten Methode die Integrale

a) $\displaystyle\int \frac{3(x-1)}{x^2 - x - 2} \, dx$ b) $\displaystyle\int_0^1 (x+1) \cdot e^{-x} \, dx$

c) $\displaystyle\int_0^{\frac{\pi}{3}} 5 \cos^4 x \sin x \, dx$ d) $\displaystyle\int_1^e 2x \ln(x^2) \, dx$

e) $\displaystyle\int \frac{\cos x}{2 - \cos^2 x} \, dx$ f) $\displaystyle\int \frac{x^2 + 3x}{x^2 + 2x + 1} \, dx$

Tipp zu e): Verwenden Sie den trigonometrischen Pythagoras!

Aufgabe 7.11. Bestimmen Sie den Inhalt der Fläche, der zwischen der x-Achse und der Funktion $f(x) = x \cos x$ auf dem Intervall $[0, \pi]$ eingeschlossen wird. *Hinweis:* Skizzieren Sie den Funktionsverlauf und beachten Sie den Vorzeichenwechsel!

Aufgabe 7.12. Gegeben ist die Funktion

$$f(x) = \frac{3 \sin x}{2 + \cos x}, \quad x \in [0, \pi]$$

a) Überprüfen Sie die Ableitung

$$f'(x) = 3 \cdot \frac{2 \cos x + 1}{(2 + \cos x)^2}$$

b) Bestimmen Sie die Monotoniebereiche und die globalen Extremstellen von f.

c) Begründen Sie kurz, dass die Funktion f genau zwei Stellen in $[0, \pi]$ mit $f(x) = 1$ besitzt! Eine dieser Stellen liegt nahe bei $x_0 = \frac{\pi}{3}$. Geben Sie hierfür einen besseren Näherungswert an!

d) Berechnen Sie den Flächeninhalt, der von der (nicht-negativen) Funktion f über dem Intervall $[\frac{\pi}{2}, \pi]$ eingeschlossen wird.

Aufgabe 7.13. Bestimmen Sie die Bogenlängen der Funktionsgraphen zu

a) $f(x) = 2x\sqrt{x}, \quad x \in [0, 11]$

b) $f(x) = \frac{1}{6}x^3 + \frac{1}{2x}, \quad x \in [1, 3]$

c) $f(x) = \ln(x^2 - 1), \quad x \in [2, 5]$

Hinweis: Bei b) und c) kann man den Wurzelausdruck in der Formel für die Bogenlänge mithilfe der binomischen Formel vereinfachen!

Aufgabe 7.14. Berechnen Sie die Bogenlängen der folgenden Kurven

a) $x(t) = 2t^3, \quad y(t) = 4t^2, \quad t \in [0, 1]$

b) $x(t) = 3t^2, \quad y(t) = t^3 - 3t, \quad t \in [-2, 2]$

Aufgabe 7.15. Die Kurve mit der Parameterdarstellung

$$x(t) = at\cos t, \quad y(t) = at\sin t, \quad t \in [0, \infty[$$

und einer Konstante $a > 0$ wird *Archimedische Spirale* genannt.

a) Ermitteln Sie die Bogenlänge für den Umlauf $t \in [0, 2\pi]$ in Abhängigkeit von a.
   Hinweis: $\int \sqrt{1 + x^2}\, dx = \frac{x}{2}\sqrt{1 + x^2} + \frac{1}{2}\operatorname{arsinh} x$

b) Zeigen Sie, dass die Archimedische Spirale mit dem Winkel $\varphi = t$ in der Polardarstellung $r(\varphi) = a \cdot \varphi$ geschrieben werden kann.

c) Bestimmen Sie die Fläche des Sektors, der von der Kurve und dem Winkelbereich $\varphi \in [0, 2\pi]$ begrenzt wird.

Aufgabe 7.16. Bestimmen Sie die Länge der Raumkurve (Spirale), welche durch die folgende Parameterdarstellung gegeben ist:

$$\vec{r}(t) = \begin{pmatrix} 3t\cos t \\ 3t\sin t \\ 4t \end{pmatrix}, \quad t \in [0, 4]$$

Aufgabe 7.17. (Kurven in Polarform)

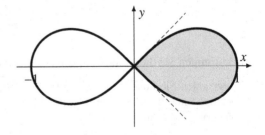

Abb. 7.40 Lemniskate

a) Das rechte Blatt einer Lemniskate (in Abb. 7.40 grau eingezeichnet) wird mit der Polardarstellung

$$r(\varphi) = \sqrt{\cos 2\varphi}, \quad \varphi \in \left[-\tfrac{\pi}{4}, \tfrac{\pi}{4}\right]$$

beschrieben. Welchen Flächeninhalt begrenzt diese Kurve?

b) Die Kurve in Polarform

$$r(\varphi) = 3\,\varphi^2, \quad \varphi \in [0, 1]$$

beschreibt ein Stück einer *Galileischen Spirale*. Berechnen Sie den Flächeninhalt des Kurvensektors sowie die Bogenlänge des Kurvenstücks.

Aufgabe 7.18. Die Koordinatenfunktionen

$$x(t) = R + R\cos t, \quad y(t) = R\sin t, \quad t \in [0, \pi]$$

erzeugen gemäß Abb. 7.41 einen Halbkreis mit dem Radius $R > 0$, wobei der Parameter t der Zentriwinkel beim Mittelpunkt M ist. Zeigen Sie, dass sich dieser Halbkreis auch mit der Polarform

$$r(\varphi) = 2\,R\cos\varphi, \quad \varphi \in [0, \tfrac{\pi}{2}]$$

darstellen lässt. *Anleitung*: Das Dreieck $\triangle OPD$ hat bei P einen rechten Winkel (warum?). Begründen Sie damit zunächst $\varphi = \tfrac{t}{2}$. Mit dem Kosinussatz und den Formeln für den doppelten Winkel erhält man daraus den Abstand $r = r(\varphi)$.

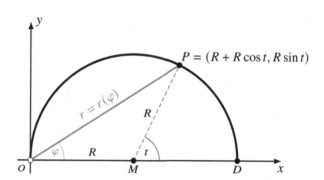

Abb. 7.41 Halbkreis mit Radius R

Aufgabe 7.19. (Rotationskörper)

a) Der Rotationskörper, der durch Drehung der Funktion

$$f(x) = \cosh x, \quad x \in [-1, 1]$$

um die x-Achse entsteht, wird *Katenoid* genannt. Bestimmen Sie das Volumen und die Mantelfläche dieses Körpers.

b) Berechnen Sie für den Rotationskörper, der durch Drehung von

$$f(x) = \sqrt{x \cdot \sin x}, \quad x \in [0, \pi]$$

um die x-Achse erzeugt wird, das Volumen und den Schwerpunkt.

c) Ermitteln Sie für den Drehkörper, der durch Drehung des Graphen von

$$f(x) = \cos x, \quad x \in \left[-\tfrac{\pi}{2}, \tfrac{\pi}{2}\right]$$

um die x-Achse entsteht, die Mantelfläche, das Volumen sowie den Schwerpunkt.
Hinweis: $\int \sqrt{1+x^2}\, \mathrm{d}x = \tfrac{x}{2}\sqrt{1+x^2} + \tfrac{1}{2}\operatorname{arsinh} x$

Aufgabe 7.20. Berechnen Sie mithilfe der entsprechenden Formeln für Rotationskörper das Volumen und die Mantelfläche eines Kegels mit dem Radius $r > 0$ und der Höhe $h > 0$. *Hinweis*: Finden Sie zunächst eine passende (lineare) Funktion $f(x)$, welche den Kegel bei Drehung um die x-Achse erzeugt!

Aufgabe 7.21. Bestimmen Sie für den Rotationskörper, der durch Drehung von

$$g(x) = \sqrt[3]{x}, \quad x \in [0, 1]$$

um die y-Achse(!) entsteht, die Mantelfläche, das Volumen und den Schwerpunkt. *Hinweise*: Formulieren Sie das Problem so um, dass Sie die Formeln für Rotationskörper um die x-Achse anwenden können ($\rightarrow$ Umkehrfunktion), und berechnen Sie das Integral für die Mantelfläche mit Substitution.

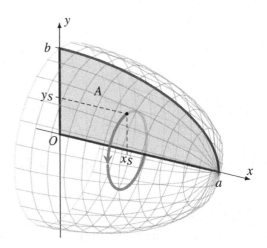

Abb. 7.42 Halbellipsoid

Aufgabe 7.22. Eine Ellipse mit den beiden Halbachsen $a > 0$ und $b > 0$ wird in der (x, y)-Ebene durch die folgende (implizite) Funktionsgleichung beschrieben:

$$\frac{x^2}{a^2} + \frac{y^2}{b^2} = 1$$

a) Ermitteln Sie eine Formel für den Flächeninhalt der *gesamten* Ellipse.

Tipps: Betrachten Sie zuerst den Ellipsensektor in der oberen Halbebene.
Das Integral $\int_{-a}^{a} \sqrt{a^2 - x^2}\, \mathrm{d}x$ ist die Fläche des Halbkreises mit Radius a.

b) Berechnen Sie den Schwerpunkt (x_S, y_S) der Fläche A, die von der Ellipse im 1. Quadranten begrenzt wird (siehe Abb. 7.42).

c) Bestimmen Sie das Volumen und den Schwerpunkt des Halbellipsoids, das durch Drehung der Ellipse im 1. Quadranten um die x-Achse entsteht.

Aufgabe 7.23. Berechnen Sie – sofern möglich – die uneigentlichen Integrale

a) $\displaystyle\int_0^\infty (x+2)\,\mathrm{e}^{-x}\,\mathrm{d}x$
b) $\displaystyle\int_{-\infty}^\infty \frac{1}{\cosh^2 x}\,\mathrm{d}x$
c) $\displaystyle\int_0^{\frac{\pi}{2}} \tan x\,\mathrm{d}x$

d) $\displaystyle\int_0^1 \ln(x^2)\,\mathrm{d}x$
e) $\displaystyle\int_e^\infty \frac{1}{x\ln x}\,\mathrm{d}x$
f) $\displaystyle\int_1^\infty \frac{1}{x^2+x}\,\mathrm{d}x$

Aufgabe 7.24.

$$\int_0^2 \frac{2}{x^2-2x+2}\,\mathrm{d}x$$

soll näherungsweise mit numerischer Integration berechnet werden. Verwenden Sie dazu

a) die summierte Rechteckregel für $n = 4$

b) die summierte Trapezregel für $n = 4$

c) die summierte Simpsonregel für $n = 4$

d) die Gauß-Quadraturformel mit $n = 3$

wobei n die Anzahl der Stützstellen bezeichnet, und geben Sie zusätzlich auch den *exakten* Integralwert an. Vorsicht bei d): Die Gauß-Quadratur setzt den Integrationsbereich $[-1, 1]$ voraus!

Lösungsvorschläge

Lösungen zu Kapitel 1

Aufgabe 1.1.

a) $2142 = 2 \cdot 3 \cdot 3 \cdot 7 \cdot 17$

b) Wir zerlegen zuerst die Zahlen in ihre Primfaktoren:

$$495 = 3 \cdot 3 \cdot 5 \cdot 11 = 3^2 \cdot 5^1 \cdot 7^0 \cdot 11^1$$
$$525 = 3 \cdot 5 \cdot 5 \cdot 7 \ = 3^1 \cdot 5^2 \cdot 7^1 \cdot 11^0$$

Von den beteiligten Primfaktoren nehmen wir beim ggT jeweils die kleinsten und beim kgV jeweils die größten Exponenten:

$$\text{ggT}(495, 525) = 3^1 \cdot 5^1 \cdot 7^0 \cdot 11^0 = 15$$
$$\text{kgV}(495, 525) = 3^2 \cdot 5^2 \cdot 7^1 \cdot 11^1 = 17325$$

c) Wir zerlegen den Zähler und den Nenner in Primfaktoren:

$$\frac{1035}{1350} = \frac{3 \cdot 3 \cdot 5 \cdot 23}{2 \cdot 3 \cdot 3 \cdot 3 \cdot 5 \cdot 5} = \frac{23}{2 \cdot 3 \cdot 5} = \frac{23}{30}$$

d) Falls sich die Ziffern wiederholen dürfen, dann hat man für jede Stelle 9 Möglichkeiten und damit insgesamt $9 \cdot 9 \cdot 9 \cdot 9 \cdot 9 \cdot 9 = 9^6 = 531441$ verschiedene Passwörter. Im Fall, dass sich die Ziffern nicht wiederholen dürfen, hat man für die erste Stelle 9, für die zweite Stelle 8, für die dritte Stelle 7 usw. Möglichkeiten, also insgesamt

$$9 \cdot 8 \cdot 7 \cdot 6 \cdot 5 \cdot 4 = 60480 = \frac{9!}{3!}$$

zulässige Passwörter.

e) Die Formel ist für $n = 1$ richtig, denn in diesem Fall haben wir auf der linken Seite nur den Summanden 1, und Einsetzen in die Formel ergibt

$$1 = \frac{1 \cdot (1 + 1)}{2}$$

Wir nehmen nun an, dass die Formel für eine natürliche Zahl n gilt. Ist sie dann auch für die nächste natürliche Zahl $n + 1$ wahr? Ausgehend von der für n gültigen Formel

$$\underbrace{1 + 2 + 3 + \ldots + n}_{\text{Summe der ersten } n \text{ natürlichen Zahlen}} = \frac{n(n+1)}{2}$$

© Springer-Verlag GmbH Deutschland, ein Teil von Springer Nature 2022
H. Schmid, *Mathematik für Ingenieurwissenschaften: Grundlagen*,
https://doi.org/10.1007/978-3-662-65528-3_8

müssen wir zeigen, dass die Formel auch dann noch richtig ist, wenn wir überall n durch $n + 1$ ersetzen. Die Frage ist also, ob

$$\underbrace{1 + 2 + 3 + \ldots + n + (n + 1)}_{\text{Summe der natürlichen Zahlen bis } n + 1} = \frac{(n + 1)\,(n + 1 + 1)}{2}$$

erfüllt ist. Dazu addieren wir in der Formel für n auf beiden Seiten die Zahl $n + 1$:

$$1 + 2 + 3 + \ldots + n = \frac{n\,(n + 1)}{2} \quad\Big|\, + (n + 1)$$

$$1 + 2 + 3 + \ldots + n + (n + 1) = \frac{n\,(n + 1)}{2} + (n + 1)$$

Auf der linken Seite steht jetzt die Summe der natürlichen Zahlen von 1 bis $n + 1$, und die rechte Seite lässt sich wie folgt umformen:

$$\frac{n\,(n + 1)}{2} + (n + 1) = \frac{n\,(n + 1) + 2\,(n + 1)}{2}$$

$$= \frac{(n + 1)\,(n + 2)}{2} = \frac{(n + 1)\,(n + 1 + 1)}{2}$$

Das ist aber genau die gesuchte Summenformel für $n + 1$.

Nachdem die Formel für $n = 1$ stimmt, ist sie auch für $1 + 1 = 2$ und damit für $2 + 1 = 3$, für $3 + 1 = 4$ usw. richtig, also letztlich für alle Zahlen $n = 1, 2, 3, \ldots$

Aufgabe 1.2.

a) Zunächst ist

$$\frac{\frac{1}{2} + \frac{1}{3}}{\frac{1}{3} + \frac{1}{5}} = \frac{\frac{3}{2\cdot3} + \frac{2}{2\cdot3}}{\frac{5}{3\cdot5} + \frac{3}{3\cdot5}} = \frac{\frac{5}{6}}{\frac{8}{15}} = \frac{5 \cdot 15}{6 \cdot 8} = \frac{25}{16}$$

Durch Anwendung der Rechenregeln für Brüche und mithilfe der binomischen Formeln können rationale Ausdrücke oftmals sehr vereinfacht werden:

$$\frac{a\,c - b\,c}{a^2 b - a\,b^2} \cdot \frac{a\,b}{a + b} = \frac{(a - b) \cdot c}{a\,b \cdot (a - b)} \cdot \frac{a\,b}{a + b} = \frac{c}{a + b}$$

$$\left(\frac{27\,a^2 - 12}{3\,a^2 - 75} \cdot \frac{a + 5}{8 - 12\,a} \right) : \frac{2 + 3\,a}{20 - 4\,a} = \frac{\cancel{3} \cdot (9\,a^2 - 4)}{\cancel{3} \cdot (a^2 - 25)} \cdot \frac{a + 5}{\cancel{4} \cdot (2 - 3\,a)} \cdot \frac{\cancel{4} \cdot (5 - a)}{2 + 3\,a}$$

$$= \frac{(3\,a - 2)\,\cancel{(3\,a + 2)}}{(a - 5)\,\cancel{(a + 5)}} \cdot \frac{\cancel{a + 5}}{2 - 3\,a} \cdot \frac{5 - a}{\cancel{2 + 3\,a}}$$

$$= \frac{(3\,a - 2)\,(5 - a)}{(a - 5)\,(2 - 3\,a)} = \frac{-\cancel{(2 - 3\,a)}\,\cancel{(5 - a)}}{-\cancel{(5 - a)}\,\cancel{(2 - 3\,a)}} = 1$$

b) Vereinfachungen mit den binomischen Formeln:

$$\frac{(x+1)^2 - 4}{x-1} - 2 = \frac{(x^2 + 2x + 1) - 4 - 2(x-1)}{x-1}$$

$$= \frac{x^2 - 1}{x-1} = \frac{(x-1)(x+1)}{x-1} = x+1$$

$$\frac{x^2 - 3x + 2}{x^2 - 4} = \frac{(x-1)(x-2)}{(x-2)(x+2)} = \frac{x-1}{x+2}$$

$$\sqrt{(x^2-1)^2 + 4x^2} = \sqrt{x^4 - 2x^2 + 1 + 4x^2}$$

$$= \sqrt{x^4 + 2x^2 + 1} = \sqrt{(x^2+1)^2} = x^2 + 1$$

c) Wir kürzen zunächst die Brüche mit Primzahlzerlegung so weit wie möglich:

$$\frac{770}{1155} = \frac{2 \cdot 5 \cdot 7 \cdot 11}{3 \cdot 5 \cdot 7 \cdot 11} = \frac{2}{3} \qquad \frac{1155}{1540} = \frac{3 \cdot 5 \cdot 7 \cdot 11}{2 \cdot 2 \cdot 5 \cdot 7 \cdot 11} = \frac{3}{4}$$

und stellen fest, dass der Bruch auf der linken Seite kleiner ist.

d) Wir rechnen die Einheiten im Zähler und Nenner in Meter und Sekunden um:

$$\frac{30\,\text{km}}{20\,\text{min}} = \frac{30 \cdot 1000\,\text{m}}{20 \cdot 60\,\text{s}} = \frac{30000\,\text{m}}{120\,\text{s}} = 25\,\frac{\text{m}}{\text{s}}$$

e) Achtung: Die Durchschnittsgeschwindigkeit ist hier *nicht* der Mittelwert der Geschwindigkeiten $\frac{1}{2}(100 + 60) = 80\,\frac{\text{km}}{\text{h}}$. Stattdessen müssen wir die Gesamtstrecke $15 + 15 = 30\,\text{km}$ durch die gesamte Fahrzeit teilen. Für die ersten $15\,\text{km}$ braucht das Auto

$$t_1 \cdot 100\,\frac{\text{km}}{\text{h}} = 15\,\text{km} \quad \Longrightarrow \quad t_1 = \frac{15\,\text{km}}{100\,\frac{\text{km}}{\text{h}}} = 0{,}15\,\text{h}$$

und für die zweiten $15\,\text{km}$ beträgt die Fahrzeit

$$t_2 \cdot 60\,\frac{\text{km}}{\text{h}} = 15\,\text{km} \quad \Longrightarrow \quad t_2 = \frac{15\,\text{km}}{60\,\frac{\text{km}}{\text{h}}} = 0{,}25\,\text{h}$$

Damit legt das Auto die $30\,\text{km}$ in $t_1 + t_2 = 0{,}4\,\text{h}$ zurück, und das ergibt die Durchschnittsgeschwindigkeit

$$v = \frac{30\,\text{km}}{0{,}4\,\text{h}} = 75\,\frac{\text{km}}{\text{h}}$$

f) Wir multiplizieren die Zahl $r = 1{,}2333\ldots$ mit 10 bzw. 100 und bilden die Differenz, sodass die Nachkommastellen wegfallen:

$$10 \cdot r = 12{,}333\ldots$$
$$100 \cdot r = 123{,}333\ldots$$
$$\Longrightarrow \quad 90 \cdot r = 111{,}000\ldots \quad \text{bzw.} \quad r = \frac{111}{90} = \frac{37}{30}$$

g) Der endliche Dezimalbruch $0{,}5625_{(10)} = \frac{9}{16}$ ist in Binärdarstellung

$$9 : 16 = 0 \quad \text{Rest} \quad 9 \quad | \cdot 2$$
$$18 : 16 = 1 \quad \text{Rest} \quad 2 \quad | \cdot 2$$
$$4 : 16 = 0 \quad \text{Rest} \quad 4 \quad | \cdot 2$$
$$8 : 16 = 0 \quad \text{Rest} \quad 8 \quad | \cdot 2$$
$$16 : 16 = 1 \quad \text{Rest} \quad 0$$

Die Division geht auf, und wir erhalten den endlichen Binärbruch

$$0{,}5625_{(10)} = \tfrac{9}{16} = 1 \cdot 2^{-1} + 0 \cdot 2^{-2} + 0 \cdot 2^{-3} + 1 \cdot 2^{-4} = 0{,}1001_{(2)}$$

Die Binärdarstellung von $0{,}6_{(10)} = \tfrac{3}{5}$ ergibt sich mit der Rechnung

$$3 : 5 = 0 \quad \text{Rest} \quad 3 \quad | \cdot 2$$
$$6 : 5 = 1 \quad \text{Rest} \quad 1 \quad | \cdot 2$$
$$2 : 5 = 0 \quad \text{Rest} \quad 2 \quad | \cdot 2$$
$$4 : 5 = 0 \quad \text{Rest} \quad 4 \quad | \cdot 2$$
$$8 : 5 = 1 \quad \text{Rest} \quad 3 \quad \text{(Rechnung wiederholt sich)}$$

In diesem Fall geht die Division nicht auf, und daher ist

$$0{,}6_{(10)} = \tfrac{3}{5} = 0{,}10011001 \ldots {}_{(2)} = 0{,}\overline{1001}_{(2)}$$

ein unendlich-periodischer Binärbruch.

Aufgabe 1.3.

a) Bei den angegebenen Potenzen ist die Reihenfolge der Auswertung (Klammern!) zu beachten:

$$\left((-2)^3\right)^2 = (-8)^2 = 16 \quad \text{und} \quad (-2)^{(3^2)} = (-2)^9 = -512$$

b) Die Ausdrücke lassen sich mit den Potenzgesetzen wie folgt vereinfachen:

$$\left(\frac{a}{b}\right)^4 : \left(\frac{a}{b^2}\right)^3 = \frac{a^4}{b^4} \cdot \frac{b^6}{a^3} = a^{4-3} \cdot b^{6-4} = a\,b^2$$

$$\left(\frac{a}{b}\right)^n \cdot \left(\frac{b}{c}\right)^n \cdot \left(\frac{c}{a}\right)^{n+1} = \frac{a^n \cdot b^n \cdot c^{n+1}}{a^{n+1} \cdot b^n \cdot c^n} = \frac{c}{a}$$

$$\frac{(x\,y + x\,a)^{n+1}\,b^n}{(x\,y\,b + x\,a\,b)^{n-1}} = \frac{(x \cdot (y+a))^{n+1}\,b^n}{(x\,b \cdot (y+a))^{n-1}} = \frac{x^{n+1} \cdot (y+a)^{n+1} \cdot b^n}{x^{n-1} \cdot (y+a)^{n-1} \cdot b^{n-1}}$$
$$= x^2 \cdot (y+a)^2 \cdot b$$

c) Die ersten zwei Wurzelausdrücke können durch die Potenzschreibweise vereinfacht werden:

$$\sqrt[3]{a^4} \cdot \left(\sqrt{a}\right)^{-3} = a^{\frac{4}{3}} \cdot a^{-\frac{3}{2}} = a^{\frac{4}{3}-\frac{3}{2}} = a^{-\frac{1}{6}} = \frac{1}{a^{\frac{1}{6}}} = \frac{1}{\sqrt[6]{a}}$$

$$\frac{\sqrt[3]{3\sqrt{3}}}{\sqrt[6]{3}} = \frac{(3 \cdot 3^{\frac{1}{2}})^{\frac{1}{3}}}{3^{\frac{1}{6}}} = (3^{\frac{3}{2}})^{\frac{1}{3}} \cdot 3^{-\frac{1}{6}} = 3^{\frac{3}{2} \cdot \frac{1}{3} - \frac{1}{6}} = 3^{\frac{1}{3}} = \sqrt[3]{3}$$

Der dritte Wurzelausdruck lässt sich durch Rationalmachen des Nenners in

$$\frac{2}{3-\sqrt{5}} = \frac{2 \cdot (3+\sqrt{5})}{(3-\sqrt{5}) \cdot (3+\sqrt{5})} = \frac{6+2\sqrt{5}}{3^2 - (\sqrt{5})^2} = \frac{6+2\sqrt{5}}{9-5} = \frac{3+\sqrt{5}}{2}$$

umformen. Summen und Differenzen von Wurzeln lassen sich in der Regel nicht zusammenfassen – außer, man kann die Summanden auf einen einheitlichen Radikanden zurückführen, so wie im vierten Ausdruck

$$6\sqrt{27} + 2\sqrt{108} - 7\sqrt{75} = 6\sqrt{9 \cdot 3} + 2\sqrt{36 \cdot 3} - 7\sqrt{25 \cdot 3}$$
$$= 6 \cdot 3\sqrt{3} + 2 \cdot 6\sqrt{3} - 7 \cdot 5\sqrt{3} = -5\sqrt{3}$$

Schließlich können wir den letzten Wurzelausdruck wieder rational machen:

$$\frac{n-1}{\sqrt{n}-1} = \frac{(n-1)(\sqrt{n}+1)}{(\sqrt{n}-1)(\sqrt{n}+1)} = \frac{(n-1)(\sqrt{n}+1)}{(\sqrt{n})^2 - 1^2} = \frac{(n-1)(\sqrt{n}+1)}{n-1} = \sqrt{n}+1$$

d) Die Formel ist für alle $x \in \mathbb{R}$ richtig, denn nach der binomischen Formel gilt

$$\sqrt{x^4 + 4x^2 + 4} = \sqrt{(x^2)^2 + 2 \cdot 2 \cdot x^2 + 2^2} = \sqrt{(x^2+2)^2} = x^2 + 2$$

e) Die dritte Wurzel der Summe lässt sich nicht direkt umformen. Bilden wir jedoch auf beiden Seiten die dritte Potenz, dann müssen wir nur noch

$$7 + 5\sqrt{2} = (1 + \sqrt{2})^3$$

begründen. Der Ausdruck auf der rechten Seite ist nach der binomischen Formel

$$(1+\sqrt{2})^3 = (1+\sqrt{2}) \cdot (1+\sqrt{2})^2 = (1+\sqrt{2}) \cdot (1 + 2\sqrt{2} + 2)$$
$$= (1+\sqrt{2}) \cdot (3 + 2\sqrt{2}) = 3 + 2\sqrt{2} + 3\sqrt{2} + \sqrt{2} \cdot 2\sqrt{2}$$
$$= 3 + 5\sqrt{2} + 4 = 7 + 5\sqrt{2}$$

Aufgabe 1.4.

a) Quadrieren der beiden Seiten und anschließendes Wurzelziehen ergibt

$$\left(\sqrt{x} + \sqrt{y}\right)^2 = (\sqrt{x})^2 + 2 \cdot \sqrt{x} \cdot \sqrt{y} + (\sqrt{y})^2 = x + y + 2\sqrt{xy}$$
$$\implies \sqrt{x} + \sqrt{y} = \sqrt{x + y + 2\sqrt{xy}}$$

b) Ähnlich wie in a) erhält man mit der 2. binomischen Formel

$$\left(\sqrt{x} - \sqrt{y}\right)^2 = \left(\sqrt{x}\right)^2 - 2 \cdot \sqrt{x} \cdot \sqrt{y} + \left(\sqrt{y}\right)^2 = x + y - 2\sqrt{xy}$$

$$\implies \quad \sqrt{x} - \sqrt{y} = \sqrt{x + y - 2\sqrt{xy}}$$

Aus der allgemeinen Ungleichung

$$\sqrt{x \cdot y} \le \frac{x + y}{2} \qquad \text{(geometrisches} \le \text{arithmetisches Mittel)}$$

folgt $2\sqrt{xy} \le x + y$ und somit $x + y - 2\sqrt{xy} \ge 0$.

Aufgabe 1.5.

a) Nach dem Ausmultiplizieren heben sich die mittleren Summanden in

$$(a - b) \cdot \left(a^n + a^{n-1}b + a^{n-2}b^2 + \ldots + a^2 b^{n-2} + ab^{n-1} + b^n\right)$$
$$= a^{n+1} + a^n b + a^{n-1} b^2 + \ldots + a^2 b^{n-1} + a b^n$$
$$ \quad - a^n b - a^{n-1} b^2 - \ldots - a^2 b^{n-1} - a b^n - b^{n+1}$$
$$= a^{n+1} - b^{n+1}$$

auf, und übrig bleibt nur der einfache Ausdruck $a^{n+1} - b^{n+1}$. Hierbei handelt es sich um eine Verallgemeinerung der 3. binomischen Formel $(a - b)(a + b) = a^2 - b^2$ auf höhere Potenzen.

b) Wir schreiben $a - b = a + (-b)$ und wenden den binomischen Lehrsatz an:

$$(a - b)^5 = (a + (-b))^5$$
$$= a^5 + 5 a^4 (-b) + 10 a^3 (-b)^2 + 10 a^2 (-b)^3 + 5 a (-b)^4 + (-b)^5$$
$$= a^5 - 5 a^4 b + 10 a^3 b^2 - 10 a^2 b^3 + 5 ab^4 - b^5$$

c) Mit dem binomischen Lehrsatz erhält man

$$98^3 = (100 - 2)^3 = 100^3 - 3 \cdot 100^2 \cdot 2 + 3 \cdot 100 \cdot 2^2 - 2^3$$
$$= 1000000 - 60000 + 1200 - 8 = 941192$$

und

$$1001^5 = (10^3 + 1)^5$$
$$= (10^3)^5 + 5 \cdot (10^3)^4 + 10 \cdot (10^3)^3 + 10 \cdot (10^3)^2 + 5 \cdot 10^3 + 1$$
$$= 10^{15} + 5 \cdot 10^{12} + 10^{10} + 10^7 + 5 \cdot 10^3 + 1 = 1005010010005001$$

Aufgabe 1.6.

Die größere der beiden Strecken entspricht dem Radius des *Thaleskreises* (siehe Abb. L.1) mit dem Durchmesser $a + b$, also $r = \frac{a+b}{2}$, und das ist zugleich auch der *arithmetische Mittelwert* von a und b. Die kleinere Strecke ist dann die Höhe h des einbeschriebenen *rechtwinkligen* Dreiecks. Nach dem Höhensatz gilt $h^2 = a \cdot b$, und daher ist $h = \sqrt{a \cdot b}$

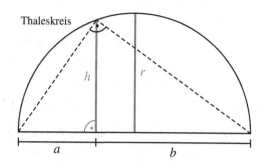

Abb. L.1 Rechtwinkliges
Dreieck im Thaleskreis

der *geometrische Mittelwert* von a und b. Das Bild veranschaulicht graphisch die allgemeingültige Ungleichung

$$\sqrt{a \cdot b} \le \frac{a+b}{2} \qquad \text{(geometrisches} \le \text{arithmetisches Mittel)}$$

Aufgabe 1.7.

a) Wir wollen $\sqrt{5}$ ermitteln und starten mit dem Näherungswert $x = 2$. Wir nehmen als neuen Näherungswert das arithmetische Mittel aus x und $\frac{5}{x}$:

$$\sqrt{5} = \sqrt{x \cdot \tfrac{5}{x}} \approx \tfrac{1}{2}\left(x + \tfrac{5}{x}\right) = \tfrac{1}{2}\left(2 + \tfrac{5}{2}\right) = 2{,}25$$

Mit dem neuen Näherungswert $x = 2{,}25$ wiederholen wir die Rechnung, also

$$\sqrt{5} = \sqrt{x \cdot \tfrac{5}{x}} \approx \tfrac{1}{2}\left(2{,}25 + \tfrac{5}{2{,}25}\right) = 2{,}2361111\ldots$$

Nochmalige Anwendung mit $x = 2{,}2361111\ldots$ liefert uns den Wert

$$\sqrt{5} \approx 2{,}2360679\ldots$$

welcher bei einem erneuten Durchlauf keine Änderung in den ersten sieben Nachkommastellen ergibt. Damit ist, gerundet und auf sechs Nachkommastellen genau, $\sqrt{5} = 2{,}236068$.

b) Wir suchen – ohne Verwendung des Taschenrechners – eine Abschätzung für den Wert $\sqrt{1{,}04}$ (exakter Wert: $\sqrt{1{,}04} \approx 1{,}0198\ldots$) und verwenden dazu die Ungleichung von Bernoulli:

$$1{,}04 = 1 + 2 \cdot \tfrac{0{,}04}{2} \le \left(1 + \tfrac{0{,}04}{2}\right)^2 \quad \Longrightarrow \quad \sqrt{1{,}04} \le 1 + \tfrac{0{,}04}{2} = 1{,}02$$

Aufgabe 1.8.

a) Wir können in der Tabelle sofort die beiden Werte $\lg 1 = 0$ und $\lg 10 = 1$ ergänzen: Die restlichen Werte bestimmen wir mithilfe der Logarithmengesetze:

$$\lg 4 = \lg 2 \cdot 2 = \lg 2 + \lg 2 = 0{,}602$$

$$\lg 5 = \lg \tfrac{10}{2} = \lg 10 - \lg 2 = 0{,}699$$

$$\lg 6 = \lg 2 \cdot 3 = \lg 2 + \lg 3 = 0{,}778$$

$$\lg 8 = \lg 2^3 = 3 \cdot \lg 2 = 0{,}903$$

$$\lg 9 = \lg 3 \cdot 3 = \lg 3 + \lg 3 = 0{,}954$$

Damit erhalten wir die folgende Wertetabelle für den dekadischen Logarithmus:

x	1	2	3	4	5	6	7	8	9	10
$\lg x$	0	0,301	0,477	0,602	0,699	0,778	0,845	0,903	0,954	1

b) Mit den Werten aus a) und den Logarithmengesetzen ergibt sich

$$\lg 0{,}2 = \lg \tfrac{2}{10} = \lg 2 - \lg 10 = 0{,}301 - 1 = -0{,}699$$

$$\lg 0{,}5 = \lg \tfrac{1}{2} = \lg 1 - \lg 2 = 0 - 0{,}301 - 1 = -0{,}301$$

$$\lg \sqrt{6} = \lg 6^{\frac{1}{2}} = \tfrac{1}{2} \cdot \lg 6 = 0{,}389$$

$$\lg 2\sqrt[3]{5} = \lg 2 \cdot 5^{\frac{1}{3}} = \lg 2 + \tfrac{1}{3} \cdot \lg 5 = 0{,}534$$

$$\lg 3{,}6 = \lg \tfrac{6 \cdot 6}{10} = 2 \cdot \lg 6 - 1 = 0{,}556$$

$$\lg 0{,}35 = \lg \tfrac{5 \cdot 7}{100} = \lg 5 + \lg 7 - 2 = -0{,}456$$

$$\lg 2{,}45 = \lg \tfrac{245}{100} = \lg \tfrac{5 \cdot 7 \cdot 7}{100} = \lg 5 + 2 \cdot \lg 7 - 2 = 0{,}389$$

c) Gemäß b) ist im Rahmen der gewählten Genauigkeit $\lg \sqrt{6} = \lg 2{,}45$ und damit auch $\sqrt{6} \approx 2{,}45$ auf drei Nachkommastellen genau.

d) Die Anwendung der Logarithmengesetze und der 3. binomischen Formel ergibt

$$\lg 50 \cdot \lg 2 + (\lg 5)^2 = \lg(10 \cdot 5) \cdot \lg \tfrac{10}{5} + (\lg 5)^2$$

$$= (1 + \lg 5) \cdot (1 - \lg 5) + (\lg 5)^2 = 1 - (\lg 5)^2 + (\lg 5)^2 = 1$$

e) Aus $a = 3^4 = (3^2)^2 = 9^2$ erhalten wir $\log_9 a = 2$.

f) Es gilt

$$1 + 2\lg(x + 1) - \lg(x^2 - 1) = \lg 10 + \lg(x + 1)^2 - \lg(x^2 - 1)$$

$$= \lg \left(10 \cdot \frac{(x + 1)^2}{x^2 - 1} \right) = \lg \left(10 \cdot \frac{x + 1}{x - 1} \right)$$

Aufgabe 1.9.

a) Aus den Seitenverhältnissen im abgebildeten Dreieck ergeben sich die Werte

$$\sin 53° = \tfrac{4}{5} = 0{,}8 \qquad \cos 53° = \tfrac{3}{5} = 0{,}6 \qquad \cot 53° = \tfrac{3}{4} = 0{,}75$$

b) Zunächst berechnen wir $\cos\alpha$ mit der Umformung

$$\cos\alpha = \sqrt{1-\sin^2\alpha} = \sqrt{1-0{,}36} = \sqrt{0{,}64} = 0{,}8$$

und wir erhalten damit den gesuchten Wert

$$\tan\alpha = \frac{\sin\alpha}{\cos\alpha} = \frac{0{,}6}{0{,}8} = 0{,}75$$

c) Es ist

$$\cos 32° = \sqrt{1-\sin^2 32°} = \sqrt{1-0{,}53^2} \approx 0{,}848$$
$$\sin 64° = \sin(2\cdot 32°) = 2\sin 32°\cos 32° \approx 2\cdot 0{,}53\cdot 0{,}848 \approx 0{,}899$$

d) Setzen wir die trigonometrischen Funktionswerte

$$\sin 30° = \tfrac{1}{2}, \quad \sin 45° = \cos 45° = \tfrac{1}{2}\sqrt{2}, \quad \cos 30° = \tfrac{1}{2}\sqrt{3}$$

als bekannt voraus, dann können wir mit dem Additionstheorem für die Winkeldifferenz den Wert $\sin 15°$ wie folgt berechnen:

$$\sin 15° = \sin(45° - 30°) = \sin 45° \cdot \cos 30° - \cos 45° \cdot \sin 30°$$
$$= \tfrac{1}{2}\sqrt{2}\cdot\tfrac{1}{2}\sqrt{3} - \tfrac{1}{2}\sqrt{2}\cdot\tfrac{1}{2}$$
$$= \tfrac{1}{4}\sqrt{6} - \tfrac{1}{4}\sqrt{2} = 0{,}25881904\ldots$$

und mit einer ähnlichen Rechnung finden wir

$$\cos 15° = \cos(45° - 30°) = \cos 45° \cdot \cos 30° + \sin 45° \cdot \sin 30°$$
$$= \tfrac{1}{2}\sqrt{2}\cdot\tfrac{1}{2}\sqrt{3} + \tfrac{1}{2}\sqrt{2}\cdot\tfrac{1}{2}$$
$$= \tfrac{1}{4}\sqrt{6} + \tfrac{1}{4}\sqrt{2} = 0{,}96592582\ldots$$

Hieraus ergibt sich durch „Rationalmachen des Nenners" der Wert

$$\tan 15° = \frac{\sin 15°}{\cos 15°} = \frac{\sqrt{6}-\sqrt{2}}{\sqrt{6}+\sqrt{2}} = \frac{(\sqrt{6}-\sqrt{2})\cdot(\sqrt{6}-\sqrt{2})}{(\sqrt{6}+\sqrt{2})\cdot(\sqrt{6}-\sqrt{2})}$$
$$= \frac{6 - 2\cdot\sqrt{6}\cdot\sqrt{2} + 2}{6-2} = \frac{8-4\sqrt{3}}{4} = 2-\sqrt{3}$$

e) Der erste Ausdruck lässt sich mit der Formel für den doppelten Winkel im Sinus vereinfachen:

$$\frac{\sin 2\alpha}{2\sin\alpha} = \frac{2\sin\alpha\cos\alpha}{2\sin\alpha} = \cos\alpha$$

Beim zweiten Ausdruck verwenden wir die Doppelwinkelformel für den Kosinus:

$$\frac{2\sin x\cos x}{1+\cos 2x} = \frac{2\sin x\cos x}{1+2\cos^2 x - 1} = \frac{2\sin x\cos x}{2\cos^2 x} = \frac{\sin x}{\cos x} = \tan x$$

Aufgabe 1.10.

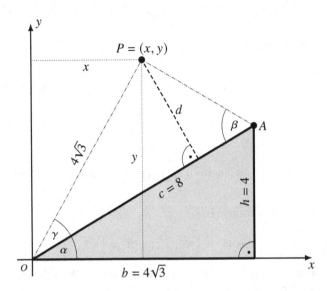

Abb. L.2 Zur Berechnung von P und d

a) Zur Berechnung der gesuchten Größen braucht man nur etwas Trigonometrie. Mit den Bezeichnungen in Abb. L.2 ergibt sich zunächst für das graue rechtwinklige Dreieck bei O der Winkel

$$\sin \alpha = \tfrac{4}{8} = \tfrac{1}{2} \quad \Longrightarrow \quad \alpha = 30°$$

und die Ankathete

$$b = c \cdot \cos \alpha = 8 \cdot \cos 30° = 8 \cdot \tfrac{1}{2}\sqrt{3} = 4\sqrt{3}$$

Das Dreieck OPA muss bei P einen rechten Winkel haben, denn $\gamma + \beta = 90°$, und die Winkelsumme im Dreieck beträgt $180°$. Folglich ist das Dreieck OPA kongruent zum grauen Dreieck, und insbesondere hat die Strecke $\overline{OP}$ die Länge $4\sqrt{3}$. Außerdem schließt die Strecke $\overline{OP}$ mit der x-Achse den Winkel $\alpha + \gamma = 60°$ ein, und demnach hat P die Koordinaten

$$x = 4\sqrt{3} \cdot \cos 60° = 4\sqrt{3} \cdot \tfrac{1}{2} = 2\sqrt{3}$$
$$y = 4\sqrt{3} \cdot \sin 60° = 4\sqrt{3} \cdot \tfrac{1}{2}\sqrt{3} = 6$$

Der Abstand d ist dann die Gegenkathete im rechtwinkligen Dreieck mit der Hypotenuse $\overline{OP}$, also

$$\frac{d}{4\sqrt{3}} = \sin \gamma = \sin 30° = \frac{1}{2} \quad \Longrightarrow \quad d = 2\sqrt{3}$$

b) Das Leuchtfeuer reicht maximal bis zum Punkt P am Horizont. P ist der Berührpunkt der Tangente von der Leuchtturmspitze an den Erdkreis. Da die Kreistangente stets

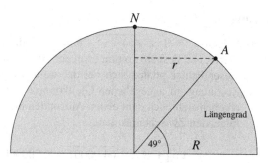

Abb. L.3 Radius des Breitenkreises

senkrecht zum Radius verläuft, bilden die Spitze des Leuchtturms, der Punkt P am
Horizont und der Erdmittelpunkt O ein rechtwinkliges Dreieck mit den Katheten
$R = 6{,}4 \cdot 10^6$ (Erdradius in Meter) bzw. d (Reichweite des Leuchtfeuers) und der
Hypotenuse $R + h$, wobei $h = 45$ die Höhe des Leuchtturms in Meter ist, vgl. Abb.
1.26. Nach dem Satz des Pythagoras gilt dann

$$R^2 + d^2 = (R + h)^2 \quad | \text{ binomische Formel } \ldots$$
$$R^2 + d^2 = R^2 + 2\,R\,h + h^2 \quad | - R^2$$
$$d^2 = 2\,R\,h + h^2$$

Wir wollen nur eine Näherungsrechnung durchführen. Da $h = 45$ im Vergleich zu
$R = 6{,}4 \cdot 10^6$ sehr klein ist, dürfen wir h^2 auf der rechten Seite vernachlässigen:

$$d^2 \approx 2\,R\,h = 2 \cdot 6{,}4 \cdot 10^6 \cdot 45 = 6{,}4 \cdot 10^6 \cdot 90 = 64 \cdot 10^6 \cdot 9$$
$$\implies \quad d \approx \sqrt{64 \cdot 10^6 \cdot 9} = 8 \cdot 10^3 \cdot 3 = 24000\,\text{m} \quad \text{bzw.} \quad d = 24\,\text{km}$$

c) Der Radius des Breitenkreises durch Regensburg bzw. Vancouver lässt sich nach Abb.
L.3 leicht mit der Formel $r = R \cdot \cos 49° = 4179$ berechnen. Der Kreisbogen von
Regensburg A nach Vancouver B hat einen Mittelpunktswinkel von $135°$. Seine Länge
d ist der Anteil $\frac{135}{360} = \frac{3}{8}$ vom Vollkreis mit dem Umfang $2\pi \cdot r$, siehe Abb. L.4, also

$$d = 2\pi \cdot r \cdot \tfrac{3}{8} \approx 9847$$

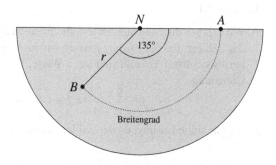

Abb. L.4 Länge des Breiten-
kreisbogens

Aufgabe 1.11.

a) Wegen $x^3 \approx 0$ ist $\sqrt{64 + x^3} - 8 \approx 8 - 8$ die Differenz zweier nahezu gleich großer Werte, und deshalb kommt es in der Gleitkommadarstellung zur Stellenauslöschung; dieser Fehler pflanzt sich bei der weiteren Auswertung von $f(0{,}02)$ fort. Bei der Rechnung im angegebenen Gleitkommaformat (Zahlenbasis 10, Mantissenlänge 7) ergeben sich nach dem ersten Aufrunden $64 + x^3 = 64{,}000008 \approx 6{,}400001 \cdot 10^1$ die folgenden Zwischenresultate:

$$\sqrt{64 + x^3} \approx \sqrt{64{,}00001} = 8{,}000000624999\ldots \approx 8{,}000001 \cdot 10^0$$

$$\implies \quad \sqrt{64 + x^3} - 8 \approx 8{,}000001 - 8 = 0{,}000001 = 1{,}000000 \cdot 10^{-6}$$

sodass

$$f(0{,}02) = \frac{2}{0{,}02^3} \cdot 0{,}000001 = 0{,}25 = 2{,}500000 \cdot 10^{-1}$$

b) Durch Anwendung der 3. binomischen Formel können wir allgemein eine Differenz $a - b$ in $(a - b) \cdot \frac{a+b}{a+b} = \frac{a^2 - b^2}{a+b}$ umformen. Speziell ist dann

$$\sqrt{64 + x^3} - 8 = \left(\sqrt{64 + x^3} - 8\right) \cdot \frac{\sqrt{64 + x^3} + 8}{\sqrt{64 + x^3} + 8} = \frac{x^3}{\sqrt{64 + x^3} + 8}$$

und wir erhalten für $f(x)$ die alternative Berechnungsvorschrift

$$f(x) = \frac{2}{x^3} \cdot \frac{x^3}{\sqrt{64 + x^3} + 8} = \frac{2}{\sqrt{64 + x^3} + 8}$$

Im Fall $x \approx 0$ werden im Nenner zwei etwa gleich große Zahlen *addiert*, und deshalb tritt hier keine Stellenauslöschung auf. Tatsächlich ist mit den Werten aus a) bei einer Berechnung mit jeweils 7 gültigen Dezimalstellen

$$f(0{,}02) \approx \frac{2}{8{,}000001 + 8} \approx \frac{2}{16{,}00000} = 1{,}250000 \cdot 10^{-1}$$

Lösungen zu Kapitel 2

Aufgabe 2.1.

a) Wir bringen die Gleichungen jeweils auf einen Nenner und suchen dann die Nullstellen des Zählers. Bei der Lösung müssen wir auch den Definitionsbereich der Gleichungen berücksichtigen: Erlaubt sind nur x-Werte, für die der Nenner nicht Null ist. Die erste Gleichung

$$0 = \frac{2x + 1}{x - 1} - 2 = \frac{2x + 1 - 2(x - 1)}{x - 1} = \frac{3}{x - 1}$$

hat gar keine Lösung, da der Zähler stets ungleich Null ist. Die zweite Gleichung

$$0 = \frac{x^2-1}{x+1} + 2 = \frac{x^2-1+2(x+1)}{x+1} = \frac{x^2+2x+1}{x+1} = \frac{(x+1)^2}{x+1}$$

liefert nach der Umformung zwar den Wert $x = -1$, aber dieser ist zugleich eine Nullstelle des Nenners, sodass auch diese Gleichung keine Lösung hat! Die dritte Gleichung

$$0 = \frac{x^2+2}{x^2-1} - 2 = \frac{x^2+2-2(x^2-1)}{x^2-1} = \frac{-x^2+4}{x^2-1} = \frac{(2-x)(2+x)}{x^2-1}$$

hat zwei Lösungen, nämlich die Nullstellen des Zählers $\dot{x} = \pm 2$.

b) Bei der ersten Ungleichung genügt es, das Vorzeichen der beiden Faktoren zu untersuchen, denn der Ausdruck $(x+1)(2x-4)$ ist genau dann negativ, wenn beide Faktoren verschiedenes Vorzeichen haben. Das bedeutet:

(1) entweder ist $x + 1 < 0$ und $2x - 4 > 0$

(2) oder es gilt $x + 1 > 0$ und $2x - 4 < 0$

Im Fall (1) müsste $x < -1$ und zugleich $x > 2$ erfüllt sein, aber das sind widersprüchliche Bedingungen. Fall (2) ergibt $x > -1$ und $x < 2$, also $x \in\,]-1, 2[$. Insgesamt ist dann das offene Intervall $]-1, 2[$ auch die gesamte Lösungsmenge der Ungleichung (i).

Auf ähnliche Art und Weise können wir die zweite Ungleichung lösen. Dazu bringen wir (ii) in die Form

$$0 < \frac{3x+2}{x} - 1 = \frac{3x+2-x}{x} = \frac{2x+2}{x}$$

Der Bruch auf der rechten Seite ist genau dann positiv, wenn Zähler und Nenner das gleich Vorzeichen haben, wobei der Nenner nicht Null sein darf. Das heißt:

(1) entweder ist $2x + 2 > 0$ und $x > 0$

(2) oder es gilt $2x + 2 < 0$ und $x < 0$

Fall (1) liefert die Bedingungen $x > -1$ und $x > 0$, also $x > 0$. Im Fall (2) muss $x < -1$ und zugleich $x < 0$ gelten, und das bedeutet $x < -1$. Insgesamt ist die Ungleichung für $x > 0$ oder für $x < -1$ erfüllt, und das ist die Lösungsmenge $]-\infty, -1[\, \cup\,]0, \infty[\, (= \mathbb{R} \setminus [-1, 0])$.

c) Es ist $|a| < |b|$ genau dann erfüllt, wenn $a^2 < b^2$ gilt. Deshalb ist hier das Quadrieren eine Äquivalenzumformung. Durch das Quadrieren fällt der Betrag weg, sodass wir beide Betragsungleichungen auch ohne Fallunterscheidungen lösen können.

(i) $\left(\frac{x-1}{x+1}\right)^2 < 1$ wird umgeformt zu

$$(x-1)^2 < (x+1)^2$$
$$x^2 - 2x + 1 < x^2 + 2x + 1$$

ergibt $0 < 4x$ oder $x > 0$. Die Lösungsmenge ist daher $]0, \infty[$.

(ii) $\left(\frac{x-1}{x+1}\right)^2 > \frac{1}{9}$ können wir auflösen in

$$9\,(x-1)^2 < (x+1)^2$$
$$9\,x^2 - 18\,x + 9 < x^2 + 2\,x + 1$$
$$8\,x^2 - 20\,x + 8 > 0$$

Diese *quadratische Ungleichung* lässt sich am einfachsten graphisch lösen, denn $f(x) = 8\,x^2 - 20\,x + 8$ beschreibt eine nach oben geöffnete Parabel mit den Nullstellen bei

$$x_{1/2} = \frac{20 \pm \sqrt{(-20)^2 - 4 \cdot 8 \cdot 8}}{2 \cdot 8} = \frac{20 \pm 12}{16}$$

also $x_1 = \frac{1}{2}$ und $x_2 = 2$. Die Funktionswerte sind positiv für $x > 2$ oder $x < \frac{1}{2}$ (Skizze!), wobei wir den Wert $x = -1$ nicht einsetzen dürfen, da dort der Nenner Null ist. Insgesamt entspricht das der Lösungsmenge

$$] - \infty, -1[\,\cup\,] - 1, \tfrac{1}{2}[\,\cup\,]2, \infty[$$

Aufgabe 2.2.

a) lässt sich leicht mit der binomischen Formel lösen:

$$(x+8)^2 = 0 \quad \Longrightarrow \quad x+8 = 0 \quad \Longrightarrow \quad x = -8$$

b) ist auf der linken Seite *keine* binomische Formel. Wir müssen die Lösungsformel anwenden:

$$x_{1/2} = \frac{-2 \pm \sqrt{2^2 + 4 \cdot 1 \cdot (-1)}}{2} = -1 \pm \sqrt{2}$$

c) bringen wir zuerst in die Normalform. Die Lösungsformel

$$5\,x^2 - 4\,x - 12 = 0 \quad \Longrightarrow \quad x_{1/2} = \frac{4 \pm \sqrt{4^2 - 4 \cdot 5 \cdot (-12)}}{2 \cdot 10} = \frac{4 \pm 16}{10}$$

liefert uns die beiden Lösungen $x_1 = 2$ und $x_2 = -1{,}2$.

d) hat keine reellen Lösungen, denn in der Formel

$$x^2 + 2\,x + 5 = 0 \quad \Longrightarrow \quad x_{1/2} = \frac{-2 \pm \sqrt{2^2 - 4 \cdot 5}}{2} = \frac{-2 \pm \sqrt{-16}}{2}$$

hat die Diskriminante einen negativen Wert -16.

e) Umformen auf eine quadratische Gleichung

$$4\,x = x^2 + x \quad \Longrightarrow \quad x^3 - 3\,x = 0 \quad \Longrightarrow \quad x\,(x-3) = 0$$

liefert die Lösungen $x_1 = 0$ und $x_2 = 3$.

f) Ausmultiplizieren und Zusammenfassen ergibt

$$9x^2 - 30x + 25 = 4x^2 + 20x + 25$$
$$5x^2 - 50x = 0$$
$$5x(x - 10) = 0$$

Somit hat die Gleichung zwei Lösungen: $x_1 = 0$ und $x_2 = 10$.

Aufgabe 2.3.

a) Hier können wir x ausklammern und die binomische Formel anwenden:

$$x(x^2 - 2x + 1) = 0 \implies x(x - 1)^2 = 0$$

ergibt die beiden Lösungen $x_1 = 0$ und $x_2 = 1$.

b) ist ebenfalls eine kubische Gleichung, bei der wir x ausklammern können:

$$x^3 - 6x^2 + 5x = 0 \implies x(x^2 - 6x + 5) = 0$$

Eine erste Lösung ist $x_1 = 0$, und die restlichen liefert uns die quadratischen Gleichung

$$x^2 - 6x + 5 = 0 \implies x_{2/3} = \frac{6 \pm \sqrt{6^2 - 4 \cdot 5}}{2} = \frac{6 \pm 4}{2}$$

Folglich hat die Gleichung genau drei Lösungen: $x_1 = 0$, $x_2 = 1$ und $x_3 = 5$.

c) Bei dieser kubischen Gleichung können wir eine Lösung raten: $x_1 = 1$. Mithilfe der Polynomdivision

$$
\begin{array}{l}
(\quad x^3 - 3x^2 \quad +x + 1) : (x - 1) = x^2 - 2x - 1 \\
\underline{-x^3 \quad + x^2} \\
\quad\quad -2x^2 \quad +x \\
\quad\quad \underline{2x^2 - 2x} \\
\quad\quad\quad\quad -x + 1 \\
\quad\quad\quad\quad \underline{x - 1} \\
\quad\quad\quad\quad\quad\quad 0
\end{array}
$$

lässt sich die Gleichung wie folgt in Faktoren zerlegen:

$$x^3 - 3x^2 + x + 1 = (x - 1) \cdot (x^2 - 2x - 1)$$

Zwei weitere Lösungen ergeben sich dann aus der quadratischen Gleichung

$$x^2 - 2x - 1 = 0 \implies x_{2/3} = \frac{2 \pm \sqrt{2^2 + 4}}{2} = 1 \pm \sqrt{2}$$

d) Hier kann man die Lösung $x_1 = 1$ erraten. Nach der Polynomdivision

$$(x^3 - x^2 - 16x + 16) : (x - 1) = x^2 - 16$$

bleibt die quadratische Gleichung $x^2 - 16 = 0$ übrig, die dann noch zwei weitere Lösungen $x_{2/3} = \pm 4$ liefert.

e) ist eine *biquadratische Gleichung*, also eine Gleichung vom Grad 4, bei der allerdings nur x-Potenzen mit geraden Exponenten vorkommen. Mit der Substitution $z = x^2$ lässt sich dieser Gleichungstyp auf eine quadratische Gleichung in der Unbekannten z zurückführen:

$$x^4 - 5x^2 + 4 = 0 \quad \Big| \quad z = x^2$$

$$z^2 - 5z + 4 = 0$$

$$\implies \quad z_{1/2} = \frac{5 \pm \sqrt{25 - 16}}{2} = \frac{5 \pm 3}{2}$$

Aus den beiden Lösungen $z_1 = 1$ und $z_2 = 4$ der quadratischen Gleichungen ergeben sich vier Lösungen der biquadratischen Gleichung durch Wurzelziehen:

$$x_{1/2} = \pm\sqrt{1} = \pm 1 \quad \text{und} \quad x_{3/4} = \pm\sqrt{4} = \pm 2$$

f) lässt sich mit der Substitution $z = x^2$ auf die quadratische Gleichung

$$2z^2 - 4z - 6 = 0 \quad \implies \quad z_{1/2} = \frac{4 \pm \sqrt{16 + 48}}{2 \cdot 2} = \frac{4 \pm 8}{4}$$

zurückführen. Nur der positive Wert $z = 3$ liefert auch Lösungen der ursprünglichen Gleichung, und das sind $x_{1/2} = \pm\sqrt{3}$.

g) Multipliziert man die Gleichung beiderseits mit $x^2 - 1$, dann erhält man aus

$$2x + 2 = x^2 - 1 \quad \implies \quad x^2 - 2x - 3 = 0 \quad \implies \quad x_{1/2} = \frac{2 \pm \sqrt{4 + 12}}{2}$$

die zwei Lösungen $x = 3$ und $x = -1$. Aber Achtung: Wir können $x = -1$ nicht in die ursprüngliche Gleichung einsetzen (Division durch 0!), und daher gibt es nur *eine* Lösung $x = 3$. Besser ist daher der folgende Lösungsweg:

$$1 = \frac{2x + 2}{x^2 - 1} = \frac{2(x + 1)}{(x - 1)(x + 1)} = \frac{2}{x - 1} \quad \implies \quad x - 1 = 2 \quad \implies \quad x = 3$$

h) ist eine sog. *Wurzelgleichung*. Die Wurzeln lassen sich durch (mehrfaches) Quadrieren beseitigen. Da Quadrieren keine Äquivalenzumformung ist, können Scheinlösungen auftreten, und wir müssen am Ende der Rechnung die Probe machen:

$$\sqrt{1 - x} = 1 - \sqrt{x} \quad \Big| \text{ quadrieren } \ldots$$

$$1 - x = 1 - 2\sqrt{x} + x \quad \Big| -1 - x$$

$$-2x = -2\sqrt{x} \quad \Big| : (-2)$$

$$x = \sqrt{x} \quad \Big| \text{ wieder quadrieren}$$

$$x^2 = x$$

ergibt $x(x-1) = 0$, also $x_1 = 0$ und $x_2 = 1$. Wie man durch Einsetzen leicht bestätigt, sind beide Werte hier tatsächlich auch Lösungen der Wurzelgleichung.

Aufgabe 2.4.

a) Wir formen (i) durch Multiplikation mit $x \neq 0$ auf eine quadratische Gleichung

$$\tfrac{2}{x} - x = 1 \quad \Longrightarrow \quad 2 - x^2 = x \quad \Longrightarrow \quad x^2 + x - 2 = 0$$

um und erhalten die Werte

$$x_{1/2} = \frac{-1 \pm \sqrt{1^2 + 4 \cdot 2}}{2} = \frac{-1 \pm 3}{2} \quad \Longrightarrow \quad x_1 = -2 \quad \text{und} \quad x_2 = 1$$

Die Gleichung (ii) lösen wir durch Quadrieren:

$$\sqrt{x^2 - 3x} = 2x \quad \Longrightarrow \quad x^2 - 3x = 4x^2 \quad \Longrightarrow \quad 3x^2 + 3x = 0$$

also $x_1 = 0$ und $x_2 = -1$. Da die Wurzel immer positiv ist, fällt -1 weg, denn in diesem Fall ist die rechte Seite negativ! Es bleibt nur die Lösung $x = 0$.

Zur Lösung von (iii) verwenden wir den binomischen Lehrsatz:

$$(x - 1)^3 + 2 \cdot (3x^2 + 1) = 0$$
$$x^3 - 3x^2 + 3x - 1 + 6x^2 + 2 = 0$$
$$x^3 + 3x^2 + 3x + 1 = 0$$

oder $(x + 1)^3 = 0$, und somit ist $x = -1$ die einzige Lösung.

b) Die ersten drei Summanden sind Teil der binomischen Formel für $n = 3$:

$$x^3 - 6x^2 + 12x = x^3 - 3 \cdot x^2 \cdot 2 + 3 \cdot x \cdot 2^2$$

Wir führen eine „kubische Ergänzung" durch:

$$x^3 - 6x^2 + 12x - 4 = x^3 - 3 \cdot x^2 \cdot 2 + 3 \cdot x \cdot 2^2 - 2^3 + 2^3 - 4 = (x - 2)^3 + 4$$

und schreiben die kubische Gleichung in der Form

$$(x - 2)^3 + 4 = 0 \quad \Longrightarrow \quad x - 2 = -\sqrt[3]{4} \quad \Longrightarrow \quad x = 2 - \sqrt[3]{4} \approx 0{,}4126$$

Aufgabe 2.5.

a) Nach Division durch 2 ist

$$x^3 + \tfrac{3}{2}x^2 + x - 1 = 0$$

eine kubische Gleichung in Normalform mit den Koeffizienten

$$a = \tfrac{3}{2}, \quad b = 1, \quad c = -1$$

Falls man die Lösung $x = \frac{1}{2}$ nicht erraten kann, muss man das „Lösungsrezept"
anwenden. Dazu bestimmen wir die Werte

$$p = b - \frac{a^3}{3} = 1 - \frac{(\frac{3}{2})^2}{3} = \frac{1}{4}$$

$$q = c - \frac{a\,b}{3} + \frac{2\,a^3}{27} = -1 - \frac{1}{2} + \frac{2 \cdot \frac{27}{8}}{27} = -\frac{5}{4}$$

und lösen die quadratische Resolvente

$$w^2 + q\,w - \left(\frac{p}{3}\right)^3 = 0 \qquad \text{bzw.} \qquad w^2 - \frac{5}{4}\,w - \frac{1}{1728} = 0$$

Wir wählen die folgende Lösung aus:

$$w = \frac{\frac{5}{4} + \sqrt{(-\frac{5}{4})^2 + 4 \cdot \frac{1}{1728}}}{2} \approx 1{,}2504628$$

und berechnen damit die Größen

$$\left. \begin{array}{l} u = \sqrt[3]{w} \;\; = 1{,}07735027 \\[4pt] v = -\frac{p}{3\,u} = -0{,}07735027 \end{array} \right\} \quad z = u + v = 1 \quad \Longrightarrow \quad x = z - \frac{a}{3} = 0{,}5$$

Die erste gesuchte Lösung ist daher $x_1 = \frac{1}{2}$. Nach der Polynomdivision

$$(x^3 + \tfrac{3}{2}\,x^2 + x - 2) : (x - \tfrac{1}{2}) = x^2 + 2\,x + 2$$

erhält man die quadratische Gleichung

$$x^2 + 2\,x + 2 = 0 \quad \Longrightarrow \quad x_{2/3} = \frac{-4 \pm \sqrt{16 - 32}}{2}$$

die jedoch keine weiteren (reellen) Lösungen mehr beiträgt!

b) Die linke Seite der Gleichung beschreibt eine kubische Funktion

$$f(x) = 3\,x^3 - 18\,x^2 - 4$$

mit $f(6) = -4 < 0$ und $f(x) \to \infty$ für $x \to \infty$. Sie schneidet die x-Achse im Intervall
$]6, \infty[$, und diese Nullstelle entspricht einer Lösung der Gleichung.

Für die Berechnung der Lösung teilen wir zuerst durch 3, also

$$x^3 - 6\,x^2 - \frac{4}{3} = 0$$

und erhalten eine kubische Gleichung in Normalform mit den Koeffizienten

$$a = -6, \quad b = 0, \quad c = -\frac{4}{3}$$

Wir berechnen hierfür die Werte

$$p = -\frac{a^2}{3} = -12, \qquad q = c - \frac{ab}{3} + \frac{2a^3}{27} = -\frac{4}{3} + \frac{2 \cdot (-6)^3}{27} = -\frac{52}{3}$$

und lösen die quadratische Resolvente

$$w^2 + qw - \left(\frac{p}{3}\right)^3 = 0 \qquad \text{bzw.} \qquad w^2 - \frac{52}{3}w + 64 = 0$$

Wir wählen die folgende Lösung aus:

$$w = \frac{\frac{52}{3} + \sqrt{(-\frac{52}{3})^2 - 4 \cdot 64}}{2} = \frac{\frac{52}{3} + \frac{20}{3}}{2} = 12$$

und berechnen damit die Größen

$$u = \sqrt[3]{w} = \sqrt[3]{12}, \qquad v = -\frac{p}{3u} = \frac{4}{\sqrt[3]{12}}$$

$$x = u + v - \frac{a}{3} = \sqrt[3]{12} + \frac{4}{\sqrt[3]{12}} + 2 = 6{,}036589\ldots$$

c) Die Koeffizienten dieser kubischen Gleichung sind $a = -3$, $b = -2$ und $c = 6$. Wir berechnen zunächst die Werte

$$p = b - \frac{a^2}{3} = -2 - \frac{9}{3} = -5$$

$$q = c - \frac{ab}{3} + \frac{2a^3}{27} = 6 - \frac{6}{3} + \frac{2 \cdot (-27)}{27} = 2$$

Die quadratische Resolvente $w^2 + 2w + (\frac{5}{3})^3 = 0$ hat keine reellen Nullstellen (die Diskriminante ist negativ), und daher brauchen wir den trigonometrischen Ansatz:

$$\cos 3\alpha = \frac{3q}{2p} \cdot \sqrt{-\frac{3}{p}} = -\frac{6}{10}\sqrt{\frac{3}{5}} = -0{,}464758\ldots$$

$$\implies \quad 3\alpha = 117{,}69456\ldots° \quad \text{bzw.} \quad \alpha = 39{,}23152\ldots°$$

Eine erste Lösung der kubischen Gleichung liefert die Rechnung

$$z = \sqrt{-\frac{4}{3}p} \cdot \cos \alpha = \sqrt{\frac{20}{3}} \cdot \cos 39{,}23152\ldots° = 2$$

$$x_1 = z - \frac{a}{3} = 2 - \frac{-3}{3} = 3$$

Die restlichen Lösungen erhält man mithilfe der Polynomdivision

$$(x^3 - 3x^2 - 2x + 6) : (x - 3) = x^2 - 2 = 0 \quad \implies \quad x_{2/3} = \pm\sqrt{2}$$

Aufgabe 2.6. Für $\beta = 2\alpha$ erhalten wir zunächst

$$\cos 3\alpha = \cos(\alpha + 2\alpha) = \cos \alpha \cdot \cos 2\alpha - \sin \alpha \cdot \sin 2\alpha$$

und für $\beta = \alpha$ liefern die Additionstheoreme

$$\sin 2\alpha = \sin(\alpha + \alpha) = \sin\alpha \cdot \cos\alpha + \cos\alpha \cdot \sin\alpha = 2\sin\alpha\cos\alpha$$

$$\cos 2\alpha = \cos(\alpha + \alpha) = \cos\alpha \cdot \cos\alpha - \sin\alpha \cdot \sin\alpha = \cos^2\alpha - \sin^2\alpha$$

Einsetzen in $\cos 3\alpha$ ergibt

$$\cos 3\alpha = \cos\alpha \cdot (\cos^2\alpha - \sin^2\alpha) - \sin\alpha \cdot 2\sin\alpha\cos\alpha$$
$$= \cos^3\alpha - 3\cos\alpha\sin^2\alpha$$

Setzen wir hier schließlich noch $\sin^2\alpha = 1 - \cos^2\alpha$ ein, dann ist

$$\cos 3\alpha = \cos^3\alpha - 3\cos\alpha \cdot (1 - \cos^2\alpha) = 4\cos^3\alpha - 3\cos\alpha$$

Aufgabe 2.7. Wir verwenden wieder die Additionstheoreme

$$\sin 3\alpha = \sin(2\alpha + \alpha) = \sin 2\alpha \cdot \cos\alpha + \cos 2\alpha \cdot \sin\alpha$$
$$= 2\sin\alpha\cos\alpha \cdot \cos\alpha + (\cos^2\alpha - \sin^2\alpha)\sin\alpha$$
$$= 3\sin\alpha\cos^2\alpha - \sin^3\alpha$$
$$= 3\sin\alpha(1 - \sin^2\alpha) - \sin^3\alpha = 3\sin\alpha - 4\sin^3\alpha$$

Setzen wir hier speziell $\alpha = 10°$ ein, dann gilt mit $x = \sin 10°$

$$\sin 30° = 3\sin 10° - 4\sin^3 10°$$
$$0{,}5 = 3x - 4x^3 \quad \Big| \cdot 2$$

und somit ist $8x^3 - 6x + 1 = 0$.

Aufgabe 2.8.

a) Das gesuchte Volumen des Kugelabschnitts ist $V = 1{,}5$ Liter bzw. $V = 1500\,\text{cm}^3$. Alle Längenangaben beziehen sich im Folgenden auf Zentimeter, sodass wir bei der Berechnung von h die Einheiten auch weglassen können. Die gesuchte Höhe h muss

$$1500 = \tfrac{h\pi}{6} \cdot (3 \cdot 6^2 + h^2) \quad \Longrightarrow \quad h^3 + 108\,h - \tfrac{9000}{\pi} = 0$$

erfüllen. Wir erhalten eine kubische Gleichung für h ohne quadratischen Anteil, welche demnach bereits in der reduzierten Form vorliegt: $p = 108$ und $q = -\tfrac{9000}{\pi}$. Die quadratische Resolvente hierzu lautet

$$w^2 - \tfrac{9000}{\pi}\,w - 36^3 = 0 \quad \Longrightarrow \quad w_{1/2} = \frac{\tfrac{9000}{\pi} \pm \sqrt{\left(\tfrac{9000}{\pi}\right)^2 + 4 \cdot 36^3}}{2}$$

Wir wählen vor der Wurzel das Vorzeichen $+$ und erhalten als Lösung der quadratischen Resolvente $w = 2880{,}983$ (gerundet auf drei Nachkommastellen). Hieraus ergeben sich die Werte

$$u = \sqrt[3]{w} = 14{,}23 \quad \text{und} \quad v = -\frac{108}{3\,u} = -2{,}53 \quad \Longrightarrow \quad h = u + v = 11{,}7$$

Der Behälter (Kugelabschnitt) hat folglich eine Höhe von 11,7 cm.

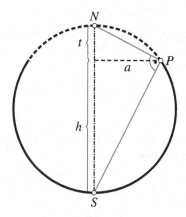

Abb. L.5 Berechnung von r mit Thaleskreis und Höhensatz

b) Wir bezeichnen die Höhe des fehlenden Kugelabschnitts mit t und ergänzen im Querschnitt die Punkte N (Nordpol), S (Südpol) und P auf dem „Breitengrad" des Schnittkreises zu einem Dreieck, das rechtwinklig ist ($\to$ Thaleskreis, vgl. Abb. L.5). Nach dem Höhensatz gilt dann $h \cdot t = a^2$, und der Durchmesser der gesuchten Kugel ist $2\,r = h + t$. Hieraus ergibt sich

$$t = \frac{a^2}{h} = \frac{36}{11{,}7} = 3{,}077 \quad \Longrightarrow \quad r = \frac{h+t}{2} = 7{,}388$$

Aufgabe 2.9.

a) Wäre $x = 0$ eine Lösung, dann müsste $a \cdot 0^4 + b \cdot 0^3 + c \cdot 0^2 + b \cdot 0 + a = 0$ bzw. $a = 0$ gelten. Es ist aber $a \neq 0$ vorausgesetzt – Widerspruch!

b) Nach der binomischen Formel gilt

$$y^2 = \left(x + \tfrac{1}{x}\right)^2 = x^2 + 2 \cdot x \cdot \tfrac{1}{x} + \tfrac{1}{x^2} = x^2 + 2 + \tfrac{1}{x^2}$$

c) Wir können die durch x^2 dividierte reziproke Gleichung in der Form

$$a\left(x^2 + \tfrac{1}{x^2}\right) + b\left(x + \tfrac{1}{x}\right) + c = 0$$

schreiben. Die Klammerausdrücke lassen sich gemäß c) durch y ersetzen:

$$a\,(y^2 - 2) + b\,y + c = 0 \quad \Longrightarrow \quad a\,y^2 + b\,y + c - 2\,a = 0$$

Für jede Lösung y dieser quadratischen Gleichung erhält man mit

$$y = x + \frac{1}{x} \quad \Longrightarrow \quad x^2 - y \cdot x + 1 = 0$$

eine quadratische Gleichung für x und somit bis zu zwei reellen Lösungen der reziproken Gleichung 4. Grades, also insgesamt bis zu vier Lösungen.

d) Die Gleichung $6x^4 - 5x^3 - 38x^2 - 5x + 6 = 0$ ist eine reziproke 4. Grades mit den Koeffizienten $a = 6$, $b = -5$ und $c = -38$, also $c - 2a = -50$. Mit der Substitution $y = x + \frac{1}{x}$ wird daraus gemäß c) die quadratische Gleichung

$$6y^2 - 5y - 50 = 0 \quad \Longrightarrow \quad y_{1/2} = \frac{5 \pm 35}{12}$$

sodass $y_1 = -\frac{5}{2}$ und $y_2 = \frac{10}{3}$. Die Lösungen der ursprünglichen Gleichung erhalten wir durch Rücksubstitution aus den quadratischen Gleichungen

$$x^2 + \frac{5}{2}x + 1 = 0 \quad \Longrightarrow \quad x_{1/2} = \frac{-\frac{5}{2} \pm \frac{3}{2}}{2}$$

$$x^2 - \frac{10}{3}x + 1 = 0 \quad \Longrightarrow \quad x_{3/4} = \frac{\frac{10}{3} \pm \frac{8}{3}}{2}$$

Die gegebene Gleichung hat demnach vier verschiedene reelle Lösungen

$$x_1 = -\frac{1}{2}, \quad x_2 = -2, \quad x_3 = 3, \quad x_4 = \frac{1}{3}$$

Aufgabe 2.10. Wir stellen zunächst eine Gleichung für den Abstand x auf, und dazu verwenden wir die Bezeichnungen aus Abb. L.6, wobei die Einheiten weggelassen wurden. Die beiden Dreiecke über bzw. neben der Kiste sind zueinander ähnlich. Für die Seitenverhältnisse gilt dann

$$y : 1 = 1 : x \quad \Longrightarrow \quad y = \frac{1}{x}$$

Die Länge der Leiter ist 3, und nach dem Satz von Pythagoras muss daher noch

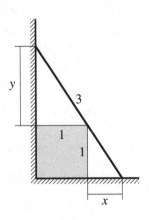

Abb. L.6 Zur Leiteraufgabe

$$(1 + x)^2 + (1 + y)^2 = 3^2$$

$$(1 + x)^2 + \left(1 + \frac{1}{x}\right)^2 = 9$$

$$1 + 2x + x^2 + 1 + \frac{2}{x} + \frac{1}{x^2} = 9$$

erfüllt sein. Das ist die gesuchte Gleichung für x. Multipliziert man beide Seite mit x^2, dann ergibt sich eine (reziproke) algebraische Gleichung 4. Grades

$$x^4 + 2x^3 - 7x^2 + 2x + 1 = 0$$

die wir gemäß der Anleitung in Aufgabe 2.9 lösen können. Alternativ lässt sich die Ausgangsgleichung wie folgt umstellen:

$$1 + 2x + x^2 + 1 + \frac{2}{x} + \frac{1}{x^2} = 9$$

$$x^2 + 2 + \frac{1}{x^2} + 2\left(x + \frac{1}{x}\right) - 9 = 0$$

Die ersten drei Summanden entsprechen der binomischen Formel

$$x^2 + 2 + \frac{1}{x^2} = \left(x + \frac{1}{x}\right)^2 = z^2$$

und mit der Substitution $z = x + \frac{1}{x}$ vereinfacht sich die Gleichung zu

$$z^2 + 2z - 9 = 0 \quad \Longrightarrow \quad z_{1/2} = \frac{-2 \pm \sqrt{4 + 36}}{2} = -1 \pm \sqrt{10}$$

Die negative Lösung können wir aus physikalischen Gründen weglassen. Aus der positiven Lösung $z = \sqrt{10} - 1$ lässt sich schließlich der gesuchte Abstand x berechnen:

$$x + \frac{1}{x} = z = \sqrt{10} - 1 \quad \Longrightarrow \quad x^2 - (\sqrt{10} - 1) \cdot x + 1 = 0$$

Diese quadratische Gleichung hat tatsächlich *zwei* Lösungen:

$$x_{1/2} = \frac{(\sqrt{10} - 1) \pm \sqrt{(\sqrt{10} - 1)^2 - 4}}{2}$$

also (auf vier Nachkommastellen genau) $x_1 = 0{,}6702$ und $x_2 = 1{,}4921$.

Aufgabe 2.11.

a) Wir tauschen die Zeilen (1) und (3), damit der „einfachere" Vorfaktor -1 in der obersten Zeile steht. Das $(3, 3)$-System

(1)	-1	$\frac{1}{2}$	-1	0	
(2)	2	-2	4	-2	$\mid +2\cdot(1)$
(3)	3	2	-1	1	$\mid +3\cdot(1)$

(1)	-1	$\frac{1}{2}$	-1	0	
(2)	0	-1	2	-2	
(3)	0	$\frac{7}{2}$	-4	1	$\mid +\frac{7}{2}\cdot(2)$

(1)	-1	$\frac{1}{2}$	-1	0
(2)	0	-1	2	-2
(3)	0	0	3	-6

hat den Rang 3 und die eindeutige Lösung:

$$x_3 = -2, \quad x_2 = -2, \quad x_1 = 1$$

b) Bei diesem $(4,4)$-LGS tauschen wir im Rechenschema die Zeilen (1) und (2):

(1)	-1	2	1	-1	4	
(2)	2	1	4	3	0	$\mid +2\cdot(1)$
(3)	3	4	-1	-2	0	$\mid +3\cdot(1)$
(4)	4	3	2	1	0	$\mid +4\cdot(1)$

(1)	-1	2	1	-1	4	
(2)	0	5	6	1	8	
(3)	0	10	2	-5	12	$\mid -2\cdot(2)$
(4)	0	11	6	-3	16	$\mid -2{,}2\cdot(2)$

(1)	-1	2	1	-1	4	
(2)	0	5	6	1	8	
(3)	0	0	-10	-7	-4	
(4)	0	0	$-7{,}2$	$-5{,}2$	$-1{,}6$	$\mid -0{,}72\cdot(3)$

(1)	-1	2	1	-1	4
(2)	0	5	6	1	8
(3)	0	0	-10	-7	-4
(4)	0	0	0	$-0{,}16$	$1{,}28$

Der Rang ist 4, und es gibt eine eindeutige Lösung:

$$x_4 = -8, \quad x_3 = 6, \quad x_2 = -4, \quad x_1 = 2$$

c) Das $(3,3)$-LGS

$$
\begin{array}{r|rrr|r}
(1) & 4 & -3 & 2 & -1 \\
(2) & 2 & -4 & 3 & 0 \quad \left| -\tfrac{1}{2} \cdot (1) \right. \\
(3) & -2 & -1 & 1 & 2 \quad \left| +\tfrac{1}{2} \cdot (1) \right. \\
\hline
(1) & 4 & -3 & 2 & -1 \\
(2) & 0 & -\tfrac{5}{2} & 2 & \tfrac{1}{2} \\
(3) & 0 & -\tfrac{5}{2} & 2 & \tfrac{3}{2} \quad \left| -(2) \right. \\
\hline
(1) & 4 & -3 & 2 & -1 \\
(2) & 0 & -\tfrac{5}{2} & 2 & \tfrac{1}{2} \\
(3) & 0 & 0 & 0 & 1 \\
\end{array}
$$

hat den Rang 2, aber aufgrund der letzten Zeile keine Lösung!

d) Wir bringen die Zeile mit dem Vorfaktor 1 nach oben, d. h., wir tauschen zuerst (1) und (2). Das $(3, 4)$-System

$$
\begin{array}{r|rrrr|r}
(1) & 1 & 0 & -1 & 2 & 0 \\
(2) & 4 & -3 & 2 & -1 & -3 \quad \left| -4 \cdot (1) \right. \\
(3) & -2 & -1 & 1 & -4 & 2 \quad \left| +2 \cdot (1) \right. \\
\hline
(1) & 1 & 0 & -1 & 2 & 0 \\
(2) & 0 & -3 & 6 & -9 & -3 \\
(3) & 0 & -1 & -1 & 0 & 2 \quad \left| \text{tausche mit } (2) \right. \\
\hline
(1) & 1 & 0 & -1 & 2 & 0 \\
(2) & 0 & -1 & -1 & 0 & 2 \\
(3) & 0 & -3 & 6 & -9 & -3 \quad \left| -3 \cdot (2) \right. \\
\hline
(1) & 1 & 0 & -1 & 2 & 0 \\
(2) & 0 & -1 & -1 & 0 & 2 \\
(3) & 0 & 0 & 9 & -9 & -9 \\
\end{array}
$$

hat einen freien Parameter (4 Unbekannte, Rang 3). Wir wählen $x_4 = \lambda$ als freien Parameter und lösen auf:

$$
x_3 = \lambda - 1, \quad x_2 = -\lambda - 1, \quad x_1 = -\lambda - 1
$$

e) Wir tauschen zu Beginn die Zeilen (1) und (2) sowie (3) und (4):

(1)	1	3	1	−2	−2	
(2)	0	−1	0	2	2	
(3)	0	1	1	−1	1	
(4)	2	1	−1	3	−3	$\big|-2\cdot(1)$

(1)	1	3	1	−2	−2	
(2)	0	1	1	−1	1	
(3)	0	−1	0	2	2	$\big|+(2)$
(4)	0	−5	−3	7	1	$\big|+5\cdot(2)$

(1)	1	3	1	−2	−2	
(2)	0	1	1	−1	1	
(3)	0	0	1	1	3	
(4)	0	0	2	2	6	$\big|-2\cdot(3)$

(1)	1	3	1	−2	−2
(2)	0	1	1	−1	1
(3)	0	0	1	1	3
(4)	0	0	0	0	0

Das $(4,4)$-LGS hat den Rang 3 und somit genau einen freien Parameter $x_4 = \lambda$. Die Lösung ist (auflösen von unten nach oben):

$$x_3 = 3 - \lambda, \qquad x_2 + (3-\lambda) - \lambda = 1 \quad \Longrightarrow \quad x_2 = 2\lambda - 2$$
$$x_1 + 3 \cdot (2\lambda - 2) + (3 - \lambda) - 2\lambda = -2 \quad \Longrightarrow \quad x_1 = 1 - 3\lambda$$

sodass also

$$x_1 = 1 - 3\lambda, \quad x_2 = 2\lambda - 2, \quad x_3 = 3 - \lambda, \quad x_4 = \lambda$$

Aufgabe 2.12. Wir müssen 1000 kg Stahl aus den Legierungen A bis D mit den noch unbekannten Mengeneinheiten x_1 bis x_4 erzeugen. Das Endprodukt besteht aus 740 kg Eisen, 180 kg Chrom und 80 kg Nickel, sodass also gelten muss:

(1) $0{,}7\,x_1 + 0{,}75\,x_2 + 0{,}8\,x_3 + \ 0{,}8\,x_4 = 740$

(2) $0{,}2\,x_1 + 0{,}15\,x_2 + 0{,}1\,x_3 + 0{,}15\,x_4 = 180$

(3) $0{,}1\,x_1 + \ 0{,}1\,x_2 + 0{,}1\,x_3 + 0{,}05\,x_4 = \ 80$

Das Rechenschema hierzu lautet

$$
\begin{array}{lcccc|c}
(1) & 0{,}1 & 0{,}1 & 0{,}1 & 0{,}05 & 80 \\
(2) & 0{,}2 & 0{,}15 & 0{,}1 & 0{,}15 & 180 \\
(3) & 0{,}7 & 0{,}75 & 0{,}8 & 0{,}8 & 740
\end{array}
\quad
\begin{array}{l}
\\
|-2 \cdot (1) \\
|-7 \cdot (1)
\end{array}
$$

$$
\begin{array}{lcccc|c}
(1) & 0{,}1 & 0{,}1 & 0{,}1 & 0{,}05 & 80 \\
(2) & 0 & -0{,}05 & -0{,}1 & 0{,}05 & 20 \\
(3) & 0 & 0{,}05 & 0{,}1 & 0{,}45 & 180
\end{array}
\quad
\begin{array}{l}
\\
\\
|+(2)
\end{array}
$$

$$
\begin{array}{lcccc|c}
(1) & 0{,}1 & 0{,}1 & 0{,}1 & 0{,}05 & 80 \\
(2) & 0 & -0{,}05 & -0{,}1 & 0{,}05 & 20 \\
(3) & 0 & 0 & 0 & 0{,}5 & 200
\end{array}
$$

Das LGS hat einen freien Parameter (bei 4 Unbekannten und Rang 3). Auflösen von unten nach oben: Gleichung (3) ergibt $x_4 = 400$, und bei (2) wählen wir als freien Parameter $x_3 = \lambda$. Damit ist

$$
(2) \quad -0{,}05\,x_2 - 0{,}1\,\lambda + 20 = 20 \quad \Longrightarrow \quad x_2 = -2\,\lambda
$$

Schließlich folgt aus Gleichung

$$
(1) \quad 0{,}1\,x_1 - 0{,}2\,\lambda + 0{,}1\,\lambda + 20 = 80 \quad \Longrightarrow \quad x_1 = 600 + \lambda
$$

Somit gibt es mathematisch unendlich viele Lösungen

$$
x_1 = 600 + \lambda, \quad x_2 = -2\,\lambda, \quad x_3 = \lambda, \quad x_4 = 400
$$

von denen aber nur die Lösung mit $\lambda = 0$ physikalisch sinnvoll ist, da die Mengeneinheiten nicht negativ sein dürfen (andernfalls wäre entweder x_2 oder x_3 negativ)! Zur Herstellung der gewünschten Stahlsorte aus den vorhandenen Legierungen bleibt also nur eine einzige Möglichkeit: Man nimmt 600 kg von A und 400 kg von D.

Ergänzung: Das ursprüngliche LGS mit drei Gleichungen für vier Unbekannte war „unterbesetzt". In einem solchen Fall ist immer mit freien Parametern zu rechnen. In unserem speziellen Fall kommt als vierte (physikalische) Bedingung noch hinzu, dass die Mengenangaben nicht negativ sein dürfen. In anderen Fällen aus der Praxis, bei denen unendlich viele Lösungen auftreten, muss man evtl. wirtschaftliche Zusatzbedingungen wie z. B. eine Minimierung der Kosten heranziehen.

Aufgabe 2.13.

a) Man erhält in beiden Fällen das gleiche Ergebnis:

$$
(A \cdot B) \cdot C = \begin{pmatrix} 0 & 3 & -1 \\ -2 & 5 & -3 \end{pmatrix} \cdot \begin{pmatrix} 2 \\ -1 \\ 0 \end{pmatrix} = \begin{pmatrix} -3 \\ -9 \end{pmatrix}
$$

und auch

$$A \cdot (B \cdot C) = \begin{pmatrix} 2 & 1 & -1 \\ 0 & -3 & 1 \end{pmatrix} \cdot \begin{pmatrix} -1 \\ 5 \\ 6 \end{pmatrix} = \begin{pmatrix} -3 \\ -9 \end{pmatrix}$$

jedoch sind bei $B \cdot C$ weniger Multiplikationen „Zeile mal Spalte" auszuführen als bei $A \cdot B$ (3 statt 6)!

b) $B \cdot A$ und $C \cdot A$ kann man nicht bilden, da die Zeilen-/Spaltenlängen nicht zusammenpassen.

Aufgabe 2.14. Bei Gauß-Jordan müssen wir den linken Block mit der Koeffizientenmatrix durch elementare Zeilenumformungen auf die Form der Einheitsmatrix bringen, und dann können wir in der rechten Spalte den Lösungsvektor ablesen:

(1)	3	2	-1	1	
(2)	2	-2	4	-2	
(3)	-1	$\frac{1}{2}$	-1	0	$\mid$ tausche mit (1)
(1)	-1	$\frac{1}{2}$	-1	0	
(2)	2	-2	4	-2	$\mid + 2 \cdot (1)$
(3)	3	2	-1	1	$\mid + 3 \cdot (1)$
(1)	-1	$\frac{1}{2}$	-1	0	
(2)	0	-1	2	-2	
(3)	0	$\frac{7}{2}$	-4	1	$\mid + \frac{7}{2} \cdot (2)$
(1)	-1	$\frac{1}{2}$	-1	0	$\mid \cdot (-1)$
(2)	0	-1	2	-2	$\mid \cdot (-1)$
(3)	0	0	3	-6	$\mid : 3$
(1)	1	$-\frac{1}{2}$	1	0	$\mid - (3)$
(2)	0	1	-2	2	$\mid + 2 \cdot (3)$
(3)	0	0	1	-2	
(1)	1	$-\frac{1}{2}$	0	2	$\mid + \frac{1}{2} \cdot (2)$
(2)	0	1	0	-2	
(3)	0	0	1	-2	
(1)	1	0	0	1	
(2)	0	1	0	-2	
(3)	0	0	1	-2	

Damit ergibt sich die gleiche Lösung wie bei Aufgabe 2.11 a):

$$x_1 = 1, \quad x_2 = -2, \quad x_3 = -2$$

Aufgabe 2.15.

a) Es ist

$$B - 2 \cdot A = \begin{pmatrix} 2 & -4 & -3 \\ 1 & 5 & -1 \\ -5 & 4 & 5 \end{pmatrix}$$

sowie

$$A \cdot B = \begin{pmatrix} 9 & 5 & 4 \\ 1 & 0 & -1 \\ -7 & 3 & 1 \end{pmatrix} \quad \text{und} \quad B \cdot A = \begin{pmatrix} 4 & -5 & 0 \\ 3 & 0 & 1 \\ 1 & 4 & 6 \end{pmatrix}$$

Die Matrixmultiplikation ist also nicht kommutativ: $A \cdot B \neq B \cdot A$!

b) Ein einfaches Beispiel ist die Matrix

$$C = \begin{pmatrix} 0 & 0 & 1 \\ 0 & 0 & 0 \\ 0 & 0 & 0 \end{pmatrix} \implies C \cdot C = O$$

Hier kann also ein „Quadrat" C^2 durchaus Null sein, auch wenn C selbst nicht Null ist.

Aufgabe 2.16.

a) Die erste Determinante kann man mit Zeilenumformungen berechnen:

$$\begin{vmatrix} 1 & 0 & 0 & 0 \\ 1 & 2 & 4 & 8 \\ 1 & 1 & 1 & 1 \\ 1 & -2 & 4 & -8 \end{vmatrix} = \begin{vmatrix} 1 & 0 & 0 & 0 \\ 0 & 2 & 4 & 8 \\ 0 & 1 & 1 & 1 \\ 0 & -2 & 4 & -8 \end{vmatrix} = \begin{vmatrix} 1 & 0 & 0 & 0 \\ 0 & 2 & 4 & 8 \\ 0 & 0 & -1 & -3 \\ 0 & 0 & 8 & 0 \end{vmatrix} = \begin{vmatrix} 1 & 0 & 0 & 0 \\ 0 & 2 & 4 & 8 \\ 0 & 0 & -1 & -3 \\ 0 & 0 & 0 & -24 \end{vmatrix}$$

$$= 1 \cdot 2 \cdot (-1) \cdot (-24) = 48$$

Alternative: Transponieren und nach erster Spalte entwickeln

$$\begin{vmatrix} 1 & 0 & 0 & 0 \\ 1 & 2 & 4 & 8 \\ 1 & 1 & 1 & 1 \\ 1 & -2 & 4 & -8 \end{vmatrix} = \begin{vmatrix} 1 & 0 & 1 & 0 \\ 0 & 2 & 1 & -2 \\ 0 & 4 & 1 & 4 \\ 0 & 8 & 1 & -8 \end{vmatrix} = 1 \cdot \begin{vmatrix} 2 & 1 & -2 \\ 4 & 1 & 4 \\ 8 & 1 & -8 \end{vmatrix}$$

$$= -16 + 32 - 8 - (-16 + 8 - 32) = 48 \quad \text{(Sarrus-Regel)}$$

Bei der zweiten Determinante addieren wir die 1. zur 3. Zeile:

$$\begin{vmatrix} 1 & 2 & 3 & 4 \\ 1 & -1 & 1 & -1 \\ 4 & 3 & 2 & 1 \\ 2 & 2 & 2 & 2 \end{vmatrix} = \begin{vmatrix} 1 & 2 & 3 & 4 \\ 1 & -1 & 1 & -1 \\ 5 & 5 & 5 & 5 \\ 2 & 2 & 2 & 2 \end{vmatrix} = 0$$

da die letzten zwei Zeilen Vielfache voneinander sind.

b) Es ist

$$A - \lambda \cdot E = \begin{pmatrix} 2 & 2 \\ 3 & 1 \end{pmatrix} - \lambda \cdot \begin{pmatrix} 1 & 0 \\ 0 & 1 \end{pmatrix} = \begin{pmatrix} 2 - \lambda & 2 \\ 3 & 1 - \lambda \end{pmatrix}$$

und damit

$$\det(A - \lambda \cdot E) = \begin{vmatrix} 2 - \lambda & 2 \\ 3 & 1 - \lambda \end{vmatrix} = (2 - \lambda) \cdot (1 - \lambda) - 3 \cdot 2 = \lambda^2 - 3\lambda - 4$$

Die Bedingung $\det(A - \lambda \cdot E) = 0$ ergibt eine quadratische Gleichung mit den Lösungen $\lambda_1 = -1$ und $\lambda_2 = 4$.

Aufgabe 2.17. Die Determinante der quadratischen Koeffizientenmatrix ist (mit Gauß-Umformungen berechnet)

$$\begin{vmatrix} 4 & -4 & 1 \\ 3 & 0 & 2 \\ 1 & 2 & 1 \end{vmatrix} = - \begin{vmatrix} 1 & 2 & 1 \\ 3 & 0 & 2 \\ 4 & -4 & 1 \end{vmatrix} = - \begin{vmatrix} 1 & 2 & 1 \\ 0 & -6 & -1 \\ 0 & -12 & -3 \end{vmatrix} = - \begin{vmatrix} 1 & 2 & 1 \\ 0 & -6 & -1 \\ 0 & 0 & -1 \end{vmatrix}$$

$$= -1 \cdot (-6) \cdot (-1) = -6$$

also nicht Null. Damit hat das LGS genau eine Lösung. Diese kann man raten: $\vec{x} = \vec{o}$ (Nullvektor) ist die einzige Lösung.

Aufgabe 2.18. Die rechten Seiten $\vec{b}_i$ sind die Einheitsvektoren, und die Vektoren $\vec{x}_k$ sind demnach Lösungen der linearen Gleichungssysteme $A \cdot \vec{x}_k = \vec{e}_k$. Die rechte Seite im LGS, das zu lösen ist, kann mit den Einheitsvektoren in der Form

$$\begin{pmatrix} 2 \\ 3 \\ -5 \end{pmatrix} = 2 \cdot \begin{pmatrix} 1 \\ 0 \\ 0 \end{pmatrix} + 3 \cdot \begin{pmatrix} 0 \\ 1 \\ 0 \end{pmatrix} - 5 \cdot \begin{pmatrix} 0 \\ 0 \\ 1 \end{pmatrix} = 2 \cdot \vec{e}_1 + 3 \cdot \vec{e}_2 - 5 \cdot \vec{e}_3$$

dargestellt werden. Dann ist aber auch schon

$$\vec{x} = 2 \cdot \vec{x}_1 + 3 \cdot \vec{x}_2 - 5 \cdot \vec{x}_3 = \begin{pmatrix} 4 \\ 1 \\ -6 \end{pmatrix}$$

die gesuchte Lösung, denn es gilt

$$A \cdot \vec{x} = A \cdot (2 \cdot \vec{x}_1 + 3 \cdot \vec{x}_2 - 5 \cdot \vec{x}_3)$$
$$= 2 \cdot (A \cdot \vec{x}_1) + 3 \cdot (A \cdot \vec{x}_2) - 5 \cdot (A \cdot \vec{x}_3)$$
$$= 2 \cdot \vec{e}_1 + 3 \cdot \vec{e}_2 - 5 \cdot \vec{e}_3 = \vec{b}$$

Alternative: Kombiniert man die drei Spaltenvektoren $\vec{x}_1, \vec{x}_2, \vec{x}_3$ zu einer Matrix

$$X = (\vec{x}_1 | \vec{x}_2 | \vec{x}_3) = \begin{pmatrix} 1 & -6 & -4 \\ 0 & 2 & 1 \\ -1 & 7 & 5 \end{pmatrix}$$

dann ist

$$A \cdot X = (A \cdot \vec{x}_1 | A \cdot \vec{x}_2 | A \cdot \vec{x}_3) = (\vec{e}_1 | \vec{e}_2 | \vec{e}_3) = E$$

und somit $X = A^{-1}$ die Inverse zu A. Aus der Lösungsformel für LGS folgt dann

$$\vec{x} = A^{-1} \cdot \vec{b} = \begin{pmatrix} 1 & -6 & -4 \\ 0 & 2 & 1 \\ -1 & 7 & 5 \end{pmatrix} \cdot \begin{pmatrix} 2 \\ 3 \\ -5 \end{pmatrix} = \begin{pmatrix} 4 \\ 1 \\ -6 \end{pmatrix}$$

Aufgabe 2.19. Einsetzen in die linke Seite des LGS ergibt

$$\begin{aligned} A \cdot \vec{x} &= A \cdot \left(\lambda \cdot \vec{x}_1 + (1 - \lambda) \cdot \vec{x}_2 \right) \\ &= \lambda \cdot (A \cdot \vec{x}_1) + (1 - \lambda) \cdot (A \cdot \vec{x}_2) \\ &= \lambda \cdot \vec{b} + (1 - \lambda) \cdot \vec{b} = \vec{b} \end{aligned}$$

Aufgabe 2.20. In Matrixform hat das LGS die Gestalt $A \cdot \vec{x} = \vec{b}$, hier:

$$\begin{pmatrix} 1 & 0 & -2 \\ 0 & -2 & 1 \\ -2 & 1 & 0 \end{pmatrix} \cdot \vec{x} = \begin{pmatrix} 3 \\ 3 \\ 3 \end{pmatrix}$$

Zunächst kann man die Lösbarkeit durch Berechnung der Determinante prüfen:

$$\det A = \begin{vmatrix} 1 & 0 & -2 \\ 0 & -2 & 1 \\ -2 & 1 & 0 \end{vmatrix} = \begin{vmatrix} 1 & 0 & -2 \\ 0 & -2 & 1 \\ 0 & 1 & -4 \end{vmatrix} = 1 \cdot \begin{vmatrix} -2 & 1 \\ 1 & -4 \end{vmatrix} = 7 \neq 0$$

Die Koeffizientenmatrix ist also regulär, und das LGS hat somit genau eine Lösung. Zur Anwendung der Lösungsformel brauchen wir noch die Inverse

$$A^{-1} = \begin{pmatrix} -\frac{1}{7} & -\frac{2}{7} & -\frac{4}{7} \\ -\frac{2}{7} & -\frac{4}{7} & -\frac{1}{7} \\ -\frac{4}{7} & -\frac{1}{7} & -\frac{2}{7} \end{pmatrix} = \frac{1}{7} \begin{pmatrix} -1 & -2 & -4 \\ -2 & -4 & -1 \\ -4 & -1 & -2 \end{pmatrix}$$

die wir mit Gauß-Jordan berechnen:

$$
\begin{array}{llccc|ccc}
(1) & 1 & 0 & -2 & 1 & 0 & 0 \\
(2) & 0 & -2 & 1 & 0 & 1 & 0 \\
(3) & -2 & 1 & 0 & 0 & 0 & 1 & \big| + 2 \cdot (1)
\end{array}
$$

$$
\begin{array}{llccc|ccc}
(1) & 1 & 0 & 2 & 1 & 0 & 0 \\
(2) & 0 & -2 & 1 & 0 & 1 & 0 \\
(3) & 0 & 1 & -4 & 2 & 0 & 1 & \big| + \tfrac{1}{2} \cdot (2)
\end{array}
$$

$$
\begin{array}{llccc|ccc}
(1) & 1 & 0 & -2 & 1 & 0 & 0 \\
(2) & 0 & -2 & 1 & 0 & 1 & 0 & \big| : (-2) \\
(3) & 0 & 0 & -3{,}5 & 2 & 0{,}5 & 1 & \big| : (-3{,}5)
\end{array}
$$

$$
\begin{array}{llccc|ccc}
(1) & 1 & 0 & 2 & 1 & 0 & 0 & \big| - 2 \cdot (3) \\
(2) & 0 & 1 & -0{,}5 & 0 & -0{,}5 & 0 & \big| - (3) \\
(3) & 0 & 0 & 1 & -\tfrac{4}{7} & -\tfrac{1}{7} & -\tfrac{2}{7}
\end{array}
$$

$$
\begin{array}{llccc|ccc}
(1) & 1 & 0 & 0 & -\tfrac{1}{7} & -\tfrac{2}{7} & -\tfrac{4}{7} \\
(2) & 0 & 1 & 0 & -\tfrac{2}{7} & -\tfrac{4}{7} & -\tfrac{1}{7} \\
(3) & 0 & 0 & 1 & -\tfrac{4}{7} & -\tfrac{1}{7} & -\tfrac{2}{7}
\end{array}
$$

Der gesuchte Lösungsvektor ist dann

$$
\vec{x} = A^{-1} \cdot \vec{b} = \frac{1}{7} \begin{pmatrix} -1 & -2 & -4 \\ -2 & -4 & -1 \\ -4 & -1 & -2 \end{pmatrix} \cdot \begin{pmatrix} 3 \\ 3 \\ 3 \end{pmatrix} = \begin{pmatrix} -3 \\ -3 \\ -3 \end{pmatrix}
$$

Aufgabe 2.21.

a) Die inverse Matrix zu A ist

$$
A^{-1} = \begin{pmatrix} \tfrac{1}{3} & -\tfrac{1}{2} & \tfrac{1}{6} & 0 \\ -\tfrac{1}{3} & 0 & \tfrac{1}{3} & 0 \\ 1 & \tfrac{1}{2} & -\tfrac{1}{2} & 0 \\ 0 & 0 & 0 & \tfrac{1}{3} \end{pmatrix}
$$

Für ihre Berechnung nutzen wir das Rechenschema $A \mid E \Longrightarrow E \mid A^{-1}$ von Gauß-Jordan, d. h., wir wenden auf $A \mid E$ elementare Zeilenumformungen an, bis im linken Block die Einheitsmatrix erscheint, und können dann im rechten Block die Inverse A^{-1} ablesen. Dies gelingt nur, falls die Matrix A regulär (invertierbar) ist:

(1)	1	1	1	0	1	0	0	0	
(2)	−1	2	1	0	0	1	0	0	$+ (1)$
(3)	1	4	1	0	0	0	1	0	$- (1)$
(4)	0	0	0	3	0	0	0	1	

(1)	1	1	1	0	1	0	0	0	
(2)	0	3	2	0	1	1	0	0	
(3)	0	3	0	0	−1	0	1	0	$- (2)$
(4)	0	0	0	3	0	0	0	1	

(1)	1	1	1	0	1	0	0	0	
(2)	0	3	2	0	1	1	0	0	$: 3$
(3)	0	0	−2	0	−2	−1	1	0	$: (-2)$
(4)	0	0	0	3	0	0	0	1	$: 3$

(1)	1	1	1	0	1	0	0	0	$- (3)$
(2)	0	1	$\frac{2}{3}$	0	$\frac{1}{3}$	$\frac{1}{3}$	0	0	$-\frac{2}{3} \cdot (3)$
(3)	0	0	1	0	1	$\frac{1}{2}$	$-\frac{1}{2}$	0	
(4)	0	0	0	3	0	0	0	$\frac{1}{3}$	

(1)	1	1	0	0	0	$-\frac{1}{2}$	$\frac{1}{2}$	0	$- (2)$
(2)	0	1	0	0	$-\frac{1}{3}$	0	$\frac{1}{3}$	0	
(3)	0	0	1	0	1	$\frac{1}{2}$	$-\frac{1}{2}$	0	
(4)	0	0	0	1	0	0	0	$\frac{1}{3}$	

(1)	1	0	0	0	$\frac{1}{3}$	$-\frac{1}{2}$	$\frac{1}{6}$	0	
(2)	0	1	0	0	$-\frac{1}{3}$	0	$\frac{1}{3}$	0	
(3)	0	0	1	0	1	$\frac{1}{2}$	$-\frac{1}{2}$	0	
(4)	0	0	0	1	0	0	0	$\frac{1}{3}$	

Das Gauß-Jordan-Verfahren $B \mid E \Longrightarrow E \mid B^{-1}$

(1)	1	0	1	1	0	0	
(2)	0	1	1	0	1	0	
(3)	1	1	1	0	0	1	$- (1)$

(1)	1	0	1	1	0	0	
(2)	0	1	1	0	1	0	
(3)	0	1	0	−1	0	1	$- (2)$

(1)	1	0	1	1	0	0	$+ (3)$
(2)	0	1	1	0	1	0	$+ (3)$
(3)	0	0	−1	−1	−1	1	$\cdot (-1)$

(1)	1	0	0	0	−1	1
(2)	0	1	0	−1	0	1
(3)	0	0	1	1	1	−1

wiederum liefert die inverse Matrix zu B:

$$B^{-1} = \begin{pmatrix} 0 & -1 & 1 \\ -1 & 0 & 1 \\ 1 & 1 & -1 \end{pmatrix}$$

b) Das LGS in Matrixform $A \cdot \vec{x} = 6\,\vec{e}_3$ hat die Lösung

$$\vec{x} = A^{-1} \cdot 6\,\vec{e}_3 = \begin{pmatrix} \frac{1}{3} & -\frac{1}{2} & \frac{1}{6} & 0 \\ -\frac{1}{3} & 0 & \frac{1}{3} & 0 \\ 1 & \frac{1}{2} & -\frac{1}{2} & 0 \\ 0 & 0 & 0 & \frac{1}{3} \end{pmatrix} \cdot \begin{pmatrix} 0 \\ 0 \\ 6 \\ 0 \end{pmatrix} = \begin{pmatrix} 1 \\ 2 \\ -3 \\ 0 \end{pmatrix}$$

und das LGS $B \cdot \vec{y} = \vec{e}_2$ besitzt den Lösungsvektor

$$\vec{y} = B^{-1} \cdot \vec{e}_2 = \begin{pmatrix} 0 & -1 & 1 \\ -1 & 0 & 1 \\ 1 & 1 & -1 \end{pmatrix} \cdot \begin{pmatrix} 0 \\ 1 \\ 0 \end{pmatrix} = \begin{pmatrix} -1 \\ 0 \\ 1 \end{pmatrix}$$

c) Es ist

$$T = (T^{-1})^{-1} = \begin{pmatrix} 2 & -3 \\ -\frac{1}{2} & 1 \end{pmatrix}$$

Aufgabe 2.22. Wir verwenden für die zu berechnenden Mengen die Unbekannten A, B, C entsprechend der Gerätebezeichnungen. Die drei Unbekannten sind aus den drei genannten Bedingungen (Montagezeit $= 45 \cdot 60 = 2700$ min, Prüfzeit $= 10 \cdot 60 = 600$ min und Stellplätze $= 240$) zu bestimmen, die sich wie folgt in ein $(3,3)$-System übersetzen lassen:

$$\begin{array}{llll} (1) & A + 2B + 2C = 240 & \text{Stellplätze} \\ (2) & 4A + 2B + 6C = 600 & \text{Prüfzeit} \\ (3) & 20A + 10B + 20C = 2700 & \text{Montagezeit} \end{array}$$

Das Gauß-Rechenschema hierzu lautet:

(1)	1	2	2	240	
(2)	4	2	6	600	$\lvert -4 \cdot (1)$
(3)	20	10	20	2700	$\lvert -20 \cdot (1)$
(1)	1	2	2	240	
(2)	0	−6	−2	−360	
(3)	0	−30	−20	−2100	$\lvert -5 \cdot (2)$
(1)	1	2	2	240	
(2)	0	−6	−2	−360	
(3)	0	0	−10	−300	

und es liefert die Lösung $C = 30$, $B = 50$, $A = 80$.

Ergänzung: Bei diesem Problem lohnt es sich, mit der Lösungsformel zu arbeiten, falls sich die Rahmenbedingungen (freie Montage- und Prüfzeiten sowie freie Lagerplätze) häufiger ändern. In diesem Fall würde man zuerst die Inverse der Koeffizientenmatrix mit Gauß-Jordan berechnen:

$$\begin{pmatrix} 1 & 2 & 2 \\ 4 & 2 & 6 \\ 20 & 10 & 20 \end{pmatrix}^{-1} = \begin{pmatrix} -\frac{1}{3} & -\frac{1}{3} & \frac{2}{15} \\ \frac{2}{3} & -\frac{1}{3} & \frac{1}{30} \\ 0 & \frac{1}{2} & -\frac{1}{10} \end{pmatrix}$$

und dann die Lösung durch Matrixmultiplikation bestimmen:

$$\begin{pmatrix} A \\ B \\ C \end{pmatrix} = \begin{pmatrix} -\frac{1}{3} & -\frac{1}{3} & \frac{2}{15} \\ \frac{2}{3} & -\frac{1}{3} & \frac{1}{30} \\ 0 & \frac{1}{2} & -\frac{1}{10} \end{pmatrix} \cdot \begin{pmatrix} 240 \\ 600 \\ 2700 \end{pmatrix} = \begin{pmatrix} 80 \\ 50 \\ 30 \end{pmatrix}$$

Lösungen zu Kapitel 3

Aufgabe 3.1.

a) Wir berechnen zuerst die Längen und das Skalarprodukt:

$$|\vec{a}| = \sqrt{4^2 + 2^2} = \sqrt{20} = 2\sqrt{5}$$

$$|\vec{b}| = \sqrt{3^2 + 4^2} = \sqrt{25} = 5$$

$$\vec{a} \cdot \vec{b} = 4 \cdot 3 + 2 \cdot 4 = 20$$

Der Winkel α zwischen $\vec{a}$ und $\vec{b}$ ist dann

$$\cos\alpha = \frac{\vec{a} \cdot \vec{b}}{|\vec{a}| \cdot |\vec{b}|} = \frac{20}{2\sqrt{5} \cdot 5} = \frac{2}{\sqrt{5}} \implies \alpha = 26{,}565\ldots°$$

b) Gesucht sind λ und μ, sodass

$$\begin{pmatrix} 7 \\ 1 \end{pmatrix} = \lambda \cdot \vec{a} + \mu \cdot \vec{b} = \begin{pmatrix} 4\lambda + 3\mu \\ 2\lambda + 4\mu \end{pmatrix}$$

Aus dem linearen Gleichungssystem

$$\begin{array}{lll} (1) & 2\lambda + 4\mu = 1 & \\ (2) & 4\lambda + 3\mu = 7 & |-2 \cdot (1) \\ \hline (2) & \quad\quad -5\mu = 5 & \end{array}$$

erhalten wir die Werte $\mu = -1$ und $\lambda = \frac{5}{2}$, sodass $\begin{pmatrix} 7 \\ 1 \end{pmatrix} = 2,5\,\vec{a} - \vec{b}$.

c) Die Projektion von $\vec{a}$ auf $\vec{b}$ ist der Vektor

$$\vec{p} = \frac{\vec{a} \cdot \vec{b}}{|\vec{b}|^2} \cdot \vec{b} = \frac{20}{25} \cdot \begin{pmatrix} 3 \\ 4 \end{pmatrix} = \begin{pmatrix} 2,4 \\ 3,2 \end{pmatrix}$$

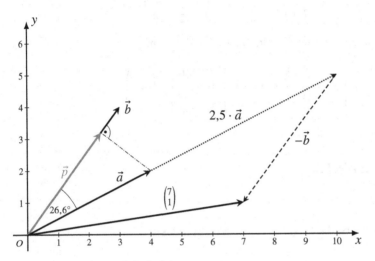

Abb. L.7 Ergebnisse zu Aufgabe 3.1

Aufgabe 3.2. Wir bezeichnen den Ortsvektor von A mit

$$\vec{a} = \begin{pmatrix} 4 \\ -3 \end{pmatrix}$$

Dieser hat die Länge $|\vec{a}| = \sqrt{4^2 + (-3)^2} = 5$ und ist demnach halb so lang wie der gesuchte Ortsvektor $\vec{b}$ zum Punkt B. Am einfachsten erhält man $\vec{b}$ durch eine Drehstreckung: Wir drehen $\vec{a}$ um den Winkel $60°$ und strecken dann gemäß Abb. L.8 den Bildvektor um den Faktor 2. Rechnerisch ermittelt man dann $\vec{b}$ einfach mithilfe der Drehmatrix:

$$\vec{b} = 2 \cdot R(60°) \cdot \vec{a}$$

$$= 2 \cdot \begin{pmatrix} \cos 60° & -\sin 60° \\ \sin 60° & \cos 60° \end{pmatrix} \cdot \begin{pmatrix} 4 \\ -3 \end{pmatrix}$$

$$= 2 \cdot \begin{pmatrix} \frac{1}{2} & -\frac{1}{2}\sqrt{3} \\ \frac{1}{2}\sqrt{3} & \frac{1}{2} \end{pmatrix} \cdot \begin{pmatrix} 4 \\ -3 \end{pmatrix} = \begin{pmatrix} 4 + 3\sqrt{3} \\ 4\sqrt{3} - 3 \end{pmatrix}$$

Es gibt aber noch andere Wege, die Koordinaten des Punktes B zu bestimmen.

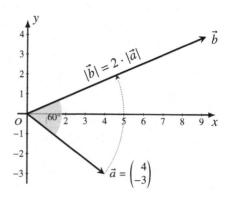

Abb. L.8 Berechnung von $\vec{b}$ durch eine Drehstreckung

Alternative 1 (geometrisch – ohne Drehmatrix):

Verlängert man den Vektor $\vec{a}$ um den Faktor 2, dann entsteht ein gleichseitiges Dreieck mit der Seitenlänge 10 und der Höhe $\frac{1}{2}\sqrt{3} \cdot 10 = 5\sqrt{3}$. Wir suchen einen Vektor, der die Höhe in diesem Dreieck beschreibt. Dazu nehmen wir einen Vektor senkrecht zu $\vec{a}$, z. B.

$$\begin{pmatrix} 3 \\ 4 \end{pmatrix} \perp \vec{a} \quad \text{wegen} \quad \begin{pmatrix} 3 \\ 4 \end{pmatrix} \cdot \begin{pmatrix} 4 \\ -3 \end{pmatrix} = 0$$

normieren diesen Vektor von Länge 5 auf Länge 1 und multiplizieren ihn mit der Höhe $5\sqrt{3}$. Der gesuchte Vektor für die Höhe ist dann

$$\vec{h} = 5\sqrt{3} \cdot \frac{1}{5} \cdot \begin{pmatrix} 3 \\ 4 \end{pmatrix} = \begin{pmatrix} 3\sqrt{3} \\ 4\sqrt{3} \end{pmatrix}$$

und hieraus erhalten wir den gesuchten Ortsvektor (vgl. Abb. L.9)

$$\vec{b} = \vec{a} + \vec{h} = \begin{pmatrix} 4 + 3\sqrt{3} \\ -3 + 4\sqrt{3} \end{pmatrix}$$

Alternative 2 (algebraisch – ohne Drehmatrix):

Wir bestimmen den unbekannten Ortsvektor

$$\vec{b} = \begin{pmatrix} x \\ y \end{pmatrix}$$

aus den Bedingungen $|\vec{b}| = \sqrt{x^2 + y^2} = 10$ und $\sphericalangle(\vec{a}, \vec{b}) = 60°$ bzw.

$$\frac{4x - 3y}{5 \cdot 10} = \frac{\vec{a} \cdot \vec{b}}{|\vec{a}| \cdot |\vec{b}|} = \cos\sphericalangle(\vec{a}, \vec{b}) = \cos 60° = \frac{1}{2}$$

Wir erhalten ein (nichtlineares) Gleichungssystem

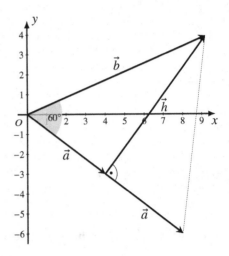

Abb. L.9 Berechnung mit Hilfe eines gleichseitigen Dreiecks

$$(1) \quad x^2 + y^2 = 100$$
$$(2) \quad 4x - 3y = 25$$

Aus (2) folgt $y = \frac{4x-25}{3}$, und Einsetzen in (1) ergibt

$$x^2 + \left(\frac{4x - 25}{3}\right)^2 = 100 \quad | \cdot 9$$
$$9x^2 + (16x^2 - 200x + 625) = 900$$
$$25x^2 - 200x - 275 = 0 \quad | : 25$$
$$x^2 - 8x - 11 = 0$$

mit den Lösungen

$$x_{1/2} = \frac{8 \pm \sqrt{64 + 4 \cdot 11}}{2} = 4 \pm 3\sqrt{3}$$

Die Lösung mit Minus ergibt einen negativen x-Wert, und der zugehörige Punkt liegt daher nicht im I. Quadranten (sie entspricht der Drehung von $\vec{a}$ um $-60°$). Es bleibt nur $x = 4 + 3\sqrt{3}$ sowie

$$y = \frac{4 \cdot (4 + 3\sqrt{3}) - 25}{3} = \frac{12\sqrt{3} - 9}{3} = 4\sqrt{3} - 3$$

Aufgabe 3.3. Die Drehmatrix zum Winkel α lautet

$$R(\alpha) = \begin{pmatrix} \cos \alpha & -\sin \alpha \\ \sin \alpha & \cos \alpha \end{pmatrix}$$

Mit der Vorschrift $\vec{r}' = R(\alpha) \cdot \vec{r}$ wird der Vektor $\vec{r}$ um den Winkel α gedreht. Eine weitere Drehung von $\vec{r}'$ um den Winkel α liefert den Bildvektor

$$\vec{r}'' = R(\alpha) \cdot \vec{r}' = R(\alpha) \cdot (R(\alpha) \cdot \vec{r}) = (R(\alpha) \cdot R(\alpha)) \cdot \vec{r}$$

Das Matrixprodukt $R(\alpha) \cdot R(\alpha)$ ist dann die Drehmatrix zum Winkel $\alpha + \alpha = 2\alpha$:

$$\begin{pmatrix} \cos 2\alpha & -\sin 2\alpha \\ \sin 2\alpha & \cos 2\alpha \end{pmatrix} = R(2\alpha) = R(\alpha) \cdot R(\alpha) = \begin{pmatrix} \cos \alpha & -\sin \alpha \\ \sin \alpha & \cos \alpha \end{pmatrix} \cdot \begin{pmatrix} \cos \alpha & -\sin \alpha \\ \sin \alpha & \cos \alpha \end{pmatrix}$$

oder, nach Ausrechnen des Matrixprodukts,

$$\begin{pmatrix} \cos 2\alpha & -\sin 2\alpha \\ \sin 2\alpha & \cos 2\alpha \end{pmatrix} = \begin{pmatrix} \cos^2 \alpha - \sin^2 \alpha & -2\sin \alpha \cos \alpha \\ 2\sin \alpha \cos \alpha & \cos^2 \alpha - \sin^2 \alpha \end{pmatrix}$$

Durch Vergleich der Komponenten erhält man die gewünschten trigonometrischen Formeln.

Aufgabe 3.4.

a) Die Drehmatrix zum Winkel $-30°$ ist

$$R = \begin{pmatrix} \cos(-30°) & -\sin(-30°) \\ \sin(-30°) & \cos(-30°) \end{pmatrix} = \begin{pmatrix} \frac{1}{2}\sqrt{3} & \frac{1}{2} \\ -\frac{1}{2} & \frac{1}{2}\sqrt{3} \end{pmatrix}$$

und die Spiegelungsmatrix zur Ursprungsgerade g mit Steigungswinkel $30°$

$$S = \begin{pmatrix} \cos 60° & \sin 60° \\ \sin 60° & -\cos 60° \end{pmatrix} = \begin{pmatrix} \frac{1}{2} & \frac{1}{2}\sqrt{3} \\ \frac{1}{2}\sqrt{3} & -\frac{1}{2} \end{pmatrix}$$

b) Der Vektor $\vec{r}$ wird zuerst um $-30°$ gedreht auf

$$\vec{r}' = R \cdot \vec{r}$$

und anschließend an der Achse g gespiegelt, also

$$\vec{r}'' = S \cdot \vec{r}' = S \cdot (R \cdot \vec{r}) = (S \cdot R) \cdot \vec{r}$$

Das Produkt der Matrizen S und R liefert die Matrix der Drehspiegelung

$$S \cdot R = \begin{pmatrix} \frac{1}{2} & \frac{1}{2}\sqrt{3} \\ \frac{1}{2}\sqrt{3} & -\frac{1}{2} \end{pmatrix} \cdot \begin{pmatrix} \frac{1}{2}\sqrt{3} & \frac{1}{2} \\ -\frac{1}{2} & \frac{1}{2}\sqrt{3} \end{pmatrix} = \begin{pmatrix} 0 & 1 \\ 1 & 0 \end{pmatrix}$$

Die Formel für den Bildvektor lautet somit

$$\vec{r}'' = \begin{pmatrix} 0 & 1 \\ 1 & 0 \end{pmatrix} \cdot \begin{pmatrix} x \\ y \end{pmatrix} = \begin{pmatrix} y \\ x \end{pmatrix}$$

und das entspricht einer Spiegelung an der Winkelhalbierenden. Im übrigen ist auch $S \cdot R = S(45°)$ die Spiegelungsmatrix zur Ursprungsgerade mit dem Steigungswinkel $45°$.

Aufgabe 3.5.

a) A hat die Form einer Spiegelungsmatrix mit dem (noch unbekannten) Steigungswinkel α:

$$A = \begin{pmatrix} 0{,}6 & 0{,}8 \\ 0{,}8 & -0{,}6 \end{pmatrix} = \begin{pmatrix} \cos 2\alpha & \sin 2\alpha \\ \sin 2\alpha & -\cos 2\alpha \end{pmatrix} = S(\alpha)$$

Aus $\sin 2\alpha = 0{,}8$ und $\cos 2\alpha = 0{,}6$ erhalten wir $2\alpha = 53{,}13°$ bzw. $\alpha = 26{,}565°$.

b) Die Matrix der kombinierten Spiegelung ist das Produkt

$$S(45°) \cdot A = \begin{pmatrix} 0 & 1 \\ 1 & 0 \end{pmatrix} \cdot \begin{pmatrix} 0{,}6 & 0{,}8 \\ 0{,}8 & -0{,}6 \end{pmatrix} = \begin{pmatrix} 0{,}8 & -0{,}6 \\ 0{,}6 & 0{,}8 \end{pmatrix}$$

Diese Matrix wiederum hat den Aufbau einer Drehmatrix

$$A = \begin{pmatrix} 0{,}8 & -0{,}6 \\ 0{,}6 & 0{,}8 \end{pmatrix} = \begin{pmatrix} \cos \beta & -\sin \beta \\ \sin \beta & \cos \beta \end{pmatrix} = R(\beta)$$

mit einem Drehwinkel β, der sich aus folgender Überlegung ergibt:

$$\sin \beta = 0{,}6 \quad \text{und} \quad \cos \beta = 0{,}8 \quad \Longrightarrow \quad \beta = 36{,}87°$$

c) Die Nullstellen des charakteristischen Polynoms

$$p_A(\lambda) = \det(A - \lambda E) = \begin{vmatrix} 0{,}6 - \lambda & 0{,}8 \\ 0{,}8 & -0{,}6 - \lambda \end{vmatrix} = \lambda^2 - 0{,}6^2 - 0{,}8^2 = \lambda^2 - 1$$

sind bei $\lambda = \pm 1$, und das sind dann auch die Eigenwerte von A.

Aufgabe 3.6. Die x-Achse als Spiegelachse hat den Steigungswinkel $0°$, und hierzu gehört die Spiegelungsmatrix

$$S(0°) = \begin{pmatrix} \cos 0° & \sin 0° \\ -\sin 0° & \cos 0° \end{pmatrix} = \begin{pmatrix} 1 & 0 \\ 0 & -1 \end{pmatrix}$$

Die anschließende Drehung um den Winkel 2α ergibt die Transformationsmatrix

$$R(2\alpha) \cdot S(0°) = \begin{pmatrix} \cos 2\alpha & -\sin 2\alpha \\ \sin 2\alpha & \cos 2\alpha \end{pmatrix} \cdot \begin{pmatrix} 1 & 0 \\ 0 & -1 \end{pmatrix} = \begin{pmatrix} \cos 2\alpha & \sin 2\alpha \\ \sin 2\alpha & -\cos 2\alpha \end{pmatrix}$$

für die kombinierte Drehspiegelung, welche mit der Spiegelungsmatrix $S(\alpha)$ übereinstimmt.

Aufgabe 3.7. Wir können die Spiegelung $\vec{r}' = S(\alpha) \cdot \vec{r}$ an der Gerade g_1 und $\vec{r}'' = S(\beta) \cdot \vec{r}'$ an g_2 durch Matrixmultiplikation wie folgt zusammenfassen:

$$\vec{r}'' = S(\beta) \cdot \vec{r}' = S(\beta) \cdot (S(\alpha) \cdot \vec{r}) = (S(\beta) \cdot S(\alpha)) \cdot \vec{r}$$

Die Transformationsmatrix der kombinierten Spiegelungen lautet dann

$$
\begin{aligned}
S(\beta) \cdot S(\alpha) &= \begin{pmatrix} \cos\beta & \sin\beta \\ \sin\beta & -\cos\beta \end{pmatrix} \cdot \begin{pmatrix} \cos\alpha & \sin\alpha \\ \sin\alpha & -\cos\alpha \end{pmatrix} \\
&= \begin{pmatrix} \cos\beta\cos\alpha + \sin\beta\sin\alpha & \cos\beta\sin\alpha - \sin\beta\cos\alpha \\ \sin\beta\cos\alpha - \cos\beta\sin\alpha & \sin\beta\sin\alpha + \cos\beta\cos\alpha \end{pmatrix} \\
&= \begin{pmatrix} \cos(\beta-\alpha) & -\sin(\beta-\alpha) \\ \sin(\beta-\alpha) & \cos(\beta-\alpha) \end{pmatrix} = R(\beta-\alpha)
\end{aligned}
$$

wobei wir zuletzt noch die Additionstheoreme für $\cos(\beta-\alpha)$ und $\sin(\beta-\alpha)$ aus der Trigonometrie benutzt haben. Insgesamt entspricht dann $S(\beta) \cdot S(\alpha) = R(\beta-\alpha)$ einer Drehung um den Winkel $\beta - \alpha$.

Aufgabe 3.8. Der Winkel α zwischen dem Normalenvektor $\vec{n}$ und dem Differenzvektor $\vec{r} - \vec{r}_0$ lässt sich mit der Formel

$$
\cos\alpha = \frac{\vec{n} \cdot (\vec{r} - \vec{r}_0)}{|\vec{n}| \cdot |\vec{r} - \vec{r}_0|}
$$

berechnen. Hierbei legt das Vorzeichen von $\vec{n} \cdot (\vec{r} - \vec{r}_0)$ zugleich auch das Vorzeichen von $\cos\alpha$ fest, und der Winkel α ist im Fall

$$
\begin{aligned}
\cos\alpha > 0 &\quad \text{kleiner als } 90° \\
\cos\alpha = 0 &\quad \text{genau gleich } 90° \\
\cos\alpha < 0 &\quad \text{größer als } 90°
\end{aligned}
$$

Andererseits liegt P im Fall $\alpha < 90°$ links von g, für $\alpha = 90°$ auf der Gerade und im Fall $\alpha > 90°$ rechts von g. Das Vorzeichen von $\vec{n} \cdot (\vec{r} - \vec{r}_0)$ bestimmt also den Winkel α und legt damit auch die Lage zur Gerade g fest.

Aufgabe 3.9.

a) Wir berechnen zuerst die Längen und das Skalarprodukt:

$$
\begin{aligned}
|\vec{a}| &= \sqrt{(-1)^2 + 2^2 + (-1)^2} = \sqrt{6} \\
|\vec{b}| &= \sqrt{2^2 + (-1)^2 + (-1)^2} = \sqrt{6} \\
\vec{a} \cdot \vec{b} &= (-1) \cdot 2 + 2 \cdot (-1) + (-1) \cdot (-1) = -3
\end{aligned}
$$

Der Winkel α zwischen $\vec{a}$ und $\vec{b}$ ist dann

$$
\cos\alpha = \frac{\vec{a} \cdot \vec{b}}{|\vec{a}| \cdot |\vec{b}|} = \frac{-3}{\sqrt{6} \cdot \sqrt{6}} = -\tfrac{1}{2} \quad \Longrightarrow \quad \alpha = 120°
$$

b) Der Vektor

$$\vec{n} = \vec{a} \times \vec{b} = \begin{pmatrix} -3 \\ -3 \\ -3 \end{pmatrix}$$

steht senkrecht auf $\vec{a}$ und $\vec{b}$. Er hat die Länge $|\vec{n}| = \sqrt{9+9+9} = 3\sqrt{3}$. Der normierte Vektor zu $\vec{n}$ und sein Gegenvektor sind dann die einzigen zwei Einheitsvektoren, welche orthogonal zu den beiden Vektoren $\vec{a}$ und $\vec{b}$ sind:

$$\pm \frac{1}{|\vec{n}|} \cdot \vec{n} = \pm \frac{1}{\sqrt{3}} \begin{pmatrix} 1 \\ 1 \\ 1 \end{pmatrix} \perp \vec{a},\, \vec{b}$$

c) Die drei Vektoren liegen in einer Ebene, falls das von $\vec{a}$, $\vec{b}$ und $\vec{c}$ aufgespannte Parallelotop das Volumen Null hat. Es muss also

$$0 = [\,\vec{a}\,\vec{b}\,\vec{c}\,] = \begin{vmatrix} -1 & 2 & \lambda \\ 2 & -1 & 2 \\ -1 & -1 & 2 \end{vmatrix} = \begin{vmatrix} -1 & 2 & \lambda \\ 0 & 3 & 2+2\lambda \\ 0 & -3 & 2-\lambda \end{vmatrix}$$

$$= (-1) \cdot (3\,(2-\lambda) + 3\,(2+2\lambda)) = -12 - 3\lambda$$

erfüllt sein. Somit gibt es genau eine Lösung, und zwar $\lambda = -4$.

Aufgabe 3.10. Die gesuchten Größen erhält man mithilfe der Vektoren

$$\vec{a} = \overrightarrow{BC} = \begin{pmatrix} 1 \\ 1 \\ 0 \end{pmatrix}, \quad \vec{b} = \overrightarrow{CA} = \begin{pmatrix} -2 \\ 0 \\ -2 \end{pmatrix}, \quad \vec{c} = \overrightarrow{AB} = \begin{pmatrix} 1 \\ -1 \\ 2 \end{pmatrix}$$

Die Seitenlängen des Dreiecks sind gemäß Abb. L.10 die Längen der Vektoren

$$|\vec{a}| = \sqrt{2}, \quad |\vec{b}| = \sqrt{8}, \quad |\vec{c}| = \sqrt{6}$$

Für die Winkel ergeben sich unter Verwendung des Skalarprodukts die Werte

$$\cos\alpha = \frac{|\vec{b}\cdot\vec{c}|}{|\vec{b}|\cdot|\vec{c}|} = \frac{6}{\sqrt{8}\cdot\sqrt{6}} = \tfrac{1}{2}\sqrt{3} \quad \Longrightarrow \quad \alpha = 60°$$

$$\cos\beta = \frac{|\vec{a}\cdot\vec{c}|}{|\vec{a}|\cdot|\vec{c}|} = \frac{0}{\sqrt{2}\cdot\sqrt{8}} \quad \Longrightarrow \quad \beta = 90°$$

Damit ist der dritte Winkel $\gamma = 180° - \alpha - \beta = 30°$. Es handelt sich also um ein rechtwinkliges Dreieck mit einem rechten Winkel bei B. Die Fläche A erhält man z. B. mit dem Vektorprodukt (Dreieck = halbes Parallelogramm):

$$A = \tfrac{1}{2}|\vec{a} \times \vec{b}| = \tfrac{1}{2} \left| \begin{pmatrix} 2 \\ -2 \\ -2 \end{pmatrix} \right| = \tfrac{1}{2}\sqrt{12} = \sqrt{3}$$

Nachdem das Dreieck bei B einen rechten Winkel hat, kann man die Fläche alternativ auch mit $A = \frac{1}{2} \cdot |\vec{a}| \cdot |\vec{c}| = \frac{1}{2} \cdot \sqrt{2} \cdot \sqrt{6} = \sqrt{3}$ bestimmen.

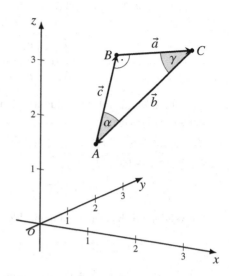

Abb. L.10 Dreieck im Raum

Aufgabe 3.11. Es ist

$$(\vec{b} - \vec{a}) \times (\vec{c} - \vec{a}) = \vec{b} \times \vec{c} - \vec{b} \times \vec{a} - \vec{a} \times \vec{c} + \vec{a} \times \vec{a}$$

Wegen $\vec{a} \parallel \vec{a}$ ist $\vec{a} \times \vec{a} = \vec{o}$. Außerdem gilt $\vec{b} \times \vec{a} = -\vec{a} \times \vec{b}$ und $\vec{a} \times \vec{c} = -\vec{c} \times \vec{a}$, da das Vektorprodukt anti-kommutativ ist. Die rechte Seite des obigen Produkts ist dann

$$(\vec{b} - \vec{a}) \times (\vec{c} - \vec{a}) = \vec{b} \times \vec{c} - (-\vec{a} \times \vec{b}) - (-\vec{c} \times \vec{a}) + \vec{o} = \vec{a} \times \vec{b} + \vec{b} \times \vec{c} + \vec{c} \times \vec{a}$$

Aufgabe 3.12.

a) Für die beiden Vektoren

$$\vec{a} \times \vec{b} = \begin{pmatrix} a_1 \\ a_2 \\ a_3 \end{pmatrix} \times \begin{pmatrix} b_1 \\ b_2 \\ b_3 \end{pmatrix} = \begin{pmatrix} a_2 b_3 - a_3 b_2 \\ a_3 b_1 - a_1 b_3 \\ a_1 b_2 - a_2 b_1 \end{pmatrix} \quad \text{und} \quad \vec{c} = \begin{pmatrix} c_1 \\ c_2 \\ c_3 \end{pmatrix}$$

erhält man das Kreuzprodukt

$$(\vec{a} \times \vec{b}) \times \vec{c} = \begin{pmatrix} (a_3 b_1 - a_1 b_3) c_3 - (a_1 b_2 - a_2 b_1) c_2 \\ (a_1 b_2 - a_2 b_1) c_1 - (a_2 b_3 - a_3 b_2) c_3 \\ (a_2 b_3 - a_3 b_2) c_2 - (a_3 b_1 - a_1 b_3) c_1 \end{pmatrix}$$

$$= \begin{pmatrix} a_3 b_1 c_3 - a_1 b_3 c_3 - a_1 b_2 c_2 + a_2 b_1 c_2 \\ a_1 b_2 c_1 - a_2 b_1 c_1 - a_2 b_3 c_3 + a_3 b_2 c_3 \\ a_2 b_3 c_2 - a_3 b_2 c_2 - a_3 b_1 c_1 + a_1 b_3 c_1 \end{pmatrix}$$

Andererseits gilt

$$(\vec{a} \cdot \vec{c}) \cdot \vec{b} - (\vec{b} \cdot \vec{c}) \cdot \vec{a} = \begin{pmatrix} (a_1 c_1 + a_2 c_2 + a_3 c_3) b_1 - (b_1 c_1 + b_2 c_2 + b_3 c_3) a_1 \\ (a_1 c_1 + a_2 c_2 + a_3 c_3) b_2 - (b_1 c_1 + b_2 c_2 + b_3 c_3) a_2 \\ (a_1 c_1 + a_2 c_2 + a_3 c_3) b_3 - (b_1 c_1 + b_2 c_2 + b_3 c_3) a_3 \end{pmatrix}$$

$$= \begin{pmatrix} a_2 b_1 c_2 + a_3 b_1 c_3 - a_1 b_2 c_2 - a_1 b_3 c_3 \\ a_1 b_2 c_1 + a_3 b_2 c_3 - a_2 b_1 c_1 - a_2 b_3 c_3 \\ a_1 b_3 c_1 + a_2 b_3 c_2 - a_3 b_1 c_1 - a_3 b_2 c_2 \end{pmatrix}$$

Bis auf die Reihenfolge der Summanden in den einzelnen Komponenten stimmen die Vektoren überein!

b) Setzen wir $\vec{v} = \vec{\omega} \times \vec{r}$ in die Formel für den Drehimpuls ein, dann ergibt sich ein doppeltes Kreuzprodukt

$$\vec{L} = m (\vec{r} \times \vec{v}) = -m (\vec{v} \times \vec{r}) = -m ((\vec{\omega} \times \vec{r}) \times \vec{r})$$

Verwenden wir hier die Graßmann-Identität mit $\vec{a} = \vec{\omega}$ und $\vec{b} = \vec{c} = \vec{r}$, dann ist

$$\vec{L} = -m ((\vec{\omega} \cdot \vec{r}) \cdot \vec{r} - (\vec{r} \cdot \vec{r}) \cdot \vec{\omega}) = m \cdot (\vec{r} \cdot \vec{r}) \cdot \vec{\omega} - m \cdot (\vec{\omega} \cdot \vec{r}) \cdot \vec{r}$$

Wegen $\vec{\omega} \perp \vec{r}$ ist $\vec{\omega} \cdot \vec{r} = 0$, und zusammen mit $\vec{r} \cdot \vec{r} = |\vec{r}|^2$ bleibt in der Formel nur noch $\vec{L} = m |\vec{r}|^2 \cdot \vec{\omega}$ übrig.

Aufgabe 3.13.

a) Das Volumen V berechnen wir mit dem Spatprodukt:

$$[\vec{a}\,\vec{b}\,\vec{c}] = \begin{vmatrix} 1 & 1 & 1 \\ 2 & -1 & 0 \\ 0 & 0 & 3 \end{vmatrix} = -9 \quad \Longrightarrow \quad V = 9$$

Zur Berechnung der Oberfläche addieren wir die Inhalte der sechs seitlichen Parallelogrammflächen (vgl. Abb. L.11)

$$O = 2 (|\vec{a} \times \vec{b}| + |\vec{b} \times \vec{c}| + |\vec{c} \times \vec{a}|)$$

wobei

$$\vec{a} \times \vec{b} = \begin{pmatrix} 0 \\ 0 \\ -3 \end{pmatrix}, \quad \vec{b} \times \vec{c} = \begin{pmatrix} -3 \\ 3 \\ 1 \end{pmatrix}, \quad \vec{c} \times \vec{a} = \begin{pmatrix} -6 \\ 3 \\ 2 \end{pmatrix}$$

Damit ist $O = 2 \cdot (3 + \sqrt{19} + \sqrt{49}) \approx 28{,}7$. Die Höhe erhalten wir aus der Formel

$$h = \frac{\text{Volumen}}{\text{Grundfläche}} = \frac{V}{|\vec{a} \times \vec{b}|} = \frac{9}{3} = 3$$

b) Der Winkel α zwischen $\vec{c}$ und der Grundfläche ist der Komplementwinkel zum Winkel zwischen $\vec{c}$ und dem Normalenvektor zur Grundfläche

$$\vec{n} = \vec{b} \times \vec{a} = -\vec{a} \times \vec{b} \qquad \text{(Achtung: Orientierung!)}$$

sodass also

$$\sin \alpha = \cos(90° - \alpha) = \frac{\vec{n} \cdot \vec{c}}{|\vec{n}| \cdot |\vec{c}|} = \frac{9}{3 \cdot \sqrt{10}} \quad \Longrightarrow \quad \alpha \approx 71{,}6°$$

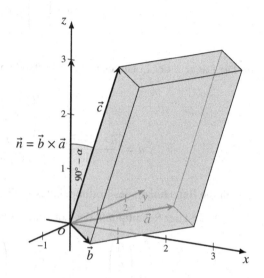

Abb. L.11 Spat mit Normalenvektor $\vec{n}$ zur Grundfläche

Aufgabe 3.14.

a) Die Ortsvektoren der Geradenpunkte haben die Form $\vec{r} = \vec{r}_0 + \lambda \cdot \vec{a}$, und daher gilt

$$\vec{r} - \vec{r}_0 = \lambda \cdot \vec{a} \parallel \vec{a} \quad \Longrightarrow \quad \vec{a} \times (\vec{r} - \vec{r}_0) = \vec{o}$$

Umgekehrt folgt aus $\vec{a} \times (\vec{r} - \vec{r}_0) = \vec{o}$, dass $\vec{a}$ und $\vec{r} - \vec{r}_0$ kollinear sind. Somit ist $\vec{r} - \vec{r}_0 = \lambda \cdot \vec{a}$ ein Vielfaches von $\vec{a}$, also $\vec{r} = \vec{r}_0 + \lambda \cdot \vec{a}$ mit einem Skalar $\lambda \in \mathbb{R}$.

b) Gemäß der Abstandsformel Punkt – Gerade gilt im Fall $|\vec{a}| = 1$

$$d = \frac{|\vec{a} \times (\vec{r}_1 - \vec{r}_0)|}{|\vec{a}|} = |\vec{a} \times (\vec{r}_1 - \vec{r}_0)|$$

Aufgabe 3.15. Als Stützpunkt von E können wir P_0 wählen, und als Richtungsvektoren bieten sich die Verbindungsvektoren von P_0 zu den übrigen Punkten an:

$$\vec{r}_0 = \begin{pmatrix} 0 \\ 0 \\ 1 \end{pmatrix}, \quad \vec{a}_1 = \overrightarrow{P_0 P_1} = \begin{pmatrix} 2 \\ 0 \\ -1 \end{pmatrix}, \quad \vec{a}_2 = \overrightarrow{P_0 P_2} = \begin{pmatrix} 0 \\ -3 \\ -1 \end{pmatrix}$$

Bei den nachfolgenden Berechnungen brauchen wir auch noch den Normalenvektor

$$\vec{n} = \vec{a}_1 \times \vec{a}_2 = \begin{pmatrix} -3 \\ 2 \\ -6 \end{pmatrix}$$

a) Die Lotgerade ist die Gerade durch $P = (2, 1, 5)$ in Richtung $\vec{n}$:

$$g : \begin{pmatrix} 2 \\ 1 \\ 5 \end{pmatrix} + \lambda \cdot \begin{pmatrix} -3 \\ 2 \\ -6 \end{pmatrix}$$

b) Die Länge d der Lotstrecke ist der Abstand von P zu E, also

$$d = \frac{|\vec{n} \cdot (\vec{r} - \vec{r}_0)|}{|\vec{n}|} = \frac{\left| \begin{pmatrix} -3 \\ 2 \\ -6 \end{pmatrix} \cdot \begin{pmatrix} 2 \\ 1 \\ 4 \end{pmatrix} \right|}{\sqrt{9 + 4 + 36}} = \frac{|-28|}{7} = 4$$

c) Für die Berechnung des Lotfußpunktes L gibt es mehrere Möglichkeiten.

   (i) L ist der Schnittpunkt der Lotgerade g mit der Ebene E. Aus $E = g$ bzw.

$$\begin{pmatrix} 0 \\ 0 \\ 1 \end{pmatrix} + \lambda_1 \cdot \begin{pmatrix} 2 \\ 0 \\ -1 \end{pmatrix} + \lambda_2 \cdot \begin{pmatrix} 0 \\ -3 \\ -1 \end{pmatrix} = \begin{pmatrix} 2 \\ 1 \\ 5 \end{pmatrix} + \lambda \cdot \begin{pmatrix} -3 \\ 2 \\ -6 \end{pmatrix}$$

ergibt sich das $(3, 3)$-LGS

$$\begin{array}{lrcl}
(1) & 2\lambda_1 & +3\lambda & = 2 \\
(2) & -3\lambda_2 - 2\lambda & = 1 \\
(3) & -\lambda_1 - \lambda_2 + 6\lambda & = 4
\end{array}$$

welches wir mit dem Gauß-Rechenschema lösen (der Geradenparameter λ ist in der dritten Spalte; die erste und die dritte Zeile werden getauscht):

(1)	-1	-1	6	4	
(2)	0	-3	-2	1	
(3)	2	0	3	2	$\left\vert +2 \cdot (1)\right.$

(1)	-1	-1	6	4	
(2)	0	-3	-2	1	
(3)	0	-2	15	10	$\left\vert -\frac{2}{3} \cdot (2)\right.$

(1)	-1	-1	6	4	
(2)	0	-1	-17	-9	
(3)	0	0	$\frac{49}{3}$	$\frac{28}{3}$	

Aus der letzten Zeile erhalten wir den Parameter $\lambda = \frac{4}{7}$ und damit den

$$\text{Schnittpunkt} \quad \vec{s} = \begin{pmatrix} 2 \\ 1 \\ 5 \end{pmatrix} + \frac{4}{7} \cdot \begin{pmatrix} -3 \\ 2 \\ -6 \end{pmatrix} = \begin{pmatrix} \frac{2}{7} \\ \frac{15}{7} \\ \frac{11}{7} \end{pmatrix}$$

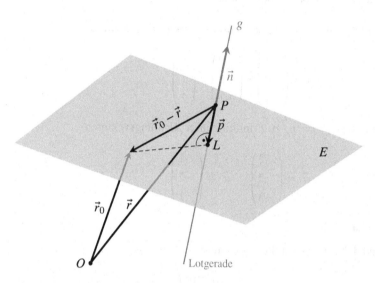

Abb. L.12 Zur Berechnung des Lotfußpunktes L

(ii) Wir rechnen wesentlich kürzer mit Hilfe der Projektion des Vektors $\vec{r} - \vec{r}_0$ auf $\vec{n}$ (vgl. Abb. L.12):

$$\vec{p} = \frac{(\vec{r}_0 - \vec{r}) \cdot \vec{n}}{|\vec{n}|^2} \cdot \vec{n} = \frac{28}{49} \cdot \begin{pmatrix} -3 \\ 2 \\ -6 \end{pmatrix} = \frac{4}{7} \cdot \begin{pmatrix} -3 \\ 2 \\ -6 \end{pmatrix}$$

und erhalten den Ortsvektor des Lotfußpunktes durch Vektoraddition

$$\vec{s} = \vec{r} + \vec{p} = \begin{pmatrix} 2 \\ 1 \\ 5 \end{pmatrix} + \frac{4}{7} \cdot \begin{pmatrix} -3 \\ 2 \\ -6 \end{pmatrix} = \begin{pmatrix} \frac{2}{7} \\ \frac{15}{7} \\ \frac{11}{7} \end{pmatrix}$$

(iii) Als dritte Alternative können wir auch gleich die Schnittpunktformel auf E und die Lotgerade anwenden. Sie lautet

$$\vec{s} = \vec{r} + \frac{\vec{n} \cdot (\vec{r}_0 - \vec{r})}{\vec{n} \cdot \vec{a}} \cdot \vec{a}$$

wobei $\vec{r}$ den Stützpunkt und $\vec{a}$ den Richtungsvektor der Lotgerade bezeichnet ($\vec{r}_0$ und $\vec{n}$ sind der Stützpunkt bzw. Normalenvektor zu E). In unserem Fall ist $\vec{a} = \vec{n}$, sodass

$$\vec{s} = \vec{r} + \frac{\vec{n} \cdot (\vec{r}_0 - \vec{r})}{\vec{n} \cdot \vec{n}} \cdot \vec{n} = \vec{r} + \frac{\vec{n} \cdot (\vec{r}_0 - \vec{r})}{|\vec{n}|^2} \cdot \vec{n}$$

den gleichen Ortsvektor wie in (ii) liefert.

Aufgabe 3.16. Wir berechnen zuerst einen Normalenvektor $\vec{n}$ zu E mit

$$\vec{n} = \begin{pmatrix} 1 \\ 0 \\ -1 \end{pmatrix} \times \begin{pmatrix} 0 \\ 2 \\ -1 \end{pmatrix} = \begin{pmatrix} 2 \\ 1 \\ 2 \end{pmatrix}$$

und prüfen die Lage von g_1 bzw. g_2 zu E mithilfe ihrer Richtungsvektoren

$$\vec{a}_1 = \begin{pmatrix} 2 \\ 2 \\ -3 \end{pmatrix}, \quad \vec{a}_2 = \begin{pmatrix} 1 \\ -2 \\ 1 \end{pmatrix}$$

und dem Skalarprodukt:

(i) $\vec{n} \cdot \vec{a}_1 = 0$, und daher ist g_1 parallel zu E mit dem Abstand

$$d = \frac{|\vec{n} \cdot (\vec{r}_1 - \vec{r}_0)|}{|\vec{n}|} = \frac{\left| \begin{pmatrix} 2 \\ 1 \\ 2 \end{pmatrix} \cdot \begin{pmatrix} 2 \\ 2 \\ -2 \end{pmatrix} \right|}{\sqrt{4+4+1}} = \frac{2}{3}$$

(ii) $\vec{n} \cdot \vec{a}_2 = 2 \neq 0$, und folglich schneiden sich g_2 und E. Der Schnittpunkt lässt sich am einfachsten mit der folgenden Formel berechnen:

$$\vec{s} = \vec{r}_2 + \frac{\vec{n} \cdot (\vec{r}_0 - \vec{r}_2)}{\vec{n} \cdot \vec{a}_2} \cdot \vec{a}_2 \quad \text{und} \quad \vec{n} \cdot (\vec{r}_0 - \vec{r}_2) = \begin{pmatrix} 2 \\ 1 \\ 2 \end{pmatrix} \cdot \begin{pmatrix} 0+1 \\ 0-2 \\ 1-2 \end{pmatrix} = -2$$

ergibt

$$\vec{s} = \begin{pmatrix} -1 \\ 2 \\ 2 \end{pmatrix} + \frac{-2}{2} \cdot \begin{pmatrix} 1 \\ -2 \\ 1 \end{pmatrix} = \begin{pmatrix} -2 \\ 4 \\ 1 \end{pmatrix}$$

Alternativ erhält man den Schnittpunkt auch aus der Bedingung $E = g_2$. Das LGS zur Berechnung der noch unbekannten Parameter lautet

$$\begin{pmatrix} \lambda_1 \\ 2\lambda_2 \\ 1 - \lambda_1 - \lambda_2 \end{pmatrix} = \begin{pmatrix} -1+\mu \\ 2-2\mu \\ 2+\mu \end{pmatrix} \quad \text{bzw.} \quad \begin{pmatrix} \lambda_1 - \mu \\ 2\lambda_2 + 2\mu \\ -\lambda_1 - \lambda_2 - \mu \end{pmatrix} = \begin{pmatrix} -1 \\ 2 \\ 1 \end{pmatrix}$$

mit dem Rechenschema (der Geradenparameter μ ist in der dritten Spalte)

(1)	1	0	−1	−1	
(2)	0	2	2	2	
(3)	−1	−1	−1	1	$\mid + (1)$
(1)	1	0	−1	−1	
(2)	0	2	2	2	
(3)	0	−1	−2	0	$\mid + 0{,}5 \cdot (2)$
(1)	1	2	3	2	
(2)	0	2	2	2	
(3)	0	0	−1	1	

Aus der Lösung $\mu = -1$ erhalten wir den Ortsvektor nach Einsetzen in g_2:

$$\vec{s} = \begin{pmatrix} -1 - 1 \\ 2 - 2 \cdot (-1) \\ 2 + (-1) \end{pmatrix} = \begin{pmatrix} -2 \\ 4 \\ 1 \end{pmatrix}$$

Für die Berechnung des Schnittwinkels α verwenden wir das Skalarprodukt

$$\sin \alpha = \frac{|\vec{n} \cdot \vec{a}_2|}{|\vec{n}| \cdot |\vec{a}_2|} = \frac{|2|}{\sqrt{4+4+1} \cdot \sqrt{1+4+1}} = \frac{2}{3\sqrt{6}} \quad \Longrightarrow \quad \alpha \approx 15{,}8°$$

(iii) Da nur g_1, aber nicht g_2 parallel zur Ebene E ist, können g_1 und g_2 auch nicht parallel sein. Wir bestimmen den Abstand von g_1 zu g_2 mit den Größen

$$\vec{a}_1 \times \vec{a}_2 = \begin{pmatrix} 2 \\ 2 \\ -3 \end{pmatrix} \times \begin{pmatrix} 1 \\ -2 \\ 1 \end{pmatrix} = \begin{pmatrix} -4 \\ -5 \\ -6 \end{pmatrix} \quad \text{und} \quad \vec{r}_2 - \vec{r}_1 = \begin{pmatrix} -3 \\ 0 \\ 3 \end{pmatrix}$$

Einsetzen in die Abstandsformel ergibt:

$$d = \frac{|(\vec{a}_1 \times \vec{a}_2) \cdot (\vec{r}_2 - \vec{r}_1)|}{|\vec{a}_1 \times \vec{a}_2|} = \frac{|-6|}{\sqrt{77}} \approx 0{,}684$$

Wegen $d > 0$ können sich die beiden Geraden auch nicht schneiden, und daher liegen sie windschief zueinander.

Aufgabe 3.17.

a) Den Schnittpunkt erhält man aus dem LGS $E = g$, also

(1)	λ_1		$- \lambda =$	$2 - 1$
(2)		$\lambda_2 + \lambda =$		$-2 - 1$
(3)	$-\lambda_1$	$+ \lambda_2 - \lambda =$		$1 - 2$

Das verkürzte Gauß-Rechenschema hierzu lautet

$$
\begin{array}{cccc|cl}
(1) & 1 & 0 & -1 & 1 & \\
(2) & 0 & 1 & 1 & 3 & \\
(3) & -1 & 1 & -1 & -1 & \mid +(1) \\
\hline
(2) & 0 & 1 & 1 & 3 & \\
(3) & 0 & 1 & -2 & 0 & \mid -(2) \\
\hline
(3) & 0 & 0 & -3 & 3 &
\end{array}
$$

Die letzte Zeile liefert uns den Wert $\lambda = -1$ und somit den Schnittpunkt

$$
\vec{s} = \begin{pmatrix} 2 \\ -2 \\ 1 \end{pmatrix} - \begin{pmatrix} 1 \\ -1 \\ 1 \end{pmatrix} = \begin{pmatrix} 1 \\ -1 \\ 0 \end{pmatrix}
$$

Für die Berechnung des Schnittwinkels brauchen wir den Normalenvektor

$$
\vec{n} = \begin{pmatrix} 1 \\ 0 \\ -1 \end{pmatrix} \times \begin{pmatrix} 0 \\ 1 \\ 1 \end{pmatrix} = \begin{pmatrix} 1 \\ -1 \\ 1 \end{pmatrix}
$$

Dies ist zugleich der Richtungsvektor $\vec{a}$ von g, und daher ist $\alpha = 90°$. Dieser Schnittwinkel ergibt sich auch aus der Formel

$$
\sin \alpha = \frac{\vec{n} \cdot \vec{a}}{|\vec{n}| \cdot |\vec{a}|} = \frac{3}{\sqrt{3} \cdot \sqrt{3}} = 1 \quad \Longrightarrow \quad \alpha = 90°
$$

b) Ja, dieser Punkt liegt auf g, denn mit $\lambda = -3$ erhält man den Ortsvektor zu P. Alternativ kann man auch zeigen, dass der Abstand von P zu g gleich 0 ist.

c) Gesucht ist der Abstand d des Punktes $P = (-1, 1, -2)$ mit dem Ortsvektor $\vec{r}$ zur Ebene E. Einfachster Weg: Da $E \perp g$ gilt, ist d die Länge des Differenzvektors

$$
\vec{r} - \vec{s} = \begin{pmatrix} -1 \\ 1 \\ -2 \end{pmatrix} - \begin{pmatrix} 1 \\ -1 \\ 0 \end{pmatrix} = \begin{pmatrix} -2 \\ 2 \\ -2 \end{pmatrix} \quad \Longrightarrow \quad d = \sqrt{12} = 2\sqrt{3}
$$

Alternativ erhält man mit der Abstandsformel Punkt – Gerade ebenfalls den Wert

$$
d = \frac{\left| \begin{pmatrix} 1 \\ -1 \\ 1 \end{pmatrix} \cdot \begin{pmatrix} -1-1 \\ 1-1 \\ -2-2 \end{pmatrix} \right|}{\sqrt{3}} = \frac{|-6|}{\sqrt{3}} = 2\sqrt{3}
$$

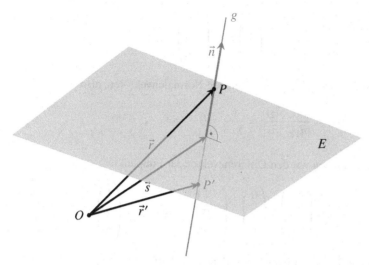

Abb. L.13 Spiegelung an der Ebene E

d) Wegen $E \perp g$ verläuft g senkrecht zur Ebene E, und da P auf der Gerade liegt, ist der Schnittpunkt $\vec{s}$ von E und g zugleich der Lotfußpunkt von P. Gemäß Abb. L.13 erhält man den gespiegelten Punkt P' ausgehend vom Ortsvektor $\vec{r}$ mit

$$\vec{r}' = \vec{r} + 2 \cdot (\vec{s} - \vec{r}) = 2\vec{s} - \vec{r} = \begin{pmatrix} 2 \\ -2 \\ 0 \end{pmatrix} - \begin{pmatrix} -1 \\ 1 \\ -2 \end{pmatrix} = \begin{pmatrix} 3 \\ -3 \\ 2 \end{pmatrix}$$

Der an E gespiegelte Punkt hat demnach die Koordinaten $P' = (3, -3, 2)$.

Aufgabe 3.18.

a) Setzen wir P_1 in die Normalenform von E_2 ein, dann ist

$$\begin{pmatrix} 2 \\ -2 \\ 1 \end{pmatrix} \cdot \left(\begin{pmatrix} 0 \\ 1 \\ 0 \end{pmatrix} - \begin{pmatrix} 1 \\ 1 \\ -2 \end{pmatrix} \right) = \begin{pmatrix} 2 \\ -2 \\ 1 \end{pmatrix} \cdot \begin{pmatrix} -1 \\ 0 \\ 2 \end{pmatrix} = -2 + 0 + 2 = 0$$

b) Die Schnittgerade g von E_1 und E_2 hat den Richtungsvektor

$$\vec{n}_1 \times \vec{n}_2 = \begin{pmatrix} 1 \\ 2 \\ 2 \end{pmatrix} \times \begin{pmatrix} 2 \\ -2 \\ 1 \end{pmatrix} = \begin{pmatrix} 6 \\ 3 \\ -6 \end{pmatrix}$$

Als Aufpunkt können wir P_1 nehmen, da dieser in beiden Ebenen liegt:

$$g \; : \; \begin{pmatrix} 0 \\ 1 \\ 0 \end{pmatrix} + \lambda \cdot \begin{pmatrix} 6 \\ 3 \\ -6 \end{pmatrix}$$

Der Schnittwinkel ist der Winkel zwischen den Normalenvektoren, also

$$\cos \alpha = \frac{|\vec{n}_1 \cdot \vec{n}_2|}{|\vec{n}_1| \cdot |\vec{n}_2|} = \frac{0}{3 \cdot 3} = 0 \quad \Longrightarrow \quad \alpha = 90°$$

c) Für den Abstand brauchen wir den Differenzvektor der Fußpunkte

$$\vec{r}_2 - \vec{r}_1 = \begin{pmatrix} 1 \\ 1 \\ -2 \end{pmatrix} - \begin{pmatrix} 0 \\ 1 \\ 0 \end{pmatrix} = \begin{pmatrix} 1 \\ 0 \\ -2 \end{pmatrix} \quad \text{und} \quad \vec{n}_1 = \begin{pmatrix} 1 \\ 2 \\ 2 \end{pmatrix}$$

Die Abstandsformel Punkt – Ebene liefert dann den Wert

$$d = \frac{|\vec{n}_1 \cdot (\vec{r}_2 - \vec{r}_1)|}{|\vec{n}_1|} = \frac{|1 + 0 - 4|}{3} = \frac{3}{3} = 1$$

d) Das von O, P_1 und P_2 aufgespannte *Parallelogramm* hat den Flächeninhalt

$$A = \left| \begin{pmatrix} 0 \\ 1 \\ 0 \end{pmatrix} \times \begin{pmatrix} 1 \\ 1 \\ -2 \end{pmatrix} \right| = \left| \begin{pmatrix} -2 \\ 0 \\ -1 \end{pmatrix} \right| = \sqrt{5}$$

Die gesuchte Dreiecksfläche zu $\triangle O P_1 P_2$ ist dann $\frac{1}{2} A = \frac{1}{2} \sqrt{5}$.

Aufgabe 3.19. Wir legen die Stützpunkte in die (x, y)-Ebene des Koordinatensystems, wobei ein Fuß aufgrund des Fehlers um $d = 0{,}02$ m in die z-Richtung versetzt ist, siehe Abb. L.14. Die Auflagepunkte sind

$$O = (0, 0, 0), \quad P_1 = (0, 1, 0), \quad P_2 = (1, 0, d), \quad P_3 = (1, 1, 0)$$

Die Tischplatte kann nur zwei mögliche Positionen einnehmen: Entweder sie liegt auf den Punkten O, P_1, P_2 oder auf P_1, P_2, P_3. Andernfalls würde die Tischplatte unterhalb eines Stützpunktes verlaufen, was physikalisch nicht möglich ist. Mathematisch entsprechen diese zwei Lagen den zwei Ebenen E_1 durch O, P_1, P_2 bzw. E_2 durch P_1, P_2, P_3. Die Gerade durch P_1 und P_2 ist die Kippgerade, und der Kippwinkel ist der Winkel zwischen den Normalenvektoren der beiden Ebenen. Es ist

$$E_1 : \begin{pmatrix} 0 \\ 0 \\ 0 \end{pmatrix} + \lambda_1 \cdot \begin{pmatrix} 1 \\ 0 \\ d \end{pmatrix} + \lambda_2 \cdot \begin{pmatrix} 0 \\ 1 \\ 0 \end{pmatrix} \implies \vec{n}_1 = \begin{pmatrix} 1 \\ 0 \\ d \end{pmatrix} \times \begin{pmatrix} 0 \\ 1 \\ 0 \end{pmatrix} = \begin{pmatrix} -d \\ 0 \\ 1 \end{pmatrix}$$

$$E_2 : \begin{pmatrix} 0 \\ 1 \\ 0 \end{pmatrix} + \lambda_1 \cdot \begin{pmatrix} -1 \\ 0 \\ 0 \end{pmatrix} + \lambda_2 \cdot \begin{pmatrix} 0 \\ -1 \\ d \end{pmatrix} \implies \vec{n}_2 = \begin{pmatrix} -1 \\ 0 \\ 0 \end{pmatrix} \times \begin{pmatrix} 0 \\ -1 \\ d \end{pmatrix} = \begin{pmatrix} 0 \\ d \\ 1 \end{pmatrix}$$

Den Kippwinkel $\alpha = \sphericalangle(\vec{n}_1, \vec{n}_2)$ erhalten wir aus dem Skalarprodukt

$$\cos \alpha = \frac{\vec{n}_1 \cdot \vec{n}_2}{|\vec{n}_1| \cdot |\vec{n}_2|} = \frac{1}{\left(\sqrt{1 + d^2}\right)^2} = \frac{1}{1 + d^2} = \frac{1}{1{,}0004} \implies \alpha \approx 1{,}62°$$

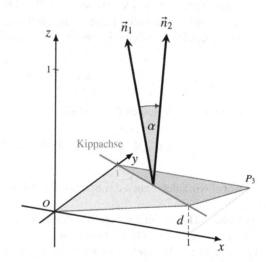

Abb. L.14 Zur Berechnung des Kippwinkels

Aufgabe 3.20.

a) Der Tetraeder wird hier konkret von den drei Vektoren

$$\vec{a} = \overrightarrow{PA} = \begin{pmatrix} 4 \\ 0 \\ -2 \end{pmatrix}, \quad \vec{b} = \overrightarrow{PB} = \begin{pmatrix} 0 \\ 6 \\ -2 \end{pmatrix}, \quad \vec{c} = \overrightarrow{PC} = \begin{pmatrix} 3 \\ 5 \\ 5 \end{pmatrix}$$

erzeugt. Die Grundfläche ist das halbe Parallelogramm, welches von den Ortsvektoren $\vec{a}$ und $\vec{b}$ mit

$$\vec{n} := \vec{a} \times \vec{b} = \begin{pmatrix} 4 \\ 0 \\ -2 \end{pmatrix} \times \begin{pmatrix} 0 \\ 6 \\ -2 \end{pmatrix} = \begin{pmatrix} 12 \\ 8 \\ 24 \end{pmatrix}$$

aufgespannt wird. Wir können demnach den Flächeninhalt des Dreiecks $\triangle APB$ mit dem Vektorprodukt berechnen:

$$G = \tfrac{1}{2} \cdot |\vec{n}| = \tfrac{1}{2} \cdot \sqrt{12^2 + 8^2 + 24^2} = 14$$

Die Höhe h des Tetraeders zur Grundfläche ist der Abstand des Punktes C von der Ebene durch P mit dem Normalenvektor $\vec{n}$. Gemäß der Abstandsformel Punkt – Ebene ist dann

$$h = \frac{|\vec{n} \cdot \overrightarrow{PC}|}{|\vec{n}|} = \frac{|\vec{n} \cdot \vec{c}|}{|\vec{n}|} = \frac{12 \cdot 3 + 8 \cdot 5 + 24 \cdot 5}{28} = 7 \cdot$$

Das Volumen ist demnach $V = \tfrac{1}{3} \cdot 14 \cdot 7 = \tfrac{98}{3}$.

b) Wir wiederholen die Rechnung aus a), jetzt aber ohne konkrete Zahlenwerte. Wieder bezeichne $\vec{n} = \vec{a} \times \vec{b}$ den Normalenvektor zur Ebene E durch P, welche von $\vec{a}$ und $\vec{b}$ aufgespannt wird. Das Dreieck $\triangle APB$ bildet die Grundfläche des Tetraeders, und sein Inhalt ist die halbe Parallelogrammfläche $G = \tfrac{1}{2}|\vec{a} \times \vec{b}| = \tfrac{1}{2}|\vec{n}|$. Die Höhe des Tetraeders ist der Abstand vom Punkt C zur Ebene E, also

$$h = \frac{|\vec{n} \cdot \vec{c}|}{|\vec{n}|} = \frac{|(\vec{a} \times \vec{b}) \cdot \vec{c}|}{|\vec{n}|}$$

Damit ist das Volumen des Tetraeders

$$V = \tfrac{1}{3} \cdot G \cdot h = \tfrac{1}{3} \cdot \tfrac{1}{2}|\vec{n}| \cdot \frac{|(\vec{a} \times \vec{b}) \cdot \vec{c}|}{|\vec{n}|} = \tfrac{1}{6} \cdot |[\,\vec{a}\ \vec{b}\ \vec{c}\,]|$$

wobei wir zuletzt noch das Spatprodukt $[\,\vec{a}\ \vec{b}\ \vec{c}\,] = (\vec{a} \times \vec{b}) \cdot \vec{c}$ verwendet haben.

Aufgabe 3.21. Bei der linearen Abbildung werden die Einheitsvektoren auf die Spaltenvektoren von A abgebildet. Diese spannen einen Spat mit dem Volumen (Spatprodukt) $V = |\det A|$ auf. Die Determinante bringen wir durch Zeilenumformungen auf Dreiecksform

$$\det A = \begin{vmatrix} 2 & 1 & 1 \\ 1 & -1 & 1 \\ 0 & 0 & 2 \end{vmatrix} \qquad \text{Zeilen Nr. 1/2 tauschen ...}$$

$$= - \begin{vmatrix} 1 & -1 & 1 \\ 2 & 1 & 1 \\ 0 & 0 & 2 \end{vmatrix} \qquad \text{erste Spalte ausräumen ...}$$

$$= - \begin{vmatrix} 1 & -1 & 1 \\ 0 & 3 & -1 \\ 0 & 0 & 2 \end{vmatrix} = -(-1) \cdot 3 \cdot 2 = -6$$

Somit ist das Volumen des Spats $V = 6$.

Aufgabe 3.22. Die gesuchte Spiegelachse hat die Punkt-Richtungs-Form $g : \vec{o} + \mu \cdot \vec{x}$, wobei der Richtungsvektor $\vec{x}$ von g auf sich selbst abgebildet wird: $A \cdot \vec{x} = \vec{x}$. Dieser ist also ein Eigenvektor von A zum Eigenwert $\lambda = 1$ und erfüllt demnach das LGS $(A - E) \cdot \vec{x} = \vec{o}$ bzw.

$$\begin{pmatrix} -1{,}6 & 0{,}8 \\ 0{,}8 & -0{,}4 \end{pmatrix} \cdot \begin{pmatrix} x_1 \\ x_2 \end{pmatrix} = \begin{pmatrix} 0 \\ 0 \end{pmatrix}$$

Die untere Zeile der Koeffizientenmatrix ist das $(-\frac{1}{2})$-fache der oberen Zeile, sodass nur eine Gleichung $-1{,}6 x_1 + 0{,}8 x_2 = 0$ für zwei Unbekannte bleibt. Wir können x_1 frei wählen, z. B. $x_1 = 1$ nehmen, und erhalten $x_2 = 2$. Damit ist

$$\vec{x} = \begin{pmatrix} 1 \\ 2 \end{pmatrix}$$

ein Eigenvektor von A zum Eigenwert 1, welcher zugleich auch die Richtung der Spiegelachse festlegt.

Aufgabe 3.23.

a) A ist eine symmetrische Orthogonalmatrix, denn es gilt $A^T = A$ und $A \cdot A = E$, also $A^{-1} = A = A^T$. Alternativ kann man auch die Spaltenvektoren untersuchen: Sie haben alle die Länge 1 und stehen senkrecht aufeinander. Eine Ebenenspiegelung liegt vor, falls auch noch $\det A = -1$ erfüllt ist, und das ist hier der Fall:

$$\det A = \begin{vmatrix} 1 & 0 & 0 \\ 0 & 0 & 1 \\ 0 & 1 & 0 \end{vmatrix} = 1 \cdot \begin{vmatrix} 0 & 1 \\ 1 & 0 \end{vmatrix} = 1 \cdot (-1) = -1$$

b) Das charakteristische Polynom von A,

$$p_A(\lambda) = \det(A - \lambda \cdot E) = \begin{vmatrix} 1 - \lambda & 0 & 0 \\ 0 & 0 - \lambda & 1 \\ 0 & 1 & 0 - \lambda \end{vmatrix} = (1 - \lambda) \cdot \begin{vmatrix} -\lambda & 1 \\ 1 & -\lambda \end{vmatrix}$$

$$= (1 - \lambda) \cdot (\lambda^2 - 1)$$

hat die Nullstellen $\lambda = \pm 1$. Das sind dann zugleich auch die Eigenwerte von A.

c) Zu lösen ist das LGS

$$A \cdot \vec{x} = -1 \cdot \vec{x} \quad \text{bzw.} \quad (A + E) \cdot \vec{x} = \vec{o}$$

und somit

$$\begin{pmatrix} 2 & 0 & 0 \\ 0 & 1 & 1 \\ 0 & 1 & 1 \end{pmatrix} \cdot \begin{pmatrix} x_1 \\ x_2 \\ x_3 \end{pmatrix} = \begin{pmatrix} 0 \\ 0 \\ 0 \end{pmatrix}$$

Aus der zweiten bzw. dritten Zeile folgt $x_2 = -\mu$, $x_3 = \mu$ mit dem freien Parameter $\mu \in \mathbb{R}$, und die erste Zeile ergibt $x_1 = 0$, sodass also

$$\vec{x} = \mu \cdot \begin{pmatrix} 0 \\ -1 \\ 1 \end{pmatrix}, \quad \mu \in \mathbb{R} \setminus \{0\}$$

die gesuchten Eigenvektoren von A zum Eigenwert $\lambda = -1$ sind.

d) Ein Eigenvektor $\vec{x}$ zum Eigenwert -1 wird durch A auf $-\vec{x}$ abgebildet und steht daher senkrecht auf der Spiegelebene. Folglich sind die Eigenvektoren aus c) die Normalenvektoren zu E. Wir wählen speziell den Eigenvektor mit $\mu = 1$. Die Ebene geht durch den Ursprung O und hat demnach die Normalenform

$$E : \begin{pmatrix} 0 \\ -1 \\ 1 \end{pmatrix} \cdot (\vec{r} - \vec{o}) = 0$$

e) Jeder Eigenvektor $\vec{x}$ zum Eigenwert 1 wird durch A nicht verändert und liegt somit innerhalb der Spiegelebene E.

Lösungen zu Kapitel 4

Aufgabe 4.1.

a) Die quadratische Ergänzung

$$f(x) = \tfrac{1}{2}(x^2 - 4x - 12) = \tfrac{1}{2}\left[(x-2)^2 - 16\right] = \tfrac{1}{2}(x-2)^2 - 8$$

ergibt eine nach oben geöffnete Parabel mit dem Scheitelpunkt bei $(2, -8)$. Die Nullstellen erhalten wir aus

$$\tfrac{1}{2}(x-2)^2 - 8 = 0 \quad \Longrightarrow \quad (x-2)^2 = 16 \quad \Longrightarrow \quad x_{1/2} = 2 \pm 4$$

also $x_1 = -2$ und $x_2 = 6$. Die Monotoniebereiche sind die Intervalle $]-\infty, 2]$ (streng monoton fallend) und $[2, \infty[$ (streng monoton steigend).

b) Quadratische Ergänzung:

$$\begin{aligned} f(x) &= -x^2 + 6x - 10 = -(x^2 - 6x + 10) \\ &= -\left[(x-3)^2 + 1\right] = -(x-3)^2 - 1 \end{aligned}$$

Die nach unten geöffnete Parabel hat den Scheitelpunkt bei $(3, -1)$. Wegen

$$-(x-3)^2 - 1 = 0 \quad \Longrightarrow \quad (x-3)^2 = -1$$

hat die Funktion keine Nullstellen. Die Monotoniebereiche sind die Intervalle $]-\infty, 3]$ (streng monoton steigend) und $[3, \infty[$ (streng monoton fallend).

Aufgabe 4.2.

a) Der natürliche oder *maximale* Definitionsbereich ist die Menge aller Werte aus einer bestimmten Grundmenge, hier $\mathbb{R}$, die aus mathematischer Sicht eingesetzt werden dürfen, ohne gegen geltende Rechengesetze zu verstoßen. Bei der gegebenen Funktionsvorschrift darf der Nenner nicht Null und der Radikand unter der Wurzel nicht negativ werden:

$$\frac{3x+2}{x} - 1 > 0 \quad \Longrightarrow \quad \frac{3x+2-x}{x} > 0 \quad \Longrightarrow \quad \frac{2x+2}{x} > 0 \quad \text{für} \quad x \neq 0$$

Diese Bedingung führt uns auf eine Ungleichung. Der Bruch auf der linken Seite ist genau dann positiv, falls eine der Bedingungen

(1) entweder $2x+2 > 0$ und $x > 0$, also $x > 0$

(2) oder $2x+2 < 0$ und $x < 0$, also $x < -1$

erfüllt ist. Beide Fälle zusammen ergeben $x > 0$ oder $x < -1$. Damit sind genau die Werte $x \in]-\infty, -1[\cup]0, \infty[$ (und nur diese!) in der Formel zulässig. Der gesuchte maximale Definitionsbereich lautet somit $D = \mathbb{R} \setminus [-1, 0]$.

b) Ist der Wert y gegeben, dann erhält man das zugehörige x mit den Umformungen

$$y = \sqrt{\frac{3x+2}{x} - 1} \quad \Big| \text{ quadrieren ...}$$

$$y^2 = \frac{3x+2}{x} - 1 \quad \Big| \text{ nach } x \text{ auflösen:}$$

$$(y^2 + 1) \cdot x = 3x + 2 \quad \Longrightarrow \quad \boxed{x = \frac{2}{y^2 - 2}}$$

c) Einsetzen von $y = 2$ in die Umkehrformel aus b) ergibt $x = \frac{2}{2^2 - 2} = 1$

Aufgabe 4.3.

a) Der maximale Definitionsbereich ist die Menge aller $x \in \mathbb{R}$, die wir in f einsetzen können: Der Radikand darf nicht negativ und der Nenner nicht Null werden, d. h., es muss $x \neq -1$ und $\frac{x-1}{x+1} \geq 0$ gelten. Das bedeutet:

$$x - 1 \geq 0 \quad \text{und} \quad x + 1 > 0 \qquad \text{oder} \qquad x - 1 \leq 0 \quad \text{und} \quad x + 1 < 0$$

Zusammengenommen muss dann

$$x \geq 1 \quad \text{oder} \quad x < -1 \quad \Longrightarrow \quad D =]-\infty, -1[\cup [1, \infty[= \mathbb{R} \setminus [-1, 1[$$

gelten. Den Bildbereich entnehmen wir der Zeichnung in Abb. L.15: $f(D) = [0, \infty[\setminus \{1\}$

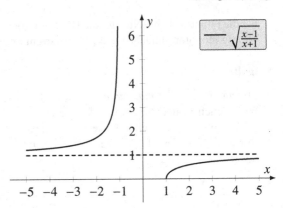

Abb. L.15 Der Graph der
Funktion aus Aufgabe 4.3

b) Der Definitionsbereich von f^{-1} ist die Bildmenge von f, also $[0, \infty[\setminus \{1\}$. Die Umkehrfunktion erhalten wir durch Auflösen von $y = f(x)$ nach x:

$$y = \sqrt{\frac{x-1}{x+1}} \quad \Longrightarrow \quad y^2 = \frac{x-1}{x+1} \quad \Longrightarrow \quad y^2(1+x) = x-1$$

$$\Longrightarrow \quad x(y^2 - 1) = -1 - y^2 \quad \Longrightarrow \quad x = \frac{1+y^2}{1-y^2}$$

Vertauschen wir zuletzt noch x und y, dann lautet die Umkehrfunktion

$$f^{-1}(x) = \frac{1+x^2}{1-x^2}, \quad x \in [0, \infty[\setminus \{1\}$$

Diese ist in Abb. L.16 graphisch dargestellt.

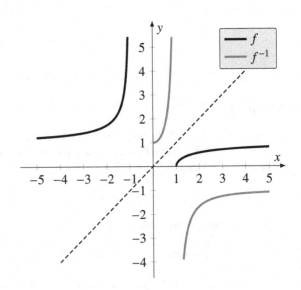

Abb. L.16 Die Umkehrfunktion zu $f(x)$ aus Aufgabe
4.3

c) Die Funktion f ist nicht monoton auf dem ganzen Definitionsbereich! Sie ist zwar auf den beiden Teilintervallen (Monotoniebereichen) $]-\infty, -1[$ und $[1, \infty[$ jeweils streng monoton steigend, aber z. B. ist $f(-2) > f(1)$.

Aufgabe 4.4.

a) Wegen $1 + x^2 > 0$ für alle $x \in \mathbb{R}$ ist $D = \mathbb{R}$ auch der maximale Definitionsbereich. Die Funktion f hat eine einzige Nullstelle bei $x = 0$, und sie ist ungerade (punktsymmetrisch) wegen

$$f(-x) = \frac{-x}{\sqrt{1 + (-x)^2}} = -\frac{x}{\sqrt{1 + x^2}} = -f(x)$$

b) Aus dem Funktionsgraphen in Abb. L.17 entnehmen wir $f(D) =]-1, 1[$, und das ist auch der Definitionsbereich der Umkehrfunktion.

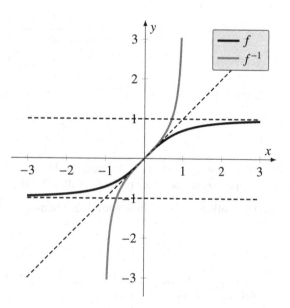

Abb. L.17 Die Funktion f aus Aufgabe 4.4 und ihre Umkehrung f^{-1}

c) Die Funktionsgleichung der Umkehrfunktion $f^{-1} :]-1, 1[\longrightarrow \mathbb{R}$ erhalten wir durch Auflösen von $y = f(x)$ nach x:

$$y = \frac{x}{\sqrt{1 + x^2}} \implies y^2 = \frac{x^2}{1 + x^2} \implies y^2(1 + x^2) = x^2 \implies x^2 = \frac{y^2}{1 - y^2}$$

und damit ist

$$x = f^{-1}(y) = \frac{y}{\sqrt{1 - y^2}}, \quad y \in]-1, 1[$$

Vertauschen von x und y liefert die Umkehrfunktion in der Form

$$f^{-1}(x) = \frac{x}{\sqrt{1 - x^2}}, \quad x \in]-1, 1[$$

Aufgabe 4.5. Wir legen die Leiter in ein Koordinatensystem mit der x-Achse entlang dem Boden und der y-Achse entlang der Wand. Ist dann $M = (x, y)$ der Mittelpunkt der Leiter, dann befindet sich der Fußpunkt bei $(2x, 0)$. Der Abstand von M bis zum Fußpunkt ist die halbe Leiterlänge, sodass

$$(2x - x)^2 + (y - 0)^2 = 2^2 \implies x^2 + y^2 = 4$$

Die Gleichung auf der rechten Seite beschreibt nach Pythagoras einen Kreis mit dem Radius 2, und auflösen nach y ergibt die Funktionsgleichung

$$y = \sqrt{4 - x^2}, \quad x \in [0, 2]$$

Aufgabe 4.6.

a) Wir raten eine Nullstelle, z. B. $x_1 = -1$, und erhalten mit dem Horner-Schema

	1	−1	−5	−3
−1 ·	0	−1	2	3
Σ	1	−2	−3	0

zunächst $P(x) = (x + 1)(x^2 - 2x - 3)$. Die Nullstellen von $x^2 - 2x - 3$ sind

$$x_{2/3} = \frac{2 \pm \sqrt{4 + 12}}{2} = \frac{2 \pm 4}{2}$$

und somit $x_2 = -1$, $x_3 = 3$. Daher ist $P(x) = (x + 1)^2 \cdot (x - 3)$, wobei $x = -1$ eine doppelte und $x = 3$ eine einfache Nullstelle ist.

b) Die Nullstellen berechnen wir mit der Substitution $z = x^2$, also

$$z^2 + 2z - 3 = 0 \implies z_{1/2} = \frac{-2 \pm \sqrt{4 + 12}}{2} = \frac{-2 \pm 4}{2}$$

wobei $z = -3$ keine Nullstelle und $z = 1$ die Nullstellen $x = \pm 1$ liefert. Das Horner-Schema zweimal angewandt ergibt

	1	0	2	0	−3
1 ·	0	1	1	3	3
Σ	1	1	3	3	0
−1 ·	0	−1	0	−3	
Σ	1	0	3	0	

und wir erhalten die Zerlegung $P(x) = (x - 1)(x + 1)(x^2 + 3)$.

Aufgabe 4.7. Den Funktionswert bei $x = -2$ erhalten wir mit

$$\begin{array}{r|rrrrr} & 1 & -2 & 0 & 2 & -1 \\ \hline -2\cdot & 0 & -2 & 8 & -16 & 28 \\ \hline \Sigma & 1 & -4 & 8 & -14 & 27 \end{array}$$

Somit ist $P(-2) = 27$. Das Polynom $P(x)$ hat bei $x = 1$ eine dreifache Nullstelle. Wir können die Polynomdivision in einem einzigen (erweiterten) Horner-Schema durchführen:

$$\begin{array}{r|rrrrr} & 1 & -2 & 0 & 2 & -1 \\ \hline 1\cdot & 0 & 1 & -1 & -1 & 1 \\ \hline \Sigma & 1 & -1 & -1 & 1 & 0 \\ 1\cdot & 0 & 1 & 0 & -1 & \\ \hline \Sigma & 1 & 0 & -1 & 0 & \\ 1\cdot & 0 & 1 & 1 & & \\ \hline \Sigma & 1 & 1 & 0 & & \end{array}$$

liefert uns die vollständige Zerlegung $P(x) = (x-1)^3(x+1)$.

Aufgabe 4.8. Der Ansatz für das Newton-Interpolationspolynom lautet

$$P(x) = c_0 + c_1 \cdot x + c_2 \cdot x\,(x-1) + c_3\,x\,(x-1)(x-3)$$

Einsetzen der Wertepaare aus der Tabelle liefert die Koeffizienten

$$\begin{aligned}
-1 = P(0) &= c_0 &&\Longrightarrow&& c_0 = -1 \\
2 = P(1) &= -1 + c_1 \cdot 1 &&\Longrightarrow&& c_1 = 3 \\
2 = P(3) &= -1 + 3 \cdot 3 + c_2 \cdot 3 \cdot 2 &&\Longrightarrow&& c_2 = -1 \\
5 = P(4) &= -1 + 3 \cdot 4 - 4 \cdot 3 + c_3 \cdot 4 \cdot 3 \cdot 1 &&\Longrightarrow&& c_3 = 0{,}5
\end{aligned}$$

und somit ist das gesuchte kubische Polynom (siehe Abb. L.18)

$$P(x) = -1 + 3x - x\,(x-1) + 0{,}5\,x\,(x-1)(x-3)$$

Damit wir $P(2)$ mit dem Horner-Schema auswerten können, müssen wir das Polynom zuerst ausmultiplizieren und in die „Standardform" bringen:

$$\begin{aligned}
P(x) &= -1 + 3x - x\,(x-1) + 0{,}5\,x\,(x^2 - 4x + 3) \\
&= -1 + 3x - x^2 + x + 0{,}5\,x^3 - 2x^2 + 1{,}5\,x \\
&= 0{,}5\,x^3 - 3x^2 + 5{,}5\,x - 1
\end{aligned}$$

Die Berechnung von $P(2)$ mit dem Horner-Schema ergibt dann

$$\begin{array}{r|rrrr} & 0{,}5 & -3 & 5{,}5 & -1 \\ \hline 2\cdot & 0 & 1 & -4 & 3 \\ \hline \Sigma & 0{,}5 & -2 & 1{,}5 & 2 \end{array}$$

und folglich gilt $P(2) = 2$.

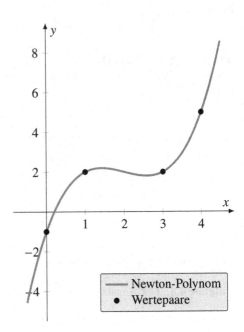

Abb. L.18 Das Interpolationspolynom zu den Werten aus Aufgabe 4.8

Aufgabe 4.9.

a) Das Zählerpolynom können wir sofort zerlegen in

$$R(x) = \frac{(x-1)(x+1)}{x^3 + 1}$$

und offensichtlich ist $x_1 = -1$ auch eine Nullstelle des Nenners.

Aus dem Horner-Schema

	1	0	0	1
$-1 \cdot$	0	-1	1	-1
Σ	1	-1	1	0

erhalten wir $x^3 + 1 = (x+1)(x^2 - x + 1)$, und das Nennerpolynom hat wegen

$$x^2 - x + 1 = 0 \quad \Longrightarrow \quad x_{2/3} = \frac{1 \pm \sqrt{1-4}}{2}$$

keine weiteren Nullstellen. Damit hat

$$R(x) = \frac{(x-1)(x+1)}{(x+1)(x^2 - x + 1)} = \frac{x-1}{x^2 - x + 1}$$

keine Polstellen, bei $x = -1$ eine behebbare Definitionslücke und bei $x = 1$ eine einfache Nullstelle.

b) Wir bestimmen zunächst die Nullstellen des Zählerpolynoms. Durch Probieren findet man $x_1 = 1$, und das Horner-Schema

$$
\begin{array}{r|rrrrr}
 & 1 & 2 & 0 & -2 & -1 \\
\hline
1\cdot & 0 & 1 & 3 & 3 & 1 \\
\hline
\Sigma & 1 & 3 & 3 & 1 & 0 \\
\end{array}
$$

ergibt zusammen mit dem binomischen Lehrsatz

$$ x^4 + 2x^3 - 2x - 1 = (x-1)(x^3 + 3x^2 + 3x + 1) = (x-1)(x+1)^3 $$

Bei $x_1 = 1$ ist auch eine Nullstelle des Nennerpolynoms, und das Horner-Schema

$$
\begin{array}{r|rrrr}
 & 2 & -2 & -2 & 2 \\
\hline
1\cdot & 0 & 2 & 0 & -2 \\
\hline
\Sigma & 2 & 0 & -2 & 0 \\
\end{array}
$$

liefert die Zerlegung

$$ 2x^3 - 2x^2 - 2x + 2 = (x-1)(2x^2 - 2) = 2(x-1)^2(x+1) $$

Insgesamt können wir dann $R(x)$ wie folgt vereinfachen:

$$ R(x) = \frac{(x-1)(x+1)^3}{2(x-1)^2(x+1)} = \frac{(x+1)^2}{2(x-1)} $$

Somit ist bei $x = -1$ eine behebbare Definitionslücke bzw. doppelte Nullstelle, und bei $x = 1$ eine Polstelle erster Ordnung.

Aufgabe 4.10. Der Kotangens hat Definitionslücken bei den Nullstellen von $\sin x$, also bei $x = k\pi$ mit $k \in \mathbb{Z}$, sodass

$$ \cot x := \frac{\cos x}{\sin x}, \quad x \in \mathbb{R} \setminus \{0, \pm\pi, \pm 2\pi, \pm 3\pi, \ldots\} $$

Wegen

$$ \cot(-x) = \frac{\cos(-x)}{\sin(-x)} = \frac{\cos x}{-\sin x} = -\cot x $$

$$ \cot(x+\pi) = \frac{\cos(x+\pi)}{\sin(x+\pi)} = \frac{-\cos x}{-\sin x} = \cot x $$

ist $\cot x$ eine ungerade (= zu O punktsymmetrische) π-periodische Funktion.

Aufgabe 4.11.

a) Elementare Umformungen zusammen mit den Additionstheoremen ergibt

(i) $\quad \dfrac{1}{1 + \tan^2 x} = \dfrac{1}{1 + \frac{\sin^2 x}{\cos^2 x}} = \dfrac{1}{\frac{\cos^2 x + \sin^2 x}{\cos^2 x}} = \dfrac{1}{\frac{1}{\cos^2 x}} = \cos^2 x$

(ii) $\quad \cos^4 x - \sin^4 x = (\cos^2 x - \sin^2 x)(\cos^2 x + \sin^2 x) = \cos 2x \cdot 1 = \cos 2x$

b) Die genannten Formeln erhält man durch die trigonometrischen Umformungen

$\quad$ (i) $\quad \dfrac{\cot x - \tan x}{2} = \dfrac{\frac{\cos x}{\sin x} - \frac{\sin x}{\cos x}}{2} = \dfrac{\cos^2 x - \sin^2 x}{2 \sin x \cos x} = \dfrac{\cos 2x}{\sin 2x} = \cot 2x$

$\quad$ (ii) $\quad \cos^2(\arctan x) = \dfrac{1}{1 + \tan^2(\arctan x)} = \dfrac{1}{1 + (\tan(\arctan x))^2} = \dfrac{1}{1 + x^2}$

Bei (ii) haben wir noch die Beziehung $\cos^2 x = \frac{1}{1+\tan^2 x}$ aus Teil a) benutzt.

c) Wegen $\sin 2(x + \pi) = \sin(2x + 2\pi) = \sin 2x$ und $\sin(x + \pi) = -\sin x$ gilt

$$f(x + \pi) = \sin 2(x + \pi) - 2 \sin^2(x + \pi) = \sin 2x - 2(-\sin x)^2 = f(x)$$

und folglich ist die Funktion π-periodisch. Zur Berechnung der Nullstellen lösen wir die Gleichung

$$0 = \sin 2x - 2 \sin^2 x = 2 \sin x \cos x - 2 \sin^2 x = 2 \sin x \cdot (\cos x - \sin x)$$

Hierzu muss eine der Bedingungen

$$\sin x = 0 \quad \Longrightarrow \quad x = k \cdot \pi$$

oder

$$\cos x = \sin x \quad \Longrightarrow \quad \tan x = 1 \quad \Longrightarrow \quad x = \tfrac{\pi}{4} + k \cdot \pi$$

mit einer beliebigen Zahl $k \in \mathbb{Z}$ erfüllt sein. Die Nullstellen sind demnach bei $k \cdot \pi$ und bei $\frac{\pi}{4} + k \cdot \pi$.

Aufgabe 4.12. Nach der binomischen Formel gilt

$$(\sin x + \cos x)^2 = \sin^2 x + 2 \sin x \cos x + \cos^2 x = 1 + \sin 2x$$

wobei wir zuletzt noch $\sin^2 x + \cos^2 x = 1$ sowie $2 \sin x \cos x = \sin 2x$ verwendet haben. Der Ausdruck in (ii) lässt sich mit (i), der 3. binomischen Formel sowie mit $\cos 2x = \cos^2 x - \sin^2 x$ wie folgt vereinfachen:

$$\frac{\cos 2x}{1 + \sin 2x} = \frac{\cos^2 x - \sin^2 x}{1 + \sin 2x} = \frac{(\cos x - \sin x)(\cos x + \sin x)}{(\cos x + \sin x)^2} = \frac{\cos x - \sin x}{\cos x + \sin x}$$

Schließlich können wir (iii) mit $1 - \sin^2 x = \cos^2 x$ in die folgende Form bringen:

$$\frac{\sin 2x}{1 + \cos 2x} = \frac{2 \sin x \cos x}{1 + \cos^2 x - \sin^2 x} = \frac{2 \sin x \cos x}{2 \cos^2 x} = \frac{\sin x}{\cos x} = \tan x$$

Aufgabe 4.13.

a) Die Nullstellen von $f(x) = \sin 2x + \cos x$ sind die Lösungen der Gleichung

$$\sin 2x + \cos x = 0$$
$$2\sin x \cos x + \cos x = 0$$
$$\cos x \cdot (2\sin x + 1) = 0$$

Die Nullstellen im Intervall $[0, 2\pi[$ sind dann bei

$$\cos x = 0 \implies x_1 = \tfrac{\pi}{2} \quad \text{und} \quad x_2 = \tfrac{3\pi}{2}$$

und an den Stellen mit

$$\sin x = -\tfrac{1}{2} \implies x_3 = \tfrac{7\pi}{6} \quad \text{und} \quad x_4 = \tfrac{11\pi}{6}$$

b) Wir lösen die trigonometrische Gleichung

$$\cos 2x = 2\sin^2 x$$
$$\cos^2 x - \sin^2 x = 2\sin^2 x$$
$$\cos^2 x = 3\sin^2 x \quad | : \cos^2 x$$
$$\tan^2 x = \tfrac{1}{3} \quad \text{bzw.} \quad \tan x = \pm\frac{1}{\sqrt{3}}$$

und erhalten die Werte

$$x = \pm\tfrac{\pi}{6} + k \cdot \pi, \quad k \in \mathbb{Z}$$

Alternativ können wir auch eine andere Formel für $\cos 2x$ verwenden:

$$1 - 2\sin^2 x = 2\sin^2 x \implies 4\sin^2 x = 1$$

und dann die Werte $x \in \mathbb{R}$ mit $\sin x = \pm\tfrac{1}{2}$ bestimmen.

c) Die zu lösende trigonometrische Gleichung

$$\sin 2x \cdot \cot x - \cos^2 x = \tfrac{1}{2}$$
$$2\sin x \cos x \cdot \frac{\cos x}{\sin x} - \cos^2 x = \tfrac{1}{2}$$

lässt sich in eine einfache Form bringen:

$$\cos^2 x = \tfrac{1}{2} \implies \cos x = \pm\tfrac{1}{2}\sqrt{2}$$

Hieraus ergeben sich dann die Werte

$$x = \tfrac{\pi}{4} + k \cdot \pi \quad \text{und} \quad x = \tfrac{3\pi}{4} + k \cdot \pi \quad \text{mit} \quad k \in \mathbb{Z}$$

Aufgabe 4.14.

(i) Die Folgenglieder erhält man mit der Berechnungsvorschrift

$$a_n = \frac{2n-1}{4n} \quad \text{für} \quad n = 1, 2, 3, 4, \ldots$$

Wir können diese auch in der Form $a_n = \frac{1}{2} - \frac{1}{4n}$ schreiben, wobei $\left(\frac{1}{4n}\right)$ eine Nullfolge ist. Somit konvergiert die Folge (a_n) für $n \to \infty$ gegen den Grenzwert $\frac{1}{2}$.

(ii) Das Bildungsgesetz für die Folgenglieder lautet hier

$$b_n = (-1)^n \cdot \frac{n+1}{n^2}, \quad n = 1, 2, 3, 4, \ldots$$

Da $\frac{n+1}{n^2} = \frac{1}{n} + \frac{1}{n^2}$ eine Nullfolge und $(-1)^n$ eine beschränkte Folge ist, muss auch (b_n) wieder eine Nullfolge sein: $\lim_{n\to\infty} b_n = 0$.

Aufgabe 4.15.

(i) $\displaystyle\lim_{n\to\infty} \frac{n^2 + 2n + 1}{n^2 - n} \begin{vmatrix} : n^2 \\ : n^2 \end{vmatrix} = \lim_{n\to\infty} \frac{1 + \frac{2}{n} + \frac{1}{n^2}}{1 - \frac{1}{n}} = \frac{1 + 0 + 0}{1 - 0} = 1$

(ii) $\displaystyle\lim_{n\to\infty} \frac{3n(2n+1)(n+2)}{4n^3 - 1} \begin{vmatrix} : n^3 \\ : n^3 \end{vmatrix} = \lim_{n\to\infty} \frac{3\left(2 + \frac{1}{n}\right)\left(1 + \frac{2}{n}\right)}{4 - \frac{1}{n^3}} = \frac{3 \cdot 2}{4} = \frac{3}{2}$

(iii) $\displaystyle \frac{n^2 + 3n}{n+2} = n \cdot \frac{n+3}{n+2} \geq n \to \infty$ für $n \to \infty$. Der Grenzwert existiert nicht!

(iv) $\displaystyle\lim_{n\to\infty} (-1)^n + \frac{1}{n^2}$ existiert nicht – es gibt zwei Häufungspunkte bei 1 und -1

(v) $\displaystyle\lim_{n\to\infty} \left(1 + \frac{1}{n}\right)^{3n} = \lim_{n\to\infty} \left(1 + \frac{1}{n}\right)^n \cdot \left(1 + \frac{1}{n}\right)^n \cdot \left(1 + \frac{1}{n}\right)^n = e \cdot e \cdot e = e^3$

(vi) Gemäß der Grenzwertformel für die e-Funktion

$$e^x = \lim_{n\to\infty} \left(1 + \frac{x}{n}\right)^n$$

mit $x = -\ln 5$ gilt

$$\lim_{n\to\infty} \left(1 - \frac{\ln 5}{n}\right)^n = e^{-\ln 5} = \frac{1}{e^{\ln 5}} = \frac{1}{5} = 0{,}2$$

(vii) Als Bruch schreiben und höchste n-Potenz kürzen:

$$\lim_{n\to\infty} n - \frac{n^2 + 1}{n+2} = \lim_{n\to\infty} \frac{2n - 1}{n+1} = \lim_{n\to\infty} \frac{2 - \frac{1}{n}}{1 + \frac{1}{n}} = 2$$

(viii) Wir erweitern gemäß der 3. binomischen Formel:

$$\lim_{n\to\infty} n - \sqrt{n^2 + n} = \lim_{n\to\infty} \left(n - \sqrt{n^2 + n}\right) \cdot \frac{n + \sqrt{n^2 + n}}{n + \sqrt{n^2 + n}}$$

$$= \lim_{n\to\infty} \frac{n^2 - (n^2 + n)}{n + \sqrt{n^2 + n}} = \lim_{n\to\infty} \frac{-n}{n + n \cdot \sqrt{1 + \frac{1}{n}}}$$

$$= \lim_{n\to\infty} \frac{-1}{1 + \sqrt{1 + \frac{1}{n}}} = \frac{-1}{1 + 1 \cdot \sqrt{1}} = -\frac{1}{2}$$

Aufgabe 4.16.

a) Die Anwendung der Potenzgesetze liefert

$$e^{\ln 5} = 5$$

$$e^{3\ln 2} = \left(e^{\ln 2}\right)^3 = 2^3 = 8$$

$$\ln\left(e^2 \cdot e^{-6}\right) = \ln e^{-4} = -4$$

$$\ln \sqrt{e} = \ln e^{0,5} = 0,5$$

b) Es ist

$$\log_3 10 = \frac{\ln 10}{\ln 3} \approx \frac{2,3}{1,1} \approx 2,1$$

c) Für den dekadischen Logarithmus von e verwenden wir die Umrechnungsformel auf den natürlichen Logarithmus sowie $\ln e = 1$:

$$\lg e = \log_{10} e = \frac{\ln e}{\ln 10} = \frac{1}{\ln 10} \quad \Longrightarrow \quad \lg e \cdot \ln 10 = 1$$

Allgemein gilt gemäß der Umrechnungsformel für beliebige Zahlen $a, b > 0$

$$\log_b a \cdot \log_a b = \frac{\ln a}{\ln b} \cdot \frac{\ln b}{\ln a} = 1$$

d) Gesucht ist die *Halbwertszeit T*, sodass

$$\frac{1}{2} \cdot N_0 = N_T = N_0 \cdot e^{-0,0231 \cdot T}$$

Auflösen nach T ergibt

$$\frac{1}{2} = e^{-0,0231 \cdot T} \quad \Longrightarrow \quad \ln \frac{1}{2} = -0,0231 \cdot T \quad \Longrightarrow \quad T = \frac{-\ln 2}{-0,0231} \approx 30$$

Die Halbwertszeit von Cäsium beträgt demnach ca. 30 Jahre.

e) Wir verwenden $3 = e^{\ln 3}$ und formen die Funktionsgleichung mit den Potenzgesetzen wie folgt um:

$$f(x) = \sqrt{3^{-x}} = \left(3^{-x}\right)^{\frac{1}{2}} = \left(e^{\ln 3}\right)^{-\frac{1}{2}x} = e^{-\frac{1}{2}\ln 3 \cdot x}$$

Somit ist der gesuchte Wert $a = -\frac{1}{2}\ln 3$.

Aufgabe 4.17.

a) Elementare Umformungen führen zu den Vereinfachungen

(i) $\sqrt{e^{2x}} = \sqrt{(e^x)^2} = e^x$

(ii) $\dfrac{e^{2x} - 1}{e^x + 1} = \dfrac{(e^x - 1)(e^x + 1)}{e^x + 1} = e^x - 1$

(iii) $\ln\left(e^{x^2} \cdot e^{1-2x}\right) = \ln e^{x^2 - 2x + 1} = x^2 - 2x + 1 = (x - 1)^2$

b) Der Ausdruck lässt sich in der Form

$$\ln(x^2 - 1) - \tfrac{1}{2}\ln(x^2 + 2x + 1) = \ln(x^2 - 1) - \ln\sqrt{(x + 1)^2}$$
$$= \ln(x^2 - 1) - \ln|x + 1|$$

schreiben und ist somit für alle $x \in \mathbb{R}$ mit $x^2 - 1 > 0$ sowie $x + 1 \neq 0$ definiert, also für alle reellen Zahlen mit $x > 1$ oder $x < -1$. Die Anwendung der Logarithmengesetze liefert

$$\ln(x^2 - 1) - \ln|x + 1| = \ln\frac{(x - 1)(x + 1)}{|x + 1|}$$
$$= \begin{cases} \ln(x - 1), & \text{falls} \quad x > 1 \\ \ln(1 - x), & \text{falls} \quad x < -1 \end{cases}$$
$$= \ln|x - 1| \quad \text{im Fall} \quad |x| > 1$$

Zusammenfassend gilt also für alle $x \in \mathbb{R}$ mit $|x| > 1$

$$\ln(x^2 - 1) - \tfrac{1}{2}\ln(x^2 + 2x + 1) = \ln(x^2 - 1) - \ln|x + 1| = \ln|x - 1|$$

c) Umformen und dann „Entlogarithmieren" ergibt

$$\ln(2x + 1) + \ln(2x - 1) = 2\ln x$$
$$\ln(2x + 1)(2x - 1) = \ln x^2 \quad \big| e^{\cdots}$$
$$4x^2 - 1 = x^2$$
$$3x^2 = 1 \quad \Longrightarrow \quad x = \pm\frac{1}{\sqrt{3}}$$

wobei nur die *positive* Lösung $x = \frac{1}{\sqrt{3}}$ im Definitionsbereich der ln-Funktion liegt, d. h., $-\frac{1}{\sqrt{3}}$ ist keine Lösung!

d) Der maximale Definitionsbereich der Funktion

$$f(x) = \ln\frac{2x}{x^2 - 1}$$

ergibt sich aus der Einschränkung $\frac{2x}{x^2-1} > 0$, da der Logarithmus nur für positive Argumente definiert ist. Es muss also entweder

$$x > 0 \quad \text{und} \quad x^2 - 1 > 0 \quad \Longrightarrow \quad x \in {]1, \infty[}$$
$$\text{oder} \quad x < 0 \quad \text{und} \quad x^2 - 1 < 0 \quad \Longrightarrow \quad x \in {]-1, 0[}$$

gelten, und damit ist $D = {]-1, 0[} \cup {]1, \infty[}$.

e) Die Substitution $z = e^x$ zusammen mit

$$e^x \cdot (2e^{3x} - e^x - 1) = 0 \quad \overset{e^x \neq 0}{\Longrightarrow} \quad 2e^{3x} - e^x - 1 = 0$$

ergibt die kubische Gleichung

$$2z^3 - z - 1 = 0$$

mit der Lösung $z_1 = 1$ (raten!). Das Horner-Schema

	2	0	−1	−1
$1 \cdot$	0	2	2	1
Σ	2	2	1	0

und $2z^2 + 2z + 1 = 0$ liefert wegen

$$z = \frac{-2 \pm \sqrt{4 - 8}}{4}$$

keine weitere Lösung, sodass die einzige Lösung $1 = z = e^x$ bzw. $x = 0$ ist.

f) Die Gleichung kann mit den Potenzgesetzen wie folgt umgeformt

$$5 \cdot 3^{2x+1} = 4^{x+3}$$
$$5 \cdot 3 \cdot (3^2)^x = 4^3 \cdot 4^x$$
$$15 \cdot 9^x = 64 \cdot 4^x \quad \big| : 4^x$$
$$\left(\tfrac{9}{4}\right)^x = \tfrac{64}{15}$$

und dann mit dem Logarithmus zur Basis $\tfrac{9}{4}$ gelöst werden:

$$x = \log_{\frac{9}{4}} \frac{64}{15} = \frac{\ln \frac{64}{15}}{\ln \frac{9}{4}} = \frac{\ln 64 - \ln 15}{\ln 9 - \ln 4} = 1{,}789\ldots$$

Aufgabe 4.18. Wir können die Exponentialgleichung mit den Potenzgesetzen wie folgt umformen:

$$(3^x)^4 + (3^x)^3 \cdot 3^1 - (3^x)^2 - 3^x \cdot 3^2 - 6 = 0$$

Substituieren wir $z = 3^x$, dann erhalten wir eine algebraische Gleichung 4. Grades

$$z^4 + 3z^3 - z^2 - 9z - 6 = 0$$

bei der wir zwei Lösungen raten können: $z_1 = -1$ und $z_2 = -2$. Das Horner-Schema

	1	3	-1	-9	-6
$-1 \cdot$	0	-1	-2	3	6
Σ	1	2	-3	-6	0
$-2 \cdot$	0	-2	0	-3	
Σ	1	0	3	0	

führt auf die einfache quadratische Gleichung $z^2 - 3 = 0$, welche noch zwei weitere Lösungen beisteuert: $z_3 = -\sqrt{3}$ und $z_4 = \sqrt{3}$. Zur Lösung der ursprünglichen Exponentialgleichung müssen wir alle $x \in \mathbb{R}$ mit $3^x = z_k$ für $k \in \{1, 2, 3, 4\}$ finden. Da nur $z_4 = \sqrt{3}$ positiv ist, gibt es auch nur eine Lösung

$$x = \log_3 \sqrt{3} = \log_3 3^{\frac{1}{2}} = \tfrac{1}{2}$$

Aufgabe 4.19. Mit $Y = \lg y$ und $\lg e = 0,4343$ lässt sich die Parabel übersetzen in

$$\lg y = 1 - 0,4343 \, x^2 \quad | \quad 10^{\cdots}$$
$$y = 10^{1 - 0,4343 \, x^2} = 10^1 \cdot (10^{0,4343})^{-x^2} = 10 \cdot (10^{\lg e})^{-x^2} = 10 \cdot e^{-x^2}$$

Aufgabe 4.20.

(i) $\displaystyle \lim_{x \to 1} \frac{x^2 + x - 2}{2 \, (x^2 - 1)} = \lim_{x \to 1} \frac{(x+2)(x-1)}{2 \, (x+1)(x-1)} = \lim_{x \to 1} \frac{x+2}{2 \, (x+1)} = \tfrac{3}{4}$

(ii) $\displaystyle \lim_{x \to -2} \frac{2 x^2 - 8}{x^3 + 8} = \lim_{x \to -2} \frac{2 \, (x-2)(x+2)}{(x+2)(x^2 - 2x + 4)} = \lim_{x \to -2} \frac{2 \, (x-2)}{x^2 - 2x + 4} = -\tfrac{2}{3}$

(iii) $\displaystyle \lim_{x \to \pi} \frac{\sin 2x}{\tan x} = \lim_{x \to \pi} \frac{2 \sin x \cos x}{\frac{\sin x}{\cos x}} = \lim_{x \to \pi} 2 \cos^2 x = 2$

(iv) $\displaystyle \lim_{x \to 0} \frac{\tan x}{x} = \lim_{x \to 0} \frac{1}{\cos x} \cdot \frac{\sin x}{x} = \frac{1}{\cos 0} \cdot 1 = 1$

(v) $\displaystyle \lim_{x \to 0} \frac{\sinh x}{x} = \lim_{x \to 0} \frac{e^x - e^{-x}}{2x} = \lim_{x \to 0} e^{-x} \cdot \frac{e^{2x} - 1}{2x} = e^0 \cdot 1 = 1$

Aufgabe 4.21.

a) Wir schreiben $R(x)$ in der Form

$$R(x) = \frac{x^3 \, (x-2)}{2 \, (x^4 + 1)}$$

Diese Funktion hat keine Definitionslücken und bzw. Polstellen, da der Nenner immer positiv ist. Bei $x = 0$ ist eine dreifache und bei $x = 2$ eine einfache Nullstelle von $R(x)$. Das lokale Verhalten bei den Nullstellen ergibt sich aus

$$R(x) = \frac{x-2}{2\,(x^4+1)} \cdot x^3 \approx \frac{0-2}{2\,(0^4+1)} \cdot x^3 = -x^3 \quad \text{für} \quad x \approx 0$$

$$R(x) = \frac{x^3}{2\,(x^4+1)} \cdot (x-2) \approx \frac{2^3}{2\,(2^4+1)} \cdot (x-2) = \tfrac{4}{17}(x-2) \quad \text{für} \quad x \approx 2$$

Das asymptotische Verhalten für $x \to \pm\infty$ erhalten wir nach der Polynomdivision

$$R(x) = (x^4 - 2\,x^3) : (2\,x^4 + 2) = \tfrac{1}{2} + \frac{-2\,x^3 - 1}{2\,x^4 + 2}$$

Der echt-gebrochenrationale Anteil „verschwindet" für $x \to \pm\infty$, und damit ist die konstante Funktion $y = \tfrac{1}{2}$ die asymptotische Kurve (Gerade) zu $R(x)$, siehe Abb. L.19.

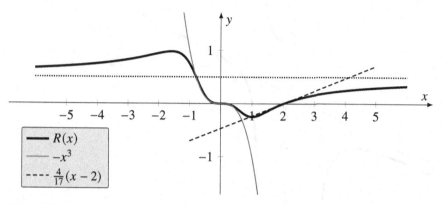

Abb. L.19 Graphische Darstellung der Funktion aus Aufgabe 4.21.a)

b) Die rationale Funktion

$$R(x) = \frac{x^3 - 2\,x^2 + x - 2}{(x-1)(x+1)} = \frac{P(x)}{Q(x)}$$

hat im Nenner die Nullstellen $x = \pm 1$. Der Zähler besitzt eine Nullstelle bei $x = 2$ (raten!), und das Horner-Schema

	1	−2	1	−2
2 ·	0	2	0	2
Σ	1	0	1	0

führt auf $P(x) : (x-2) = x^2 + 1$ ohne weitere Nullstellen im Zähler. Insgesamt ist dann

$$R(x) = \frac{(x-2)(x^2+1)}{(x-1)(x+1)}$$

Damit hat $R(x)$ bei $x = \pm 1$ jeweils eine Polstelle 1. Ordnung, und bei der einfachen Nullstelle $x = 2$ ergibt sich für die rationale Funktion das lokale Verhalten

$$R(x) = \frac{x^2 + 1}{x^2 - 1} \cdot (x - 2) \approx \frac{2^2 + 1}{2^2 - 1} \cdot (x - 2) = \tfrac{5}{3}(x - 2) \quad \text{für} \quad x \approx 2$$

Die Polynomdivision

$$R(x) = (x^3 - 2x^2 + x - 2) : (x^2 - 1) = x - 2 + \frac{2x - 4}{x^2 - 1}$$

ergibt die Gerade $y = x - 2$ als Asymptote zu $R(x)$ für $x \to \pm\infty$, siehe Abb. L.20.

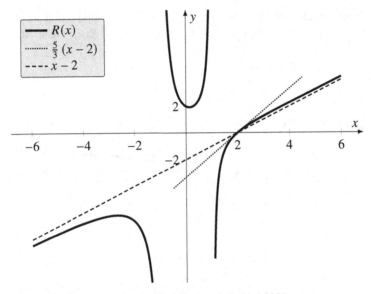

Abb. L.20 Graph der rationalen Funktion aus Aufgabe 4.21.b)

Aufgabe 4.22.

a) Wir schreiben $R(x)$ in der Form

$$R(x) = \frac{x(x^3 - 3x - 2)}{(x - 2)(x + 2)} = \frac{P(x)}{Q(x)}$$

Die Nullstellen des Nennerpolynoms $Q(x)$ sind -2 und 2, wobei $x = 2$ auch eine Nullstelle von $P(x)$ ist. Das Horner-Schema

	1	0	-3	-2
$2 \cdot$	0	2	4	2
Σ	1	2	1	0

liefert die vollständige Zerlegung des Zählerpolynoms

$$P(x) = x(x^3 - 3x - 2) = x(x - 2)(x^2 + 2x + 1) = x(x - 2)(x + 1)^2$$

Einsetzen in $R(x)$ und Kürzen der Linearfaktoren ergibt

$$R(x) = \frac{x\,(x-2)(x+1)^2}{(x-2)(x+2)} \quad \Longrightarrow \quad \tilde{R}(x) = \frac{x\,(x+1)^2}{x+2}$$

Somit hat $R(x)$ bei $x = 2$ eine behebbare Definitionslücke. Weiter ist dann bei $x = -2$ eine Polstelle 1. Ordnung, bei $x = 0$ eine einfache Nullstelle und bei $x = -1$ eine Nullstelle der Vielfachheit 2 von $\tilde{R}(x)$.

b) Die Tangentensteigung ergibt sich aus dem lokalen Verhalten bei den Nullstellen

$$x = 0 : \quad \tilde{R}(x) = \frac{(x+1)^2}{x+2} \cdot x \approx \frac{(0+1)^2}{0+2} \cdot x = \tfrac{1}{2} \cdot x$$

$$x = -1 : \quad \tilde{R}(x) = \frac{x}{x+2} \cdot (x+1)^2 \approx \frac{-1}{-1+2} \cdot x = -(x+1)^2$$

Bei $x = 0$ verhält sich $\tilde{R}(x)$ näherungsweise wie eine lineare Funktion mit der Steigung $\tfrac{1}{2}$, die dann zugleich die Tangente an $\tilde{R}(x)$ ist. Bei $x = -1$ verhält sich $\tilde{R}(x)$ lokal wie eine Parabel, welche die x-Achse berührt, und somit ist die Tangentensteigung hier gleich 0, vgl. Abb. L.21.

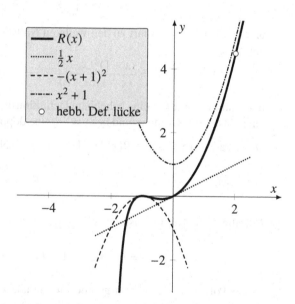

Abb. L.21 Die rationale Funktion aus Aufgabe 4.22

c) Die asymptotische Kurve erhalten wir aus der Zerlegung (Polynomdivision)

$$R(x) = \frac{x\,(x+1)^2}{x+2} = (x^3 + 2x^2 + x) : (x+2)$$

in ein Polynom + eine echt-gebrochenrationale Funktion, z. B. mit dem Horner-Schema:

$$
\begin{array}{r|rrrr}
 & 1 & 2 & 1 & 0 \\
\hline
-2 \cdot & 0 & -2 & 0 & -2 \\
\hline
\Sigma & 1 & 0 & 1 & -2
\end{array}
$$

Als Ergebnis notieren wir:

$$(x^3 + 2x^2 + x) : (x + 2) = x^2 + 1 + \frac{-2}{x + 2}$$

Der gebrochen-rationale Anteil verschwindet für $x \to \pm\infty$, und daher ist $R(x) \approx x^2 + 1$ die gesuchte asymptotische Kurve.

Aufgabe 4.23.

a) Die Nullstellen des Nenners $x^2 - 4x + 3$ sind bei $x = 1$ und $x = 3$. Das Zählerpolynom hat bei $x_1 = -1$ eine Nullstelle (raten). Das Horner-Schema

$$
\begin{array}{r|rrrr}
 & 1 & -1 & -5 & -3 \\
\hline
-1 \cdot & 0 & -1 & 2 & 3 \\
\hline
\Sigma & 1 & -2 & -3 & 0
\end{array}
$$

und $x^2 - 2x - 3 = 0$ führt zu den weiteren Nullstellen $x_2 = 3$ und $x_3 = -1$. Hieraus ergibt sich

$$R(x) = \frac{(x + 1)^2 (x - 3)}{(x - 1)(x - 3)} \quad \Longrightarrow \quad \tilde{R}(x) = \frac{(x + 1)^2}{x - 1}$$

und somit ist bei $x = 3$ eine behebbare Definitionslücke. Außerdem hat $\tilde{R}(x)$ bei $x = 1$ eine Polstelle 1. Ordnung und bei $x = -1$ eine doppelte Nullstelle.

b) Das lokale Verhalten von $\tilde{R}(x)$ bei der (einzigen) Nullstelle $x = -1$ ist

$$\tilde{R}(x) = \frac{1}{x - 1} \cdot (x + 1)^2 \approx \frac{1}{-1 - 1}(x + 1)^2 = -\tfrac{1}{2}(x + 1)^2 \quad \text{für} \quad x \approx -1$$

c) Mithilfe der Polynomdivision zerlegen wir

$$R(x) = (x^2 + 2x + 1) : (x - 1) = x + 3 + \frac{4}{x - 1}$$

in ein Polynom + eine echt-gebrochenrationale Funktion. Der gebrochenrationale Anteil verschwindet für $x \to \pm\infty$, und daher ist $y = x + 3$ die gesuchte asymptotische Kurve (Gerade) zu $R(x)$ bzw. $\tilde{R}(x)$.

d) Zu lösen ist die Gleichung $R(x) = -1$, also

$$
\frac{x^3 - x^2 - 5x - 3}{x^2 - 4x + 3} = -1
$$
$$
x^3 - x^2 - 5x - 3 = -x^2 + 4x - 3
$$
$$
x^3 - 9x = 0
$$

Aus $x(x^2-9) = 0$ folgt $x_1 = 0$, $x_2 = -3$ und $x_3 = 3$, wobei $3 \notin D$. Damit gibt es *zwei* Werte, und zwar $x = 0$ und $x = -3$.

e) $R(x)$ ist nicht umkehrbar, denn nach d) es gibt zwei verschiedene x-Werte mit dem gleichen Funktionswert $R(x) = -1$.

f) Es gilt $R(0) = -1$, sodass $R(x) + 1$ bei $x = 0$ eine Nullstelle mit dem lokalen Verhalten

$$R(x) + 1 = \frac{x^3 - x^2 - 5x - 3}{x^2 - 4x + 3} + 1 = \frac{x^3 - 9x}{x^2 - 4x + 3}$$

$$= \frac{x^2 - 9}{x^2 - 4x + 3} \cdot x \approx \frac{0^2 - 9}{0^2 - 4 \cdot 0 + 3} \cdot x = -3x$$

hat, und folglich ist $R(x) \approx -3x + 1$ für $x \approx 0$. Die rationale Funktion $R(x)$ ist in Abb. L.22 zu sehen.

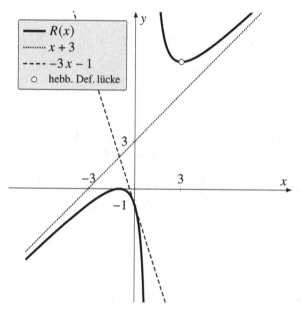

Abb. L.22 Graph der rationalen Funktion aus Aufgabe 4.23

Aufgabe 4.24.

a) Wegen

$$\sinh(-x) = \frac{e^{-x} - e^{-(-x)}}{2} = \frac{e^{-x} - e^x}{2} = -\sinh x$$

$$\cosh(-x) = \frac{e^{-x} + e^{-(-x)}}{2} = \frac{e^{-x} + e^x}{2} = \cosh x$$

ist $\sinh x$ eine ungerade und $\cosh x$ eine gerade Funktion. Die Nullstellen von $\sinh x$ ergeben sich aus der Gleichung

$$\frac{e^x - e^{-x}}{2} = 0 \quad | \cdot 2\,e^x \quad \Longrightarrow \quad e^{2x} - 1 = 0$$

Es muss also $e^{2x} = 1$ bzw. $x = 0$ sein. Die Funktion $\cosh x$ hat wegen $e^x + e^{-x} > 0$ dagegen keine Nullstellen.

b) Mit der Definition von $\sinh x$ erhält man

$$\sinh(\ln 2) = \frac{e^{\ln 2} - e^{-\ln 2}}{2} = \frac{e^{\ln 2} - e^{\ln 0,5}}{2} = \frac{2 - 0,5}{2} = 0,75$$

c) Begründung der Umrechnungsformel:

$$\sinh x \cosh y + \cosh x \sinh y = \frac{e^x - e^{-x}}{2} \cdot \frac{e^y + e^{-y}}{2} + \frac{e^x + e^{-x}}{2} \cdot \frac{e^y - e^{-y}}{2}$$

$$= \frac{e^x e^y + e^x e^{-y} - e^{-x} e^y - e^{-x} e^{-y}}{4} + \frac{e^x e^y - e^x e^{-y} + e^{-x} e^y - e^{-x} e^{-y}}{4}$$

$$= \frac{2\,e^x e^y - 2\,e^{-x} e^{-y}}{4} = \frac{e^{x+y} - e^{-(x+y)}}{2} = \sinh(x + y)$$

Das trigonometrische Gegenstück ist das Additionstheorem

$$\sin(x + y) = \sin x \cos y + \cos x \sin y$$

d) So wie man Hyperbelfunktionen durch die Exponentialfunktion darstellen kann, lassen sich Areafunktionen mithilfe des Logarithmus berechnen, hier mit der Umformung

$$y = \tanh x = \frac{e^x - e^{-x}}{e^x + e^{-x}} \quad | \cdot (e^x + e^{-x})$$

$$y \cdot e^x + y \cdot e^{-x} = e^x - e^{-x} \quad | \cdot e^x$$

$$y \cdot e^{2x} + y = e^{2x} - 1$$

Auflösen nach x ergibt

$$e^{2x} = \frac{1 + y}{1 - y} \quad \Longrightarrow \quad x = \frac{1}{2} \ln \frac{1 + y}{1 - y} = \ln \sqrt{\frac{1 + y}{1 - y}}$$

Lösungen zu Kapitel 5

Aufgabe 5.1.

a) Die komplexen Zahlen sind in Abb. L.23 als Zeiger dargestellt.

b) Für die rein imaginäre Zahl $z = 5\,i$ gilt $\bar{z} = -5\,i$, $|z| = 5$, $z^2 = 25\,i^2 = -25$ und

$$\frac{1}{z} = \frac{1}{5\,i} = \frac{-5\,i}{5\,i \cdot (-5\,I)} = \frac{-5\,i}{25} = -0,2\,i$$

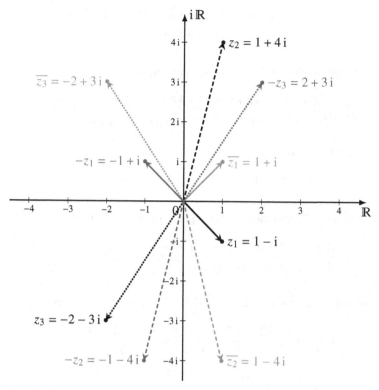

Abb. L.23 Komplexe Zahlen in der Gaußschen Zahlenebene

Zur komplexen Zahl $z = -\sqrt{3} + i$ gehören die Werte

$$\bar{z} = -\sqrt{3} - i, \quad |z| = \sqrt{(-\sqrt{3})^2 + 1^2} = \sqrt{4} = 2$$

$$z^2 = (-\sqrt{3} + i)^2 = 3 - 2\sqrt{3}\,i + i^2 = 2 - 2\sqrt{3}\,i$$

$$\frac{1}{z} = \frac{1}{-\sqrt{3} + i} = \frac{-\sqrt{3} - i}{(-\sqrt{3} + i)(-\sqrt{3} - i)} = \frac{-\sqrt{3} - i}{4} = -\tfrac{1}{4}\sqrt{3} - \tfrac{1}{4}\,i$$

und für $z = 2 + 3\,i$ erhalten wir die komplexen Zahlen

$$\bar{z} = 2 - 3\,i, \quad |z| = \sqrt{2^2 + 3^2} = \sqrt{13}$$

$$z^2 = (2 + 3\,i)^2 = 4 + 12\,i + 9\,i^2 = -5 + 12\,i$$

$$\frac{1}{z} = \frac{1}{2 + 3\,i} = \frac{2 - 3\,i}{(2 + 3\,i) \cdot (2 - 3\,i)} = \frac{2 - 3\,i}{13} = \tfrac{2}{13} - \tfrac{3}{13}\,i$$

c) Wir berechnen den komplexen Rechenausdruck in

  (i) z. B. durch Ausmultiplizieren und Anwendung der binomischen Formel

$$(1 + i) \cdot (2 - 3i) + (1 - i)^2 = (2 - 3i + 2i - 3i^2) + (1 - 2i + i^2)$$
$$= (2 - i + 3) + (1 - 2i - 1) = 5 - 3i$$

(ii) z. B. durch Multiplikation und der binomischen Formel

$$(2 + i)^3 = (2 + i)^2 \cdot (2 + i) = (4 + 4i + i^2) \cdot (2 + i)$$
$$= (3 + 4i) \cdot (2 + i) = 6 + 3i + 8i + 4i^2 = 2 + 11i$$

oder gleich mit dem binomischen Lehrsatz für $n = 3$:

$$(2 + i)^3 = 2^3 + 3 \cdot 2^2 \cdot i + 3 \cdot 2 \cdot i^2 + i^3 = 8 + 12i - 6 - i = 2 + 11i$$

(iii) durch Erweitern des Bruchs mit dem konjugiert komplexen Nenner

$$\frac{1 + i}{1 - i} = \frac{(1 + i) \cdot (1 + i)}{(1 - i) \cdot (1 + i)} = \frac{1 + 2i + i^2}{1 - i^2} = \frac{2i}{2} = i$$

(iv) durch Erweiterung mit $\overline{2 + 4i} = 2 - 4i$ und der 3. binomischen Formel

$$\frac{3 - 2i}{2 + 4i} = \frac{(3 - 2i) \cdot (2 - 4i)}{(2 + 4i) \cdot (2 - 4i)} = \frac{6 - 12i - 4i + 8i^2}{4 - 16i^2}$$
$$= \frac{-2 - 16i}{20} = -0{,}1 - 0{,}8i$$

(v) direkt durch Ausklammern und Kürzen – es bleibt eine reelle Zahl

$$\frac{-2 + 6i}{1 - 3i} = \frac{-2(1 - 3i)}{1 - 3i} = -2$$

Aufgabe 5.2.

a) Wir rechnen die folgenden komplexen Zahlen in die Polarform um:

(i) $z_1 = -1 - i$ ergibt

$$|z_1| = \sqrt{2}, \quad \arg(z_1) = -\arccos \tfrac{-1}{\sqrt{2}} = -\tfrac{3\pi}{4}$$
$$\implies z_1 = \sqrt{2}\left(\cos\left(-\tfrac{3\pi}{4}\right) + i\sin\left(-\tfrac{3\pi}{4}\right)\right)$$

(ii) $z_2 = \sqrt{3} + i$ liefert

$$|z_2| = 2, \quad \arg(z_2) = +\arccos \tfrac{\sqrt{3}}{2} = \tfrac{\pi}{6}$$
$$\implies z_2 = 2\left(\cos \tfrac{\pi}{6} + i\sin \tfrac{\pi}{6}\right)$$

(iii) $z_3 = \sqrt{2} - 1$ ist bereits eine positive reelle Zahl mit $|z_3| = z_3$ und $\arg(z_3) = 0$, sodass

$$z_3 = (\sqrt{2} - 1)\,(\cos 0 + i \sin 0)$$

b) Bei der Multiplikation in Polarform werden die Beträge multipliziert, die Argumente addiert:

$$z_1 \cdot z_2 = 2\sqrt{2}\left(\cos\left(-\tfrac{3\pi}{4} + \tfrac{\pi}{6}\right) + i \sin\left(-\tfrac{3\pi}{4} + \tfrac{\pi}{6}\right)\right)$$

$$= 2\sqrt{2}\left(\cos\left(-\tfrac{7\pi}{12}\right) + i \sin\left(-\tfrac{7\pi}{12}\right)\right) = -0{,}732 - 2{,}732\,i$$

Aufgabe 5.3.

a) In Polar-/Exponentialform umschreiben, dann Potenz berechnen:

(i) $1 + i = \sqrt{2}\,e^{i\frac{\pi}{4}}$ und damit

$$(1 + i)^6 = \sqrt{2}^6\,e^{i\frac{\pi}{4}\cdot 6} = 2^3\,e^{i\frac{3\pi}{2}} = 8 \cdot \left(\cos\tfrac{3\pi}{2} + i \sin\tfrac{3\pi}{2}\right) = -8\,i$$

(ii) $1 - \sqrt{3}\,i = 2\,e^{-i\frac{\pi}{3}}$ ergibt

$$(1 - \sqrt{3}\,i)^9 = 2^9 \cdot e^{-i\frac{\pi}{3}\cdot 9} = 512\,e^{-3i\pi} = -512$$

b) Wir können $(\cos\varphi + i \sin\varphi)^5$ entweder mit der Formel von Moivre

$$(\cos\varphi + i \sin\varphi)^4 = (e^{i\varphi})^5 = e^{5i\varphi} = \cos 5\varphi + i \sin 5\varphi$$

oder aber mit dem binomischen Lehrsatz für $n = 5$ berechnen:

$$(a + b)^5 = a^5 + 5\,a^4 b + 10\,a^3 b^2 + 10\,a^2 b^3 + 5\,a\,b^4 + b^5$$

mit $a = \cos\varphi$ und $b = \sin\varphi$ liefert zunächst

$$(\cos\varphi + i \sin\varphi)^5 = \cos^5\varphi + 5\,i \sin\varphi \cos^4\varphi + 10\,i^2 \sin^2\varphi \cos^3\varphi$$
$$+ 10\,i^3 \sin^3\varphi \cos^2\varphi + 5\,i^4 \sin^4\varphi \cos\varphi + i^5 \sin^5\varphi$$
$$= \cos^5\varphi - 10 \sin^2\varphi \cos^3\varphi + 5 \sin^4\varphi \cos\varphi$$
$$+ i\,(5 \sin\varphi \cos^4\varphi - 10 \sin^3\varphi \cos^2\varphi + \sin^5\varphi)$$

Ein Vergleich der Real- und Imaginärteile ergibt

$$\cos 5\varphi = \cos^5\varphi - 10 \sin^2\varphi \cos^3\varphi + 5 \sin^4\varphi \cos\varphi$$
$$\sin 5\varphi = \sin^5\varphi - 10 \sin^3\varphi \cos^2\varphi + 5 \sin\varphi \cos^4\varphi$$

Aufgabe 5.4.

a) Alle Rechenergebnisse sollen in Exponentialform angegeben werden.

(i) Die Division in kartesischer Form (= erweitern mit dem konjugiert komplexen Nenner) und dann umrechnen in die Exponentialform ergibt

$$\frac{2}{\sqrt{3}-i} = \frac{2 \cdot (\sqrt{3}+i)}{(\sqrt{3}-i) \cdot (\sqrt{3}+i)} = \frac{2\sqrt{3}+2i}{3-(-1)} = \frac{\sqrt{3}+i}{2} = e^{i\frac{\pi}{6}}$$

Alternativ kann man zuerst den Zähler und den Nenner in die Exponentialform umrechnen und dann beim Dividieren die Potenzgesetze ausnutzen:

$$\frac{2}{\sqrt{3}-i} = \frac{2\,e^{0\,i}}{2\,e^{-i\frac{\pi}{6}}} = \frac{2}{2}\,e^{0\,i-(-i\frac{\pi}{6})} = e^{i\frac{\pi}{6}}$$

(ii) Wir können zuerst die binomische Formel anwenden und dann in die Exponentialform umrechnen:

$$(\sqrt{3}-i)^2 = 3 - 2\sqrt{3}\,i + i^2 = 2 - 2\sqrt{3}\,i = 4\,e^{-i\frac{\pi}{3}}$$

Oder wir wandeln $\sqrt{3}-i$ gleich in die Exponentialform um und quadrieren anschließend:

$$(\sqrt{3}-i)^2 = \left(2\,e^{-i\frac{\pi}{6}}\right)^2 = 2^2\,e^{-i\frac{2\pi}{6}} = 4 \cdot e^{-i\frac{\pi}{3}}$$

(iii) Addition und Subtraktion sind nur in der kartesischen Form möglich. Dazu müssen wir den ersten Summanden kartesisch umwandeln und den zweiten Summanden kartesisch dividieren. Danach können wir kartesisch addieren und schließlich die Summe zurück in die Exponentialform umwandeln:

$$3\,e^{i\pi} = 3\,(\cos \pi + i \sin \pi) = -3, \qquad \frac{5}{2-i} = \frac{5 \cdot (2+i)}{4-i^2} = 2+i$$

$$\implies \quad 3\,e^{i\pi} + \frac{5}{2-i} = -1+i = \sqrt{2}\,e^{i\frac{3\pi}{4}}$$

b) Hier sollen die Resultate in der kartesischen Form notiert werden.

(i) Wir können z. B. den Zähler in die kartesische Form umrechnen und dann mit dem konjugiert komplexen Nenner erweitern:

$$\sqrt{2}\,e^{i\frac{3\pi}{4}} = \sqrt{2} \cdot (\cos \tfrac{3\pi}{4} + i \sin \tfrac{3\pi}{4}) = -1+i \quad \text{und}$$

$$\frac{-1+i}{1+2i} = \frac{(-1+i) \cdot (1-2i)}{(1+2i) \cdot (1-2i)} = \frac{-1+2i+i-2i^2}{1-4i^2} = \frac{1+3i}{5}$$

(ii) Der Nenner hat die Exponentialform $\sqrt{3}+i = 2\,e^{i\frac{\pi}{6}}$, und somit ist

$$\frac{4\,e^{i\frac{\pi}{3}}}{2\,e^{i\frac{\pi}{6}}} = 2\,e^{i\frac{\pi}{6}} = 2\,(\cos \tfrac{\pi}{6} + i \sin \tfrac{\pi}{6}) = \sqrt{3}+i$$

(iii) Wir berechnen die Differenz in der Basis kartesisch und potenzieren dann in der Exponentialform:

$$\left(e^{i\frac{\pi}{3}} - 1\right)^6 = \left(\tfrac{1}{2} + \tfrac{1}{2}\sqrt{3}\,i - 1\right)^6 = \left(-\tfrac{1}{2} + \tfrac{1}{2}\sqrt{3}\,i\right)^6 = \left(e^{i\frac{2\pi}{3}}\right)^6$$

$$= e^{4i\pi} = \cos 4\pi + i \sin 4\pi = 1$$

Aufgabe 5.5.

a) Wir brauchen zuerst die Polarform von $z = \sqrt{3} + i$, also

$$|z| = \sqrt{3+1} = 2, \quad \arg(z) = +\arccos \tfrac{\sqrt{3}}{2} = \tfrac{\pi}{6} \quad \Longrightarrow \quad z = 2\left(\cos \tfrac{\pi}{6} + i \sin \tfrac{\pi}{6}\right)$$

Die zwei Quadratwurzeln von z sind dann nach Moivre

$$\sqrt{z} = \sqrt{2}\left(\cos \frac{\tfrac{\pi}{6} + k \cdot 2\pi}{2} + i \sin \frac{\tfrac{\pi}{6} + k \cdot 2\pi}{2}\right) \quad \text{für} \quad k \in \{0, 1\}$$

mit folgenden Werten (gerundet auf drei Nachkommastellen):

$$k = 0: \quad \sqrt{2}\left(\cos \tfrac{\pi}{12} + i \sin \tfrac{\pi}{12}\right) \quad = \quad 1{,}366 + 0{,}366\,i$$

$$k = 1: \quad \sqrt{2}\left(\cos \tfrac{13\pi}{12} + i \sin \tfrac{13\pi}{12}\right) = -1{,}366 - 0{,}366\,i$$

b) Gesucht sind alle (komplexen) x mit $x^3 = -\tfrac{1}{8}$. Wir müssen also die dritten Wurzeln von $-\tfrac{1}{8} = \tfrac{1}{8}\,e^{i\pi}$ berechnen, und das sind

$$\sqrt[3]{\tfrac{1}{8}} \cdot \left(\cos \frac{\pi + k \cdot 2\pi}{3} + i \sin \frac{\pi + k \cdot 2\pi}{3}\right) \quad \text{für} \quad k = 0, 1, 2$$

mit den einzelnen Werten

$$k = 0: \quad \tfrac{1}{2}\left(\cos \tfrac{\pi}{3} + i \sin \tfrac{\pi}{3}\right) \quad = \tfrac{1}{4} + \tfrac{1}{4}\sqrt{3}\,i$$

$$k = 1: \quad \tfrac{1}{2}\left(\cos \pi + i \sin \pi\right) \quad = -\tfrac{1}{2}$$

$$k = 2: \quad \tfrac{1}{2}\left(\cos \tfrac{5\pi}{3} + i \sin \tfrac{5\pi}{3}\right) = \tfrac{1}{4} - \tfrac{1}{4}\sqrt{3}\,i$$

c) Wir berechnen den Radikanden zuerst in kartesischer Form

$$z = \frac{-2}{\sqrt{3} + i} = \frac{-2(\sqrt{3} - i)}{(\sqrt{3} + i)(\sqrt{3} - i)} = \frac{-2\sqrt{3} + 2i}{3 + 1} = -\tfrac{1}{2}\sqrt{3} + \tfrac{1}{2}i$$

und rechnen dann in die Polarform um: Aus $r = |z| = 1$ und

$$\varphi = \arg(z) = +\arccos\left(-\tfrac{1}{2}\sqrt{3}\right) = \tfrac{5\pi}{6}$$

ergibt sich die Polardarstellung $z = \cos \tfrac{5\pi}{6} + i \sin \tfrac{5\pi}{6}$. Die fünf fünften Wurzeln von z sind dann für $k = 0, 1, \ldots, 4$ die komplexen Zahlen

$$z_k = \sqrt[5]{1}\left(\cos \frac{\tfrac{5\pi}{6} + 2k\pi}{5} + i \sin \frac{\tfrac{5\pi}{6} + 2k\pi}{5}\right) = \cos\left(\tfrac{\pi}{6} + \tfrac{2k\pi}{5}\right) + i \sin\left(\tfrac{\pi}{6} + \tfrac{2k\pi}{5}\right)$$

Für $k = 0$ ist dann beispielsweise $z_0 = \cos\frac{\pi}{6} + \mathrm{i}\sin\frac{\pi}{6} = \frac{1}{2}\sqrt{3} + \frac{1}{2}\,\mathrm{i}$ einer dieser fünf Wurzelwerte.

Aufgabe 5.6.

a) Gesucht sind *alle* Lösungen zu den folgenden Gleichungen:

(i) $x^2 + 4x + 13 = 0$.

$$x_{1/2} = \frac{-4 \pm \sqrt{4^2 - 4 \cdot 13}}{2} = \frac{-4 \pm \sqrt{-36}}{2} = \frac{-4 \pm 6\sqrt{-1}}{2} = -2 \pm 3\,\mathrm{i}$$

(ii) $x^3 - x^2 + 2 = 0$. Eine Lösung ist $x_1 = -1$ (raten!), und es gilt

$$x^3 - x^2 + 2 = (x + 1) \cdot (x^2 - 2x + 2)$$

Es bleibt die quadratische Gleichung

$$x^2 - 2x + 2 = 0$$

mit den beiden restlichen Lösungen

$$x_{2/3} = \frac{2 \pm \sqrt{2^2 - 4 \cdot 2}}{2} = \frac{4 \pm \sqrt{-4}}{2} = \frac{2 \pm 2\sqrt{-1}}{2} = 1 \pm \mathrm{i}$$

b) Wir setzen $z = \pm(1 + \mathrm{i})$ in die Gleichung ein:

$$z^4 + 4 = (\pm(1 + \mathrm{i}))^4 + 4 = (1 + \mathrm{i})^4 + 4$$
$$= (1 + 2\,\mathrm{i} + \mathrm{i}^2)^2 + 4 = (2\,\mathrm{i})^2 + 4 = 4\,\mathrm{i}^2 + 4 = -4 + 4 = 0$$

Mit $z_1 = 1 + \mathrm{i}$ und $z_2 = -1 - \mathrm{i}$ sind auch die konjugiert komplexen Zahlen

$$z_3 = \overline{z_1} = 1 - \mathrm{i}, \quad z_4 = \overline{z_2} = -1 + \mathrm{i}$$

Lösungen (Nullstellen) der Gleichung $x^4 + 4 = 0$.

c) Wir lösen die Gleichung mit der Substitution $z = x^3$, also

$$z^2 + 4z + 4 = 0 \quad \Longrightarrow \quad z = \frac{-4 \pm \sqrt{4^2 - 4 \cdot 1 \cdot 4}}{2} = -2$$

Die quadratische Gleichung für z hat nur eine Lösung $z = -2$. Die Lösungen der ursprünglichen Gleichung erhalten wir aus $x^3 = -2$, und das sind die drei komplexen Kubikwurzeln $x = \sqrt[3]{-2}$. In Exponentialform ist $-2 = 2 \cdot \mathrm{e}^{\mathrm{i}\pi}$, und somit gilt

$$x_1 = \sqrt[3]{2}\left(\cos\tfrac{\pi}{3} + i\sin\tfrac{\pi}{3}\right) = \sqrt[3]{2}\left(\tfrac{1}{2} + \tfrac{i}{2}\sqrt{3}\right)$$

$$x_2 = \sqrt[3]{2}\left(\cos\tfrac{\pi+2\pi}{3} + i\sin\tfrac{\pi+2\pi}{3}\right) = \sqrt[3]{2}\left(\cos\pi + i\sin\pi\right) = -\sqrt[3]{2}$$

$$x_3 = \sqrt[3]{2}\left(\cos\tfrac{\pi+4\pi}{3} + i\sin\tfrac{\pi+4\pi}{3}\right) = \sqrt[3]{2}\left(\cos\tfrac{5\pi}{3} + i\sin\tfrac{5\pi}{3}\right) = \sqrt[3]{2}\left(\tfrac{1}{2} - \tfrac{i}{2}\sqrt{3}\right)$$

Aufgabe 5.7.

a) Für die Koeffizienten $a = 3$, $b = 6$ und $c = 4$ erhalten wir die Werte

$$p = 6 - \frac{3^2}{3} = 3, \quad q = 4 - \frac{3\cdot 6}{3} + \frac{2\cdot 3^3}{27} = 0$$

Die quadratische Resolvente $w^2 - 1 = 0$ hat die Lösung $w = 1$ und ergibt

$$\left.\begin{array}{l} u = \sqrt[3]{1} \;=\; 1 \\[4pt] v = -\frac{3}{3\cdot 1} = -1 \end{array}\right\} \quad z = 1 + (-1) = 0 \quad\Longrightarrow\quad x_1 = 0 - \frac{3}{3} = -1$$

Nach der Polynomdivision mit dem Horner-Schema

	1	3	6	4
$-1\cdot$	0	-1	-2	-4
Σ	1	2	4	0

bleibt die quadratische Gleichung $x^2 + 2x + 4 = 0$ mit den Lösungen

$$x_{2/3} = \frac{-2 \pm \sqrt{4 - 16}}{2} = -1 \pm \sqrt{3}\,i$$

b) Hierbei handelt sich bereits um eine *reduzierte* kubische Gleichung (ohne x^2) mit $p = 6$ und $q = 7$. Die quadratische Resolvente $w^2 + 7w - 8 = 0$ hat die Lösung $w = 1$ und ergibt

$$\left.\begin{array}{l} u = \sqrt[3]{1} \;=\; 1 \\[4pt] v = -\frac{6}{3\cdot 1} = -2 \end{array}\right\} \quad x = z = 1 + (-2) = -1$$

Nach der Polynomdivision mit dem Horner-Schema

	1	0	6	7
$-1\cdot$	0	-1	1	-7
Σ	1	-1	7	0

bleibt die quadratische Gleichung $x^2 - x + 7 = 0$ mit den Lösungen

$$x_{2/3} = \frac{1 \pm \sqrt{1 - 28}}{2} = \tfrac{1}{2} \pm \tfrac{3\sqrt{3}}{2}\,i$$

c) Bei dieser kubischen Gleichung mit $a = b = -3$ und $c = -4$ ist

$$p = -3 - \frac{(-3)^2}{3} = -6 \quad \text{und} \quad q = -4 - \frac{(-3) \cdot (-3)}{3} + \frac{2 \cdot (-3)^3}{27} = -9$$

Als Lösung der quadratischen Resolvente

$$w^2 - 9w + 8 = 0 \quad \Longrightarrow \quad w = \frac{9 \pm \sqrt{81 - 32}}{2} = \frac{9 \pm 7}{2}$$

wählen wir z. B. $w = 8$ und berechnen damit die Werte

$$\left.\begin{array}{l} u = \sqrt[3]{8} = 2 \\ v = -\frac{-6}{3 \cdot 2} = 1 \end{array}\right\} \quad z = 2 + 1 = 3 \quad \Longrightarrow \quad x = z - \frac{-3}{3} = 4$$

Nach der Polynomdivision mit dem Horner-Schema

		1	−3	−3	−4
4·		0	4	4	4
Σ		1	1	1	0

bleibt die quadratische Gleichung $x^2 + x + 1 = 0$ mit den Lösungen

$$x_{2/3} = \frac{-1 \pm \sqrt{1 - 4}}{2} = -\frac{1}{2} \pm \frac{\sqrt{3}}{2}\,i$$

Aufgabe 5.8.

a) Gemäß der Definition wird die Kosinusfunktion mit komplexem Argument auf die Exponentialfunktion zurückgeführt:

$$\cos(\pi + b\,i) = \frac{e^{i(\pi + bi)} + e^{-i(\pi + bi)}}{2} = \frac{e^{i\pi - b} + e^{-i\pi + b}}{2} = \frac{e^{i\pi} \cdot e^{-b} + e^{-i\pi} \cdot e^{b}}{2}$$

Verwenden wir hier noch die Euler-Identität $e^{i\pi} = e^{-i\pi} = -1$, dann ergibt sich sofort

$$\cos(\pi + b\,i) = -\frac{e^{-b} + e^{b}}{2} = -\cosh b$$

b) Wir führen die Funktion $\sin z$ auf die komplexe Exponentialfunktion zurück:

$$\sin(x + i\,y) = \frac{e^{i(x+iy)} - e^{-i(x+iy)}}{2i} = \frac{e^{-y+ix} - e^{y-ix}}{2i} \quad \Big| \; \frac{1}{i} = -i$$

$$= -\frac{i}{2}\left(e^{-y}(\cos x + i\sin x) - e^{y}(\cos x - i\sin x)\right)$$

$$= -\frac{i}{2}\left((e^{-y} - e^{y})\cos x + i(e^{-y} + e^{y})\sin x\right)$$

$$= \sin x \cdot \frac{e^{y} + e^{-y}}{2} + i\cos x \cdot \frac{e^{y} - e^{-y}}{2}$$

Ersetzen wir noch die Exponentialausdrücke in y durch Hyperbelfunktionen, dann ist

$$\sin(x + \mathrm{i}\,y) = \sin x \cdot \cosh y + \mathrm{i} \cos x \sinh y$$

Aufgabe 5.9.

a) Der obere Zweig der Parallelschaltung ist eine Reihenschaltung aus einem Ohmschen Widerstand $R_1 = 100\,\Omega$ und einem Kondensator mit der Kapazität $C = 20\,\mu\mathrm{F}$. Der komplexe Widerstand dieser Reihenschaltung ist

$$\underline{Z}_1 = R_1 + \frac{1}{\mathrm{i}\,\omega\,C} = R_1 - \frac{1}{\omega\,C}\,\mathrm{i}$$

mit $\omega\,C = 2\pi \cdot 50\,\mathrm{Hz} \cdot 20 \cdot 10^{-6}\,\mathrm{F} = \frac{\pi}{500}\,\frac{\mathrm{A}}{\mathrm{V}}$, sodass

$$\underline{Z}_1 = 100\,\Omega - \mathrm{i} \cdot \tfrac{500}{\pi}\,\tfrac{\mathrm{V}}{\mathrm{A}} \approx 100\,\Omega - \mathrm{i} \cdot 159{,}15\,\Omega$$

Für die Reihenschaltung aus dem Ohmschen Widerstand $R_2 = 50\,\Omega$ und der Spule mit der Induktivität $L = 0{,}4\,\mathrm{H}$ liefert $\omega\,L = 2\pi \cdot 50\,\mathrm{Hz} \cdot 0{,}4\,\mathrm{H} = 40\pi\,\Omega$ den komplexen Widerstand

$$\underline{Z}_2 = R_2 + \mathrm{i}\,\omega\,L = 50\,\Omega + \mathrm{i} \cdot 40\,\pi\,\Omega \approx 50\,\Omega + \mathrm{i} \cdot 125{,}66\,\Omega$$

Der (komplexe) Gesamtwiderstand der Parallelschaltung $\underline{Z}$ ergibt sich dann aus der Kirchhoff-Regel

$$\frac{1}{\underline{Z}} = \frac{1}{\underline{Z}_1} + \frac{1}{\underline{Z}_2} = \frac{\underline{Z}_1 + \underline{Z}_2}{\underline{Z}_1 \cdot \underline{Z}_2}$$

sodass

$$\underline{Z} = \frac{\underline{Z}_1 \cdot \underline{Z}_2}{\underline{Z}_1 + \underline{Z}_2} \approx 152{,}22\,\Omega + \mathrm{i} \cdot 64{,}71\,\Omega = 165{,}4\,\Omega \cdot \mathrm{e}^{0{,}4\,\mathrm{i}}$$

und insbesondere $\varphi_U - \varphi_I = 0{,}4$ gilt. Der komplexe Zeiger zur Wechselspannung mit $\hat{U} = \sqrt{2}\,U_{\mathrm{eff}} \approx 325{,}27\,\mathrm{V}$ ist

$$\tilde{U}(t) = 325{,}27\,\mathrm{V} \cdot \sin(314\,\tfrac{1}{\mathrm{s}} \cdot t) \quad \Longrightarrow \quad \underline{U}(t) = 325{,}27\,\mathrm{V} \cdot \mathrm{e}^{\mathrm{i} \cdot 314\,\mathrm{s}^{-1} \cdot t}$$

Mit dem oben ermittelten komplexen Widerstand können wir den Wechselstromzeiger berechnen:

$$\underline{Z} = \frac{\underline{U}(t)}{\underline{I}(t)} \quad \Longrightarrow \quad \underline{I}(t) = \frac{\underline{U}(t)}{\underline{Z}}$$

Demnach ist

$$\underline{I}(t) = \frac{325{,}27\,\mathrm{V} \cdot \mathrm{e}^{\mathrm{i} \cdot 314\,\mathrm{s}^{-1} \cdot t}}{165{,}4\,\Omega \cdot \mathrm{e}^{0{,}4\,\mathrm{i}}} = 1{,}97\,\mathrm{A} \cdot \mathrm{e}^{\mathrm{i}\,(314\,\mathrm{s}^{-1} \cdot t - 0{,}4)}$$

Hiervon nehmen wir nur den Imaginärteil und erhalten den Wechselstrom

$$\tilde{I}(t) = \mathrm{Im}\,\underline{I}(t) = 1{,}97\,\mathrm{A} \cdot \sin(314\,\tfrac{1}{\mathrm{s}} \cdot t - 0{,}4)$$

b) Wir ersetzen die Wechselspannungen durch ihre komplexen Spannungszeiger

$$\underline{U}_1(t) = 200\,\text{V} \cdot \mathrm{e}^{\mathrm{i}(\omega t + \frac{\pi}{3})} \quad \text{bzw.} \quad \underline{U}_2(t) = 400\,\text{V} \cdot \mathrm{e}^{\mathrm{i}(\omega t - \frac{\pi}{3})}$$

Die Addition dieser beiden Spannungszeiger ergibt den Spannungszeiger

$$\underline{U}(t) = (200\,\text{V} \cdot \mathrm{e}^{\mathrm{i}\frac{\pi}{3}} + 400\,\text{V} \cdot \mathrm{e}^{-\mathrm{i}\frac{\pi}{3}}) \cdot \mathrm{e}^{\mathrm{i}\omega t} = 100\,\text{V} \cdot (2\,\mathrm{e}^{\mathrm{i}\frac{\pi}{3}} + 4\,\mathrm{e}^{-\mathrm{i}\frac{\pi}{3}}) \cdot \mathrm{e}^{\mathrm{i}\omega t}$$

$$= 100\,\text{V} \cdot (1 + \sqrt{3}\,\mathrm{i} + 2 - 2\sqrt{3}\,\mathrm{i}) \cdot \mathrm{e}^{\mathrm{i}\omega t} = 100\,\text{V} \cdot (3 - \sqrt{3}\,\mathrm{i}) \cdot \mathrm{e}^{\mathrm{i}\omega t}$$

Die komplexe Zahl $z = 3 - \sqrt{3}\,\mathrm{i}$ hat den Betrag $|z| = \sqrt{12} = 2\sqrt{3} \approx 3{,}4641$ und das Argument

$$\varphi = -\arccos \frac{3}{2\sqrt{3}} = -\arccos \frac{\sqrt{3}}{2} = -\frac{\pi}{6}$$

Zu $\underline{U}(t)$ wiederum gehört dann die gesuchte (= überlagerte) Wechselspannung

$$\tilde{U}(t) = \tilde{U}_1(t) + \tilde{U}_2(t) = 346{,}41\,\text{V} \cdot \sin(\omega t - \tfrac{\pi}{6})$$

Lösungen zu Kapitel 6

Aufgabe 6.1. Es ist $f(1 + \Delta x) = 2 \cdot (1 + \Delta x)^3 - 1$ und $f(1) = 2 \cdot 1^3 - 1 = 1$. Der Differenzenquotient von f an der Stelle $x_0 = 1$ ist daher

$$\frac{f(1 + \Delta x) - f(1)}{\Delta x} = \frac{2 \cdot (1 + \Delta x)^3 - 1 - 1}{\Delta x}$$

$$= \frac{2 \cdot (1 + 3\,\Delta x + 3\,\Delta x^2 + \Delta x^3) - 2}{\Delta x} = 6 + 6\,\Delta x + 2\,\Delta x^2$$

und ergibt für $\Delta x \to 0$ den Grenzwert $f'(1) = 6$. Die Gleichung der Tangente von f bei $x_0 = 1$ lautet dann $y = 6\,(x - 1) + 1$

Aufgabe 6.2.

a) Wir wandeln die Summanden in elementare Funktionen um:

$$f(x) = 3\sin x - 5\,\mathrm{e}^2 \cdot \mathrm{e}^x + 4x^2 - 8x + 4$$
$$\implies f'(x) = 3\cos x - 5\,\mathrm{e}^2 \cdot \mathrm{e}^x + 4 \cdot 2x - 8 \cdot 1 + 0 = 3\cos x - 5\,\mathrm{e}^{x+2} + 8\,(x - 1)$$

b) Wir können die Wurzeln als Potenzfunktionen schreiben:

$$\frac{\sqrt{x^3}}{\sqrt[3]{x^2}} = \frac{x^{\frac{3}{2}}}{x^{\frac{2}{3}}} = x^{\frac{3}{2} - \frac{2}{3}} = x^{\frac{5}{6}} \implies P(x) = \tfrac{3}{2}x^4 + \left(x^{\frac{5}{6}}\right)^6 = \tfrac{3}{2}x^4 + x^5$$

und dann dieses Polynom ableiten: $P'(x) = 6x^3 + 5x^4$.

Aufgabe 6.3. Die Funktion $f(x) = x^2$ hat an der Stelle x die Tangentensteigung $f'(x) = 2x$. Zum Steigungswinkel $60°$ gehört die Steigung $\tan 60° = \sqrt{3}$ und folglich die Stelle

$x = \frac{1}{2}\sqrt{3}$ mit dem Funktionswert $y = x^2 = \frac{3}{4}$. Die Tangente ist dann die Gerade durch den Punkt $(\frac{1}{2}\sqrt{3}, \frac{3}{4})$ mit der Steigung $\sqrt{3}$, und sie hat die Gleichung

$$y = \sqrt{3}\left(x - \tfrac{1}{2}\sqrt{3}\right) + \tfrac{3}{4} = \sqrt{3} \cdot x - \tfrac{3}{4}$$

Für $x = 0$ ergibt sich der gesuchte y-Achsenabschnitt $t = -\frac{3}{4}$.

Aufgabe 6.4.

a) Die Funktion $f(x) = 1 - x^2$ hat im Punkt $P = (x_0, y_0)$ die Tangentensteigung $f'(x_0) = -2x_0$ und die Normalensteigung $\frac{1}{2x_0}$. Die Gleichung der Normalen durch P ist dann

$$y = f(x_0) - \frac{1}{f'(x_0)} \cdot (x - x_0) = 1 - x_0^2 + \frac{1}{2x_0} \cdot (x - x_0)$$

Da die Normale durch P auch durch den Ursprung O gehen soll, muss

$$0 = 1 - x_0^2 + \frac{1}{2x_0} \cdot (0 - x_0) = \tfrac{1}{2} - x_0^2$$

gelten, und damit ist $x_0 = \sqrt{\frac{1}{2}} = \frac{1}{2}\sqrt{2}$ die x-Koordinate des Punktes P.

b) Die Gleichung der Tangente durch P lautet

$$y = f(x_0) + f'(x_0) \cdot (x - x_0) = 1 - x_0^2 - 2x_0 \cdot (x - x_0)$$

Diese hat an der Stelle $x = 0$ die y-Koordinate

$$y_0 = 1 - x_0^2 - 2x_0 \cdot (0 - x_0) = 1 + x_0^2 = 1 + \left(\tfrac{1}{2}\sqrt{2}\right)^2 = \tfrac{3}{2}$$

Der Flächeninhalt des grau eingezeichneten Vierecks ist die doppelte Dreiecksfläche mit der Grundlinie y_0 (= Strecke O-Q) und der Höhe x_0, sodass

$$A = 2 \cdot \tfrac{1}{2} \cdot x_0 \cdot y_0 = \frac{3\sqrt{2}}{4} \approx 1{,}06$$

Aufgabe 6.5.

a) Es ist

$$(\sinh x)' = \frac{e^x - e^{-x} \cdot (-1)}{2} = \frac{e^x + e^{-x}}{2} = \cosh x$$

$$(\cosh x)' = \frac{e^x + e^{-x} \cdot (-1)}{2} = \frac{e^x - e^{-x}}{2} = \sinh x$$

Für die Ableitung von $\tanh x$ verwenden wir die Quotientenregel:

$$(\tanh x)' = \frac{\cosh x \cdot \cosh x - \sinh x \sinh x}{\cosh^2 x} = \frac{\cosh^2 x - \sinh^2 x}{\cosh^2 x} = \frac{1}{\cosh^2 x}$$

b) Für die Tangentengleichung brauchen wir die Ableitung

$$f(x) = (2+x^2)^{\frac{1}{2}} \implies f'(x) = \frac{1}{2}(2+x^2)^{-\frac{1}{2}} \cdot 2x = \frac{x}{\sqrt{2+x^2}}$$

und den Funktionswert jeweils an der Stelle $x = \frac{1}{2}$:

$$f(\tfrac{1}{2}) = \sqrt{\tfrac{9}{4}} = \tfrac{3}{2} \quad \text{und} \quad f'(\tfrac{1}{2}) = \frac{\frac{1}{2}}{\frac{3}{2}} = \tfrac{1}{3}$$

Die Gleichung der Tangente ist demnach

$$y = f(\tfrac{1}{2}) + f'(\tfrac{1}{2}) \cdot (x - \tfrac{1}{2}) = \tfrac{3}{2} + \tfrac{1}{3}(x - \tfrac{1}{2})$$

c) Wir berechnen zuerst die Ableitung

$$f(x) = (4-x^2)^{\frac{1}{2}} \implies f'(x) = \frac{1}{2}(4-x^2)^{-\frac{1}{2}} \cdot (-2x) = -\frac{x}{\sqrt{4-x^2}}$$

An der Stelle $x = 1{,}2$ ist $f(1{,}2) = \sqrt{2{,}56} = 1{,}6$ und

$$f'(1{,}2) = -\frac{1{,}2}{\sqrt{4-1{,}2^2}} = -\frac{1{,}2}{1{,}6} = -0{,}75$$

Die Gleichung der Tangente lautet somit

$$y = f(1{,}2) + f'(1{,}2) \cdot (x - 1{,}2) \quad \text{bzw.} \quad y = 1{,}6 - 0{,}75 \cdot (x - 1{,}2)$$

oder kurz $y = -\frac{3}{4}x + 2{,}5$. Der Graph von $f(x)$ ist der Halbkreis mit Radius 2 in der oberen Halbebene ($y \geq 0$).

d) Wir brauchen zuerst die Ableitung

$$g(x) = 2(1+x^4)^{-1} \implies g'(x) = 2 \cdot (-1)(1+x^4)^{-2} \cdot 4x^3 = \frac{-8x^3}{(1+x^4)^2}$$

An der Stelle $x_0 = -1$ ist $g(-1) = 1$ und $g'(-1) = \frac{8}{4} = 2$. Die Gleichung der Tangente lautet somit $y = g(-1) + g'(-1) \cdot (x+1) = 1 + 2(x+1)$ oder $y = 2x + 3$.

e) Nach der Produkt- bzw. Kettenregel und der Formel für den doppelten Winkel gilt

$$f'(x) = e^{-x} \cdot (-1) \cdot \sin^2 x + e^{-x} \cdot 2\sin x \cdot \cos x$$
$$= e^{-x}(-\sin^2 x + 2\sin x \cos x) = e^{-x}(-\sin^2 x + \sin 2x)$$

Aufgabe 6.6.

a) Anwendung der Quotientenregel:

$$q'(x) = \frac{e^x \cdot (e^x + 1) - e^x \cdot (e^x + 0)}{(e^x + 1)^2} = \frac{e^x}{(e^x + 1)^2}$$

b) Umformen in eine Potenzfunktion:

$$\frac{x^2}{\sqrt[3]{x}} = \frac{x^2}{x^{\frac{1}{3}}} = x^{2-\frac{1}{3}} = x^{\frac{5}{3}} \quad \Longrightarrow \quad f'(x) = 0 - \tfrac{5}{3} x^{\frac{5}{3}-1} = -\tfrac{5}{3} x^{\frac{2}{3}} = -\tfrac{5}{3} \cdot \sqrt[3]{x^2}$$

c) Produkt- und Summenregel anwenden:

$$g(x) = x \cdot \ln x - x \quad \Longrightarrow \quad g'(x) = 1 \cdot \ln x + x \cdot \tfrac{1}{x} - 1 = \ln x$$

d) Berechnung mit der Faktor- und Quotientenregel:

$$F'(x) = C \cdot \frac{(-\sin x) \cdot (1 - \sin x) - \cos x \cdot (-\cos x)}{(1 - \sin x)^2}$$

$$= C \cdot \frac{-\sin x + \sin^2 x + \cos^2 x}{(1 - \sin x)^2} = C \cdot \frac{1 - \sin x}{(1 - \sin x)^2} = \frac{C}{1 - \sin x}$$

e) Die Kombination von Produkt- und Kettenregel liefert

$$f'(x) = (-1) \cdot e^{2x} + (1 - x) \cdot e^{2x} \cdot 2 = (1 - 2x) e^{2x}$$

f) Quotientenregel anwenden, dann zusammenfassen:

$$R'(x) = \frac{2x \cdot (x + 1)^2 - x^2 \cdot 2(x + 1)}{(x + 1)^4} = \frac{2x}{(x + 1)^3}$$

g) Wir müssen die Kettenregel zweimal anwenden:

$$f'(t) = 2 \cdot 2 \cos \tfrac{t}{2} \cdot \left(-\sin \tfrac{t}{2}\right) \cdot \tfrac{1}{2} = -2 \cos \tfrac{t}{2} \sin \tfrac{t}{2} = -\sin t$$

h) Die Funktion $f(x) = -\ln|\cos x|$ ist bei den Nullstellen von $\cos x$ nicht definiert. Vor dem Ableiten müssen wir auch noch den Betrag beseitigen.

- Im Fall $\cos x > 0$ ist $f(x) = -\ln(\cos x)$ und somit

$$f'(x) = -\frac{1}{\cos x} \cdot (-\sin x) = \frac{\sin x}{\cos x} = \tan x$$

- Falls $\cos x < 0$, dann gilt $f(x) = -\ln(-\cos x)$ und

$$f'(x) = -\frac{1}{-\cos x} \cdot \sin x = \frac{\sin x}{\cos x} = \tan x$$

In beiden Fällen erhalten wir das gleiche Resultat: $f'(x) = \tan x$.

Aufgabe 6.7.

a) erhält man mit einer Kombination aus Produkt- und Kettenregel:

$$\left((2\sqrt{x}-2)\cdot e^{\sqrt{x}}\right)' = (2\sqrt{x}-2)'\cdot e^{\sqrt{x}} + (2\sqrt{x}-2)\cdot\left(e^{\sqrt{x}}\right)'$$

$$= 2\cdot\frac{1}{2\sqrt{x}}\cdot e^{\sqrt{x}} + (2\sqrt{x}-2)\cdot e^{\sqrt{x}}\cdot\frac{1}{2\sqrt{x}} = e^{\sqrt{x}}$$

Hierbei wurde die Ableitung $(\sqrt{x})' = (x^{\frac{1}{2}})' = \frac{1}{2}x^{-\frac{1}{2}} = \frac{1}{2\sqrt{x}}$ benutzt.

b) ist einfach, sofern man *zuvor* die rationale Funktion maximal kürzt:

$$\frac{x^2+x-2}{x^3-3x+2} = \frac{(x-1)(x+2)}{(x-1)^2(x+2)} = \frac{1}{x-1}$$

Wegen $f(x) = 1 - \frac{1}{x-1} = 1 - (x-1)^{-1}$ folgt dann sofort

$$f'(x) = 0 - (-1)\cdot(x-1)^{-2} = \frac{1}{(x-1)^2}$$

c) Hier muss man nach dem Ableiten noch die trigonometrischen Formeln für den doppelten Winkel benutzen:

$$f'(x) = 2\cdot 2\sin x\cdot\cos x - 2\cdot 4\sin^3 x\cdot\cos x$$

$$= 2\cdot 2\sin x\cos x\cdot(1-2\sin^2 x) = 2\sin 2x\cos 2x = \sin(2\cdot 2x) = \sin 4x$$

Aufgabe 6.8.

a) $\arccos x$ ist die Umkehrfunktion zu

$$f(x) = \cos x \quad\Longrightarrow\quad f'(x) = -\sin x, \quad f^{-1}(x) = \arccos x$$

und gemäß der Umkehrregel gilt dann

$$(\arccos x)' = \frac{1}{f'(\arccos x)} = \frac{1}{-\sin(\arccos x)}$$

$$= -\frac{1}{\sqrt{1-\cos^2(\arccos x)}} = -\frac{1}{\sqrt{1-x^2}}$$

b) Aus $\arccos x = \frac{\pi}{2} - \arcsin x$ folgt

$$(\arccos x)' = 0 - (\arcsin x)' = -\frac{1}{\sqrt{1-x^2}}$$

Wie zu erwarten war, erhält man mit beiden Methoden das gleiche Ergebnis.

Aufgabe 6.9.

a) $\operatorname{arsinh} x$ ist die Umkehrfunktion zu

$$f(x) = \sinh x \quad\Longrightarrow\quad f'(x) = \cosh x, \quad f^{-1}(x) = \operatorname{arsinh} x$$

und damit gilt nach der Umkehrregel

$$(\operatorname{arsinh} x)' = \frac{1}{f'(\operatorname{arsinh} x)} = \frac{1}{\cosh(\operatorname{arsinh} x)} = \frac{1}{\sqrt{1 + \sinh^2(\operatorname{arsinh} x)}} = \frac{1}{\sqrt{1 + x^2}}$$

b) Die Ableitung mit der Kettenregel liefert das gleiche Ergebnis

$$(\operatorname{arsinh} x)' = \frac{d}{dx} \ln\left(x + \sqrt{x^2 + 1}\right) = \frac{1}{x + \sqrt{x^2 + 1}} \cdot \left(x + \sqrt{x^2 + 1}\right)'$$

$$= \frac{1}{x + \sqrt{x^2 + 1}} \cdot \left(1 + \frac{x}{\sqrt{x^2 + 1}}\right) = \frac{1}{x + \sqrt{x^2 + 1}} \cdot \frac{\sqrt{x^2 + 1} + x}{\sqrt{x^2 + 1}} = \frac{1}{\sqrt{x^2 + 1}}$$

Aufgabe 6.10. Wir berechnen zuerst die Ableitung

$$f(x) = (2 + x^2)^{\frac{1}{2}} \implies f'(x) = \frac{1}{2} \cdot (2 + x^2)^{-\frac{1}{2}} \cdot 2x = \frac{x}{\sqrt{2 + x^2}}$$

Die Gleichung der Tangente von f bei x_0, also

$$y = f(\tfrac{1}{2}) + f'(\tfrac{1}{2}) \cdot (x - \tfrac{1}{2}) = \tfrac{3}{2} + \tfrac{1}{3}(x - \tfrac{1}{2}) = \tfrac{1}{3}x + \tfrac{4}{3}$$

liefert dann zugleich die Linearisierung $f(x) \approx \tfrac{1}{3}x + \tfrac{4}{3}$ für $x \approx \tfrac{1}{2}$. Insbesondere ist dann $f(0,53) \approx 1,51$ eine gute Näherung für $f(0,53) = 1,5102648\ldots$

Aufgabe 6.11.

a) Die Lösung $x_1 = 1$ lässt sich leicht erraten. Aus dem Horner-Schema

	1	0	−2	1
1 ·	0	1	1	−1
Σ	1	1	−1	0

und der daraus resultierenden quadratischen Gleichung

$$x^2 + x - 1 = 0 \implies x_{2/3} = \frac{-1 \pm \sqrt{5}}{2}$$

erhalten wir noch zwei weitere Lösungen $x_2 = 0,618\ldots$ und $x_3 = -1,618\ldots$

b) Das Newton-Verfahren mit

$$f(x) = x^3 - 2x + 1 \quad \text{und} \quad f'(x) = 3x^2 - 2$$

produziert die Iterationsvorschrift

$$x_{n+1} = x_n - \frac{x_n^3 - 2x_n + 1}{3x_n^2 - 2}$$

Der Startwert $x_0 = -2$ liefert den verbesserten Näherungswert

$$x_1 = -2 - \tfrac{-3}{10} = -1,7$$

Setzt man diesen in die obige Vorschrift ein, so erhält man nacheinander

$$x_2 = -1,623\ldots \quad x_3 = -1,618\ldots \quad x_4 = -1,618\ldots$$

und damit den auf drei Nachkommastellen genauen Lösungswert $x \approx -1,618$.

Aufgabe 6.12. Die Lösungen der Gleichung sind die Nullstellen der reellen Funktion $f(x) = x\,e^x - 3$ für $x \in \mathbb{R}$. Da $f(x) = x\,e^x - 3 < -3$ für $x < 0$ gilt, können diese Nullstellen nur im Intervall $]0, \infty[$ liegen. Wegen

$$f'(x) = e^x + x\,e^x = (1 + x)\,e^x > 0 \quad \text{für} \quad x > 0$$

ist die Funktion in $[0, \infty[$ streng monoton steigend, und daher kann $f(x)$ höchstens eine Nullstelle haben. Aus $f(1) = e - 3 < 0$ und $f(2) = 2\,e^2 - 3 > 0$ folgt schließlich, dass f genau eine Nullstelle besitzt, die nach dem Zwischenwertsatz im Intervall $]1, 2[$ liegt. Die Iterationsvorschrift für das Newton-Verfahren

$$x_{n+1} = x_n - \frac{x_n\,e^{x_n} - 3}{(1 + x_n)\,e^{x_n}}$$

liefert zum Startwert $x_0 = 1$ den besseren Näherungswert

$$x_1 = 1 - \frac{e - 3}{2\,e} = 1,0518\ldots$$

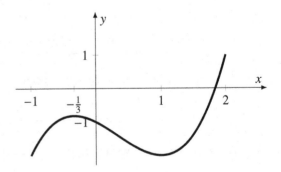

Abb. L.24 Die Funktion $f(x) = x^3 - x^2 - x - 1$

Aufgabe 6.13.

a) Die Nullstellen der Ableitung sind bei

$$f'(x) = 3x^2 - 2x - 1 = 0 \quad \Longrightarrow \quad x_{1/2} = \frac{2 \pm \sqrt{4 + 12}}{2 \cdot 3} = \frac{2 \pm 4}{6}$$

Somit sind $x_1 = -\frac{1}{3}$ und $x_2 = 1$ die möglichen lokalen Extremstellen von f im offenen Intervall $]-1, 2[$. Aus den Funktionswerten am Rand und in den lokalen Extremstellen

$$f(-1) = -2, \quad f(-\tfrac{1}{3}) = -0{,}815, \quad f(1) = -2, \quad f(2) = 1$$

folgt: bei $x = \pm 1$ ist das absolute Minimum und bei $x = 2$ das absolute Maximum (siehe Abb. L.24).

b) Die Nullstellen der Ableitung von f

$$f'(x) = 1 - 2\cos x \quad \Longrightarrow \quad \cos x = \tfrac{1}{2}$$

sind bei $x_1 = \frac{\pi}{3}$ und $x_2 = \frac{5\pi}{3}$. Der Vergleich der Funktionswerte

$$f\left(\tfrac{\pi}{3}\right) = \tfrac{\pi}{3} - \sqrt{3} - 3 = -3{,}684\ldots \quad \text{und} \quad f\left(\tfrac{5\pi}{3}\right) = \tfrac{5\pi}{3} + \sqrt{3} - 3 = 3{,}968\ldots$$

mit den Randwerten $f(0) = -3$ sowie $f(2\pi) = 2\pi - 3 = 3{,}283\ldots$ zeigt: bei $x_1 = \frac{\pi}{3}$ ist das globale Minimum und bei $x_2 = \frac{5\pi}{3}$ das globale Maximum, vgl. Abb. L.25.

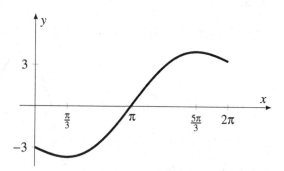

Abb. L.25 Der Graph von $f(x) = x - 2\sin x - 3$

Aufgabe 6.14. Wir brauchen die erste Ableitung von f. Nach der Kettenregel ist

$$f'(x) = 2\cos x + 2\cos 2x$$

Die Nullstellen von f' ergeben sich mit der Umformung $\cos 2x = 2\cos^2 x - 1$ aus der Gleichung

$$4\cos^2 x + 2\cos x - 2 = 0 \quad | \quad \text{Subst. } z = \cos x$$

$$4z^2 + 2z - 2 = 0 \quad \Longrightarrow \quad z_{1/2} = \frac{-2 \pm \sqrt{4 + 32}}{2 \cdot 4} = \frac{-2 \pm 6}{8}$$

also $z_1 = \frac{1}{2}$ und $z_2 = -1$. Aus $\cos x = z$ erhalten wir schließlich drei Werte

$$x_1 = \pi, \quad x_2 = \tfrac{\pi}{3}, \quad x_3 = \tfrac{5\pi}{3}$$

und damit die vier Monotoniebereiche

$$\left[0,\tfrac{\pi}{3}\right] \qquad \left[\tfrac{\pi}{3},\pi\right] \qquad \left[\pi,\tfrac{5\pi}{3}\right] \qquad \left[\tfrac{5\pi}{3},2\pi\right]$$

Die Art der Monotonie liefert das Vorzeichen von f' an den Zwischenstellen

$$f'(0) = 4 > 0, \quad f'\!\left(\tfrac{\pi}{2}\right) = -2 < 0, \quad f'\!\left(\tfrac{3\pi}{2}\right) = -2 < 0, \quad f'(2\pi) = 4 > 0$$

Folglich ist die Funktion f im Intervall

$$\left[0,\tfrac{\pi}{3}\right] \quad \text{streng monoton steigend}$$
$$\left[\tfrac{\pi}{3},\pi\right] \quad \text{streng monoton fallend}$$
$$\left[\pi,\tfrac{5\pi}{3}\right] \quad \text{streng monoton fallend}$$
$$\left[\tfrac{5\pi}{3},2\pi\right] \quad \text{streng monoton steigend}$$

Wir können dabei $\left[\tfrac{\pi}{3},\pi\right] \cup \left[\pi,\tfrac{5\pi}{3}\right] = \left[\tfrac{\pi}{3},\tfrac{5\pi}{3}\right]$ zu einem einzigen Monotoniebereich zusammenfassen, auf dem f streng monoton fallend ist, siehe Abb. L.26. Damit ist bei $x = \tfrac{\pi}{3}$ ein lokales Maximum, bei $x = \tfrac{5\pi}{3}$ ein lokales Minimum, und bei $x = \pi$ ein Terrassenpunkt. Lokale Extremstellen befinden sich außerdem noch am Rand bei $x = 0$ und $x = 2\pi$.

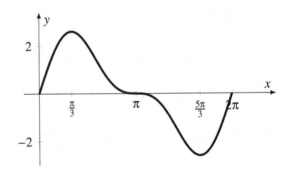

Abb. L.26 Die Funktion
$f(x) = \sin 2x + 2\sin x$

Aufgabe 6.15.

a) Die Ableitung von f ist

$$f'(x) = \frac{e^x(x^2+1) - e^x \cdot 2x}{(x^2+1)^2} = e^x \frac{(x-1)^2}{(x^2+1)^2}$$

mit nur einer Nullstelle bei $x = 1$. Aus dem Vorzeichen von f' an den Stellen

$$f'(0) = 1 > 0 \quad \text{und} \quad f'(2) = \frac{e^2}{25} > 0$$

erhalten wir: f ist sowohl auf $[0, 1]$ als auch auf $[1, 3]$ streng monoton steigend, und damit ist f auf dem gesamten Intervall $[0, 3]$ streng monoton steigend, siehe Abb. L.27. Folglich liegen die globalen Extremstellen bei $x = 0$ (absolutes Minimum) bzw. $x = 3$ (absolutes Maximum). Wegen $f(0) = -1 < 0$, $f(3) = 0{,}00855\ldots > 0$ und der

Monotonie hat f genau eine Nullstelle in $[0,3]$. Diese liegt wegen $f(3) \approx 0$ in der Nähe von 3. Wir wählen daher auch $x_0 = 3$ als Startwert für das Newton-Verfahren und erhalten als verbesserten Näherungswert für die Nullstelle

$$x_1 = 3 - \frac{f(3)}{f'(3)} = 3 - \frac{0{,}00855\ldots}{0{,}80342\ldots} \approx 2{,}989$$

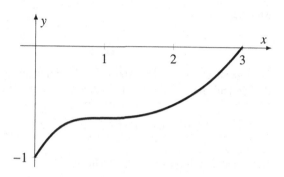

Abb. L.27 $f(x) = \frac{e^x}{x^2+1} - 2$

b) Ausrechnen und Umformen der Ableitung ergibt

$$f'(x) = 4 - 2x - \frac{2}{x} = \frac{4x - 2x^2 - 2}{x} = \frac{-2(x^2 - 2x + 1)}{x} = -\frac{2(x-1)^2}{x}$$

Die einzige Nullstelle von f' ist bei $x = 1$. Aus dem Vorzeichen der (stetigen) Ableitung an den Zwischenstellen

$$f'(0{,}5) = -\frac{2 \cdot 0{,}25}{0{,}5} = -1 < 0 \quad \text{und} \quad f'(2) = \frac{2 \cdot 1}{2} = -1 < 0$$

folgt, dass die Funktion f sowohl in $]0,1]$ als auch in $[1,3]$ streng monoton fallend ist. Somit ist f streng monoton fallend auf dem *ganzen* Definitionsbereich. Wegen

$$f(x) \to +\infty \quad (x \to 0) \quad \text{und} \quad f(3) = 2 - 2\ln 3 \approx -0{,}197\ldots < 0$$

hat f genau eine Nullstelle in $]0,3]$. Abb. L.28 zeigt, dass diese in der Nähe von 3 liegt. Wir verbessern den Näherungswert $x_0 = 3$ für die Nullstelle mit dem Newton-Verfahren:

$$x_1 = 3 - \frac{f(3)}{f'(3)} = 3 - \frac{2 - 2\ln 3}{-\frac{8}{3}} \approx 2{,}926$$

Aufgabe 6.16. Mit dem fest vorgegebenen Volumen V des Zylinders können wir die Höhe $h = h(r)$ in Abhängigkeit vom Radius r berechnen:

$$V = \pi r^2 \cdot h \quad \Longrightarrow \quad h(r) = \frac{V}{\pi r^2}$$

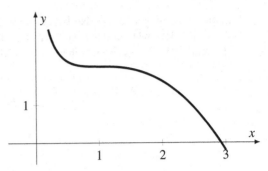

Abb. L.28 Der Graph von
$f(x) = 4x - x^2 - 2\ln x - 1$

Die Oberfläche $A = A(r)$ setzt sich zusammen aus der Mantelfläche $2\pi r \cdot h$ und zweimal der Kreisfläche πr^2 für den Deckel bzw. Boden, sodass

$$A(r) = 2\pi r \cdot h(r) + 2 \cdot \pi r^2 = 2\pi r \cdot \frac{V}{\pi r^2} + 2\pi r^2 = 2\pi \left(\frac{V}{\pi r} + r^2 \right)$$

Bei einem Minimalwert der Oberfläche ist die Ableitung $A'(r) = 0$, also

$$0 = A'(r) = 2\pi \left(-\frac{V}{\pi r^2} + 2r \right) \quad \Longrightarrow \quad 2r = \frac{V}{\pi r^2} \quad \Longrightarrow \quad r^3 = \frac{V}{2\pi}$$

Da die Funktion $A(r)$ für $r \to 0$ bzw. $r \to \infty$ unbegrenzt anwächst, nimmt die Oberfläche für den Radius

$$r = \sqrt[3]{\frac{V}{2\pi}}$$

tatsächlich ein globales Minimum an, und für die Höhe gilt dann

$$h = \frac{V}{\pi r^2} = 2 \cdot \frac{V}{2\pi} \cdot \frac{1}{r^2} = 2 \cdot r^3 \cdot \frac{1}{r^2} = 2r$$

Bei der zylinderförmigen Dose mit minimaler Oberfläche zu einem fest vorgegebenem Volumen ist demnach die Höhe genau gleich dem Durchmesser der Dose, und das wiederum bedeutet: Der Querschnitt dieser Dose ist ein Quadrat!

Aufgabe 6.17. Das Volumen des Schuppens berechnet man mit der Formel

$$V = 6 \cdot (2 \cdot b + \tfrac{1}{2} \cdot b \cdot h) = 12b + 3hb$$

Da die Sparrenlänge 3 fest vorgegeben ist, erhalten wir nach Pythagoras die folgende Beziehung zwischen b und h:

$$\left(\tfrac{1}{2}b \right)^2 + h^2 = 3^2 \quad \Longrightarrow \quad b = 2\sqrt{9 - h^2}$$

Damit ist $V = V(h) = (24 + 6h)\sqrt{9 - h^2}$ die Funktion, welche das Volumen in Abhängigkeit von der Dachhöhe beschreibt, wobei $h \in [0, 3]$ gelten muss: Beim Satteldach darf die Höhe h nicht negativ sein, und die Dachhöhe ist durch die Sparrenlänge 3 begrenzt. Die Ableitung

$$V'(h) = 6 \cdot \sqrt{9 - h^2} + (24 + 6\,h) \cdot \frac{-h}{\sqrt{9 - h^2}} = \frac{54 - 24\,h - 12\,h^2}{\sqrt{9 - h^2}}$$

hat dann im maximalen Definitionsbereich $[0, 3]$ wegen

$$12\,h^2 + 24\,h - 54 = 0 \quad \Longrightarrow \quad h = \frac{-24 \pm \sqrt{3168}}{24} = -1 \pm \sqrt{5{,}5}$$

nur eine (positive) Nullstelle bei $h_0 = -1 + \sqrt{5{,}5} = 1{,}34520\dots$ mit dem Funktionswert $V(h_0) = 85{,}9988\dots \approx 86\,\mathrm{m}^3$. Der Vergleich mit den Randwerten $V(0) = 72$ und $V(3) = 0$ zeigt, dass bei der Dachhöhe $h_0 \approx 1{,}345\,\mathrm{m}$ das globale Maximum des Volumens ist, und der Schuppen hat bei dieser Dachhöhe die Gesamtbreite

$$b = 2\sqrt{9 - h_0^2} \approx 5{,}363\,\mathrm{m}$$

Aufgabe 6.18. Das Volumen des Kessels setzt sich zusammen aus dem Volumen der Halbkugel und dem Inhalt des aufgesetzten Zylinders. Aus dem vorgegebenen Volumen können wir die Höhe des Zylinders berechnen mit

$$V = \tfrac{2}{3}\,\pi\,r^3 + \pi\,r^2 h \quad \Longrightarrow \quad h = \tfrac{1}{r^2 \pi}\left(V - \tfrac{2}{3}\,r^3 \pi\right)$$

Zur Minimierung des Materialverbrauchs muss die Oberfläche A möglichst klein sein. Aus den Mantelflächen der Halbkugel und des Zylinders sowie der Fläche des kreisförmigen Deckels ergibt sich in Summe

$$A(r) = 2\,\pi\,r^2 + 2\,\pi\,r\,h + \pi\,r^2$$
$$= 3\,\pi\,r^2 + 2\,\pi\,r \cdot \tfrac{1}{r^2 \pi}\left(V - \tfrac{2}{3}\,r^3 \pi\right) = \tfrac{5\pi}{3}\,r^2 + \tfrac{2}{r}\,V$$

Diese nur vom Halbkugelradius r abhängige Funktion besitzt eine einzige Extremstelle, und zwar bei

$$0 = A'(r) = \tfrac{10\pi}{3}\,r - \tfrac{2}{r^2}\,V \quad \Longrightarrow \quad V = \tfrac{5\pi}{3}\,r^3 \quad \text{bzw.} \quad r = \sqrt[3]{\frac{3\,V}{5\,\pi}}$$

Wegen $A(r) \to \infty$ für $r \to 0$ bzw. $r \to \infty$ kann dort nur ein Minimum der Oberfläche sein. Für $V = \tfrac{5\pi}{3}\,r^3$ liefert die Formel für die Zylinderhöhe

$$h = \tfrac{1}{r^2 \pi}\left(\tfrac{5\pi}{3}\,r^3 - \tfrac{2}{3}\,r^3 \pi\right) = r$$

Setzen wir hier den Wert $V = 210\,\ell = 210 \cdot 10^3\,\mathrm{cm}^3$ ein, dann ist

$$r = h = \sqrt[3]{\frac{3 \cdot 210 \cdot 10^3\,\mathrm{cm}^3}{5\,\pi}} = 34{,}24\,\mathrm{cm}$$

Aufgabe 6.19. Es ist $\cos\alpha = \frac{h}{r}$, und nach Pythagoras gilt $r = \sqrt{h^2 + d^2}$, sodass

$$E(h) = I \cdot \frac{\cos \alpha}{r^2} = I \cdot \frac{h}{r^3} = I \cdot \frac{h}{(h^2 + d^2)^{\frac{3}{2}}}$$

Für die Extremwertbestimmung brauchen wir die Ableitung von $E(h)$: Es ist

$$E'(h) = I \cdot \frac{1 \cdot (h^2 + d^2)^{\frac{3}{2}} - h \cdot \frac{3}{2}(h^2 + d^2)^{\frac{1}{2}} \cdot 2h}{(h^2 + d^2)^3} = I \cdot \frac{d^2 - 2h^2}{(h^2 + d^2)^{\frac{5}{2}}}$$

Die einzige Nullstelle der Ableitung ist bei $d^2 - 2h^2 = 0$ bzw. $h = \frac{1}{\sqrt{2}}d$. Wegen

$$E(0) = 0, \quad \lim_{h \to \infty} E(h) = 0, \quad E\left(\tfrac{1}{\sqrt{2}}d\right) > 0$$

ist bei dieser Höhe auch das gesuchte globale Maximum der Beleuchtungsstärke.

Aufgabe 6.20. Die Wandtafel muss in der Abbiegung des Flurs gedreht werden. Wir legen den Grundriss in ein kartesisches Koordinatensystem, mit der rechten oberen Ecke im Ursprung $(0, 0)$ gemäß Abb. L.29.

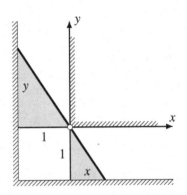

Abb. L.29 Wandtafel und
Flur mit Koordinatensystem

Wir erhalten den maximalen Freiraum für die Tafel, wenn wir sie entlang dem Eckpunkt $(0, 0)$ bewegen. Die theoretisch mögliche Maximallänge der Tafel ist dann die Hypotenuse des Dreiecks durch den Punkt $(0, 0)$ von der unteren zur linken Wand. Diese hängt vom horizontalen Abstand x des unteren Endpunkts und vom vertikalen Abstand y des linken Endpunkts ab. Zwischen den beiden Größen x und y gibt es einen Zusammenhang: Die grau gezeichneten Dreiecke sind zueinander ähnlich, und daher muss $y : 1 = 1 : x$ oder $y = \frac{1}{x}$ gelten. Die Maximallänge L der Tafel am Eckpunkt $(0, 0)$ ist dann nach Pythagoras

$$L^2 = (1 + x)^2 + (1 + y)^2 = (1 + x)^2 + \left(1 + \tfrac{1}{x}\right)^2 = 2 + 2x + x^2 + \tfrac{2}{x} + \tfrac{1}{x^2}$$

Wir suchen den „kritischen" Abstand x, für den die Maximallänge L am kleinsten wird, bei dem also die Funktion

$$f(x) = 2 + 2x + x^2 + \tfrac{2}{x} + \tfrac{1}{x^2}, \quad x \in \,]0, \infty[$$

ein Minimum annimmt. Dort muss die Ableitung gleich Null sein:

$$0 = f'(x) = 2 + 2x - \frac{2}{x^2} - \frac{2}{x^3} \quad \Big| \cdot \frac{1}{2}x^3$$

$$x^4 + x^3 - x - 1 = 0$$

$$(x^3 - 1)(x + 1) = 0$$

Diese Gleichung hat nur eine Lösung im Intervall $]0, \infty[$, und zwar bei $x = 1$, und dort ist wegen $f(x) \to \infty$ für $x \to 0$ bzw. $x \to \infty$ das globale Minimum. Wegen

$$L^2 = f(1) = 2 + 2 + 1 + \frac{2}{1} + \frac{1}{1^2} = 8 \quad \Longrightarrow \quad L = \sqrt{8}$$

passt eine Tafel mit der Länge $L = 2,828\ldots$ gerade noch durch den abknickenden Flur, eine Tafel mit der Länge $L = 3$ also nicht mehr!

Aufgabe 6.21.

(i) Bei diesem unbestimmten Ausdruck müssen wir L'Hospital *einmal* anwenden:

$$\lim_{x \to 0} \frac{\tan x}{x} = \lim_{x \to 0} \frac{(\tan x)'}{(x)'} = \lim_{x \to 0} \frac{\frac{1}{\cos^2 x}}{1} = 1$$

(ii) Zur Berechnung dieses Grenzwerts ist *zweimal* die Regel von L'Hospital nötig:

$$\lim_{x \to 0} \frac{\cos x - 1}{x^2} = \lim_{x \to 0} \frac{(\cos x - 1)'}{(x^2)'} = \lim_{x \to 0} \frac{-\sin x}{2x}$$

$$= \lim_{x \to 0} \frac{(-\sin x)'}{(2x)'} = \lim_{x \to 0} \frac{-\cos x}{2} = -\frac{1}{2}$$

(iii) Es handelt sich hierbei um einen unbestimmten Ausdruck der Form $\infty - \infty$, den wir zunächst (mit dem gemeinsamen Nenner) auf einen Bruch umschreiben und dann durch zweimalige Anwendung der L'Hospital-Grenzwertformel berechnen können:

$$\lim_{x \to 0} \left(\cot x - \frac{1}{x}\right) = \lim_{x \to 0} \left(\frac{\cos x}{\sin x} - \frac{1}{x}\right) = \lim_{x \to 0} \frac{x \cos x - \sin x}{x \sin x}$$

$$= \lim_{x \to 0} \frac{(x \cos x - \sin x)'}{(x \sin x)'} = \lim_{x \to 0} \frac{-x \sin x}{\sin x + x \cos x}$$

$$= \lim_{x \to 0} \frac{(-x \sin x)'}{(\sin x + x \cos x)'} = \lim_{x \to 0} \frac{-\sin x - x \cos x}{\cos x + \cos x - x \sin x}$$

$$= \frac{0 - 0}{1 + 1 + 0} = 0$$

(iv) Dieser unbestimmte Ausdruck $\frac{0}{0}$ erfordert zweimal die Regel von L'Hospital:

$$\lim_{x \to 0} \frac{(e^x - 1)^2}{x \sin x} = \lim_{x \to 0} \frac{2(e^x - 1) \cdot e^x}{\sin x + x \cos x}$$

$$= \lim_{x \to 0} \frac{4e^{2x} - 2e^x}{\cos x + \cos x - x \sin x} = \frac{4 - 2}{1 + 1 - 0} = 1$$

(v) Hier liegt ein unbestimmter Ausdruck $0 \cdot \infty$ vor, den wir zuerst als Bruch schreiben, bevor wir die Grenzwertformel von L'Hospital (einmal) anwenden:

$$\lim_{x \to \frac{1}{2}} (2x - 1) \cdot \tan \pi x = \lim_{x \to \frac{1}{2}} \frac{(2x - 1) \sin \pi x}{\cos \pi x}$$

$$= \lim_{x \to \frac{1}{2}} \frac{2 \sin \pi x + (2x - 1) \cdot \pi \cos \pi x}{-\pi \sin \pi x} = \frac{2 \sin \frac{\pi}{2} + 0}{-\pi \sin \frac{\pi}{2}} = -\frac{2}{\pi}$$

(vi) Dieser Grenzwert, der zu einem unbestimmten Ausdruck der Form $\frac{0}{0}$ führt, kann durch zweimalige Anwendung der L'Hospital-Regel berechnet werden:

$$\lim_{x \to \pi} \frac{\sin \frac{x}{2} - 1}{(x - \pi)^2} = \lim_{x \to \pi} \frac{\frac{1}{2} \cos \frac{x}{2}}{2(x - \pi)} = \lim_{x \to \pi} \frac{-\frac{1}{4} \sin \frac{x}{2}}{2} = -\frac{1}{8}$$

Aufgabe 6.22.

a) Zweimaliges Ableiten ergibt

$$f'(x) = -e^{-x} \cos x + e^{-x}(-\sin x)$$
$$f''(x) = e^{-x} \cos x - e^{-x}(-\sin x) - e^{-x}(-\sin x) + e^{-x}(-\cos x) = 2e^{-x} \sin x$$

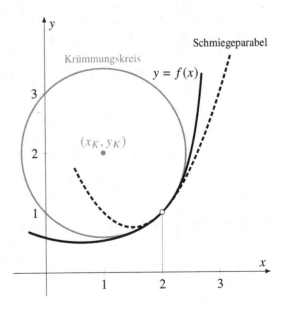

Abb. L.30 Die Funktion $f(x) = \frac{1}{3-x} - \frac{1}{4}\left(\frac{x}{2} - 1\right)^3$

b) Für den Krümmungskreis brauchen wir die ersten zwei Ableitungen

$$f'(x) = \frac{1}{(3-x)^2} - \frac{3}{8}\left(\frac{x}{2}-1\right)^2 \quad \Longrightarrow \quad f'(2) = 1$$

$$f''(x) = \frac{2}{(3-x)^3} - \frac{3}{8}\left(\frac{x}{2}-1\right) \quad \Longrightarrow \quad f''(2) = 2$$

Der Krümmungskreis hat dann an der Stelle $x_0 = 2$ den Radius

$$\rho = \frac{\sqrt{(f'(2)^2+1)^3}}{|f''(2)|} = \frac{\sqrt{(1^2+1)^3}}{2} = \sqrt{2}$$

und der Mittelpunkt des Krümmungskreises befindet sich bei

$$x_K = 2 - \frac{f'(2)\left(f'(2)^2+1\right)}{f''(2)} = 1, \quad y_K = f(2) + \frac{f'(2)^2+1}{f''(2)} = 2$$

also im Punkt $(1, 2)$, siehe Abb. L.30. Die Schmiegeparabel bei $x_0 = 2$ ist

$$P(x) = f(2) + f'(2) \cdot (x-2) + \tfrac{1}{2} f''(2) \cdot (x-2)^2$$
$$= 1 + (x-2) + (x-2)^2 = x^2 - 3x + 3$$

Aufgabe 6.23.

a) Wir brauchen die erste Ableitung von f:

$$f'(x) = -e^{-x}\sin x + e^{-x}\cos x = e^{-x}(\cos x - \sin x)$$

Die Berechnung der Nullstellen von f' im Intervall $[-\pi, \pi]$ ergibt

$$e^{-x}(\cos x - \sin x) = 0 \quad | : e^{-x} \neq 0$$
$$\cos x - \sin x = 0$$
$$\cos x = \sin x \quad | : \cos x$$
$$1 = \tan x \quad \Longrightarrow \quad x_1 = -\frac{3\pi}{4}, \quad x_2 = \frac{\pi}{4}$$

Aus dem Vorzeichen von f' an den Zwischenstellen

$$f'(-\pi) = e^{\pi}\left(\cos(-\pi) - \sin(-\pi)\right) = -e^{\pi} < 0$$
$$f'(0) = e^0\left(\cos 0 - \sin 0\right) = 1 > 0$$
$$f'(\pi) = e^{-\pi}\left(\cos \pi - \sin \pi\right) = -e^{-\pi} < 0$$

erhalten wir die folgenden drei Monotoniebereiche: f ist in

$$\left[-\pi, -\tfrac{3\pi}{4}\right] \quad \text{streng monoton fallend}$$
$$\left[-\tfrac{3\pi}{4}, \tfrac{\pi}{4}\right] \quad \text{streng monoton steigend}$$
$$\left[\tfrac{\pi}{4}, \pi\right] \quad \text{streng monoton fallend}$$

Damit ist dann auch bei $x = -\frac{3\pi}{4}$ ein lokales Minimum und bei $x = \frac{\pi}{4}$ ein lokales Maximum.

b) Ein Vergleich der Randwerte

$$f(-\pi) = 1 + e^{\pi}\sin(-\pi) = 1 \quad \text{und} \quad f(\pi) = 1 + e^{-\pi}\sin\pi = 1$$

mit den Funktionswerten an den lokalen Extremstellen

$$f(-\tfrac{3\pi}{4}) \approx -6{,}46 < 1 \quad \text{und} \quad f(\tfrac{\pi}{4}) \approx 1{,}32 > 1$$

ergibt bei $x = -\frac{3\pi}{4}$ das globale Minimum und bei $x = \frac{\pi}{4}$ das globale Maximum.

c) Der erste Schritt der Newton-Iteration mit dem Startwert $x_0 = -\pi$ liefert:

$$x_1 = x_0 - \frac{f(x_0)}{f'(x_0)} = -\pi - \frac{1 + e^{\pi}\sin(-\pi)}{e^{\pi}\left(\cos(-\pi) - \sin(-\pi)\right)} = -\pi + \frac{1}{e^{\pi}} = -3{,}098378\ldots$$

Rechnet man mit sechs Nachkommastellen weiter, so erhält man noch die Werte $x_2 = -3{,}096368$ und schließlich $x_3 = -3{,}096364$.

d) Die zweite Ableitung von f ist

$$f''(x) = -e^{-x}\left(\cos x - \sin x\right) + e^{-x}\left(-\sin x - \cos x\right) = -2\,e^{-x}\cos x$$

Die Werte $f(0) = 1$, $f'(0) = 1$ und $f''(0) = -2$ liefern für den Mittelpunkt des Krümmungskreises die Koordinaten

$$x_K = 0 - \frac{f'(0)\left(f'(0)^2 + 1\right)}{f''(0)} = 1, \quad y_K = f(0) + \frac{f'(0)^2 + 1}{f''(0)} = 0$$

sowie den Radius

$$\rho = \frac{\sqrt{\left(f'(0)^2 + 1\right)^3}}{|f''(0)|} = \sqrt{2}$$

e) Das Intervall, in dem f rechtsgekrümmt ist, erhalten wir aus der Bedingung

$$f''(x) = -2\,e^{-x}\cos x < 0 \quad \Longrightarrow \quad \cos x > 0 \quad \Longrightarrow \quad x \in \left]-\tfrac{\pi}{2}, \tfrac{\pi}{2}\right[$$

Der gesuchte Konvexitätsbereich ist dann das *abgeschlossene* Intervall $\left[-\frac{\pi}{2}, \frac{\pi}{2}\right]$. Eine weiterführende Untersuchung zeigt, dass bei $x = \pm\frac{\pi}{2}$ die Wendepunkte von f sind. Der Funktionsverlauf ist in Abb. L.31 zu sehen.

Aufgabe 6.24.

a) Wir berechnen zuerst die Ableitung von f:

$$f'(x) = 2\cos x \cdot (-\sin x) - \tfrac{1}{2} = -\sin 2x - \tfrac{1}{2}$$

und anschließend die Nullstellen von f':

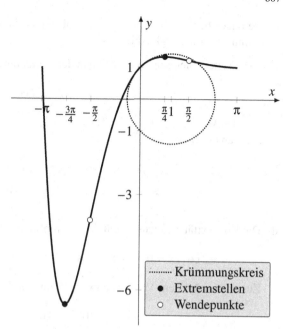

Abb. L.31 Der Graph von
$f(x) = 1 + e^{-x} \sin x$

$$\sin 2x = -\tfrac{1}{2} \quad \implies \quad 2x_1 = \tfrac{7\pi}{6} \quad \text{und} \quad 2x_2 = \tfrac{11\pi}{6}$$

also $x_1 = \tfrac{7\pi}{12}$ und $x_2 = \tfrac{11\pi}{12}$. Aus dem Vorzeichen von f an den Zwischenstellen

$$f'(0) = -\sin 0 - \tfrac{1}{2} = -\tfrac{1}{2} < 0$$
$$f'(\tfrac{3\pi}{4}) = -\sin \tfrac{3\pi}{2} - \tfrac{1}{2} = \tfrac{1}{2} > 0$$
$$f'(\pi) = -\sin \pi - \tfrac{1}{2} = -\tfrac{1}{2} < 0$$

ergeben sich die folgenden Monotoniebereiche: f ist in

$$\left[0, \tfrac{7\pi}{12}\right] \quad \text{streng monoton fallend}$$
$$\left[\tfrac{7\pi}{12}, \tfrac{11\pi}{12}\right] \quad \text{streng monoton steigend}$$
$$\left[\tfrac{11\pi}{12}, \pi\right] \quad \text{streng monoton fallend}$$

Damit ist bei $x = \tfrac{7\pi}{12}$ ein lokales Minimum und bei $x = \tfrac{11\pi}{12}$ ein lokales Maximum.

b) Wir vergleichen die Funktionswerte am Rand

$$f(0) = \cos^2 0 - \tfrac{0}{2} = 1 - 0 = 1$$
$$f(\pi) = \cos^2 \pi - \tfrac{\pi}{2} = 1 - \tfrac{\pi}{2} \approx -0{,}5708$$

mit den Funktionswerten an den lokalen Extremstellen

$$f\left(\tfrac{7\pi}{12}\right) \approx -0{,}8493 \quad \text{und} \quad f\left(\tfrac{11\pi}{12}\right) \approx -0{,}5069$$

Demnach befindet sich bei $x = 0$ das absolute Maximum und bei $x = \frac{7\pi}{12}$ das absolute Minimum von f, vgl. Abb. L.32.

c) Die zweite Ableitung von f ist nach der Kettenregel

$$f''(x) = -2\cos 2x$$

Aus den Werten $f(\frac{\pi}{2}) = -\frac{\pi}{4}$, $f'(\frac{\pi}{2}) = -\frac{1}{2}$ und $f''(\frac{\pi}{2}) = 2$ ergibt sich die Schmiegeparabel an der Stelle $x_0 = \frac{\pi}{2}$:

$$\begin{aligned} y &= f(\tfrac{\pi}{2}) + f'(\tfrac{\pi}{2}) \cdot (x - \tfrac{\pi}{2}) + \tfrac{1}{2} f''(\tfrac{\pi}{2}) \cdot (x - \tfrac{\pi}{2})^2 \\ &= -\tfrac{\pi}{4} - \tfrac{1}{2} \cdot (x - \tfrac{\pi}{2}) + (x - \tfrac{\pi}{2})^2 \end{aligned}$$

d) Die Konvexitätsbereiche erhalten wir mithilfe der Nullstellen von f'':

$$-2\cos 2x = 0 \quad \Longrightarrow \quad \cos 2x = 0 \quad \Longrightarrow \quad x_1 = \frac{\pi}{4} \quad \text{und} \quad x_2 = \frac{3\pi}{4}$$

Zusammen mit dem Vorzeichen von f'' an den Zwischenstellen

$$\begin{aligned} f''(0) &= -4\cos 0 = -4 < 0 \\ f''\left(\tfrac{\pi}{2}\right) &= -4\cos \pi = 4 > 0 \\ f''(\pi) &= -4\cos 2\pi = -4 < 0 \end{aligned}$$

haben wir insgesamt drei Konvexitätsbereiche: f ist in

$$\begin{array}{ll} \left[0, \frac{\pi}{4}\right] & \text{streng konkav} \\[4pt] \left[\frac{\pi}{4}, \frac{3\pi}{4}\right] & \text{streng konvex} \\[4pt] \left[\frac{3\pi}{4}, \pi\right] & \text{streng konkav} \end{array}$$

Die Wendepunkte von f sind folglich bei $x = \frac{\pi}{4}$ und $x = \frac{3\pi}{4}$.

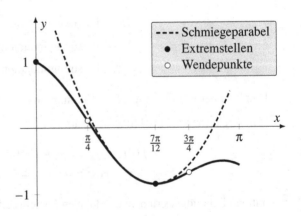

Abb. L.32 $f(x) = \cos^2 x - \frac{x}{2}$

Aufgabe 6.25. Gegeben ist hier eine logarithmische Spirale in der Parameterform.

a) Die Berechnung des Tangentenvektors ergibt

$$\left.\begin{array}{l} \dot{x}(t) = -e^{-t}\cos 5t - 5\,e^{-t}\sin 5t \\ \dot{y}(t) = -e^{-t}\sin 5t + 5\,e^{-t}\cos 5t \end{array}\right\} \quad \dot{\vec{r}}(t) = e^{-t}\begin{pmatrix} -\cos 5t - 5\sin 5t \\ -\sin 5t + 5\cos 5t \end{pmatrix}$$

b) Die Winkelberechnung erfolgt mit dem Skalarprodukt. Aus

$$\vec{r}(t) \cdot \dot{\vec{r}}(t) = e^{-t}\begin{pmatrix} \cos 5t \\ \sin 5t \end{pmatrix} \cdot e^{-t}\begin{pmatrix} -\cos 5t - 5\sin t \\ -\sin 5t + 5\cos t \end{pmatrix}$$

$$= e^{-2t}\left(\cos 5t \cdot (-\cos 5t - 5\sin 5t) + \sin 5t \cdot (-\sin 5t + 5\cos 5t)\right)$$

$$= -e^{-2t}\left(\cos^2 5t + \sin^2 5t\right) = -e^{-2t}$$

$$|\vec{r}(t)| = e^{-t}\sqrt{\cos^2 5t + \sin^2 5t} = e^{-t}$$

$$|\dot{\vec{r}}(t)| = e^{-t}\sqrt{(-\cos 5t - 5\sin 5t)^2 + (-\sin 5t + 5\cos 5t)^2}$$

$$= e^{-t}\sqrt{\cos^2 5t + 25\sin^2 5t + \sin^2 5t + 25\cos^2 5t} = e^{-t}\sqrt{26}$$

erhalten wir

$$\cos \alpha(t) = \frac{\vec{r}(t) \cdot \dot{\vec{r}}(t)}{|\vec{r}(t)| \cdot |\dot{\vec{r}}(t)|} = \frac{-e^{-2t}}{e^{-t} \cdot e^{-t}\sqrt{26}} = -\frac{1}{\sqrt{26}}$$

unabhängig von t. Der Winkel ist demnach für alle Parameterwerte t stets $\alpha = 101{,}31°$ (siehe Abb. L.33). Dass der Winkel zwischen Orts- und Tangentenvektor nicht von t abhängt, ist eine typische Eigenschaft logarithmischer Spiralen!

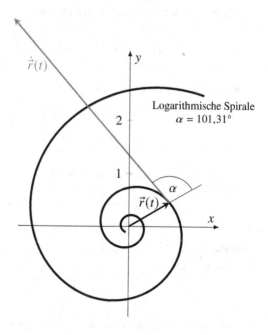

Abb. L.33 Logarithmische Spirale aus Aufgabe 6.25

Aufgabe 6.26.

a) Zu berechnen sind die Parameter t, sodass die y-Koordinate des Kurvenpunkts den Wert 2 annimmt:

$$2 = y(t) = 2 - \cos t \implies \cos t = 0 \implies t_1 = \tfrac{\pi}{2}, \quad t_2 = \tfrac{3\pi}{2}$$

Die zugehörigen x-Werte sind dann (vgl. Abb. L.34)

$$x_1 = x(\tfrac{\pi}{2}) = 2 \cdot \tfrac{\pi}{2} - \sin \tfrac{\pi}{2} = \pi - 1$$
$$x_2 = x(\tfrac{3\pi}{2}) = 2 \cdot \tfrac{3\pi}{2} - \sin \tfrac{3\pi}{2} = 3\pi + 1$$

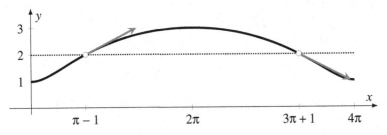

Abb. L.34 Verkürzte Zykloide

b) Wir bestimmen den Tangentenvektor mit

$$\dot{x}(t) = 2 - \cos t, \quad \dot{y}(t) = \sin t \implies \dot{\vec{r}}(t) = \begin{pmatrix} 2 - \cos t \\ \sin t \end{pmatrix}$$

an den Stellen mit $t_1 = \tfrac{\pi}{2}$ und $t_2 = \tfrac{3\pi}{2}$:

$$\dot{\vec{r}}(\tfrac{\pi}{2}) = \begin{pmatrix} 2 \\ 1 \end{pmatrix}, \quad \dot{\vec{r}}(\tfrac{3\pi}{2}) = \begin{pmatrix} 2 \\ -1 \end{pmatrix}$$

c) $\dot{\vec{r}}(t)$ ist parallel zur x-Achse, falls gilt:

$$\dot{y}(t) = \sin t = 0 \implies t_1 = 0, \quad t_2 = \pi, \quad t_3 = 2\pi$$

Aufgabe 6.27. Mit den Ableitungen $\dot{x}(t) = -3 \sin t$ und $\dot{y}(t) = 2 \cos t$ ergibt sich der Tangentenvektor

$$\dot{\vec{r}}(t) = \begin{pmatrix} -3 \sin t \\ 2 \cos t \end{pmatrix}, \quad t \in [0, 2\pi[$$

Gesucht sind die Parameterwerte $t \in [0, 2\pi[$ mit $\dot{\vec{r}}(t) \parallel \vec{a}$. Hierfür muss $\dot{\vec{r}}(t) = \lambda \cdot \vec{a}$ mit einer Zahl $\lambda \in \mathbb{R}$ gelten, also

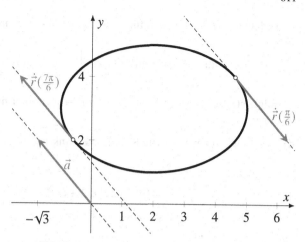

Abb. L.35 Die Ellipse aus Aufgabe 7.22 mit den zu $\vec{a}$ parallelen Tangentenvektoren

$$\begin{pmatrix} -3\sin t \\ 2\cos t \end{pmatrix} = \lambda \begin{pmatrix} -\sqrt{3} \\ 2 \end{pmatrix} \quad \Longrightarrow \quad \frac{-3\sin t}{2\cos t} = \frac{-\sqrt{3}}{2} \quad \Longrightarrow \quad \tan t = \tfrac{1}{3}\sqrt{3}$$

Wir erhalten zwei Parameterwerte $t_1 = \frac{\pi}{6}$ und $t_1 = \frac{7\pi}{6}$. Einsetzen in die Parameterdarstellung liefert die Ellipsenpunkte $P_1 = (2 + \tfrac{3}{2}\sqrt{3}, 4)$ und $P_2 = (2 - \tfrac{3}{2}\sqrt{3}, 2)$.

Aufgabe 6.28.

a) Wir berechnen die Ableitungen

$$\dot{x}(t) = e^t - e^{-t}, \quad y(t) = e^t + e^{-t} \quad \Longrightarrow \quad \vec{\dot{r}}(t) = \begin{pmatrix} e^t - e^{-t} \\ e^t + e^{-t} \end{pmatrix}$$

Der Parameterwert für den Punkt $(x, y) = (2, 0)$ ergibt sich aus

$$0 = y(t) = e^t - e^{-t} \quad \Longrightarrow \quad e^{2t} = 1 \quad \Longrightarrow \quad t = 0$$

(dann ist auch $x(0) = e^0 + e^0 = 2$ erfüllt), und wir erhalten

$$\vec{\dot{r}}(t) = \begin{pmatrix} e^0 - e^0 \\ e^0 + e^0 \end{pmatrix} = \begin{pmatrix} 0 \\ 2 \end{pmatrix}$$

b) Mögliche Extremstellen von $x(t)$ sind bei

$$0 = \dot{x}(t) = e^t - e^{-t} \quad \Longrightarrow \quad e^{2t} = 1 \quad \Longrightarrow \quad t = 0$$

Wegen $\lim_{t \to \pm\infty} x(t) = \infty$ muss bei $t = 0$ das globale Minimum sein mit $x(0) = 2$.

c) Der Grenzwert

$$\lim_{t \to \infty} \frac{y(t)}{x(t)} = \lim_{t \to \infty} \frac{e^t - e^{-t} \mid : e^t}{e^t + e^{-t} \mid : e^t} = \lim_{t \to \infty} \frac{1 - e^{-2t}}{1 + e^{-2t}} = \frac{1 - 0}{1 + 0} = 1$$

bedeutet: $y(t)$ nähert sich für $t \to \infty$ dem Wert $x(t)$ immer mehr an, und aus

$$\lim_{t \to -\infty} \frac{y(t)}{x(t)} = \lim_{t \to -\infty} \frac{e^t - e^{-t} \mid : e^{-t}}{e^t + e^{-t} \mid : e^{-t}} = \lim_{t \to -\infty} \frac{e^{2t} - 1}{e^{2t} + 1} = \frac{0 - 1}{0 + 1} = -1$$

folgt: $y(t)$ und $-x(t)$ nähern sich für $t \to \infty$ immer mehr an. Damit ist $y(t) \approx \pm x(t)$ für $t \to \pm\infty$.

d) Setzen wir für x und y die Koordinatenfunktionen ein, dann ist

$$\begin{aligned}
x^2 - y^2 &= (e^t + e^{-t})^2 - (e^t - e^{-t})^2 \\
&= (e^{2t} + 2 e^t e^{-t} + e^{-2t}) - (e^{2t} - 2 e^t e^{-t} + e^{-2t}) \\
&= 4 e^t e^{-t} = 4 e^0 = 4
\end{aligned}$$

Teilt man durch 4, dann erhält man die angegebene Funktionsgleichung einer Hyperbel, oder etwas genauer: eines rechten Hyperbelastes, siehe Abb. L.36.

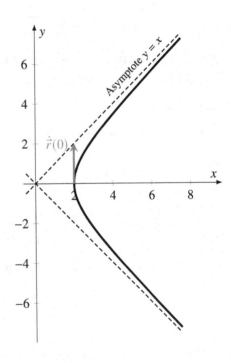

Abb. L.36 Der Hyperbelast aus Aufgabe 6.28

Aufgabe 6.29.

a) Wir müssen die Mittelpunkte der Krümmungskreise bestimmen. Hierfür brauchen wir die Ableitungen

$$\begin{aligned}
\dot{x}(t) &= e^t \cos t - e^t \sin t &\implies && \ddot{x}(t) &= -2 e^t \sin t \\
\dot{y}(t) &= e^t \sin t + e^t \cos t &\implies && \ddot{y}(t) &= 2 e^t \cos t
\end{aligned}$$

Berechnen wir vorab die Größen

$$\dot{x}(t)^2 + \dot{y}(t)^2 = 2e^{2t} \cos^2 t + 2e^{2t} \sin^2 t = 2e^{2t} \quad \text{und}$$

$$\dot{x}(t)\,\ddot{y}(t) - \ddot{x}(t)\,\dot{y}(t) = 2e^{2t} \cos^2 t + 2e^{2t} \sin^2 t = 2e^{2t}$$

dann liefert die Formel für den Krümmungskreis-Mittelpunkt die Koordinaten

$$x_K(t) = e^t \cos t - \frac{(e^t \sin t + e^t \cos t) \cdot 2e^{2t}}{2e^{2t}} = -e^t \sin t$$

$$y_K(t) = e^t \sin t + \frac{(e^t \cos t - e^t \sin t) \cdot 2e^{2t}}{2e^{2t}} = e^t \cos t$$

b) Die Evolute ist hier die um 90° gedrehte Evolvente (logarithmische Spirale), denn

$$\begin{pmatrix} x_K(t) \\ y_K(t) \end{pmatrix} = \begin{pmatrix} 0 & -1 \\ 1 & 0 \end{pmatrix} \cdot \begin{pmatrix} e^t \cos t \\ e^t \sin t \end{pmatrix} = R(90°) \cdot \begin{pmatrix} x(t) \\ y(t) \end{pmatrix}$$

wobei $R(90°)$ die Drehmatrix zum Drehwinkel 90° bezeichnet.

c) Dass es sich bei der Evolute wieder um eine logarithmische Spirale handelt, lässt sich wie folgt belegen: Mit dem neuen Parameter $u = t + \frac{\pi}{2}$ gilt $t = u - \frac{\pi}{2}$ sowie

$$-\sin t = \cos(t + \tfrac{\pi}{2}) = \cos u \quad \text{und} \quad \cos t = \sin(t + \tfrac{\pi}{2}) = \sin u$$

Mit den Konstanten $a = 1$ und $b = e^{-\frac{\pi}{2}}$ ist

$$x_K = e^t \cdot (-\sin t) = e^{u - \frac{\pi}{2}} \cos u = b\,e^{au} \cos u$$

$$y_K = e^t \cdot \cos t = e^{u - \frac{\pi}{2}} \sin u = b\,e^{au} \sin u$$

die Parameterdarstellung einer logarithmischen Spirale (siehe Beispiel 6 in Abschnitt 6.5.1).

Aufgabe 6.30.

a) Ableiten der Komponenten nach t liefert

$$\dot{\vec{r}}(t) = \begin{pmatrix} 3\,(\cos t - t \sin t) \\ 3\,(\sin t + t \cos t) \\ 4 \end{pmatrix}$$

b) Die Länge des Tangentenvektors ist dann

$$|\dot{\vec{r}}(t)| = \sqrt{9\,(\cos t - t \sin t)^2 + 9\,(\sin t + t \cos t)^2 + 16}$$

$$= \sqrt{9\,(\cos^2 t + \sin^2 t + t^2 \sin^2 t + t^2 \cos^2 t) + 16}$$

$$= \sqrt{9\,(1 + t^2) + 16} = \sqrt{25 + 9t^2}$$

Bei dieser Raumkurve handelt es sich um die in Abb. L.37 dargestellte „Spiralfeder".

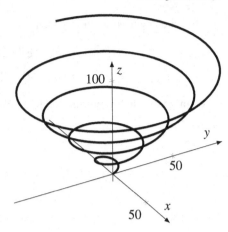

Abb. L.37 Spiralförmige
Raumkurve

Aufgabe 6.31.

a) Ableiten der Koordinatenfunktionen ergibt

$$\dot{\vec{r}}(t) = \begin{pmatrix} -r\sin t \\ r\cos t \\ r\cos\frac{t}{2} \end{pmatrix}, \quad t \in [0, 4\pi]$$

b) Wir bilden das Skalarprodukt der Vektoren

$$\vec{r}(t) \cdot \dot{\vec{r}}(t) = (r + r\cos t) \cdot (-r\sin t) + r\sin t \cdot r\cos t + 2r\sin\frac{t}{2} \cdot r\cos\frac{t}{2}$$
$$= -r^2\sin t + r^2 \cdot 2\sin\frac{t}{2}\cos\frac{t}{2} = -r^2\sin t + r^2\sin t = 0$$

Folglich sind $\vec{r}(t)$ und $\dot{\vec{r}}(t)$ stets zueinander orthogonal, d. h., der Zwischenwinkel ist immer 90°. Dies ist aber keine Überraschung, denn die Viviani-Kurve verläuft ja auf der Oberfläche einer Kugel!

Lösungen zu Kapitel 7

Aufgabe 7.1. Wir unterteilen $[0, 2]$ in n gleichlange Teilintervalle der Länge $\Delta x_k = \frac{2}{n}$ mit den Zwischenstellen $x_k = \frac{2}{n} \cdot k$ für $k = 0, 1, \dots, n$. Dort nimmt die Funktion die Werte

$$f(x_k) = x_k^3 = \left(\frac{2k}{n}\right)^3 = \frac{8k^3}{n^3}$$

an. Die Zerlegungssumme (= Summe der Rechtecksflächen) ist dann

$$\sum_{k=0}^{n-1} f(x_k)\,\Delta x_k = \sum_{k=0}^{n-1}\left(\frac{2k}{n}\right)^3 \cdot \frac{2}{n} = \sum_{k=0}^{n-1}\frac{16k^3}{n^4} = \frac{16}{n^4}\sum_{k=0}^{n-1}k^3$$

An dieser Stelle brauchen wir die Formel

$$\sum_{k=0}^{n-1} k^3 = 1^3 + 2^3 + 3^3 + \ldots + (n-1)^3 = \left(\frac{n(n-1)}{2}\right)^2$$

und erhalten für die Zerlegungssumme

$$\sum_{k=0}^{n-1} f(x_k)\,\Delta x_k = \frac{16}{n^4} \cdot \frac{n^2\,(n-1)^2}{4} = 4\left(1 - \frac{1}{n}\right)^2$$

Bei Verfeinerung der Zerlegung ergibt sich im Grenzfall $n \to \infty$

$$\int_0^2 x^3\,dx = \lim_{n\to\infty} \sum_{k=0}^{n-1} f(x_k)\,\Delta x_k = \lim_{n\to\infty} 4\left(1 - \frac{1}{n}\right)^2 = 4$$

Aufgabe 7.2.

a) ist falsch, denn nach der Kettenregel gilt

$$\frac{d}{dx}\ln(1+x^2) = \frac{1}{1+x^2} \cdot 2x = \frac{2x}{1+x^2}$$

Richtig ist $\int \frac{1}{1+x^2}\,dx = \arctan x + C$ (Grundintegral!)

b) stimmt, denn

$$\int e^{1+x}\,dx = e \cdot \int e^x\,dx = e \cdot e^x = e^{1+x}$$

c) ist falsch, denn die Ableitung von $\ln(e^{2x}) = 2x$ ist 2. Richtig ist

$$\int \frac{1}{e^{2x}}\,dx = \int e^{-2x}\,dx = -\frac{1}{2}e^{-2x}$$

Aufgabe 7.3.

a) Ableiten mit der Produktregel ergibt

$$\left(\frac{1}{2}e^x\,(\sin x - \cos x)\right)' = \frac{1}{2}e^x\,(\sin x - \cos x) + \frac{1}{2}e^x\,(\cos x + \sin x) = e^x \sin x$$

b) Das Logarithmengesetz und die Summenregel liefern

$$\left(\ln\left|\frac{x}{1-x}\right|\right)' = (\ln|x| - \ln|1-x|)'$$

$$= \frac{1}{x} - \frac{1}{1-x} \cdot (1-x)' = \frac{1}{x} + \frac{1}{1-x} = \frac{1}{x\,(1-x)}$$

c) Durch Anwendung der Kettenregel erhalten wir

$$\left(\ln\left|\tan\tfrac{x}{2}\right|\right)' = \frac{1}{\tan\tfrac{x}{2}} \cdot \left(\tan\tfrac{x}{2}\right)' = \frac{1}{\tan\tfrac{x}{2}} \cdot \frac{1}{\cos^2\tfrac{x}{2}} \cdot \frac{1}{2}$$

$$= \frac{1}{2 \cdot \frac{\sin\frac{x}{2}}{\cos\frac{x}{2}} \cdot \cos^2\frac{x}{2}} = \frac{1}{2\sin\tfrac{x}{2}\cos\tfrac{x}{2}} = \frac{1}{\sin x}$$

d) Wir verwenden die Ableitung $(\operatorname{artanh} x)' = \frac{1}{1-x^2}$ und die Kettenregel:

$$\left(\operatorname{artanh}(\sin x)\right)' = \frac{1}{1-\sin^2 x} \cdot (\sin x)' = \frac{1}{\cos^2 x} \cdot \cos x = \frac{1}{\cos x}$$

e) Die Ableitung $(\arctan x)' = \frac{1}{x^2+1}$ zusammen mit der Kettenregel ergibt

$$\left(2\arctan(e^x)\right)' = 2 \cdot \frac{1}{(e^x)^2+1} \cdot e^x = \frac{2e^x}{e^{2x}+1}$$

$$= \frac{2e^x \cdot e^{-x}}{(e^{2x}+1) \cdot e^{-x}} = \frac{2}{e^x+e^{-x}} = \frac{1}{\cosh x}$$

wobei wir in der zweiten Zeile den Bruch mit e^{-x} erweitert und anschließend die Definition von $\cosh x$ verwendet haben.

Aufgabe 7.4.

a) Mit der Summenregel und den Grundintegralen findet man

(i) $\displaystyle\int 2u^3 + 4 + \tfrac{5}{u}\,\mathrm{d}u = \tfrac{1}{2}u^4 + 4u + 5\ln|u|$

(ii) $\displaystyle\int \sqrt[3]{x}\,\mathrm{d}x = \int x^{\frac{1}{3}}\,\mathrm{d}x = \tfrac{3}{4}x^{\frac{4}{3}}$

(iii) $\displaystyle\int \sin 4x\,\mathrm{d}x = -\tfrac{1}{4}\cos 4x$

(iv) $\displaystyle\int 4\sin t + \cos t\,\mathrm{d}t = -4\cos t + \sin t$

b) Alle Integrale lassen sich mit partieller Integration berechnen.

(i) Wir leiten $f(x) = x$ ab und integrieren $g(x) = 2 - \cos x$:

$$\int_0^\pi x(2 - \cos x)\,\mathrm{d}x = x(2x - \sin x)\Big|_0^\pi - \int_0^\pi 1 \cdot (2x - \sin x)\,\mathrm{d}x$$

$$= \pi \cdot 2\pi - (x^2 + \cos x)\Big|_0^\pi = 2\pi^2 - (\pi^2 - 2) = \pi^2 + 2$$

(ii) Hier wird $f(x) = \ln x$ abgeleitet und $g(x) = x^4$ integriert:

$$\int x^4 \cdot \ln x \, dx = \ln x \cdot \tfrac{1}{5} x^5 - \int \tfrac{1}{x} \cdot \tfrac{1}{5} x^5 \, dx$$

$$= \tfrac{1}{5} x^5 \ln x - \tfrac{1}{5} \int x^4 \, dx = \tfrac{1}{5} x^5 \ln x - \tfrac{1}{25} x^5$$

(iii) Die Ableitung von x^2 und „Aufleitung" von e^x liefert zunächst

$$\int_0^1 x^2 e^x \, dx = x^2 e^x \Big|_0^1 - \int_0^1 2x \cdot e^x \, dx = e - 2 \int_0^1 x \, e^x \, dx$$

Nochmalige partielle Integration ergibt

$$\int x \, e^x \, dx = x \, e^x - \int 1 \cdot e^x \, dx = x \, e^x - e^x = (x - 1) \, e^x$$

Insgesamt ist dann

$$\int_0^1 x^2 e^x \, dx = e - 2 (x - 1) \, e^x \Big|_0^1 = e - 2 (0 + e^0) = e - 2$$

c) Wir können die Substitutionsmethode anwenden mit ...

(i) $\boxed{u = 4 - x^2}$ $\quad \dfrac{du}{dx} = -2x \quad \Longrightarrow \quad dx = -\tfrac{1}{2x} \, du$

$$\int \frac{x}{\sqrt{4 - x^2}} \, dx = \int \frac{x}{\sqrt{u}} \cdot \left(-\frac{1}{2x} \right) du = \int -\frac{1}{2\sqrt{u}} \, du = -\sqrt{u} = -\sqrt{4 - x^2}$$

(ii) $\boxed{u = 4x + 5}$ $\quad \dfrac{du}{dx} = 4 \quad \Longrightarrow \quad dx = \tfrac{1}{4} \, du$

$$\int_1^5 \sqrt{4x + 5} \, dx = \int_{u(1)}^{u(5)} \sqrt{u} \cdot \tfrac{1}{4} \, du = \tfrac{1}{4} \int_9^{25} \sqrt{u} \, du = \tfrac{1}{4} \cdot \tfrac{2}{3} u^{\frac{3}{2}} \Big|_9^{25} = \tfrac{49}{3}$$

(iii) $\boxed{u = 1 + e^x}$ $\quad \dfrac{du}{dx} = e^x \quad \Longrightarrow \quad dx = \dfrac{1}{e^x} \, du$

$$\int \frac{e^x}{1 + e^x} \, dx = \int \frac{e^x}{u} \cdot \frac{1}{e^x} \, du = \int \frac{1}{u} \, du = \ln |u| = \ln (1 + e^x)$$

(iv) $\boxed{u = \ln x}$ $\quad \dfrac{du}{dx} = \dfrac{1}{x} \quad \Longrightarrow \quad dx = x \, du$

$$\int \frac{(\ln x)^4}{x} \, dx = \int \frac{u^4}{x} \cdot x \, du = \int u^4 \, du = \tfrac{1}{5} u^5 = \tfrac{1}{5} (\ln x)^5$$

(v) $\boxed{u = \sin x}$ $\quad \dfrac{du}{dx} = \cos x \quad \Longrightarrow \quad dx = \dfrac{1}{\cos x} \, du$

$$\int \cot x \, dx = \int \frac{\cos x}{\sin x} \, dx = \int \frac{\cos x}{u} \cdot \frac{1}{\cos x} \, du$$

$$= \int \frac{1}{u} \, du = \ln|u| = \ln|\sin x|$$

(vi) $u = 3 + \cos x$ $\dfrac{du}{dx} = -\sin x$ $\implies$ $dx = -\dfrac{1}{\sin x} \, du$

$$\int_0^{\pi} \frac{2\sin x}{3 + \cos x} \, dx = \int_{u(0)}^{u(\pi)} \frac{2\sin x}{u} \cdot \left(-\frac{1}{\sin x}\right) du = -\int_4^2 \frac{2}{u} \, du$$

$$= -2\ln u \Big|_4^2 = -2\ln 2 + 2\ln 4 = \ln 4$$

Aufgabe 7.5.

a) Zu berechnen ist das bestimmte Integral

$$\int_0^1 \cosh x \cdot e^x \, dx$$

(i) **Partielle Integration**, wobei $f(x) = \cosh x$ abgeleitet und $g(x) = e^x$ integriert wird, ergibt zunächst

$$\int_0^1 \cosh x \cdot e^x \, dx = \cosh x \cdot e^x \Big|_0^1 - \int_0^1 \sinh x \cdot e^x \, dx$$

$$= (e \cosh 1 - 1) - \int_0^1 \sinh x \cdot e^x \, dx$$

Das Integral auf der rechten Seite müssen wir nochmals partiell integrieren:

$$\int_0^1 \sinh x \cdot e^x \, dx = \sinh x \cdot e^x \Big|_0^1 - \int_0^1 \cos x \cdot e^x \, dx$$

$$= e \sinh 1 - \int_0^1 \cosh x \cdot e^x \, dx$$

Einsetzen in das erste Integral

$$\int_0^1 \cosh x \cdot e^x \, dx = (e \cosh 1 - 1) - \left(e \sinh 1 - \int_0^1 \cosh x \cdot e^x \, dx\right)$$

$$= e\,(\cosh 1 - \sinh 1) - 1 + \int_0^1 \cosh x \cdot e^x \, dx$$

liefert wegen $e \cdot (\cosh 1 - \sinh 1) = e \cdot e^{-1} = 1$ die wahre Aussage

$$\int_0^1 \cosh x \cdot e^x \, dx = 1 - 1 + \int_0^1 \cosh x \cdot e^x \, dx$$

aber kein Ergebnis – wir waren auf dem Holzweg!

(ii) **Umformen des Integranden** führt uns zum gewünschten Resultat

$$\int_0^1 \cosh x \cdot e^x \, dx = \int_0^1 \frac{e^x + e^{-x}}{2} \cdot e^x \, dx = \frac{1}{2} \int_0^1 e^{2x} + 1 \, dx$$

$$= \frac{1}{4} e^{2x} + \frac{1}{2} x \Big|_0^1 = \left(\frac{1}{4} e^2 + \frac{1}{2}\right) - \left(\frac{1}{4} e^0 + 0\right) = \frac{1}{4} e^2 + \frac{1}{4}$$

b) Das Integral ist dem Typ $\int \sqrt{1 - x^2} \, dx$ sehr ähnlich. Mit der Substitution

$$x = a \sinh u, \quad \frac{dx}{du} = a \cos u \quad \Longrightarrow \quad dx = a \cos u \, du$$

können wir das Integral zunächst auf Hyperbelfunktionen umschreiben:

$$\int \sqrt{a^2 + x^2} \, dx = \int \sqrt{a^2 + a^2 \sinh^2 u} \cdot a \cosh u \, du$$

$$= a^2 \int \sqrt{1 + \sinh^2 u} \cdot \cosh u \, du = a^2 \int \cosh^2 u \, du$$

Wir bestimmen dieses Integral wiederum durch partielle Integration:

$$\int \cosh u \cdot \cosh u \, du = \cosh u \sinh u - \int \sinh u \cdot \sinh u \, du$$

$$= \cosh u \sinh u - \int \cosh^2 u - 1 \, du \quad | + \int \cosh^2 u \, du$$

$$\Longrightarrow \quad 2 \int \cosh^2 u \, du = \cosh u \sinh u + \int 1 \, du = \cosh u \sinh u + u$$

$$a^2 \int \cosh^2 u \, du = \frac{a^2}{2} (\cosh u \sinh u + u)$$

Zuletzt müssen wir u durch x ausdrücken (Rücksubstitution):

$$\sinh u = \frac{x}{a}, \quad \cosh u = \sqrt{1 + \sinh^2 u} = \sqrt{1 + \left(\frac{x}{a}\right)^2}, \quad u = \text{arsinh} \frac{x}{a}$$

$$\Longrightarrow \quad \int \sqrt{a^2 + x^2} \, dx = \frac{a^2}{2} \left(\frac{x}{a} \sqrt{1 + \left(\frac{x}{a}\right)^2} + \text{arsinh} \frac{x}{a}\right)$$

Die gesuchte Stammfunktion ist schließlich

$$\boxed{\int \sqrt{a^2 + x^2} \, dx = \frac{x}{2} \sqrt{a^2 + x^2} + \frac{a^2}{2} \, \text{arsinh} \frac{x}{a}}$$

Aufgabe 7.6.

a) Polynomdivision ist nicht nötig, da der Integrand bereits eine echt-gebrochen-rationale Funktion ist. Eine erste Nullstelle $x_1 = 1$ des Nenners können wir erraten, und das Horner-Schema

$$
\begin{array}{c|cccc}
 & 1 & 3 & 0 & -4 \\
+1\ \cdot & 0 & 1 & 4 & 4 \\
\hline
\Sigma & 1 & 4 & 4 & 0
\end{array}
$$

liefert mit $x^2 + 4x + 4 = 0$ bzw. $(x+2)^2 = 0$ noch eine doppelte Nullstelle bei $x_2 = -2$.
Der Ansatz für die Partialbruchzerlegung lautet demnach

$$
\frac{3x}{x^3 + 3x^2 - 4} = \frac{A}{x-1} + \frac{B_1}{x+2} + \frac{B_2}{(x+2)^2}
$$

Nun bringen wir die rechte Seite auf einen Nenner:

$$
\frac{3x}{x^3 + 3x^2 - 4} = \frac{A\,(x+2)^2 + B_1(x-1)(x+2) + B_2(x-1)}{(x-1)(x+2)^2}
$$

Die Nenner sind beiderseits gleich, und daher können wir die Zähler gleichsetzen:

$$
3x = A\,(x+2)^2 + B_1(x-1)(x+2) + B_2(x-1)
$$

Diese Gleichung muss für alle $x \in \mathbb{R}$ gelten. Einsetzen der Nullstellen liefert für

$$
\begin{aligned}
x &= 1: & 3 &= A \cdot 3^2 + B_1 \cdot 0 + B_2 \cdot 0 & &\implies & A &= \tfrac{1}{3} \\
x &= -2: & -6 &= A \cdot 0 + B_1 \cdot 0 + B_2 \cdot (-3) & &\implies & B_2 &= 2
\end{aligned}
$$

Die noch unbekannte Zahl B_1 erhalten wir durch Einsetzen der bereits bekannten Werte A und B_2 sowie eines weiteren Werts für x, z. B. $x = 0$:

$$
x = 0: \quad 0 = \tfrac{1}{3} \cdot 2^2 + B_1 \cdot (-2) + 2 \cdot (-1) \quad \implies \quad B_1 = -\tfrac{1}{3}
$$

Damit haben wir den Integranden komplett in Partialbrüche zerlegt, und zwar

$$
\frac{3x}{x^3 + 3x^2 - 4} = \frac{\tfrac{1}{3}}{x-1} + \frac{-\tfrac{1}{3}}{x+2} + \frac{2}{(x+2)^2}
$$

Für die rechte Seite lässt sich nun leicht eine Stammfunktion angeben:

$$
\begin{aligned}
\int \frac{3x}{x^3 + 3x^2 - 4}\,dx &= \tfrac{1}{3} \ln|x-1| - \tfrac{1}{3} \ln|x+2| - \frac{2}{x+2} \\
&= \tfrac{1}{3} \ln\left|\frac{x-1}{x+2}\right| - \frac{2}{x+2}
\end{aligned}
$$

b) Mittels Polynomdivision zerlegen wir den Integranden

$$
(8x^3 + 12x^2 - 18x - 25) : (4x^2 - 9) = 2x + 3 + \frac{2}{4x^2 - 9}
$$

in ein Polynom und in die echt-gebrochenrationale Funktion

$$\frac{2}{4x^2-9} = \frac{\frac{1}{2}}{x^2-\frac{9}{4}} = \frac{\frac{1}{2}}{(x-\frac{3}{2})(x+\frac{3}{2})}$$

mit einem *normierten* Polynom im Nenner (die nachfolgende Rechnung setzt voraus, dass die höchste x-Potenz im Nenner, hier x^2, den Vorfaktor 1 hat). Der Ansatz für die Partialbruchzerlegung bei zwei einfachen Nullstellen des Nenners lautet dann

$$\frac{\frac{1}{2}}{(x-\frac{3}{2})(x+\frac{3}{2})} = \frac{A}{x-\frac{3}{2}} + \frac{B}{x+\frac{3}{2}}$$

Wir bringen die rechte Seite auf einen gemeinsamen Nenner, also

$$\frac{\frac{1}{2}}{(x-\frac{3}{2})(x+\frac{3}{2})} = \frac{A(x+\frac{3}{2}) + B(x-\frac{3}{2})}{(x-\frac{3}{2})(x+\frac{3}{2})}$$

Nachdem die Nenner gleich sind, dürfen wir die Zähler gleichsetzen:

$$\tfrac{1}{2} = A\left(x+\tfrac{3}{2}\right) + B\left(x-\tfrac{3}{2}\right)$$

Einsetzen der beiden Nenner-Nullstellen liefert die Werte

$$x = \tfrac{3}{2}: \quad \tfrac{1}{2} = A\cdot 3 + B\cdot 0 \quad \Longrightarrow \quad A = \tfrac{1}{6}$$
$$x = -\tfrac{3}{2}: \quad \tfrac{1}{2} = A\cdot 0 + B\cdot(-3) \quad \Longrightarrow \quad B = -\tfrac{1}{6}$$

und wir erhalten nach der Partialbruchzerlegung die Stammfunktion

$$\int \frac{8x^3+12x^2-18x-25}{4x^2-9}\,dx = \int 2x+3+\frac{\frac{1}{6}}{x-\frac{3}{2}} + \frac{-\frac{1}{6}}{x+\frac{3}{2}}\,dx$$
$$= x^2+3x+\tfrac{1}{6}\ln\left|x-\tfrac{3}{2}\right| - \tfrac{1}{6}\ln\left|x+\tfrac{3}{2}\right|$$
$$= x^2+3x+\tfrac{1}{6}\ln\left|\frac{2x-3}{2x+3}\right|$$

wobei wir in der letzten Zeile die Stammfunktion noch mit den Logarithmengesetzen zusammengefasst haben.

c) Der Integrand ist echt-gebrochenrational – wir brauchen keine Polynomdivision. Der Zerlegung

$$\frac{1}{(x^2-1)^2} = \frac{1}{(x-1)^2(x+1)^2}$$

entnehmen wir die beiden doppelten Nullstellen $x_1 = 1$ und $x_2 = -1$ des Nenners. Der Ansatz für die Partialbruchzerlegung lautet in diesem Fall

$$\frac{1}{(x^2-1)^2} = \frac{A_1}{x-1} + \frac{A_2}{(x-1)^2} + \frac{B_1}{x+1} + \frac{B_2}{(x+1)^2}$$
$$= \frac{A_1(x-1)(x+1)^2 + A_2(x+1)^2 + B_1(x+1)(x-1)^2 + B_2(x-1)^2}{(x-1)^2(x+1)^2}$$

Die Zähler müssen gleich sein, und folglich muss

$$1 = A_1(x-1)(x+1)^2 + A_2(x+1)^2 + B_1(x+1)(x-1)^2 + B_2(x-1)^2$$

für alle $x \in \mathbb{R}$ mit den noch unbekannten Größen A_1, A_2, B_1, B_2 gelten. Einsetzen der Nullstellen liefert zunächst

$$x = \;\; 1: \quad 1 = A_1 \cdot 0 + A_2 \cdot 4 + B_1 \cdot 0 + B_2 \cdot 0 \quad \Longrightarrow \quad A_2 = \tfrac{1}{4}$$

$$x = -1: \quad 1 = A_1 \cdot 0 + A_2 \cdot 0 + B_1 \cdot 0 + B_2 \cdot 4 \quad \Longrightarrow \quad B_2 = \tfrac{1}{4}$$

Setzen wir noch zwei weitere x-Werte ein, dann ergibt sich zusammen mit den bereits bekannten Größen für

$$x = 0: \quad 1 = A_1 \cdot (-1) + \tfrac{1}{4} \cdot 1 + B_1 \cdot 1 + \tfrac{1}{4} \cdot 1 \quad \Longrightarrow \quad B_1 - A_1 = \tfrac{1}{2}$$

$$x = 2: \quad 1 = A_1 \cdot 9 + \tfrac{1}{4} \cdot 9 + B_1 \cdot 3 + \tfrac{1}{4} \cdot 1 \quad \Longrightarrow \quad 3 A_1 + B_1 = -\tfrac{1}{2}$$

Aus diesem LGS erhalten wir die beiden noch fehlenden Größen

$$B_1 - A_1 = \tfrac{1}{2}, \quad 9 A_1 + 3 B_1 = -\tfrac{3}{2} \quad \Longrightarrow \quad A_1 = -\tfrac{1}{4}, \quad B_1 = \tfrac{1}{4}$$

Insgesamt ist dann

$$\int \frac{1}{(x^2-1)^2} \, dx = \int \frac{-\tfrac{1}{4}}{x-1} + \frac{\tfrac{1}{4}}{(x-1)^2} + \frac{\tfrac{1}{4}}{x+1} + \frac{\tfrac{1}{4}}{(x+1)^2} \, dx$$

$$= -\tfrac{1}{4} \ln|x-1| - \frac{\tfrac{1}{4}}{x-1} + \tfrac{1}{4} \ln|x+1| - \frac{\tfrac{1}{4}}{x+1}$$

$$= \tfrac{1}{4} \ln \left| \frac{x+1}{x-1} \right| - \frac{x}{2\,(x^2-1)}$$

d) Die Partialbruchzerlegung nach der Polynomdivision

$$2x^3 : (x^2 - 4) = 2x + \frac{8x}{x^2-4}$$

führt auf den Ansatz mit zwei einfachen Nullstelle bei $x = -2$ und $x = 2$:

$$\frac{8x}{x^2-4} = \frac{A}{x+2} + \frac{B}{x-2} = \frac{A\,(x-2) + B\,(x+2)}{(x-2)(x+2)}$$

Das Gleichsetzen der Zähler ergibt

$$8x = A\,(x-2) + B\,(x+2)$$

und das Einsetzen der Nullstellen $x = \pm 2$ liefert im Fall

$$x = -2: \quad -16 = A \cdot (-4) + B \cdot 0 \quad \Longrightarrow \quad A = 4$$

$$x = \;\; 2: \quad 16 = A \cdot 0 + B \cdot 4 \quad \Longrightarrow \quad B = 4$$

Die Integration der Partialbruchzerlegung führt zur Stammfunktion

$$\int \frac{2x^3}{x^2 - 4}\, dx = \int 2x + \frac{4}{x+2} + \frac{4}{x-2}\, dx$$
$$= x^2 + 4\ln|x+2| + 4\ln|x-2|$$

Für das bestimmte Integral erhalten wir schließlich den Wert

$$\int_0^1 \frac{2x^3}{x^2-4}\, dx = \left(x^2 + 4\ln|x+2| + 4\ln|x-2| \right)\Big|_0^1$$
$$= (1 + 4\ln 3 + 4\ln 1) - (0 + 4\ln 2 + 4\ln 2) = 1 + 4\ln 3 - 8\ln 2$$

e) Nach der Polynomdivision

$$(2x^3 + 4) : (x^2 - 2x + 1) = 2x + 4 + \frac{6x}{(x-1)^2}$$

zerlegen wir den echt-gebrochenrationalen Anteil aufgrund der doppelten Nullstelle bei $x = 1$ mit dem Ansatz

$$\frac{6x}{(x-1)^2} = \frac{A_1}{x-1} + \frac{A_2}{(x-1)^2} = \frac{A_1(x-1) + A_2}{(x-1)^2}$$

Setzen wir die Nullstelle $x = 1$ und zusätzlich den Wert $x = 0$ beiderseits in die Zähler $6x = A_1(x-1) + A_2$ ein, dann erhalten wir für

$$x = 1: \quad 6 = A_1 \cdot 0 + A_2 \quad \Longrightarrow \quad A_2 = 6$$
$$x = 0: \quad 0 = A_1 \cdot (-1) + 6 \quad \Longrightarrow \quad A_1 = 6$$

Integrieren der Partialbruchzerlegung ergibt

$$\int \frac{2x^3 + 4}{x^2 - 2x + 1}\, dx = \int 2x + 4 + \frac{6}{x-1} + \frac{6}{(x-1)^2}\, dx$$
$$= x^2 + 4x + 6\ln|x-1| - \frac{6}{x-1}$$

Aufgabe 7.7.

a) Der Integrand ist das Produkt zweier Funktionen, die nicht durch Ableitungen miteinander verbunden sind, sodass die Substitutionsmethode weniger geeignet ist. Wir verwenden stattdessen die partielle Integration und vereinfachen den Integranden durch „Abräumen" der Potenzfunktion:

$$\int x^2 \cos x\, dx = x^2 \cdot \sin x - \int 2x \cdot \sin x\, dx$$

und eine weitere partielle Integration

$$\int 2x \cdot \sin x\, dx = 2x \cdot (-\cos x) - \int 2 \cdot (-\cos x)\, dx = -2x\cos x + 2\sin x$$

ergeben zusammen

$$\int x^2 \cos x \, dx = x^2 \sin x + 2x \cos x - 2 \sin x$$

b) Da der Integrand neben dem Argument x^2 in cos auch noch die (halbe) Ableitung $2x$ als Faktor enthält, ist die Substitution

$$u = x^2 \quad \text{mit} \quad \frac{du}{dx} = 2x \quad \text{und} \quad dx = \frac{1}{2x} \, du$$

sinnvoll. Tatsächlich liefert sie auch eine Stammfunktion

$$\int x \cos x^2 \, dx = \int x \cos u \cdot \frac{1}{2x} \, du = \tfrac{1}{2} \int \cos u \, du = \tfrac{1}{2} \sin u = \tfrac{1}{2} \sin x^2$$

c) Hier führt die partielle Integration mit der folgenden Aufteilung der Faktoren zum Erfolg:

$$\int x \cos^2 x \, dx = \int x \cos x \cdot \cos x \, dx$$

$$= x \cos x \cdot \sin x - \int (\cos x - x \sin x) \cdot \sin x \, dx$$

$$= x \cos x \sin x - \int \cos x \sin x \, dx + \int x \sin^2 x \, dx$$

Das erste Integral auf der rechten Seite ist bereits bekannt bzw. schnell berechnet:

$$\int \cos x \sin x \, dx = \int \tfrac{1}{2} \sin 2x \, dx = -\tfrac{1}{4} \cos 2x$$

Für das zweite Integral verwenden wir $x \sin^2 x = x (1 - \cos^2 x) = x - x \cos^2 x$:

$$\int x \cos^2 x \, dx = x \cos x \sin x + \tfrac{1}{4} \cos 2x + \tfrac{1}{2} x^2 - \int x \cos^2 x \, dx$$

Das gesuchte Integral erscheint wieder auf der rechten Seite, und zwar mit einem Minuszeichen (Typ „Phönix"). Wir bringen es durch Addition auf die linke Seite, teilen alles durch 2 und erhalten

$$\int x \cos^2 x \, dx = \tfrac{1}{2} x \cos x \sin x + \tfrac{1}{8} \cos 2x + \tfrac{1}{4} x^2$$

$$= \tfrac{1}{8} (2x \sin 2x + \cos 2x + 2x^2)$$

Aufgabe 7.8.

a) Bei der Substitution $u = \ln x$ ist $\frac{du}{dx} = \frac{1}{x}$ bzw. $dx = x \cdot du$ und somit

$$\int \frac{2}{x \ln x} \, dx = \int \frac{2}{x \cdot u} \cdot x \, du = \int \tfrac{2}{u} \, du = 2 \ln |u| = 2 \ln |\ln x|$$

b) ist nicht elementar integrierbar – gemäß dem Hinweis und dem Ausschlussprinzip, da alle übrigen Integrale berechnet werden können.

c) Nochmals die Substitution $u = \ln x$ wie in a) ergibt

$$\int \frac{2\ln x}{x}\,dx = \int \frac{2u}{x}\cdot x\,du = \int 2u\,du = u^2 = \ln^2 x$$

d) Umformen des Integranden liefert das Grundintegral

$$\int \ln x^2\,dx = \int 2\ln x\,dx = 2\int \ln x\,dx = 2x\,(\ln x - 1)$$

e) kann partiell integriert werden mit $f(x) = \ln x$ und $g(x) = 2x$:

$$\int 2x\ln x\,dx = x^2\ln x - \int \tfrac{1}{x}\cdot x^2\,dx = x^2\ln x - \tfrac{1}{2}x^2 = x^2\cdot(\ln x - \tfrac{1}{2})$$

f) Die Umformung $\ln\frac{2}{x} = \ln 2 - \ln x$ führt auf die Grundintegrale

$$\int \ln\tfrac{2}{x}\,dx = \int \ln 2\,dx - \int \ln x\,dx = x\cdot\ln 2 - (x\ln x - x) = x\cdot(\ln\tfrac{2}{x} + 1)$$

Aufgabe 7.9. Wir verwenden das Additionstheorem

$$\sin\alpha \cdot \sin\beta = \tfrac{1}{2}\left(\cos(\alpha - \beta) - \cos(\alpha + \beta)\right)$$

für das Produkt zweier Sinuswerte. Sind n, $m > 0$ zwei natürliche Zahlen mit $n \neq m$, dann gilt $n \pm m \neq 0$ und

$$\int_0^{2\pi} \sin(nx)\cdot\sin(mx)\,dx = \tfrac{1}{2}\int_0^{2\pi} \cos(n-m)x - \cos(n+m)x\,dx$$

$$= \tfrac{1}{2}\left(\frac{\sin(n-m)x}{n-m} - \frac{\sin(n+m)x}{n+m}\right)\Bigg|_0^{2\pi}$$

$$= \tfrac{1}{2}\left(\frac{\sin 2(n-m)\pi}{n-m} - \frac{\sin 2(n+m)\pi}{n+m}\right) = 0$$

denn es ist $\sin 2k\pi = 0$ für jede ganze Zahl $k = n \pm m \in \mathbb{Z}$. Im Fall $n = m$ dagegen ist $\sin(nx)\cdot\sin(nx) = \tfrac{1}{2}(\cos 0 - \cos 2nx)$ und somit

$$\int_0^{2\pi} \sin(nx)\cdot\sin(nx)\,dx = \tfrac{1}{2}\int_0^{2\pi} 1 - \cos 2nx\,dx = \tfrac{1}{2}\left(x - \frac{\sin 2nx}{2n}\right)\Bigg|_0^{2\pi}$$

$$= \tfrac{1}{2}\left(2\pi - \frac{\sin 4n\pi}{2n}\right) = \tfrac{1}{2}(2\pi - 0) = \pi$$

Insgesamt gilt dann

$$\int_0^{2\pi} \sin(nx) \cdot \sin(mx)\, dx = \begin{cases} 0, & \text{falls } n \neq m \\ \pi, & \text{falls } n = m \end{cases}$$

Aufgabe 7.10.

a) Wir führen eine Partialbruchzerlegung durch. Die Polynomdivision ist nicht nötig, da der Integrand schon eine echt-gebrochenrationale Funktion ist:

$$\int \frac{3(x-1)}{x^2 - x - 2}\, dx = \int \frac{3x - 3}{(x+1)(x-2)}\, dx$$

Der Ansatz mit den beiden einfachen Nullstellen bei $x = -1$ und $x = 2$ lautet

$$\frac{3x-3}{(x+1)(x-2)} = \frac{A}{x+1} + \frac{B}{x-2} = \frac{A(x-2) + B(x+1)}{(x+1)(x-2)}$$

Einsetzen der Werte $x = -1$ und $x = 2$ in die Zähler auf beiden Seiten ergibt

$$\begin{aligned} x = -1: \quad & -6 = A \cdot (-3) + B \cdot 0 \quad \Longrightarrow \quad A = 2 \\ x = \ \ 2: \quad & \ \ \ 3 = A \cdot 0 + B \cdot 3 \quad \Longrightarrow \quad B = 1 \end{aligned}$$

Integrieren der Partialbruchzerlegung liefert schließlich die Stammfunktion

$$\int \frac{3(x-1)}{x^2 - x - 2}\, dx = \int \frac{2}{x+1} + \frac{1}{x-2}\, dx = 2\ln|x+1| + \ln|x-2|$$

b) Partielle Integration ergibt die Stammfunktion

$$\int (x+1) \cdot e^{-x}\, dx = (x+1) \cdot (-e^{-x}) - \int 1 \cdot (-e^{-x})\, dx$$
$$= -(x+1)\,e^{-x} - e^{-x} = -(x+2)\,e^{-x}$$

Das bestimmte Integral erhält man nach Einsetzen der Grenzen

$$\int_0^1 (x+1) \cdot e^{-x}\, dx = -(x+2)\,e^{-x}\,\Big|_0^1 = -3\,e^{-1} + 2\,e^0 = 2 - \frac{3}{e}$$

c) Mit der Substitution

$$u = \cos x \quad \Longrightarrow \quad \frac{du}{dx} = -\sin x \quad \Longrightarrow \quad dx = -\frac{1}{\sin x}\, du$$

erhalten wir den Integralwert

$$\int_0^{\frac{\pi}{3}} 5\cos^4 x \sin x\, dx = \int_{u(0)}^{u(\frac{\pi}{3})} 5u^4 \sin x \cdot \left(-\frac{1}{\sin x}\right) du$$
$$= -\int_1^{\frac{1}{2}} 5u^4\, du = -u^5\,\Big|_1^{\frac{1}{2}} = -\frac{1}{32} + 1 = \frac{31}{32}$$

d) Nach der Umformung mit $\ln(x^2) = 2 \ln x$:

$$\int_1^e 2x \ln(x^2)\,dx = \int_1^e 4x \cdot \ln x\,dx$$

können wir partiell integrieren:

$$\int_1^e 4x \cdot \ln x\,dx = 2x^2 \ln x \Big|_1^e - \int_1^e 2x^2 \cdot \tfrac{1}{x}\,dx$$

$$= 2e^2 - \int_1^e 2x\,dx = 2e^2 - (e^2 - 1) = e^2 + 1$$

Alternativ lässt sich das Integral mit der Substitution

$$u = x^2 \quad \Longrightarrow \quad \frac{du}{dx} = 2x \quad \Longrightarrow \quad dx = \tfrac{1}{2x}\,du$$

auf einem anderen Weg, aber mit dem gleichen Resultat berechnen:

$$\int_1^e 2x \ln x^2\,dx = \int_{u(1)}^{u(e)} 2x \cdot \ln u \cdot \tfrac{1}{2x}\,du = \int_1^{e^2} \ln u\,du$$

$$= u\,(\ln u - 1)\Big|_1^{e^2} = e^2\,(\ln e^2 - 1) - (\ln 1 - 1) = e^2 + 1$$

e) Mit dem trigonometrischen Pythagoras $\cos^2 x = 1 - \sin^2 x$ ist

$$\int \frac{\cos x}{2 - \cos^2 x}\,dx = \int \frac{\cos x}{1 + \sin^2 x}\,dx$$

und wir können das unbestimmte Integral mittels Substitution berechnen:

$$u = \sin x \quad \Longrightarrow \quad \frac{du}{dx} = \cos x \quad \Longrightarrow \quad dx = \frac{1}{\cos x}$$

$$\int \frac{\cos x}{1 + \sin^2 x}\,dx = \int \frac{1}{1 + u^2}\,du = \arctan u = \arctan(\sin x)$$

f) Anwendung der Partialbruchzerlegung: Nach der Polynomdivision

$$(x^2 + 3x) : (x^2 + 2x + 1) = 1 + \frac{x - 1}{(x + 1)^2}$$

verwenden wir den Ansatz mit doppelter Nullstelle bei $x = -1$:

$$\frac{x - 1}{(x + 1)^2} = \frac{A_1}{x + 1} + \frac{A_2}{(x + 1)^2} = \frac{A_1(x + 1) + A_2}{(x + 1)^2}$$

Einsetzen von $x = -1$ (Nullstelle) und $x = 0$ liefert

$$x = -1: \quad -2 = A_1 \cdot 0 + A_2 \quad \Longrightarrow \quad A_2 = -2$$
$$x = 0: \quad -1 = A_1 \cdot 1 - 2 \quad \Longrightarrow \quad A_1 = 1$$

Integrieren der Partialbruchzerlegung:

$$\int \frac{x^2 + 3x}{(x+1)^2} \, dx = \int 1 + \frac{1}{x+1} - \frac{2}{(x+1)^2} \, dx = x + \ln|x+1| + \frac{2}{x+1}$$

Aufgabe 7.11. Wir berechnen zuerst das unbestimmte Integral mit partieller Integration

$$\int x \cdot \cos x \, dx = x \cdot \sin x - \int 1 \cdot \sin x \, dx = x \sin x + \cos x$$

Die Funktion $f(x) = x \cos x$ wechselt das Vorzeichen bei $x = \frac{\pi}{2}$, siehe Abb. L.38. Der Flächeninhalt setzt sich demnach zusammen aus den beiden bestimmten Integralen

$$A = \int_0^{\frac{\pi}{2}} x \cos x \, dx - \int_{\frac{\pi}{2}}^{\pi} x \cos x \, dx$$

Mit der oben berechneten Stammfunktion erhalten wir:

$$\int_0^{\frac{\pi}{2}} x \cos x \, dx = x \sin x + \cos x \Big|_0^{\frac{\pi}{2}} = \frac{\pi}{2} - 1$$

$$\int_{\frac{\pi}{2}}^{\pi} x \cos x \, dx = x \sin x + \cos x \Big|_{\frac{\pi}{2}}^{\pi} = -1 - \frac{\pi}{2}$$

und damit ist die gesuchte Fläche $A = \frac{\pi}{2} - 1 - (-1 - \frac{\pi}{2}) = \pi$.

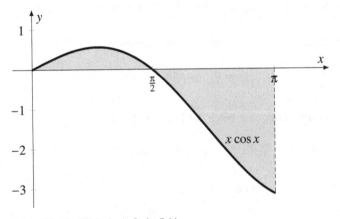

Abb. L.38 Die Fläche in Aufgabe 7.11

Aufgabe 7.12.

a) Die Anwendung der Quotientenregel

$$f'(x) = 3 \cdot \frac{\cos x \cdot (2 + \cos x) - \sin x \cdot (-\sin x)}{(2 + \cos x)^2} = 3 \cdot \frac{2 \cos x + \cos^2 x + \sin^2 x}{(2 + \cos x)^2}$$

zusammen mit $\cos^2 x + \sin^2 x = 1$ liefert die angegebene Ableitung.

b) Die Nullstellen der Ableitung sind bei den Nullstellen des Zählers

$$2 \cos x + 1 = 0 \quad \Longrightarrow \quad \cos x = -\tfrac{1}{2} \quad \Longrightarrow \quad x = \tfrac{2\pi}{3}$$

Die Monotonie in den beiden Intervallen $[0, \tfrac{2\pi}{3}]$ und $[\tfrac{2\pi}{3}, \pi]$ ergibt sich aus den Ableitungswerten

$$f'(0) = 1 > 0, \quad f'(\pi) = -3 < 0$$

Damit ist f in $[0, \tfrac{2\pi}{3}]$ streng monoton steigend und in $[\tfrac{2\pi}{3}, \pi]$ streng monoton fallend. Der Vergleich der Randwerte $f(0) = f(\pi) = 0$ mit $f(\tfrac{2\pi}{3}) = \sqrt{3}$ zeigt: Bei $x = 0$ und $x = \pi$ ist das globale Minimum, bei $x = \tfrac{2\pi}{3}$ das globale Maximum von f.

c) Für die Randwerte der beiden Monotoniebereiche gilt $f(0) < 1 < f(\tfrac{2\pi}{3})$ und $f(\tfrac{2\pi}{3}) > 1 > f(\pi)$, sodass es nach dem Zwischenwertsatz in jedem Monotoniebereich genau eine Stelle mit $f(x) = 1$ geben muss. Der erste Newton-Schritt für die Gleichung $g(x) := f(x) - 1 = 0$ mit dem Näherungswert $x_0 = \tfrac{\pi}{3}$ liefert

$$x_1 = \tfrac{\pi}{3} - \frac{g(\tfrac{\pi}{3})}{g'(\tfrac{\pi}{3})} = \tfrac{\pi}{3} - \frac{f(\tfrac{\pi}{3}) - 1}{f'(\tfrac{\pi}{3})} = 1{,}00633\ldots$$

Setzt man das Newton-Verfahren fort, dann ergibt sich der Wert $x = 1{,}0064697\ldots$

d) Wegen $\sin x \geq 0$ gilt auch $f \geq 0$ auf $[0, \pi]$. Die Fläche unter der Kurve ist

$$A = \int_{\tfrac{\pi}{2}}^{\pi} \frac{3 \sin x}{2 + \cos x} \, dx$$

Dieses bestimmte Integral lässt sich mit der Substitution

$$u = 2 + \cos x \quad \Longrightarrow \quad \tfrac{du}{dx} = -\sin x, \quad du = -\sin x \, dx$$

berechnen, wobei die Integrationsgrenzen durch $u(\tfrac{\pi}{2}) = 2$ und $u(\pi) = 1$ zu ersetzen sind:

$$A = \int_{u(\tfrac{\pi}{2})}^{u(\pi)} \frac{-3}{u} \cdot (-\sin x) \, dx = \int_{2}^{1} -\tfrac{3}{u} \, du = -3 \ln u \Big|_{2}^{1} = -3 \ln 1 + 3 \ln 2 = 3 \ln 2$$

Aufgabe 7.13. Wir verwenden die Formel für die Bogenlänge

$$L = \int_{a}^{b} \sqrt{1 + f'(x)^2} \, dx$$

wobei wir in allen drei Fällen zuvor den Integranden vereinfachen.

a) Mit der Ableitung

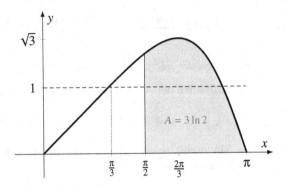

Abb. L.39 Der Graph von $f(x) = \frac{3\sin x}{2+\cos x}$

$$f(x) = 2x^{\frac{3}{2}} \implies f'(x) = 2 \cdot \frac{3}{2} x^{\frac{1}{2}} = 3\sqrt{x}$$

lautet die Formel für die Bogenlänge

$$L = \int_0^{11} \sqrt{1 + f'(x)^2} \, dx = \int_0^{11} \sqrt{1 + 9x} \, dx$$

Wir berechnen das Integral mit der Substitution $u = 1 + 9x$:

$$L = \int_{u(0)}^{u(11)} \sqrt{u} \cdot \frac{1}{9} \, du = \frac{1}{9} \int_1^{100} \sqrt{u} \, du = \frac{1}{9} \cdot \frac{2}{3} u^{\frac{3}{2}} \Big|_1^{100} = \frac{2000}{27} - \frac{2}{27} = 74$$

b) Es ist

$$f'(x) = \frac{1}{2} x^2 - \frac{1}{2x^2} \implies f'(x)^2 = \frac{1}{4} x^4 - \frac{1}{2} + \frac{1}{4x^4}$$

$$\sqrt{1 + f'(x)^2} = \sqrt{\frac{1}{4} x^4 + \frac{1}{2} + \frac{1}{4x^4}} = \sqrt{\left(\frac{1}{2} x^2 + \frac{1}{2x^2}\right)^2} = \frac{1}{2} x^2 + \frac{1}{2x^2}$$

und damit

$$L = \int_1^3 \frac{1}{2} x^2 + \frac{1}{2x^2} \, dx = \left(\frac{1}{6} x^3 - \frac{1}{2x}\right) \Big|_1^3 = \left(\frac{27}{6} - \frac{1}{6}\right) - \left(\frac{1}{6} - \frac{1}{2}\right) = \frac{14}{3}$$

c) Hier ist

$$f'(x) = \frac{2x}{x^2 - 1} \implies 1 + f'(x)^2 = 1 + \frac{4x^2}{(x^2 - 1)^2}$$

$$\sqrt{1 + f'(x)^2} = \sqrt{\frac{x^4 + 2x^2 + 1}{(x^2 - 1)^2}} = \sqrt{\left(\frac{x^2 + 1}{x^2 - 1}\right)^2} = \frac{x^2 + 1}{x^2 - 1}$$

Das Integral für die Bogenlänge berechnet man z. B. mit Partialbruchzerlegung:

$$L = \int_2^5 \frac{x^2+1}{x^2-1}\, dx = \int_2^5 1 + \frac{1}{x-1} - \frac{1}{x+1}\, dx$$

$$= (x + \ln|x-1| - \ln|x+1|)\Big|_2^5 = (5 + \ln 4 - \ln 6) - (2 + \ln 1 - \ln 3)$$

$$= 3 + \ln \tfrac{4\cdot 3}{6} = 3 + \ln 2$$

Aufgabe 7.14.

a) Aus den Ableitungen $\dot{x}(t) = 6t^2$ und $\dot{y}(t) = 8t$ erhalten wir mit der Formel für die Bogenlänge zunächst das Integral

$$L = \int_0^1 \sqrt{\dot{x}(t)^2 + \dot{y}(t)^2}\, dt = \int_0^1 \sqrt{36t^4 + 64t^2}\, dt = \int_0^1 2t\sqrt{9t^2 + 16}\, dt$$

welches wir mit der Substitution $u = 9t^2 + 16$ berechnen können:

$$L = \int_{u(0)}^{u(1)} 2t\sqrt{u} \cdot \frac{1}{18t}\, du = \int_{16}^{25} \tfrac{1}{9} u^{\frac{1}{2}}\, du = \tfrac{2}{27} u^{\frac{3}{2}}\Big|_{16}^{25} = \tfrac{2}{27}(125 - 64) = \tfrac{122}{27}$$

b) Mit den Ableitungen $\dot{x}(t) = 6t$ und $\dot{y}(t) = 3t^2 - 3$ ergibt die Formel für die Bogenlänge den Wert

$$L = \int_{-2}^2 \sqrt{\dot{x}(t)^2 + \dot{y}(t)^2}\, dt = \int_{-2}^2 \sqrt{36t^2 + (3t^2 - 3)^2}\, dt$$

$$= \int_{-2}^2 \sqrt{9t^4 + 18t^2 + 9}\, dt = \int_{-2}^2 \sqrt{(3t^2 + 3)^2}\, dt$$

$$= \int_{-2}^2 3t^2 + 3\, dt = (t^3 + 3t)\Big|_{-2}^2 = 14 - (-14) = 28$$

Aufgabe 7.15.

a) Die Formel zur Berechnung der Bogenlänge lautet

$$L = \int_0^{2\pi} \sqrt{\dot{x}(t)^2 + \dot{y}(t)^2}\, dt$$

Zunächst berechnen wir die Ableitungen

$$\dot{x}(t) = a\cos t + at\,(-\sin t), \quad \dot{y}(t) = a\sin t + at\cos t$$

und bereiten den Integranden vor:

$$\dot{x}(t)^2 + \dot{y}(t)^2 = a^2\cos^2 t - 2a^2 t\sin t\cos t + a^2 t^2\cos^2 t$$
$$+ a^2\sin^2 t + 2a^2 t\sin t\cos t + a^2 t^2\sin^2 t$$
$$= a^2(\cos^2 t + \sin^2 t) + a^2 t^2(\cos^2 t + \sin^2 t) = a^2(1 + t^2)$$

Dann ist

$$L = \int_0^{2\pi} \sqrt{a^2(1+t^2)}\, dt = a \int_0^{2\pi} \sqrt{1+t^2}\, dt$$

Wir können die Stammfunktion aus Aufgabe 7.5 verwenden:

$$\int \sqrt{1+t^2}\, dt = \tfrac{t}{2}\sqrt{1+t^2} + \tfrac{1}{2}\operatorname{arsinh} t$$

und erhalten für die Bogenlänge den Wert

$$L = a \cdot \left(\tfrac{t}{2}\sqrt{1+t^2} + \tfrac{1}{2}\operatorname{arsinh} t\right)\Big|_0^{2\pi}$$

$$= a \cdot \left(\pi\sqrt{1+4\pi^2} + \tfrac{1}{2}\operatorname{arsinh} 2\pi\right) \approx 21{,}2563 \cdot a$$

Abb. L.40 zeigt als Beispiel eine Archimedische Spirale mit $a = \tfrac{1}{\pi}$. Der durchgehend eingezeichnete Kurvenbogen hat die Länge $L \approx 21{,}2563 \cdot \tfrac{1}{\pi} \approx 6{,}7661$.

b) Nach Pythagoras ist der Abstand des Kurvenpunkts $(x(t), y(t))$ vom Ursprung

$$r(t) = \sqrt{x(t)^2 + y(t)^2} = \sqrt{a^2t^2\cos^2 t + a^2t^2\sin^2 t} = a\,t$$

Mit der Umbenennung $\varphi = t$ erhält man die Polarform $r(\varphi) = a\,\varphi$.

c) Die Formel für die Fläche eines Kurvensektors in Polarform ergibt

$$A = \int_0^{2\pi} \tfrac{1}{2} r(\varphi)^2\, d\varphi = \int_0^{2\pi} \tfrac{a^2}{2}\varphi^2\, d\varphi = \tfrac{a^2}{6}\varphi^3 \Big|_0^{2\pi} \approx \tfrac{4\pi^3}{3} a^2 = 41{,}3417 \cdot a^2$$

Der für $a = \tfrac{1}{\pi}$ in Abb. L.40 grau eingefärbte Kurvensektor hat demnach die Fläche $A = \tfrac{4\pi^3}{3} \cdot \left(\tfrac{1}{\pi}\right)^2 = \tfrac{4\pi}{3}$.

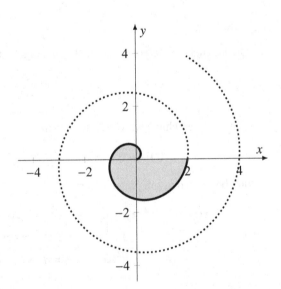

Abb. L.40 Bogen und Kurvensektor in einer Archimedischen Spirale mit $a = \tfrac{1}{\pi}$

Aufgabe 7.16. Zur Berechnung der Bogenlänge brauchen wir die Länge des Tangentenvektors

$$|\dot{\vec{r}}(t)| = \sqrt{25 + 9t^2}$$

welche wir in Aufgabe 6.30 ermittelt haben, und wir müssen das Integral

$$L = \int_0^4 |\dot{\vec{r}}(t)|\, dt = \int_0^4 \sqrt{25 + 9t^2}\, dt = 3 \int_0^4 \sqrt{\left(\tfrac{5}{3}\right)^2 + t^2}\, dt$$

bestimmen. Wir verwenden dazu die schon bekannte Stammfunktion

$$\int \sqrt{a^2 + t^2}\, dt = \tfrac{t}{2}\sqrt{a^2 + t^2} + \tfrac{a^2}{2}\ln\left(t + \sqrt{a^2 + t^2}\right)$$

mit $a = \tfrac{5}{3}$ und erhalten für die Bogenlänge den Wert

$$L = 3 \cdot \tfrac{t}{2}\sqrt{\tfrac{25}{9} + t^2} + 3 \cdot \tfrac{25}{18}\ln\left(t + \sqrt{\tfrac{25}{9} + t^2}\right)\Big|_0^4$$

$$= 6\sqrt{\tfrac{25}{9} + 16} + \tfrac{25}{6}\ln\left(4 + \sqrt{\tfrac{25}{9} + 16}\right) - \tfrac{25}{6}\ln\left(0 + \sqrt{\tfrac{25}{9} + 0}\right)$$

$$= 26 + \tfrac{25}{6}\ln\tfrac{25}{3} - \tfrac{25}{6}\ln\tfrac{5}{3} = 26 + \tfrac{25}{6}\ln 5 \approx 32{,}7$$

Aufgabe 7.17.

a) Der Flächeninhalt der Lemniskate ergibt sich aus der Formel

$$A = \int_{-\frac{\pi}{4}}^{\frac{\pi}{4}} \tfrac{1}{2} r(\varphi)^2\, d\varphi = \int_{-\frac{\pi}{4}}^{\frac{\pi}{4}} \tfrac{1}{2}\cos 2\varphi\, d\varphi = \tfrac{1}{4}\sin 2\varphi\Big|_{-\frac{\pi}{4}}^{\frac{\pi}{4}} = \tfrac{1}{4}\sin\tfrac{\pi}{2} - \tfrac{1}{4}\sin\left(-\tfrac{\pi}{2}\right) = \tfrac{1}{2}$$

b) Der Flächeninhalt des eingeschlossenen Sektors ist

$$A = \int_0^1 \tfrac{1}{2} r(\varphi)^2\, d\varphi = \int_0^1 \tfrac{9}{2}\varphi^4\, d\varphi = \tfrac{9}{10}\varphi^5\Big|_0^1 = 0{,}9$$

Für die Bogenlänge des Kurvenstücks brauchen wir die Formel

$$L = \int_0^1 \sqrt{r(\varphi)^2 + r'(\varphi)^2}\, d\varphi = \int_0^1 \sqrt{9\varphi^4 + 36\varphi^2}\, d\varphi = \int_0^1 3\varphi\sqrt{\varphi^2 + 4}\, d\varphi$$

Das Integral berechnen wir mithilfe der Substitution

$$u = \varphi^2 + 4 \quad\Longrightarrow\quad \frac{du}{d\varphi} = 2\varphi \quad\Longrightarrow\quad d\varphi = \frac{1}{2\varphi}\, du$$

$$L = \int_{u(0)}^{u(1)} 3\varphi\sqrt{u} \cdot \frac{1}{2\varphi}\, du = \int_4^5 \tfrac{3}{2}\sqrt{u}\, du = \sqrt{u}^3\Big|_4^5 = \sqrt{5}^3 - 8 \approx 3{,}18$$

Aufgabe 7.18. Der Halbkreis in Abb. L.41 ist zugleich der Thaleskreis zum Dreieck $\triangle OPD$, welches demnach bei P einen rechten Winkel hat. Darüber hinaus sind $\triangle OMP$

und $\triangle DMP$ zwei gleichseitige Dreiecke mit den Schenkellängen R, und hieraus ergibt sich die Winkelverteilung in Abb. L.41.

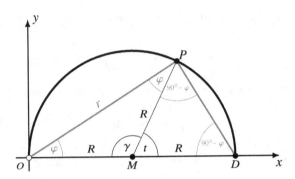

Abb. L.41 Hilfsdreiecke zur Umrechnung der Parameterform in die Polardarstellung

Die Winkelsumme im Dreieck $\triangle DMP$ liefert

$$180° = t + 2 \cdot (90° - \varphi) = t + 180° - 2\varphi \quad \Longrightarrow \quad t - 2\varphi = 0°$$

also $t = 2\varphi$, und der Kosinussatz im Dreieck $\triangle OMP$ ergibt

$$r^2 = R^2 + R^2 - 2 \cdot R \cdot R \cdot \cos\gamma = 2R^2 - 2R^2 \cos(180° - t)$$
$$= 2R^2 + 2R^2 \cos t = 2R^2 (1 + \cos t) = 2R^2 (1 + \cos 2\varphi)$$

Setzen wir hier noch $\cos 2\varphi = 2\cos^2 \varphi - 1$ ein, dann erhalten wir $r^2 = 4R^2 \cos^2 \varphi$ und schließlich die gesuchte Polardarstellung $r(\varphi) = 2R \cos \varphi$.

Aufgabe 7.19.

a) Die Formel für das Volumen des Katenoid genannten Rotationskörpers lautet

$$V = \pi \int_{-1}^{1} f(x)^2 \, dx = \pi \int_{-1}^{1} \cosh^2 x \, dx$$

wobei wir eine Stammfunktion zu $\cosh^2 x$ bereits aus Abschnitt 7.2.6 kennen:

$$V = \pi \cdot \tfrac{1}{2} (x + \cosh x \sinh x) \Big|_{-1}^{1} = \pi \cdot (1 + \cosh 1 \cdot \sinh 1) = 8{,}838\ldots$$

Die Formel für die Mantelfläche des Rotationskörpers ergibt

$$M = 2\pi \int_{-1}^{1} f(x) \cdot \sqrt{1 + f'(x)^2} \, dx = 2\pi \int_{-1}^{1} \cosh x \cdot \sqrt{1 + \sinh^2 x} \, dx$$
$$= 2\pi \int_{-1}^{1} \cosh^2 x \, dx = 2 \cdot \pi \int_{-1}^{1} \cosh^2 x \, dx = 2 \cdot V = 17{,}677\ldots$$

wobei zuletzt das für V berechnete Integral wiederverwendet wurde.

b) Das Volumen des Drehkörpers

$$V = \pi \int_0^\pi f(x)^2 \, dx = \pi \int_0^\pi x \sin x \, dx$$

kann mit partieller Integration berechnet werden:

$$\int_0^\pi x \sin x \, dx = x \cdot (-\cos x) \Big|_0^\pi - \int_0^\pi 1 \cdot (-\cos x) \, dx$$

$$= \pi + \int_0^\pi \cos x \, dx = \pi + \sin x \Big|_0^\pi = \pi$$

sodass also $V = \pi^2$ ist. Für den Schwerpunkt brauchen wir noch das Integral

$$\int_0^\pi x \cdot f(x)^2 \, dx = \int_0^\pi x^2 \sin x \, dx$$

welches wir mit zweifacher partieller Integration bestimmen können:

$$\int_0^\pi x^2 \sin x \, dx = x^2 \cdot (-\cos x) \Big|_0^\pi - \int_0^\pi 2x \cdot (-\cos x) \, dx = \pi^2 + \int_0^\pi 2x \cos x \, dx$$

$$= \pi^2 + 2x \cdot \sin x \Big|_0^\pi - \int_0^\pi 2 \cdot \sin x \, dx = \pi^2 + 0 + 2 \cos x \Big|_0^\pi = \pi^2 - 4$$

Die x-Koordinate des Schwerpunkts ist somit bei

$$x_S = \frac{\pi}{V} \int_0^\pi x \cdot f(x)^2 \, dx = \frac{1}{\pi} \cdot (\pi^2 - 4) \approx 1{,}87$$

c) Die Mantelfläche ist

$$M = 2\pi \cdot \int_{-\frac{\pi}{2}}^{\frac{\pi}{2}} f(x) \cdot \sqrt{1 + f'(x)^2} \, dx = 2\pi \cdot \int_{-\frac{\pi}{2}}^{\frac{\pi}{2}} \cos x \cdot \sqrt{1 + \sin^2 x} \, dx$$

Mit der Substitution

$$u = \sin x, \quad \frac{du}{dx} = \cos x \quad \Longrightarrow \quad dx = \frac{1}{\cos x} \, du$$

erhalten wir

$$M = 2\pi \int_{u(-\frac{\pi}{2})}^{u(\frac{\pi}{2})} \cos x \cdot \sqrt{1 + u^2} \cdot \frac{1}{\cos x} \, du = 2\pi \int_{-1}^{1} \sqrt{1 + u^2} \, du$$

$$= 2\pi \left(\frac{u}{2} \sqrt{1 + u^2} + \frac{1}{2} \operatorname{arsinh} u \right) \Big|_{-1}^{1} = 2\pi \left(\sqrt{2} + \operatorname{arsinh} 1 \right) \approx 14{,}4236$$

Das Integral im Volumen

$$V = \pi \int_{-\frac{\pi}{2}}^{\frac{\pi}{2}} f(x)^2 \, dx = \pi \int_{-\frac{\pi}{2}}^{\frac{\pi}{2}} \cos^2 x \, dx$$

berechnen wir mittels partieller Integration:

$$\int_{-\frac{\pi}{2}}^{\frac{\pi}{2}} \cos^2 x \, dx = \cos x \sin x \Big|_{-\frac{\pi}{2}}^{\frac{\pi}{2}} - \int_{-\frac{\pi}{2}}^{\frac{\pi}{2}} (-\sin x) \sin x \, dx$$

$$= 0 + \int_{-\frac{\pi}{2}}^{\frac{\pi}{2}} \sin^2 x \, dx = \int_{-\frac{\pi}{2}}^{\frac{\pi}{2}} 1 - \cos^2 x \, dx = \pi - \int_{-\frac{\pi}{2}}^{\frac{\pi}{2}} \cos^2 x \, dx$$

Hieraus folgt

$$2 \int_{-\frac{\pi}{2}}^{\frac{\pi}{2}} \cos^2 x \, dx = \pi \quad \Longrightarrow \quad \int_{-\frac{\pi}{2}}^{\frac{\pi}{2}} \cos^2 x \, dx = \frac{\pi}{2}$$

und damit ist $V = \pi \cdot \frac{\pi}{2} = \frac{1}{2}\pi^2$. Da die Funktion symmetrisch zur y-Achse ist, liegt der Schwerpunkt auf der x-Achse bei $x_S = 0$, also im Ursprung.

Aufgabe 7.20. Der Kegel wird z. B. von der Geraden $f(x) = \frac{r}{h} \cdot x$ mit $x \in [0, h]$ erzeugt. Das Volumen des Kegels berechnen wir mit der Formel

$$V = \pi \int_0^h \left(\frac{r}{h} \cdot x\right)^2 dx = \frac{\pi r^2}{h^2} \int_0^h x^2 \, dx = \frac{\pi r^2}{h^2} \cdot \frac{1}{3} x^3 \Big|_0^h = \frac{1}{3}\pi r^2 h$$

und für die Mantelfläche erhalten wir wegen $f'(x) \equiv \frac{r}{h}$

$$M = 2\pi \int_0^h \frac{rx}{h} \sqrt{1 + \left(\frac{r}{h}\right)^2} \, dx = \frac{2\pi r}{h} \sqrt{1 + \left(\frac{r}{h}\right)^2} \int_0^h x \, dx$$

$$= \frac{2\pi r}{h} \sqrt{1 + \left(\frac{r}{h}\right)^2} \cdot \frac{1}{2} x^2 \Big|_0^h = \frac{2\pi r}{h} \sqrt{1 + \left(\frac{r}{h}\right)^2} \cdot \frac{1}{2} h^2 = \pi r \sqrt{r^2 + h^2}$$

Aufgabe 7.21. Der Rotationskörper zu $g(x)$ um die y-Achse hat die gleiche Form wie der Rotationskörper zur Umkehrfunktion

$$f(x) = x^3, \quad x \in [0, 1]$$

um die x-Achse. Volumen und Mantelfläche stimmen für beide Drehkörpern überein, nur der Schwerpunkt liegt hier auf der y-Achse. Das Volumen des Drehkörpers ist

$$V = \pi \int_0^1 f(x)^2 \, dx = \pi \int_0^1 x^6 \, dx = \pi \cdot \frac{1}{7} x^7 \Big|_0^1 = \frac{\pi}{7}$$

und die y-Koordinate des Schwerpunkts befindet sich bei

$$y_S = \frac{\pi}{V} \int_0^1 x \cdot (x^3)^2 \, dx = 7 \int_0^1 x^7 \, dx = 7 \cdot \frac{1}{8} x^8 \Big|_0^1 = \frac{7}{8}$$

Die Mantelfläche des Rotationskörpers erhalten wir mit dem Integral

$$M = 2\pi \int_0^1 x^3 \cdot \sqrt{1 + (3x^2)^2}\, dx = 2\pi \int_0^1 x^3 \cdot \sqrt{1 + 9x^4}\, dx$$

welches sich schließlich mit der Substitution $u = 1 + 9x^4$ berechnen lässt:

$$M = 2\pi \int_{u(0)}^{u(1)} x^3 \cdot \sqrt{u} \cdot \tfrac{1}{36 x^3}\, du = \tfrac{\pi}{18} \int_1^{10} \sqrt{u}\, du = \tfrac{\pi}{18} \cdot \tfrac{2}{3} u^{\frac{3}{2}} \Big|_1^{10}$$

$$= \tfrac{\pi}{27} \left(\sqrt{1000} - 1\right) \approx 3{,}563$$

Aufgabe 7.22.

a) Wir lösen die (implizite) Funktionsgleichung nach y auf:

$$y^2 = b^2 \left(1 - \tfrac{x^2}{a^2}\right) \quad \text{bzw.} \quad y = \tfrac{b}{a}\sqrt{a^2 - x^2}, \quad x \in [-a, a]$$

In der oberen Halbebene ist y positiv, und daher darf $|x|$ nicht größer sein als a. Der Ellipsensektor im ersten Quadranten hat demnach die Fläche

$$A = \int_{-a}^a \tfrac{b}{a}\sqrt{a^2 - x^2}\, dx = \tfrac{b}{a} \int_{-a}^a \sqrt{a^2 - x^2}\, dx = \tfrac{b}{a} \cdot \tfrac{1}{2} a^2 \pi = \tfrac{1}{2} a b \pi$$

Hierbei ist das Integral $\int_{-a}^a \sqrt{a^2 - x^2}\, dx = \tfrac{1}{2} a^2$ die Fläche des Halbkreises mit Radius a. Die gesamte Ellipsenfläche ist demnach $A = a b \pi$.

b) Die explizite Funktionsgleichung der Ellipse im 1. Quadranten lautet

$$f(x) = \tfrac{b}{a}\sqrt{a^2 - x^2}, \quad x \in [0, a]$$

Wir kennen bereits die Fläche des Ellipsensektors $A = \tfrac{1}{4} a b \pi$. Die x-Koordinate des Schwerpunkts berechnen wir mittels Substitution $u = a^2 - x^2$:

$$x_S = \frac{1}{A} \int_0^a x \cdot f(x)\, dx = \frac{4}{a b \pi} \int_0^a x \cdot \tfrac{b}{a}\sqrt{a^2 - x^2}\, dx = \frac{4}{a^2 \pi} \int_0^a x \sqrt{a^2 - x^2}\, dx$$

$$= \frac{4}{a^2 \pi} \int_{a^2}^0 -\tfrac{1}{2}\sqrt{u}\, du = -\frac{2}{a^2 \pi} \cdot \tfrac{2}{3} u^{\frac{3}{2}} \Big|_{a^2}^0 = \frac{2}{a^2 \pi} \cdot \tfrac{2}{3} a^3 = \frac{4a}{3\pi}$$

Die y-Koordinate des Schwerpunkts ist

$$y_S = \frac{1}{2A} \int_0^a f(x)^2\, dx = \frac{2}{a b \pi} \int_0^a \left(\tfrac{b}{a}\right)^2 \cdot (a^2 - x^2)\, dx$$

$$= \frac{2b}{a^3 \pi} \int_0^a a^2 - x^2\, dx = \frac{2b}{a^3 \pi} \left(a^2 x - \tfrac{1}{3} x^3\right)\Big|_0^a = \frac{4b}{3\pi}$$

c) Das halbe Ellipsoid, das durch Drehung der Ellipse im 1. Quadranten um die x-Achse entsteht, hat das Volumen

$$V = \pi \int_0^a f(x)^2\, dx = \pi \int_0^a \left(\tfrac{b}{a}\right)^2 \cdot (a^2 - x^2)\, dx = \frac{b^2 \pi}{a^2} \left(a^2 x - \tfrac{1}{3} x^3\right)\Big|_0^a = \tfrac{2}{3} a b^2 \pi$$

Das Volumen lässt sich hier auch mit der Guldinschen Regel berechnen:

$$V = 2\pi y_S \cdot A = 2\pi \cdot \frac{4b}{3\pi} \cdot \frac{1}{4} a b \pi = \frac{2}{3} a b^2 \pi$$

Die x-Koordinate des Schwerpunkts liegt bei

$$x_S = \frac{\pi}{V} \int_0^a x \cdot f(x)^2 \, dx = \frac{\pi}{\frac{2}{3} a b^2 \pi} \int_0^a \left(\frac{b}{a}\right)^2 \cdot (a^2 x - x^3) \, dx$$

$$= \frac{3}{2a^3} \int_0^a a^2 x - x^3 \, dx = \frac{3}{2a^3} \left(a^2 \cdot \frac{1}{2} x^2 - \frac{1}{4} x^4\right)\Big|_0^a = \frac{3}{2a^3} \cdot \frac{1}{4} a^4 = \frac{3}{8} a$$

und ist demnach unabhängig von der Halbachse b.

Aufgabe 7.23.

a) Eine Stammfunktion zu $(x + 2) e^{-x}$ finden wir mit partieller Integration

$$\int (x + 2) e^{-x} \, dx = (x + 2) (-e^{-x}) - \int 1 \cdot (-e^{-x}) \, dx$$

$$= -(x + 2) e^{-x} - e^{-x} = -(x + 3) e^{-x}$$

und daher ist

$$\int_0^\infty (x + 2) e^{-x} \, dx = \lim_{b \to \infty} \int_0^b (x + 2) e^{-x} \, dx$$

$$= \lim_{b \to \infty} -(x + 3) e^{-x} \Big|_0^b = \lim_{b \to \infty} 3 - (b + 3) e^{-b} = 3$$

b) Eine Stammfunktion zu $\frac{1}{\cosh^2 x}$ ist $\tanh x$, und mit den (Grenz-)Werten

$$\tanh 0 = 0, \qquad \lim_{a \to -\infty} \tanh a = -1, \qquad \lim_{b \to \infty} \tanh b = 1$$

erhalten wir

$$\int_{-\infty}^\infty \frac{1}{\cosh^2 x} \, dx = \lim_{a \to -\infty} \int_a^0 \frac{1}{\cosh^2 x} \, dx + \lim_{b \to \infty} \int_0^b \frac{1}{\cosh^2 x} \, dx$$

$$= \lim_{a \to -\infty} (\tanh 0 - \tanh a) + \lim_{b \to \infty} (\tanh b - \tanh 0)$$

$$= (0 - (-1)) + (1 - 0) = 2$$

c) $f(x) = \tan x$ hat eine Unendlichkeitsstelle bei $x = \frac{\pi}{2}$. Das uneigentliche Integral

$$\int_0^{\frac{\pi}{2}} \tan x \, dx = \lim_{b \to \frac{\pi}{2}} \int_0^b \tan x \, dx = \lim_{b \to \frac{\pi}{2}} (-\ln |\cos x|) \Big|_0^b$$

$$= \lim_{b \to \frac{\pi}{2}} (-\ln |\cos b| + \ln |\cos 0|) = \lim_{b \to \frac{\pi}{2}} -\ln |\cos b|$$

existiert *nicht*, denn mit $\cos \frac{\pi}{2} = 0$ gilt $\ln |\cos b| \to -\infty$ für $b \to \frac{\pi}{2}$.

d) Wir finden eine Stammfunktion mit der Umformung

$$\int \ln(x^2)\, dx = \int 2 \ln x\, dx = 2\,(x \ln x - x)$$

Der Integrand hat eine Unendlichkeitsstelle bei $x = 0$. Wegen $\lim_{a \to 0} a \ln a = 0$ (Formel von L'Hospital!) existiert das uneigentliche Integral

$$\int_0^1 \ln(x^2)\, dx = \lim_{a \to 0} \int_a^1 \ln(x^2)\, dx = \lim_{a \to 0} 2\,(x \ln x - x)\Big|_a^1$$

$$= \lim_{a \to 0} -2 - 2\,(a \ln a - a) = -2 - 0 = -2$$

e) Nach Anwendung der Substitutionsregel mit $u = \ln x$ und $dx = x\, du$ erhalten wir

$$\int_e^\infty \frac{1}{x \ln x}\, dx = \lim_{b \to \infty} \int_e^b \frac{1}{x \ln x}\, dx = \lim_{b \to \infty} \int_{u(e)}^{u(b)} \frac{1}{x\,u} \cdot x\, du$$

$$= \lim_{b \to \infty} \int_1^{\ln b} \frac{1}{u}\, du = \lim_{b \to \infty} \ln u \Big|_1^{\ln b} = \lim_{b \to \infty} \ln(\ln b)$$

Wegen $\ln b \to \infty$ für $b \to \infty$ existieren der Grenzwert und damit auch das uneigentliche Integral *nicht*!

f) Die Stammfunktion ergibt sich durch Partialbruchzerlegung, wobei eine Polynomdivision nicht nötig ist. Die (einfachen) Nullstellen des Nenners sind bei $x_1 = 0$ und $x_2 = -1$. Der Ansatz lautet also

$$\frac{1}{x^2 + x} = \frac{A}{x} + \frac{B}{x + 1} = \frac{A\,(x + 1) + B\,x}{x\,(x + 1)}$$

Gleichsetzen der Zähler und Einsetzen der Nullstellen liefert die Werte A und B:

$$x = 0: \quad 1 = A \cdot 1 + B \cdot 0 \quad \Longrightarrow \quad A = 1$$
$$x = -1: \quad 1 = A \cdot 0 + B \cdot (-1) \quad \Longrightarrow \quad B = -1$$

Damit ist

$$\int \frac{1}{x^2 + x}\, dx = \int \frac{1}{x} - \frac{1}{x + 1}\, dx = \ln |x| - \ln |x + 1| = \ln \left| \frac{x}{x + 1} \right|$$

und schließlich

$$\int_1^\infty \frac{1}{x^2 + x}\, dx = \lim_{b \to \infty} \int_1^b \frac{1}{x^2 + x}\, dx = \lim_{b \to \infty} \ln \left| \frac{x}{x + 1} \right| \Big|_1^b$$

$$= \lim_{b \to \infty} \ln \frac{b}{b + 1} - \ln \frac{1}{2} = \ln 1 + \ln 2 = \ln 2$$

Aufgabe 7.24. Bei den Quadraturformeln in a) bis c) zerlegen wir den Integrationsbereich $[0, 2]$ in $n = 4$ Teilintervalle gleicher Länge $h = \frac{2 - 0}{4} = \frac{1}{2}$ mit den Stützstellen

$$a = x_0 = 0, \quad x_1 = \tfrac{1}{2}, \quad x_2 = 1, \quad x_3 = \tfrac{3}{2}, \quad x_4 = 2 = b$$

Mit der zusammengesetzten Rechteckregel erhalten wir den Wert

$$R_4(f) = h\left(f(x_0) + f(x_1) + f(x_2) + f(x_3)\right) = \tfrac{1}{2}\left(1 + \tfrac{8}{5} + 2 + \tfrac{8}{5}\right) = 3{,}1$$

Die summierte Trapezregel ergibt hier den gleichen Näherungswert

$$T_4(f) = \tfrac{h}{2}\left(f(0) + 2\,f(x_1) + 2\,f(x_2) + 2\,f(x_3) + f(2)\right)$$

$$= \tfrac{1}{4}\left(1 + 2 \cdot \tfrac{8}{5} + 2 \cdot 2 + 2 \cdot \tfrac{8}{5} + 1\right) = \tfrac{31}{10} = 3{,}1$$

und die zusammengesetzte Simpsonregel liefert die Näherung

$$S_4(f) = \tfrac{h}{3}\left(f(0) + 4\,f(x_1) + 2\,f(x_2) + 4\,f(x_3) + f(2)\right)$$

$$= \tfrac{1}{6}\left(1 + 4 \cdot \tfrac{8}{5} + 2 \cdot 2 + 4 \cdot \tfrac{8}{5} + 1\right) = \tfrac{47}{15} = 3{,}1333\ldots$$

Bevor wir die Gauß-Quadraturformel anwenden können, müssen wir das Integral so umformen, dass der Integrationsbereich das Intervall $[-1, 1]$ ist. Wir nutzen dazu die Substitution $u = x - 1$ bzw. $x = u + 1$ mit $\mathrm{d}u = \mathrm{d}x$:

$$\int_0^2 f(x)\,\mathrm{d}x = \int_{u(0)}^{u(2)} \frac{2}{(u+1)^2 - 2\,(u+1) + 2}\,\mathrm{d}u = \int_{-1}^1 \frac{2}{u^2 + 1}\,\mathrm{d}u$$

und erhalten, indem wir die Integrationsvariable wieder durch x ersetzen,

$$\int_0^2 \frac{2}{x^2 - 2x + 2}\,\mathrm{d}x = \int_{-1}^1 \frac{2}{x^2 + 1}\,\mathrm{d}x$$

Verwenden wir die in Abschnitt 7.5.2 berechneten Gewichte $w_1 = w_3 = \tfrac{5}{9}$, $w_2 = \tfrac{8}{9}$ zu den $n = 3$ Stützstellen

$$x_1 = -\sqrt{\tfrac{3}{5}}, \quad x_2 = 0, \quad x_3 = \sqrt{\tfrac{3}{5}}$$

dann ergibt die Gauß-Quadraturformel für das bestimmte Integral den Näherungswert

$$\int_{-1}^1 \frac{2}{x^2 + 1}\,\mathrm{d}x \approx \frac{5}{9} \cdot \frac{2}{x_1^2 + 1} + \frac{8}{9} \cdot \frac{2}{x_2^2 + 1} + \frac{5}{9} \cdot \frac{2}{x_3^2 + 1}$$

$$= \frac{5}{9} \cdot \frac{2}{\tfrac{3}{5} + 1} + \frac{8}{9} \cdot \frac{2}{0 + 1} + \frac{5}{9} \cdot \frac{2}{\tfrac{3}{5} + 1} = \tfrac{19}{6} = 3{,}1666\ldots$$

Zum Vergleich: Der exakte Integralwert lautet

$$\int_0^2 \frac{2}{x^2 - 2x + 2}\,\mathrm{d}x = \int_{-1}^1 \frac{2}{x^2 + 1}\,\mathrm{d}x = 2\arctan x \Big|_{-1}^{1}$$

$$= 2\arctan 1 - 2\arctan(-1) = \pi = 3{,}14159\ldots$$

Literaturverzeichnis

Mathematik – allgemeine Überblicke

1. Arens, T., Hettlich, F., Karpfinger, Ch., Kockelkorn, U., Lichtenegger, K., Stachel, H.: *Mathematik*; Springer Spektrum, Berlin / Heidelberg (4. Auflage 2018)
2. Meschkowski, H., Laugwitz, D.: *Meyers Handbuch über die Mathematik*; Bibliographisches Institut, Mannheim / Wien / Zürich (2. Auflage 1972)
3. Bronštejn, I. (Begr.), Grosche, G. (Bearb.), Zeidler, E. (Hrsg.), Semendjaew, K. A. (Begr.): *Springer-Taschenbuch der Mathematik*; Springer Spektrum, Wiesbaden (3. Auflage 2013)

Ingenieurmathematik – Einführungen

4. Dietmaier, Ch.: *Mathematik für angewandte Wissenschaften*; Springer Spektrum, Berlin / Heidelberg (2014)
5. Göllmann, L., Hübl, R., Pulham, S., Ritter, S., Schon, H., Schüffler, K, Voß, U., Vossen, G.: *Mathematik für Ingenieure: Verstehen – Rechnen – Anwenden*; Band 1: Vorkurs, Analysis in einer Variablen, Lineare Algebra, Statistik; Band 2: Analysis in mehreren Variablen, Differenzialgleichungen, Optimierung; Springer Vieweg, Berlin / Heidelberg (2017)
6. Koch, J., Stämpfle, M.: *Mathematik für das Ingenieurstudium*; Carl Hanser Verlag, München (4. Auflage 2018)
7. Rießinger, Th.: *Mathematik für Ingenieure. Eine anschauliche Einführung für das praxisorientierte Studium*; Springer Vieweg, Berlin / Heidelberg (10. Auflage 2017)
8. Rohrberg, A.: *Wegweiser durch die Mathematik*; Band 1: Elementare Mathematik; Band 2: Höhere Mathematik; Fachverlag Schiele & Schön, Berlin (3. Auflage 1961)
9. Westermann, Th.: *Mathematik für Ingenieure. Ein anwendungsorientiertes Lehrbuch*; Springer Vieweg, Berlin / Heidelberg (8. Auflage 2020)

Formelsammlungen und Tafelwerke

10. Bartsch, H.-J., Sachs, M.: *Taschenbuch mathematischer Formeln für Ingenieure und Naturwissenschaftler*; Carl Hanser Verlag, München (24. Auflage 2018)
11. Bronštejn, I., Semendjaew, K. A.: *Taschenbuch der Mathematik*; Verlag Harri Deutsch, Thun – Frankfurt/Main (24. Auflage 1989)
12. Gröbner, W., Hofreiter, N.: *Integraltafel*; Erster Teil: Unbestimmte Integrale (5. Auflage 1975); Zweiter Teil: Bestimmte Integrale (5. Auflage 1973); Springer-Verlag, Wien
13. Jarecki, U., Schulz, H.-J.: *Dubbel Mathematik. Eine kompakte Ingenieurmathematik zum Nachschlagen*; Springer-Verlag, Berlin / Heidelberg (23. Auflage 2011)
14. Jahnke, E., Emde, F., Lösch, F.: *Tafeln höherer Funktionen*; B. G. Teubner Verlagsgesellschaft, Leipzig (1966)
15. Magnus, W., Oberhettinger, F., Soni, R. P.: *Formulas and Theorems for the Special Functions of Mathematical Physics*; Springer-Verlag, Berlin / Heidelberg (3. Auflage 1966)
16. Merziger, G., Mühlbach, G., Wille, D., Wirth, Th.: *Formeln und Hilfen zur Höheren Mathematik*; Binomi Verlag (8. Auflage 2018)
17. Papula, L.: *Mathematische Formelsammlung – Für Ingenieure und Naturwissenschaftler*; Springer Vieweg, Wiesbaden (12. Auflage 2017)
18. Schulz, G.: *Formelsammlung zur praktischen Mathematik*; Sammlung Göschen Band 1110, Verlag Walter de Gruyter, Berlin (1945)

© Springer-Verlag GmbH Deutschland, ein Teil von Springer Nature 2022
H. Schmid, *Mathematik für Ingenieurwissenschaften: Grundlagen*,
https://doi.org/10.1007/978-3-662-65528-3

Vertiefung der Ingenieurmathematik

19. Ansorge, R., Oberle, H.-J., Rothe, K., Sonar, Th.: *Mathematik in den Ingenieur- und Naturwissenschaften*; Band 1: Lineare Algebra und analytische Geometrie, Differential- und Integralrechnung einer Variablen; Band 2: Differential- und Integralrechnung in mehreren Variablen, Differentialgleichungen, Integraltransformationen und Funktionentheorie; Wiley-VCH, Weinheim (5. Auflage 2020)

20. Alexits, G., Fenyö, S.: *Mathematik für Chemiker*; Akademische Verlagsgesellschaft Geest & Portig, Leipzig (1962)

21. Bärwolff, G.: *Höhere Mathematik für Naturwissenschaftler und Ingenieure*; Springer Spektrum, Berlin / Heidelberg (3. Auflage 2017)

22. Baule, B.: *Die Mathematik des Naturforschers und Ingenieurs*; Band I: Differential- und Integralrechnung (16. Auflage 1970); Band II: Ausgleichs- und Näherungsrechnung (8. Auflage 1966); Band III: Analytische Geometrie (8. Auflage 1968); Band IV: Gewöhnliche Differentialgleichungen (9. Auflage 1970); Band V: Variationsrechnung (7. Auflage 1968); Band VI: Partielle Differentialgleichungen (7. Auflage 1965); Band VII: Differentialgeometrie (6. Auflage 1965); Band VIII: Aufgabensammlung (2. Auflage 1966); Verlag S. Hirzel, Leipzig

23. Ehlotzky, F.: *Angewandte Mathematik für Physiker*; Springer-Verlag, Berlin / Heidelberg (2007)

24. Fichtenholz, G. M.: *Differential- und Integralrechnung*; Band I - III, Verlag Harri Deutsch, Frankfurt/M. (1990 - 1997)

25. Joos, G., Kaluza, Th.: *Höhere Mathematik für den Praktiker*; Johann Ambrosius Barth Verlag, Leipzig (9. Auflage 1958)

26. Rothe, R., Szabó, I., Schmeidler, W.: *Höhere Mathematik für Mathematiker, Physiker, Ingenieure*; Teil 1: Differentialrechnung und Grundformeln der Integralrechnung nebst Anwendungen (12. Auflage 1967); Teil 2: Integralrechnung / Unendliche Reihen / Vektorrechnung nebst Anwendungen (13. Auflage 1962); Teil 3: Flächen im Raume / Linienintegrale und mehrfache Integrale / Gewöhnliche Differentialgleichungen reeller Veränderlicher nebst Anwendungen (9. Auflage 1962); Teil 4, Heft 1/2: Übungsaufgaben mit Lösungen zu Teil 1 (12. Auflage 1967); Teil 4, Heft 3/4: Übungsaufgaben mit Lösungen zu Teil 2 (9. Auflage 1962); Teil 4, Heft 5/6: Übungsaufgaben mit Lösungen zu Teil 3 (8. Auflage 1966); Teil 5: Formelsammlung (6. Auflage 1962); Teil 6: Integration und Reihenentwicklung im Komplexen / Gewöhnliche und partielle Differentialgleichungen (3. Auflage 1965); Teil 7: Räumliche und ebene Potentialfunktionen / Konforme Abbildung / Integralgleichungen / Variationsrechnung (2. Auflage 1960); B. G. Teubner Verlag, Stuttgart

27. Sauer, R.: *Ingenieur-Mathematik*; Erster Band: Differential- und Integralrechnung (4. Auflage 1969); Zweiter Band: Differentialgleichungen und Funktionentheorie (3. Auflage 1968); Springer-Verlag, Berlin / Heidelberg / New York

28. Schröder, K., Reissig, G., Reissig, R. (Hrsg.): *Mathematik für die Praxis – ein Handbuch*; Band I – III, VEB Deutscher Verlag der Wissenschaften, Berlin (2. Auflage 1966)

29. Smirnow, W. I.: *Lehrbuch der höheren Mathematik*; 5 Teile in 7 Bänden; Verlag Harri Deutsch / Europa Lehrmittel (1988 - 1994)

30. Zurmühl, R.: *Praktische Mathematik für Ingenieure und Physiker*; Springer-Verlag, Berlin / Göttingen / Heidelberg (4. Auflage 1963)

Monographien zu einzelnen Themen

31. Arnold, D., Furmans, K.: *Materialfluss in Logistiksystemen*; VDI-Buch, Springer-Verlag, Berlin / Heidelberg (7. Auflage 2019)

32. Bärwolff, G.: *Numerik für Ingenieure, Physiker und Informatiker*; Springer Spektrum, Berlin / Heidelberg (3. Auflage 2020)

33. Burg, K., Haf., H., Wille, F., Meister, A.: *Partielle Differentialgleichungen und funktionalanalytische Grundlagen: Höhere Mathematik für Ingenieure, Naturwissenschaftler und Mathematiker*; Springer Vieweg, Wiesbaden (5. Auflage 2010)

34. Burg, K., Haf., H., Wille, F., Meister, A.: *Vektoranalysis: Höhere Mathematik für Ingenieure, Naturwissenschaftler und Mathematiker*; Springer Vieweg, Wiesbaden (2. Auflage 2012)

35. Burg, K., Haf., H., Wille, F., Meister, A.: *Funktionentheorie: Höhere Mathematik für Ingenieure, Naturwissenschaftler und Mathematiker*; Springer Vieweg, Wiesbaden (2. Auflage 2012)
36. Farin, G.: *Kurven und Flächen im Computer Aided Geometric Design: Eine praktische Einführung*; Vieweg-Verlag, Braunschweig / Wiesbaden (2. Auflage 1994)
37. Greuel, O., Kadner, H.: *Komplexe Funktionen und konforme Abbildungen*; Band 9 der Reihe MINÖL (Mathematik für Ingenieure, Naturwissenschaftler, Ökonomen, Landwirte), B. G. Teubner Verlagsgesellschaft, Leipzig (3. Auflage 1990)
38. Haack, W.: *Elementare Differentialgeometrie*; Lehrbücher und Monographien aus dem Gebiete der exakten Wissenschaften, Band 20, Birkhäuser Verlag, Basel (1955)
39. Kamke, E.: *Differentialgleichungen – Lösungsmethoden und Lösungen*; Band I: Gewöhnliche Differentialgleichungen (10. Auflage 1977); Band II: Partielle Differentialgleichungen erster Ordnung für eine gesuchte Funktion (6. Auflage 1979), B. G. Teubner Verlag, Stuttgart
40. Krettner, J.: *Gewöhnliche Differentialgleichungen*; J. Lindauer Verlag, München (2. Auflage 1964)
41. Lagally, M., Franz, W.: *Vorlesungen über Vektorrechnung*; Akademische Verlagsgesellschaft Geest & Portig, Leipzig (7. Auflage 1964)
42. Meinhold, P., Wagner, E.: *Partielle Differentialgleichungen*; Band 8 der Reihe MINÖL (Mathematik für Ingenieure, Naturwissenschaftler, Ökonomen, Landwirte), B. G. Teubner Verlagsgesellschaft, Leipzig (6. Auflage 1990)
43. Meyer zur Capellen, W.: *Instrumentelle Mathematik für den Ingenieur*; Verlag W. Girardet, Essen (1952)
44. Miller, M.: *Variationsrechnung*; B. G. Teubner Verlagsgesellschaft, Leipzig (1959)
45. Sieber, N., Sebastian, H. J.: *Spezielle Funktionen*; Band 12 der Reihe MINÖL (Mathematik für Ingenieure, Naturwissenschaftler, Ökonomen, Landwirte), B. G. Teubner Verlagsgesellschaft, Leipzig (3. Auflage 1988)
46. Törnig, W., Spellucci, P.: *Numerische Mathematik für Ingenieure und Physiker*; Band 1: Numerische Methoden der Algebra (2. Auflage 1988); Band 2: Numerische Methoden der Analysis (2. Auflage 1990), Springer-Verlag, Berlin / Heidelberg
47. Willers, F. A.: *Mathematische Maschinen und Instrumente*; Akademie-Verlag, Berlin (1951)
48. Willers, F. A.: *Methoden der praktischen Analysis*; Verlag Walter de Gruyter, Berlin / New York (4. Auflage 1971)

Biographien und Historisches

49. Abel, N. H., Galois, É.: *Abhandlungen über die Algebraische Auflösung der Gleichungen* (deutsch herausgegeben von H. Maser); Springer-Verlag, Berlin / Heidelberg (1889)
50. Bauschinger, J., Peters, J.: *Logarithmisch-trigonometrische Tafeln mit acht Dezimalstellen*; Band I und II, Verlag von H. R. Engelmann (J. Cramer), Weinheim (3. Auflage 1958)
51. Euler, L.: *Einleitung in die Analysis des Unendlichen*; Springer-Verlag, Berlin / Heidelberg (1983; von H. Maser kommentierte und übersetzte Ausgabe der *Introductio in analysin infinitorum* aus dem Jahr 1783)
52. Karnigel, R.: *Der das Unendliche kannte. Das Leben des genialen Mathematikers Srinivasa Ramanujan*; Vieweg-Verlag, Braunschweig / Wiesbaden (1995)
53. Mania, H.: *Gauß – Eine Biographie*; Rowohlt Verlag, Reinbek (2008)
54. Pesic, P.: *Abels Beweis*; Springer-Verlag, Berlin / Heidelberg (2005)
55. Schaefer, W.: *Vierstellige Logarithmen und Zahlentafeln*; J. Lindauer Verlag, München (3. Auflage 1972)
56. Singh, S.: *Fermats letzter Satz. Die abenteuerliche Geschichte eines mathematischen Rätsels*; Deutscher Taschenbuch-Verlag, München (2000)
57. Sonar, Th.: *3000 Jahre Analysis. Geschichte – Kulturen – Menschen*; aus der Reihe „Vom Zählstein zum Computer", Springer Spektrum, Berlin / Heidelberg (2. Auflage 2016)

Stichwortverzeichnis

© Springer-Verlag GmbH Deutschland, ein Teil von Springer Nature 2022
H. Schmid, *Mathematik für Ingenieurwissenschaften: Grundlagen*,
https://doi.org/10.1007/978-3-662-65528-3

Printed in the United States
by Baker & Taylor Publisher Services

Printed in the United States
by Baker & Taylor Publisher Services